JN220066

乾燥工学ハンドブック

基礎・メカニズム・評価・事例

［監修］　中川 究也

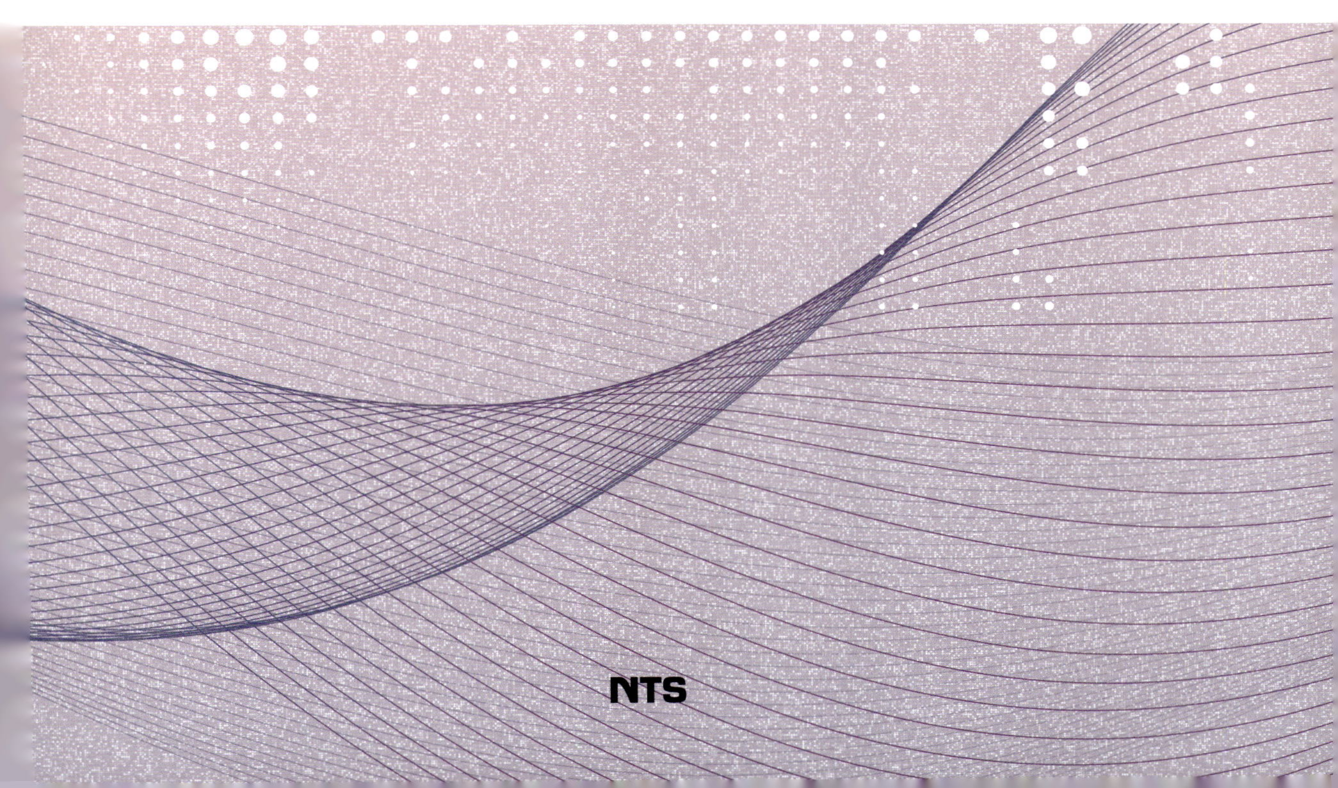

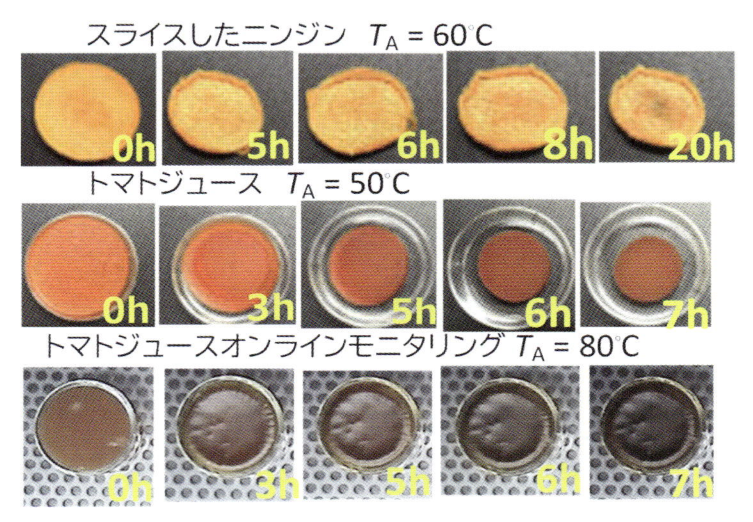

図６　乾燥時の試料のオフラインあるいは連続撮影画像（p.47）

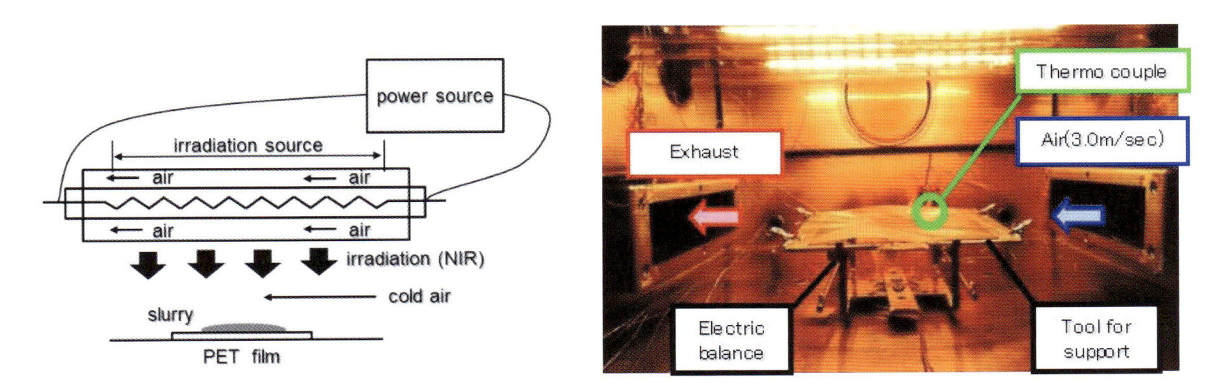

図７　近赤外選択ヒーター実験装置（p.77）

◆波長制御と中間乾燥緩和
特許登録済み

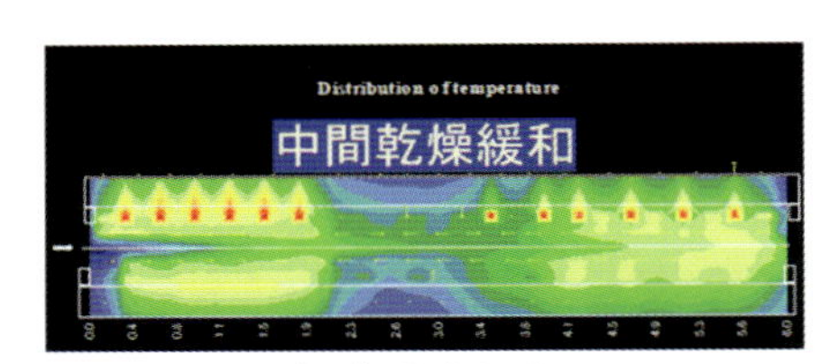

炉内温度分布

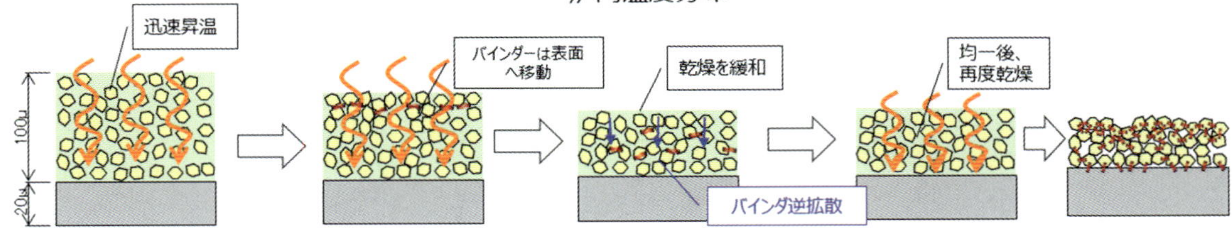

図 18　密着強度向上とそのイメージ（p.83）

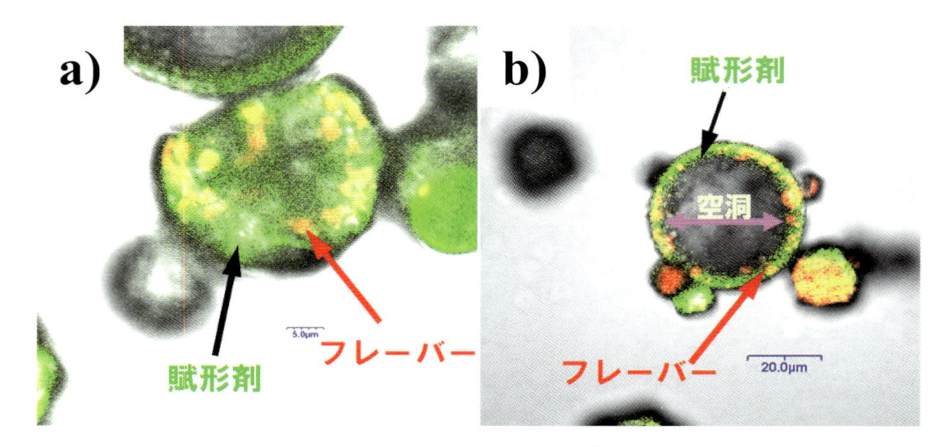

図 9　CLSM によるマルトデキストリン水溶液中の酢酸ブチルエマルション溶液の噴霧乾燥粉末の断面構造（p.92）

a）中実粒子，b）中空粒子

図 9　熱風ブローのイメージ図(p.99)

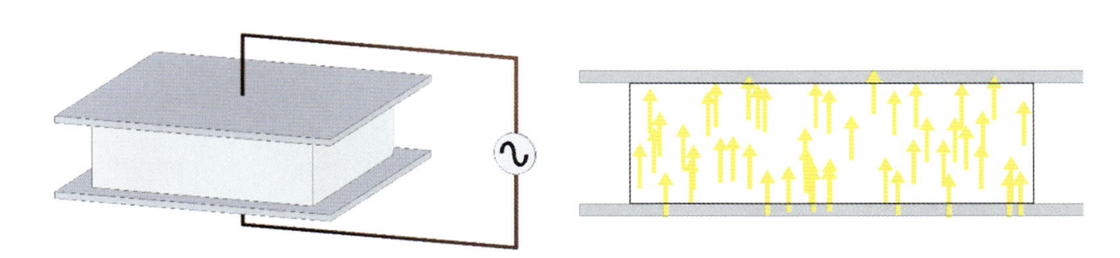

図 3　平行電極(上下電極同サイズ)の構成と電界(p.117)

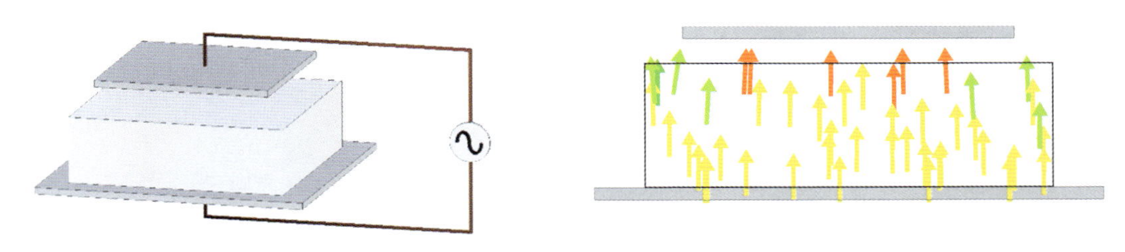

図 4　平行電極　非接触(上電極小)の構成と電界(p.117)

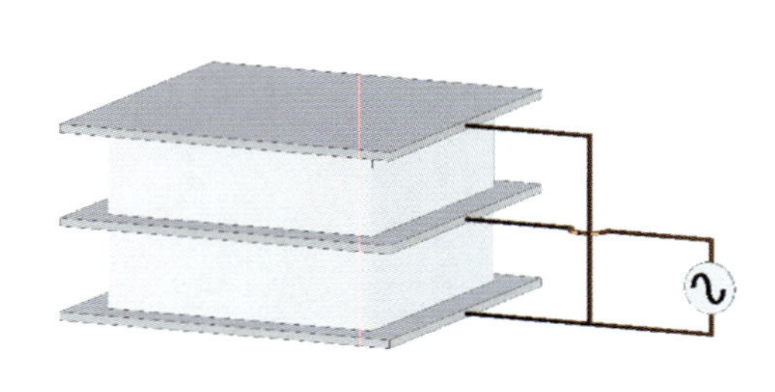
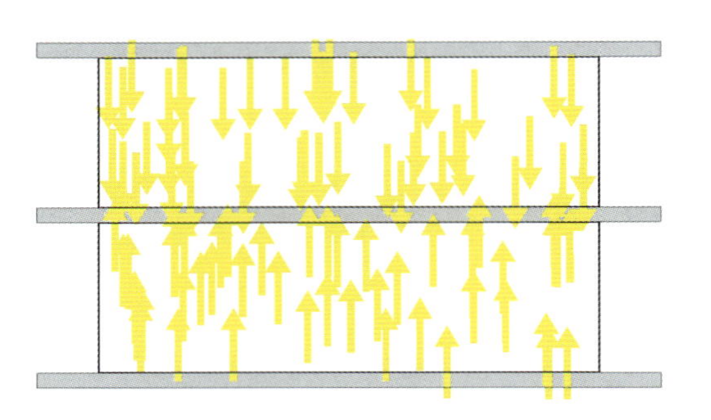

図5　多層電極の構成と電界(p.117)

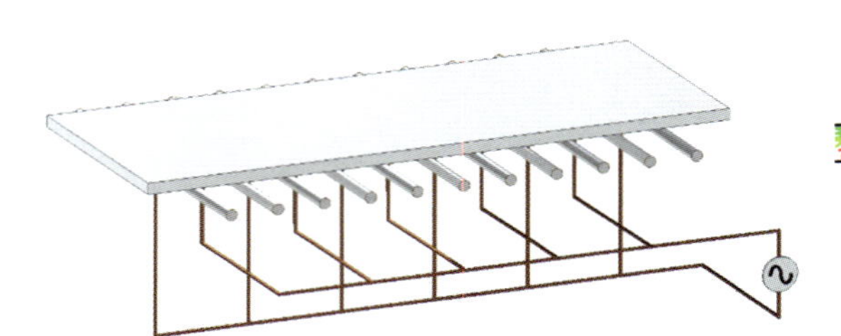

図6　千鳥格子電極の構成と電界(p.117)

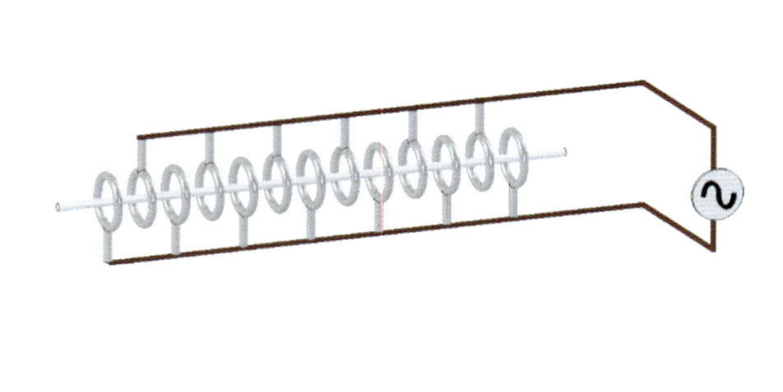
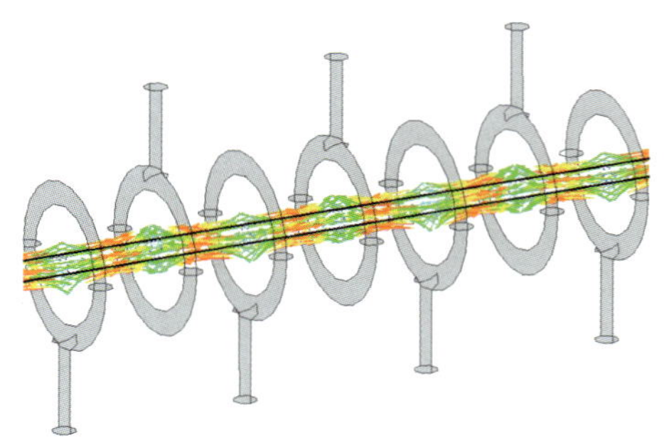

図7　リング電極の構成と電界(p.118)

a）外周部断面

b）中央部断面

※すべての層が混合されている

a　混合されている部分
b　混合されていない部分
c　ろ布

図 11　振動＋傾斜による混合（p.160）

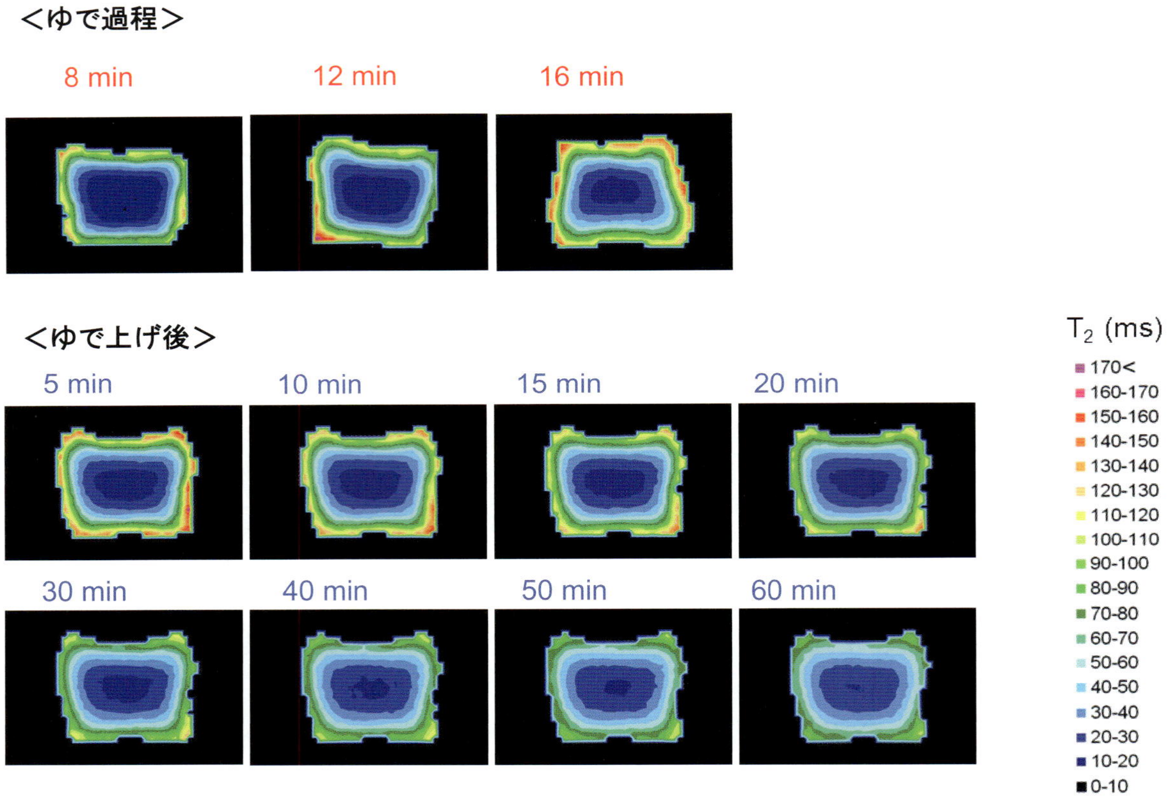

＜ゆで過程＞

8 min　12 min　16 min

＜ゆで上げ後＞

5 min　10 min　15 min　20 min

30 min　40 min　50 min　60 min

T_2 (ms)
170<
160-170
150-160
140-150
130-140
120-130
110-120
100-110
90-100
80-90
70-80
60-70
50-60
40-50
30-40
20-30
10-20
0-10

図3　ゆで過程とゆで上げ後の麺の T_2 map の変化（p.191）
図中赤字はゆで時間，青字はゆであげ後の経過時間を示す

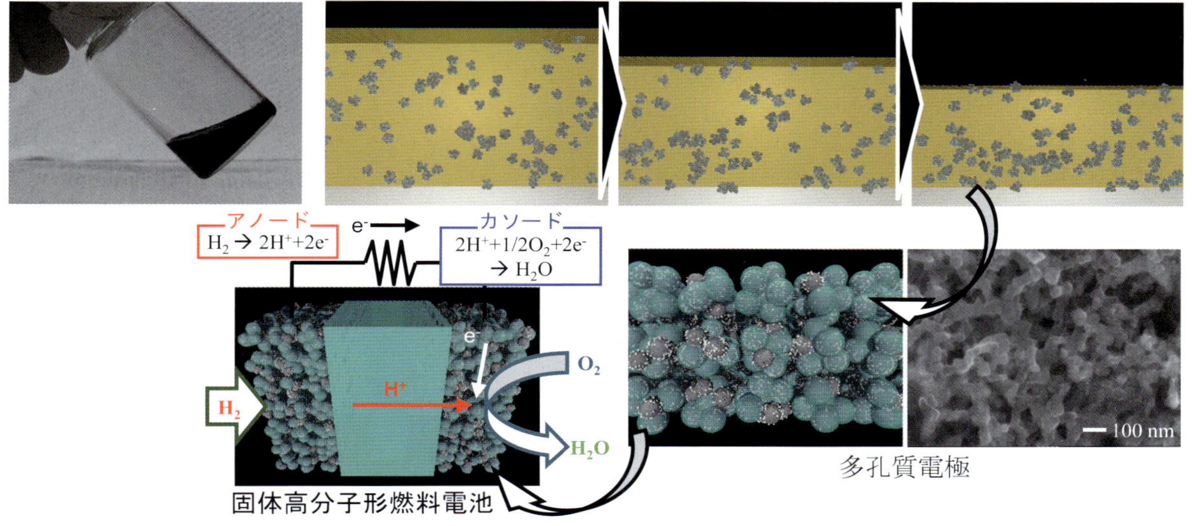

図１　電極スラリーと多孔質電極作製プロセス（p.196）

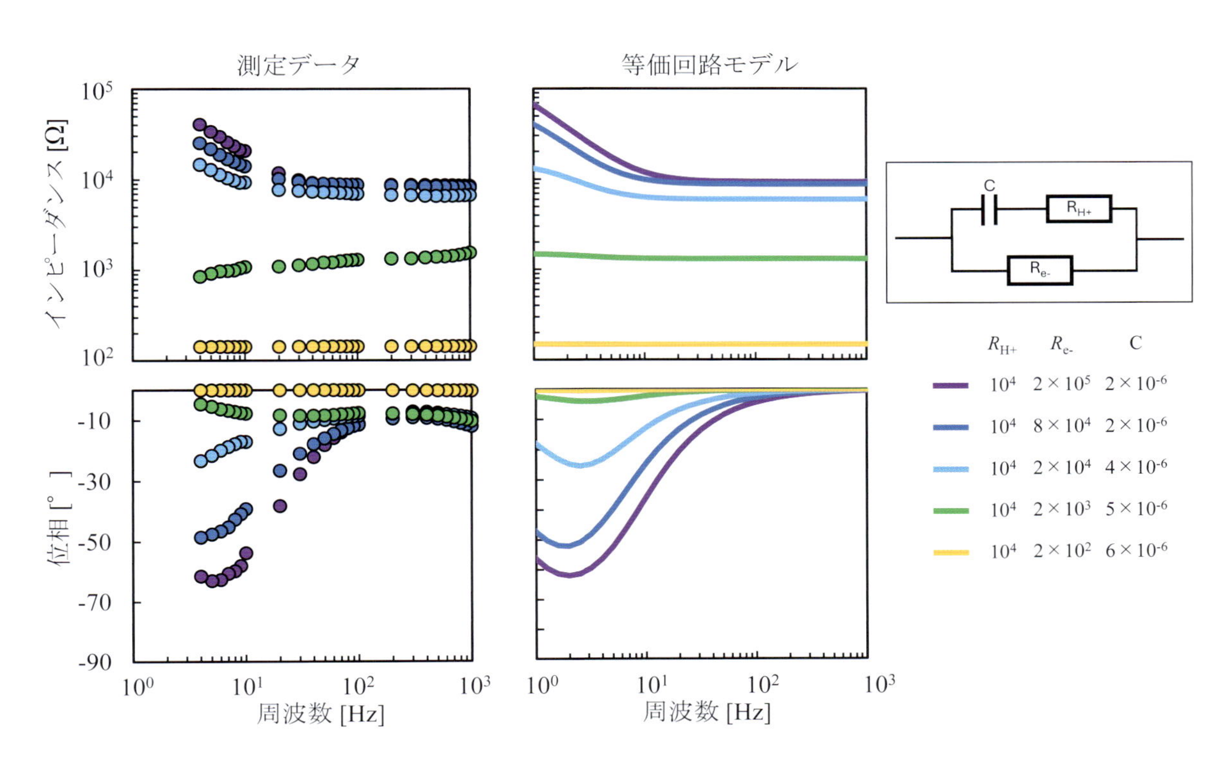

図６　スラリー乾燥過程のインピーダンス計測と等価回路モデル（p.200）

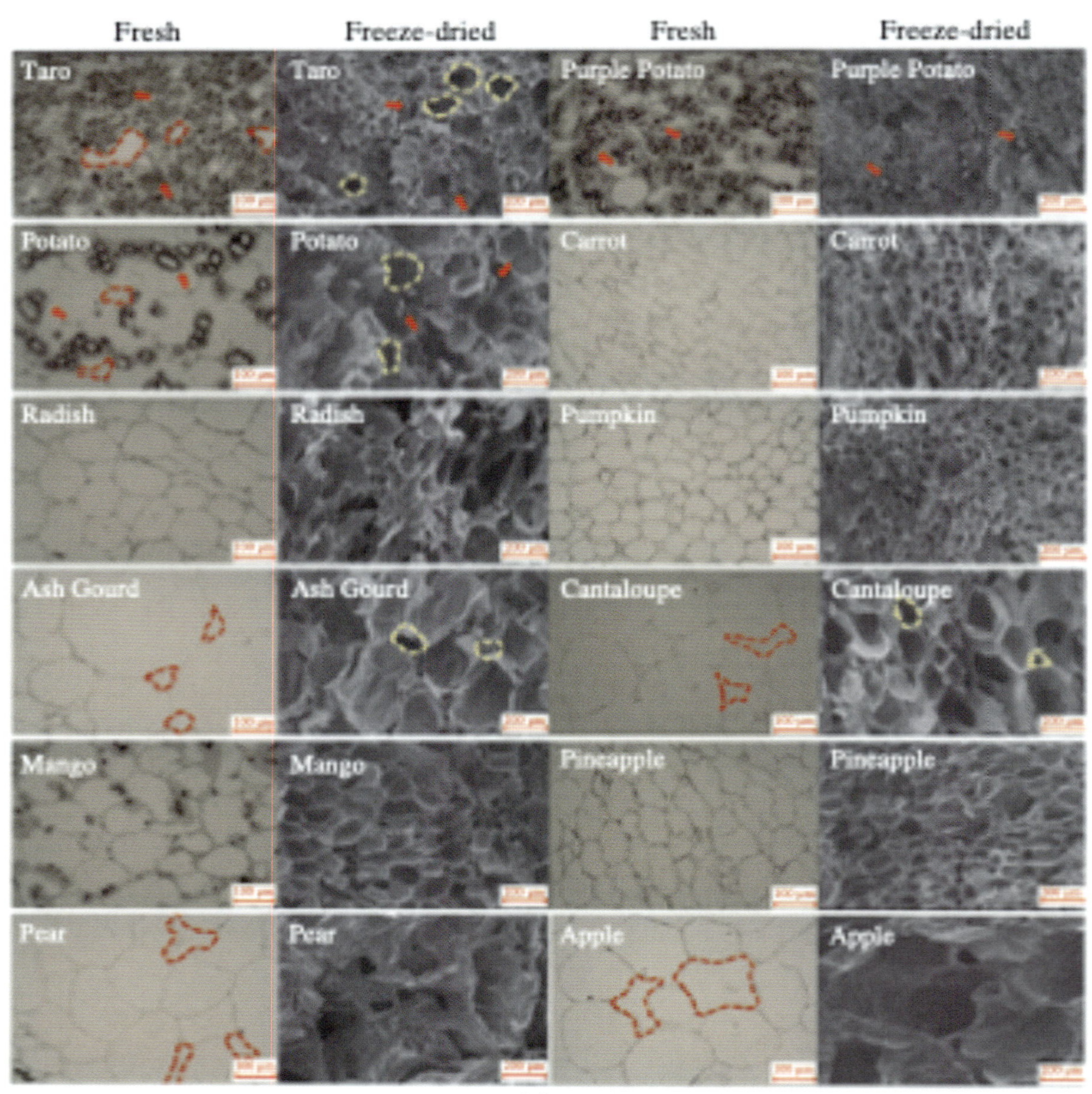

出典：Y. Kumar and R. Suhag : Freeze Drying of Food Products（2024）.

図３　青果物の細胞組織と凍結乾燥後の微細構造（p.275）

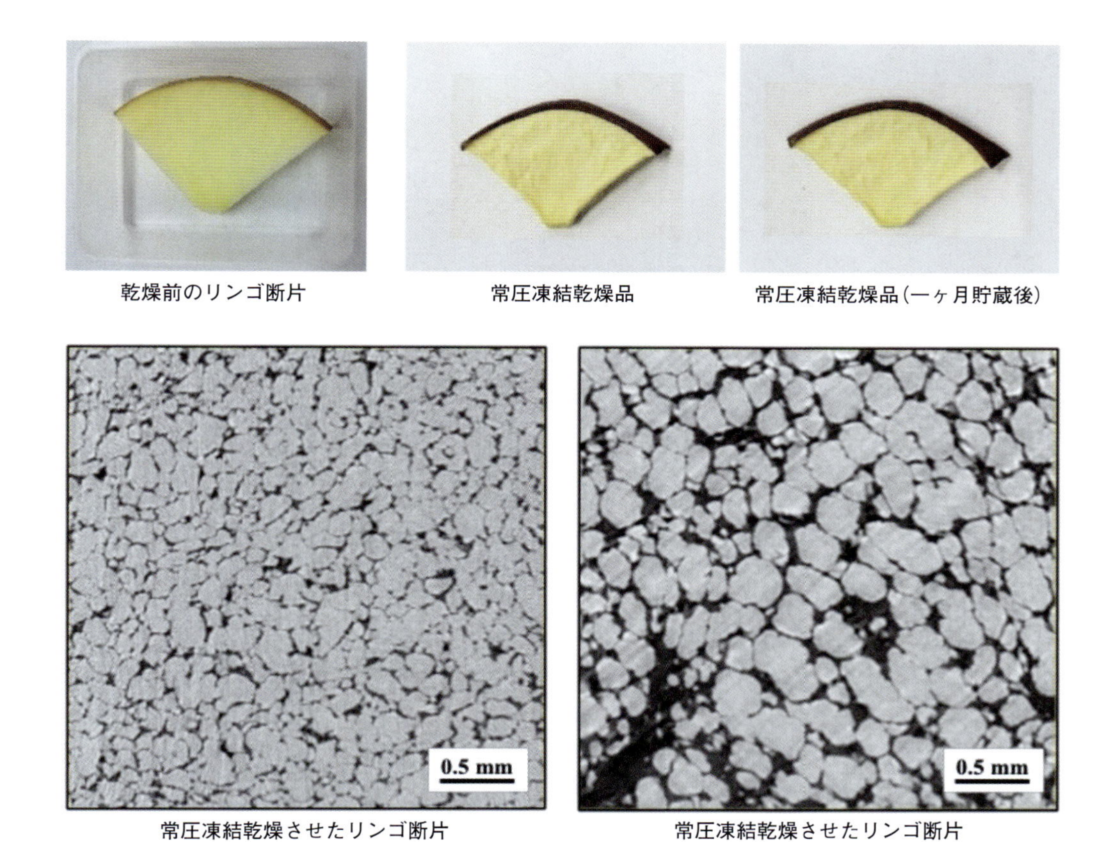

図6　凍結乾燥リンゴの断面画像(p.278)

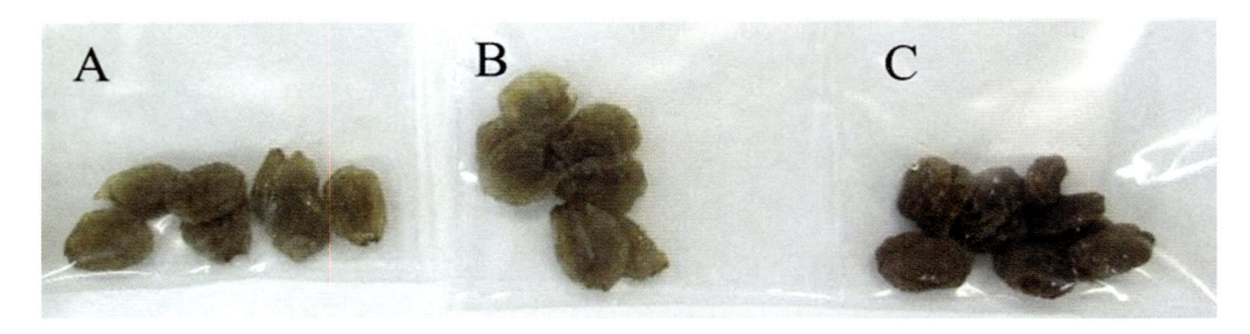

図７　各処理後に乾燥した緑色ブドウの写真（p.309）
A：微細水滴加熱処理後，B：スチームコンベクション加熱後，C：家庭用ウォーターオーブン加熱後

図１　FD 味噌汁をはじめとする成型加工品類（p.314）

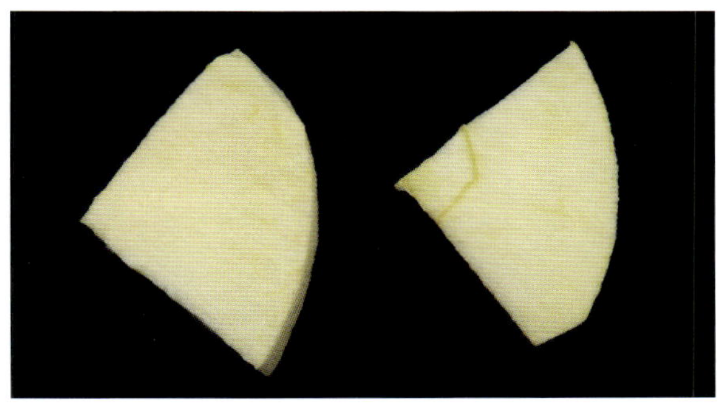

図５　マイクロ波減圧乾燥後のリンゴの外観の比較（p.319）
左：常温で解凍後に乾燥を開始，右：凍結状態で乾燥を開始

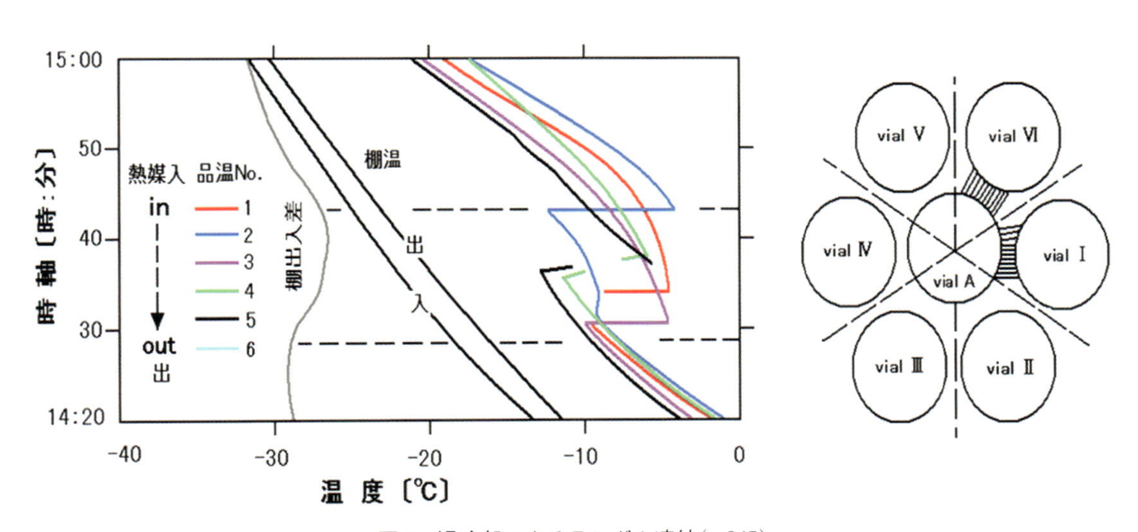

図４　過冷却によるランダム凍結（p.345）

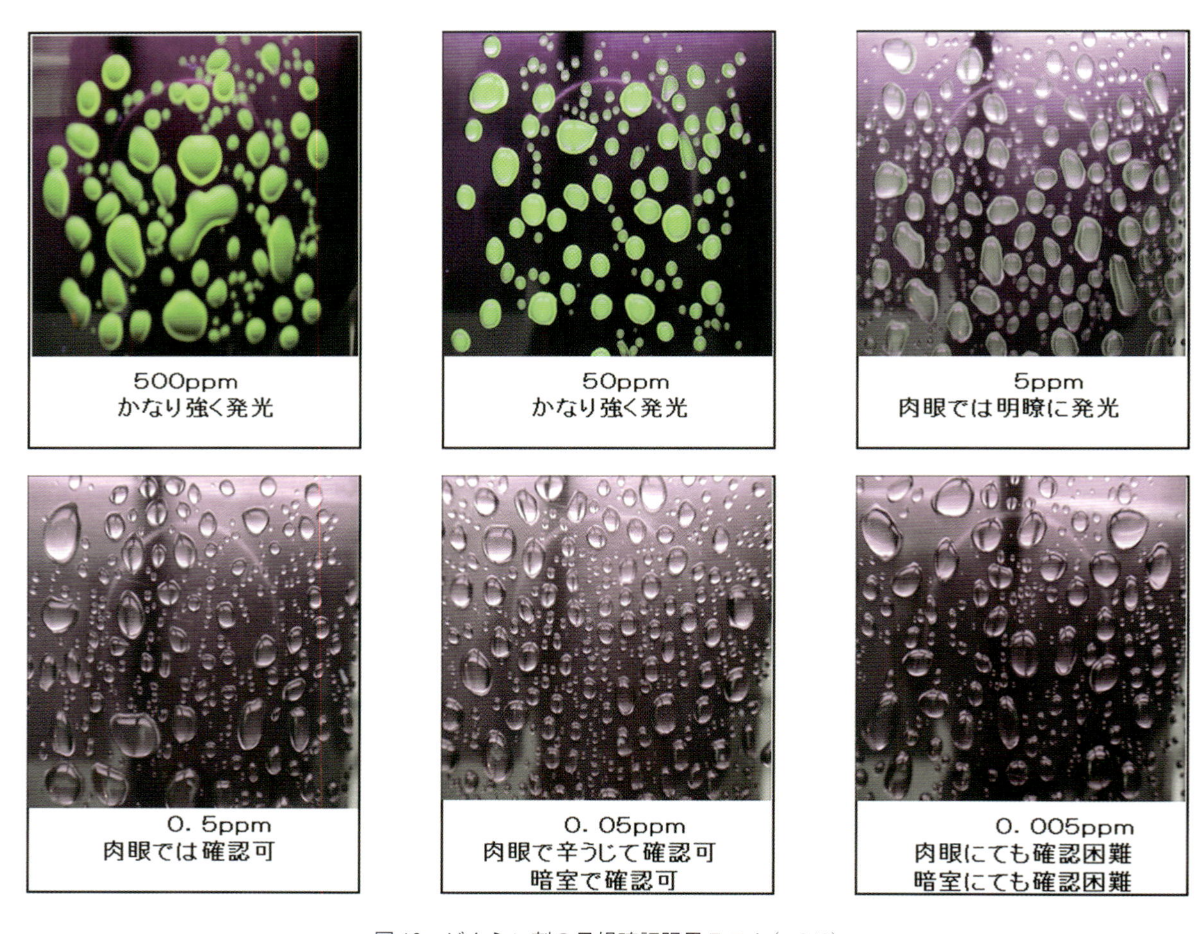

図 10　ビタミン剤の目視確認限界テスト（p.348）

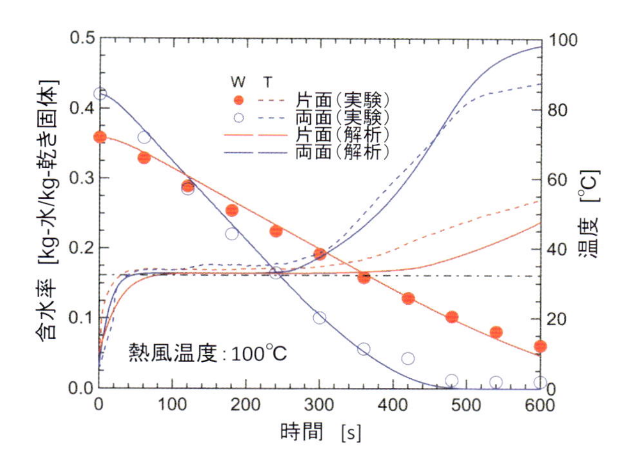

図3　熱風温度 100 ℃での薄板乾燥挙動の実験と解析結果（p.381）

片面（熱風温度100℃）
両面（熱風温度100℃）
片面（熱風温度120℃）
両面（熱風温度120℃）
引張応力
圧縮応力
最大主応力 [Arb.]
含水率 [－]

図6　含水率に対する引張と圧縮最大主応力（p.382）

図2　液化ジメチルエーテル処理後の下水汚泥ケーキ（p.426）

発刊にあたって

工業で広く実施される乾燥操作は，古くから多くの課題をもつプロセスと認識されてきた。1908年，化学工学を対象とする学術組織 America Institute of Chemical Engineering が設立され，『Transaction of the American Institution of Chemical Engineer』誌が創刊された。この創刊号には付録として数々の図表・物性表が同梱されているが，その中に私たちが今も使っている湿度図表がある。化学工業におけるさまざまな課題のなかに，化学や機械工学だけでは解決できないものが多く認識され，それらを解決する学問として化学工学はつくられた。「乾燥」は当初より新しいエンジニアリングが必要な課題とされてきた。材料内部の溶媒を除去するために，これと関わる物質の化学的な性質を知るだけでは十分ではなく，装置内を流れる空気と材料との相互作用も知る必要がある。操作に定量性を与えるためには，それらを合理的に表現できる理論も必要となる。乾燥の理論基盤は，Sherwood らの 1929～1932 年にかけての研究が土台となっている。乾燥は単純な水分移動現象ではなく，蒸発によって消費される熱が継続的に供給される，熱と物質の同時移動現象である。さらに，乾燥材料の多くは多孔体であるため，細孔内における水(液，気体)の移動，水の移動に伴う構造変化を総合的に扱う必要もある。理論研究は対象を単純化して捉え，背景にあるメカニズムを普遍的な形で示してくれる。しかし実際の製品となると，個別的な特性に対処する必要もあるため，経験的知見によって理論を補完することも考えなくてはいけない。普遍性と個別性のギャップはいかに埋めるべきだろうか。現在に至るまで乾燥と関わる研究は連綿と継続している。

乾燥は，工業プロセスにおけるエネルギー消費量の約 10～25 %を占めるといわれている。世界の二酸化炭素排出に占める工業プロセスの寄与が約 25 %を占めるとすれば，乾燥プロセスにおける 2 割のエネルギー削減が，総二酸化炭素排出の約 0.5～1.2 %の削減に繋がる。これは決して小さなインパクトではなく，持続可能社会の実現のために乾燥技術の改善が貢献できる余地は大きい。

製造プロセスのダウンストリームに位置することが多い乾燥操作は，単純に製品中の溶媒除去のために加熱する操作ではない。製品に求められる特性が最終含水率であることよりも，製品がもつ最終的な構造特性，またはそれに由来する機能保持が求められることがほとんどだろう。近年，工業製品の持つ特性の高度化に伴い，乾燥技術に期待される精密さも高度化している。しかし，これまでに積み上げられてきた理論研究が生産に活用された事例はまだまだ限定的かもしれない。多くの事例に学び，実用に即した理論の構築によって，高度な生産を実現することは，今後私たちが取り組むべき課題だろう。

本書では工業的な乾燥と関わるトピックを，基礎原理，装置，製品の 3 つの視点から，できるだけ網羅的に紹介する構成としている。第 1 編における「基礎編」では，乾燥の基礎理論と，乾燥装置，製品品質の観点からまとめてある。第 2 編は「応用編」とし，乾燥対象である材料や製品の種類ごとにまとめている。

これまでに蓄積された乾燥技術のハンドブックとして参考書代わりに使って頂くだけでなく，ともすれば同業者内でクローズになりがちな技術各論を俯瞰し，前途を展望する契機となってくれることを期待している。これが新しい技術創出の機会となることを祈念する次第である。読者の皆様にも忌憚のないご意見をお寄せ頂ければ幸いである。

2025年1月

九州大学　中川　究也

監修者・執筆者一覧（敬称略）

【監修者】

中川　究也　　九州大学　工学研究院　教授

【執筆者（掲載順）】

中川　究也　　九州大学　工学研究院　教授

立元　雄治　　静岡大学　学術院工学領域　准教授

山本　修一　　山口大学　大学院創成科学研究科　教授

吉田　正道　　富山大学　大学院理工学研究科　准教授

中村　正秋　　中村正秋技術事務所　代表

木原　康博　　株式会社木原製作所　代表取締役

木原　利昌　　株式会社木原製作所　専務取締役

木原　功一朗　株式会社木原製作所　常務取締役

丸山　勝之　　株式会社大和三光製作所　営業企画部　技術顧問

武藤　貞保　　株式会社大和三光製作所　営業企画部　副部長

山田　圭一　　株式会社栗本鐵工所　機械システム事業部粉体プロセス本部　課長

林　潤　　株式会社セイシン企業　プラント技術部　部長

今泉　竜一　　株式会社セイシン企業　プラント技術部東日本技術課　主任

吉村　信也　　株式会社カワタ　知財開発部知財開発課　リーダー

近藤　良夫　　日本ガイシ株式会社　製造技術統括部製造技術1部CAE推進グループ　マネージャー

小牧　毅史　　日本ガイシ株式会社　エンバイロメント事業本部産業プロセス事業部技術2部連携グループ　グループマネージャー

古田　武　　鳥取大学名誉教授

杉村　昌昭　　株式会社スギノマシン　精密機器事業本部技術統括部第一技術部設計課　係長
山本　泰司　　山本ビニター株式会社　代表取締役社長
和田　直之　　マイクロ波化学株式会社　研究開発部　基盤技術開発グループリーダー/提携事業推進グループ１リーダー
後藤　元信　　超臨界技術センター株式会社　取締役／名古屋大学名誉教授
加藤　宏行　　株式会社研電社　東京支店　技術統括
本田　晴彦　　有限会社マリオネットワーク　環境事業部門　取締役
佐藤　澄人　　月島機械株式会社　計画部　次長
竹井　一剛　　株式会社神鋼環境ソリューション　技術部装置設計室　室長
吉原　伊知郎　吉原伊知郎技術士事務所　所長
寺田　達士　　日東精工アナリテック株式会社　営業推進部/海外営業部　部長代理
望月　匠峰　　広島大学　大学院統合生命科学研究科
川井　清司　　広島大学　大学院統合生命科学研究科　教授
小島　登貴子　埼玉県産業技術総合センター　北部研究所　専門員
鈴木　崇弘　　大阪大学　大学院工学研究科　講師
津島　将司　　大阪大学　大学院工学研究科　教授
末広　省吾　　株式会社住化分析センター　大阪ラボラトリー　主幹部員
山村　方人　　九州工業大学　大学院工学研究院　教授
藤本　登留　　東北農林専門職大学　農林業経営学部　教授
松元　浩　　　石川県農林総合研究センター　林業試験場資源開発部　部長/石川ウッドセンター　所長
河崎　弥生　　岡山大学　グリーンイノベーションセンター　特任教授／河崎技術士事務所　所長
小出　章二　　岩手大学　農学部　教授
小山　竜平　　神戸大学　大学院農学研究科　助教
宇野　雄一　　神戸大学　大学院農学研究科　教授
野口　有里紗　東京農業大学　農学部　准教授
吉井　英文　　摂南大学　農学部　客員教授
橋本　篤　　　三重大学　大学院生物資源学研究科　教授
奥田　知晴　　味の素 AGF 株式会社　生産統轄部　シニアマネージャー
福島（作野）えみ　一般財団法人日本きのこセンター　菌蕈研究所　上席主任研究員

丹羽　昭夫	あいち産業科学技術総合センター　食品工業技術センター保蔵包装技術室 主任研究員
玉川　友理	椙山女学園大学(当時)
森川　豊	あいち産業科学技術総合センター　産業技術センター環境材料室長
藤井　正人	愛知県産業技術研究所　食品工業技術センター加工技術室　技師(当時)
戸谷　精一	愛知県産業技術研究所　食品工業技術センター加工技術室長(当時)
山﨑　慎也	長野県工業技術総合センター　食品技術部門加工食品部　研究員
畠中　和久	広島工業大学　環境学部食健康科学科　教授
安藤　泰雅	国立研究開発法人農業・食品産業技術総合研究機構　食品研究部門　主任研究員
小西　靖之	北海道立工業技術センター　研究開発部　専門研究員(元・研究開発部長)
川崎　英典	塩野義製薬株式会社　ワクチン事業本部ワクチン生産技術研究所　専任課長
伊豆津　健一	国際医療福祉大学　成田薬学部　教授
細見　博	共和真空技術株式会社　技術本部　取締役技術本部長
國谷　亮介	ペプチスター株式会社　研究開発部プロセス化学グループ　研究開発部副部長
越智　俊輔	ペプチスター株式会社　研究開発部プロセス化学グループ　マネージャー
小川　智宏	株式会社神鋼環境ソリューション　プロセス機器事業部技術部開発室　室長
岸　勇佑	株式会社神鋼環境ソリューション　プロセス機器事業部技術部開発室
根本　源太郎	大川原化工機株式会社　開発部　部長
志田　賢二	熊本大学　技術部　技術専門職員
松田　元秀	熊本大学　大学院先端科学研究部　教授
鵜澤　茂久	日本コークス工業株式会社　化工機事業部栃木工場粉体技術センター　上席主幹
服部　毅	Hattori Consulting International　代表／(元)ソニー株式会社
板谷　義紀	愛知工業大学　総合技術研究所　客員教授／岐阜大学名誉教授／ 名古屋産業科学研究所　研究部　首席研究員
白神　崇生	双葉電子工業株式会社　コア技術開発センター第二コア技術部　課長
上野　明	株式会社マイクロジェット　技術部　チーフスペシャリスト
田口　佳成	新潟大学　工学部　准教授
小林　信介	岐阜大学　大学院工学研究科　教授
和田　光司	アムコン株式会社　生産管理本部　執行役員/本部長
神田　英輝	名古屋大学　大学院工学研究科　助教
佐竹　重則	関東職業能力開発大学校　応用課程建築施工システム技術科　能開教授

目　次

第1編　基礎編

第1章　乾燥の基礎

第3章　乾燥の評価・計測・解析

第 2 編　応用編

第 1 章　木　材

第 2 章　ポストハーベスト

第 3 章　食　品

第 4 章　医療・医薬品

第5章　電　池

第6章　エレクトロニクス

第7章　塗料・印刷インキ・ケミカル

第8章　公共事業(下水汚泥，コンクリート)

第１編

基礎編

第１章　乾燥の基礎
第２章　乾燥機の種類とメカニズム
第３章　乾燥の評価・計測・解析

第1節
湿り空気の性質

静岡大学　立元　雄治

1. 湿り空気の諸性質

湿り空気は，空気と各種蒸気の混合物である。特に空気-水系が乾燥操作で広く用いられる。

1.1　飽和蒸気圧

空気中に含まれる蒸気量には最大値があり，蒸気を最大限含んだときの蒸気分圧は飽和蒸気圧となる。飽和蒸気圧は温度に依存する。**表1**に，水の温度と飽和蒸気圧および蒸発潜熱の関係を示す。温度の上

表1　水の温度と飽和蒸気圧，蒸発潜熱の関係

温度 [K]	飽和水蒸気圧 [kPa]	蒸発潜熱 [kJ・kg^{-1}]	温度 [K]	飽和水蒸気圧 [kPa]	蒸発潜熱 [kJ・kg^{-1}]
273.15	0.6108	2501.6	321.15	11.162	2387.7
273.16	0.6112	2501.6	323.15	12.335	2382.9
275.15	0.7055	2496.8	328.15	15.741	2370.8
277.15	0.8129	2492.1	333.15	19.92	2358.6
279.15	0.9345	2487.4	338.15	25.01	2346.3
281.15	1.072	2482.6	343.15	31.16	2334
283.15	1.227	2477.6	348.15	38.55	2321.5
285.15	1.401	2473.2	353.15	47.36	2308.8
287.15	1.597	2468.5	358.15	57.8	2296.5
289.15	1.817	2463.8	363.15	70.11	2283.2
291.15	2.062	2459	368.15	84.53	2270.2
293.15	2.337	2454.3	373.15	101.33	2256.9
295.15	2.642	2449.6	383.15	143.27	2230
297.15	2.982	2444.9	393.15	198.54	2202.2
299.15	3.36	2440.2	403.15	270.13	2173.6
301.15	3.778	2435.4	413.15	361.4	2144
303.15	4.241	2430.7	423.15	476	2113.2
305.15	4.753	2425.9	433.15	618.6	2081.3
307.15	5.318	2421.2	443.15	792	2047.9
309.15	5.94	2416.4	453.15	1002.7	2013.1
311.15	6.624	2411.7	463.15	1255.1	1976.7
313.15	7.375	2406.9	473.15	1554.9	1938.6
315.15	8.198	2402.1	483.15	1907.7	1898.5
317.15	9.1	2397.3	493.15	2319.8	1856.2
319.15	10.086	2392.5	503.15	2797.6	1811.7

昇に伴い，飽和蒸気圧が増加する。すなわち空気中に含むことができる水蒸気量が増加する。なお，表中の蒸発潜熱は，その温度において水1 kgの蒸発に必要な熱量である。

1.2 湿　度

空気中に含まれる蒸気量の表現に湿度が使用される。湿度の表現方法には多様な方法があり，**表2**に湿度の表現方法をまとめる。特に広く使用されるのは関係湿度(相対湿度)と絶対湿度である。

表2　湿度の表し方

関係湿度(相対湿度) φ[%]	$\varphi = \frac{p_v}{p_s} \times 100$　(1)
絶対湿度 H[kg-蒸気・(kg-乾きガス)$^{-1}$]	$H = \frac{M_v}{M_g}\frac{p_v}{p - p_v}$　(2)
モル湿度 H_n[mol-蒸気・(mol-乾きガス)$^{-1}$]	$H_n = \frac{p_v}{p - p_v}$　(3)
比較湿度(飽和度) ψ[%]	$\psi = \frac{H}{H_s} \times 100$　(4)

p_v：蒸気分圧[kPa]，p_s：飽和蒸気圧[kPa]，p：全圧[kPa]
M_v：蒸気の分子量[g・mol^{-1}]，M_g：乾きガスの分子量[g・mol^{-1}]
H_s：飽和絶対湿度[kg-蒸気・(kg-乾きガス)$^{-1}$]

1.2.1 関係湿度(相対湿度)

関係湿度(相対湿度)は，上述の飽和蒸気圧と現在の空気中の蒸気分圧の比で表現される。100 %の状態が飽和空気を意味する。温度が変化すると，同じ量の蒸気を含んだ空気でも飽和蒸気圧が変わるため関係湿度の値が変化する。

1.2.2 絶対湿度

絶対湿度は，乾いた空気の質量に対する蒸気質量の比で表現される。温度が変化しても質量は変化しないため，絶対湿度は温度によって変化しない。乾燥操作では，空気の加熱による温度上昇や，乾燥時の蒸発潜熱などに熱が使われることによる温度低下が起こる。このような温度変化があっても空気中の蒸気量が等しければ温度によらず絶対湿度は変化しないことから乾燥操作では絶対湿度が広く用いられる。

1.3 その他の湿り空気の性質

1.3.1 湿り比熱容量

乾いた空気1 kgとそこに含まれる蒸気の混合気体の温度を1℃(1 K)上げるのに必要な熱量を意味し，下の式で求められる。

$$C_H = C_g + C_v H \tag{5}$$

C_H：湿り比熱容量[J・(kg-乾き空気)$^{-1}$・K^{-1}]，C_g：乾き空気の比熱容量[J・(kg-乾き空気)$^{-1}$・K^{-1}]，C_v：蒸気の比熱容量[J・(kg-蒸気)$^{-1}$・K^{-1}]，H：絶対湿度[kg－蒸気・(kg-乾き空気)$^{-1}$]

空気-水系の場合には，下記のように近似できる。

$$C_H = (1.00 + 1.88H) \times 10^3 \tag{6}$$

1.3.2 湿り比容積

乾いた空気1 kgを基準とした，湿り空気(乾いた空気と蒸気の混合気体)の体積を意味し，次式で表される。

$$v_H = 22.4\frac{101.3}{p}\frac{T}{273}\left(\frac{1}{M_g} + \frac{H}{M_v}\right) \tag{7}$$

v_H：湿り比容積[m^3・(kg-乾き空気)$^{-1}$]，p：全圧[kPa]，T：温度[K]，M_g：空気の分子量[g・mol^{-1}]，M_v：蒸気の分子量[g・mol^{-1}]

空気-水系の場合には次式で表される。

$$v_H = (0.772 + 1.244H)\frac{101.3}{p}\frac{T}{273} \tag{8}$$

1.3.3 湿りエンタルピー

乾いた空気1 kgを基準とした湿り空気のエンタルピーであり，次式で表現される。湿りエンタルピーは乾燥操作前後の空気の持つ熱量を評価するのに使用されることが多い。

$$i_H = C_H(T - T_0) + (\Delta h_v)_0 H \tag{9}$$

i_H：湿りエンタルピー[J・(kg－乾き空気)$^{-1}$]，T_0：基準温度(273 K(0℃)とすることが多い)，$(\Delta h_v)_0$：温度T_0における蒸発潜熱[J・kg^{-1}]

空気-水系では次のように近似される。

$$i_H = \{(1.00 + 1.88H)(T - 273) + 2500H\} \times 10^3 \tag{10}$$

2. 湿度図表

湿り空気の諸性質を図表として表したものは湿度図表とよばれ，空気-水系のものが広く用いられている。**図1**に，空気-水系の湿度図表を示す。横軸に温度をとり，縦軸に絶対湿度をはじめとした各種物性値をとる。

2.1　断熱飽和温度

外部との熱の出入りがない状態(断熱状態)の空間において十分な量の水が空気と接触する場合を考える。入口から温度 T[K]，絶対湿度 H[kg-水蒸気･(kg-乾き空気)$^{-1}$]の空気が流入する。空気の持つエンタルピーが水に伝えられ，その全てが水の蒸発のみに使用され，やがて水温が温度 T_s[K]で一定となる。すなわち，空気から水に流入する熱量と，水の蒸発によって使われる熱量がつり合う状態(熱的平衡)となる。このとき，出口の空気の温度も水温と同じ T_s[K]となり，この温度における飽和湿度(飽和絶対湿度)H_s[kg-水蒸気･(kg-乾き空気)$^{-1}$]となる。このときの温度 T_s が断熱飽和温度である。また，上の熱的つり合いの関係を式で表すと以下のようになる。

$$C_H(T-T_s)=(\Delta h_v)_s(H_s-H) \tag{11}$$

$(\Delta h_v)_s$：温度 T_s における水の蒸発潜熱[J･kg^{-1}]

この関係を図1の湿度図表上に表すと，関係湿度100 %の曲線から出る右肩下がりの直線(群)となる。この直線は断熱冷却線とよばれる。

2.2　湿球温度

図2のように，空気中に置かれた水滴あるいは十分に湿った物体を考える。この水滴に当てる空気の温度を T，絶対湿度を H とする。空気から水滴に流入する熱量と，水滴からの蒸発潜熱量が等しくなり，熱的に平衡関係になると水滴の温度が変化しなくなる。この時の温度が湿球温度である。湿球温度を T_w とすると，熱的平衡関係は次の式で表現できる。

$$\begin{aligned} h(T-T_w) &= k_H(H_w-H)(\Delta h_v)_w \\ &= k_p(p_w-p_v)(\Delta h_v)_w \end{aligned} \tag{12}$$

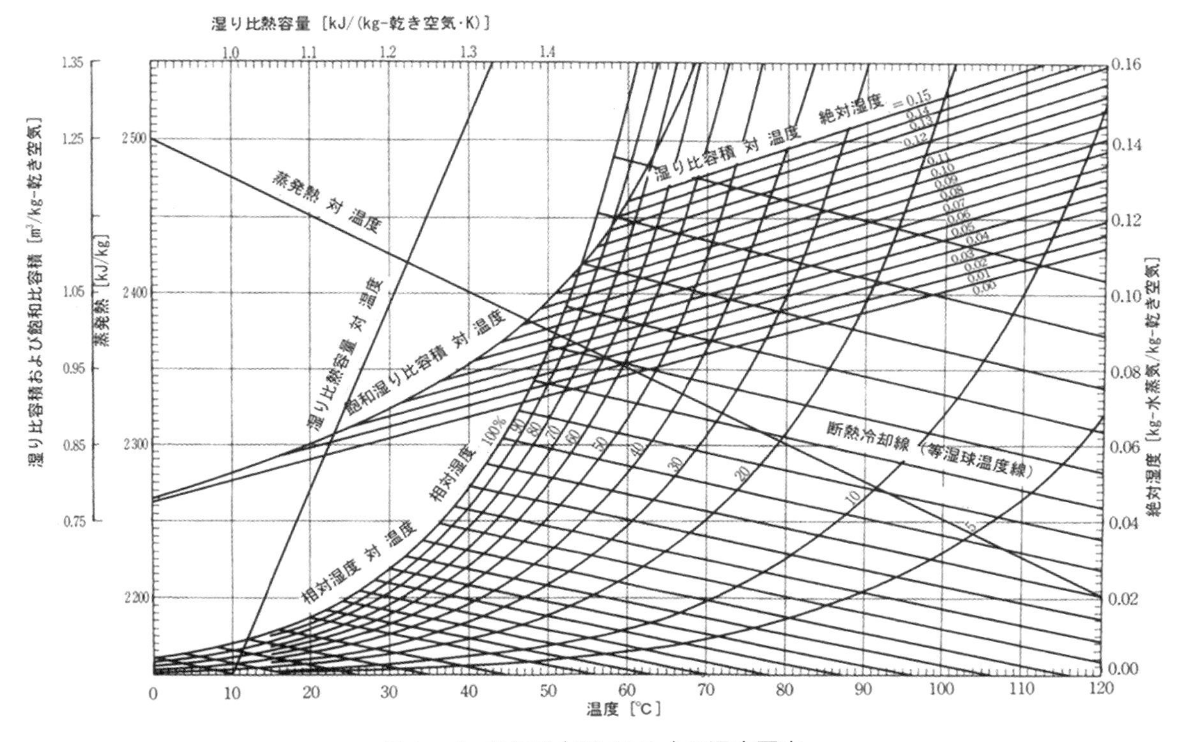

図1　水-空気系(101.3 kPa)の湿度図表

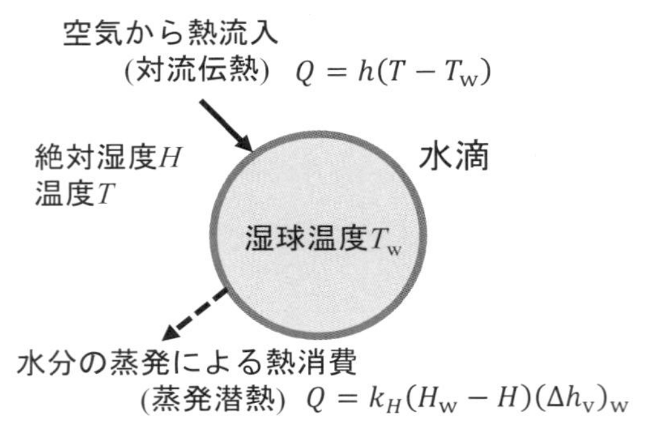

図2　空気中におかれた水滴の熱移動

h：対流熱伝達係数[W・m^{-2}・K^{-1}]，k_H：物質移動係数(絶対湿度基準)[kg-乾き空気・m^{-2}・s^{-1}]，k_p：物質移動係数(圧力基準)[kg-水蒸気・Pa^{-1}・m^{-2}・s^{-1}]，H_w：温度T_wにおける飽和絶対湿度[kg-水蒸気・(kg-乾き空気)$^{-1}$]，p_w：温度T_wにおける飽和水蒸気圧[Pa]，p_v：水蒸気分圧[Pa]，$(\Delta h_v)_w$：温度T_wにおける水の蒸発潜熱[J・kg^{-1}]

上の式はさらに以下のように変形できる。この式におけるTとHの関係は等湿球温度線とよばれる。

$$(h/k_H)(T - T_w) = (\Delta h_v)_w(H_w - H) \tag{13}$$

空気-水系においては，$h/k_H \fallingdotseq C_H$となるLewisの関係が成立する[1]。このため，上の式は，

$$C_H(T - T_w) = (\Delta h_v)_w(H_w - H) \tag{14}$$

となり，断熱冷却線(式(11))にほぼ一致する。なお，空気－水系以外では一般的にLewisの関係は成立しないが，次のChilton-Colburnの相似則が成立する[2]。

$$h/k_H = C_H(Sc/Pr)^{2/3} \tag{15}$$

Sc：シュミット数[-]，Pr：プラントル数[-]

湿球温度を求める場合には，式(14)を満たすような湿球温度を求める。このとき，飽和絶対湿度および蒸発潜熱が湿球温度によって変化することから，この式を満たす湿球温度を試行錯誤法などで求める。

湿球温度は**図3**のように湿度図表から求めることも可能である。空気の温度Tと絶対湿度Hがわかっており，湿度図表上でこの空気の状態を確認する(点a)。この点aから，断熱冷却線(等湿球温度線)に沿って，左上に向かって移動し，関係湿度(相対湿度)100 %となる点に到達する(点b)。この点の横軸温

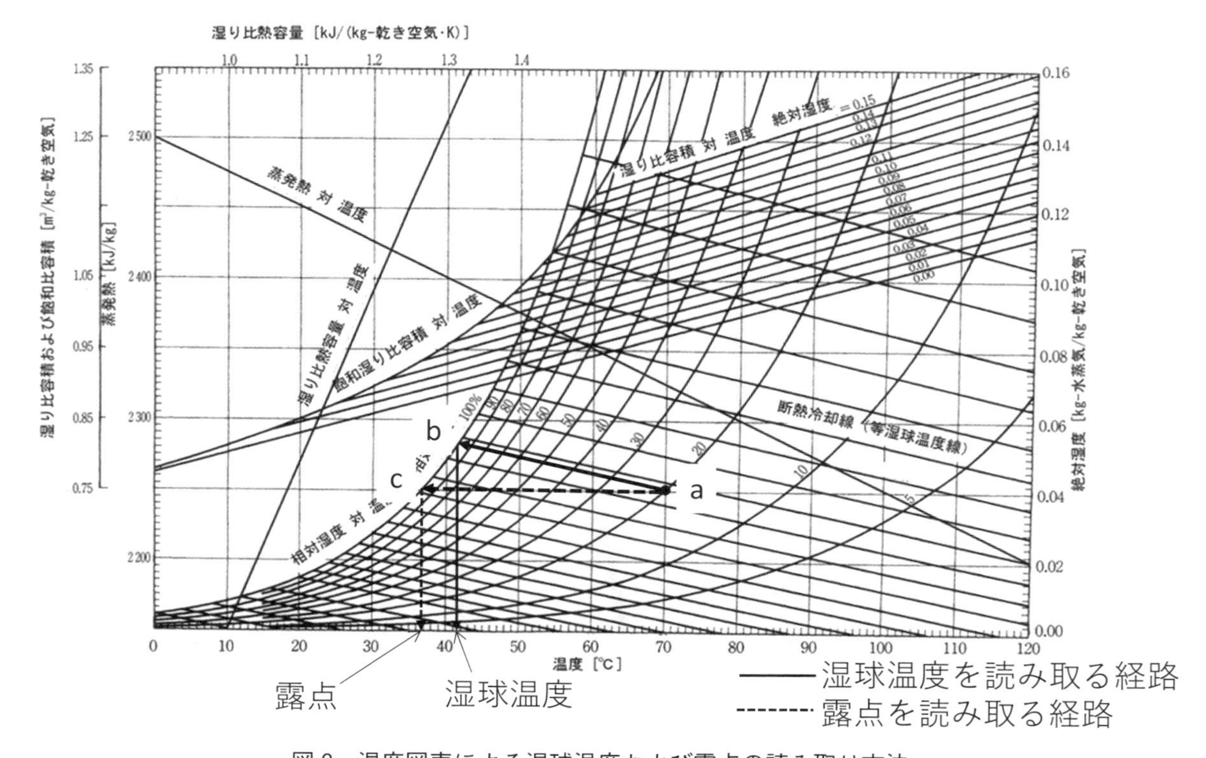

図3　湿度図表による湿球温度および露点の読み取り方法

度が湿球温度 T_w である。一方，点bにおける絶対湿度は温度 T_w における飽和絶対湿度である。

2.3 露　点

露点は，ある温度 T，絶対湿度 H の空気の温度を下げていったときに，空気中の水蒸気が凝縮（結露）する瞬間の温度である。乾燥操作では，材料表面に水分が結露すると乾燥が進行せず，トラブルとなるため，特に乾燥機出口で空気温度が露点よりも下がらないようにする必要がある。露点における空気中の関係湿度は100％（すなわち飽和状態）となる。したがって，露点は絶対湿度 H が飽和絶対湿度となるときの温度である。露点は，空気中の湿度によって変わり，湿度の高い空気ほど露点が高い。

湿度図表上で露点を求めることも可能である。図3において点aは温度 T，絶対湿度 H の空気の状態を表している。点aから，左に水平に進み，関係湿度が100％となるときの点（点c）の温度が露点である。

文　献

1）W. K. Lewis : *Int. J. Heat Mass Transfer*, **5**, 109 (1962).

2）T. H. Chilton and A. P. Colburn : *Ind. Eng. Chem.*, **26**, 1183 (1934).

第2節
熱，物質移動現象

静岡大学　**立元　雄治**

1. はじめに

乾燥操作は，液体で湿った材料に熱を加えて液体を蒸発除去する操作である。材料には，外部から熱が伝わり，その熱によって蒸発した蒸気が材料外へ放出する。材料内においても熱の移動が起こり，液体や蒸気が材料内を移動する。これらのことから，乾燥操作は熱と物質の同時移動現象とよばれる。

2. 熱移動の基礎

熱移動には大きく対流伝熱，伝導伝熱，放射伝熱の3つの機構があり，それぞれの伝熱機構に対応した乾燥機がある(第1編1章6節参照)。

2.1　対流伝熱

対流伝熱は，流体から材料表面に熱が伝わる機構である。たとえば加熱した空気を材料に当てて乾燥する熱風乾燥では，熱風が材料に当たることで熱風の持つ熱が材料に伝わる。

伝熱量 $Q[W]$ は熱風乾燥時を例にとって以下のように計算される。

$$Q = hA(T - T_M)$$

h：対流熱伝達係数[W・m^{-2}・K^{-1}]，A：伝熱面積[m^2]，T_M：材料温度[K]，T：熱風温度 [K]

対流熱伝達係数は，熱風の風速や，熱風の当たり方によって変化する値である。流体の温度差に伴う密度差によって流体が対流する場合の対流伝熱を自然対流伝熱，送風機や撹拌機などで流体を対流させる場合を強制対流伝熱とよぶ。さまざまな系において予測式(実験式)が提案されている。

(1) 平板に平行に熱風を当てる場合[1]：

$$h = 10.5G^{0.8},\ 0.69 < G < 4.2 \tag{1}$$

G：熱風の質量流速[kg・m^{-2}・s^{-1}]

(2) 平板に垂直に熱風を当てる場合[2]：

$$h = 24.2G^{0.37},\ 1.1 < G < 5.4 \tag{2}$$

(3) 単一球形物体に熱風を当てる場合[3]：

$$\frac{hd_p}{\lambda_G} = 2 + 0.6\left(\frac{d_p u_G \rho_G}{\mu_G}\right)^{1/2}\left(\frac{C_G \mu_G}{\lambda_G}\right)^{1/3} \tag{3}$$

d_p：球形物体の直径[m]，λ：熱伝導度[W・m^{-1}・K^{-1}]，u_G：ガス速度[m・s^{-1}]，ρ：密度[kg・m^{-3}]，C：比熱容量[J・kg^{-1}・K^{-1}]，μ：粘度[Pa・s]，下付きのGは熱風の物性値を意味する。

(4) 粒子層内に熱風を通気する場合[4)5)]：

$$\frac{h}{C_H G} = 2.407\left(\frac{d_p u_G \rho_G}{\mu_G}\right)^{-0.51},\quad \frac{d_p u_G \rho_G}{\mu_G} < 350 \tag{4}$$

$$\frac{h}{C_H G} = 1.312\left(\frac{d_p u_G \rho_G}{\mu_G}\right)^{-0.41},\quad \frac{d_p u_G \rho_G}{\mu_G} > 350 \tag{5}$$

C_H：湿り比熱容量[J・(kg-乾きガス)$^{-1}$・K^{-1}]

(5) 流動層内における熱風と粒子間の伝熱の場合：

(回分式流動層[6)])

$$\frac{hd_p}{\lambda_G} = 0.0135\left(\frac{d_p u_G \rho_G}{\mu_G}\right)^{1.3},\ 10 < \frac{d_p u_G \rho_G}{\mu_G} < 57 \tag{6}$$

(連続式流動層[7)])

$$\frac{hd_p}{\lambda_G} = 0.004\left(\frac{d_p u_G \rho_G}{\mu_G}\right)^{1.5},\quad 10 < \frac{d_p u_G \rho_G}{\mu_G} < 100 \tag{7}$$

2.2　伝導伝熱

伝導伝熱は，物体内部における熱移動機構である。

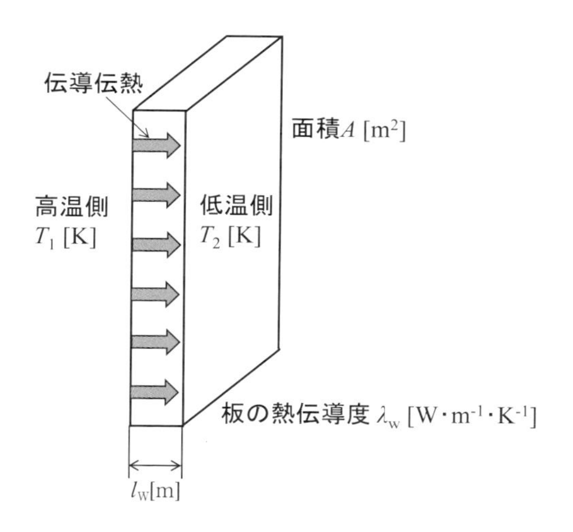

図1　固体平板内の伝導伝熱(厚み方向1次元)

乾燥操作では，加熱された棚や壁から材料に熱が伝わる機構が伝導伝熱であり，この機構によって乾燥する乾燥機を伝導伝熱式乾燥機とよぶこともある。**図1**に示すように，固体平板があったときに一方の面(高温側1)から他方(低温側2)へ熱が移動する場合が例として挙げられる。図1より，高温側(温度 T_1[K])から低温側(温度 T_2[K])へ一次元で移動する伝熱量は以下の式で計算される。

$$Q=\frac{\lambda_W}{l_W}A(T_1-T_2) \tag{8}$$

λ_W：物体(板)の熱伝導度[W・m^{-1}・K^{-1}]，l_W：板の厚さ[m]

熱伝導度は，物質に固有の値(物性値)である。

伝導伝熱式乾燥機では，熱媒体(水蒸気や温水など)で壁を加熱し，壁を通して壁に接触している材料に熱を伝える。このとき，熱は熱媒体から乾燥機壁へ移動(対流伝熱)し，乾燥壁内を移動(伝導伝熱)，さらに材料内を移動する(伝導伝熱)。**図2**に熱媒体から壁を通して熱が材料表面(乾燥面)まで移動するときの概略を示す。熱媒体から材料表面までの熱移動を考えると，伝熱量は以下のように表現できる。

$$Q=U_K A(T_K-T_M) \tag{9}$$

T_K：熱媒体温度[K]，T_M：材料(表面)温度[K]

ここで $\frac{1}{U_K}=\frac{1}{h_K}+\frac{l_W}{\lambda_W}+\frac{l}{\lambda_M}$ で表現され，U_K[W・m^{-2}・K^{-1}]は対流伝熱と伝導伝熱を考慮した伝熱係数であり，総括熱伝達係数とよばれる。

h_K：熱媒体と壁の間の対流熱伝達係数[W・m^{-2}・K^{-1}]，l：材料厚さ[m]，λ_M：材料の有効熱伝導度[W・m^{-1}・K^{-1}]

2.3　放射伝熱(輻射伝熱)

放射伝熱は，温度の異なる物体があるときに，物体間を移動する熱放射線(電磁波)によって熱が移動する機構である。たとえば乾燥する材料の温度を T_M，高温物体の温度(ヒータ表面温度など)を T_R とすると，伝熱量は以下の式で表される。

$$\begin{aligned}Q&=\phi_{1\to2}\sigma A(T_R^4-T_M^4)\\&=\phi_{1\to2}\sigma(T_R^2+T_M^2)(T_R+T_M)A(T_R-T_M)\\&=h_R A(T_R-T_M)\end{aligned}$$

$$\text{ただし，}\ h_R=\phi_{1\to2}\sigma(T_R^2+T_M^2)(T_R+T_M) \tag{10}$$

$\phi_{1\to2}$ は物体1から2への熱移動に対する総括吸収率であり，物体の熱放射線の射出や吸収の度合を意味する。総括吸収率は，物体表面の色や形状，熱移動する

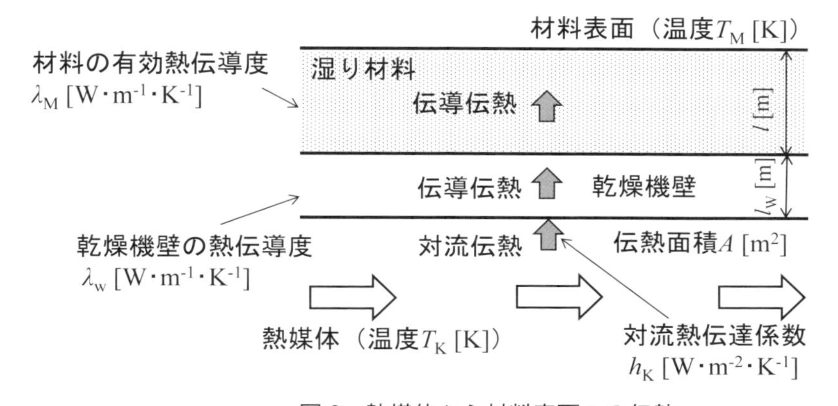

図2　熱媒体から材料表面への伝熱

物体間の位置関係によって変化し，最大値は1.0(吸収率100 %)である。σはステファン-ボルツマン係数であり，$\sigma=5.675\times10^{-8}$ W·m^{-2}·K^{-4}である。乾燥機において放射伝熱によって材料を加熱する場合には赤外線ヒータなどが用いられる。

3. 物質移動の基礎

例として，空気中の水蒸気移動を取り上げる。空気中に水蒸気が存在し，空気中の場所によって水蒸気濃度が異なる場合，水蒸気濃度が均一になるように水蒸気あるいは空気の移動が起こる。このとき，物質は濃度の高い方から低い方へと移動する。この現象が拡散である。

図3に，湿り材料を加熱空気(熱風)中において乾燥するときの物質移動の模式図を示す。物質が十分に湿った状態であるとき物質表面のごく近傍には，物質(水蒸気)が移動する界面(境膜)が存在すると考えることができる。この境膜内の水蒸気移動を考える。境膜内の空気(成分B)中を水蒸気(成分A)が1方向のみに拡散する場合を考えると，水蒸気の移動速度N_A[mol·m^{-2}·s^{-1}]は次のように表される(ここでは気体の対流の影響が無視できると考える)。

$$N_A=-D_{AB}\frac{dc_A}{dz}=\frac{D_{AB}}{Z}(c_{A1}-c_{A2})$$

$$=\frac{D_{AB}}{RTZ}(p_{A1}-p_{A2})=k_p'(p_{A1}-p_{A2}) \qquad (11)$$

D_{AB}[m^2·s^{-1}]は，成分A(水蒸気)の成分B(空気)中における拡散係数であり，物質の種類や温度T[K]，圧力によって決まる値である。c_Aは成分A(水蒸気)のモル濃度[mol·m^{-3}]，p_Aは成分A(水蒸気)の分圧[Pa]，Rは気体定数[Pa·m^3·mol^{-1}·K^{-1}]である。

式(11)において，$k_p'=D_{AB}/(RTZ)$としたときのk_p'は物質移動系数[mol·Pa^{-1}·m^{-2}·s^{-1}]とよばれる。物質移動量を質量で表したn_A[kg·m^{-2}·s^{-1}]は，物質移動係数にk_p[kg·Pa^{-1}·m^{-2}·s^{-1}]を用い以下のようになる。

$$n_A=k_p(p_{A1}-p_{A2}) \qquad (12)$$

絶対湿度で表した場合(物質移動係数k_H:[kg·m^{-2}·s^{-1}]とした場合)には，次のようになる。

$$n_A=k_H(H_1-H_2) \qquad (13)$$

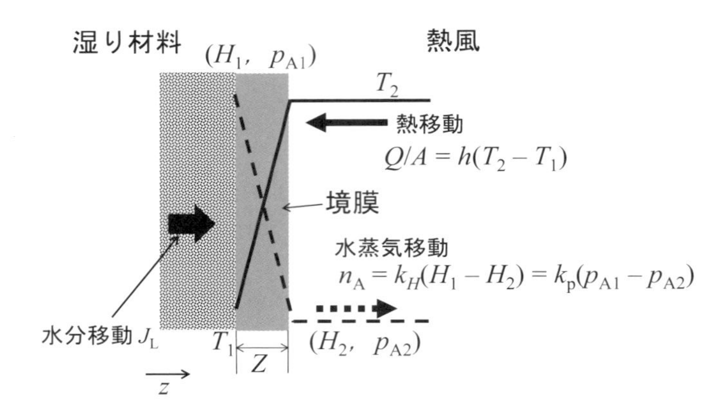

図3　十分に湿った材料の物質移動

物質表面が十分に湿っている場合には，物質表面は飽和空気としてよく，p_{A1}は飽和水蒸気圧，H_1は飽和絶対湿度となる。湿り材料表面の蒸発速度と境膜における物質移動速度n_Aが等しく，蒸発によって使われる蒸発潜熱量と境膜の熱移動量が等しい場合には，第1編1章1節の式(12)が成立する。

図3において湿り材料側を見ると，乾燥によって材料表面の水分が減少すると，材料内部に含水率分布が生じ，材料内を水が拡散する。このとき，水の拡散速度J_L[kg·m^{-2}·s^{-1}]は以下の式で表現できる。材料中の水の拡散係数D_L[m^2·s^{-1}]は含水率によっても変化する。

$$J_L=-\rho_S D_L\frac{\partial w}{\partial z} \qquad (14)$$

ρ_S：乾き材料の密度[kg·m^{-3}]，z：材料内の水分移動方向座標[m]，w：乾量基準含水率[kg·(kg-乾き材料)$^{-1}$](含水率については第1編1章3節参照)

4. 乾燥時の熱，物質収支

4.1　乾燥に必要な熱量

乾燥操作においては，材料中の液体を蒸発除去するのに必要な熱を加える必要がある。**図4**に乾燥時の必要熱量Q_{req}[W]を段階に分けて表現する。乾燥における必要熱量は以下の式で求められる。乾燥時には蒸発潜熱のみならず，材料の加熱が必要となるためその分の熱量も含めて考える。

①

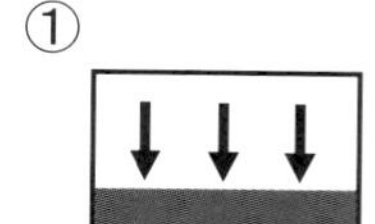

材料温度 $T_{M1} \Rightarrow T_w$
含水率 $\bar{w}_1 \Rightarrow \bar{w}_1$

②

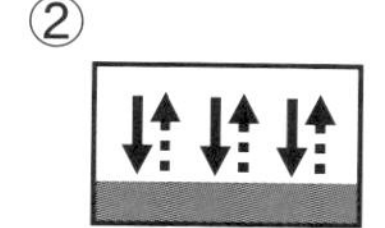

材料温度 $T_w \Rightarrow T_w$
含水率 $\bar{w}_1 \Rightarrow \bar{w}_2$

③

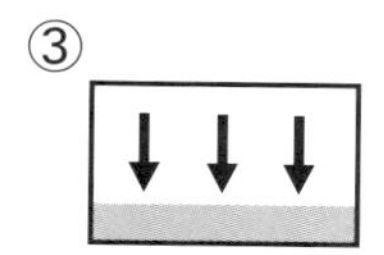

材料温度 $T_w \Rightarrow T_{M2}$
含水率 $\bar{w}_2 \Rightarrow \bar{w}_2$

① 材料を初期温度T_{M1}から乾燥時の温度T_wまで加熱

$$Q_{req,1} = F_S(C_S + \bar{w}_1 C_L)(T_w - T_{M1})$$

② 液の蒸発

$$Q_{req,2} = F_S(\bar{w}_1 - \bar{w}_2)(\Delta h_v)_w$$

③ 材料温度を乾燥時の温度T_wから乾燥後温度T_{M2}まで加熱

$$Q_{req,3} = F_S(C_S + \bar{w}_2 C_L)(T_{M2} - T_w)$$

$$Q_{req} = Q_{req,1} + Q_{req,2} + Q_{req,3}$$

図4　乾燥に必要な熱量の概算

$$Q_{req} = F_S\{(C_S + \bar{w}_1 C_L)(T_w - T_{M1}) + (\bar{w}_1 - \bar{w}_2)(\Delta h_v)_w + (C_S + \bar{w}_2 C_L)(T_{M2} - T_w)\} \quad (15)$$

F_S：乾燥機への乾き材料基準の材料供給速度[kg-乾き材料・s^{-1}]，C_S：乾き材料の比熱容量[J・kg^{-1}・K^{-1}]，C_L：液体の比熱容量[J・kg^{-1}・K^{-1}]，
$\bar{w}_1$：乾燥前の平均含水率[kg・(kg-乾き材料)$^{-1}$]，
$\bar{w}_2$：乾燥後の平均含水率[kg・(kg-乾き材料)$^{-1}$]，
$(\Delta h_v)_w$：温度T_wにおける蒸発潜熱[J・kg^{-1}]

なお，回分式乾燥機の場合には，F_Sをm_S/t_D（m_S：乾燥機への材料仕込み量[kg-乾き材料]，t_D：乾燥時間[s]）と置き換える。

各種乾燥機において，材料に流入する熱量Q_{sup}[W]を次のように表現することができる。

（回分式熱風乾燥機）

$$Q_{sup} = hA(T - T_M)_{av} = haV(T - T_M)_{av} \quad (16)$$

（連続式熱風乾燥機）

$$Q_{sup} = hA(T - T_M)_{lm} = haV(T - T_M)_{lm} \quad (17)$$

（連続式伝導伝熱乾燥機）

$$Q_{sup} = U_K A(T_K - T_M)_{lm} \quad (18)$$

A：乾燥面積[m^2]，V：乾燥機容積[m^3]

また，a[m^2・m^{-3}]は乾燥機容積あたりの乾燥面積を意味しており，対流熱伝達係数hと合わせて，haを伝熱容量係数[W・m^{-3}・K^{-1}]とよぶ。$(T - T_M)_{av}$は乾燥機入口と出口の熱風と材料との温度差の算術平均を表す。また$(T - T_M)_{lm}$あるいは$(T_K - T_M)_{lm}$は，乾燥機の入口と出口の熱風または熱媒体と材料との対数平均温度差であり，それぞれ入口を下付き1，出口を下付き2で表現すると，以下のように表される（ここでは，材料と熱風または熱媒体の乾燥機内移動方向が等しい（並流）ものとする）。

$$(T - T_M)_{lm} = \frac{(T_1 - T_{M1}) - (T_2 - T_{M2})}{ln\dfrac{T_1 - T_{M1}}{T_2 - T_{M2}}} \quad (19)$$

$$(T_K - T_M)_{lm} = \frac{(T_{K1} - T_{M1}) - (T_{K2} - T_{M2})}{ln\dfrac{T_{K1} - T_{M1}}{T_{K2} - T_{M2}}} \quad (20)$$

乾燥に必要な熱量と材料に流入する熱量が等しいとすることで（$Q_{req} = Q_{sup}$），乾燥面積Aあるいは乾燥機容積Vを概算可能である。各種乾燥機について，**表1〜表3**に経験的に得られたhaやU_K，平均温度差をまとめる[8)9)]。

表1　回分式熱風乾燥機の伝熱容量係数[8)9)]

形　式	伝熱容量係数 $h_c a$[W・m^{-3}・K^{-1}]	平均温度差 $(T - T_M)_{av}$[K]	吹込み熱風温度 T[K]
箱型（平行流）	200〜350	303〜373 （定率乾燥時）	373〜423
箱型（通気流）	3,500〜9,000（粒状） 1,000〜3,500（泥状）	323 （定率乾燥時）	373〜423

※文献8）および9）を基に作成

表2　連続式熱風乾燥機の伝熱容量係数[8)9)]

形　式	伝熱容量係数 $h_c a$[W・m^{-3}・K^{-1}]	対数平均温度差 $(T-T_M)_{lm}$[K]	吹込み熱風温度 T[K]
トンネル台車 (平行流)	200～350	303～333(向流) 323～343(並流) (定率乾燥時)	373～473
バンド(平行流)	50～90	トンネル台車と同様	373～473
バンド(通気流)	800～2,000	313～333	373～473
噴出流 (ノズルジェット)	80～180	303～353	373～423
通気竪型	6,000～15,000	373～423(向流)	473～573
回転	100～200	353～423(向流) 373～453(並流)	473～873 573～873
流動層	2,000～7,000	323～403(横型・一室) 353～373(多段・向流)	373～873 473～623
気流	3,500～70,000	373～453	673～873
噴霧	100～200(噴霧器付近) 20～50(噴霧器から2m以上)	353～363(向流) 343～443(並流)	473～573 473～723

※文献8)および9)を基に作成

表3　連続式伝導伝熱乾燥機の総括熱伝達係数[8)9)]

形　式	総括熱伝達係数 U_K[W・m^{-2}・K^{-1}]	対数平均温度差 $(T_K-T_M)_{lm}$[K]	加熱面温度 T_K[K]
ドラム	50～200	323～353	373～423
溝型撹拌 水蒸気加熱管付き回転	50～300	323～373	373～423

※文献8)および9)を基に作成

4.2　乾燥機の熱，物質収支

図5に，連続式熱風乾燥機における乾燥機入口と出口における空気(熱風)の温度および絶対湿度，材料の温度および平均含水率を示す。乾燥時には，空気と材料間でのみ熱移動および水分の移動が起こるものとし，乾燥機内に熱や物質が蓄積されない(定常状態)ものとする。

このとき，乾燥機の入口と出口で熱量および水分量が保存されるため，以下の収支式が成立する。

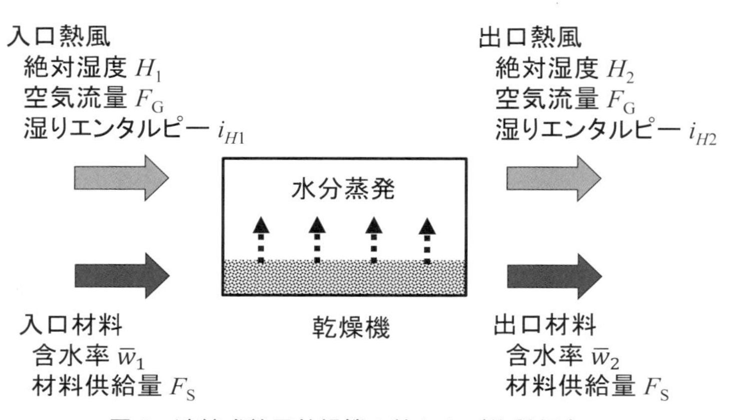

図5　連続式熱風乾燥機の熱および物質収支

物質(水分)収支：

$$F_G H_1 + F_S \bar{w}_1 = F_G H_2 + F_S \bar{w}_2 \quad (21)$$

熱収支：

$$F_G i_{H1} + F_S (C_S + \bar{w}_1 C_L)(T_{M1} - T_0)$$
$$= F_G i_{H2} + F_S (C_S + \bar{w}_2 C_L)(T_{M2} - T_0) \quad (22)$$

F_G：空気の流量[kg-乾き空気・s^{-1}]，F_S：材料供給量[kg-乾き材料・s^{-1}]，T_0：基準温度(一般的に273.15 K(0 ℃))，i_H：湿りエンタルピー[J・(kg-乾き材料)$^{-1}$・K^{-1}](1編1章1節参照)。

これらの関係から，条件を設定した時に未知となる値を求めることができる。

文　献

1) 亀井三郎編：化学機械の理論と計算(第2版)，産業出版，352 (1975).

2) C. J. Geankoplis : Transport Process and Unit Operations, Ally and Bacon, Boston, 387 (1978).

3) W. E. Ranz and W. R. Marshall : *Chem. Eng. Progr.*, **48**, 141(1952).

4) C. R. Wilke and O. A. Hougen : *Trans. AIChE*, **41**, 445 (1945).

5) B. W. Gamson, G. Thodos and O. A. Hougen : *Trans. AIChE*, **389**, 1(1943).

6) K. N. Kettenring, E. L. Manderfield and J. M. Smith : *Chem. Eng. Progr.*, **46**, 139 (1950).

7) 桐栄良三：化学機械技術，第15集，槇書店，22 (1963).

8) 日本粉体工業技術協会編：乾燥装置マニュアル，日刊工業新聞社，24 (1978).

9) 化学工学会編：化学工学便覧第七版，丸善出版，309 (2011).

第3節
乾燥速度

静岡大学　立元　雄治

1. 含液率

乾燥操作では，湿った材料から液体を蒸発除去する。このとき，乾燥の進行度合いを表現するのに含液率(水分の場合には含水率)が用いられる。含液率の定義はいくつかあるが，以下の乾量基準含液率 w [kg-液体・(kg-乾き材料)$^{-1}$]または湿量基準含液率 w_w[kg-液体・(kg-湿り材料)$^{-1}$]が多く用いられる。

乾量基準含液率 $w = m_L/m_S$　(1)

湿量基準含液率 $w_w = m_L/(m_L + m_S)$　(2)
(さらに100倍して%で表すことも多い)

m_L：材料に含まれる液体の質量[kg]，m_S：乾いた材料(乾き材料，無水材料)の質量[kg]

また，それぞれの含液率の間には次の関係が成立する。

$$w = w_w/(1 - w_w),\quad w_w = w/(1 + w) \tag{3}$$

乾量基準含液率は，乾いた固体質量に対する液体質量の比であり，乾いた固体質量に対して液体が何倍含まれるかを意味する。一方で，湿量基準含液率は，湿り材料全質量中の液体質量の割合を表す。乾燥時に液体が取り除かれると，湿り材料の全質量は減少するが，乾き材料質量は変化しない(**図1**)。このため，乾燥機設計計算などでは，基準が変化しない乾量基準含液率の方が扱いやすい。しかしながら，いずれの含液率も一般的に用いられていることから，関係者間で含液率の定義を確認する必要がある。

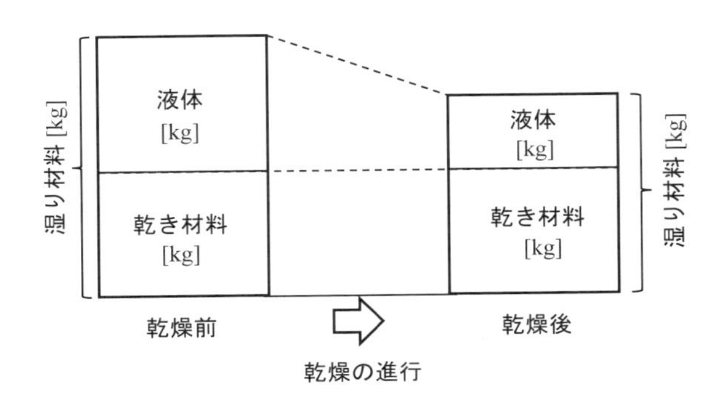

図1　乾燥による質量変化

2. 乾燥速度の定義

乾燥操作時の湿り材料中の液体減少速度(蒸発速度)を表すのに乾燥速度が用いられる。このとき，湿り材料の表面積(乾燥面積)あたりの蒸発速度で表現した乾燥速度が以下である。

$$J = -\frac{1}{A}\frac{dm_L}{dt} = -\frac{m_S}{A}\frac{d\bar{w}}{dt} \tag{4}$$

J：乾燥面積基準の乾燥速度[kg・m^{-2}・s^{-1}]，A：乾燥面積[m^2]，t：時間[s]

材料内には含液率分布があるため，含液率には材料全体の平均含液率 $\bar{w}$[kg-液体・(kg-乾き材料)$^{-1}$]を用いる。

一方で，乾燥時の乾燥面積の特定が困難な場合には，次のように乾き材料の質量を基準にして表現される。

$$J_M = -\frac{1}{m_s}\frac{dm_L}{dt} = -\frac{d\bar{w}}{dt} \tag{5}$$

J_M：乾き材料質量基準の乾燥速度[kg-液体・(kg-乾き材料)$^{-1}$・s^{-1}]

3. 乾燥過程

図2に，水分で十分に湿った材料に加熱した空気(熱風)を当てて乾燥する場合の平均含水率(乾量基準含水率)および材料温度の時間変化を示す。また，横軸に平均含水率，縦軸に乾燥速度をとったものを**図3**に示す。図3は乾燥特性曲線とよばれる。乾燥が進行すると平均含水率が減少することから，乾燥の進行とともに図の右から左へと読む。

図2についてみると，乾燥初期には，平均含水率の変化が小さく，一方で材料温度が急激に上昇する期間が現れる。これは予熱期間とよばれる期間であり，この期間で材料温度は初期温度から乾燥が進行する温度にまで加熱される。続いて，平均含水率が直線的に減少し，一方で材料温度が一定かつ材料内で一様となる期間が現れる。この期間は図3において平均含水率に対して乾燥速度が一定となる期間である。この期間は定率乾燥期間あるいは恒率乾燥期間とよばれる。さらに乾燥が進行すると，平均含水率の減少速度がゆるやかとなり，材料温度が表面から順番に上昇し，やがて加熱温度に等しくなる。また乾燥特性曲線を見ると，平均含水率の減少に伴って乾燥速度が減少している。この期間は減率乾燥期間とよばれる。

3.1　定率(恒率)乾燥期間

定率(恒率)乾燥期間では，**図4**(a)に示すように，材料表面での蒸発が支配的となる。この期間では，材料表面が十分に湿っており，材料に熱が流入すると，その量に応じた水分が蒸発する。一定の加熱を行うと，材料に流入する熱量と蒸発によって消費される熱量がつり合うようになる。このため乾燥速度が一定となる。また，材料温度も一定となり，空気－水系ではこの温度は湿球温度となる。乾燥時には材料内の含水率勾配にしたがって水分が材料内部から材料表面に移動し，材料表面の湿った状態が維持される限り定率乾燥期間が続く。

3.2　減率乾燥期間

材料表面が乾燥し，定率乾燥期間が終了すると減率乾燥期間となる。この期間では，材料内部における水分蒸発が支配的となる(図4(b))。材料表面から流入した熱は，材料内部へと伝わり，水分蒸発に使われる。一方で，材料内で蒸発した水分は水蒸気となって材料表面に向かって移動する。材料は表面から順に乾燥が進行し，材料の乾いた部分は，熱および水蒸気移動における抵抗となる。乾燥が進行するにつれて，蒸発は材料のより内部で起こり，乾いた部分は厚くなっていき，熱および水蒸気の移動抵抗

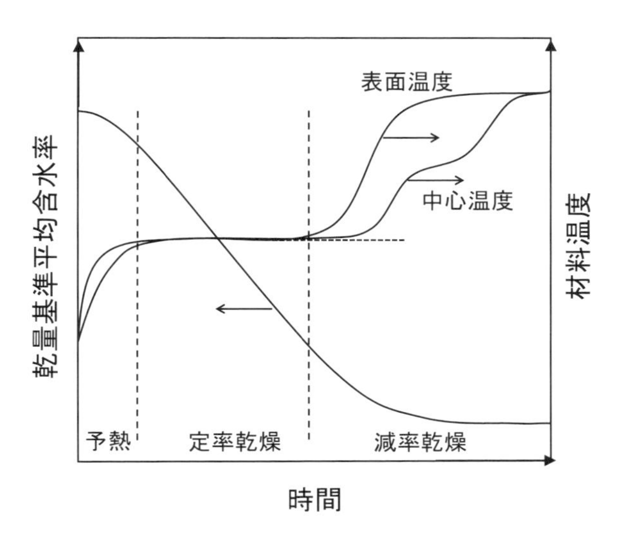

図2　乾燥時の材料平均含水率と温度の経時変化

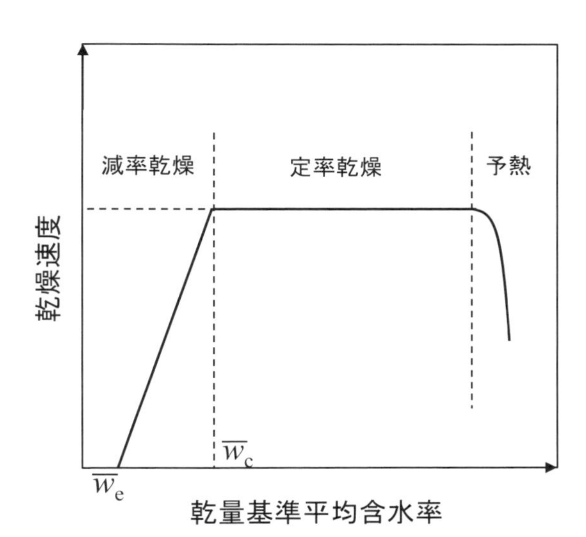

図3　乾燥速度と平均含水率の関係(乾燥特性曲線)

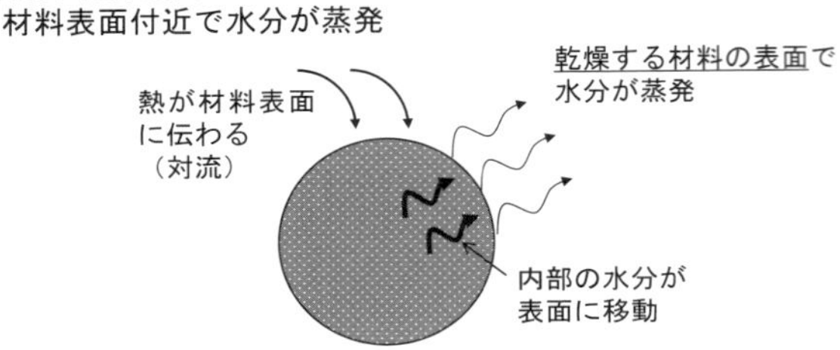

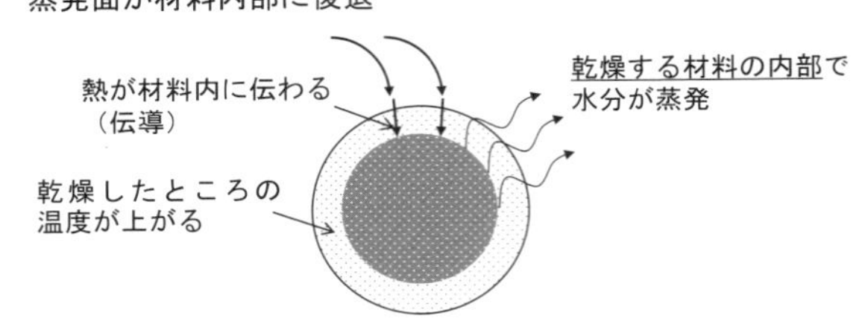

図4　乾燥時に起こる現象

が大きくなっていく。このため，乾燥の進行に伴い乾燥速度が減少する。

3.3　限界含水率

定率乾燥期間と減率乾燥期間の境界の平均含水率を限界含水率 $\overline{W}_c$ とよぶ。限界含水率は，材料の種類や形状，乾燥速度，乾燥方式によって変化する。一般的に乾燥速度が早いほど限界含水率は大きくなる。これは，材料表面の水分が短時間で蒸発するために材料内部からの水分移動が追いつかず，材料内に多くの水分を残した状態で減率乾燥期間に入るためである。同じ種類の材料を同様に加熱しても，材料厚みによって限界含水率の値は異なり，薄い材料ほど限界含水率が低い。限界含水率の予測は困難であり，実験的に求められることが多い。

3.4　平衡含水率

図3において，乾燥が進行するにつれて平均含水率が減少するが，乾燥速度が0になっても，すなわち乾燥が終了しても平均含水率が0になっていない。これは，この乾燥条件においてこれ以上乾燥しない含水率に達したためであり，このときの平均含水率を平衡含水率 $\overline{W}_e$ とよぶ。平衡含水率において材料内に残っている水分は，水和などの化学結合などによって材料と結びついている水や，材料内の空隙に閉じ込められた水などがある。乾燥条件を厳しくする，すなわち温度を上げるあるいは雰囲気の湿度を下げる，真空とするなどすることで平衡含水率を下げることができる。

4. 定率乾燥速度

定率乾燥時には材料に流入する熱の全てが液蒸発に使われる。また，蒸発が材料表面で起こることから，定率乾燥速度は材料の性質(比熱容量や密度など)の影響を受けず，加熱条件などの外的要因によって決まる。対流伝熱によって熱風のみから熱が材料に供給される場合には定率乾燥速度 J_C[kg・m^{-2}・s^{-1}]が以下の式で表される。

$$J_C = h(T - T_M)/(\Delta h_v)_M \qquad (6)$$

対流熱伝達係数 h[W・m^{-2}・K^{-1}]についてはさまざまな実験式がある(第1編1章2節参照)。

空気-水系では，材料温度は湿球温度に等しくなり，第1編1章1節の式(12)より，

$$J_C = h(T - T_w)/(\Delta h_v)_w = k_H(H_w - H) \qquad (7)$$

と表現できる。対流伝熱に加えて伝導伝熱および放射伝熱がある場合には，それぞれの熱量を合わせることとなり，以下の式で表現される。

$$J_C = \frac{h(T - T_M) + U_K(A_K/A)(T_K - T_M) + h_R(A_R/A)(T_R - T_M)}{(\Delta h_v)_M} \qquad (8)$$

U_K：伝導伝熱における伝熱係数(総括熱伝達係数)[W・m^{-2}・K^{-1}]，A_K：伝導伝熱面積[m^2]，T_K：熱媒体温度[K]，h_R：放射伝熱における伝熱係数[W・m^{-2}・K^{-1}]，T_R：放射伝熱における高温物体(放射伝熱ヒータ)温度[K](第1編1章2節参照)，A_R：材料の放射伝熱面積[m^2]

5. 減率乾燥速度

減率乾燥時には，材料内部での蒸発が起こり，材料内の熱・物質移動が乾燥速度に大きく影響する。したがって，材料の性質によって減率乾燥速度は大きく変化する。**図5**に各種材料の乾燥特性曲線を示す。減率乾燥速度は，平均含液率に対して(a)直線的に変化する場合，(b)上凸になる場合，(c)下凸となる場合，あるいは2段階に分かれ，1段階目で直線的に変化し，2段階目が下凸となる場合，(d)はじめから減率乾燥期間であり下凸となる場合などに分けられる。

5.1 減率乾燥時の乾燥速度変化が平均含液率に対して直線的の場合

図5(a)に相当し，非親水性粉粒体層や直径5 mm以下の成形体材料，熱風中に分散した粉粒体材料や液滴の乾燥時に見られる。このときの減率乾燥速度J_F[kg·m^{-2}·s^{-1}]は，平均含液率の関数として以下のように表現できる。

$$J_F = J_C \frac{\bar{w} - \bar{w}_e}{\bar{w}_c - \bar{w}_e} \tag{9}$$

含液率から平衡含液率を差し引いたものは自由含液率とよばれる。

5.2 減率乾燥時の乾燥速度変化が平均含液率に対して上凸の場合

図5(b)に相当し，繊維や微粒子堆積層の乾燥，過熱蒸気乾燥や真空乾燥時に見られることが多い。このときの減率乾燥速度の予測には，あらかじめある条件で乾燥特性曲線を得ておき(**図6**の条件1)，別の条件(図6の条件2)における減率乾燥速度を以下の式から得る方法がある。

$$J_{F2} = J_{F1}(J_{C2}/J_{C1}) \tag{10}$$

5.3 減率乾燥時の乾燥速度変化が平均含液率に対して下凸の場合

図5(c)は成形材料や堆積層などに見られ，特に粘土や陶器などは2段階に分かれる様子が見られる。また，図5(d)は石鹸やゼラチンなどの均質材料に見られる。下凸の場合の乾燥速度の予測法としては，次節に示されているRegular Regime曲線を用いる方法がある。

6. 乾燥速度の向上

定率乾燥速度は，材料に流入する熱の流入速度に応じて上昇することから，伝熱速度を上げることで乾燥速度も向上する。たとえば熱風乾燥では，熱風の温度を上げる，湿度を下げる，風速を上げることで定率乾燥速度が向上する。また，乾燥面積を大きくすることで乾燥時間を短縮することができる。一方で，減率乾燥期間に入ると乾燥速度が低下するため，限界含液率を低くすることも重要である。具体的には，材料内の液体移動距離を短くする(材料を小さくする，薄くする)ことがあり，粉粒状材料では，層状に堆積するよりも熱風中に分散することで限界含液率を低くできる。減率乾燥期間では，図5(a)，(b)では，定率乾燥速度が大きくなると減率乾燥速度も向上するため，伝熱係数を大きくとることが有効である。一方で図5(c)，(d)では，材料表面よりも材料内の熱・物質移動が支配的となっており，材

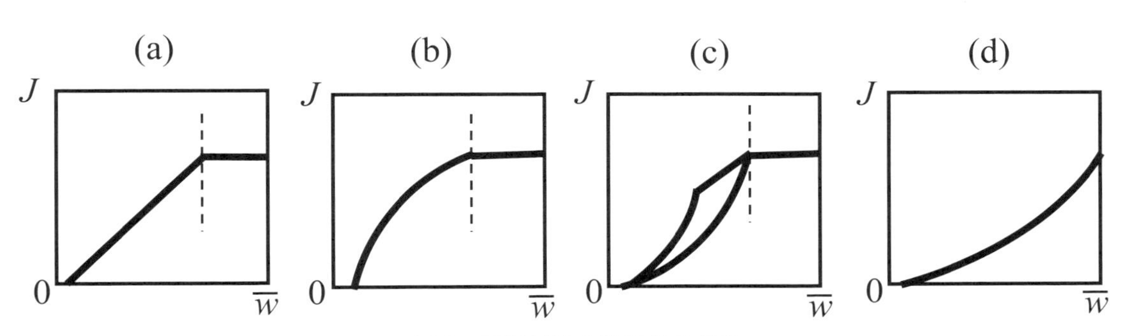

図5　各種材料の乾燥特性曲線

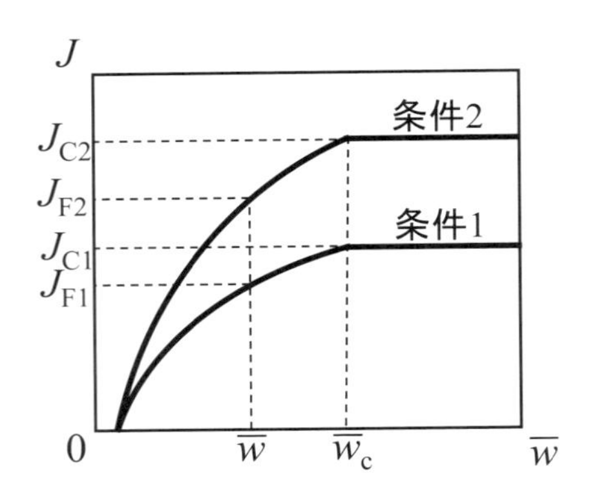

図6　減率乾燥速度が平均含液率に対して上凸のときの減率乾燥速度推算

料表面の伝熱係数の増加は必ずしも有効ではない。加熱温度を上げることは，定率乾燥速度および減率乾燥速度の双方の向上に有効であるが，熱に敏感な材料においては熱変質を起こすなどの問題が発生することから温度を上げる場合に制約があることがある。また，材料によっては乾燥速度を変えることで品質に大きく影響する。収縮が起こる材料では，乾燥速度が低い場合には均一に収縮しやすく乾燥後の材料が均質になりやすいのに対して，高速度で乾燥することで材料が不均質となり割れやひび割れの原因となることがある。

第4節
水分拡散モデルによる乾燥機構と選択拡散機構

山口大学　山本　修一

1. はじめに

乾燥に関する教科書・便覧に書かれているように多くの非多孔質(コロイダル)材料を熱風乾燥すると，定率乾燥後に減率乾燥に移り，乾燥速度が低下する[1]。Sherwoodが提案して以来，多くの減率乾燥速度が単純な拡散方程式で解析されてきたが，実際の乾燥速度は含水率とともに低下し，一定拡散係数では精密に表せず，これらの解析は限定した条件での乾燥時間の推定などにしか利用できない[2]。

乾燥速度を正確に知るためには，拡散係数の濃度依存性を決定しなければならないが，希薄溶液の拡散係数の測定と高分子ポリマー中の少量の溶媒(10％以下)の拡散係数の測定については多くの方法が開発されているのに対して[3)4]，広い水分濃度範囲の測定方法として確立されている方法は限定されている。拡散係数に強い濃度依存性がある場合，等温乾燥速度が初期条件に依存せず平均含水率のみの関数となることを見出し，この曲線から拡散係数の濃度依存性を決定する方法が開発された[5]。本稿では，この方法の原理と利用方法について説明する[5)-12]。

2. 選択拡散理論による揮発性成分の封じ込め

1970年代に，果汁やコーヒーなどの液状食品を噴霧乾燥したときに，食品の重要な品質である“香り”が残っていることをいくつかの研究グループが見出していた。これら揮発成分が残留・保持することは平衡論では考えられず，この現象についてはいくつかの仮説が提唱された。その1つがThijssenらによる選択拡散理論である[13]。その概略を，**図1**を用いて説明する。

乾燥初期では，水分は自由に乾燥表面まで拡散移動し蒸発する。熱風からの受け取るエネルギーは水分蒸発エネルギーと等しくなり，材料温度は湿球温度(T_{WB})となる[10]。この期間は，面積あたりの乾燥速度が一定なので定率乾燥期間と呼ばれる。定率乾燥が進行すると，水分濃度が減少し液滴内部から表面への水分拡散が遅くなり，表面濃度が減少し，最後には，表面濃度がほぼ0になり定率乾燥期間は終了する。この時点では，表面に濃厚な(あるいはほとんど水分を含まない)層(スキン)が形成されているとみなすことができる。この層における水分拡散係数は非常に小さくなり乾燥は遅くなるが，水分子より大きい分子については，ほぼ不透過とみなすことができる。したがって，この時点以降は香り“揮発成分”は封じ込められる[13)14]。当時は使用されなかったが，カプセル化と言っても良いであろう(図1)。

3. 溶媒濃度依存性を有する拡散係数が支配する乾燥過程

3.1　拡散方程式の基礎

選択拡散理論に基づいて香り成分の保持・散逸を解析するためには，拡散係数の水分濃度依存性を知る必要がある。拡散係数の溶媒濃度依存性に関しては，高分子ポリマーフィルムからの溶媒の脱着速度を測定することにより拡散係数の濃度依存性を決定する方法は昔から知られている[3)4]。

具体的な手順としては，一定溶媒濃度(たいてい10％以下)に平衡化したポリマーフィルムを等温で真空脱着することにより，重量減を測定する。得ら

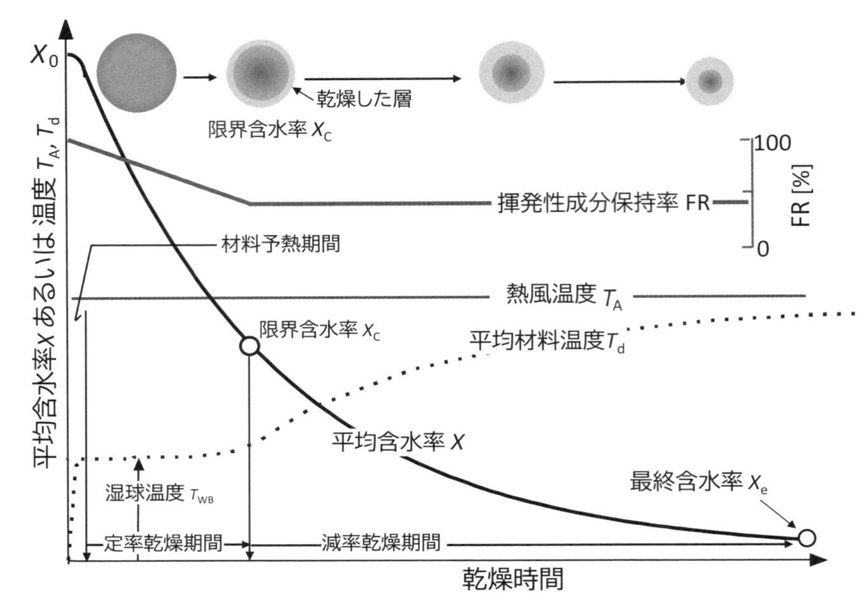

図1　噴霧乾燥における一滴の乾燥挙動の模式図

平均含水率 X，材料温度 T_d については定性的な記述である。液滴中に含まれる揮発性成分は X_C になるまでは直線的に減少していき，X_C 以降は封じ込められるので一定値となる

れたデータから初濃度 C_0 と平均濃度 C_{av} により平衡到達率 $E=1-C_{av}/C_0$ を計算し，時間の平方根 $t^{1/2}$ に対してプロットする。

このような系は以下の平板1次元拡散係数方程式により記述できる[3)]。

$$\frac{\partial C}{\partial t}=\frac{\partial}{\partial r}\left(D\frac{\partial C}{\partial r}\right) \tag{1}$$

ここで，C は溶媒濃度，D は溶媒拡散係数，r は距離座標，t は時間である。

D が一定で表面濃度0（$C=0$ at $r=R$, $t>0$）のとき，上式から以下の級数解が得られる[3)]。

$$E=1-\frac{C_{av}}{C_0}=1-\frac{8}{\pi^2}\sum_{n=0}^{\infty}\frac{1}{(2n+1)^2}\exp\left(-\frac{(2n+1)^2\pi^2}{4}\left(\frac{Dt}{R^2}\right)\right) \tag{2}$$

ここで，R は試料厚さの1/2（両面から脱着）である。

また，濃度分布は，次式で計算できる[3)]。

$$\frac{C}{C_0}=\frac{4}{\pi}\sum_{n=0}^{\infty}\frac{(-1)^n}{(2n+1)}\exp\left(-\frac{(2n+1)^2\pi^2}{4}\left(\frac{Dt}{R^2}\right)\right)\cos\left(\frac{(2n+1)\pi}{2}\frac{r}{R}\right) \tag{3}$$

図2に，E および中心濃度 C_c と $(Dt/R^2)^{0.5}$ の関係を示す。Dt/R^2 は無次元時間である。脱着初期では C_c は初濃度を維持しており半無限領域とみなされる。この期間では，図2でもわかるように E *vs.* $t^{0.5}$ は直線となり，その傾きから D は次式で決定できる[3)]。

$$D=(\pi/4)R^2(\mathrm{d}E/\mathrm{d}\sqrt{t}\,)^2 \tag{4}$$

拡散係数の濃度依存性があるときも E *vs.* $t^{0.5}$ は直線となる（数学的に証明される）が，その傾きは C_0 ごとに異なり，式(4)で計算されるみかけの拡散係数 D_a も C_0 の関数となる[3)4)]。D_a と C_0 の関係から D と C の関係を決定する方法は各種提案され，実証されている[3)4)]。

多くのポリマー溶媒系において D は C に強く依存し，低溶媒濃度では1/100以下に急激に低下する。このような D と C の関係を分子論的に解析することも行われているが，多くのポリマーの乾燥では溶媒を完全に除去することが必要なのでポリマーの乾燥プロセスのためのデータとしても重要となる。

乾燥食品の最終水分濃度は数％～10数％であり，ポリマーのような絶乾状態（溶媒濃度≈0）に近い低溶媒濃度までの D の値は必要ないが，前述した表面での乾燥層の形成などに関連して低水分濃度領域の D の値は重要となる。

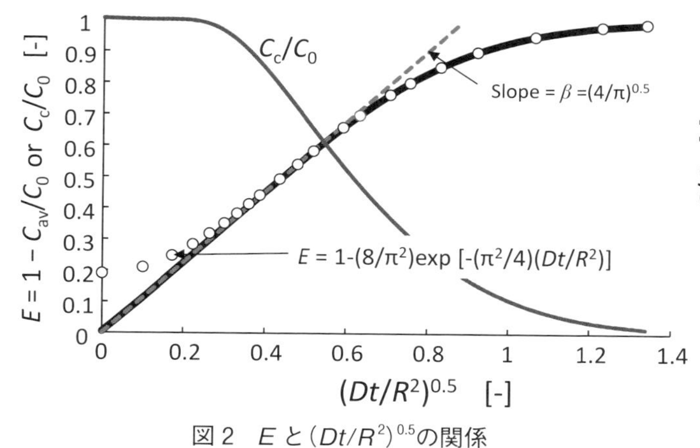

図2　Eと$(Dt/R^2)^{0.5}$の関係

C_{av}は平均濃度，C_Cは$r=0$における濃度，C_0は初濃度である。太線は式(2)によるEの計算結果，細線は式(3)で計算される$r=0$における中心濃度C_C/C_0，○は式(5)による計算値である

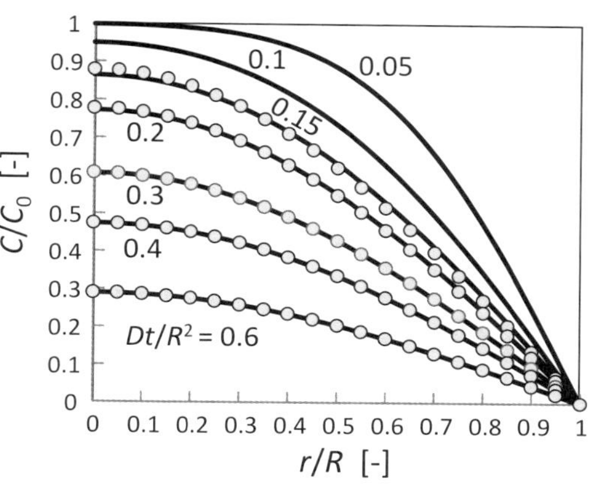

図3　濃度分布

実線は式(3)の計算値，○は式(7)による計算値

初速度からの拡散係数の濃度依存性$D(C)$の決定方法に対して，E *vs.* t の後期のデータからの$D(C)$の決定方法については，ほとんど検討されてこなかった。

$E>0.5$では式(2)の級数項の第1項が支配的となり式(5)となる。図2で明らかなように$E>0.5$では解析解と一致している。

$$E=1-(8/\pi^2)\exp[-(\pi^2/4)(Dt/R^2)] \qquad (5)$$

したがって，$\ln(1-\mathrm{E})$をt/R^2に対してプロットすると直線となり，傾きからDを求めることができる。

また，脱着速度$F=\mathrm{d}E/d(t/R^2)=(\pi^2/4)D(1-E)$から$D$を決定することもできる。

$$D=(4/\pi^2)F/(1-E) \qquad (6)$$

この領域では濃度分布式(3)についても第1項のみが支配的になる。

$$\frac{C}{C_0}=\frac{4}{\pi}\exp\left(-\frac{\pi^2}{4}\left(\frac{Dt}{R^2}\right)\right)\cos\left(\frac{\pi}{2}\frac{r}{R}\right)$$
$$=\frac{C_C}{C_0}\cos\left(\frac{\pi}{2}\frac{r}{R}\right)=f(t)g(r) \qquad (7)$$

中心濃度C_Cは以下のように，平均濃度$C_{av}\times(\pi/2)$という関係が成立する。

$$\frac{C_C}{C_0}=\frac{4}{\pi}\exp\left(-\frac{\pi^2}{4}\left(\frac{Dt}{R^2}\right)\right)=\frac{\pi}{2}\frac{C_{av}}{C_0} \qquad (8)$$

図3で明らかなように，脱着後期では式(7)と式(3)の濃度分布はよく一致している。C_Cで規格化した濃度は以下のように同じ濃度分布となる(濃度分布相似則という)。

$$\frac{C}{C_C}=\cos\left(\frac{\pi}{2}\frac{r}{R}\right) \qquad (9)$$

以上の説明をまとめると，拡散係数が濃度に依存せず，表面濃度一定の平板一次元拡散方程式に基づく脱着過程は以下のように簡単に記述することができる。

脱着初期　Penetration Period(PP)

$$E=[(4/\pi)(Dt/R^2)]^{0.5} \qquad 0<E<0.5 \quad E\propto t^{0.5} \qquad (10)$$

脱着後期　Regular Regime(RR)

$$E=1-(8/\pi^2)\exp[-(\pi^2/4)(Dt/R^2)] \qquad E>0.5 \ \ \ln(1-E)\propto t \qquad (11)$$

以降，脱着初期をPenetration Period (PP)，脱着後期をRegular Regime(RR)と表記する。PPの意味は，前述したように中心濃度は初濃度に保たれており，表面から中心へ向かって濃度分布が進行(浸透)していく領域であるからである。RR領域では濃度分布が相似であり，非常に簡単な関係が成立する。**3.2**で説明するようにDが一定でないときにも，規則性が成立する。なお，厳密にはPPとRRの間には短い遷移域(Transition period)が存在するが，実用上は無視できる。

上記の方法は拡散係数 D が濃度に依存するときには直接使用することはできないが，D が濃度とともに減少する系についてはRRの脱着速度から D を算出する方法が確立されている[5)-12)]。以下に，その方法を説明する。

3.2　脱着（乾燥）過程後期 Regular Regime の乾燥速度からの拡散係数の決定

すでに述べたように拡散係数が濃度に依存する $D(C)$ のときには，式(4)～(6)は直接使用できず，たとえばPPにおけるみかけの拡散係数 $D_a(C)$ から $D(C)$ を求めなければならない。

$D(C)$ が減少関数，すなわち D が C の減少とともに低下する場合にRRにおける $D(C)$ を脱着速度から求める方法を説明する[5)-12)]。

図4は，濃度の減少とともに急激に低下する拡散係数を使用した脱着曲線の数値計算結果である。以降では，脱着に伴う収縮を考慮した特殊な座標を使用しており[3)5)-12)]，規格化した時間 $\tau'=t/(d_sR_s)^2$ と濃度 u(kg-water/kg-solid)で表記する（d_s：固形分純密度，R_s：絶乾時の厚さ）[付録参照]。計算に使用した拡散係数 $D(u)$ は式(12)である（図6参照）。

$$D=\exp[-(34.2+138u)/(1+6.74u)] \qquad (12)$$

D の強い濃度依存性のために初濃度 u_0 が異なる曲線は重ならず，u_0 が低くなるにつれて脱着速度が著しく遅くなることがわかる。**3.1**で述べたように脱着初期では E は $t^{0.5}$ と直線関係を示すが，その傾きは初濃度 u_0 が小さくなると減少する。また，PPからRRへの遷移点の値 E_t も u_0 が小さくなると減少する。

これらの脱着曲線から脱着速度 $F'=u_0(\mathrm{d}E/\mathrm{d}\tau')=-\mathrm{d}u_{av}/\mathrm{d}\tau'$ を計算し，u_{av} に対してプロットすると**図5**に示すように異なる初濃度の脱着曲線からの F' が重なる曲線が得られる。この曲線はRegular regime（RR）master curveといい，D が u の減少とともに単調に低下する関数であれば成立する。

$D(u)$ の関数形が不明でも，$D(u)$ をRR曲線から以下の手順で求めることができる（方法1, 2）。

方法1．RR曲線からの拡散係数の濃度依存性決定方法[5)-7)]

(1) 脱着曲線（$u_{av}-t$）から脱着速度 F' を平均含水率 u_{av} の関数として求める。
(2) $F'-u_{av}$ 曲線を重ね合わせRR曲線を作成する。
(3) $F'-u_{av}$ 曲線から $\mathrm{d}\ln F/\mathrm{d}\ln(1-E)=\mathrm{d}\ln F'/\mathrm{d}\ln u_{av}$ を u_{av} の関数として求める。
(4) シャーウッド数Shを式(S1)のべき乗則拡散係数に対する相関式[6)]を使用して求める。

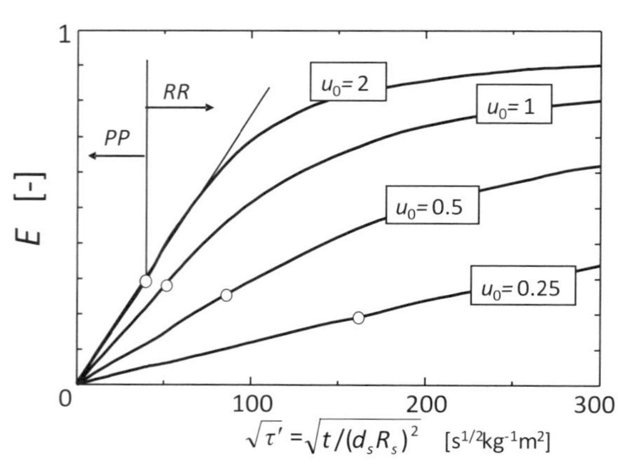

図4　平板一次元拡散方程式の数値解

初期濃度 u_0 一定，表面濃度（$u_s=0$）一定，等温条件で，式(12)の拡散係数の濃度依存性を使用し，一次元非定常拡散方程式を差分数値計算した結果である。○はPPからRRへの遷移点である。
横軸の規格化した時間 $\tau'=t/(d_sR_s)^2$ は収縮系座標に基づいている。
u: 含水率（kg-water/kg-dry solid），d_s 固体純密度，R_s 絶乾厚さ。
$E=1-u_{av}/u_0$ は平衡到達率（u_{av}：平均含水率）

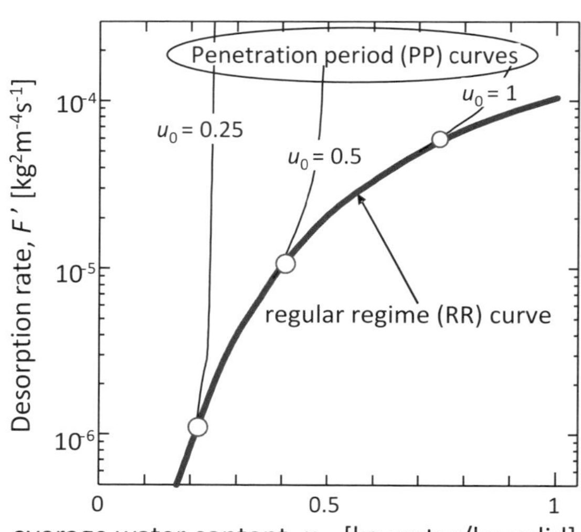

図5　脱着速度と平均含水率の関係（RR曲線）

図4の脱着曲線から脱着速度 $F'=u_0(\mathrm{d}E/\mathrm{d}\tau')=-\mathrm{d}u_{av}/\mathrm{d}\tau'$ を求め平均含水率 u_{av} に対してプロットしたものである。○はRRの開始点であり，図4の遷移点と対応している

$$\mathrm{Sh}=4.935+2.456\frac{\mathrm{d}\ln F/\mathrm{d}\ln(1-E)-1}{\mathrm{d}\ln F/\mathrm{d}\ln(1-E)+1} \qquad \text{(S1)}$$

(5)拡散係数 D を次式で決定する。

$$D=\rho_s^{-2}\left[\mathrm{d}\left(2F'/Sh\right)/\mathrm{d}u_{av}\right]$$
$$\text{where}\quad \rho_s=1/(1/d_s+u_{av}/d_w) \qquad \text{(S2)}$$

ρ_s は溶解している固形分密度，d_s は固形分純密度，d_w は水の密度である。

この方法(方法１)は複数回の数値微分を含み複雑である。拡散係数を $D\rho_s^2=D_{ref}\rho_{s,ref}^2\left(u/u_{ref}\right)^a$ で，局所的に近似できると仮定して簡単化した方法が開発されている(方法 2)。

方法 2. RR 曲線からの拡散係数の濃度依存性迅速決定方法[7)-12)]

(1)脱着データを次式の３パラメータ式で近似(フィッティング)する。

$$u_{av}=\exp\left(\frac{b_2+b_1b_3\tau'}{1+b_1\tau'}\right) \qquad \text{(Y1)}$$

ここで，$b_2=\ln u_0$, $b_3=\ln u_e$(u_0：みかけの初期値，u_e：みかけの最終値)である。

(2)式(Y2)から隣接した２点(u_{av1}, D_{a1}), (u_{av2}, D_{a2})の値を求め，式(Y3)～式(Y6)で拡散係数を計算する。

$$D_a=\frac{4}{\pi^2}\frac{F'}{u_{av}}=\frac{4}{\pi^2}\frac{\left(-\mathrm{d}u_{av}/\mathrm{d}\tau'\right)}{u_{av}}$$
$$=\frac{4}{\pi^2}\left[\frac{b_1b_3}{1+b_1a\tau'}-\frac{b_1\left(b_2+b_1b_3\tau'\right)}{\left(1+b_1\tau'\right)^2}\right] \qquad \text{(Y2)}$$

$$a=\ln\left(D_{a1}/D_{a2}\right)/\ln\left(u_{av,1}/u_{av,2}\right) \qquad \text{(Y3)}$$

$$D\big|_{u=u_{av1}}=\left(a+1\right)\pi^2D_{a1}/\left(2\mathrm{Sh}\rho_{s1}^2\right) \qquad \text{(Y4)}$$

$$\rho_{s1}=1/(1/d_s+u_{av1}/d_w) \qquad \text{(Y5)}$$

$$\mathrm{Sh}=4.935+2.456a/\left(a+2\right) \qquad \text{(Y6)}$$

図 6 に方法１と方法２で図５の RR 曲線から決定した拡散係数を示す。どちらも，よく一致している。方法１の誤差が大きいのは複数回の数値微分によるものである。

次に，実際に種々の糖溶液の RR 乾燥速度を測定し，拡散係数を決定した結果を紹介する。等温乾燥速度を精度良く求めるためには，乾燥装置や試料の調製方法などを確立することが必要である。具体的には，一次元収縮(厚さ方向のみ収縮)，一定試料温度，脱着初期の試料溶液の対流抑制を確認しなければならない。寒天でゲル化した糖溶液をアルミ皿に注入して実験をすることにより，脱着実験中に表面積一定で厚さ方向のみの収縮が達成できる。また，ゲル化により対流も抑制される。

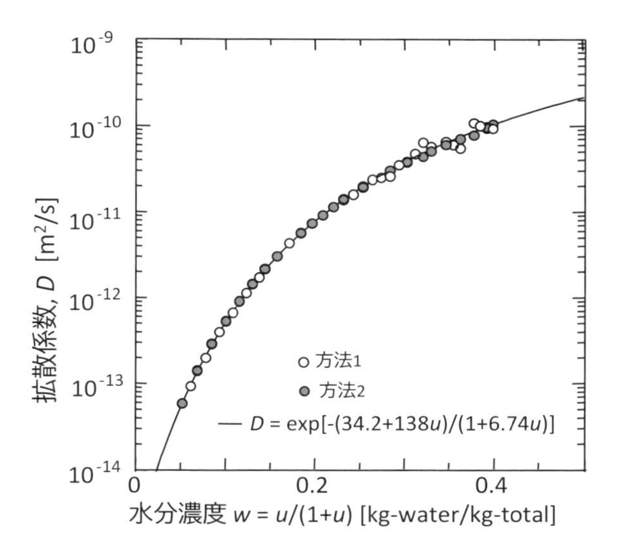

図 6　RR 曲線から求めた拡散係数の濃度依存性

実線が数値計算に使用した拡散係数[式(12)]

図 7 は，このような条件により実施した２種類の糖溶液の等温乾燥実験結果である。再現性が高く精度の高いデータが得られている。このデータから方法２で拡散係数を決定し，得られた拡散係数を定式化し，数値計算した結果を実線で表している。

図で明らかなように決定した拡散係数を用いた数値計算結果は，脱着(等温乾燥)実験結果とよく一致している。また，得られた拡散係数と活性化エネルギーを使用した乾燥シミュレーションは実験結果を記述できている[15)]。

図７の乾燥実験は十分な除湿条件と速い熱風速度で実施しており，乾燥初期に定率期間は存在せず，乾燥材料(試料)表面濃度 u_s は，乾燥直後から０となる。

u_s の脱着挙動に与える影響を数値計算で検討した結果が **図 8** である。$u_s=0.1$ の曲線は $u_s=0$ と重なっている。これは D の値が $u_s<0.1$ では著しく小さいので乾燥の推進力には寄与しないためである。$u_s=0$ の曲線は $u_{av}=0.1$ 近くで変化がなくなり，最終値に到達しているように見えるが，実際は非常に小さな拡散係数のため乾燥速度が非常に低下しているためであり，時間をかければ最終的には $u_{av}=0$ に到達する。$u_s=0.2$ の

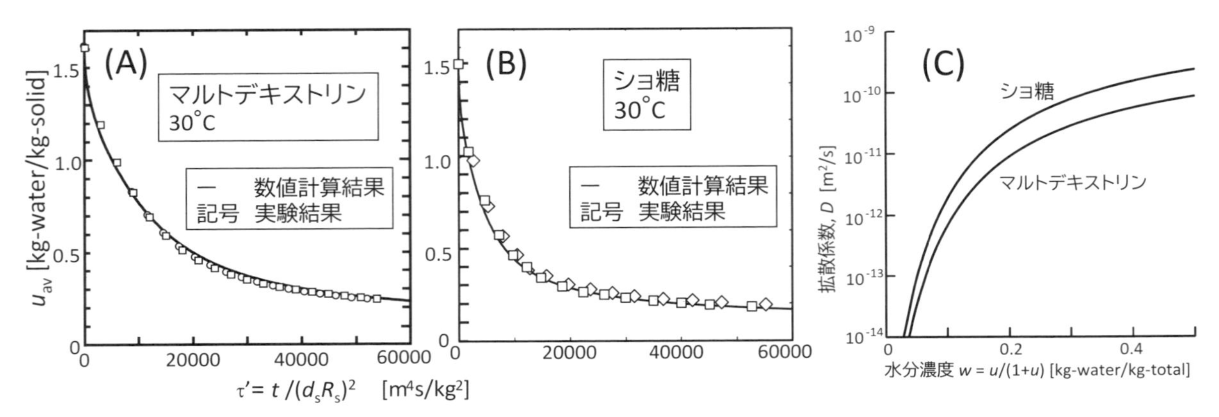

図7　等温乾燥実験結果と拡散係数

実線はRR曲線から決定した拡散係数による数値計算結果
ショ糖とマルトデキストリン(DE＝11)について決定された拡散係数は次式で定式化した(図C)。
$D = D_0 \exp[-16/(1+16u)]$, $D_0 = 2.2\times10^{-10}$ m²/s マルトデキストリン，6.0×10^{-10} m²/s ショ糖。
温度依存性を表す活性化エネルギー E_D は実験データに基づいて次式で定式化されている。
$E_D = (1.0\times10^5 + 1.9\times10^5 u)/(1+10u)$ [kJ/mol]

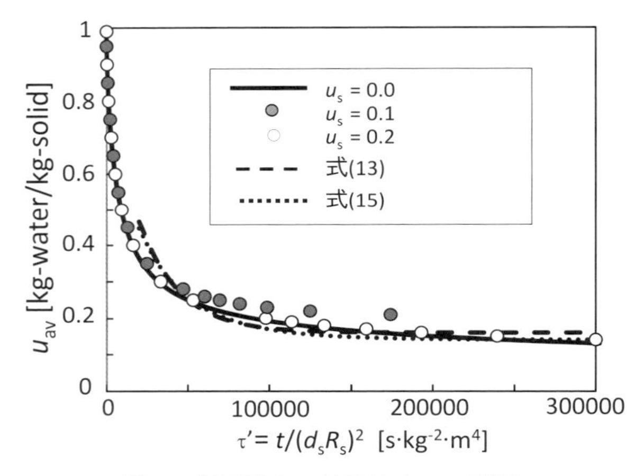

図8　表面濃度の乾燥速度への影響

実線と記号は式(12)の拡散係数を用いた拡散方程式の数値計算結果($u_0 = 1.0$)。
式(13) $M_R = (u_{av} - u_e)/(u_0 - u_e) = 8/\pi^2 \exp(-k\tau')$ の計算結果($k = 4.5\times10^{-5}$, $u_e = 0.16$)。
式(15) $M_R = 8/\pi^2 \exp(-k\tau'^n)$ の計算結果($k = 2.05\times10^{-4}$, $n = 0.84$, $u_e = 0.16$)

曲線は $u_s = 0$ の曲線と，$u_{av} = 0.3$ 近くまで重なり，その後最終値(平衡値)である $u_{av} = 0.2$ に漸近していく。

図9は，濃度分布の計算結果である。式(3)あるいは式(9)で計算される D 一定の時の濃度分布と比較すると，表面付近での濃度変化が鋭いことがわかる。これは D が低水分濃度で著しく小さくなるためであり，表面付近での濃度分布帯が**2.**および図1で説明したスキン(層)に対応する。図9(B)も，表面付近に鋭い濃度分布帯が存在しているが，$u_s = 0.1$ であり図9(A)とは異なる。図8における $u_s = 0.1$ の曲線と $u_s = 0$ の曲線が重なるのは，D が $u < 0.1$ で非常に小さくなるためである。

u_s は脱着等温線から熱風湿度RHにより計算できる[8)10)]。$u_s = 0.1$ でも乾燥速度が変わらないということは，$u_s = 0.1$ となるRHでも乾燥が可能になることを意味し，乾燥機の効率を上げることができる。また，表面を乾燥しすぎると品質が低下する麺のような製品[16)]においてもRHを適当な値に保つことは有用である。

1編2章1節で説明しているように乾燥曲線を簡単な式で記述することはよく行われており，みかけの拡散係数を一定として式(5)で計算している事例も多い[17)]。図8に，みかけの最終平衡値 $u_e = 0.16$ として式(5)を変形した式(13)から誘導した式(14)で計算した結果を示している。

$$E = 1 - M_R = 1 - (u_{av} - u_e)/(u_0 - u_e) = 1 - 8/\pi^2 \exp(-k\tau') \quad (13)$$

$$u_{av} = (u_0 - u_e)(8/\pi^2)\exp(-k\tau') + u_e \quad (14)$$

ここで，$M_R = (u_{av} - u_e)/(u_0 - u_e)$ は moisture ratio と呼ばれる。

図8の式(13)による計算結果の誤差を容認することができれば，近似的な曲線で実験結果を表現することは可能であろう。

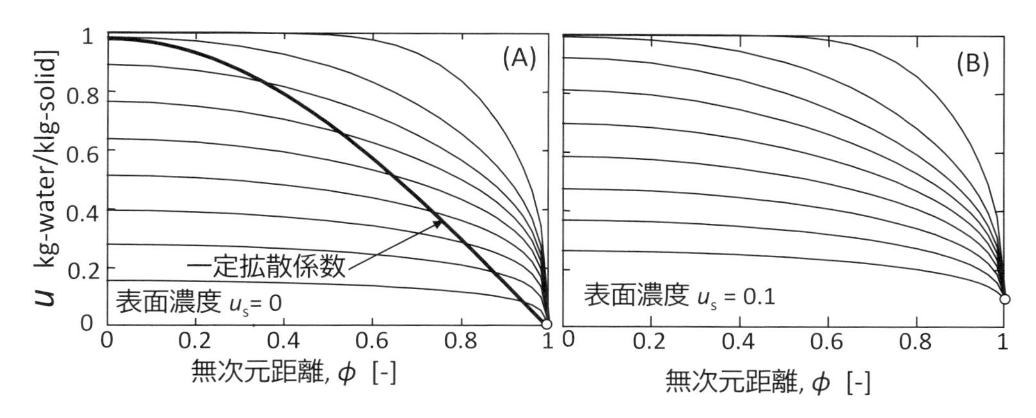

図9　濃度分布に対する表面濃度の影響

(A)$u_s=0$, 太線は式(9)の計算結果　(B)$u_s=0.1$

乾燥曲線を次式のPage式で近似することはよく行われる。

$$M_R = k_1 \exp(-k_2 t^n) \tag{15}$$

Page式は，$k_1=1$であり，k_2とnの2パラメータ式となる。Page式のパラメータは物理的な意味を持たないが，拡散方程式に基づいて$k_1=8/\pi^2$として，k_2およびnの物理的な意味が議論されている[18]。図8には，式(15)による計算結果も示している。

また，乾燥曲線を区分化して式(5)で記述することもできる。さらに，区分区間を狭めることにより得られた時間依存拡散係数という名称の拡散係数で乾燥曲線を計算する手法もある[19]。この場合も，時間依存拡散係数自体は物理的な意味は持たないが，ある条件での乾燥曲線全体を表現することはできる。

乾燥曲線(M_R *vs.* t)を式(15)のような簡単な式で記述できているのは，熱風湿度が比較的高く$u_e \approx 0$の条件でないことも理由の1つである。

3.3 RR曲線からの拡散係数決定方法の特徴と制約因子，およびその利用方法

RR曲線からの拡散係数決定方法において，濃度分布相似則が成立する拡散係数の濃度依存性(べき乗則$D=u^a$)を見つけ出したこと，および収縮座標系の導入により収縮とそれに伴うバルク流れの影響を暗黙に座標に含ませることができたことは重要な成果である[5]。乾燥速度が著しく低下するので，ある程度の厚さの試料を準備し，熱風速度を速くすれば，ほぼ等温条件が成立すること，微量の寒天ゲル化により形状を安定させると同時に内部対流を抑制することも重要な実験手法である。

RR乾燥データから方法1および方法2を使用して決定した拡散係数が報告されているが[20)-31]，溶液系以外への適用の場合は，得られたデータの解釈に注意する必要がある。吉田，岡崎らは多孔性材料への拡張方法を報告している[32]。

RR曲線を利用した報告がそれほど多くない理由として，以下の制約因子がある。

(1)等温乾燥

熱風乾燥が材料と周りの温度差により熱エネルギーを供給することが原理であることを考えると奇妙に思える。しかしながら昔から高分子ポリマーフィルムからの脱着速度の測定は一定温度に保温したセル内のフィルムの真空乾燥における重量変化を測定している。この場合は微量の溶媒であり脱着速度が著しく遅いので，温度変化や(真空であるので)外部境膜の影響も無視できると考えている。糖溶液の乾燥においては1%程度の寒天でゲル化しておき，表面に強く風を当てるとともに1～5mm程度の厚さの試料を用いて1日近い実験時間で測定が必要となる。

(2)均一収縮と均一表面

モデルは厚さ方向に均一に収縮し，収縮は，蒸発水分の量に対応することを仮定している。多くの糖溶液は均一収縮をするが，高分子量のマルトデキストリンやデンプンは，厚さ以外の方向にも収縮し，表面に亀裂が入り，乾燥実験が困難となる。

(3)均一相

拡散モデルは均一相を仮定しており，乾燥により表面に結晶や固相が析出することは考えていない。

たとえばショ糖の溶解度曲線からは，30℃で水分濃度が30％以下の状態は存在しないが，ショ糖はこのような乾燥条件では安定な過飽和溶液を形成するので透明な状態で乾燥が進行する。マルトデキストリンも同様な理想的な乾燥挙動を示す。溶解度が低い糖では乾燥直後に結晶による固相が析出し表面が真っ白になり，乾燥実験データから意味のある拡散係数を求めることはできない。

(4)水の状態

拡散モデルに立脚しているので，水については含水率によらず同じ水であると考えており，自由水や結合水という概念はない。しかしながら水分収着等温線を精密に測定して解析すると単分子層吸着量に対応する量の水分はほとんど直角平衡あるいは不可逆平衡の形状を示しており，このような水分は事実上固定化された水として考えてもよいのかもしれない[33)34)]。本モデルでは，このような水は拡散係数が著しく小さいとして表現されている。水の状態については，水分収着等温線と水分活性およびガラス転移に基づいた解析[32)34)]や，NMRによる解析[35)]が報告されている。

(5)液状(均相)試料以外への適用

麺やパスタのような半固体食品には適用可能であろうが[31)]，(1)～(3)の条件には十分注意する必要がある。厚さを変えた実験あるいは初濃度を変えた実験でモデルの妥当性を検証することが望ましい。厚さ方向以外の収縮も著しいときは，単純なRRモデルの直接の適用は難しい。

上記を考慮すると，RR曲線からの拡散係数の決定は，薄層(フィルム)の溶液系試料の乾燥実験が最も適していると考えられる。拡散係数(すなわち乾燥速度)が，溶解している分子の物性でどのように変化するかを調査することができる。すでに，複数成分の混合溶液における組成の拡散係数への影響についてもRR曲線を使用して考察されている[22)-26)]。合成高分子ポリマーフィルムについても，濃度分布を計算できることも含めて有用であろう[20)]。

また，収縮・変形を考慮せずに決定した乾燥速度からRR曲線が得られたならば，みかけの拡散係数の濃度依存性を決定し，定式化すると経験式とは異なりさまざまな条件ごとにモデルシミュレーションが可能となるであろう。

【付録】

収縮系座標による一次元拡散方程式

$$\frac{\partial u}{\partial \tau} = \frac{\partial}{\partial \phi}\left(D_r \frac{\partial u}{\partial \phi}\right) \quad \text{(D1)}$$

$$D_r = D\rho_s^2 / D_{ref}\rho_{s,ref}^2 \quad \text{(D2)}$$

$$\phi = \int_0^r \rho_s dr \Big/ \int_0^R \rho_s dr \quad \text{(D3)}$$

$$\tau = tD_{ref}\rho_{s,ref}^2 / (d_s R_s)^2 \quad \text{(D4)}$$

ρ_s：溶解している固形分密度[kg/m^3]，d_s：固形分純密度[kg/m^3]，d_w: 水の密度[kg/m^3]

u：含水率(kg-water/kg-dry solid)，R_s：絶乾厚さ[m]，添字refがついた記号は無次元化のために導入された変数であり1.0の値を持つ。

食品に広く用いられる収着等温線GAB(Guggenheim-Anderson-de Boer)式[33)34)]

$$\underline{u} = U_m C_G K_G . a_W / [(1 - K_G . a_W)(1 - K_G . a_W + C_G K_G . a_W)] \quad \text{(D5)}$$

a_w：水分活性，U_m 単分子層吸着水分量[kg-water/kg-solid]，C_G と K_G は無次元変数。

文　献

1) 化学工学会：化学工学便覧　改訂六版，14 調湿・水冷却・乾燥，丸善，735 (1999).
2) J. van Brake : Advances in drying, Hemisphere, vol.1, 217-267 (1980).
3) J. Crank : The mathematics of diffusion, 2nd ed., Oxford U.P. (1975).
4) J. Crank and G. S. Park : Diffusion in Polymers, Academic Press, 1-39 (1968).
5) W. J. A. H. Schoeber : Regular regimes in sorption processes, Ph.D.Thesis, Tech. Univ. Eindhoven, The Netherlands (1976).
6) W. J. Coumans : Power law diffusion in drying processes, Ph.D Thesis, Technical Univ. Eindhoven, The Netherlands (1987).
7) S. Yamamoto : *Dry. Technol.*, **19**, 1479-1490 (2001).
8) S. Yamamoto : Dehydration of Products of Biological Origin, 165-201 (2004).
9) 山本修一：化学工学，**79**, 662 (2015).

10）山本修一：日本食品工学会誌，**20**, 81（2019）.

11）山本修一：日本食品工学会誌，**11**, 73（2010）.

12）山本修一：日本食品工学会誌，**7**, 215（2006）.

13）P. J. A. M Kerkhof and W. J. A. H. Schoeber : Advances in Preconcentration and Dehydration of Foods, Applied Science, 349-397（1974）.

14）古田武：日本食品工学会誌，**7**, 153（2006）.

15）S. Fujii, N. Yoshimoto and S. Yamamoto : *Dry. Technol.*, **31**, 1525（2013）.

16）小川剛伸：日本食品工学会誌, **21**, 25（2020）.

17）M. E. R. M. Cavalcanti-Mata, M. E. M. Duarte, V. V. Lira, R. F. de Oliveira, N. L. Costa and H. M. L. Oliveira : *J. Food Process Eng.*, **43**, e13569（2020）.

18）R. Simpson, C. Ramírez, H. Nuñez, A. Jaques and S. Almonacid : *Trends Food Sci Technol.*, **62**, 194（2017）.

19）G. Efremov, M. Markowski, I. Białobrzewski and M. Zielinska : *Int. J. Heat Mass Transf.*, **35**, 1069（2008）.

20）Y. Sano and S. Yamamoto : *J. Chem. Eng. Jpn*, **23**, 331（1990）.

21）C. H. Tong and D. B. Lund : *Biotechnol. Prog.*, **6**, 67（1990）.

22）M. Räderer, A. Besson and K. Sommer : *Chem. Eng. J.*, **86**, 185(2002).

23）A. Gianfrancesco, X. Mesnier, L. Forny and S. Palzer : Proc. 17th International Drying Symposium, 1498-1503（2010）.

24）A. Gianfrancesco, G. Vuataz, X. Mesnier and V. Meunier : *Food Chem.*, **132**, 1664（2012）.

25）B. Adhikari, T. Howes, B. R. Bhandari, S. Yamamoto and V. Truong : *J. Food Eng.*, **54**, 157（2002）.

26）B. Adhikari, T. Howes, A. K. Shrestha, W. Tsai and B. R. Bhandari : *Dry. Technol.*, **24**, 1415(2006).

27）J. G. Báez-González, C. Pérez-Alonso, C. L. Beristain, E. J. Vernon-Carter and M. G. Vizcarra-Mendoza : *Food Hydrocoll.*, **18**, 325（2004）.

28）S. S. Kim and S. R. Bhowmik : *J. Food Eng.*, **24**, 137（1995）.

29）C. M. Vera, M. V. Mendoza, H. Espinosa and F. Caballero : *Biosyst. Eng.*, **92**, 439（2005）.

30）J. Perdana, R. G. van der Sman, M. B. Fox, R. M. Boom and M. A. Schutyser : *J. Food Eng.*, **122**, 38-47（2014）.

31）T. Inazu and K. Iwasaki : *J. Food Sci.*, **65**, 440（2000）.

32）M. Yoshida, H. Imakoma and M. Okazaki : *Chem. Eng. Process.*, **30**, 87（1991）.

33）熊谷仁，熊谷日登美，萩原知明：日本食品工学会誌，**9**, 79（2008）.

34）熊谷仁：日本食品工学会誌，**21**, 161（2020）.

35）小西靖之，小林正義：日本食品工学会誌，**17**, A8（2016）.

第５節
溶媒多成分系の乾燥における基礎理論

富山大学　吉田　正道

1. はじめに

1900年初頭に乾燥の研究が始まって以来，大多数の研究は「水」を含む材料の乾燥を対象に行われてきた。これは自然界の原材料には十中八九水が含まれること，工業用溶媒として水が多用されることなど，水の普遍性から考えて至極当然である。しかし近代の産業では医薬品，プラスチック，磁気記録媒体，感光フィルムなど，被乾燥材料に含まれる液体が水以外の溶媒あるいは混合溶媒であるケースがさまざまな分野に多数存在する。材料に対する高機能化・高性能化などの要求が高まり，それに応じて材料の製造技術が向上するにつれ，多成分溶媒を含む材料の乾燥事例はますます増加しており，工業的重要性は高まるばかりである。

多成分溶液を含む材料の乾燥過程を取り扱う技術者がまず直面する問題は，水の乾燥に関する関係式や経験則のほとんどが多成分溶液の除去プロセスではうまく使えないという点であろう。たとえば溶液が蒸発する際の湿球温度は乾燥中も一定とはならず，しかも材料の温度履歴は成分の初期組成や乾燥条件によって変化する。また揮発性の低い成分が選択的に除去されるという，一見奇妙な現象も起こり得る[1]。

多成分乾燥における最大の問題は選択性である。ニス塗布のように非選択的乾燥，すなわち乾燥中組成が変化しないことが必須となる場合がある一方で，希望する方向に大きな選択性を持たせなければならない場合もある。たとえば液体から食品を製造するプロセスでは，揮発性の高い芳香成分は保持しつつ水だけを除去するといった工夫が必要となる。

本稿では，多成分溶液を含む材料の乾燥過程を理解する上で必要な基礎事項についてまず解説し，次いでガス側境膜抵抗が支配的な場合を例に取り，乾燥選択性と条件の関連について説明する。また，多成分系の拡散方程式に基づいて材料内の物質移動まで考慮した乾燥モデルの例と，その解析によって得られる多成分系の乾燥挙動に関する知見についていくつか紹介する。

2. 多成分湿りガスの特性

周知のとおり材料の乾燥速度や温度は乾燥に使用する熱風の条件によって大きく左右される。これは多成分溶液を含む材料の場合も同様であるが，多成分溶液の気液平衡と気相拡散が関係してくるため熱風の持つ効果はより複雑になる。本稿では複数の溶媒蒸気を含むガスが有する特性と，気液間の熱・物質同時移動に由来する数種の特性温度について説明する。

2.1　湿　度

n 種の溶媒蒸気($i=1, 2, \cdots, n$ で表す)を含む不活性ガス(I で表す)を考える。この場合も単成分を含む湿りガスと同様に，モル分率 y_i(全モル数に対する i 成分のモル数)，質量基準絶対湿度 H_i(不活性成分の質量に対する i 成分の質量)，モル基準絶対湿度 $\widetilde{H}_i$，(不活性成分のモル数に対する i 成分のモル数)が定義できる。普通，湿度といえば質量基準絶対湿度 H_i を指し，$\widetilde{H}_i$ はモル湿度と呼ばれる。また，ガスの全湿度 H は次式で定義する。

$$H = \sum_{i=1}^{n} H_i \tag{1}$$

湿度 H_i とモル湿度 $\widetilde{H}_i$ の換算は次式によって行うことができる。

$$\widetilde{H}_i = H_i / \mu_i \tag{2}$$

ここで μ_i は i 成分と不活性成分のモル質量比，$\mu_i = M_i / M_I$ である。一方，湿度 H_i をモル分率 y_i に換算する際は以下の関係式を用いれば良い。

$$y_i = \frac{H_i}{\mu_i} \bigg/ \left(1 + \sum_{j=1}^{n} \frac{H_j}{\mu_j}\right) \tag{3}$$

逆に y_i から H_i を求める場合は次式を使用する。

$$H_i = \mu_i y_i \bigg/ \left(1 - \sum_{j=1}^{n} y_i\right) \tag{4}$$

2.2　湿りガスのエンタルピー

0℃の不活性ガスおよび溶媒を基準にとると，湿度 $H_i (i = 1, 2, \cdots, n)$，温度 T_g[℃]の湿りガスが持つ乾きガス基準のエンタルピー i_g[J/kg－乾きガス]は単成分湿りガスの場合と同様次式で与えられる。

$$i_g = \left(C_{gI} + \sum_{i=1}^{n} C_{gi} H_i\right) T_g + \sum_{i=1}^{n} \Delta h_{vi,0} H_i \tag{5}$$

ここで C_{gi} は i 成分蒸気の定圧比熱，$\Delta h_{vi,0}$ は0℃における溶媒の蒸発潜熱である。

2.3　断熱飽和温度

外部と断熱された気液接触塔内で湿りガスを混合溶液と接触させるとき，ガスの滞留時間が長ければ塔出口の湿りガスは飽和状態となり温度は液温に等しくなる。この温度を断熱飽和温度という。エンタルピーの収支をとると，多成分蒸気を含むガスの断熱飽和温度 T_{as} を表す次式を求めることができる[2)]。

$$T_g - T_{as} = \frac{\sum_{i=1}^{n} \Delta h_{vi,as} \left(H_{i,as}^{*} - H_i\right)}{C_{gI} + \sum_{i=1}^{n} C_{gi} H_i} \tag{6}$$

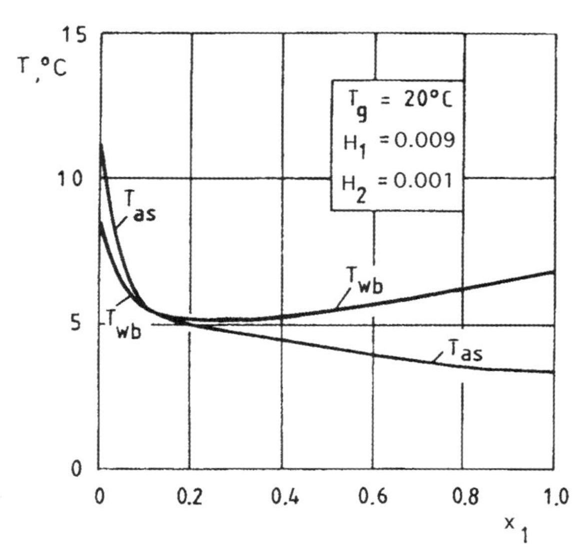

図1　エタノール(1)－水(2)－空気系の断熱飽和温度 T_{as} と湿球温度 T_{wb}

ここで $\Delta h_{vi,as}$ は T_{as} における蒸発潜熱を表す。また $H_{i,as}^{*}$ は T_{as} に対応する i 成分の飽和湿度であり T_{as} と液組成により定まる。例としてエタノール(1)－水(2)－空気系の T_{as} 曲線を**図1**に示した。ここで $H_1 = 0.009$，$H_2 = 0.001$，またガス温度 T_g は20℃である。

2.4　湿球温度

単成分系の場合，十分な風量を持つ気流中に置かれた液滴はやがて熱的平衡に達し，温度は変化しなくなる。このときの温度を湿球温度と呼び，“水分の蒸発に伴う潜熱の消費速度は液滴への熱流入速度に等しい”という条件から求められる。多成分系の場合にもこれと同様の熱収支式を用いて湿球温度 T_{wb} を定義することができる。

$$h\left(T_g - T_{wb}\right) = \sum_{i=1}^{n} k_{g,i} \left(H_{i,wb}^{*} - H_i\right) \Delta h_{vi,wb} \tag{7}$$

式中の $\Delta h_{vi,wb}$ は T_{wb} における蒸発潜熱，$H_{i,wb}^{*}$ は T_{wb} と液滴の組成に対応する飽和湿度を表す。また h は伝熱係数，$k_{g,i}$ は i 成分の湿度基準境膜物質移動係数である[*1]。

＊1　ここに掲げた式は，各成分の物質移動が相互に影響しないという仮定の下で成り立つ。多成分系の物質移動現象論によれば，n 種の溶媒が関与する場合，n^2 個の物質移動係数が現れるが，ここでは n 個しか考慮されていない。この詳細については後述する。

図1にエタノール(1)－水(2)混合物の T_{wb} 曲線を示す。ここで注意すべきは，多成分系の場合，液滴温度が平衡値に到達するとは限らないという点である。すなわち式(7)から求められる湿球温度は必ずしも液滴温度の定常値を意味しない。それは，各成分の蒸発速度の比が液組成の比と同一でない限り，蒸発に伴って液組成は変化し続け，結果として液滴表面の蒸気分圧および蒸発速度も刻々と変化するためである。したがって，単成分系と同じイメージの湿球温度が得られるのは蒸発速度の比が液組成の比と一致する非選択的蒸発の場合に限られる。

非理想混合物の場合，T_{wb} は純成分各々の T_{wb} よりも低くなる。また，低揮発成分を含む液滴が高揮発成分で飽和した気体中に置かれた場合，T_{wb} が乾球温度 T_g より高くなることもあり得る。これについてはエタノール－水－空気系を対象としたPakowskiの研究がある[3)]。

2.5　露　点

露点 T_{dp} は気相と露の間の平衡を表す連立方程式：

$$y_i = y_i^*\left(x_1, x_2, \cdots, x_{n-1}, T_{dp}\right) \quad i=1, 2, \cdots, n \tag{8}$$

によって与えられる。ここで x_i は i 成分の液相モル分率である。また y_i^* は組成が x_1, x_2, $\cdots$, x_{n-1} の溶液と温度 T_{dp} において平衡状態にある多成分ガスが示す，各成分のモル分率を表し，理想混合物の場合はRaoultの法則により，また非理想混合物の場合にはVan Laar式，Wilson式，NRTL式などを用いて求めることができる。

図2に，エタノール(1)－水(2)混合物の露点曲線を示す。

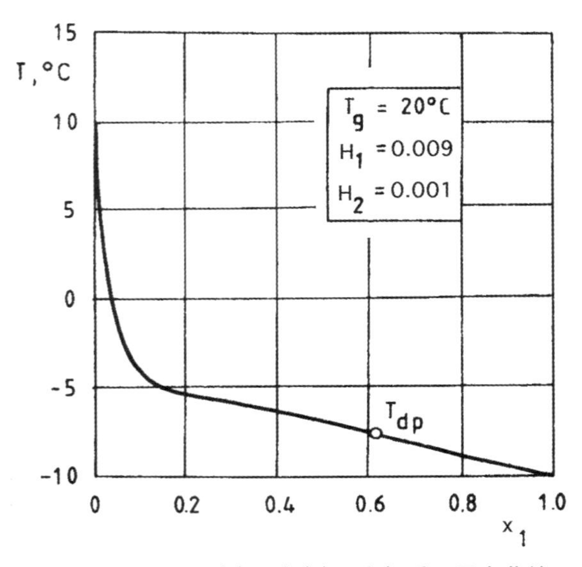

図2　エタノール(1)－水(2)－空気系の露点曲線

3. 乾燥過程における組成変化の定式化

単成分系の乾燥過程は古くから定率および減率乾燥期間の2つに分けて考えられてきた。これは乾燥速度曲線の形状に基づいた分類であるが，現象論の立場から見ると，乾燥過程はガス側境膜の物質移動抵抗が支配的な境膜律速期間と，材料内部の物質移動抵抗が支配的な内部律速期間に大別することができる。境膜律速期間において材料表面の溶液の活量係数が1に近く，かつ熱的平衡状態にあるとき乾燥速度は一定となり，これがいわゆる定率乾燥期間である。

多成分溶液の場合，成分間の相互作用が加わるため，材料内部，境膜ともに移動現象はより複雑化する。たとえば成分間の相互作用が気相および液相の拡散速度を律する場合，各成分の流束はStefan-Maxwell方程式が示すように他の成分の流束にまで影響を及ぼし，その結果，ある成分が自らの濃度勾配に逆らって移動するといった状況が起こり得る。また液組成によって材料の濡れ性が変化するような場合にはMarangoni効果が固体内の溶液移動に重大な影響を及ぼす可能性がある。さらに，乾燥の推進力を決める材料表面の蒸気圧が濃度と温度のみならず組成の影響も受けるため複雑に変化する。

したがって，多成分系の乾燥過程を説明するためには，個々の機構が支配的な期間に分け，個別に検討していく必要がある。本稿では，ガス側境膜の物質移動抵抗が支配的となる場合に焦点を絞り，乾燥条件と選択性の関連について説明する。以下に示す事項は境膜抵抗が支配的な過程であれば，材料の種類によらず成立する。

塗布膜乾燥のように薄い材料を乾燥させる場合，境膜律速期間が非常に長い間続き乾燥過程のほぼ全体を占めるケースも多い。また材料厚さが大きい場合も，乾燥後期に現れる内部律速期間の濃度分布や乾燥選択性がどうなるかはこの期間の影響を受けるため重要である。したがって，境膜律速期間の解析によりさまざまな知見を得ることができる。なお，ここでは材料に含まれる溶媒が2成分からなる系を取り扱う。

3.1　2成分混合物の蒸発

多成分溶媒を含む材料という複雑な系の乾燥選択性を考えるためには，よりシンプルな系である2成分混合溶液の蒸発についてまず理解しておく必要がある。Lewis and Squiresは，互いに無限希釈可能な成分から成る溶液の蒸発実験を行い，操作条件によって組成変化の挙動が異なることを見出した[1]。彼らは自由液表面上に空気を流して溶液を蒸発させる実験と溶液中に空気をバブリングさせる実験を行った。前者は気相拡散支配過程，後者は気体と液体が緊密に接触しているため平衡支配と見なすことができる。

拡散蒸発の場合，ある時は高揮発成分が，またある時は低揮発成分が除去され，それは初期条件に依存する。メタノール(1)－ベンゼン(2)系の例を**図3**(a)に示す。溶液初濃度が特定の濃度帯にある時，拡散支配では高揮発成分が常に気相側へ放出されるのに対し，平衡支配では常に溶液内で濃縮される。図3(b)はこれを示す。さらに，高揮発成分(メタノール)の初濃度がこの濃度帯より上の時は拡散支配，平衡支配の場合ともに常に液側でメタノールが濃縮され，一方この濃度帯より下の濃度では常に溶液からメタノールが放出される。濃度帯の境界に対応する溶液組成，すなわち拡散蒸発および平衡蒸発の各条件において組成変化の起こらない組成をそれぞれ擬共沸組成，静的共沸組成という。Lewis and Squiresが測定した擬共沸および静的共沸組成を低沸点成分のモル分率で表すと，メタノール－ベンゼン系(25℃)の場合0.64および0.53，エタノール-トルエン系(25℃)の場合0.81および0.677であった[1]。なお，両系のい

(a)拡散蒸発

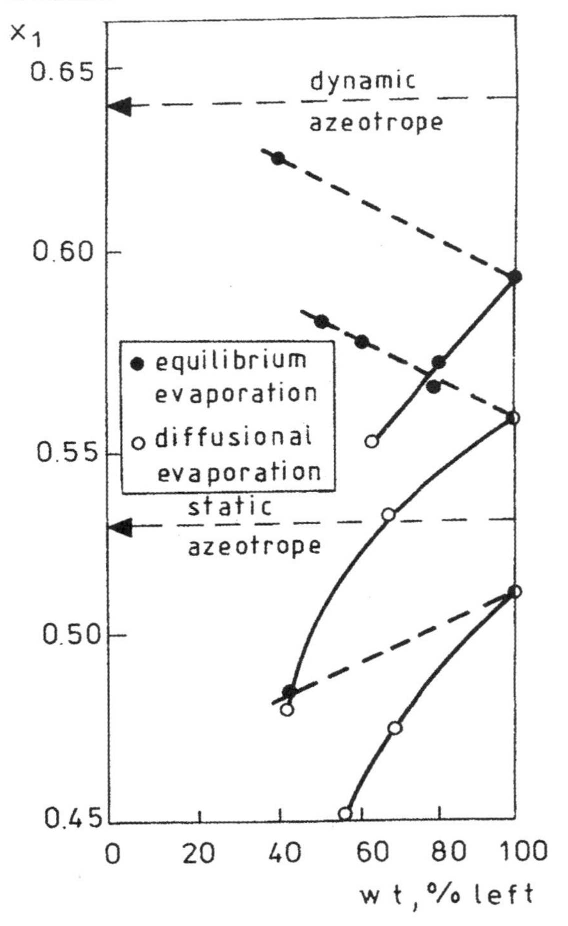

(b)平衡蒸発

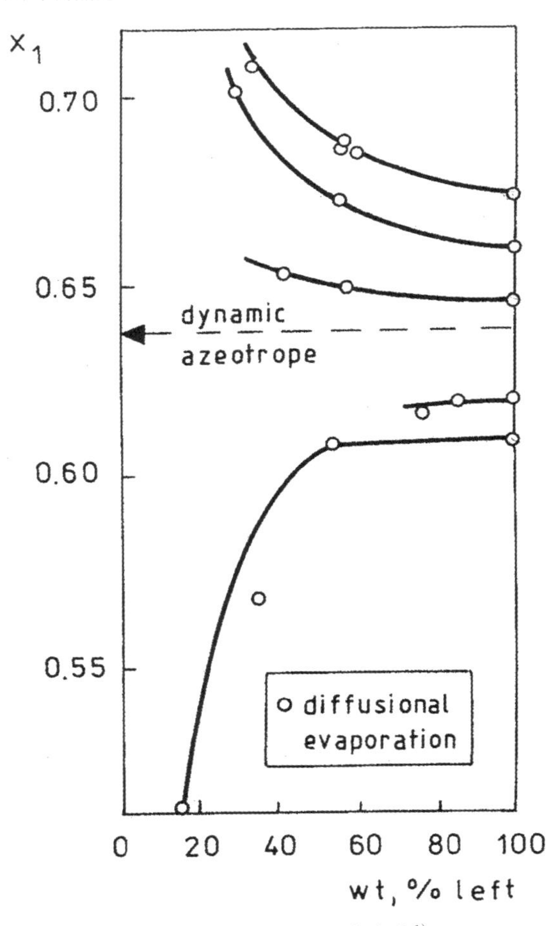

図3　メタノール(1)－ベンゼン(2)混合物が25℃の空気中で蒸発する時の組成変化[1]

わゆる共沸組成はそれぞれ0.51および0.247である。

この現象を説明するため，Schlünderは**図4**に示すような気液界面における気相および液相の移動抵抗を考慮したモデルを構築し解析を行った[4]。多成分混合物の液相拡散に関するStefan-Maxwellの方程式は，

$$c_l \frac{dx_i}{dz} = \sum_{\substack{j=1 \\ j \neq i}}^{n} \frac{1}{D_{l,ij}} \left(x_i N_j - x_j N_i \right) \tag{9}$$

となる。c_lは溶液のモル濃度，$D_{l,ij}$はj成分に対するi成分の液相拡散係数，N_iはi成分のモル流束である。

2成分混合物の場合，上式は次のようになる。

$$\frac{dx_i}{dz} = \frac{1}{c_l D_l} (N x_i - N_i) \tag{10}$$

ここで$D_l = D_{l,12} = D_{l,21}$および$N = N_1 + N_2$である。濃度分布が定常で蒸発速度も一定の場合，式(10)を積分し，境界条件$x_i|_{z=0} = x_{iS}$および$x_i|_{z=\delta} = x_{i\infty}$を用いると次式が得られる。

$$x_{iS} = \frac{K_i - 1}{K_l} r_i + \frac{x_{i\infty}}{K_l} \tag{11}$$

ここでr_iは相対蒸発速度であり$r_i = N_i/N$と定義される。また，$K_l \equiv \exp(-N/k_l)$，$k_l \equiv D_l c_l/\delta$であり，それぞれ液側の物質移動特性および液側境膜の物質移動係数を表す。

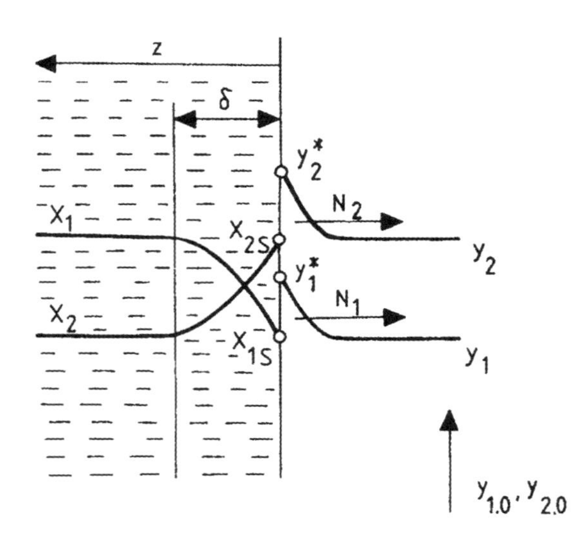

図4　2成分混合物の蒸発における濃度分布の模式図

一方，気相中の溶媒濃度が希薄であれば，各成分の蒸発速度はガス側境膜の物質移動係数$k_{g,i}$を用いて次のように書ける。

$$N_i = k_{g,i} \left(\widetilde{H}_i^* - \widetilde{H}_i \right) \tag{12}$$

ここで$\widetilde{H}_i^*$は気液界面におけるi成分の飽和モル湿度である。一方，ガスが液面と接触する前後の湿度変化は蒸発量に等しいから

$$n_i = \frac{N_g}{A} \left(\widetilde{H}_i - \widetilde{H}_{i,0} \right) \tag{13}$$

が成り立つ。ここでN_gはモル流量，Aは気液接触面積を表す。また$\widetilde{H}_{i,0}$は送入ガスのモル湿度である。溶媒を全く含まないガスを用いるとき$\widetilde{H}_{1,0} = \widetilde{H}_{2,0}$であり，式(12)，(13)より，

$$\frac{\widetilde{H}_1}{\widetilde{H}_2} = \frac{1}{K_g} \frac{\widetilde{H}_1^*}{\widetilde{H}_2^*} \tag{14}$$

ここで，

$$\frac{1}{K_g} \equiv \frac{NTU_1}{1 + NTU_1} \frac{1 + NTU_2}{NTU_2}$$

である。NTU_iは気相の移動単位数を表し，$NTU_i \equiv K_{gi} A/N_g$と定義される。式(13)，(14)を用いると相対蒸発速度$r_1 (= N_1/N)$は次のように書ける。

$$r_1 = \frac{\widetilde{H}_1^* / \widetilde{H}_2^*}{K_g + \widetilde{H}_1^* / \widetilde{H}_2^*} \tag{15}$$

気相中の濃度が低い場合，相対揮発度(純粋な溶媒1と2の蒸気圧比)はモル湿度を用いて

$$\alpha_{12} = \left(\widetilde{H}_1^* / \widetilde{H}_2^* \right) / \left(x_{1S} / x_{2S} \right) \tag{16}$$

と書ける。これを式(15)に代入し，式(11)を用いてx_{1S}, x_{2S}を消去すると，結局次式が得られる。

$$\left(1 - \frac{K_g}{\alpha_{12}} \right) \left(1 - K_l \right) r_1^2 - \left\{ 1 + \left(1 - \frac{K_g}{\alpha_{12}} \right) \left(x_1 - K_l \right) \right\} r_1 + x_1 = 0 \tag{17}$$

K_g，α_{12}，K_l が与えられれば，この式より r_1 と x_1 の関係を求めることができる。なお，r_2 についても同様の式が成立する。

最後に，溶液組成と蒸発液量の関係を求めておかねばならない。液相における各成分の物質収支式および総括物質収支式は次式で示される。

$$d(n_l x_i) = -N_i dt \qquad i = 1, \cdots, n \tag{18}$$

$$dn_l = -N dt \tag{19}$$

ここで n_l は溶液の全モル数，t は時間を表す。両式を用いると i 成分のモル分率と n_l の関係式が得られる。たとえば溶媒1の場合には

$$\frac{dx_1}{dn_l} = \frac{r_1 - x_1}{n_l} \tag{20}$$

上式中の r_1 は式(17)より求められるから，この方程式を解けば蒸発に伴う組成変化が得られる。

3.2　選択率

Schlünder は $S_1 = r_1 - x_1$ を選択率(selectivity)と呼んだ[4]。$S_1 = 0$ のとき溶液は組成変化を起こさず，これを非選択的と言う。式(20)からわかるように $S_1 > 0$ ならば $dx_1/dn_l > 0$，すなわち溶液の減少に伴い x_1 も減少する。したがって成分1が優先的に蒸発する。逆に $S_1 < 0$ ならば成分2が優先的に蒸発する。以下，いくつかのケースについて選択率 S_1 が0となる条件を示す。

液側抵抗が無視できる場合：このとき $k_l \to \infty$ であるから $K_l \to l$。したがって式(17)より次式が得られる。

$$S_1 = \frac{\left(1 - x_1\right)\left(1 - K_g/\alpha_{12}\right)}{K_g/\alpha_{12} + \left(1 - K_g/\alpha_{12}\right)x_1} \tag{21}$$

平衡蒸発の場合：$NTU \to \infty$ であるから $K_g \to 1$。これを上式に代入し $S_1 = 0$ とおくと，求める条件は

$$\alpha_{12} = 1 \tag{22}$$

すなわちこの条件を満たす組成が静的共沸である。$\alpha_{12} > 1$ なら溶媒1が選択的に除去され，$\alpha_{12} < 1$ なら溶媒2の除去が優先される。

図5(a)はイソプロパノール(1)－水(2)混合物が25℃において平衡蒸発するときの組成変化を式(17)，(20)に基づき計算した結果を示す。この条件における静的共沸組成は0.64であり，$x_1 = 0.6$, 0.3の場合ともにイソプロパノールが選択的に除去されている。

一方，液側抵抗が無視できる場合でも拡散蒸発の

(a)平衡蒸発($K_l = 1$, $K_g = 1$)

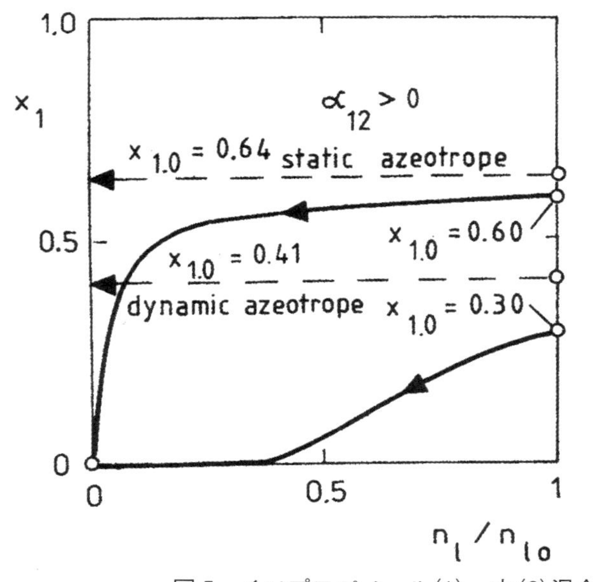

(b)拡散蒸発($K_l = 1$, $K_g = 2$)

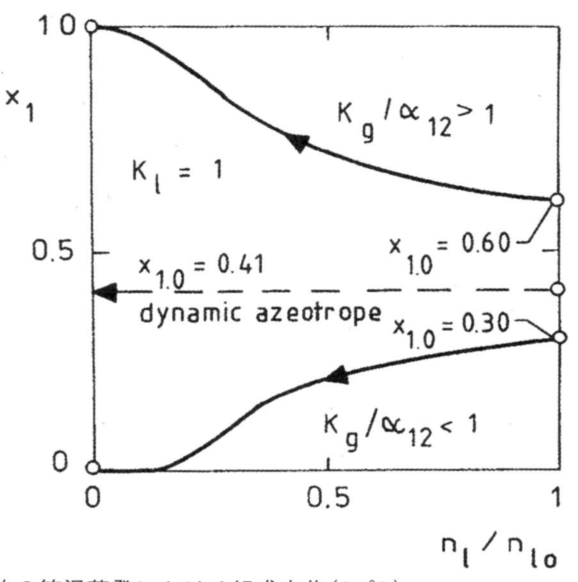

図5　イソプロパノール(1)－水(2)混合物の等温蒸発における組成変化(25℃)

状態にある時は $NTU_i \to 0$ であるから $K_g \to k_{g2}/k_{g1}$ となる。これを式(21)に代入して $S_1=0$ とおくと，求める条件は

$$k_{g2}/k_{g1} = \alpha_{12} \tag{23}$$

となり，これを満たす組成が擬共沸である。そして，$k_{g2}/k_{g1} < \alpha_{12}$ なら溶媒1が，$k_{g2}/k_{g1} > \alpha_{12}$ なら溶媒2が優先的に除去される。式(23)が示すとおり，擬共沸組成は気相の物質移動特性に影響される。k_g の比は拡散係数の比でほぼ決まるため擬共沸組成を任意に選ぶことはできないが，流れの状態を制御すれば多少変化させることは可能である。

図5(b)は拡散蒸発における組成変化を示す。この系の擬共沸組成は $x_1=0.41$ であり，初期組成がこの値より大きい場合には水の方が優先的に除去される。特に初期組成が $0.41 < x_{10} < 0.64$ の範囲にあるとき，優先的に除去される溶媒は蒸発条件(平衡蒸発か拡散蒸発か)によって異なる。この範囲では $K_g/\alpha_{12}=1$ となるような NTU(すなわちガス流速)が存在するから，条件を操作すれば非選択的蒸発が実現できる。

液側抵抗が支配的な場合：この時 $k_l \to 0$ であるから $K_l \to 0$。重ねて気相抵抗が無視できる場合には $K_g \to 1$ であるから式(17)より $S_1=0$ となる。すなわち，溶液は初期組成にかかわらず共沸物として振舞う。

3.3　乾燥過程の選択性

乾燥速度曲線および組成曲線の例として，イソプロパノール(1)－水(2)混合物を含む固体材料の乾燥における結果を図6に示す[5)]。材料は円筒形煉瓦，中空円筒状の焼結青銅および紙である。1番目の例では非選択的過程となっていることがわかる。この場合は液側抵抗支配であり，濃度分布の浸透深さは試料径よりも小さい。2番目の例では試料厚さが浸透深さよりも小さいため気相側抵抗支配となっている。

(a)円柱状煉瓦

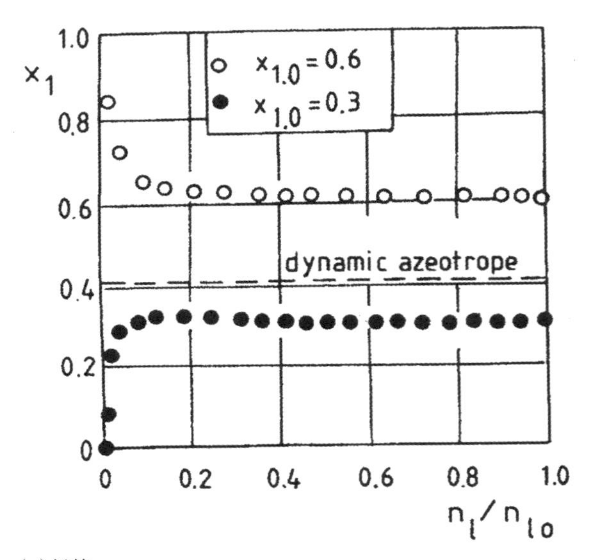

(b)円筒状焼結青銅

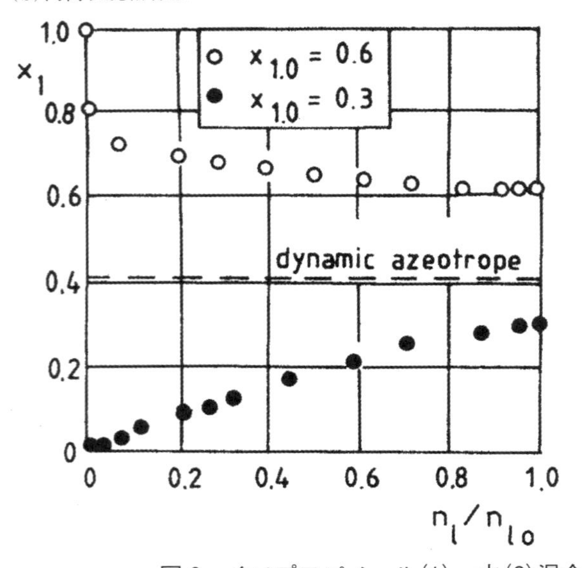

(c)紙筒

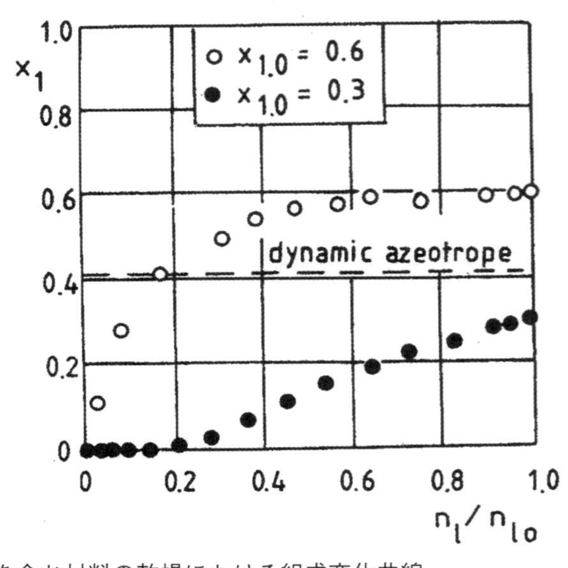

図6　イソプロパノール(1)－水(2)混合物を含む材料の乾燥における組成変化曲線

3番目の例では収着が支配的となっている。紙は水に対して高い親和性を示すがイソプロパノールに対しては低いため，除去されるのは初期組成の如何にかかわらずイソプロパノールの方である。

このように，乾燥における選択性が示す傾向は蒸発における選択性の理論によって定性的に説明できる。ただし，乾燥の場合には溶媒の活量係数が含水率に受ける影響など他にも考慮すべき現象があり，定量的な予測を可能にするためには，そこをさらに踏み込んで検討していかねばならない。

4. 多成分乾燥研究のショートレビュー

多成分溶液の乾燥過程を計算で求めようとする試みは実用材料やモデル材料を対象にいろいろと行われてきた。たとえばPartiの研究グループはエタノール-水混合物を含む固体材料の乾燥について検討している。Szentgyörgyi and Partiは，液相の完全混合モデルと気相の熱および物質移動係数に基づいて計算を行った[6]。またPaláncz and Partiは，気相におけるMaxwell-Stefan方程式の数値解を用いて計算結果を改善した[7]。計算には減率乾燥期間における収着平衡を考慮するため収着等温線が使用されているが，ここでも液側の拡散抵抗はないものと仮定されており，さらなる展開が望まれる。

Migunov and Sadykovは，アセトン-メタノール-水混合物を含む酸化エチルセルロースの真空乾燥を対象としたモデルとその計算結果を報告している[8]。そこでは平衡蒸発を仮定する一方，固体内の伝熱抵抗が考慮されている。乾燥初期の一致は良好であるが，さらに乾燥が進行するとずれが大きくなった。その原因を著者はその時点から平衡蒸発の仮定が成立しなくなったためとしているが，その理由には触れていない。

液状原料の噴霧乾燥により製造した粉末食品の品質は，原料中に極微量ずつ含まれる高揮発性芳香成分群の散逸量に大きく左右される。Thijssen and Rulkensは選択拡散理論を提唱し，乾燥初期に形成される表面被膜が芳香成分の散逸防止に役立っているという実験的事実を説明した[9]。

古田らはマルトデキストリン－水－エタノール混合物を用いて単一液滴の乾燥におけるエタノール散逸量を測定した[10]。結果は選択拡散理論による計算と良好に一致し，乾燥強度が強いほど被膜形成は早く，芳香成分の散逸が抑えられることを明らかにした。

Golubevらはフィルム上に塗布した磁性層の乾燥について膨大な計算を行っている[11]。彼らが使用したのは気相側の熱と物質の移動抵抗を単純化したモデルであり，それによってポリエステルテープ上に塗布した磁性膜をバンド乾燥器で乾燥した場合の温度分布と濃度分布を計算することが可能となった。向流式の対流乾燥においては，接触加熱がない場合，ある場合ともに実験結果と良好な一致を見ている。

5. 高分子膜からの不純物除去促進

材料中に極微量残った不純物が製品の品質に悪影響を及ぼすケースは非常に多い。したがって限られたスペース，処理時間，コストの中でいかに効率良く残留不純物を低減するかはエンジニアにとって非常に切実な問題である。

低濃度域では膜内の物質移動抵抗が支配的であり，乾燥速度は拡散係数の大小により決定される。高分子膜のように材料内の物質移動が分子拡散による場合，拡散係数は濃度の低下とともに急激に減少し，濃度が半分になると数オーダー下がるというケースも希ではない。したがって目標濃度が低くなると乾燥所要時間が極端に増加してしまうのは，低濃度域の乾燥過程が拡散支配である以上やむを得ない。材料温度を上げてやれば拡散係数が増加するため乾燥速度を大きくできるが，膜の劣化や変色といった品質低下の問題があるため無条件に品温を上げるわけにはいかないという難点がある。

一方，乾燥気流中に別の溶媒(たとえば水蒸気)が存在するとき，しばしば残留溶媒の除去速度が速くなることが経験的に知られている。たとえばCarràらの実験によると，四塩化炭素を用いてゴムを塩素化したのちゴム内に残留するCCl_4を除去する場合，通常の真空処理やスチーム洗浄ではCCl_4濃度を5 wt%以下に低減することはできないが，アセトン蒸気を用いると短時間のうちにCCl_4が除去できた(アセトンは真空乾燥で容易に除去できる)[12]。

このような現象が起こる機構にはいくつかの可能性が考えられる。たとえば別の溶媒が介入することで膜内における不純物の化学ポテンシャルが上がり，平衡濃度が低下するという平衡論的立場，もう1つは別の溶媒の存在によって不純物の分子移動空間体積が増加し，拡散係数が増加するという速度論的立場である。Vrentasらは後者の立場から不純物溶媒－移動促進溶媒－高分子の三成分系の乾燥方程式をモデル化し，不純物除去を促進する方法の可能性について検討した[13]。以下，その概略を述べる。

平板上に置かれた初期厚さLの高分子膜を考える。不純物濃度ρ_1がρ_{10}で一定の膜を促進用溶媒(下付2で表す)が含まれる気流中にさらし，ある程度時間が経過したら気流をいずれの溶媒も全く含まないものに切り替える。ここで，①Fickの拡散法則が成立する，②交差項は無視できる，③混合による体積変化はない，④物質移動は1次元，⑤膜表面では気液平衡が成立する，⑥収縮は厚さ方向にのみ起こる，といった仮定を用いると物質移動方程式は次のようになる。

$$\frac{\partial \rho_i}{\partial t}=\frac{\partial}{\partial x}\left(D_i\frac{\partial \rho_i}{\partial x}\right) \tag{24}$$

ここでtは時間軸，xは空間軸である。またD_iはi成分の自己拡散係数であり，自由体積理論から求めることができる[14]。これを，溶媒の増減量から定まる膜厚の条件式，および表面濃度が気相の蒸気圧と平衡にあるという境界条件の下で解いた。

その結果の例を**図7**に示す。この図は溶媒1および2の含有量の経時変化を表し，縦軸の$\overline{\mathrm{M}}_i$はi成分の平均含有量を溶媒1の初期含有量で正規化したものである。気相中に溶媒2が存在する場合の溶媒1の除去速度(実線)は溶媒2が介在しないとき(破線)に比べ著しく大きい。また，気相中に溶媒2が存在する場合，気相中の溶媒2が膜に取り込まれるため，膜内の溶媒2の量は平衡値に達するまで増加し続けるが，蒸気を含まないガスに切り替えると溶媒2の乾燥が始まり急激に除去されるため膜の品質に問題はない。したがって，溶媒1の乾燥所要時間を弊害なしに短縮することができる。

図8は溶媒2の拡散係数の値によって溶媒1の除去速度がどのように変化するか調べたものである(ただし溶媒2を含むガスを最後まで使用しており，ガスの切替えは行っていない)。ここで$\beta=D_2^\circ/D_1^\circ$であり，溶媒2と溶媒1の絶乾状態における拡散係数の比を表す。この値が大きいほど溶媒2の方が溶媒1よりも拡散しやすい。βが大きいほど不純物除去速

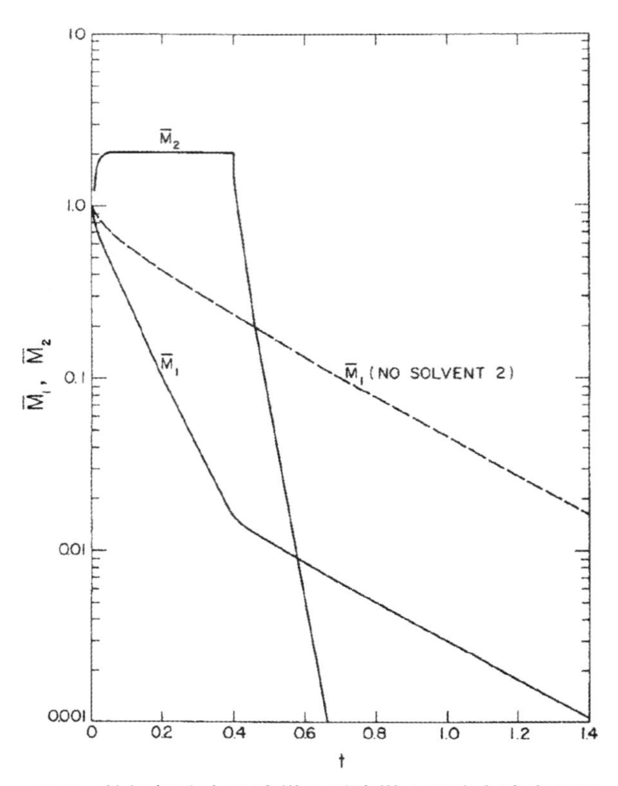

図7　乾燥気流中の溶媒2が溶媒1の除去速度に及ぼす効果

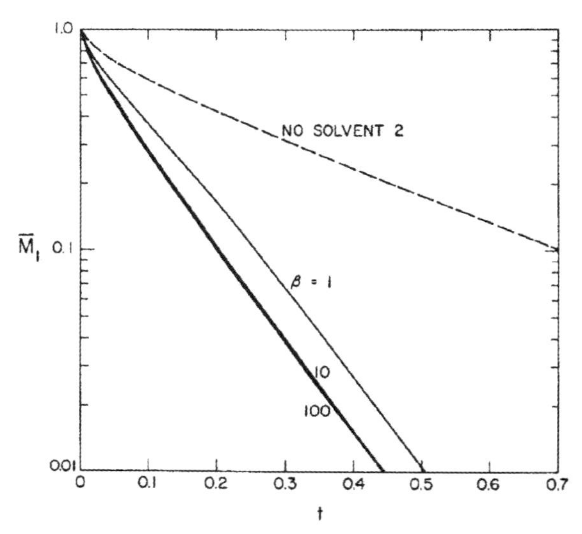

図8　溶媒2と溶媒1の拡散係数比が溶媒1の除去速度に及ぼす影響

度の促進効果も大きいが，$\beta > 100$ では効果に頭打ちが見られ，溶媒2としては拡散係数が溶剤1の100倍程度のものを選べば十分であると言える。またVrentasらは，溶媒2の気相分圧が高くなるほど不純物の除去に要する時間は短くなり，$\beta = 100$ の場合，条件によっては1/20程度にまで短縮できるという結果を得た[13)]。

ここに示したような，第三成分の存在によって物質移動の挙動が変化し，乾燥の促進や抑制といった効果が現れる実例は乾燥操作に携わる技術者もしばしば経験しており，これをノウハウとして活用しているという事業所の話はよく聞く。第三成分の活用は有効な方法として今後多方面に広がっていくものと思われる。

多成分系の拡散現象の中には，先述どおり単成分系からの類推とは異なる挙動を示すケースが多々あることは押さえておかなければならない。実験的に検討する場合には，実験条件を適切に振り，しっかりと実験データを蓄積した上で条件の影響を推定する必要がある。また，理論的に予測する場合には，対象としている系に相応しい，適切なモデルを選定することが肝要である。ただし，多成分系の移動現象を記述する方程式は単成分系の場合に比べると非常に複雑であるため，取り扱いが難しい。さらに，気液平衡や拡散係数の測定や推定は非常に困難であり，理論推算式の精度は溶媒の組み合わせによって大きく異なるため，理論的予測はまだまだ完全とは言えない。実験結果との比較，検証は不可欠である。今後，多成分系乾燥モデルの発展のみならず，物性関係の研究が進展することによって，多成分系の乾燥理論が深化していくことに期待したい。

文　献

1) W. K. Lewis and L. Squires : *Ind. Eng. Chem.*, **29**, 109-114 (1937).

2) Z. Pakowski and G. Rogacki : Proc. 5th Symp. Susz., Wroclaw, 74-84 (1984).

3) Z. Pakowski : *Drying Technol.*, **7**(1), 87-100 (1989).

4) E. U. Schlünder : Proc. 3rd Int. Drying Symp., 315-325 (1982).

5) F. Thurner and E. U. Schlüder : *Chem. Eng. Process.*, **20**, 9-25 (1986).

6) S. Szentgyörgyi and M. Parti : *Gep.*, **20**(9), 346-353 (1968).

7) B. Palància and M. Parti : *Acta Tech. Acad. Hung.*, **81** (1-2), 65-74 (1975).

8) V. V. Migunov and R. A. Sadykov : *Inzh. Fiz. Zh.*, **47**(2), 229-233 (1984).

9) P. J. A. M. Kerkof and W. J. A. H. Schöber : "Advance in Preconcentration and Dehydration of Foods", 349, Applied Science Publishers (1974).

10) T. Furuta, M. Okazaki and R. Toei : Proc. 4th Int. Drying Symp., 336-342 (1984).

11) R. A. Sadykov, V. V. Migunov and D. G. Pobedimskii : *Teor. Osn. Khim. Tekhnol.*, **22**(4), 452-457 (1988).

12) S. Carrá, M. Morbidelli, E. Santacesaria and G. Niederjaufner : *J. Appl. Plym. Sci.*, **26**, 1497-1510 (1981).

13) J. S. Vrentas, J. L. Duda and H. C. Ling : *J. Appl. Polym. Sci.*, **30**, 4499-4516 (1985).

14) J. M. Zielinski and J. L. Duda : *AIChE J.*, **38**, 405-415 (1992).

第6節
乾燥機の種類と選定

中村正秋技術事務所　**中村　正秋**

1. はじめに

乾燥を行うための装置はその目的や材料の形，性質によって多くのものが考え出されている。適切な乾燥機を使わなければ，エネルギーを無駄に使用してしまうばかりか，全く乾燥が進まないということもあり得る。そのため，乾燥機を選ぶときには十分に注意する必要がある。

2. 材料の加熱方式による乾燥機の種類と選定

乾燥操作は，湿った材料を加熱して材料内の水分(または有機溶剤)を蒸発させて取り除く操作であり，材料の加熱の仕方によって乾燥機を分類することができる。

熱の伝え方に伝導伝熱，対流伝熱，放射(輻射)伝熱の3種類があるように，乾燥機にも伝導伝熱乾燥機，対流伝熱(熱風)乾燥機，放射(輻射)伝熱乾燥機がある。

2.1　対流伝熱乾燥機

対流伝熱乾燥では，高い温度に熱せられた空気(熱風，乾燥用ガス)などを湿り材料に直接接触させて材料に熱を伝える直接加熱方式となる。熱源が高温空気である場合には，熱風乾燥機とも呼ばれる(**図1**(a))。

材料と熱風との接触の方法によって，平行流(並行流)式と通気流式に分けられる。平行流(並行流)式では熱風が材料の表面に沿って流れる。通気流式では材料を金網または多孔板の上にのせ，材料の上方(または下方)から熱風が材料の隙間を通過するように流れる。

熱源に過熱蒸気が使われる場合には，過熱蒸気乾燥機と呼ばれる。

2.2　伝導伝熱乾燥機

伝導伝熱乾燥機では，湿り材料と接触している乾燥機の外壁，加熱板，撹拌軸・翼などを熱媒体(温水，水蒸気など)で加熱する。加熱された外壁，加熱板，撹拌軸・翼などから材料に熱を伝える間接加熱方式となる(図1(b)，第1編2章15節)。

乾燥用の熱風を材料に接触させたくない食品や薬品などの製造に用いられ，また，乾燥によって発生する臭気成分や溶剤を処理するとき，その処理が容易であるという利点がある。

2.3　放射(輻射)伝熱乾燥機

放射(輻射)伝熱乾燥機では，赤外線や太陽光(天日)などを湿り材料に照射し，材料に熱を伝える(図1(c))。

赤外線や遠赤外線は高温に熱された物体から放出(射出)されるため，対流伝熱乾燥や伝導伝熱乾燥においても，高温になれば乾燥機の壁からの放射(輻射)伝熱を併用していることになる。

赤外線が透過する距離はおおむね0.1 mm以下，遠赤外線では1～10 mmであり，透過する距離があまり長くないため，薄い層状の材料の乾燥に適している(2章5節参照)。

マイクロ波は水分子を直接振動させる性質があり，これによって水分のみを加熱する。身近な事例に電子レンジがある。マイクロ波の浸透深さは数cmであり，材料の内部で発熱することから乾燥機としても使われている(2章11節参照)。

（a）対流伝熱（熱風）乾燥機

平行流

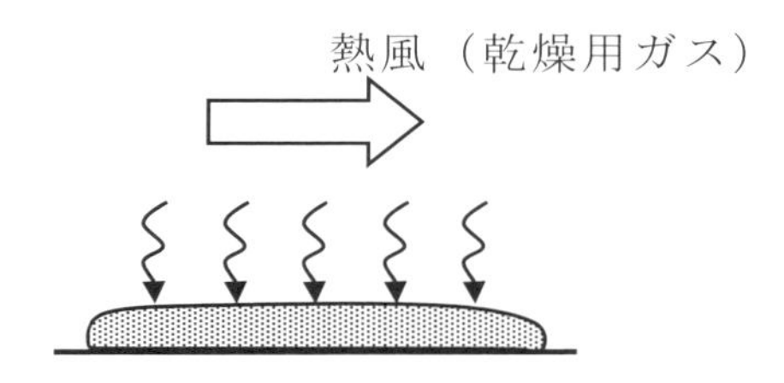

通気流

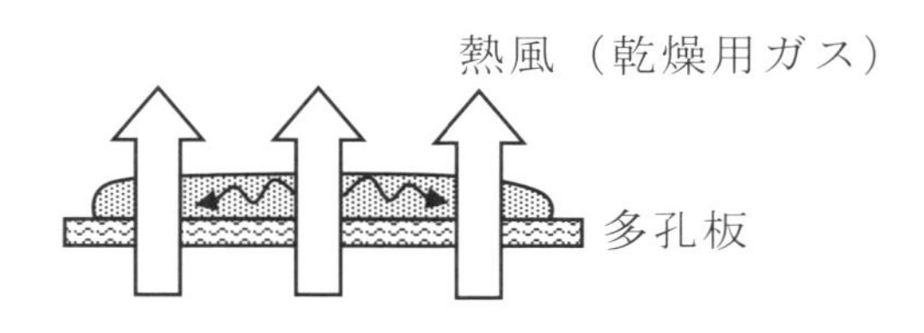

（b）伝導伝熱乾燥機

加熱板からの伝熱

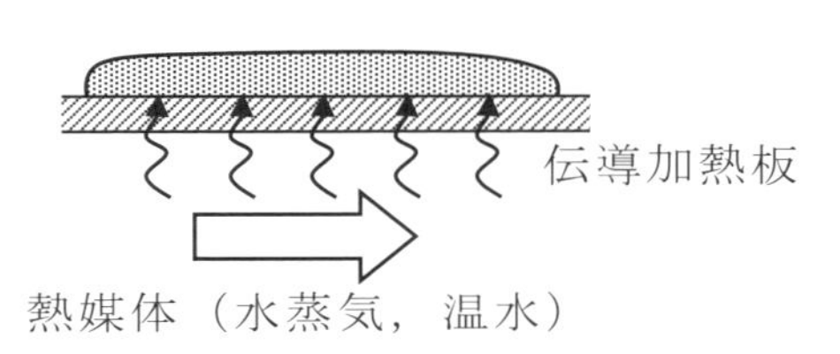

撹拌翼からの伝熱

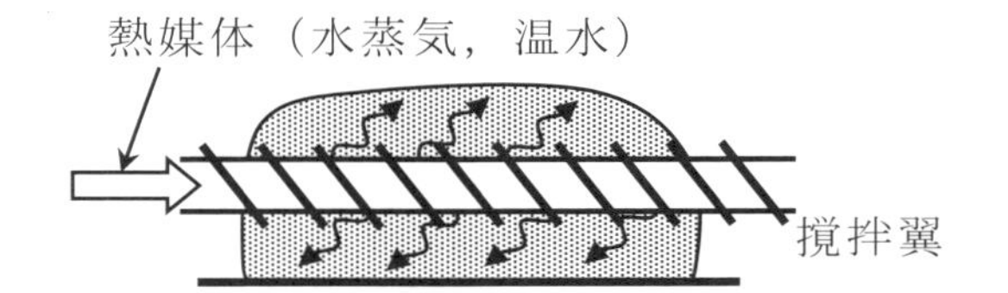

（c）放射伝熱乾燥機

赤外線（遠赤外線）ヒーターなど

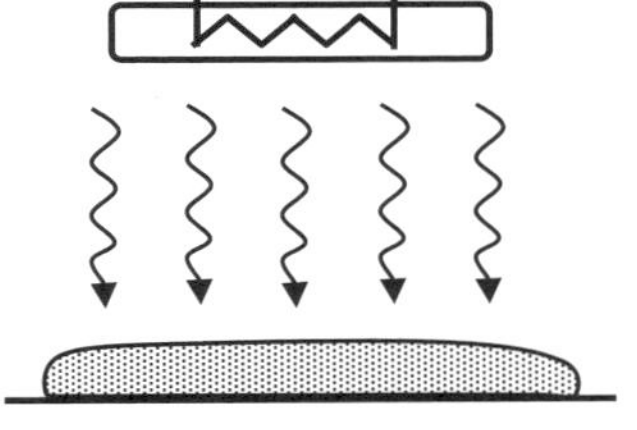

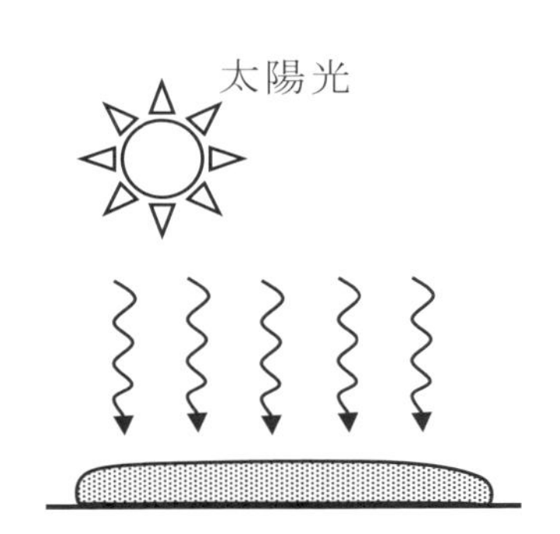

図1　加熱方式による乾燥機の種類

3. 材料の供給方式による乾燥機の種類と選定

乾燥する湿り材料の量（処理量）によっても乾燥の方式は変わる。処理の形態には大きく2つの方式がある（**図2**）。

3.1　連続式乾燥機

材料を連続的に乾燥機に投入し，乾いた製品を連続的に排出する方式である。同一種類の材料を多量に乾燥する場合に有効である。

3.2　回分式（バッチ式）乾燥機

一度に乾燥する量が少ない場合，①材料を全て乾燥機に投入する，②一定の時間，乾燥する，③乾燥した材料を全て排出する，といった手順を繰り返して行う乾燥機が用いられる。1台の乾燥機で多くの種類の材料を乾燥するときに有効である。

表1に，材料の加熱方式と供給方式で分類した。対流伝熱乾燥機（熱風乾燥機）は回分式および連続式乾燥機として，幅広く使用されている（第1編2章1節参照）。

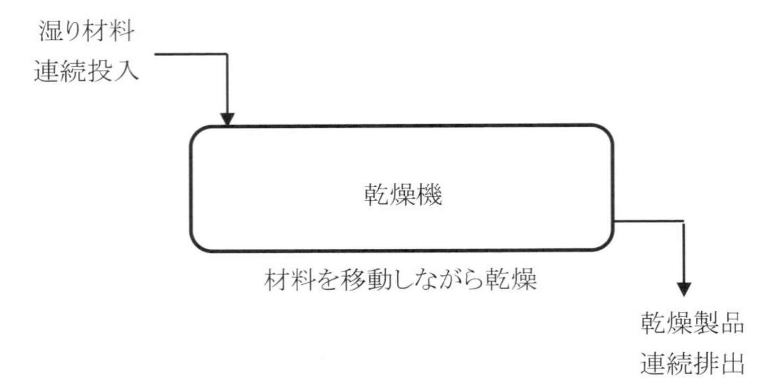

(a)連続式乾燥機

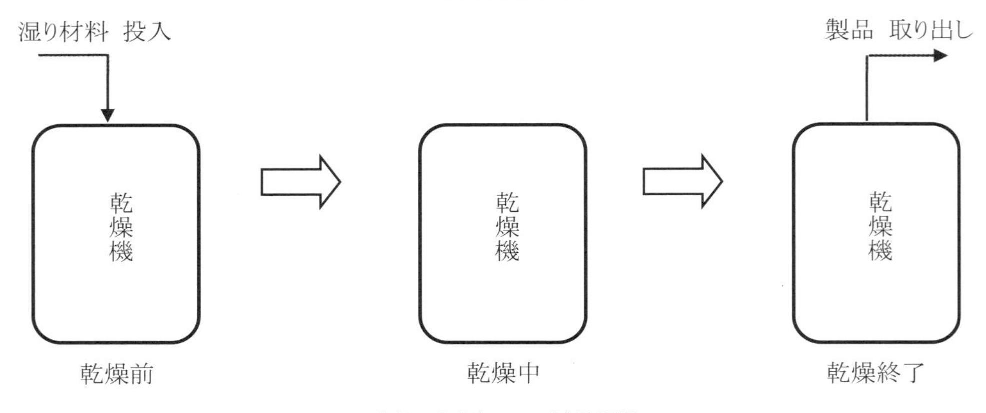

(b)回分式(バッチ式)乾燥機

図２　連続式乾燥機と回分式(バッチ式)乾燥機

表１　材料の加熱方式と供給方式

材料の加熱方式		材料の供給方式 回分式 材料の状態	材料の供給方式 連続式 材料の状態
対流伝熱 (熱風加熱)	並行流	静置状態	台車移送 コンベヤー移送 材料自身移送
	通気流	静置状態 撹拌状態 回転状態 流動化状態	コンベヤー移送 撹拌移送 回転移送 流動化移送 気流移送 噴霧化移送
伝導伝熱	間接加熱	静置状態 撹拌状態 回転状態	回転移送
	直接加熱	(通電加熱)	
放射(輻射)伝熱	赤外線加熱		
その他	マイクロ波加熱 超音波照射		

4. 材料の形状で乾燥機を選ぶ

乾燥機を選ぶときに，乾燥する湿り材料の形がどのようであるか，最も注意しなければならない点である。湿り材料の形は塊状のものから粒子状，シート状，スラリー状，液状のものなどさまざまであり，これら全ての形状の材料に合う乾燥機はない。さまざまな形の湿り材料とそれぞれの材料に使用できる乾燥機の分類を表2に示す。

各乾燥機の種類とメカニズムについては第1編2章で詳しく説明する。

・液状材料を大量かつ連続的に乾燥するには噴霧乾燥機が適している(2章7節参照)。

食品や薬品などの製造において材料をいったん凍結させ，真空下で伝導乾燥させる凍結乾燥機が使用される(2章9節参照)。

・スラリー状材料の乾燥にはドラム乾燥機が使われる。

・ケーク状材料をろ過によって生成し，同じ装置内で乾燥も行う複合型乾燥機が使われる(2章16節1項参照)。

・粒状・粉状材料の乾燥には流動層乾燥機(2章3節参照)，ジェット噴流乾燥機，気流乾燥機(フラッシュ乾燥機ともよばれる)(2章4節参照)などが使われる。

表2　材料の形状と乾燥機の選定[1)]

<table>
<tr><th rowspan="2">湿潤時状態</th><th rowspan="2">材料例</th><th colspan="3">適応乾燥機</th></tr>
<tr><th>大量連続</th><th>少量連続</th><th>少量回分</th></tr>
<tr><td rowspan="3">液状
スラリー状</td><td rowspan="3">ミルク，コーヒー，異性化糖，調味料，漢方薬，植物エキス，有機酸ソーダ，洗剤，セラミックス，金属酸化物(スラリー)，窒化ケイ素，フェライト，医薬品，抗生物質，工程廃液</td><td>噴霧</td><td>ドラム</td><td rowspan="3">真空凍結
棚式トレー
(真空含)</td></tr>
<tr><td colspan="2">流動層(流動媒体利用)
流動層(乾燥品に噴霧)</td></tr>
<tr><td></td><td>真空ベルト</td></tr>
<tr><td rowspan="3">糊泥状
ケーク状</td><td rowspan="2">スターチ，デンプン，クレー，染料，顔料，吸水性ポリマー，炭酸カルシウム</td><td>気流</td><td>溝型撹拌</td><td rowspan="3">各種伝導伝熱撹拌
通気箱型</td></tr>
<tr><td colspan="2">通気バンド(成形機付)</td></tr>
<tr><td>金属酸化物(凝沈スラッジ)，各種汚泥，パルプスラッジ，鉱さい</td><td colspan="2">撹拌機付回転</td></tr>
<tr><td>塊　状</td><td>石炭，コークス，鉱石，ベントナイト，けいそう土，粘土，厨芥類</td><td>回転
通気回転
通気竪型
伝導管付回転</td><td></td><td></td></tr>
<tr><td>粒　状</td><td>籾，米，麦，コーンジャム，ふりかけ，パン粉，樹脂ビーズ，樹脂ペレット，顆粒，ケイ砂，無機結晶，有機結晶，化成肥料，粒状活性炭，ペットフード</td><td>流動層
通気バンド
通気回転
伝熱管付回転
回転</td><td>流動層
溝型撹拌
円筒撹拌
多段円盤</td><td>流動層
各種伝導伝熱撹拌</td></tr>
<tr><td>粉　状</td><td>小麦粉，粉末樹脂，粉末活性炭，樹脂，染料中間体，結晶塩，硫安，セッコウ，炭酸カルシウム，水酸化アルミニウム</td><td>気流
流動層
伝導伝熱併用流動層</td><td>溝型撹拌
円筒撹拌
流動層
多段円筒(伝導伝熱)</td><td>各種伝導伝熱撹拌</td></tr>
<tr><td>フレーク状
繊維状</td><td>圧扁ダイズ，スナック食品，茶，葉タバコ，CMC，アルギン酸ソーダ，酢酸繊維素，リンター繊維状糊料，牧草</td><td>回転
通気バンド
伝熱管付回転
流動層(振動)</td><td>通気バンド
円筒撹拌
多段円盤</td><td>通気箱型
各種伝導伝熱撹拌</td></tr>
<tr><td>特定形状
特定サイズ</td><td>各種食材，陶磁器，木材柱，ベニア板，スレート，皮革</td><td>台車トンネル
通気バンド</td><td></td><td>棚式平行流</td></tr>
<tr><td>シート状</td><td>織物，紙，印刷紙，フィルム，タバコ</td><td>多円筒(シリンダー)
噴出流</td><td>単一ないし数本円筒</td><td></td></tr>
<tr><td>塗　膜</td><td>樹脂液，ペンキ，印刷紙，化粧板，車体</td><td>噴出流
赤外線</td><td></td><td>赤外線</td></tr>
</table>

・特定形状材料の乾燥にはトンネル乾燥機が使われる(2章2節参照)。
・シート状・塗膜材料の乾燥には赤外線乾燥機(2章5節参照), 波長制御乾燥システム(2章6節参照), EB硬化, UV硬化(2章14節参照)が使われる。

乾燥後の材料を製品として使う場合には, 材料の形状だけでなく, 以下にあげる性質についても考えなければならない。

4.1 熱への敏感性

廃棄物やレンガ, セラミック原料などは高い温度で乾燥することができるが, 食品の原料や農作物, 医薬品の原料など, 高い温度で乾燥すると熱によって性質が変化するものも少なくない。このような材料は低い温度で乾燥しなければならない。このために真空乾燥機が使用される(2章8節参照)。

4.2 収　縮

乾燥することによって少なからず縮む(収縮)材料も多い。この収縮が問題となるときには, 収縮を防ぐための乾燥方法を考えなければならない。

4.3 反応性

乾燥するときに化学反応が起こることもある。乾燥しているときの熱によって反応が引き起こされるものや, 乾燥を行うための乾燥用ガスのなかにある酸素などによって反応が引き起こされるものがある。

4.4 粘性・付着性

材料同士がくっつく, または乾燥機にくっつくなどによりトラブルの原因となる。このため, 粘性・付着性が高い材料については, 乾燥機内に材料を分散させるための撹拌機や分散器などを取りつける。

以上のような性質のほかに, 乾燥した後の材料の価値を高める(付加価値の向上)ために乾燥の方法(乾燥用ガスの種類や乾燥温度)を工夫する。

5. 乾燥の目的で選ぶ

乾燥機を選ぶときには, 乾燥の目的をはっきりさせなければならない。具体的には, 廃棄物や汚泥のように, 単純に水分を取り除くためだけに乾燥をするのか, 乾燥した後の材料を製品として使用するかどうかという点である。単純に水分を取り除く場合には, エネルギー効率や処理量(乾燥速度)について考えればよく, 製品としての使用を考えるときには, 乾燥した後の製品の性状が良好になるように乾燥の条件(温度や湿度, 乾燥に用いるガスの種類や速度など)を選ばなければならない。

6. エネルギー効率や環境へ配慮して選ぶ

乾燥は多くの熱エネルギーを消費する。このため, 環境問題への配慮や熱エネルギーコストの削減などの点から, エネルギー効率を向上させなければならない。工場内では, 別の工程から排出された排熱を乾燥に利用する, または, 乾燥に使用した後の熱を別の工程で熱エネルギーとして使うなどの工夫をすることが重要である。この観点からヒートポンプ乾燥機の導入が検討される。

また, 周辺の環境に配慮し, 乾燥後の排熱風のなかに含まれる臭気成分を取り除くこと, 廃水の処理などを行わなければならない。

文　献

1) 化学工学会編：化学工学便覧　改訂七版, 丸善出版, 308 (2011).

第１節
熱風乾燥機

山口大学　山本　修一　株式会社木原製作所　木原　康博
株式会社木原製作所　木原　利昌　株式会社木原製作所　木原　功一朗

1. はじめに

熱風による乾燥は，さまざまな装置や操作方法により実施されている。連続乾燥には，噴霧乾燥機やベルト(コンベヤー)式乾燥機が利用される。その特徴については，１編２章２節，２章７節で説明されている。

棚段熱風乾燥機(トレイドライヤー，箱型乾燥機・キャビネットドライヤーとも呼ばれる)は回分式操作ではあるが，単純な原理であり複雑な装置も必要でないため導入が容易であり，さまざまな用途に広く用いられている[1)-8)]。

通常の棚段乾燥装置は，**図１**で示すように熱風発生装置と乾燥棚および排気口(ダンパー)で構成され，棚(トレー：金網あるいは多孔板)上に材料を敷き詰め，熱風を材料表面に並行に，あるいは材料層の空隙に強制通気させて乾燥させる。回分式であるが，以下の利点がある[3)4)]。

・少量多品種の乾燥や，熱風温度・湿度を時間とともに変化させる乾燥に適している。
・振動などがないので，材料は摩耗や破砕などにより損傷されない。
・装置構造が単純である。

操作方法として，外気を加熱した熱風を乾燥物と接触させ，蒸発した水分を含んだ空気を一部排気し，残りは再加熱して循環する。

ここでは棚段乾燥機による熱風乾燥について，食品乾燥を対象として説明する。

2. 熱風乾燥機構

高品質な乾燥製品を製造する乾燥装置および乾燥プロセスの設計や効率化のためには，熱風温度など

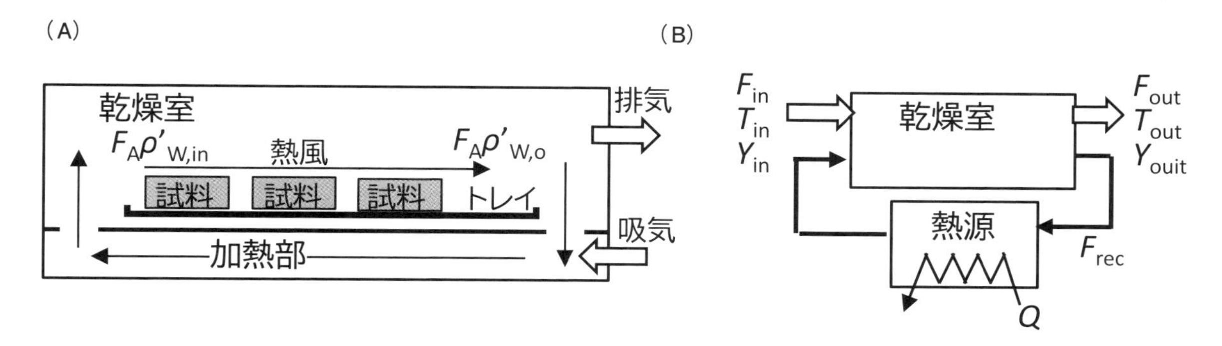

図１　棚段乾燥機(トレイドライヤー)の基本構造(A)と熱風の流れ(B)

(A)F_A トレイ内空気流量[m^3/s]，$\rho'_{w,i}$ トレイ入口空気水蒸気濃度[kg/m^3]，$\rho'_{w,o}$ トレイ出口空気水蒸気濃度[kg/m^3]
(B)F_{in} 吸気流量[m^3/s]，T_{in} 吸気温度[K]，Y_{in} 吸気湿度[kg-water/kg-dry air]，F_{out} 排気流量[m^3/s]，T_{out} 排気温度[K]，Y_{out} 排気湿度[kg-water/kg-dry air]，Q 供給エネルギー[W]

の多くの操作および装置変数を決定する必要がある。

しかしながら，乾燥条件は材料特性と最終製品品質に大きく依存し，乾燥時間が長いこともあり試行錯誤による条件探索・設定には長時間で多大な労力がかかっている。また，乾燥途中の製品のさまざまな特性・物性の経時変化をリアルタイムで測定することができないので，最終製品の物性を基に経験的に判断しているのが実情である。

乾燥過程をモデル化して理解することにより，迅速かつ合理的な装置設計あるいはプロセス設計が可能になる。

典型的な液状食品の熱風乾燥挙動と品質変化挙動を**図2**に示す[1)9)-11)]。野菜をはじめとする多くの食品材料は水分濃度が高く(80～90 %)，乾燥初期は容易に水分が蒸発する。この期間は定率乾燥期間と呼ばれ，面積あたりの乾燥速度は一定となり，材料温度は湿球温度 T_{WB} を示す。材料表面が乾燥し，内部の水分拡散移動が低下すると，乾燥速度は低下し，材料温度が上昇する。この期間は減率乾燥期間といい，多くの品質変化(劣化)は減率乾燥期間の後期に起きる。

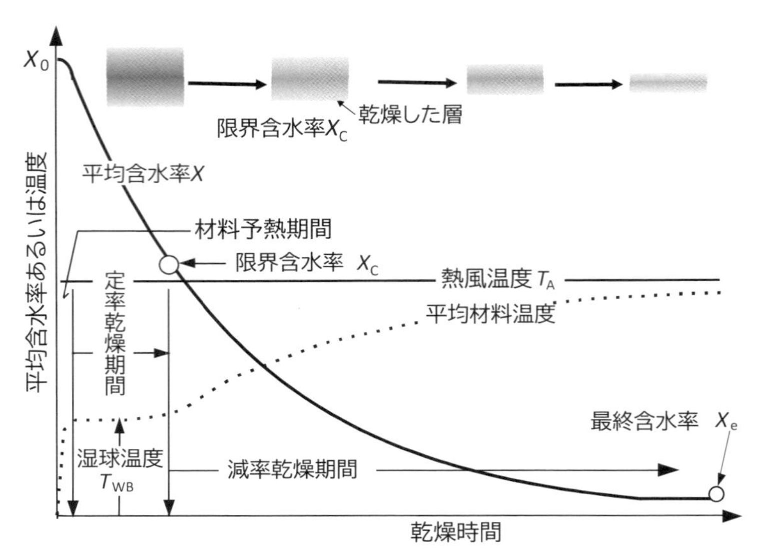

図2　典型的な熱風乾燥挙動

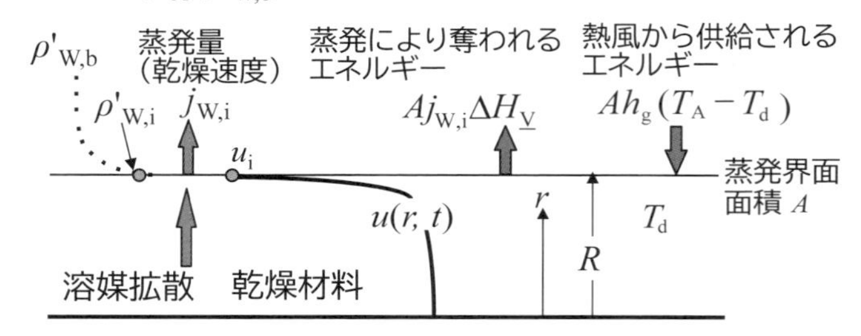

図3　乾燥モデル $u(r,t)$ は局所含水率である

乾燥機構は，熱収支式と物質収支式によりモデル化することができる(**図3**)[9)-11)]。

$$\text{熱収支式}\quad \rho C_P V \frac{dT_d}{dt} = A\left(h_g(T_A - T_d) - j_{W,i}\Delta H_v\right) \tag{1}$$

ρ は乾燥材料の密度，C_P は乾燥材料の熱容量であり，それぞれ固体成分と液体の値の加成性を仮定して計算することができる。V は乾燥材料体積，T_d は乾燥材料温度，t は乾燥時間である。T_d は材料温度，A は乾燥材料蒸発界面面積，h_g は境膜伝熱係数，T_A は熱風温度，$j_{W,i}$ は界面からの蒸発速度(乾燥速度)，ΔH_V は蒸発潜熱である。乾燥とともに収縮するときは V は減少する。溶液系では蒸発体積分が収縮するが，組織構造を有するときは完全収縮より少ない収縮となり，一部は空隙となる。理想的な1次元収縮であれば A は一定であるが，実際の乾燥では A も収縮することは多い。

$j_{W,i}$ は境膜物質移動係数 k_g と，熱風の水蒸気濃度 $\rho'_{W,b}$ および界面での水蒸気濃度 $\rho'_{W,i}$ で計算される。また，界面での内部からの拡散蒸発速度とも等しくなる。D は材料内部の水分拡散係数，ρ_W は材料内部の水分濃度である。

$$j_{W,i} = k_g(\rho'_{W,i} - \rho'_{W,b}) = k_g(a_{W,i}\rho'_{W,sat} - \rho'_{W,b}) = -D(\partial\rho_W/\partial r)|_{r=R} \tag{2}$$

$\rho'_{W,i}$ は，表面での水分濃度 u_i から決まる水分活性 $a_{w,i}(u_i)$ と飽和水蒸気濃度 $\rho'_{W,sat}$ により，次式で表される。

$$\rho'_{W,i} = a_{w,i}\rho'_{W,sat} \tag{3}$$

水分活性(water activity)a_w は，食品の安定性，特に微生物による腐敗を防ぐために使用される重要な指標であり[5)12)13)]，食品乾燥の目的は a_w を下げることと言い換えることもできる(水分活性については第3章第

2節参照)。a_w と水分濃度の関係は水分収着曲線と呼ばれ重要なデータであり，食品については一般的に以下のGAB(Guggenheim–Anderson–de Boer)式が使用される[13]。

$$X = U_m C_G K_G . a_W / [(1 - K_G . a_W)(1 - K_G . a_W + C_G K_G . a_W)] \quad (4)$$

U_m は単分子層吸着水分量[kg-water/kg-solid]，C_G と K_G は無次元変数である。X は乾燥固体質量基準の含水率[kg-water/kg-dry-solid]であり，乾燥材料の乾燥固体質量 W_s と水分質量 W_w で計算される。また，水分質量分率 $w = W_w/(W_s + W_w)$[kg-water/kg-total]とは次式で関係づけられる。

$$X = W_w / W_s = w/(1 - w)$$

水分濃度 ρ_W[kg-water/m³-total]は，混合による加成性が成立する場合以下となる。

$$\rho_W = W_w/(V_w + V_s) = W_w/(W_w/d_w + W_s/d_s) = X/(X/d_w + 1/d_s) \quad (5)$$

ここで，d_s は固形分純密度，d_w は水の密度である。ここでは局所含水率は u，平均含水率は X で表記する。

含水率時間変化 dX/dt と $j_{W,i}$ の関係は次式となる(dX/dt も乾燥速度と呼ばれることもある)。

$$j_{W,i} = (W_s/A)(-dX/dt) \quad (6)$$

厳密な dX/dt は拡散方程式を数値計算して求める必要があるが，X と t の関係が簡単な式で表されれば，計算が容易になる。

水分濃度 $M(t)$(通常 kg-water/kg-total ×100)を初期水分濃度 M_0 と最終水分濃度 M_e で無次元化した式(7)で定義される変数 M_R（Moisture ratio）と乾燥時間 t の関係(乾燥曲線)に関して多くの式が提案されているが，一般化すると式(8)および式(9)となる[14)-20)](その他に多項式も使用される)。

$$M_R = (M - M_e)/(M_0 - M_e) \quad (7)$$

$$M_R = a\exp(-kt^n) + bt^m \quad (8)$$

$$M_R = a\exp(-k_1 t) + (1 - a)\exp(-k_2 t) \quad (9)$$

式(8)で $n = 1$, $b = 0$ のときは以下となり，1次元拡散方程式の解と類似の形となる(1次元拡散方程式の解では $a = 8/\pi^2$, $k = (\pi^2/4)D/R^2$　1編1章4節3.1参照)。

$$M_R = a\exp(-kt) \quad (10)$$

式(8)で $a = 1$, $b = 0$ の式はPage式と呼ばれ，乾燥曲線の近似によく用いられる。

$$M_R = \exp(-kt^n) \quad (11)$$

M_R の代わりに平衡到達率 $E = (M_0 - M)/(M_0 - M_e)$ を使用するとPage式は，式(12)となり，結晶化速度論によく使用されるAvrami式あるいはJohnson–Mehl–Avrami–Kolmogorov(JMAK)式[21)]と同一の形となる。ただし，JMAK式が，現象に基づいて誘導された物理的な意味を持つ式に対して，Page式は，広い範囲の乾燥曲線を近似できるように拡散方程式を改変したものであり，パラメーターに物理的な意味はない。拡散方程式を基にPage式のパラメーターの物理的意味が議論されている論文が報告されている[20)]。

$$E = 1 - \exp(-kt^n) \quad (12)$$

Page式をはじめとする，上記の簡単な式による乾燥曲線の記述は広く行われているが，パラメータの温度依存性などを定式化しなければならない。また，材料温度一定(=熱風温度)としている取り扱いが多く，収縮についてもほとんどの場合考慮していない。

図1(A)でトレイに入る空気流量を F_A，流入時の水蒸気濃度 $\rho'_{W,in}$ 流出時の水蒸気濃度 $\rho'_{W,out}$ とすると以下の収支式が成立する。

$$F_A(\rho'_{W,i} - \rho'_{W,o}) = W_s(dX/dt) \quad (13)$$

図4(A)のように，熱風が順次トレイを通過していくときは，トレイから出ていく熱風の温度は低下し，湿度は増加する(乾燥初期で顕著である)。式(1)と式(6)を，各トレイごとに計算することにより温度と湿度の変化を推定することができる。

3. 乾燥操作

一般に品質保持のため，たとえば野菜の乾燥では，乾燥温度は70～80℃以下に設定され乾燥完了までに6時間以上24時間程度必要となることも多い。また，乾燥最終過程では水分濃度変化が小さくなるので，許容される値以下まで過乾燥されていることも多く，不要なエネルギーの使用(二酸化炭素排出)につながる。

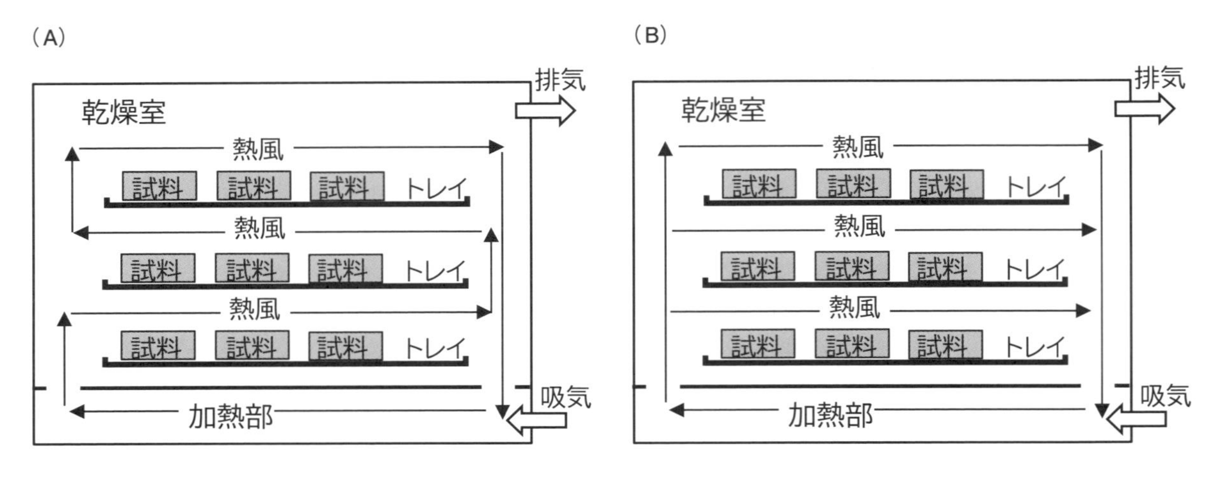

図4　複数トレイドライヤー

乾燥プロセスにおける熱風温度をはじめとする乾燥条件は材料特性と最終製品品質に大きく依存し，試行錯誤による条件探索・設定には長時間で多大な労力がかかっているのが現状である。その過程においても最終製品の水分濃度や品質のみを評価し，乾燥経過をモニタリングすることはほとんどなく，図2のような乾燥過程の測定値に基づいて条件設定をすることは行われていない。

● モニタリング機能を搭載した棚段乾燥装置により測定した乾燥時の品質変化と乾燥履歴および画像情報との関係

乾燥条件の迅速決定を可能にするモニタリング装置を搭載した乾燥装置の一例を**図5**に示す[2]。この装置では，熱風温度，熱風湿度，材料温度，材料画像および材料質量(重量)を測定することができる。また，サンプルポートにより内部環境に影響を与えず乾燥中の試料を取り出し，分析することもできる。天秤，熱電対，温度センサー，湿度センサーの出力とデジタルカメラ画像はPCに連続的に取り込まれる。また，ヒータを制御することにより熱風温度を時間とともに変化させることができる。

図5の装置で実施した野菜の乾燥実験における画像と品質を**図6**および**図7**に示している。図6は，乾燥時サンプルポートから取り出したサンプルのオフラインカメラ撮影および乾燥庫内の連続画像撮影記録ファイルからのスナップショットである。庫内のオンライン撮影でも鮮明な画像情報が記録できて

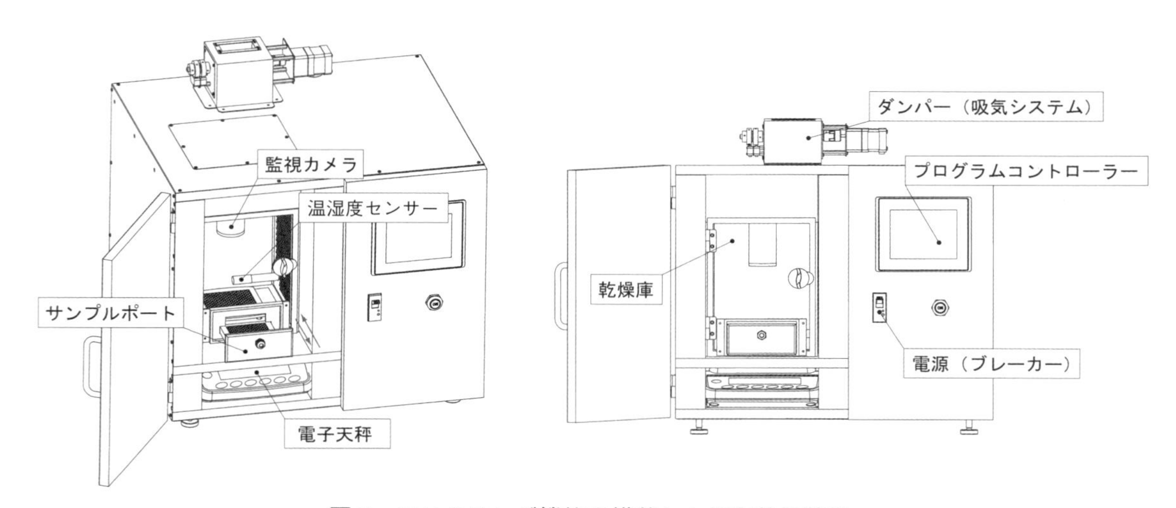

図5　モニタリング機能を搭載した棚段乾燥装置

いる。トマトジュース(寒天でゲル化)は T_A＝80 ℃では褐変が急速に進行するのに対して，T_A＝50 ℃では3時間までは変化がなく，その後の褐変も顕著でないことがわかる。

図7は，さまざまな熱風温度での乾燥中にサンプルポートからサンプリングした試料(トマトジュース)の遊離アミノ酸(グルタミン酸)濃度(残存率)と，水分濃度に対する関係である。遊離アミノ酸濃度は熱風温度が高くなると減少しているが，特に乾燥後期の材料温度が高くなる領域(水分濃度が低い領域)で減少が顕著である。

最初に高温(80 ℃)で3.5時間乾燥し，その後，温度を下げて(50 ℃)21.5時間乾燥する2段階乾燥では，乾燥後期まで高い濃度が保持されており，乾燥時間は50 ℃一定の時より20 %程度短縮されている。また，遊離アミノ酸濃度が減少する領域では，図6のトマトジュース80 ℃の画像と同様な著しい試料の褐変が観察された。図6の遊離アミノ酸の減少と図7の試料の色彩変化は対応しており，両者の相関を検討することにより色彩からの遊離アミノ酸濃度の推算が可能になると考えられる。

以上の結果より，品温が低い水分濃度40 %程度までは，高温での乾燥，その後は熱風温度を下げて乾燥することにより，品質を保持しながら10～20 %程度の乾燥時間短縮を図ることが可能と考えられる。

また，この乾燥手法は，色彩への影響からみても効果的と予想される。実際に適用するときは，乾燥時の水分濃度・材料温度および品質と画像情報の間の定量的な相関を作成する必要がある。

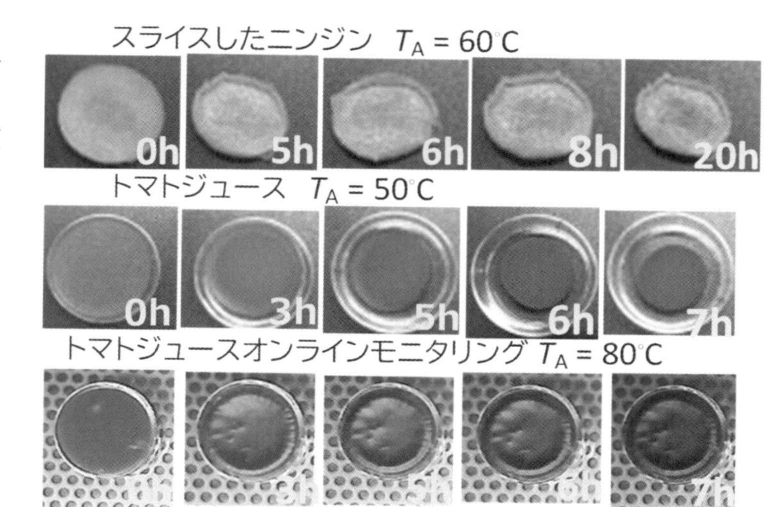

※口絵参照

図6　乾燥時の試料のオフラインあるいは連続撮影画像[1)]

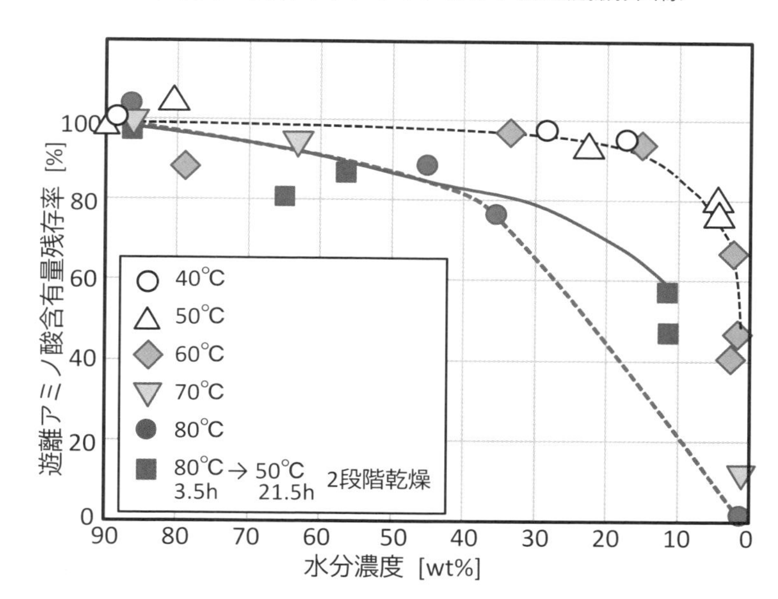

図7　水分濃度(湿量基準%)と遊離アミノ酸残存率の関係に対する熱風温度の影響

遊離アミノ酸(グルタミン酸)濃度は，粉砕した乾燥材料から水抽出したサンプルを使用してアミノ酸分析計(JEOL JLC-500V2)で測定されている[2)]

乾燥は熱と物質の同時移動現象であり，式(1)でわかるように減率乾燥期間での温度上昇速度と含水率低下速度は対応するので，原理的には温度のモニタリングで含水率変化を推定することが可能である。このような考えかたはすでに報告されているが[22)]，実用化への検討はされていない。

近年，デジタルカメラによる画像情報は多方面でさまざまな用途に活用されている[23)-26)]。化学・生化学分析による食品の品質・成分データの推定[27)28)]や，抗酸化性の評価についての報告もある[27)]。色彩そのものは消費者が最初に目にする重要な品質(因子)であり[23)-25)]，乾燥時の連続画像モニタリングにより温度・含水率履歴と色彩変化との関係も確立できるであろう。

画像情報からの含水率推定については，パスタ乾燥過程の含水率分布のデジタルカメラによる測定を[29)]はじめ，いくつかの報告がある[30)31)]。乾燥時には，乾燥材料は収縮変形するので，色情報ではなく乾燥材料の形状からの含水率推定も試みられている[32)]。

また，原材料のばらつきが与える影響の予測も検討されている[33)]。AI(Artificial Intelligence)による乾燥材料の画像情報や乾燥データ処理の期待されている[34)]。

品質を保持したまま乾燥の効率化(省エネルギー，二酸化炭素排出削減)には，**図8**のような熱風温度の適切な乾燥プログラム(熱風温度変化)が必要であるが，前述のように1回の乾燥時間が長いため試行錯誤で決定するには長時間を必要とする。熱風温度とともに湿度の制御も必要であり，適切なプログラムにより乾燥時間の短縮や品質の保持が報告されている[35)36)]。乾燥プログラムによるエネルギー効率の改善も検討されている[37)38)]。

厳密ではなくても，モデルシミュレーションにより条件を絞り込み，乾燥実験を行い各種モニタリングデバイスでのデータを解析することにより，目的とする条件を決定することができる。

実際の棚段乾燥機による食品乾燥製造においては，乾燥初期には大量の水蒸気が発生し，湿度の上昇と温度低下が生じる。熱風温度とともに循環風量と排出風量の適切な制御が必要となる。上記のようなシミュレーションにより，品質を確保して必要とされる熱風温度・湿度履歴を決定し，それに基づいて乾燥機を制御することが望まれる。

4. 棚段乾燥装置の効率改善

乾燥装置の効率λは，次式で定義される[4)39)]。

$$\lambda = 乾燥蒸発に利用されたエネルギー/供給エネルギー \quad (14)$$

条件と装置により異なるが，棚段乾燥装置の効率λは低く，20～40 %の報告も見うけられる[4)39)40)]。

棚段乾燥装置の効率改善には，装置自体(ハードウェア)の改良と乾燥条件の最適化(ソフトウェア)に加えて，熱源や除湿方法の検討が必要である(**図9**)。

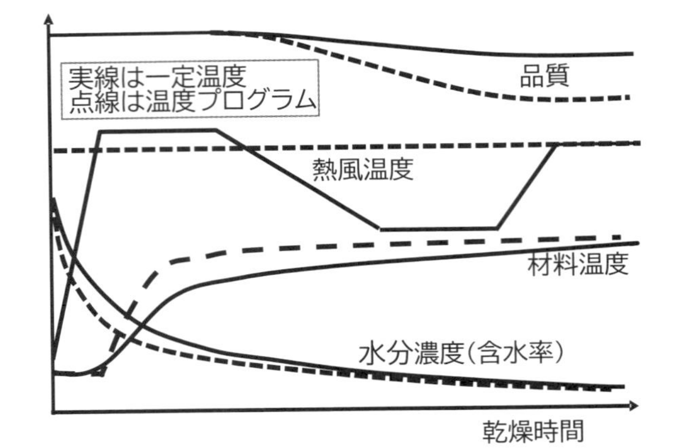

図8　一定温度乾燥と温度プログラム乾燥

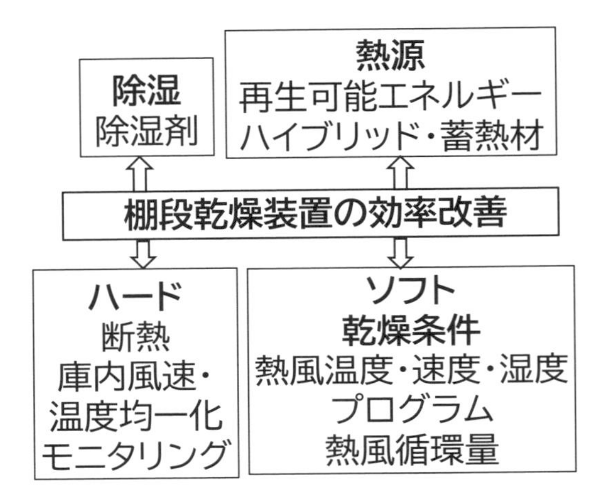

図9　棚段乾燥装置の効率改善方法

通常の棚段乾燥装置の熱風(熱源)は，電気あるいはガス・オイルバーナーであるが，サステイナブルな乾燥のためには再生可能エネルギーの利用が望ましい[6)39)40)]。

さまざまな太陽熱を熱源とした棚段乾燥装置が提案されている[6)14)15)39)41)]。太陽光直接利用では夜間や日照量が少ない時間帯での運転が難しいので，蓄熱機構の装備や，通常の熱源とのハイブリッド方式などが考案されている[42)-44)]。

通常の装置には除湿機能が装備されていないが，シリカゲルのような除湿剤を装備した棚段乾燥により，乾燥速度が促進され，乾燥製品品質が向上することが知られている。特に，熱により劣化する製品の比較的低温での乾燥に適している[6)45)]。除湿剤の効率的な加熱再生方法についても検討されている。

乾燥装置自体(ハードウェア)の改良としては，断熱性の向上に加えて複数トレイの温度・風速・湿度状況の把握と均一化が必要である。

図4(A)のようなトレイからトレイへ熱風が移動するタイプでは，特に乾燥初期から中期では，蒸発により温度が低下し，湿度が増加した熱風が次のトレイに供給される。この場合は乾燥挙動がわかっているなら式(4)で，各トレイの入口・出口の熱風条件を計算することができる。どうしても後段のトレイは乾燥が遅くなるので[7)15)]，トレイを入れ替える方法も報告されているが[15)]，小型の乾燥装置でなければ手動操作は難しい。

図4(B)のような槽内を均一とすることを目的とした配置の場合は，熱風がすみずみまで供給されるかを確認しなければならない。CFD(computer fluid dynamics)シミュレーションによる解析も報告されているが[46)47)]，実証には実験が必要である。

前述のように乾燥条件により乾燥効率を向上できるが，多くの乾燥条件(熱風温度・速度・湿度・熱風循環量)を時間とともに変化するプログラムを実験データに基づいて設定することは容易ではない。モデルシミュレーションの活用により実験回数を削減できると考えられている。厳密な拡散モデルに基づくモデルシミュレーションが望ましいが，1編1章4節3.2でも説明しているように精密な実験が必要であるとともに，材料特性によっては不均一・不規則収縮のため解析が困難となり，信頼できるデータを得ることができない場合もある。

前述したモニタリング機能を搭載した装置により，材料温度と材料含水率の変化を異なる熱風温度で測定し，簡単な式で定式化する方法で，精密ではないが広い条件での乾燥挙動のスクリーニングは可能であろう。また，省エネルギーと製品品質保持の両方の観点から重要な過乾燥をしないためにも，製品の適切な乾燥終了点(最終含水率)の決定方法も重要である[48)]。

文　献

1) 木原康博，木原利昌，木原功一朗，有馬秀幸，山本修一：日本食品工学会誌，**24**, 11 (2023).

2) 木原康博，木原利昌，木原功一朗：日本食品工学会誌，**24**(2), A4-A7 (2023).

3) S. Misha, S. Mat, M. H. Ruslan, K. Sopian and E. Salleh : *World Appl. Sci. J.*, **22**, 424 (2013).

4) 中村正秋，立元雄治：初歩から学ぶ乾燥技術，丸善出版 (2011).

5) W. A. M. McMinn and T. R. A. Magee : *Food Bioprod. Process.*, **77**, 175 (1999).

6) K. J. Chua and S. K. Chou : *Trends Food Sci., Technol.*, **14**, 519-528 (2003).

7) K. K. Singh : *J. Food Eng.*, **21**, 19 (1994).

8) C. T. Kiranoudis, Z. B. Maroulis, D. Marinos-Kouris and M. Tsamparlis : *J. Food Eng.*, **32**, 269 (1997).

9) 山本修一：日本食品工学会誌，**20**, 81 (2019).

10) 山本修一：日本食品工学会誌，**11**, 73 (2010).

11) 山本修一：日本食品工学会誌，**7**, 21 (2006).

12) J. A. Troller and J. H. B. Christian : 平田孝(訳)：食品と水分活性，学会出版センター (1981).

13) M. S. Rahman : Food properties handbook, CRC press (2009).

14) L. Blanco-Cano, A. Soria-Verdugo, L. M. Garcia-Gutierrez and U. Ruiz-Rivas : *Therm.Eng.*, **108**, 1086 (2016).

15) A. K. Raj and S. Jayaraj : *Sol. Energy*, **226**, 112 (2021).

16) M. E. R. M. Cavalcanti-Mata, M. E. M. Duarte, V. V. Lira, R. F. de Oliveira, N. L. Costa and H. M. L. Oliveira : *J. Food Process Eng.*, **43**, e13569 (2020).

17) S. Simal, A. Femenia, M. C. Garau and C. Rosselló : *J Food Eng.*, **66**, 323 (2005).

18) A. M. Castro, E. Y. Mayorga and F. L. Moreno : *J Food Eng.*, **223**, 152 (2018).

19) J. S. Roberts, D. R. Kidd and O. Padilla-Zakour : *J Food Eng.*, **89**, 460(2008).

20) R. Simpson, C. Ramírez, H. Nuñez, A. Jaques and S. Almonacid : Understanding the success of Page's model and related empirical equations in fitting experimental data of diffusion phenomena in food matrices, *Trends in Food Science & Technology*, **62**, 194-201 (2017).

21) 宮川弥生：日本食品工学会誌，**22**, 67 (2021).

22) 今駒博信：塗膜乾燥における相関モデルの応用，化学工学論文集，**38**, 1 (2012).

23) P. B. Pathare, U. L. Opara and F. A. J. Al-Said : *Food Bioproc. Tech.*, **6**, 36 (2013).

24) A. Martynenko : Computer vision for real-time control in drying, *Food Eng. Rev.*, **9**, 91 (2017).

25) D. Wu and D. W. Sun : *Trends Food Sci. Technol.*, **29**, 5 (2013).

26) 橋本篤：光センシング情報に基づいた食品の新規加工技

術に関する研究，日本食品工学会誌，**23**, 115 (2022).

27) K. K. Beltrame, T. R. Gonçalves, P. H. Março, S. T. M. Gomes, M. Matsushita and P. Valderrama : *Aust. J. Grape Wine Res.*, **25**, 156 (2019).

28) C. Maughan, E. Chambers IV and S. Godwin : *J. Sens. Stud.*, **31**, 507 (2016).

29) 小川剛伸：日本食品工学会誌，**21**, 25 (2020).

30) D. I. Onwude, N. Hashim, K. Abdan, R. Janius and G. Chen: *Comput. Electron. Agric.*, **150**, 178(2018).

31) G. Romano, D. Argyropoulos, M. Nagle, M.T. Khan and J. Müller : *J. Food Eng.*, **109**, 438 (2012).

32) F. Raponi, R. Moscetti, S. S. N. Chakravartula, M. Fidaleo and R. Massantini : *Biosyst. Eng.*, **223**, 1 (2022).

33) A. P. Espinoza-Vasquez, D. Galatro, P. Manzano, I. Choez-Guaranda, J. M. Cevallos, S. D. Salas and Y. Gonzalez : *J. Food Eng.*, **341**, 111341 (2023).

34) Q. Sun, M. Zhang and A. S. Mujumdar : *Crit. Rev. Food Sci Nutr.*, **59**, 2258 (2019).

35) S. J. Kowalski, J. Szadzińska and J. Łechtańska : *J. Food Eng.*, **118**, 393 (2013).

36) C. Kumar, M. A. Karim and M. U. Joardder : *J. Food Eng.*, **121**, 48 (2014).

37) X-L. Yu, M. Zielinska, H-Y. Ju, A. S. Mujumdar, X. Duan, Z-J. Gao and H-W. Xiao : *Int. J. Heat Mass Transf.*, **149**, 119231 (2020).

38) N. A. Aviara, L. N. Onuoha, O. E. Falola and J. C. Igbeka : *Energy*, **73**, 809 (2014).

39) R. O. Lamidi, L. Jiang, P. B. Pathare, Y. Wang and A. P. Roskilly : *Appl. Energy*, **233**, 367 (2019).

40) S. Das, T. Das, P. S. Rao and R. K. Jain : *J. Food Eng.*, **50**, 223 (2001).

41) İ. T. Toğrul and D. Pehlivan : Modelling of thin layer drying kinetics of some fruits under open-air sun drying process, *J. Food Eng.*, **65**, 413 (2004).

42) J. Li, Y. Huang, M. Gao, J. Tie and G. Wang : *Front. Mater.*, **11**, 1330599 (2024).

43) A. Afzal, T. Iqbal, K. Ikram, M. N. Anjum, M. Umair, M. Azam and F. Majeed : *Heliyon*, **9**, e14144 (2023).

44) S. A. Olaoye, O. O. Oyekoge, O. T. Owoseni, D. O. Adesuyi, S. O. Oladele, J. Isa and A. P. Olalusi : *J. Eng. Res. Rep.*, **24**, 1 (2023).

45) S. Misha, S. Mat, M. H. Ruslan and K. Sopian : *Renew. Sustain. Energy Rev.*, **16**, 4686 (2012).

46) A. G. Chilk and V. V. Ranade : CFD modelling of almond drying in a tray dryer, *Can. J. Chem.Eng.*, **97**, 560 (2019).

47) S. Misha, S. Mat, M. H. Ruslan, E. Salleh and K. Sopian : *J. Adv. Res .Fluid Mech. Therm. Sci.*, **52**, 129 (2018).

48) T. Defraeye : *Appl. Therm.l Eng.*, **110**, 1128 (2017).

第２節
トンネル式乾燥機

株式会社大和三光製作所　丸山　勝之　　株式会社大和三光製作所　武藤　貞保

1. トンネル式乾燥機とは

化学工場をはじめほとんどの産業で乾燥操作が行われている。なかでもトンネル式乾燥機は種類も多く使用され台数も圧倒的に多い。乾燥を目的とする処理物(材料)が乾燥装置の内部を入口から出口までトンネル状の乾燥室を連続またはタクト移動しながら熱風と接触させ，熱風からの伝熱により乾燥させる装置である。乾燥機内部をトンネルを通過するごとく材料が移動するためトンネル式乾燥機と呼ばれる。

2. トンネル式乾燥機の種類と材料の移動方法

2.1　トンネル式乾燥機の種類

次に示す乾燥機は広義的に全てトンネル式乾燥機に属する。

(1)バンドコンベヤ式乾燥機

乾燥室内にコンベヤを入れ材料を直接乗せ移動する。コンベヤは一段から複数段とすることもある。

(2)台車移動式乾燥機

用途に合致した台車に材料を直接乗せたり，または材料をトレイ(バット)に乗せ棚段に差し込んだ状態で台車を移動する。

(3)トレイ(バット)移動式乾燥機

台車を使用せずトレイ自体を昇降(上下)させながら移動する。アップダウン乾燥機とも呼び，設置スペース(天井は高いが長さが取れない)などにより計画する。

(4)ローラコンベヤ駆動式乾燥機

成形されたボード状材料をローラ上の材料を水平移動させる。乾燥室内のローラは１段～複数段(多段)にすることもある。

(5)トロリーハンガー駆動式乾燥機

トロリーチェンにより材料を吊り下げて乾燥室内を移動する。

(6)エアーフロー式乾燥機

連続シート状材料をノズルから吐出する熱風で材料を浮かせノンサポートで移動，出口側で巻き取る。

2.2　材料と乾燥機の適用

乾燥の対象となる材料は千差万別であり a. 乾燥機の湿潤時の材料の状態，b. 熱風の供給方法，c. 材料の乾燥室内移動方法，d. 処理方法などにより適用が変わる。乾燥機の適用表を次に示す(**表１**)。

表１に示すトンネル式乾燥機の呼び方の中で特に多く使用される通気バンド乾燥機と台車移動式乾燥機の２種類について述べる。また，一般的な呼び方で通気バンド乾燥機を単にバンド乾燥機，台車移動式乾燥機をトンネル乾燥機と呼ぶこともある。

3. 熱風の供給方法

材料(処理物)の形状や状態に対し，熱風の当て方は重要である。材料層に吹きつける熱風の方向が垂直方向に流れ，材料間の空隙を通過する気流を通気流と呼ぶ。材料層の表面に水平方向に気流が流れ，材料との表面接触する気流を並行流(平行流ともいう)と呼ぶ。

3.1　気流(通気流，並行流)の違い

バンド乾燥機では通気流，並行流のいずれも使用されるが通気流が圧倒的に多く，一方トンネル乾燥

表1　乾燥機適用表

	a. 乾燥機湿潤時材料状態（例）	b. 熱風の供給方法	c. 乾燥室内移動方法	d. 処理方法	トンネル式乾燥機の呼び方	その他乾燥機として適用
Ⅰ	液状およびスラリー状 （洗剤，ミルク，ゼラチン，ほか溶液）			大量，少量， 連続		噴霧乾燥 ドラム乾燥
Ⅱ	凍結 （医薬品，食品）			大量 半連続 少量 回分	トレイアップダウン乾燥機	真空凍結 乾燥機
Ⅲ	糊泥状 （染料，顔料，シリカゲル） （デンプン，フィルターケーキ）	通気流 並行流	バンドコンベヤ 台車，トレイ	大量，少量， 連続 少量 回分	通気バンド乾燥機 台車移動式乾燥機	
Ⅳ	粉粒状 （石膏，穀物，化学肥料）	通気流 並行流	バンドコンベヤ 台車，トレイ	大量，少量， 連続 少量 回分	通気バンド乾燥機 台車移動式乾燥機	気流乾燥機
Ⅴ	塊状 （鉱石，沈殿物，粉砕品）	通気流 並行流， 通気流	バンドコンベヤ 台車，トレイ	大量 連続 少量 回分	通気バンド乾燥機 台車移動式乾燥機	気流乾燥機 （粉砕品） 箱型乾燥機 （移動なし）
Ⅵ	フレーク （ハタバコ，圧扁大豆）	通気流 通気流	バンドコンベヤ 乾燥機回転	大量 連続 大量 連続	通気バンド乾燥機	 ロータリ乾燥機
Ⅶ	短繊維 （繊維性糊料他）	通気流 通気流	バンドコンベヤ 移動なし 収納トレイ	大量 連続 少量 回分	通気バンド乾燥機	通気箱型乾燥機
Ⅷ	サイズ切断，定形加工品 （石膏板，木材板，陶磁器）	並行流 並行流	ローラ駆動 棚段，台車	大量 連続 少量 回分	多段ローラ乾燥機 台車移動式乾燥機	
Ⅸ	連続シート （織布，フィルム）	並行流 （ノズル直交） 熱風流 （赤外線）	ローラサポート ローラサポート	大量 連続 大量 連続	シート乾燥機	 シート乾燥機
Ⅹ	塗料，塗布液 （金属エンドレスシート） （金属切断シート）	ノズル直交流 機内旋回流	フローティング （テンション移動） ウィケットコンベヤ	大量連続エンドレス 大量連続切断シート	エアーフロー型乾燥機 ウィケット型バンドオーブン	ジェット噴出流 乾燥機

機（台車移動式乾燥機）では並行流が多く使用される。通気流を**図1**に，並行流を**図2**に示す。

通気流は通気性のある材料または通気性を持たせるべく成形した材料に適用する気流で，次の理由で乾燥は促進する。

(1) 熱風と材料の接触面積が大きい
(2) 内部水分の外表面への蒸発移動距離が小さい
(3) 熱風の空塔吹付速度は材料を通気する際，接触速度がアップする。

注意点：積載量が大きいと材料間を抜ける熱風は温度降下，湿度増加するため上下面の乾燥ムラが生じる。

並行流は通気性がない材料や長時間乾燥を必要とする材料に適用する気流であり，次の理由で乾燥は遅れる。

(1) 熱風と材料の接触は積載上部面のみで接触面積が小さい。
(2) 積載層が大きいほど，内部水分の蒸発移動距離が長い。

注意点：材料を多段に分け，各段の間隔を空けて熱風の流れを良くする。材料の積載底部を金網やパンチング孔付とすることで底面での乾燥を行う。

3.2　含水率と温度変化

通気流および並行流の熱風と材料の強制接触による含水率，温度の変化を表したものが乾燥減衰曲線**図3**である。材料は熱風と接触し，品温がtm0 → tm1に上昇する。この区間（1 z）を材料予熱区間という。

品温の変化がない状態の区間（2 z）を恒率乾燥区間

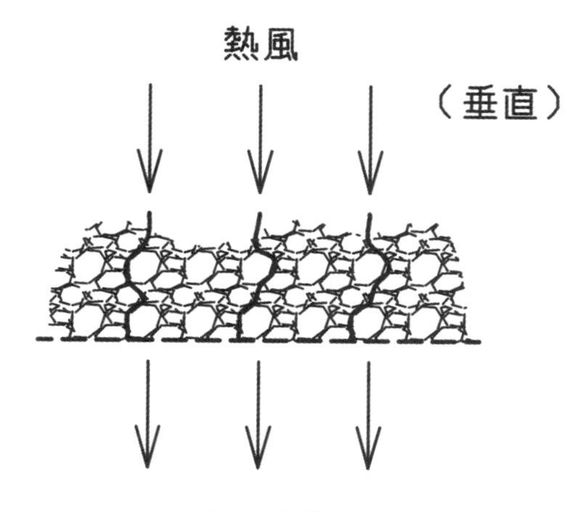

図1　通気流

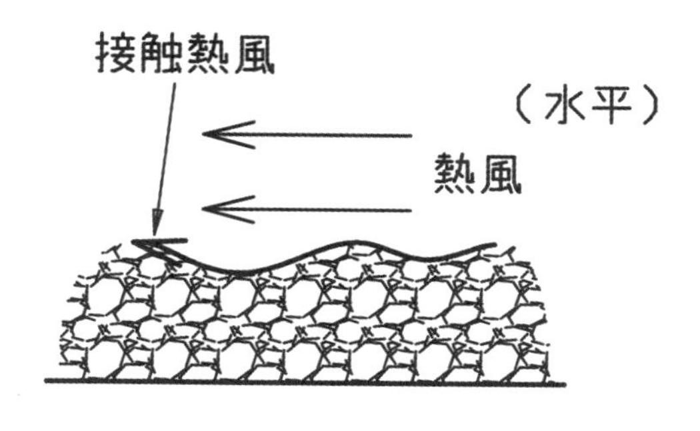

図2　並行流

と呼び，この区間では熱風から受ける熱量は全て水分蒸発に使用され品温上昇はしない。したがって，この区間では水分蒸発量は一定であり含水率はωcに到達する。ωcを限界含水率（%D.B.）と呼び，装置設計上大切な値である。

恒率乾燥区間を過ぎた区間（3 z）を減率乾燥区間と呼び，水分蒸発量が徐々に減るため熱風からの熱量は品温上昇に使用される。最終含水率$\omega 2$（%D.B.）を平衡含水率と呼ぶ。

乾燥速度の表記（A，Bがあるが当社㈱大和三光製作所）ではAで表記している）は，いずれも乾燥曲線の時間単位での微分値である。

A．乾燥速度　Rd（kgH_2O/m^2・hr）
　・・・乾燥面積（m^2），1時間あたりの蒸発水分量

B．乾燥速度　Rc（kgH_2O/kgds・hr）
　・・・乾気材料の質量（ds），1時間あたりの蒸発水分量

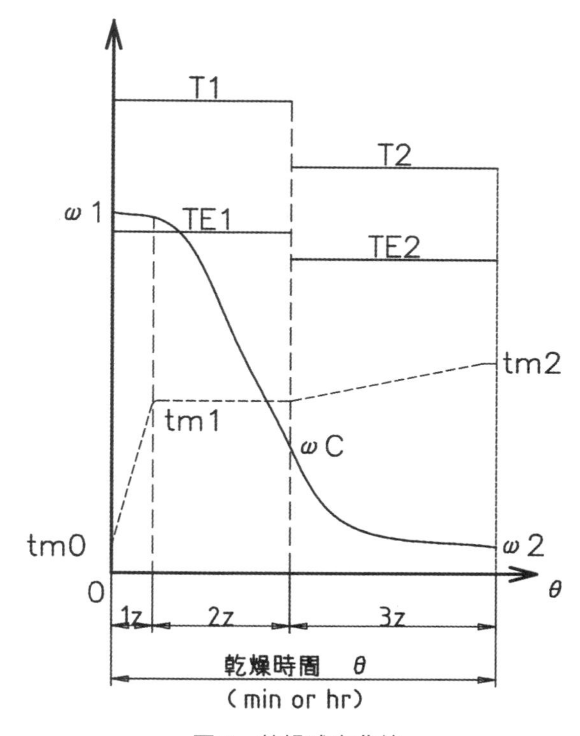

図3　乾燥減衰曲線

3.3　なぜ通気流乾燥は並行流乾燥よりも早く乾くのか

ある材料の恒率乾燥区間における乾燥減衰曲線（**図4**）で比較してみる。

・材料：初期含水率ω（%D.B.）を通気流，並行流ともに同一含水率

・材料：積載負荷，初期P.（kg/m^2）では通気流は並行流の約2倍積載

・熱風温度：T（℃）を通気流，並行流ともに同一

・熱風：初期材料面への空塔速度は通気流V＝0.3 m/s，並行流V＝1.0 m/s

この条件で並行流と通気流の乾燥試験を行ったとき恒率乾燥区間においてはそれぞれの水分減衰に差が出る。その比較を図4に示す。乾燥は材料の表面から水分が蒸発することから，同一重量の材料を乾燥させる場合，表面積が大きい方が多くの水分を蒸発させることができる。

●表面積の違い

一辺が6 cmの立方体と一辺が1 cmに細分化した表面積の比較で考えると，

一辺が6 cmの立方体1個の表面積

6 cm×6 cm×6 面＝$216cm^2$

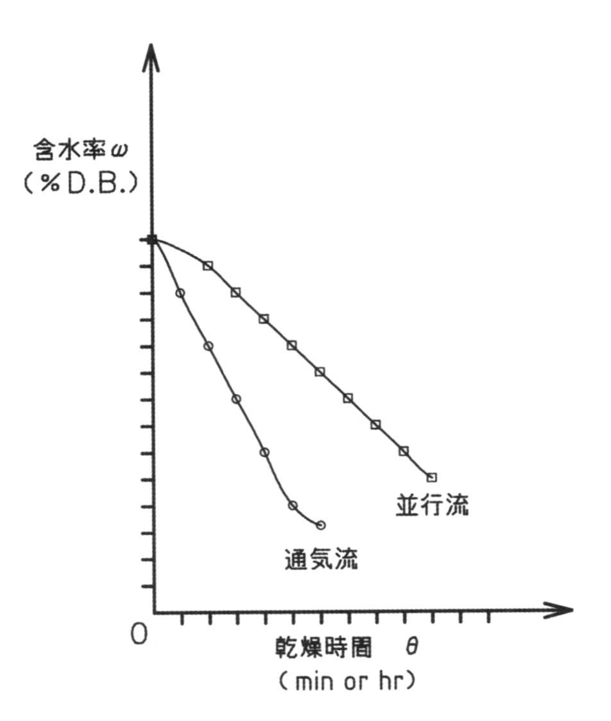

図4　並行流と通気流の比較図

一辺が1 cmの立方体1個の表面積
$1\ \mathrm{cm} \times 1\ \mathrm{cm} \times 6$ 面 $= 6\ \mathrm{cm}^2$

一辺が6 cmの立方体1個の容積
$6\ \mathrm{cm} \times 6\ \mathrm{cm} \times 6\ \mathrm{cm} = 216\ \mathrm{cm}^3$
一辺が1cmの立方体1個の容積
$1\ \mathrm{cm} \times 1\ \mathrm{cm} \times 1\ \mathrm{cm} = 1\ \mathrm{cm}^3$

一辺が1 cmに細分化した立方体が6 cmの立方体と同じ容積となる必要数量は216個となる。
一辺が1cmの立方体216個の表面積
$6\ \mathrm{cm}^2 \times 216$ 個 $= 1296\ \mathrm{cm}^2$

上記より，表面積は1296/216＝6倍となる。
細分化した材料が積載時に材料同士の接触があるため表面積の差は下がるが，細分化した方が通気性の効果を上げていると言える。また，細分化しすぎると通気性が悪く通気抵抗も増すため，通気量が減り乾燥が低下するので注意する。

3.4　排気風量 V_E(m^3/min)の決め方

W_e：水分蒸発量(kg/min)
G_E：排気空気質量(kg/min)
H_E：排気空気湿度(kg/kg)
G_o：給気空気質量(kg/min)
H_o：給気空気湿度(kg/kg)
T_E：排気空気温度(℃)
V_{HE}：排気空気比容(m^3/min)

排気で持ち出す水蒸気量は給排気の空気中の水蒸気の差と同じことから，

$$W_e = G_E \cdot H_E - G_o \cdot H_o$$
$$= G_E(H_E - H_o) \qquad \text{ただし } G_E = G_o$$

求める排気量　$G_E = W_e/(H_E - H_o)$ で求められる。
また，T_E と H_E から V_{HE} を求め，
求める排気風量　$V_E = (G_E \times V_H/60)$ (m^3/min)
なお，$V_H = (0.7732 + 1.243H_E)(273 + T_E)/273$ で求める。

●蒸発する物質が有機溶剤の場合の排気量 V_N(Nm^3/hr)

空気中の溶剤濃度が爆発する下限界濃度(LEL濃度)にならないように排気量に安全倍率を考慮する。

$$V_N = \frac{\text{溶剤蒸発量(kg/hr)} \times 22.4(\ell) \times \text{排気安全倍率}}{\text{溶剤分子量} \times \text{溶剤のLEL濃度(Vol\%)}/100}$$
(Nm^3/hr)

なお，排気安全倍率はLEL濃度の1/3濃度にすることから3.34倍を必要とされている。当社ではこの安全倍率を4～6倍で決めることが多い。計算式の数値22.4 ℓは1 molの容積である。求める V_N(Nm^3/hr)は0℃基準であり，排気温度 T_E としての絶対温度換算で実排気風量とすべきである。

4. バンド乾燥機

バンド状のコンベヤを有し，材料をコンベヤ上に積載して乾燥を行う。気流の流れは通気流方式と並行流方式があり，大型装置ではこれらの気流を組み合わせた方式もある。代表的に多く使用されているのは通気流方式であり，ここでは通気バンド乾燥機について述べる。

4.1　バンドの段数による分類(図5)

(1)一段型
一般的に多用されている。単位面積あたりの乾燥速度が大きく保守も容易である。積載された材料は静止された状態で移送される。供給時の積載厚の違いは均一乾燥に影響を及ぼすので注意する。

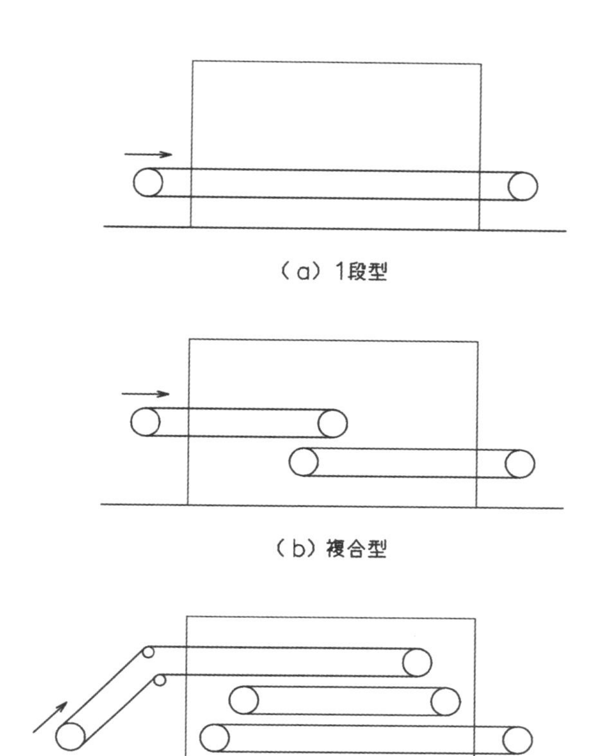

図5　バンドの段数による分類

(2)複合型

一段型を直列に2組以上を組み合わせたものを複合一段型と称する。段落効果があり，段ごとの積載厚の変化もできる。

(3)多段型

二段以上を多段と呼ぶ。段落効果ができる材料で長時間乾燥に適する。八段以内では同一通気とすることもある。当社では最大13段(機高8m)の実績がある。

4.2　コンベヤの種類

(1)ステーバー受方式

コンベヤチェーン左右をステーバー(アングル，パイプ)などで固定し，大型形状物を直接受ける方式(**図6**)。

(2)金網受方式

造粒品，成形品など積載材料のこぼれ防止とコンベヤの巾手方向の熱風の流れ防止としてサイドプレートとの組み合せで使用(**図7**)。

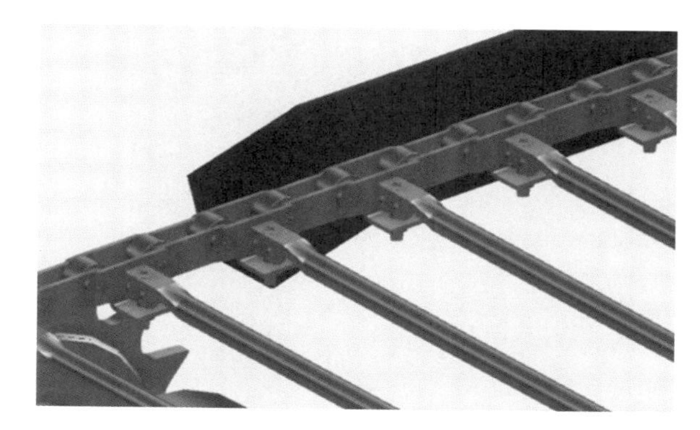

図6　ステーバー受方式

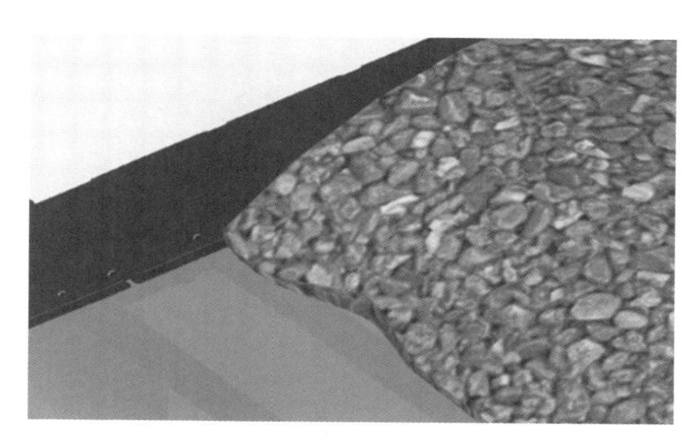

図7　金網受方式

図8　パネル方式

(3)パネル方式

多孔板パネルをチェンピッチに力骨を入れ，エンドレス上に繋いだもの(**図8**)。

(4)パーフォレートプレート方式

コンベヤ巾が大きいと中央部が撓むため，多孔板パネルに補強を施したもの(**図9**)。

図9　パーフォレートプレート方式

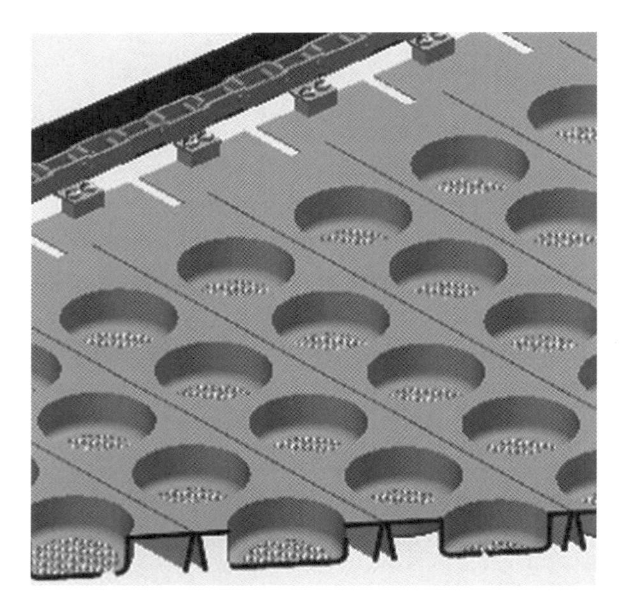

図10　リテーナカップ式

(5)リテーナカップ式

チェーンピッチに合わせた平面プレートにコンベヤ巾手方向に十数列の通気性のある容器(カップ)を配列したもの(**図10**)。

4.3　材料の予備成型

供給された材料に大きさの違い(大，小)があれば均一乾燥が難しい。また熱風との接触面積を大きくして乾燥時間の短縮を計るために予備成型をする(フィルタープレスケーキなどの汚泥材料など)。

●予備成型の方法

(1)フィルタープレスケーキへの刻み目を入れ割れやすくする

(2)粒状化(ペレット化)

(3)圧縮棒状押出し

(4)溝付回転ドラムで成形しスクレーパで剥離する

(5)その他

4.4　コンベヤへの均一積載

材料の積載ムラは乾燥ムラになる。乾燥機入口にて供給コンベヤ自体に反復首振りをさせて乾燥コンベヤに均一に供給するのが首振り供給コンベヤ(**図11**)である。また，乾燥機コンベヤに積載した後に，ならし装置を入れ均一積載をしている。

4.5　バンド乾燥機

表2にバンド乾燥機の特長と適用品例，**図12**に写真を示す。

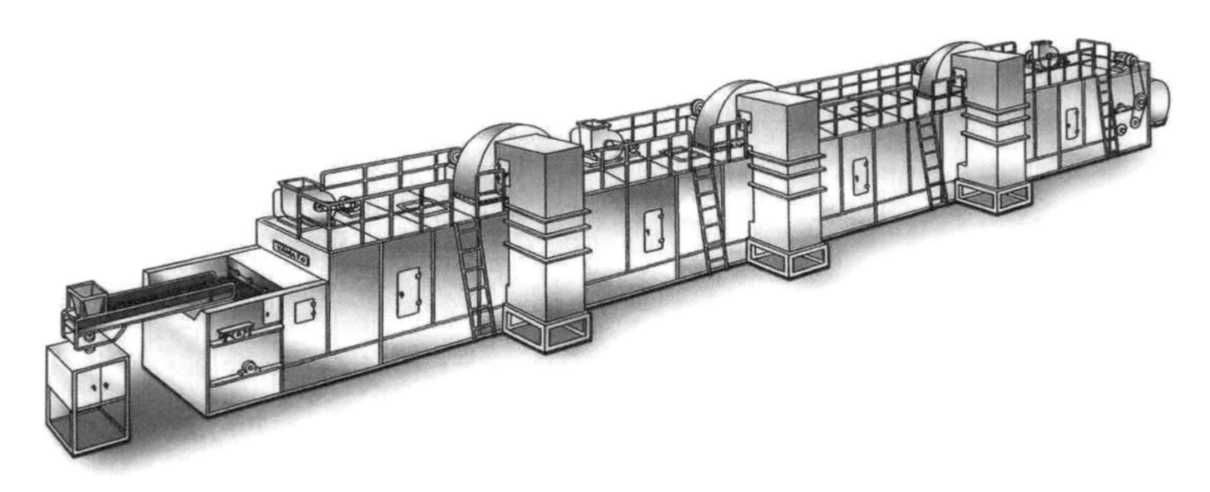

図11　首振り供給コンベヤの組み入れ

表2　バンド乾燥機の特長と適用品例

特　長	適用品例
(1)用途が広く複雑な特性をもつ材料にも適する (2)熱源空気と湿潤材料との接触面積が大きい (3)内部水分の拡散距離が短い (4)乾燥条件(温度，湿度，風量乾燥時間)の設定が容易 (5)材料，粒子の破損がほとんどなくダスティングが少ない	水酸化アルミ，水酸化マグネシウム，炭カル，炭酸マグネシウム，ステアリン酸亜鉛，顔料，染料，CMC 高分子素材，硫安 合成肥料，各種化成品，石炭，微粉炭，成形炭，砂，粘土，カオリン，金属酸化物，合成樹脂，塩ビ，樹脂ペレット，繭，ウール，スフ，麻，ロックウール，ガラスウール，各種繊維類，紙，金属，オイルスラッジ，活性汚泥，(浄水・下水・し尿)汚泥，都市ごみ粉砕品，食品(米菓・煎餅・砂糖・スナック菓子・穀類・豆類・人造タンパク・こんにゃくいも・唐辛子・きのこ類・ココナッツ・ペットフード)など

図12　バンド乾燥機写真

5. 台車移動式乾燥機

次に，台車移動式乾燥機について述べる。バンド乾燥機と共にトンネル式乾燥機を代表する型式であり，台車に材料を積載し，トンネル状の乾燥室を入口から出口まで移動させながら乾燥する装置である。

乾燥室の前後には台車が出入りする開口部ができ，熱風のシール用として扉を設けるのが一般的である。

扉は観音開，横引，上引が利用され気密性を要するため，エアーシリンダー固定式や扉の自重による押し付け式もある。

5.1 台　車

乾燥材料の種類や形状により台車形式を決める各種台車例を図13に示す。

5.2 台車運行

乾燥室内はレールの上を直線運行と室外に出ては自由運行をするような台車車輪とした(図14)。

台車運行は床面にチェーンコンベヤを設け，各台車ごとに突起物を引っかけて乾燥室内を移動させる構造とした。また，乾燥室外では台車の横行，ターンテーブル，リフターを要部に設ける。

5.3 気流方式

材料の性状，乾燥条件などによって水平気流(室内中手または室内長手)や上下気流，流れを変えた交互気流などさまざまな方式がある。

5.4 台車移動式乾燥機

多種な形状品それぞれに対応すべく使用されるのが台車移動式乾燥機であり，その特長と適用品例を表3に示す。

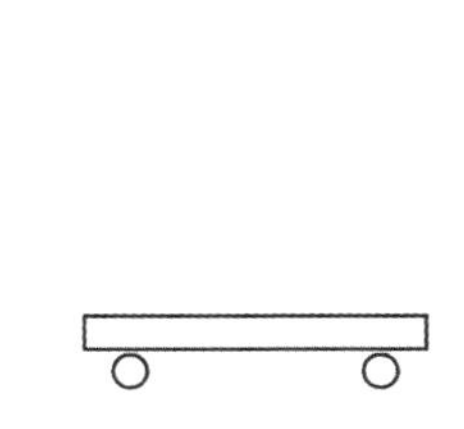
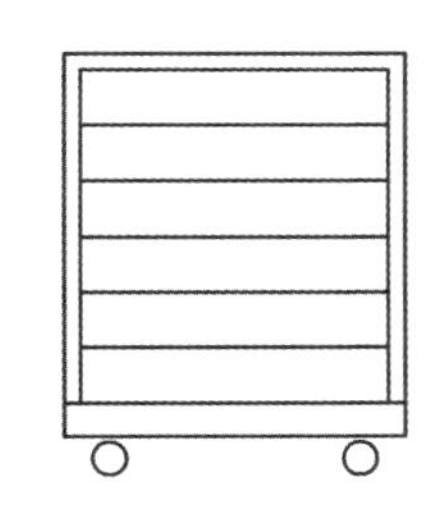
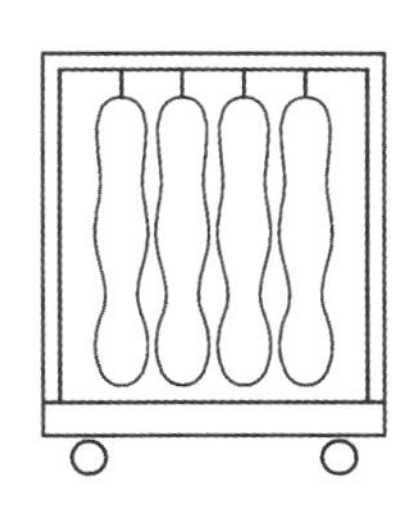
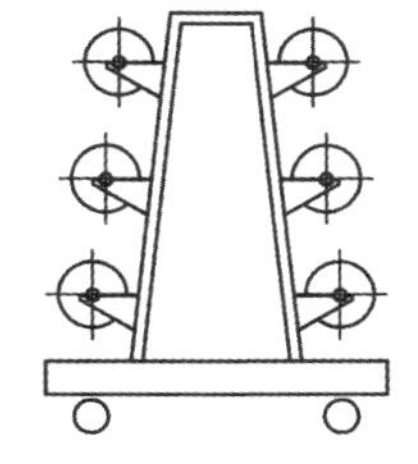
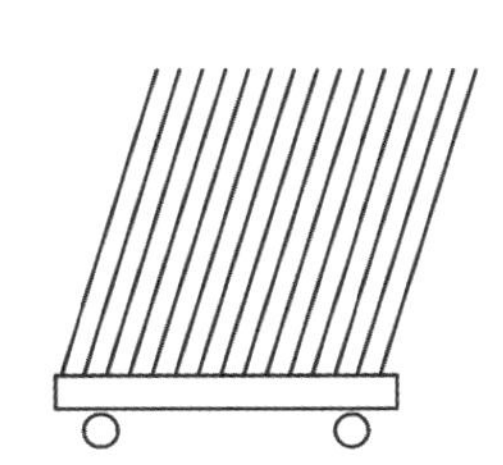

図13　各種台車例

表3　台車移動式乾燥機の特長と適用品例

特　長	適用品例
(1)他の機械では不可能な材料(板状，箱状，袋状，棒状)にも利用できる (2)構造が簡単で操作が容易 (3)長時間乾燥に適する (4)大量処理が可能で処理量に合わせ装置の延長が可能 (5)台車上に静止状態で移動するので材料の変形損傷が少ない (6)乾燥室を数区に分け，それぞれの乾燥条件を決められる	板状材料(ベニア板，ボード，樹脂など) 保温材料(ロックウール，ガラスウール，ケイカルなど) 定形食品(角砂糖，凍豆腐，カレールー，ゼリーなど) 陶磁器，煉瓦，練炭，紙成形品，保温筒 電気部品(変圧器，大型モータなど) 自動車車体，ブレーキ，クラッチフェーシング 金枠，ドラム缶，型枠など

6. おわりに

室内運行と室外運行を可能とする台車車輪を図14，トンネル台車式乾燥機の外観図を**図15**，乾燥機本体の前後に付随する装置を含め構成したフロシートを**図16**に示す。

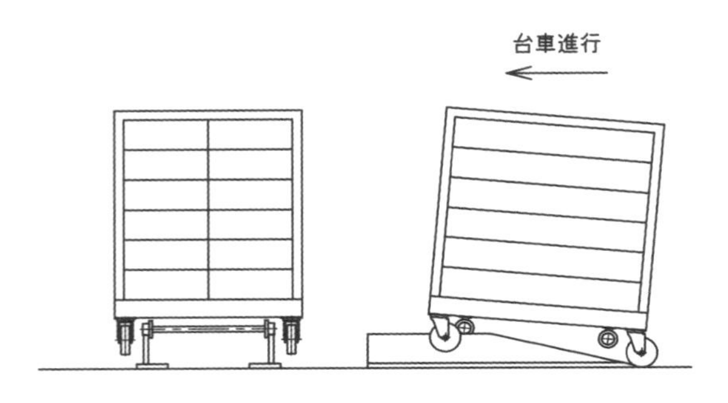

図14　台車車輪

図15　トンネル式乾燥機の外観図

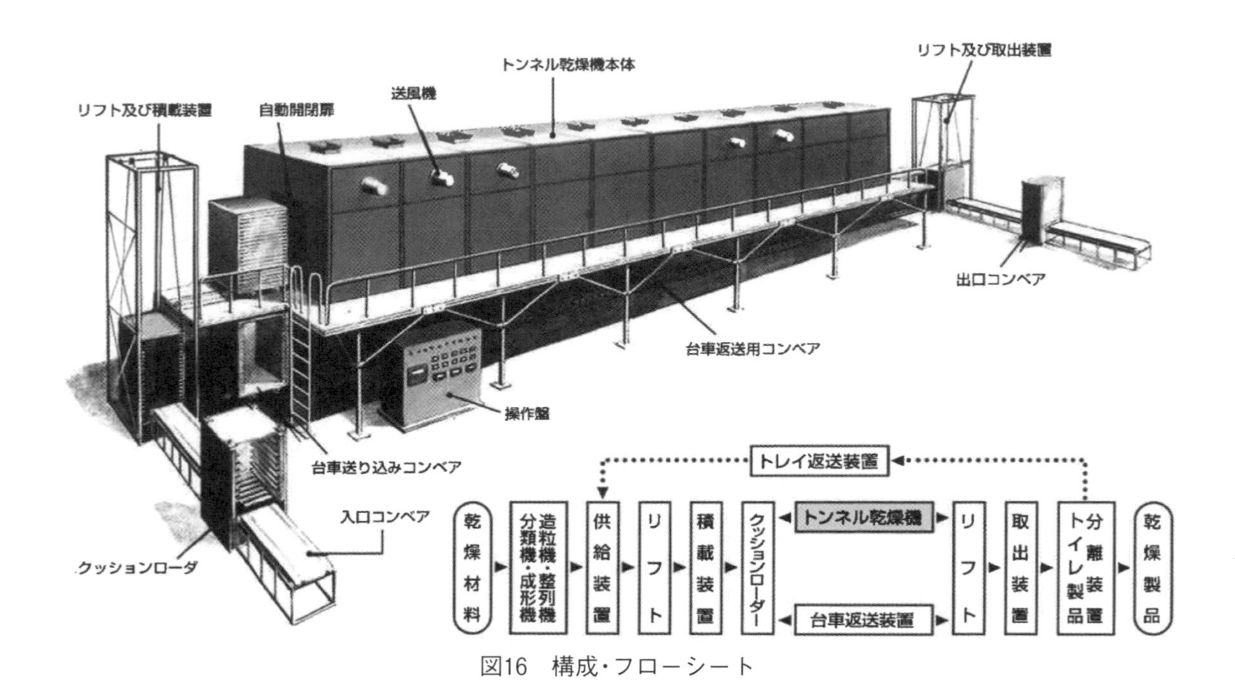

図16　構成・フローシート

第３節
流動層乾燥機

株式会社栗本鐵工所　**山田　圭一**

1. はじめに

直接加熱方式の乾燥機の中で粉粒状の材料の乾燥に適している流動層乾燥機はさまざまな分野で採用されている。流動層という名前が示すように原料を流動させることができるかどうかで採用の可否が決まる。近年は製品の品質，製造コスト，操業性などを見極めて装置の選定をしなければならない。本稿では，流動層乾燥機を選定する際に必要な項目の概要を説明することとしたい。

2. 流動層の原理

装置の内部にガス整流板があり整流板の下方より熱風を原料層に送入する。流速の小さい範囲ではガス（熱風）は材料層の隙間を通って吹き抜け層全体は静止したままの固定層状態になる（**図１**①）。徐々に流速を増加して最低流動化風速に達すると原料層は静止の状態から動きはじめる（図１②）。これより少し流速を増加させると粒子は活発に運動するようになる（図１③）。さらに流速を増加させると激しく運動してガスによりあらゆる方向に混合され懸濁状態となり静止層高さの1.2〜1.8倍程度まで膨張する（図１④）。この状態が流動層の安定した状態となる。必要以上に流速を増加させていくと微小粒子が系外に飛散していく浮遊層状態になり（図１⑤），最大粒子の終端速度を超えると粒子は系外に全て持ち去られる（図１⑥）。

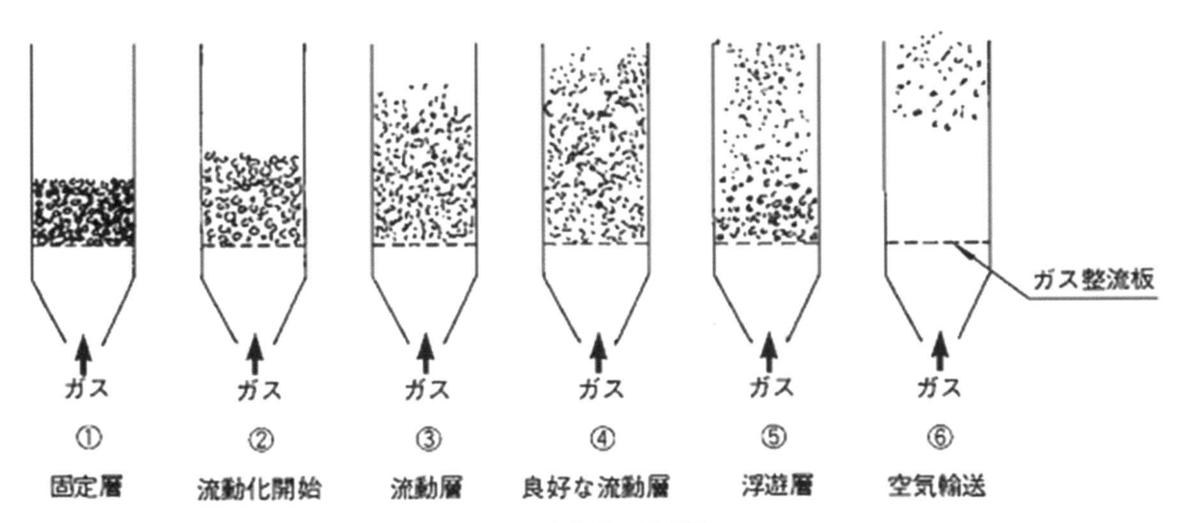

図１　流動層の原理図

3. 流動層乾燥機の特性

流動層乾燥機の対象となる原料は均一な粉粒状のものが望ましい。シート状，帯状，ひも状，塊状の材料や糊泥状の材料は困難である。粒子径は数10 μm～数 mm の粉粒状のものが適している。粉粒状であっても材料相互間で凝集する原料は注意が必要である。原料水分が多く流動性が悪い場合も注意が必要で，流動性が良くなる水分までプレ乾燥機として気流乾燥と組み合わせるケースも多くみられる。

3.1 長　所

3.1.1 流動層の温度が均一で調節が容易である

流動層内では熱風と原料が激しく混合し，熱の伝達が迅速に行われるため層内温度を均一に保持できる。温度の調整も容易であり品質の劣化や乾燥ムラが少なくなる。

3.1.2 大容量処理に適している

原料と熱風の接触面積が大きく，熱伝達が迅速であるため熱容量係数が大きくとれる。大型のサイズでも製作可能であるため処理能力は大容量である。

3.1.3 低含水率まで乾燥できる

滞留時間を数分～数時間にわたって調節することが可能であるため，長時間をかけて低い水分値までの乾燥ができる。

3.1.4 本体の構造がシンプルで安定した操業ができる

可動部分がほとんどなく構造が簡単で建設費，補修費が安価となる。トラブルも少なく維持管理が容易である。

3.2 短　所

3.2.1 微粉が多いと歩留まりが悪くなる

流動化させるのに必要な風量が必要となるため，原料中に微粉が存在すると系外に製品が排出され歩留まりが悪くなってしまう。系外で捕集された原料が製品として採用できるのであれば問題はない。

3.2.2 粒子同士が激しく接触するので粒子にダメージを与える

流動状態では原料粒子同士が激しく，長時間接触や衝突を繰り返すので原料表面に傷をつけたり，微粉の発生が増し，粒子の崩壊が発生する可能性がある。原料が造粒物である場合は特に注意する必要がある。

3.2.3 摩耗する原料はガス整流板を摩耗させる

一般的にガス整流板には小さな穴を数多く開ける方が乾燥効率は良くなるので板厚が薄いことが多い。原料に摩耗性があるとガス整流板を短期間で損傷してしまう。

3.2.4 設備としての送風機，排風機の動力が大きくなる

他の直接加熱方式の乾燥機と比較するとガス整流板分の圧損が付与されることになるので送風機，排風機の動力は大きくなることが多い。

4. 流動層乾燥機の選定条件と用途例

流動層乾燥機を選定するにあたり，乾燥機本体の特性を理解した上で重要なのは原料の物性を見極めることである。同じ原料であっても粒度，形状，かさ比重，タップ比重，安息角，崩壊角，差角などの粒子の流動性を左右する物性や摩耗性，腐食性，付着性，分散性などの装置の材質，強度，構造を左右する要因も見極めることが必要である。

最近では原料の発火，静電気による粉塵爆発など安全面においても原料の物性が機器選定の重要なファクターになることは頭に入れておきたい。いずれにおいても実際に原料を用いて良好な流動状態で運転ができるかテストをして確認する必要がある。

実際の流動層乾燥機の用途例を以下に示す。

- 食品関連：小麦粉，グラニュー糖，アミノ酸，食品添加物
- プラスチック関連：樹脂ペレット（PVC，ABS，PP 樹脂）
- 化学関連：尿素，肥料，硫酸マグネシウム
- 無機材料関連：スラグ，硫酸鉄，珪藻土

5. 流動層乾燥機の装置設計

流動層乾燥機の装置の型式としては回分式と連続式に大別される。回分式は円筒形が多く上方から原料を投入し下方へ製品を排出する。長時間の滞留時間が必要な場合に選定されることが多い。連続式としては竪型の多段式と横型多室式があるが横型多室式が一般的である。装置全体の構成を**図2**に示す。流動層内部には一般的に仕切板，整流板，セキ板が設置されている。

・仕切板：原料のショートパスを防ぐ効果があり，整流板との間に隙間を設けて原料をアンダーフローで通過させることが多い。整流板との隙間を狭くするほど，仕切板の間隔を狭くするほど滞留時間のムラが少なくなる。

・整流板：良好な流動状態を形成するための最重要部であり，乾燥機メーカーによって特色を持たせている部分である。整流板の形状は原料にあったものを選定する必要があり整流板の選定がノウハウになっていることが多い。一般的には横吹き穴タイプ(大根おろしを想像してもらえれば良い)か単に丸穴を空けただけの丸穴タイプが多い。丸穴タイプは清掃も容易で原料の詰まりも解消しやすい利点がある。しかし装置停止時に原料が装置内に残りやすく，穴の径より小さい原料は熱風を止めた際に整流板下に落下してしまう。横吹き穴タイプは原料を入口より出口側に向けて熱風を流すので装置停止時の原料残留量は少なく，熱風停止時の原料の落下も少ない。原料の詰まりが発生した場合の清掃性は丸穴タイプより悪くなりコストも高くなる。特殊型として丸穴部に原料にあったノズルを付けたタイプもあるが原料を流動させるために必要なもので他社にまねできないようなノウハウになる。清掃性，コストをかけても唯一無二の製品を製造するには必要なものである。整流

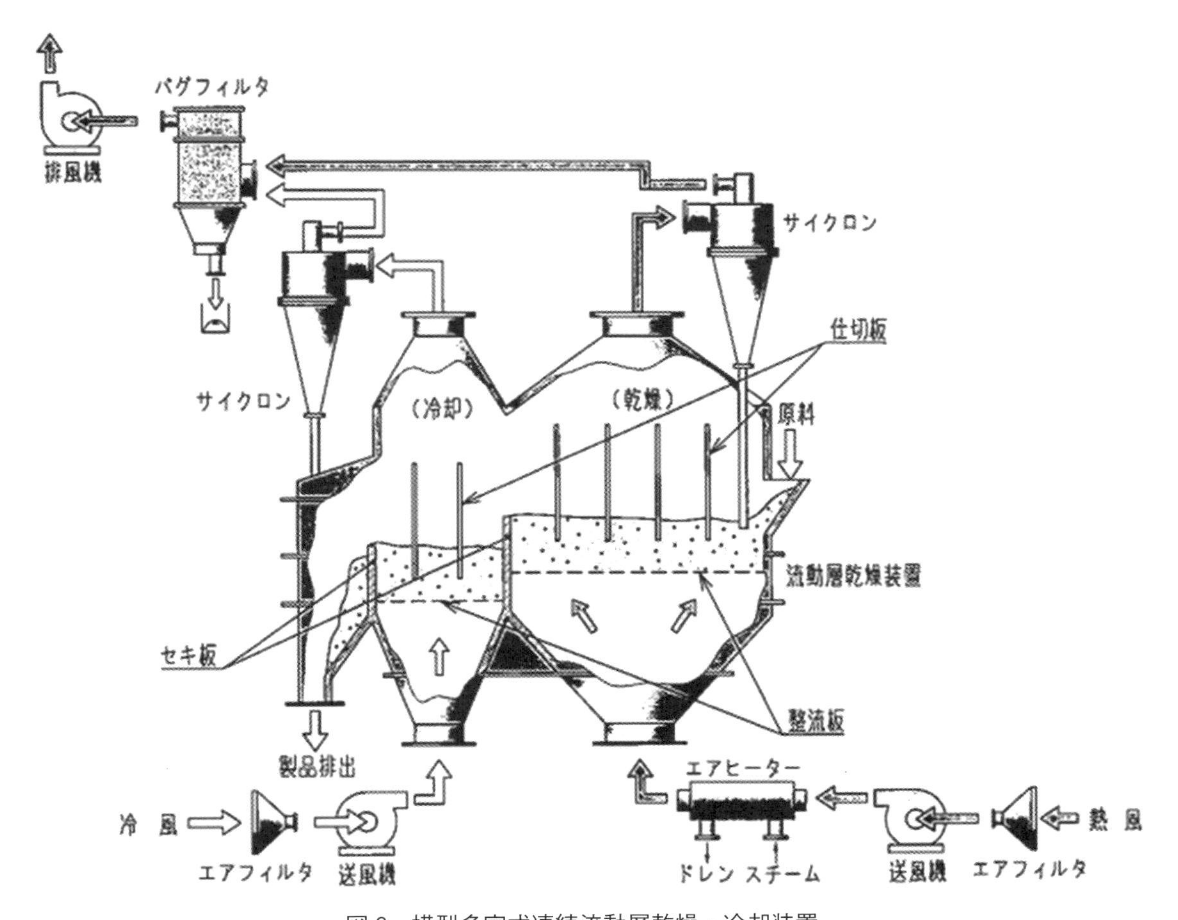

図2　横型多室式連続流動層乾燥・冷却装置

板の穴の径，開口率については種々の組み合わせがあるが整流板部分での圧損は0.5～1.5 kPaになるものが多い。穴の形状は穴径が小さく，数多く空いている方が流動性は良くなる。
・セキ板：製品の排出部に設置されており，原料は最終的にこのセキ板を乗り越えて排出される。このセキの高さによって原料の流動層の層高が決定される。層高によって装置内の保有容量が決定するので滞留時間が決定する。セキ板の高さは容易に変えることができるような構造にしておくことで滞留時間の調整が可能となる。

流動層乾燥機を操業するにあたり，熱風を発生させる送風機，エアヒータが設置されることが多い。パッキンの耐熱や熱源として蒸気を採用することが多いので熱風温度は150 ℃以下が一般的である。200 ℃を超える特殊仕様も製作可能であるが非常に稀である。熱風を入れるゾーンと別に冷風ゾーンを設けることにより乾燥，冷却を1台で完了させることも可能である。排ガス設備としてはサイクロン，バグフィルタ，排風機は他の乾燥機と構成が同じである。気流乾燥機の場合はサイクロン,･バグフィルタで捕集されたものが製品になるが流動層乾燥機はセキ板を乗り越えてきたものが製品でありサイクロン，バグフィルタ捕集されたものが製品と同じ水分まで乾燥されているとは限らないので捕集品の評価を行い製品として取り扱えるかの評価が必要になる。製品と同一の品質であれば系内に戻すことで収率の改善につながる。

連続流動層装置の実施例を**表1**に示す。流動層装置は冷却機として他の方式と比べて効率が良いので採用されることが多いことを書き加えておく。

6. 流動層乾燥機の応用例

原料の性状から流動層乾燥機の採用を検討した際にいくつかの問題に直面する。原料投入部分での流動不良がその1つである。乾燥すると原料がサラサラになり良好な流動状態を維持できるが，原料が湿った状態では流動性が悪く流動しなくなってしまう。原料の水分値によって流動状態が異なるので注意が必要である。もう1つは原料が凝集し粗粒となり製品排出部で滞留し，滞留物が整流板上に敷き詰められると抵抗になり流動状態が悪化する。このような問題を解決する機構を有した装置例を**図3**に示す。

原料投入部での流動不良に関しては，投入部分に撹拌機を設置することで解決することがある。撹拌機を設置することで湿った原料がほぐされ流動の手助けをする。また撹拌することで投入部分での見掛けの水分値を下げる効果がある。

粗粒による流動悪化については定期的に粗粒を系外に排出することで連続運転が可能となる。連続運転を続けていると，原料同士の凝集により粗粒が形成される。粗粒はセキ板を乗り越えることができず製品排出部に滞留し始め流動が悪化する。セキ板の下部に粗粒が排出できるスリットを設け定期的に排出すれば流動状態を維持することが可能となる。原料投入部分での粗粒排出は，粗粒分級管を設置し粗粒だけが落下する風速で分級管下方より熱風を送り分級する方法である。この手法は原料中に少量の粗粒が含まれる場合に採用されるが粗粒の粒度が原料と比べ明らかに大きい場合であり採用例は多くない。

表1　連続流動層装置実施例

原料名	処理能力 (kg/h)	原料含水率 (D.B.%)	製品含水率 (D.B.%)	代表粒径 (mm)	かさ比重 (t/m^3)	ガス温度 (℃)
ABS樹脂	1,000	12	0.7	0.3	0.35	80
PVC樹脂	5,000	3	0.3	0.15	0.6	85
粒状肥料	10,000	2	0.2	0.4	0.7	115
食品添加物	600	7.5	0.2	0.35	0.7	110
スラグ	30,000	18	4	1.2	1.1	170
グラニュー糖	20,000	冷却操作として採用		0.4	0.8	30
大豆	3,500	冷却操作として採用		10	0.26	20

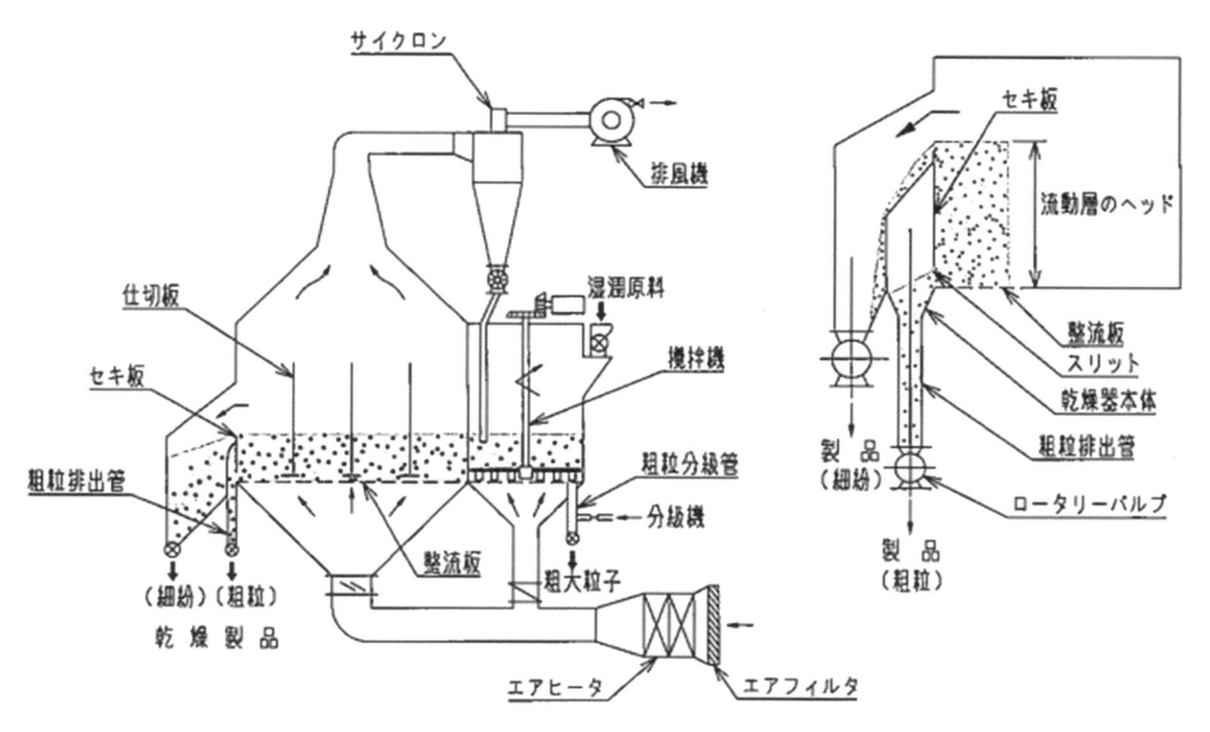

図3　横型多室式連続流動層乾燥装置応用例

7. おわりに

流動層乾燥機は乾燥機の中で原料性状に起因する要素が高く，扱いが難しいと思われる機種である。しかし流動させることさえできれば他の機種より優れているのは明白である。本稿では触れなかったが，振動乾燥機は流動層乾燥機の一種として扱われる。流動化を振動によって行うことができるため原料の種類の多様性を広げた機種である。振動機構を有するためコストは上がるが流動層乾燥では不可能であった原料の乾燥に多く採用されている。流動層乾燥機の効率化を上げるために内部に伝熱管や攪拌機を有する機種も多く考えられている。設置することにより効率が上がり処理量も増加するが，流動層乾燥機本体の伝熱係数，伝熱管の伝熱係数，攪拌効果による効率アップ率がそれぞれどれくらいの割合で寄与しているのか解析するのが困難である。スケールアップする際には充分に注意することを最後に付け加えておく。

第4節
連続瞬間気流式乾燥機「フラッシュ・ジェット・ドライヤー」

株式会社セイシン企業　林　潤　　株式会社セイシン企業　今泉　竜一

1. はじめに

フラッシュ・ジェット・ドライヤー(以下FJD，図1)は，高温および高圧の気流を利用して，瞬間的に物質を乾燥させることができる気流式乾燥装置である。原料形態を選ばない柔軟性は，フラッシュ・ジェット・ドライヤーの顕著な特徴の1つである。この装置は，粉状，ケーク状，またはスラリー状といった多様な形態の原料を同一の機種で効率良く乾燥させることが可能である。また，この装置の乾燥時間が極めて短いため，乾燥生成物の温度上昇を最小限に抑えることができる。この特性は，熱に弱い樹脂や低融点物質などの乾燥に特に適しており，これらの材料を効果的に処理することが可能である。FJDは国内でも広く導入されており，シリカやトナーなどの乾燥用途に限らず，仮焼や表面処理など乾燥以外の目的で使用されることも多い。

以下に，FJDの構造，原理，特徴について，具体的な乾燥事例を交えて紹介する。

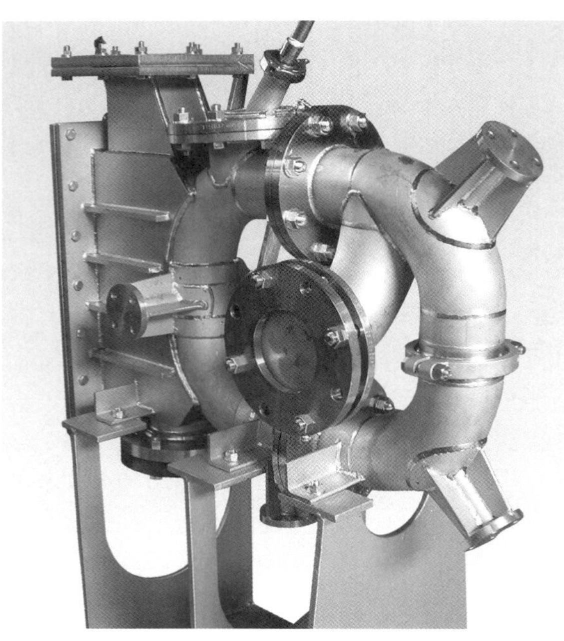

図1　フラッシュ・ジェット・ドライヤー

2. 構造と原理

FJDは，当社(㈱セイシン企業)製の縦型ジェット粉砕機を応用した機構を持つ(図2)。吐出用ブロワーによって送り出された気流は，ヒーターやバーナーなどの熱源により所定の温度まで加熱される。これによって，気流は高温・高圧の状態となり，ドライングノズルを通じてFJDのドライングチャンバーへ高速で流入される。

水分を含んだ原料は，その状態に応じて選定されたスクリューフィーダー，スラリーポンプなどの連続型供給機を用いて，定量的にFJDに供給される。

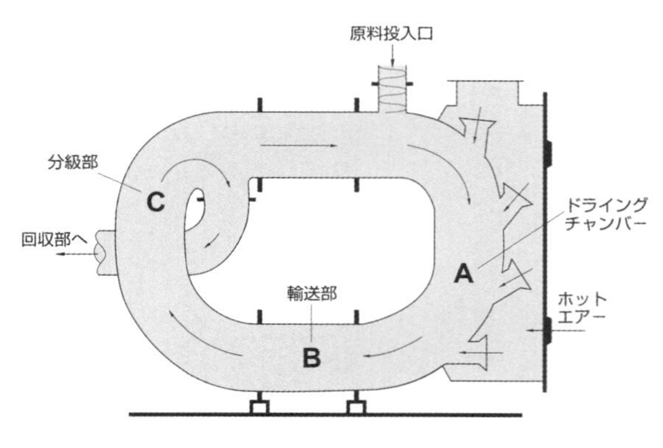

図2　FJD原理図

ドライングチャンバーまで輸送された原料は，ドライングノズルから吐出される高温の高圧気流によって，単一粒子に近い状態まで細かく分散される。分散によって比表面積が増加するため，効率的に熱交換が行われ，瞬間的に乾燥が実施される。ドライングチャンバーを通過した粉体は空気輸送され，FJDの上部に位置する分級部に達する。ここで遠心力を用いて，乾燥生成物と未乾燥品に分級される。乾燥生成物は，分級部を流れる気流の内側を通り，出口から製品として排出される。一方，未乾燥品は気流の外側を通り，循環して再度ドライングチャンバーに戻され，再乾燥が行われる。また，この分級部では気流の一部が再循環され，高温気流が持つ熱量が十分に乾燥プロセスに活用され，FJDの乾燥効率の向上に寄与している。

3. 運転管理

乾燥生成物を安定して回収するファクターは，FJD内部の気流温度，風量，圧力，および原料の粒径，比重，水分率，供給速度などのバランスにより成り立っている。気流温度については，FJDの入口温度でヒーターの制御を行い，FJDから排出される気流の温度(出口温度)は，原料供給速度により制御される。出口温度は，乾燥生成物の水分率を管理する上で重要なパラメータであるため，安定した原料供給が求められる。熱量と原料の安定的な供給を行うことにより，乾燥ムラのない乾燥生成物が回収される。

分散圧力は，乾燥生成物の粒径および原料供給速度に影響を与えるパラメータである。分散圧力が高くなると乾燥生成物の粒径は細かくなり，水分率は低くなるという結果が得られている。この傾向は，分散圧力が高まることで比表面積が増加し，それによって乾燥がより効率的に行われるという，FJDの乾燥原理により説明できる。分散圧力は，風量とドライングノズルの口径によって制御される。これらのパラメータは，目標とする乾燥生成物の粒径と水分率，および処理速度，または粒子へのダメージの有無などを考慮して，その都度設定される。

FJDの運転中における主なトラブルとして，付着および摩耗が挙げられる。これらの問題が生じた際には，FJDシステム内の温度や圧力のバランスに顕著な変化が見られることが多い。このため，各パラメータにインターロック機能を組み込むことで，異常を検知し，対応することが可能となる。

4. 特　徴

FJDには，以下に代表される大きな特徴がある。

(1) 単一粒子に近い状態に分散し乾燥するため，原料の比表面積が増加し，水分の大部分を材料表面の水分として乾燥することができる。このため，高い効率で瞬時に乾燥することが可能である。また，ドライングチャンバーの容積が小さく，マニホールドと隣接しているため，熱ロスが少なく効率よく乾燥することができる。
(2) 静置乾燥や伝熱乾燥など別方式の乾燥工程では，凝集した粉体を再び分散させるために，次工程で分散装置を設けることが多い。FJDは乾燥・分散・空気輸送を1ラインで行うことができるため，イニシャルコストやメンテナンスを含めたランニングコストの面でも大きな利点がある。
(3) 原料のFJD内滞留時間が数秒と極めて短い。加えて，並流乾燥方式のため，高温気流の熱量はドライングチャンバーにおける乾燥で，材料表面の水分の蒸発潜熱により急激に消費される。しかし，その後にFJD出口から排出されるまでに気流と材料との間で行われる熱交換は緩やかなものとなる。一般的に，排出される乾燥生成物の温度はFJDの出口温度よりも低く保たれるため，弱燃性・低融点物質の乾燥後の品温の制御が可能である。
(4) FJD本体は気流の循環構造のため，極めて小さい設置面積で多量の水分を蒸発できる。
(5) FJD本体は，小容量のドライングチャンバーで大部分の乾燥を行うため，暖機運転の必要がない。そのため，立ち上がり時間は使用するヒーターの昇温速度に準ずる。
(6) FJD本体は，接粉部に駆動部がないため，メンテナンスが比較的容易である。
(7) 目的に合わせたドライングノズルの設計により，分散圧力が調節可能である。風量および気流温度を一定に保つことで，用途に応じて粒径がコントロールされた乾燥生成物を得ることができる。
(8) LPGバーナー，LNGバーナー，スチームヒーター，電気ヒーター，および間接型熱交換器など，さまざまな熱源の使用が可能であるため，ランニングコストの低減，クリーンな高温気流の生成，昇温速度の調節，高温仕様への対応など，目的に応じて熱源を選定することができる。

(9) コンデンサを設けることにより，溶剤の回収および再利用が可能である。また，流体として不活性ガスを使用する場合は，閉回路仕様とすることで，不活性ガスの使用量を極力抑えることができ，ランニングコストの低減につながる。

(10) 供給機の選定は必要であるが，FJD 自身は原料の形態を選ばない。

また，乾燥以外にも，2 種類以上の原料を使用した表面処理，高温仕様での仮焼，クリーン高温気流による殺菌など，さまざまな用途に応用が可能である。

5. 乾燥事例

5.1　弱熱性，低融点物質の乾燥

重合トナーの製造工程を例に挙げる。脱水ケークの一次乾燥で FJD が使用され，二次乾燥でバッチ式の乾燥機を用いるケースが多い。この事例で乾燥されるトナーは，低温で融着を起こすため，乾燥生成物の温度が 60～80 ℃以上にならないようにコントロールする必要がある。

また，乾燥装置の種類によっては，トナー粒子同士が凝集を起こすため，乾燥工程の後に分散工程が必要になる。イニシャルコスト，ランニングコストの低減を考慮するならば，乾燥生成物が分散された状態で回収されることが望ましい。

FJD は連続運転であり，乾燥と同時に一次粒子に近い状態まで分散が行われるため，分散工程が不要である。また，瞬時乾燥が可能なため，乾燥生成物の温度は FJD の出口温度よりも 5～10 ℃ほど低く保持され，融着・付着の発生を防ぐことができる。このような理由から，同様の事例において，FJD は優れた乾燥装置といえる。

5.2　無機物の乾燥

トナーのような弱熱性，低融点物質とは対照的に，シリカのような熱による影響が少ない原料の場合，FJD の入口温度を 400～500 ℃と高温に設定することができる。このため，供給温度と排出温度の差を大きく取ることができ，より多くの水分蒸発量が見込める。

FJD は優れた乾燥効率に加えて，高い処理能力を持ち，分散も同時に行えるため，ランニングコスト，イニシャルコスト，設置スペースの削減の面でも優れている。このため，こちらの事例でも数多くのユーザーに導入されている。

5.3　有機溶剤の乾燥

流体として不活性ガスを使用し，閉回路システムを組むことにより，有機溶剤の乾燥が可能である(**図 3**)。熱源については，スチームヒーターや電気ヒーターが一般的であるが，間接式バーナーも選択できる。

サイクロンやバグフィルターなどで固気分離された気流から溶媒を回収するために，コンデンサを使用して凝縮された溶剤を回収する。

閉回路システムの使用により，排気が大気に開放されることがなく，環境の汚染を低減することができる。また，回収した溶媒の再利用が可能であること，および不活性ガスの使用量が抑えられることから，ランニングコストの低減にも寄与している。

5.4　高温運転での仮焼

FJD の入口温度は，高温仕様として，600 ℃以上に設定することも可能である。その一例として，本焼成前に行われる仮焼に使用された実績がある。仮焼を行う目的として，不要な成分の除去や結晶水の放出の促進が挙げられる。

FJD から排出される粉体の温度は，出口温度よりも低く保たれるため，目的回収物の温度管理が容易である。また，乾燥域の容積が小さく，温度分布が均一であるため，目的回収物の温度ムラが少ないという利点がある。

5.5　反応・表面処理

シランカップリング剤を使用した粉体の表面処理の方法として，シランカップリング剤水溶液と粉体を混合機でプレミキシングし，乾燥機で乾燥と同時に表面改質を行い，乾燥により生じた凝集を次工程で分散する，という手法がある。

FJD は，1 台で乾燥と分散を同時に行うことができるため，工程数を削減することができる。また，乾燥生成物の温度が低く保たれるため，樹脂などの

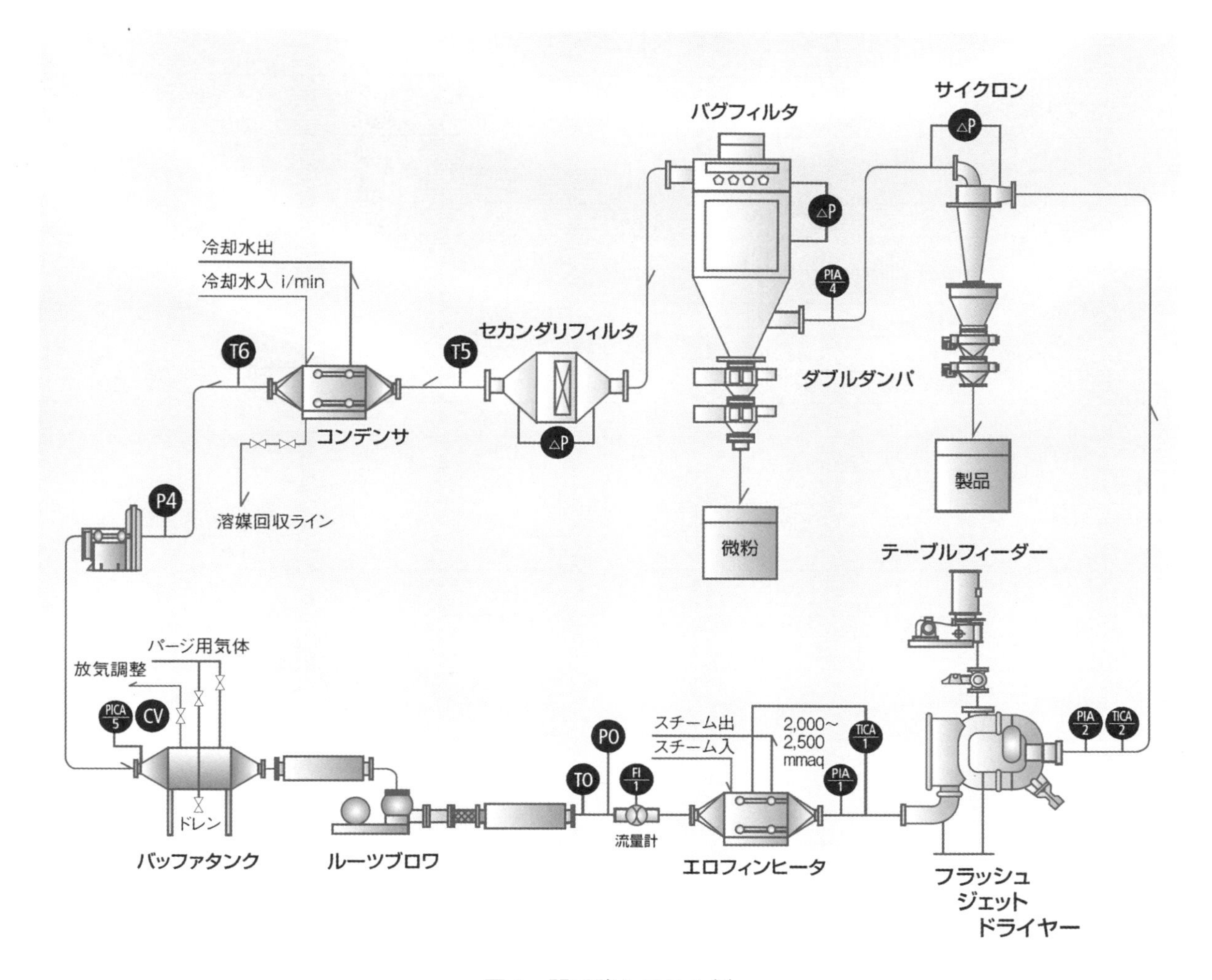

図3　閉回路システム例

弱熱性，低融点物質への表面処理が可能である。

もう1つの反応の事例として，熱分解による特定の物質の除去が挙げられる。FJDを使用することで，連続的かつ効率的に熱分解が行われる。分解により気体となった物質は，サイクロンやバグフィルターなどによって粉体製品と分離される。排気ガスの回収装置としてスクラバーなどを使用することで，環境への負荷を低減することができる。

5.6 粉体冷却

FJDの優れた特徴として，粉体を一次粒子に近い状態まで分散することにより比表面積が増加し，効率的に熱交換がなされることを述べてきた。この熱交換は，加熱される側に限られるものではない。冷熱源を使用することで，加熱された製品を急冷して回収する用途にも実績がある。

以上に紹介した事例のほかにも，FJDにはさまざまな原料の乾燥事例がある。代表的な乾燥実績について，**表1**に示す。また，FJDは小型機から大型機までの各型式が体系付けられているが，実際には，あらかじめ乾燥試験を行い，ユーザーの使用条件に合わせた設計，製作を行っている。FJDは，仕様変更により仮焼や熱分解処理など，乾燥以外の目的でも実績があり，非常に幅広い用途の乾燥装置であると言える。

表1　FJD での乾燥実績

サンプル名	使用機種［インチ］	原料水分率［%］	製品水分率［%］	原料供給量［kg/hr］	水分蒸発量［kg/hr］	入口温度［℃］	出口温度［℃］
ウレタン系樹脂	2	60	0.5	20	12	270	155
水酸化アルミニウム	4	35	1.9	100	34	210	66
珪藻土	4	60	3.5	50	30	300	75
穀物	4	80	5	85	60	305	100
高炉二次灰	4	21	5.4	650	105	500	110
トナー	6	45	0.2	50	22	110	70
PTFE	6	10	0.1	755	75	371	93
ゴム	8	49	0.5	1,630	800	327	160
シリカ	10	17	0.1	1,090	182	371	88
スチレン系樹脂	10	10	0.5	1,200	110	100	60
有機顔料	12	45	2	280	120	188	90
アクリル樹脂	14	20	1	2,300	460	95	60
無機顔料	14	70	3	500	340	500	250
シリコン	14	80	0.5	1,500	1,200	350	120
水酸化カルシウム	18	35	0.5	1,100	380	215	107
ベンガラ	18	50	1	910	450	482	93

6. 今後の展望

ここまでFJDの原理や特徴について，実例を交えながら紹介してきたが，現在当社では水平型粉砕機の機構を応用した新型の気流式乾燥機の実用化を進めている（**図4**）。乾燥原理はFJDと同様であり，乾燥と分散を1台で行うことができる。

FJDと差別化できる特徴としては，まず接粉部をセラミックス化することが可能な構造であることがあげられる。そして，乾燥時間の制御が困難であるFJDと比較して，新型の乾燥機は粉の滞留時間の制御が可能である。つまりは，減率乾燥に近い乾燥を実施できる。したがって，瞬間的に乾燥が可能な気流式乾燥機でありながら，流動層式乾燥機の特徴もあわせ持った，FJDとは異なる付加価値を生み出す乾燥機である。

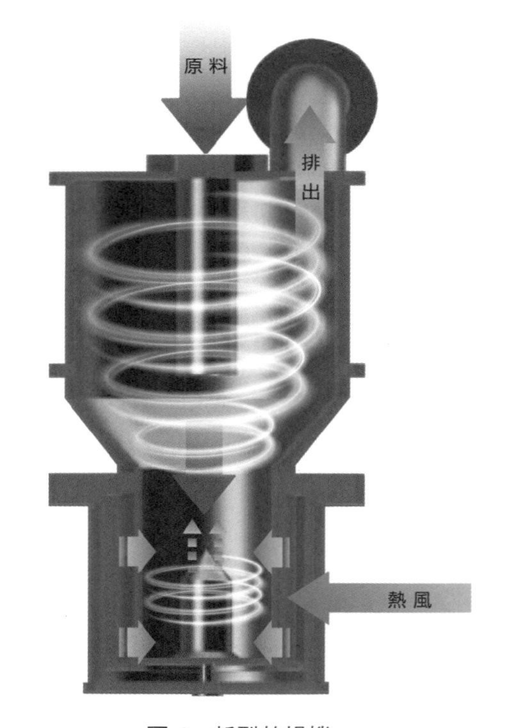

図4　新型乾燥機

第5節
赤外線乾燥機

株式会社カワタ　吉村　信也

1. はじめに

プラスチックの射出成形において，成形前の樹脂ペレットの乾燥は，不良率の低減，主に含水による加水分解やシルバーストリーク生成の抑制[1)]という観点から欠かせないものである。乾燥機の種類としては主に，熱風乾燥機，脱湿乾燥機，真空乾燥機があるが，何れも主要な機構は長年にわたり大きな変化は見られない。さまざまな成形手法が増えてきている近年においては，異なった機構での乾燥機の提案が必要と考える。

本稿では，樹脂ペレットの乾燥において，乾燥時間の短縮化を目的として開発した赤外線乾燥機について，乾燥原理や装置の構造，利用例などを紹介する。

2. 乾燥原理

2.1　加熱原理

材料を乾燥させるためには熱と風が必要である。また，物質を温めるためには熱源からの伝熱が必要であり，その種類は熱伝導，熱伝達，輻射伝熱に分類される[2)]。

熱伝導は温度分布の存在する物体，主として固体内において，温度差により熱エネルギーが移動する現象である。主には真空乾燥機に利用されている。

熱伝達は，固体表面とこれに触れる流体との間に温度差があるとき，両者の間に生じる熱移動であり，これを対流熱伝達ともいう。これは熱風乾燥機および脱湿乾燥機に利用されている。

輻射伝熱は，物体の持つある種の形態のエネルギーが電磁波の形で放出，あるいは電磁波を吸収して励起される現象であり，特に相互作用を起こす物質の熱運動に関係する場合のことを指す。この輻射伝熱の原理を利用し，赤外線乾燥機の開発を行った。

2.2　赤外線加熱の原理・特徴

赤外線とは，可視光線より長くマイクロ波より短い0.8～1000 μmの範囲にある電磁波であるが，その中でも波長の長さによって，近赤外線・中赤外線・遠赤外線に分類されている。産業分野ではその原理を利用し，乾燥などの熱処理に利用されている。

シュテファン・ボルツマンの法則によると，黒体の表面から放射されるエネルギーはその絶対温度の4乗に比例するものであり，輻射伝熱においては，熱源の絶対温度の4乗と被加熱物の絶対温度の4乗の差に比例した熱量を与えることができる。

一方，熱伝導や熱伝達において物体間で伝える熱量としては，流れの速度や層流・乱流などの条件により異なるが，いずれも温度差に比例した熱量が移動する。

つまり，熱伝導や熱伝達では，熱源から伝わる熱量は被加熱物の温度が熱源温度に近づくにつれて減少していくが，輻射伝熱は絶対温度の4乗の差に比例した熱量を被加熱物に与えることができるため，伝熱効率が良く，直線的な温度加熱により，短時間での加熱が可能となる。

また，赤外線ヒーターの種類はハロゲンヒーター，カーボンヒーター，遠赤外線ヒーターなど，複数存在する。その中から，ヒーターの立ち上がりの早さ，樹脂ペレットや水分の赤外線吸収率の良さから中波長域にあたるカーボンヒーターを採用した。

2.3　装置機構

加熱の原理は前述のとおりであるが，ここでは装置

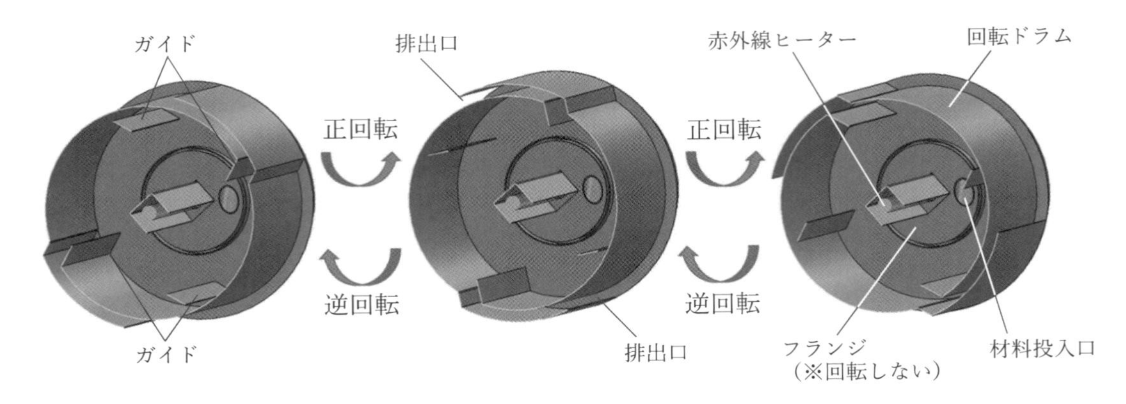

図1　回転ドラム

機構の説明を行う。赤外線は非接触での加熱であり，ヒーターからの光が当たらない影となっている部分は加熱できない。そこで材料を均一に撹拌する必要があり，その撹拌方式として被加熱物を円筒形のドラム内に収納し，ドラムを回転させて撹拌する方式を採用した。

図1のとおり，回転ドラムの内部には材料撹拌用と材料排出用のガイドを設け，正回転方向(反時計回り)の場合はそれぞれのガイドで材料を撹拌し，逆回転方向(時計回り)の場合は，材料排出用のガイドによって材料がかき集められ，回転ドラムの下にある材料受けタンクへと排出される構造となっている。これによって，材料の投入→乾燥→排出というバッチ処理の工程を連続的に自動で行うことができる。

また，乾燥には水分を蒸発させる熱の付与と，出てきた水分を除去する必要がある。本装置では，ドラム内部に一定量のエアパージを行い，出てきた水分を外部へと排気する機構もあわせて備えている。

3. 赤外線乾燥機の紹介

当社㈱カワタ)では，上記の内容をもとに，ヒーターの検証・ドラム形状の最適化などの開発工程を経て，赤外線乾燥機の開発に成功した。**図2**の概略図をもとに装置全体の説明を行う。

まず初めに，ドラム(①)の上部に材料がストックされるホッパ(②)があり，その下方に設置したバル

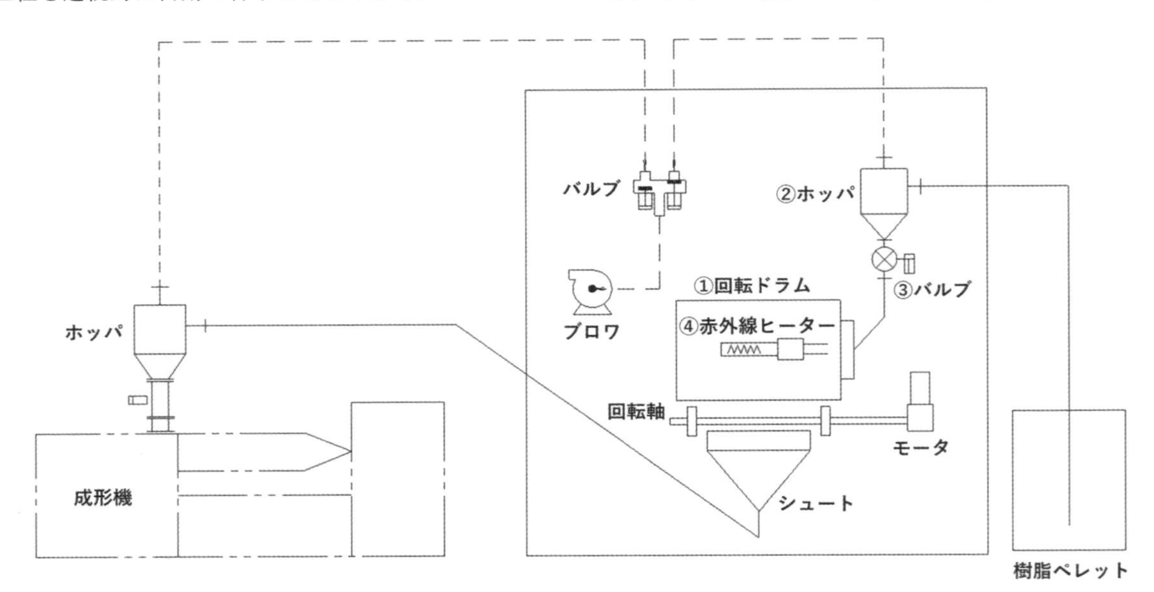

図2　赤外線乾燥機概略図

ブ(③)によって材料が一定量切り出される。切り出された材料は，ドラムの側面にあるフランジに斜め下方に向けて接続された配管からドラムの内部へ投入される。投入された材料はドラムの回転により撹拌され，ドラム中央に位置した赤外線ヒーター(④)によって加熱・乾燥される。

乾燥工程では一定時間・一定温度で維持され，乾燥工程が終わると材料が排出され，次工程へと材料が輸送される。その後，未乾燥の材料が再びドラム内部へと投入され，次のバッチの乾燥が始まる。これを繰り返し行うことで，連続的に材料を乾燥させることができると共に，赤外線のメリットであるヒーターの立ち上りの早さと掛け合わせて，短時間乾燥を可能とした乾燥機として使用することができる(**図3**)。

図4に，熱風加熱と赤外加熱の材料の昇温特性を示す。テスト条件によって特性は異なってくるが，赤外加熱の昇温が早いことがわかる。**図5**の乾燥曲線に関しては，同じ設定温度でも赤外線乾燥機の方が

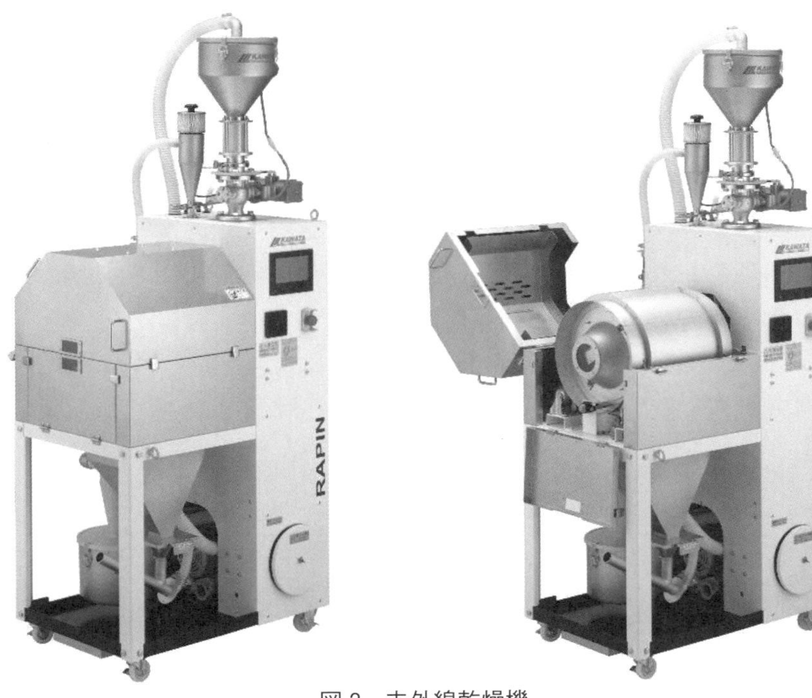

図3　赤外線乾燥機

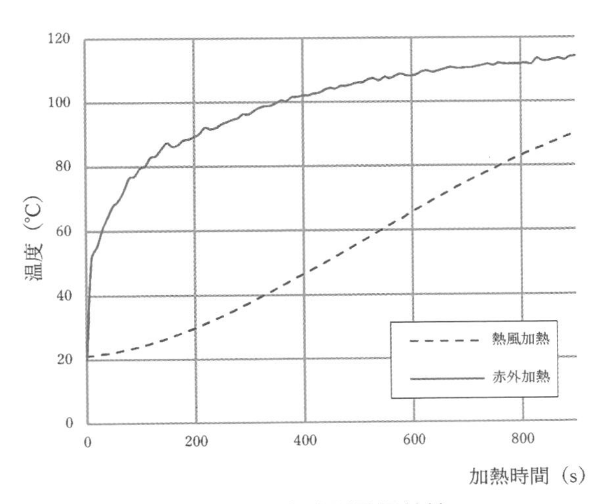

図4　加熱方式別昇温特性

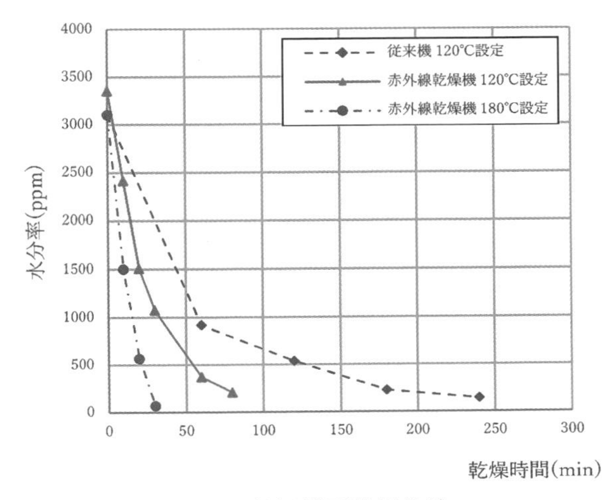

図5　乾燥機別乾燥曲線

従来の乾燥機より乾燥速度が早いことがわかる。また，材料の耐熱性などにもよるが，赤外線乾燥機では材料を撹拌しながら乾燥が行えるため，熱膨張や軟化などによるブリッジ防止にもなり，通常より高い温度で乾燥できる可能性がある。たとえば，図５に示すとおり180℃で乾燥を行うとさらに乾燥速度が早くなる。

4. 赤外線乾燥機の応用・今後の展開

乾燥時間の短縮を目的として開発した赤外線乾燥機は，材料を撹拌しながら短時間で乾燥できるという点を利用すれば，今までにない成形材料・方法に適応する乾燥機として提案でき，さまざまな工程の短縮が可能になると考える。具体的には，高水分の材料は，熱風循環式では水分が多すぎて循環経路内の水分量が多くなり乾燥できないが，循環経路を設けない赤外線乾燥機では対応できると考える。その他には，ブリッジ性の高い材料や，均一な通気が難しい小粒径の材料や歪な形状の材料などにも応用展開できると考える。

5. おわりに

本装置の大きな特徴は，撹拌しながら乾燥でき，さらに熱源として赤外線ヒーターを利用することで，高速乾燥を可能とした乾燥設備である。用途としてはさまざま考えられるが，本装置が今後の産業の発展の一端を担うことを期待して，今後も研究・開発を進めていきたいと思う。

文　献

1）清水順一：先端成形加工技術Ⅰ，プラスチックスエージ，90 (2012).
2）相原利雄ほか：伝熱工学資料，日本機械学会，1-156 (1959).

第6節
波長制御乾燥システム

日本ガイシ株式会社　**近藤　良夫**　　日本ガイシ株式会社　**小牧　毅史**

1. はじめに

本稿では，赤外線を用いた乾燥プロセスについて記載する。一般的な乾燥メカニズムの解説は他稿に譲り，赤外線を用いた場合に特有の手法・現象にフォーカスし，できるかぎり事例も踏まえて解説する。赤外線は，面状のセラミックヒーターを用いた通称「遠赤外加熱」という形で，古くから熱処理用途に広く用いられてきた。セラミックヒーターはすでに完成度の高い技術であり，全赤外波長域に渡って高効率放射が可能であるが，一方で近年特定波長域のみを放射する「熱輻射波長制御」技術についても各種研究開発が進められている。そうした動きの1つとして，フィルタリングによる波長選択技術を取り上げ，ヒーター，装置導入事例を詳しく紹介する。

現状，乾燥プロセスにおける主流は赤外線ではなく熱風方式である。各種電池の電極などの製造において，コーターでの塗布後の乾燥が重要視されているが，熱風方式では効率化の限界が散見される。たとえば，初期厚みが300 μmを超えるような厚膜乾燥の場合，強熱風下では膜表面のみが乾燥してしまうスキニングなどの乾燥欠陥が顕著になることもあり，新規乾燥プロセスの確立が望まれている。

さらに近年は世界中で動きだしたカーボンニュートラルの取り組みにおいて，乾燥工程の熱源電化の動きが盛んで，CO_2削減と乾燥効率向上両立化のため，さらに波長選択技術が注目されており，詳細を後述する。

2. 従来型の赤外線加熱炉

赤外線とは，おおむね0.75～30 μm波長範囲の電磁波をいう。工業上は3 μmより短いものを「近赤外線」，長いものを「遠赤外線」と呼ぶ。いずれも物質中のランダムな熱振動が起因となって放射される電磁波であり，逆に多くの物質は赤外線を吸収し速やかに熱に変換する。このことから赤外線は通称「熱線」ともいい，こうした熱起因の電磁波が空間を伝搬する現象を「熱輻射」と呼んでいる。工業的には放射源と被加熱物の間に媒体を必要としない，もしくはコンタミレスなどの特色を有する。従来方式における放射源は前述のように，セラミックヒーターと呼ばれる面形状のものが主流である(**図1**)。ニクロム線をアルミナなどのセラミックでモールドした構造となっており，ニクロム線に電圧印加→ジュール発熱→伝導という過程でセラミック表面が高温化(150～700 ℃程度)し，セラミック表面付近で電磁波(赤外線)放射にエネルギー変換される。表面の分光放射率は4～10 μmの波長域で高い水準にあり，平

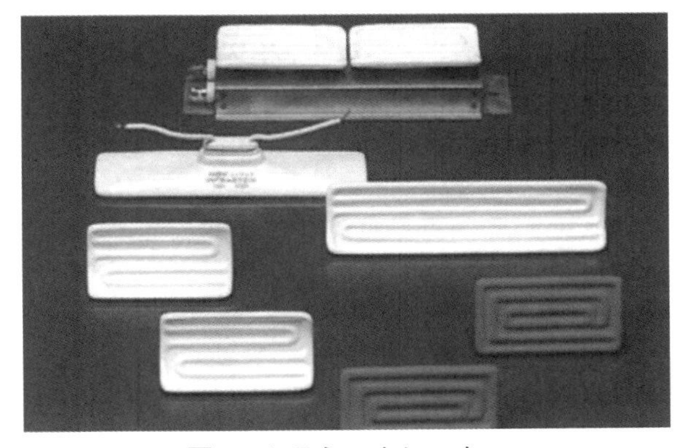

図1　セラミックヒーター

均で0.8を上回るケースも多い。アルミナなどは流通性の高い素材であるが，同時にほぼ理想的な放射材料といえる。

図2に，任意温度の黒体放射(理論上の放射エネルギー上限値)スペクトルと，リチウムイオン電池の電極スラリーによく用いられる溶剤N-メチル-2-ピロリドン(NMP)の吸収スペクトルを示す。図中の釣鐘型のグラフ群が「Planck(プランク)分布」と呼ばれる黒体放射スペクトルである。横軸は波長，縦軸は単位面積あたり放射エネルギーおよび吸収率である。前記セラミックヒーターの放射スペクトルは4～10 μmの波長域でプランク分布に準じつつややエネルギーの小さい(灰色体型)形状となる。ランダムな熱振動起因のため放射の波長選択性および指向性ともに希薄であることが大きな特徴である(あらゆる波長を同時放射可能)。逆には，特定の吸収帯を狙い撃っているわけではない。たとえば，図2に示したNMPの複数の吸収ピークは吸収が強くない波長域も含め全て放射波長域内に入る。総じてセラミックヒーター方式は，多波長赤外線の同時吸収による被加熱物の急速昇温性能が最大のアドバンテージとなる。

一方，プランク分布によれば放射エネルギーは放射体温度に非線形依存し，温度上昇につれて放射ピークが短波長側に移行するとともに，単位面積あたり総放射エネルギーが飛躍的に増大する。溶剤や高分子などは5.5 μmより長い領域に多くの吸収帯を有しているため，完全に合致させるのは困難だとしても，おおむねこの領域を照射するのが効率的であるように思える。たとえば，7 μmをメインとする放射体温度は150 ℃程度で比較的安全温度に近いが，当該温度では図2からも明らかなようにエネルギー密度が小さすぎて，多くの場合加熱効果が顕著化しない。逆にヒーター温度上昇は溶剤発火のリスクから実ラインでは敬遠される。こうしたトレードオフ関係が乾燥プロセスへの赤外線導入を阻んできた。

図3に，セラミックヒーターを用いた従来型赤外線加熱炉の縦断面図を示す。ロールツーロール型のフィルム搬送をイメージしている。

比較的厚い断熱壁で密閉した空間内にセラミックヒーターを大面積で設置する。ヒーターは上面設置が多いが下面設置されることもある。昇温・定率・減率の各乾燥区分に従って，ヒーター温度設定は分割制御可能である。また揮発蒸気の掃気上給排気は

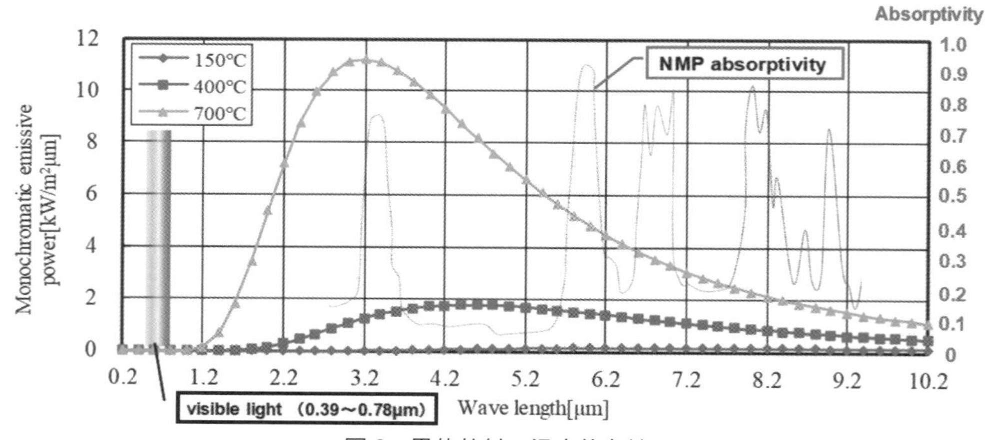

図2　黒体放射の温度依存性

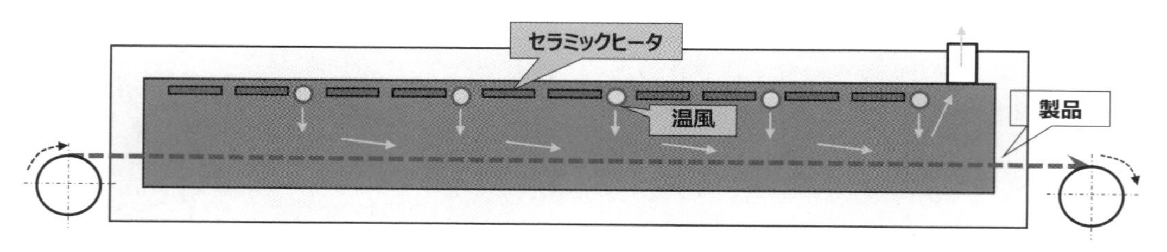

図3　従来型赤外線加熱炉

必須で，給気エアは吹出前に配管内で予熱されているケースが多い。吹出方式はシャワー管・スリットなど多種多様である。気密性が高く，一定時間経過後に各部が均一温度化してしまう傾向があり（それを狙っている），最終的に炉内赤外スペクトルはプランク分布に漸近する（後述）。赤外線加熱は輻射と対流熱伝達という2種類のエネルギー伝達方法を用いられる点も特徴の1つだが，図3の構造では炉内が温度的に均一化することもあり区分は明確化しにくい。炉内高温化が避けられないため乾燥目的には限定された状況でしか用いられないが，昇温能力は突出するため，発火性溶剤を伴わない耐熱樹脂の高速アニーリングなどにむしろ積極的に用いられる。

3. 近赤外線選択ヒーターの原理

特定波長放射を鑑みた場合，**2.** のようにセラミックヒーターでは困難である。一方で，いくつかの波長については赤外線レーザーが存在し，近年では金属面に微細加工などを施したメタマテリアルやフォトニック結晶などを用いた「熱輻射波長制御」の報告事例なども増加してきている[1)-3)]。しかし残念ながら，いずれも高コストかつ大面積放射体の製作が困難な状況である。ここでは大量生産ラインを考慮して，光フィルタリングによる赤外波長選択技術を紹介する（やや広帯域波長を扱うという意味で「選択」と記載する）。

図2中，NMP吸収スペクトルの中で近赤外域の3 μm付近のピークに着目する。これも溶剤や高分子に広く見られるものだが，主として分子中のO-HおよびN-H伸縮振動に起因する。この振動モードは液相溶剤の分子間水素結合に強く相関する場合がある。特に極性溶剤においては，水素結合の解消＝乾燥，という見方もできるため，当該波長域のエネルギーは吸収後速やかに相変化エネルギーに緩和される可能性も考えられる。ただし3 μmをメインとする放射体温度は，700 ℃程度と高くそのままでは乾燥工程で使えない。そこでヒーターについて，複数の放射面（放射上の表面/構造上の表面）という概念を導入する。**図4**に新たなヒーターの基本構造を示す[4)]（以下，近赤外線選択ヒーターと表記）。フィラメント状の放射体を複数の石英管で封止し，その石英管間の一部をエアで冷却する構造である。

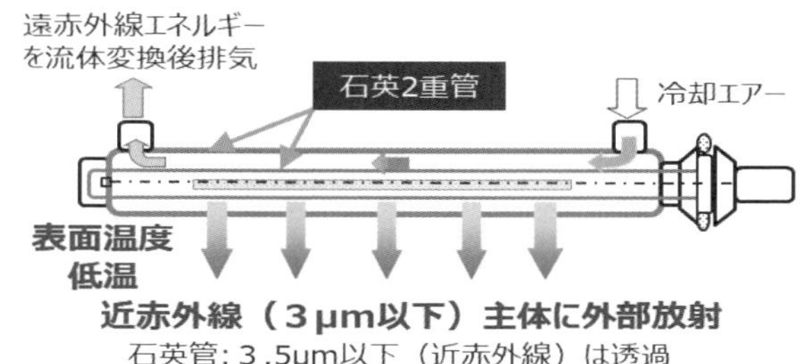

図4　近赤外線選択ヒーター

図4において，フィラメントが前述の放射上の表面，石英管面（最外部のもの）が構造上の表面となる。ここで，放射体がタングステンで石英管が単管かつ冷却がないものは「近赤外線ランプヒーター」の名ですでに広く市販されている。まず，フィラメント（1000 ℃以上に昇温）より近赤外域にピークを持つ灰色体型放射が生じる。封止する石英管は赤外フィルタリング性能を持ち，おおむね3.5 μmより短波長側は90 %以上透過，長波長側は大部分吸収する。したがって，フィラメントからの放射のうち3.5 μm以短（近赤外線主体）は石英管を透過し外部に伝搬する。逆に長い領域（遠赤外線主体）は石英管が吸収するが，その結果従来市販品では（セラミックヒーター同様昇温性能は高いが）管温度が数百度程度まで上昇してしまう。加えて高温化した石英管からの遠赤外域2次放射が炉内や製品を過加熱するリスクも高まる。多くの場合，乾燥炉内温度は安全上最高でも200 ℃以下に制限される。

ここで近赤外線選択ヒーターでは，（放射上の表面温度は高くとも）構造上の表面温度は低温に維持することができる。すなわち一旦石英管が吸収した遠赤外域のエネルギーを冷却エアにより系外に除去することで，石英管の低温化と2次放射解消の双方が実現する。結果的に炉内も低温化し，かつそこに近赤外域赤外線のみが選択される。**図5**に近赤外線選択ヒーターと従来型セラミックヒーターの，同等総放射エネルギー時における放射スペクトルの相違を示した。近赤外線選択ヒーターの放射波長の狭帯域化が明確である。

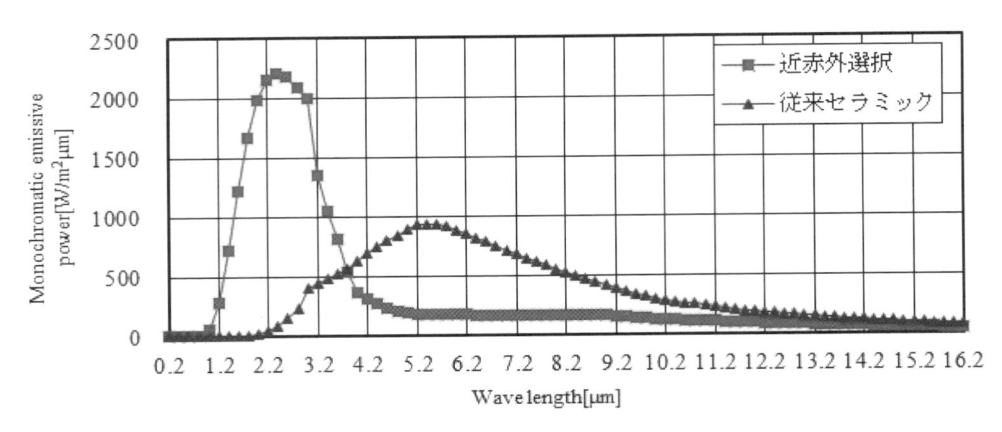

図5　放射スペクトル比較

4. 空間構成と物理学的解釈

近赤外線選択ヒーターは，乾燥炉内に所定間隔で設置される。ヒーター1本あたりの投入電力を増加すればフィラメント温度上昇に伴い放射ピーク波長が短波長側に移行するが，同時にヒーター1本あたり総放射エネルギーも増大するため，ヒーターの設置密度で調節する。適切な設定下では投入電力を一定にしたまま，空間内放射のメイン波長を1.5〜3.5 μmの範囲で調整可能である。**図6**左に近赤外選択ヒーターを設置した連続搬送型乾燥炉の実例を示す(加熱長6 m)。また図6右に示したように，近赤外選択ヒーターを炉外設置する技術も確立している。

物理学的には，乾燥炉内のような断熱壁に囲まれた閉空間内部はエネルギー平衡状態(炉内各部の温度が均一である状態)に移行しやすい。もとより多くの遠赤外線加熱炉は，その性質を利用して炉内の温度均一性を追求してきた。あまり意識されない事象だが，この放射平衡となった閉空間内では，キルヒホッフの法則が導かれる過程の考察[5]に基づけば，その波長分布は(均一な)壁面の温度のみに依存し壁材質や空間の形状に依存しない。すなわち波長制御が不可能になる。逆に言えば，閉空間内の波長制御実現には空間の非平衡性が必要条件となる。非平衡とは閉空間内に温度差が生じている状態と同値である[6)7)]。

図6右の構造は図3の構造に比較して，断熱壁は薄くかつ強冷風を炉内導入するなど開放性が強い。一種のエネルギーロスである反面，フィラメント；1000 ℃超，炉内壁；100 ℃以下といった極端な温度差を生ぜしめることが可能になる。この強い非平衡性が起因となって空間内に定常的な非プランク分布スペクトルが実現する。たとえば平均温度が150 ℃の空間内は通常メイン波長が7 μm弱となるはずだが，本システムでは2 μm以下の近赤外線に満たされた同等温度の空間を構成することも可能になる。

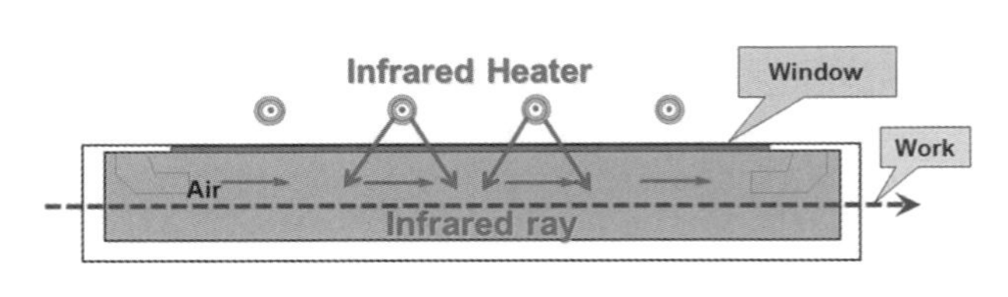

図6　近赤外線選択ヒーター乾燥炉

5. 近赤外線選択による乾燥効果検証例

4. で紹介したシステムは，まずは従来赤外線炉で実現困難であった「乾燥空間の低温化」をめざしたものである。加熱能力がいかに高くとも，被加熱物が低耐熱性の場合検討俎上に乗らない。さりとて加熱効果が生じなければいかに低温であっても意味がない。そこで近赤外選択システムの効果検証実験をいくつか実施した。

5.1　冷風との併用

近赤外線選択ヒーターと冷風を併用したシステムにて，少なくとも水やアルコール系溶剤の乾燥過程で興味深い現象が確認されている。具体的には，熱風方式に対する同等塗布膜温度での乾燥促進傾向である。メカニズム詳細はまだ検証中だが **3.** で考察した O-H 伸縮振動の選択励起が要因として考えられる。水系スラリーの乾燥実験例を**図7**に示す。

スラリーはリチウムイオン二次電池の負極材を想定，塗布厚みは Wet 約 500 μm である。

・基材：ポリエチレンテレフタレート(PET)フィルム
・スラリー：カーボン粉末＋水

下記乾燥条件 1，2 によって乾燥傾向を比較検証した。

・条件 1(熱風のみ)：熱風約 75 ℃；電力 800 W 相当
・条件 2(近赤外線選択ヒーター)：冷風 25 ℃；ヒーター750 W

系への投入電力および塗布面上風速について，両条件でおおむね一致させた。またそれぞれ炉下部に設置した電子天秤によりスラリー重量変化を測定した。さらに，スラリーと基材の温度変化を熱電対で測定した。実験結果を**図8**に示す。実線が重量減少，点線が基材温度推移を示す。

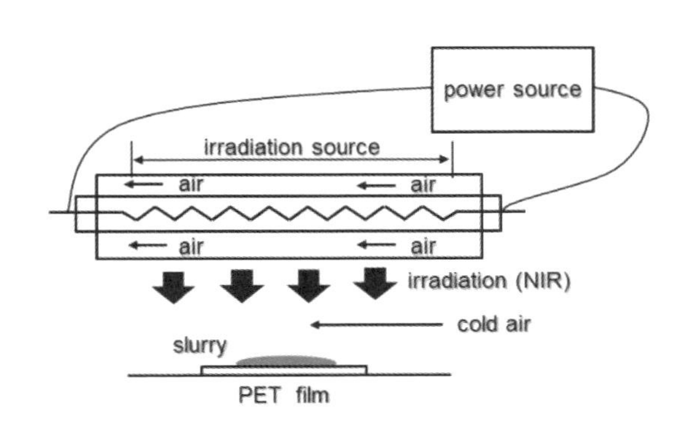

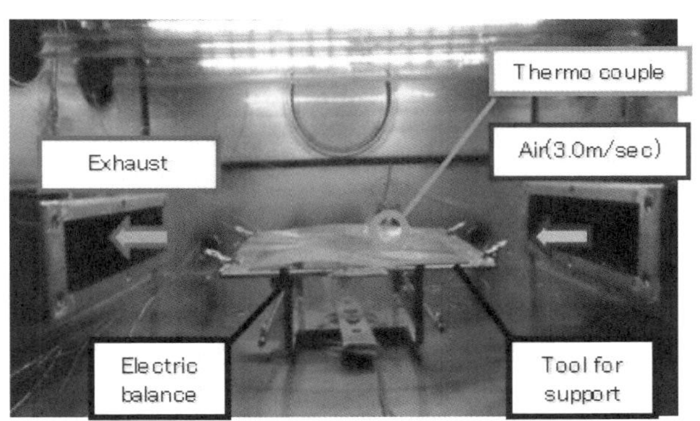

※口絵参照

図7　近赤外線選択ヒーター実験装置

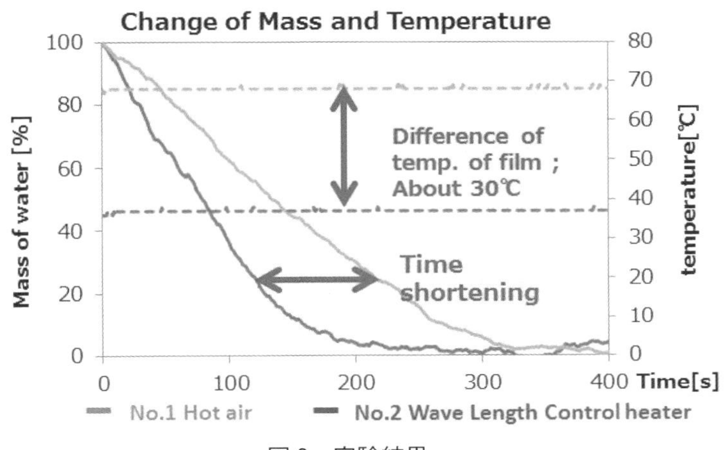

図8　実験結果

図8によれば，条件2は条件1に比べて乾燥速度が1.5倍程度早くなっている。それにも関わらず，基材であるPET フィルムの温度は30℃程度も低下した。図示していないが定率乾燥期間中のスラリー温度測定値は下記のとおりで，こちらも条件2において低下している。

・条件1(熱風のみ)：約45℃
・条件2(近赤外線選択ヒーター)：約40℃

実験結果は近赤外選択システムによる低温乾燥プロセス構築の可能性を示すものであり，被加熱物のダメージレスなどに効果が期待できる。

5.2　厚膜塗布乾燥の表面円滑化[8)]

塗布厚みWet 500 µm以上の分散系スラリー乾燥プロセスで，対熱風比1.5倍以上の乾燥促進効果事例がいくつか見出されている。ここではそうした厚膜乾燥プロセスを想定した近赤外選択ヒーター方式と熱風方式との比較実験を紹介する(**図9**)。

この実験では，まずポリビニルアルコール(PVA，部分ケン化，1500～1800の重合度)の水溶液を，PVA濃度7 wt%で調製しプレパラート上に11×7 mmの長方形のサイズで塗布した後，熱風と近赤外選択ヒーター(NIR)の2種類の条件により乾燥しつつ塗布膜の状態を観察した。ポリマー溶液の表面および上部に熱電対を取り付けて，溶液および液面近傍の雰囲気温度を測定した。また，必要な時間間隔でシステムからサンプルを取り出して重量も測定した。**図10**に双方の条件による乾燥過程における重量変化(左)および温度プロファイル(右)を示す。

図10によれば両条件において乾燥速度はほぼ同等であるが，温度については(**5.1**の事例とは逆に)溶液温度，近傍の雰囲気温度ともにNIRの方が熱風よりもやや高く維持されていることがわかる。こうした温度設定をケースによって使い分けることが重要である。また，**図11**に塗布膜状態変化の一例を示す。熱風では，乾燥開始後早期に表面が被膜化(スキニング)するとともに熱風による応力でシワが生じ，それが乾燥完了後も残存してしまったが，NIRでは乾燥後における表面の平滑化が実現した。

乾燥後の膜状態は主として，溶剤の蒸発速度(膜収縮速度)と膜内部における物質拡散速度との相関により決定される。また，膜内部→表面への溶剤供給量を支配する「拡散係数」は膜温度と正に相関する。今回のケースでは，乾燥過程で塗布膜が比較的高温に保たれたNIRの方が，膜中の拡散係数が大きくなり，塗布膜表面への適切な液相供給が長く維持されたと考えられる。また対流熱伝達(熱風)の場合，気液界面付近におけるルイスのアナロジー(熱伝達と物質伝達)により膜温度と蒸発速度も強く正相関するので，(特に乾燥速度向上を狙う場合の)強熱風下では表面の過乾燥に伴うスキニングなどの乾燥欠陥が顕在化する。ここで輻射と対流双方を用いて塗布膜への供給エネルギーを調整すると，温度推移と蒸発速度推移とをある程度独立に制御することが可能にな

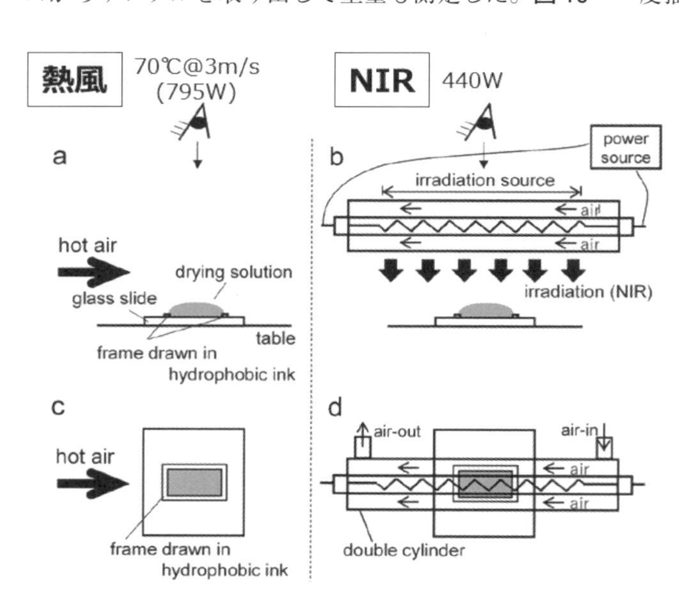

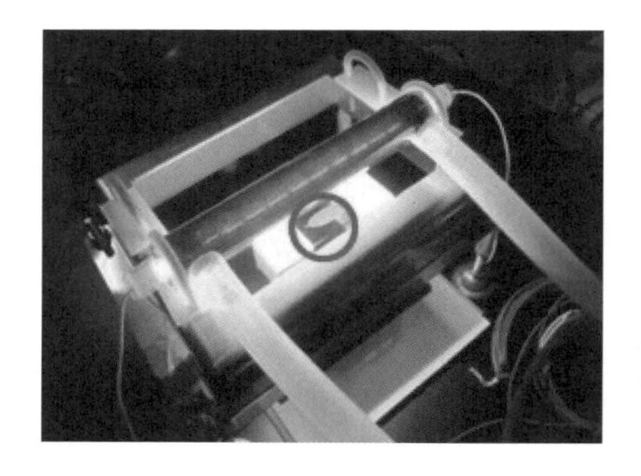

図9　実験装置

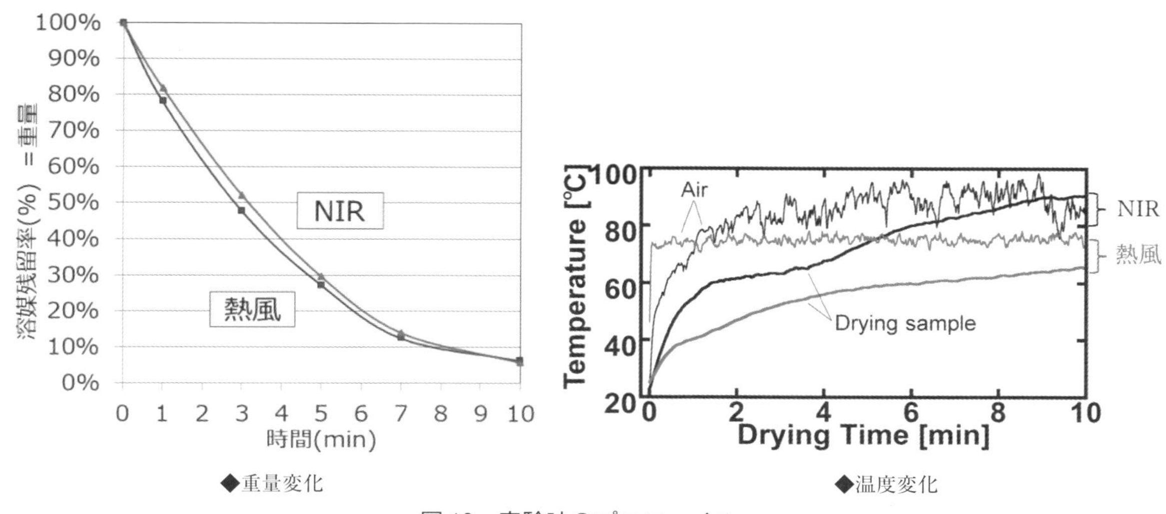

◆重量変化　　◆温度変化

図10　実験時のプロファイル

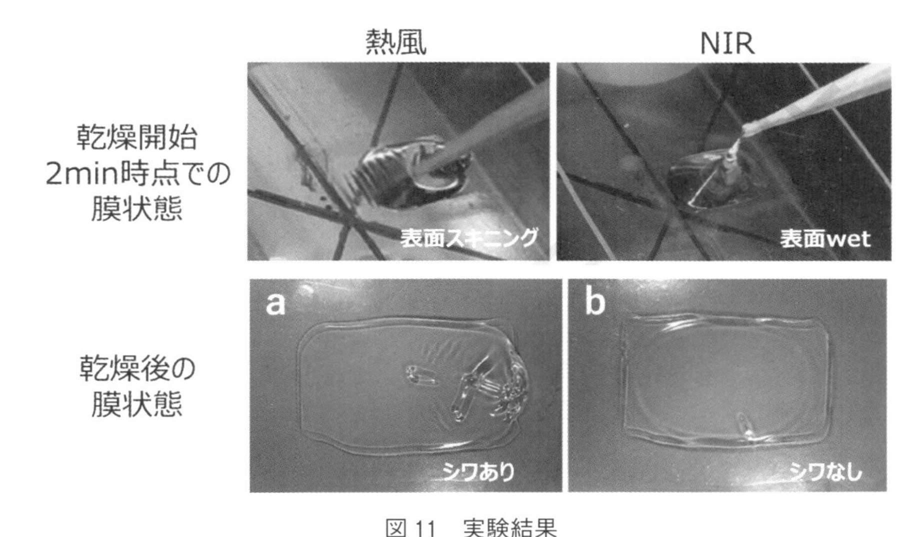

図11　実験結果

東京農工大学稲澤研究室との共同研究

る。「ある瞬間の熱・物質移動バランス」だけではなく「その時間変動および積分値」が重要であり，この観点から赤外線導入がプロセス最適化への近道となるであろう。

6. 近赤外線選択ヒーターと加熱装置のスペック

ここでは，近赤外線選択ヒーターと本ヒーター搭載の加熱装置スペックについて記述する。

6.1　近赤外線選択ヒーターのスペック

近赤外線選択ヒーターは **3.** で述べたように，近赤外線選択のために，ヒーター素線温度は2000℃かつ遠赤外線を除去する機能，すなわちヒーター内部の冷却が必要である。当社(日本ガイシ㈱)では機能を両立するために複数回に及ぶ試作を行い，下記に示すスペックのヒーターを提供している。

6.1.1　ヒーター全長，発熱長長さ

最小サイズは全長460 mm/発熱長250 mm，最大サイズは全長2200 mm/発熱長1900 mmまでとして

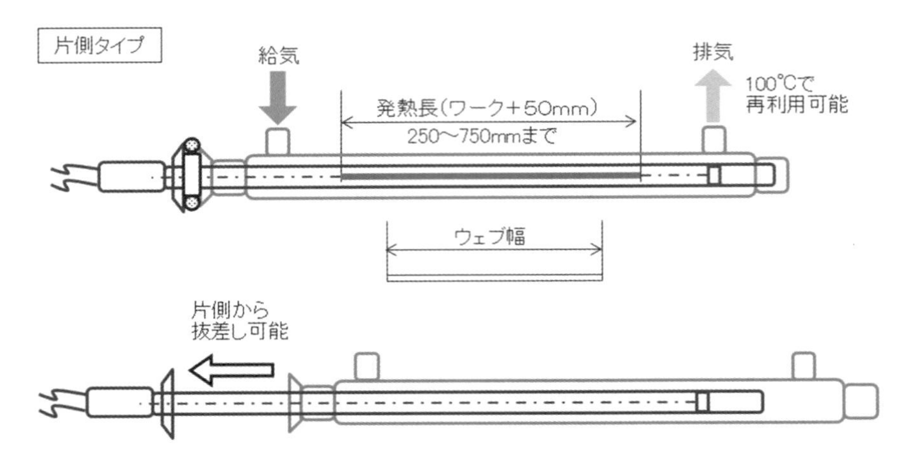

図 12　片側タイプ

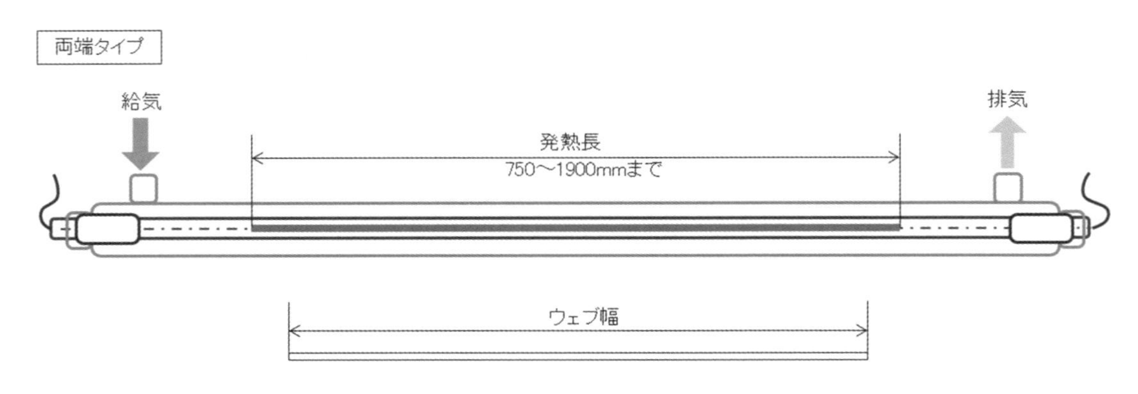

図 13　両側タイプ

いる。これはヒーターのたわみや電流値(非発熱部の設置面積)の関係から試作により決定した。発熱長長さは，光の照射が均一に当たることを考慮し，ウェブの幅に対し両側 50 mm ずつ伸ばすことを経験上より推奨している(**図 12**，**図 13**)。

6.1.2 ヒーター外径

冷却空気導入管も含めた外径は φ 38 mm，ハロゲンランプヒーター本体は φ 10 mm で固定である。ヒーター内に流す空気の風速と石英管冷却速度の関係より決定した。

6.1.3 構　造

6.1.1 同様，ヒーターのたわみや電流値より，発熱長長さで構造を分別している。

①発熱長 250〜750 mm 片側タイプ

電線を片側へ集約し，片側からヒーターのみを抜き差し可能にし，メンテナンスが容易な形状としている。

②発熱長 750〜1900 mm 両側タイプ

非発熱部の設置面積を左右それぞれに設置し，両側から電線を出すことで，20 A 以上の電流でも許容可能としている。

6.1.4 電　気

現在は日本国内を対象とし，200 V を標準としているが，100〜440 V までは対応可能である。

6.1.5 冷却空気

発熱長の長さに応じて，空気量を調整している。おおむねヒーター1本あたりの空気量が 0.1〜0.5 m^3/分の範囲を目安として，加熱炉内の雰囲気温度に応じて石英管表面温度が200℃以下になるよう，冷却空気量の設計を行っている。また，冷却空気は清浄なヒーター内部しか通過していないため，熱風として炉内に再利用することも可能であり，炉内給気用熱風発生器の出力低減に伴う省エネも可能である。

6.2　加熱装置

ここでは，当社で取り組んでいるリチウムイオン電池(以下，LiB)製造工程を例に，装置導入例を紹介する。

6.2.1　LiB製造工程

図14に一般的なLiB製造工程を示す。当社は，正極/負極の塗工乾燥工程と巻回前の絶乾工程(LiB業界では脱水工程と呼ばれることが多い)への導入を目指し，近赤外線選択ヒーターを搭載した乾燥装置を開発した。

6.2.2　塗工乾燥装置

図15に塗工乾燥装置を示す。本装置は正極用の塗工乾燥を想定し，開発した乾燥装置である。特徴として，①正極ペーストに含有する有機溶剤(NMPなど)に対する火災・爆発に対する配慮，②マイグレーション低減による正極材の密着強度向上である。

6.2.3　火災・爆発への配慮

火災・爆発の3要素である火種・酸素・燃料が重なることを避ける必要がある。この装置で言えば火種は近赤外線選択ヒーターにあたり，燃料が有機溶剤を含むガスである。当社では図16のようにヒーター表面温度の監視を行っている。有機溶剤の発火点温度である200℃以下で管理することが一般的である。なお，オプションとして，近赤外線選択ヒーターと正極の間に赤外線透過窓を設置し，ヒーターとガスを分離構造も可能である(図17)。なお，欧州CE規格，米国UL規格での対応として，分離構造を適用したうえで，ガス発生部を爆発下限界(LEL)25%以下になるよう，エアパージを行い，非防爆エリア扱いにすることで，近赤外線選択ヒーターの適用可能な見込みを得ている。

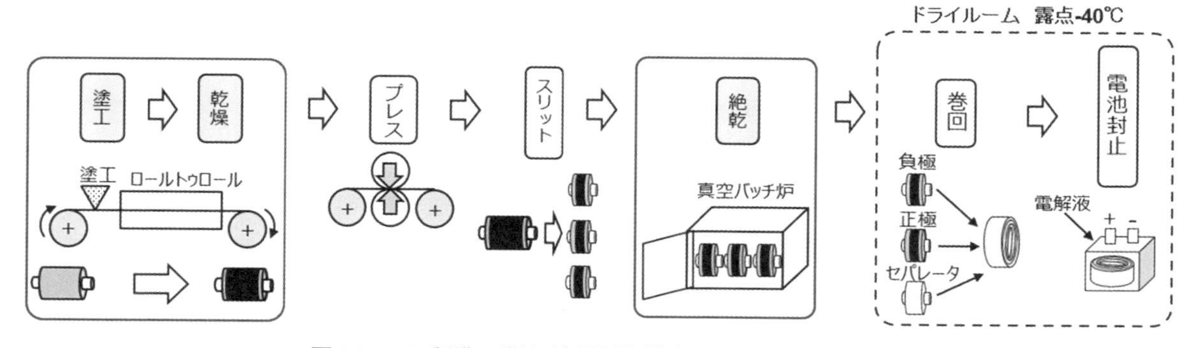

図14　LiB製造工程と波長制御導入のターゲット工程

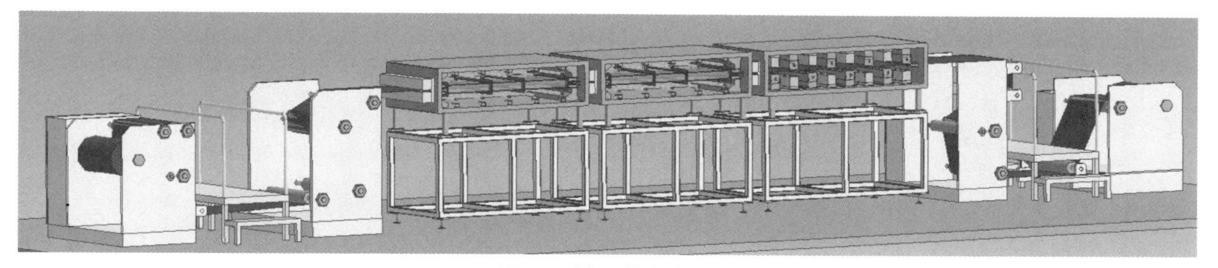

図15　塗工乾燥装置
当社知多事業所に設置

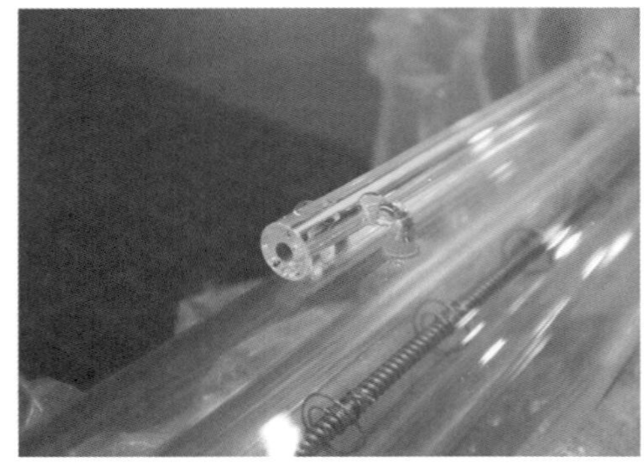

図16　ヒーター温度監視

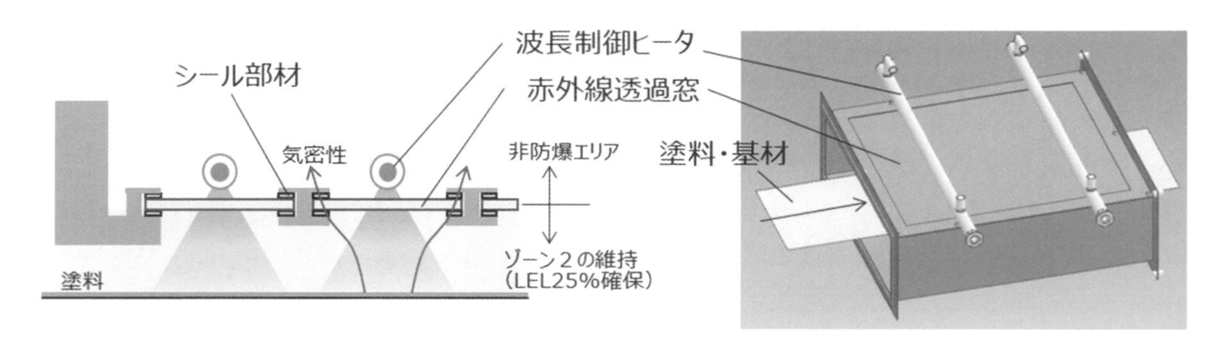

図17　近赤外線選択ヒーターとガスの分離構造例

6.2.4 マイグレーション低減による正極材の密着強度向上

充放電性能の確保において，活物質の金属箔に対する密着強度が重要なファクターとなる。そこでは塗布膜厚み方向におけるバインダーの偏り（マイグレーション）を抑制することが大きな鍵となる。そのメカニズムについては過去いくつかの研究が報告されている[9)10)]が当社では選択的近赤外線の特徴を生かし，「中間乾燥緩和」というプロセスを開発した。**図18**にそのプロセスの概要を示す。効果として，対熱風比で3倍の密着強度を得た例もある。ここでは紙面の関係上その詳細な理論は割愛する。

6.2.5 巻回前の絶乾（脱水）工程用装置

図19に当社が開発したロールツーロール式の絶乾装置を示す。露点-40℃以下のドライルーム内に，塗工を終えたロールのまま，真空装置内にて絶乾させることが一般的であるが，数十時間かかるうえ，ロールの内側・外側で水分量のバラつきがある。当社の装置は常圧下で選択した近赤外線を照射し，2000 ppmを200 ppm程度まで，数十秒レベルで水分除去が可能である。

またスラローム型にウェブを搬送させることで，処理空間を小さくし，露点の低いドライエアーの使用量削減が可能である。

◆波長制御と中間乾燥緩和
特許登録済み

炉内温度分布

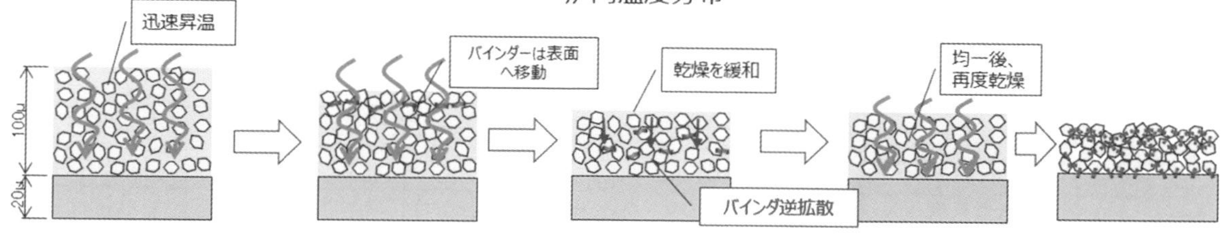

※口絵参照

図18　密着強度向上とそのイメージ

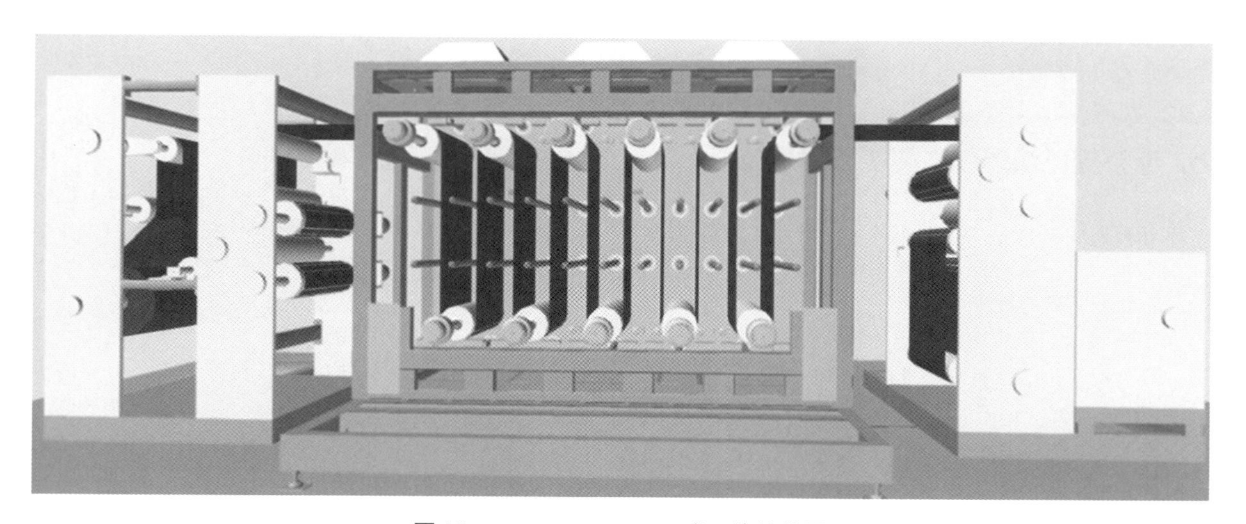

図19　ロールツーロール式　絶乾装置

7. 今後の導入に向けて

● カーボンニュートラルにおける赤外線の適用

赤外線加熱は世界中で動きだしたカーボンニュートラルが追い風となり，近年問い合わせが多くなっている。高機能フィルム（LiB，電子部品）で主流の熱源であるボイラー由来の熱風は，CO_2を発生するため，熱源電化が求められる。しかし，その電気エネルギーは，空間加熱（排気損失）がほとんどで潜熱・顕熱に寄与する熱は微量，エネルギー消費量は多い。選択赤外線加熱に変更することで，定常非平衡（赤外線で顕熱・潜熱を担い，空間加熱いわゆる排気損失は積極的に加熱しない）を実現し，エネルギー量を減らし，熱源電化を可能とする（**図20**）。なお，これまでは溶媒に有機溶剤を使用することで揮発が早く，熱風で十分乾かすことができたが，CO_2発生の観点から，溶媒を水系溶剤あるいは水分に変更することで揮発せず，1～3 μm 耐の選択赤外線波長がマッチし，乾燥の促進も期待できる。

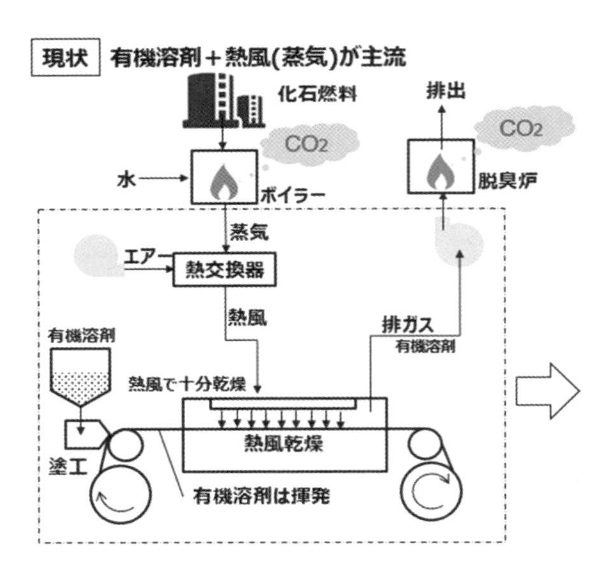

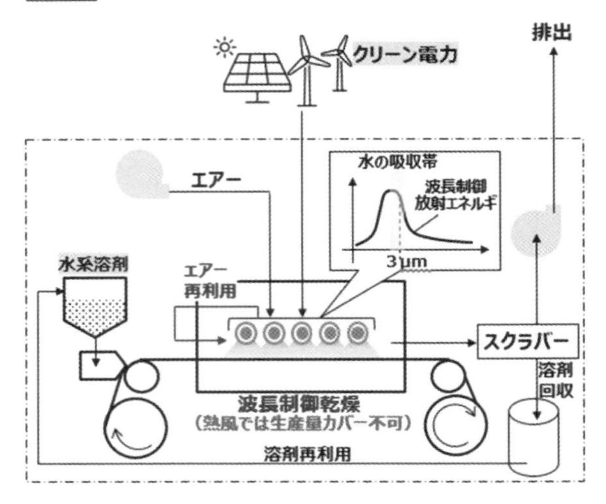

図 20　カーボンニュートラルと選択赤外線（波長制御）の適用可能性

8. 赤外線乾燥過程に関する解析技術

赤外線乾燥プロセスの効率はヒーター単体性能のみならず，ヒーター配置等空間構成に大きく依存する。特に近赤外線選択ヒーターについては，「定常的な非平衡状態」を実現する空間構成法が本質ともいえ，設計標準化には数値解析が必須となる。

解析上のポイントとしては，ヒーターが多重管と複雑な構造をしているため，そこからの輻射スペクトルを計算するロジックを確立することが重要である。紙面の関係上詳細は省くが，文献を参照されたい[11]。

9. おわりに

本稿では，近赤外選択システムを中心とした赤外線乾燥プロセスについて概要を紹介した。以下，要旨を簡潔にまとめる。

・従来型セラミックヒーターは波長選択性が希薄で放射・吸収の波長合致は簡単ではない。
・近赤外選択システムが実用化され，輻射＋低温乾燥環境の提供が可能になった。
・ヒータースペックとして，発熱長最長 1900 mm，容量 7600 W/200 V までが提供可能である。
・LiB 製造工程の導入事例として，塗工・乾燥工程では中間乾燥緩和によるマイグレーション抑制，絶乾工程での短時間処理の実績がある。
・カーボンニュートラルの動きに応じ，乾燥工程は熱源電化，有機溶剤を水系溶剤への切替を行う中，揮発しづらい水系溶剤に適した近赤外線選択ヒーターの適用可能性が広がっている。

現在までに近赤外線選択ヒーターシステムについては，理論体系構築をはじめ適用分野開拓，効果の検証など少なからず進展が見出された。波長選択の側面からは，今回は紙面の都合上詳細を紹介できなかったが，メタマテリアルなどを用いた直接的な放射スペクトル制御もいっそう検討されるべきである。従来の赤外線による熱処理は，多くの場合灰色体型の輻射空間のもとで実施されてきたこともあり，赤外域の特定波長における光と分子の相互作用についてはまだほとんど未解明といってよい。被加熱物内部で吸収された後の赤外線エネルギーは全てが即熱に変換されるとは限らず，蒸発に直接寄与するなど，波長によってその役割が異なる可能性は十分に考えられる。発想の転換が必要とされるステージに来ているといえよう。ただし常に波長制御が有効であるわけではなく，各種従来型の高い昇温性能も有効活用するなど，用途に応じて各方式を柔軟に使い分けるべきである。加熱，特に乾燥プロセスの効率化を実現する上で，今後熱輻射がキーテクノロジーとなることを祈念する。

文　献

1)「特集：ふく射を放射する，ということ」各解説論文，伝熱，**50**(210)，(2011).

2) 戸谷剛ほか：溶剤の3 μm吸収帯で加熱する赤外線乾燥，54th National Heat Transfer Symposium of Japan, Vol.III (2017-5).

3) 長尾忠明：ナノ・マイクロ構造を用いた熱ふく射制御，サーマルデバイス，エヌ・ティー・エス，103-119 (2019).

4) 近藤良夫：選択波長赤外線を用いた新規熱処理システム，TED newsletter, 83 (December 2017).

5) 藤原邦男，兵頭俊夫：熱学入門，東京大学出版会，166-167 (1998).

6) Y. Kondo and H. Yamashita : Theoretical Analysis of Thermal Radiative Equilibrium by a Radiosity Method, *Thermal Science and Engineering*, **19**, 1 (2011).

7) Y. Kondo : Theoretical analysis of thermal radiative equilibrium in enclosed system and numerical analysis of temperature of substrate in enclosed system，名古屋大学学位論文 (2011).

8) T. Kinnan, Y. Kondo, M. Aoki and S. Inasawa : How do drying methods affect quality of films? Drying of polymer solutions under hot-air flow or infrared heating with comparable evaporation rates, *Drying Technology*, LDRT-2020-0318 (2020).

9) 張躍ほか：乾燥時のPVA偏析に関する数学的シミュレーション，日本セラミックス協会学術論文誌，101 (1170), 180-183 (1993).

10) 今駒博信ほか：多孔体の対流乾燥におけるバインダー偏析モデルのスラリー平板への応用，化学工学論文集，**37** (5)，432-440 (2011).

11) 化学工学会，関東支部編：最近の化学工学68，塗布乾燥技術の基礎とものづくり，113-126 (2020).

第7節
噴霧乾燥機

鳥取大学名誉教授　**古田　武**

1. はじめに

噴霧乾燥は液または若干の固形物を含むスラリー状原液を微小液滴に噴霧し，これを高温度の熱風と接触させ，2～30秒と極めて短時間に粉末状の乾燥物質を得る方法である。Percyが1897年に提出した特許がその起源とされている。他の乾燥法に比較して極めて短時間に，しかも直接粉粒体製品が得られる乾燥法である。このため，食品に限らず種々の液状材料の，粉末化と粉体輸送を兼ねた製造装置として，また最近ではナノ粒子粉末の作製法として，製薬分野で注目されている。食品分野では，インスタントコーヒーや粉末乳製品などのインスタント食品，調味料，粉末油脂などの製造には不可欠な乾燥法であり，粉末香料の80～90％は噴霧乾燥によるものと考えてよい。

2. 噴霧乾燥装置の構成

2.1 噴霧乾燥の原理

噴霧乾燥は濃縮液または若干の固形物を含むスラリーを高温度の乾燥媒体（通常は加熱空気）中に微小液滴状にし，液滴と熱風間の熱・物質移動を利用して，2～30秒という極めて短時間に粉末状の固体乾燥物質を得る方法である。噴霧乾燥が極めて短時間に完了するのは，噴霧液滴の表面積が極めて大きいことにある。たとえば1 cm^3 の立方体形の水を直径10 μmの水滴に噴霧すると，水滴の総表面積はもとの水の表面積の 10^3 倍になる。この微小水滴が高温度の熱風と接触することにより，両者間の熱物質移動が急速に起こる。これが噴霧乾燥が短時間で終わる理由である。

2.2 噴霧乾燥装置の構成と操作

噴霧乾燥は熱風による対流熱物質移動現象を利用して，液状原料から粉体製品を製造する技術である。被乾燥物質の特性により細部に多少の相違はあるが，噴霧乾燥装置は基本的には**図1**に示すように4つの部分からなっている。①加熱空気供給部，②原液供給ポンプと噴霧器（アトマイザー），③乾燥塔，④製品回収部（サイクロンなど）から構成される。乾燥塔内の熱風と噴霧液滴の相互流れの関係から乾燥機を分類すると，並流式と向流式がある。向流式は熱効率に優れているが，食品や医薬品などの熱劣化性物質を含む原料の場合には，乾燥粒子が高温度の熱風と接触して熱劣化を引き起こす可能性があるため，並流式を用いる場合が多い。乾燥塔は縦型塔方式が多いが，一部食品の乾燥においては，噴霧流れと熱風流れが水平並流式の装置が用いられている。

乾燥塔内の噴霧液滴と熱風の流動状態は，熱風の入口，出口の装置形状などによっても複雑に変化するが，コンピュータシミュレーションによる解析が近年盛んに行われている。また両者の混合状態は，特に食品原料の場合には，製品の品質に大きな影響を及ぼす。塔内に逆混合や熱風の循環流などが存在すると，微小な乾燥粒子がこの領域に入り込み，高温の熱風と長時間接触するため熱劣化の原因となる。

2.3 種々の噴霧ノズルとその特性

原液の微粒化は噴霧乾燥における最初の，かつ最終製品の物理的，化学的性質を決定付ける重要な操作である。溶液の微粒化の目的は，**2.1**に述べたように，溶液と乾燥媒体である熱風との接触面積を増加させ，両者間の熱物質移動を促進させることにある。乾燥原液はポンプによって乾燥塔に供給され，ここに設置された噴霧ノズルによって微粒化され，

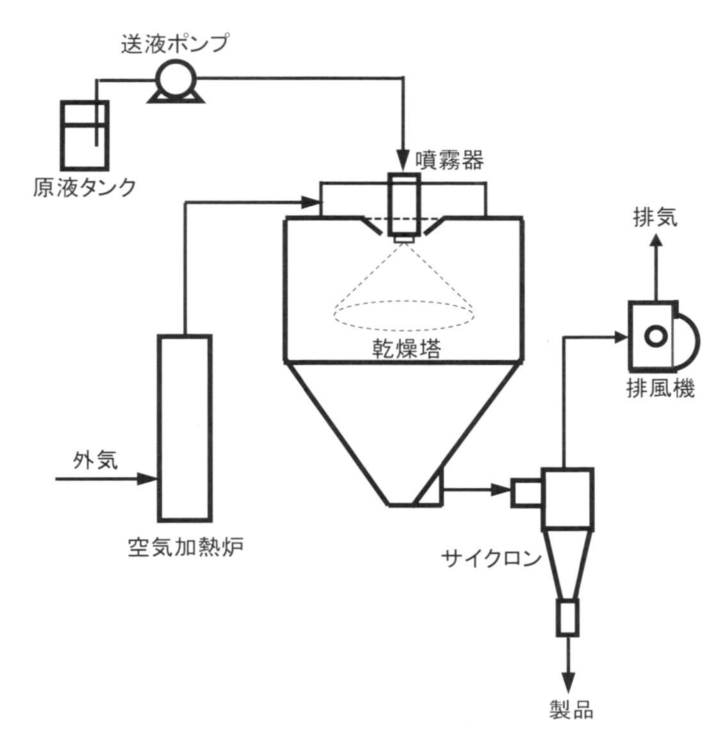

図1　噴霧乾燥装置の基本構成

熱風と接触混合されて乾燥粉末となる。

噴霧乾燥機に使用されるノズルには多くの種類があるが，圧力噴霧ノズル，ディスク型(回転円盤型)アトマイザー，二流体ノズルおよび超音波ノズルなどが，実用規模の乾燥機に使用されている。

2.3.1　圧力噴霧ノズル

高圧液体を細孔から流すと，圧力エネルギーが運動エネルギーに変換され，これが液体の表面張力以上になって液滴が生成する。圧力噴霧ノズルは，高圧ポンプを用いて3～10 MPaの高圧にした原液をノズルのコア部に供給し，絞りオリフィスを通過時に発生する旋回流によって，15～175°という広い噴霧角を持つ傘状(hollow corn)に噴霧し，噴霧液滴と熱風の接触効率を高める工夫がなされている(**図2**)。噴霧角はポンプ圧力，液粘度，密度，表面張力に依存する。噴霧液滴の平均径は，Turner と Moulton[1] による式(1)により求められる。

$$D_{\mathrm{p}} = 16.56 d_{\mathrm{e}}^{1.52} F^{-0.44} \sigma^{0.7} \mu_{\mathrm{l}}^{0.16} \qquad (1)$$

ここで，D_{p} は体面積平均径[m]，d_{e} はオリフィス径[m]，F は液質量流量[kg･s^{-1}]，μ_{l} は液粘度[Pa.･s]，σ は表面張力[N･m^{-1}]である。

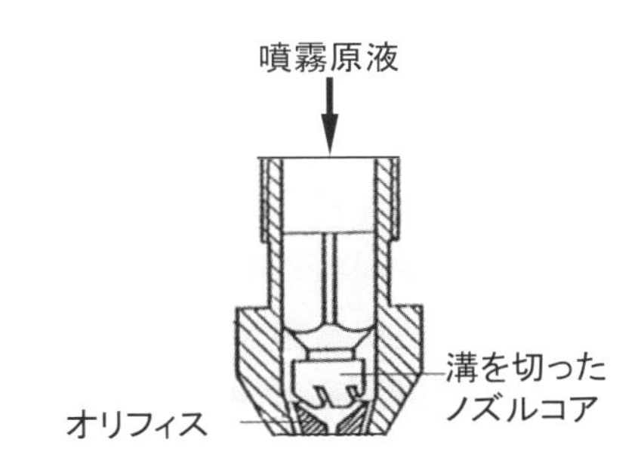

図2　圧力噴霧ノズル

2.3.2　ディスク型(回転円盤型)アトマイザー

ディスク型アトマイザーは，**図3**に示すような200～500$^{\phi}$の回転する円盤や平板によって生じる遠心力を利用した噴霧法である。円盤の中央に原液を供給し，これを6000～15000 rpmで高速回転させて，その円周から微小液滴を噴霧生成させるものである。液滴生成には2つのモードがある。①ディスク外周

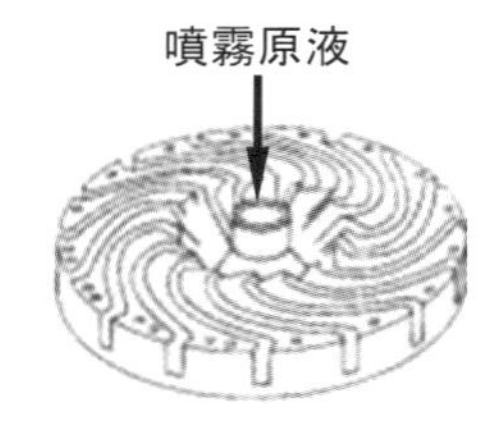

図3　ディスク型(回転円盤型)アトマイザー

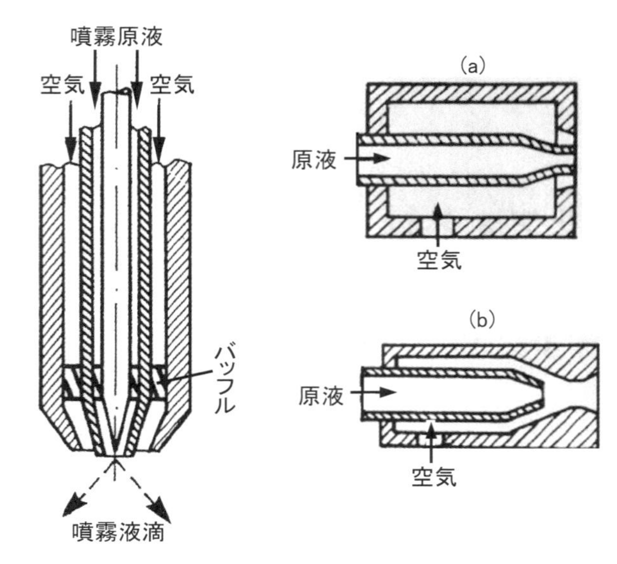

図4　二流体ノズル

で液が遠心力で引きちぎられて液滴が生成する。②リガメントと呼ばれる細い線状液体が崩壊して液滴となる。噴霧液滴の平均径に関してFriedmanらは，多翼型円板を用いた場合の噴霧液滴の無次元推算式(式(2))を提案している[1]。

$$\frac{D_p}{D_N}=0.2\left(0.46\frac{\Gamma}{\rho_l N D_N{}^2}\right)^{0.6}\left(\frac{\mu_l}{\Gamma}\right)^{0.2}\left(\frac{\sigma\rho_l L}{\Gamma^2}\right)^{0.1} \qquad (2)$$

ここで，Γは円板浸辺長あたりの液供給量[kg･m^{-1}･s^{-1}]，Lは円板の浸辺長[m]，D_Nは円盤直径[m]，ρ_lは液の密度[kg･m^{-3}]，μ_lは液粘度[Pa.･s]である。圧力ノズルとディスク型を比較すると，ディスク型は円盤の回転数と供給液量を独立に変化させることができるため，単一の噴霧器で種々の処理条件に対処できる利点がある。また，回転円盤型ノズルは，高粘度の懸濁液を用いても閉塞することが少なく，供給液量の変動に対しても比較的安定に噴霧できる特性を有しているが，高速回転する駆動部のメンテナンスが必要であること，水平方向に噴霧するため乾燥塔の直径が大きくなるなどの欠点もある。一方，ノズル型の場合は内部に空洞をもつ中空粉末になることが多いが，ディスク型は中実粉末となることが多く，得られた乾燥粉末は見掛け密度が高いなど，求める製品物性が異なることも選択の理由となる。

2.3.3 二流体噴霧ノズル

二流体ノズルは，ノズルオリフィスで噴霧する液体に高速気流を衝突させ，微粒化を促進させる噴霧手法であり，比較的微小な噴霧液滴が得られる(**図4**)。この方法では気体と液体の流量を変えることによって，液滴径をコントロールできるので，オリフィス径を比較的大きくすることができる。このため高粘性で微粒化しにくい高粘性液体の噴霧器として使用される。二流体ノズルは液流と気流の衝突の仕方によって外部混合型(図4(a))と内部混合型か(図4(b))の2種に分類される。二流体ノズルの噴霧角は小さく，また高粘性液体の噴霧に際しても径の小さい噴霧滴が得られる。気体(空気)の圧縮に要する動力の消費が大きいため，大規模な噴霧乾燥装置には適さないが，中・小規模な噴霧乾燥器にはしばしば使用されている。近年，研究開発用にデスクトップ型噴霧乾燥器が開発されているが，乾燥器中の滞留時間が非常に短時間(数秒)であるため，原液を微小に噴霧する必要があり，二流体ノズルが使用されている。

2.3.4 超音波噴霧ノズル

超音波ノズルは，高周波音波発生素子として用いられるピエゾ素子を噴霧ノズルに装着した噴霧器であり(**図5**)，スパンの小さな(粒子径の揃った)噴霧液滴を得ることができるが，粒子径の異なる液滴を噴霧するためには，ノズルサイズや振動周波数などの適正値を知る必要があり，かなりの労力を必要とする。さらに，処理能力が50 mL/minと極めて低く，実験室用の使用に限定されているのが現状である。

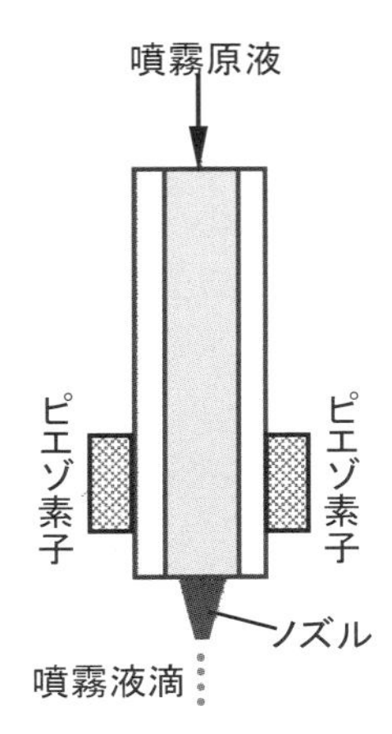

図5　超音波ノズルの原理図

3. 乾燥塔内の液滴乾燥機構

噴霧液滴は乾燥塔内で熱風と接触し，両者間の熱・物質の同時移動によって乾燥する。すなわち液滴は対流伝熱によって熱風から受熱し，この熱量によって液滴表面から内部の水が蒸発する。この現象を大量の熱風中に静止した単一液滴の乾燥現象と仮定する。ここでは，糖質のような可溶性固体成分の水溶液を例として液滴の乾燥機構を説明する。ここで以下の2点を仮定する。①液滴内の水分は中心から半径方向に向かって拡散移動する。②液滴内部に温度分布はない。このとき，液滴表面から熱風への熱移動流束 Q[W・m^{-2}]および水蒸気の移動流束 N_w[kg・m^{-2}・s^{-1})]は以下のようになる。

$$Q = h(T_A - T_d) \tag{3}$$

$$N_w = k_g(\alpha_w c_{w,i} - c_{w,b}) \tag{4}$$

ここで h，k_g は物質移動係数[m/s]，伝熱係数[W/m^2・K]，T_a，T_d は液滴および熱風温度[K]，$c_{w,i}$，$c_{w,b}$ は液滴表面の気相および熱風本体(bulk)における水蒸気濃度[kg/m^3]，α_w は滴表面の水分活性[－]である。液滴の密度，比熱をそれぞれ ρ，C_p とすると，液滴－熱風間の熱収支；(液滴の顕熱変化)＝(熱風から液滴への入熱)－(水の蒸発熱)から式(5)が成立する。

$$\rho C_p V_d \frac{dT_d}{dt} = A_d \left\{ h(T_a - T_d) - k_g(\alpha_w c_{w,i} - c_{w,b})\Delta H_v \right\} \tag{5}$$

ここで V_d，A_d，ΔH_v は液滴の体積[m^3]，表面積[m^2]および水の蒸発潜熱[J・kg^{-1}]である。乾燥初期には，滴表面の α_w は0.9以上であり，式(5)の右辺が0となって，液滴温度が水の湿球温度に近似できる期間が存在する。この時の水分蒸発速度は式(4)で表され，液滴温度が一定値であるから $c_{w,i}$ が一定となり，N_w が一定値の定率乾燥となる。たとえば，湿度 H＝0.01[kg-水蒸気/kg-乾き空気]の空気の場合，150℃と200℃の熱風と接する液滴の湿球温度は，38℃および48℃となり，熱風の温度に比較して極端に低く，またその差も少ないことがわかる。噴霧液滴に含まれる水分の大半はこの期間に蒸発し，乾燥粒子の含水率は低くなる。このことは特に揮発性成分，熱劣化成分を含む溶液の乾燥では注目すべきことであり，これらの成分を多く含む液状食品の乾燥に噴霧乾燥が多用される理由の1つである。

乾燥に伴う液滴内部の水は拡散によって液滴表面に移動する。乾燥初期では液滴内部の水の拡散係数は高く，液滴表面への水分移動は容易であるが，乾燥の進行につれて液滴内部の固形分濃度が増加し，水の拡散係数が急速に低下すると同時に，α_w が低下するため，乾燥速度が急速に減少し減率乾燥期間に入る。この期間では式(5)右辺第2項の水分蒸発速度が低下するため，液滴温度が上昇する。減率乾燥期間の液滴からの水の蒸発速度(乾燥速度)は，液滴内部の水の移動を拡散方程式(偏微分方程式)から数値的に解く必要がある[2)]。この時重要なことは，拡散係数が一定値ではなく，水分濃度の低下と共に指数関数的に低下することである。水分濃度の減少に対して，水分拡散係数が指数関数的に低下する場合の液滴内部の水分濃度分布は，水分依存性のない場合に比較して，液滴表面近傍での水分濃度が急激に減少する。すなわち界面近傍に乾いたスキン層(被膜)が形成されていると解釈できる。被膜形成の容易さやその強度は噴霧乾燥粉末の品質，すなわち乾燥粉末中の有効成分の収率や酸化防止などにとって重要な因子となる。

4. 噴霧乾燥による液状食品のマイクロカプセル化

4.1　マイクロカプセル化の原理

前述のように，噴霧乾燥法は乾燥時間が極めて短く，高温度の熱風を使用しても，水分の大半が蒸発する表面蒸発期間では，液滴温度が比較的低温度の湿球温度で乾燥が進行するため，熱感受性の高い液状食品や，生物資源から抽出された有用物質などから機能性食品(栄養補助食品)を作製する手法としての需要が高まっている。その理由の1つとして挙げられるのは，噴霧乾燥法では連続運転が可能であり大量生産に適していること，また乾燥後の粉砕・分級工程を必要としないため，加工費用が他の乾燥方法と比較して安価であることなどが考えられる。

マイクロカプセル化の原理は，**図6**に示すように，乾燥初期に液滴表面に形成される乾燥被膜を利用して，粒子内部に香気物質(フレーバー)をはじめとする種々のコア物質(芯物質)を保持することである。噴霧乾燥によるマイクロカプセル化では，乾燥粉末製品内に味や香りが多く残留することが，製品品質上極めて重要である。食品中に含有されるフレーバーを例に取ると，アルコールに代表される水溶性フレーバーと，リモネンなどの疎水性フレーバーがあり，これらの粉末化プロセスには自ずと違いがある。水溶性フレーバーの場合は，フレーバーと賦形剤(マルトでキストリンやアラビヤガムなど)を混合した水溶液を乾燥原液に用いるが，*d*-リモネンなどの疎水性フレーバーの場合には，フレーバーと乳化剤や賦形剤を混合した溶液を乳化してフレーバーエマルションを作製し，これを噴霧乾燥する手法を用いる。すなわち，フレーバーの乳化操作の有無が唯一の相違点である。

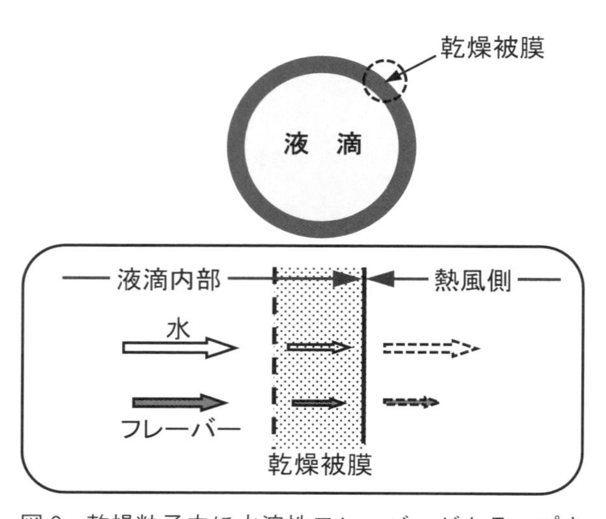

図6　乾燥粒子内に水溶性フレーバーがトラップされる模式図

4.1.1　水溶性フレーバーのマイクロカプセル化

水溶性フレーバーが噴霧乾燥によってどのような原理で乾燥粒子内部に残留するのかに関しては，Thijssen らにより提唱された「選択拡散理論」とその実験的検証により明らかにされている[3]。すなわち，図6の模式図のように，乾燥の進行につれて液滴表面に生成する乾燥被膜中を拡散移動するフレーバーの拡散係数が，水のそれに比して数オーダー低くなるため，水に比べて高分子なフレーバーが液滴中にトラップされ，粉末中に残留するという理論である。この理論に従うと，乾燥被膜をいかに早期に生成させ，これを成長させるかがキーポイントになる。乾燥被膜は水分拡散係数の低下によって生じるものであるから，原液中にマルトデキストリンやアラビヤガムなどの，高分子の糖を高濃度で溶解させた系とすることが望ましい。実際の噴霧乾燥では，ノズル近傍での熱風と液滴の乱流混合によるフレーバーの散失がかなり大きくなり，必ずしも選択拡散理論のみで保持量を推測できるわけではない。

4.1.2　疎水性フレーバーや液体油脂のマイクロカプセル化

d-リモネンなどの疎水性フレーバー，魚油や植物性オイルなどの疎水性物質を噴霧乾燥で粉末化するためには，まずこれらのコア物質を水溶液中に(あたかも均一に溶解しているかのように)安定に存在させる必要があり，このため乳化操作が必要である。乳化はコア物質の収率にとっても極めて重要な操作である。乳化剤としては，O/W(水中油滴)エマルションの場合，アラビヤガム，大豆水溶性多糖，カゼインやホエイタンパク質などが用いられる。エマルション溶液にはさらにマルトデキストリンなどの賦形剤を混合して原液とする場合が多い。また，Hi-Cap などの修飾デンプンは乳化能と賦形剤との両方の作用を持っており，液体油脂などの乳化剤兼賦形剤として注目されている。エマルションの径とその

安定性などが，乾燥粉末中のコア物質の収率に深く関わっており，エマルション径が大きい場合には，乾燥粉末中のコア物質の収率が低下するばかりでなく，噴霧操作中にエマルションの破壊が生じ，オイル（コア物質）が液滴表面に分散していわゆる表面オイル量が増大し，粉末オイルの酸化安定性の低下の直接原因となる。このため，1 μm 以下の微細なエマルションを作成するための種々の手法が考案されている。

5. 噴霧乾燥粒子の構造と物理的特質

5.1　噴霧乾燥粒子の表面および内部構造

噴霧乾燥粉末の表面構造，切断面構造の電子顕微鏡（SEM）写真を**図7**に示す。噴霧乾燥粒子はさまざまな形態をもち，球形中実粒子（a, b），球形中空粒子（c），結晶を内部に持つ粒子（d）などに分類できる。粒子の大きさや表面構造，粒子内部の空孔の有無や空孔の大きさは，使用する賦形剤と噴霧乾燥条件によって左右される。図7から明らかなように，乾燥粒子の表面や内部は非常に複雑な構造になっている。（a）はトレハロース水溶液，（b）はマルトデキストリン水溶液の噴霧乾燥粒子である。（c）はリモネンをアラビヤガムで乳化した溶液（賦形剤はマルトデキストリン）の乾燥粒子の断面SEM写真である。エマルションが中空粒子の環状部に存在していることがわかる。（d）はマンニトール水溶液の乾燥粒子であり，内部に結晶が生成している。このような構造が，乾燥中にどのようにして生成するのかは現在のところ未解明である。

図7（c），（d）は，機械的に粒子を破壊して得た内部構造であるが，共焦点レーザー走査顕微鏡（CLSM）を用いると，粒子内部構造が非破壊で観察できる。**図8**は，マルトデキストリン水溶液（a）およびトレハロース水溶液（b）の噴霧乾燥粒子断面のCLSM写真である[5]。（a）のマルトデキストリンの場合は円形の空洞が存在しているが，トレハロースではそのような空洞は見当たらない。**図9**は，マルトデキストリン水溶液中に分散した，酢酸ブチルエマルション溶液を噴霧乾燥した粒子のCLSM像である[5]。用いたレーザー光では酢酸ブチル（フレーバー）は赤に，マルトデキストリン（賦形剤）は 緑色で見える。（a）の中実粒子では，フレーバーエマルションは黄色（赤と緑が重なって黄色に見える）となって粒子断面に分散している。これに対して中空粒子の場合には，図9

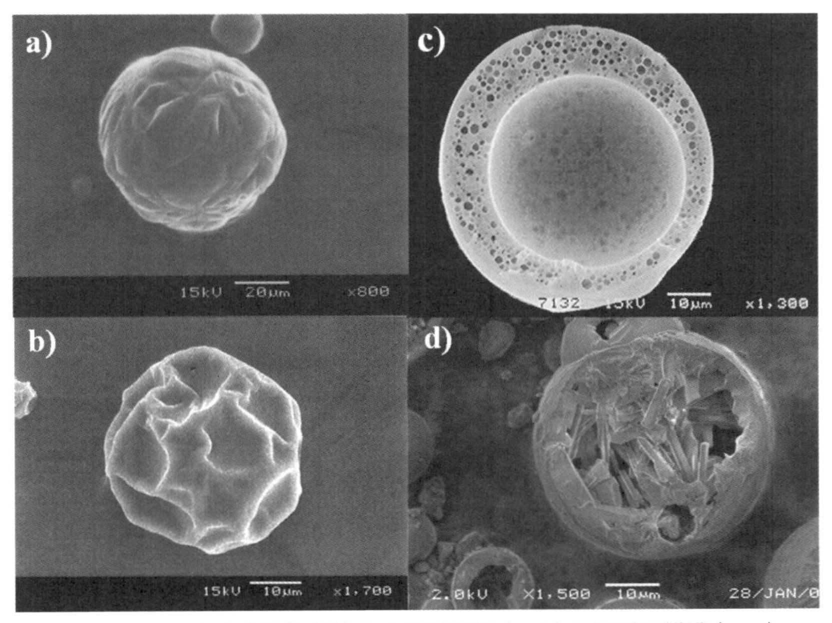

図7　SEMによる噴霧乾燥粉末の表面構造（a, b）と切断面構造（c, d）

a）トレハロース水溶液，b）マルトデキストリン水溶液（DE＝25），c）マルトデキストリン水溶液中の *d*-リモネンエマルション，d）マンニトール水溶液

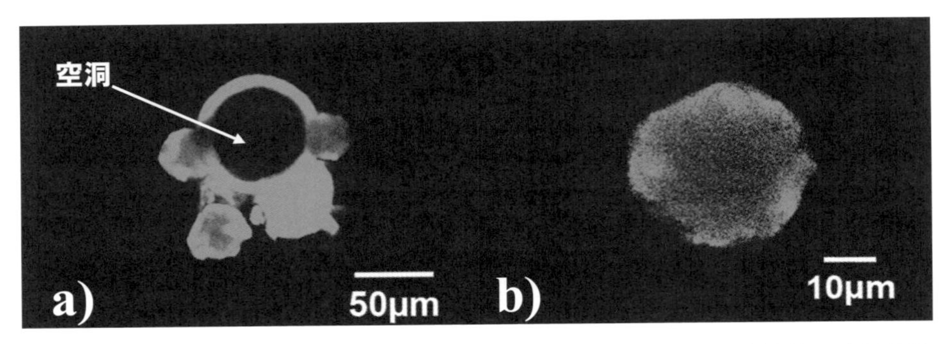

図8　CLSMによるマルトデキストリン水溶液およびトレハロース水溶液の噴霧乾燥粉末の断面構造[4)]

a)マルトデキストリン水溶液，b)トレハロース水溶液

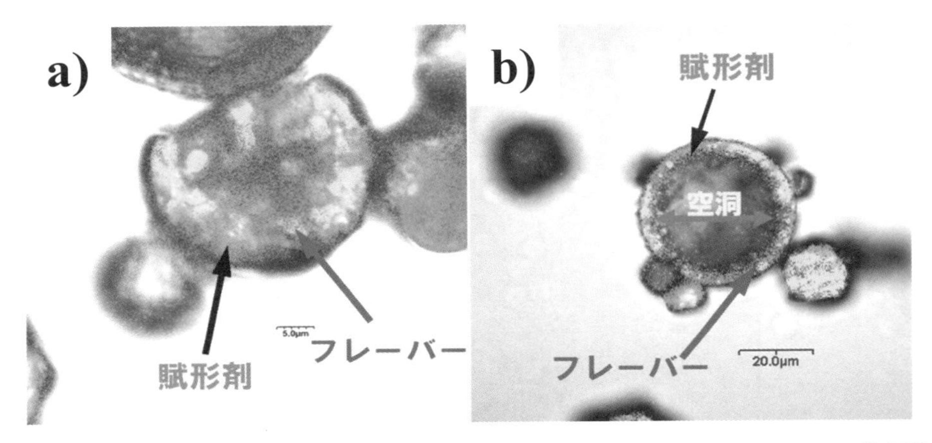

※口絵参照

図9　CLSMによるマルトデキストリン水溶液中の酢酸ブチルエマルション溶液の噴霧乾燥粉末の断面構造[4)]

a)中実粒子，b)中空粒子

(b)のようにエマルションは粒子の環状部に分散していることがわかる。これは図7(c)のSEM写真の結果と一致し，このことからもCLSMの有用性がわかる。

5.2　乾燥粉末回収率

噴霧乾燥法によりフレーバー粉末を作製する場合，フレーバー残留率に次いで，粉末の回収率が重要である。噴霧乾燥粉末の回収率は，使用する賦形剤のガラス転移温度と，熱風の出口温度に，密接に関係している。乾燥初期に表面被膜を形成した噴霧液滴は，さらなる乾燥により含水率が低下すると同時にその温度が上昇し，最終的に乾燥塔出口では，出口熱風温度とほぼ同程度になる。このとき，塔出口の空気温度は，粒子内の賦形剤のガラス転移温度(最終含水率でのガラス転移温度)より低くなければならない。熱風出口温度がガラス転移温度より高い場合には，粒子内部の賦形剤がラバー状態に転移し，粒子が相互に凝集したり，乾燥塔内部の壁面に付着して，粒子の回収率が極端に低下する。賦形剤のガラス転移温度は，含水率が増加すると著しく低下するので，製品含水率の制御が重要である。

5.3　乾燥粉末中のフレーバーの徐放と酸化

噴霧乾燥粉末中のフレーバーの保存性や徐放(放散)特性は，保存温度や湿度の影響によって影響されるが，特に湿度の影響が著しい。これは保存中の乾燥粒子が吸湿し，粒子内の賦形剤が相変化(アモルファスなガラス状態からラバー状態への相変化)を起し，粒子内部のコア分子の拡散移動が容易になるためである。乾燥粒子中のフレーバー分子は水溶性フレーバーの場合には，賦形剤の3次元マトリクス内に存在するため，これがラバー状態へ相変化すると分子の移動が容易になり，粒子表面への拡散移動が増す。乳化状態で粒子内部に存在する疎水性フレーバーの場合も，エマルション内部のフレーバーと，賦形剤マトリクス中のそれとは，ある平衡状態を保ちながら存在すると考えられるから，賦形剤の相変化に伴って，粒子外部への移動が容易になる。リモネンエマルションの噴霧乾燥粉末を，種々の関係湿度の雰囲気で徐放させ，その徐放速度係数をアブラミ式による相関から計算したところ，粉末の保存温度 T と，粉末賦形剤のガラス転移温度 T_g の差 $T-T_g=0$ で徐放速度係数が極大になることが報告されている[5)]。同様のことは粒子外部の空気に存在する酸素に対しても言える。酸素を例とすると，吸湿によって粒子内の含水率が増すと，まず酸素の粒子内への吸収量が増し，かつ粒子内部への拡散移動が容易になる。このことは，粒子内部にエマルションとして存在するリモネンや各種オイルの 酸化速度の増加を引き起こす。たとえばリモネンの酸化物であるカルボンや酸化リモネンの生成速度を種々の湿度環境で保存して測定すると，酸化物の生成速度は保存湿度の増加と共に増加するが，その湿度による変化のプロファイルが，リモネンの徐放速度の変化と類似していることが明らかになっている。

文　献

1) 化学工学会編：化学工学便覧(第4版)，丸善，750-751 (1978).

2) 山本修一：食品工学第17章「乾燥」(日本食品工学会編)，朝倉書店，113 (2012).

3) H. J. C. Thijssen and W. H. Rulkens : *Trans. Instt. Chem. Eng. Sci.*, 34, 651 (1969).

4) T. Furuta：日本食品工学会誌，**24**, 45 (2023).

5) A. Soottitantawat, H. Yoshii, T. Furuta, M. Ohgawara, P. Forssel, R. Partanen, K. Poutanen and P. Linko : *J. Agric. Food. Chem.*, **52**, 1269 (2004).

第8節
真空乾燥機「EVADRY(エバドライ)」

株式会社スギノマシン　杉村　昌昭

1. 真空乾燥機とは―真空乾燥の原理

1.1　真空乾燥機

真空乾燥機とは，濡れた部品(以後，乾燥対象部品をワークと呼ぶ)の細部にある少量の液体も残さず完全に蒸発させることを目的とした乾燥装置である。真空乾燥機は2つの原理を応用した装置である。1つ目は気圧と沸点の相関関係を利用する原理，2つ目は大気圧から真空圧の圧力変化の中で人工的に蒸気圧差を制御する原理である。

1.2　原理1：気圧と沸点の相関関係

気圧が下がると沸点が下がる飽和蒸気圧の相関関係を利用する。水の飽和蒸気圧曲線を**図1**に示す。密閉容器(以後，真空槽と呼ぶ)内の圧力を下げると飽和温度は低下し，液体表面からの蒸発が徐々に促進され，液体の温度が飽和温度よりも高くなると液体は沸騰し，液体内部からも気泡が発生して蒸発し続ける。急激に減圧させることでワーク温度が低下しない内に突沸現象で細部の隙間の水分が噴き出すことがあり乾燥はより促進する。たとえば水の場合は2.34 kPa(ゲージ圧－98 kPa)まで気圧を下げた場合，沸点は20 ℃となり，水が常温で沸騰することになる。完全乾燥までのイメージを**図2**に示す。

1.3　原理2：蒸気圧差の制御

液体が常に効率良く蒸発を続けるためには，空気中の蒸気圧が飽和蒸気圧以下である必要がある。濡れている表面付近は飽和蒸気圧の蒸気層があり，周囲の蒸気圧が低いことで真空中に拡散していく。たとえば水の場合の蒸発速度は次式[1)]で求められる。

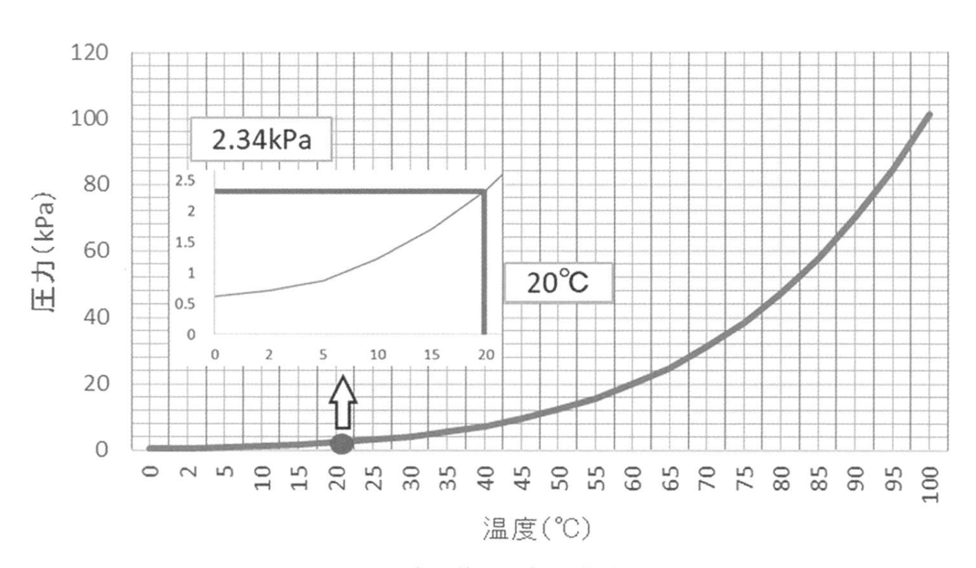

図1　水の飽和蒸気圧曲線図

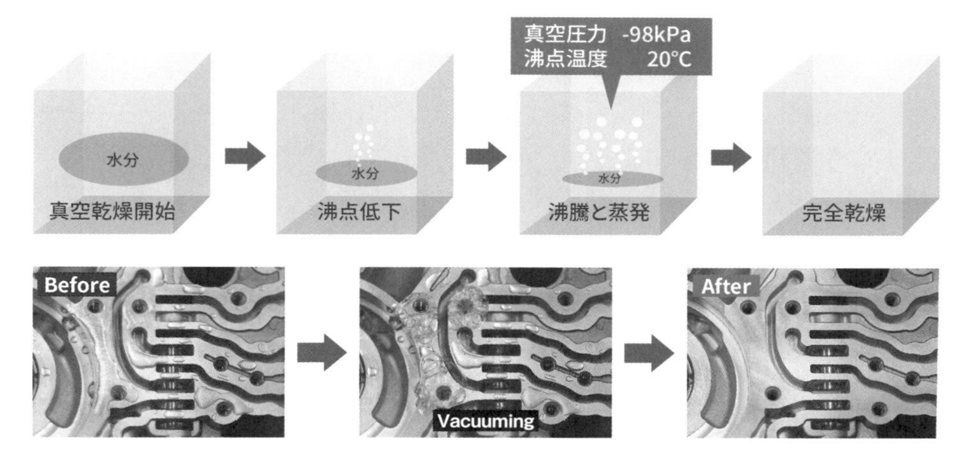

図2　減圧下での完全乾燥のイメージ図

$$v_m = p_s(M/2\pi RT)^{1/2}$$

v_m：水の蒸発速度　p_s：水の飽和蒸気圧
M：モル質量　R：気体定数　T：絶対温度

温度が高く，飽和蒸気圧が高くなることで蒸発速度が増すことがわかる。

真空槽を排気がないと仮定し，温度が一定の場合，時間の経過とともに，蒸発速度が凝縮速度と釣り合い，飽和蒸気圧となる。空気は温度によって含有できる蒸気量が異なり，温度が高いほど含有できる蒸気量は多い。**図3**に，湿り空気線図を示す。湿り空気線図の相対湿度100％が飽和水蒸気量となり，これ以上蒸気を含むことはできない。液体は蒸発する際に気化熱としてワークの熱を奪い急激に冷える。温度が下がれば飽和蒸気圧も下がり，液化し蒸発できないことになる。

蒸発速度と飽和水蒸気量の関係はどちらも圧力と温度に依存することがわかる。真空乾燥機では蒸発を促進するため，蒸気圧差を真空ポンプの減圧排気によって人工的に生み出す。**図4**に，空冷多段式ルーツ型ドライ真空ポンプの性能曲線を示す。真空ポンプの種類は多く，本稿では割愛するが，性能が上がれば価格も上がるため，用途に適した選定が重要である。図4に示す真空ポンプは，低真空域に相当するが小型でも大きな排気速度が得られる。金属部品など熱を持ちやすいワークは排気速度も重要であり真空乾燥に適している。

真空ポンプにより人工的に蒸気圧差を制御できても，実際には気化熱によるワークの温度低下が生じ，その対策を準備する必要がある。ワーク温度，液温は高く，水分量が少ないことが有利な条件であることがわかる。

2. 真空乾燥の特徴

真空乾燥の利点や注意・解決すべき点を下記にまとめる。

2.1　真空乾燥の利点

(1)比較的低い温度で乾燥できる

飽和蒸気圧は下がり，常温付近でも沸騰する。

(2)短時間で乾燥できる

減圧下では，蒸発速度が早く，乾燥時間が短い。

(3)奥まった細部や内部まで乾燥できる

エアブローのように水分に当て物理的に除去する方法と異なり，蒸気圧の差により乾燥するため，ワーク形状を問わない。

(4)再現性が良く品質保持できる

同一条件であれば同じ結果を再現できる。

(5)冷却効果がある

蒸発時の気化熱でワークの熱を奪い冷却する。乾燥後の工程が計測機の場合は冷却装置の追加が不要となる。

(6)汎用性が高い

ワークが真空槽内に入れば，ノズル配置や治具の専用設計が不要である。

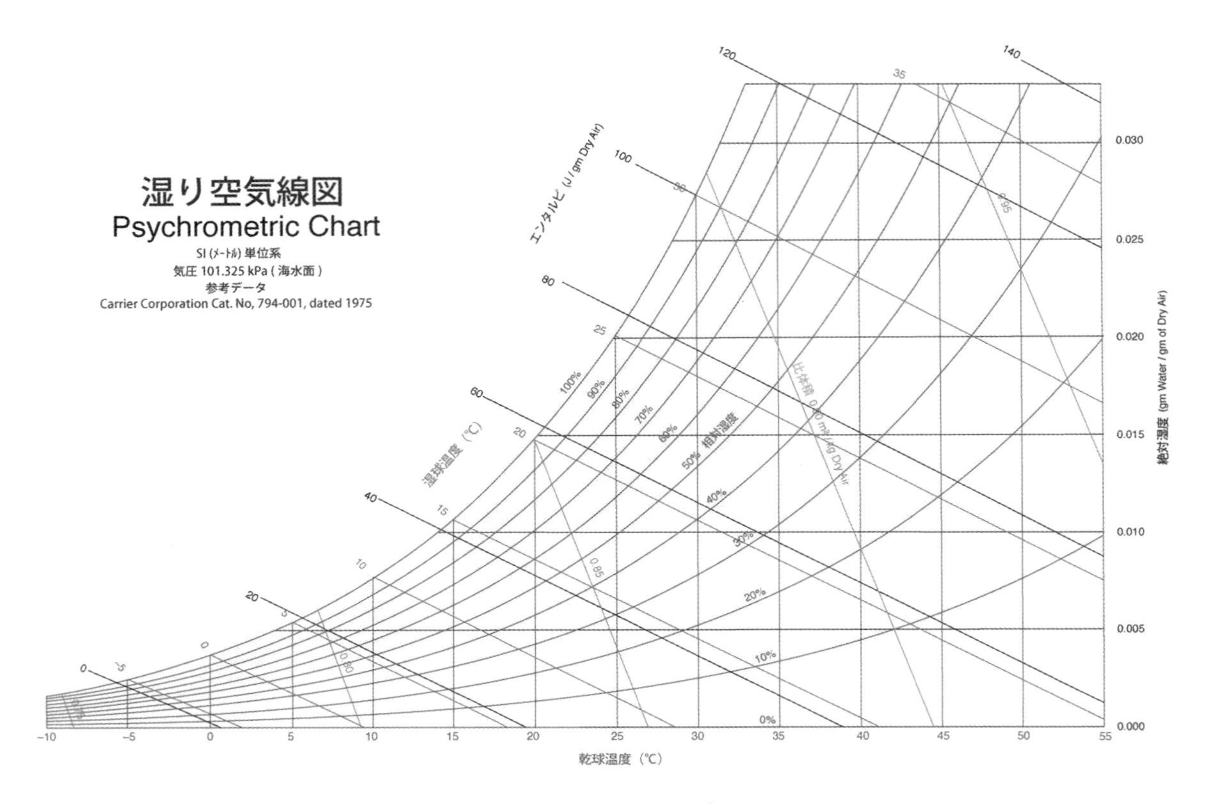

図3　湿り空気線図[2)]

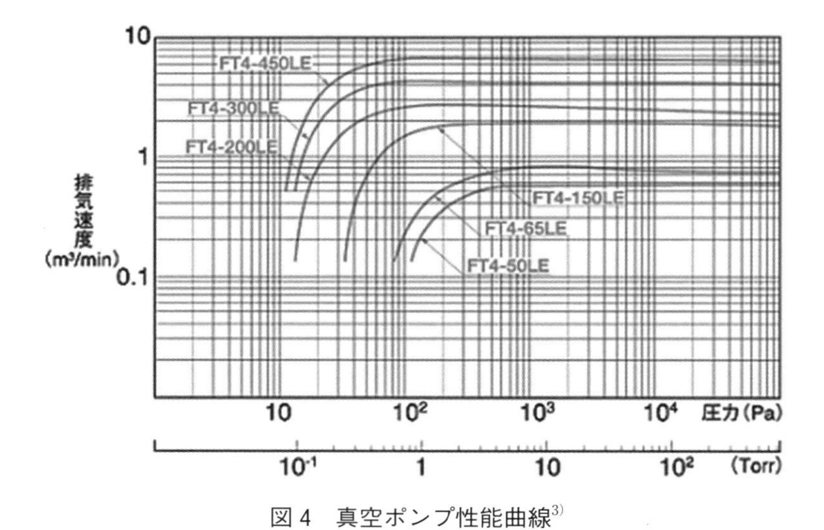

図4　真空ポンプ性能曲線[3)]

2.2 真空乾燥機の注意・解決すべき点

(1) ワーク温度と水分量が乾燥度に大きく影響する
　温度を上げ，水分量を減らす機能が必要となる。
(2) ワークが結露，凍結してしまう場合がある
　水分量を減らし，加温する機能が必要となる。
(3) ワーク材質や形状により乾燥時間に差がある
　蒸発を促進する新たな手法が必要となる。

真空乾燥について概略的に述べたが，自動車部品での成果から多くの分野で採用されている真空乾燥に最適な仕様を備えたEVADRY(**図 5**)について以下に紹介する。

EVADRY

図 5　EVADRY(左)，EVADRY-WIDE(右)

3. EVADRY の仕様

3.1 EVADRY の仕様

EVADRY は 4 機種をラインナップしている。真空槽が 3 種類，真空ポンプが 2 種類，手動ラインか，自動ラインか，その組み合わせで選択する。オプションで熱風ブロー，ワーク回転の選択が可能。EVADRY の主な仕様は**表 1** に示す。

3.2 EVADRY の主な構成部品

図 6 に主な構成部品を示す。基本的な構造は真空槽①，シャッタ②，真空ポンプ③で構成される。減圧と大気解放のために各弁を制御する。熱風ブロー④，ワーク回転⑤を選択できる。

3.3 EVADRY の特徴

EVADRY の主な特徴について詳細に述べる。

(1) 真空槽①

容量は対象ワークサイズに合わせて決める必要があり，EVADRY では 3 種とした。基本的にクランプが不要なため，多品種に容易に対応可能である。

真空槽の開口部は上面側とし，作業者が容易にワークの出し入れができる配置としている。また開口部を上面にすることでガントリーローダ搬送にも，ロボット搬送にも対応可能である。

小型ワークの場合は一度に複数のワークをカゴなどにまとめて投入することで生産効率を上げる。小型ワークが 1 個取りの場合は真空槽内の無駄な容積をワーク形状に合わせたもので埋め，乾燥効率を上げる。容積埋め治具を**図 7** に示す。

後述するワーク回転機構がある場合はワークをクランプする必要があるため，エア駆動での自動クランプや自動搬送ラインにはエア検知によるワーク在籍確認も対応可能である。

表 1　EVADRY の主な仕様

		EVADRY				EVADRY-WIDE			
型式		EVD-22		EVD-22A		EVD-22WA		EVD-55WA	
真空ポンプ	kW	2.2						5.5	
真空到達圧力	kPa	1.3 以下							
真空槽寸法 幅×奥行×深さ	mm	400×370×265				700×500×150		700×500×400	
シャッタ	－	手動		自動(セーフティーライトカーテン付き)					
機器設定	－	最大 15 プログラムまで運転時間設定可能							
外観寸法	mm	600×1,450×1,150				900×1,800×1,270			
装置質量	kg	500		600		800		1,000	
オプション	－	回転	熱風	回転	熱風	回転	熱風	回転	熱風
		×	○	○	○	×	○	×	○

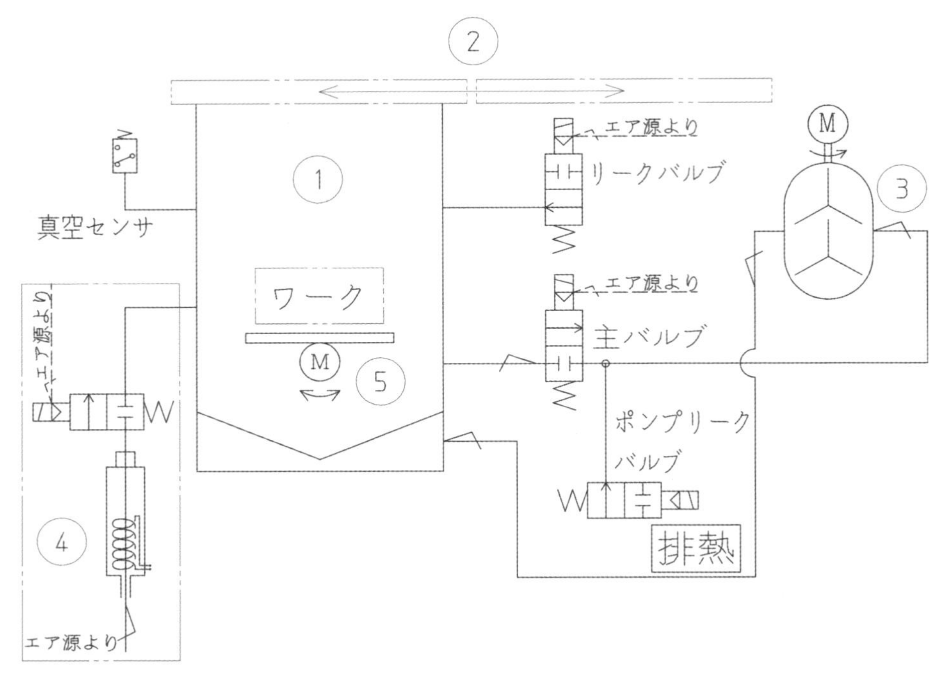

図6　EVADRYの主な構成部品

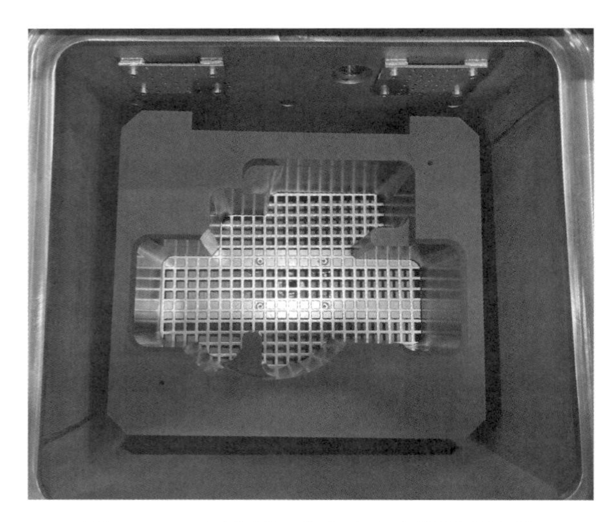

図7　ワーク形状に合わせた容積埋め治具

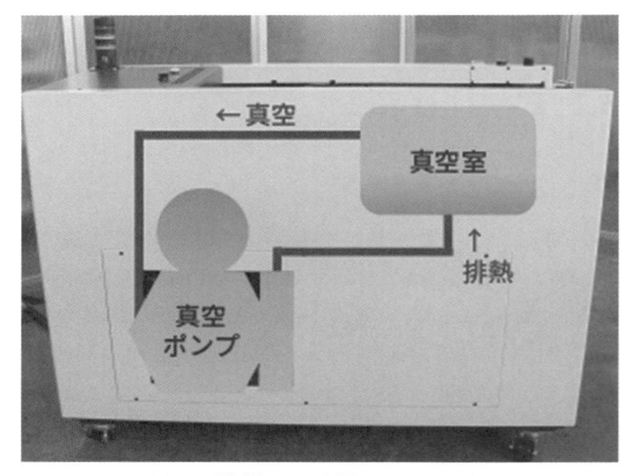

図8　排熱の再利用による加温

(2)シャッタ②

真空槽を密閉させるための重要な構成部品として，真空槽を閉じ，確実な密閉性を保つ。手動と自動から選択できる。

(3)真空ポンプ③

空冷多段式ルーツ型ドライ真空ポンプを採用している。内部に潤滑剤を使用しないため，真空槽内への油の逆流がなくクリーンな真空が得られる。また吐出側にもオイルミストの飛散がなく作業環境も良い。吐出側の排熱は再利用し真空槽内を加温する構造(特許第6457925号)を採用している。真空ポンプは吸引時の圧縮熱により吐出側からの排気が高温となる。真空槽内の温度低下は乾燥不良の原因となる。ヒータなど，加温目的の熱源は追加せず，本来は使い道のない排熱をサーマルリサイクルすることで乾燥効率を約10～15％向上させた。省エネルギー化に繋がると共に安定した乾燥品質を維持できる(**図8**)。

真空ポンプは真空槽の容量に対して必要とする圧力と，その圧力に到達する時間で選定する必要がある。EVADRY では真空槽の容量に合わせ 2.2 kW と 5.5 kW の 2 種から選択できる。真空圧 1.3 kPa 以下を基準に生産サイクルを考慮し，排気速度は真空槽容量の 20 倍程度のポンプを選定している。

(4)熱風ブロー④

熱風ブローは，圧縮エアを加温するヒータと真空槽内に供給するための弁で構成される。ワークに直接熱風ブローを当てることで，水分の粗取りとワーク表面を加温する。減圧下で蒸発による気化熱によりワーク温度が低下した際には一度大気解放してワークを再加熱し，表面温度を上げて，蒸気圧差を大きくし，蒸発を促進させる。熱風ブロー機能は**図 9** に示す。

(5)ワーク回転機構⑤

ワークを揺動し表面の付着水分を移動させ乾燥を促進する機構(特許第 5579550 号)を応用している。概略図を**図 10** に示す。

揺動機構の効果を確認するため，**図 11** で示す装置を使用した実験では，ワークとして陶器製シャーレと，アルミ製容器にそれぞれ約 3 g の水を入れ，真空槽内に収容し，真空ポンプで真空槽内を数 Torr 以下に減圧し，1 分間乾燥した後，大気に戻し水分量を測定した。揺動ありと揺動なしとを比較した結果は陶器製シャーレの場合を**表 2** に，アルミ製容器の場合を**表 3** に示す。測定の結果，バラツキはあるが揺動動作がある方がない場合より水の減少量が多く，水の減少率に大きな差が見られた。揺動以外の乾燥条件が同じ場合は乾燥における揺動の効果が有効であることがわかる。水の減少率が揺動回数に比例しないのは水が移動する経路上で温度が一旦下がると，その部位ではそれ以上の蒸発が進まないためと考えられる。

EVADRY では揺動から回転にすることで遠心力による付着水分の除去，ワーク形状に合わせ，止まり穴などに溜まっている水滴を除去しやすい姿勢に

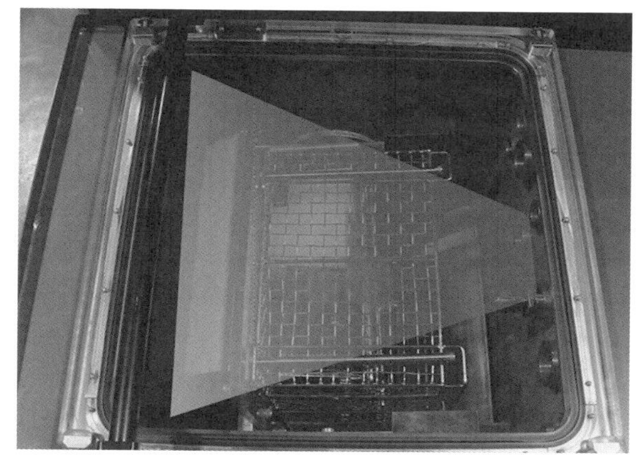

※口絵参照

図 9　熱風ブローのイメージ図

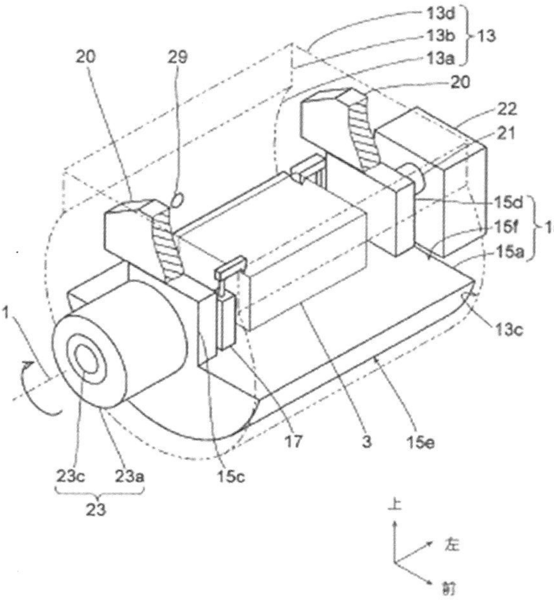

図 10　ワーク回転機構(EVADRY)

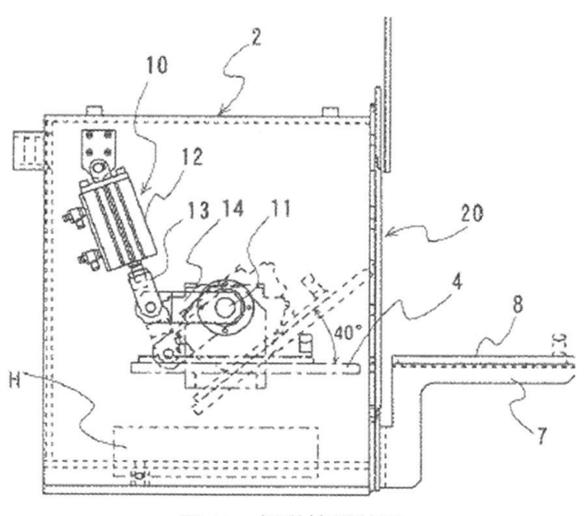

図 11　揺動機構装置

表2　陶器製シャーレの測定結果

試験No.	揺動条件 往復回数/分	水の重量(g)		減少率(%)	容器温度(℃)	
		試験前	試験後		試験前	試験後
1	揺動なし	3.03	2.61	13.9	22.0	18.5
2	揺動なし	3.00	2.46	18.0	31.0	21.0
3	6.5	3.02	1.52	49.7	30.0	14.5
4	4.0	3.03	1.73	42.9	33.0	15.0
5	13.0	3.05	1.53	49.8	31.0	9.5
6	15.0	3.04	1.46	52.0	31.5	9.0
7	7.5	3.02	1.30	57.0	33.5	15.5

表3　アルミ製シャーレの測定結果

試験No.	揺動条件 往復回数/分	水の重量(g)		減少率(%)	容器温度(℃)		備　考
		試験前	試験後		試験前	試験後	
8	揺動なし	3.07	0.76	75.2	29.0	22.0	
9	揺動なし	3.00	0.82	72.7	30.0	22.5	
10	揺動なし	3.03	0.66	78.2	30.0	22.5	容器の下に断熱材設置
11	7.5	2.97	0.19	93.6	29.0	20.0	
12	8.0	3.03	0.30	90.1	30.0	20.5	
13	7.5	3.00	0.45	85.0	30.0	21.0	
14	15.0	3.04	0.49	83.9	29.5	21.0	
15	7.5	3.04	0.12	96.1	31.0	22.0	容器の下に断熱材設置

位置決めできる。前述の熱風ブローと組み合わせれば，より効率的に付着する水滴を除去できる。特に時間に制約がある場合は付着水分量を減らし気化熱によるワーク低下を防ぐことが重要となる。付着水分の除去と揺動効果を組み合わせることで短時間に確実な乾燥を実現できる。EVADRY の大きな特徴的な機能である。

3.4 EVADRY の乾燥プロセス

乾燥までのプロセスの一例を図12に示す。

プロセスの特徴としては熱風ブロー④とワーク回転⑤で減圧前に水滴を除去およびワーク表面を加温すること，減圧中も蒸発を促すためにワークを揺動させること，持込水量が多い場合，ワークは蒸発による気化熱により冷却されるため，一度大気解放し，再加熱もできることにある。乾燥が難しい素材や形状のワークも完全乾燥が可能となる。

実際には対象となるワークの状態に合わせて，さまざまな条件が必要であり，最大15プログラム設定ができる。複数機種に対して最適なプログラムを準備できるため，再現性のある乾燥品質を提供可能である。

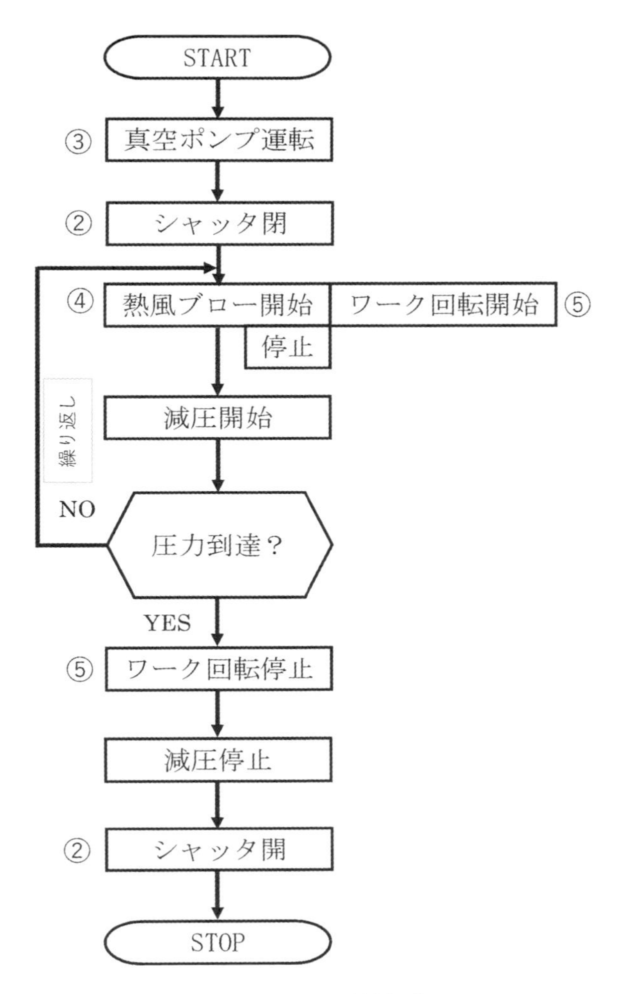

図12　EVADRYの乾燥プロセス

4. おわりに—環境への貢献と課題

2050年までに温室効果ガス排出量「実質ゼロ」という高い目標が掲げられ，世界各国でカーボンニュートラルの実現に向けて，工場の圧縮空気の消費量がクローズアップされている。工場全体の消費電力量の内，約20％が圧縮空気に使用され，その中で最も多く消費されるのが，エアブローによる切粉・加工クーラントの除去工程とされる(**図13**)。

これらの背景を受けて，当社㈱スギノマシン)の真空乾燥機「EVADRY」を導入することは圧縮空気の消費量を減らし，省エネルギー化，環境に優しい「ものづくり」に貢献できる。

真空乾燥は完全乾燥するための良い手段であるが，実際に完全乾燥させるためには気圧/ワークの表面温度変化/持込水分量/真空室内の蒸気圧の変化/蒸発量/排気速度/ワークの材質や形状などさまざまな条件が絡み合い，原理を理解した中で対象となるワークに対して最適条件を見極める必要がある。さらなる多種多様なワークに対する条件の検証と蓄積の継続が必要である。また真空乾燥前の条件に大きく左右されことから，当社高圧洗浄機と組み合わせることでワークに最適な乾燥条件を高圧洗浄機側で生み出すこともできる。

今後も当社では加工機，高圧洗浄機，乾燥装置，搬送装置を全て1社で製造，販売する強みを生かし，全工程に責任を持ち，ものづくりに最適な生産ラインを提案・提供していきたい。

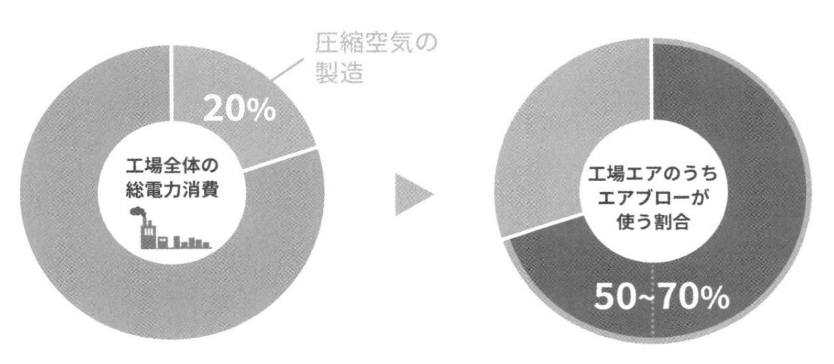

図13　工場全体の消費電力量内訳(当社調べ)

文　献

1）真空技術基礎講習会運営委員会：わかりやすい真空技術 第3版，日刊工業新聞社，19（2010）．
2）フリー百科事典『ウィキペディア（Wikipedia）』: https://ja.wikipedia.org/wiki/湿り空気線図
3）㈱アンレット：カタログ No.K-007-2212AT，10.

特許関係件数

国内7件（登録），外国5件（登録）

特許・実用新案：

特許第5579550号，特許第6457925号，特許第6994127号，

実用新案登録第3239973号，中国特許ZL201110073061.7，欧州特許4063773，米国特許出願17/582761，中国特許出願202210158091.6

意匠：

意匠登録第1741470号，意匠登録第1722910号，意匠登録第1722969号，国際意匠登録DM220992，韓国意匠出願30-2023-0013970，米国意匠出願29/876491

第9節
凍結乾燥機

九州大学　中川　究也

1. 凍結乾燥とは

凍結乾燥(フリーズドライ：Freeze-drying, Lyophilization)とは，脱水原理に氷の昇華を利用する乾燥手法である。医薬品や食品の製造技術として広く産業利用されているのみならず，動物剥製の製造，文化財の乾燥手法としても利用されている。蒸発を利用する一般的な乾燥においては，多孔質な材料内部における液体状態の水が毛細管力を発生させるため，収縮や亀裂発生といった製品構造の変化が生じる。一方，凍結乾燥では，固体状態の水を昇華によって除去するため，このような材料の変形が生じにくい乾燥手法である。また，真空中で氷の昇華を促進させ，昇華エンタルピー相当分の熱を常に製品に供給し続けることで，製品温度を－30～－10℃程度の低温に保ちながら実施する乾燥操作でもある。これも，製品の品質ロスを低減できる要因となる。真空凍結乾燥は，数ある乾燥手法の中で最も品質保持に優れた乾燥方法である。本稿では，真空凍結乾燥の原理，設備的な特徴，オペレーションの概要についてまとめる。

2. 凍結乾燥の原理と現象

2.1　凍結過程

凍結は凍結乾燥を実施するための第一段階である。ここでは水と溶質からなる二成分系の固化を例に凍結時の現象を解説する。溶質成分Aと水がある組成比にて混合している溶液を冷却すると，いったん平衡凝固点以下の非平衡な過冷却状態となる。ここに氷の結晶核が発生すると，溶液と固体とが共存できる平衡点(平衡凝固点)に向けて系が推移する。この平衡点においては，溶媒の一部が氷晶となり，成分Aを含む溶液(凍結濃縮液)が共存している状態である。ただし溶液内部には温度の分布が形成しているため，平衡とみなせる領域は局所であり，マクロにみると凍結層と未凍結層に分かれている。この溶液をさらに冷却すると，氷晶の増加と共に，凍結濃縮相の濃度が上昇する。凍結濃縮相は，共晶点において固化し，成分Aと水の混合固体(共晶)となる。糖やタンパク質などの高分子を含む医薬や食品などの多くの製品においては，共晶形成が起こらないまま，さらに凍結濃縮される(過冷却・過飽和状態)。この濃縮溶液がある温度において10^{12}Pa･sの粘度に達し，流動性を失う現象をガラス転移と呼ぶ[1)-3)]。凍結濃縮相がガラス転移する温度はT'_gと表記される。たとえば，水－スクロース系におけるT'_gは－32℃である。分子量が大きくなるほどT'_gは高くなり，デンプンやタンパク質は高いT'_gを示す。**表1**に，凍結乾燥によく採用される物質のT'_gとW'_g(最大限凍結濃縮された相の含水率)をまとめる。T'_gは凍結乾燥の実施に重要な温度であり，後節で解説する乾燥過程におけるコラプスや発泡の発生と関わっている。

凍結した溶液内に形成した氷結晶は，ミクロンスケールの結晶粒界からなるミクロ構造を形成する。この構造は主に凍結速度に依存しており，急速な凍結ほど微細な氷結晶が形成し，緩慢な凍結では大きくなる傾向にある。また，凍結後の緩和によって粗大化(オストワルドライプニング)する。氷結晶のサイズは乾燥過程における水蒸気の移動速度に影響を与えるため，凍結乾燥において重要な因子となる(**図1**)。

表1　最大限凍結濃縮された相の水分濃度(W'_g)とガラス転移温度(T'_g)

	T'_g[℃]	W'_g[wt%]
スクロース	−32	35.9
トレハロース	−29.5	16.7
ラクトース	−28	40.8
グルコース	−43	29.1
フルクトース	−42	49.0
グリセロール	−65	
Polyvinylpyrrolidone (M_w=10000)	−26	
Polyvinylpyrrolidone (M_w=40000)	−20.5	
マルトデキストリン(DE=11)	−12	
マルトデキストリン(DE=17.5)	−14	
マルトデキストリン(DE=25)	−20	
Bovine serum albumin	−13	
Sodium caseinate	−10	
ゼラチン (60 Bloom)	−11	
糊化デンプン	−5	

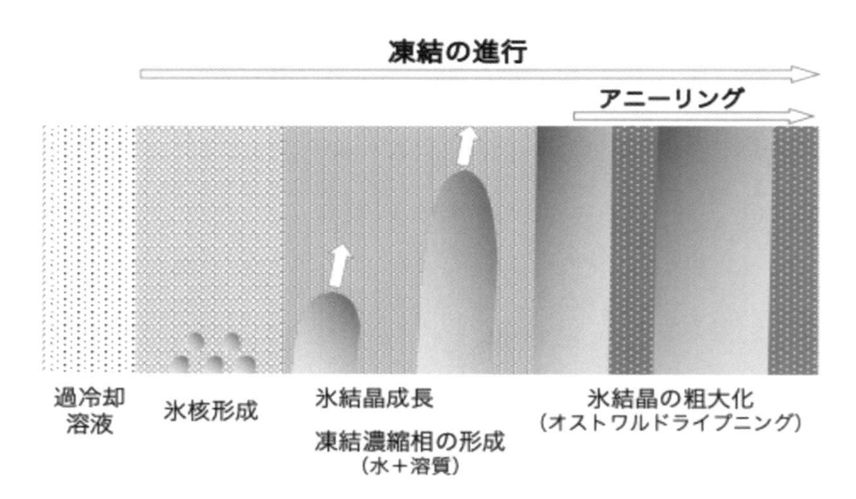

図1　溶液における凍結の進行

2.2　乾燥過程

乾燥過程は，氷が昇華によって除去される一次乾燥過程と，不凍水(凍結濃縮相内部の水)を脱離(蒸発)させる二次乾燥過程とに分けることができる。一次乾燥過程が主要な乾燥過程であり，一次乾燥が進行した分だけ乾燥層が形成し，昇華によって発生した水蒸気は乾燥層内を移動して外気へと放出される(**図2**)。通常の凍結乾燥は1～50 Pa程度の真空度に庫内圧力を保持して乾燥を行うのが一般的であり，昇華面における水蒸気圧と庫内圧力との圧力差が，水蒸気移動の駆動力となる。外気中の水蒸気圧が氷の水蒸気圧よりも低ければ常圧でも凍結乾燥を進行させることができる。これは特に常圧凍結乾燥と呼ばれる。真空で実施する場合との大きな違いは，その駆動力の大きさであり，真空凍結乾燥では速い乾燥速度，低い製品温度が実現できる。

乾燥が1次元的に進行する場合，乾燥層の厚みは乾燥の進行度とほぼ比例関係にあると見なすことができる(凍結乾燥においては材料の変形も小さいため)。乾燥層厚みの増加に伴い，ここを移動する水蒸

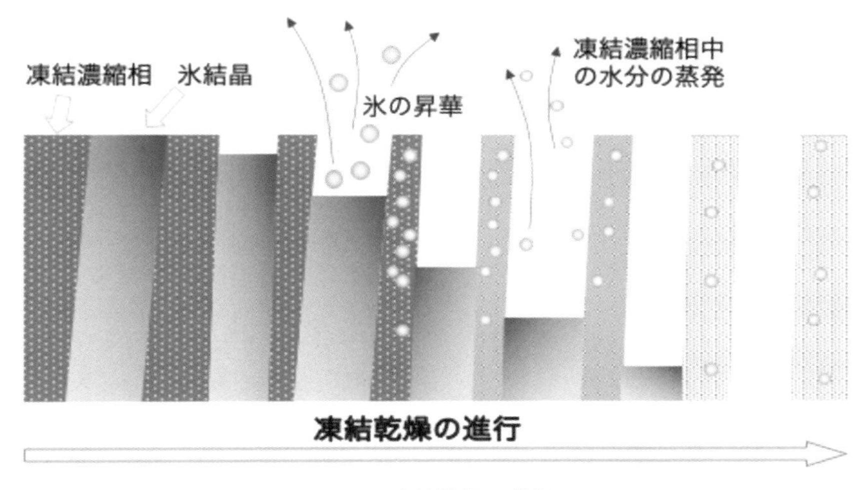

図2　凍結乾燥の進行

気にとっての物質移動抵抗は大きくなる。また，氷の昇華に必要な熱は主として凍結層と乾燥層を経た伝導伝熱によって供給され，乾燥の進行に伴って各層の厚みが変化するために熱の供給速度は変化する。凍結層を介して移動する熱を主要熱源として乾燥が進行している場合，乾燥の進行に伴って熱の供給速度は増加する。一方，乾燥層を介した熱が主要となる場合(材料表面への輻射熱によって乾燥させる場合)，乾燥の進行に伴って熱の供給は減少する。

2.3　コラプス・発泡の発生

乾燥過程において製品温度がある温度以上になることは，乾燥不良のリスクが出てくる。たとえば，食塩－水系の共晶点は－21 ℃であるため，食塩を含む食品を凍結乾燥させる場合，乾燥中の製品温度を－21 ℃以下に保たれていないと液相が発泡する可能性がある。また，凍結乾燥中の製品温度が T'_g 以上となるとガラス相が軟化し，発泡もしくは製品の構造破壊(コラプス)が起きる可能性がある。

凍結乾燥中に氷晶は，昇華によって系外に出ていく。一方，凍結濃縮相内の水は，濃縮相内を拡散して移動し蒸発によって系外に放出される。ガラス転移点以下において水の移動は大きく抑制されているが，ガラス転移点以上であれば凍結濃縮相内部の水は速やかに移動できる。昇華面ならびにその上部の乾燥層の温度がガラス転移点を上回った場合，凍結濃縮相は軟化して流動性が上昇する(ラバー状態を経て液状態となる)。ここから水分が速やかに除去されればガラス転移点が上昇し，流動性が減少することで容易には形状変化しない状態となる。しかし，この水分除去が適切になされず，流動性が上昇して崩壊する現象がコラプスである[1)2)4)5)]。この崩壊のしやすさはマトリクスの粘性だけでなく，乾燥後の多孔質な構造や，それを構成する骨格構造にも依存している。コラプスが起こる温度は凍結濃縮相のガラス転移温度と強い関係があるが，同一ではない。コラプス温度は乾燥材料の組成，その組成物から成る構造体の強度と関わっている。乾燥中にコラプスが起こった場合でも，それが局所に留まるもの(ミクロコラプスと呼ばれる)であれば乾燥を継続させることができる。一方，融けた溶液が乾燥面を覆ってしまうような場合には，乾燥が継続できなくなることもある。

2.4　アニーリング(オストワルドライプニングの促進)

氷晶のミクロ構造を制御する手法としてアニーリングがある。これは，いったん凍結させた溶液を再加熱し，ガラス転移点以上(ただし平衡凝固点以下)に保持する操作である。氷晶と液相が共存する状態を保持する過程において，氷晶のオストワルドライプニング(凍結濃縮相との界面自由エネルギーを減少させるために進行する)を進行させ，氷晶の粗大化・均質化を図る操作である。通常，－20 ℃かそれ以上の温度にて，6～12時間程度の時間をかけて行う。アニーリングの実施による凍結乾燥速度の均質化もしくは向上を期待できる[6)-8)]。ただし，氷結晶のミクロ構造をドラスティックに制御できる操作ではないため，その適用範囲は限定的である。アニーリング過程での凍結濃縮相内において進行する現象(粒子凝集やタンパク質変性など)も無視できず，製品品質(復水性，結晶性，生理活性など)がアニーリングによって変化する可能性がある。

3. 凍結乾燥機の概要とオペレーション

3.1　装置構成

真空凍結乾燥機は，乾燥室，コンデンサ(コールドトラップ)，排気装置(真空ポンプ)，温調装置から構成される。製剤プロセスで広く使われている棚板式凍結乾燥機では，温度制御可能な棚板が内部に配置されており，この棚を使用して製品の冷却，凍結，乾燥中の加温を行えるようになっている(**図3**)。棚板の温度を制御して，これと接している製品へ伝導伝熱によって熱を移動させるため，緻密な温度制御が可能となる。食品プロセスで広く使われている輻射式凍結乾燥機では，乾燥室内部に輻射加熱用のヒーターが設置されている(図3)。装置内部で製品を凍結させる機構を持たないため，外部の冷凍装置で凍結させた製品を投入して乾燥を進めることとな

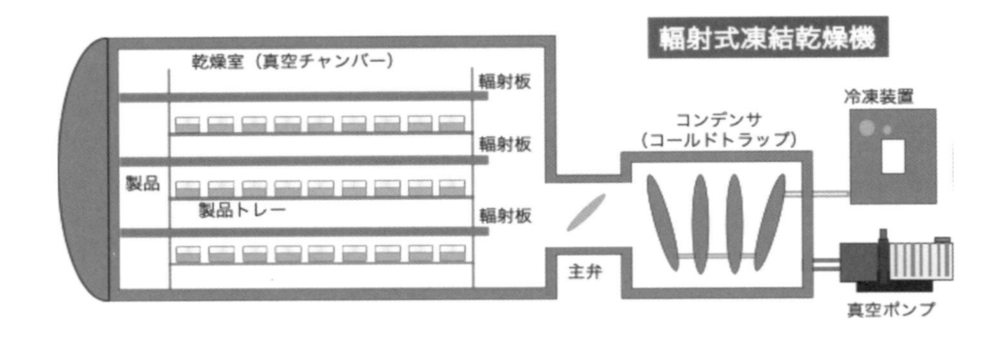

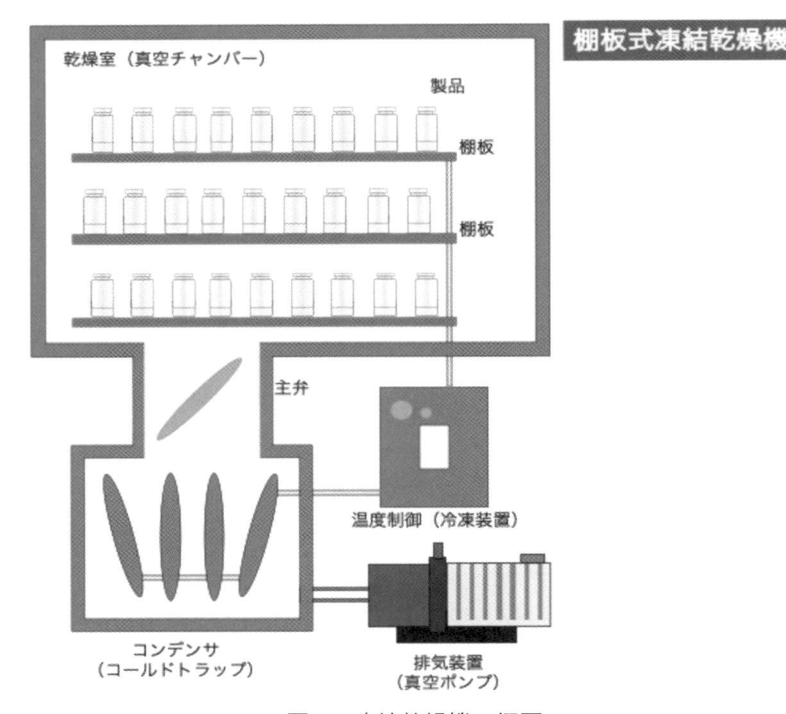

図3　凍結乾燥機の概要

る。乾燥中の製品は，表面から輻射熱を受け取り，乾燥層を介した伝導伝熱によって昇華面へ熱を移動させることとなる。乾燥層の有効熱伝導率が低いことを考えるとかなり大きな温度勾配を乾燥層内部に形成させることが必要となる。

凍結した製品が登載された装置は，乾燥を開始させるために，真空ポンプによって所定圧力まで減圧させる。減圧に伴って徐々に製品中の氷の昇華が開始する。

コンデンサ(コールドトラップ)は－40℃程度以下の温度に保持された伝熱面が装備された空間であり，製品から排出される水蒸気を着氷させて捕集する設備である。コンデンサは庫内圧力を低く保持しながら乾燥を定常的に進行させるために重要な意味を持っている。高い真空度に保たれた装置内で発生する水蒸気は大きく膨張し，庫内圧力を高めることとなる。コールドトラップ表面にて水蒸気は氷となって付着し大きく収縮し，庫内圧力は直ちに減少する。したがって装置内部の圧力は低いまま保持される。コンデンサ内に凝縮した氷は，この温度における平衡水蒸気圧を示すため，装置内部の圧力はこの圧力と同程度に保持できる。実際には製品表面で発生した水蒸気の装置内の移動速度と，真空ポンプによる排気速度に依存して装置内部に圧力分布が生じるため，コールドトラップ温度における水の飽和水蒸気圧よりも高い圧力となる。装置内における水蒸気移動の推進力は，製品外表面近傍の水蒸気圧と，コールドトラップにおける水蒸気圧との圧力差である。したがって，製品の昇華面における水蒸気圧は庫内圧力よりも高く，コールドトラップの温度は昇華面温度よりも低く保たれていることが必須である。

3.2　オペレーションの手順

棚板式凍結乾燥機を用いて，バイアル瓶内に入れた溶液を凍結乾燥させる実施手順を以下にまとめる。

①バイアル瓶内に溶液を分注する。
②棚板上にバイアル瓶を設置する。必要に応じて温度センサーを製品内部に設置。
③前面扉を閉め，棚板温度を一定温度(5℃程度)に予冷，温度を安定化させる。棚板温度を冷却し，設定の凍結温度に到達させ，溶液上部が凍結するまで十分に保持する。
④コールドトラップを予冷させる。
⑤庫内の減圧を開始する。
⑥棚板温度を上昇させ，製品の加熱を開始する(一次乾燥過程)。
⑦一次乾燥の終了後，二次乾燥を進行させるために棚板温度を上昇させる(二次乾燥過程)。
⑧乾燥室を大気圧に戻す。製品ヘッドスペースのガス置換をする場合，置換ガスを導入し打栓をする。
⑨製品回収。
⑩コールドトラップ温度を上昇させ融氷させる。

3.3　温度チャート

凍結乾燥を実施するにあたり，製品内部に温度センサーをセットしてそのプロセスをモニターすることがよく行われる。溶液内部のある定点の温度を測定した場合に得られるチャートを正しく読み取ることは，正しい操作実施のためにも重要である。凍結の過程においては，**図4**に示すようなチャートが得られる。まず，冷却される溶液は，冷却が進み平衡凝固点以下になった領域から過冷却状態になる。過冷却状態の解除は急激な温度上昇点として観測できる(図中 A → A')。その後，測定温度は緩やかに減少(もしくは一定温度に保持)する。これは製品の冷却によって奪われる熱が，氷結晶成長に伴う固化エンタルピー相当分の熱の発生とつり合うためである。未凍結層がなくなった時点で，排熱の全ては製品の冷却に使われるようになり，急速に温度低下が進む。チャート上のB点が氷結晶形成の終了点である。その後，溶液はさらに冷却され，凍結濃縮相の固化もしくはガラス転移が起こり完全固化に至る。凍結濃縮相の共晶固化の際に，再び過冷却の解除に由来する急激な温度上昇(C点)が見られる場合があるが，多くの場合は温度センサーでは観察できないほど小さい。ガラス転移が起こる系においてはこれに由来する発熱は観測されない。これはガラス転移が相転移現象ではないためである。凍結に際し，製品内部にはかならず温度の分布が形成している。センサーを用いて計測した温度は，製品内部における代表点の温度であることに留意する必要がある。

乾燥過程で得られるチャートの模式図を**図5**に示す。乾燥装置内部の減圧により，氷の昇華に伴って品温が下がる(図中D点)。その後，棚温度を所定温度まで加温することによって昇華の進行を促進させる。これに伴って品温も増加し，棚温度よりも低いある温度で定常状態に至る(E点)。ただしこれは擬似的な定常状態であり，製品内部では乾燥がゆっく

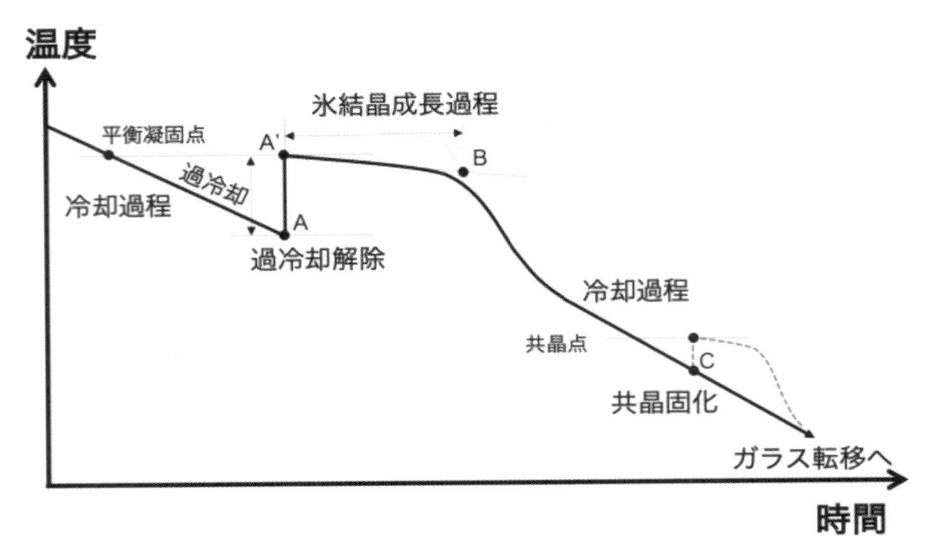

図4　凍結過程における温度チャート模式図

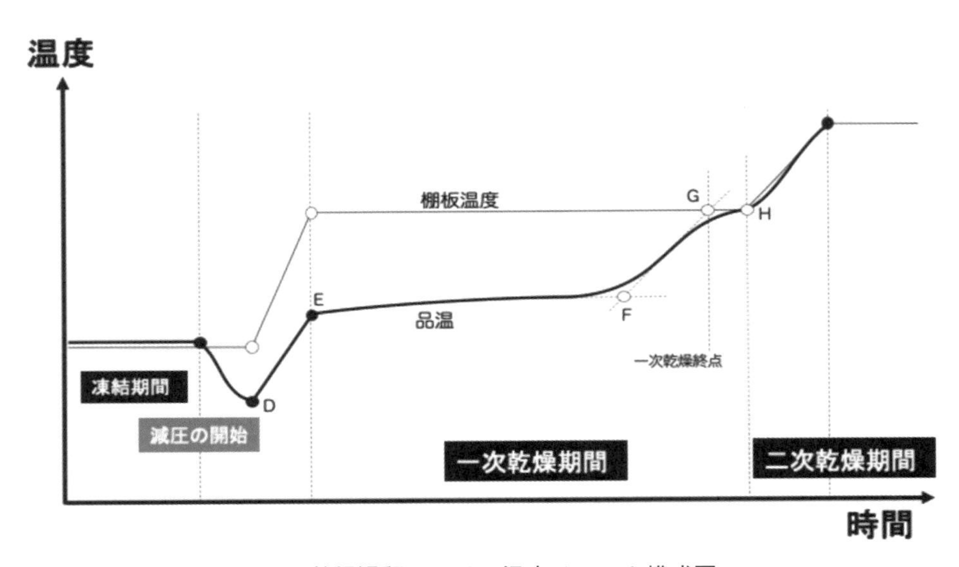

図5　乾燥過程における温度チャート模式図

りと進行しているため，計測している製品温度は徐々に変化する。製品内部では乾燥の進行に伴って連続的に乾燥層が形成されているが，計測上は温度センサーの計測部が乾燥層になった時点で，顕著な温度上昇として観測される(F点)。センサーの挿入位置によって温度上昇の観測点が変わるため，乾燥の進行を全般にわたってモニターするためには，センサーは深い位置に設置するべきである。その後，測定温度はある一定値に収束する。この手前のG点が一次乾燥の終了点である。乾燥中における製品温度は，外部からの熱の流入速度と，昇華に伴う昇華エンタルピーの消費速度のバランスによって決まっているが，乾燥が終了した時点で昇華エンタルピーの消費がなくなるため，製品温度はある定常値を示すようになる。この定常状態へと移行する点が一次乾燥の終了点である。その後，二次乾燥のために棚温をさらに上昇させる(H点)。二次乾燥速度は乾燥層からの水の脱離(蒸発)である。ここで除去する水分量があまり多くないことから，二次乾燥過程の品温は棚温とほぼ一致して推移するケースが多い。

4. 凍結乾燥の数理モデル

4.1 Liapisの連続体モデル

凍結乾燥は，氷の昇華によって発生した水蒸気が，乾燥層内部を移動して材料外に放出されるプロセスであり，凍結濃縮相内に保持されている水の脱離もこれと関わっていることを前節で解説した。また，伝導伝熱による材料内部の熱の輸送，外部からの輻射熱の供給があり，昇華によって熱が消費されるプロセスでもある。細孔内を移動する水蒸気を連続体と捉え，ここでのエネルギー収支，物質収支を記述する数理モデルが提案されている[9)-11)]。**図6**に概略を示すように，棚板上に置かれた材料の凍結乾燥過程におけるx軸方向の熱と物質の移動を記述する。

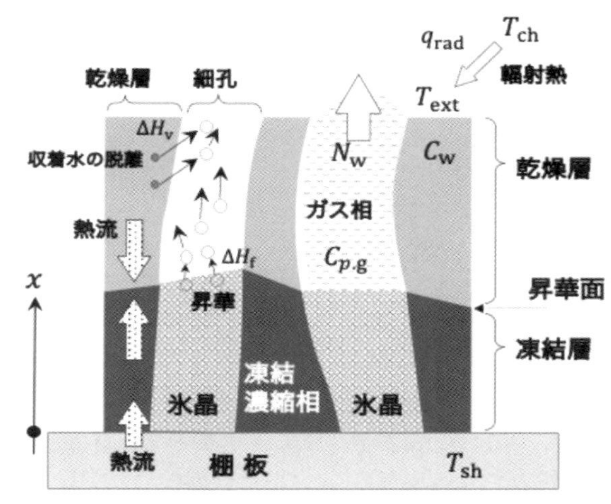

図6　凍結乾燥過程にある材料のモデル図

乾燥層内のエネルギー収支式は，

$$\rho_I C_{p.I}\frac{\partial T_I}{\partial t} = k_I\frac{\partial^2 T_I}{\partial x^2} - C_{p.g}\left(\frac{\partial(N_W T_I)}{\partial x}\right) + \Delta H_V\left(\frac{\partial C_W}{\partial t}\right) \quad (1)$$

$C_{p.I}$ ：乾燥層の比熱容量[kJ･kg^{-1}･K^{-1}]
$C_{p.II}$ ：凍結層の比熱容量[kJ･kg^{-1}･K^{-1}]
$C_{p.g}$ ：ガス相の比熱容量[kJ･kg^{-1}･K^{-1}]
C_w ：乾燥層中の収着水量[kg･m^{-3}]
ΔH_v ：水の蒸発エンタルピー[kJ･kg^{-1}]
N_w ：水蒸気の物質移動流束[kg･m^{-2}･s^{-1}]
T_I ：乾燥層温度[K]
T_{II} ：凍結層温度[K]
k_I ：乾燥層の熱伝導率[W･m^{-1}･K^{-1}]
k_{II} ：凍結層の熱伝導率[W･m^{-1}･K^{-1}]
ρ_I ：乾燥層密度[kg･m^{-3}]
ρ_{II} ：凍結層密度[kg･m^{-3}]

ここで，右辺第1項は乾燥層内の伝導伝熱，第2項は移流，第3項は二次乾燥による凍結濃縮相内の水の脱離に伴う熱の消費に相当している。

凍結層内のエネルギー収支式は，

$$\rho_{II} C_{p.II}\frac{\partial T_{II}}{\partial t} = k_{II}\frac{\partial^2 T_{II}}{\partial x^2} \quad (2)$$

材料の外表面は乾燥庫内壁からの輻射熱を受け，

$$q_{rad} = \sigma_{SB} f(T_{ch}^4 - T_{ext}^4) \quad (3)$$

f ：輻射形態係数[－]
T_{ch} ：乾燥機内壁温度[K]
T_{ext} ：乾燥層表面温度[K]
q_{rad} ：輻射熱流束[kJ･m^{-2}･s^{-1}]
σ_{SB} ：ステファン・ボルツマン係数[W･m^{-2}･K^{-4}]

の熱が流入する。乾燥層を移動する水蒸気の物質移動流束N_wは，不活性ガスと水蒸気から構成されるガス相内での水蒸気の拡散と，圧力差によるガス相の強制対流の寄与をまとめて以下のように書ける。

$$N_W = -\left\{\frac{\kappa\bar{P}}{\mu} + D_W\right\}\frac{M_W}{RT}\frac{\partial P_W}{\partial x} \quad (4)$$

D_w ：ガス相内の水蒸気有効拡散係数[m^2･s^{-1}]
M_w ：水のモル質量[kg･mol^{-1}]
R ：気体定数[J･mol^{-1}･K^{-1}]
$\bar{P}$ ：平均圧力[Pa]
κ ：乾燥層内部の水蒸気透過率[m^2･s^{-1}]
μ ：ガス相粘度[kg･m^{-3}]

乾燥層内を移動する水蒸気の連続の式は，

$$\frac{\varepsilon M_W}{RT_I}\frac{\partial P_W}{\partial t} = -\frac{\partial N_W}{\partial x} - \rho_I\left(\frac{\partial C_W}{\partial t}\right) \quad (5)$$

昇華面は乾燥の進行と共にある速度($\frac{dx}{dt}$)で移動しており，これが乾燥速度に対応する。この移動境界における熱の出入りを考えると，氷の昇華エンタルピー，ΔH_f[kJ･kg^{-1}]を用いて下記の式が成り立つ。

$$\lambda_I\frac{\partial T_I}{\partial x} - \lambda_{II}\frac{\partial T_{II}}{\partial x} + \left(\frac{dx}{dt}\right)\left(\rho_{II}C_{p.II}T_{II} - \rho_I C_{p.I}T_I\right) + C_{p.I}N_W T_I = -\Delta H_f N_W \quad (6)$$

4.2　1次元半経験モデル(R_p-K_vモデル)

乾燥速度や品温の予測といった実用的な観点からは，必要なパラメータを実験的に取得できるよう工夫されたモデルが広く採用されている[12)13)]。このモデルの概略を**図7**に示す。式(7)は乾燥層内の物質移動の式である。

$$J_A = (-\frac{1}{A}\frac{dm}{dt}) = \frac{1}{R_p}(P_w - P_a) \tag{7}$$

$$R_p = R_{p0} + \frac{c_1 L_{dried}}{1+c_2 L_{dried}} \tag{8}$$

ここで乾燥層と凍結層の厚みをそれぞれL_{dried}，L_{frozen}としている。乾燥に伴って形成する乾燥層の物質移動抵抗(R_p)を乾燥層厚みの関数と記述しており，この値は実験的にも演繹的にも推算することができる。実験的に得られた数値を適用する場合，C_1，C_2はフィッティングパラメータとなる。

凍結層と乾燥層を介して伝導伝熱によって昇華面に到達する熱，Q_Sは，式(9)のように書ける。

$$Q_s = q_1 + q_2 = \frac{T_{sh}-T_w}{K_v+L_{frozen}/k_1} + \frac{k_2}{L_{dried}}(T_a - T_w) \tag{9}$$

棚板と製品底面との間の伝熱抵抗(K_v)は，

$$K_V = K_{V0} + \frac{a_1 P_a}{1+a_2 P_a} \tag{10}$$

と，書くことができる。K_vは棚板と製品の凍結層底面との間の総括熱伝達係数としての意味をもつが，実効的には式(9)に盛り込まれていない放射熱などが丸めこまれている。ここでα_1，α_2はフィッティングパラメータであり，実験データから推算する必要がある。

昇華面に到達した熱は，全て昇華エンタルピー(ΔH_f)として消費され，擬定常状態を仮定すれば，

$$Q_s = \Delta H_f(-\frac{dm}{dt}) \tag{11}$$

したがって，式(7)，(9)より，下記の関係が得られる。

$$\frac{\Delta H}{R_p}(P_w - P_a) = \frac{T_{sh}-T_w}{K_v+L_{frozen}/k_1} + \frac{k_2}{L_{dried}}(T_a - T_w) \tag{12}$$

この式より，乾燥の進行度ごとに昇華面温度T_wを決定することで，乾燥過程における製品温度の推移，重量変化などをシミュレートすることができる。

上記の凍結乾燥モデルは，バイアル瓶内部の溶液を凍結乾燥させるときのような1次元的に乾燥が進行する場合に広く適用できる。昇華に必要な熱源として，底面からの伝導伝熱が支配的となる場合は式(12)の右辺第2項(乾燥層からの伝導伝熱)は無視できる。しかし，輻射熱をメインの熱源として乾燥させる場合，乾燥層からの伝導伝熱が支配的となる。また，熱と物質の移動経路が3次元的であることが多く，凍結の進行度と乾燥層の厚みが線形な関係として表現できない場合も多く見られる。このようなケースにおける数学的な取り扱いはここで示すモデルよりも複雑なものとなる[14)15)]。

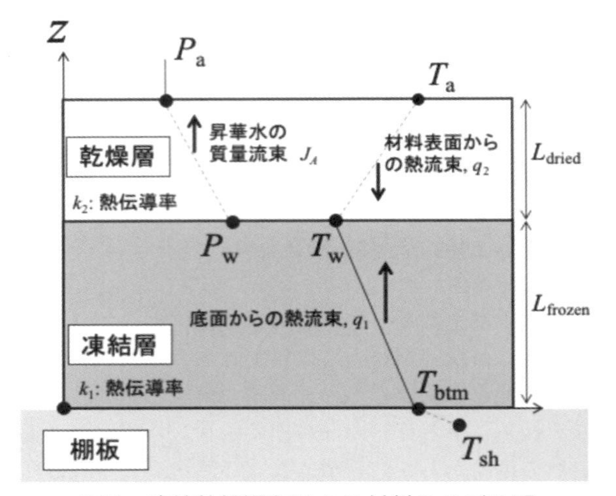

図7　凍結乾燥過程にある材料のモデル図

5. 常圧凍結乾燥

5.1　常圧凍結乾燥の原理と装置構成

常圧凍結乾燥は，真空凍結乾燥と同様に氷の昇華を利用する乾燥法であるが，凍結層と周囲ガスとの水蒸気圧差を駆動力とした拡散のみによって物質移動を進行させる点で真空凍結乾燥と異なる[16)-19)]。低湿度に保たれた低温空気を製品と接触させ，製品温度を氷点以下に維持したまま乾燥を進行させる。除湿された空気を適切に加温し，乾燥の駆動力(水蒸気圧差と温度差)を確保する。**図8**に装置の概要を示すように，調湿前の空気をコンデンサにおいて冷却し露点以下にすることで，この空気は飽和空気になる。この空気を加熱することで低湿度の空気をつくることができる。この時の温度が製品の氷点以下であれば，常圧凍結乾燥となる。氷点以上の場合は熱風乾燥と同じメカニズムでの乾燥となる。ただし，一般の熱風乾燥よりも作動温度を低くできるために，低

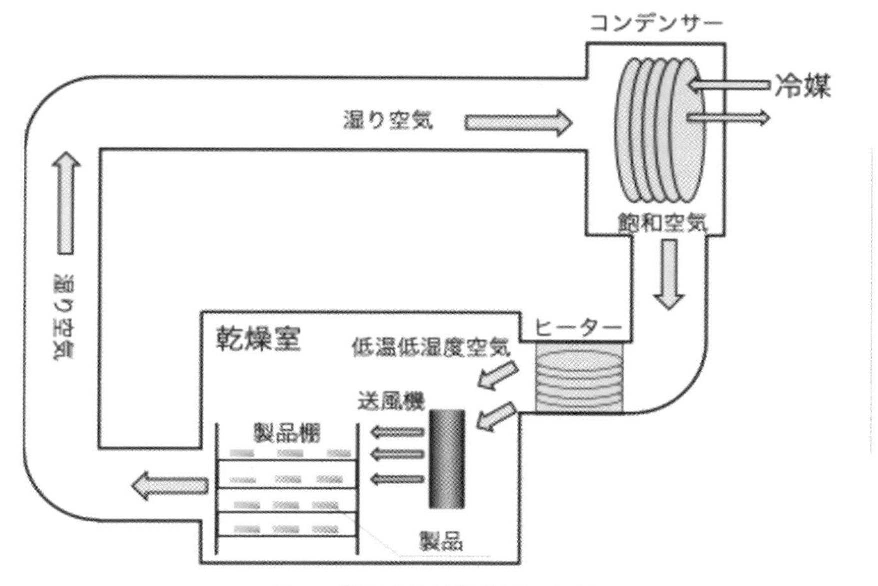

図8　常圧凍結乾燥装置の概要

温乾燥，除湿乾燥と呼ぶこともできる。

コンデンサにおける凝縮熱を，空気の加熱に使うことができれば，ヒートポンプを構成できるため，消費エネルギーの低減を図ることができる[19)20)]。エネルギー消費速度と乾燥速度のバランスによってヒートポンプ乾燥システムを最適化することができる[21)-23)]。常圧凍結乾燥は乾燥速度が遅いため，大規模な産業装置として実装させるために，流動層への適用，超音波，マイクロ波などのハイブリッド化による熱物質移動特性を向上させる研究開発も実施されている[23)-27)]。品質確保のための氷点下での乾燥操作を一定期間適用し，ある段階から氷点以上の乾燥に切り替える操作なども提案されている[28)]。乾燥時間の短縮と，品質の確保を両立させることがこれらの研究の主眼である。

5.2　常圧凍結乾燥の数理モデル

常圧凍結乾燥の数理モデルは，材料を凍結層と乾燥層に分けて考える二層モデルが提案されている[17)18)]。乾燥層内における熱と水蒸気の移動を非線形に扱う数理モデルの適用が重要になる(拡散係数の含水率依存性)。Claussen らはリンゴ，キャベツ，魚肉でモデルの検証を行い，良好に予測できたとしている[22)23)]。一方，常圧凍結乾燥は真空凍結乾燥よりも乾燥速度が遅いために製品温度が空気温度付近で高く推移するため，乾燥中の製品温度がガラス転移点を大きく上回ることが想定される。その場合，乾燥層がラバー状態となり収縮し，乾燥過程の製品をラバーが形成する一層状態とみなせる状況もある。そこで，一層だけからなる製品マトリクスに対し，熱と水蒸気の移動を線形に扱う数理モデルの適用によって単純化する代わりに，製品が示す温度・含水率依存のみかけ蒸気圧を適用するアプローチも報告されている[29)]。**図9**に示すように，外気と接触する表面(外表面積，A_{ext})と，製品内部における表面(内表面積，A_{in})にそれぞれ移動係数を設定する。ここでγは製品の総表面積に対して内表面積が占める比率であり，実験的に取得するパラメータとなる。演繹的に決定しにくいパラメータをまとめ，総括の物質移動係数(K_{total}[$m^3 \cdot s^{-1}$])，熱伝達係数(H_{total}[$W \cdot K^{-1}$])を導入する。現象としては製品マトリクス内の水の移動速度が律速段階となるため，材料内部の物質移動を強く反映するパラメータはP_iとなる。なお，P_iは固形分濃度と温度(T_i)の関数として図9(左)の等高線図より与えられる。

$$\frac{dm}{dt} = \frac{{P_i}/{T_i} - {P_{air}}/{T_{air}}}{{1}/{(1-\gamma)A_{total}k_{gex}} + {1}/{\gamma A_{total}k_{gin}}}\frac{M_w}{R}$$

$$= \frac{K_{total}M_w}{R}\left({P_i}/{T_i} - {P_{air}}/{T_{air}}\right) \qquad (13)$$

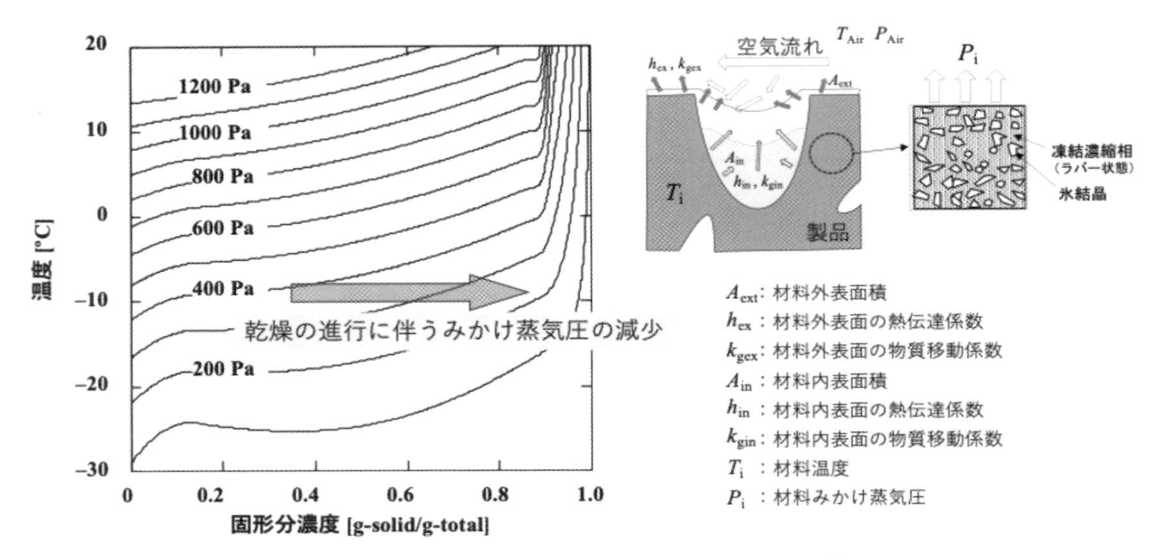

図9　常圧凍結乾燥の一層モデルのアプローチ[29]

$$Q = \Delta H \frac{dm}{dt} = \frac{T_i - T_{air}}{1/(1-\gamma)A_{total}h_{ex} + 1/\gamma A_{total}h_{in}}$$

$$= H_{total}(T_i - T_{air}) \qquad (14)$$

このモデルは，リンゴから実験的に取得したみかけ蒸気圧を用いて検証した結果が報告されている[29]。筆者の検討によれば，キウイのみかけ蒸気圧も図9と数値的に近いことを確認しており，類似の製品に対して同じ図表を適用できる可能性がある。この見かけ蒸気圧を製品固有の特性とみなし，データベースとして蓄積しておくことで，簡易かつロバストなシミュレーションができると期待される。

文　献

1) L. Slade, H. Levine and D. S. Reid : Beyond water activity: Recent advances based on an alternative approach to the assessment of food quality and safety, *Crit. Rev. Food Sci. Nutr.*, **30**(2-3), 115-360 (1991). DOI: 10.1080/10408399109527543.

2) L. Slade, H. Levine, J. Ievolella and M. Wang : The glassy state phenomenon in applications for the food industry: Application of the food polymer science approach to structure-function relationships of sucrose in cookie and cracker systems, *Journal of the Science of Food and Agriculture*, **63**(2), 133-176 (1993). DOI: 10.1002/jsfa.2740630202.

3) Y. Liu, B. Bhandari and W. Zhou : Glass Transition and Enthalpy Relaxation of Amorphous Food Saccharides: A Review. *Journal of Agricultural and Food Chemistry*, **54**(16), 5701-5717 (2006). DOI: 10.1021/jf060188r.

4) E. C. To and J. M. Flink : 'Collapse', a structural transition in freeze dried carbohydrates, *Int. J. Food Sci. Technol.*, **13**(6), 583-594 (1978). DOI: 10.1111/j.1365-2621.1978.tb00838.x.

5) E. Meister and H. Gieseler : Freeze-dry microscopy of protein/sugar mixtures: Drying behavior, interpretation of collapse temperatures and a comparison to corresponding glass transition Data, *J. Pharm. Sci.*, **98**(9), 3072-3087 (2009). DOI: 10.1002/jps.21586.

6) J. A. Searles, J. F. Carpenter and T. W. Randolph : Annealing to optimize the primary drying rate, reduce freezing-induced drying rate heterogeneity, and determine Tg' in pharmaceutical lyophilization, *J. Pharm. Sci.*, **90**(7), 872-887 (2001). DOI: 10.1002/jps.1040.

7) K.-i. Izutsu, E. Yonemochi, C. Yomota, Y. Goda and H. Okuda : Studying the Morphology of Lyophilized Protein Solids Using X-ray Micro-CT: Effect of Post-freeze Annealing and Controlled Nucleation, *AAPS PharmSciTech*, **15**(5), 1181-1188 (2014). DOI: 10.1208/s12249-014-0152-5.

8) K. Nakagawa, S. Tamiya, S. Sakamoto, G. Do and S. Kono : Observation of Microstructure Formation During Freeze-Drying of Dextrin Solution by in-situ X-ray Computed Tomography, *Front. Chem.*, **6**(418), Original Research (2018). DOI: 10.3389/fchem.2018.00418.

9) R. J. Litchfield and A. I. Liapis : An adsorption-sublimation model for a freeze dryer, *Chem. Eng. Sci.*, **34**(9), 1085-

1090 (1979). DOI: https://doi.org/10.1016/0009-2509(79)85013-7.

10) H. Sadikoglu and A. I. Liapis : Mathematical modelling of the primary and secondary drying stages of bulk solution freeze-drying in trays: Parameter estimation and model discrimination by comparison of theoretical results with experimental data, *Drying Technol.*, **15**(3-4), 791-810 (1997). Scopus.

11) A. I. Liapis and R. Bruttini : A theory for the primary and secondary drying stages of the freeze-drying of pharmaceutical crystalline and amorphous solutes: comparison between experimental data and theory, *Separations Technology*, **4**(3), 144-155 (1994). DOI: http://dx.doi.org/10.1016/0956-9618(94)80017-0.

12) M. Pikal : Use of laboratory data in freeze drying process design: heat and mass transfer coefficients and the computer simulation of freeze drying, *PDA Journal of Pharmaceutical Science and Technology*, **39** (3), 115-139 (1985).

13) A. Giordano, A. A. Barresi and D. Fissore : On the use of mathematical models to build the design space for the primary drying phase of a pharmaceutical lyophilization process, *J. Pharm. Sci.*, **100**(1), 311-324 (2011). DOI: 10.1002/jps.22264.

14) K. Nakagawa and T. Ochiai : A mathematical model of multi-dimensional freeze-drying for food products, *J. Food Eng.*, **161**(0), 55-67 (2015). DOI: http://dx.doi.org/10.1016/j.jfoodeng.2015.03.033.

15) 中川究也，落合隆晃：スープ食品凍結乾燥工程の数学的モデルに基づくデザインスペースの推算，日本食品工学会誌，**18**(2), 115-123 (2017).

16) H. T. Meryman : Sublimation freeze-drying without vacuum, *Science*, **130**(3376), 628-629 (1959), Article. DOI: 10.1126/science.130.3376.628 Scopus.

17) D. Heldman and G. Hohner : An analysis of atmospheric freeze drying, *J. Food Sci.*, **39**(1), 147-155 (1974).

18) E. Wolff and H. Gibert : Atmospheric freeze-drying part 2: modelling drying kinetics using adsorption isotherms, *Drying Technol.*, **8**(2), 405-428 (1990).

19) E. Wolff and H. Gibert : Atmospheric freeze-drying part 1: Design, experimental investigation and energy-saving advantages, *Drying Technol.*, **8**(2), 385-404 (1990).

20) C. O. Perera and M. S. Rahman : Heat pump dehumidifier drying of food, *Trends in Food Science & Technology*, **8** (3), 75-79 (1997).

21) O. Alves-Filho : Combined Innovative Heat Pump Drying Technologies and New Cold Extrusion Techniques for Production of Instant Foods, *Drying Technol.*, **20**(8), 1541-1557 (2002). DOI: 10.1081/DRT-120014051.

22) I. C. Claussen, T. Andresen, T. M. Eikevik and I. Strømmen : Atmospheric Freeze Drying-Modeling and Simulation of a Tunnel Dryer, *Drying Technol.*, **25**(12), 1959-1965 (2007). DOI: 10.1080/07373930701727275.

23) I. C. Claussen, T. S. Ustad, I. Strømmen and P. M. Walde : Atmospheric Freeze Drying-A Review, *Drying Technol.*, **25**(6), 947-957 (2007). DOI: 10.1080/07373930701394845.

24) S. K. Chou and K. J. Chua : New hybrid drying technologies for heat sensitive foodstuffs, *Trends in Food Science & Technology*, **12**(10), 359-369 (2001). DOI: http://dx.doi.org/10.1016/S0924-2244(01)00102-9.

25) D. Colucci, D. Fissore, C. Rossello and J. A. Carcel : On the effect of ultrasound-assisted atmospheric freeze-drying on the antioxidant properties of eggplant, *Food Research International*, **106**, 580-588 (2018). DOI: https://doi.org/10.1016/j.foodres.2018.01.022.

26) P. Di Matteo, G. Donsi and G. Ferrari : The role of heat and mass transfer phenomena in atmospheric freeze-drying of foods in a fluidised bed, *J. Food Eng.*, **59**(2-3), 267-275 (2003).

27) M. Mumenthaler and H. Leuenberger : Atmospheric spray-freeze drying: a suitable alternative in freeze-drying technology, *Int. J. Pharm.*, **72**(2), 97-110 (1991).

28) K. Nakagawa, A. Horie, M. Nakabayashi, K. Nishimura and T. Yasunobu : Influence of processing conditions of atmospheric freeze-drying/low-temperature drying on the drying kinetics of sliced fruits and their vitamin C retention, *Journal of Agriculture and Food Research*, **6**, 100231 (2021), Article. DOI: 10.1016/j.jafr.2021.100231.

29) K. Nakagawa, A. Horie and M. Nakabayashi : Modeling atmospheric freeze-drying of food products operated above glass transition temperature, *Chem. Eng. Res. Des.*, **163**, 12-20 (2020). DOI: https://doi.org/10.1016/j.cherd.2020.08.017.

第10節
高周波誘電加熱による乾燥

山本ビニター株式会社　山本　泰司

1. はじめに

高周波やマイクロ波は，テレビ・ラジオなどの放送や携帯電話などの通信に古くから使われている電波の一種であり，加熱用途として乾燥分野にも広く使われている。金属のように電流を通しやすい物質を導電体，電流を通しにくいプラスチック，ゴム，ガラス，セラミック，木材などの絶縁物を誘電体と呼び，その誘電体を高周波やマイクロ波などの電界作用により加熱することを誘電加熱（Dielectric heating）という。誘電加熱には，3 MHz～300 MHzの高周波を利用した高周波加熱，300 MHz～30 GHzのマイクロ波を利用したマイクロ波加熱がある。誘電加熱は，体積や厚みの大きい被加熱物を急速に加熱できる熱源として，古くより木材，食品，セラミックスなどの乾燥に使われてきた。近年，世界的なカーボンニュートラルの流れから「省エネ」と再生可能エネルギーによる「電化」が求められる中で，従来から利用されている蒸気，熱風などからの代替え技術として誘電加熱が再注目されている。それによりこれまで使われてこなかった新しい乾燥対象物への利用が拡大している。本稿では，高周波誘電加熱を利用した乾燥について紹介する。

2. 高周波誘電加熱による乾燥

2.1　高周波誘電加熱の原理

高周波誘電加熱は高周波電界により，誘電体自体を自己発熱させる加熱技術である。高周波電界が誘電体に加わると，誘電体中の極性分子は電場の変化に追従して，その向きを頻繁に変える。この分子の再配向運動が分子間の摩擦のような作用を生じさせ，その損失が熱エネルギーに変換され誘電体自体が自己発熱する[1)]。誘電体で発生する単位体積あたりの電力（w/m^3）は，式(1)で求められる（誘電体で発生する単位体積あたりの電力（w/m^3））。電力Pは，周波数(f)，被誘電率(ε_r)，誘電体損失角($\tan\delta$)の積であり，損失係数($\varepsilon_r \times \tan\delta$)と電界強度($E^2$)に比例する。

$$P = 5/9 \times 10^{-10} \times \varepsilon_r \cdot \tan\delta \cdot f \cdot E^2 \ (W/m^3) \qquad (1)$$

$\varepsilon_r \cdot \tan\delta$：損失係数
f：周波数(Hz)
E：電界強度(V/m)
P：電力

誘電体の損失係数($\varepsilon_r \times \tan\delta$)は物質固有の数値であるが，周波数によって異なり，また温度によって変化する。図1のように，電界エネルギーが誘電体に吸収されると誘電損により熱エネルギーに変換され，徐々に減衰しながら進んでいく。減衰の割合は，誘電体の損失係数の大きさに反比例する。次に，電界の入射エネルギーが1/2に半減する深さ(D)を電力半減深度といい，式(2)で求められる（電力半減深

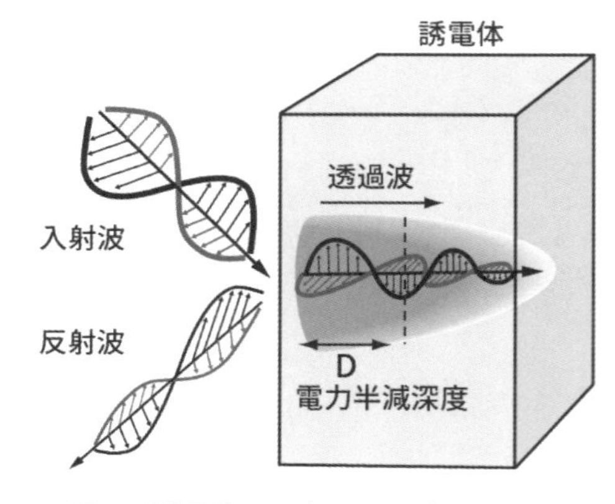

図1　誘電体に吸収された高周波電界

表1　さまざまな物質の損失係数(10 MHz)

物質名(例)	損失係数($\varepsilon_r \times \tan\delta$)
空気	0
水(25 ℃)	$6{,}320 \times 10^{-4}$
水(85 ℃)	$12{,}000 \times 10^{-4}$
木材(含水率 15 %)	$2{,}970 \times 10^{-4}$
紙	$3{,}010 \times 10^{-4}$
大豆	$1{,}000 \times 10^{-4}$
天然ゴム	72×10^{-4}
ナイロン	297×10^{-4}

度(m))。誘電体の損失係数は物質固有の数値であるが，周波数によって異なり，また温度によって変化する[2)]。**表1**は，さまざまな誘電体の損失係数であるが，水が非常に高く誘電加熱による乾燥に適していることがわかる。

$$D \fallingdotseq \frac{3.32 \times 10^7}{f \cdot \sqrt{\varepsilon_r} \cdot \tan\delta} \text{(m)} \qquad (2)$$

2.2　高周波誘電加熱の特徴

高周波誘電加熱による特徴は，以下のようにまとめられる。

(1)急速加熱できる

一般的に誘電体は熱伝導率が低いため，外部からの伝導などによる加熱では中心部の加熱が遅れる。誘電加熱は被加熱物そのものの発熱のため熱伝導に関係なく，与えた電界強度に比例した急速な加熱ができる。

(2)均一加熱できる

外部からの加熱では内外の温度傾斜は避けられないが，誘電加熱では電界を均一に与えることで，被加熱物を均一に加熱することができる。

(3)加熱効率が高い

外部加熱では炉体や雰囲気が昇温するが，誘電加熱は被加熱物自体が発熱するため，余分なものを加熱することなく加熱効率が高く省エネである。

(4)選択加熱できる

発熱は被加熱物の損失係数に依存するので，高い損失係数を有する物質や水分を多く含む物質が特に加熱されやすい。損失係数の低い被加熱物に含まれた水分は，高効率に乾燥することができる。

(5)局部加熱できる

電界エネルギーを与える電極は，さまざまな形状に設計することができる。そして，電極を当てた被加熱物の局部のみを加熱することができる。

(6)減圧下で加熱できる

減圧下や特殊雰囲気下(反応性ガスや不活性ガス)でも被加熱物を直接加熱することができる。減圧下で沸点を下げることで被加熱物の昇温を押さえた乾燥が可能である。

2.3　高周波乾燥の特徴

高周波誘電加熱による乾燥(以下，高周波乾燥)は，従来の伝熱を利用した乾燥方法とは異なる特徴を有し，その効果的な応用が注目されている。一般的な対流伝熱，伝導伝熱，放射伝熱による加熱乾燥においては，熱が表面から内側へ伝達されるため，外層と内部で含水率に差が生じることが一般的であり，これにより水分傾斜が発生しやすい。この水分傾斜は減率乾燥期間において乾燥速度を低下させ，全体の乾燥時間を延長する要因となる。一方，高周波乾燥では電界エネルギーが被乾燥物全体に浸透し，外層だけでなく内部もほぼ均等に加熱できる。水分の均一な蒸発が促進されるため，外層と内部の含水率の差が小さくなる。この結果，従来の乾燥方法に比べて定率乾燥期間を短縮できるだけでなく，減率乾燥期間の短縮につながり，乾燥効率の大幅な向上や省エネ効果が期待できる。また，従来の乾燥プロセスでは乾燥速度を向上させようとすると，熱源の温度を上げる，湿度を下げる，風速を増加させる，対象物の表面積を増やすといった操作が必要となる。これらの操作は乾燥効率を向上させる一方で，変形や収縮，変色などの製品の品質劣化を引き起こす可能性がある。これに対して，高周波乾燥は被乾燥物全体に対して一様にエネルギー供給できるため，被乾燥物の温度を上げることなく乾燥速度を効果的に向上させることが可能である。この特性は，特に温度制御が難しい材料や，熱に弱い製品の乾燥において大きな利点がある。また，湿度や風速の厳密な管理を必要としないため，プロセス全体の効率化および運用コストの削減にも貢献する。

2.4　マイクロ波乾燥との比較

周波数の高いマイクロ波を利用するマイクロ波加熱による乾燥(以下，マイクロ波乾燥)も高周波乾燥と同様に幅広く利用されている。高周波乾燥のような電極を使用することなく，シンプルな構造で被加熱物を加熱乾燥することができるのがメリットである。また，周波数が高いことにより水分への発熱効率が高く，迅速な乾燥が可能である。一方，電界エネルギーが被乾燥物の端部や局所に集中しやすく，ホットスポットが発生しやすい。さらに周波数が高いことで，電力半減深度が小さくなるため，厚みがあり，体積の大きな被乾燥物では，内部と外層部との加熱ムラが生じやすい。これらのことよりマイクロ波乾燥は，食品など比較的小さな被乾燥物に適応されることが多い。それに対して高周波乾燥は，厚みのある大きな被乾燥物，たとえば大型立体成形物，長尺成形体に適している。

3. 高周波乾燥装置の概略

3.1　高周波乾燥装置の基本構造

高周波加熱装置は図2のように基本構造としては，高周波発振器，整合回路，電力給電回路，加熱オーブン，電極，制御装置で構成されている。被乾燥物は加熱オーブン内の2枚の対抗する電極で挟まれる。高周波発振器は商用電源を発振源である電子管(三極送信管)に供給し，高周波(主にISMバンドである13.56 MHz，27.12 MHz，40.68 MHz)を発振させる。高周波電力は整合器，さらに電力給電回路を通じて加熱オーブン内の電極に供給される。整合回路の役割は高周波発振器と電極間の被乾燥物のとのインピーダンス(電気抵抗)を調整することで，効率的に電力を供給するものである。乾燥の進行に伴い，被乾燥物のインピーダンスが変化するのでその変化を自動的に追随する。制御装置は発振器の出力や整合器の調整，電極やオーブンなどの機械的，電気的な制御を総合的に行っている。

高周波発振器は大別すると半導体式の発振器と電子管式の発振器の2種類がある。5 kW以下の電力においては，主に半導体発振器が利用されている。

半導体式高周波発振器は，発振源にパワートランジスタを用いており，小型で軽量，精密な出力制御ができるなどの特徴があるが，出力あたりの発振器のイニシャルコストが高い。

一方，電子管を用いた高周波発振器は大型で重量物になるが，大出力を発振でき出力あたりのイニシャルコストも低い。大きな乾燥エネルギーの必要な高周波乾燥装置で利用されている発振器のほとんどは電子管式となる。出力の大きなものは1台で100〜300 kWの高周波電力を発生させることができ，これらの発振器を複数台組み合わせすることで時間あたり500 kg以上の水分蒸発量を誇る装置が実稼働している。

3.2　電極構造

高周波乾燥技術における電極構造は，乾燥効率および製品品質に直結する極めて重要な要素である。高周波誘電加熱は，電極間に設置された物体に電極を介して高周波電界を与え，物体内部で発生する誘電損失を利用して加熱を行う。このため，電極の配置および形状は，加熱の均一性と効率に大きな影響を与える。一般的には，平行平板型電極が使用されることが多い。この構造では，上下に配置された平行電極間に被乾燥物を挟み込み，均一な電場を形成することで，被加熱物全体にわたる均一な加熱を実現する(図3)。電極と被加熱物を直接接触させず空気層が発生する場合は，上電極を被乾燥物の形状やサイズに合わせて最適化する(図4)。

その他にも被乾燥物の形状やサイズ，処理条件や乾燥条件に応じた多様な電極設計が可能である。たとえば，大量の被乾燥物を一度に処理する方法として，多層に配置された平行平板を用いた多層電極がある(図5)。また，板状，フィルムやシートの被乾燥物に効率的に電界エネルギーを与えるために，棒状の電極を交互に配置した格子状電極(図6)。あるいは棒状，紐状の被乾燥物を連続的に加熱するためにリング状に配置したリング状電極(図7)など，さまざまな電極形状が利用され，乾燥効率の向上に寄与している。

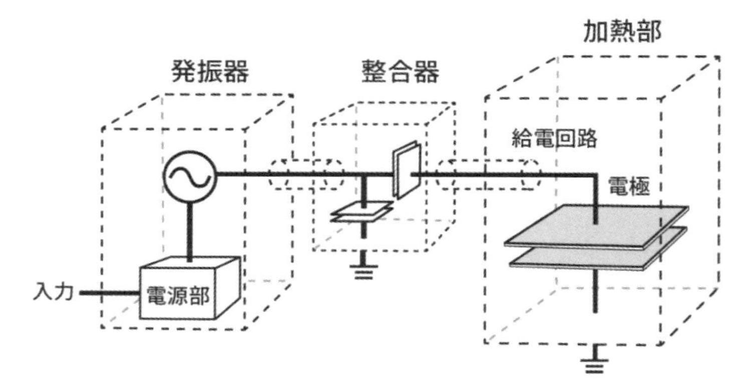

図2　高周波誘電加熱装置の基本構造

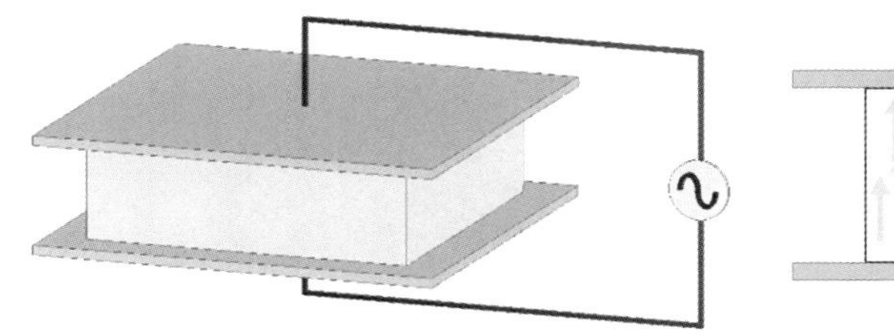
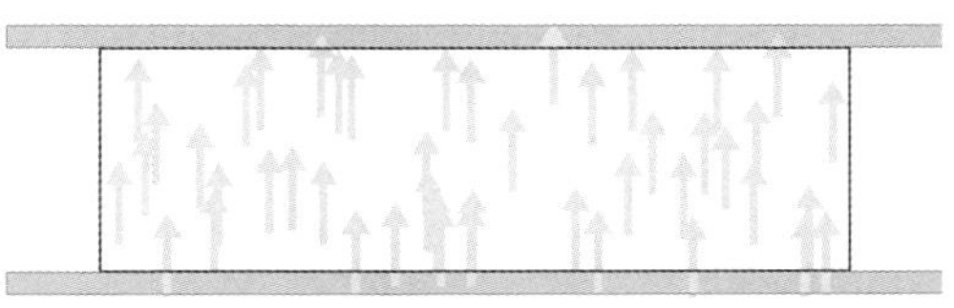

※口絵参照

図3　平行電極(上下電極同サイズ)の構成と電界

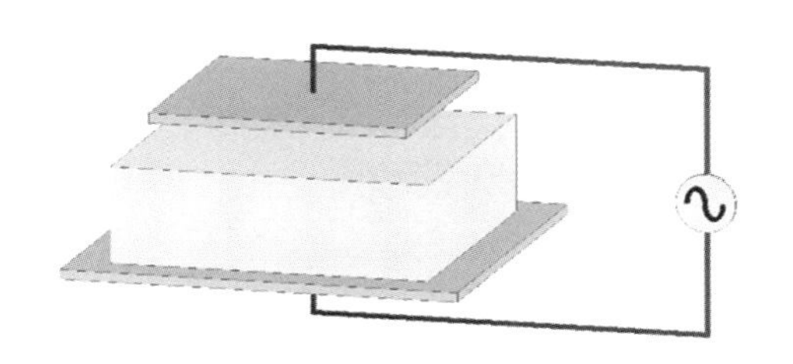
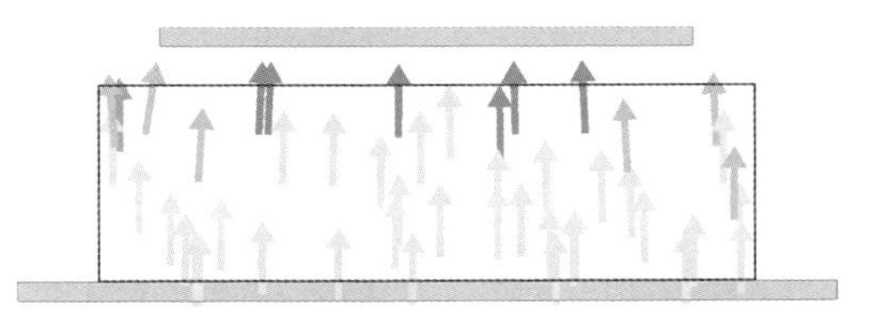

※口絵参照

図4　平行電極　非接触(上電極小)の構成と電界

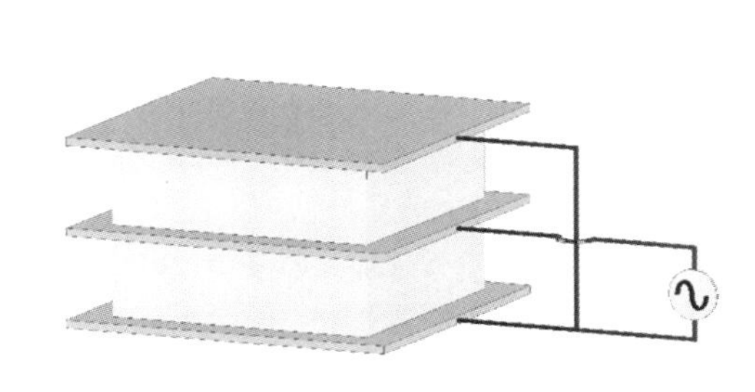
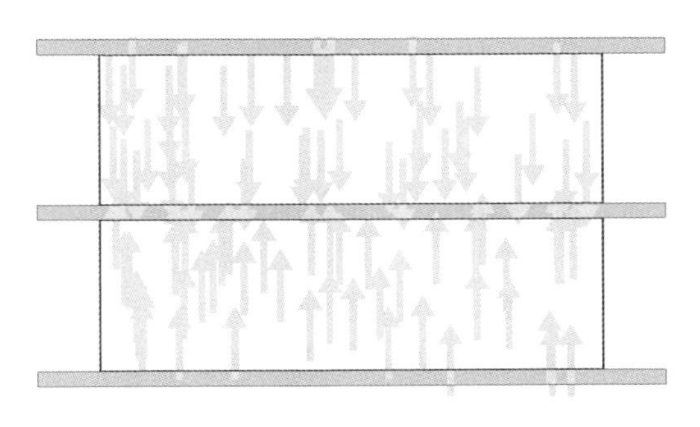

※口絵参照

図5　多層電極の構成と電界

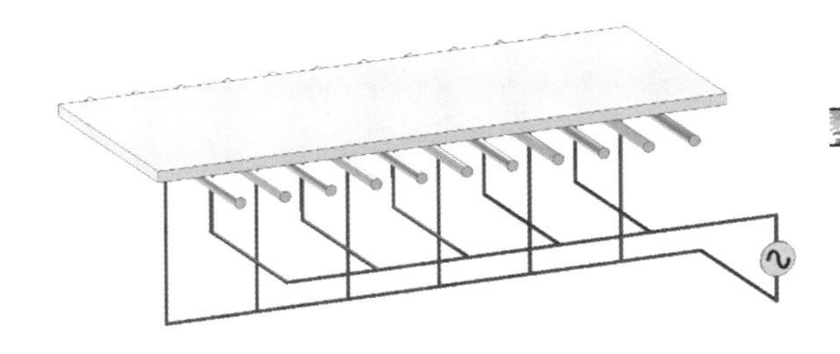
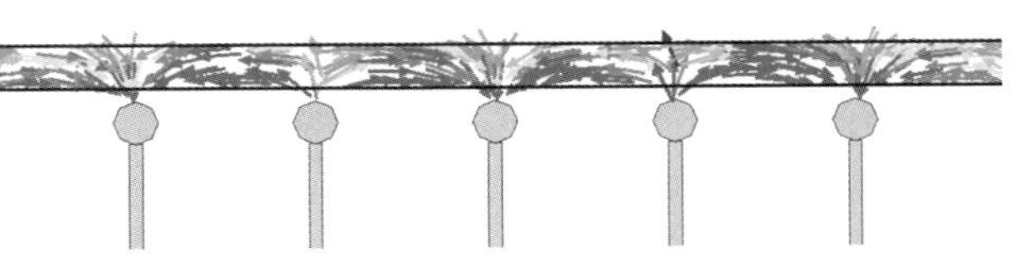

※口絵参照

図6　千鳥格子電極の構成と電界

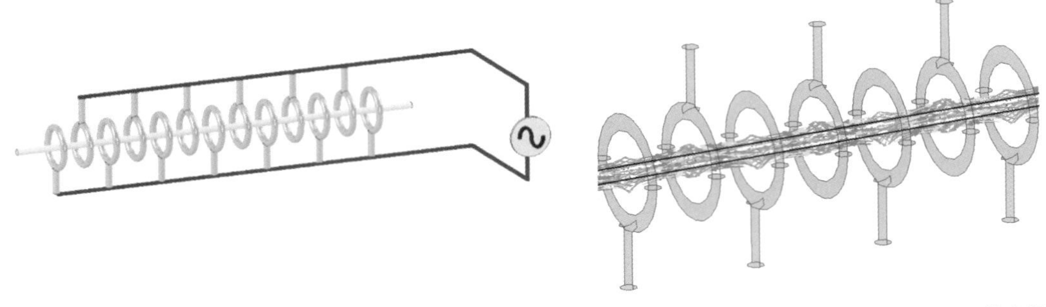

※口絵参照

図7　リング電極の構成と電界

3.3　高周波乾燥の処理方式

高周波乾燥の処理方式は，「バッチ式」と「連続式」の2種類に大別される。

バッチ式乾燥は，一度に一定量の材料を処理する方式であり，少量多品種の生産に適している。また，乾燥時間が時間単位や日単位でかかる場合に利用される。この方法では，被乾燥物を電極間に配置し，基本的には一定時間静置状態で高周波加熱され乾燥を行う。乾燥中のオーブン内の温湿度環境は，被乾燥物の適正や乾燥状態に合わせて制御される。バッチ式乾燥は，均一な乾燥が求められる材料や，複雑な形状や不規則なサイズを有する材料に適しており，乾燥条件を精密に制御することができるため，製品品質を高水準で維持することが可能である。

一方，連続式乾燥は大量生産に対応した方式であり，材料を途切れることなく供給しながら乾燥を行う。乾燥時間は，秒単位，分単位の短時間の場合に利用される。この方法は，生産効率が高く，安定した品質を維持するために適している。連続式の代表的な方式としては，「ベルト搬送方式(コンベア式)」，「ローラー搬送方式」，「ロール to ロール式」が挙げられる。ベルト搬送方式では，被乾燥物をベルトコンベアに載せて電極内を通過させることで乾燥させる。この方式は，さまざまな形状やサイズの被乾燥物に対応でき，大規模な生産に適している。ローラー搬送方式では，板状やシート状の枚葉の被乾燥物をローラーで支持しながら電極内を通過させ乾燥をさせる。ロール to ロールは，連続フィルムやシートなどを繰出し巻取りながら，電極内を通過させて乾燥させる。

4. 高周波乾燥の応用例

ここでは，代表的な高周波乾燥装置について紹介する。

4.1　セラミックスの高周波乾燥装置

セラミックスで成形されたハニカムフィルタは，多孔質構造と高い表面積を持ち，触媒担体として広く用いられている。この成形体は，焼成前に含水率を2％以下にまで乾燥させる必要があるが，成形体が大型で(たとえば直径100～500 mm，長さ100～500 mm)，含水率が高い(たとえば25～40 %)ため，従来の熱風による外部加熱のみでは乾燥時間がかかる上，十分な乾燥が難しい。乾燥が不十分だと，焼成中に変形や表面割れなどが発生する。セラミックス成形体の高周波乾燥では材料内部を直接加熱し，熱風と組み合わせることで，表面と内部の乾燥速度を調整し，均一な乾燥を実現している。表面割れリスクの低減，製品品質の向上，エネルギー効率の改善が図られ，連続乾燥プロセスの効率が向上する。高周波の利用には，マイクロ波に比べていくつかの利点がある。まず，発振器の大出力化が可能であり，これにより設備の初期投資が削減できる。次に，高周波は電力の半減深度が大きく，体積の極めて大きな成形体にも適用可能である。さらに，幅1000 mmを超える多列に配置された被乾燥物に対しても均一な加熱乾燥を行えるため，生産性が高い[3)]。**図8**は，高周波と熱風を併用した平行電極構造の連続式乾燥装置である。コンベア上に多列に配置された成形体が上下の電極間を通過する。発振周波数は40.68 MHzで100 kWの発振器を6台設置し，総出力で600 kW

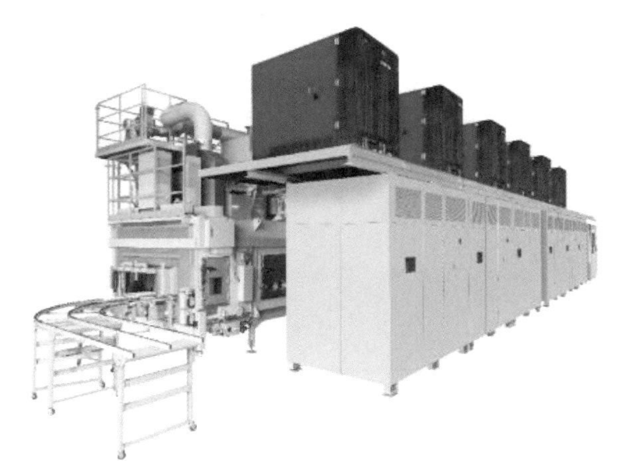

周波数	13.56/27.12/40.68 MHz
高周波出力	100 kW×6 台

図8　連続式高周波セラミック成形体乾燥装置

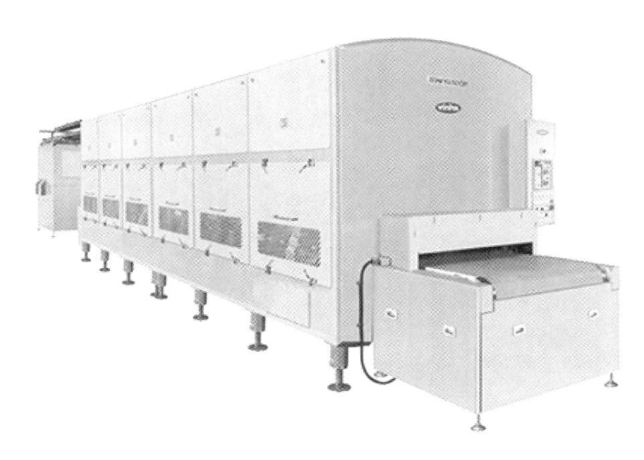

周波数	27.12/40.68 MHz
高周波出力	40～60 kW×2～4 台

図9　連続式高周波食品乾燥装置

となり，水分蒸発能力 500 kg/h 以上である。また，乾燥の進行段階(初期，中期，後期)に応じて，高周波加熱条件や熱風の温湿度条件を制御して効率的かつ高品質な乾燥を実現している。

4.2　食品の高周波乾燥装置

食品業界では，クッキーやビスケットの焼成前の予備乾燥，ハーブやスパイスの乾燥，砂糖漬けの果物柑橘類の乾燥などに利用されている。特にクッキーやビスケットなどの焼成品では，熱風乾燥を行った場合，表層が先に乾燥し，中心部分は高い水分を保持したままになりやすい。また，外表面と中心部分の水分含水量の差によって応力が発生し，焼成品の表面にひび割れが発生してしまう。高周波乾燥では短時間で乾燥できるため熱による褐変や損傷のリスクが最小限に抑えられ，食感や風味が損なわれることなく，高品質を保つことができる。また，表面のひび割れが起こりにくく製品品質の向上が図られる。高周波では立体的な分厚い食品においても，より効率的に均一に加熱することができる[4)]。**図9**は平行電極を用いた連続式乾燥装置である。搬送ベルト上に配置された食品が上下の電極間を通過する。高周波発振器を複数台設置し，乾燥段階ごとに高周波出力条件や温湿度条件を変えることで，より効率的な乾燥を行うことができる。また，上下の電極間に 60～120 ℃の熱風を出口側から入口側へと循環させることで，大量の蒸気を装置外へ排出させる。

4.3　木材の高周波乾燥

伐採直後の木材は大量の水分を含んでおり，そのまま建材として使用すると収縮や変形，割れが発生する。寸法安定性を確保するためには木材を含水率約 15 % まで乾燥させ，大気と平衡とする必要がある。難乾燥材である木材乾燥の分野では，古くより高周波乾燥が利用されてきた[5)]。

4.3.1　高周波加熱と蒸気の複合乾燥装置

日本のスギ柱材は，高含水率でかつ含水率のばらつきが大きいため従来の中温熱気乾燥法では時間がかかり，100 ℃を超える高温乾燥では時間は短縮できても強度低下や変色が生じるなどの問題がある。高周波と蒸気の複合乾燥技術は，従来の蒸気式熱気乾燥に高周波を加えることで，両者の特性を効果的に融合している。熱気乾燥を効果的にするため，柱材を桟積みした状態で多層電極構造(**図10**)により高周波加熱を行う。乾燥炉内は 70～90 ℃程度の蒸気乾燥を進めながら，同時に高周波加熱により水分の多い材心部を選択的に 100 ℃程度に加熱する。外部の熱気温度と木材内部温度に温度勾配が発生し，内外面に有意な圧力差が生じ，材心部の水分が外層に向かって積極的に押し出される。この結果，乾燥の迅速化が進み，水分傾斜が容易に解消されるため，従来の高温・中温乾燥機に比べて約 1/2 から 2/3 の乾燥日数で変色や割れ，狂いの少ない効率的かつ均一な乾燥が実現される。高周波加熱は材心部を加熱するこ

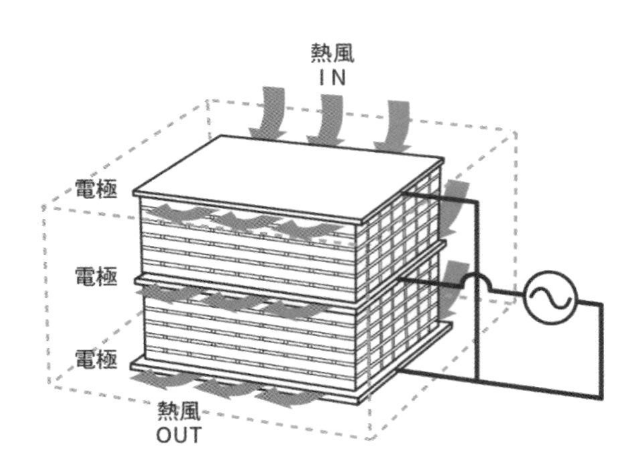

図 10　木材乾燥における多層電極

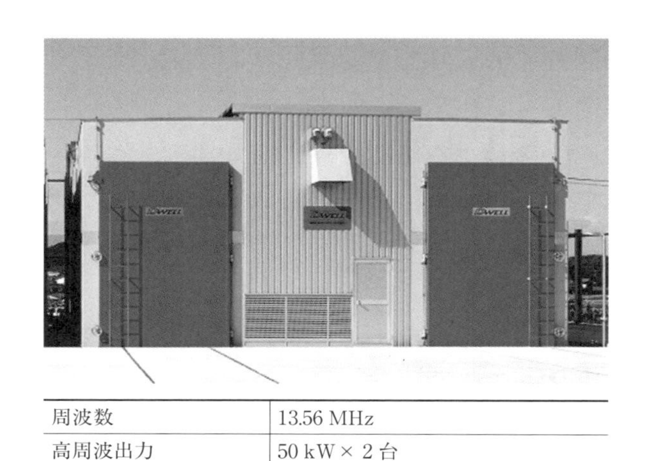

周波数	13.56 MHz
高周波出力	50 kW × 2 台

図 11　高周波・蒸気複合木材乾燥装置

とに集中的に使うことで省エネ化している。特に従来の乾燥では困難な平角など大断面材に対しては，乾燥日数の短縮と省エネに優位性がある[6)]。**図 11** に示す高周波・蒸気複合乾燥装置は，中央に 50 kW の高周波発振器(周波数 13.56 MHz)と操作室を設け，左右の 40 m^3 の乾燥室に対して切り替えて交互に高周波加熱が可能な構成として生産性を高めている。

4.3.2 減圧による木材乾燥装置

家具や内装建材などに使われる広葉樹の板材，単板や突板の乾燥では変色や材の狂いを抑える目的で，低温での乾燥が可能な減圧乾燥が利用されている。高周波減圧乾燥は，乾燥炉内を 5 ～ 7 kPa 程度まで減圧し，沸点を 35 ～ 40 ℃とした減圧環境下において高周波加熱により材温を沸点より 5 ～ 10 ℃程度高めることで，低温での乾燥，乾燥時間の大幅な短縮

周波数	13.56 MHz/6.78 MHz
高周波出力	60 kW

写真提供：ヤスジマ㈱

図 12　高周波真空木材乾燥装置

を可能としている。乾燥時間は材種にもよるが，数時間から 1 日程度で完了する。高周波減圧乾燥の特長は，低温の環境下で乾燥させることで変色を防ぐことができ，板材を積み上げた状態で圧縮しながら乾燥するため乾燥時に発生する材の狂いを抑えることができる。また，桟積が不要のため結束した積層単板の乾燥も可能などである[7)]。**図 12** の高周波減圧乾燥装置は，多層電極を用いて 30 m^3 の木材を一度に処理可能な減圧式の乾燥炉と 60 kW の高周波発振器(周波数 13.56 MHz/6.78 MHz)を組み合わせた構成となっている。

また，同じ減圧式高周波乾燥装置は，木材の保存薬剤の乾燥にも利用されている。近年，防腐，防蟻性能を付与した薬液含浸木材が普及している。湿式処理の場合は，加圧注入時に水を使用するため木材の寸法変化が大きく，処理後に再乾燥が必要となる。これに対して乾式処理は，保存薬剤の溶剤として沸点 40 ℃のジクロロメタンを用いる。高周波加熱による減圧薬液乾燥では，沸点が低いため迅速に乾式処理を行うことができる。また，処理終了時には乾燥木材としてすぐに取り出せるので，作業工程の大幅な短縮が期待できる。防腐処理時の寸法変化がないため加工済みの製品に対しても防腐処理が行え，接着剤を利用した木質材にも薬品注入が可能となっている[8)]。薬液含浸される木質材は，主に合板，LVL や集成材であり，装置の処理用缶体は，缶径 φ1.9 m × 長さ 10～13 m と非常に大きくなる。そのため高周波周波数を 6.78 MHz と低くし，木質材全体を均一に加熱することで効率的な処理を行っている。

4.4　繊維の高周波乾燥装置

繊維業界では後染め糸の乾燥において利用されている。後染め糸の形状には，綛(かせ)(糸を輪状に束ねた形状)，トップ(未紡績の細長い繊維束)，チーズ(糸をボビンに巻いた形状)などがあり，特に多品種少量生産品に対して，高周波やマイクロ波を用いた誘電加熱による乾燥が有効である。高周波やマイクロ波を利用した乾燥では，内部から均一に加熱が行われるため，乾燥時間が大幅に短縮され，従来の乾燥方法に比べエネルギー効率が向上する。また，均一で迅速な乾燥により，糸の物理的特性や色の均一性が維持され，品質向上に寄与する。高周波繊維乾燥装置は，大きく分けて減圧バッチ式と常圧連続式の2種類に分類される。

減圧バッチ式乾燥機では，減圧容器内に配置した繊維を上下電極間で乾燥し，沸点を40～50℃に下げた状態で低温乾燥を行う。この方式は，低温での乾燥が繊維の風合いを保持しやすいという利点があるが，バッチ処理であるため処理量に制限があり，減圧炉のために装置コストも高くなる。

一方，常圧連続乾燥機は，ネットコンベア上に配置された繊維を上下電極間に連続的に搬送しながら，熱風を併用して乾燥を行う方式であり，乾燥速度が速く，大量処理に適している。**図13**は，平行電極構造の連続式乾燥装置の概略図である。繊維材料は通気性の良いネット状のコンベアベルト上に整列され，連続的に投入される。コンベアの搬送速度は，初期含水率や仕上がり含水率に応じて0.3～3 m/min程度で調整される。発振器の出力と台数を選択することで大量処理に対応している。

4.5　インクの高周波乾燥

工業用印刷分野では，環境問題への関心が高まり揮発性有機化合物(Volatile Organic Compounds：VOCs)を含むトルエン，キシレンなどの有機溶剤系インクから，水溶性インクへの移行が進んでいる。有機溶剤系インクは，低沸点かつ低気化熱という特性により，熱風や遠赤外線加熱による迅速な乾燥が可能であるが，水溶性インクは乾燥に多くのエネルギーを要し，その結果として乾燥時間が長くなるという課題がある。インクの高周波乾燥では，紙よりも損失係数の高い水性インク層を選択的に加熱できるため，短時間での連続乾燥が可能となり，高速な水性インクジェットプリンタの連続印刷プロセスにおいての利用が進みつつある[9]。一般的な熱風乾燥を用いた水性インクの乾燥では，エネルギー効率は約10％に留まるが，高周波を利用することで乾燥速度が著しく向上し，エネルギー効率は約20％にまで高めることができる。さらに，高周波加熱により内部から均一な加熱が可能となり，乾燥品質の向上にも寄与する。また，装置の全体長も短縮され，省スペース化が実現されている。**図14**は格子状電極構造のロールtoロール式連続乾燥装置の概略図である。被乾燥物の幅方向に正極と負極の電極を交互に配置することにより，

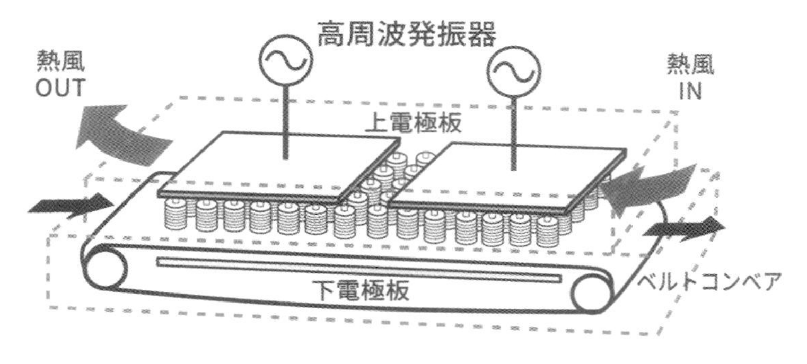

周波数	27.12/40.68 MHz
高周波出力	40～60 kW×2台

図13　連続式高周波繊維乾燥装置

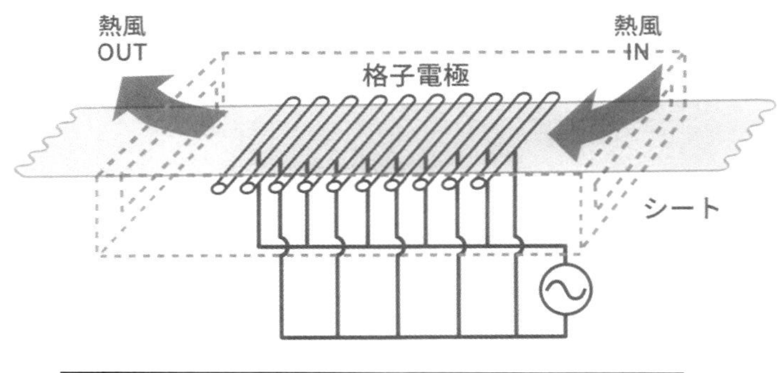

周波数	27.12 MHz
高周波出力	5～20 kW

図14　連続式高周波印刷インク乾燥装置

強力な電界を生成することができ，1000 mm 以上のロール幅にも対応可能である。

5. 高周波乾燥装置の開発動向

近年，電磁界シミュレーション技術の発展により，これまで均一な乾燥が難しかった形状，サイズ，素材の対象物において，それぞれに合わせた電極形状や加熱スケジュールなどを最適化することが可能になった。そのことにより均一な乾燥に成功する事例が増えている。また，その開発にかかる時間も大幅に短縮できるようになり，高周波乾燥の利用分野が拡大しつつある。さらに最新の AI 技術やセンシング技術，IoT 技術と組み合わせることで，さまざまな被加熱物に対しての加熱条件設定の最適化を自動で行うシステムの開発も進められている。近い将来，誰でも簡単に常に最適な状態で高周波乾燥装置を利用できるようになり，さらなる利用拡大が期待される。

文　献

1) 小菅信吾：電磁波加熱－誘電加熱，電熱，61 (1992).
2) 金井秀夫：誘電体損失と高周波応用，電熱，61 (1992).
3) 山本泰司：高周波，マイクロ波による誘電加熱の応用例と応用装置，エレクトロヒート，215 (2017).
4) George B. Awuah：Radio-Frequency Heating in Food Processing, CRC Press, 215-230 (2014).
5) 寺澤眞：木材乾燥のすべて，海青社，37-59 (1994).
6) 山本泰司：高周波誘電加熱と蒸気式熱気乾燥を組み合わせたハイブリッド型木材乾燥装置，エレクトロヒート，161 (2008).
7) 寺澤眞ほか：木材の高周波真空乾燥，海青社，83-98 (1998).
8) https://yasjima.co.jp/product/pressure/ky/
9) 浅見忍：高周波誘電加熱における印刷関連での乾燥，エレクトロヒート，185 (2012).

第11節
マイクロ波を利用した乾燥技術

マイクロ波化学株式会社　**和田　直之**

1. マイクロ波加熱の特徴

1.1　マイクロ波とは

マイクロ波は，電場と磁場の変化を伝搬する波である電磁波の一種である。電磁波は，X線，紫外線，可視光線，赤外線，電波など，周波数(波長)の違いにより分類され，周波数300 MHz～300 GHz，波長にすると1 m～1 mmの電磁波がマイクロ波と呼ばれている。

1.2　マイクロ波による発熱と特徴

マイクロ波加熱の特徴には以下のものが挙げられる。

・直接加熱：伝面を介さない加熱方式であること
・選択加熱：マイクロ波エネルギーの伝達に物質選択性があること
・内部加熱：マイクロ波による発熱が物質の内部で起こること

これらの特徴について，説明する。マイクロ波は空気中や真空中を光速で伝わり，物質に照射された際，透過，反射，吸収が起こる。この吸収がマイクロ波の発熱現象である。マイクロ波による発熱は式(1)で表される[1]。

$$P = P_\sigma + P_\varepsilon + P_\mu = \frac{1}{2}\sigma|E|^2 + \pi f\varepsilon_0\varepsilon_r''|E|^2 + \pi f\mu_0\mu_r''|H|^2 \quad (1)$$

P：単位体積あたりの発熱量[W/m]，E：電場強度[V/m]，H：磁場強度[A/m]，σ：電気伝導度[S/m]，f：周波数[Hz]，ε_0：真空の誘電率[F/m]，ε_r''：誘電損失率，μ_0：真空の透磁率[H/m]，μ_r''：磁気損失率

式(1)の第1項は，P_σ：導電体の発熱，第2項はP_ε：誘電体の発熱，第3項はP_μ：磁性体の発熱を表現している。マイクロ波でよく加熱できることが知られている水は誘電体であり，第2項のメカニズムで発熱するが，水に限らずさまざまな物質，たとえば，金属粉末やカーボン，半導体などの導電体や，磁鉄鉱などの磁性体も加熱することができる。式(1)には温度差や伝面に関する項はなく，対象となる物質の物性値と電磁場の強度，周波数で発熱が表現されており，温度差や伝面によらない発熱であることがわかる。電磁場の強度を変えることにより，マイクロ波による発熱量の制御が可能である。

式(1)にはいずれの項にも物質固有の値が入っており，第1項はσ：電気伝導度，第2項はε_r''：誘電損失率，第3項はμ_r''：磁気損失率が該当する。マイクロ波加熱の大きな特徴の1つに物質の選択性があるのは，物質ごとにマイクロ波吸収特性が異なるためである。マイクロ波による加熱，マイクロ波による反応を検討する上で，電磁場の強度だけでなく，対象物質のマイクロ波吸収特性を把握することが重要である。

またマイクロ波加熱の可能性，反応器設計に重要な影響を与えるものとして，電力半減深度がある。マイクロ波が誘電体中に照射された際，誘電体を浸透しながら吸収され，熱に変換されて減衰していく。誘電体表面でのマイクロ波電力密度が半減するまでの深さを電力半減深度Dといい，式(2)から算出可能である[2]。

$$D = \frac{\lambda_0 ln_2}{4\pi}\left[\frac{2}{\varepsilon_r'\mu_r'\left(\sqrt{1+\left(\varepsilon_r''/\varepsilon_r'\right)^2}-1\right)}\right]^{1/2} \quad (2)$$

λ_0：真空中の波長[m]，ε'：比誘電率の実部，ε''：比誘電率の虚部(誘電損失率)，μ'：比透磁率の実部

式(2)より，マイクロ波には対象物質を浸透しながら吸収され，熱に変換される。すなわち，物質のある深さまで浸透して発熱が生じるため，マイクロ波は内部加熱が可能であることを意味している。マイクロ波の吸収特性が大きい物質がマイクロ波加熱に適しているとは一概には言えない。マイクロ波の吸収特性が非常に大きい物質は電力半減深度が小さくなり，物質表面で発熱が起こるため，従来の温度差を用いた加熱と差が出にくいことがある。マイクロ波を製造プロセスに適用し，物質内部の加熱を活用したい場合は，どの程度の電力半減深度であるかを把握し，対象物質の厚みを考慮することが重要である。

1.3　伝熱とマイクロ波加熱の比較

熱の伝わり方には，伝導，対流，放射の３要素があることが知られているが，いずれも熱が高温側から低温側に移動することにより生じる。前項で述べたように，マイクロ波加熱は温度差によらない発熱である。伝導や対流，放射による加熱と異なり，高温の伝面や雰囲気，熱源を必要としないことは大きな差異である。これらの方式は加熱したい対象よりも高温の媒体を必要とするが，マイクロ波では必要ないため，加熱対象物質が最も高温という状況を作ることが可能である。また，マイクロ波は物質中を浸透しながら発熱するため内部を加熱できるが，伝導や放射は物質の表面から加熱される。また，伝導や対流，放射による加熱は温度差によるものであるため，系全体が同じ温度になるように進行するが，マイクロ波には物質ごとに吸収特性が異なることから発熱の選択性があり，系内の物質に温度のコントラストをつけることができる。

1.4　マイクロ波加熱プロセスの設計

特徴的なエネルギーの伝え方ができるマイクロ波を加熱プロセスに適応する際，特徴を最大限活かすには２つの設計が重要となる。１つはマイクロ波を用いた反応系の設計，もう１つはマイクロ波反応器の設計である。

前者の反応系の設計は，マイクロ波照射空間内の物質の吸収挙動を把握し，マイクロ波のエネルギーを系内のどの物質に伝達するかを設計することである。**図１**に，水の複素誘電率を示す。誘電率は複素数で表現され，実部ε'が誘電率，虚部ε''が誘電損失率である。図１(a)は温度に対して，図１(b)は周波数に対してプロットしたものであり，温度依存性や周波数依存性があることがわかる。反応によって物質が変化したり，乾燥により水分が減少したり，状態変化によっても変わってくる。物質の状態や温度を把握した上で，どこにエネルギーを伝達すると，目標とするプロセスを実現できるかを検討することが重要である。

後者の反応器の設計は，マイクロ波を必要な箇所に伝達，制御するための設計である。式(1)で示されるように，マイクロ波の発熱は伝面を介さず，物質の電気伝導度や誘電損失率などの物性値と電磁場の強度，周波数で表現される。物質中の電磁場強度が同じであればスケールの大小によらず，同様に加熱できるため，マイクロ波反応器を設計する際は電磁場の強度分布を設計することになる。この電磁場の

(a)2.45 GHz における温度依存性

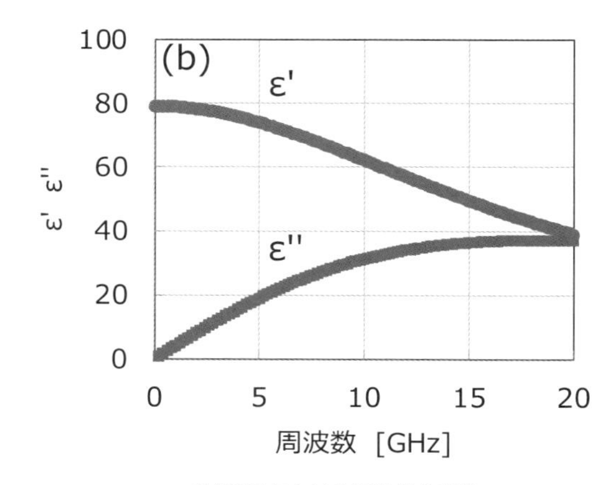

(b)20℃における周波数依存性

図１　水の複素誘電率

強度分布に関して，電磁場解析にてマックスウェルの方程式を解くことで，反応器内をマイクロ波が広がる様子や，マイクロ波加熱による物質の発熱量分布を可視化できる。マイクロ波照射空間中にある物質ごとのエネルギー吸収挙動を把握し，目標とする発熱分布となるように設計を行う。また，反応器には，物質の投入口，排出口，ガスの導入や排気が必要になることもある。電磁場解析を用いて，マイクロ波の漏洩防止機構の設計や漏洩量の把握をすることも可能である。実際の反応器では，発熱した物質の熱は，熱伝導や放射で高温部から低温部に移動し，また撹拌や搬送など物質の移動を伴うこともある。マイクロ波による発熱分布と熱流体の解析を錬成させることで，物質の温度分布をより正確に把握することができる。

1.5　マイクロ波反応器の構成

工業用のマイクロ波装置の事例を示す。基本的な構成は，マイクロ波を発生させる発振器，マイクロ波を伝送する導波管，マイクロ波を照射する反応器からなる。**図2**は当社(マイクロ波化学㈱)にて設計，製作された反応器の例である。図2(a)はフロー型のマイクロ波反応器であり，反応器の上部に複数の導波管が接続されている。図2(b)はプラスチックを分解するための反応器であり，こちらも反応器上部に導波管が接続されている。マイクロ波の適用先は広く，従来型の反応器に近い外観となることも多い。発振器はマイクロ波を発生させる装置であるが，反応器への入射エネルギーや反応器からの反射エネルギーを測定することや，反応器内の温度情報をフィードバックして発振器の出力を調整することもできる。また導波管には，マイクロ波を透過するガラスや樹脂やセラミックスなどの物質でできた仕切り窓を入れることができ，発振器側と反応器側の雰囲気を区切ることができる。これにより，危険物を扱う反応や，加圧，減圧を必要とする反応にもマイクロ波を利用することが可能である。反応器には前述のように物質の投入口や排出口などを設けることや，物質を搬送するコンベヤ，撹拌する撹拌翼なども設けることが可能である。

2. マイクロ波による乾燥

マイクロ波を用いた各種乾燥について，事例を挙げて説明する。ここでは単純にマイクロ波を熱源としようするのではなく，マイクロ波の特徴を活かしたプロセスを紹介する。マイクロ波の特徴すなわち，内部加熱，直接加熱，選択加熱などの特徴を活かすことで，従来の方式では得られなかった効果，マイクロ波プロセスの優位性を見出すことができる。

まずは，一般的な乾燥とマイクロ波乾燥との違いについて述べる。**図3**に，乾燥時の温度と含水率の時間経緯のイメージ図を示す[3]。時間の経過とともに，Ⅰ：予熱期間，Ⅱ：定率乾燥期間(恒率乾燥期間)，Ⅲ：減率乾燥期間と呼ばれている。Ⅰ：予熱期間では乾燥対象温度が上昇していき，乾燥が始まっていく。Ⅱ：乾燥時の蒸発潜熱と乾燥対象への入熱が釣り合うところで，温度が一定になり，定率乾燥期間に入る。定率乾燥期間は入熱量が律速になる。

(a)フロー型の反応器

(b)プラスチック分解用の反応器

図2　マイクロ波化学㈱にて設計，製作されたマイクロ波反応器の例

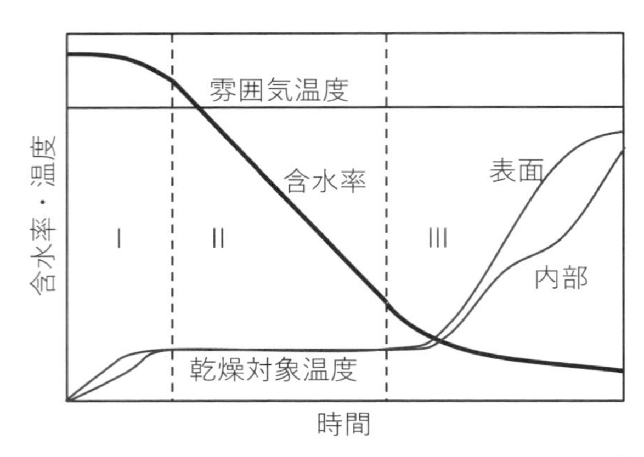

図3　乾燥時の温度と含水率の時間経緯のイメージ[3)]

Ⅲ：含水率が低下すると，対象内部から外部に移動する水が少なくなり，表面が乾き切り，物質移動が律速の減率乾燥期間に入る。減率乾燥期間では，表面から温度が上がり始め，続いて内部も雰囲気温度に近づいていく。雰囲気からの伝熱による乾燥は，対象の温度は雰囲気温度よりも低く，表面から伝熱するため対象の内部ほど低い温度になるというのが特徴である。

マイクロ波を用いて乾燥する際，厚みのある対象の内部を加熱することで，予熱時間を短縮することが可能である。また定率乾燥期間では，雰囲気温度や熱風量によらず，物質に直接エネルギーを伝達し，蒸発潜熱を与えることができるため，雰囲気温度や熱風量が小さくても乾燥を進めることが可能である。また雰囲気温度より高い品温で乾燥速度を上げることも可能である。減率乾燥期間においては，雰囲気温度によらず伝熱できるので，物質表面の温度上昇を抑制した乾燥をすることで，乾燥後半に対象の熱伝導が小さくなった場合でも水分に直接エネルギーを伝達することができ，乾燥速度を高くすることも可能である。

2.1　湿潤した樹脂や汚泥のマイクロ波乾燥による乾燥速度増加，消費エネルギー低減

水を含んだ粒子状の樹脂や汚泥を乾燥する事例を紹介する。マイクロ波を用いない乾燥では，ベルトコンベヤ上に湿潤した物質を並べ，熱風で乾燥する方式や，ドラム式で回転しながら熱風やドラムからの伝熱で乾燥する方式が用いられることがある。

マイクロ波を用いることにより得られる優位性は，乾燥速度の増加や消費エネルギーの低減が挙げられる。乾燥速度の増加は，対象の内部を加熱することによる予熱期間の短縮，伝面を介さないエネルギー供給による定率乾燥の短縮などによるものである。また，消費エネルギーの低減に関しては，熱風などを加熱せず対象を選択的に加熱できるため，投入する熱風エネルギーを小さくできる可能性がある。

このような乾燥を実現する上で重要な点は，マイクロ波が対象のどの深さまで浸透し，内部を加熱できるかである。すなわち，乾燥前後の物質のマイクロ波の電力半減深度がどの程度かを確認する必要がある。ある樹脂と汚泥の乾燥前後の複素誘電率と電力半減深度を**図4**に示す。この樹脂の複素誘電率は乾燥前後で大きな変化がなく，式(2)から算出される電力半減深度は2.45 GHzのマイクロ波で0.2 m程度である。マイクロ波の照射の方法や乾燥機の形状にもよるが，0.5 m程度以下であれば，樹脂の内部までエネルギーを伝達できると推測される。一方で，乾燥前の汚泥の誘電損失は非常に大きく，電力半減深度は数mm程度である。このような電力半減深度が小さい物質を数十mm以上の厚みがある状態でマイクロ波を照射した際は，表面付近しか加熱することができず，内部加熱が困難である。電力半減深度や誘電損失は周波数によっても変わりうるので周波数の変更を検討すること，物質の厚みを薄くする，物質を撹拌，混合するなどの工夫をすることでマイクロ波の特徴を活かせる可能性がある。

図5に湿潤した樹脂を1辺100 mmの容器に入れ，電気炉で加熱した時とマイクロ波加熱した時の温度の変化を示す。温度は加熱対象の中央部で測定した。電気炉は110 ℃に設定されている。マイクロ波を照射することで，内部温度の昇温を大きくし，予熱期間を短縮できている。また，定率乾燥期間は入熱エネルギーと蒸発に必要なエネルギーが等しくなる期間であるが，マイクロ波により，熱風によらないエネルギー投入が可能であり，対象温度を高く保つことで，定率乾燥の速度を上げることも可能である。

2.2　熱に弱い樹脂のマイクロ波乾燥による熱劣化抑制

粒子状の樹脂が集合した多孔質な樹脂の乾燥を紹介する。この樹脂を熱風で乾燥する場合，減率乾燥時には図3に示すように，対象の温度は表面から雰

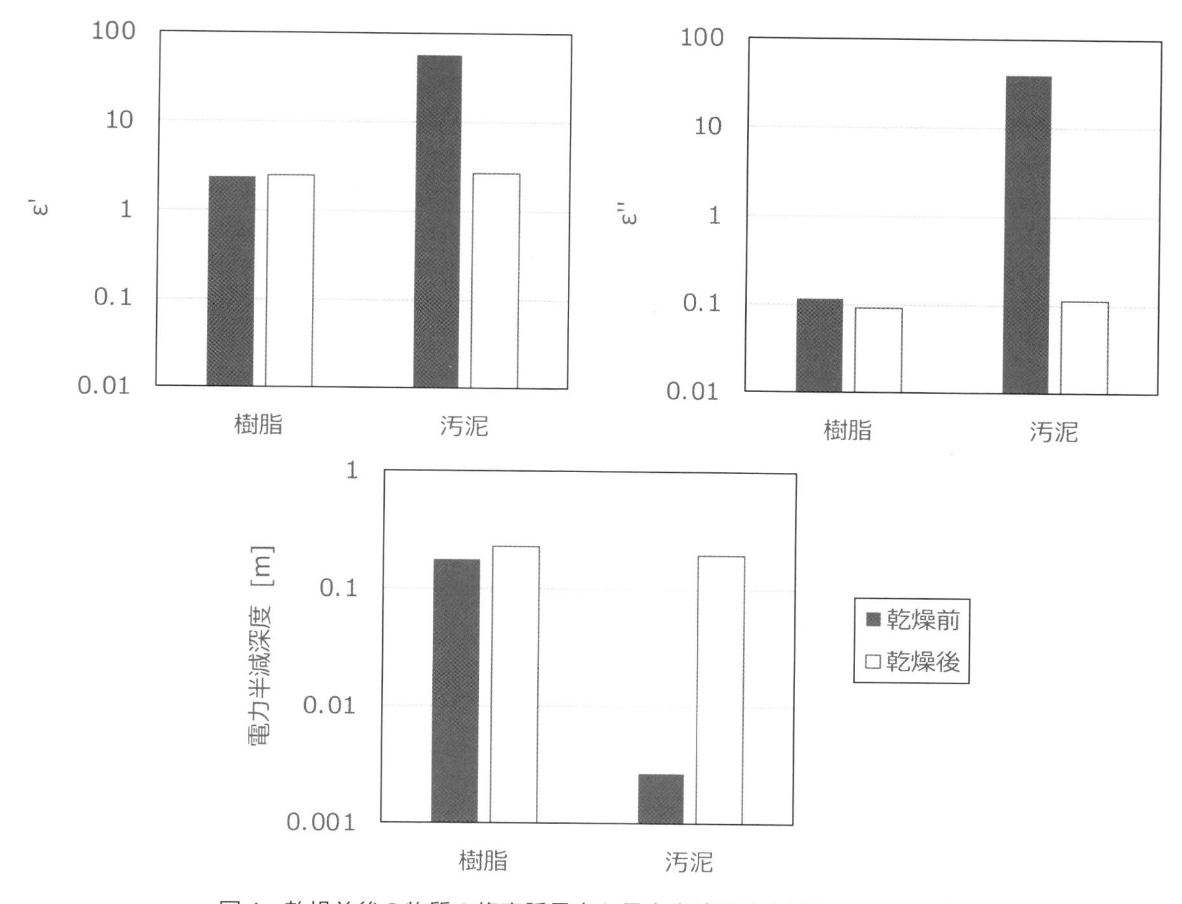

図4　乾燥前後の物質の複素誘電率と電力半減深度（室温，2.45 GHz）

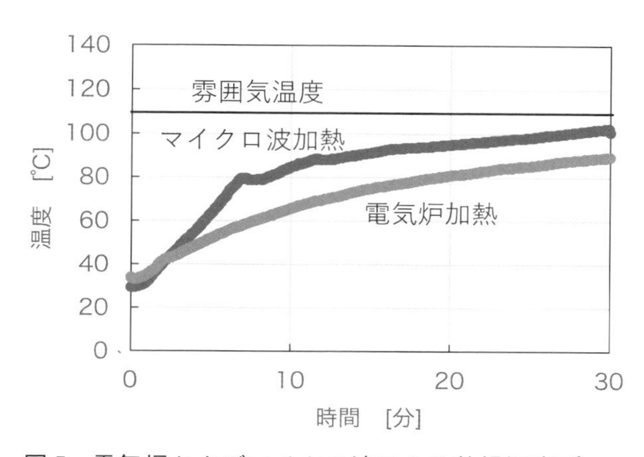

図5　電気炉およびマイクロ波による乾燥温度プロファイル（温度は100 mm角容器の中央部の温度）

囲気温度に近付いていく。この樹脂は熱に弱く，速く乾燥すると**図6**(a)に示すように樹脂の温度が高くなりすぎるため，収縮が生じてしまう。

マイクロ波を用いることにより得られる優位性は，熱劣化を抑制した乾燥が挙げられる。マイクロ波を用いることで，雰囲気温度を下げてマイクロ波で乾燥に必要なエネルギーを供給することができ，乾燥速度の低下を抑制しつつ，精密な温度制御が可能である。

図6(b)は，熱に弱い樹脂を熱風とマイクロ波を用いて乾燥したものである。熱風とマイクロ波を併用することで，水の蒸発に必要なエネルギーを水に選択的にマイクロ波で供給しつつ，品温より低い熱風を流すことで，水蒸気の除去と品温を制御可能にし，熱による収縮を抑制できている。厚みが大きいものほど，熱風のみでは内部の乾燥が難しくなるため，物質のマイクロ波吸収特性によるところはあるがマイクロ波の効果が出ることが多い。

(a)熱風のみでの乾燥

(b)熱風とマイクロ波を用いた乾燥

図6　熱に弱い樹脂の熱劣化抑制

2.3　噴霧乾燥(スプレードライ)へのマイクロ波適用による，生産量の増加，低温化

乾燥方式の一種である噴霧乾燥やスプレードライと呼ばれる方式においては，霧状に噴霧された液滴を乾燥させることで粉体を得るものである。通常，噴霧乾燥は，熱風からの伝熱で乾燥され，投入する熱風の温度と量が乾燥能力に大きく影響する。噴霧乾燥は食品や医薬品，洗剤などだけでなく，セラミックスや電子部品の材料に至るまで幅広く利用されている。

用途によって求められる性能は異なるが，マイクロ波を用いることで得られる優位性は，生産量の増加や低温化が挙げられる。生産量の増加に関しては，熱風の温度を上げず，液滴を選択的に加熱することで，熱風量を大きく変えずとも，マイクロ波により水の蒸発エネルギーを投入することが可能となる。低温化に関しても，熱風の温度を上げず，液滴のみを選択的に加熱することで，液滴，粒子の温度をマイクロ波と熱風で制御することが可能となる。

生産量の増加についてより詳細に説明する。噴霧乾燥において処理量を多くする場合，乾燥するためのエネルギーが大きくなるため，通常の噴霧乾燥では熱風のエネルギーを大きくする必要があるが，装置のサイズや耐熱性の点から投入できる熱風のエネルギーを大幅に増加することは難しい。マイクロ波は空気を温めず，液滴にエネルギーを伝達できる特徴があるため，マイクロ波を併用することで，熱風温度や風量維持したまま，生産量を増加することが可能である。**図7**は当社にて設計，製作されたマイクロ波噴霧乾燥装置である。噴霧乾燥の噴霧部に導波管を接続し，マイクロ波を導入している。

図8にマイクロ波噴霧乾燥による排風温度の変化を示す。熱風の入口温度150 ℃，風量0.7 m^3/min で一定にし，スラリーの噴霧量と排風温度(出口温度)の関係をプロットした。熱風のみで乾燥した際，熱風のエネルギーは液滴に伝わり蒸発潜熱として使われるため，熱風の排風温度は入口温度より低下する。また噴霧量が多くなるほど，必要な蒸発潜熱は大きくなるため，排風温度は低下していく。ここにマイクロ波を導入することで，マイクロ波は液滴に直接エネルギーを伝達し，蒸発潜熱を与えることができる。同じ噴霧量であれば，排風温度はマイクロ波を加えることで熱風のみの時よりも高くなる。同じ乾燥状態のものを得るという点で，排風温度が同じで

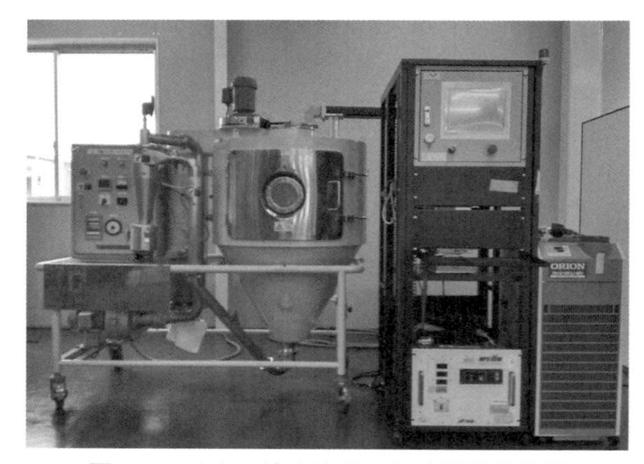

図7　マイクロ波を適用した噴霧乾燥装置

あれば，マイクロ波を照射することで，噴霧量を大きくできていることがわかり，噴霧乾燥機の装置サイズを大きくすることなく，生産量を増やすことができる。

また噴霧乾燥においては，マイクロ波を導入することで排風温度を低温化することができる。熱風のみで乾燥する際には，排風温度を低くすると乾燥に必要なエネルギーが不足するため，乾燥しにくくなる。ここにマイクロ波を導入することで，乾燥に必要なエネルギーはマイクロ波にて直接伝達し，蒸発潜熱を与えることができる。熱風温度を低くしておくことで，噴霧された液滴は熱風により放熱し，低い温度で粉体を得ることが可能である。

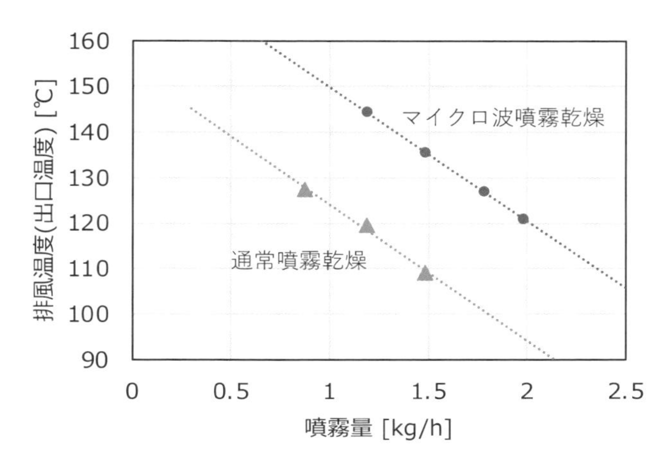

図8　マイクロ波噴霧乾燥による排風温度の変化

2.4　凍結乾燥(フリーズドライ)へのマイクロ波適用による乾燥時間短縮

凍結乾燥(フリーズドライ)は凝固点以下の温度で水分を昇華させる乾燥である。熱によって色の変化や，成分の変化などが起こりにくく，形状が凍結時のままの状態で維持できるという特徴がある。一方で，乾燥に時間がかかることがデメリットとして挙げられる。凍結乾燥が長時間を要する要因は，氷を昇華させるため，減圧下で乾燥が行われ，乾燥室内の空間では対流による伝熱がほとんどない。そのため，従来法では対象物を乾燥棚に接触させ，乾燥棚からの伝熱によって乾燥させていた。しかしながら，乾燥棚からの伝熱では，乾燥棚と接触しない対象物の内部まで乾燥させるには多くの時間がかかっていた。また，乾燥が進むと，氷が昇華して対象物内に空洞となる部分ができ，空洞は熱が伝わらないため，さらに乾燥しにくいという問題があった。

凍結乾燥においてマイクロ波を用いることによって得られる優位性は，乾燥時間の短縮である。対象物内の氷を選択的に，伝面を介さず加熱することができ，乾燥末期に対象が多孔質になった際でも効率的な乾燥エネルギーの供給が可能である。

図9はマイクロ波化学株式会社にて設計，製作されたマイクロ波噴霧乾燥の装置である。こちらを用いてマンニトール水溶液の凍結乾燥を行った際の含水量の変化を**図10**に示す。棚温度は－20℃，内部圧力は30 Paにて，乾燥を行った。マイクロ波を活用することで，通常に比べ数倍の速度で乾燥できていることがわかる。

図9　マイクロ波を適用した凍結乾燥装置

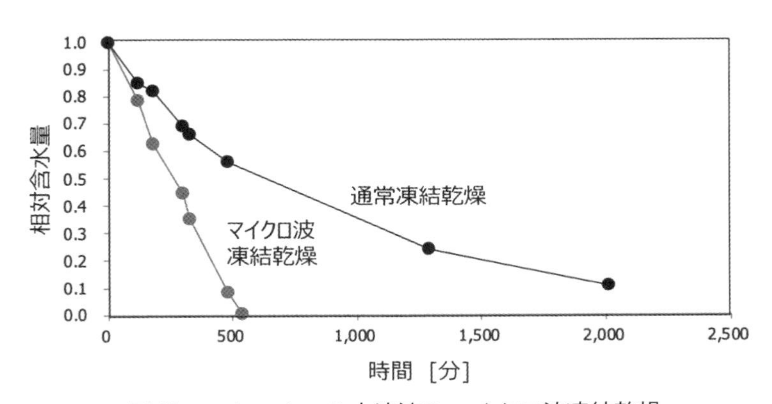

図10　マンニトール水溶液のマイクロ波凍結乾燥

商業的な凍結乾燥では，複数の対象物を均一に乾燥させる必要がある。乾燥室内に照射されたマイクロ波は，乾燥室の壁面で反射し，乾燥室の形状，マイクロ波の波長や物質の誘電率に応じて，電磁場の強度分布を形成する。式(1)で示すとおり，マイクロ波加熱では電磁場の強度に応じて発熱が生じるため，電磁場を制御しない場合，乾燥対象物に発熱ムラが生じ，不均一に乾燥が進む恐れがある。この問題に対し，電場強度分布を制御しながらマイクロ波を照射することで，対象の発熱を均一化することができる。

電場強度を変化させる方法は複数あるが，周波数による制御と位相による制御を紹介する。周波数によって波長が変化するため，電場強度分布をコントロールできる。また，複数箇所からマイクロ波を照射し，位相差を制御することで，電場強度を変化させることができる。**図 11** に乾燥室内の 9 ヵ所に対象物を置き，周波数を変えてマイクロ波を照射した際の発熱分布および，位相差を変えて照射した際の発熱分布を解析した結果を示す。周波数や位相差を変えることにより，発熱箇所が変化していることを確認できる。発熱分布を把握した上で，時間平均で電場強度のムラが抑制されるように電場強度を制御することで，均一な解凍を実現することができる。

2.5　乾燥におけるマイクロ波の優位性

ここまでマイクロ波乾燥の例を紹介してきた。乾燥工程においてマイクロ波の特徴を活かすことで得られる優位性を**表 1** に整理した。内部からの加熱，伝面を介さない直接加熱，選択的な加熱など，マイクロ波プロセスの特性を活用することで，マイクロ波の優位性が発揮される可能性がある。優位性を引

(a)

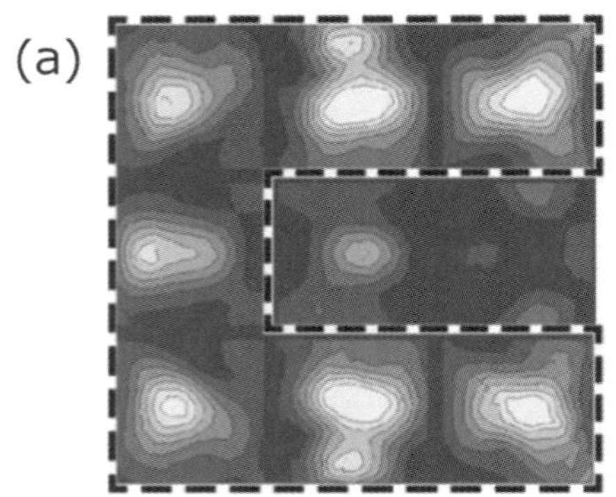

周波数：2.41GHz
位相差：0°

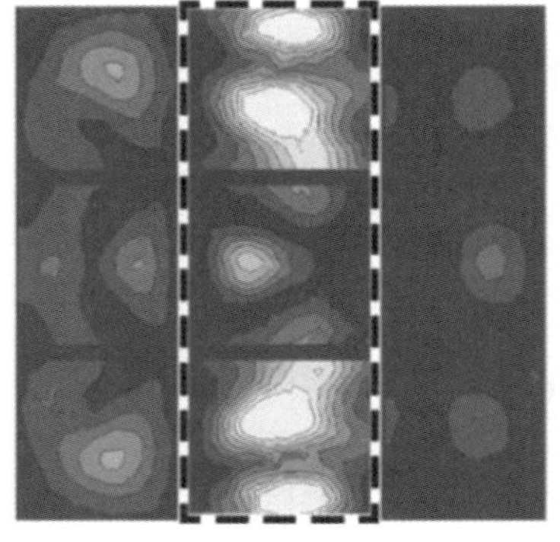

周波数：2.45GHz
位相差：0°

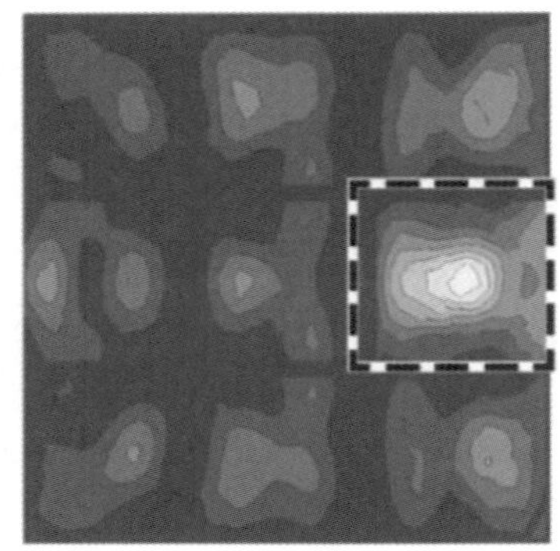

周波数：2.43GHz
位相差：0°

(a)マイクロ波の周波数による制御

(b)

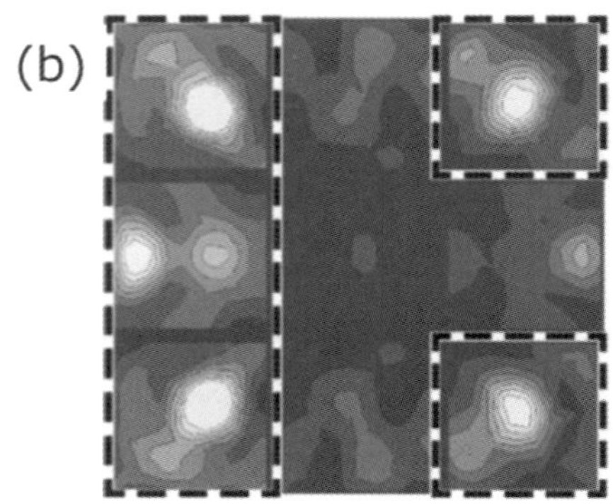

周波数：2.45GHz
位相差：-40°

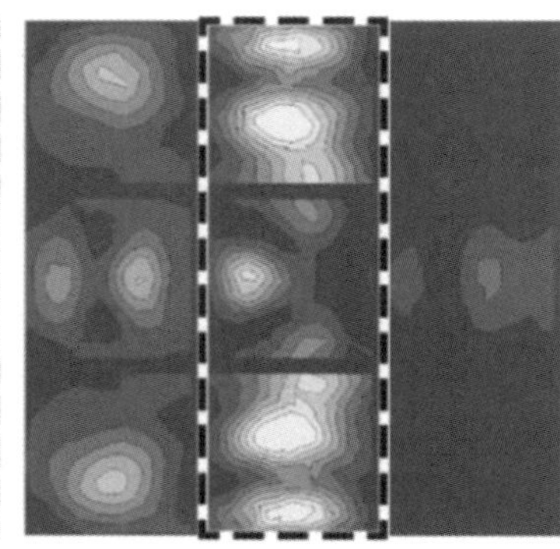

周波数：2.45GHz
位相差：0°

(b)2つのマイクロ波発振器の位相差による制御

図 11　電磁強度分布の制御による発熱分布変化

表1　マイクロ波乾燥における優位性

得られる優位性	乾燥時間の短縮 生産性の向上		消費エネルギーの低減	精密な温度制御
マイクロ波 プロセスの特徴	内部加熱	伝面を介さない直接加熱	対象の選択加熱と 熱風エネルギー低減	選択加熱と 雰囲気による温度制御
イメージ図	マイクロ波 対象の内部を加熱	マイクロ波 乾燥対象物を伝面を介さず加熱	マイクロ波 熱風 ：熱風エネルギー低減	マイクロ波 対象 ：高温 雰囲気、熱風 ：低温
事例	樹脂の乾燥	噴霧乾燥：生産量増 凍結乾燥	樹脂，汚泥の乾燥	樹脂の熱劣化抑制 噴霧乾燥：低温化

き出すためには，どの場所にどのようにマイクロ波を伝えるかが重要となる。系内に存在する物質の複素誘電率をはじめとするマイクロ波吸収特性を把握し，独特なエネルギーの伝達を可能にするマイクロ波の特性を利用することで，従来法では解決できなかった課題を克服する可能性がある。今回紹介した例以外にも，マイクロ波を活用できる系は多く存在し，新しい適用先の発見も期待できる。

文　献

1）和田雄二，竹内和彦監修：マイクロ波の化学プロセスへの応用，シーエムシー出版（2011）.
2）堀越智編著：マイクロ波化学—反応，プロセスと工学応用，三共出版（2013）.
3）立元雄治，中村正秋著：わかる！使える！乾燥入門，日刊工業新聞社（2019）.

第 12 節
超臨界乾燥

超臨界技術センター株式会社／名古屋大学名誉教授　後藤　元信

1. 超臨界流体とは

物質は温度と圧力により，固体，液体，気体として存在し，臨界温度と臨界圧力を超えた領域を超臨界流体と呼ぶ。臨界点は二酸化炭素では臨界温度 31.1 ℃，臨界圧力 7.4 MPa で，水では 374.3 ℃，22.1 MPa，エタノールでは 240.8 ℃，6.14 MPa である。

超臨界流体の最も重要な特徴は，温度あるいは圧力操作によって流体を液体に近い高密度から気体に近い低密度まで連続的に変化させることができ，さらに，温度・圧力により溶質の溶解度を大幅に制御できることである。また，材料調製において重要な特性として優れた輸送物性を超臨界流体は有していることがあげられる。つまり，微細な構造や細孔内に侵入しやすく，大きな移動速度が期待できる。一方，材料を調製する際に気液界面における界面張力は，構造が微細になるほど重要な役割を果たすようになる。臨界点近傍において表面張力がゼロに近づくという特異性がある。したがって，従来法では界面張力・表面張力の制限により実現困難であった微細構造の制御において超臨界流体は優れた分離場，反応場を与えることが予測できる。材料調製に対する超臨界流体の適用については，解説が出版されている[1)-5)]。

2. エアロゲルの調製

超臨界流体の材料調製への適用に対して古くから検討されている技術は超臨界乾燥である。多孔体中の液体溶媒をその臨界温度以上に加熱することで，気液相平衡の気液境界を横切らずに溶媒を除去するものである。特にゾル-ゲル法で調製された低密度多孔体からの溶媒除去工程において，従来法では気液界面での表面張力による細孔構造の崩壊が避けられないため，低密度ゲルを作成することは容易ではない。超臨界乾燥法では気液界面が存在しないため，湿潤状態の構造が保持されたまま乾燥することが可能となり，エアロゲルと呼ばれる低密度ゲルを調製することができる。シリカエアロゲルは極めて低い熱伝導率と屈折率，高い光透過性，良好な音響特性などを有する。

通常は金属アルコキシドや金属塩を出発物質として加水分解と重縮合反応によりアルコール溶液中で金属酸化物のアルコゲルが生成する。水溶液中のゲルはハイドロゲルと呼ばれ，これはゾル粒子が数珠つなぎになった多孔性構造であり，ゲル濃度により極めて大きな空隙率を有する。これを乾燥する際に，通常の方法では細孔内の気液界面張力のために構造が崩壊し，収縮するために空隙率の小さいキセロゲルとなる。湿潤ゲルから溶媒を除去して乾燥する工程に超臨界流体を利用する方法が超臨界乾燥であり，基本的に次の２つの方法がある。

オートクレーブ法では，**図１**に示すようにアルコゲル中のアルコールの超臨界状態まで加熱・加圧することにより溶媒を除去する方法で，気液界面の生成をさける経路により液体のアルコールを除去する。常温常圧のアルコール中のゲルを加熱することにより圧力も上昇し，臨界圧力を超えた点で，アルコールを排出しながら定圧でアルコールを加熱する。アルコールの臨界温度を越えた点からアルコールを排出して等温的に減圧する。大気圧まで減圧した後に，ゲル内のアルコール蒸気を窒素などで置換して冷却する。

一方，超臨界二酸化炭素法では，**図２**に示すよう

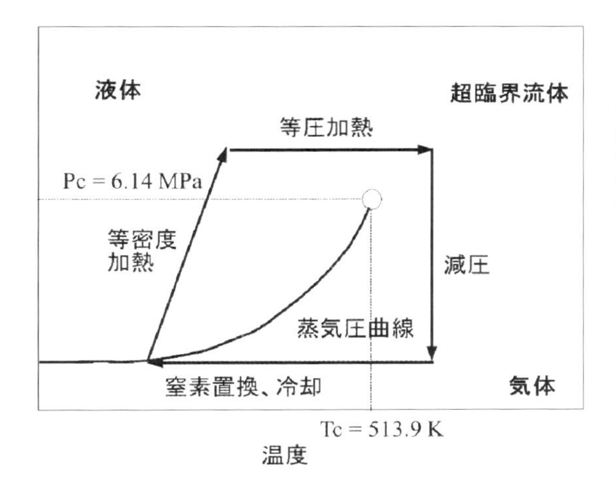

図1　超臨界乾燥におけるオートクレーブ法(エタノール)の乾燥過程

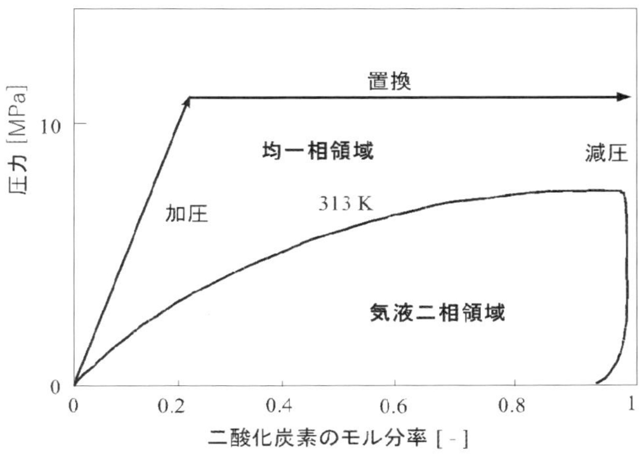

図2　超臨界乾燥における二酸化炭素法の乾燥過程

に二酸化炭素のアルコールの二成分混合系の臨界圧力は二酸化炭素の臨界圧力とほとんど変わらないことから，二成分混合系の臨界圧力以上の均一相領域を利用してアルコゲルのアルコールを二酸化炭素で置換し抽出除去する方法である。アルコールに浸されたアルコゲルは二酸化炭素を導入することにより加圧し，さらに二酸化炭素の供給を続けてアルコールを二酸化炭素に置換していく。十分にアルコール濃度が小さくなった点から二酸化炭素の供給を停止し，減圧することで乾燥が完了する。また，液体二酸化炭素を用いる方法もある。

シリカのエアロゲルは透明性の高い極めて低密度のバルク体が得られ，多くの研究が報告されている。オートクレーブ法で調製したシリカエアロゲルは表面が対応するアルキル基で覆われており，透明性に影響を与える[6]。二酸化炭素で乾燥したエアロゲルは表面にシラノール基を多数有するため，水分吸着による劣化の問題がある。そのため，表面を乾燥工程中でトリメチルシリル基に置換した疎水化されたエアロゲルが調製された[7]。シリカエアロゲルは素粒子物理研究におけるチェレンコフ検出器用の媒体，光ファイバーのクラッド材，透明断熱材への応用がある。また，触媒への利用を目的にパラジウム担持アルミナエアロゲルによるメタン燃焼[8]，NiO/Al_2O_3複合エアロゲルによるイソブチレンの部分酸化[9]などがある。

通常はシリカアルコゲルからアルコールを抽出除去するバッチ方式が主流であるが，必ずしもエアロゲルのバルク体を製造する必要がない場合は，**図3**に示すように，シリカエアロゲルの粒子を向流抽出塔を利用して連続的に調製する方法も報告されている[10]。

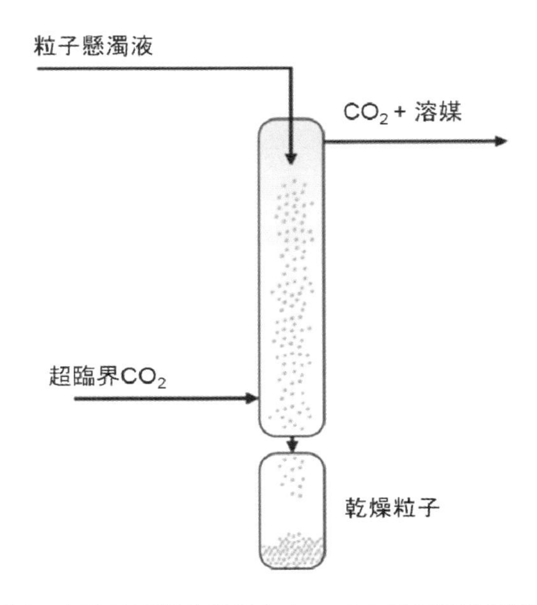

図3　向流抽出塔を利用したエアロゲル粒子の連続調製法の概念[10]

無機物質のエアロゲルだけでなく，生体材料のエアロゲルの研究開発も活発に行われている[11)-15]。バイオポリマーとしてゼラチン，寒天，セルロースなどの研究は以前からあったが，最近では，機能性エアロゲルの材料としてバイオマスが化学的に多様な高分子材料として注目されている。バイオポリマー

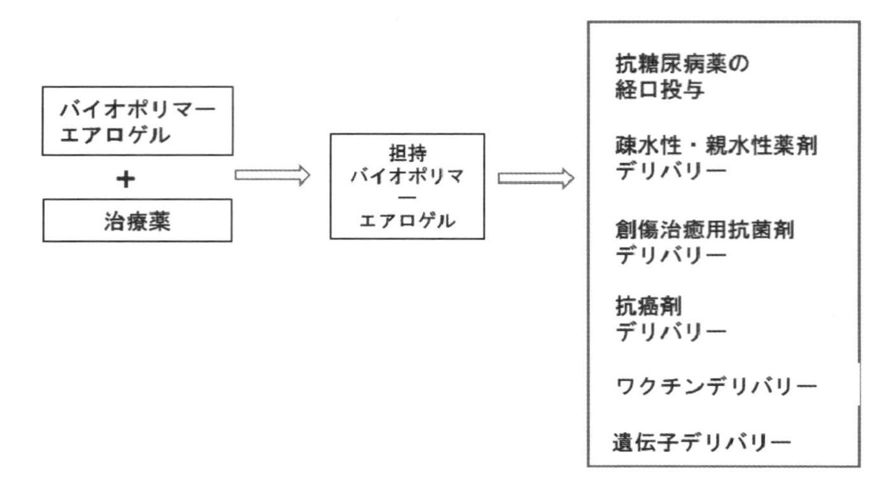

図4　バイオポリマーエアロゲルの応用分野

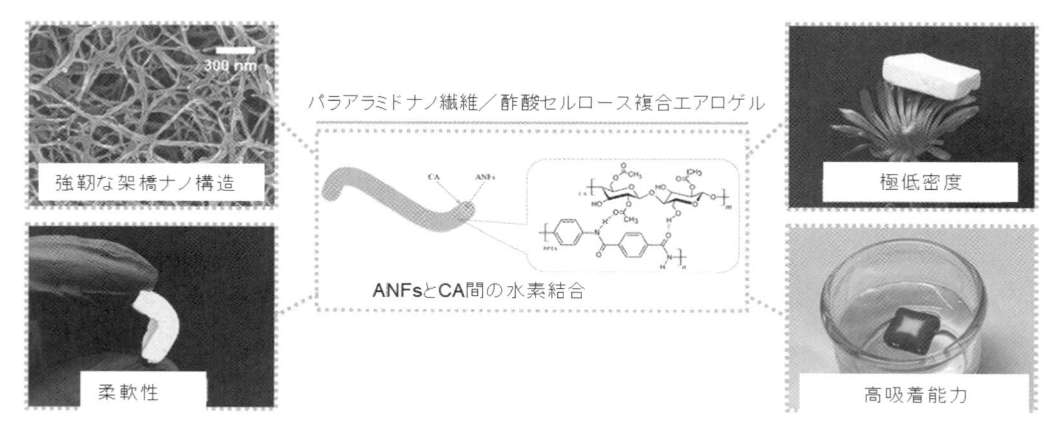

図5　パラアラミドナノ繊維/酢酸セルロース複合体エアロゲル[17]

エアロゲルの材料としてペクチン，アルギン酸塩，キトサン，セルロースなどが，バイオポリマーの特異的機能とエアロゲルの物理的特徴の相乗効果により，バイオポリマーエアロゲルは，断熱材，組織工学，再生医療，ドラッグデリバリーシステム，機能性食品，触媒，吸着剤，センサーなどの幅広い用途の有望な候補となっている[12]。

生体材料は医療や製薬の分野などで注目されており，H. P. S. A. Khalil ら[13)14]，Y. Jeong ら[15]などの最近の総説がある。バイオポリマーのエアロゲルは，**図4**に示すように抗生物質，抗菌剤，抗がん剤など，さまざまな種類の治療薬のデリバリーに使用される。バイオポリマーのエアロゲルの特有の化学的および物理的特性は，インスリンの経口投与，治療薬や抗がん剤の徐放に使用される。さらに，ワクチンや遺伝子のデリバリーの可能性もある。

一方，種々の有機高分子のエアロゲルが研究されているが，興味深い材料としてケブラーと呼ばれるパラアラミド繊維のエアロゲルが廣垣らにより調製されている[16]。パラアラミド繊維は，DMSO/TBAF溶液中で80℃でフィブリル化され，20℃に冷却することでゲル化した。次に，溶媒をアセトンに置換し，ゲルを超臨界乾燥させエアロゲルを得た。さらに，**図5**に示すようにパラアラミドナノ繊維/酢酸セルロース複合体エアロゲルを調製し，ろ過，吸着，ドラッグデリバリーへの応用を検討している[17]。

エアロゲル以外にも粘土層間架橋多孔体の乾燥に対しても，超臨界乾燥法は有効である。層間を微細なアルミナなどの酸化物で架橋する方法はミクロポア多孔体の合成方法として研究が行われている[1)18]。酸化物支柱を粘土層間に挿入する方法は，金属多核陽イオンをイオン交換により層間に導入し，洗浄，乾燥の後に，層間の多核イオンを加熱脱水し，酸化物支柱に変換することにより粘土層間架橋多孔体が得られる。乾燥工程を超臨界乾燥にすることにより加熱乾燥ではつぶれてしまう細孔が保持される。Takahamaら[18]はモンモリロナイトにシリカ/チタニア複合ゾルを挿入して粘土層間架橋多孔体を合成した。

エアロゲル調製における超臨界乾燥過程の理論モデルとスケールアップについて，Lebedevら[19]がシミュレーションにより検討している。

3. 半導体デバイスへ超臨界乾燥の応用

半導体産業などにおいては高集積化のために，パターンの微細化に対する技術が要求されている。従来の洗浄法はウェット洗浄であるため，浸透性の問題から微細部分の洗浄が難しく，アスペクト比が高い場合は洗浄できないため，超臨界流体の浸透性を利用した超臨界洗浄技術が開発されてきている[20)-22)]。洗浄においては除去対象物の溶解性が重要であり，超臨界二酸化炭素のみでは十分な溶解力が得られない場合は，有機溶剤や界面活性剤などが添加される。シリコンウェハからのレジストの除去においては，ジエチレングリコールメチルエーテルを添加することにより，ウェット法では除去できない溝内部のレジストが超臨界洗浄法では完全に除去されることが報告されている[20)]。

現在の半導体デバイスでは数nm～100 nm程度の寸法のナノレベルのパターンの形成が必要となってきており，パターン幅が狭くなってきている。しかしながら，その高さはそれほど減少していないために，パターンのアスペクト比(高さ/幅)が増加する傾向になる。そのため，パターンが倒れやすくなる。特に，現像や洗浄(リンス)後に基板を乾燥する工程においてパターン倒れが生じる。このパターン倒れの原因はリンス液の表面張力によるものであり，表面張力が働かない超臨界流体を用いた乾燥法が注目されている[23)24)]。

リンス液の乾燥過程を表したものが**図6**である。リンス液がパターン間に残った状態のものをリンス液を除去して乾燥することになる。乾燥段階ではリンス液が残るパターン間に毛細管力が作用し，パターンが気相から押されることによりパターンが倒れることになる[23)24)]。

パーフルオロカーボンのように表面張力の小さい溶媒を使うことはできるが，アルコールなどの他の溶剤とは混和しないため，リンス液として利用しにくい。一方，超臨界流体を経由することにより気液界面を形成せずに液体から気体に状態を変化させることができるため，表面張力がないまま液体を除去し，乾燥できる。基本的にはアルコールでリンスされた試料を液体二酸化炭素で置換した後，温度，圧力を上げて超臨界状態にし，大気放出することで減圧し気体二酸化炭素として除去されることにより，乾燥工程が完了する。

図7は窒素乾燥と超臨界乾燥を用いたライン列レジストパターンのSEM写真を示している[23)]。通常の窒素雰囲気下での乾燥ではパターンが崩壊して解像できていないが，超臨界乾燥では矩形にした20 nm幅のパターンが解像できており，レジストの変形も生じていない。

一方，**図8**は14 nmのパターンの乾燥について，窒素乾燥と超臨界乾燥を比較したものである[25)]。窒素乾燥ではパターン倒れが見られるのに対して，超臨界乾燥法ではパターン倒れがない。

図9はアスペクト比を横軸にとりパターンの破壊の確率を窒素乾燥法と超臨界乾燥法とで比較したも

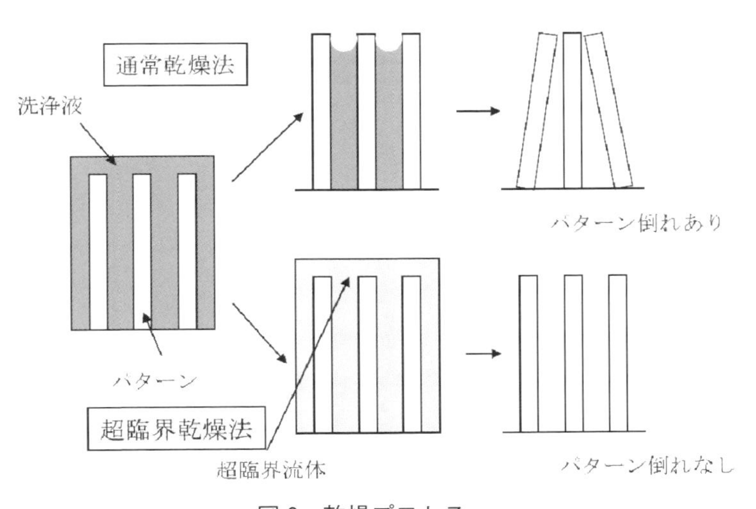

図6　乾燥プロセス

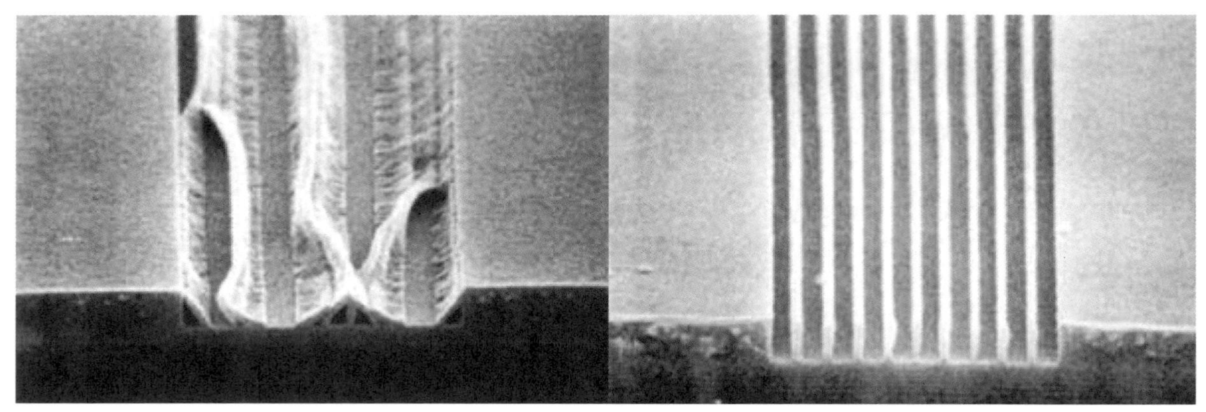

図7　乾燥後のライン列レジストパターン[23)]

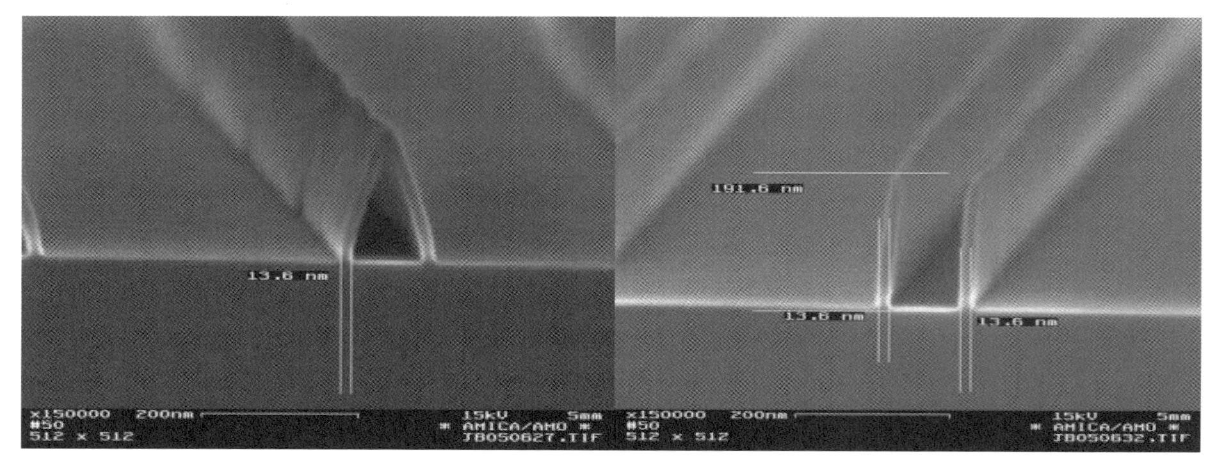

図8　14 nm 幅のパターンの乾燥[25)]

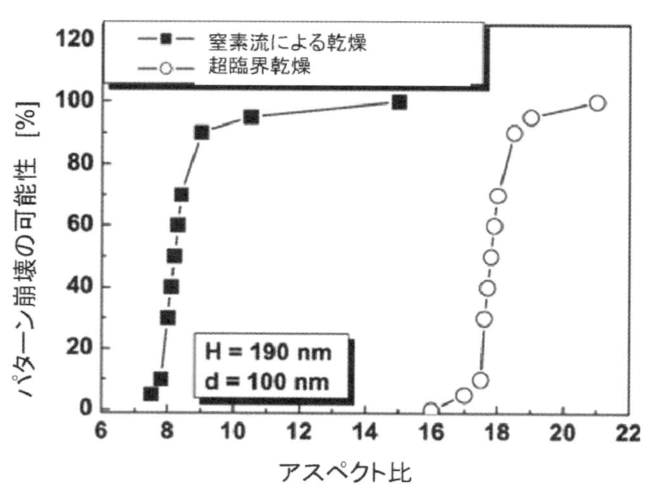

図9　パターン破壊の確率とアスペクト比の関係の乾燥法による比較[25)]

のであり，超臨界乾燥法では高アスペクト比までパターンが破壊されずに乾燥できることがわかる[25)]。

超臨界乾燥は極微細な孤立ライン形成にも有効となる。これは拡散性の優れた超臨界流体が現像液で膨潤したパターンを瞬時に乾燥させるため，パターン表層のみが乾いて生じるストレスを抑制できることによる。この方法によりリソグラフィで形成できる最細ラインであろう7 nm 幅の高アスペクトレジストパターンが形成された。超臨界乾燥法はレジストだけでなく，Si パターンの形成でも効果がある。したがって，LSI 産業はもとよりマイクロマシーン産業にも貢献できる。一方，超臨界流体は乾燥のみでなく，ウェハへの金属析出法として半導体デバイス製造において重要な役割を担う可能性がある[26]。

文　献

1) 荒井康彦監修：流体のすべて，テクノシステム (2002).

2) 滝嶌繁樹，宍倉昭弘：材料製造・加工への応用，化学工学，**67**，167 (2003).

3) 後藤元信：阿尻雅文監修：超臨界ナノ構造制御法，超臨界流体とナノテクノロジー，シーエムシー出版，179 (2004).

4) 化学工学会超臨界流体部会編：超臨界流体入門，丸善 (2008).

5) 後藤元信編著：躍進する超臨界流体技術，コロナ社 (2014).

6) K. Tajiri, K. Igarashi and T. Nishio : *J. Non-Cryst. Solids*, **186**, 83 (1995).

7) H. Yokogawa and M. Yokoyama : *J. Non-Cryst. Solids*, **186**, 23 (1995).

8) Y. Mizushima and M. Hori : *J. Mater. Res.*, **10**, 1424 (1995).

9) M. Goto, Y. Machino and T. Hirose : *Microporous Mater.*, **7**, 41 (1996).

10) F. Missfeldt, P. Gurikov, W. Lolsberg, D. Weinrich, F. Lied, M. Fricke and I. Smirnova : *Ind. Eng. Chem. Res.*, **59**, 11284 (2020).

11) K. Rinki, P. K. Dutta, A. J. Hunt, D. J. MacQuarrie and J. H. Clark : *Int. J. Poly. Mat.*, **60**, 988 (2011).

12) R. Subrahmanyam, P. Gurikov, I. Meissner and I. Smirnova : *J. Vis. Exp.*, **113** (2016).

13) H. P. S. A. Khalil, E. B. Yahya, F. Jummaat, A. S. Adnan, N. G. Olaiya, S. Rizal, C. K. Abdullah, D. Pasquini and A. Thomas : *Prog. Mat. Sci.*, **131**, 101014 (2023).

14) E. B. Yahya, F. Jummaat, A. A. Amirul, A. S. Adnan, N. G. Olaiya, C. K. Abdullah, S. Rizal, M. K. M. Haafiz and H. P. S. A. Khalil : *Antibiotics*, **9**, 648 (2020).

15) Y. Jeong, R. Patel and M. Patel : *Biomimetics*, **9**, 397 (2024).

16) Y. Suzuki, A. Uchimura, I. Tabata, H. Uematsu, T. Hori and K. Hirogaki : *AATCC J Res.*, **6**, 28 (2019).

17) J. Ren, K. Hasuo, Y. Wei, I. Tabata, T. Hori and K. Hirogaki : *ACS Appl.Nano Mater.*, **6**, 171 (2023).

18) K. Takahama, M. Yokoyama, S. Hirao, S. Yamanaka and M. Hattori : *J. Ceram. Soc. Jpn.*, **99**, 14 (1991).

19) A. E. Levedev, A. M. Katalevich and N. V. Menshutina : *J. Supercritical Fluids*, **106**, 122 (2015).

20) J. McHardy and S. P. Sawan (Eds) : *Supercritical Fluid Cleaning: Fundamentals, Technology and Applications*, Noyes Publications (1998).

21) J. W. King and L. L. Williams : *Current Opinion Solid State Mat. Sci.*, **7**, 413 (2003).

22) 南朴木孝至，松崎威毅：公開特許公報，特開平 9-43857.

23) 生津英夫，阿尻雅文監修：高アスペクト・超微細パターン形成法，超臨界流体とナノテクノロジー，シーエムシー出版，193 (2004).

24) 生津英夫：超臨界乾燥・洗浄とナノテクノロジー，機能材料，**27**, 50 (2007).

25) T. Wahlbrink, D. Kupper, Y. M. Georgiev, J. Bolten, M. Moller, D. Kupper, M. C. Lemme and H. Kurz : *Microelectronic Eng.*, **83**, 1124 (2006).

26) A. H. Romang and J. J. Watkins : *Chem. Rev.*, **110**, 459 (2010).

第 13 節
電気浸透脱水機

株式会社研電社　加藤　宏行

1. はじめに

脱水機は，各種工業プロセスの中で水分を分離する目的で使用されている。今日，下水処理施設や産業廃水処理施設の生物処理プロセスから発生する汚泥(スラッジ)の発生量は多く，各種脱水機が使用されている。

その脱水方式は，遠心力を利用した遠心脱水機，加圧力(圧搾力)を加えて脱水するベルトプレス，スクリュープレスのような機械式脱水法が主流となっている。一方，生物処理から発生する余剰汚泥は粒子径が小さく，機械式脱水法では含水率が低下しにくい難脱水性汚泥である。電気浸透脱水法は，汚泥に直流電気を流し粒子に帯電する荷電特性と電気浸透の原理を利用した脱水方法のため，難脱水性汚泥に効果的である。

2. 脱水の原理

汚泥中の水分構成は図１のように，粒子周囲の自

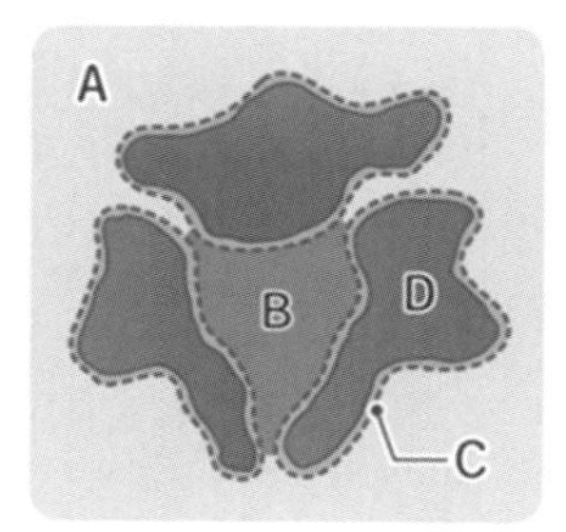

図１　汚泥中の水分構成

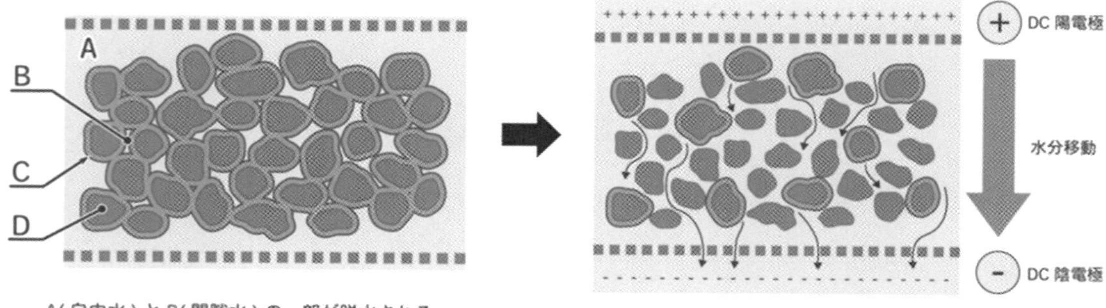

図２　機械式脱水と電気浸透脱水

由水(A)，粒子間の間隙水(B)，粒子表面の表面水(C)，そして粒子内部の内部水(D)で構成されている。ベルトプレスやスクリュープレス脱水機などの機械式脱水機は，加圧力(圧搾力)を加えることによりAとBの一部が脱水される。

電気浸透脱水機は直流電気を流すことにより，**図2**(b)のように正の電荷をもつ水分は陰極側に移動する電気浸透の原理を用いて脱水する。機械式脱水機では脱水できないBとCが効果的に脱水される。

3. 回転ドラム式電気浸透脱水機

回転ドラム式電気浸透脱水機，脱水機本体の外観を**図3**に示す。機械式脱水機で含水率75～90 %に1次脱水された汚泥は，電気浸透脱水機に投入することにより含水率55～70 %まで脱水される。これにより汚泥量を半減することが可能となる。

3.1 構　造

図4に脱水機の構造を示す。1次脱水された汚泥は機器上部に投入され，樹脂ベルトにより脱水部へ連続搬送される。その後，陽極の回転ドラムと陰極のキャタピラ間に挟まれた汚泥は，直流電気を流すことにより，正に帯電する水分はキャピラ側に移動し脱水される。

3.2 特　徴

回転ドラム式電気浸透脱水機の特徴は以下のとおりである。

・従来の機械式脱水機では含水率が低下しない難脱水性汚泥に効果的
・大きな汚泥減量化(汚泥削減)が可能
・連続処理による安定した脱水性状
・印加電圧の調整により含水率の調整が可能
・低速回転機器のため振動・騒音が少ない
・発熱量の高い有機汚泥は自然可能となる

脱水前（含水率75～90%）

脱水後（含水率55～70%）

図3　回転ドラム式電気浸透脱水機

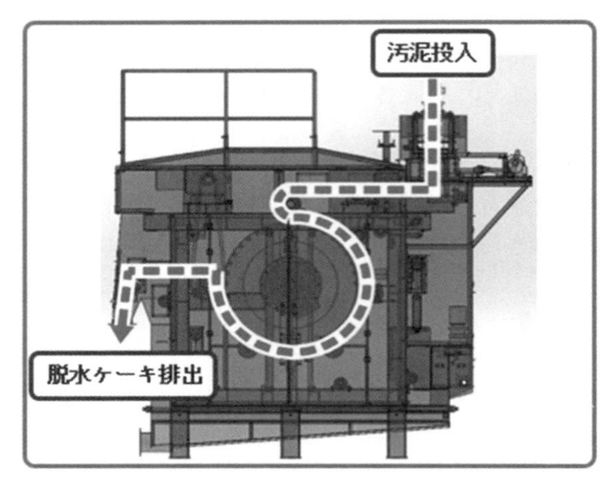

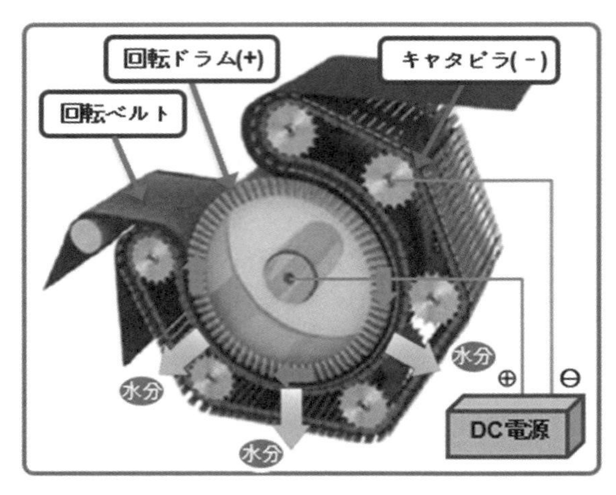

図4　回転ドラム式電気浸透脱水機の構造

4. おわりに

電気浸透脱水機は従来の機械式脱水機では困難な低含水率運転が可能である。また，電気浸透脱水機により汚泥の減量化，低含水化を計ることは，今後高騰すると予想される汚泥処分費の削減が可能となる。また，搬出回数の削減，焼却処分時の化石燃料使用量削減は，近年問題となっている地球温暖化の原因であるCO_2の削減に大きく貢献できる技術であると考える。汚泥処理分野以外でも電気浸透脱水機の技術が幅広く使われることを期待する。

第 14 節
UV 硬化

有限会社マリオネットワーク　本田　晴彦

1. UV 硬化とは

UV 硬化とは，UV 硬化樹脂に紫外線を当てて硬化させることをいう。UV 硬化は表面加工であるコーティングから始まり，凸版印刷製版やフォトリソグラフィへと拡大し，表面加工にとどまらず粘接着剤，光学材料，3D 造形のような機能性製品を生み出し，先導的な産業技術を支える中枢的な技術分野を形成し，日々拡大深化している。なお，強い紫外線を放射すると秒速で硬化する樹脂が UV 硬化樹脂で，「硬化」を省略して UV 樹脂と呼ぶこともある。UV 樹脂と，UV 塗料の違いは大まかには粘度が違うことで，硬化する原理は共通であるため，本稿では工程の説明以外での UV 塗料・UV 塗装の説明は省略する。

2. UV 硬化樹脂の構成要素

UV 硬化樹脂の主な構成要素は以下になる。

(1)モノマー

重合して鎖状の大きな分子となり硬化物になる(分子量が小さい順に並べると，モノマー，オリゴマー，ポリマーの順)。

(2)オリゴマー

モノマーをあらかじめいくつか反応させてあるもの。重合して樹脂の芯になる。

(3)光重合開始剤

モノマーやオリゴマーは簡単には重合しないので，光重合反応を開始させる「きっかけ」として光重合開始剤を配合する。

(4)その他，添加剤

静電基防止剤，フィラー，顔料，紫外線吸収剤，消泡剤，など。

UV 硬化に利用される反応では，アクリレート系のラジカル重合反応が多い。重合反応速度が速く，比較的安価で，対応するアルコール類から容易に製造できるので多種多様な誘導体が提供されることなどから，アクリレート系モノマー・オリゴマーは現状で最も重要な UV 硬化材料になっている。なお，オリゴマーに種々の反応性官能基を導入した反応性オリゴマーなど，次世代高分子材料につながる研究・開発も進んでおり，UV 硬化樹脂はさらに進化していくと予想される。

3. UV 硬化樹脂の硬化の仕組み

UV 硬化で最も多用されるラジカル重合反応には，光ラジカル重合開始剤からのラジカル生成反応，重合開始反応，成長反応および停止反応などが含まれる。UV 硬化樹脂に UV 光を当てると，樹脂に含まれた基底状態の光重合開始剤が UV のエネルギーを受けて励起・不安定な状態となり，光開裂してラジカルを発生する。このラジカルがモノマーと付加反応を起こして結合する。この結合による成長を繰り返すと，液状であった樹脂が固化する。成長末期のラジカルは酸素分子と反応してパーオキシラジカル(ROO・)が生成する。この酸素ラジカルはビニル重合を引き起さないので，重合反応が停止する。これら一連の反応が，UV 硬化樹脂が硬化する仕組みとなる「ラジカル重合反応」である。

4. UV硬化のメリット

(1)瞬間硬化

紫外線を照射して硬化するまでの時間は数秒なので，作業工程時間を大幅に短縮できる。

(2)省スペース

設備がコンパクトにでき，乾燥棚や熱処理設備などのスペースは必要ない。

(3)歩留まり，品質の向上に役立つ

UVインキやUV樹脂は，表面皮膜がきれいで硬度も高く，また剥がれにくいため，品質向上に役立つ。また硬化時間の速さにより，硬化・乾燥中のごみ付着などのリスクが減る。

(4)熱ダメージが少ない

数秒で硬化するためワークへの熱ダメージが少なく，熱に弱い材料にも使用しやすい。

(5)環境にやさしい

有機溶剤を必要としないので，施工時の空気・周辺環境への汚染などがない。

5. UV硬化に使用する紫外線波長

紫外線(UV)とは波長100～400 nmの光を指し，波長が短いほどエネルギー(E)は大きくなる。しかし波長が200 nm以下になると酸素を分解するのに消費されたり，酸素に吸収されやすいため，紫外線硬化に使用される光源の紫外線波長は，主に254 nm以上の波長になっている。UV樹脂ではアクリルあるいはメタクリル基のラジカル重合反応が最も広く使われており，本来アクリル基が吸収する波長は300 nm以下だが，UVランプのピーク波長で硬化しやすい芳香族ケトン類などの光ラジカル重合剤の開発により，365 nm紫外線を発する高圧水銀UVランプがUV硬化に使えるようになった。

同じ量の光に含まれるUVのエネルギーは，254 nm紫外線：365 nm紫外線＝約3：2の比になるが，254 nm紫外線は，2 μmの厚みで40 %，4 μmの厚みで20 %しか紫外線樹脂の内部まで到達せず，それに比べて365 nm紫外線は12 μm厚でも90 %以上が浸透する。また365 nm 紫外線を発する高圧水銀ランプは，254 nm紫外線を発する低圧水銀ランプと同じ長さで20倍ものワット数にできるので，UV硬化では365 nm紫外線を発する高圧水銀ランプが基本となる。透明UV樹脂に混ぜ物(フィラー，顔料，消泡剤，静電防止剤，紫外線吸収剤など)を加えると，その混ぜ物の色によって紫外線の吸収波長が365 nmからずれたり，含有物の乾燥に大量の可視光線が必要となるケースがある。そのような際にはUV波長から可視光線までカバーする「メタルハライドUVランプ」が硬化に適する場合がある。また近年はLEDの利用範囲や使用量が拡大しており，UV硬化には365, 375, 380, 385, 396, 405 nmなどのUV-LEDがある。UV-LEDには，波長幅が狭い，赤外線を出さない，長寿命である，スイッチのオンオフが速やかにできる，といった特徴があり，UV-LEDを多数並べて面光源にした装置も開発されている。ただ従来のUV光源とUV-LEDでは有効波長が異なるので，UV-LEDに従来のUV樹脂をそのまま使用することには注意が必要となる。UV樹脂とUV照射装置の適合は，樹脂の使用説明書に記載されている硬化条件から判断する必要がある。

なお，UV硬化樹脂の説明で「酸素がUV硬化の阻害要因となるので窒素パージが必要」というものもある。これはUV硬化で重要な役割を担うアクリレート系では，ラジカルに「酸素と非常に結びつきやすい」という性質があるため，モノマーより先に酸素と結合してしまって光重合が阻害され，UV照射を続けてもUV硬化が進まず樹脂表面にタックやベタつきが残ってしまうことがある。しかし，現在使用されているUV硬化樹脂の多くは通常大気(＝酸素を含む)中で使えるように開発されているものが多い。また光強度の大きな条件下で，速やかに硬化させて酸素が塗膜内に溶解拡散するのを抑制するなど硬化システムにも対策がなされている。なぜなら窒素を使わずに硬化できる方が便利で安全だからである。またコンベア式のUV装置内で窒素を吹き出させても，コンベアベルト付近の酸素濃度は25 %程度しか落ちない。また窒素の吹き出し量を増やすと，コンベア装置から窒素が作業室内に漏れ出し，酸素濃度が18 %に下がると作業者が酸欠で倒れる危険性もある。UV装置に備え付けられた酸素濃度計の説明に酸素0.1 %から計測可能と書かれていても，それは濃度計の性能表示で実際の炉内酸素濃度を0.1 %にできるということではない。

真空や酸素濃度0 %環境でのUV照射がどうしても必要となる場合，当社㈲マリオネットワーク)で

は窒素パージできる炉内設置用ボックスや真空用装置を提供することが多い。

6. UV 硬化の工程

UV 硬化は印刷，接着，コーティング，塗装，露光など多くの用途で使われ，印刷ではマーク・ラベル・パッケージ・プラスチック・フィルムなど，インクジェットプリンターやアナログ印刷のインク硬化がある。コーティングでは，スマートフォンなどの筐体コーティングや各種機器などの保護被膜・フィルム・プラスチック成形品のハードコート，フロアコーティングなど。接着用途では，光学フィルム・プリント基板・パーツ・ガラス基板(仮接着・接着)・パーツ固定・接着，樹脂貼合わせ・接着，レジスト硬化・剥離/マーキング。露光用途では，半導体ウェハのフォトリソグラフィなど，多岐に渡って UV 硬化技術が導入されている。

その基本的な工程を，UV 硬化より工程が多くなりがちな UV 塗装例でみると，以下のようになる。

(1)脱脂/塗装対象の表面清掃
(2)マスキング/養生
(3)ブラスト/プライマー処理(面を荒らす，UV 表面処理をするなどで，接着・密着性を向上させる)
(4)マスキング除去・検査
(5)補修(＝傷などを UV パテで埋め，UV 照射で硬化させる)
(6)UV 塗装～UV 硬化 1
　1：素地ペーパー研磨
　2：下塗り着色＝スプレー　セッティング 40 ℃/3～5 分
　3：UV 照射 2 秒…従来のウレタン塗装では乾燥に約 2 時間かかる。
(7)UV 塗装～UV 硬化 2
　1：ケバ取りペーパー研磨
　2：表面保護 UV 塗装＝スプレーガン　セッティング 40 ℃/3～5 分
　3：UV 照射 2 秒…従来のウレタン塗装ではオーバーナイトで乾燥させる。
(8)UV 塗装～UV 硬化 3
　1：ケバ取りペーパー研磨
　2：上塗り＝スプレー　セッティング 40 ℃/5～10 分
　3：UV 照射 2 秒…完成　従来のウレタン塗装では約 4 時間で乾燥，完成となる。

UV 塗装の前にプレヒートを行う場合や，UV 照射時に熱も加えて硬化促進をさせる場合もある。立体物で UV が当たらない影の部分がワークにある場合，熱硬化併用型樹脂を使って全体を硬化させる工夫をすることもある。

各 UV 照射工程に，従来工法でかかっていた時間も記入したが，比較すると UV の導入が工程時間短縮に大きく貢献していることがわかる。また，従来工程では乾燥棚に塗装物を移す作業もあるため，その棚移しの時間・労力も大きく削減できるメリットが UV プロセスにはある。

7. UV 硬化と組み合わせる技術

7.1　UV 洗浄改質(図 1)

接着やコーティングなど UV 硬化の主な目的用途では，固体表面の接着性改善が重要になる。固体表面の接着性を改善する表面処理には十種を超える方法があり，紫外線を用いる表面処理技術はその一種だが，数ある表面処理技術の中で，表面を腐食させず，平滑性を維持したまま改質ができる，唯一の表面処理技術が紫外線による処理であり，その特徴によりナノスケール時代には極めて重要な技術となる。微細な汚れへの対策や固体表面の接着力向上に UV 表面処理は役立つ。UV による表面処理のメカニズムには，

・UV の持つエネルギー
・185 nm 波長 UV による酸素のオゾン化
・254 nm 波長 UV によるオゾンの活性酸素分子化

が活用される。

UV 表面処理の原理は，まず 185 nm と 254 nm の 2 波長の紫外線を同時発生させる低圧 UV ランプを使用して，有機化合物の結合エネルギーより強いエネルギーの紫外線を照射することで，有機化合物の分解を行う。同時に 185 nm 波長により空気中の酸素をオゾンに変え，そのオゾンの分解過程で発生する原子状の酸素(O)が結合を解かれた有機化合物と結びつき蒸発する，という UV 光の機能を活かしたメカニズムで汚れを取り除く。汚れを取り除く際のエネルギーとして，254 nm 波長の紫外線が活躍する。

ナノメーターオーダーの有機性汚れは目に見えな

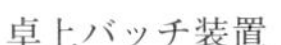
卓上バッチ装置

ユニット

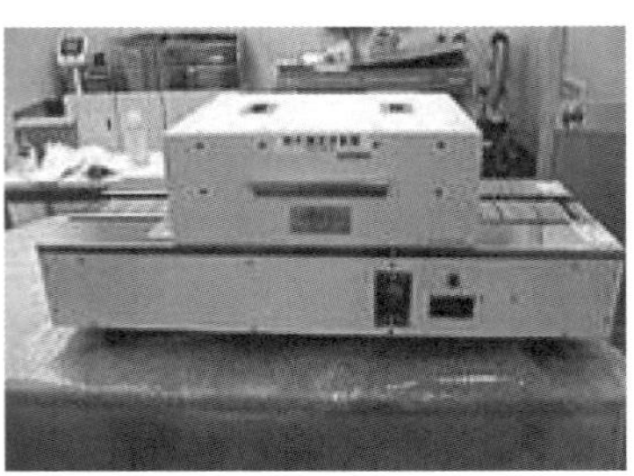

コンベア搬送式

図1　装置例①

いが，しっかりと表面に膜(難接着層)を作る。この膜が密着を弱めたり，印刷のパターンの鮮明度を悪くし，またピンホールなどの障害を起こす。湿式洗浄では表面の有機汚染層を単分子層以下に落とすのは難しいが，UV によるオゾン生成とエネルギー付加による UV 表面処理では，物質表面の有機汚染層を単分子層以下にすることが可能となる。

UV 表面処理では，ガラスやセラミックには洗浄作用だけが働き，プラスチックや金属には，洗浄の他に UV 改質作用(十数秒〜数分の短時間で表面を改質して，直接的に固体表面の接着力・付着力を向上)が働く。この改質効果は極性をもつ親水性官能基によるもので，高分子の末端基や分子の一部に官能基を作るだけなので，素材の特性は失わず腐食もないため粗面を作らない。UV 表面処理と UV 硬化は車の両輪のように相乗効果を生む技術組み合わせであり，さまざまなタイプの UV 装置がある。

7.2　プライマー

プライマーとは，低粘度コーティング液剤で接着促進剤とも呼ばれる。一般塗装では下塗り用塗料の一種である。接着剤または塗料と被着体の間に，結合しやすくするためプライマーを塗布すると，下地と上塗りそれぞれに触れて下地の表面が平滑化して，上塗りとの密着性や接着性が向上する。UV 塗装で下地の着色塗装にアクリルウレタン塗料を使っている場合，UV 塗料(樹脂)とアクリルウレタンの組成が似ているため下地のアクリルウレタン塗料がプライマー代わりになる場合が多い。

8. UV 硬化装置―UV 硬化装置の選定―

UV 硬化には，「UV 樹脂の硬化条件に合致する装置(**図2**)」を以下の要素から選んでいく。

・ワークのサイズと，UV 照射するサイズ(幅または面積，立体サイズ)
・光源の種類(高圧水銀 UV ランプ・メタルハライド UV ランプ・低圧水銀 UV ランプ・UV-LED)
・ワーク硬化に必要な積算光量
・1 日に UV 硬化させる数量
・ワークの熱に対する強さ(強い or 弱い)
・安全性(密閉空間での照射：バッチ式など)
・作業性(卓上型・バッチ式・ハンディ・コンベア搬送用など)

具体的な選択の手順は以下のようになる。

(1)ワークのサイズと，UV 照射する箇所のサイズ(幅または面積あるいは立体面)から，ランプの長さ，灯数，ランプ設置個所(上・下・左・右)を検討する。UV 照射の均整度をあげる場合，光源の長さを越すワーク端の箇所には左右から回り込んで差す光がなく，中央真下との光量差が急激に大きくなるため，ハンディ機以外では光源の発光部の長さをワークより長くする。

(2)UV 樹脂の硬化条件にあてはまる UV ランプまたは UV-LED の波長から，光源の種類を決める。

(3)どれくらいの強さの UV 積算光量(UV 露光量，単位は mj/cm^2)が必要かを計算し，光源を選ぶ際の UV 強度目安を決める。この場合，どれだけ照射距離を離す必要があるかによって，その必要距離での UV 強度を得られる光源を選ぶ。

ハンディ型

卓上引き出し型

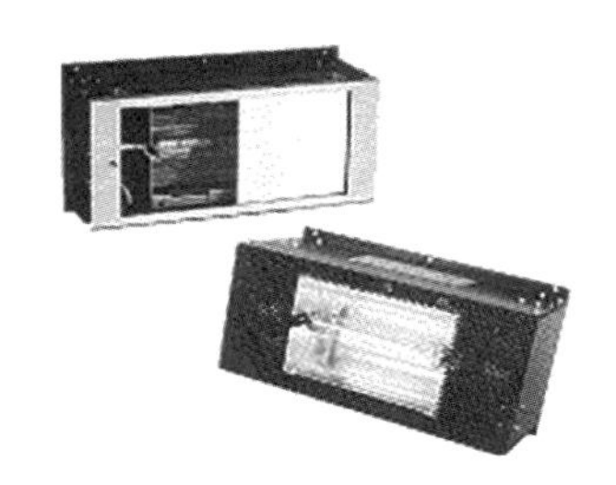

ユニット

コンベア搬送式

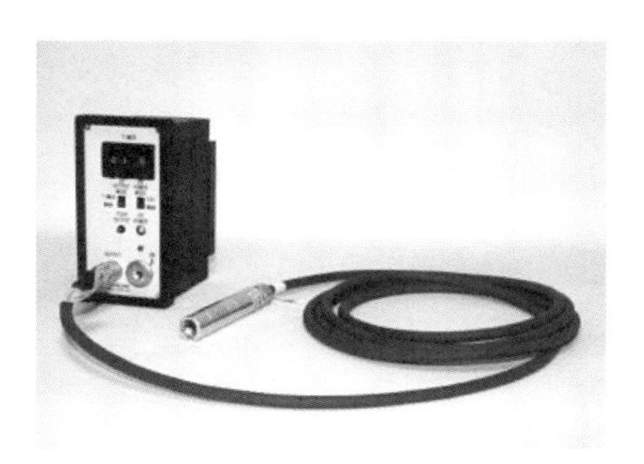

UV-LED(スポット型)

図2　装置例②

UV積算光量(mj/cm^2)
　　　　＝UV強度(mW/cm^2)×照射時間(sec)

(4)必要なUV積算光量の照射によるワークの温度上昇を耐熱限度内に抑えるために，以下のような工夫を備えた装置を選ぶ。

1. コールドミラー
2. 熱線カットフィルタ
3. ワーク冷却用送風またはクーラー
4. 光源開閉シャッターシステム

ストップ＆ゴーなどで頻繁なランプのON・OFFが必要な場合，ランプOFFの代わりにシャッターで遮光する。このシャッター遮光でON・OFF点滅によるランプ短寿命防止やワークへの温度影響の抑制ができる。

5. 照射距離を変えられる仕組み

ランプ距離を離すとワークに伝わる熱は少なくなるが，光が弱まるため照射時間は長くなる。また距離を離すと広い面積を照射できるようになることが多いが，ミラー形状による。拡散ミラーの場合，最初から光は拡散して届く。集光ミラーも焦点距離では1本の筋状の強い光だが，焦点距離から遠ざけていくと光は拡散して届く。

6. その他

ワークの下に「氷まくら」を置くなどして冷却する方法もある。

(5)照射時間＋ワークの入れ替え作業時間から，その作業量は1日あたり，または1時間あたり，どれだけの数かで，コンベア搬送式・ストップアンドゴーまたは引き出し型装置またはユニット型光源などから形態を選ぶ。また作業性と同時に安全性も検討する。光が漏れるオープンな場所で使用しても，自分や周囲の人達などに問題がないか，パーテーションで囲まれた中で照射するか，ワークを引き出し式装置の引き出しにしまってから照射するのか，などの検討からも装置形態を選ぶ。

9. UV安全管理―UV作業時の装備・服装など安全対策について―

人体に悪影響を及ぼすといわれている紫外線の波長は320 nm以下で，目の障害(眼痛・充血・角膜の炎症など)・紅斑や皮膚のDNA損傷によるガンの誘発などを引き起すリスクがある。米国労働衛生専門官会議(American Conference of Governmental Industrial hygienists)の勧告で発表されているTLV（Threshold Limit Values：ほとんどの労働者が健康上の悪影響を受けずに労働できるボーダー値)は，「紫外線320～400 nm紫外線では，保護されていない皮膚または裸眼に対して1.0 mW/cm^{2}以下であること(約16分以上の照射の場合)，16分以下の場合は1 J/cm^{2}を超えてはならない。200～315 nmでは保護されていない皮膚または目に対しては，たとえば315 nmでは，「8時間を一期として1000 mj/cm^{2}を超えてはならない」となっている。UV硬化で主に使われるランプは365 nmを主波長とする高圧水銀UVランプやメタルハライドUVランプだが，これらのランプが放つ365 nmのエネルギーを100 %とすると，320 nm以下波長の相対エネルギーは最大約60 %含まれる。

また，仮に弱い紫外線であっても，反復曝露により慢性障害に発展する場合があるため，以下に掲げるような安全対策を毎回きちんと行うことに越したことはない。

(1)UV作業時には，UV安全メガネやフェイスマスクを着用する。それらを装着していても，できるだけ光源を直視しないようにする。

通常，UVランプの明るい可視光の中に，目に見えないUV光が混じっている。ただのサングラスでは，瞳孔が開いたところにUVが侵入してくることになるので，きちんとしたUV100 %カットの表示のあるUV安全メガネやフェイスマスクを着用する。反射光対策が必要な場合にもUV安全メガネやフェイスマスクを着用する。

(2)目のつまった長袖服・手袋を着用する。

(3)UVの発光部は，必ず目線より下の位置で使用する。

(4)周囲への安全配慮措置をせずに，紫外線を上や水平に向けて照射しない。

光が上向きや水平に照射される場合は，周囲の作業者のために，紫外線を透過させない素材のパテーションで囲ったり，左右と装置背後に配置した中で作業する。

(5)トラブルの際はシャッターを閉じ，UV光源スイッチをオフにする。

文　献

1) 工技院：Method of activating surface of shaped body formed of synthetic organic polymer, *U.S. Patent*, 4, 853, 254 (1989).

2) 寺本和良：プラスチックの表面処理と接着，材料技術，14, 283-287 (1996).

3) JIS K 6768：プラスチック及びシートのぬれ張力試験方法.

4) 畑敏雄：基礎講座・接着の科学と「理論」，日本接着協会誌，18, 420-429 (1982).

5) 市村國宏：UV硬化の基礎と実践，産業図書㈱，25-26, 56-57, 135-136 (2010).

6) 照明学会雑誌，61(11)，660-661 (1977).

第15節
伝導伝熱乾燥機

月島機械株式会社　佐藤　澄人

1. はじめに

伝導伝熱乾燥機は間接加熱式乾燥機の1種であり，熱風を加熱源とする直接加熱式の乾燥機と比べ，熱効率が高いといった特徴がある。また，連続処理式の場合，高い処理能力を有することから広く工業的に用いられている。本稿では，代表的な連続処理式の伝導伝熱乾燥機である，水蒸気管付回転乾燥機並びに溝形撹拌乾燥機について紹介する。

2. 水蒸気管付回転乾燥機[1)2)]

2.1 概　要

水蒸気管付回転乾燥機は，回転する円筒の全長にわたってチューブが同心円状に1～6列並んでいて，加熱管を介して間接的に伝熱させ乾燥する乾燥機であり，スチームチューブドライヤともよばれている。適用処理物としては，テレフタル酸(**図1**)・ポリアセタール・ポリエチレンなどの化成品，石炭をはじめとする鉱石類，異性化糖工場のコーン副製品，石膏，排水スラッジなど多岐にわたっている。

2.2 水蒸気管付回転乾燥機の特徴

蒸気などの熱媒で加熱されたチューブで原料を加熱し乾燥させるタイプ(伝導伝熱乾燥)の乾燥機であり，次のような特徴をもっている。

(1)大量処理が可能

内部に多数の加熱管が設置されることから，単位容積あたりの伝熱量が他の乾燥機に比べ大きい。また，シンプルな構造で大型化しやすいため，大量処理が可能である。

図1　テレフタル酸用水蒸気管付回転乾燥機

(2)運転が容易

滞留時間が十分にとれ，調節も容易なので処理量や原料水分の変化に対応できる。また，滞留量も機内の充填率を変更(リテーナーダンパーの操作)することにより調整可能である。運転も原則，熱源の管理(蒸気圧力の調整)のみなので容易である。

(3)外気遮断が可能

密閉型の場合，内部からのガス漏れや外気の流入が微量に抑えることが可能なため，溶剤回収が容易であり，不活性ガスの使用量もわずかである。

(4)排気量が少ない

伝導伝熱のため，キャリアガスは蒸発水分の排気に必要な量だけ供給すればよく，熱風を熱源とする直接加熱式に比べ，排ガス処理設備，脱臭設備をコンパクトにすることができる。

(5)省エネルギー

伝導伝熱のため熱効率が高い。また，直接加熱式に比べ，送風機などの付帯設備を含めた乾燥設備全体での消費電力が小さい。

2.3 水蒸気管付回転乾燥機の構造

構造は大きく分けて原料供給部，乾燥機本体，製品排出部の3つからなっている(**図2**，**図3**)。

(1)原料供給部

スクリューコンベアとシュートから構成されており，原料を乾燥機本体に供給する部分となる。

(2)乾燥機本体

本体には回転する円筒の全長にわたってチューブが同心円状に1～6列並んでいる。その本体全体を回転支持させるための2本のタイヤ，ローラーを備え，駆動モータの回転力はガースギヤ，ピニオンを介して本体を回転させている。

加熱管には蒸気などの熱媒が入り，原料供給部から送られてきた原料は回転する円筒でかき上げ，撹拌されながら加熱管の熱伝達を受ける。本体は出口側に少し傾斜しているので，乾燥製品は回転とともに次の排出部に向かって送られていく。また蒸発した液分は少量のキャリアガス(同伴ガス)とともに系外に排出される。このキャリアガスは乾燥原料の性状，乾燥特性の違いから，原料供給側から排出される場合(向流式)と製品排出側から排出される場合(並

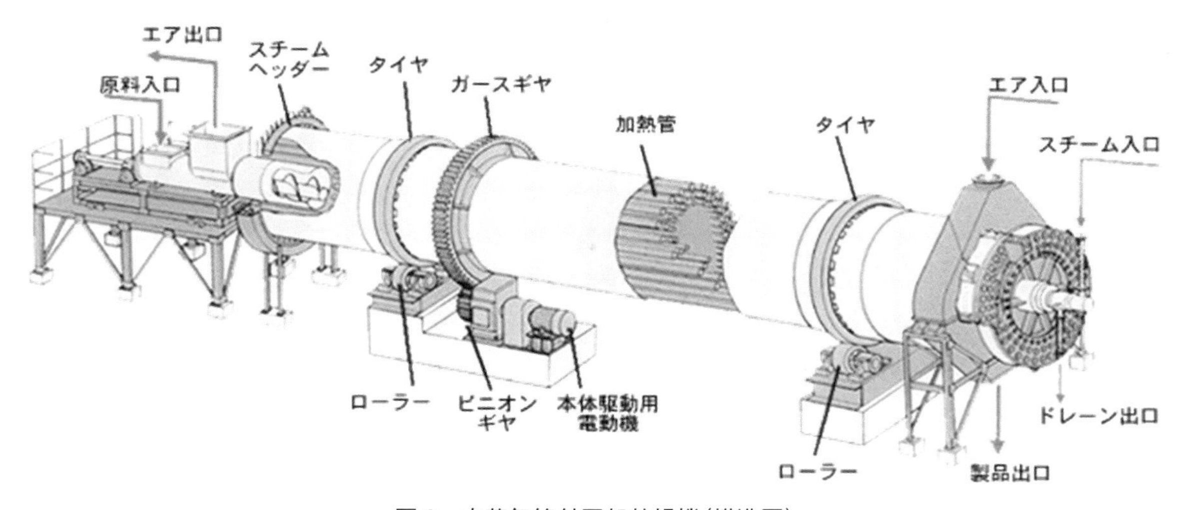

図2　水蒸気管付回転乾燥機(構造図)

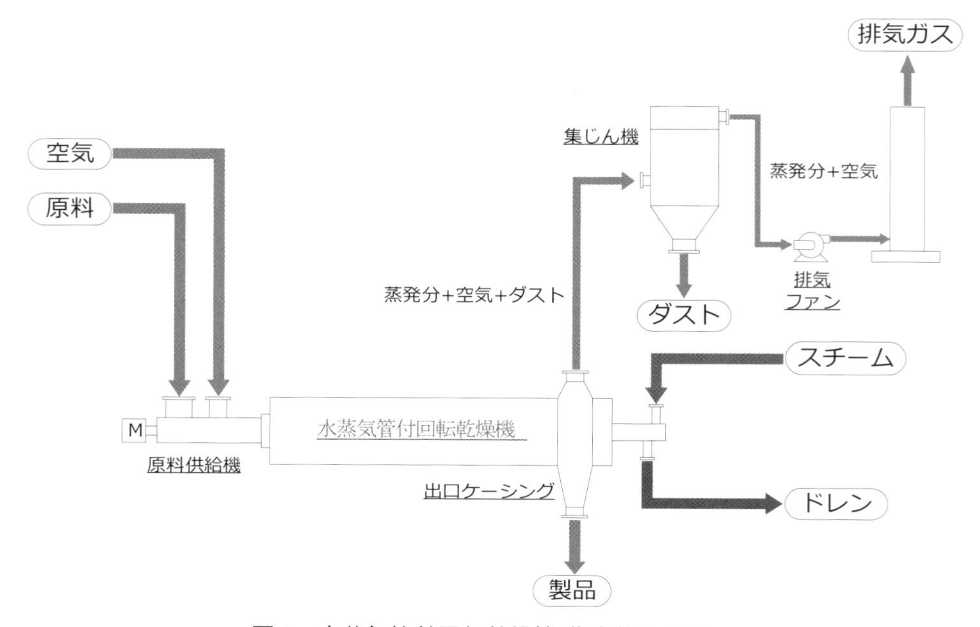

図3　水蒸気管付回転乾燥機 代表的なフロー

流式)の2種類がある。

本体出口側には蒸気供給，スチームコンデンセート(ドレーン)排出の共通ヘッダーとなるマニホールドを備えており，蒸気は乾燥機出口のロータリージョイントから入りマニホールドを介して各チューブに分配され，熱交換後はスチームコンデンセートとしてマニホールドに回収され再びロータリージョイントから排出される。

(3)製品排出部

乾燥された製品を乾燥機から排出する部分である。製品排出部は，大気開放の場合は外周排出，密閉型の場合はセンター排出方式となり，乾燥機に要求される機密性，保守性，設備全体の操作性などを考慮して選択される。

2.4　適用例

(1)食品・環境関連

食品では主に原材料関係で，割豆，菜種，異性化糖工場のコーン副製品(コーンジャーム，グルテンミール，コーンファイバー)などに適用されている。また環境関連では，活性汚泥，浄水汚泥，一般ごみ，焼却灰などがある。これらのなかには付着性，造粒性，発塵性に注意が必要な物質もあり，ラボ機によるテストを実施し，伝熱係数とともに品質要求を満たすように，乾燥機の設計要素(主寸法，排気方式，チューブ配列，摩耗対策)に配慮が必要になる。

(2)石炭，鉱物

石炭，鉱物類としては，褐炭，製鉄所コークス用石炭，銅精鉱，鉱石類(マンガン鉱，砂鉄，Pb粉)などに適用されている。いずれも天然物であり，天然物中にはCl^-，SO_4^{2-}などの腐食因子が含有されるため，摩耗，腐食には特に注意が必要である。

(3)化成品

テレフタル酸，ポリエチレンなどは水蒸気管付回転乾燥機の代表的な適用物質である。これらは酢酸やヘキサンといった溶剤が蒸気として発生するため，原料の乾燥と同時にそれらの回収を行っている(図4)。この溶剤回収を実現する密閉型のシール機構が化成品への適用のベースとなっている。特にテレフタル酸においては製品処理量が最大200万トン/年と年々処理量が拡大しており，シェル径も5m近い大型のものとなってきている。

3. 溝形撹拌乾燥機[3)4)]

3.1　概　要

溝形撹拌乾燥機は，固定型ケーシング内部に設置された特殊形状のディスクを取り付けた複数の回転シャフトを有する，材料撹拌型乾燥機である。また，

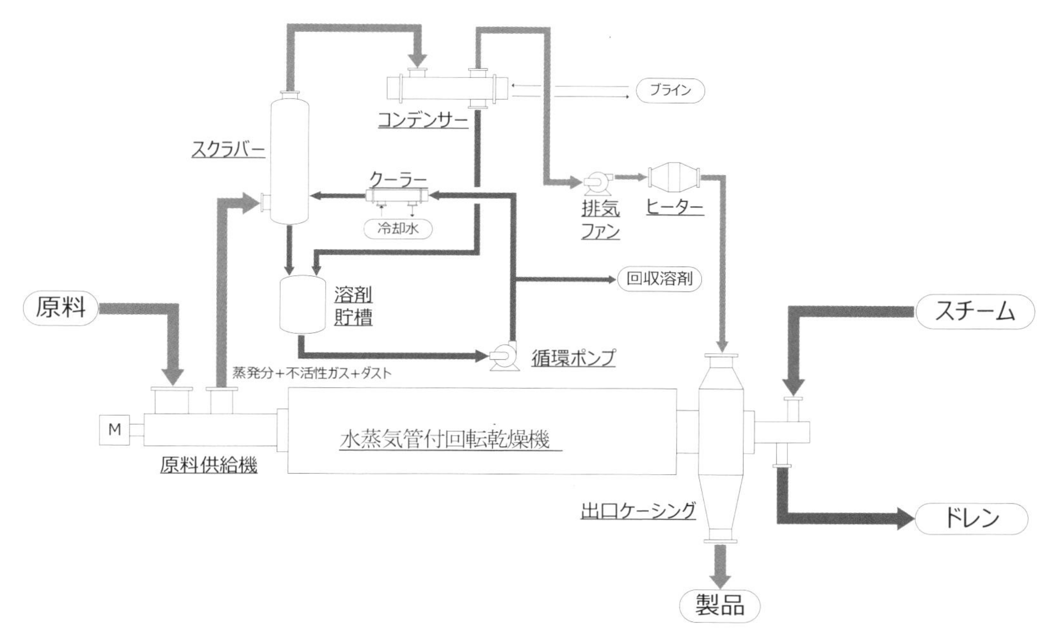

図4　水蒸気管付回転乾燥機 溶剤回収フロー

ケーシングおよびディスクシャフト部を介して間接的に伝熱させ乾燥する伝導伝熱乾燥機でもある。付着性の高い処理物も乾燥可能であり，幅広い適用物質に用いられている。ディスクの形状はメーカーごとに工夫がなされているが本稿ではディスク形状を傾けたタイプ(インクラインドディスクドライヤ)を事例に紹介を行う。

3.2　溝形撹拌乾燥機の特徴

溝形撹拌乾燥機は以下のような特徴を持っている。

(1)省エネルギー

伝導伝熱のため熱効率が高く，また，特殊形状のディスクを使用して撹拌効果を高めているため，回転軸の回転数が低く電力使用量が少なくて済む。

(2)コンパクト

ディスクシャフトも伝熱面として構成され，単位体積あたりの伝熱面積を大きく取ることができ，その結果据付面積を小さくすることが可能になる。

(3)排気量が少ない

伝導伝熱のため，吹込まれるキャリアガスは少量である。そのため，排ガス量も少なくなり，排ガス処理を容易に行うことができる。

(4)水分調整が容易

水分は，滞留時間や蒸気温度によって調整することができる。滞留時間は乾燥機出口の堰板の高さで，蒸気温度は蒸気の圧力で調整できる。

(5)高い乾燥性能

供給された原料は，傾斜したディスクの伝熱面により，揺動撹拌されるため，伝熱面でのセルフクリーニングが行われ高い伝熱係数が得られる。

(6)均一な乾燥

乾燥機内の原料移動は押し出し流れ(ピストンフロー)に近く，ショートパスが少ない。また，揺動撹拌されながら乾燥するため，均一な乾燥製品が得られる。

3.3　溝形撹拌乾燥機の構造

溝形撹拌乾燥機は回転軸内部およびジャケット内部に供給される蒸気により，ケーシング内に供給された原料に熱を加えて，乾燥操作を行う伝導伝熱乾燥機である。また，固定ケーシングとケーシング内部に設置された２本ないし４本のディスクを取り付けた回転シャフトによる材料撹拌型乾燥機でもある(**図5**)。

(1)ディスク形状

ディスクの形状は装置メーカーにより特徴が異なるが，以下はディスクをシャフトに対して傾斜して取り付けたタイプ(インクラインドディスク)である(**図6**)。

(2)軸シール構造

ケーシングと回転シャフトとのシール機構はグランド型式が一般的である。一方で，軸シール部は処理物に埋まった状態で使用されるため，漏れのリスクが比較的高く，処理物に合わせグランドパッキン以外にも，セグメントシール，成形パッキン，粉体に対応した特殊なメカニカルシールとさまざまな形式のものが用いられている。

(3)加熱構造

回転シャフトおよびディスクにはシャフト端部に

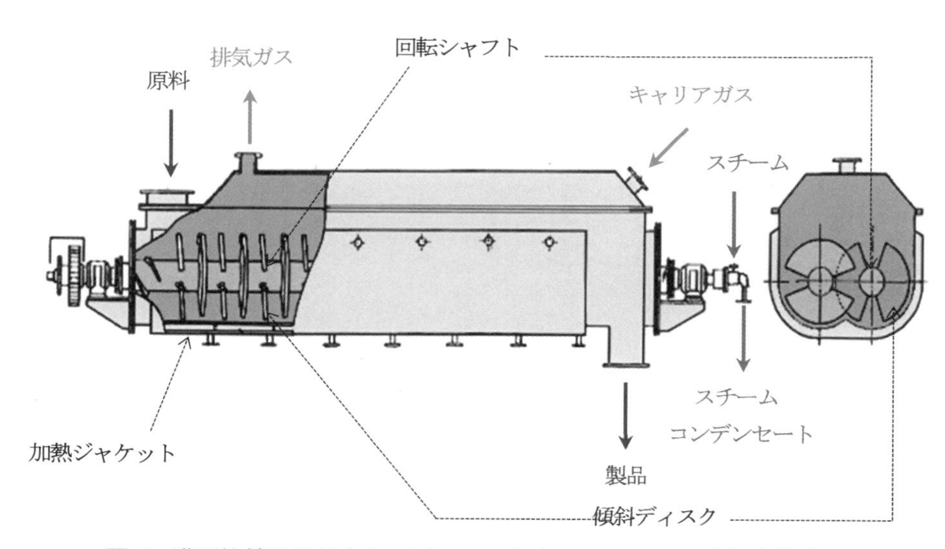

図５　溝形撹拌乾燥機(インクラインドディスクドライヤ)概略構造図

あるロータリージョイントを通して蒸気が供給される。原料は供給口より連続的に供給され，ディスクによる撹拌とディスクシャフトおよびケーシングジャケットからの伝熱で乾燥される。

(4)製品排出部

製品排出部は本体と一体構造となっている。排出部には乾燥機内部の充填量を調整するためオーバーフロー用の堰板が設置されている。この堰板の高さを調整し，滞留時間と有効伝熱面積を変えることで，乾燥品水分を調整することができる。

(5)設備フロー

原料より蒸発したベーパーは，キャリアガス入口より導入された少量のキャリアガスにより同伴されて排気口より排出される(**図7**)。

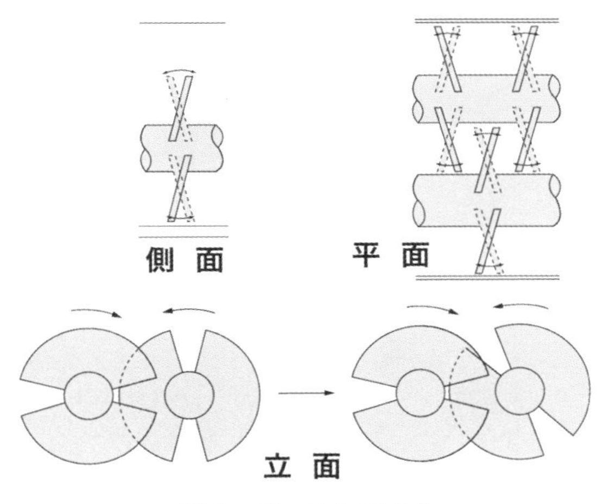

図6　ディスクの動き

4. 適用例

溝形撹拌乾燥機は樹脂や食品，化成品など幅広い分野で適用されているが，その中でも付着性の高い汚泥は典型的な処理物といえる。溝形撹拌乾燥機が汚泥乾燥機として評価を得た理由は，水分域ごとに性状が変化する汚泥の特性と，その性状変化に対し特殊ディスクの効果により，安定して乾燥性能が発揮できる点である。撹拌，混合，そして乾燥材料と伝熱面の間での付着抑制機能を持たせたことが非常に有効である。以下に下水処理場で発生する下水汚泥乾燥での適用事例を紹介する。

4.1　汚泥の性状変化と挙動

下記に示すように汚泥は水分域ごとにまったく異なった性状を示す。いわば，1つの乾燥機内で異なる数種の物質を処理しているイメージになる(**図8**)。

図8に示すように脱水汚泥は85～80 %W.B.程度から65 %W.B.程度では非常にやわらかい塊状となる。また65～50 %W.B.程度では非常に大きな塊状となり，ディスク間に大きな塊が入り込んだ状態となる。この領域では塊の表面が堅く，内部がやわらかい状態となりディスクに対して汚泥が滑りやすい状態となる(W.B.＝Wet Base)。

水分が50 %W.B.より低減するにつれ塊は次第に小さくなり，出口水分30 %W.B.程度ではφ30 mm位のボール状となる。

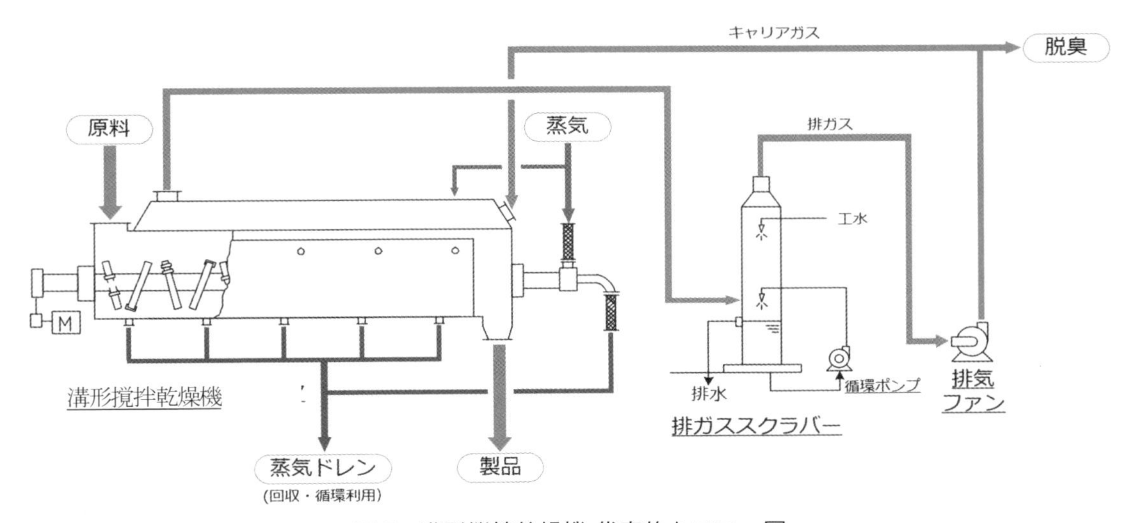

図7　溝形撹拌乾燥機 代表的なフロー図

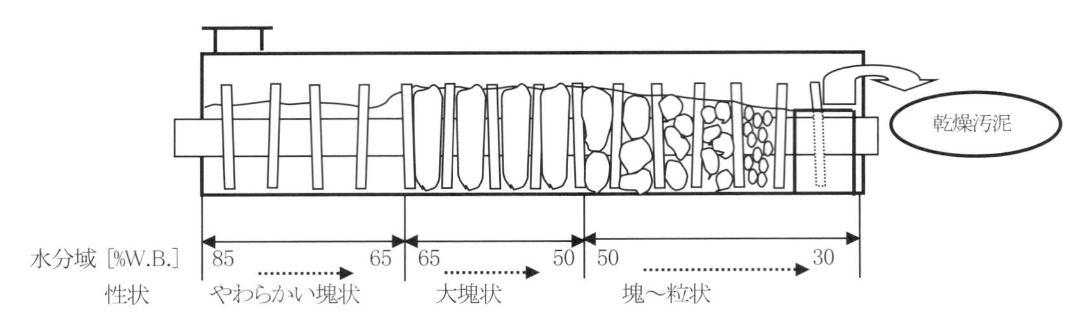

図8　汚泥の性状変化

4.2　水分領域と機能特性

大きな特徴としてディスクを傾斜取り付けさせたことで，乾燥機内での処理物の動きが良くなり，乾燥効率がアップするとともに付着抑制効果も得られたことが挙げられる。各ゾーンのケーキ特性と特殊ディスク(インクラインドディスク)の機能の具体的効果は次のとおりである。

(1)水分 85～65 %W.B. のやわらかい塊状ゾーン

上部から見た時のシャフトおよびディスクの位置関係は次のようになる(図9)。

図9のようにディスク間に入り込んだやわらかい塊に相手側のディスクが入り込んでくることで汚泥が解砕され，ディスク表面から一部剥離する。このときディスクに接触している汚泥面は膜状でほぼ全面接触している。相手側のディスクが汚泥中に入り込んでくることで汚泥の動きが押さえられ，汚泥の動きが止まったような状態でディスクが180°回転するとディスクが破線のような向きとなり，ディスク面に対して処理物の剥離・更新が進む。このためディスク間の汚泥の動きと熱伝導が格段に良くなり，乾燥効率が向上する。また剥離・更新により，ディスク面での焼き付きを防ぐことができる。

(2)水分 65～50 % W.B. 程度の大塊ゾーン

この水分域では大塊がディスク間に挟まった状態になっており，大塊の表面が堅く滑りやすくなっている。ただし，前述した高水分領域と同様に，大塊に相手側のディスクが入り込むことで汚泥の動きを乱し，さらにディスクによる剥離・更新効果でディスク間に挟まった汚泥が抜けやすくなり，良好な撹拌状況が維持される

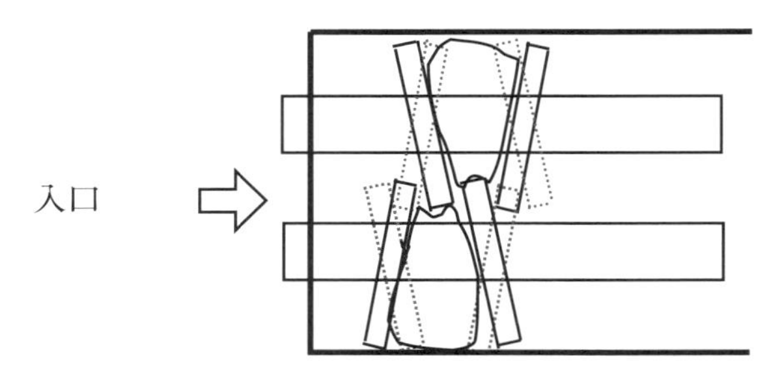

図9　シャフト/ディスクの位置関係

(3)水分 50 % W.B. より低水分ゾーン

この水分域の処理物の付着性は少ない。乾燥機内で撹拌され乾燥が進むことと，破砕効果で乾燥汚泥塊のサイズは小さくなる。出口水分が 30 %W.B. では ϕ30mm 位のボール状となり，乾燥汚泥として乾燥機より排出される。なお，より低い水分迄乾燥させた場合，減率乾燥区間での乾燥となるため乾燥速度が著しく遅くなる。また，汚泥が砂状になり，ディスクシャフトが著しく摩耗する恐れがあることからも，低含水率域では他の乾燥機と組み合わせるといった検討も必要となる。

文　献

1) 伊藤正康，小池恒夫：月島機械 百年の技術，118-125 (2005).
2) 諏訪聡：TSK 技報 2005 April, 月島機械, 26-33 (2005).
3) 吉田明弘：月島機械 百年の技術，126-131 (2005).
4) 渡辺健司：TSK 技報 2010 Autumn，月島機械，34-36 (2010).

第16節
機能複合型乾燥機

第1項　ろ過・乾燥

株式会社神鋼環境ソリューション　竹井　一剛

1. ろ過乾燥機の適用分野

ろ過，乾燥で用いられる装置にはさまざまな分類方法があるが，処理方法，装置形状で簡単に分類するとそれぞれ**図1**，**図2**のようになる。処理方式としては大きく回分式と連続式に分けられ，処理量が多く，単価が低い製品には連続式が選ばれることが多く，逆に処理量が少なく単価が高い医薬，電材，ファインケミカル分野での製品には回分式が選ばれることが多くなる。また乾燥の加熱方式についても「直接加熱式」と「間接加熱式」に分けることができる。製品への異物混入が問題とならない場合は，熱風式などの直接加熱式が選ばれることがあるが，異物混入が問題となる分野では真空乾燥機のような間接加熱式が選ばれる。

付加価値の高くコンタミレスが要求される分野においては，回分式で，加圧(減圧)ろ過，間接加熱式による真空乾燥が基本的な処理方法となり，これらの機能を複合した機種がろ過乾燥機となる。機能複合型のろ過乾燥機は，反応・晶析などによって生成されたスラリーを1台の密閉容器内でろ過，ケーク洗浄，乾燥することができ，メリットとして以下がある。

- ろ過機から乾燥機への輸送が不要でクロスコンタミ，製品ロスの低減が可能
- ろ過機から乾燥機へのハンドリング時の暴露などの危険性を排除可能
- ろ過機と乾燥機が一体であり生産設備の簡略化，省スペース化が可能

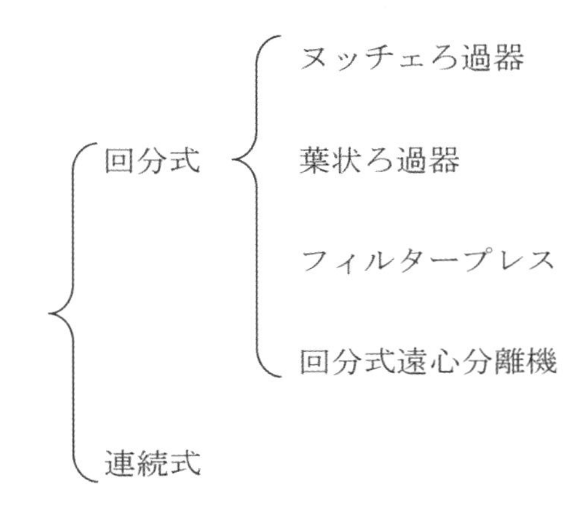

図1　ろ過装置の分類

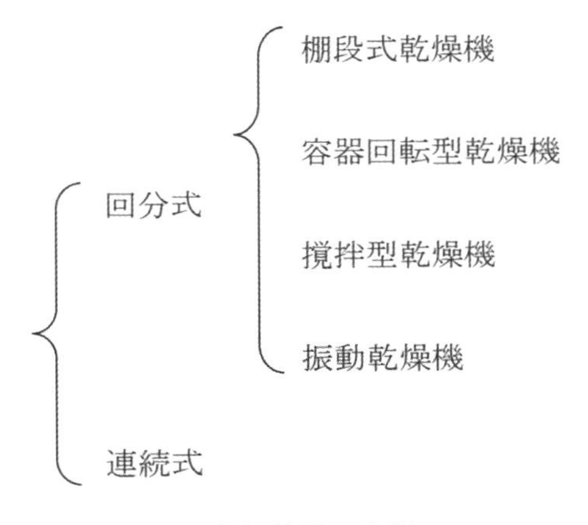

図2　乾燥装置の分類

2. ろ過乾燥機の基礎理論

ろ過乾燥機のろ過，ケーク洗浄，乾燥工程における基礎理論を以下に示す。

2.1　ろ過に関する基礎理論[1)2)]

一般にろ過速度はろ過圧力 ΔP_t，ろ過面積 A に比例し，ろ液の粘度 μ とろ過抵抗に反比例する。ろ過抵抗はケークの抵抗 R_C とろ材の抵抗 R_M の和で表されるので，ろ過速度は下記の式(1)で表される。

$$\frac{dV}{d\theta}=\frac{A\Delta P_t}{\mu(R_C+R_M)} \tag{1}$$

また定圧下でのケーク(静置)ろ過においては，ろ過が進行するにつれてケーク層が形成される。この形成されたケーク層の厚みに比例して，ろ過抵抗が大きくなることから，ろ液単位体積あたりの固体質量 w に比例し，その比例定数である平均ろ過比抵抗を α_{av} とするとケーク抵抗 R_C は下記式(2)で表される。

$$R_C=\alpha_{av}\frac{wV}{A} \tag{2}$$

また式(2)においてろ過比抵抗 α は一般に下記式(3)で表される。

$$\alpha_{av}=\alpha_1\left(\Delta P_t\right)^n \tag{3}$$

ここで，α_1 は定数である。また n は圧縮性指数でありケークの圧縮性の程度を表す指標となる。非圧縮性ケークでは $n=0$ となり，また $n>1$ の場合には，圧力を増加させると，ろ過速度はかえって減少する。一般に α_{av} の値が 10^{11} m/kg 程度までのケークは抵抗が小さく，10^{12}～10^{13} m/kg 程度のケークは中程度，10^{13} m/kg 以上のものは難ろ過性とされる[3)]。

2.2　ケーク洗浄に関する基礎理論[4)]

ケーク洗浄には撹拌洗浄と置換洗浄があり，撹拌洗浄はケークに洗浄液を加え，撹拌しリスラリーすることでケーク内の溶質(不純物)濃度を下げる洗浄方法であり，置換洗浄は，ケーク中の溶質を洗浄液により押し出し流れで置換することにより洗浄する方法である。

図3に置換洗浄，撹拌洗浄，および置換洗浄と撹拌洗浄を組み合わせた結果を示す。またそれぞれの洗浄理論線を示す。横軸はろ過後のケーク中に含まれる母液の量を基準として加えられた洗浄液の量比を示し，縦軸はろ過後のケーク中の溶質残留量を基準としてケーク中に残留している溶質の割合を示す。撹拌洗浄の場合，加える洗浄液量により溶質残留率が下がり，その傾きは一定となる。置換洗浄の場合，洗浄初期では理論線に沿って洗浄が進行するが途中から効率が悪くなっている。置換洗浄では洗浄液が

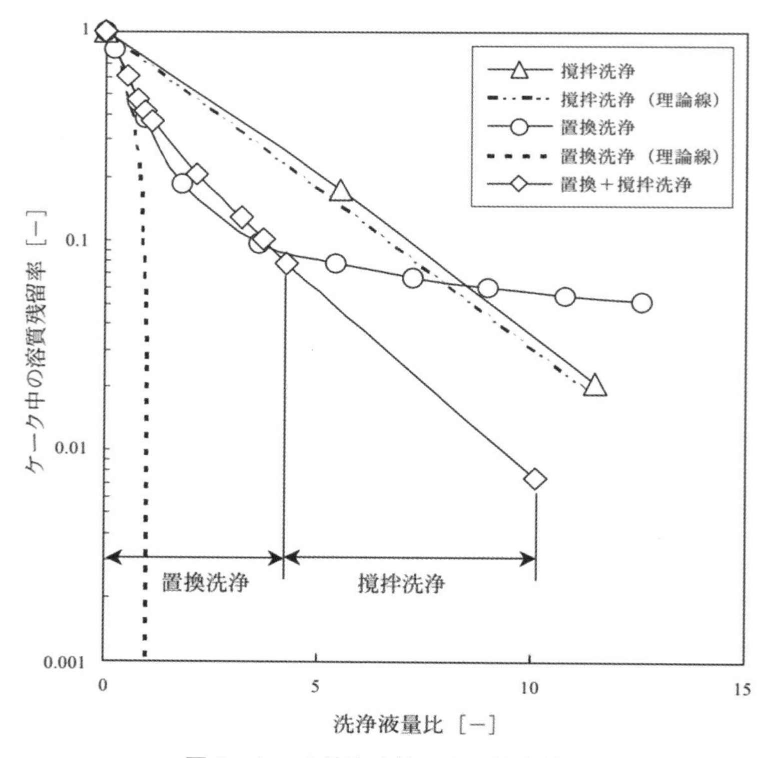

図3　ケーク洗浄方法による洗浄効果

ケーク内を偏流し洗浄できない部分が存在するためである。置換洗浄と撹拌洗浄を組み合わせた場合，少ない洗浄液量で効率よい洗浄が行われている。また後半に撹拌洗浄を行うことによりケーク内の溶質濃度の均一化を担保できる。

2.3　乾燥に関する基礎理論

図2の乾燥装置の分類において容器回転型乾燥機，撹拌型乾燥機においてよく利用される間接加熱方式は，外套から粉粒体への伝熱により湿分を蒸発させ，乾燥する方式で伝熱係数の影響を受ける。この値は総括伝熱係数 U と呼ばれ，乾燥において，乾燥粉体，乾燥条件(乾燥装置)によって異なる重要なファクターである。単位時間あたりの受熱量 Q および U 値は，伝熱面積 A，平均温度差 ΔT，撹拌熱 q，内側境膜伝熱係数 h_i，壁面伝熱抵抗 h_w，外側境膜伝熱係数 h_o により，それぞれ下記式(4)，式(5)で表される。

$$Q = UA\Delta T + q \tag{4}$$

$$U = (h_i^{-1} + h_w^{-1} + h_o^{-1}) \tag{5}$$

また乾燥初期の恒率乾燥期間では，受熱量が全て液分蒸発に費やされ，材料温度乾燥速度はともに一定値を保つ。恒率乾燥時間を θ_{I}，蒸発成分の蒸発潜熱を λ，蒸発成分重量を m_{I} とすると単位時間あたりの受熱量 Q は下記式(6)で表される。

$$Q = \frac{m_{\mathrm{I}}\lambda}{\theta_{\mathrm{I}}} \tag{6}$$

乾燥が進むにつれて，受熱量が液分蒸発と材料加熱に使用されるようになる。このような粉体温度は徐々に上昇する減率乾燥期間では減率乾燥時間を θ_{II}，減率乾燥期間における蒸発成分重量を m_{II}，粉粒体重量を M，初期粉体温度を T_1，終期粉体温度を T_2，粉粒体の平均比熱を C_P とすると単位時間あたりの受熱量 Q は下記式(7)で表される。

$$Q = \frac{m_{\mathrm{II}}\lambda + MC_P(T_2 - T_1)}{\theta_{\mathrm{II}}} \tag{7}$$

以上の式(4)，式(6)，式(7)より乾燥時間は，恒率乾燥期間および減率乾燥期間それぞれの期間における総括伝熱係数 U_{I}，U_{II} とするとそれぞれ下記式(8)，(9)となる。

恒率乾燥期間

$$\theta_{\mathrm{I}} = \frac{m_{\mathrm{I}}\lambda}{U_{\mathrm{I}}A\Delta T + q} \tag{8}$$

減率乾燥期間

$$\theta_{\mathrm{II}} = \frac{m_{\mathrm{II}}\lambda + MC_P(T_2 - T_1)}{U_{\mathrm{II}}A\Delta T + q} \tag{9}$$

総括伝熱係数 U は乾燥粉体，乾燥条件(乾燥装置)，さらには恒率乾燥，減率乾燥の期間によっても異なる値となることから，パイロットテストなどで各総括伝熱係数を求めて，その値および式(8)，式(9)をもとに実機乾燥時間の設計を行う。

3. ろ過乾燥機の特長[4)]

以下に代表的なろ過乾燥機4機種の特長を示す。各機器の構造および機能についてまとめたものを**表1**に示す。

3.1　多機能ろ過乾燥機フィルタードライヤ(ED)

フィルタードライヤは底部に水平ろ板を備えたヌッチェ型加圧ろ過タイプのろ過乾燥機であり，缶内には吐出と掻上機構を兼ね備えた撹拌翼を備えている。撹拌翼は正転，逆転，昇降が可能でろ過乾燥に必要なさまざまな運転を行うことができる。ろ過乾燥機のベーシックタイプに位置づけられる。

フィルタードライヤの高機能化技術としては，ろ板振動と缶体傾斜により，製品回収率99.5％以上を自動で実現する全量回収機構(**図4**)や，本体フランジを自動開閉でき，ろ布交換，下蓋取り外し，取り付けを短時間でスムーズに行え，また潤滑油の塗布も不要なサニタリー仕様のヘルール式急速開閉装置(**図5**)がある。

3.2　回転型ろ過乾燥機(RFD)

4機種の中で最も高効率なろ過・乾燥能力をもち，多様化するろ過乾燥ニーズに対応できる。大きく3つの部分から構成される構造を**図6**に示す。ろ過・乾燥を行う本体部，本体を覆うケーシング部，本体を駆動する伝動装置部からなりこれらが架台で支持されている。本体は横型で，ろ過は遠心力を利用して本体円筒部全面をろ過面として加圧にて行う。外套付で中空の伝動軸より熱媒体を通せる構造となっている。開閉可能なケーシング構造は，内部の洗浄，洗浄確認が容易に行える特長があり，付加価値の高い多品種少量生産用途に適した機種である。

表1　ろ過乾燥機の特徴と高機能化技術

	多機能ろ過乾燥機 FD	回転型ろ過乾燥機 RFD	ろ過機能付きコニカルドライヤ CDF	ろ過機能付きPVミキサー PVF
構造図	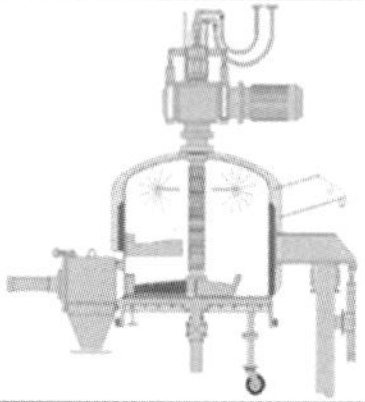	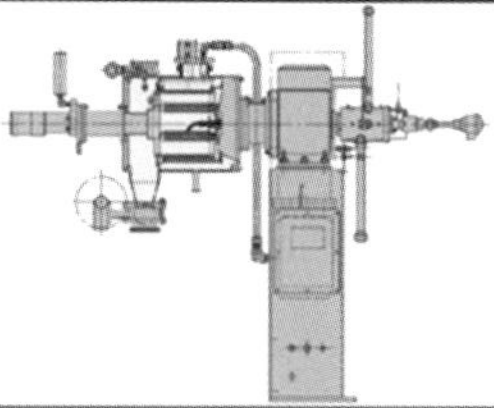	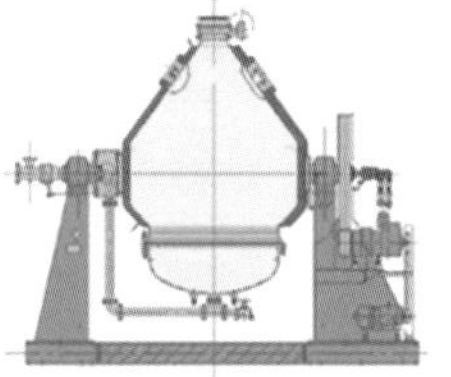	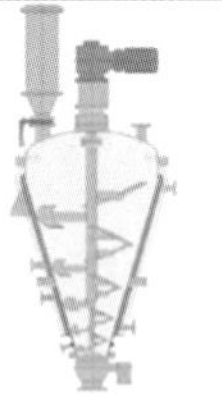
特　長	ろ過乾燥機のベーシックタイプ （ろ過性能重視型）	能力を追究した最新型 （多品種少量生産型）	コンタミレス設計 （洗浄性能重視型）	高効率乾燥機にろ過機能を追加 （乾燥能力重視型）
最大処理ケーク量	1900L	250L	3000L	3000L
適応粒径の目安	0.1μm～	0.5～100μm	5μm～	50μm～
本体材質	グラスライニング、ステンレス鋼、各種耐食金属	ステンレス鋼、各種耐食金属	グラスライニング、ステンレス鋼、各種耐食金属	ステンレス鋼、各種耐食金属
高機能化技術	**高効率撹拌翼** 吐出と掻上機構を兼ね備えた高効率撹拌翼。 正転、逆転、昇降が可能。  **全量回収機構** ろ板振動と缶体傾斜により、製品回収率99.5%以上を実現。 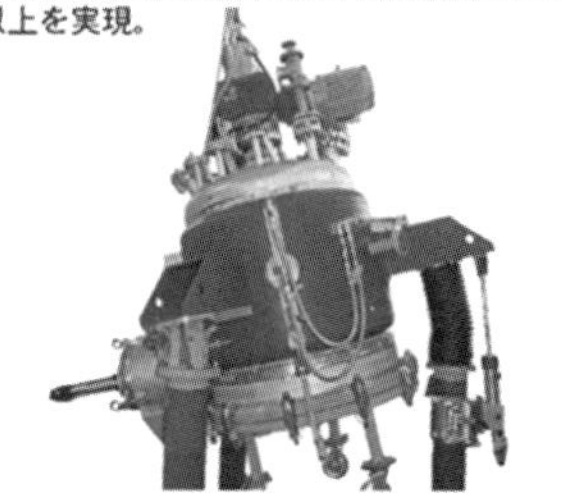	**高効率なろ過・乾燥を実現** 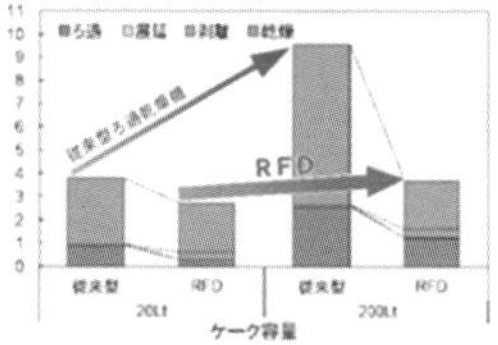 **洗浄が容易（ケーシング開閉構造）** 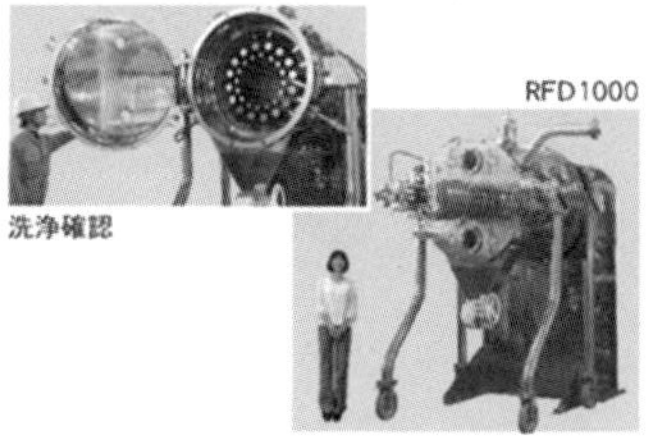 洗浄確認 RFD1000	**コンタミレス設計を実現** ・缶内に摺動部が無く、摩耗コンタミ無し。 ・ノンメタリック化(グラスライニング製)で金属コンタミ無し。 ・導電性グラスECOGLⅡの採用で、乾燥粉体の静電気付着を抑制。 **ろ板振動機構** 乾燥速度、ろ板への製品付着の改善が可能です。 （乾燥時間25%低減） ※ろ板振動機構は金属製CDFに採用できます。  ステンレス製CDF　振動エアーバイブレータ	**多段傾斜パドルが理想的な撹拌を実現** ・せん断混合によりダマの解砕が可能。 ・リボン翼に比べて低動力で同等性能。 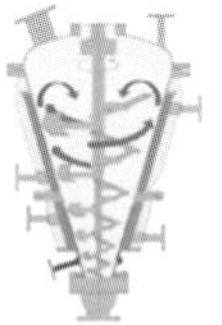 **下部コーン部焼結フィルター** メタルタッチ構造で伝熱面としても機能。  組立式焼結フィルター

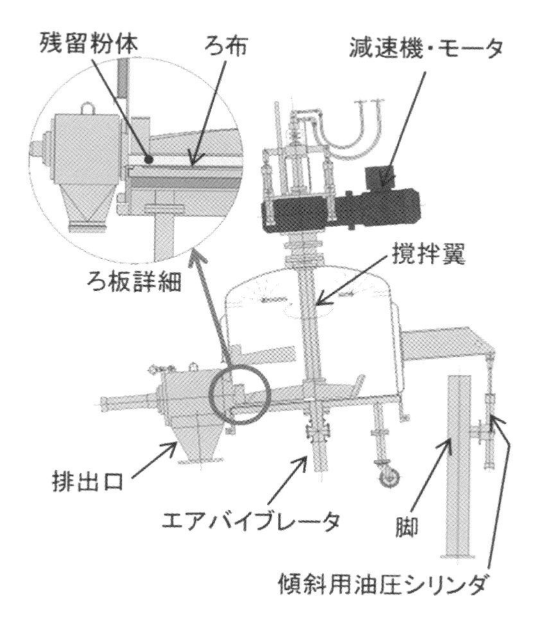

図4　全量回収型フィルタードライヤ

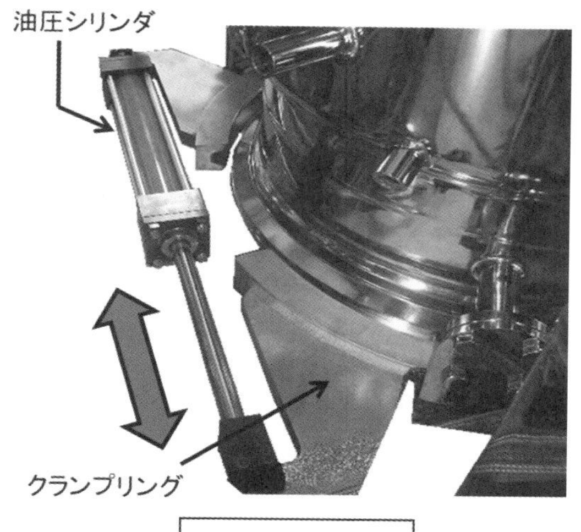

図5　ヘルール式急速開閉装置

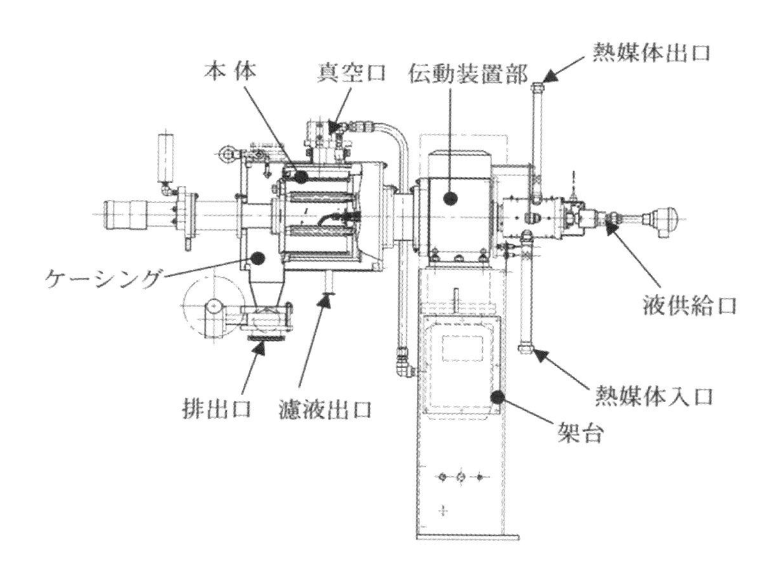

図6　回転型ろ過乾燥機（RFD）

3.3　ろ過機能付きコニカルドライヤ（CDF）

近年，医薬分野などで再び多く使用されているダブルコーン型のコニカルドライヤに水平ろ板を設けた機種であり，最大の特長は缶内に摺動部がない洗浄性を重視したコンタミレス設計にある。缶内に強制撹拌機構を持たないので，製品をマイルドに乾燥することができる。缶体はステンレスなどの金属製に加えて，グラスライニングでも製作ができ完全ノンメタリック仕様への適用が可能である。

3.4　ろ過機能付きPVミキサー（PVF）

PVミキサーの下部に円錐型の焼結フィルタを設けた機種で，全機種の中で最も優れた乾燥能力を有する。多段傾斜パドル翼による剪断混合により，乾燥時に生成すると問題となるダマの解砕も可能である。またリボン翼に比べると製品との接触面積が少なく，消費動力も少ない。下部コーン部焼結フィルタはメタルタッチ構造で伝熱面としても機能する。

4. ろ過乾燥機の性能比較と選定方法[5)]

4.1　ろ過乾燥機の性能比較

3. で紹介したろ過乾燥機4機種を用いて，平均粒径7 μmの同一試料(炭酸カルシウム)を同一量，同一条件でろ過・乾燥処理した場合の各処理時間を**表2**に，性能比較を**図7**に示す。ろ過性能では，ケーク厚みを薄くできるRFD，フィルタードライヤが高い能力を示す。一方でPVFは他機種に比べてろ過性能が劣っており，7 μm程度の細かい粒径の処理は不向きであることがわかる。乾燥性能では撹拌能力に優れケーク量に対する伝熱面積の割合が大きいPVF，RFDが高い能力を示す。

表2　ろ過・乾燥時間比較(例)

平均粒径7 μm，初期含水率70 %のスラリーをろ過

機　種	形　式	ろ過時間(min)
FD	FD-3	19
RFD	RFD600	15
CDF	CDF6型	29
PVF	PVF075	210※

※ PVFのろ過適応粒径は50 μm以上が目安となる。

平均粒径7 μm，初期含水率15 %のケークを0.2 %まで乾燥

機　種	形　式	ろ過時間(min)
FD	FD-3	90
RFD	RFD600	82
CDF	CDF6型	105
PVF	PVF075	80

4.2　ろ過乾燥機の選定方法

ろ過乾燥機の選定には設置スペース，機器コスト，本体材質などさまざまな因子があるが，それ以外にも取り扱う原料の粒径と1バッチあたりの処理ケーク量による機種の選定も必要である。**図8**に，ろ過乾燥機選定指針を示す。

フィルタードライヤは粒径の細かい難ろ過性のスラリーから粗い粒径のスラリーまで，幅広い範囲で対応可能である。通常，難ろ過性のスラリーでは，ろ過時に形成されるケーク抵抗により，ケーク厚みが増すと極端にろ過速度が遅くなることがある。このような場合でもフィルタードライヤでは正転，逆転，昇降可能な撹拌翼を備えているため，ケークを崩しながらろ過を進めていくことができる。

ろ過，乾燥ともに高い能力を持つRFDも幅広い範囲の粒径に対応可能であるが，フィルタードライヤと比較すると処理ケーク量は少なく，適応粒径も制限される。ただしRFDは処理時間が短く，表1の高機能技術に示すとおりケーシングの開閉構造を採用しているため，洗浄および洗浄確認が容易に行える利点がある。つまり付加価値の高い，多品種少量生産で品種替えが多い用途に適した機種である。

CDFでは転動作用によるダマの生成の問題から適応粒径が5 μm以上，またPVFでは円錐形状フィルタで，ケーク厚みを一定とできないことから50 μm以上の適応粒径範囲となるが，それぞれ処理ケーク量3000 Lまでの大容量の処理が可能である。

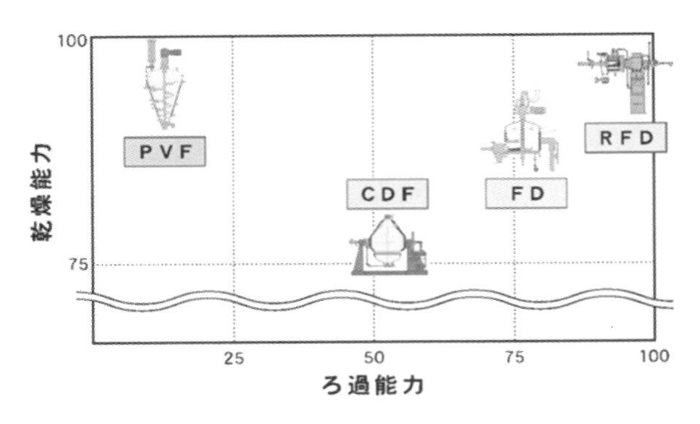

図7　ろ過乾燥機の性能

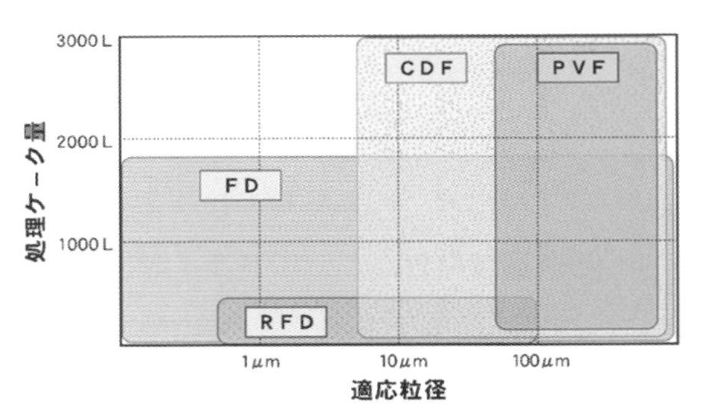

図8　ろ過乾燥機の選定指針

5. フィルタードライヤの高機能化技術[1)]

ろ過乾燥機のベーシックタイプに位置づけられるフィルタードライヤの高機能化技術である「ろ板振動＋缶体傾斜」は，撹拌翼と底面とのクリアランス部の乾燥製品粉体を全自動で回収することを目的とした機構であるが，この振動傾斜機構は回収性能の向上以外にも乾燥工程にも適用することができる。ここでは振動傾斜機構の乾燥工程における有効性を示す。

5.1　振動機能付きフィルタードライヤの乾燥性能

振動機能付きフィルタードライヤは，振動傾斜機構によって，混合性能を向上させ，乾燥時間を短縮することができる。振動機能付きフィルタードライヤで乾燥時間が短縮された一例を**図9**に示す。

原料は炭酸カルシウム($d_{50}=4.5$)で，外套温度80℃，真空度0.8 kPaの操作条件で乾燥を行った。

またろ過と同様に振動として振動力116 N，振動周波数121 Hz，また缶体の傾斜は5°でテストを実施した。乾燥を開始して30 min.以降において振動傾斜による混合性能向上の効果が現れており，含液率1.0 wt%到達時間で約17 %の乾燥時間が短縮された。

5.2　クリアランス部の混合性能

乾燥性能の向上は，撹拌翼と底面とのクリアランス部分の粉体の混合性が向上したことに起因し，特に減率乾燥期間においてその効果を発揮すると考えられる。そこでクリアランス部分の混合状態を確認するため混合テストを実施した。

フィルタードライヤ内に炭酸カルシウム粉体：弁柄(95:5)を仕込み，混合テストを実施した。なお，混合するに従い弁柄が分散し，試料は白から赤に着色される。テストの評価としては，振動傾斜機構の有無により，2時間混合した後の撹拌翼とろ面とのクリアランス部(10 mm)の混合状態の違いを観察した。

テスト結果として写真および模式図を**図10**，**図11**に示す。

振動・傾斜を行わない通常の混合の場合は，図10のクリアランス部の上層部約1 mmは着色しており，混合していることが示されているが，下層部9 mmは白色のままでほとんど混合されていないことがわかる。一方，振動・傾斜を行った場合は図11のようにクリアランス部の全層部にわたり着色されており，よく混合されていることがわかる。

このテスト結果より，振動機能付きフィルタードライヤは，より混合ムラの少ない製品を得ることができるので，特に減率乾燥期間では，よくほぐれた粉体を一様乾燥することができる。また物質によっては粉体が下部クリアランス部で固化するのを振動により防ぐことができると考えられる。

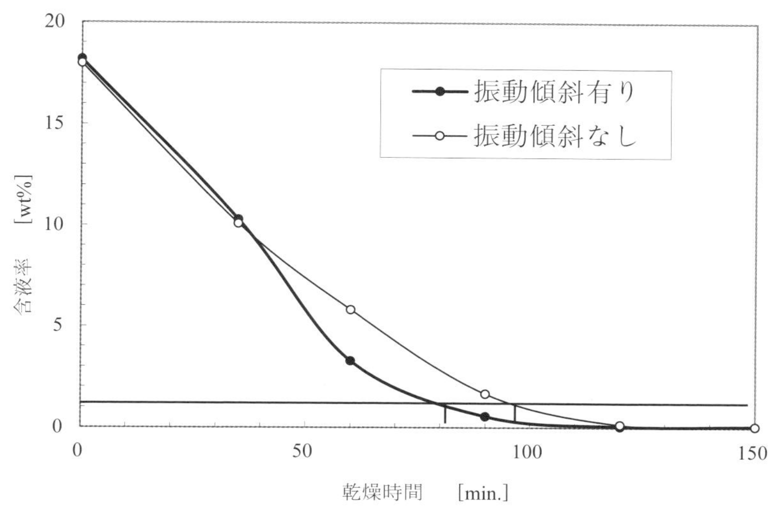

図9　振動傾斜の乾燥に与える影響

a)外周部断面

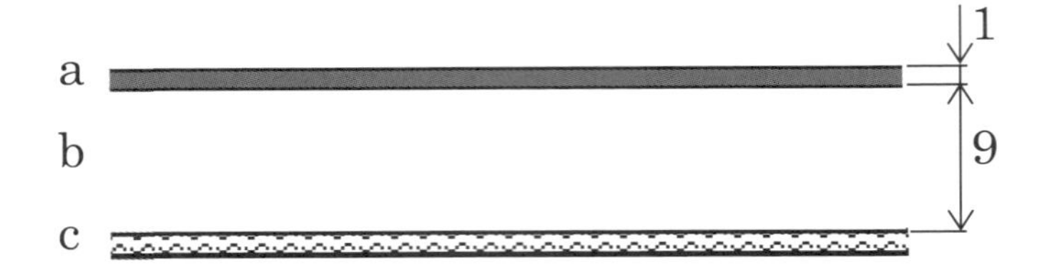

図10　通常混合(振動・傾斜なし)

a)外周部断面

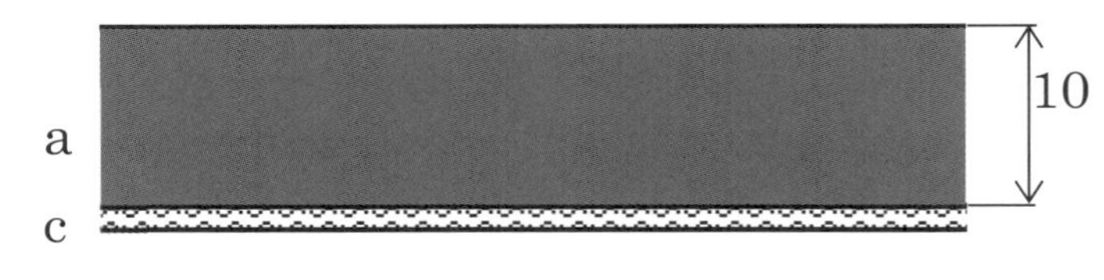

※すべての層が混合されている

b)中央部断面

a	混合されている部分
b	混合されていない部分
c	ろ布

※口絵参照

図11　振動＋傾斜による混合

文　献

1) 小川智宏：化学装置，47(4)，52-57 (2005).

2) 入谷英司：化学工学の進歩28，流体・粒子系分離，槇書店，48 (1994).

3) 入谷英司，向井康人：最近の化学工学53，晶析工学・晶析プロセスの進展，化学工業社，60 (2001).

4) 本郷孝男：神鋼パンテツク技報，33(3)，21-22 (1989).

5) 竹井一剛：神鋼環境ソリューション技報，8(2)，17-20 (2012).

第16節
機能複合型乾燥機
第2項　造粒工程にかかわる乾燥技術

吉原伊知郎技術士事務所　吉原　伊知郎

1. はじめに

粉体/粒体を扱うプロセスは，最終製品に「付与したい機能を粒子に与えること」，あるいは「機能を有する粒子を創生する」ことと言及できる。「粒子は，粉体または粒体」と言い換えてもよい。乾燥技術を用いて「湿潤粉体を乾いた粉体に乾燥させる」ということは，後工程に求められている要求項目としての「乾いた物性：乾いた微小粒子群として扱えること」という付加価値を，原料に与えていることとなる。

本稿では，「機能複合乾燥技術」のなかの「造粒工程にかかわる乾燥技術」を解説する。すなわち，粉体プロセスの中で乾燥工程を経て得られる製品が，「微小な粒子の形態：オリジナルの1次粉体の単独粒径状態」となるか，「一定粒子径を持つ形態：あるいは1次粒子が凝集した造粒体形状」になることを利用し，後工程の要求事項に応じた物性の「造粒体を創る」という工程に組み込むことが行われている技術範囲である(後工程が最終製品の包装であれば，最終製品の品質を作っていることになる。)。さらに，乾燥を伴う「造粒原理」として，表面と内部の材料・構造が異なる「複合機能性粒子」を創生する際に用いられている乾燥技術についても言及する。

現在の工業業界に求められている「新機能性材料」を創生するためには，乾燥(加熱反応を含む)技術が，大きな役割を果たしていることに鑑み，現在一般的になっている「機能複合乾燥技術」を解説していく。

2. 造粒技術の俯瞰

『造粒便覧』(日本粉体工業協会著(1975))[1]，『造粒ハンドブック』(日本粉体工業技術協会編(1991))[2]によれば，一般的に造粒の原理(機構とも称されている)は以下のように区分けされている。**表1**に分類を示す。

(1)転動造粒

基本的に重力を利用し，原料を転がして，球状の形態をした粒を造る。傾斜皿形式転動法と，水平容器回転式転動法などの装置形状があり，一部の業界では「ペレタイザー」「オニオンパン造粒機」などと呼ばれている歴史ある造粒手法である。「金平糖」や「変わり玉」などがこの原理で造られている。医薬品の「糖衣」と呼ばれる「コーティング造粒法」を含む。

(2)撹拌造粒

基本的に遠心力を利用して転がし，原料に真球性と圧密を与える。粒子形状や混合比率の差が大きい原料でも「精密混合造粒」ができる。混合の後，「偏析の発現防止」のためその状態を固定化することができる。比較的シンプルな原理で造粒できるため，コンパクト洗剤や医薬品などの「打錠前顆粒」を造粒するために，この原理が使われている。

(3)圧縮造粒

「平面」あるいは「ポケット付」のロールに挟んで圧縮し，思いどおりの形状にする「圧縮成型」手法と，「臼」に入れた原料を「杵」で圧縮して錠剤を作る「打錠」手法がある。液状バインダーを使わない造粒方法であるため，乾燥工程を使わないことが要求される場合に検討される。下記(4)，(5)に紹介する「破砕造粒」「押出造粒」手法との併合もある。

表1　造粒原理(参考)[3)]

■　造粒方法の分類；　JIS 8840―1993に筆者加筆

造粒機構(原理)	機種通称	適用例	粒径ミクロンメーター(約)
1, **転動造粒**	回転パン式	飼料・肥料。食品	500－4000
	回転円筒式	食品、無機薬品	500－4000
2, **押出造粒**	スクリュー式	食品、医薬品、セラミック	200－5000
	バスケット式	食品、医薬品、飼料	500－5000
3, **圧縮造粒**	成形ロール式	タブレット肥料、石炭	1000－50000
	回転ダイス式	円柱型飼料、バイオマス	2000－20000
	打錠式	成形医薬錠剤、食品	5000－20000
4, **破砕造粒**	回転ナイフ式	不定形肥料、医薬品	500－3000
5, **攪拌造粒**	連続円筒式	医薬品、食品、洗剤	200－2000
	固定容器攪拌羽根式	医薬品、食品、洗剤	200－2000
	容器回転式	無機物質、鉱物	500－50000
6, **溶融造粒**	液相固化式	薬品、食品、樹脂	500－10000
	冷却固化式	薬品、食品、樹脂	500－10000
7, **噴霧造粒**	スプレー塔式	食品、薬品、顔料	20－500
	ジェットスプレー式	薬品、食品、材料	－500
8. **流動層造粒**	流動層中バインダー噴霧	医薬品、食品	100－1000
9, **気・液相反応造粒**	液相中ソフトカプセル化	食品、医薬品等	500－20000
10, **蒸発・融解・凝結・晶析造粒**	レーザーアブレーション法、PVD法	材料関係	ナノサイズ
11, **メカノケミカル方式造粒**	高速気流中衝撃法、摩砕法、	機能性材料	サブミクロンから
12, そのほか	バインダーレス	無機物、機能性材料	100－

(注)；造粒機構そのものに関しては、結晶化、冷却、毛細管吸着力、表面張力、乳化、乾燥、加熱融着、機械的圧縮力、化学反応、界面反応、それらの複合などがある。

(4)破砕造粒

たとえば平板に圧縮成型した原料を軽く解砕し，粒揃えを行う。一度打錠したものを「解砕」し，「不定形の粒子製品」とする手法もある。製品形状として「不定形で表面積の大きい粒子」を造ることができるので，香り成分を有効利用する粒子を造る際にもよく用いられている。凍結乾燥品を粒状の製品にする際，用いられている手法である。

(5)押出造粒

事前に液体と原料粉体をよく練り込んで，目的径の孔(スクリーン)を通すため，揃った直径の「円柱状造粒品」ができる。混錬時や圧縮時の運転パラメータで硬い粒を造るケースや，水・湯などの液体に溶けやすい粒を造ることが可能である。比較的シンプルな操作である一方，前工程の混錬操作にノウハウが必要であり，現在でも職人のスキルが求められる。

(6)溶融造粒

溶融させることのできる原料を，たとえば気体中に噴霧・分散させて冷やし，真球性の高い造粒物を得る。気相中分散手法と，冷却した平板上に落として固める板上滴下手法がよく知られている。多くの造粒手法のなかで，気相中分散溶融造粒法は最も「真球性の高い粒子」を造粒することができる。金属の真球微小粒子を造粒する際にも，この技術が応用されている。

(7)流動層造粒

流動層乾燥装置の粉体層に液状バインダーを噴霧し，液架橋現象で一次粒子同志を凝集させ，造粒と乾燥を並行して行う手法。流動層には圧密がかからないので，比較的多孔質で軽く造粒され，液体に溶けやすい粒子を造粒することが可能である。液状バインダーの液架橋力を利用する一方，乾燥機中で造粒するため，加液と乾燥のスピードバランスをとることが求められる。

(8)噴霧造粒

濃厚懸濁液(スラリー)や，溶融液状態原料を函体の内側空間に噴霧・分散し，原料の液滴表面張力で真球に近い造粒品を作成する手法。乾燥や冷却現象操作を伴う。運転のパラメーターにより「中実粒子」「中空粒子」「陥没粒子」を作り分けるメカニズムがあり，スラリー状態/液体状態から乾燥された造粒体を，直接製品として取り出す手法である。

(9)液相/気相中反応造粒(晶析現象含む)

液体中で化学反応を起こさせ，界面に発現した膜を表面張力でカプセル状にする造粒技術。「人工イクラ」や「液体を包含する粒子」を造粒できる。材料の溶液濃度を制御して，粒子として結晶化させる技術も含む。化学的反応工程を利用するため，材料の選定に十分配慮する必要がある。

(10)メカノケミカル的複合化造粒

「機能性粒子」を創るために，「核になる粒子：母粒子」と「表面を覆う粒子：子粒子」を，メカノケミカル反応を用いて単独表面改質粒子を造る手法である。材料が溶融する直前の，「変形する温度(TG)」を活用し，複合粒子に接合して造粒する。化学反応を使わないため，多くの材料の組み合わせが可能であり，新しい複合材料の創成に利用されている。

(11)微粒子範囲でのDVD，CVDなど，アブレーション応用造粒

分子レベルで蒸発した物質を，粒子表面あるいはターゲット表面に蒸着させ，母粒子と子粒子を複合化させて，機能性粒子を創生する。

(12)その他

粉体の凝集性のみを利用した造粒手法や，凍結固化手法，あるいは前述の原理を複数組み合わせた造粒原理がある。

一般に「造粒プロセス」を構築する際には，これらの造粒原理の中から，付与するべき「目的機能」をよく吟味し，その機能に最も近い物性を持つ粒子を「造粒できる原理」を選ぶこと，さらに「その原理を主として利用している造粒装置」を選択することが肝要である。たまたま「手元にある造粒機で，粒にはなったが目的の機能を十分発揮していない」という例は数多くあるが，それは「造粒原理の選定」を誤ったためであり，まず，各種の造粒原理でどのような物性の造粒製品が造粒されるのかを十分理解し，目的に見合った造粒原理を選定する手順が必要である。

3. 乾燥を伴う造粒工程

3.1　基本的に乾燥を伴う造粒技術

造粒原理の範疇では，後工程に品質に要求される「粒の状態」になっていることが求められているが，この中で「基本的に乾燥を伴う造粒技術」は以下の造粒原理である(表1の造粒技術の俯瞰の中でアンダーラインを引いた原理を示す)。

(1)転動造粒原理の中で「コーティング造粒」と呼ばれる造粒手法(図1，図2)

医薬品業界の錠剤の「糖衣」と称する「表面コーティング」や食品業界の「変わり玉」と呼ばれる層形状の粒を作る工程では，錠剤や種と呼ばれる粒子の上に層状の被覆を「液状/スラリー状」でコーティングしていきながら，同時に乾燥を進める。最終的には粒体全体が，添加したスラリーに含まれた成分を膜状にコーティングされ，かつ乾燥された製品となっていることが，プロセスとして求められる。

この時，噴霧添加される液体(スラリーあるいは溶

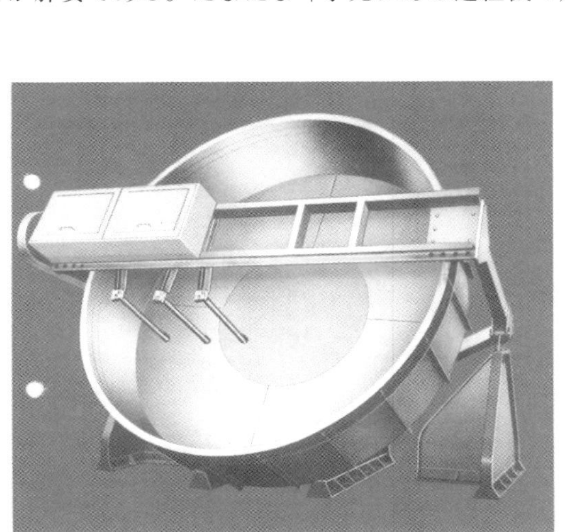

出典：ランバーマイヤー社(ドイツ)カタログより

図1　典型的な傾斜皿形転動造粒機

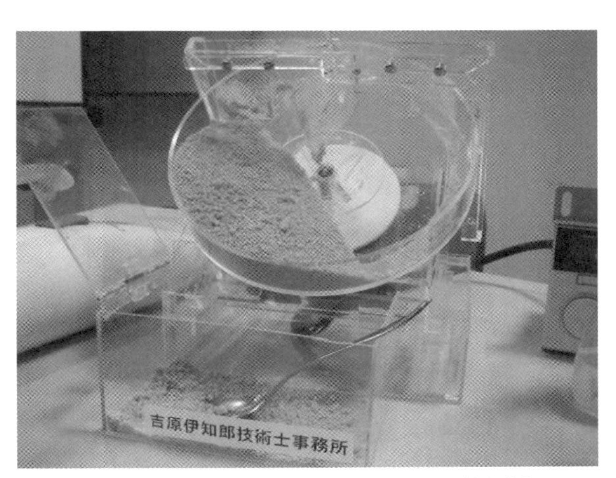

筆者自作モデル

図2　造粒分科会の演習で用いたモデル

液)の中には，通常「白糖類」が含まれている。熱風による乾燥と液体添加が並行されているため，乾燥速度が不十分であると装置の中で錠剤(種粒子)の表面がべとつき出し，最終的に錠剤(種粒子)が付着しあって「団粒化」してしまうケースがある。一方，乾燥速度が速すぎると，錠剤(種粒子)の表面にコーティング材料が均一に展開されず，膜厚さが不ぞろいになるケースや，色付け用顔料を含む溶液を噴霧する場合は色味が不安定となる。最悪の場合，顔料や白糖のスプレー液そのものが微粒子となって乾燥されてしまうことがある。

粒子原料の分散，熱風の投入方法，加える液の投入速度と分散，乾燥速度とのバランスが大切である。

(2)「流動層造粒原理」と呼ばれ，流動層乾燥機内で結合液を噴霧して造粒する手法

容器内下部の多孔板から吹き上げられる気体(通常熱風)によって，一次粒子が流動化している層(流動層と称する)に，バインダーと呼ばれる液体/溶液を分散・噴霧し，その液架橋現象(**図3**)と付着力を利用して一次粒子を凝集させて粒状態にしたうえで，最終的に加えた液相分を乾燥させて粒状乾燥粒子製品とする技術。

この時，バインダーを噴霧する手法は，流動層の上から噴霧する「トップ・スプレー方式」と，流動層下部から吹き上げる「ボトム・スプレー方式」，さらに容器横からスプレーする「サイド・スプレー方式」などがあり，層内の粉体挙動に合わせて選択する。一般の流動層造粒は，トップ・スプレー方式が多いが，気体の流速を高くした循環流動層方式ではボトム・スプレー方式が効果的である(大量の生産能力を求められている食品造粒用プロセスでは，生産効率を上げるために実機においては加液ノズルを複数使用する。その際は粉体層が常時存在する下部側面円周に，「サイド・スプレーノズル」を均等に配置し，液状バインダーの分散性を上げながら，処理能力を高めている例もある)(**図4**，**図5**)。

液架橋現象を発現させるために，流動層内でバインダーは液状で分散されなければならないが，同時並行として流動化用熱風が下部の整流板から吹き上げられているため，投入した液状バインダーは当然ながら乾燥が進む(**表2**)。凝集粒子群が，お互いに表面水分で付着し合い，「団塊/団粒」にならないようにするため，「乾燥速度と加液速度のバランス」を十分に考慮した設計を行わなくてはならない。また，造粒が進むと，粒形が大きくなるため「終端速度」が変化して大きい粒子は比較的下層に集まり，まだ細かい粒子は流動層の上層に集まりやすい。正常な流動化状態を維持するためには，造粒が進むとともに，粒径に応じた「高い吹き上げ流速」が求められ

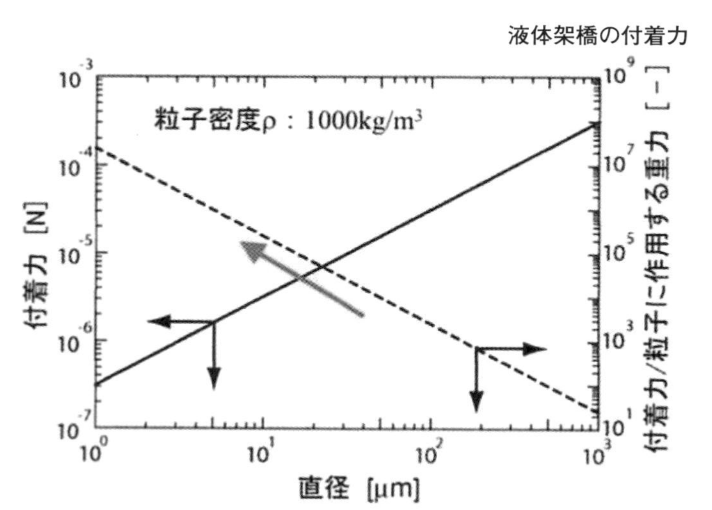

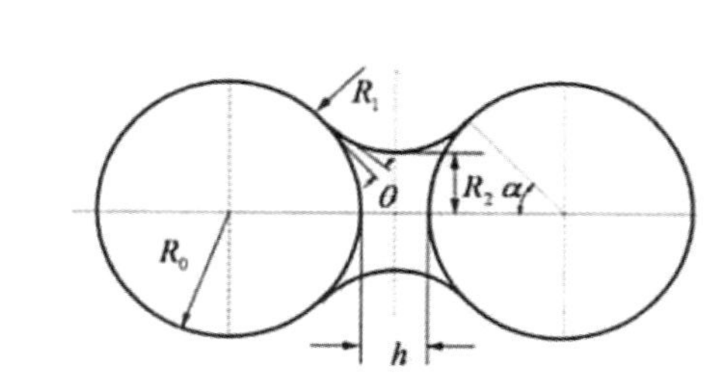

粒子径が減少すると液体架橋の付着力は減少する。しかし，粒子に作用する重力はさらに著しく減少するため，その結果，重力に対する液体架橋の付着力は著しく増加する。つまり，粒子径が小さくなるほど付着・凝集しやすくなる。

出典：大阪公立大学 綿野哲氏

図3　転動造粒：液体架橋力の原理

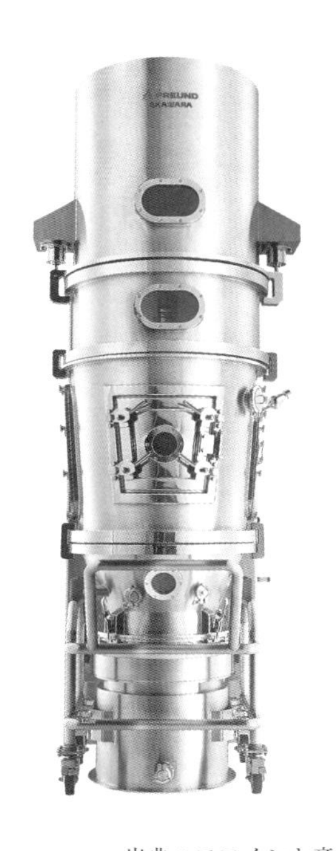

出典：フロイント産業㈱

図4　流動層乾燥造粒機

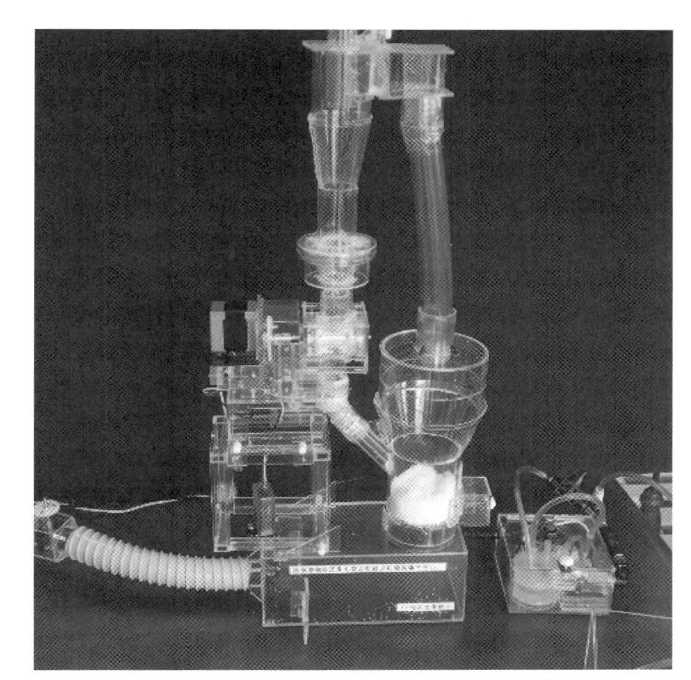

筆者自作モデル

図5　回分式流動層乾燥造粒機モデル

表2　吹き上げる気体の速度と粉体層の形態

風の速さ(Ut)	粒子層状態	相似した物質の状態	適用乾燥機
Ut＝0	静止層	固体状態	静置・トンネル乾燥
0＜Ut＜最小流動化速度	充填層	加熱された固体	タワードライバー 通気，棚・バンド乾燥
最小流動化速度＜Ut	流動層	溶融した液体	(振動流動層)
流動化＜Ut＜終端速度	活発な流動層	沸騰している液体	流動層乾燥
粒子終端速度＜Ut	輸送層	(揮発した)気体	搬送型気流乾燥

物質の「熱に対応する状態」と相似している。→現象として等価である，という。

るようになる。このときの「変更流速」と「変更タイミング」も，データから最適な数値を選ばなくてはならない。

(3)噴霧造粒原理：熱風気相中にスラリーを噴霧し，乾燥させながら粒子を造る原理

一般に，一次粒子を含む濃厚スラリー(懸濁液と称する)を，函体の中に分散・噴霧し，熱風と接触させて乾燥を行う(**図6～図9**)[2]。

噴霧造粒機の函体に熱風と共に分散・噴霧された液滴は，熱風気相中において，表面張力の影響で真球性の球状液体となり，落下しながら液相部分が蒸発していくとともに粒形が縮小していき，一次粒子の集合体である乾燥粒子に造粒される。

液滴の分散手法には，「回転円盤式」と「スプレー式」などがあり，それぞれのメーカーが「技術革新」に誠心誠意努力を続けている。均一な液滴にすることが「均一な粒径」の乾燥粒子を得ることにつながり，また乾燥速度も一定になるので，いかにして液滴径の制御を行うのかは大きな課題である。液滴が不ぞろいで乾燥速度が制御できないと，噴霧造粒乾燥装置システムの最も大きな課題である「函体内部への未乾燥品の付着」という現象が発現し，安定した連続運転が阻害される。円盤式では20,000rpmを超える回転数で液滴を「噴霧・分散」しているため，その「安定高速回転」が噴霧造粒乾燥機のかなめであった。

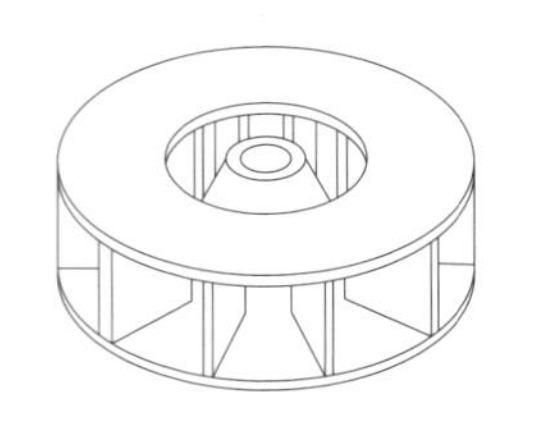

図6　多翼型回転円盤[2)]

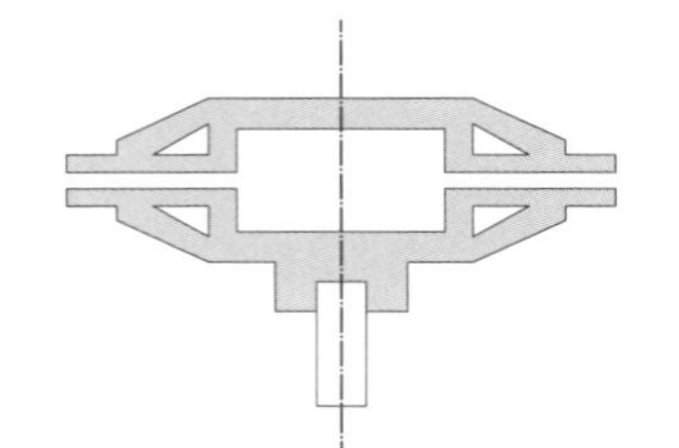

図7　回転ノズル型[2)]

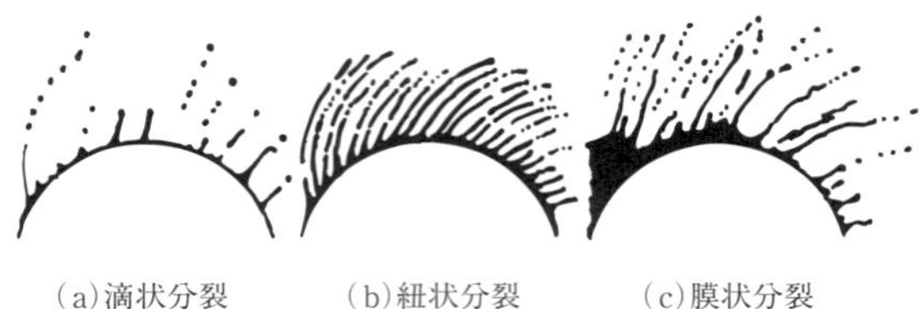

図8　回転円盤による微粒化[2)]

$$D_{SV}/r = 0.4\left(\frac{\Gamma}{\rho \cdot N \cdot r^2}\right)^{0.6} \cdot \left(\frac{\mu}{\Gamma}\right)^{0.2} \cdot \left(\frac{\sigma \cdot \rho \cdot L}{\Gamma^2}\right)^{0.1}$$

D_{SV}　：体面積平均径　　μm
N　：回転数　　rpm
Γ　：単位濡長さ当たりの流量　　kg/m･h
r　：円板半径　　cm
L　：濡れ長さ　　cm
ρ　：密度　　g/cm^3
σ　：表面張力　　dyne/cm
μ　：粘度　　cp

出典：大川原化工機㈱カタログ

図9　液滴分散機の写真と液滴径式

製品造粒物の粒径を細かくすることが要求される分野では，粒径の小さい液滴内にできるだけ少ない数の一次粒子を包含させ，液体乾燥後に「小さな凝集体」にシュリンクさせることが必要である。そのため，「2流体スプレーノズル」などで液滴をアトマイジングし，液滴の微粒化を図っている。業界には気流によるアトマイジング機構を3段，4段と積み重ねて，μmオーダーの液滴を造ることに成功した例も公表されている。その結果，乾燥製品の粒径はサブミクロンとなっている。求められる粒径と機能の実現のため，これは明らかに「造粒技術」の範疇といえる(**図10**)。

この造粒機構の中で注目すべきメカニズムは，乾燥速度が速く，かつ凝集粒子の内部液体の流れ抵抗が大きいと，凝集粒子表面で乾燥が進み「硬い殻」が発現し，いわゆる「中空粒子」になることである。一方，乾燥速度を押さえて，かつ凝集粒子内の液体の流れ抵抗を低くすると，一次粒子の隙間を縫って液体が粒子外部表面に移動し，蒸発していくので，いわゆる「中実粒子」になる。その中間の操作では，「陥没粒子」となることが知られている。

下坂らは，実際の噴霧造粒機での実験を基に「数値シミュレーション」モデルを構築し，乾燥速度と液体の流れ抵抗の設定による，各粒子形態の「造粒作り分け」の可能性を示している[4)]。

本章の「噴霧乾燥機」に，噴霧乾燥機メカニズムは詳しく記載があるが，造粒に関しては，その応用として「噴霧造粒と流動層乾燥機」を結合した「造粒・乾燥システム」がある。

実際にこのシステムを使っている，食品粉体取り扱い専門エンジニアの体験では，噴霧造粒機の中では，粒子を「生渇き」状態にして，函体の中で粒子同士の衝突を繰り返し，凝集粒子の粒径を大きくした後に，噴霧造粒機下部に直結している「流動層乾燥装置」で，最終的な乾燥を行うというものである[5)]。したがって噴霧造粒機の内部は，ほぼ飽和湿度状態に達していて，粒子の表面は湿っている状態にすることが必要で，函体の表面に付着しないような「熱風の流れ」の管理が求められる。

粒子の表面を覆う湿分が凝集粒子を造る液架橋現象の要因となるので，導入される熱風の「絶対湿度の管理」が極めて重要であり，外気を導入する場合は，夏場と冬場の大気状態に見合った機内湿度を十分に考慮した運転がされなければならない。

余談ではあるが，微小粒子を含む「濃厚懸濁液：スラリー」以外にも，溶融した液状物質を気相中に噴霧して，真球性のある粒子：粒，造粒物が冷却されて落下してくる。

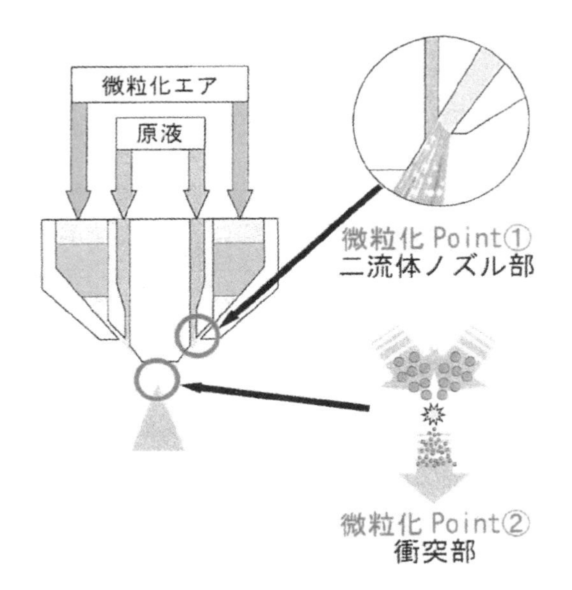

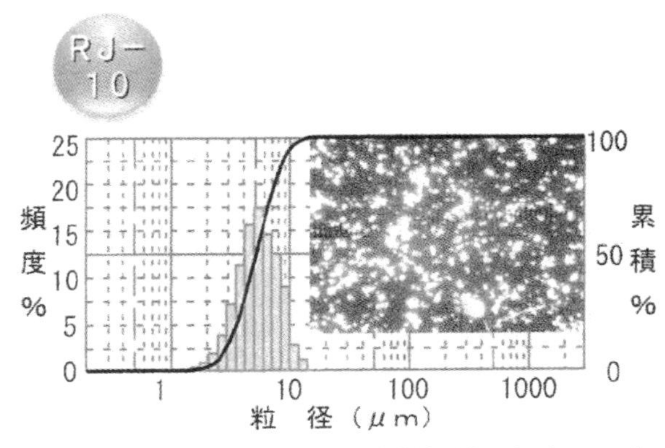

出典：大川原化工機㈱カタログ

図10　液分散機と液滴径の関係，実測例

この「アトマイジング手法」という「気相中溶融造粒法」は，「積層粉体型3Dプリンター用」の材料である「真球性粒子」を製造するために広く応用されている。いわゆる乾燥ではないが，熱の収支をうまく使って，流動性の高い「真球粒子」を造粒する生産手法である。

3.2 製品が粒状になることを前提とした乾燥装置

3.2.1 熱風受熱型溝形攪拌乾燥装置(製品循環機付，図11)

乾燥装置の分類では，「水平容器内，攪拌機付き熱風乾燥機」に分類され，「脱水原料」や「泥状原料」を乾燥する装置として，「ロータリーキルン式(水平

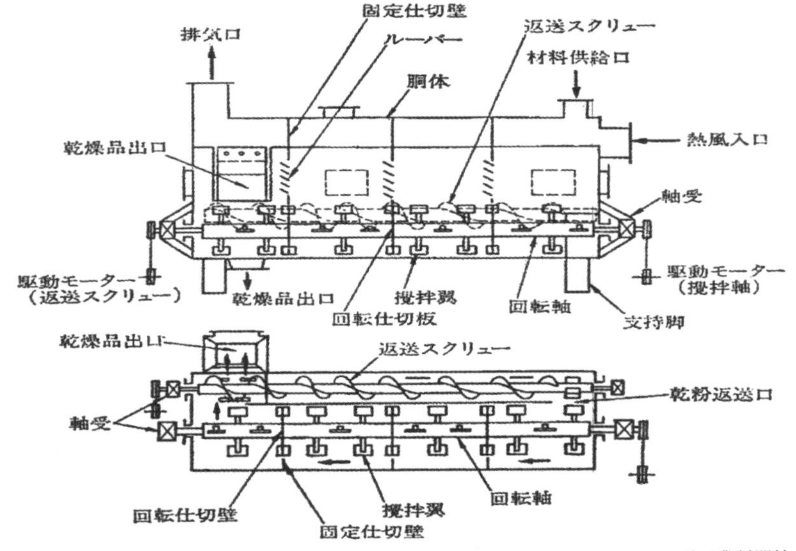

出典：乾燥装置マニュアル，日刊工業新聞社

図11　熱風受熱型溝形攪拌乾燥装置[6)]

容器回転型，熱風乾燥機)」と並び，古くから使われている乾燥原理である。

粒子の挙動としては，流動層のように熱風とよく分散・接触される湿潤粒子層を，当該装置では「機械的に分散回転羽根で，上方に投げ上げ」られ，熱風内に分散，熱風と接触させられ，乾燥に必要な熱量を得るという原理である。

乾燥機内に定量供給機から導入された湿潤原料は，撹拌羽根によって乾燥機容器内に巻き上げられ，側面から吹き込まれる乾燥用熱風に効率よく接触する。撹拌羽根によってちぎられ，跳ね上げられた湿潤原料粒子は，熱風により表面から乾燥され，装置の後段へ移送されていく。この間，「撹拌による団粒／粒子の破壊力」と，「転がりによる造粒・球形化力」のバランスで，粒径が決まっていく。さらに，乾燥機の排出部に「製品循環スクリュー」を設置し，設定された一部の量の乾燥製品を原料投入直下までリターンさせると，乾燥粒子の表面に湿潤原料がコーティングされ，さらに粒径を大きくして乾燥機内で熱風により再度，表面が乾燥される。

筆者の経験では，材料の物性にもよるが3～6mmの真球性のある粒子が得られた。

実際に運転をした経験では，当該装置では「乾燥を主体」として，結果的に粒状体の乾燥品が得られるという手法であるため，あらかじめ粒子の大きさを決めて，乾燥パラメータを設定することはしていない。そのため原料物性や蒸発する液体の物性によって乾燥品の粒径は異なっていた。

3.2.2 容器回転型熱風乾燥装置

ロータリーキルン式乾燥手法では，前述の「転動造粒原理」で，乾燥しながら比較的絞まった粒子になるが，その粒径は成り行き(被乾燥成分の物性と，蒸発液体の物性による)である。

乾燥効率としては，粒径は細かくして表面積を大きくした方が熱風と十分接触させることができ，また液体が蒸発する面積が大きいので乾燥速度は早まる。蒸発して濃縮される液体の成分が粘性成分である場合は，いずれにしても「粒になること」は避けられない。場合によっては塊となる。

これは本来「乾燥目的のプロセス」であるが，成り行きで(原料物性と，転動運動の効果)により，乾燥に伴って製品が「結果的に造粒」されて排出されてくるというプロセスである。この型のドライヤーは，「都市汚泥の乾燥」によく用いられることが多く，次工程の「燃焼」において「粒状体」は通気性が優れているので，成り行きといえども，乾燥製品が粒状になることは好都合である。

有名な間接加熱式のチューブ(内側に高熱蒸気が導入される)が容器内に配列される形式のドライヤーは，省エネルギーの観点から広く用いられている。設計者は，緻密に入れられたチューブの間に，湿潤原料が挟み込まれて分散が阻害されぬように，中部の太さ・配列，さらに原料の物性をよく調べて実験を行い，問題が発生しないように計画されている(図12)。

水蒸気過熱管付回転乾燥機
(スチームチューブドライヤー)

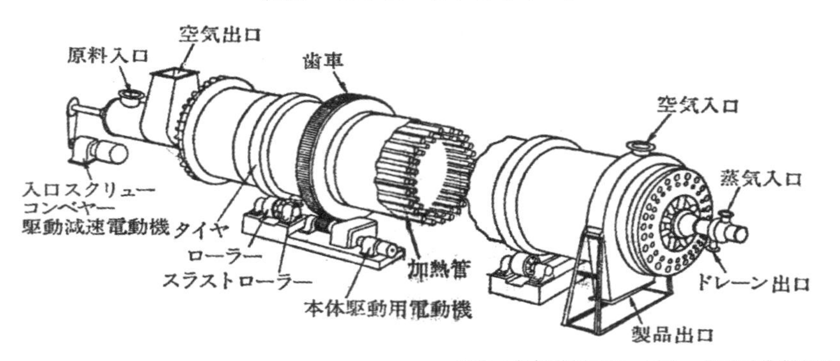

出典：乾燥装置マニュアル，日刊工業新聞社

図12　容器回転型・熱風・伝熱乾燥装置[6)]

4. 次工程の要求事項に基づいた乾燥工程における適切な「原理の選択」と「機種選定」

4.1 乾燥装置の選定

乾燥装置の選定は一般に，「湿潤原料の形態」から「こんな物を乾燥できる装置」を選定することが多い。多くの乾燥機メーカーの「乾燥機選定ディシジョンツリー」では，原料の形態から「選択枝」が始まっている。たとえば，原料の形態が「濃厚スラリー状」「脱水ケーキ状」「湿潤団塊状」「湿潤粉体状」といった分類である。そのほかの条件として，回分式か連続式か，原料に微粉が含まれているかどうか，付着性があるか，毒性があるか，摩耗性があるか，発火爆発性があるかなどがある。

一方，乾燥製品として求められる「品質要求」を考慮すると，原料を成り行きで乾燥し，塊で乾燥品が得られた場合，そのあとに必要な粒径に調整・解砕する方式では，プロセスに無駄があり，機器が増える分，異物混入や場合によっては摩耗する箇所が多くなるケースもある（図13）。

そこで，原料の形態から始まるディシジョンツリーに，乾燥品の形態をあらかじめ加味した，機器選定を行うことが望ましいと，乾燥/造粒にかかわるエンジニアは考えている。たとえば，噴霧乾燥では多くの場合，乾燥製品は「球形の粒子」になるし，溝型撹拌伝導伝熱乾燥装置では，出口の湿分値によって（また乾燥蒸発液体成分の特性によって），不定形の「分布のある顆粒粒子群」となるケースや，「一次粒子の粉体」となるケースに分かれる。

ベルト上で輸送し，同時に熱風で乾燥させる「トンネル乾燥手法」では，「事前に造粒したままの形状で乾燥される」か，造粒していない場合には，「ベルト上に置いた塊/盤状」のまま乾燥が終了する（原料が液体に溶け出ない無機物（たとえばセラミックス）である場合は，乾燥が終了すると結合力がないので，ばらばらの一次粒子となる場合もある）。

4.2 原料を粉砕/解砕しながら乾燥する装置

一般に粉砕機能，あるいは解砕機能を持つ乾燥機以外は，乾燥製品は何らかの凝集粒子になることを理解しておかなければならない。そのため，製品を一次粒子にするためには，乾燥後，あらためて粉砕工程にかけるか，あるいは乾燥を伴う粉砕原理で一次粒子を得ることになる。

粉砕機に熱風を通過させることで，原料の表面積を増やしながら乾燥を進める装置には以下の種類がある。

4.2.1 竪型ローラミル（セメント業界にてよく使われている，図14）

この形式の粉砕乾燥装置は，乾燥と並行して「微粉砕」する手法である。この装置では，乾燥に必要

—1，原料状態から考察。「こんな状態のもの」を乾燥できる乾燥機
形態？　物性？爆発性？毒性？　微粉発生の可能性？、

—2，被乾燥物の耐熱温度から考察。現場で使える熱媒体は？
減圧か？　熱媒体は？　蓄熱発火は？　粉塵爆発は？

—3，処理量の大きさから考察。
連続か？　回分か？　熱効率は？　熱回収は？

—4，乾燥曲線区分と最終製品物性から考察。
最終製品の期待される形態　「粒なのか、粉なのか、塊で良いのか、
ミクロンオーダーの微粉なのか？　熱量律速か？時間律速か？（乾燥カーブ参照）

—5，熱源の供給環境から考察。現場で使える熱媒体
もっともロスのない方法

—6、最終製品に機能を付与するための方式を考察。
合目的であることが大切。[いつでも制限・制約はある）

筆者：講演資料より

図13　乾燥装置の一般的な選定基準

な熱風で「製品の分級操作」も行うため，設定した分級粒子径より大きい粒子は，粉砕機のローラー直前に戻されて，再粉砕にかけられる仕組みである。ローラミルで粉砕される原料は比較的無機物が多いため，凝集することなく乾燥と粉砕が進行し，出口品は1%WB以下にまで素早く乾燥される。ただし摩耗対策が必要である。

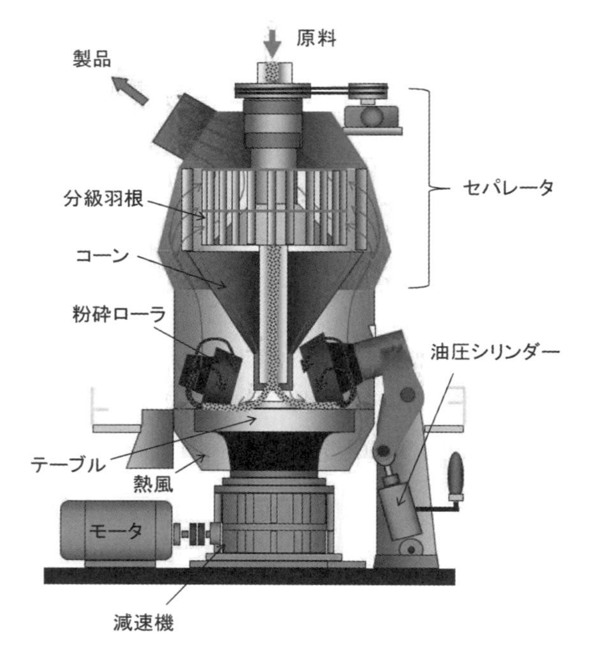

出典：UBEマシナリー㈱「UBE竪型ミル」カタログ

図14　竪型ローラミルの概念

4.2.2　解砕機付き気流乾燥機(湿潤粒子や脱水機後の泥状原料にも利用されている)

前章で，気流式乾燥機の仕組みについては解説されているが，簡単な解砕機でも，湿潤原料と熱風の分散には効果がある。筆者の経験では，解砕機(ケージミルを使用)の部分における熱移動容量係数は，配管における気流中乾燥の熱移動容量係数の，一桁大きい数値を実現したケースもある(原料によって異なる)。

シンプルで据え付け面積が小さいため，広い応用分野で用いられているが，いわゆる「付着限界水分値」を超える湿った原料を投入すると，解砕機の部分で付着が発生し，「閉塞現象」で乾燥が進まない。その際は，乾燥品の一部を湿潤原料に戻して混合し，見かけの水分値を下げてケージミルに投入することで，付着を回避することができる。

これは「乾燥粉体フィードバック手法」と称する，乾燥機メーカーではよく使う手法である。ただし，熱履歴が問題になる原料(滞留時間にばらつきがあってはいけない原料)，繰り返しストレスが問題になる原料などには使えない(**図15**)。

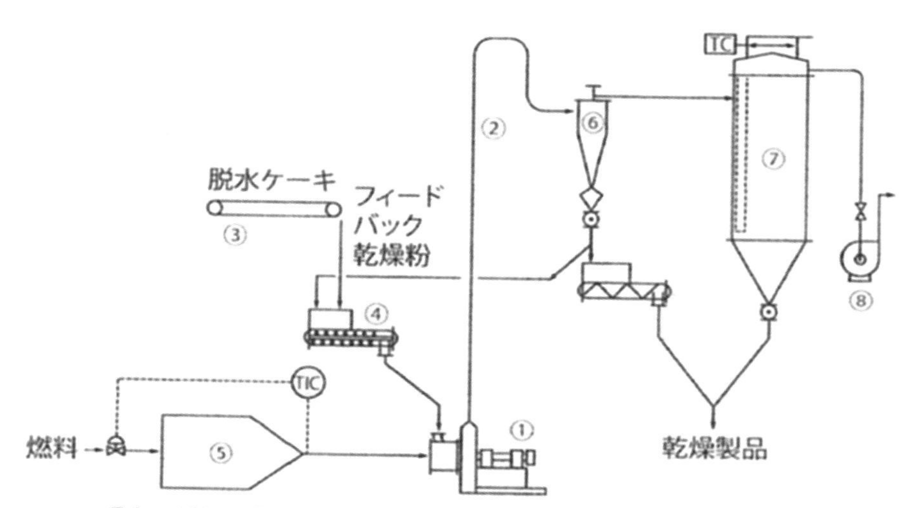

出典：㈱奈良機械製作所

図15　乾燥品の一部フィードバックするシステムのフローシート

4.3 乾燥工程で造粒させず一次粒子を得る装置

4.3.1 媒体流動層乾燥機

メディア粒子をあらかじめ熱風の中で流動させておき，その流動層の中に，濃厚懸濁液(スラリー)を分散させる手法である。メディア粒子は，セラミックの「アルミナ・ジルコニア」，あるいは「温度に耐える樹脂」が使われる。熱風中でスラリーは「熱いメディア粒子表面」に「一層付着展開」されて，熱風で動かされている流動層のメディア粒子の動きで衝突の際，凝集は壊され，はがされて排気に同伴移送されてバグフィルタで乾燥製品として捕集される。

4.3.2 例)研磨剤の「液体分級機出口製品」を乾燥して一次粒子を得るプロセス

筆者の対応した一例をあげると，「研磨剤を紛糾した後，トンネル式乾燥機にパレットに入れたスラリーを「パレット内静止状態」で乾燥し，板状になった乾燥品を，次工程のハンマーミルで解砕して一次粒子状態に戻す，という工程があった。

この手法では，研磨剤が，解砕機の回転ブレードを摩耗させ，高級耐摩耗材を採用しても，その交換頻度は，作業効率を下げるとともにコストにも，影響していた。

そこで，**図16**に示す原理の「メディア・スラリー・ドライヤー」という流動層装置で，セラミックスの3 mm粒子を，熱風の中で流動化させておき，その流動層内に液体分級を行ったスラリー原料をノズルで導入すると，流動層の撹拌作用と，メディア粒子の表面に一層で「付着・分散」されてスラリーが瞬時に乾燥し，メディア粒子の層内衝突と共に分離して「一次粒子径」形態のまま排気とともに同伴され，製品バグフィルタ御ユニットに補足される。

4.4 乾燥行程中で成り行きで粒子になる分野

乾燥原理を選定する際，「どのような形態の原料を乾燥するか」という検討はあたり前のように行われているが，「どのような形態の乾燥製品になるか」ということはあまり議論されないように感じている。乾燥製品が，一定の粒径以下であることが必要とさ

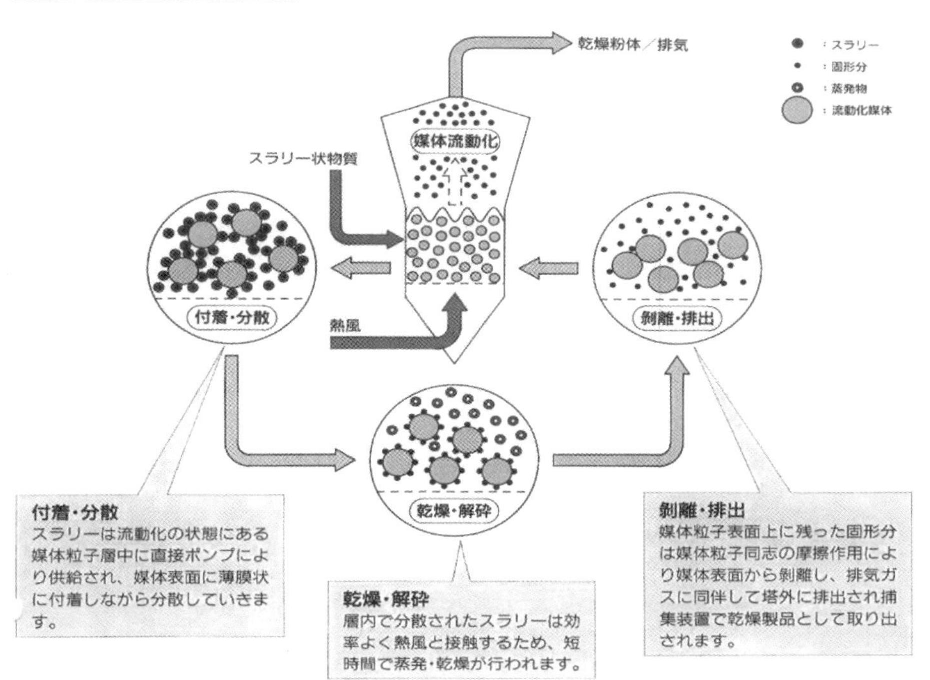

出典：㈱奈良機械製作所カタログ

図16　媒体流動層乾燥機の乾燥メカニズム

れるプロセスの場合は，乾燥工程後に「再粉砕」を行うケースや，形状が問題になる場合は「球形化処理」を行うケースも考慮されているが，「乾燥原理」を正しく選定できれば，後工程の要求事項を乾燥工程内で完遂させて，最適な乾燥製品を得ることも可能である。

どのような乾燥原理では，どのような「形態」の乾燥製品が得られるかを，以下のように俯瞰してみる。

それぞれの乾燥原理と装置構成は，前章をご確認いただきたい。

4.4.1　ドラム・ドライヤー方式類

伝導伝熱の原理で乾燥熱量を与えるため，加熱面の表面壁に付着した原料がそのままの形態で乾燥され，一般的にフレーク状の粒子となる。食品関係のスターチ類や，セラミック系の「スラリー状体」などから直接乾燥させているため，原料物性，蒸発液体の物性により，「成り行きで」フレーク状，あるいは顆粒状に乾燥される。

スラリーを接触させて乾燥する方式であり，多段円盤(ディスク)で，スラリーを付着させて乾燥するという装置も，乾燥製品は同等な形態となる。

4.4.2　静置乾燥方式類

原料を入れるパレット，あるいはメッシュトレイの形状によるが，一般にパレットの大きさに応じた「板状の形態」で乾燥が終了する。無機物のような付着性のない/弱い粉体層であれば，乾燥後，粒子はバラバラになり，原料の一次粒子を「粉体」として回収することは可能であるが，通常，「板状/塊状」で乾燥された場合，かつ，後工程で「粉体」としての物性を要求される際は，改めて再粉砕/解砕の工程を付与することは必須である。

4.4.3　気流乾燥方式類

湿った粉/粒は，熱風で搬送されながら気相中に分散され，乾燥に必要な熱量を受ける。その際，熱風内で，湿潤原料が「液架橋現象」や「前工程の圧縮力」などで団粒化している場合は，熱風気相中にて，「機械的に解砕/粉砕」され，より広い表面積を得る分散が行われることが望ましい。

したがって，乾燥製品は原料が持っていた「凝集力」と，機械的な解砕/粉砕からの「分散力」とのバランスで，成り行き的に粒子径が決まる。当然のことながら，乾燥製品の湿分値が低いほど粒子径は細かい。

円筒形の直立容器の中を旋回させた気流が上昇し，原料を導入する装置下部に何らかの分散機構を設けた乾燥機も，ほぼ同等の形態を持った乾燥製品が得られる。

4.4.4　回転容器方式類

容器が回転しているため，湿潤原料は乾燥機器内を転動している。したがって一般の「転動造粒機器」と同じように，転がり力が球形化につながれば乾燥品は粒状になるが，一般的には「レーキ」と呼ばれる粉体層を持ち上げる攪拌板により，被乾燥原料は機内の上方に持ち上げられ，その高さから機器底部まで落下させられる。熱風との分散は良好となるが，粒子の形態は不定形になることが多い。

4.4.5　間接加熱式溝形撹拌乾燥器

通常パドルドライヤーと称する乾燥機で，間接加熱方式である。隔壁を介して熱媒側から被乾燥物への熱移動が行われる代表的な乾燥機である。熱移動においては，「加熱壁面を強く原料に押し付け」て接触させ，かつ，常に撹拌しながら「加熱面と原料の温度差」が大きくなるように分散させ，熱移動させることが有効である。そのため，原料の凝集力と，装置の分散/圧縮力とのバランスで粒子径が決まる。筆者の経験では，排出する乾燥製品の，「水分値が大きい」ときは4～5 mmの「粒子形状」になり，乾燥製品の「水分値を低く」抑えたときには一次粒子径に近い「粉体形状」になる。

5. 複合化造粒機といわれる分野

流動層乾燥原理と，転動造粒，撹拌造粒を複合化した装置が複数利用されている(図17，図18)。これらの装置は1つの機器の中で「転動造粒」，「撹拌造粒」の機構をもち，同時に「流動層乾燥・造粒」の機構を持っているものであり，各造粒原理の強さの割合を，目的粒子への要求物性に応じて，役割分担強度を調整制御できるというものである。最近の「Process Analytical Technology」によって，オンライン・リアルタイム・センサの多用と，データサ

出典：㈱パウレックカタログ

図 17　複合型造粒・乾燥装置

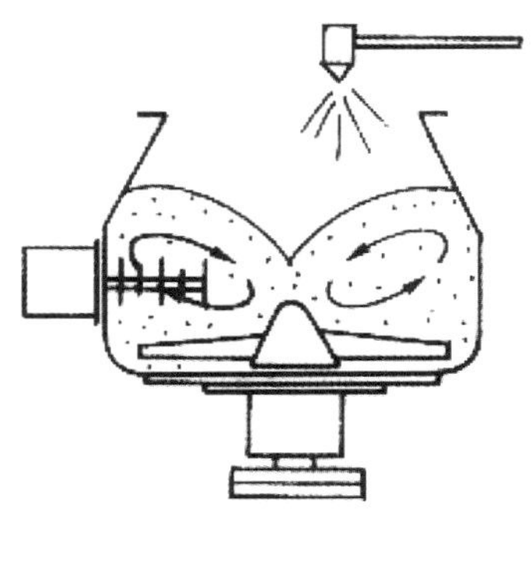

（a）撹拌造粒

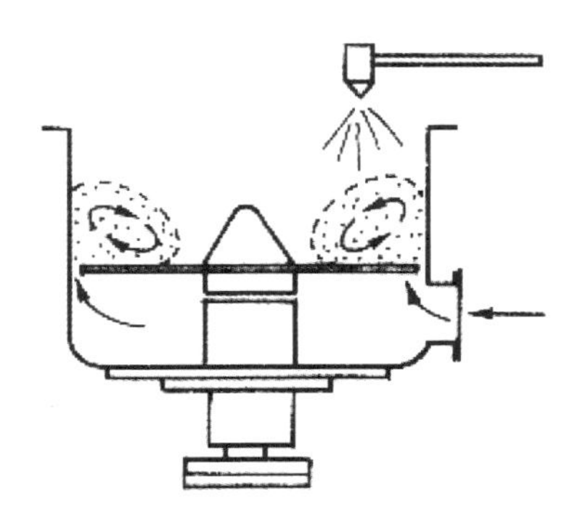

（b）転動造粒

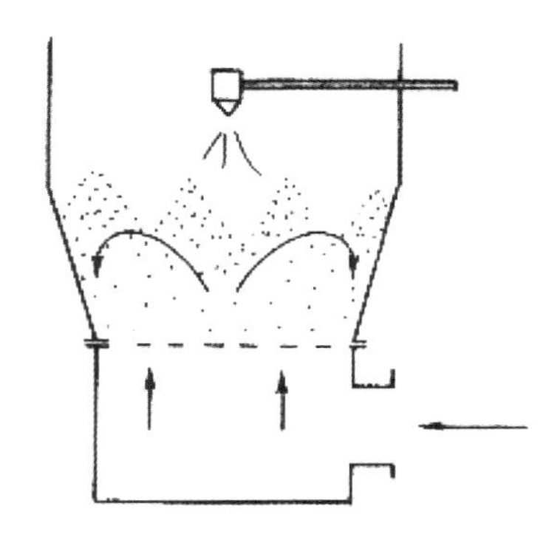

（c）流動層造粒

出典：吉田照男技術士造粒分科会講演資料

図 18　複合型造粒・乾燥機の機構成分

イエンス手法の利用による「モデルの構築と，その想定値からの逸脱」を制御する手法によって，より求める物性に近い製品を得られるようになっている。これからさらに発展する分野でもある。

6. 液体バインダーを使って造粒した湿潤粒子の「乾燥装置の要求事項」―撹拌造粒，押出造粒，転動造粒で造粒した，表面が湿った造粒品―

液体としてのバインダー/結合剤を投入した造粒したプロセスでは，造粒工程の後に乾燥工程を設けなくては，最終製品としての物性を得られないことが多い。そのための「湿潤造粒製品乾燥方法」は，以下の要求事項がある。

(1) 造粒工程直後の造粒品表面には，バインダーの液体が表れていることが多い。浮き出ている液体の「液架橋力」による，団粒化，団塊化することをできるだけ防止し，単独の造粒粒子として乾燥すること。

(2) 真球性を付与された造粒品が，乾燥して硬化する前に応力を加えられて，変形，あるいは破壊がおこらないように，できるだけ外圧をかけずに乾燥すること。

(3) 粒子の表面だけではなく，内部の水分も十分に乾燥し，粒子内における乾燥ムラがないようにすること。

(4) 造粒品の表面に，乾燥によるクラックや，ささくれなどが発生しないように乾燥すること。

これらの要望に対して，造粒品の物性と，乾燥原理とをよく吟味して乾燥装置を選定することになるが，業界で最も多く使われているのが「流動層乾燥機」，「振動流動層乾燥機」である(**図19**)。

流動層乾燥機は，比較的小さな粒子「2～3 mm以下程度の粒」に用いられる。粒径が，約5 mmを超すと，(粒子密度にもよるが)乾燥に必要な熱を導入する熱風量以上に，流動化現象を利用した原料粒子の十分な分散のために，風量を上げて「空塔速度を高くし」なければならない。

したがって，一般的には分散という機能を「振動」を併用して粒子を分散し，移送できる，「振動流動層乾燥機」が用いられている。

流動層乾燥機(振動も含む)の好都合なところは，

出典：SIEBTECNIK TEMA GmbH カタログ

図19　振動流動層外観

吹き上げている熱風内に造粒粒子を浮遊させ，お互いに固着することなく，空気によって撹拌され，流動層内を自由分散されることである。一般に粒子の揃った粒子群では，最適流動層速度の幅が狭いが，多少でも粒径に分布がある粒子群では，小径粒子が流動化されている動きに押されて，大粒子でも流動化が行われるので最適空塔速度の幅が広い。

回分式造粒機から流動層に造粒物を移送する際はできるだけ重力を利用し，流動化用の熱風が吹き上げている函体中に「少量ずつ，落とし込む」ことが良いとされている。落下した粒子は，広く多孔板の表面に展開し，熱風から乾燥熱量を受け，速やかに乾燥していくため団粒化することが少ない。一度に大量の湿潤粒子を1ヵ所に落とすと，流速にもよるが多孔板の1ヵ所に「山積み」になってしまい，団粒化することがある。

通常に運転している「連続流動層乾燥機」に投入して乾燥する場合は，すでに流動層の函体の中に「半渇き」，特に表面が乾いている流動化粒子群の中に湿った造粒品が導入されるので，粒子同士の分散で造粒品は団粒化する可能性は低い。

ベルトの上に乗せて，上部から熱風を当てて函体の内部で乾燥させる，いわゆるトンネル乾燥手法では，「層をなした内部の造粒品」がお互いに固結化する可能性が高いので，乾燥後に簡単な解砕機」を設

解砕機構

A：円筒スクリーンと回転ナイフ

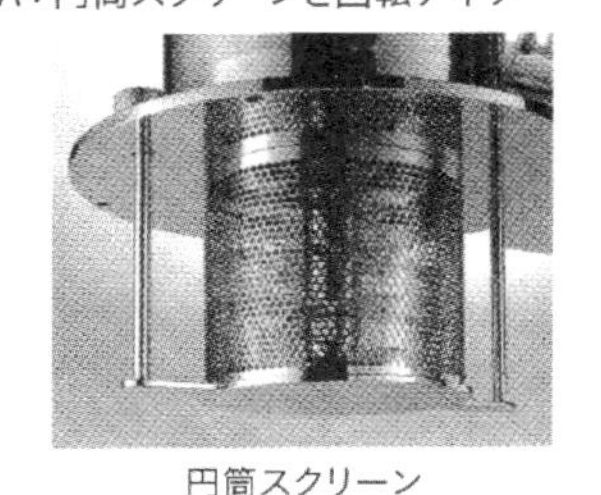

円筒スクリーン

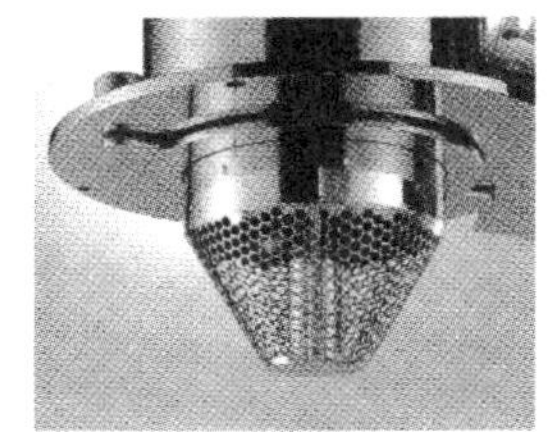

回転ナイフ

整粒機構

B：コーンスクリーンとインペラ

コーンスクリーン

インペラ

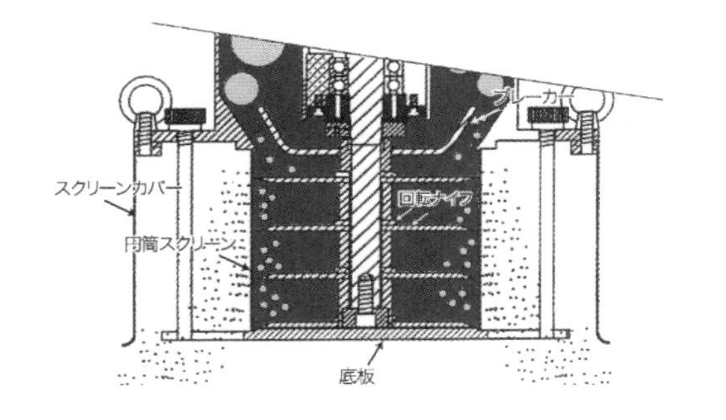

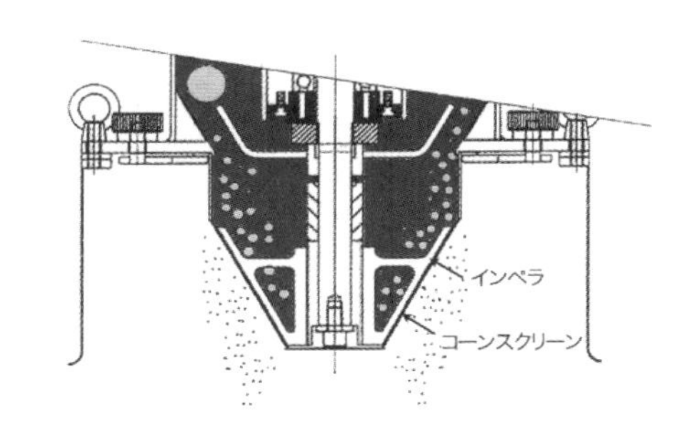

出典：㈱ダルトン社カタログ

図20　解砕機の種類と写真

置して，もとの造粒品粒径にばらばらにする工程が多い。

ちなみに，造粒品は造粒した後でも器壁に付着することがあるので，付着した塊を系外で，乾燥しながら解砕する「解砕機の行程」はほとんどの場合外せない(図20)。

7. おわりに

乾燥技術の中で，特に「造粒機能を持つ乾燥システム」に関して解説をした。乾燥操作の後で粉体・粒体になることを求められている工程は，得られた粒子の物性が，後工程の「要求品質」に合致していることが求められる。後工程が「最終製品のパッキング」であれば，乾燥工程そのものが最終工程である。この場合は，乾燥によって「粒子に機能を与える」，もしくは「機能を持っている粒子を創生する」ことが最終工程に与えられたミッションである。

その意味では，粉砕という「粒子径をそろえる単位操作」や，乾燥という「粒子湿分という品質をそろえる単位操作」と同じように，造粒という単操作も「求められる機能/付加価値を与える単位操作」である。

本稿で，「造粒工程に関わる乾燥技術」を解説したのは，最終製品が，粒子径，湿分値，粒子外部形態(球形・フレーク状，滑らかな表面など)，内部形態(多孔質・コアシェル状，成分のグラジュエーションなど)などは，乾燥原理とともに造粒原理の選択によることで，実現できるという観点からである(一部粉砕と乾燥，分級と乾燥という原理も加えた)。

乾燥原理と造粒原理を，実用されている実例に基づいて紹介していくことから，現実に生産工程で使われている当該技術(組み合わせも含めて)をわかりやすく解説するように心がけたが，広い範囲を扱ったため，不明な点も残ってしまった感がある。ただし，原理だけではなく，実用に供されている工学的事例を示すことで，本書を利用される読者の参考になれば幸いである。

文　献

1) 日本粉体工業協会：造粒便覧 (1975).

2) 日本粉体工業技術協会編：造粒ハンドブック，オーム社 (1991).

3) JIS8840-1993

4) 下坂厚子：造粒分科会講演資料 (2018).

5) 綿野哲：造粒分科会講演資料.

6) 日本粉体工業協会：乾燥装置マニュアル，日刊工業新聞社 (1978).

7) 清水伸二監修：物作り高品質化のための微粒子技術，大河出版 (2012).

8) 吉田照男：食品加工プロセス，工業調査会 (2003).

9) 関口勲：日本粉体工業技術協会造粒分科会，技術討論会要旨集 (2014).

10) 桐栄良三編：乾燥装置，日刊工業新聞 (1978).

11) 立元雄治，中村正秋：初歩から学ぶ乾燥技術，工業調査会(2005).

12) 化学工学協会編：化学装置便覧，丸善㈱ (1970).

13) John H. Perry : CHEMICAL ENGINEERS' HANDBOOK, McGraw-HILLchmical (1934).

14) 吉原伊知郎：よくわかる粉体・粒体ができるまで，日刊工業新聞社 (2022).

第1節
カールフィッシャー法による微量水分測定

日東精工アナリテック株式会社　寺田　達士

1. はじめに

本稿においては，乾燥の評価・計測・解析に使用する分析法の1つとしてカールフィッシャー法による水分測定を概説する。

2. カールフィッシャー法の特徴

(1) よう素滴定を用いた分析のため検量線を使用せず水分(H_2O)絶対量の分析ができる
(2) 測定範囲が広く，数ppmから100％の分析ができる
(3) 短時間に分析ができる(数分から10数分程度)
(4) 少量の試料(数mgから数g)で分析ができる
(5) 液体，固体，気体いずれの試料にも適用できる
(6) 加熱により変化するような不安定な物質にも使用できる

以上の特徴により，加熱気化による減量成分を定量する乾燥減量法や検量線を用いた他分析法と比較し水分(H_2O)を確実かつ精度よく定量できる分析法である。

3. カールフィッシャー法の測定原理

3.1　カールフィッシャー反応

ドイツの化学者Karl Fischerが1935年に発表[1]した，以下の化学式に基づく非水溶媒系酸化還元滴定の一種である。

$$I_2 + SO_2 + 3Base + H_2O \leftrightarrow 2Base \cdot HI + Base \cdot SO_3$$
$$Base \cdot SO_3 + CH_3OH \rightarrow Base \cdot CH_3SO_4H$$

化学量論的にはよう素1 mol(254 g)と水1 mol(18 g)が反応することを定量の根拠としており，反応に要したよう素量から試料中の水分量を定量する滴定法である。

反応を起こす，あるいは促進する要素として，定量反応するよう素と水以外に塩基(Base：アミンなど)，二酸化硫黄(SO_2)とメタノール(CH_3OH)を必要とし，以上5つの化学種が1つの系に存在する場合に発生する反応である。酸化還元反応は，よう素(酸化剤)と二酸化硫黄(還元剤)の間で発生する。

上記の反応を基本原理とし，分析法としては「容量滴定法」と「電量滴定法」がある(**図1**)。次項においてはそれぞれを概説する。

3.2　容量滴定法

3.2.1　容量滴定法の測定原理

容量滴定ユニットは**図2**のとおり自動ビュレット，滴定フラスコ(ガラス容器)とフラスコ内を撹拌するスターラーで構成される。

3.1に示したカールフィッシャー反応は，滴定フラスコ内で以下のとおりに必要な化学種を混合して発生させる。

(1) 脱水溶剤：メタノールを主成分とし微量の塩基(アミンなど)と二酸化硫黄を含む試薬。滴定フラスコに約50 mL用意する。
(2) カールフィッシャー試薬：一定量のよう素と微量の塩基(アミンなど)と二酸化硫黄を含む有機溶媒系の試薬。自動ビュレットに充填する。
(3) 水分：試料から供給される。

試料中の水分はカールフィッシャー試薬に含まれるよう素と1 mol：1 molの定量反応をするため，反応により消費されたよう素量(よう素量は自動ビュレットにより正確に計量されるカールフィッシャー

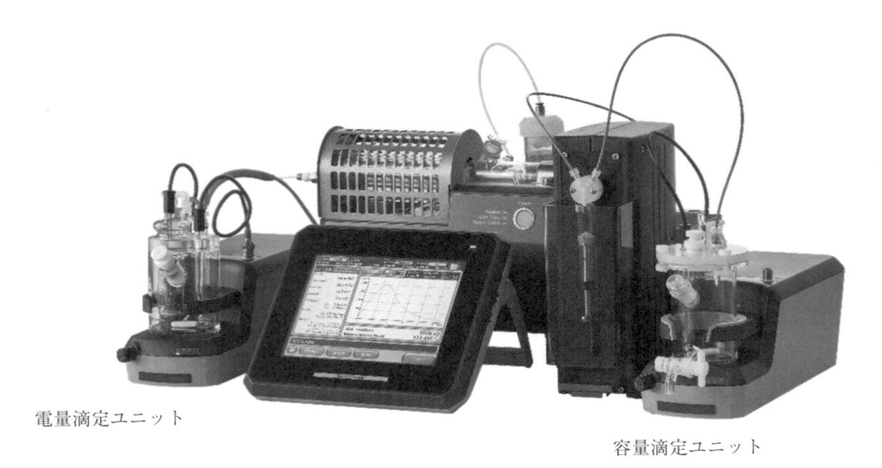

図1　日東精工アナリテック㈱製 カールフィッシャー水分測定装置 CA-310

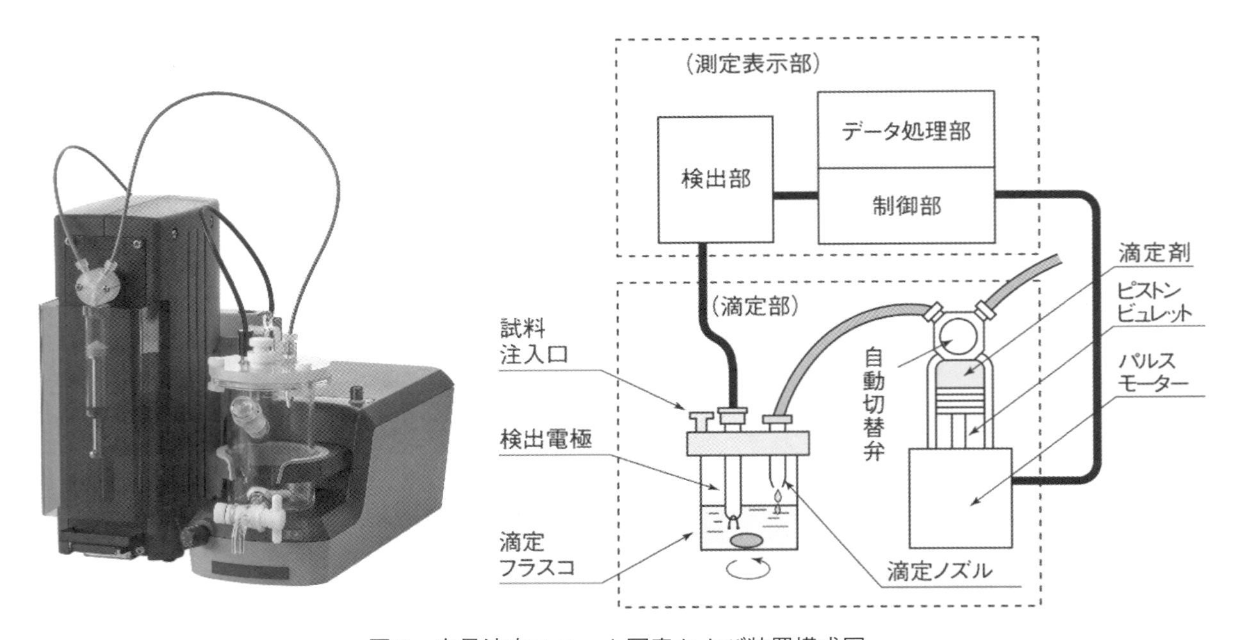

図2　容量滴定ユニット写真および装置構成図

試薬の消費量に基づく）から水分の絶対量が算出される。

3.2.2 容量滴定法における測定の事前準備

(A)滴定フラスコ内の無水化

測定前に，以下の理由によりフラスコ内に存在することが予想される水分を除去する必要がある。

(1)新たに装置を設置：フラスコを構成する部品の付着水および脱水溶剤中の水分

(2)継続使用の場合：夜間など装置休止中にフラスコ内部に侵入する水分

試料を投入せずに測定を開始すると，装置がフラスコ内の水分を自動検知しカールフィッシャー試薬を注入する。カールフィッシャー反応により水分が除去される。

(B)カールフィッシャー試薬の力価標定

カールフィッシャー試薬は一定量のよう素を含有するように調整されているが，製造工程上のバラつき，また試薬自体が水分とよく反応し消耗するため測定前に試薬と水分との反応比率(力価 mg/mL：試薬1 mL と反応する水分量 mg) を確認する必要がある。

標準物質としては純水あるいは有機溶媒に一定量の水を添加した水標準液を使用する。

以上の準備を完了後，試料の水分測定を開始する。

水分濃度(ppm or %)＝試薬消費量(mL)×力価(mgH_2O/mL)/試料量(g or mg)

3.3 電量滴定法

3.3.1 電量滴定法の測定原理

電量滴定ユニットは**図3**のとおりビュレットを装備せず，滴定セル(ガラス容器)と滴定セル内を撹拌するスターラーで構成される。また滴定セルには，容量滴定フラスコには装備されない対極液槽(電解電極)が附属する。

3.1 のカールフィッシャー反応による水分測定という基本原理は容量法と共通だが，必要とされる化学種の混合方法が以下のとおり異なる。

(1)陽極液：よう化物イオンを含むメタノール系溶剤。反応促進剤として二酸化硫黄，塩基(アミンなど)が含まれる。滴定セルに約 100 mL(気化法：150 mL)用意する。

(2)陰極液：有機塩を含む混合溶剤。対極液槽に 5 mL (気化法：10 mL)用意する。副生成物が陽極の電解反応を阻害することなくカールフィッシャー反応を進行させる役割を担う。

(3)水分：試料から供給される。

陽極液に含まれるよう化物イオン(I^{2-})を電解し，カールフィッシャー反応に必要なよう素(I_2)を供給する。電解によるよう素(I_2)発生量はファラデーの法則により 2×96485 C(クーロン)/mol 水 1 mol の質量＝18.02 g により，水 1 mg に相当する電気量は以下の式により導かれる。

$$96485\times2/18.02/1{,}000=10.71\ \mathrm{C}\ (\mathrm{A}\times\mathrm{sec})$$

水 1 μg を定量するためには，10.71 mA×1 sec の電気を対極液槽に供給し電解を行う。

3.3.2 電量滴定法における測定の事前準備

(A) 滴定セル内の無水化

容量法同様，滴定セル内の無水化は必須である。試料を投入せずに測定を開始すると装置がセル内の水分を自動検知し電解を行い，カールフィッシャー反応により水分が除去される。

(B) 力価標定：不要

上記測定原理により電解に要する電気量あたりの水分の反応量は一定のため，力価標定は不要である。検出電位(ベースライン)が十分低く安定すれば，試料測定を開始できる。

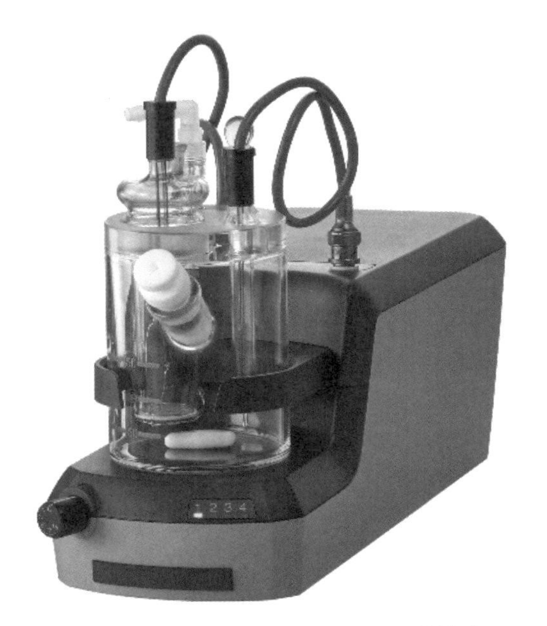

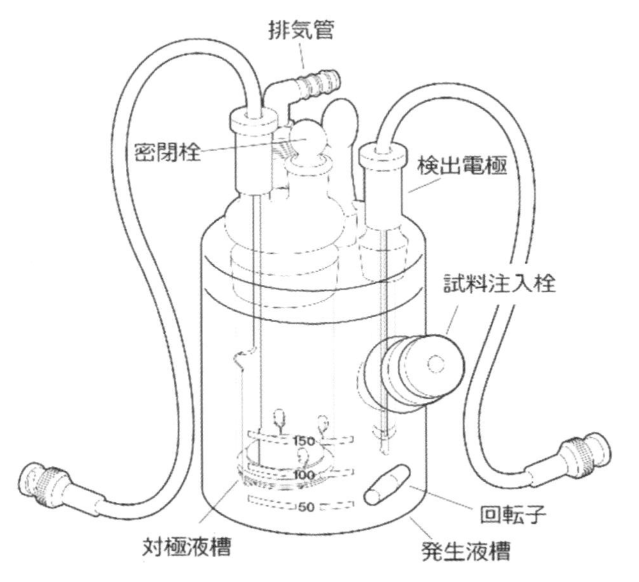

図3　電量滴定ユニット写真および滴定セル構成図

3.4　検出原理（定電流分極電圧検出法）

滴定フラスコ・滴定セル内の状態と測定時の反応進行を監視するために系内の水分量を検出する必要がある。ここでは，その原理について説明する。

系内の水分検出には双白金電極が用いられる。2本の白金電極は極性が分けられており，電極間に存在する溶液を介して電子のやり取りが行われることにより電流が発生する。この時，電極間には一定の微小電流が印加されるように制御されている。電極間の溶液の状態変化による電圧変化により，系内の水分量を検出する。

カールフィッシャー法に使用される試薬にはよう素とよう化物イオンが含有されており，通常の状態においてはそれらとの電子のやり取りにより電極間に電流が発生，**図４**Ⓐの状態が保たれ，一定の分極電圧が維持される。

一方，測定のために試料が投入されるとカールフィッシャー試薬（容量法）あるいは電解（電量法）により供給される物を含めてよう素がカールフィッシャー反応に消費され，検出側の還元反応に使用されるよう素が不足する。このため，還元側により大きな力を要するため電圧が高くなり，図４Ⓑの状態となる。カールフィッシャー反応が進みよう素量が増えることにより，電圧はⒶの状態に戻っていく。測定開始時の電圧においては，系内に水分がほぼ無い状態であったことから電圧が上昇してからⒶの状態に戻るまでに積算された水分量が試料由来の水分であることがわかる。

3.5　電量法，容量法の使い分け

表１に測定法による適用範囲の違いを示す。測定原理の違いから測定範囲が異なる。約１％を境に高水分には容量法を，低水分には電量法と使い分けられている。

ビュレットを使用し試薬を注入するため，滴下可能な試薬の容量に分解能が依存する容量法に対し電解によりよう素供給を行う電量法は微量分析に向く。

ただし表中の「試料例」にあるとおり，電極の構成などにより系内に残りやすい試料は容量法に向く点には注意を要する。

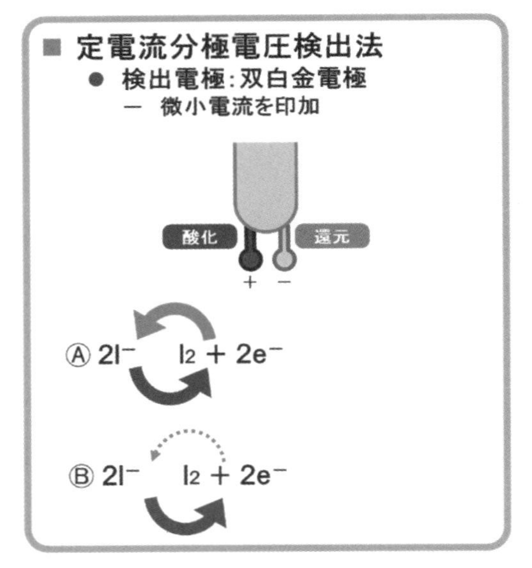

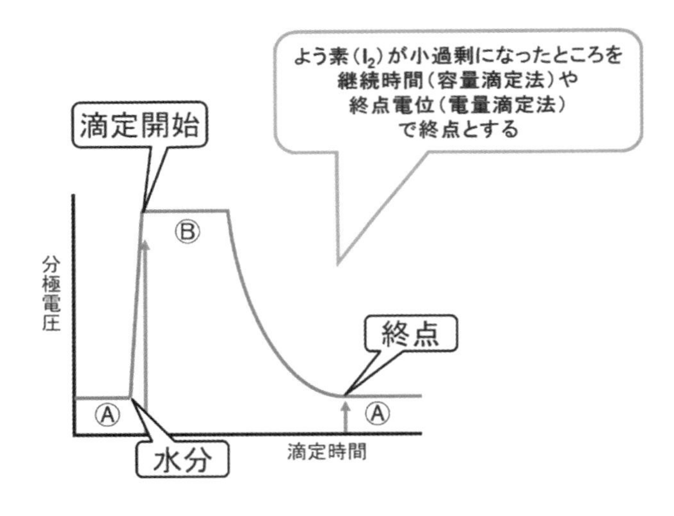

図４　カールフィッシャー水分測定装置における検出原理

表1　容量滴定法，電量滴定法の比較

	容量滴定法	電量滴定法
原　理	滴定剤の滴定量から計算 (力価の標定が必要)	電解酸化してよう素を発生 その時に要した電気量から測定
試　薬	滴定剤　と　脱水溶剤 一般用・油類用・糖類用・ケトン用	陽極液　と　陰極液 一般用・ケトン用
特　徴	力価の標定が必要 種々の脱水溶剤の選択で 適用範囲広い 高水分試料に好適	力価の標定が不要 同じ陽極液で繰り返し測定可能 低水分試料に好適
水分絶対量 (測定範囲目安)	0.1～100 mgH_2O (数100 ppm～数10 %)	0.01～20 mgH_2O (数ppm～数%程度)
試料例	塗料，インク，食品，医薬品など 液体，粉末，固体	液体，ガス (粉・固体，妨害反応物：水分気化法)

4. 水分測定の実例

4.1　直接法

液体，気体試料，カールフィッシャー試薬に可溶または水分抽出が可能な個体(粉体)試料は，滴定フラスコ/滴定セルに直接投入し水分を測定することができる。

試料は，測定直前に適したサンプラーに採取し，大気からの吸湿を防ぐために密栓して秤量する。

液体試料：図5のようにシリンジを使用する。秤量時にはシリコンゴム片などによりシリンジ先端を密閉する。

粉体試料：図6例のような治具を使用し外気から遮断された状態の試料を秤量する。

いずれの場合においても試料投入前後の質量差が試料量となる。

4.2　水分気化法

カールフィッシャー試薬により直接水分を抽出できない試料については，水分気化法により測定を行う。

加熱気化装置の一例を図7に示す。

気化装置は密閉状態の加熱管内に投入された試料をヒーターで加熱して気化した水分をキャリアガス(窒素)により滴定セル/滴定フラスコに捕集するための装置である。

この時，測定対象となる試料により最適加熱温度が異なるため，十分な水分回収率の獲得および測定時間を最適化するための条件設定にノウハウが必要となる。VA-300をはじめとする当社(日東精工アナリテック㈱)製の水分気化装置には，昇温しながら測定が可能なステップ昇温機能が実装されており条件の最適化の一助となる。

水分気化法においてもサンプリング中の大気湿度

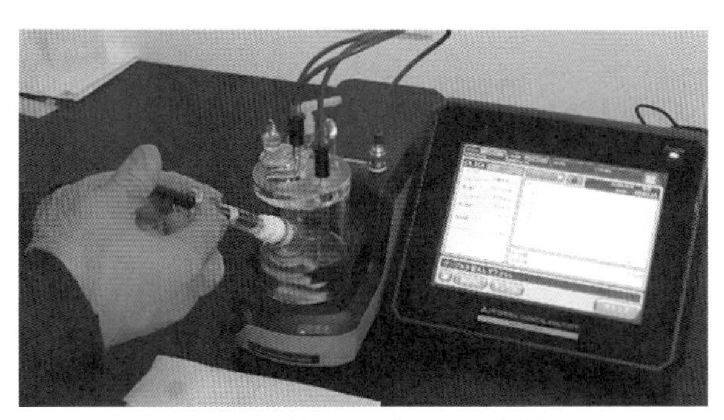

図5　液体サンプルの測定例

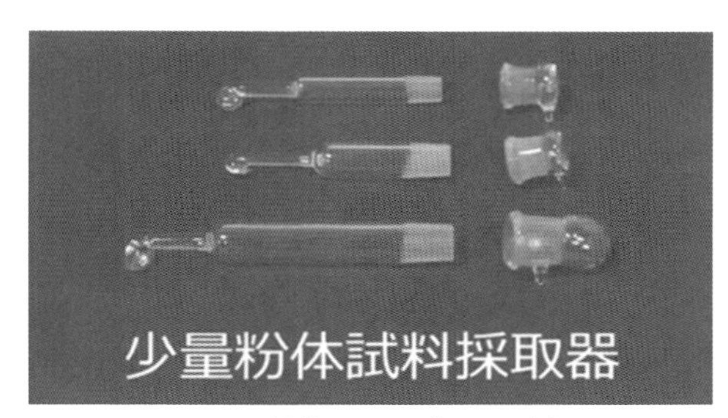

図6　粉体用サンプラーの例

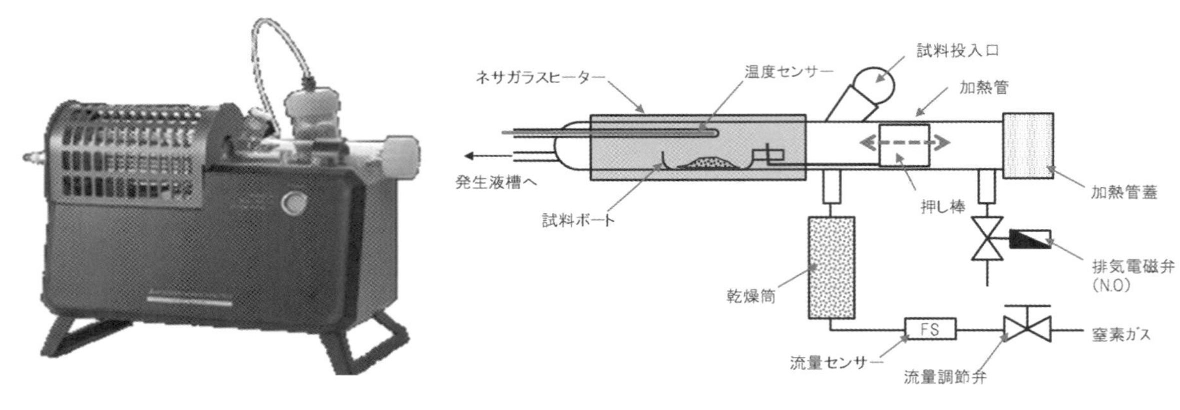

図7　水分気化装置 VA-300 と流路図

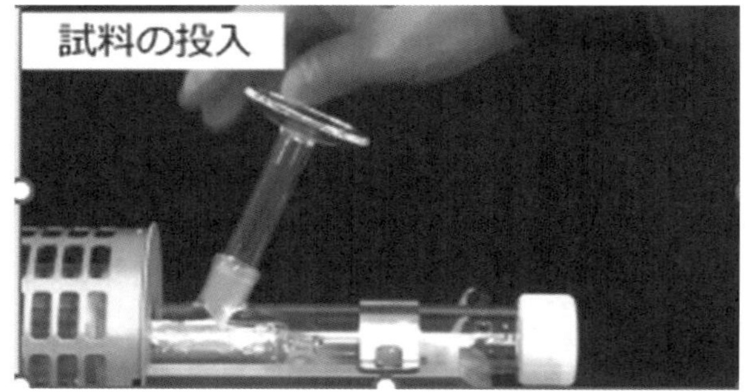

図8　加熱気化法における試料採取器と試料投入の一例

による外乱防止は重要で，やはり**図8**のような気密容器に試料を採取，秤量し可能な限りが外気に触れない状態を保ち，水分気化装置への試料投入を行う。

この方式の水分気化装置は事前に試料ボートおよび加熱管内の水分（ブランク）を除去した上で試料投入を行えることが特徴であり気化法における測定精度と正確性の維持に最適なシステムと言える。

4.3　水分気化法による水分測定の自動化

湿度による外乱防止のための気密性維持がカールフィッシャー法水分測定の自動化を困難なものとしているが，水分気化装置を応用することにより自動化が可能である。

自動化の一例として当社製自動水分気化装置 VA-236S を**図9**に示す。

本気化装置は試料採取器と気化容器を兼ねたバイアル瓶を使用することにより自動化を可能としたものである。

事前によく乾燥したバイアル瓶に試料を投入，密閉した後，秤量する。

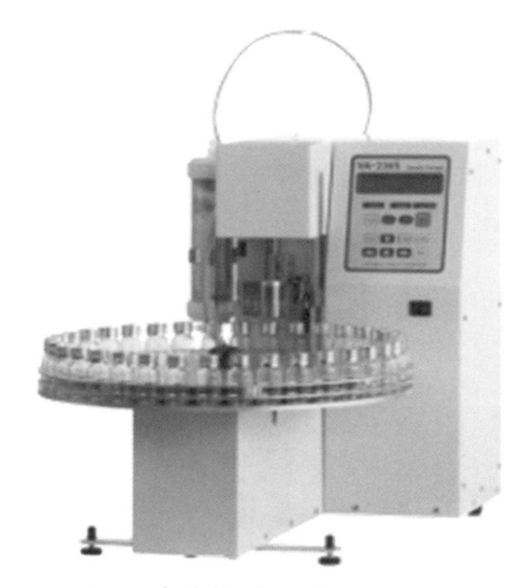

図9　自動水分気化装置 VA-236S

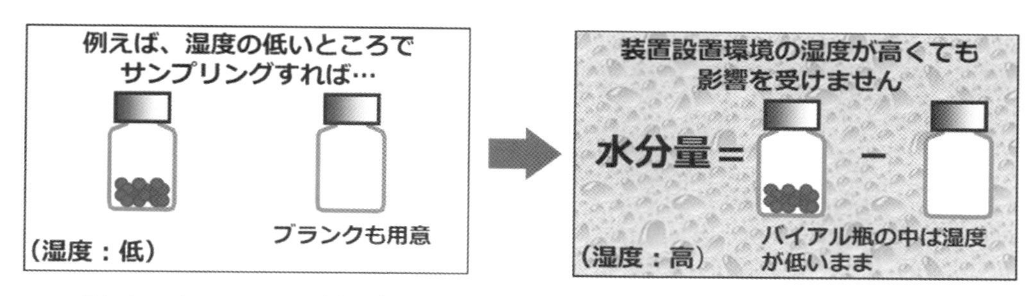

図10　バイアルタイプ水分気化装置におけるブランクの取り扱い

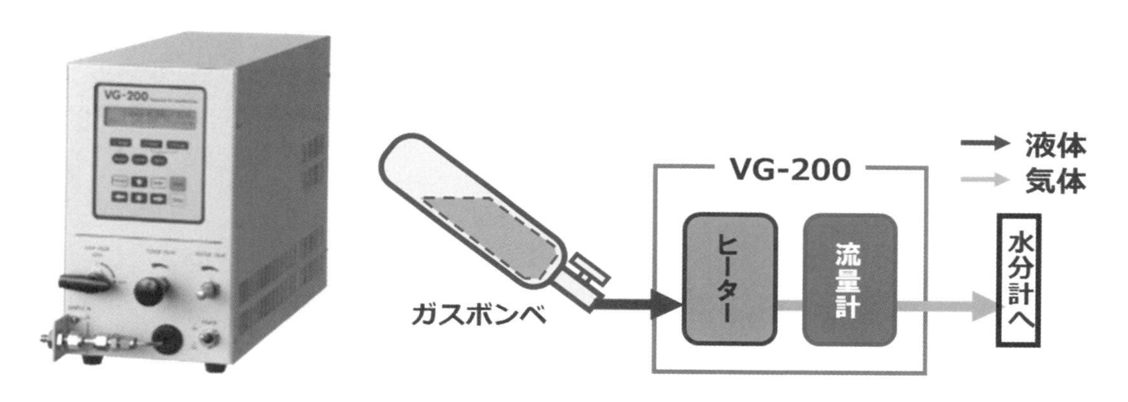

図11　液化ガス気化装置 VG-200 外観と流路図

(試料量)＝(総重量)－(風袋重量)

バイアル瓶ごと加熱炉に投入し，バイアルキャップのセプタムからキャリアガス用の針を挿入することで，気化した水分の捕集が可能となる。

図9のとおりターンテーブルを装備した装置を使用することにより必要回数のバイアルの加熱と水分捕集を自動化する。

ただし，ボートタイプと異なる点は事前にバイアルを十分に乾燥した場合においてもバイアル中(特にバイアル内にできる気層)には一定量の水分が含まれるため**図10**に示すとおり試料測定前に一定数(通常n＝3以上)の空バイアル中の水分を測定しておきブランクとして差し引き処理をする必要がある。

サンプリング方法の違いによりブランクの扱い，自動化の可否が発生するので，測定試料(推定水分濃度)とその測定頻度により水分気化装置を使い分ける必要がある。

4.4　気体試料中の水分測定

気体試料の測定においては，基本的に試料を滴定セル内の試薬にバブリングして水分を抽出することで直接滴定することができる。この場合，試料の性状から正確な試料注入量を確認することに困難が生じるが，**図11**の例(当社製 VG-200)に示すような注入装置を使用することで容易に測定することができる。

本装置は液化ガスを測定する目的で構成されており，試料を気化させるためのヒーターが装備されている。ガス状の試料においても，流量計を通すことで試料量の正確な計量が可能である。

5. 測定上の注意事項

カールフィッシャー法による水分測定は，広汎な測定対象に対して低濃度から高濃度に渡り精度良く測定できる分析法である。しかしながら，測定対象が環境中に豊富に存在する水分であることから各項目でも言及したとおり，サンプリングから装置への試料導入まで試料を外気から遮断する取り扱いが重要となる。

図12に示すとおりサンプリング用の器具にはさ

気化装置用／セル・フラスコ用

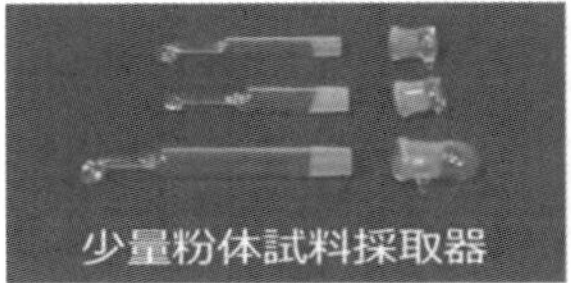

CAM057（細口）
CAM053（標準）
CAM056（大）

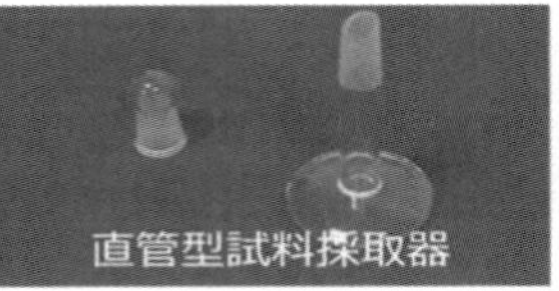

CAM054

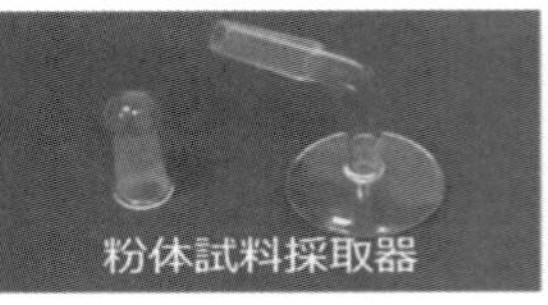

CAMSS（KF用）
VA036（CA用）

セル・フラスコ用

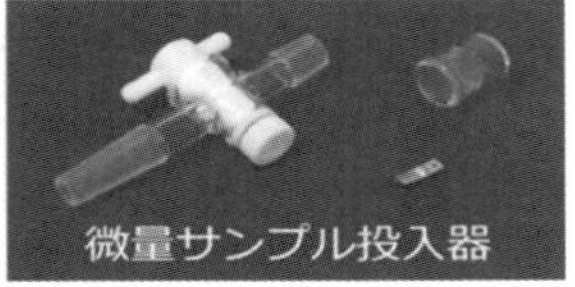

CAM060

気化装置用

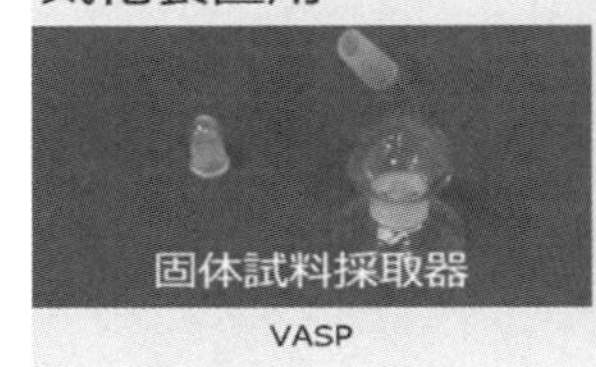

VASP

固体試料投入アダプター

VA038

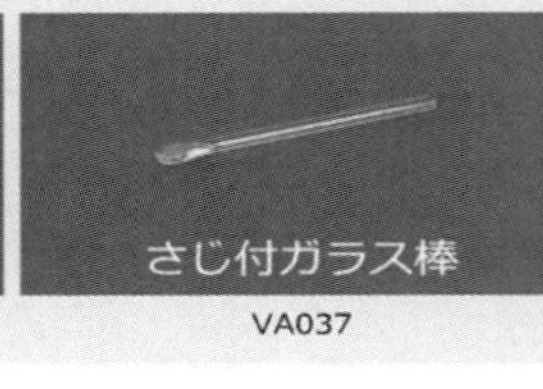

VA037

さじ付き密閉栓

KF1013（CA用）
KF1014（KF用）

図12　各種サンプリング容器・治具の例

まざまなものがあり，滴定セル/滴定フラスコに直接試料を投入する直接法，あるいは水分気化法などの用途に応じた物を使用することで精度良い測定が可能となる。また，容器自体の吸湿性の観点からこれらの器具はガラス製が主体となる。

また測定装置のコンディションを保つことも重要であり，滴定セル/滴定フラスコや水分気化装置を使用する場合にはそれらの経路の気密性を保つこと，あるいはサンプルなどによる系内の汚染を除去するための洗浄など，日常/定期メンテナンスが必要となる。

以上，紙幅の都合もありここでは概説に留まるが，当社はカールフィッシャー水分計の開発・製造者として，また三菱ケミカル㈱製カールフィッシャー試薬販売総代理店として，今後ともユーザー各位への情報提供とサポートに努めて参りたい。

文　献

1) K. Fischer : New Method for the Determination of Water ; *Angew. Chem.*, 48, 394 (1935).

第2節
ガラス転移温度と水分活性

広島大学　**望月　匠峰**　　広島大学　**川井　清司**

1. はじめに

生物材料の多くは非晶質であり，それらはガラス転移温度(T_g)を境にガラス-ラバー転移(ガラス転移)する。また生物材料は一般に親水性であり，水分含量，あるいは水分活性(a_w)が変化するとT_gも変化するため，ガラス転移は一定温度条件でも起こり得る。乾燥物の物性はT_gを境に大きく変化するため，水分含量，あるいはa_wとT_gとの関係を理解しておくことは品質制御の観点から重要な意味をもつ。

2. ガラス転移

固体は結晶質(秩序構造)と非晶質(無秩序構造)とに大別される。さらに非晶質はその分子運動性の違いによって流動状態，ラバー状態，ガラス状態に分類される。流動状態にある非晶質は分子運動性が高く，粘性体として振舞うため，広義の液体として捉えられる。流動状態から温度が低下すると粘性が高まり(分子運動性が低下し)，粘弾性体としての性質が顕著になる。この状態をラバー状態と呼ぶ。さらに温度が低下していき，やがてT_gに達すると，粘性が十分に高まった結果，分子運動性が見かけ上凍結し，固体になる。この状態をガラス状態と呼ぶ。ガラス状態は本質的には液体(高粘性液体)であり，結晶のような秩序構造は持たない。

親水性の非晶質は水分含量，あるいはa_wの増加によってT_gが低下する。これは水の可塑効果によるものである。T_gの水分依存性はT_g曲線と呼ばれる(**図1**)。非晶質がT_g曲線よりも下の領域にあるときはガラス状態，上の領域にあるときはラバー状態にあることをそれぞれ意味する。

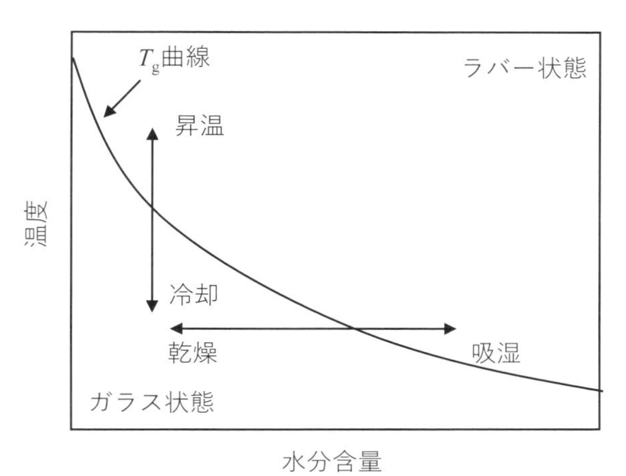

図1　一般的な非晶質材料のT_g曲線

3. T_gの決定

一般に非晶質材料のT_gは示差走査熱量計(DSC)によって決定される。DSC曲線において，結晶の融解は吸熱ピークとして，ガラス転移は吸熱シフトとしてそれぞれ検出される。一例として非晶質マルトデキストリン(MD)のDSC曲線を**図2**に示す。最初の昇温(1 stスキャン)では吸熱ピークを伴う吸熱シフトが認められた。また，その後冷却し，直ちに再昇温(2 ndスキャン)したときには吸熱シフトが認められた。吸熱ピークは結晶の融解と解釈することも可能だが，ここで注意すべきは，ガラス転移は緩和現象であり試料の調製方法や保存条件などの熱履歴によってガラス転移挙動が変化する事実である[1)2)]。急速冷却によってできたガラスは熱力学的平衡から

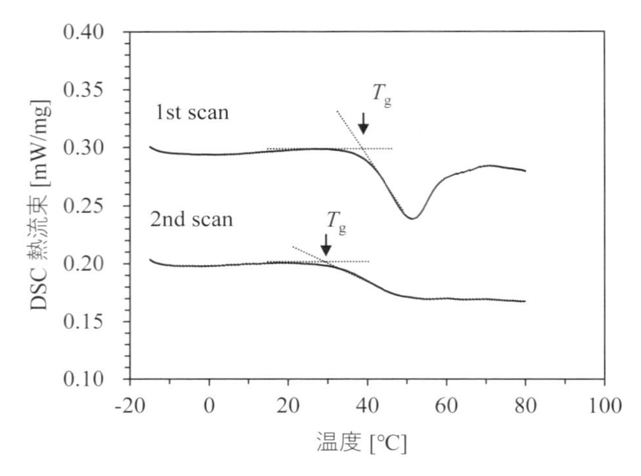

図2　非晶質 MD の DSC 曲線

大きく逸脱した(密度の低い)ガラス状態となる。このガラスを冷却時よりも遅い速度で昇温すると，熱力学的平衡に近づきながら(緩和しながら) T_g に達する。このときガラス転移は発熱ピークを伴う吸熱シフトとして DSC 曲線上に現れる。一方，緩慢冷却によってできたガラスはより低温まで熱力学的平衡を実現した(密度の高い)ガラス状態となる。このガラスを冷却時より速い速度で昇温すると，T_g を超えて(過加熱を経て)ラバー状態に至る。このときガラス転移は吸熱ピークを伴う吸熱シフトとして DSC 曲線上に現れる。乾燥によってガラス状態に至った場合は，乾燥速度が因子となる。冷却速度と昇温速度とが一致する場合，緩和や過加熱が発生しないため，ガラス転移は熱吸熱シフトとして DSC 曲線上に現れる。しかし，ガラス状態の材料を T_g 近傍温度で保持すると，徐々に平衡へと近づく(緩和する)。すなわち，緩慢冷却によってできたガラスと同様の(密度の高い)ガラス状態になるため，ガラス転移は吸熱ピークを伴う吸熱シフトとして DSC 曲線上に現れる[3]。図2に示す非晶質 MD の 1st スキャンでは吸熱ピークを伴う吸熱シフトが検出されていることから，密度の高いガラス状態であったことがわかる。また，2nd スキャンにおいて吸熱ピークが消失し，吸熱シフトのみが確認されたことから，ここで注目している熱応答がガラス転移であることを確認できる。

T_g は，一般に吸熱変化の開始点から読み取る。吸熱変化の中点から T_g を読み取る事例もあるが，吸熱シフトが幅広い温度域に渡って観測される場合もあるため，“T_g 以下ではガラス状態”という議論が成立し難くなる。よって筆者らは吸熱変化の開始点から T_g を読み取ることを推奨している。先述のとおり，ガラス転移挙動は試料の熱履歴によって変化するため，T_g も見かけ上変化する。熱履歴を含めた非晶質材料の T_g を理解するには 1st スキャンで得られた結果から T_g を読み取ることが望ましい。一方，T_g を広義の物性値として理解するには，熱履歴がリセットされた 2nd スキャンによる結果から T_g を読み取ることが望ましい。1st スキャンを終えた段階で不可逆的な熱的損傷を被る試料の場合，2nd スキャンの結果は不確かなものとなる。その場合，温度変調 DSC を用いることで，1st スキャンによる結果から可逆的な DSC 曲線(2nd スキャンの DSC 曲線)を得ることができる[4]。

4. T_g の水分含量依存性

さまざまな水分含量，あるいは a_w の試料を調製し，それらの T_g を決定することで T_g 曲線を作成することができる。非晶質 MD の T_g 曲線を**図3**に示す[5]。図中の実線は Gordon-Taylor 式(式(1))へのフィッティングによって得られたものである。

$$T_g = \frac{W_s T_{g(as)} + k W_w T_{g(w)}}{W_s + k W_w} \qquad (1)$$

ここで T_g は含水試料の T_g(K)，W_s および W_w は試料中の固形分および水の重量分率，$T_{g(as)}$ および $T_{g(w)}$ は固形分(無水試料)および水の T_g(K)，k は定数をそれぞれ意味する。$T_{g(w)}$ は文献値から 136K が与えられる[6)7)]。$T_{g(as)}$ は測定可能であれば実測値が採用されるが，測定困難な場合は k と共にフィッティングパラメータとして扱われる。式(1)により，試料の T_g 曲線は $T_{g(as)}$ と k とによって特徴付けられる。一般にモル質量が高い材料は $T_{g(as)}$ も高い[8]。また水溶性成分に関しては $T_{g(as)}$ が高いほど k も高い[3]。

非晶質物質の保存過程において，ラバー状態ではさまざまな物理的劣化(多孔質構造体のコラプス，粉末の固着，溶質の結晶化など)が起こり得るため，非晶質の乾燥物はガラス状態に設計することが望ましい。T_g 曲線を作成することで，乾燥時のガラス化過程や乾燥終了の目安を理解できる。たとえば乾燥物を常温(25 ℃)で保存する場合，T_g が 25 ℃になる水分含量まで乾燥させればよい。このときの水分含量

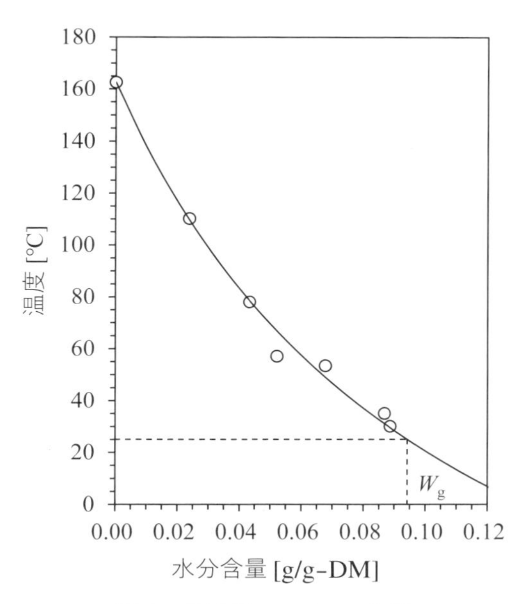

図3　非晶質 MD の T_g 曲線

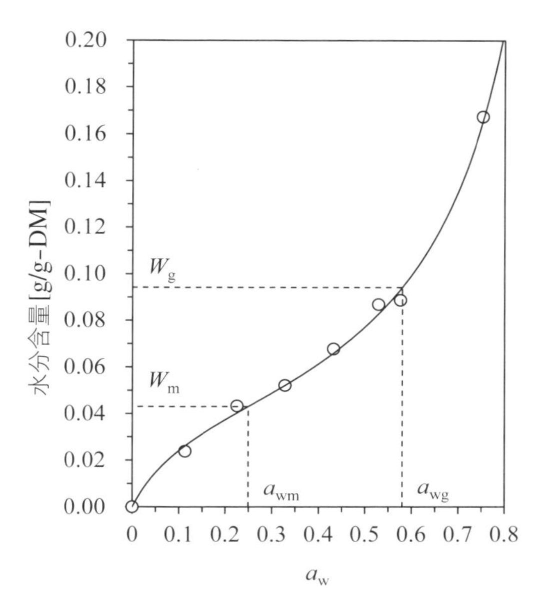

図4　非晶質 MD の水分収着等温線

は一般に critical water content と呼ばれ，品質管理上重要なパラメータとして扱われる[3]。なお，critical water content という用語は乾燥を主題とした分野では別の意味でも用いられており，混同を避けるため，本稿では W_g と記載する。図3より非晶質 MD の W_g は 0.094（g/g-DM, dry matter）であることがわかる。一般にモル質量が高い材料は W_g も高い[9)10)]。

5. T_g 曲線と水分収着等温線

乾燥物の水分含量は温度と湿度とによって制御される。一定温度・一定相対湿度条件で水分平衡に達した材料は，一般に一定の水分含量（平衡水分含量）を示す。このとき材料の a_w は相対湿度を 100 で割った値に等しいとみなせる。一定温度条件における平衡水分含量と a_w（あるいは相対湿度）との関係は水分収着等温線と呼ばれる。厳密には平衡水分含量は乾燥状態から水分が収着した場合と，湿潤状態から水分が脱着した場合とで異なる値を示すことがあるため，水分収着等温線と水分脱着等温線とは区別して扱われる。実験上は水分収着等温線を作成する方が容易であり，発表データも多い。また相対湿度の制御には飽和塩法が用いられることが多い[3)5)]。

非晶質 MD の 25 ℃における水分収着等温線を**図4**に示す[5)]。図中の実線は Guggenheim, Anderson, De Boer（GAB）の式（式(2)）へのフィッティングによって得られたものである。

$$W=\frac{W_m CKa_w}{(1-Ka_w)(1-Ka_w+CKa_w)} \tag{2}$$

ここで，W は平衡水分含量（g/g-DM）である。また W_m，C，K は定数であり，一般にフィッティングパラメータとして決定される。このうち W_m は単分子層水分吸着量（g/g-DM）であり，乾燥終了の目安として扱われることがある。乾燥材料を覆う単分子層の水分子には環境中の酸素を遮蔽し，酸化を防ぐ効果が期待されるためである[11)12)]。W_m よりも水分含量が少ない状態では水分子による被覆効果が損なわれ，W_m よりも水分含量が多い状態では水分子による可塑効果が危惧される。

非晶質 MD の W_m は 0.043（g/g-DM）であり，このときの a_w（monolayer water activity, a_{wm}）は水分収着等温線より 0.25 であることがわかる。非晶質 MD は常温での保存中に積極的に酸化する事実はないが，ラバー状態では先述の物理的劣化が起こり得る。非晶質 MD の W_g は 0.094（g/g-DM）であり，このときの a_w（glass transition water activity, a_{wg}）は水分収着等温線より 0.58 であることがわかる。これがこの非晶質 MD にとっての乾燥終了や保存条件の目安といえる。

6. 組成が複雑な材料の T_g

組成が複雑な材料の T_g を DSC によって調べてみると，ガラス転移に伴う吸熱シフトがブロードになりベースラインとの区別がつかない，さまざまな熱応答が連続的に検出されて吸熱シフトを判定できない，などの事態に陥ることが多く，T_g を明確に決定することができない。このような場合，動的粘弾性測定や熱機械測定などの力学的アプローチが有効である。筆者らの研究グループでは，市販のレオメーターに温度制御装置を設置した測定技法（thermally rheological analysis：TRA）を採用している[13)14)]。TRA では，試料に一定歪みを与えた状態で昇温し，ガラス転移に伴う軟化を応力緩和として捉えることができる。試料が粉末の場合は鋳型に充填し，予備圧縮を行った上で測定する。

一例として，さまざまな水分含量および a_w に調整したスープ粉末の TRA 曲線を**図５**に示す[14)]。いずれの試料も温度上昇に伴う熱膨張によって応力が若干上昇した後，ガラス転移に伴う軟化によって応力が低下した。試料の軟化は共存する油脂結晶の融解によっても引き起こされるが，油脂は疎水性であり，融点は水分含量に依存しない。一方，ここで捉えられている軟化開始点には明確な水分依存性があることから，ガラス転移に伴う軟化が捉えられていると判断される。以上の結果より，応力が上昇から低下に転じた点から各試料の力学的 T_g を決定した。なお，力学的アプローチによって決定した T_g は，

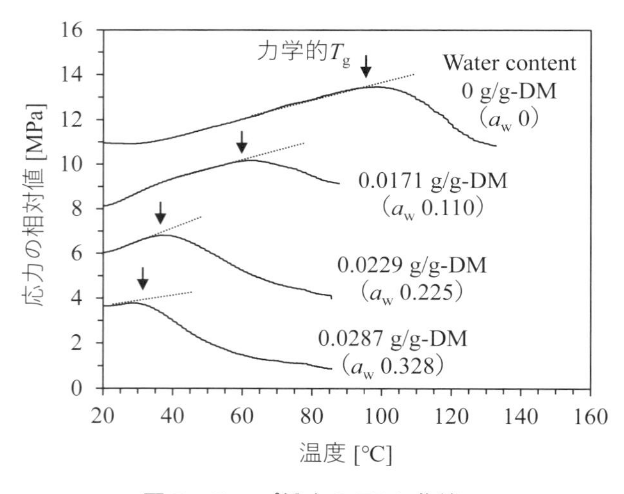

図５　スープ粉末の TRA 曲線

DSC によって決定した T_g と一致しないことがあるため，筆者らは TRA によって決定した T_g を力学的 T_g と表現することにしている。DSC によって決定した T_g には明確な物理的意味（緩和時間が 100 秒に達する温度）が与えられるが，力学的 T_g はどこか現象論的である。しかし，DSC によって決定した T_g と同様に矛盾なく扱うことが可能であり，実用的に意義ある指標として利用できる。非晶質 MD と同様にスープ粉末の力学的 T_g 曲線および水分収着等温線を作成し，$W_g = 0.032$（g/g-DM），$a_{wg} = 0.38$，$W_m = 0.022$（g/g-DM），$a_{wm} = 0.19$ であることを確認した。これらパラメータの実用的意義は上述のとおりである。

文　献

1）R. Surana, A. Pyne and R. Suryanarayanan : *Pharm. Res.*, **21**(7), 1167 (2004).

2）K. Kawai, T. Hagiwara, R. Takai and T. Suzuki : *Pharm. Res.*, **22**(3), 490 (2005).

3）Y. H. Roos : Phase transitions in foods, Academic Press, 1-347 (1995).

4）C. Leyva-Porras, P. Cruz-Alcantar, V. Espinosa-Solís, E. Martínez-Guerra, C. I. Piñón-Balderrama, I. C. Martínez and M. Z. Saavedra-Leos : *Polymers*, **12**(1), 5 (2020).

5）S. Fongin, K. Kawai, N. Harnkarnsujarit and Y. Hagura : *J. Food Eng.*, **210**, 91 (2017).

6）G. P. Johari, A. Hallbrucker and E. Mayer : *Nature*, **330**, 552 (1987).

7）S. Sastry : *Nature*, **398**, 467 (1999).

8）K. Kawai, K. Fukami, P. Thanatuksorn, C. Viriyarattanasak and K. Kajiwara : *Carbohydr. Polym.*, **83**, 934 (2011).

9）L. A. Schaller-Povolny, L. A. D. E. Smith and T. P. Labuza : *Int. J. Food Prop.*, **3**(2), 173 (2000).

10）Y. H. Roos : Water Activity in Foods : Fundamentals and Applications, John Wiley & Sons, 27-43 (2020).

11）T. P. Labuza and L. R. Dugan : *CRC Crit. Rev. Food Technol.*, **2**, 355 (1971).

12）L. Barden and E. A. Decker : *Crit. Rev. Food Sci. Nutr.*, **56**, 2467 (2013).

13）川井清司，籐翠，坂井佑輔，羽倉義雄：日本食品工学会誌，**13**(4), 109 (2012).

14）T. Mochizuki, T. Sogabe and K. Kawai : *J. Food Eng.*, **247**, 38 (2019).

第３節
食品成分中の水の分析へのNMRの応用

埼玉県産業技術総合センター　小島　登貴子

1. はじめに

核磁気共鳴法（NMR）は他の物理化学的手法と比べ測定が非破壊的であること，時間的空間的にも幅広い種々なスケールでの測定が可能であることから，食品のような不均一系における複雑な特性を解明するのに特にふさわしい研究手段である[1)]。またMRIでは，水分含量が20％以上のものであれば比較的短時間で２次元または３次元の画像を測定でき，水分分布変化による物性や品質の変化が速い調理食品の研究にも威力を発揮する[2)]。

当所（埼玉県産業技術総合センター　北部研究所）において長年にわたり小麦粉の製麺適性や製麺工程の適正化および麺の品質評価に関する課題に取り組んできた中で，NMR法の特長を生かし，各種の情報を得た。本稿では，NMRおよびMRIを用いたゆで麺の水分分布や性状変化についての観察手法を述べるとともに，乾燥工程中の麺におけるナトリウムおよび水の状態分析について若干触れたい。

2. ゆで麺の水分分布測定における NMRおよびMRIの応用

ゆで麺のかたさは水分含量の影響を受け，水分勾配があることが良い食感につながっている。ゆで上げ後の食感の低下はゆでのびと呼ばれ，麺線中の水分の均一化が一因とされている。このようにゆで麺のテクスチャーは，水分のみならず水分分布による影響を大きく受ける。従来の乾燥法などの方法ではゆで麺の水分分布まで捉えることは困難であったが，（独）農研機構・食品総合研究部門や埼玉大学との共同研究の結果，NMRおよびMRIを用いてゆで麺内部の水分分布を測定する手法を開発した[3)-8)]。MRI法は，対象物中の水の分布や運動性を測定するのに優れた方法であり，水分分布による物性や品質変化が速い調理食品の研究に威力を発揮し，米の吸水過程やスパゲティなどの麺類の調理過程の水分分布や水の拡散の研究が報告されている[9)-12)]。

2.1　生体高分子中の水の運動性について

水の^{1}Hのスピン-格子緩和時間（T_1）およびスピン-スピン緩和時間（T_2）は，生体高分子中の水の運動性の指標となる。水分含量は緩和速度を決める主な要因であり，一般的に緩和速度は水分含量の関数になっている。これらのパラメータを用いて食品や生体高分子のように複雑な系の中の水について，対象とする化学的物理的現象と関連の深い特定部分の水について定量的な測定を行うことができる。また，信号強度はNMRの機械的な感度により値が変わり得るのに対して，緩和時間は試料固有の値として測定されることから各試料間の比較に適している。

2.2　小麦粉糊化試料の水分と緩和時間の関係

市販の麺用小麦粉から所定の方法で小麦粉糊化試料（以下，糊化試料）を作成しこの糊化試料をガラス管（内径4 mmϕ）につめて，NMR（Bruker ARX400）により^{1}Hのスピン-格子緩和時間（T_1）およびスピン-スピン緩和時間（T_2）の測定を行った。得られた水の^{1}Hのシグナルを**図１**に示す。化学シフトδ4.6付近に大きなシグナル，δ3.5付近に小さなピークが見られた。それぞれ水および糖に帰属されるシグナルである。

糊化試料の緩和時間（T_1およびT_2）を測定した結果，本研究の測定条件ではいずれも信号強度の減衰が単一成分の減衰曲線であり，装置に付随した解析

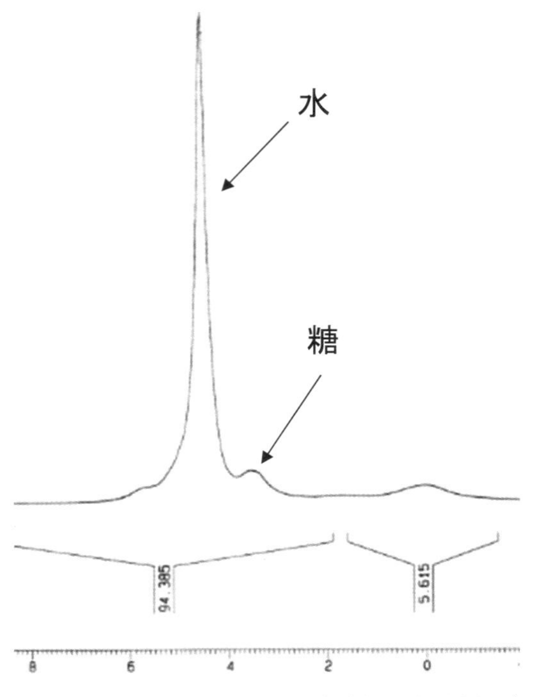

Acquisition parameters

PULPROG	zg0
SOLVENT	D_2O
RG	16
NUCLEUS	^1H
D1	0.50 sec
P0	30.0 usec
DE	87.1 usec
SE01	400.3524 MHz

図1　小麦粉糊化試料の ^1H NMR

小麦粉：農林61号　水分：2 g/g db

ソフトから T_1 および T_2 を算出した。次に各水分の糊化試料の緩和時間を測定して，一般的な水分測定法(135℃，2h 乾燥法)による水分との関係を調べた。その結果，糊化試料の T_1 および T_2 は乾燥法による乾物あたりの水分(g/g dry base(以下，db))と高い正の相関を示し，糊化試料中の T_1 および T_2 を決定する主な因子は試料中の水分であることが明らかになった。特に水分(g/g db)に対して T_2 が広い範囲で直線関係を示し，糊化試料における水分と T_2 の検量線をゆで麺の T_2 map に適応することでゆで麺中の水分分布の定量が可能となった。

タンパク質含量が異なる種々の小麦粉においても各ロットで $T_2 = aM + b$(M：水分 g/g db)の直線関係が得られ高い相関係数を示したが，傾き a と切片 b は各ロットで若干異なることから，ゆで麺の水分の定量においては製麺に用いる小麦粉による糊化試料の作成が望ましいと考えられる。

一方，糊化試料調整時の加熱条件については，高水分側の試料で加熱時間が長くなると T_2 のばらつきが大きくなり直線関係から外れた。顕微鏡観察の結果，この高水分側の糊化試料についてデンプン粒の崩壊が認められ，T_2 値への影響が考察された。検量線用の糊化試料の作成のための加熱時間は10分程度が適当であった。

2.3　MRI によるゆで麺の水分分布測定

水分0.7～8 g/g db の糊化試料およびゆで麺についてNMR装置(Bruker DRX300WB イメージングアクセサリー付き)により T_2 測定を行った。測定視野(FOV)を $25 \times 12.5\ mm^2$，撮像マトリックスを 128×64，スライス厚を1 mm とした。面分解能は $195 \times 195\ \mu m^2$，1回の測定時間は2分8秒であった。エコータイムの異なる32枚のMR画像を取得し，画像中の各 voxel における信号強度の減衰から T_2 を算出し T_2 map を得た。

糊化試料と同じ小麦粉を用いて製麺した生麺は5℃の冷蔵庫で保管してゆでる前に1時間以上放置して室温に戻した。生麺約20 g を沸騰水(蒸留水)300 mL で所定の時間ゆで，流水で1分間冷却後水を切り，表面の水を紙タオルで軽くとり測定に供した。ゆで中の水分分布の変化を見るため，ゆで時間を変えた麺についてゆで直後にMRI測定を行った。ゆで上げ後の水分の均一化については，食べるのに適したゆで時間の麺について，ゆであげ直後から1時間後まで5分間隔で継続的に T_2 測定を行った。

図2に糊化試料の水分と T_2 の検量線を示す。この検量線を T_2 map に適用して各 voxel の T_2 値を水分(g/g db)に変換したのち，水分(%)換算値を得る。

図3に，ゆで過程およびゆで上げ後の麺の T_2 map を示す。

図4に，ゆで過程の麺における麺断面の中心線上の T_2 プロファイルと水分(%)プロファイルを示す。ゆで過程では，ゆで時間8分で麺表面部の水分が約90 %に達した。麺中心部の水分は，ゆで時間8分では生麺とほぼ同じ約40 %であったが，ほぼゆで上がりの状態である12分では約50 %に，16分ゆでででは55 %に上昇した。

図5に，食べるのに適したゆで時間(13.5分)の麺

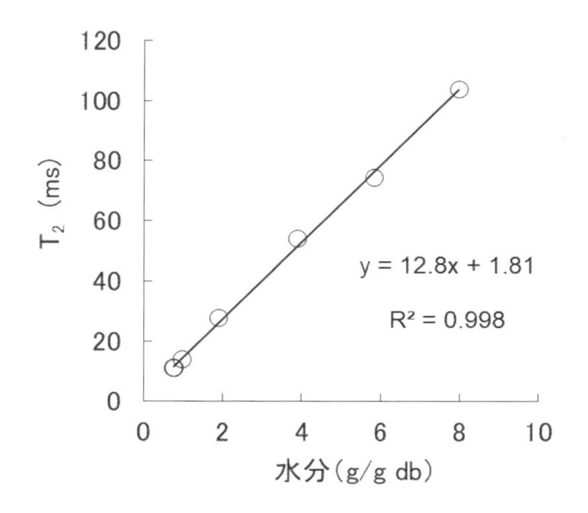

図2　小麦粉糊化試料の水分と T_2 の検量線

小麦粉：農林61号

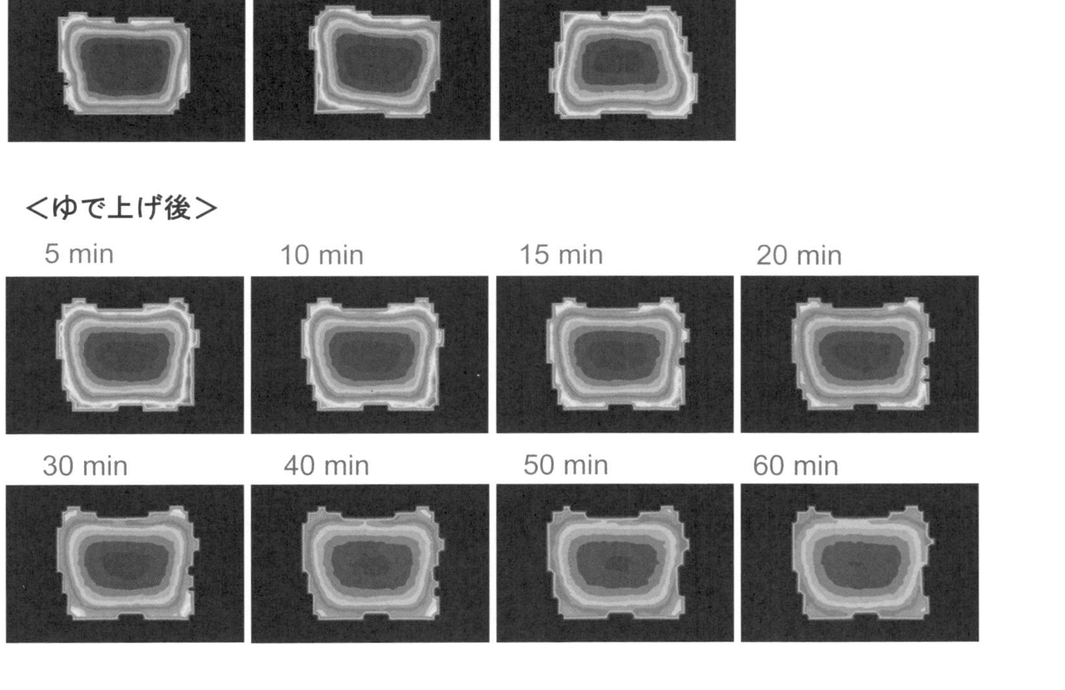

※口絵参照

図3　ゆで過程とゆで上げ後の麺の T_2 map の変化

図中赤字はゆで時間，青字はゆであげ後の経過時間を示す

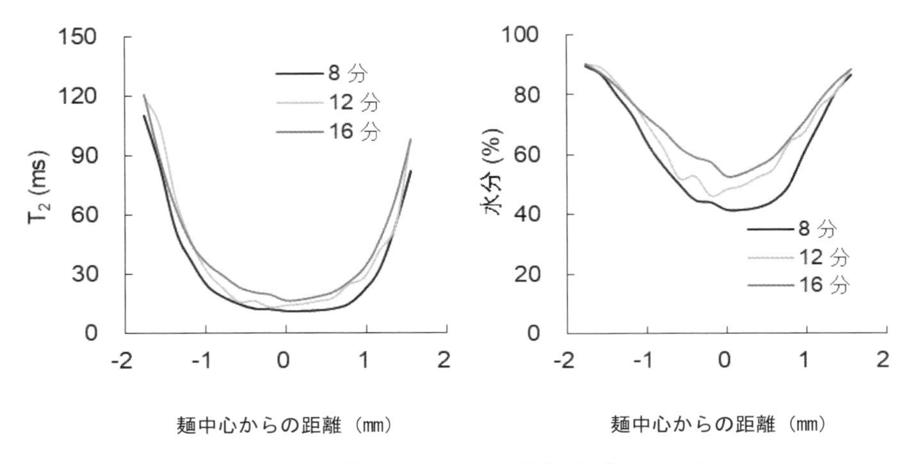

図4　ゆで麺の T_2 および水分(%)プロファイル
数字はゆで時間を示す

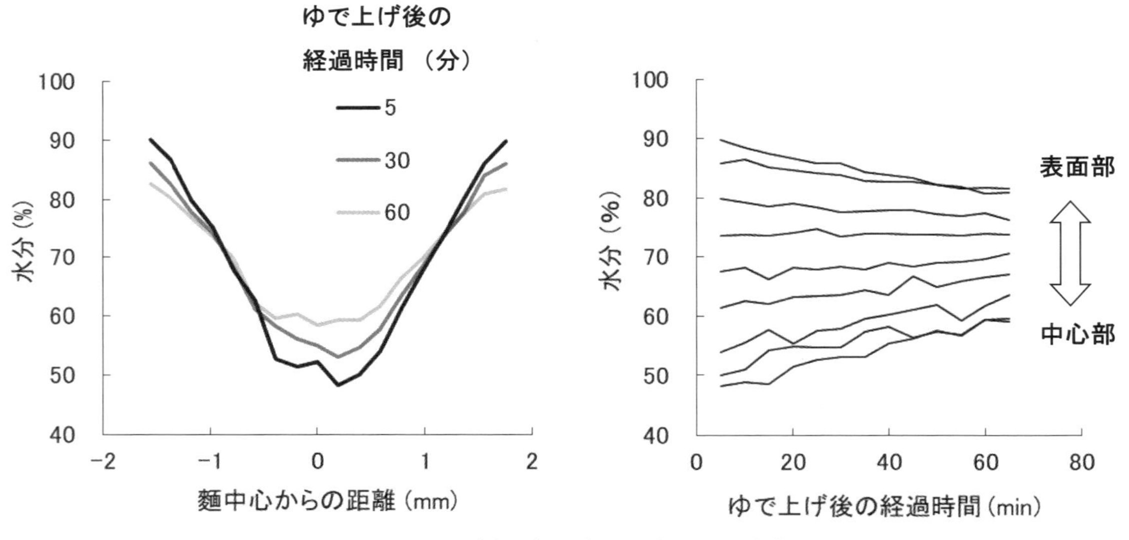

図5　ゆで上げ後の麺の水分分布の経時変化

の水分分布の経時変化を示す。麺の水分は，ゆで直後の表面部で約 90 %，中心部約 50 %であった。ゆで上げ後の放置により表面近くの水が中心部へと拡散して，1 時間後には表面で 80 %，中心部で 60 %となり水分の均一化が進むことが示された。このように，“ゆでのび”と称される食感の低下を引き起こす水分の均一化を MRI 測定から定量的に把握することができる。

2.4　種類の異なる小麦粉のゆで麺の比較

タンパク質含量に着目し，これが大きく異なる薄力粉，中力粉，強力粉から麺を作成してゆで過程における水分の浸透性を比較した[13]。麺中心線上の水分(g/g db)プロファイル(**図 6**)から麺のゆで水の浸透性の違いが観察される。この違いは主にタンパク質の含量や組成の違いにより引き起こされると考えられる。タンパク質含量が高いほどネットワーク構造が強固であり，デンプン粒が膨潤する際に，グルテンのネットワークはこの膨潤を妨げる。ゆで時間の増加に伴う水分の麺内部への浸透により，デンプンの膨潤が麺内部に進行していく過程で，主にグルテンのネットワーク構造の違いが麺の水分分布に与

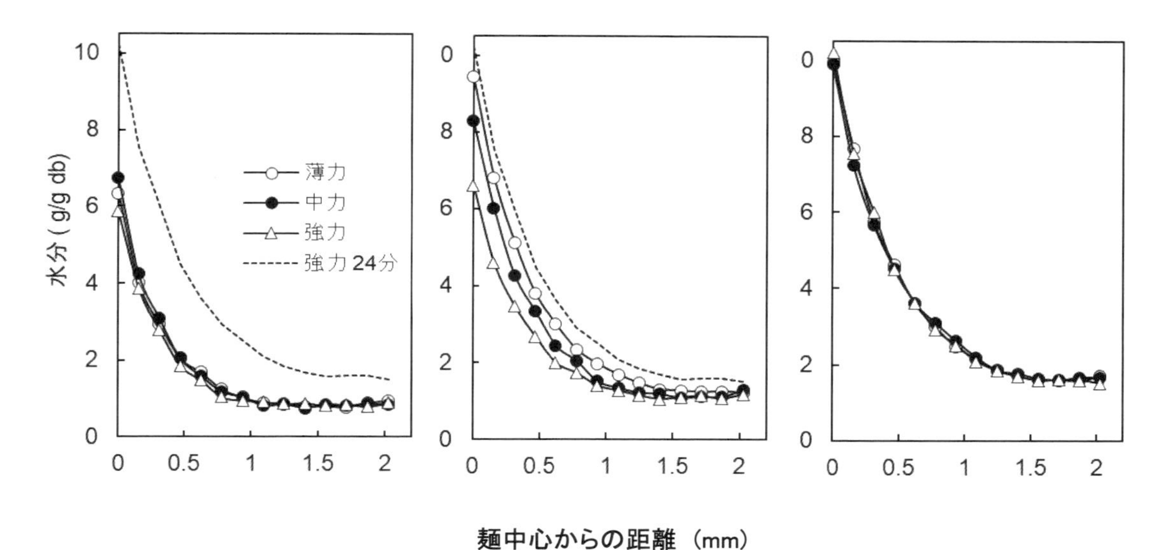

図6　3種類の小麦粉の麺の水分(g/g db)プロファイル
左から，ゆで時間8分，16分，24分

える影響の差が顕著になり，それがゆで時間16分において水分分布の差として観察されたと考えられる。ゆで時間24分では各麺表面の水分含量はその上限へ達し，タンパク質含量の差による水の浸透の差が小さくなり，水分プロファイル曲線がほぼ重なったものと考えられた。

一方，各ゆで麺の断面の T_2 値を5 msの級数幅で頻度分布を比較した(**図7**)。T_2 値が10～20 msecのピークは麺中心部の水分が低い部分に相当し，T_2 が100～150 msecのもう1つの小さいピークは麺表面部に相当する。適度な食感をあたえる薄力粉の16分ゆでと強力粉の24分ゆでの折れ線グラフの形状はほぼ同様であることから，T_2 の相対頻度を示す折れ線グラフは，麺の最適なゆで時間の指標となりうると考えられる。従来法では，麺全体の水分が70 %となるゆで時間が1つの目安とされるが，麺全体の平均水分に比べ，中心部水分や水分分布を目安とした方が適切なゆで時間の定義としてより明瞭であり，麺のテクスチャーの評価において有用であると考察される。

2.5　外国産および国産の麺用小麦粉の特徴の比較

埼玉県は大消費地に近いこともあり，中華麺を含めた生めん類の生産量が全国一である。一方，小麦の需要については製麺性や食感に優れたオーストラリア産小麦(ASW)などの外国産小麦が広く用いられている。そこで，ASWと埼玉県産の小麦粉を用いて製麺し，MRI測定からそれぞれの麺の特徴を比較した[14)]。その結果，ASWの麺は農林61号の麺に比べて中心部へのゆで水の浸透が早く，また，麺表面の高い水分の層が厚く，ゆで後の時間が経過しても高い水分の層が保たれた。これらの特徴の要因として，小麦粉のグルテンやデンプンの性質の違いが考察された。

さらに，MRI測定を行った麺と同じ条件で調製したゆで麺についてレオナー(山電RE-33005)を用い圧縮試験を行った。その結果，麺表面の水分の高い層が厚いほど，応力曲線の初期の傾きが小さく，中心部の水分含量の低い部分の面積が大きいほど，変位の増加に伴う応力の増加が大きくなっており，T_2 mapと応力変位曲線の対応が認められた。

3. NMRによる乾燥工程中の麺の状態分析

乾麺の製造工程の適正化を目的に，食塩添加量の異なる生麺を作り，乾燥工程中の麺について，^{1}Hおよび^{23}Na-NMR測定を行った[15)]。麺の製造工程においては，使用する小麦の性質に応じて食塩添加量や加水量が異なり，これらは温度や湿度の影響を強く受ける。そこで，^{1}Hおよび^{23}Naの緩和時間につい

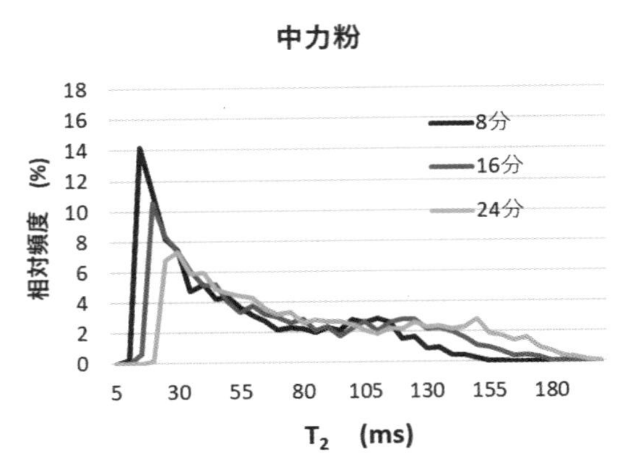

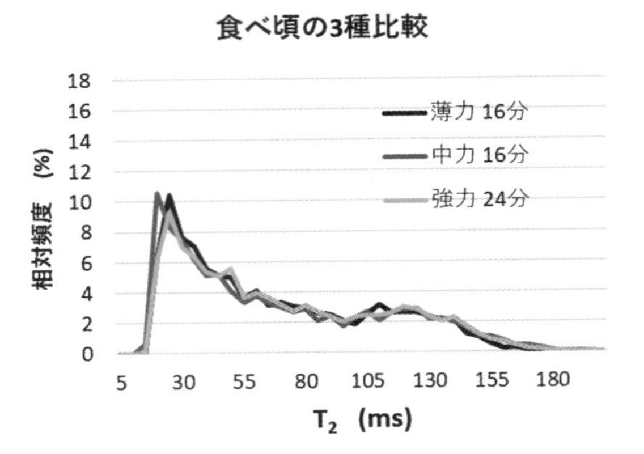

図7　ゆで麺断面における T_2 の相対頻度分布

て麺の性状を示す指標としての可能性を検討した。この結果，NaCl 水溶液中の ^{23}Na の T_1，T_2 は濃度依存性があり，高濃度であるほど値が小さくなるのに対し，麺中における ^{23}Na の T_1，T_2 は麺に添加した食塩量に関わらず，麺の水分量を反映していた。一方，^{1}H の T_1 は緩和の速い成分と遅い成分の2成分に分けて解析された。

麺の乾燥による水分の減少に伴いその成分比が変化し，それぞれの成分の緩和速度も変化することから，乾燥に伴い麺に含まれるデンプンとグルテンの水和構造が変化していることが推察された。さらに麺の物性値との比較を行い，食塩添加量による麺の物性変化と NMR 測定結果の関連性についての知見を得ている。

4. おわりに

食品に含まれる水は食品の品質や特徴に大きな影響を及ぼすことから，水の各種状態を非破壊で迅速に測定できる NMR および MRI は，食品の評価において有用な手法といえる。緩和時間測定により，ゆで麺のような高水分側では MRI による水分の分布や移動など，一方の低水分側の乾麺では NMR による結合性の異なる水の存在状態などの情報を得ることができた。今後これらの NMR による測定結果と物性の関連性をより詳しく調べることで食品の評価法としての活用がさらに広がることが期待される。

文　献

1) 渡辺尚彦：日本食工学会誌, **41**, 448 (1994).
2) 吉田充：日本食工学会誌, **59**, 478 (2012).
3) 小島登貴子：日本食工学会誌, **60**, 673 (2013).
4) 小島登貴子, 関根正裕, 鈴木敏正, 堀金明美, 永田忠博：日本食工学会誌, **47**, 142 (2000).
5) 小島登貴子, 堀金明美, 永澤明：埼玉県工技セ研究報告, **3**, 242 (2001).
6) 小島登貴子, 堀金明美, 吉田充, 永澤明：埼玉工技セ研究報告, **4**, 219 (2002).
7) 小島登貴子, 堀金明美, 吉田充, 松田善正, 拝師友之, 巨瀬勝美, 永澤明：埼玉産技総研究報告, **1**, 128 (2003).
8) T. Kojima, A. Horigane, M. Yoshida, T. Nagata and A. Nagasawa : *J. Food Sci.*, **66**, 1361 (2001).
9) A. Horigane, K. Suzuki and M. Yoshida : *J. Cereal Sci.*, **57**, 47 (2013).
10) A. Horigane, H. Takahashi, S. Maruyama, K. Ohtsubo and M.Yoshida : *J. Cereal Sci.*, **44**, 307 (2006).
11) A. Horigane, S. Naito, M. Kurimoto, K. Irie, M. Yamada, H. Motori and M. Yoshida : *Cereal Chem.*, **83**, 235 (2006).
12) I. Maeda, A. Horigane, M. Yoshida and Y. Aikawa : *Food Sci. Technol. Res.*, **15**(2), 107 (2009).
13) T. Kojima, A. Horigane, H. Nakajima, M. Yoshida and A. Nagasawa : *Cereal Chem.*, **81**(6),746 (2004).
14) 小島登貴子, 堀金明美, 前田竜郎, 吉田充, 永澤明：埼玉産技総研究報告, **2**, 1004 (2004).
15) 小島登貴子, 関根正裕, 杉山純一, 石田信昭, 永田忠博：日本食工学会誌, **43**, 1098 (1996).

第4節
スラリー薄膜乾燥過程のその場計測

大阪大学　鈴木　崇弘　　大阪大学　津島　将司

1. はじめに

比較的固相濃度の高い懸濁液(固液分散系)はスラリーと呼ばれる。水や有機溶媒などに固体材料を分散させたスラリーを薄く塗布し，乾燥させることで薄膜や多孔質層を作製する手法は，さまざまな分野で利用されるものづくりの基幹技術である[1]。ここでは，乾燥過程で液相が排除されて残った固相がもののかたちをつくることになるが，ここでできるかたちはスラリーの組成だけでは決まらず，乾燥過程の影響を受ける。具体的には，形成物の微細な割れ(マイクロクラック)や材料偏析などの様子は乾燥条件によって変化する。これらは，スラリー薄膜の乾燥過程における複雑な流動・輸送現象の結果だと考えられる。ここでは，粒子レイノルズ数が十分に小さく，また，ブラウン運動の影響が無視できないような(つまり大きさがマイクロ・ナノスケール程度の)固体材料を含む系を前提としている。このようなスラリーを塗布した薄膜の乾燥においては，固体材料(粒子)の沈降や拡散および液相の蒸発による界面移動速度のバランスにより，固体材料はスラリー薄膜の厚さ方向に分布を形成する。また，比較的固相濃度の低い塗布直後における対流の影響や，固相濃度が高くなる乾燥終盤における固体材料間の液体による毛管力の影響など，流体現象が密接に関わる。一般に，ものづくりに用いられるスラリーは，固相濃度が高く(濃厚)，形成物に求められる機能に応じて複数の材料が混合した系であったり，単一材料でも材料の大きさにばらつきがあったりする(多分散)。さらに，乾燥過程の非定常現象を考慮する必要がある。このため，スラリー薄膜からものをつくる過程で生じる中の現象は複雑になる。ここには，材料と流動の相互作用が重要な役割を果たしていると考えられる。従来は乾燥条件をさまざまに変えてできた形成物を分析し，試行錯誤により所望の機能を有する形成物の作製に取り組まれているが，どうしてもそれぞれの材料・プロセスに応じた個別最適化や経験則の蓄積に留まってしまう。乾燥過程におけるスラリー内の物理化学現象や流動・輸送現象を理解するための体系的な方法論が確立されれば，あるべき固体材料やスラリーの状態，プロセス条件などを予測することができるようになり，現象理解に基づく科学的なものづくりを幅広い分野で統一的に実現できると期待される。このためには，スラリー薄膜の乾燥過程におけるその場計測が重要な役割を担う。本稿では，筆者らがこれまでに取り組んできたスラリー薄膜乾燥過程のその場計測について，固体高分子形燃料電池の電極材料系(電極スラリー)を具体的な対象とした研究を紹介する(**図1**)。固体高分子形燃料電池の電極スラリーは触媒インクとも呼ばれ，多孔質電極(触媒層)を作製するために用いられる。典型的な構成では，分散媒(液相)はアルコール水溶液で，分散質(固相)は白金担持カーボンと高分子電解質(アイオノマー)である。これは，ナノ粒子や高分子を含む複雑なスラリーの最たるものの1つで，実用的なニーズのみでなく，基礎科学が未だ到達できておらず，学術的な発展のためにも重要な系である。

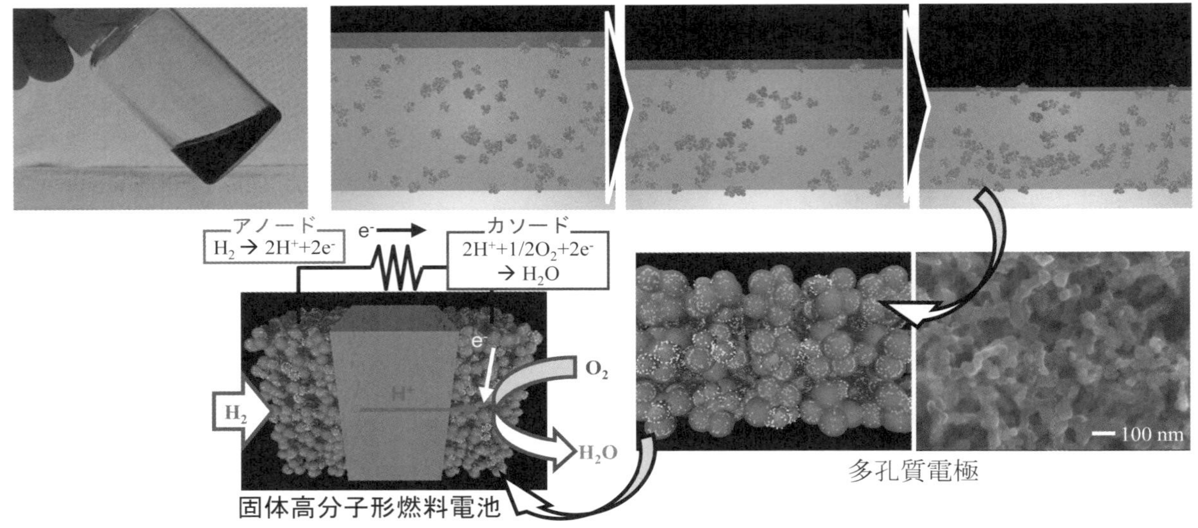

左：断面模式図，右：表面実構造

※口絵参照

図１　電極スラリーと多孔質電極作製プロセス

2. 重量計測

スラリーの乾燥に伴う重量変化は，乾燥過程の最も基本的な情報の１つであり，単位時間・単位面積あたりとして蒸発質量流束(乾燥速度とも呼ばれる)が求められる。スラリー薄膜は単位面積あたりの重量が小さく，重量変化を測定するには，いわゆる分析天秤のように測定分解能の高い電子天秤を用いる必要がある。このため，環境を制御するためのガス供給や空調によるわずかな振動が測定に影響を及ぼしやすく，実験系の構築には工夫が必要である。以下に，電極スラリー乾燥過程の重量変化を計測した事例[2)]を紹介する。恒温槽で40 ℃に保ち，乾燥室内をドライ窒素ガスで置換した環境下で乾燥させた。**図２**は重量計測から，蒸発質量流束を求めた結果である。純粋なアルコール(1-プロパノール)を同様に乾燥させた結果をあわせて示している。一般に固相

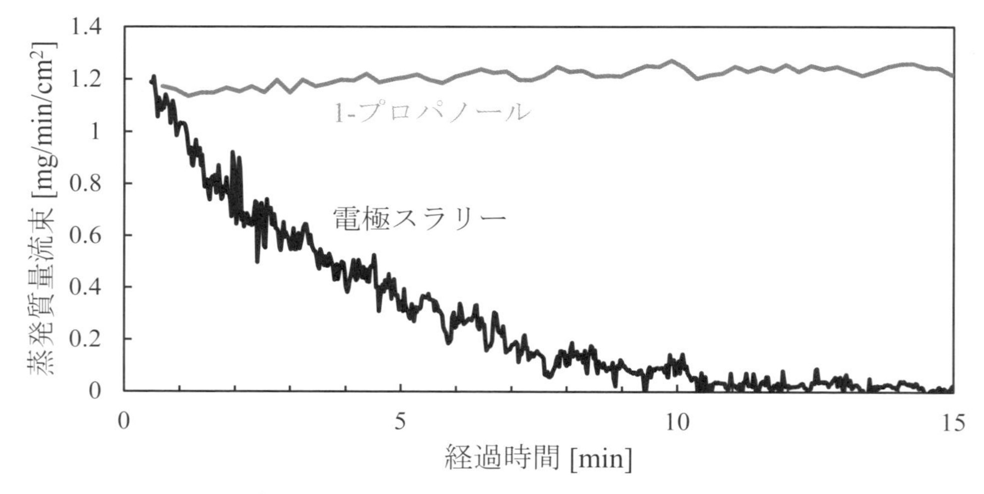

図２　電極スラリー乾燥過程における蒸発質量流束の経時変化

成分を含んだものの乾燥では，恒率乾燥期間と減率乾燥期間が存在することが知られている。しかし，図2の結果が示すように，電極スラリー薄膜の乾燥においては明確な切り分けが存在しなかった。これは，材料偏析の影響と考えられる。つまり，粒子の拡散・沈降に対して蒸発による表面移動の速度が十分に大きい場合，粒子が表層側に集積する[3)4)]ことにより，実効的な蒸発表面積が低下する結果，見かけの乾燥速度が時間の経過とともに徐々に低下するものと考えられる。

3. 可視化計測

可視化は現象理解に有効な手段である。ここでは，スラリー薄膜乾燥過程のその場計測に適用可能な可視化手法として，大気圧走査電子顕微鏡，X線顕微鏡および共焦点顕微鏡を用いた手法を紹介する。

3.1　大気圧走査電子顕微鏡観察

走査電子顕微鏡(Scanning electron microscope：SEM)は微細な構造を観察するために広く用いられる可視化装置であるが，通常は電子線照射のために観察対象を真空中に設置する必要がある。それに対して，試料室と電子線源室を電子透過性を有する窒化シリコンの薄膜で隔てることで，試料を大気中に設置した状態で電子線を当てて可視化する大気圧電子顕微鏡と呼ばれる技術がある。たとえば，窒化シリコンの薄膜窓を底面に有するシャーレに電極スラリーを滴下し，底面側から電子線を照射することで，大気圧SEM観察が可能である[2)]。**図3**は，薄膜窓付きシャーレに電極スラリーをスピンコートした後，直ちに室温大気環境下で観察を実施した事例である。なお，加速電圧は20 kVとした。スラリーの観察では液体による電子線吸収の影響を受けるため，固相成分が軽元素のみで構成される場合には観察が難しいが，ここでは担体のカーボン粒子に触媒である白金ナノ粒子が担持されており，加速電圧を高めることで十分なコントラストが得られた。鮮明な画像を得るための撮影時間を考慮すると，実用的には1～2分間隔での連続観察が可能である。図3では，連続画像から約4分間隔の画像を(1)～(4)の順に抽出して示している。本観察においては，塗布された電極スラリーの底面側を観察していることになり，乾燥の進行に伴い，粒子が堆積していく様子が観察された。また，乾燥終盤には毛管力により粒子が凝集する様子が見られた。

3.2　X線顕微鏡観察

X線は透過力が高いため，粒子濃度が高く不透明なスラリーの内部状態を観察可能である。X線の吸収は，以下のLambert-Beer則に従う。

$$I = I_0 \exp(-\mu_m \rho x)$$

ここで，I_0, Iはそれぞれ試料透過前と透過後のX線強度，μ_mは質量吸収係数，ρは密度，xは光路長である。したがって，試料を透過するX線の強度は透過長さの増加に対して指数関数的に減少するため，十分な光量を得るためには，構成する元素に応じて光軸方向に適切な厚さの試料を用意する必要がある。

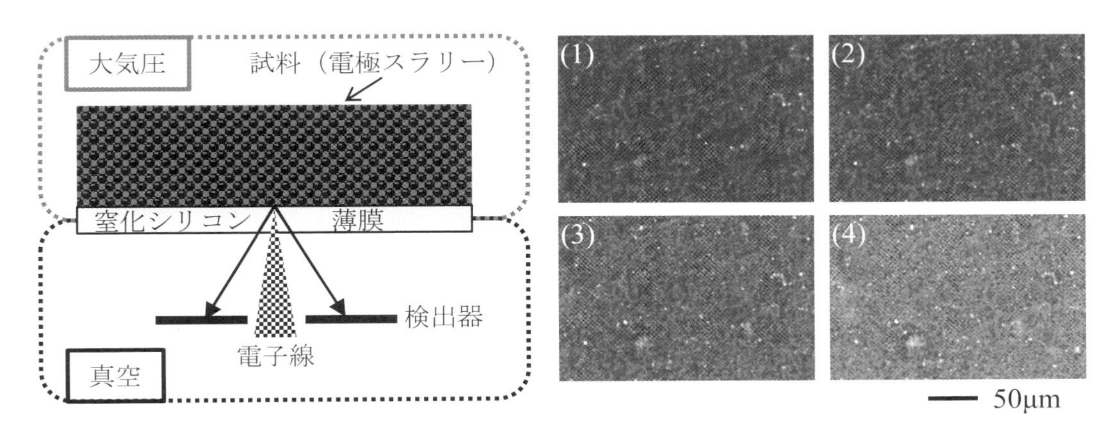

図3　大気圧電子顕微鏡の構成と電極スラリー乾燥過程の観察結果

ここでは，ラボスケールで拡大観察が可能なコーンビーム型のX線透過撮影装置を用いた事例を紹介する。本装置では試料および検出器のX線源からの距離を調整することで幾何倍率を変えて観察することができる。**図4**(a)は，X線透過方向に厚さ0.3 mmでスラリーを充填可能な容器を作製し，充填したスラリーが乾燥する様子を一定時間ごとに撮影した結果である。分散媒に比べて粒子のX線吸収係数が高いため，乾燥に伴い粒子濃度が高くなるほど像は暗くなる。図中の枠内の輝度分布を取得し，スラリー厚さ方向の分布を示したものが図4(b)である。充填直後は，輝度分布，つまりスラリー内の粒子濃度分布は厚さ方向に一様であるが，乾燥が進むにつれて表層側の粒子濃度が高くなるような濃度分布が形成されていることがわかる。これは，乾燥による表面の変位に対して粒子の移動が追従できず，表層側に集積するためだと考えられる。また，各時刻におけるX線画像から取得したスラリー蒸発表面の高さをまとめたグラフを図4(c)に示す。ここでは，乾燥が進むにつれて時間に対する高さの変化が小さくなっている，すなわち乾燥速度が低下していることがわかる。乾燥面側に粒子が集積することにより，実効的な蒸発表面積が低下したためだと考えられる。なお，本手法では，さらに拡大して観察することで，濃厚なスラリー中に存在する数μm以上の凝集粒子を直接可視化することが可能である。

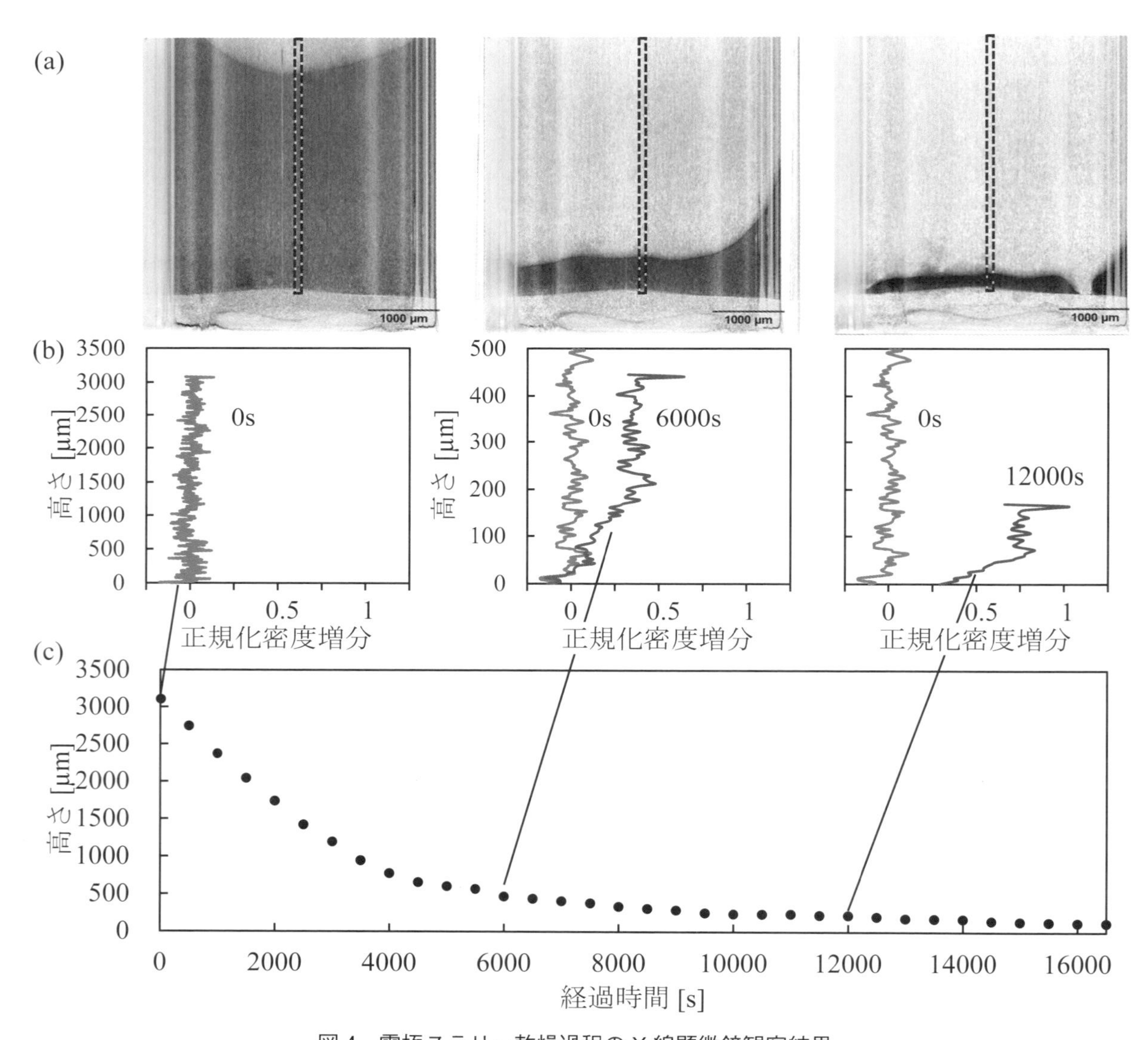

図4　電極スラリー乾燥過程のX線顕微鏡観察結果

3.3 共焦点顕微鏡観察

スラリーの乾燥表面を追跡観察するには，共焦点顕微鏡を用いる手法がある。観察対象物側と結像側で共焦点とすることで，合焦部分のみから強い光を得ることができ，通常の光学顕微鏡に比べてシャープな像として可視化できる。乾燥に伴って表面が動くため，共焦点顕微鏡の中では比較的高速な撮影が求められるが，スラリー表面の形態を可視化することができる。**図5**は試料ステージを固定して，撮影速度を15 fpsとして電極スラリー乾燥過程を可視化した事例であり，材料組成の異なる2つの条件での塗布直後の様子を示している。外見ではいずれも滑らかに見えるスラリーだが，材料条件によって塗布直後から表面性状が異なることがわかる。スラリー乾燥過程の計測においては，共焦点顕微鏡で焦点追跡をしてその際の試料ステージ移動量を記録することで，乾燥に伴うスラリー表面性状変化の可視化と同時に，面平均的な表面変位や乾燥速度を求めることができる。

4. 交流インピーダンス計測

交流インピーダンス法は，試料に交流信号を印加し，交流電圧変調と交流電流変調の関係を調べる手法である。交流インピーダンス法では試料の特性を反映した電気応答から幅広い周波数帯域，つまり幅広い時定数の現象を捉えることができる。電気応答は導電現象と誘電現象に大別され，導電性粒子の連結性に起因する電気抵抗の変化や電極を配置する塗布基材面近傍の情報などを含む。さらにGHz程度の高周波帯域に至ると，分散媒分子の回転運動に起因する誘電緩和現象なども現れる。ここでは，MHz以下の帯域での計測を中心に説明する。

交流インピーダンスは周波数可変なLCRメータやインピーダンスアナライザと呼ばれる計器を用いて測定することができる。得られる基礎情報はインピーダンスの絶対値と位相(電流に対する電圧の位相差)である。これらは膜厚や粒子濃度のようなスラリーの状態を示す直接的な指標ではないため，得られる電気的応答の因子の同定が不可欠であるが，本手法は，濃厚系や薄膜系にも柔軟に適用可能なことが利点として挙げられる。また，粒子の連結性や基材面近傍の状態など，他では得難い情報につながる。時間分解能は測定周波数点数に依存するが，適切に条件を設定することでスラリー乾燥過程における変化を捉えるのに十分な時間間隔で計測することができる。計測にはスラリーを電極端子に接触させる必要があるが，筆者らのマイクロ電極端子チップを用いた手法[5]では電極端子が塗布基材を兼ねた平板上に配置されるため，乾燥過程のインピーダンス変化を捉えることができ，乾燥表面側の可視化や各種分析手法などとの併用も可能である。

以下に電極スラリー乾燥過程のインピーダンス計測の事例とデータの解釈について紹介する。上述のマイクロ電極端子チップに電極スラリーを塗布し，

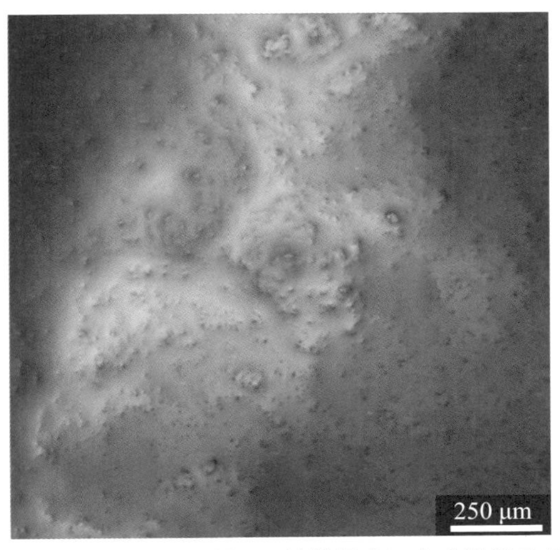

図5　材料組成による電極スラリー塗布直後の表面性状の違い

室温環境下で乾燥させた際の交流インピーダンスの経時変化を取得した。電極スラリーにおいて電気伝導は電子とイオン両方の移動を考慮する必要がある。つまり，触媒担持ナノ粒子が電子伝導を担う一方，高分子電解質から電離したイオン(プロトン)も存在し，特に液体を多く含む塗布直後には粒子の連結が発達しておらず，イオン伝導支配となる。そして，乾燥が進行して粒子の連結が発達すると電子伝導支配となる。ここで，イオン伝導に対しては，電極端子がブロッキング電極となるため，電極界面の電気二重層形成を考慮する必要がある。したがって，電極スラリーのインピーダンス計測は**図6**中の等価回路で表されることになる。この等価回路のインピーダンスZは以下の式で表される。

$$Z=\frac{\left(R_{H+}-j\frac{1}{\omega C}\right)R_{e-}}{R_{H+}+R_{e-}-j\frac{1}{\omega C}}$$

ここで，R_{H+}とR_{e-}はそれぞれイオン輸送と電子輸送の抵抗を示す。Cはキャパシタンス，ωは角周波数を表す。乾燥の進行に伴い，上述のイオン輸送と電子輸送の関係から，2つの抵抗素子の大小関係が変化する。図6左は電極スラリー乾燥過程のインピーダンス測定結果を示している。塗布直後から乾燥初期の間は低周波数帯域($< 10^2$ Hz)でインピーダンスの立ち上がりと位相の負側へのシフトが見られる。これは，容量性の応答に対応している。図6右には，上述の等価回路モデルから計算されるインピーダンス応答を，各素子の値を変えて示している。測定結果との対応を見ると，乾燥初期の低周波数側のインピーダンスの立ち上がりは，イオン輸送抵抗に対して電子輸送抵抗が大きい場合に現れることがわかる。つまり，乾燥初期に周波数の測定範囲内で現れている抵抗性の応答はイオン輸送抵抗に由来するものだとわかる。乾燥の進行に伴い，低周波数側の容量性応答が見られなくなり，ほぼ全域が抵抗性の応答になるとともに，インピーダンスが低下していく様子が見られる。容量性応答が見られなくなるのは，電子輸送支配に遷移するためであり，この先の乾燥過程においてみられる抵抗性応答は電子輸送，つまり粒子の連結性に由来するものと考えられる。加えて，抵抗因子の遷移までの過程において，容量

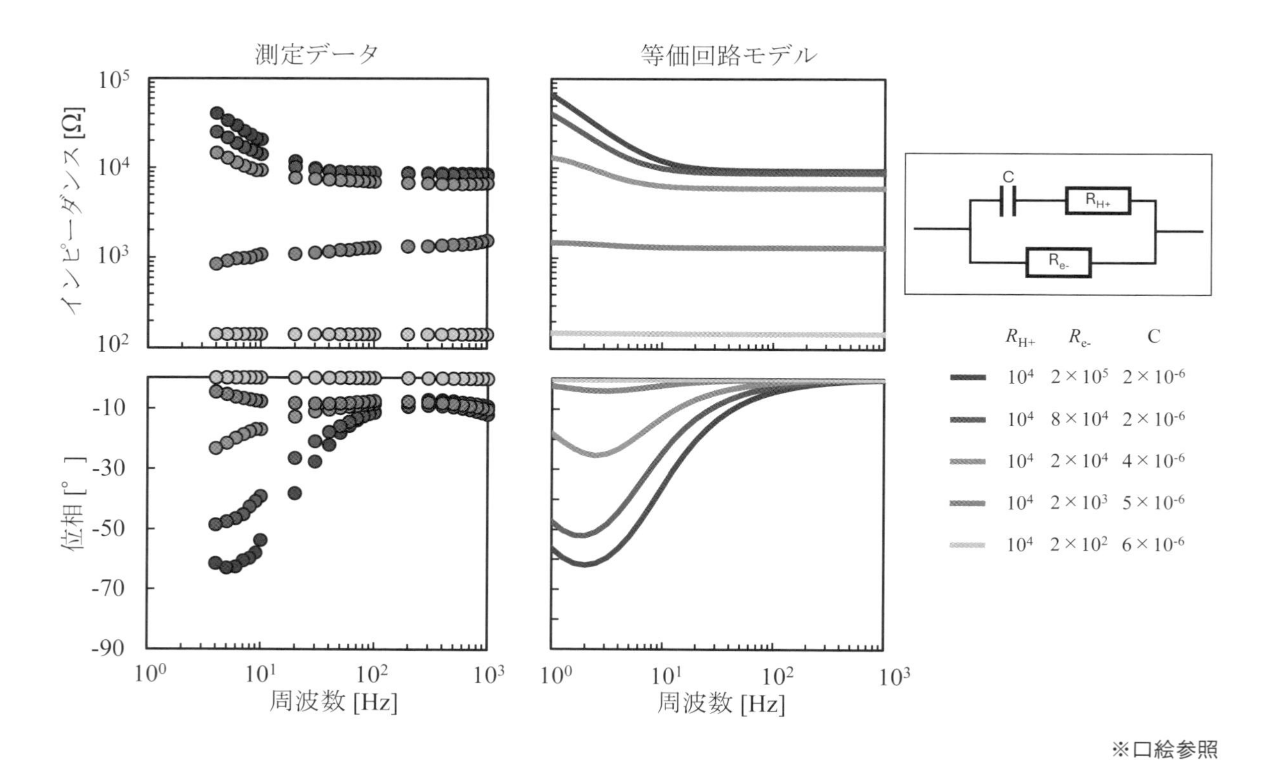

※口絵参照

図6　スラリー乾燥過程のインピーダンス計測と等価回路モデル

性の応答にも変化が見られ，キャパシタンスが変化していることがわかる。これは，乾燥に伴い電極界面近傍の粒子および高分子電解質の濃度が高まることに関係しているものと考えられる。このように，電極スラリー乾燥過程のインピーダンス計測を行うことで，内部における粒子連結性の発展や底面(基材面)近傍の材料濃度変化などの情報を得ることができる。

5. おわりに

スラリー薄膜を乾燥させてものをつくることは多様な分野で実用されているが，個々の材料や条件に応じて，試行錯誤による最適化が成されてきた。スラリーからものの形をつくるには，材料とプロセス条件の無数のパラメータを体系的に設定することが必要となるが，この指針を提示するためには，スラリー乾燥過程における現象の物理的な理解と物理化学的な理解が不可欠である。このスラリー薄膜乾燥過程に対して種々のその場計測を駆使することで，中に含まれる材料のふるまいや，スラリーとしての流動・輸送特性に関わる情報を得ることができる。このスラリー薄膜乾燥過程のその場計測と現象理解を通じて，試行錯誤に頼らない科学的知見に基づく，スラリーを用いた次世代のものづくりへの転換が期待される。

文　献

1) 鈴木崇弘，津島将司：スマートプロセス学会誌，**12**, 131 (2023).
2) T. Suzuki et al. : *Int J Hydrogen Energy*, **41**, 20326 (2016).
3) A. F. Routh et al. : *Chem Eng Sci*, **59**, 2961 (2004).
4) C. M. Cardinal et al. : *AlChE J*, **56**, 2769 (2010).
5) T. Suzuki et al. : *J Therm Sci Technol*, **16**, 20 (2021).

第5節
熱分解 GC-MS とラミノグラフィによる乾燥プロセスの評価

株式会社住化分析センター　末広　省吾

1. はじめに

リチウムイオン2次電池(LIB)電極は，電極反応を起こす活物質(10～20 μm)，電極の電子伝導性を向上させる役割を持つ導電助剤(<100 nm)，および各材料を結着し，電極形状を保持するためのバインダー樹脂を Al や Cu の集電箔上に塗工して形成されており，その構造は複雑である。**図1**にその模式図を示す。LIB の電極反応は，Li イオンが電解液を介して正極・負極の活物質間を往復することで充放電が起こる。たとえば，典型的な活物質である $LiCoO_2$(正極)および黒鉛(負極)を用いた場合，反応式は

$$\text{正極}：LiCoO_2 \leftrightarrow Li_{1-x}CoO_2 + xLi^+ + xe^-$$
$$\text{負極}：C + xLi^+ + xe^- \leftrightarrow Li_xC$$

と表される。この反応では，電極内の粒子間に存在する空隙が Li イオンの通り道となる。したがって，空隙構造は電池性能を左右する重要なパラメータであり，高性能電池開発のためにはその構造を把握し，精密に制御する必要がある[1]。活物質が導電助剤あるいは他の活物質を介して集電体と接触していれば活物質-集電体間での電子移動は可能であるが，電極材料の中で唯一絶縁体であるバインダー樹脂によって活物質間の導電性が絶たれるとその活物質では電極反応は起こらず，結果として容量低下の原因となってしまう。

本稿では，集電箔上に電極スラリーを塗工した後の乾燥過程に着目した分析評価技術として，熱分解ガスクロマトグラフ質量分析法(Gas Chromatography-Mass spectrometry：熱分解 GC-MS)で各層のバインダー成分含有量分析と電池特性との相関分析，ならびに時分割X線ラミノグラフィによるスラリー乾燥状態の可視化について紹介する。

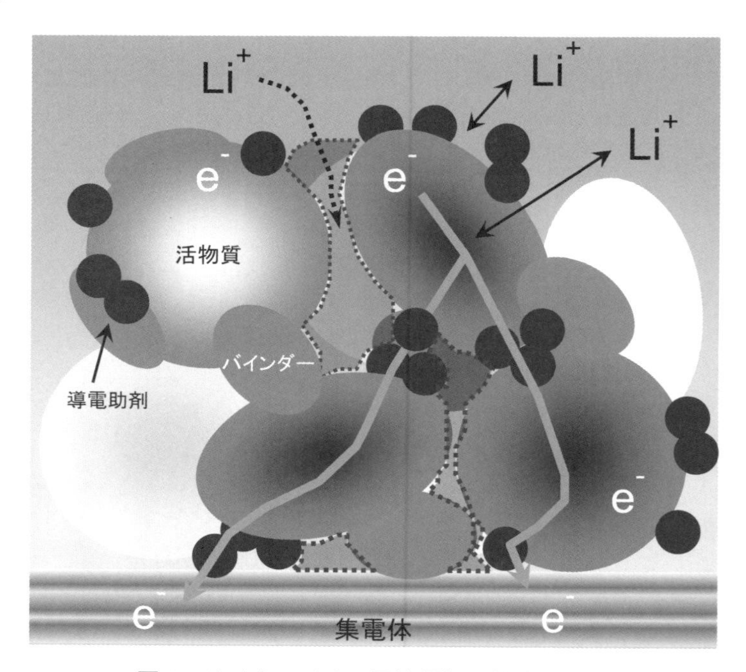

図1　リチウムイオン電池電極の模式図

2. バインダー樹脂偏析状態の分析

2.1　分析方法

電極の製造効率を上げるために，合剤塗布後の乾燥時間を短縮することが有効であるが，乾燥条件が

適切でないと，**図２**に示すようにバインダー樹脂が合剤内に偏在（マイグレーション）し，電池特性の低下を引き起こす。そのため，電極内でのバインダー分布状態の評価が重要である。しかしながら，電極内でのバインダー分布状態の分析評価として，これまで電子線マイクロアナライザ（Electron Probe Microanalysis：EPMA）元素カラーマッピング法が汎用されてきたが，EPMAでは，観察スケールがミクロンレベルのため，切り出した電極断面の位置によって分析値が影響されるという課題があった。そこで，精度の高い分析を行うため，高感度かつ定量性に優れた熱分解GC-MS法を開発した[2)3)]。

本手法は，合剤内部でのバインダー量の差異を分析するため，通常50～100 μm程度の厚さの電極の合剤を上層・中層・下層と選択的に掻き取り，各層について，熱分解GC-MSによる定量分析を行うものである。この掻き取り層の高さの精度と試料作製は，本来，切削しながらその応力を測定する装置であるSAICAS®（Surface And Interfacial Cutting Analysis System）の適用により可能とした。加えて，顕微ラマン分光法を用いて電極断面のイメージング測定を行い，AB（アセチレンブラック）に由来するピークの分布より，各層におけるABの存在量を面積率として定義し，深さ方向におけるAB分布の指標とすることで，バインダー分布との相関性を解析した。

熱分解GC-MS測定結果から，各層中のバインダー成分である正極のPVDF（Poly Vinylidene Fluoride）量は以下の式で求めた。マイグレーションの度合いの数値化では，バインダー濃度（x）を上層から下層へと順番にプロットすることで得られた，１次関数の近似式の傾き（濃度勾配）を「バインダー偏在率」と定義した。なお，試料は，活物質（$LiCoO_2$）100部，PVDF4部，AB1部，グラファイト５部から構成される。

$$x(\%) = (y - b)/a$$

x（%）：バインダー濃度
a：バインダー標準品の検量線の傾き
y：単位重量あたりのGC-MSピーク面積
b：バインダー標準品の検量線の切片

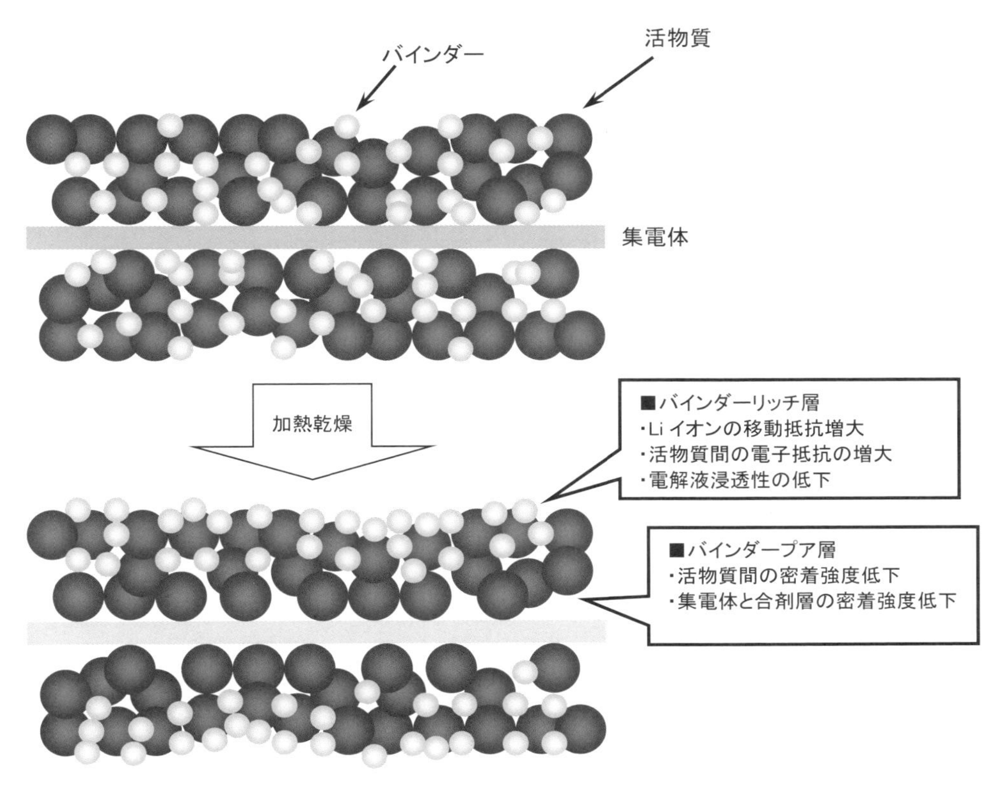

図２　電極断面方向のバインダー偏在の模式図

2.2　乾燥温度とバインダー分布との相関

乾燥速度の異なる5つの電極について，上層・中層・下層のバインダー量を評価した。その結果を**図3**に示す。乾燥速度の遅い電極C，D，Eでは各層のバインダー量はほぼ一定であったのに対し，乾燥速度の速い電極A，Bではバインダーが上層，つまり電極表層側に偏在していた。特に最も偏在度合いの大きかった電極Bでは下層に対して2倍以上のバインダーが上層に存在していた。電極スラリー塗布後，高速で乾燥すると溶媒の蒸発に伴いバインダーが表層部分に移動し，偏在したものと考えられる。また，深さ方向におけるバインダー分布は，顕微ラマンにより測定したAB分布とよく似た傾向を示した。このことはバインダーがABの分散剤としても機能していることを示す。

2.3　乾燥温度と電池特性との相関

正極の各乾燥温度におけるバインダー偏在に対する電子伝導率との相関を解析した結果を**図4**に示す。バインダーの偏在度合いと電子伝導率に相関性を確認でき，偏在度が高いほど，電子伝導率が低下することがわかった。これは，バインダーが絶縁体であることを考慮すると妥当な結果と考えられる。また，乾燥温度が高いほどバインダーの偏在が起こりやすく，熱風乾燥が遠赤外乾燥よりバインダーが偏在しやすい状態が示唆された。

次に，このバインダーの偏在度合いと電池特性との相関を解析した結果を**図5**に示す。電子伝導率の結果と同様に，バインダーの偏在度が高いほど，容量維持率が低下することがわかった。

以上の結果から，乾燥温度がバインダーの偏在化

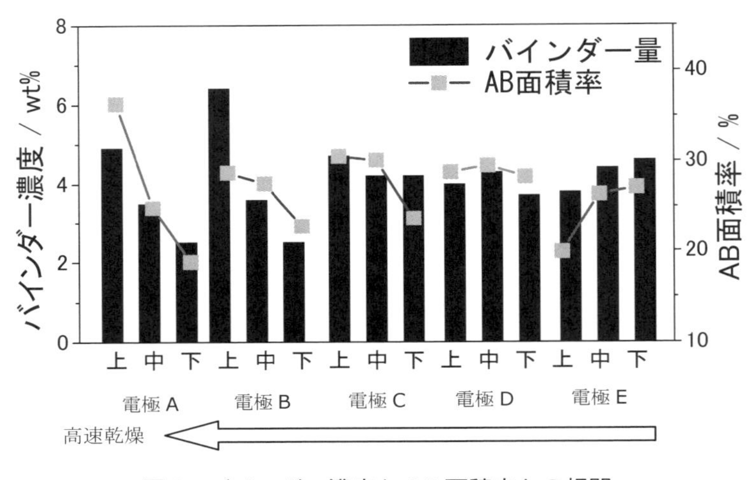

図3　バインダー濃度とAB面積率との相関

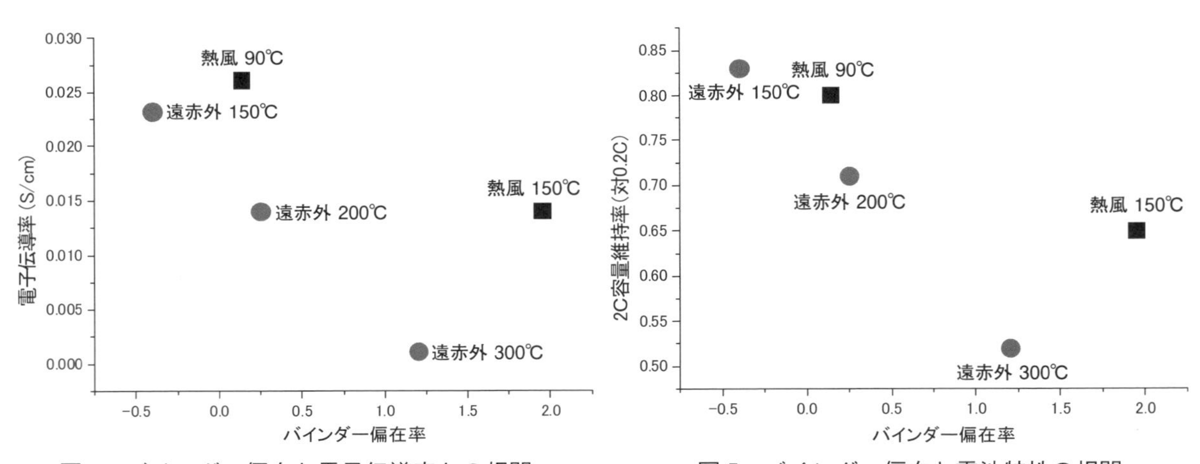

図4　バインダー偏在と電子伝導率との相関

図5　バインダー偏在と電池特性の相関

に及ぼす影響が，電極内の電子伝導性，そしてそれに伴う電池特性の良し悪しに影響することを，熱分解 GC-MS 法を用いて実証した。高性能な電池を効率的に製造するためには，電極内のバインダーの分布を評価し，その乾燥条件を最適化する必要がある。

3. ラミノグラフィによるスラリー乾燥過程の観察

3.1　分析方法

粉体を溶媒中に高濃度に分散させた液体(スラリー)は，リチウムイオン電池電極を始めとして，さまざまな工業製品の製造に用いられている。電池電極の分析評価においては，原料の粉体，スラリー，塗布膜それぞれについて，各種の物性評価や顕微鏡観察などさまざまな測定が行われている[4)-6)]。しかし，スラリー塗工後の乾燥過程，つまりスラリーと塗布膜の中間状態については，最適な分析技術が無く評価が困難であった[7)]。

内部構造を観察する測定手法としては，X 線 CT (Computed Tomography：コンピュータ断層撮影法)が広く知られている。しかし，平板にスラリーを塗工し X 線 CT 測定を行っても正確な測定はできない。なぜなら，X 線 CT 測定では入射 X 線に対して垂直に試料を立てる必要があるがその際スラリーが流れ落ちてしまうため，また平板試料は板の方向によって X 線透過距離が大きく異なるためである。そこで解決策として，ラミノグラフィ法を適用することを検討した。

ラミノグラフィは入射 X 線に対して試料を垂直に立てるのではなく，回転軸を傾斜した状態で設置する[8)9)]。これにより，スラリー状試料の流動を抑制し，X 線透過距離も一定となることで塗工したスラリーの内部構造を観察できる。さらに，測定時間を短縮すれば，乾燥過程での構造変化を直接確認することができる。それには，特に高輝度な X 線を試料に照射して観察する必要があるため，大型放射光 X 線施設である SPring-8 で実験を行った。

3.2　分析試料および条件

三元系正極($LiNi_xCo_yMn_zO_2$)50 g，カーボンブラック(CB)1.6 g，ポリフッ化ビニリデン(PVDF)の N-メチルピロリドン(NMP) 溶液(10 wt%)50 g を，何回かに分け自転公転式の撹拌脱泡装置を用いて計 270 秒撹拌した試料をスラリーとして使用した。

測定は SPring-8 BL24XU で行った。試料の傾斜角 ϕ を 30° として，エネルギー20 keV，ビームサイズ(視野サイズ)1.33 mm×1.33 mm の放射光 X 線を試料に照射した。X 線が試料中央部を通るようにステージの高さを調整した。実効ピクセルサイズは 1.3 μm/pixel である。1 イメージとして試料 1 回転 9.5 秒間に約 950 枚の X 線透過像を撮像し，測定開始後約画素数 1024×1024 pixel で 5 分間連続撮像を行った。

実験ハッチ内での塗工，測定，乾燥の順序を記す。ハッチ内での電極スラリーの塗工は，1 cm 四方，深さ約 150 μm となるように外縁にマスキングをしたポリカーボネート板(PC 板，厚み 1 mm)を，両面テープを用いて試料台に設置した。PC 板と同じ角度になるように塗工機のブレードを調整し，PC 板にブレードを密着させた。PC 板上にスラリーを適量載せ，ハッチから退出した。ハッチ退出後，ハッチ外から自動ステージを操作してブレードを動かすことで塗工を行った。ブレードが PC 板を離れた直後に試料台を回転させ測定を開始した。加熱乾燥は測定開始 30 秒後から，ヒートガンを用いて試料周辺が約 80 ℃となるように行った。

1 セットの投影像から Chesler フィルタによる CBP 法(Convolution Back-Projection)を用いて各 CT 像を再構成した。加熱による試料台や PC 板の熱膨張の影響で回転中心位置が変化してしまうため，ラミノグラフィ像を再構成する際に 1 イメージの撮像ごとに解析ソフトで補正した。また，回転や加熱によって電極膜表面がドリフトするため，試料の表面や端部を含めず中央の内部だけを解析対象とした。空隙率はヒストグラムを三値化することで算出した。まず，白色部とその他を大津の二値化法で処理した。次に，黒色部と灰色部はしきい値を変えた際に不自然な箇所が現れない，もしくは最小となる値を用いて手動で二値化した。これらのうち，黒色部を空隙であるとして空隙率を算出した。スラリー塗工膜厚は，スラリーが確認できる画像の枚数から算出した。ラミノグラフィは厚み方向に画像を積層して再構成を行っているため，空間分解能(1.3 μm)と枚数から厚みを算出可能である。

3.3　分析結果および考察[10)]

スラリー塗工後 8 時間静置して自然乾燥させた電極

膜のラミノグラフィ像を**図6**に示す。黒色部は大部分が空隙であるがCBやPVDFも混在している状態であると考えられ，白色部は活物質($LiNi_xCo_yMn_zO_2$)粒子，灰色部は一部で糸状に見えるためCBやPVDFであると考えられる。このように内部の粒子形状が明瞭であるのは，吸収コントラストの差に加え，乾燥させた電極膜であるため粒子が静止しており像が乱れなかったからだと考えられる。

スラリー塗工直後から76秒後までのラミノグラフィ像について，中心部分を切り出して拡大した結果を**図7**に示した。本測定では試料が1周するのにかかった時間は約9.5秒だったため，9.5秒ごとの結果を比較した。A，B，Cではスラリー塗工直後で流動的であるため再構成像が不明瞭になると予想していたが，活物質の輪郭が明瞭な像が観察された。これは，1周9.5秒のラミノグラフィ測定時間内に顕著な流動が認められなかったことを示す。D，E，Fでは活物質の輪郭が不明瞭な像になった。測定開始30秒後(Dの途中)から加熱乾燥を始めたため，短時間で乾燥に伴うスラリー内部の急激な流動が発生した

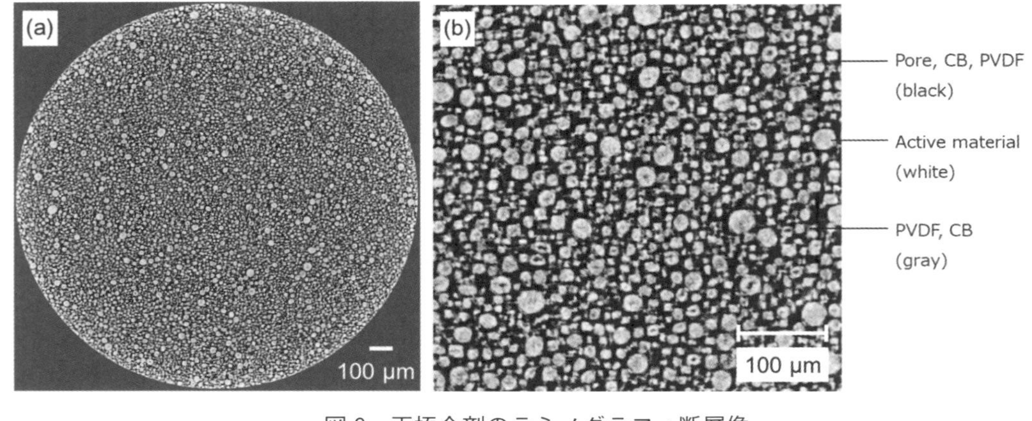

図6　正極合剤のラミノグラフィ断層像
(a)全体像，(b)拡大像

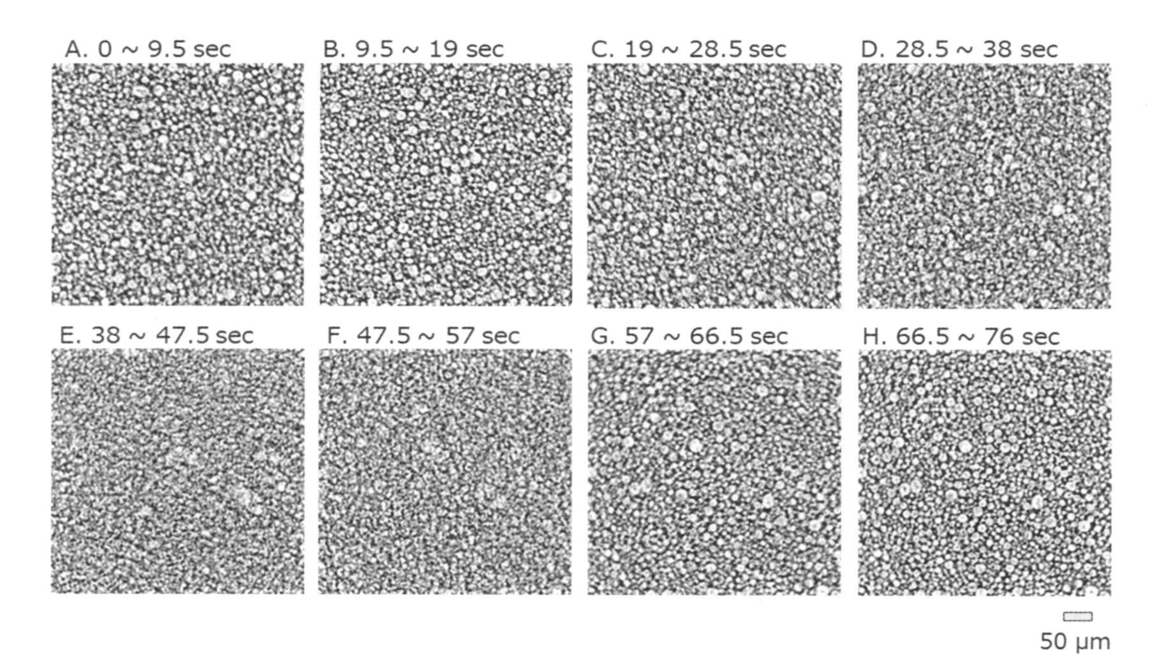

図7　正極スラリー乾燥過程におけるラミノグラフィ断層像

ため不明瞭な像になったと予想される。G，Hで再び明瞭になったのは，乾燥が進行し内部構造の変化が少なくなったためと考えられる。

スラリー乾燥過程における，19秒ごとの空隙率とスラリー塗工膜厚の変化を**図8**に示した。空隙率は，47.5秒以降増加する傾向が認められた。加熱乾燥の開始が30秒であることから，加熱乾燥の効果が認められた。塗工直後（加熱乾燥以前）のスラリー中には気泡が残存する可能性はあるものの，スラリー塗工膜厚は，ヒートガンによる加熱乾燥を始めた30秒から急激な減少を示し，100秒以降は一定の値を示した。今回の乾燥条件では，100秒までに塗工膜厚は決定するが，その後も塗工膜内部に残存したNMPやPVDFの減少により測定終了まで空隙率が増加し続けたと推察される。

以上の結果から推察される，塗工から加熱乾燥後のスラリー内部構造のイメージを**図9**に示した。塗工直後はNMPが多く存在しており，自然乾燥ではほとんど減少しないが，加熱乾燥を始めるとNMPは急激に減少する。またこれに伴って膜厚も急激に減少する。その後もNMPは減少していくが，膜厚はほとんど減少せず，NMPと空隙のコントラストは

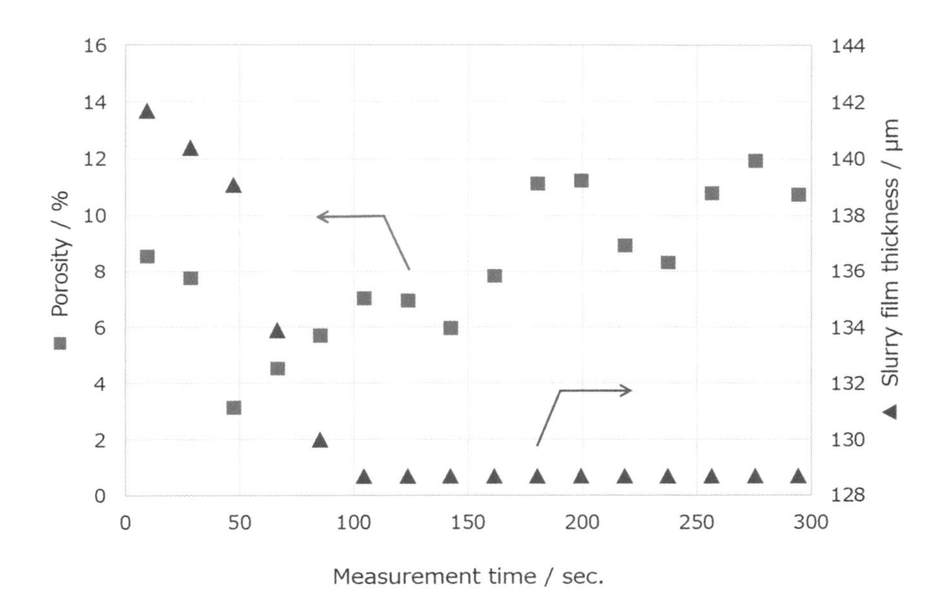

図8　乾燥過程におけるスラリー内部の空隙率および膜厚変化

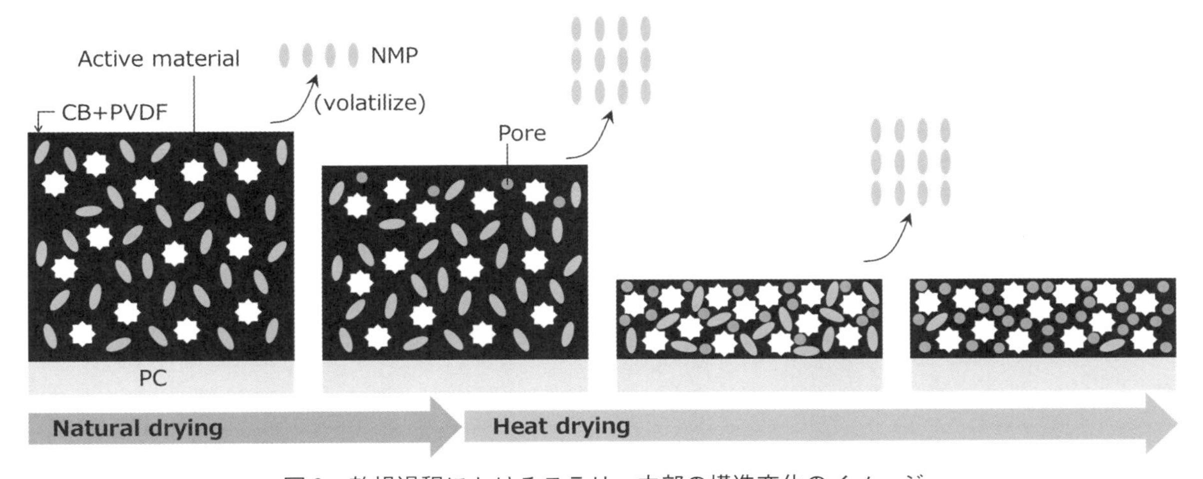

図9　乾燥過程におけるスラリー内部の構造変化のイメージ

明瞭ではなく，NMPの揮発とそれに伴う空隙の発生がトレードオフになっていると考えられる。

4. おわりに

電気自動車(EV)，プラグインハイブリッド電気自動車(PHEV)，またはスマートグリッドなどの大型蓄電池の普及に向けて，より高性能な技術が求められている。高容量化や高エネルギー密度化を目指した新規材料の開発が進む一方で，電気自動車のような用途においては，10年以上の長期使用を見込んだ長寿命化も必要である。電池の大型化に伴い，エネルギー量も増加するため，安全性の向上も不可欠である。持続可能な社会を実現するために，これらの要求を低コストで満たす次世代蓄電池が求められている。

リチウムイオン電池の電極において，Liイオンの伝導性や電子の伝導性に影響を与える空隙やバインダー樹脂の均一な分散性が，電池特性に大きく影響する。電極構造の形成に関与するパラメータの1つが，製造時の乾燥温度である。本稿では，バインダーの偏在率を分析する方法を開発し，乾燥温度がバインダー偏在率および電池特性に与える影響を評価した。さらに，塗布後のスラリーの乾燥過程において微細構造がどのように形成されるかを分析した。ラミノグラフィ画像の解析結果からは，乾燥初期に塗布膜の構造が形成されたように観察されたが，その後も内部の空隙が増加する傾向が認められた。今回の実験では，塗布直後から測定を開始したが，最初の乾燥段階も考慮するのであれば，スラリーを実験ハッチの外から滴下塗布できる仕組みを導入すれば，より実際のプロセスに近い条件での観察が可能になる。これらの分析評価により，スラリーの製造や乾燥プロセスの最適化が期待される。

謝　辞

本実験は，(公財)高輝度光科学研究センター(JASRI)大型放射光施設(SPring-8)の兵庫県ビームライン(BL24XU)で実施した(課題番号：2017A3220，2017B3220，2018A3220，2018B3220)。

文　献

1) 福満仁志，寺田健二，末広省吾，滝克彦，千容星：*Electrochemistry*, **83**(1), 2-6 (2015).
2) SCAS NEWS 2013-I, p3-6. https://www.scas.co.jp/scas-news/sn-back-issues/pdf/37/SCASNEWS2013-1_web_p3-6.pdf
3) 「次世代蓄電池材料評価技術開発」事業原簿(公開), 59-60, https://www.nedo.go.jp/content/100772276.pdf
4) 青柳明，田中勝也，香取完和，久保田進，竹澤三雄：海洋開発論文集，**15**, 231 (1999).
5) 菰田悦之，地崎恭弘，鈴木洋，日出間るり：粉体工学会誌，**53**(6), 371 (2016).
6) H. Bockholt, W. Haselrieder and A. Kwade : *ECS Transactions*, **50**(26), 25 (2013).
7) 菰田悦之：粉砕，**61**, 21 (2017).
8) 篠原広行，陳欣胤，中世古和真，橘篤志，橋本雄幸：断層映像研究会雑誌，**39**(2), 15 (2012).
9) 星野真人，杉健太朗，竹内晃久，鈴木芳生，八木直人：放射光，**26**(5), 257 (2013).
10) 小林秀雄，東遥介，三下泰子，末広省吾，漆原良昌：塗装工学，**55**(11), 424 (2020).

第６節
ウェット塗布膜乾燥過程の評価技術

九州工業大学　山村　方人

1. はじめに

塗布膜乾燥工程内では，皮張り，発泡およびそれに伴う表面の膨れ，ハジキ，クレータ，表面ムラ(凹凸)，端部厚膜，厚み方向の成分偏析，高い残留溶媒量，相分離，結晶化，硬化反応不足，反り，割れ(クラック)など，さまざまな乾燥欠陥が生じ得る。

一例として形状やサイズの異なる２種類の粒子が共分散された２峰性粒子分散塗布膜の乾燥過程の模式図を**図１**に示す。乾燥初期において，塗布膜表面と底面にそれぞれ粒子濃厚層が形成されることがある(図１(a))。表面濃厚層の形成は，液中における粒子のブラウン拡散速度に比べて乾燥による塗布膜収縮が非常に速く，気液界面の後退に追随できない粒子が界面直下に堆積することで，底面濃厚層の形成は，液中における粒子の重力沈降速度が収縮速度に比べて速いことで，それぞれ生じる。さらに乾燥が進行すると，粒子が互いに接し合う充填層内へ気液界面が湾曲しながら後退する(図１(b))。この局所的な界面変形は塗布膜内に強い毛管圧を発生させ，小粒子の表面偏析，応力発達，およびその応力に起因する反り，剥離，割れをしばしば引き起こす。乾燥塗布膜の構造(図１(c))は，これらの諸現象が順次または同時に生じることで形成される。

Roll-to-roll 方式の乾燥炉内において，何れの欠陥が基材(支持体)走行方向の何れの位置で発生しているのかを把握することは重要である。欠陥発生防止へのアプローチには，(1)インライン計測器を多数導入し機械学習などを活用してプロセス全体の工程管理・最適化を目指すもの，(2)各種理論との比較が容易なよう精密に制御された乾燥雰囲気を小型装置内で実現し１ゾーンのみに着目した欠陥形成を再現するもの，などがあるが，これらは互いに相補的な関係にある。特に後者は，材料のスクリーニングなどに有効な手段の１つであり，近年の計測技術の発展も相まって，さまざまな試みが進められている。本稿では後者に着目し，小型装置による乾燥過程の in-situ 計測法を紹介する。

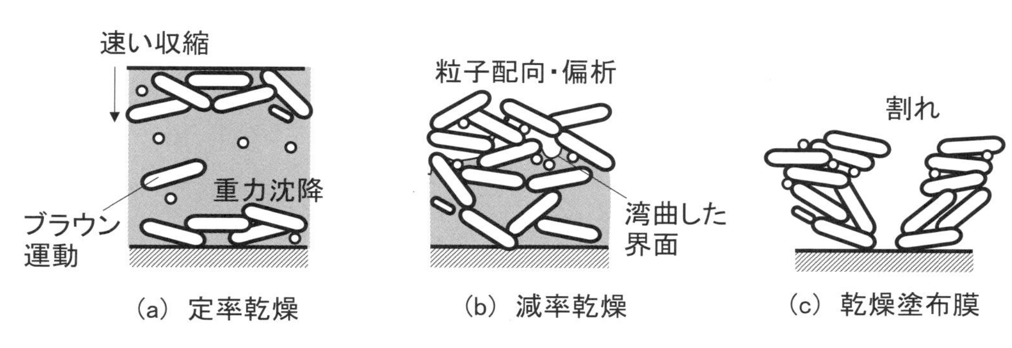

図１　２峰性粒子分散塗布膜の乾燥過程

2. 乾燥過程の in-situ 計測法

図2の各種計測手法を，表1に各手法の特徴をそれぞれ示す。

2.1 乾燥速度測定

乾燥速度は一般に単位面積，単位時間あたりの溶媒蒸発量(質量または物質量)で定義される。塗布液が複数種の揮発性溶媒を含む場合は，各溶媒の乾燥速度を把握することが望ましい。塗布(乾燥)面積既知の計測では，乾燥速度×面積の時間変化曲線を所定の時刻まで積分して得られた蒸発量を初期溶媒量から差し引けば，塗布液中の組成の時間変化が得られる。この組成を，乾燥中の塗布膜温度と共に整理した温度－組成相図，もしくは，注目する3成分に対する三角相図上にプロットすれば，乾燥経路が得られる。前者において，塗布液温度が沸点を超える

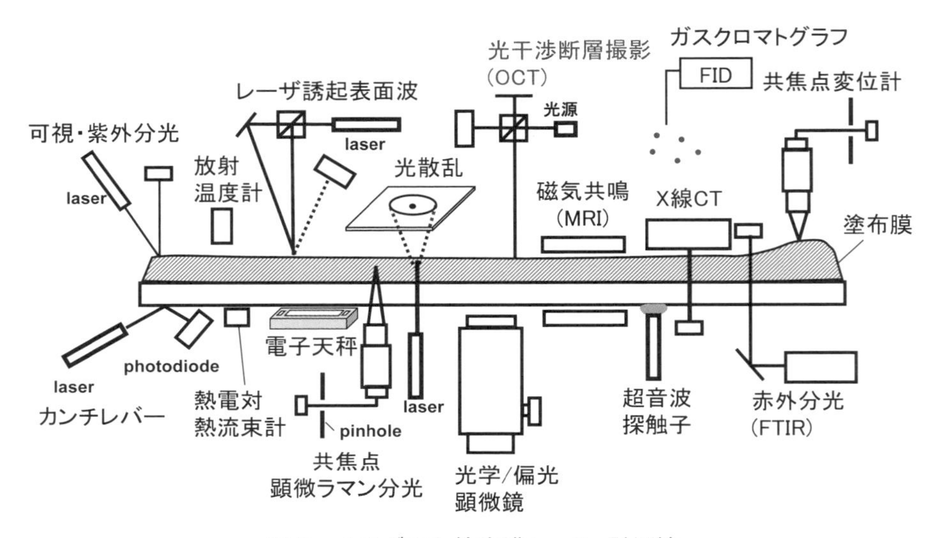

図2　さまざまな塗布膜 in-situ 計測法

表1　各種計測法の特徴

計測法	計測量	方　式	関係する乾燥欠陥
電子天秤	質量，乾燥速度	接触	皮張り，相分離
熱電対/熱流束計	温度，熱流束，乾燥速度	接触	発泡
放射温度計	温度，乾燥速度	非接触	発泡
ガスクロマトグラフ	気相濃度，乾燥速度	非接触	皮張り
共焦点ラマン分光	濃度分布，乾燥速度	非接触	偏析
赤外分光	反応率，厚み，乾燥速度	非接触	硬化不良，残留溶媒
可視・紫外分光	発光強度，散乱強度	非接触	皮張り，偏析
光学/偏光顕微鏡	表面構造，複屈折	非接触	相分離，結晶化
光干渉断層撮影(OCT)	断面分布	非接触	偏析
磁気共鳴(MRI)	断面分布	非接触	偏析
レーザ誘起表面波	表面張力，粘度	非接触	表面ムラ，ハジキ
光散乱	相構造	非接触	相分離
共焦点変位計	厚み分布	非接触	表面ムラ，端部厚膜
超音波探触子	音速，弾性率	接触	クラック，反り
カンチレバー	歪み，引張応力	接触	クラック，反り
Cryo 電子顕微鏡	表面・断面分布	接触	偏析

ような乾燥経路では，乾燥中の塗布膜内で発泡が生じ表面が局所的に隆起するフクレの要因となる。また後者において熱力学的に不安定な2相領域へ入る乾燥経路では，互いに非相溶な成分間の相分離による共連結構造もしくは海島構造が乾燥中に生じる。

乾燥速度の測定には電子天秤や赤外分光[1,2]による残留溶媒量減少の計測，熱流束計[3]や放射温度計[4,5]による塗布膜内の熱移動量の計測，ガスクロマトグラフによる気相ガス組成の計測[6]などがある。質量計測は簡便ながら外乱の影響を受けやすく，高速気流下での精密測定には適さない。赤外分光計測は着目波長に対し光学的に不透明なサンプルには不適であるが，溶媒成分の吸収波長が異なる場合は各成分の乾燥速度を独立に決定可能である。放射温度計を用いる温度変化法は，乾燥が熱と物質の同時移動現象であることを利用するもので，膜内の温度分布が均一とみなせる場合に有効である。ただし正確な温度計測には，乾燥過程における塗布膜表面の放射率変化が既知である必要がある。他にも質量変化と熱流束を同時計測することで蒸発潜熱の異なる2種類の溶媒の乾燥速度を独立に求める手法[7]や，スペックル干渉法[8]，塗布膜表面位置変化の計測[9]などの手法がある。

2.2　濃度分布測定

塗布膜厚み方向の成分濃度分布測定法には，勾配磁場下における水素核 ^{1}H の磁気共鳴(Magnetic Resonance Imaging：MRI)[10]，共焦点顕微ラマン分光，光干渉断層(Optical Coherence Tomography：OCT)[11,12]などが知られている。いずれも非接触型の計測手法であり，塗布膜表面への成分偏析や異種粒子分布の計測に用いられる。このうち共焦点顕微ラマン分光は空間解像度2～3 μm の計測が可能であること，複数溶媒を含む系でも分子構造に由来する特異なピークが異なる波数で生じる場合は各溶媒の濃度分布を同時に計測可能であることなどから，アクリル系エマルション塗布膜[13]，メタノールと水を含むナフィオン膜[14]，樹脂－溶剤系[15]，溶媒を含む紫外線硬化系[16,17]など比較的広い適用例がある。

2.3　液体表面物性の非接触測定

乾燥時に発生する表面ムラには，表面張力勾配によって生じる表面に沿ったマランゴニ流れに起因するものが少なくない。面内の表面張力分布を，乾燥に影響を与えることなく非接触に，かつ，高い時間・空間分解能で測定できれば，ムラ低減に必要な基礎的知見が得られる。また，高分子塗布膜の乾燥中において，気液界面での粘度増加は高分子濃縮層の形成(皮張り)の指標となり得るので，気液界面における粘度分布の非接触計測も重要である。

界面レオロジー測定については多くの報告がある。たとえばレーザ光の放射圧[18]や電場[19]により液体界面が変形することを利用し，変形の減衰過程を追跡することで液体粘度を計測する事例が報告されている。また熱誘起表面波(リプロン)からの散乱光をヘテロダイン干渉させて検知することで液表面の粘度と表面張力を同時計測する手法も提案されており，単成分液体[20]について $10 \sim 10^{3}$ mPa･s の粘度範囲で測定値が文献値に十数%以内で一致することが示されている他，高分子溶液[21]や光応答性溶液[22]へも適用されている。

2.4　構造サイズ測定

周期的相構造を持つ塗布膜に光を照射すると，構造周期に対応する散乱角で強度の高い散乱光が得られる。構造サイズが大きくなるほど散乱角は小さくなる。たとえば異種高分子を共溶媒に溶解させた溶液塗布膜から溶媒が乾燥するとき，乾燥経路が相図上のスピノーダル分解領域内を通ると，共連結構造による散乱が生じる。この構造は一般に，乾燥経路がこの領域を通過する時間が長いほど，大きく発達する。散乱光の強度は，塗布膜を通過する直接光のそれに比べて低いので，散乱パターンの精密計測では，検出器への直接光の入射を防ぐマスクを設けることが多い。この手法は有機半導体薄膜中の相分離構造の解析など用いられている[23,24]。

2.5　応力測定

乾燥に伴い塗布膜は収縮するが，端部で接触線が固定されると歪みは空間的に不均一となる。固体表面に沿う方向の乾燥収縮を ε 表面，液厚み方向のそれを ε 厚みとすると，液中央では両者は同程度(ε 表面～ε 厚み)となるのに対し，端部では面内での収縮が制限されるため ε 表面≪ε 厚みとなる。その結果として塗布膜は圧縮される。基材が柔軟な場合は端部の反り(カール)が生じ，逆に基材が剛直な場合は塗布膜表面に引張応力が発達して基材からの剥離(ピール)やき裂(クラック)が生じる。反り量を計測することで塗布膜に作用する応力の時間変化を得る代表的な計測法の1つにCantilever Beam Deflection(CBD)法がある。この手法では，一端を固定した短冊状の基板に溶液を塗布し，もう一方の端部の反り変位を測定する。基板面が円弧の一部で近似できるほど反りが十分に小さいならば，片持ち梁の理論より変位量と引張応力との間には比例関係が成り立つので，物性値や厚みなどから比例係数をあらかじめ求めておけば，応力の時間発展を追跡できる[25)]。測定の基礎についてはFrancisらのレビュー[26)]に詳しい。液中に共存する高分子(バインダー)による第2応力が生じる粒子分散塗布膜[27)]，互いに非相溶性な分散媒を含むキャピラリサスペンション塗布膜[28)]，乾燥中に微粒子変形が進行する水系エマルション塗布膜[5)]など，さまざまな計測事例がある。

CBD法で計測されるのは，面内および厚み方向の平均応力であることに注意を要する。乾燥中における局所応力分布の可視化する試みとして，弾性率が既知な高分子基板内に蛍光トレーサ粒子を埋包させ，個々の粒子位置変化から局所応力を算出した報告がある[29)]。

2.6　弾性率測定

粒子分散塗布膜内での割れ(クラック)形成を抑制するには，前述の手法などを用いて塗布膜内応力(σ)を測定し，クラック発生の臨界応力(σ_C)に対して$\sigma < \sigma_C$を満たす条件で乾燥させればよい。一様かつ一定な応力場に単独割れが存在する場合に対するGriffithの古典的理論によれば，臨界応力はき裂形成による界面エネルギーの増加と，き裂進展による材料内の弾性エネルギーの開放とのバランスで決まる[30)]。この場合，材料の弾性率が一定ならば弾性エネルギーは時間によらず，臨界応力σ_Cは一意に決まる。しかし粒子分散塗布膜では，乾燥と共に固体粒子の充填構造が成長するので，塗布膜のみかけの弾性率は一定値を取るとは限らず，一般に時間と共に増加する。したがって粒子分散塗布膜の割れ進展の臨界条件を求めるには，応力発達，弾性率，乾燥速度，乾燥温度などの時間発展を同時計測することが望ましい。さらに前述のCBD法では，塗布膜の弾性率は基板のそれに比べ無視小した事例が少なくない。この仮定の妥当性を検証する上でも，乾燥中の塗布膜弾性率計測は重要な課題である。

過去の試みとして，超音波速度および音響インピーダンス[31)]を計測することで，乾燥中におけるヤング率変化を定量的に評価した例がある。超音波計測では一般に，超音波探触子を水などの物質を介して基材下面に接触させ，パルス波を照射した際の塗布膜底面，表面からの反射波を検出する。アルミナスラリー塗布膜では，塗布膜の弾性率を無視すると乾燥後期における応力を40％近く過小評価してしまうとの報告もある[32)]。最近ではリチウムイオン電池電極の乾燥過程に超音波計測を適用した事例も報告されている[33)]。

2.7　クライオ(cryo)電子顕微鏡による可視化

乾燥中の塗布膜を急速凍結させることで，内部構造を非平衡状態のまま固定化し，低温を保ったまま電子顕微鏡で観察する手法にクライオSEM，クライオTEMがある。凍結時間すなわち凍結前の乾燥時間を変更し，得られる画像を比較することで，塗布膜内部構造の時間発展を高解像度で可視化できる。冷却時の結晶成長は，目的とする内部構造を破壊する恐れがあるため，溶媒/分散媒が結晶化しない程度の急速凍結が求められる。またクライオ電子顕微鏡法で断面の成分分布を可視化する場合，凍結したままサンプルを割断し，凍結した溶媒の一部を昇華させる手順が一般に必要となる。

ラテックス分散水系塗布膜[34)35)]，水－アセトン混合系高分子溶液塗布膜[36)]，水－プロパノール混合系燃料電池インク塗布膜[37)]など分散媒に水を含む系での計測事例が多い。一般に有機溶剤系塗布膜のクライオ観察は難易度が高いと言われるが，メチルエチルケトン(MEK)を溶媒とする塗布膜について，寒剤として液体エタンと液体窒素を用いた場合を比較した報告[38)]もある。

3. おわりに

塗布膜乾燥過程における状態変化を計測する手法について，乾燥欠陥との関連を中心に述べた。いずれも静止した塗布膜における平均または局所的な物理量の時間発展を計測する手法であり，Roll-to-roll工程では乾燥炉内の異なる位置の物理量を把握することに対応する。ただし計測可能条件における乾燥速度は産業乾燥炉内のそれに比べて1桁以上低くなることも多いので，物理モデルや各種シミュレーション技術を援用して，計測結果から実炉内の現象変化を推察する必要がしばしばある。また異なる物理量の同時計測が可能な市販装置は現時点で存在しておらず，目的に応じて異なる手法を適宜組み合わせることが望ましい。

文　献

1) R. Saure, G. R. Wagner and E. U. Schluender : *Surface and Coatings Technology*, **99**, 257 (1998).
2) I. Suzuki, Y. Yasui, A. Udagawa and K. Kawate : *Industrial Coating Research*, **5**, 107 (2004).
3) M. Yamamura, K. Ohara, Y. Mawatari and H. Kage : *Drying Technology*, **27**, 817 (2009).
4) 西村伸也，瀧川悌二，伊與田浩志，今駒博信：化学工学論文集，**33**，101 (2007).
5) H. Tanaka, Y. Komoda, T. Horie, H. Imakoma and N. Ohmura : *Eur. Phys. J. E*, **45**, 2 (2022).
6) M. Vinjamur and R. Cairncross : *Drying Technology*, **19**, 1591 (2001).
7) M. Yamamura : *Journal of Coatings Technology and Research*, **19**, 15 (2022).
8) J. I. Amalvy, C. A. Lasquibar, R. Arizaga, H. Rabal and M. Trivi : *Progress in Organic Coatings*, **42**, 89 (2001).
9) Y. Komoda, K. Niga and H. Suzuki : *Journal of Chemical Engineering of Japan*, **48**, 87 (2015).
10) J. P. Gorce, D. Bovey, P. J. McDonald, P. Palasz, D. Taylor and J. L. Keddie : *European Physical Journal E*, **8**, 421 (2002).
11) H. Huang, Y. Huang, W. Lau, H. D. Ou-Yang, C. Zhou and M. S. El-Aasser : *Sci Rep*, **8**, 12962 (2018).
12) K. Abe, P.S. Atkinson, C. S. Cheung, H. Liang, L. Goehring and S. Inasawa : *Soft Matter*, **20**, 2381 (2024).
13) I. Ludwig, W. Schabel, M. Kind, J. C. Castaing and P. Ferlin : *AIChE Journal*, **53**, 549 (2007).
14) P. Scharfer, W. Schabel and M, Kind : *Journal of Membrane Science*, **303**, 37 (2007).
15) L. Merklein, J. C. Eser, T. Börnhorst, N. Könnecke, P. Scharfer and W. Schabel : *Polymer*, **222**, 123640 (2021).
16) H. Yoshihara and M. Yamamura : *J Coat Technol Res*, **16**, 1629 (2019).
17) H. Yoshihara and M. Yamamura : *J Appl Polym Sci*, **136**, 47867 (2019).
18) Y. Yoshitake, S. Mitani, K. Sakai and K. Takagi : *Journal of Applied Physics*, **97**, 024901 (2005).
19) Y. Shimokawa, T. Kajiya, K. Sakai and M. Doi : *Phys. Rev. E*, **84**, 051803 (2011).
20) T. Nishio and Y. Nagasaka : *International Journal of Thermophysics*, **16**, 1087 (1995).
21) K. Oki and Y. Nagasaka : *Kagaku Kogaku Ronbunshu*, **34**, 587 (2008).
22) K. Oki and Y. Nagasaka : *Colloids and Surfaces A: Physicochem. Eng. Aspects*, **333**, 182 (2009).
23) P. C. Jukes, S. Y. Heriot, J. S. Sharp and R. A. L. Jones : *Macromolecules*, **38**, 2030 (2005).
24) B. Schmidt-Hansberg, M. Baunach, J. Krenn, S. Walheim, U. Lemmer, P. Scharfer and W. Schabel : *Chemical Engineering and Processing: Process Intensification*, 2011, **50**, 509 (2011).
25) E. M. Corcoran : *Journal of Paint Technology*, **41**, 635 (1969).
26) L. F. Francis, A. V. McCormick and D. M. Vaessen : *Journal of Materials Science*, **37**, 4717 (2002).
27) P. Wedin, C. J. Martinez, J. A. Lewis, J. Daicic and L. Bergström : *Journal of Colloid and Interface Science*, **272**, 1 (2004).
28) S. B. Fischer and E. Koos : *J Am Ceram Soc.*, **104**, 1255 (2021).
29) Y. Xu, G. K. German, A. F. Mertz and E. R. Dufresne : *Soft Matter*, **9**, 3735 (2013).
30) A. A. Griffith : *Philosophical Transactions of the Royal Society London A*, **221**, 163 (1921).
31) T. Karppinen, H. Pajari, J. Haapalainen, I. Kassamakov and E. Hæggström : *Appl. Phys. Lett.*, **96**, 174102 (2010).
32) J. Kiennemann, T. Chartier, C. Pagnoux, J. F. Baumard, M. Huger and J. M. Lamerant : *Journal of the European Ceramic Society*, **25**, 1551 (2005).
33) Y. S. Zhang, A. N. P. Radhakrishnan, J. B. Robinson, R. E. Owen, T. G. Tranter, E. Kendrick, P. R. Shearing and D. J. L. Brett : *ACS Applied Materials & Interfaces*, **13**, 36605 (2021).
34) Y. Ma, H. T. Davis and L. E. Scriven : *Progress in Organic Coatings*, **52**, 46 (2005).
35) C. C. Roberts and L. F Francis : *J Coat Technol Res*, **10**, 441 (2013).
36) S. S. Prakash, L. F. Francis and L. E. Scriven : *Journal of Membrane Science*, **283**, 328 (2006).
37) S. Takahashi, J. Shimanuki, T. Mashio, A. Ohma, H. Tohma, A. Ishihara, Y. Ito, Y. Nishino and A. Miyazawa : *Electrochimica Acta*, **224**, 178 (2017).
38) 塩尻一尋，沖和宏：富士フィルム研究報告，**53**, 48 (2008).

第 2 編

応用編

第 1 章　木　材
第 2 章　ポストハーベスト
第 3 章　食　品
第 4 章　医療・医薬品
第 5 章　電　池
第 6 章　エレクトロニクス
第 7 章　塗料・印刷インキ・ケミカル
第 8 章　公共事業（下水汚泥，コンクリート）

第1節
木材乾燥の意義と近年の動向

東北農林専門職大学　**藤本　登留**

1. 木材乾燥の意義

1.1　木材の組織構造と木材中の水分状態

生物資源である木材は再生産可能な材料で，持続可能な資源として見直されてきている。もともと，光合成により大気の二酸化炭素を取り込み炭素を固定した材料であり，木材を長期にわたり材料として活用することで地球温暖化の抑制効果が見込まれる。さらに木材は加工が容易で，その際に必要なエネルギーも比較的少なく，リサイクルや廃棄に際しても環境負荷が少ない材料である。しかし，生物資源であるがゆえに多くの水分を含み，材料や原料として利用するには水分由来の支障を防ぐため乾燥が重要となる。

木材は樹木の木部細胞からできており，その組織構造は樹種や樹体内の部位などで異なる。そのため，乾燥性に違いがあるとともに，乾燥に伴う収縮変形や割れなどの発生程度もさまざまである。これらの課題を少しでも抑えるには，木材の組織構造をはじめとした水分と関連した特徴を理解することが必要となる。

1.1.1　自由水と結合水

木材の需要先として代表的な建築分野では，樹幹の形状が通直な針葉樹材が主に使用される。針葉樹材を構成する主要な木部細胞は仮道管であり，樹体の支持機能を担うとともに，水分通道機能をもつ。すなわち，これら木材はもともと豊富な水分を有する材料である。この中でも辺材部(丸太横断面の外周部に存在する木部)の仮道管は，根から吸収され樹冠に運ばれる水分の経路となる。仮道管に存在する水分は，細胞壁に含まれる水分と細胞内腔に存在する水分に分けることができる。樹木における細胞内腔の水分は隣接細胞に壁孔を通じて移動していく。このように比較的自由に移動ができる細胞内腔の水分を自由水という。一方，細胞壁内の水分を結合水という。自由水は毛管力で，結合水は細胞壁と水素結合あるいはファンデルワールス力で木材内に保持される。このように自由水と結合水の木材との結合力の違いから，木材乾燥においては自由水がなくなった後，結合水が減少する経過をたどる。これら自由水と結合水の特徴は組織構造が異なる広葉樹材においても同様である。

1.1.2　乾燥過程の水分状態

樹木を伐採直後の生材状態では，細胞内腔に自由水が存在する。この生材状態の木材を製材し，板材や角材を乾燥すると，表面の自由水が蒸発する。すると水の凝集力で内部の自由水が表面に移動する。このように表面で自由水が存在し，その自由水が蒸発する乾燥段階を恒率乾燥期間という。この期間は表面の自由水の蒸発による乾燥のため，急激な重量減少がみられる。ただし内部の自由水の移動は遅く，表面の自由水は比較的早く消失する。表層など自由水が消失したところは結合水の移動が始まる。細胞内腔が中空となり自由水がなく，かつ細胞壁内の結合水が飽和している状態を繊維飽和点という。木材の繊維飽和点は，樹種を問わず25～30 %程度の含水率(木材の含水率は木材実質に対する含有水分の重量割合で示す：乾量基準含水率)である。

表面が繊維飽和点を下回り結合水の蒸発になると表面蒸発量も少なくなるとともに，内部の自由水の毛細管現象が部分的に切れていき内部水分移動も遅くなっていく。この状態の乾燥段階を減率乾燥第1段という。

さらに乾燥が進むと表面は外周空気に応じた平衡状態の含水率になる。外周空気に応じ平衡となる含水率を，その外周空気状態(温度，湿度状態)の平衡含水率という。この状態では表面の含水率は変わらないため，水分傾斜による拡散移動が主体となる内部水分移動に応じて乾燥が進む。さらに乾燥速度が遅くなっていく段階を減率乾燥第2段という。

1.2　木材乾燥の必要性

繊維飽和点を下回ると木材は収縮する。乾燥過程で木材は表面から内層にわたり水分傾斜を生じ，含水率に応じて木材内の部位により収縮量が異なり，変形や割れを起こす。このような乾燥過程での欠点を最小限にするために，温度と湿度を設定するなどして人工乾燥が行われている。また，木材を乾燥しても使用される場所に応じた平衡含水率と含水率が異なる場合は，使用時に含水率が変化し収縮，変形，割れなどが発生する。そのほか強度性能，電気的性質，熱伝導なども繊維飽和点が変曲点となり，乾燥に伴い変化していく。これら木材の物理的性質や生物劣化に対する水分の影響を以下に示す。

1.2.1　水分と関連する木材の物理的性質

(1)密　度

木材の細胞壁(木材実質)の密度は1.5 g/cm^{3}程度で，樹種によって違いはない。先述のとおり，木材は細胞壁と細胞内腔などの空隙で構成され，その構成割合で木材の密度(水がない状態の全乾密度や一定大気中での平衡状態の気乾密度など)は決まる。全乾密度が小さな木材ほど空隙が多く，生材状態から乾燥した際の重量減少割合は大きい。いずれにしても木材は乾燥することで密度が低下し，軽くなることで運搬などの取り扱いが容易になる。

(2)収縮，膨張

木材は細胞壁の結合水の脱着により収縮，膨張が生じる。つまり木材乾燥においては繊維飽和点を切ると結合水の減少に応じて収縮する。木材の収縮における特徴として異方性があげられる。木材には繊維方向および丸太横断面の放射方向と接線方向という3方向で，同じ含水率でも収縮率が大きく異なる。一般に，収縮率の大きさは接線方向＞放射方向＞繊維方向である。さらに樹種や樹体内の位置によっても収縮率は異なる。乾燥が不十分であったり，過乾燥の場合は，その後収縮したり膨張するとともに複雑に変形する場合もある。これを防ぐため，使用場所の環境に応じた平衡含水率に仕上げて収縮，膨張や変形しないように乾燥することが重要である。

(3)強度性能

木材の強度性能は含水率によって影響を受ける。繊維飽和点以上では含水率が増減しても強度性能はほぼ一定の値である。すなわち，自由水は強度性能に影響を及ぼさない。一方，繊維飽和点以下では含水率の低下とともに多くの強度性能は増大する。細胞壁内の結合水が脱着することにより組織細胞の凝集力が増すことが要因である。なお，建築構造の金具接合などでは木材に力をかけることで緊結されることが多い。繊維飽和点以下の含水率が低下するときは木材にかかる力は緩和して接合強度は低下する。また，曲げなどの力がかかる木材では，繊維飽和点以下の乾燥過程で大きなクリープ変形を生じる。このように各種強度性能を上げるためにも適切な乾燥が必要である。

(4)その他の物理的性能など

以上の物理的性能以外に電気絶縁性能，保温断熱性能，音響性能，湿度調整性能なども含水率に影響を受ける。これらの木材性能の多くは，適切な含水率に乾燥することで材料として好ましい利用特性が得られる。

物理性能以外にも木材は生物材料であるため生物劣化が問題となる。一般に腐朽菌の被害や虫害などは乾燥が不十分な場合に顕著となる。

1.3　木材乾燥方法で考慮すべき注意点

基本的に使用場所に応じた平衡含水率まで乾燥することで木材は多くの安定した性能を発揮することができる。このように木材を材料として利用するには含水率を下げること自体が非常に重要なわけであるが，その含水率を下げる木材乾燥の条件によっては材質劣化を起こすことがある。そこで，木材の乾燥技術は材質劣化を起こさず，いかに早く低コストで行うかを検討する必要がある。さらに樹種や材料の形状や大きさ，さらには目的用途に応じて乾燥技術が異なる。木材乾燥は後述するような多くの手法が開発されており，その選択，適用には注意を要する。

2. 木材乾燥の近年の動向

木材乾燥は，建築や家具の高品質化には欠かせない技術である。その中でも乾燥木材の需要が最も多いのは住宅建築分野である。日本の住宅建築の主要を占める在来軸組工法においては，建築現場での手刻み加工により長時間をかけた施工が従来行われていた。その場合は，数ヵ月の施工期間で部材含水率がある程度乾燥すると考えられる。いわゆる現場での天然乾燥と職人の技術で造り上げられてきた。手刻み加工を行うには，材質的にもこの天然乾燥が好ましいと考えられる。30年以上前からはプレカットによる機械加工が普及し，現在は9割以上を占める[1]。プレカット加工を行う場合，接合部の高精度加工部材が現場で問題なく施工できるように，事前の適切な人工乾燥が必要となる。そのため，プレカットが行われなかった時代には少なかった製材品の人工乾燥材の割合が継続的に上昇し，今は建築用材の人工乾燥材率は50 %を超えるまでになった(**図1**)。このように，近年の人工乾燥技術の開発は柱や梁桁など針葉樹構造材を中心として行われてきた。そのねらいは，製材品の品質向上，乾燥コスト，乾燥時間を改善する技術開発ばかりではなく，環境問題を意識した乾燥システムも見られる。ここでは日本の木材乾燥技術に関する近年の動向や取り組み事例について紹介する。

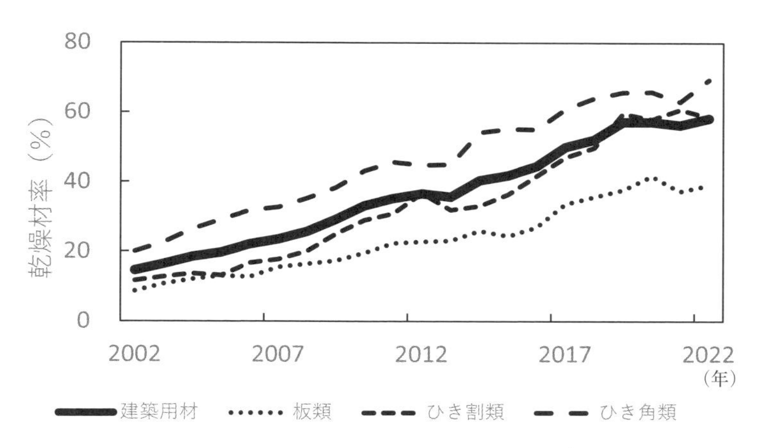

図1　建築用材における乾燥材率の推移[1)]

2.1　普及している乾燥方法

2.1.1　代表的な人工乾燥装置

日本における木材の人工乾燥装置としては，①蒸気式乾燥装置，②熱風減圧乾燥装置，③高周波真空乾燥装置，④高周波熱風乾燥装置，⑤高周波熱風減圧乾燥装置，⑥除湿乾燥装置，などがある。

①蒸気式乾燥装置は，熱源としてボイラー蒸気を使い，庫内の温度と湿度を制御して乾燥する装置である。40 ℃程度から100 ℃以上の広範な温度での乾燥に対応できる。蒸気ボイラーの熱源として近年バイオマスの利用が増えており，このことは乾燥コストの低下，CO_2発生抑制に貢献している。

②熱風減圧乾燥装置は，①の蒸気式乾燥装置庫内を減圧状態にする機能が備わったものである。圧力を下げると低い温度でも水分蒸発を促進することができる。被乾燥材への熱履歴を抑制することで，さまざまな材質劣化を低減できる。減圧の能力はさまざまだが，当然減圧するほど熱風による加熱効率が下がるため，加熱する際に常圧に戻すこともある。減圧に耐える缶体と空気がもれない構造にするため，装置価格は①に比べ高くなる。

③高周波真空乾燥装置は，庫内圧力を②以上に大きく下げることができるよう円筒缶になっている。木材の加熱には真空内でも加熱効率が良い高周波加熱を使う。特に透過性の良い木材では，低い温度で，しかも高速で乾燥することができる。乾燥材容量あたりの装置価格は高くなり，桟積みは必要ないが乾燥ごとに高周波加熱用極板の取り付け設置が必要である。

④高周波熱風乾燥装置は①の装置内の桟積みされた木材を高周波でも併用加熱する装置である。桟積みのブロックごとに③と同様に極板を設置することになる。高周波で木材内部を比較的高い温度で乾燥できるため，大断面材の乾燥に適している。①の既設蒸気式乾燥装置に高周波装置を取り付けて使用することもできる。

⑤高周波熱風減圧乾燥装置は②の熱風減圧に高周波機能がついている装置である。インターナルファン型で箱形駆体であるため③の高周波真空乾燥ほど減圧はできないが，熱風循環ができ，しかも高周波加熱もできる万能型である。装置的には高額になるので，採算がとれる用途を考えた導入計画が必要であろう。

⑥除湿乾燥装置は，ヒートポンプの除湿機能や加熱機能を使った，高効率の電気エネルギーによる乾燥装置である。しかし，温度範囲が60 ℃程度以下の装置であり，大断面材や難乾燥材は乾燥に時間がかかり実用的に向かない。住宅構造用プレカット材が

普及し始めて乾燥の必要性が高まった当初は，簡便で比較的低価格装置である除湿式乾燥装置が大量に導入されたが，現在は正角や平角などのスギ大断面構造材の乾燥にはほとんど使われていない。近年，高温型ヒートポンプの開発が進んでおり，一般家庭用電気温水器としても広く利用されてきている。木材乾燥用としても，今後の開発が期待される。

その他，マイクロ波加熱を使った装置や直接燃焼ガスを使った燻煙加熱装置などがある。それぞれ彫刻用などの特殊な材料や丸太などの乾燥や熱処理などに使用され，一般的な建築材や家具材などにはほとんど採用されていない。

以上の人工乾燥装置のほかに，前処理として利用されている爆砕装置，蒸煮減圧装置がある。いずれもスギ心持ち高含水率材やその他難乾燥材の乾燥性向上を目的としている。爆砕装置は高周波および減圧機能も備え，爆砕処理に引き続いて高周波真空乾燥の連係乾燥も可能である。

建築用針葉樹材の乾燥では，天然乾燥の促進乾燥として作られた簡易な乾燥装置も増えている。熱源としては脱炭素やエネルギーコストを考慮したバイオマスボイラーや焼却炉の廃熱，太陽熱や地熱を使ったものである。湿度制御機能はなく，場合によっては温度管理もできないものもあるが，後述する一般的な柱材の乾燥で行われている高温セット処理材など建築用針葉樹材の場合は有効な手法である。ただし，装置内の乾燥ムラをいかに少なくするかが課題となる。

2.1.2 高温セット処理

主要な構造材となる柱材や梁材など髄を含む心持ち材は乾燥の際に割れやすく，内部まで乾燥するには時間やコストがかかる。「高温セット処理」が1990年代後半に長野県で開発され[2]，心持ち材の表面割れ防止，さらには乾燥時間の短縮が可能となり，現在は全国に普及している。高温セット処理は乾燥初期から100℃以上の高温，低湿度条件で極端な含水率傾斜，表層のドライングセット(塑性変形)を形成し，木材本来の収縮異方性を変えてしまう積極的な乾燥割れ防止法といえる。しかし，この積極的な高温処理は内部割れや材色，耐朽性，強度性能の劣化をひき起こす原因にもなる。木材の乾燥ムラや乾燥エネルギーの低コスト化，低環境負荷化の対策とともに，高温乾燥材の欠点対策が今後の課題となっている。

2.2 環境に配慮した人工乾燥熱源への転換

木材人工乾燥装置の多くを占める蒸気式乾燥の熱源は，従来から石油ボイラーが使用されていた。近年は自社工場で排出される端材チップ，おが屑，かんな屑，バークなどを燃料としたバイオマスボイラーが木材乾燥用ボイラーとして普及している。これら木質系燃料は大気中の二酸化炭素を光合成によって固定した燃料で，実質的には大気中の二酸化炭素を増加させたことにはならないカーボンニュートラルな燃料である。このように木材乾燥の熱源として石油エネルギーから木質バイオマスエネルギーに変えることは，木材加工で最も多くエネルギーを消費する乾燥工程において二酸化炭素排出を大きく削減することになり，地球温暖化防止に寄与することになる。

文　献

1) 農林水産省 Web サイト：https://www.rinya.maff.go.jp/j/kikaku/hakusyo/r5hakusyo_h/all/chap3_2_2.html (2024.10.6)

2) 吉田孝久，橋爪丈夫，藤本登留：カラマツ及びスギ心持ち正角材の高温乾燥特性－高温低湿乾燥条件が乾燥特性に及ぼす影響，木材工業，55(8), 357-362 (2000).

第2節
木製品の含水率

石川県農林総合研究センター　松元　浩

1. 国内の含水率基準

木製品の含水率は，国内では日本農林規格(JAS)や日本産業規格(JIS)に定められている。

1.1　日本農林規格(JAS)[1)]

製材の日本農林規格(JAS)を**表1**に示す。製材は，構造用製材，造作用製材，下地用製材および広葉樹製材に分類されており，含水率基準は人工乾燥処理が2段階(構造用製材のみ3段階)，天然乾燥が1段階設定されている。広葉樹は針葉樹よりも含水率1％あたりの収縮率が大きいことから，広葉樹製材の含水率基準は低く設定されている。

国内の多くの木質材料は日本農林規格(JAS)に定められている(**表2**)。また，平成31年に制定された接着重ね材は，下限値も設定されている。

表1　製材の日本農林規格(JAS)

規格	品名		表示		含水率基準
■製材	目視等級区分構造用製材 機械等級区分構造用製材	人工乾燥処理(注1)	仕上げ材(注3)	未仕上げ材(注4)	
			SD15	D15	15％以下
			SD20	D20	20％以下
			—	D25	25％以下
		天然乾燥処理(注2)	乾燥処理(天然)		30％以下
	造作用製材	人工乾燥処理	仕上げ材	未仕上げ材	
			SD15	D15	15％以下
			SD18	D18	18％以下
		天然乾燥処理	乾燥処理(天然)		30％以下
	下地用製材	人工乾燥処理	仕上げ材	未仕上げ材	
			SD15	D15	15％以下
			SD20	D20	20％以下
		天然乾燥処理	乾燥処理(天然)		30％以下
	広葉樹製材	人工乾燥処理	D10		10％以下
			D13		13％以下
		天然乾燥処理	乾燥処理(天然)		30％以下

(注1)人工乾燥処理：乾燥処理のうち，人工乾燥処理装置によって，人為的及び強制的に温湿度等の管理を行うこと
(注2)天然乾燥処理：乾燥処理のうち，人為的及び強制的に温湿度等を調整することなく，適切な管理の下，一定期間，桟積み等を行うこと
(注3)仕上げ材　：人工乾燥処理後，修正挽きまたは材面調整を行い，寸法仕上げをした製材
(注4)未仕上げ材　：人工乾燥処理後，寸法仕上げをしない製材

表2　木質材料の日本農林規格(JAS)[2)-11)]

<table>
<tr><th>規　格</th><th colspan="3">品　名</th><th>表　示</th><th>含水率基準</th></tr>
<tr><td>■集成材</td><td colspan="3">造作用集成材，化粧ばり造作用集成材
構造用集成材，化粧ばり構造用集成材</td><td></td><td>15 %以下</td></tr>
<tr><td>■直交集成板</td><td colspan="3"></td><td></td><td>15 %以下</td></tr>
<tr><td>■接着重ね材</td><td colspan="3"></td><td></td><td>8 %以上　18 %以下</td></tr>
<tr><td>■接着合せ材</td><td colspan="3"></td><td></td><td>15 %以下</td></tr>
<tr><td>■枠組壁工法構造用製材及び枠組壁工法構造用たて継ぎ材</td><td colspan="3">甲種枠組材，乙種枠組材，MSR 枠組材
たて枠用たて継ぎ材
甲種たて継ぎ材，乙種たて継ぎ材，MSR たて継ぎ材</td><td></td><td>19 %以下，
“D15” と表示
するものにあっては
15 %以下</td></tr>
<tr><td>■接着たて継ぎ材</td><td colspan="3"></td><td></td><td>15 %以下</td></tr>
<tr><td>■単板積層材</td><td colspan="3">造作用単板積層材
構造用単板積層材</td><td></td><td>14 %以下</td></tr>
<tr><td rowspan="3">■合板</td><td colspan="3">普通合板
コンクリート型枠用合板
構造用合板，化粧ばり構造用合板</td><td></td><td>14 %以下</td></tr>
<tr><td colspan="3">天然木化粧合板</td><td></td><td>12 %以下</td></tr>
<tr><td colspan="3">特殊加工化粧合板</td><td></td><td>13 %以下</td></tr>
<tr><td rowspan="5">■フローリング</td><td rowspan="4">単層フローリング</td><td rowspan="2">天然乾燥</td><td>針葉樹</td><td rowspan="2">「天然乾燥」
または「天乾」</td><td>20 %以下</td></tr>
<tr><td>広葉樹</td><td>17 %以下</td></tr>
<tr><td rowspan="2">人工乾燥</td><td>針葉樹</td><td rowspan="2">「人工乾燥」
または「人乾」</td><td>15 %以下</td></tr>
<tr><td>広葉樹</td><td>13 %以下</td></tr>
<tr><td colspan="3">複合フローリング</td><td></td><td>14 %以下</td></tr>
<tr><td>■構造用パネル</td><td colspan="3"></td><td></td><td>13 %以下</td></tr>
</table>

1.2　日本産業規格(JIS)[12)-24)]

木質材料の中でも繊維板とパーティクルボードは日本産業規格(JIS)に定められており，いずれの規格においても含水率の基準には下限値も設けられている(**表3**，**表4**)。含水率の基準には下限値も設けられているが，外装用化粧ハードボードを除いて全て

表3　日本産業規格(JIS)に定められている木質材料の含水率基準

<table>
<tr><th>規　格</th><th colspan="2">種　類</th><th>含水率基準</th></tr>
<tr><td rowspan="8">JIS A 5905
繊維板</td><td rowspan="3">インシュレーションボード</td><td>タタミボード</td><td rowspan="7">5 %以上　13 %以下</td></tr>
<tr><td>A 級インシュレーションボード</td></tr>
<tr><td>シージングボード</td></tr>
<tr><td rowspan="2">MDF(注1)</td><td>普通 MDF</td></tr>
<tr><td>構造用 MDF</td></tr>
<tr><td rowspan="3">ハードボード</td><td>素地ハードボード</td></tr>
<tr><td>内装用化粧ハードボード</td></tr>
<tr><td>外層用化粧ハードボード</td><td>8 %以上　15 %以下</td></tr>
<tr><td rowspan="4">JIS A 5908
パーティクルボード</td><td colspan="2">素地パーティクルボード</td><td rowspan="4">5 %以上　13 %以下</td></tr>
<tr><td colspan="2">化粧パーティクルボード</td></tr>
<tr><td colspan="2">単板張りパーティクルボード</td></tr>
<tr><td colspan="2">構造用パーティクルボード</td></tr>
</table>

(注 1) ミディアムデンシティファイバーボード

表4 日本産業規格(JIS)に定められている下記製品で使われる木材の含水率基準

規 格	適用範囲	含水率基準
JIS S 1016	講義室用連結机・いす	12 %以下
JIS S 1031-1033	オフィス用机・テーブル・いす・収納家具	
JIS S 1039	書架・物品棚	
JIS S 1061，1062	家庭用学習机・いす	
JIS S 1102	住宅用普通ベッド	原則として 15 %以下
JIS S 1103	木製ベビーベッド	15 %以下
JIS S 1104	二段ベッド	
JIS S 6007	黒板(裏桟，裏桟枠)	18 %以下
JIS S 8507	ピアノ	3 ～14 %の範囲に均等に人工乾燥したもの
JIS S 8508	ピアノアクション	十分に天然乾燥を施した後、含水率 3 ～14 %の範囲に均等に人工乾燥したもの

5 %以上 13 %以下となっている(表 3)。表 4 にいす，ベッド，ピアノなどの JIS 規格に定められている含水率基準を示す。いすは 12 %以下，ベッドは 15 %以下，ピアノおよびピアノアクションは含水率 3 ～14 %の範囲に均一に人工乾燥したものと定められている。

2. 海外の木質製品の規格[25)-29)]

海外における主要な規格に定められている木質製品の含水率基準を**表 5** に示す。国や地域で含水率基準が若干異なるが，おおむね含水率 15～20 %の範囲

表5 海外の木質製品の規格

国 名	規 格		対 象	含水率基準
	ISO 9709：2005		Visual strength graded timber 目視等級区分構造材	15 %以下
英国／欧州	BS EN 14081-1		Visual strength graded timber 目視等級区分構造材	平均含水率 20 %以下かつ最大含水率 24 %以下
			Machine strength graded timber 機械等級区分構造材	
カナダ	STANDARD GRADING RULES FOR CANADIAN LUMBER (NLGA)(注1)		厚さ 4 インチ(101.6 mm)以下のカナダ産樹種による製材	含水率 19 %以下の仕上げ材
				人工乾燥によって含水率を 19 %以下に調節した仕上げ材
				含水率 15 %以下の仕上げ材
				人工乾燥によって含水率を 15 %以下に調節した仕上げ材
			厚さ 4 インチを超える材	個別に結ぶ契約による
米国	WESTERN LUMBER GRADING RULES (WWPA)(注2)		針葉樹構造用材	含水率 19 %以下の仕上げ材
				人工乾燥によって含水率を 19 %以下に調節した仕上げ材
				含水率 15 %以下の仕上げ材
				人工乾燥によって含水率を 15 %以下に調節した仕上げ材
中国	GB 50005-2003	枠組壁工法用構造材	現場で製造した丸太または角材	25 %未満
			厚板とディメンジョンランバー	20 %未満
			1 面せん断接合部	18 %未満
			2 面せん断接合部	15 %未満
			構造用集成材	15 %未満

(注 1)NLGA：NATIONAL LUMBER GRADES AUTHORITY
(注 2)WWPA：WESTERN WOOD PRODUCTS ASSOCIATION

に定められている。これは地域ごとに気候が異なり，気候により木材の平衡含水率が異なるためであると考えられる。

3. おわりに

JASやJISに定められている木材および木質材料の含水率基準，JISに定められている木製品の含水率基準，および海外の木質製品の含水率基準を抜粋して示したが，いずれも製品が使用される地域や場所の気候による平衡含水率を考慮して定められているものと考えられる。

製品の使用中に膨潤や収縮などによる不具合を出さないようにするためには，使用する地域や場所の平衡含水率を調査し，使用環境に限りなく近い製品含水率に仕上げる必要がある。また，製品の製造時や輸送中にも製品の含水率の変動が生じないような対策も必要である。

参照規格等

1) 製材（JAS 1083:2019）最終改正：令和元年8月15日農林水産省告示第661号
2) 枠組壁工法構造用製材及び枠組壁工法構造用たて継ぎ材（JAS 0600:2020）最終改正：令和2年6月1日農林水産省告示第1066号
3) 集成材（JAS 1152:2023）最終改正：令和5年7月31日農林水産省告示第897号
4) 直交集成板（JAS 3079:2019）最終改正：令和元年8月15日農林水産省告示第662号
5) 単板積層材（JAS 0701:2023）最終改正：令和5年2月8日農林水産省告示第217号
6) 構造用パネル（JAS 0360:2019）最終改正：令和元年8月15日農林水産省告示第664号
7) 合板（JAS 0233:2024）最終改正：令和6年4月15日農林水産省告示第782号
8) フローリング（JAS 1073:2019）最終改正：令和元年8月15日農林水産省告示第663号
9) 接着重ね材（JAS 0006:2019）制定：平成31年1月31日農林水産省告示第179号
10) 接着合せ材（JAS 0007:2019）制定：平成31年1月31日農林水産省告示第180号
11) 接着たて継ぎ材（JAS 0015:2019）制定：令和3年2月24日農林水産省告示第292号
12) JIS A 5905:2014　繊維板
13) JIS A 5908:2015　パーティクルボード
14) JIS S 1016:2004　講義室用連結机・いす
15) JIS S 1031-1033:2004　オフィス用机・テーブル・いす・収納家具
16) JIS S 1039:2005　書架・物品棚
17) JIS S 1061:2004　家庭用学習机
18) JIS S 1062:2004　いす
19) JIS S 1102:2004　住宅用普通ベッド
20) JIS S 1103:2014　木製ベビーベッド
21) JIS S 1014:2004　二段ベッド
22) JIS S 6007:2010　黒板（裏桟，裏桟枠）
23) JIS S 8507:1992　ピアノ
24) JIS S 8508:1992　ピアノ用アクション
25) ISO 9709:2005
26) BS EN 14081-1:2016（英国／欧州）
27) Standard Grading Rules for Canadian Lumber 2017（NLGA/カナダ）
28) WWPA Western Lumber Grading Rules 2011（WWPA/米国）
29) 木構造設計規範．GB 500005-2003（中華人民共和国）

第3節
木材の乾燥装置

岡山大学／河崎技術士事務所　河崎　弥生

1. 乾燥方法および装置の歴史[1)]

日本は「木の国」と呼ばれ，太古から木材を活用してきた。その形態は住居，家具，生活用品など多様であるが，利用に際し，木材が本来持っている優れた性能を十分に発揮できるように，乾燥させてから用いるということを行ってきた。

木材の乾燥は，縄文や弥生時代まではもっぱら天然乾燥に頼っており，特別な装置の類いは使われていなかったと思われる。法隆寺や大仏殿が建立される頃になると，天然乾燥ではあったものの，木材乾燥という概念はすでに明確に存在し，水中貯木（水中乾燥）の実施や天然乾燥でも材料置き場の設置がなされるなど，少し進んだ工夫もなされるようになっていたのではないかと推察される。また繊細な細工物である厨子などに用いる材料は，何らかの形で熱を利用して最終的な仕上げ乾燥をしていたとも考えられている。これらは広い見方をすれば，一種の乾燥施設に類するものと捉えることもできるであろう。このような状況は，その後平安，鎌倉時代と続き，仏像製作などではかなり高度に工夫された天然乾燥が行われていた。室町時代には縦挽きの大鋸と台鉋が開発され，書院作りなどに精度が高い材料を提供するために，より進化した乾燥技術が整えられていたのではないかと推察される。さらに江戸時代には数寄屋建築が現れ，乾燥の概念は一層進化したものとなっていったと思われる。

近代に入って，明治13（1880）年に札幌本庁工業局内の1室に暖炉を装置し，木材乾枯所が設けられるとともに，その後三井物産㈱砂川工場に乾燥室が整備されるなど，乾燥装置と呼べる施設が導入される時代を迎えた。

そして，明治40（1907）年に英国のスタートバンド社から送風式加熱空気乾燥室が輸入され，その時が，日本において工業的に人工乾燥装置を用いる時代の起点となったとされている。その後は，天然乾燥を主体をしながらも，人工乾燥装置は徐々に発展を遂げていく。基本的には蒸気式乾燥装置を主流にしながら，煙道式，燃焼ガス式などの乾燥装置も次第に使われるようになっていった。第二次世界大戦後（1945年以降）になると，本格的な外部送風型蒸気式乾燥装置が開発され，その後インターナルファン式の蒸気式乾燥装置へと発展し，さまざまな改良が施されながら今日に至っている。

人工乾燥の対象は，明治以降長らく広葉樹材が主体であったが，昭和55（1980）年頃に建築用針葉樹材の人工乾燥が開始されるようになると，除湿式乾燥装置が中心的に導入される時代を迎え，さらに乾燥速度や品質の向上を目指して高周波式，減圧式，温水式，遠赤外線式なども開発された。平成12（2000）年頃になると，無背割り心持ち柱材などの乾燥において，材面割れを抑制できるとされる高温セット法が開発され，それに対応可能な能力を備えた高温蒸気式乾燥装置が主流となり，今日に至っている。

木材乾燥装置は，開発された乾燥方法と一体のものであり，それぞれの時代の技術レベルを反映させながら，今日まで発展してきた。

2. 利用状況からみた木材乾燥装置の分類[1)]

木材を乾燥させる方法には，**図1**に示すように数多くの種類がある。乾燥させる木材の樹種，材種は多様であり，それぞれに適した乾燥方法が，時代の要請に応えるように開発されてきた経緯がある。そ

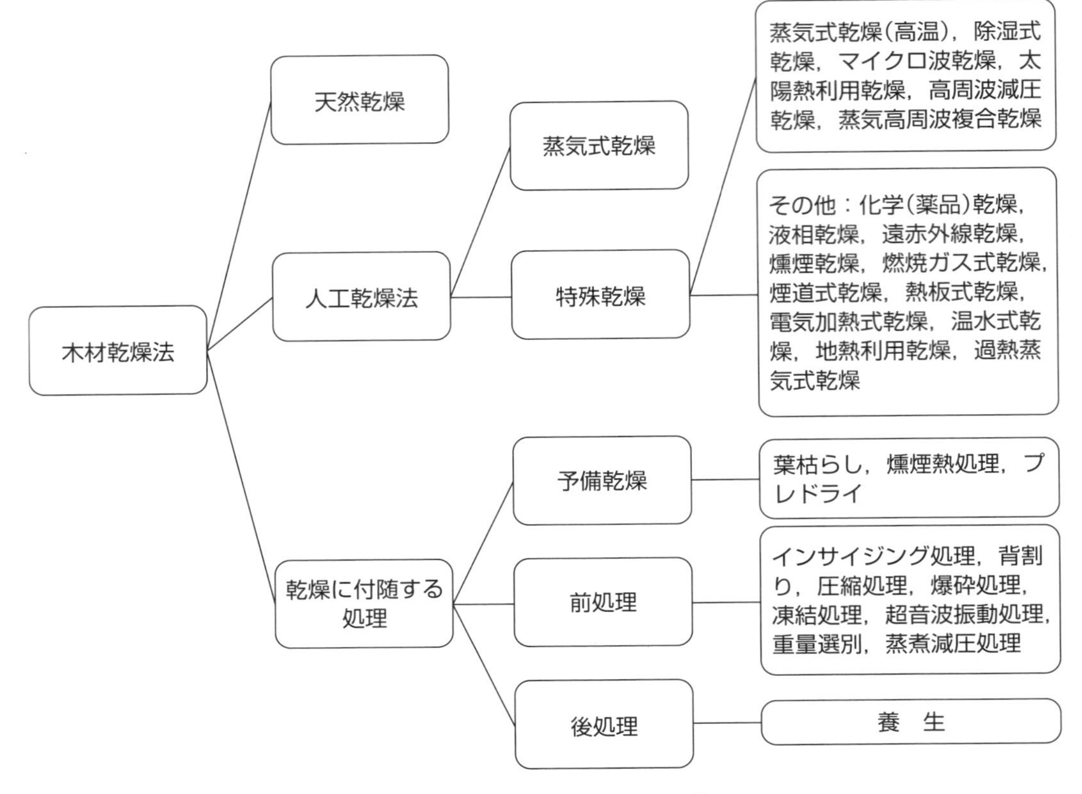

図1　乾燥方法の分類（一例）[1)]

れらには，大きく分類すると天然乾燥法と人工乾燥法とがあり，付随するものとして予備乾燥，前処理，後処理に関係するものもある。

現在，最も普及しているのが「蒸気式乾燥法」であり，それに用いる蒸気式乾燥装置も乾燥装置の中では最も導入台数が多い。また図中では，蒸気式乾燥以外の人工乾燥法を，特殊乾燥法として2つのグループに分けて示している。上段に示されているのは，蒸気式（高温）や除湿式に代表されるグループで，他にマイクロ波式，太陽熱利用式，高周波減圧式，蒸気高周波複合式が含まれる。これらは，各方式によって導入された台数はかなり異なるものの，その多くにおいて一定数の実績があるものである。一方，下段に示されるのは化学（薬品）乾燥や液相乾燥に代表されるグループで，他に遠赤外線式，燻煙式，燃焼ガス式，煙道式，熱板式，電気加熱式，温水式，地熱利用式，過熱蒸気式など多様な方法が含まれる。このグループには，かつては使われていたが現在はあまり使われなくなった乾燥方法，あるいは技術開発は行われたもののこれまでの導入台数が少ない方法などが分類されている。

3. 技術的な面からみた木材乾燥装置の分類[1)]

木材乾燥装置を，熱伝達の様式など技術的な面から分類すると，次のようなものがある。

(1)熱伝達の様式の違いによる分類

熱伝達の方式には，対流，伝導，放射の3種類がある。まず対流方式には，気体中と液体中の2種類がある。気体中のものとしては蒸気式乾燥装置，除湿式乾燥装置，太陽熱利用乾燥装置，燻煙乾燥装置などがあり，液体中のものとしては沸騰油を用いる液相乾燥装置，化学薬品乾燥装置などがある。

また，伝導による方式としては熱板乾燥装置などがあり，放射によるものとしてはマイクロ波乾燥装置や遠赤外乾燥装置などがある。

(2)乾燥媒体の違いによる分類

乾燥媒体には，気体と液体の2種類がある。気体中の乾燥としては，蒸気式乾燥（従来乾燥）装置，過熱蒸気乾燥（高温乾燥）装置，燃焼ガスを利用する装置などがある。

一方，液体中の乾燥には，沸騰油を用いる乾燥装置，有機溶媒やその他の化学薬品を用いる乾燥装置などがある。

(3)乾燥媒体の利用温度による分類

乾燥温度による分類方法であり，100℃以上の温度による乾燥装置としては高温乾燥装置，沸騰油による乾燥装置などが分類され，100℃以下の温度による乾燥としては中温蒸気式乾燥装置，除湿乾燥装置，減圧乾燥装置などがある。また，0℃以下の温度による乾燥としては凍結乾燥装置がある。

(4)乾燥媒体の圧力の違いによる分類

大気圧下の乾燥装置としては蒸気式乾燥装置，低圧下の乾燥装置としては減圧乾燥装置があり，さらに加圧状態で乾燥を行う装置もある。また，圧力変動下の乾燥もあり，1回の圧力変化で済ますもの，圧力の変動サイクルを用いる装置などがある。

(5)空気循環方法の違いによる分類

桟積み材への空気循環には，桟積み材の長手方向の循環と幅方向の循環に区別される。その他にも検討はなされたが，工業規模で採用されたものはわずかである。

現在，蒸気式乾燥装置（従来の乾燥法）が85％を超えるシェアを占めており，合理的な循環方法を備えた装置として評価されている。

4. 乾燥装置の基本仕様[2)3)]

4.1 必要とされる基本的な機能

木材の人工乾燥装置で最も重要な点は，樹種，材種，寸法，最終製品などを考慮に入れ，必要とされる温度，湿度，風などを的確に設定し，容易に制御できることである。工業的視点に立つと，装備されている能力を用いて，最終製品の品質や乾燥費用を考慮しながら，なるべく短時間で所定の含水率に仕上げることが重要となる。

必要とされる温度，湿度，風速（空気循環）の主な機能には，以下のようなものがある。

(1)温　度

木材を加熱して内部の水分を蒸発させるとともに，装置の壁体などから逃げる熱量を補充し，換気によって吸気した空気の加熱を行う。

(2)湿　度

乾燥させる速度を調節することで，材料に発生する割れなどの欠点を抑制する。また，初期蒸煮，中間蒸煮，ヤニ処理などの操作時に重要な役割りを果たすとともに，乾燥末期のイコーライジングやコンディショニングなどの調湿処理でも重要な因子となる。

(3)風速（空気循環）

適度な風速は，桟積み全体に均一な温度，湿度を供給するのに重要な役割を果たす。さらに，被乾燥材内部からの水分移動によって表面付近に発生する高湿状態の空気を，速やかに移動させ，乾燥を促進することにも必要とされる。

4.2 人工乾燥装置が装備すべき条件

(1)乾燥室内の温度，湿度，風速の均一的な分布

設定した温湿度条件を，乾燥室内全体にムラなく均一に設定できる能力を有することが重要である。このためには，乾燥室内の適切な空気循環が必要であり，加熱装置，換気装置，送風装置などが適切に配置されていることが重要である。

(2)乾燥室内の温度，湿度の保持と調節が容易にできる機能

選択した温湿度条件に短時間で到達でき，その保持や調節が容易であることが重要である。そのためには，加熱装置，増湿装置，換気装置の容量が十分で，制御しやすいことが重要となる。

(3)高温，高湿，酸性ガスに対する十分な耐久性

木材からは酸性物質などが揮発してくるため，各種乾燥方法によって必要とされる壁体材料の選択が重要である。加えて，高温高湿状態に対する耐久性も求められることが多く，その場合には内壁などにはステンレスやアルミニウムなどが選択される。

(4)乾燥室の気密性，壁体の十分な保温力

壁体の十分な断熱性能を確保するため，断熱材を的確に選択し，結露の発生やエネルギーロスを少なくする。

(5)乾燥コストの低減

初期投資である乾燥設備費やランニングコストなどを，極力抑制できる仕様であることが重要である。

(6)火災などに対する安全性の確保

乾燥装置内において発熱する可能性がある箇所については，火災につながらないように特に安全対策を十分に行う。

5. 乾燥装置の種類[1)-3)]

5.1 蒸気式乾燥装置

5.1.1 装置の特徴

蒸気式乾燥装置は，木材乾燥の分野では最も主流の装置である（**図2，図3**）。箱形の乾燥室とその中に熱を供給するためのボイラー機器から構成され，使用可能な温度範囲は40～120℃と幅広く，国内外を問わず最も広く普及している。また，熱源がボイラーから発生される蒸気であるため，その蒸気を乾燥室内に噴出させることで湿度調整も容易である。ボイラー用の燃料は，油類以外に木質バイオマスなども利用できる。一般的にはA重油や灯油が用いられることが多いが，針葉樹の建築用製材を生産する製材所では，近年は自社から排出される鋸くず，モルダーくず，樹皮などの木質バイオマスを，木屑焚きボイラーの燃料として用いるケースが増加している。

5.1.2 装置の基本構成

蒸気式乾燥装置は，**図4**に示すように，ボイラーで発生させた蒸気を乾燥室内の加熱ヒーター（加熱管）に導き，加熱管からの放熱により室内の空気および木材を加熱する。また，増湿管などから生蒸気を

図2　蒸気式乾燥装置の外観

図3　蒸気式乾燥装置の桟積み

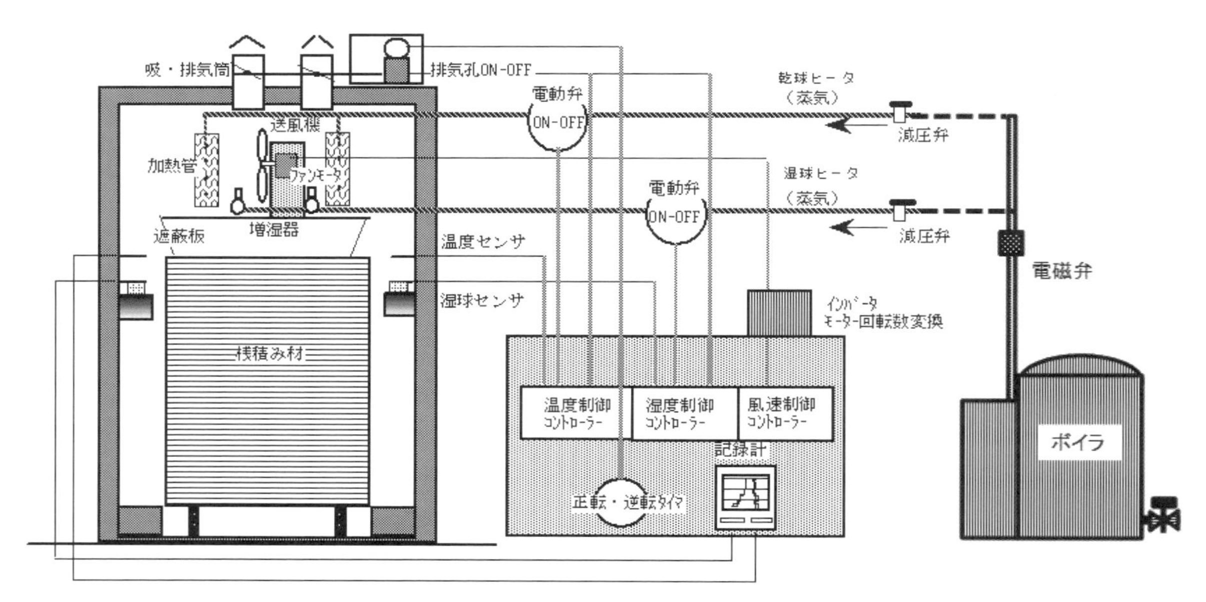

図4　蒸気式乾燥装置の基本構成[3)]

噴出させ，室内の湿度を制御するシステムとなっている。これらは，制御盤内のコントローラーで，総合的に管理される。

乾燥室の規模は，一般的には収容材積 20〜30 m^3 の規模であることが多く，木材を台車に載せて乾燥室内に搬入する「台車式」が一般的である。近年の針葉樹製材工場では，容量が大きくなる傾向があり 50〜60 m^3 入りの装置も見かけるようになっている。またフォークリフトを用いて，桟積みの長さ方向を乾燥室の幅方向に搬入する「フォークリフト式」も導入されるようになっている。

5.1.3 装置の一般的仕様

(1)乾燥室

乾燥室には，構造的な強度と十分な耐久性が求められる。したがって，外壁は鋼板，内側はステンレスとすることが多い。また，室内の温湿度保持を効率的に行うために，断熱性に優れていることも重要である。一般的に壁パネルの厚みは 80〜100 mm 程度であるが，特に断熱性が要求される高温タイプの場合には，それ以上の厚さが要求される。

(2)空気循環装置

乾燥室の天井とその下に配置された吊り天井との間のスペースに，耐熱耐湿モーター(0.75〜1.5 kW 程度)に直結した直径 60〜65 cm 程度のプロペラファンが設置される。使用するモーターは，H 種と呼ばれる 100〜120 ℃対応の高温型で，耐熱耐湿性に優れたものが適する。

(3)加熱装置

乾燥室内の加熱は，ボイラーで発生された蒸気を加熱管に通し，そこから放熱された熱によって行われる。加熱管は送風機の位置と連動して設置場所が決まり，上部送風式の場合は天井部の送風機の前後に配置される。また，加熱管には放熱効率の良好なフィンヒーターを選択し，乾燥室の全長にわたりファンの前後に適正に配置する。

(4)増湿装置

乾燥室内の増湿装置は，乾燥室の長手方向の全長に渡り，標準的には蒸煮管 2 本，増湿管 2 本を設置する。蒸煮管は，側壁上段もしくは下段の左右両側に 1 本ずつ配置され，約 30 cm 間隔で直径 2 mm 程度の噴射孔または噴霧ノズルが付いている。乾燥開始時のウォームアップ，初期蒸煮，中間蒸煮，調湿処理に使用される。一方，増湿管はファンの前後におかれ，乾燥経過中の湿度コントロールのために生蒸気が噴射されるが，一度に噴出される蒸気量は少ない。最近の建築用針葉樹材の乾燥室では，増湿管と蒸煮管を兼用させている場合が多い。

(5)吸・排気装置

吸排気筒は，標準的には直径約 20 cm で，吸気機能が低下しないように高さ 2 m 以下とした筒を，天井部ファンの前後に設置する。筒内には吸排気量を調節するためのダンパーが付いており，開閉度がモーターによって調節される。近年の装置では，強制排気方式を採用している場合もある。必要とされる換気量は，乾燥室の奥行き方向 1 m あたり 1 〜 2(m^3/min)とされている。

(6)自動温湿度制御装置

自動温湿度御装置は感温部，指示部，調節部，作動部からなり，それらは電気回路で結ばれ，操作盤内の制御機器で集中的に制御される。乾燥室内の温湿度の設定は最も重要であり，その制御は常に風上側で感知して行うことが重要である。また，湿球センサーに巻いたガーゼは，常に水を吸い上げる状態が維持されているため，汚れが発生するので，乾燥開始前に毎回交換することが望ましい。

5.2 除湿式乾燥装置

5.2.1 装置の特徴

除湿式乾燥装置は，主に建築用針葉樹材の乾燥用として，昭和 50 年代〜60 年代初頭にかけて急速に普及した。シンプルな構造を持ち，比較的低価格で，小規模な事業体でも導入しやすかったため，建築用材，内装用部材をはじめ，木工，工芸品などの工場でも使用されるようになった。しかし，最近では新規に導入される台数は少なくなっている。

装置の長所としては，使用する温度が低いため，材の変色や狂いが少なく，操作も比較的容易であるという点がある。一方，短所としては，蒸気式に比べ乾燥温度が低めであるため乾燥時間が長くなり，特に寒冷地の冬季などでは電気ヒーターの電力量がかさみ乾燥コストが上昇するという点がある。さらに，加湿装置を装備していないことが多いため，調湿処理が難しく，低温乾燥のため脱脂処理も難しいという面もある。

5.2.2 装置の構成

本乾燥装置の構成は，**図 5** に示すように，一般的に乾燥室，除湿機，送風機，補助ヒーターからなる。除湿機を乾燥室外に設置し，乾燥室とダクトで結ぶ形式が多い。本装置は，乾燥室内の高湿度の空気から水蒸気を冷却結露させることで排湿する。室内の湿潤空気を冷却結露させる装置はヒートポンプと呼ばれ，一般家庭用のエアコンに使われている装置であり，これを工業用にした乾燥装置と考えてよい。ただし，エネルギー効率の高い運転温度は 40～50 ℃であり、フロン型の除湿機は木材の含水率が約 20 %以下になる乾燥後期になると，蒸発水分から得られる凝縮熱が十分には得られなくなり，補助ヒーターを稼働させるなど乾燥コストの上昇につながる。最近のヒートポンプの性能は向上しており，用いられる冷媒も環境負荷が小さい代替フロンが用いられている。

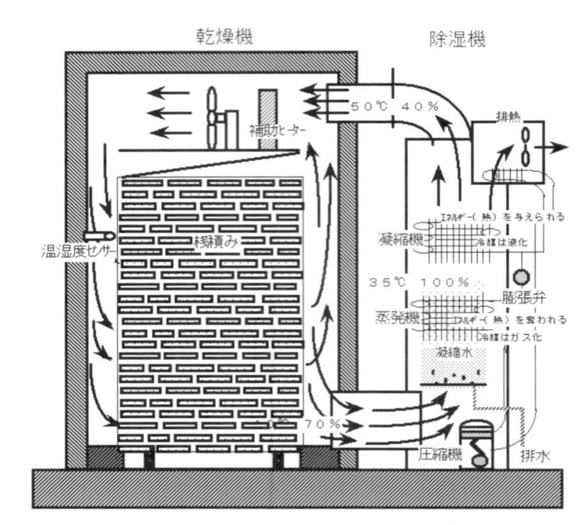

図5　除湿乾燥装置の構成図[3)]

5.2.3 装置の一般的仕様

(1)乾燥室

本乾燥装置の乾燥室の壁体は，硬質ウレタンなどの断熱材を内包したステンレスパネル構造のものが多い。除湿式では除湿機の能力をより活かすため，乾燥室の良好な断熱性が重要であり，床面も断熱性が高い仕様とすることが望ましい。

(2)空気循環装置

空気循環は，室内ファンで風を循環させる方式が採用されているが，かつては蒸気式に比べて能力不足の装置が少なくなかった。乾燥の進行が緩やかな除湿式乾燥装置の場合でも，適正な風循環は必要であり，材間風速は少なくとも 0.5～1.0(m/s)が確保されることが望ましい。

(3)加熱・増湿

乾燥初期には，まず電気や蒸気などの補助熱源によって乾燥室内を暖め，その後はヒートポンプで加熱を行うようにする。増湿装置を装備していないものも多いが，補助加熱に用いる蒸気を利用したり，加湿器を別途設置する方法なども考えられている。

(4)排　湿

乾燥室からの排湿は，除湿機によって行われるため，導入時には除湿機本体の能力の選定に留意が必要である。乾燥する材種，初期含水率，仕上げ含水率，材積などと期待する乾燥時間とを勘案し，適切な容量の除湿機を選択することが重要である。

5.3 減圧乾燥装置

5.3.1 装置の特徴

減圧乾燥装置の缶体(乾燥室)の形状は，図6に示すように，一般的には円筒形の減圧対応の容器であることが多い。ただし容量の大きな装置の場合には，補強材を数多く入れて強度を高めたパネルを用いる箱型も使われている。減圧乾燥装置は，缶体内を減圧状態にして水の沸点を下げ，木材中の水分蒸発を活発にし，乾燥速度を向上させることを特徴としている。

5.3.2 装置の構成と加熱方式

本乾燥装置は，減圧缶体と加熱装置から構成される。缶体内を減圧しただけでは木材中の水分は蒸発せず，木材を加熱することが必要である。加熱方式

図6　高周波減圧乾燥装置の外観

には，主に空気加熱，熱板加熱，高周波加熱の3種類がある。

(1)空気加熱

蒸気式乾燥装置等と同じように桟積みを行い，装置内に一定の温度，湿度の空気を循環させる方法である。装置内圧力が200 hPa(150 Torr，沸点約60 ℃)を下回るような場合には，熱を伝える空気の密度が低くなるため，最初に蒸気を投入し，材温が上昇した後に減圧工程に移る。この減圧期間に木材中の水分が蒸発して，材温は減圧度に見合った水の沸点まで低下し，やがて水分の蒸発が休止するので，再び常圧に戻して再加熱を行う。この一連のサイクルを繰り返すことで，乾燥を進めていく。

一方，装置内の圧力が200 hPa(150 Torr，沸点約60 ℃)を上回る場合には，蒸気式乾燥装置に準じた箱形の乾燥装置を用いられることが多い。常時，一定で比較的弱い減圧をかけながら，蒸気加熱管により装置内の加熱を行い，乾燥工程を連続的に進める。

(2)熱板加熱

厚さが20 mm程度で熱媒体または温水による加熱が行われた熱板の上に，木材を並べ，その上にさらに熱板を重ね，また木材を重ねるという，熱板と木材を交互に配置して，加熱・減圧乾燥を行う方法である。熱板により加熱された木材からは，減圧により急速に水分蒸発が生じる。

(3)高周波加熱

乾燥させる木材ロットの上部と下部に，厚さ2～3 mmのアルミニウムなどの電極板を敷き，これに高周波を印加すると木材は誘電加熱される。高周波は6.7 MHzまたは13.56 MHzが用いられ，缶体内の圧力は4～20 kPa(30～150 Torr)程度で運転される。

減圧乾燥の長所としては，40 ℃付近もしくはそれ以下の低い温度で乾燥できるため，狂い，変色，落ち込みなどが少なく，特に化粧単板，通気性の良い材，工芸用短尺材などでは乾燥時間の短縮効果が大きい。また，高周波加熱式の場合には桟積みが不要で，ベタ積み状態のロットを油圧プレスで圧締し，材の狂いを抑制できるという特徴もある。

一方，短所としては，設備費が高く，高周波加熱のための電気代も高くつき，乾燥のトータルコストが高くなるという点がある。このため，一般的には，この乾燥方法を採用できるのは，高級家具材や単板などの特殊材に限定されるとされている。

5.3.3 装置の一般的仕様

一例として，実用規模の高周波減圧乾燥装置の仕様を図7に示す。

(1)減圧缶体

缶体内には油圧プレス，台車レール，高周波電極用端子，特殊温度センサー，圧力センサーなどが組み込まれている。収容材積は大小さまざまであり，缶体長が10 m以上で直径も2 mを超える大きな装置もあるが，一般的には5～8 m^3 程度の装置が多い。

(2)高周波発振装置

高周波出力は，対象となる木材によるが25～30 kW程度であることが多い。高周波発振装置は一般的に

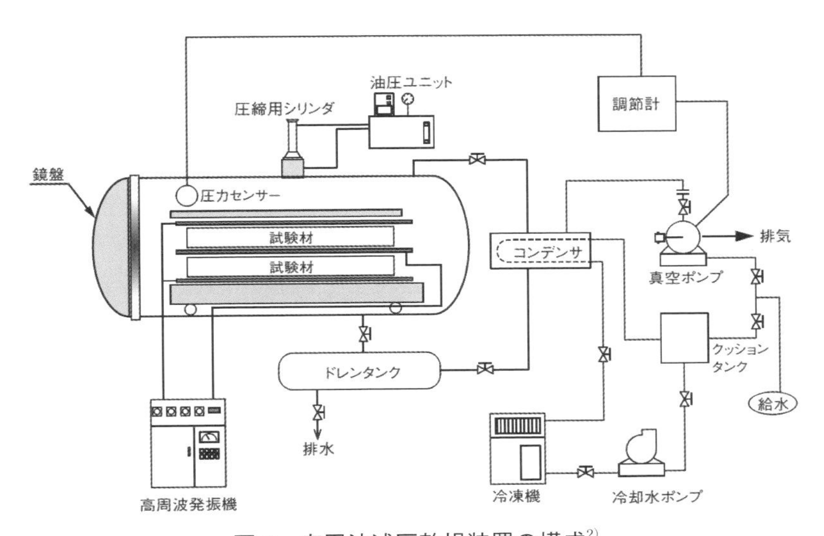

図7 高周波減圧乾燥装置の構成[2)]

は水冷式で，入力電源部，高圧電源部，高圧整流部，高周波発振部などで構成され，これと電極とがリード線で接続される。電極板は，積み高さ 25～30 cm ごとに1枚挿入する必要がある。

(3)周辺機器

周辺機器としては，木材の圧締用油圧ユニット，排出空気除湿用コンデンサ，ドレンタンク，高周波発振装置用冷却システムなどが配備されている。

5.4　蒸気高周波複合乾燥装置

高周波・蒸気複合乾燥装置は，従来の蒸気乾燥に常圧状態で高周波加熱を行う「組合わせ乾燥」が行える装置である。柱や梁桁などの内部の高含水率部分を高周波で加熱して沸点に近い状態にし，内部水分を表面方向に移動させ，それを蒸気加熱方式で加熱された乾燥室内で蒸発させる方式である。つまり内部加熱と外部加熱の併用乾燥法であり，木材の断面全体を効率的に乾燥させることができるという特徴を持っている。これまで，高周波加熱を利用する乾燥法はエネルギーコストが高いのが短所であると言われてきたが，蒸気式と複合化することで，低コスト化の方向性が見出されたと評価されている。

たとえばスギ大断面材の場合，本乾燥法で適切な乾燥条件の設定ができれば，一般的な蒸気式乾燥の 1/3～1/2 に短縮できるという知見もある。装置は高価であるが，大きな乾燥速度で生産性を高めることによって，総合的には乾燥コストを低減できると考えられている(図8，図9)。

図8　蒸気高周波複合乾燥装置の外観[3)]

5.5　太陽熱利用乾燥装置

木材乾燥に装置として太陽エネルギーを利用する場合，大別すると，太陽熱を機械装置で集熱して空気を加熱し乾燥を進める間接加熱方式(アクティブシステム)と，熱を直接乾燥装置内に取り入れて室内温度を上昇させ乾燥を進める直接加熱方式(パッシブシステム)の2種類がある。

アクティブシステム太陽熱利用乾燥装置の一例を，**図10**および**図11**に示す。本乾燥装置には，乾燥室と太陽熱集積のためのコレクタ，蓄熱器，空気循環装置などを必要とする。さらに，天候の影響を受けやすいため，補助ヒーターや増湿器などの温湿度を維持のための制御機器も必要となり，現状では意外とコスト高となる。一方，パッシブシステムでは簡易型が多く，一般的に設備費が安い。しかし，乾燥が天候に大きく左右され，温湿度のコントロールも難しいという短所もある。

いずれにしても太陽熱利用乾燥装置は，厳密さが要求される高級材の乾燥に適するとは，言い難い面がある。また，装置の設計にあたっては，太陽熱と

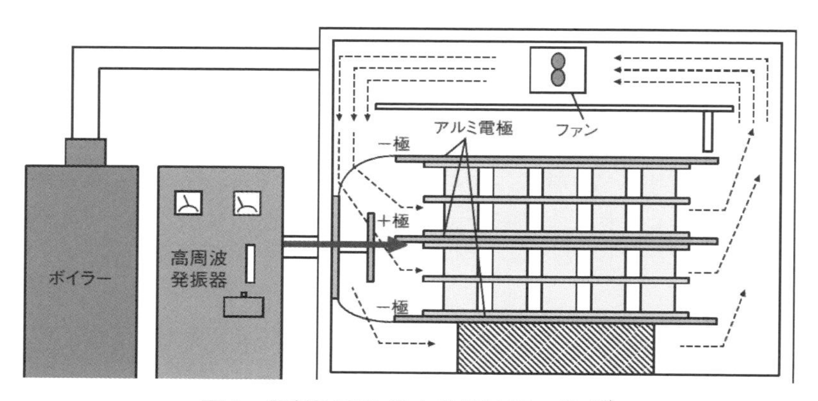

図9　蒸気高周波複合乾燥装置の構成[2)]

図10　太陽熱利用乾燥装置の外観[2)]

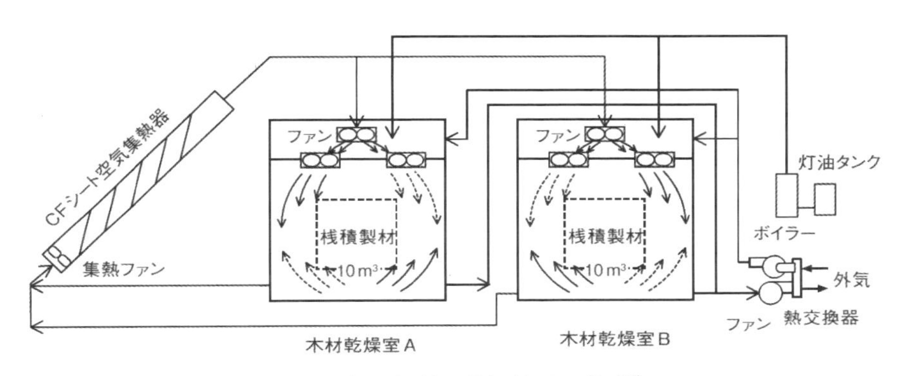

図11　太陽熱利用乾燥装置の構成[2)]

補助熱源の利用のバランスを，的確な温湿度調節という面から，どのように取っていくかという総合的な視点も要求される。

5.6　液相乾燥装置

液相乾燥装置は，近年の針葉樹構造用材の乾燥の場面で検討された事例がある。本乾燥法は，広義には薬品乾燥の範疇に分類されるものであるが，近年の開発事例をみると，液体の対流による熱伝達方式を採用したものが見られる。溶媒としてはパラフィン（paraffin）やパルミチン酸（palmitic acid）などが用いられている。具体的には，乾燥させる木材を，それらの100 ℃以上の融解液が入った容器に投入し，材中の水分を急速に気化させて押し出すことで，乾燥を促進させようとする方法である。

5.7　遠赤外線乾燥装置

遠赤外線の放射は，対象物に熱を与える効果があることから，暖房や調理器具として利用されている。木材乾燥の分野におけるこの30年間を振り返ってみても，遠赤外線を利用する製材用乾燥装置が複数のメーカーによって開発されてきた。その中には，壁面に遠赤外線を発生する塗装を行うことで輻射効率を高めようとするもの，遠赤外線を放射するプレートを乾燥室内部壁面に複数配置したもの，内部空気の循環ダクト付近に遠赤外線を放射する物体を配置したものなどさまざまなタイプがある。それらの装置は，概して室温が低いため乾燥時間は長くなるが，乾燥された木材の色艶は良く，香りも保持できているという評価もある。

5.8　燻煙式乾燥装置

燻煙式乾燥装置は，乾燥室の内外に設けた燃焼炉で木質燃料を燃焼させることによって，乾燥室内の温度を上昇させ，木材の乾燥を進める方法を取るものである。この乾燥装置には，14 m^3（50石）程度のものから280 m^3(1000石)といった大型のものまでさまざまな大きさがある。また，燃焼加熱方式は，乾燥室の地下部分に設けた燃焼炉に水分を含んだ枝葉，木材，おが粉などを入れ，これに着火して低酸素状態で製材品を燻す方法と，乾燥室外で同様の燃料を燃焼させ，発生した燃焼ガスを乾燥室内に導く方法の２種類がある。燃焼に際しては，火災の危険が伴うので，十分に留意する必要がある。

5.9　煙道式乾燥装置

煙道式乾燥装置は，かつては国内で数多く利用されていた装置である。一般的に，炉で燃料を焚いて発生した燃焼ガスを，乾燥室の下部に設けた配管に通し，室温を上昇させるという簡易な構造である。装置代やエネルギー費は安いが，温湿度の調整が困難で，火災の危険性が高いという欠点もある。

5.10　熱板式乾燥装置

熱板式乾燥装置は，加熱された金属板を直接木材に接触させて乾燥させる方法である。用いられる熱板の温度をおおむね沸点以上(大気中なら100 ℃以上)とし，この熱板で１～３ kgf/cm^{2}の圧力をかけながら，乾燥を進めるものである。

乾燥させる材は，高い温度で乾燥しても収縮が大きくならず落ち込みにくい針葉樹材や，ヤナギ，ポプラのような広葉樹に限られる。圧縮して乾燥するので，材の表面の仕上がりは平滑である。

5.11　電気式乾燥装置

電気式乾燥装置は，半加工品を乾燥する場合や乾燥の研究用に用いられることが多く，一般的には小型の装置である。加温は電気ヒーターで行い，水槽を設けシーズヒーターで加熱すれば水蒸気の発生も容易に行うことができ，温湿度の制御を正確に行うことが可能である。実験装置としては，制御系と密接に連動させることでデータの収集や解析も容易に行うことができ，安全で扱いやすい。

5.12　温水式乾燥装置

温水式乾燥装置は，蒸気式と同じ熱風加熱循環方式に分類される装置である。加温用ヒーター内に温水を循環させて得られる熱を利用する方法であり，ヒーターの熱媒体として，蒸気ではなく温水を用いるという点が最大の特徴である。

使用する温度は，一般的に50 ℃程度と低めであり，小型の低温乾燥機として位置づけられ，色艶を重視する板材や背割り柱材などの乾燥に用いられることが多い。蒸気式乾燥装置のように蒸煮はできないが，温度，湿度の制御は，可能な仕様となっている場合が多い。

5.13　地熱利用乾燥装置

地熱利用乾燥装置は，地下にある水が地熱によって加温されて発生する蒸気を熱源として用いるものであり，火山活動が活発な地域において用いられる。これまでに実用化された装置の構造を見ると，蒸気が通る加熱管を乾燥室の床上に配管し，その上に桟積みした被乾燥材のロットを配置するというものである。自然対流式が採用され，強制循環のためのファンは配置されておらず，天井が排気のためにスリット形状になっている。基本的な理念としては，経費がかからない自然エネルギーを利用するメリットを最大限に活かすために，とにかく装置自体も安価な作りとすることを念頭に置いているようである。

6. 乾燥設備費

乾燥設備費は，捉え方によってかなり異なる内容となる。狭義には乾燥装置本体と熱源発生装置ということになるが，広義にはこれらに加え関連するさまざまな付帯設備，建物，桟積み土場なども含まれる。

乾燥装置は，乾燥室が複数あってもボイラーや制御盤などは１基で共用できるため，１室だけの設備と比較すると，複数の場合には割安となる。最近の製材所などでは，大きな容量の木屑炊きボイラーを設置し，複数台の乾燥装置を稼働させることが多い。

7. 乾燥装置の点検

工場で乾燥装置を的確に稼働させるには、乾燥担当者の日常の始業点検が必要である。さらに，担当者は定期的な自主点検を行い，専門業者の定期検査などとあわせて安全管理に心がけることが必要である。

点検する内容としては，乾燥室，ボイラー設備，循環ファン，加熱・加湿装置，センサー類，制御盤，調節計，台車，安全設備など，多くの箇所への対応と心配りが必要である。また，それらの結果は，チェックリストとして保管することが望ましい。

また，乾燥装置の稼働に関する日誌(乾燥日誌)を作成することが重要であり，乾燥仕上がり状態も含めて記録を残しておくことで，トラブルが生じた際に有効活用できる。

8. 乾燥設備の関連法規[3)]

乾燥設備には，さまざまな法令が関係している。たとえば，乾燥設備の排気に関連するものとして「大気汚染防止法」，乾燥設備の排ガスを湿式集塵する場合には「水質汚濁防止法」が関係し，乾燥設備の排気については「悪臭防止法」も関係する可能性がある。

さらに，送風機や圧縮機に関係する「騒音規制法」，同じ圧縮機に関連する「振動規制法」，乾燥設備の熱源に関連する「消防法」などもある。また，作業主任者，自主検査などに関連する「労働安全衛生法」も関与し，建築手続きや煙突の設置などについては「建築基準法」なども関係する。これらの法律は多種多様であり，関連性を十分に理解した上で，適切な対応をすることが求められる。

文　献

1) 信田聡，河崎弥生編：木材の乾燥Ｉ基礎編，海青社，9-50 (2020).
2) 信田聡，河崎弥生編：木材の乾燥Ⅱ応用編，海青社，41-104 (2020).
3) (公社)日本木材加工技術協会：木材乾燥講習会テキスト令和４年度版，60-86 (2022).

第１節
穀物の含水率・水分

岩手大学　小出　章二

1. はじめに

ポストハーベスト技術（postharvest technology）とは，農産物が収穫されてから生鮮食品や農産食品として，人に消費，利用されるまでに受ける一連の処理技術を意味するものである。その処理技術は対象となる農産物によって異なるが，乾燥，加工，貯蔵，冷却，選別，包装，流通，調湿といった化学工学における単位操作（unit operation）として分類・整理される[1)]。穀物の場合，これら単位操作のなかで乾燥および貯蔵に伴う水分調整および水分管理は極めて重要である。その理由の１つとしては，**図１**に示すように収穫後の穀物の水分が高いと呼吸が盛んになり，穀物のもつ栄養分が消耗し，穀物の商品価値がなくなるからである。よって収穫後の穀物は，品質を保持するためにも，収穫後直ちに一定の水分値以下まで乾燥させることが必要となる。また乾燥後の穀物は数ヵ月から一年以上長期貯蔵させる必要があるため，カビが繁殖しないように，穀物層内の温度・水分管理を徹底することが不可欠である。

このように水分は，穀物の貯蔵性や安全性，経済性を担保するうえで重要な指標となる。本稿では，穀物の含水率・水分について，その測定法や計算法を紹介する。

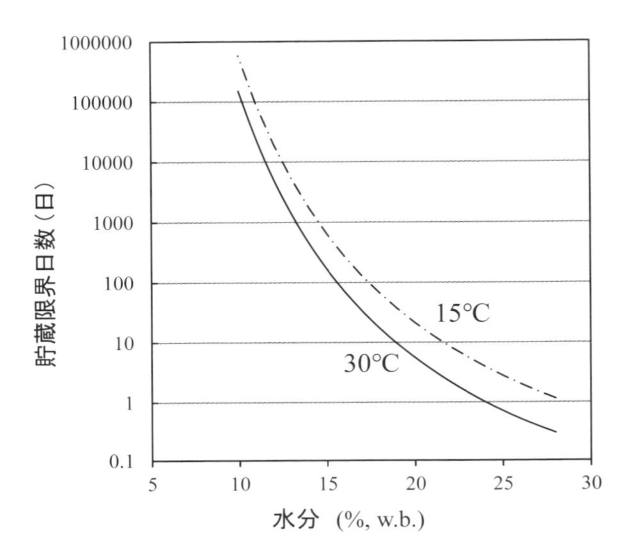

図１　籾の呼吸量が以下の実験式で表せる時の籾の貯蔵限界日数

$$Q = 2.084 \times 10^4 \cdot exp\left(-\frac{203.4}{M_w}\right) \cdot exp(0.09 \cdot T)$$

ここで，Q は呼吸速度［CO_2 mg/（kg・h）］，M_w は籾の水分［% wb］，T は籾の温度［℃］である。籾の総呼吸量が 1500［CO_2mg/（kg・h）］に達した時を貯蔵限界日数と定義する。

図１より，30℃の条件において収穫後の籾の水分が 25% だと１日も日持ちしないこと，水分 18% では 10 日程度しか日持ちしないことが予想される。一般的には籾は水分 14.5% まで乾燥させる必要がある

2. 水分の測定法

穀物の水分量には，水分 M_w（湿量基準含水率，moisture content wet basis,（%, w.b.））と含水率 M_d（乾量基準含水率，moisture content dry basis,（%, d.b.））の２つの表し方がある。ポストハーベスト技術においては，水分 M_w は穀物に含まれている水分量を百分率で表したものとされ次式で示される。

$$M_w = 100 \cdot \frac{W_w}{W} = 100 \cdot \frac{W_w}{(W_d + W_w)} \qquad (1)$$

ここで，W：材料の質量（kg），W_d：穀物の乾物質量（kg），W_w：穀物の水分質量（kg）である。

穀物の水分測定法は直接法と間接法がある。直接法は，穀物を水分を含まない絶対乾燥（絶乾）状態ま

で常圧加熱乾燥した後に，シリカゲルなどを入れて低湿度に保ったデシケータ内で放冷したのちに，絶乾後の質量である絶乾質量を測定することで算出できる。国内で行われている穀物の標準的な絶乾質量測定の方法として，以下があげられる。

(1)農業機械学会((現)(一社)農業食料工学会)の基準(10 g 粒－135 ℃－24 時間法)

(2)旧食糧庁の標準計測法(5 g 粉砕－105 ℃－5 時間法)

農業機械学会((現)(一社)農業食料工学会)は(1)を基準測定法として定めており，絶対湿度は 0.008(kg/kg DA)に換算表示する方法がとられる。加熱によって失われる成分が水だけではない場合や加熱中に穀物内の成分が化学変化を起こす場合は，105 ℃－24 時間法や減圧加熱乾燥法などの水分測定法も用いられる。間接法としては，穀物水分と電気抵抗との関係から水分を算出する電気抵抗式水分計や電気容量式水分計，近赤外水分計が用いられている。

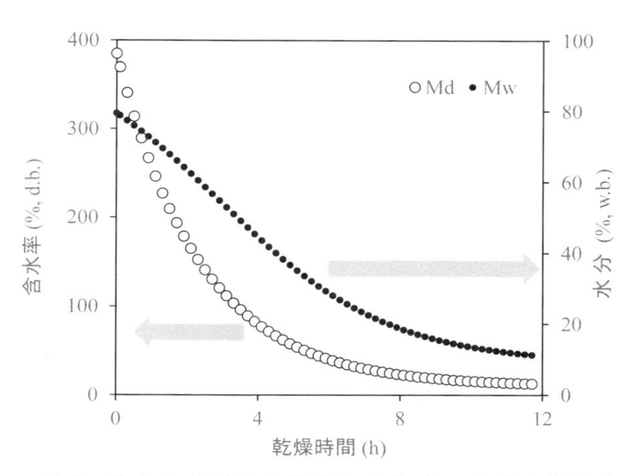

図2　高水分の穀物を乾燥したときの水分の経時変化(●)とその水分値により計算された含水率の継時変化(○)

含水率は指数関数的に減少するが，水分の経時変化をみると変曲点があり予測しにくいことがわかる

3. 含水率の計算法

穀物は収穫後，乾燥操作が必要となる。乾燥特性などの解析・予測では，水分 M_w を用いて表現すると，式(2)から想像できるように，分母と分子の値はともに減じるため水分の経時変化の図では傾向がつかめない(**図2**)。これに対して含水率 M_d は，分母を穀物の乾物質量を用いて次式で計算されるもので，その経時変化は乾燥特性の把握などに多用される。

$$M_d = 100 \cdot \frac{W_w}{W_d} = 100 \cdot \frac{W_w}{(W - W_w)} \quad (2)$$

水分 M_w と含水率 M_d との間には次の関係があり，相互に換算できる。

$$M_d = \frac{M_w}{\left(1 - \frac{M_w}{100}\right)} \quad (3)$$

$$M_w = \frac{M_d}{\left(1 + \frac{M_d}{100}\right)} \quad (4)$$

水分の値は 100(%, w.b.)以上にならないが，含水率の値は 0 から無限大に近い値をとりうることがわかる。水分および含水率の定義は研究分野によって異なるため，文献などを参照する場合は，用いられている含水率の定義に留意する必要がある。

4. 平衡含水率

平衡含水率とは，材料を一定の温度，湿度下で長く放置したときの含水率であり，動的に求める方法(質量変化がなくなるまで乾燥あるいは吸湿させる方法)と，静的に求める方法(飽和塩溶液を用いた方法)がある。平衡含水率 M_e と相対湿度 h の関係式(水分吸着等温線)として，単分子層吸着理論により導かれた Langmuir 式や多分子層吸着理論により導出された BET 式，BET 式を改変した GAB 式をはじめ多くの式がある。穀物を対象とした水分吸着等温線は，平衡含水率 M_e と相対湿度 h，温度 T の関係式である Chen-Clayton 式などを用いて近似することが多い[2)]。

図3に籾の水分吸着等温線を示す。穀物の温度と含水率がわかれば，その穀物と平衡する空気の相対湿度は決まる。平衡相対湿度 ERH(%)を小数で表示したものを水分活性という。密閉した容器に穀物を充填すれば，その空隙の相対湿度[decimal]は穀物の水分活性に一致する。水分活性は，保存中の食品の化学的変化，微生物変化，酵素反応を予想するのに重要な指標となる。

穀物の場合は，カビによる腐敗や危害が問題となるため，相対湿度の制御(水分活性の制御)は，安全性や品質を確保する上で重要となる。具体的には，

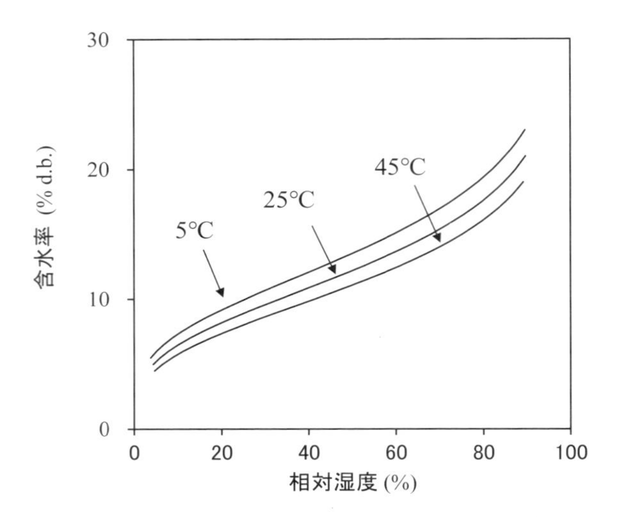

図3　籾の平衡含水率曲線(水分収着等温線)

穀物層内を低い湿度(65 %；水分活性だと 0.65 以下)に管理すれば常温でもカビは増殖しない。また，低温で保管することを前提に，相対湿度を上述の値よりも上げる場合もある(コメの場合は湿度 73～75 %(水分活性だと 0.73～0.75)；温度 13～15 ℃)[3]。水分活性に関する詳細は他章をご覧頂きたい。

5. おわりに

穀物の含水率・水分について，その測定法や計算法を紹介した。食品や穀物の内部に存在する水は，一様な性質を持たないため結合水や自由水という言葉で使われることもあるが，これらは概念的な定義であり定性的な性質の違いを反映するものである[4]から留意が必要である。穀物の加工(たとえば籾だと，籾摺り工程・精米工程)においては，穀物のガラス転移に伴う物性の変化が重要と考えるが，未だ重要視されていない。ガラス転移の概念については他章をご覧頂きたい。

文　献

1）小出章二：高木浩一，高橋徹，濱田英介編集：工学技術者のための農学概論，森北出版，215-234 (2023).

2）村田敏：農業機械学会編：生物生産機械ハンドブック，コロナ社，789-801 (1996).

3）宇田川俊一編著：食品のカビ汚染と危害，幸書房，117-126 (2004).

4）鈴木徹：農業食料工学会編：ポストハーベスト工学事典，朝倉書店，48-49 (2019).

第2節
乾燥ストレスによる葉菜の栄養・機能性成分の増強

神戸大学　**小山　竜平**　　神戸大学　**宇野　雄一**

1. 環境制御技術と機能性野菜栽培の可能性

日本国内における農作物の供給は天候不順や農業生産人口減少により不安定化している。また世界的にも異常気象や人口増加による食糧不足が課題となっている。これらの課題の解決策の1つとして，植物生育環境の制御や自動化のための装置が導入された施設栽培の普及が進んでいる。太陽光を利用するビニールハウスやガラス温室型の施設では，暖房や天窓・側窓の開閉といった従前からの仕組みに加え，冷房も行えるヒートポンプ空調や細霧技術，LEDなどの人工光源による補光などを利用した高度な環境制御が導入されている。さらに外部環境から完全に隔離された閉鎖施設内にて，人工光や空調を駆使して栽培する完全制御型(人工光型)植物工場での生産も増加しており，現在では国内で200ヵ所程度が稼働している[1)]。この方式では土を使用せず，無機窒素などの肥料成分を含んだ水耕養液を用いた栽培が一般的である。植物工場の生産上のメリットとしては，周年栽培が可能となること，水耕液の循環・交換を行うことにより連作障害などの心配なく安定的に生産できることが挙げられる。また移動式のベッドや，人工光利用の栽培方式では多段式の栽培棚が採用され，施設面積に対して最大限の栽培面積を確保することで土地利用効率を高められることも大きな利点である。一方でそのような設備への投資や運営にかかる電気代などのコストが甚大であり，生産した野菜の販売価格が割高となる傾向にある。そのため一般的な露地野菜と差別化を図るために土汚れがなく低菌数であることや，無農薬であることを付加価値として消費者へ訴求し，販売量は拡大している。また中食や外食などの事業者において昨今は特に原材料の調達に苦労することが多くなり，計画通りに安定調達できる植物工場野菜を採用するケースが増加し，主要な流通先となっている。今後，植物工場が事業として成立するためには，収穫量や生産効率をさらに向上させるだけでなく，品質向上による高付加価値化が望まれる。

生活習慣病の予防意識の高まりや健康ブームの中，野菜が持つ栄養成分や機能性成分への関心や期待が高まっている。厚生労働省が制定している「21世紀における国民健康づくり運動(健康日本21)」では，健康増進の観点から1日に350gの野菜の摂取が勧められるなど，ヒトの健康において野菜が重要であることは認知されている。さらに2015年からスタートした機能性表示食品制度では，生鮮食品においても期待される特定の保健効果が表示できるようになった。このような背景から機能性表示野菜への消費者の購入意欲が高まっており，通常の野菜よりも高価格で販売できる可能性がある[2)]。野菜の機能性を向上させる方法には品種と栽培技術の2つが挙げられる。これまでの品種開発では収量や病害虫抵抗性など生産性が重視されてきたが，有用成分の含有を特長とした品種も市場に出てきており，たとえばGABAの含有量を増強したゲノム編集トマトが上市されている。一方で，野菜の成分含有量は栽培環境から非常に大きな影響を受ける。たとえば植物の赤色色素であるアントシアニンは目の健康や美肌効果がある成分として知られているが，サニーレタスでは紫外線や低温の環境刺激に晒されることによりアントシアニンの蓄積が促進される。ホウレンソウの機能性成分であるルテインは低温条件下で含有量が高まることから，冬季の栽培に限定した機能性表示がされている。施設栽培ではその環境制御技術を利用して野菜の機能性増強を実現している事例があり[3]，今後さらに機能性や風味などの品質を向上させられる栽培技術の研究開発が期待される。

2. 乾燥をはじめとする環境ストレスに対する植物の応答

植物にとって乾燥は，成長を阻害して収量の低下をもたらす主要な環境ストレスの1つである。地球規模での気温上昇と降雨量減少の明らかな傾向が観測されており，今後の農業生産においてより危機的な乾燥状態をもたらすことが懸念される。乾燥による植物への影響は多岐に渡るが，たとえば，成長と発育の制限，形態の変化，植物の一次および二次代謝の障害，光合成効率の低下などがある。これまでの進化の過程において植物は乾燥条件に適応するために，さまざまなメカニズムを発達させてきた。形態学的には根系における吸水能の向上や，道管断面積の拡大や葉脈密度の増加，節間の短縮など地上部への通水効率を高めるように進化している。さらに植物ホルモンを介した気孔開閉機構の発達，クチクラ層やトライコームの形成，葉の脱落や形状変化など蒸散を抑制するための植物生理の応答機構も備えてきた。細胞組織レベルでは細胞膜のリン脂質を安定化させるデハイドリンタンパク質や炭水化物などの保護物質を蓄積する。さらに重度の脱水状態では代謝活動をほぼ完全に停止し，土壌の干ばつが収まった後に再開される修復メカニズムも発達している[4]。また，乾燥を含む環境ストレスによって植物体内に生じる活性酸素は細胞や組織にダメージを与え，生育や生存への悪影響をもたらす。そのような酸化ストレスに対抗する植物の応答機構として，たとえば還元型アスコルビン酸（ビタミンC）やグルタチオン，a-トコフェロール（ビタミンE），ポリフェノールなどの抗酸化物質を自らの体内で合成することができる。これらの物質は活性酸素種と反応して無害化するものであり，植物が酸化ダメージから身を守るための仕組みである[5]。また最近の研究ではγ-アミノ酪酸（GABA）が植物の乾燥ストレス抵抗性に関係している可能性が示唆されており，水利用効率や光合成，抗酸化活性の向上，気孔の開閉調節において重要な役割を果たすことが報告されている[6]。

3. 乾燥ストレスを利用した機能性強化栽培技術

野菜からの摂取が期待される有用成分には食物繊維やミネラル，ビタミン類をはじめ，ヒトの体調を整える効果が期待されるさまざまな二次代謝産物があり，植物種によって生成できる成分は異なっている。それらの野菜の有用成分含有量が乾燥（水分ストレス）によって増加する理由は，単純に水分含量が低下することによる濃縮効果の他に，生体内の代謝変動による蓄積成分の変化が考えられる。植物は体内の浸透圧を維持するための適合溶質として，有用なショ糖やアミノ酸を蓄積する[7]。前述したGABAも高血圧の改善効果などヒトの心身の健康への有効性が報告されており，機能性表示食品として届出されている事例が見られる。さらに活性酸素種に対抗するために生成される抗酸化物質にはポリフェノールやカロテノイドなどに代表される多くの有用成分があり，ヒト体内の酸化的損傷や老化に関連する症状に対して効果が期待される。これらの有用成分を増強するために乾燥や水分ストレスをコントロールする栽培技術が開発されており，トマトでは人為的な吸水制限を行ってショ糖，アミノ酸，リコペンなどを高めた栽培が実践されている。一方で環境ストレス条件が生長や収量に及ぼす負の影響を最小限にするため，農業現場で実施するには精緻な制御技術が求められる。従来の屋外農業では気候に依存するためストレス強度をコントロールすることが難しく，季節が変化する中で安定した成分含有量を保証して周年生産することは困難である。それに対し，施設栽培，特に高いレベルの環境制御を行うことができる完全制御型植物工場の技術は，植物に適度で一貫した強度のストレスを付与することを可能とし，生育への負の影響を最小限にしつつ機能性を増強した野菜を連続的に生産できるポテンシャルがあると考えられる。

北野らは，ホウレンソウの養液温度をコントロールし，適当な時期，強度，期間の低温ストレスを根圏部に与えることを検証した[8]。その結果，栄養成分である還元型アスコルビン酸と鉄の濃度が増加すること，逆にヒトの健康に好ましくないとされる硝酸態窒素とシュウ酸の濃度は低減することを報告している。この事例のように水耕栽培では根圏環境を比較的容易に制御でき，さらにその根圏部への環境ストレスは地上部の浸透調節機構の活性や抗酸化応答を誘導し，機能性を向上させた葉菜類生産に利用できる可能性がある。葉菜類において非可食部にあたる根系への環境刺激では，地上部へのストレスは間接的となるためその強度や負の影響を比較的小さく調整することができる。前述のような養液温度を変化させる場合，水温を調節するためのチラーの追加導入や消費電力コストが必要となる。そこで筆者らは低温ストレスを乾燥ストレスに代替することで，コスト増を伴わない野菜の機能性増強手法を考案した。葉菜類の水耕栽培においては，根系が養液に浸るようベッドを多量の水耕液で満たして栽培するDFT方式(湛液型水耕：deep flow technique)と，低水量で根の大半を空気中に形成させて栽培するNFT方式(薄膜型水耕：nutrient film technique)が多く採用されている。植物の根は呼吸しており，後者の方式は空気中から酸素を豊富に供給することを目的としている。その根は常に空気中に形成されるが，その空間が高湿度であることや植物が環境に馴化することから乾燥が問題となることはない。一方，DFT方式では根のほぼ全域が水耕液に浸っており，その根部域が急激に空気に晒されるとストレスを受け，地上部に萎れが発生する。そこでDFT方式で生育中の葉菜類の水位を変更し，空気に晒される期間と根域量を調整することにより，萎れなど収量へのダメージを最小限にしつつ，地上部の抗酸化成分を増加できる乾燥ストレスを誘導できると考えた(**図1**)。このアイデアを具体化するため，施設内の水耕栽培で生産される主要な葉菜であるリーフレタスにおいて，DFT方式で収穫時期の1週間前まで生育させた後，水位を低下させることによる地上部への影響を調査した[9]。その結果，水位を2～4 cm低下させることにより，収量は低下することなくアスコルビン酸含有量の増加に成功した(**図2**)。さらにミズナ，ホウレンソウ，コマツナ，シュンギクにおいても同様の効果が認められ，葉菜類全般に応用できる可能性が示唆された。リーフレタスではポリフェノール含有量および糖度の増加も認められ，またヒトの健康や食味に好ましくないとされる硝酸態窒素は減少した。これらの変化が乾燥ストレスに誘導された植物の抗酸化機構による効果であるかを確かめるため，地上部における抗酸化に関連する酵素

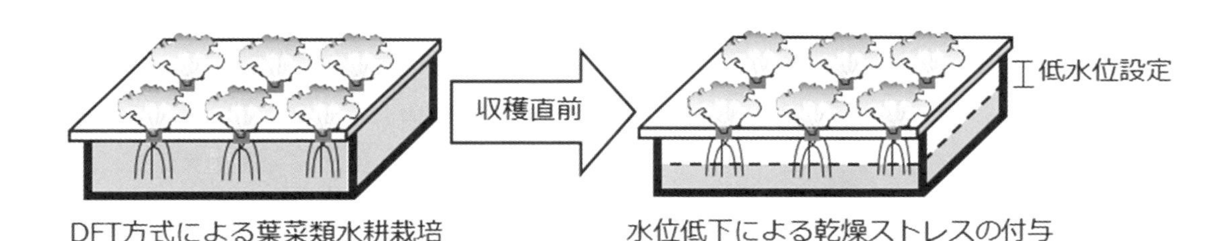

図1　葉菜類の水耕栽培における乾燥ストレス利用技術

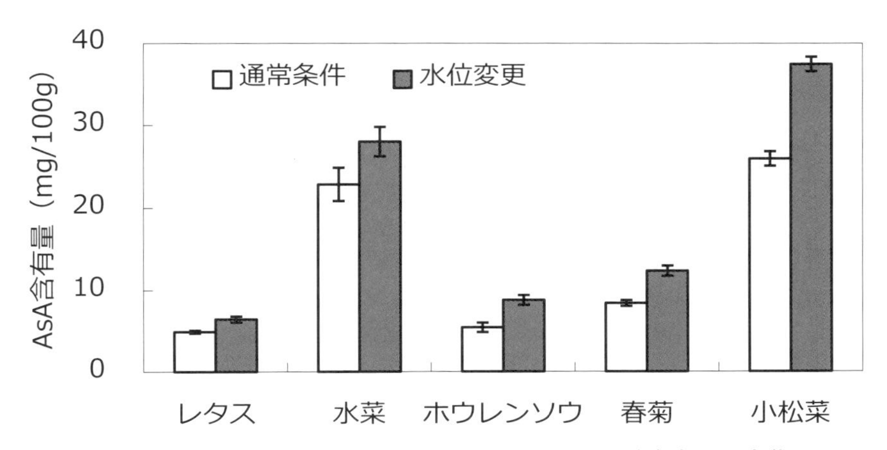

図2　水位変更による葉菜類の還元型アスコルビン酸含有量の変化

活性や遺伝子発現を調査した。活性酸素吸収能力を示すORAC値は増加しており，葉茎での抗酸化能が向上していることが示された。また主要な抗酸化関連酵素であるアスコルビン酸パーオキシダーゼ（APX）およびスーパーオキシドディスムターゼ（SOD）の活性が上昇していた。関連遺伝子の発現を次世代シーケンサーで網羅的に解析した結果，乾燥処理によりAPXやSODの転写物はほとんど変化しておらず，デハイドリン遺伝子の発現が最も促進される。デハイドリンは，ラジカル消去やタンパク質変性抑制などを通して，脱水時の植物細胞の機能を保持するタンパク質である。したがってレタスの根圏乾燥ストレスによって蓄積されたデハイドリンがAPXやSODの失活を防ぎ，アスコルビン酸やポリフェノールなどの含量が増加したと考えられた（**図3**）[10]。この方法は栽培途中で水位を変更するだけでよく，追加の装置やエネルギー，複雑な操作も不要であることから大規模商用生産への導入も比較的容易である。乾燥ストレスを与える水位や期間の条件を調整することで作物全般に応用できる技術であると考えられ，植物種の選択によって特有の機能性成分を増強できる可能性もある。

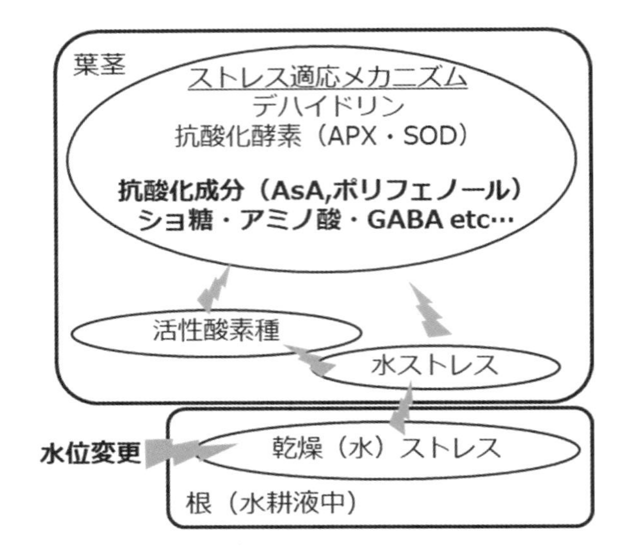

図3　根部乾燥ストレスによる有用性分蓄積メカニズム[10]

4. 今後の展望

近年，農業生産の現場においてロボットやICTを活用する「スマート農業」の導入が進んでいる。植物の栽培環境の中でも特に重要である潅水管理では，日射量や温度など複数の要因をモニタリングする統合的環境制御や，植物自身の状態を赤外線やデジタル画像のデータから非破壊計測して給水を行うシステムが開発されている[11]。植物の生育にとって好ましくない環境ストレスを利用するためには，その強度が少しでも過剰とならないような制御が必要である。今後，ICTを駆使した環境制御の発達によって，従来の栽培管理ではできないような精緻なレベルでの水分管理を行えるようになれば，植物の根圏の乾燥ストレスを野菜の品質向上に利用する技術の実用化が可能となる。同時に，このような絶妙なバランスにおいて収量と品質を両立できる栽培条件を見出すための研究も望まれる。乾燥を利用した栽培技術が確立され，食味や栄養・機能性が向上した多くの野菜を消費者が選択できる日が来ることを期待したい。

文　献

1) (一社)日本施設園芸協会：大規模施設園芸・植物工場実態調査・事例調査(2023).
2) 髙田秀幸：フードシステム研究, **25**, 97-105 (2018).
3) 中野明正編著：機能性野菜の教科書, 誠文堂新光社, 10-34 (2020).
4) T. Hura, K. Hura and A. Ostrowska : *Int. J. Mol. Sci.*, **23**, 4698 (2022).
5) O. Blokhina, E. Virolainen and K. V. Fagerstedt : *Ann. Bot.*, **91**, 179-194 (2003).
6) M. Hasan, N. M. Alabdallah, B. M. Alharbi, M. Waseem, G. Yao, X. Liu, H. G. El-Gawad, A. A. El-Yazied, M. F. Ibrahim, M. S. Jahan ans F. Xiang-Wen : *Int. J. Mol. Sci.*, **22**, 10136 (2021).
7) 安保正一他監修；植物工場の生産性向上，コスト削減技術とビジネス構築，シーエムシー出版，31-45, 80-82 (2015).
8) 北野雅治，日高功太，圖師一文，荒木卓哉：養液栽培における根への環境ストレスの応用による野菜の高付加価値化，植物環境工学, **20**, 210-218 (2008).
9) R. Koyama, H. Itoh, S. Kimura, A. Morioka and Y. Uno : *HortTech.*, **22**, 121-125 (2012).
10) R. Koyama, A. Yoshimoto, M. Ishibashi, H. Itoh and Y. Uno : *Horticulturae*, **7**, 444 (2021).
11) 彦坂晶子：植物環境工学，**34**(3)，129-135 (2022).

第3節
ハーブの乾燥方法による香気変化

東京農業大学　野口　有里紗

1. ハーブの利用と保存における乾燥

ハーブとは人間が生活の場の周辺に自生する山野草の中から食用や薬用として有用なものを取捨選択してきた植物群の総称である。近年ではこれらの中でも芳香，薬用，染色，料理などに利用するものを狭義のハーブとしており，特有の香気や味覚刺激が私たちの生活をより豊かに彩ってくれる。生鮮ハーブは水分含有量が高く貯蔵性が低いため長期保存するためには何らかの加工が必要となり，その代表的な手法が乾燥である。ハーブは水分の他にも香気や機能性，色素，ビタミンなど品質や栄養に関わる成分を多く含む。乾燥温度が高いと変質や変色などの品質劣化が起こり，また乾燥温度が低くても乾燥時間が長いと酵素反応によってやはり品質変化が生じる。ハーブの乾燥は天日，陰干し，熱風乾燥，真空乾燥などによって行われており，ハーブにとって最適な温度や乾燥時間を選択するのが理想であるが現場ではコスト重視で乾燥方法が選択されている。

ハーブの特徴である香気は一部の植物が特異的に生合成して蓄積する精油によってもたらされる。精油は揮発性の高いテルペノイド類が数十～数百種類混合した物質であり，植物の種や品種によって生合成する物質や組成が異なり特有の香気の源となっている。収穫後のハーブ精油は時間の経過とともに気化し，また貯蔵のための乾燥加工によっても減少するため，精油と香気を長期間保持することはハーブにとって非常に重要である。乾燥方法による精油含有量や香気組成の変化については研究事例が多く[1)-4)]，ハーブの種類と乾燥方法，さらには温度の組み合わせによって香気の保存程度や組成が異なり，ハーブにとって最適乾燥条件が一様ではないことが報告されている。

生産加工業者にとっては高品質な乾燥ハーブを製造するまでが重要だが，乾燥ハーブは素材であり料理に加えるなどの方法で利用される。香気付与を目的に料理に利用される青果物では生鮮状態での香りが最も強くかつ風味が良く，乾燥葉はそれに劣ると言われてきた。ハーブは単独で食されることは少なく，料理の風味付けのため切断や加熱して加えられる，または煎じて香りや成分を湯に浸出させてハーブティーとして楽しむ。そのため乾燥方法の違いと調理を組み合わせた加工操作で発生する香気品質を明らかにすることも必要であると考えるが，調理加工によってハーブの香気がどのように変化するかを調べた研究は少ない。

2. バジル

スイートバジルは世界中で食用されている料理用ハーブの代表である。生葉は光沢のある鮮やかな緑色とフレッシュかつ特有の香気が特徴であり，料理に添えると非常に風味と見栄えが良くなるが切断やこすれた部位がすぐに黒変し，これに加えて冷蔵すると傷がなくとも変色することから生葉での保存が非常に難しい食材である。一方，乾燥させた葉は色鮮やかさでは生葉に劣るが貯蔵性が高く，瓶や密閉袋入りの乾燥バジルが安価で販売されている。

料理でのスイートバジルの利用方法はサラダやカプレーゼ，ピザやパスタなど多岐にわたり，非加熱の料理にも加熱する料理にも使われている。バジルの葉はこれらの料理にそのまま添える，刻んだり粉砕して乗せる，加熱調理するなどの行程が加えられる。そこで乾燥方法による香気の差に加えて，その後の調理を想定した加工によってスイートバジル葉から発生する香気成分量と組成がどのように変化するのかについて調査した[5)]。

2.1　測定方法

同一環境下で栽培したスイートバジル'バジリーナ'(フタバ種苗)の傷がなく節位や大きさがほぼ同じ本葉を採取し，ただちに40℃24時間の温風乾燥および真空凍結乾燥(以降，凍結乾燥とする)を行った。この温風乾燥と凍結乾燥を行った葉および収穫直後の生葉を測定サンプルとした。処理サンプルや加工方法は，傷や破損のない葉をhole，生葉をハサミで1cm幅に刻む処理を切断，乾燥葉を手で粗く砕く処理を破砕と称した。切断と破砕は香気採取直前に，また生と乾燥葉の加熱は100℃の乾燥機内に5分間静置することで行った。加熱を行わない葉は室温を想定した25℃の恒温庫に静置した。香気や成分組成の比較対象として，前述の生葉から水蒸気蒸留にて採取した精油を用いた。

香気分析はSPMEファイバー(65μmPDMS/DVB, Supelco)で葉1枚分のサンプルを封入したガラス瓶内のヘッドスペースガスを採取し，これを分析サンプルとした。香気や精油成分分析はガスクロマトグラフ質量分析計(カラムDB-WAX 30m×0.25mm i.d., 0.25μm, Agilent J&W)で行った。

2.2　乾燥と加熱切断による香気放出量の変化

表1に乾燥方法と調理を想定した加工の組み合わせによる香気放出量を，生葉を100として示した。スイートバジルでは通説のとおり生葉の香気放出量が大きく，また官能的にも香気が強かった。holeでは乾燥によって常温25℃での香気放出量が1/10に低下した。ハーブの香気は揮発性の高いテルペノイドの混合物で構成されており，加温することでより多くのテルペノイドが気化するため官能的な香気が強くなる。100℃5分の加熱でholeでは生葉も乾燥葉もいずれも香気放出量がおよそ3倍に増加したが，切断破砕葉では加熱による香気放出量の増加程度はholeよりも小さかった。スイートバジルを含むシソ科ハーブは植物表皮に形成される腺毛に香気成分である精油を蓄積し，これが破損することで強い香気を発する。そのためいずれの状態の葉も切断と破砕によって放出香気量が増加したが，加熱時よりも常温での切断破砕による香気放出量の増加程度が最も大きくなった。切断破砕も加熱も香気を増加させる方法であるが，切断破砕後の加熱は生じた香気が熱で拡散してしまうことと熱で生じた水蒸気の影響を受けるため増加程度が抑制されたものと考えられる。

2.3　乾燥と加熱切断による香気組成の変化

図1に各処理における香気組成割合を示した。比較対象として同じ葉から採取したスイートバジルの精油とその揮発香気の成分組成を図に加えた。精油の主成分はリナロール(linalool)23%とオイゲノール(eugenol)28%，精油揮発香気の主成分はシネオール(1,8-cineole)30%とリナロール(linalool)39%であった。

生葉の香気主成分はリナロール(linalool)31～46%とシネオール(1,8-cineole)9～23%であり，切断によってシネオール(1,8-cineole)が，加熱によってオイゲノール(eugenol)とセスキテルペン類であるβ-エレメン(β-elemene)やゲルマクレン(germacrene

表1　香気成分放出量(検出面積)の相対比較

	生葉				温風乾燥				凍結乾燥			
温度	25℃		100℃		25℃		100℃		25℃		100℃	
切断有無	hole	切断	hole	切断	hole	破砕	hole	破砕	hole	破砕	hole	破砕
香気検出面積	100.0	885.1	353.4	1047.9	12.7	201.1	34.5	402.8	11.1	176.1	37.4	411.1
加温による増加程度	1.0 → 3.5 1.0 → 1.2				1.0 → 2.7 1.0 → 2.0				1.0 → 3.4 1.0 → 2.3			
切断による増加程度	1.0 → 8.9		1.0 → 3.0		1.0 → 15.9		1.0 → 11.7		1.0 → 15.8		1.0 → 11.0	
加熱＋切断での増加	1.0 → 10.5				1.0 → 31.8				1.0 → 37.0			

生葉25℃ holeを100とする

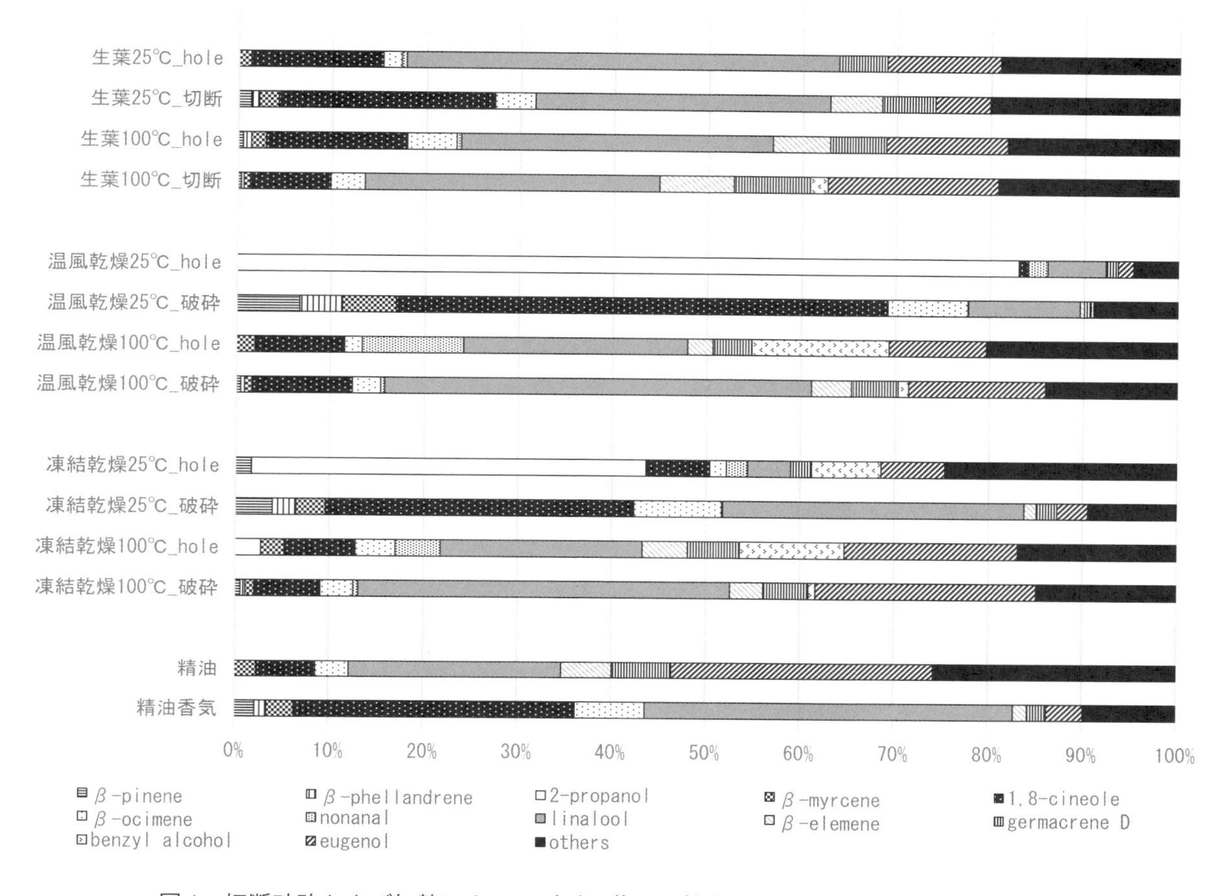

図1　切断破砕および加熱によってバジル葉から放出される香気および精油成分組成

D)の割合が増加した。常温25℃の乾燥葉holeの主成分は2-propanolであり，温風乾燥では83％，凍結乾燥では42％と生葉や破砕葉とは組成が大きく異なっていた。乾燥葉holeは元々の香気放出量が少ないこと，乾燥時に葉が縮み葉や腺毛の形状が変化することで特異な香気組成になったと思われる。乾燥葉は生葉と比べて切断破砕と加熱による組成変化が大きかった。破砕によってシネオール(1,8-cineole)，リナロール(linalool)，加熱によってリナロール(linalool)とオイゲノール(eugenol)の割合が著しく増加した。凍結乾燥は温風乾燥に比べて多くの成分が含まれており，特に揮発性の高いβ-ピネン(β-pinene)やβ-フェランドレン(β-phellandrene)などの香気成分が残存していた。

2.4　乾燥と加熱によるバジル品質の変化

多くの生鮮品で見られるように，スイートバジルでも乾燥によって葉が収縮し，温風乾燥と生葉の100℃加熱では全体が黒変して外観品質が著しく低下した。凍結乾燥では乾燥後も100℃加熱後でも黒変は見られず緑色を維持していた。精油を蓄積している腺毛は乾燥によって収縮および破損するため生葉よりも精油含量が減少し，乾燥温度が低く乾燥時間が短いほど精油品質が保たれる[6)7)]。今回作成したバジル乾燥葉は温風と凍結いずれも24時間の処理を行ったが，凍結乾燥は温度が低くかつ減圧条件によって温風乾燥よりも短時間で水分が減少したことから酵素による変色反応が抑制され外観と香気品質が良好に保たれたと思われる。

スイートバジルの香気放出量と組成は，乾燥方法よりもその後の調理時の加工操作による影響がはるかに大きかった。スイートバジル乾燥葉を軽く崩してシネオール(1,8-cineole)を多く放出させると香りが強くかつフレッシュさとさわやかさが強調され，崩した葉を乗せて加熱もしくは温かい料理に振りかけてオイゲノール(eugenol)の割合を高めるとスパイシーさや重厚さが楽しめる。料理との相性や喫食者の好みによって調理加工のひと手間を変えることで，乾燥ハーブがよりおいしく楽しめることが示された。

3. ミント

ミントは特有の清涼感のある香りが特徴で，4000年前のエジプトでの栽培やミイラに用いられていた記録があるほどの古来より親しまれている植物である。ミントの芳香はさまざまな生活用品の香料として用いられるほか，デザートに添えたりミントティーとして食用されている。ハーブティーとしてはミント単独で煎じるだけでなく，他の茶と混ぜての利用も多い。お茶に使用されるミントは日持ちの観点から乾燥させたものが流通しているが，乾燥させることで風味や香りが変化するため，お茶にとっての乾燥工程は非常に重要なものである。

ハーブティーでは葉に含まれる香気や呈味成分が熱水によってゆっくりと抽出され，水蒸気と共に気化することで豊かな香りを放出する。しかし香気の大部分を占める精油成分は加熱によって加水分解や酸化，重合など化学的変化を受けるため[8]，ハーブティーから感じられる香りは生葉そのものとは変化することがほとんどである。また，ハーブを乾燥する過程でも熱や衝撃などによって精油の損失や組成変化が生じる。ハーブティーについては乾燥方法と抽出した茶に含まれる機能性成分含有量についての研究はあるが[9)10]，ハーブティーの香気が乾燥方法の違いによってどのような影響を受けるのかについての報告は少ない。

3.1　測定方法

筆者が保有し栽培しているスペアミント(*Mentha spicata* L.)，モヒートミント(*Mentha nemorosa*)，キャンディミント(*Mentha*×*piperita* cv. 'Candy')を材料とした。収穫した茎頂部の生葉を3g測りとって紙袋に入れ，45℃3日間の温風乾燥，3日間の真空凍結乾燥(以降，凍結乾燥)，24℃暗黒室内で13日間の通風乾燥を行って乾燥葉を作成した。また，対照として生のミントを測定直前に採取した。乾燥させたミントは測定開始まで常温のデシケーター内で保管した。

生葉時の重量が3gであった乾燥葉を用いてミントティーを調整した。ミントを不織布製ティーパックに入れて90℃の純水150mLを加えてただちに蓋をして3分後にティーパックを取り出した。ミントティーは室温まで冷却したものを香気分析と官能評価のサンプルとした。香気分析用の香気は次のように採取した。ミントティーをサンプリングバイアルの容積の1/10量を入れて密封し，50℃10分間の予備加温した後にSPMEファイバー(65 μmPDMS/DVB，Supelco)で揮発香気を捕集した。対照として生葉ミントの香気を採取し測定した。香気成分分析はガスクロマトグラフ質量分析計(カラムDB-WAX 30 m×0.25 mm i.d.,0.25 μm, Agilent J&W)で行った。合わせてミントティーの官能評価(評価項目は「清涼感」「甘さ」「草っぽさ」の5段階評価と自由記述コメントによる総合評価)を行い，感覚の疲労を避けるために1人あたり1種類のミントを評価した。

3.2　乾燥方法によるミントティーの香気変化

スペアミントの主要香気成分を図2に示した。スペアミントティーの香気組成は乾燥方法による差が小さかった。いずれの乾燥方法でも主要香気成分カルボン(d-carvone)が50〜70％であり，リモネン(d-limonene)，シネオール(1,8-cineole)とオクタノール(3-octanol)が含まれており，生葉の香気組成と非常に類似していた。生葉にはt-カルボン(trans-carvone)が5.8％含まれていたがミントティーでは検出されず，一方でミントティーにはジヒドロカルボン(cis-dihydrocarvone)が6〜14％含まれていたが生葉では検出されなかった。乾燥ミントティーはシネオール(1,8-cineole)とオクタノール(3-octanol)の割合が高く，生葉よりもリモネン(d-limonene)とカルボン(d-carvone)が低かった。

モヒートミントの主要香気成分を図3に示した。モヒートミントもスペアミントと同様に主要香気成分はいずれもカルボン(d-carvone)とシネオール(1,8-cineole)であったが，乾燥方法によってこれらの成分の含有割合が変化した。カルボン(d-carvone)は通風乾燥のミントティーで含有割合が低下し，凍結乾

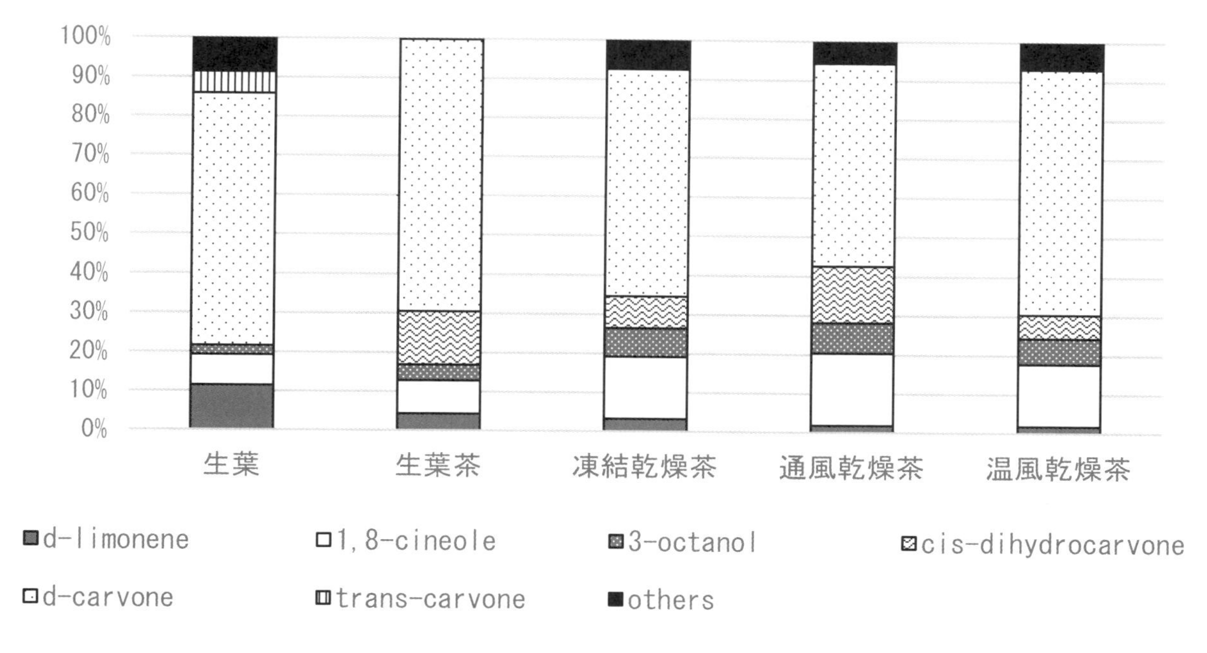

図２　スペアミント生葉と乾燥方法の異なるスペアミントティー香気成分組成

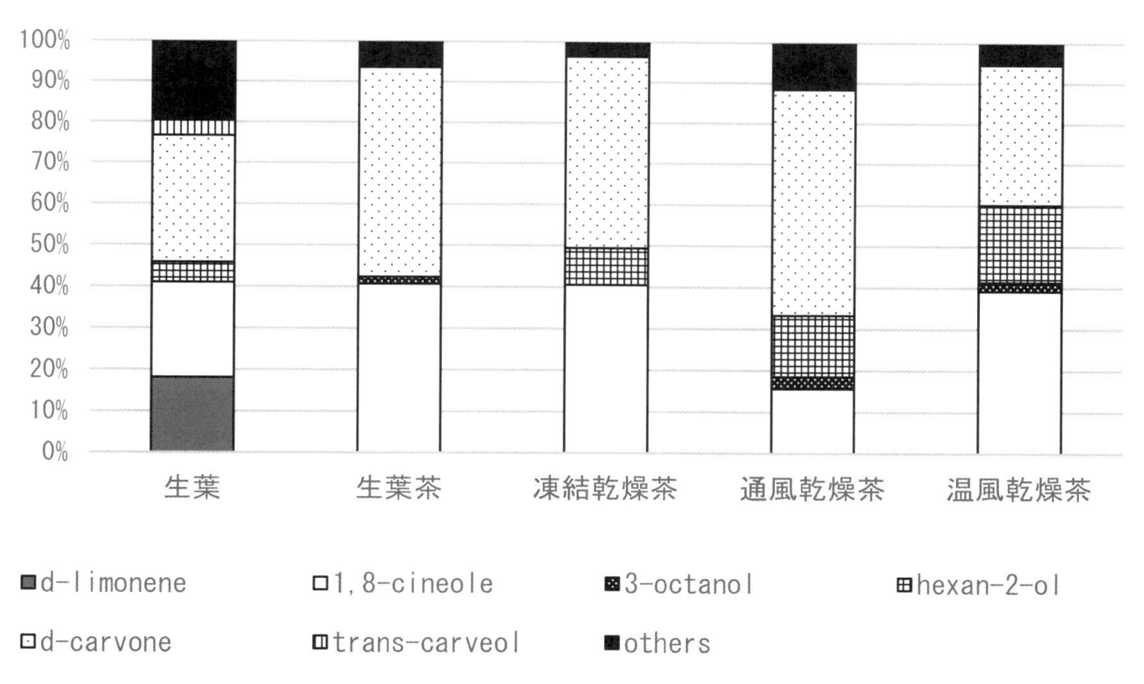

図３　モヒートミント生葉と乾燥方法の異なるモヒートミントティー香気成分組成

燥ではシネオール(1,8-cineole)が他の乾燥方法のおよそ半分と少なくなっていた。生葉に含まれていたリモネン(d-limonene)やカルベオール(trans-carveol)はミントティー香気からは検出されず，オクタノール(3-octanol)はミントティーでのみ，ヘキサノール(hexan-2-ol)は乾燥葉のミントティーにのみ含まれていた。

キャンディミントの主要香気成分を**図4**に示した。キャンディミントは乾燥方法によって主要香気成分が変化した。またミントティーから検出された香気成分数は生葉の半数ほどに減少した。生葉と生葉ミントティーでの主葉香気成分はメントン(L-menthone)とシネオール(1,8-cineole)であったが，凍結乾燥ではメントール(dl-menthol)とオシメン(*β*-ocimene)，通風乾燥ではメントール(dl-menthol)とメントフラン(menthofuran)，温風乾燥ではメントール(dl-menthol)とメントン(L-menthone)であった。メントン(L-menthone)は生葉および生葉ミントティーで47～60 %を占めたが乾燥葉ミントティーでは減少し，代わりにメントール(dl-menthol)の含有率が24～35 %と高くなった。凍結乾燥ではメントン(L-menthone)が，凍結乾燥以外の乾燥方法ではオシメン(*β*-ocimene)が検出されなかった。イソメントール(isomenthol)はミントティーでのみ検出された。

ミント乾燥葉をミントティーにしたときの香気は，*α*-ピネン(*α*-pinene)や*β*-ピネン(*β*-pinene)，リモネン(d-limonene)などの揮発性の高い成分の割合が生葉や生葉ミントティーに比べて減少し，一方でミント特有の清涼感をもたらす香気成分であるカルボン(d-carvone)やジヒドロカルボン(cis-dihydrocarvone)，メントール(dl-menthol)の割合は増加する傾向にあった。ミントティーにした時に減少するリモネン(d-limonene)やピネン類はメントール(dl-menthol)やメントン(L-menthone)，カルボン(d-carvone)の前駆体であることから，ミントティー調製の過程で高揮発成分が揮散するとともに湯による高温によって酸化や重合が生じてミントの特有香気の割合が増加したと考える。

3.3 乾燥方法の異なるミントティーの官能評価

スペアミントはペパーミントと比較して清涼感がやや弱く甘さを感じさせる香気を持つことから茶やスイーツなどに多く使用される。モヒートミントはイエルバブエナとも呼ばれ清涼感と草の風味が強く，カクテル「モヒート」に用いられる。キャンディミントはブラックペパーミントから派生した品種で清涼感の強さが特徴であることから，名前のとおり

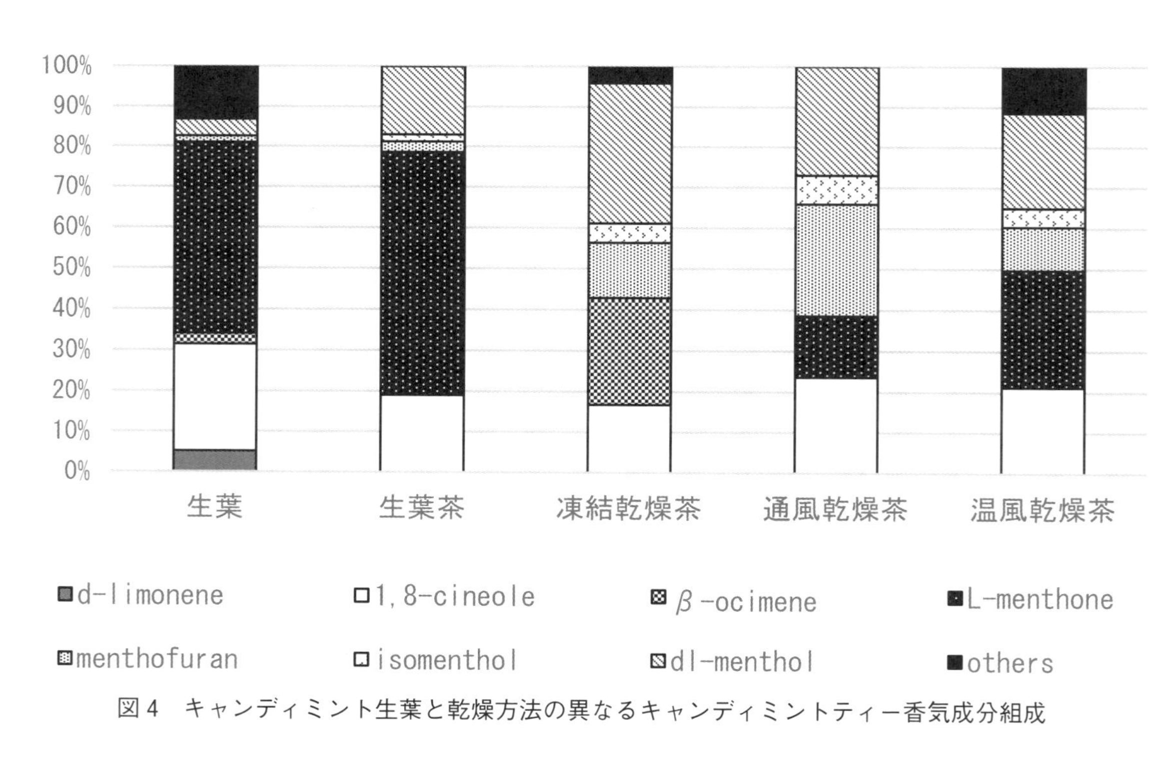

図4　キャンディミント生葉と乾燥方法の異なるキャンディミントティー香気成分組成

表2　乾燥方法の異なるミントティーの官能評価

	スペアミント			モヒートミント			キャンディミント		
	清涼感	甘さ	草の風味	清涼感	甘さ	草の風味	清涼感	甘さ	草の風味
生葉茶	4.2	2.6	3.1	4.4	2.1	3.8	4.3	3.0	3.4
凍結乾燥茶	2.7	3.1	3.0	3.3	3.2	2.9	1.4	2.9	3.0
通風乾燥茶	3.2	2.0	2.4	2.5	2.4	3.3	3.3	3.0	2.5
温風乾燥茶	2.2	2.2	3.1	2.7	2.7	2.6	2.6	2.6	2.5

評価基準　(5)強い～(1)弱い
パネリスト n＝9，パネリスト1人は1品種のみを評価

ハーブキャンディに使用されることが多い。これらの特徴からミントティーの官能評価では，ミント特有の清涼感，甘さ，草の風味を5段階で評価した(**表2**)。清涼感は3種とも生葉ミントティーが最も高く，温風乾燥では低くなった。凍結乾燥では他の乾燥方法に比べて甘さの評価がやや高く，温風乾燥では草の風味が弱い評価であった。温風乾燥は総じて評価が低めであった。スペアミントの通風乾燥では清涼感がやや高いがキャンディミントの凍結乾燥では著しく低いなど，乾燥方法だけでなくミントの種類によって評価に差異が生じる部分が見られた。

ミントティーの総合的な評価コメントでは，生葉は乾燥葉に比べて風味が強いことから「ミントの草そのまま」「清涼感が強いが苦みが強かった」などの否定的な評価がみられた。乾燥ミントティーの香気成分分析では清涼感をもたらすメントン(d-menthone)やメントール(dl-menthol)の割合が減少していたが，温風乾燥の官能評価では「草の風味が少なく甘みもあり良い」「お茶としてみた場合は温風乾燥がもっとも良い匂いがした」などの肯定的な意見多く，嗜好面での評価は高くなった。凍結乾燥は「生葉と比べて清涼感が強すぎず，甘みが感じられ美味しい」と感じる人が多かった一方で，凍結乾燥したモヒートミントへは「ハーブか疑うほど酸っぱい匂いがした」「草の風味が強すぎる」とのコメントもみられた。Consuelo ら[11]もスペアミントを乾燥させると草の風味やフローラル香が減りミント香が増加したと同様の報告をしていることから，乾燥によってミントの風味は強まるがそれ以外の特徴がマイルドになり茶としての評価が高くなることが明らかとなった。

ミントティーでは香気成分組成(図2～図4)や官能評価点(表2)と総合評価コメントが必ずしも一致しなかった。ハーブティーの香気は含有精油量とは一致せず，精油量が多いにもかかわらず匂いが最も弱いと判断されることが報告されている[12]。香気成分には閾値があり量と質が必ずしも比例しないことから，乾燥方法の違いによる品質は成分量の調査と共に官能評価も行う必要がある。

4. まとめ

ハーブは乾燥方法によって香気成分の含有量と組成が変化する。香気が変化する理由は乾燥による腺毛の収縮と破損だけではなく，葉全体の物理的構造変化と細胞損傷による細胞内物質の流出とそれらと精油の反応も挙げられる。腺毛はクチクラ層に包まれているが脂肪酸が多い構造のため温度変化に弱く，このため高温や低温で乾燥させると精油蓄積器官が劣化して損失が大きくなると考えられる[6)7)12)]。また葉の組織は熱風乾燥では著しく収縮し，真空乾燥は細胞壁の損傷が少ないことが報告されていることから[13]，乾燥ハーブの香気保持には乾燥時の葉の損傷を最小限にすることが重要である。

乾燥による葉の損傷はハーブの香気だけでなく，機能性成分の保持とこれらが湯へ溶け出す速度や量にも影響する。ハーブは機能性成分含有量が高く抗酸化活性が高い植物である。乾燥ハーブの熱水抽出物にもポリフェノールが多く含まれ，DPPH ラジカル消去活性が高くヒスタミンと LTB_4 の放出抑制効果が報告されている[14]。ミントティーにはラジカル補足作用を示すエリオシトリン，ルテオリン-7-*O*-*β*-ルチノシド，ロスマリン酸などが多く含まれること[9]，レモンバーム葉乾燥粉末の熱水抽出液では乾燥温度が最も低かった45℃通風乾燥がロスマリン酸などのポリフェノールが多く，最も高い DPPH ラジカル消去活性を示した[10]。これらのことから，ハーブの乾燥加工には歩留まりやコストも重要だが，香気や機

能性成分の保持，ハーブとの相性，さらには加工後にどのような品質を重視するのかを明確にして乾燥方法を選択する必要があることが示された。

文　献

1) L. F. Di Cesare, E. Forni, D. Viscardi and R. C. Nani : *J. Agric. Food Chem.*, **51**, 3575 (2003).

2) M. C. Diaz-Maroto and M. S. Perez-Coello : *Eur Food Res Technol.*, **215**, 227 (2002).

3) P. R. Venskutonis : *Food Chem,*. **59**, 219 (1997).

4) K. Paeaekkoenen, T. Malmsten and L. Hyvoenen : *J. Food Sci.*, **55**, 1373 (1990).

5) 野口有里紗：園芸学研究，**23**(別 1), 404 (2024).

6) M. T. Ebadi, M. Azizi, F. Sefidkon and N. Ahmadi : *J. App. Res. Med. Arom. Plants.*, **2**, 182 (2015).

7) A. G. Pirbalouti, E. Mahdad and L. Craker : *Food Chem.*, **141**, 2440 (2013).

8) Clarke Sue：アロマテラピー・精油のなかの分子の素顔－安全に楽しむための基礎科学－，じほう，96 (2004).

9) 三宅義明：日本食生活学会誌，**22**, 35 (2011).

10) 柚木崎千鶴子：日食工誌，**55**, 293 (2008).

11) M. Consuelo Díaz-Maroto : *J. Agric. Food Chem.*, **51**, 1265 (2003).

12) Sz. Sárosi : *Ind. Crops Prod.*, **46**, 210 (2013).

13) 佐川岳人：日食工誌，**58**, 222 (2011).

14) 高杉美佳子，加藤雅子，前田典子，島田和子：日食工誌，**57**, 121 (2010).

第1節
食品工業における乾燥技術

鳥取大学名誉教授　**古田　武**

1. はじめに

食品の乾燥は人類が考案した最も歴史ある食品保存法である。水分を低くして微生物の増殖を抑制すると同時に成分の劣化を防ぎ，食品を長期に保存する最も伝統的な手法である。また乾燥による質量や容積の減少は運搬の効率を向上させる。食品の乾燥は他の材料にはない独特の特性，たとえば香りや色，テクスチャーなどを，できるだけ損なわないように操作することが重要である。また，乾燥物を復水させたときに可能な限り，元の特質を持ったものになることが望ましい。

2. 材料の含水率，水分活性および水分移動

2.1　含水率と水分

水を含んだ材料(湿り材料)から完全に水を除いた状態を無水材料と呼ぶ。乾燥では無水材料1 kgに含まれる水量[kg]で湿り材料中の水分量を表し，これを乾重量基準含水率(以後，単に含水率X)と呼ぶ。含水率は元来無次元であるが，空気中の(絶対)湿度Hの場合と同様に，意味を明確にする目的で[kg-水/kg-乾き材料]と表す場合が多い。これに対して湿重量基準含水率(水分w)は，湿り材料1 kg中の水分量を表し，質量分率(重量分率)に等しい。Xとwは次式の関係がある。

$$X = w/(1-w), \quad w = X/(1+X) \qquad (1)$$

乾燥プロセスの計算を行う場合には，水分wは乾燥機の前後などでその計算基準(湿重量)が変化するため，基準値が変化しない含水率Xを用いて水分量の収支などの計算を行う。

2.2　水分活性

同じ含水率(水分)であっても，食品中の水の状態は一般に異なり，食品中の水は含水率だけでは評価できず，別の指標が必要な場合がある。その指標が水分活性a_w[-]である。たとえば，食パンとジャムの水分は共に約40 %程度であるが，室温に放置すると食パンにはカビが生えるが，ジャムには生えない。このような現象の説明に用いられるのが水分活性である。水分活性は，食品と水の相互作用の強さを反映し，同じ水分でも，水が食品素材と強く相互作用する場合には，水分活性が低くなる。水分活性の測定法は，食品を種々の相対湿度の雰囲気に置き，重量の増減がゼロとなる相対湿度からその食品の水分活性を求める。

2.3　乾燥材料内の水分移動

食品中に水がどのような状態で存在するかは，乾燥機構を考える上で重要である。液体やゲル状食品のような均質な食品では，乾燥に伴って水は食品内を乾燥面に向かって，分子拡散で移動すると考えられる。食品が多孔性の場合には，内部に存在する毛細管の毛管吸引力によって水が乾燥表面へ移動する。食品内部の水分が，液状の水として乾燥表面まで移動している間は，乾燥は自由水面からの水の蒸発と同様であると考えられるが，乾燥が進行して，液状の水の移動が，表面まで及ばなくなったときを境に，乾燥が急激に遅くなる。

3. 乾燥特性と乾燥機構[1)]

3.1　乾燥の3期間

食品の乾燥に用いられる媒体は熱風が多い。水分を十分含んだ食品を温度 T，湿度 H の熱風中に**図1**(a)のように懸垂して乾燥し，乾燥中の食品の温度と重量の時間変化を測定する。熱風温度が食品温度より高い場合，熱風から食品に対流伝熱によって熱が伝わり，その一部によって，水が食品表面から蒸発して水蒸気となり，残りの熱エネルギーによって食品の温度が上昇する。この時，食品の重量と温度の時間変化は図1(b)のようになる。図中の領域Iはこの初期の乾燥過程を示すもので，材料予熱期間と呼ばれ，食品温度は初期温度から熱風の湿球温度 T_{wb}[K](1編1章1節参照)まで上昇し，重量は時間に対して上に凸の曲線を描いて減少する。乾燥表面に水が十分存在している時は，水の蒸発は自由水面からの蒸発と考えてよく，食品温度が T_{wb} に達した後は，熱風からの伝熱量は全て水の蒸発に費やされるため，食品中の水の蒸発速度は一定値となり，食品重量は時間に正比例して減少する(図1(b)内乾燥期間II)。この乾燥期間を，定率乾燥期間(または表面蒸発期間)と呼ぶ。定率乾燥期間では，食品温度は熱風の湿球温度 T_{wb}(一定)に保たれる。乾燥表面への水の移動速度が蒸発速度に追いつかなくなると，乾燥速度は次第に減少し，図1(b)IIIの減率乾燥期間に入る。この期間では含水率の時間変化は下に凸の曲線となり，乾燥速度が低下すると共に，熱風から食品への伝熱量の大部分が食品の顕熱上昇に使用されるため食品温度が急激に上昇する。

3.2　平衡含水率

一定の温度，湿度の空気で乾燥すると，その食品に固有な含水率に到達して乾燥が終了する。この含水率は平衡含水率 X_e[kg-水/kg-乾き材料]と呼ばれ，乾燥する食品の種類はもちろんのこと，乾燥空気の温度，湿度に固有な値である。ある温度，湿度の熱風を用いて乾燥できる含水率は X_e までであり，さらに製品の含水率を低下させる必要がある時には，熱風の温度を上げるか，湿度を下げなければならない。各種食品の X_e は，熱風の関係湿度の関数で表される。X_e は一般に炭水化物やタンパク質の含量が増すと大きくなり，逆に脂質は X_e を減少させる傾向がある。

3.3　乾燥速度，乾燥特性曲線，限界含水率

材料の乾燥速度は乾燥器の容積の計算や乾燥時間を推算する上で非常に重要である。無水重量 W[kg]，表面積 A[m^2]の食品材料の乾燥速度 R は，含水率 X の時間変化率として次式で定義される。

$$R = (W/A)(-dX/dt) \qquad (2)$$

すなわち R は単位時間あたり，食品の表面から蒸発する水の量であり，その単位は[kg-水・m^{-2}・s^{-1}]である。ここで式(2)中の t[s]は乾燥時間である。乾燥表面積 A が不定の場合は，含水率の時間変化率として乾燥速度 R' を次式で定義する。

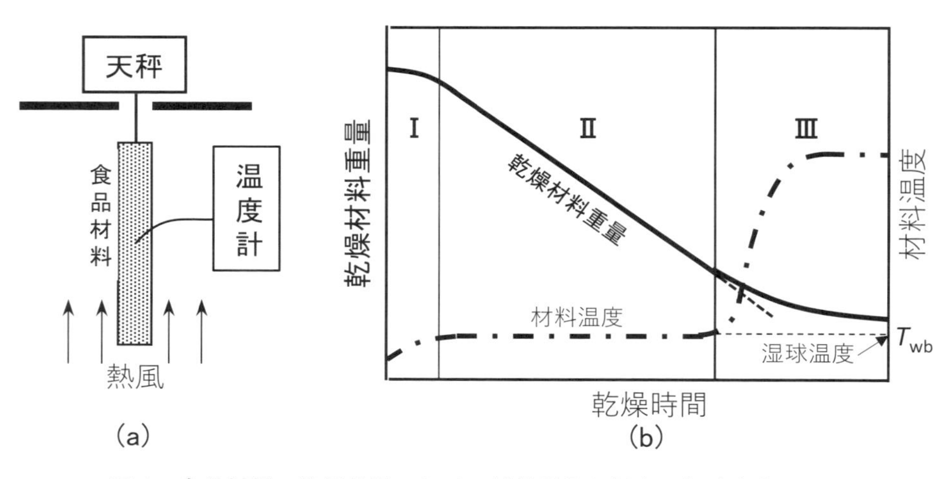

図1　食品材料の熱風乾燥における材料重量と温度の経時変化

$$R' = -dX/dt \tag{3}$$

R' は[s^{-1}]の単位を持つが，意味を明確にするため[kg-水・s^{-1}・kg-無水材料$^{-1}$]と書く場合も多い。乾燥速度 R または R' は，図1(b)の材料重量の時間変化曲線を微分して求められる。

乾燥速度 R(または R')と含水率 X の関係は，一般的に**図2**のようになる。材料予熱期間Ⅰでは乾燥速度が次第に増加し，定率乾燥期間Ⅱでは乾燥速度が一定値 R_c(R'_c)となり，さらに乾燥が進んで含水率が低下すると，減率乾燥期間Ⅲとなる。定率乾燥期間から減率乾燥期間へ移行する含水率を限界含水率 X_c[kg-水/kg-乾き材料]という。乾燥速度は含水率が平衡含水率 X_e に達すると0となる。

3.4　乾燥時間の計算

乾燥速度が得られれば，これを用いて初期含水率 X_1 から最終含水率 X_2 まで乾燥するに必要な時間が計算できる。X_1 が限界含水率 X_c より大きくかつ定率乾燥期間にあり，X_2 は減率期間にある一般的な場合を考える。$X_c \leq X \leq X_1$ の定率期間では R_c または R'_c は一定であるから，式(2)および(3)より乾燥時間 t_c[s]は次式で計算される。

$$t_c = (W/A)(X_1 - X_c)/R_c = (X_1 - X_c)/R'_c \tag{4}$$

次に $X_2 \leq X \leq X_c$ の減率期間では，乾燥時間 t_d[s]は式(5)で計算する。

$$t_d = \frac{W}{A}\int_{X_2}^{X_c}\frac{dX}{R} \text{ あるいは} = \int_{X_2}^{X_c}\frac{dX}{R'} \tag{5}$$

R や R' が X の関数で表せないときは，式(5)は数値積分(または図積分)で計算する。含水率 X_1 から X_2 まで乾燥するに必要な全乾燥時間 t_T[s]は $t_T = t_c + t_d$ である。

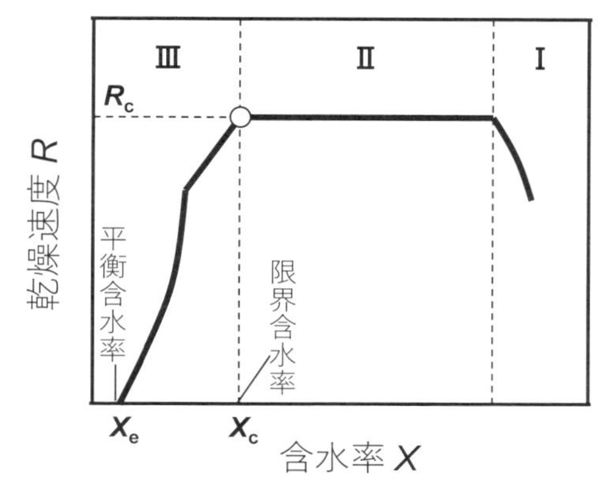

図2　乾燥特性曲線と限界含水率，平衡含水率

4. 乾燥速度の推算法[1)2)]

乾燥器の操作および設計上重要な乾燥速度を一般的に計算することは困難であり，直接測定することが多いが，簡単な系の場合には，定率乾燥速度および減率乾燥速度をある程度推算することができる。

4.1　定率乾燥速度の計算

十分な水を含む平板状食品に熱風を平行に流し，熱風からの対流伝熱のみによって平板の上面から乾燥し，下面は断熱でかつ水の蒸発がない場合を考える。定率乾燥期間では乾燥面の温度は一定値 T_m[K]に保たれる。T_m に対する飽和湿度を H_m[kg-水/kg-乾き空気]とすると，定率乾燥速度 R_c[kg・m^{-2}・s^{-1}]は，材料表面を流れる熱風の温度を T[K]，湿度を H[kg-水/kg-乾き空気]とすると次式で計算される。

$$\begin{aligned} R_c &= (W/A)(-dX/dt) - h_g(T - T_m)/\Delta H_{v,m} \\ &= k_g(H_m - H) - (h_g/C_H)(H_m - H) \end{aligned} \tag{6}$$

ここで，W は無水材料重量[kg]，A は乾燥面積[m^2]，k_g は湿度 H を推進力とした物質移動係数[kg・m^{-2}・s^{-1}]，h_g は伝熱係数[J・m^{-2}・s^{-1}・K^{-1}]，C_H は湿り比熱[J・kg-乾き空気$^{-1}$・K^{-1}]，$\Delta H_{v,m}$ は温度 T_m における水の蒸発潜熱[J・kg^{-1}]である。式(6)の右辺最終項はLewisの関係($k_g = h_g/C_H$)を用いている。

4.1.1　受熱面と乾燥面が同一の場合の定率乾燥速度

図3に示すように，熱風のみから受熱し，かつ受熱面と乾燥面が同一である場合は，空気からの受熱量が全て乾燥面からの水の蒸発に費やされるため，T_m は熱風の湿球温度 T_{wb} となり，式(6)の R_c は次式となる。

$$\begin{aligned} R_c &= h_g(T - T_{wb})/\Delta H_{v,wb} \\ &= k_g(H_{wb} - H) = (h_g/C_H)(H_{wb} - H) \end{aligned} \tag{7}$$

ここで H_{wb} は，湿球温度 T_{wb} における蒸発面上の空気の飽和湿度である。

4.1.2　受熱面と乾燥面が異なる場合の定率乾燥速度

図4のように，トレイに材料を入れて熱風中で乾

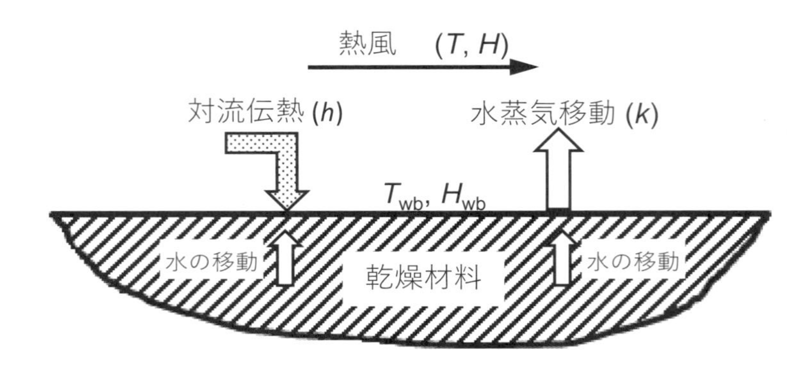

図3　熱風からの受熱面と乾燥面が同じ場合の定率乾燥速度

燥する場合には，乾燥面は上面のみであるが，熱は熱風から上下両面に複合的に伝わる。すなわち，乾燥面では上面を流れる熱風から対流伝熱で受熱するが，下面からの伝熱は，容器底板と材料内を伝導伝熱で蒸発面(上面)に伝わるものであり，受熱面と乾燥面が同一ではない。このような場合には，乾燥面の温度は熱風の湿球温度とは異なる温度 T_m で一定になる。トレイ底板下面の温度を熱風温度 T とし，乾燥面に伝わる全伝熱量と T_m における蒸発潜熱から，定率乾燥速度 R_c が得られる。

$$R_c = [h_g + 1/(1/h_g + l_t/\lambda_t + l/\lambda)](T - T_m)/\Delta H_{v,m} = (h_g/C_H)(H_m - H) \qquad (8)$$

ここで h は上下両面における伝熱係数，l_t，l はトレイ底板および乾燥材料の厚さ[m]，λ_t，λ はそれぞれの熱伝導率[$J \cdot m^{-1} \cdot s^{-1} \cdot K^{-1}$]を表す。$H_m$ は温度 T_m における飽和水蒸気圧から求められるから，式(8)の第2と第3の右辺の値が等しくなるように T_m を試行法で求め R_c を計算することができる。

4.1.3　材料に熱風からの対流伝熱以外の受熱がある場合

図5に示すように，赤外線，遠赤外線などの輻射伝熱，および材料底部に加熱板を置いて伝導加熱する場合の定率乾燥速度は，次式で計算される。

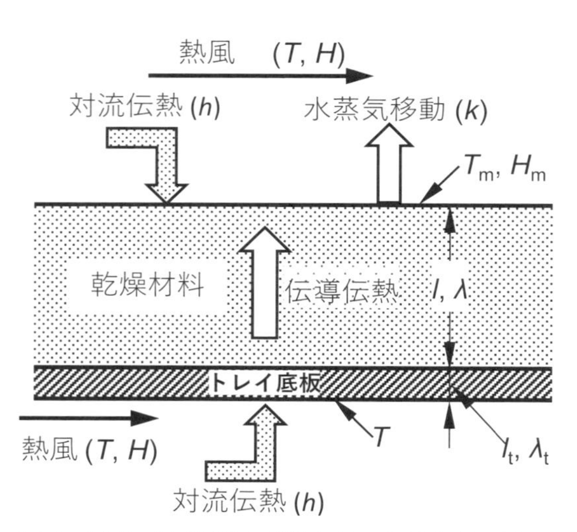

図4　受熱面と乾燥面が異なり，伝導伝熱がある場合の定率乾燥速度

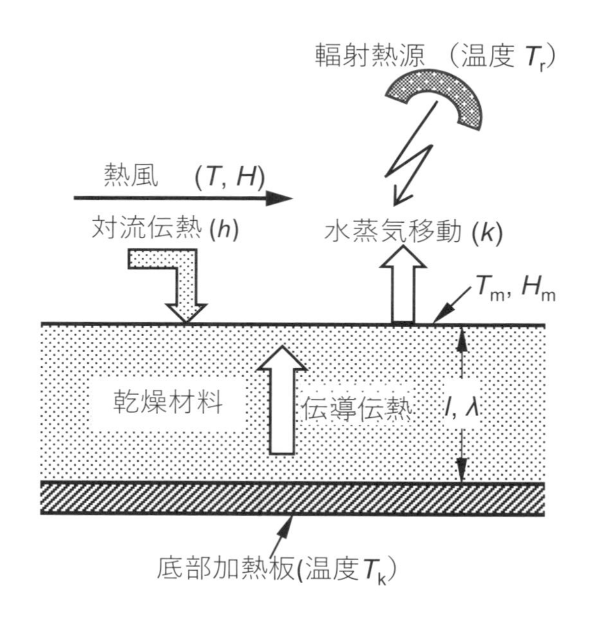

図5　受熱面と乾燥面が異なり，伝導加熱および輻射加熱がある場合の定率乾燥速度

$$R_c = [h_g(T - T_m) + (\lambda/l)(T_k - T_m) + h_r(T_r - T_m)]/\Delta H_{v,m} = (h_g/C_H)(H_m - H) \quad (9)$$

ここで，T_k は底部加熱板の温度[K]，h_r，T_r は輻射伝熱係数[J·s^{-1}·m^{-2}·K]および輻射熱源温度[K]である。R_c の計算法は **4.1.2** と同様に，温度 T_m を仮定して H_m 計算し，式(9)の第2と第3の右辺の値が等しくなるように，T_m を試行法で求め R_c を計算する。

4.2　減率乾燥速度の計算

減率乾燥速度が含水率に対して線形に減少する場合，減率乾燥速度 R_d は熱風の温度，湿度，風速などの条件よりも，材料中の水分の保有状態や内部での水分の移動機構に強く依存する。材料内部の水分移動係数は含水率に強く依存するため，理論的に乾燥速度を求めるためには非線形偏微分方程式を解かなくてはならない。しかしながら，減率乾燥速度曲線が**図6**に示すように，含水率に対して線形に減少すると近似できる場合には，減率乾燥速度 R_d[kg·m^{-2}·s^{-1}]は次式で計算できる。

$$R_d = R_c(X - X_e)/(X_c - X_e) = (F/F_c)R_c \quad (10)$$

ここで F は含水率と平衡含水率の差($= X - X_e$)で自由含水率と呼ばれ，その乾燥条件(熱風の温度，湿度)で除去可能な水分量(含水率)を表す。含水率 X_c から $X_2(< X_c)$ まで乾燥するに要する時間 t_d[s]は，

$$t_d = -\int_{X_c}^{X_2} \frac{dX}{R_d(X)} = -\int_{F_c}^{F_2} \frac{dF}{R_d(F)} = (W/AR_c)[F_c \ln(F_c/F_2)] \quad (11)$$

式(4)と(11)から，定率乾燥期間にある含水率 $X_1(X_1 \geq X_c)$ から減率期間の X_2 まで乾燥するに要する時間 t_T は次式で求められる。

$$t_T = (W/AR_c)[(F_1 - F_c) + F_c \ln(F_c/F_2)] \quad (12)$$

5. 連続式熱風乾燥装置の容量計算

大規模乾燥装置として多く用いられている連続式熱風乾燥装置には，①熱風と材料が同方向に移動する並流式，②反対方向に移動する向流式，③垂直方向に移動する十字流がある。ここでは①の並流乾燥機についてその容量計算法を述べることにする。

乾燥器内での熱風の温度と湿度，および材料の温度と含水率の変化は，乾燥機の入口から出口方向に向かって**図7**のように変化する。図中のⅠ，ⅡおよびⅢは図1(b)の乾燥の3期間(材料予熱，定率乾燥，および減率乾燥期間)に相当するが，注意すべきことは，**3.** で述べた場合と異なり，この場合は熱風の温・湿度が流れ方向に変化しているため，定率乾燥期間であっても乾燥速度は一定とならない。材料は W[kg-乾き材料·s^{-1}]，温度 T_{m1}，含水率 X_1 で乾燥機に供給され，熱風は流量 G[kg-乾き空気·s^{-1}]，温度 T_1，湿度 H_1 で乾燥機に入る。乾燥機出口の材料と熱風の値は，T_{m2}，X_2 および T_2，H_2 である。計算を簡単にするため，以下の仮定を設ける。①乾燥材料と熱風は共にピストン流れ(栓流)で装置内を移動する。②流れ方向に垂直な断面での材料および熱風は完全混合である。③材料内部での含水率と温度の

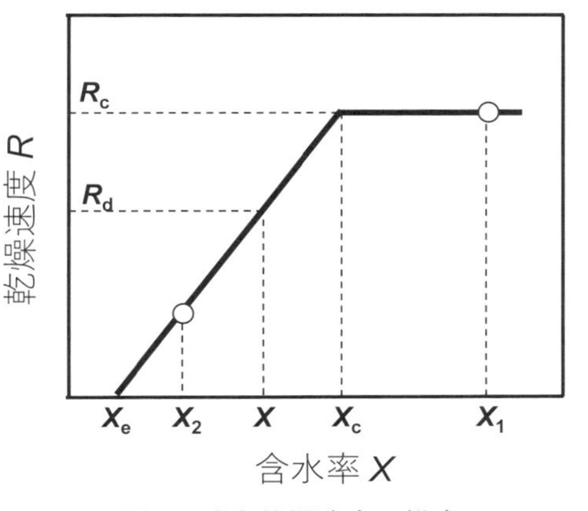

図6　減率乾燥速度の推定

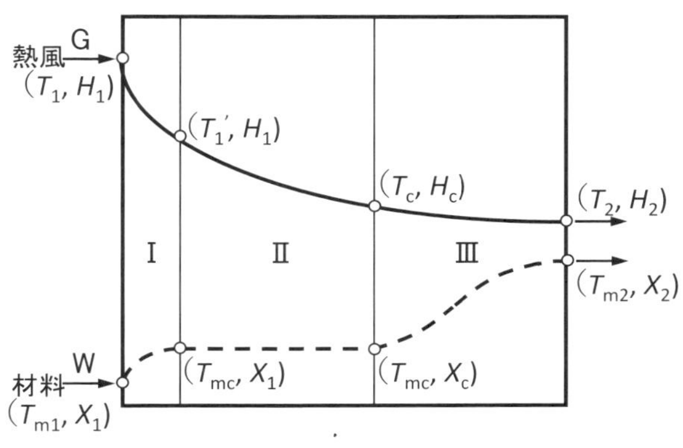

図7　連続乾燥装置の熱風および材料の状態変化(並流)

分布はない。④材料の限界含水率 X_c，平衡含水率 X_e は一定である。⑤熱風の湿り比熱 C_H および水の蒸発潜熱 $\Delta H_{v,m}$ は一定である。⑥乾燥機からの熱損失は無視する。

5.1　乾燥速度の定義[3)-5)]

材料含水率が X の乾燥速度 R^*［kg-水·s^{-1}］を次のように定義する。

$$R^* = f(X) k_g A_g (H^*_m - H) \tag{13}$$

ここで，$H_m{}^*$ は温度が $T_m{}^*$ の材料表面に存在する自由水面上の空気の仮想的な飽和湿度，k_g は湿度差を推進力とする水蒸気の物質移動係数［kg·m^{-2}·s^{-1}］，A_g は材料と空気の接触面積，$f(X)$ はそれぞれの乾燥期間における X の特性関数であり，材料予熱期間では $f(X)=0$，定率乾燥期間では $f(X)=1$ である。式(13)は定常乾燥（空気の温度，湿度が一定の条件での乾燥）における，減率乾燥速度を表す式(10)に相当するもので，$f(X)$ は F/F_c に相当する。

5.2　乾燥装置の微小長さにおける熱・物質収支

乾燥機長さ方向(z)の微小部分 dz 間での，熱風と材料の熱収支式は次式で表される。

材料側：

$$-W\Delta H_{v,m}\frac{dX}{dz} + W(C_s + X\cdot C_w)\frac{dT_m}{dz} = h_g a\cdot A_D(T - T_m) \tag{14}$$

空気側：

$$-GC_H\frac{dT}{dz} = h_g a\cdot A_D(T - T_m) \tag{15}$$

ここで，G と W はそれぞれ熱風および材料の流量（図7），$\Delta H_{v,m}$ は温度 T_m における水の蒸発僣熱，C_s，C_w は無水材料と水の比熱容量，T，T_m は空気および材料温度，$h_g a$ は伝熱容量係数，A_D は乾燥機の断面積，C_H は湿り空気比熱である。同様にして，熱風と材料間の物質収支式は，乾燥による材料の含水率の減少と，それに伴う空気湿度の増加として，次式で表される。

$$\text{材料側：}\ -W\frac{dX}{dz} = R_c f(X) \tag{16}$$

$$\text{空気側：}\ G\frac{dH}{dz} = -W\frac{dX}{dz} \tag{17}$$

ここで，R_c を装置単位長さあたりの表面蒸発速度とし，式(13)の $f(X)=1$ とした次式で定義する。

$$R_c = k_g a\cdot A_D(H^*_m - H) \tag{18}$$

式(16)を式(14)の左辺に代入し，式(18)を用いるとすると，dT_m/dz が次式で得られる。

$$\frac{dT_m}{dV} = \left(h_g a\cdot(T - T_m) - f(X)k_g a\cdot(H^*_m - H)\cdot\Delta H_{v,m}\right)/\left[W(C_s + X\cdot C_w)\right] \tag{19}$$

ここで $dV = A_D dz$ とした。V は乾燥機の体積である。同様にして式(15)～(17)から dT/dV，dX/dV，dH/dV が以下のように得られる。

$$\frac{dT}{dV} = -h_g a\cdot A_D(T - T_m)/(GC_H) \tag{20}$$

$$\frac{dX}{dV} = R_c f(X)/W = k_g a\cdot f(X)(H^*_m - H)/W \tag{21}$$

$$\frac{dH}{dV} = -(W/G)\frac{dX}{dV} \tag{22}$$

式(19)～(22)は連立1次常微分方程式であり，精度に多少の問題はあるが，Euler 法を用いて Microsoft Excel などにより数値解が求められる。以下に並流式回転乾燥機の例題を示す。

【例題】

並流式回転乾燥機により含水率0.1の粒状材料を0.01まで乾燥する。処理量5000［kg-無水材料·h^{-1}］，熱風は入口温度300℃，湿度0.02である。材料の限界含水率は0.03，平衡含水率は0である。無水材料比熱は1.3［kJ·kg-無水材料$^{-1}$·K^{-1}］，材料の供給温度は10℃，製品温度70℃，熱風の排気温度120℃，乾燥器内の熱風質量速度は2.31［kg-乾き空気·m^{-2}·s^{-1}］，伝熱容量係数 ha は150［W·m^{-3}·K^{-1}］，である。乾燥機の断面積を2.09［m^2］として乾燥機の長さを計算せよ。

【計算例】

乾燥を3期間に分けて考え，それぞれの必要体積（または長さ）を計算する。

材料予熱期間

材料温度が T_{m1} から T_{mc} まで上昇する期間であり，材料からの水分蒸発はないとする。図7を参照して，この期間終了時の熱風温度を T_1' とすると，熱風と材料間の熱収支より次式が求まる。

$$GC_H(T_1 - T_1') = W(C_s + X_1 C_w)(T_{mc} - T_{m1}) \tag{23}$$

T_{mc} は T_1' における熱風の湿球温度であり，その時の熱風の飽和湿度を H_{mc} とすると，次式が成立する。

$$T_1' - T_{mc} = (\Delta H_{v,m} / C_H)(H_{mc} - H_1) \quad (24)$$

式(23)と(24)から次式が得られる。

$$T_1' - T_{mc} - W(C_s + X_1 C_w)(T_{mc} - T_{m1}) / GC_H - (\Delta H_{v,m} / C_H)(H_{mc} - H_1) = 0 \quad (25)$$

T_{mc} は T_1', H_1 の空気の湿球温度であるから，試行法で解くと，$T_{mc} = 54.6$ ℃，$H_{mc} = 0.1107$，$T_1' = 25.7$ ℃を得る。またこの区間の体積 V_I[m^3]は式(19)，(20)から次式で計算され，2.91[m^3]が得られる。

$$V_I = GC_{H1}(T_1 - T_1') / \left(h_g a\left[\{(T_1 - T_{m1}) - (T_1' - T_{mc})\} / \ln\{(T_1 - T_{m1}) / (T_1' - T_{mc})\}\right]\right) \quad (26)$$

表面蒸発期間

表面蒸発期間中は T_m が一定であるから，式(20)から V_{II} は次式で計算できる。

$$GC_H(T_1' - T_c) = h_g a V_{II}(T_1' - T_c) / \ln\left[(T_1' - T_{mc}) / (T_c - T_{mc})\right] \quad (27)$$

諸量を代入すると、$V_{II} = 10.21$[m^3]が得られる。

減率乾燥期間

式(19)から(22)をEuler法で数値解析する。**図8**に減率乾燥期間の乾燥機体積(長さに相当する)に対して熱風温度 T，材料温度 T_m，および材料含水率 X の計算結果を示す。材料含水率が0.01を計算の終点とすると，$V_{III} = 8.0$[m^3]となり、全体積 $V_T = 2.91 + 10.21 + 8.0 = 21.12$[m^3]となる。同様の計算が，湿度表と図積分を用いて計算されており[6]，$V_T = 22.6$[m^3]と非常に近い結果が得られている[6]。このことから，連立方程式(19)～(22)は連続式熱風乾燥機の設計方程式として有用であると考えられる。

6. 乾燥機の特徴と選定

食品は材料形状ばかりでなく，材料の乾燥特性も種々異なるため，選定を誤ると乾燥能力に格段の差が生じる。食品材料の熱敏感性を考えて，乾燥中の材料温度の上限を設定しなければならない。一般に，熱劣化は材料温度と乾燥時間の関数である。高温での短時間乾燥の方が，低温での長時間乾燥よりも乾燥製品の品質が優れている場合がある(高温短時間殺菌の例のように)。製品の汚染は食品製造では深刻な問題である。熱に敏感な食品の場合，乾燥機内での固着などによって成分の変性や焦げ臭が発生し，製品価値が低下することがある。またタンパク質や炭水化物などの生体物質が主体の材料であるため，乾燥機の効率的な稼働のみでなく，排液や排ガスの処理などの環境対策も重要である。

食品乾燥機や乾燥操作は種々分類されるが，**表1**は常圧で操作される乾燥機を，熱移動の様式と，操作(材料の流れ)が回分式か連続式かをもとに分類したものである[7]。各々の乾燥機の違いで重要なのは，その滞留時間である。気流乾燥機，噴霧乾燥機，ド

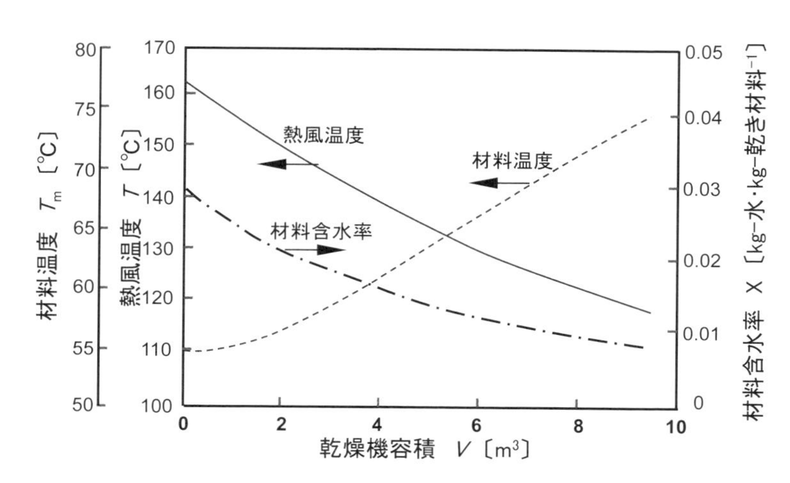

図8 並流式連続回転乾燥機の減率期間(V=0が減率期間の開始点)における熱風温度，材料温度および材料含水率の数値計算結果

表１　乾燥機の分類

伝熱様式	回分乾燥機	連続式乾燥機
対流伝熱乾燥機	トンネル乾燥機	キルン乾燥機 ベルト式乾燥機 回転乾燥機 噴霧乾燥機 流動層乾燥機
伝導伝熱乾燥機	加熱棚段乾燥機	ドラム乾燥機 撹拌溝型乾燥機
輻射伝熱乾燥機	赤外線加熱棚段乾燥機	輻射加熱型ベルト乾燥機
内部加熱式乾燥機	マイクロ波乾燥機	マイクロ波トンネル乾燥機 誘電加熱乾燥機

ラム乾燥機などは，滞留時間は１分以下であるが，その他の多くの連続式乾燥機は１時間以下であり，回分乾燥機では数時間かかる場合が多い。

6.1　各種乾燥機の特徴

6.1.1　棚段乾燥機

図９に示すように材料を金属製の皿型容器に入れて棚に置き，材料表面に熱風を送って乾燥する。熱風は材料に平行に流す。熱風の一部は循環使用される。棚段乾燥機では，上下容器の間に補助ヒーターを設置して，容器内の材料および周囲を流れる熱風を加熱する場合もある。材料が比較的小さい塊状の場合は，容器の代わりに網状のベルトを使用し，熱風を最上部から棚段に直角に送って通気乾燥するタイプもある。この場合は乾燥速度が格段に増加する。

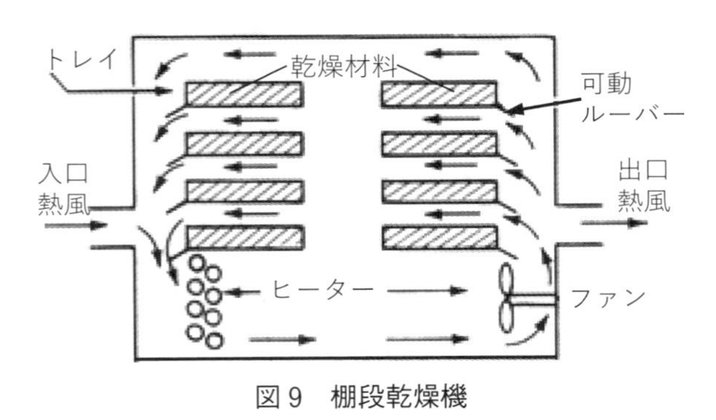

図９　棚段乾燥機

表２は棚段乾燥機の操作変数が，定率乾燥速度 R_c，限界含水率 X_c，および減率乾燥速度 R_d に与える影響を定性的に表したものである[7]。

6.1.2　トンネル乾燥機

棚段乾燥機の変形操作の１つである（図10）。材料を懸吊した状態，または棚段を備えた台車に積んでトンネル中を移動させ，熱風によって乾燥させる装置である。熱風は棚段乾燥機と同様に材料に平行に送られる場合と，台車の移動方向と反対に向流で送られる場合がある。乾燥材料と熱風との温度差は，並流の場合が大きく向流の場合は少ない。

6.1.3　ベルト（バンド）乾燥機

移動ベルト上に乾燥材料を載せ，熱風を材料に平行に送って乾燥する（図11）。網や多孔板状の移動ベルトを用いて，これに垂直に熱風を流す場合もある。また移動ベルトを多段にして処理量の増加を図ると同時に，滞留時間の増加をはかる。また，多段にすることによって，材料と熱風の接触効率が増し，乾燥速度が増加する。

表２　棚段乾燥機の操作変数が乾燥速度に与える影響

操作変数	定率乾燥速度（R_c）	定率乾燥期間	減率乾燥速度（R_d）
熱風速度の増加	$G^{0.8}$ に比例して増加する G：熱風質量速度	短縮する	ほとんど影響しない
熱風温度の増加	$T-T_w$ に比例して増加する	短縮する	増加する
熱風湿度（H）の増加	H が増加すると減少する	増加する	減少する
材料が大きくなる	減少する	短縮する	減少する
材料層高の増加	増加する	条件で変化	条件で変化

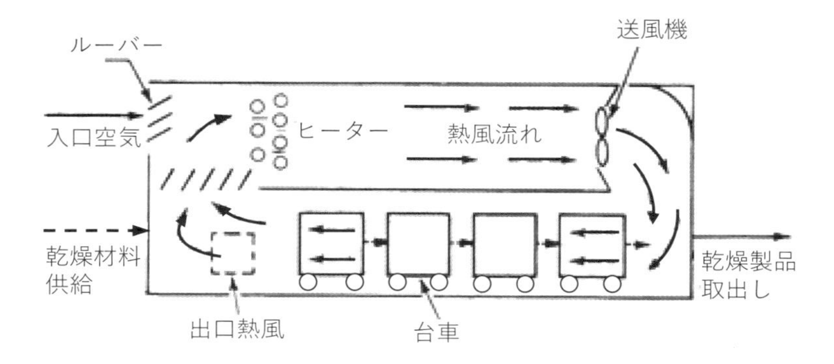

図10 トンネル乾燥機

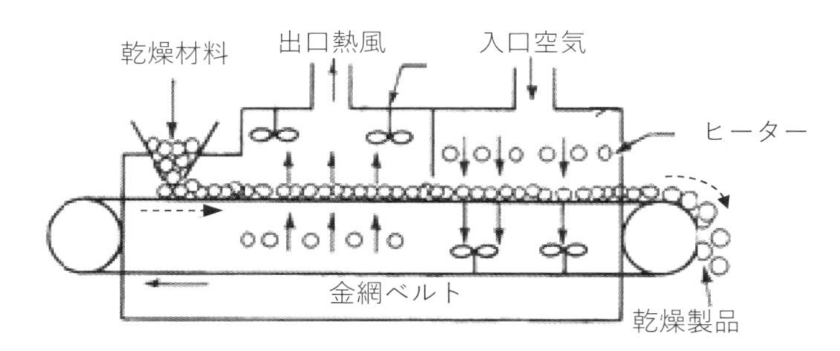

図11 ベルト乾燥機

6.1.4 気流乾燥機・流動層乾燥機

気流乾燥機および流動層乾燥機は，いずれも粒粉体材料を気流中に分散させて乾燥するものである。

気流乾燥機は，垂直管内に熱風を高速で流し，そこへ粉粒体材料を供給し熱風中に分散浮遊させて，熱風で運びながら急速乾燥するもので，**図12**にその一例を示す。材料が分散状態にあるため，限界含水率は極めて小さく，かつ熱エネルギー効率が高い。乾燥と同時に粉粒体を輸送をも兼ねる。

流動層乾燥機は，金網や多孔板上に粉粒体材料を置き，下方から熱風を吹き込み，これを流動化(層内の通気抵抗が，材料重量と釣り合う速度以上で通気すると，あたかも液中に気泡を吹き込んだような状態となる)させて乾燥する方式で，**図13**はその一例である。材料温度が均一なこと，材料の滞留時間を容易に変化できるなどの長所があるが，気泡が生じるために材料への伝熱速度は低くなる。

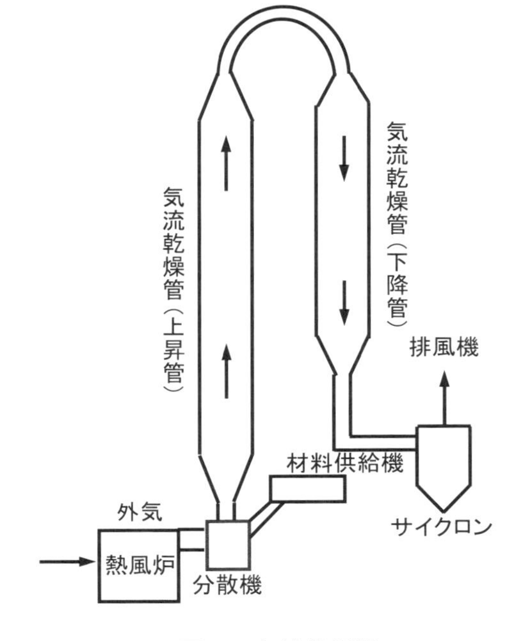

図12 気流乾燥機

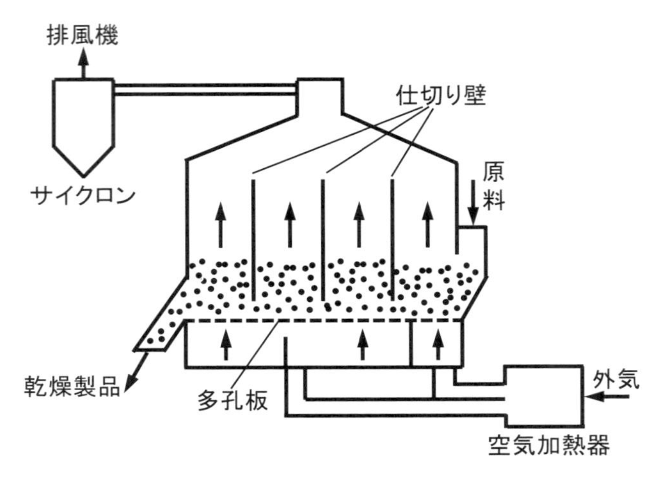

図 13　流動層乾燥機

6.1.5 噴霧乾燥機

噴霧乾燥は液状の乾燥原料を，数十～数百 μm の微小液滴に噴霧し，これを高温の熱風と接触させ粉末とする乾燥法である。乾燥時間は5～30 秒と他の乾燥法に比べて極めて短時間で，かつ液体から直接に粉粒体製品を得ることができる。そのため多くの液状食品の粉末化法として注目を浴びている。特にインスタント粉末食品や調味料などの製造には不可欠な乾燥法である。原料液の噴霧には，回転円盤式または加圧ノズル式噴霧器が使用される。特に，前者は液体の流動に対する障害が少なく，回転数により粒径を制御できるので，粘度の高い液状食品，結晶などを含むスラリー液の噴霧に用いられている。また，加圧ノズルと圧縮空気を併用した二流体ノズルは微粒化性能に優れている。噴霧乾燥装置や液滴の乾燥機構などの詳細に関しては，1 編 2 章 7 節を参照されたい。

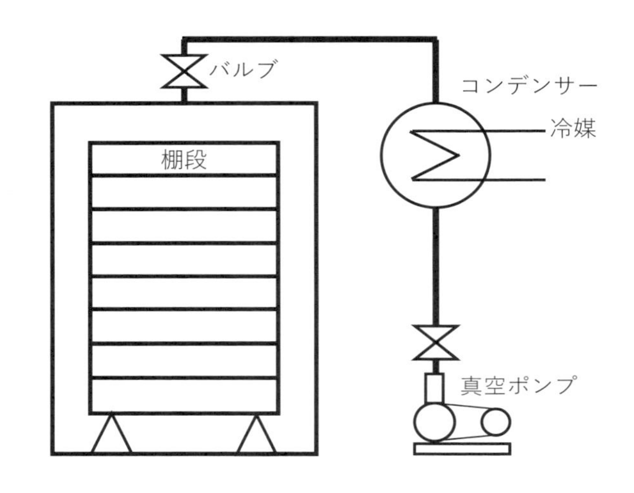

図 14　真空凍結乾燥機

6.1.6 凍結真空乾燥機

凍結乾燥法は種々の材料を氷点以下の温度で水を凍結させ，氷の昇華によって乾燥する方法である。凍結真空乾燥は一般的に，①低温，凍結した状態で氷が昇華によって乾燥されるために，材料の物理的，化学的変化が少なく，材料の熱劣化や香気成分の散失を受けにくい。②凍結状態の氷が昇華により除去されるため，乾燥製品は多孔質となり復水性が良い。③低温で乾燥が行われるため，乾燥速度が低く，乾燥に長時間を要する。④運転費，設備費などの要因により，その製品価格は他の乾燥法に比べて割高になる，などの特徴を持つが，近年食品乾燥にとっては噴霧乾燥機と共に，必須の乾燥機になりつつある。凍結乾燥装置は，規模の大小，操作形式によって詳細な構造は異なるが，概念的には**図 14** に示すように，乾燥室，トラップ，真空排気系の 3 つの部分からなる。乾燥室は多くの場合棚段式であり，被乾燥材料は，予備凍結される場合と，乾燥室内での自己蒸発凍結を利用する場合がある。操作温度，圧力は，－10～－30 ℃，130 Pa 程度であることが多い。トラップとしては，－40 ℃以下，真空排気系は 1 Pa 程度の能力の真空ポンプおよび排気管路が必要である。凍結真空乾燥機の詳細および乾燥機構は，1 編 2 章 9 節を参照されたい。

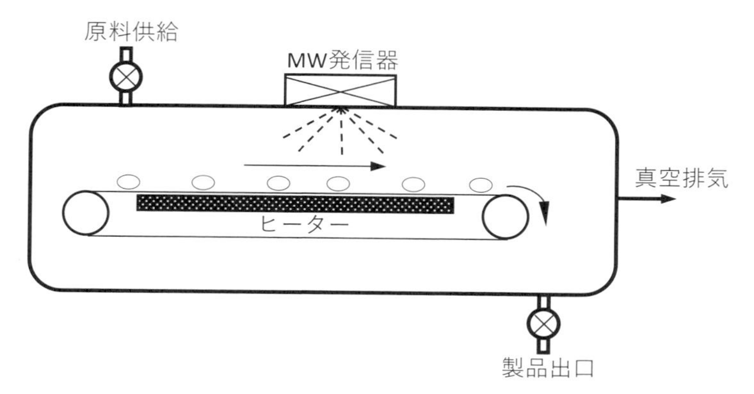

図15　マイクロ波乾燥機

6.1.7　マイクロ波加熱乾燥機

マイクロ波加熱乾燥は，誘電体(被乾燥材料)に電波が当たると，そのエネルギーが熱エネルギーに変わるという誘電加熱の原理を利用したものである。マイクロ波の周波数は2.45 GHzが使用される。この乾燥機はマイクロ波を発生させる発振装置，材料にマイクロ波を照射する乾燥室から成る(**図15**)。マイクロ波加熱乾燥機の利点としては，①誘電エネルギーは水の加熱にのみ使用されて効率が高い，②高温を使用しないので製品品質を損なわない，③内部加熱を利用しているために，急速かつ均一な乾燥が可能である，などが考えられる。最近，マイクロ波加熱を凍結乾燥の熱源として用いる試みもなされている。

6.1.8　赤外線乾燥機

帯状もしくは板状材料の乾燥に用いられる。一般に，熱風乾燥に比べて単位面積あたりの投入熱量を大きくとれる。赤外線の波長としては2～3 μmが適当であり，赤外線は材料内部の水に吸収され，内部加熱が可能である。赤外線乾燥機の長所としては，①低設備費，②コンパクト，③非接触乾燥，④電気による赤外線源を用いた場合は瞬時の運転・停止が可能，⑤製品品質が良好などがあげられるが，運転コストが高いことと，赤外線エレメントが高温度である(1000～2000 ℃)ため，安全性の配慮が必要である。

文　献

1) 古田武：日本食品工学会編：食品工学ハンドブック，9.2 乾燥の基礎，朝倉書店，250-258 (2006).
2) 古田武：滝口明秀，川崎健一編：乾物の機能と科学，乾物の乾燥法，朝倉書店，74-95 (2014).
3) 田門肇ほか：乾燥技術実務入門，第3章，日刊工業新聞社，104-111 (2012).
4) R. Toei, M. Okazaki and H. Tamon : *J. Drying Technol.*, **12**, 59 (1994).
5) 田門肇：日本食品工学会編：食品工学ハンドブック，9.5 乾燥機の設計と選定，朝倉書店，268-271 (2006).
6) 化学工学会編：化学工学便覧(改定7版)，丸善，308-312 (2011).
7) Marcus Karel and Daryl B. Lund : Physical Principles of Food Preservation, Marcel Dekker, **10**, 378-460 (2003).

第2節
噴霧乾燥による機能性食品粉末の作製

摂南大学　吉井　英文

1. はじめに

近年，各種機能性食品成分を加工食品に添加，または機能性食品成分を粉末化し補助食品として摂取するための機能性食品粉末作製の研究，開発が盛んに実施されている。機能性食品成分とは，ポリフェノールやカロテノイドなどの植物成分，タンパク質やペプチドなどのタンパク質関連化合物，多糖類やオリゴ糖などの糖質，複合脂質や高度不飽和脂肪酸などの生体調節機能に関与する機能性成分である。ポリフェノールなどは，ポリフェノール自身が酸化することにより生体内を還元雰囲気にする抗酸化物質の典型例である。抗酸化物質の酸化や高度不飽和脂肪酸であるエイコサペンタエン酸(EPA)やドコサヘキサエン酸(DHA)を含む魚油などのように，機能性食品化合物は熱，光，酸素などに非常に不安定である。このように不安定な食品成分を利用するために，食品成分そのものの酸化挙動を理解し，抗酸化食品素材を組み合わせて使用するなど食品の酸化挙動の調節が行われている。機能性食品成分を安定化するもう1つの方法として，機能性食品成分(芯物質)を賦形剤(芯物質を包み込む物質)としての糖質やタンパク質を用いて安定で加工しやすい形にするため粉末化(マイクロカプセル化)する方法がある。賦形剤は，機能性食品成分を包み込む被膜として機能する。

マイクロカプセル化(エンカプスレーション：Encapsulation)とは，芯物質である機能性成分を含む微小な粒子または液滴をコーティングすることで，さまざまな機能性食品成分を含有する微小なカプセル(粉末)に加工することである。機能性食品成分を含有する素材を粉末化することは，糖質やタンパク質で包むことにより光，酸素などに対して安定なものにすること，液状のものを固体にする，揮発性物質を蒸発しにくくする，徐放性を与える，運搬など取り扱いやすくするなどの利点を付与することである。Alu'datt ら[1]は，「生理活性化合物のカプセル化ベースの技術とその食品産業への応用：食品由来の機能性成分と健康増進成分のロードマップ」として，機能性食品成分のエンカプスレーションについてまとめている。カプセル化により，生理活性化合物の安定性と生物学的利用能が向上することを記載している。Reque ら[2]は，乳酸菌や各種栄養物質の包括化についてまとめている。近年のエンカプスレーション研究は，機能性食品として摂取後の腸での徐放挙動等栄養成分の吸収挙動まで考えた粉末化技術が望まれている。筆者[3]は，噴霧乾燥法および分子包接法による機能性食品粉末の創製技術の確立というタイトルで粉末化技術についてまとめている。

このエンカプスレーション技術には，物理的方法(噴霧乾燥法，凍結乾燥法，エクストルージョン法，結晶変換法)，化学的方法(分子包接法，コアセルベーション法)，菌体法がある。噴霧乾燥法，凍結乾燥法とエクストルージョン法は，非晶質の糖質を賦形剤とするためガラス化法とも呼ばれている。このエンカプスレーション技術のなかで，食品粉末の場合ほとんどが噴霧乾燥法を用いている。本稿では，噴霧乾燥法を用いた機能性食品粉末の作製について，作製した粉末の特質の面からまとめた。

2. 噴霧乾燥による粉末作製

噴霧乾燥は，アトマイザーによって機能性成分を含む溶液を噴霧乾燥機本体に微小な液滴として供給し熱風と接触させて，液滴の水を蒸発させて粉末化する。生理活性成分を含む機能性食品素材は，ほとんどの物質が難溶性，または脂溶性，または魚油のような油の状態であるため，糖質やタンパク質の賦形剤溶液と噴霧乾燥機に供給するためには乳化によって微細な油滴としたエマルションを作製する必要がある。そのため，噴霧乾燥法による機能性食品粉末作製には，エマルション作製の乳化操作とそのエマルションの噴霧乾燥操作の2つのプロセスが必要である。

Sultanaら[4]は，乳化魚油，必須脂肪酸の噴霧乾燥法による粉末化についてまとめている。

芯物質として魚油，賦形剤としてマルトデキストリン(MS)としてカゼインナトリウム(SN)作製した乳化魚油噴霧乾燥粉末切断面の電顕写真の一例を，**図1**に示す。図をみてわかるように，粉末の真ん中に大きな空孔，粉末の球殻に微小な油滴が存在する。乳化機能性油噴霧乾燥粉末を作製するには，はじめに芯物質の油の成分(機能性油，または機能性成分とその希釈する油の種類)，賦形剤，乳化剤を選択する必要がある。3つの成分(芯物質，賦形剤，乳化剤)を決めたのち，それぞれの重量分率を決定する必要がある。機能性油の固形分に対して添加率は，機能性食品成分により変わるが，市販されている乳化魚油噴霧乾燥の場合40～45 wt%であることが多い。それぞれの重量分率，および水以外の固形分の割合(固形分率)は，エマルション中の油滴径やエマルションの粘度に大きな影響を及ぼす。固形分濃度を高くする理由は，単位時間あたりの噴霧乾燥粉末の生産量を増やすと同時に，噴霧乾燥時に蒸発させる水分量を減らすことにより噴霧乾燥粉末生産重量あたり必要エネルギーを小さくするためである。噴霧乾燥機に供給するエマルションの固形分濃度は，40 wt%以上50 wt%付近で操作している傾向がみられた。場合によれば，60 wt%固形分濃度で噴霧乾燥粉末を作製している事例もあった。エマルションは，固形分濃度が高い場合非ニュートン性を示す。また，固形分濃度はエマルションの粘度を上昇させ，噴霧乾燥機にエマルションを供給するポンプの能力やアトマイザーによる作られる液滴の大きさ，エマルション供給液速度などに影響を及ぼすため，固形分濃度の設定は重要である。固形分濃度を非常に高くしてエマルションの見かけ粘度が2 P.s以上となった場合は，エマルションをポンプで供給することが難しく，乾燥粉末を得ることができない。エマルションの油滴を小さくするほど，同じ固形分濃度，成分比率が同じであっても粘度が大きくなる。

図2に，乳化魚油噴霧乾燥粉末の再構成油滴および粉末径分布の一例を示す。図に示すように，噴霧乾燥粉末中の平均油滴径(d_e)と平均粉末径(d_p)は，乳化機能性油(脂質)噴霧乾燥粉末の特質を表す物性として非常に重要である。エマルションを，機械的

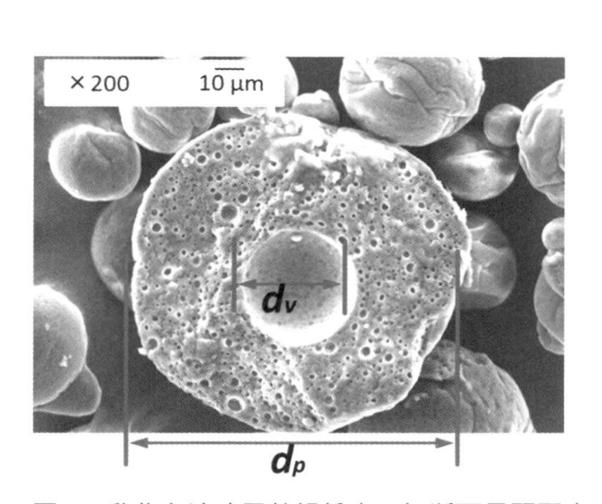

図1　乳化魚油噴霧乾燥粉末の切断面電顕写真

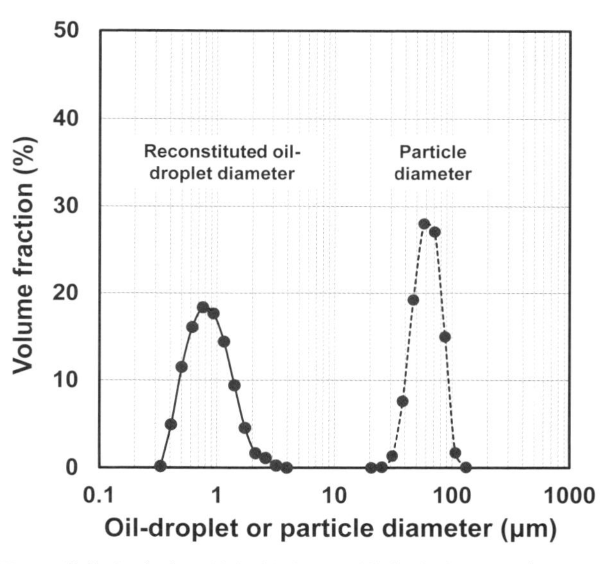

図2　乳化魚油噴霧乾燥粉末の再構成油滴および粉末径分布の一例

乳化機で乳化した場合，図2に示すような平均再構成油滴径が約1 µm～数 µm の油滴をもつエマルションが作製できる。平均油滴径が1 µm 以下のエマルションを作製するには，機械的乳化に加えて高圧乳化機を用いて乳化する必要がある。エマルション中の油滴の大きさ，固形分濃度，噴霧乾燥粉末の大きさ(たとえば，図1の粉末径 d_p)などが，噴霧乾燥粉末に機能性油を包括するときの包括率 y に影響する。包括率の定義式を以下に示す。

包括率(y：Encapsulation efficiency)＝(粉末中の全油重量－粉末中の未包括の表面油量)/(粉末中の全油重量)　(1)

上式で，希釈油に機能性食品成分を溶解している場合は，油の量を油に溶解している機能性成分量に置き換えて計算する。包括率 y を求めるためには，噴霧乾燥粉末に未包括の表面油量を測定する必要がある。表面油率の定義を，以下に示す。

表面油率 s＝粉末中の未包括油重量(g-surface oil/g-powder)/粉末中の全油重量(g-total oil/g-powder)　(2)

未包括の油量は，一般的に粉末を石油エーテルで洗浄し洗浄液をエバポレーターで飛ばしたのちの油の重量を測定している。Ghani ら[5]は，実験のしやすさからヘキサンを用いて粉末を洗浄後ヘキサン中の油を薄層クロマトグラフィー/水素炎イオン化検出器(TLC-FID)で乳化魚油噴霧乾燥粉末に未包括の魚油量を測定した。四日ら[6]は，N,N-ジメチルホルムアミド(DMF)を使用した噴霧乾燥によって調製された噴霧乾燥粉末中の亜麻仁または魚油の含有量を測定するための簡単な方法を提案した。油滴サイズが0.1～0.6 µm のナノサイズからサブミクロンサイズの油滴をもつエマルションから機能性成分の抽出や油の抽出は，エマルションが安定であるため非常に難しい。DMF は，乳化剤として用いた SN や賦形剤として用いた MD を溶解するため，ナノエマルションをもった噴霧乾燥粉末を容易に溶解にできるため，非常に有用な抽出溶媒である。Ghani ら[7]は，種々の乳化油噴霧乾燥粉末の報告例を使用して，噴霧乾燥粉末中の平均構成油滴直径と表面油率の相関図を作製し油滴径が表面油率を決める大きな因子であることを示した。また，Ghani ら[7]は，MD を賦形剤とした乳化魚油噴霧乾燥粉末の平均再構成油滴径(d_e)と噴霧乾燥粉末の平均径(d_p)の比 E(＝d_e/d_p)に対して表面油率をプロットし，良好な相関関係を示した。表面油は，噴霧乾燥粉末の油滴相当径(d_e)一層に表面油が存在すると仮定して，その球殻の体積比から表面油率 s の推算式を提案した。

$$s = 1 - (1 - 2\mathrm{E})^3 \quad (3)$$

これらの結果は，噴霧乾燥粉末の粒子径が大きく，油滴径が小さく，空孔径が小さいほど，より高い包括率が得られることを示している。

食物の香りは，おいしさに関与し食物を特徴づけるものとして極めて重要な役割を持つ。同時に，食品の嗜好や風味などの品質を決める重要な因子である。そのため，各種の加工食品の多くはフレーバーが添加されている。フレーバーは食品添加剤として食品製造または，加工の工程で添加されるが，添加量としては非常に少なく，食品全重量の0.5 wt％以下(通常0.1～0.2 wt％以下)である。フレーバーの添加方法は，水溶性フレーバーの場合は溶液に，脂溶性フレーバーの場合は油に添加後，食品に添加されるが，加熱加工を経るプロセスや溶液よりも粉末混合が良い場合は粉末香料が用いられる。フレーバーの多くは，難溶性で脂溶性のものが多い。そのため，粉末香料は油に溶解したフレーバーを溶解し，賦形剤溶液，乳化剤と混合後，機械的または高圧乳化によりエマルションを作製し，その溶液を噴霧乾燥して粉末香料を得る乳化フレーバー噴霧乾燥粉末と，環状多糖であるシクロデキストリン(CD)の分子空孔にフレーバーを包接させて作製するCDフレーバー粉末がある。この粉末化法を**図3**にまとめた。粉末フレーバーは，乳化フレーバー粉末香料はフレーバーを溶解した油滴が賦形剤で被覆されているため，CDフレーバー粉末はCD空孔にフレーバーが分子的に包接されているため，①保存中のフレーバーの揮散，変質，酸化，分解などが防止される，②粉末であるため食品粉末に混合しやすく均一化が可能，③粉末が溶解したときにフレーバーが揮散する，④プロセス的に取り扱いやすいなどの特徴がある。

噴霧乾燥法を用いた脂溶性，および水溶性フレーバーの包括粉末化については，Soottitantawat ら[8]がまとめている。吉井[9]は，フレーバー粉末の作成とその徐放特質について総括している。フレーバー粉末は，菓子の風味付けやパン，クッキーほかの生地に練り混む方法や，食品の粉体原料や液体原料ほかス

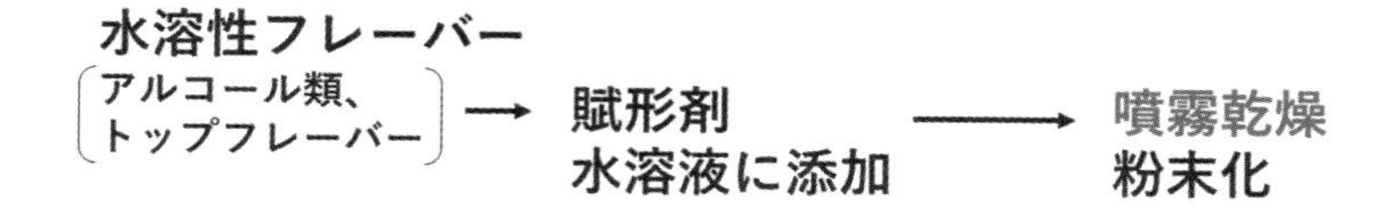

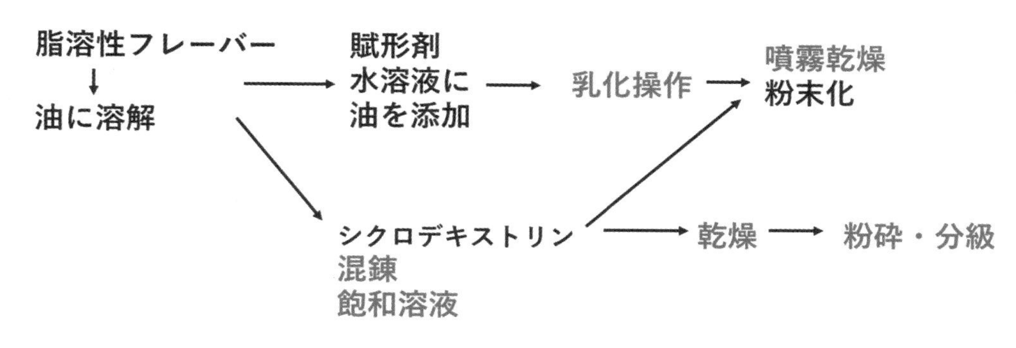

図3 フレーバー粉末の作製法

ラリー状液体に混ぜ込むことによって使われている。フレーバー粉末作製の賦形剤には，マルトデキストリン(MD)，各種低分子糖質，ホエイタンパク質，大豆タンパク質，デンプン，修飾デンプン，天然ガム質など多くの材料が用いられている。フレーバーは，水蒸気蒸留，圧搾といった方法で抽出された天然香料や合成香料が用いられる。一般的に，フレーバーは高価格であるため中鎖脂肪酸トリグリセリドオイルや菜種油などのオイルで希釈されて用いられる。この賦形剤，ゲストフレーバー以外に，乳化剤が必要である。食品フレーバー粉末の作製では，乳化剤としてホエイタンパク質かその分解物，オクテニルコハク酸修飾デンプン，アラビアガムなどの天然ガムなどが用いられる。

3. 噴霧乾燥機を用いたフレーバー粉末の作製

噴霧乾燥機は，**図4**に示すようにフレーバーオイル，または溶液を含む噴霧溶液のタンク，そのエマルション，またはスラリーのフレーバー溶液を噴霧乾燥機に送るポンプ，噴霧乾燥機に加熱空気を送るためのヒータ，乾燥機供給された溶液から液滴を作製するアトマイザー，噴霧乾燥機本体(チャンバー)，乾燥機で乾燥された粉末を回収するためのサイクロンとサイクロンで回収された粉末を保持するポット，乾燥空気を供給するためのブロワーからなる。供給液をタンクに供給する前の乳化機，タンクの溶液を撹拌する撹拌機もフレーバー粉末を作製するために必要な装置とみなすことができる。噴霧乾燥機において，アトマイザーは原液の微粒化を行う非常に重要なパーツで，ディスクが高速回転することでスラリーを噴霧する回転円盤型のアトマイザー，圧力をかけながらスラリーをノズル出口付近の溝に通過させることで旋回流を与えて噴霧する1流体アトマイザー，1流体ノズル方式にさらにエアー圧力をかけ高圧下でスラリーを噴霧する圧力アトマイザーがある。

機能性物質を粉末化する手法には，噴霧乾燥，凍結乾燥，押し出し機，結晶変換法やシクロデキストリンを用いた分子包接法，酵母細胞内にフレーバーオイルを包括する菌体法がある。食品産業では，一般的に噴霧乾燥法が用いられている。噴霧乾燥法は，包括されるフレーバーを水溶性成分，または油滴として包括する賦形剤と一緒の噴霧し粉末を得る。賦形剤はフレーバーを包み込む被膜として機能する。この賦形剤は非晶質な構造をとることが多く，ガラス包括化(Glass Encapsulation)ともいわれる。噴霧乾燥法によるフレーバー粉末作製法の長所は，フレーバーの液体から粉末を容易に短時間に作製できることである。短所は，フレーバーは熱に弱いものが多く熱分解を起こしやすいことである。ほかに，粉末化したフレーバー粉末の溶解性が悪い場合がある。

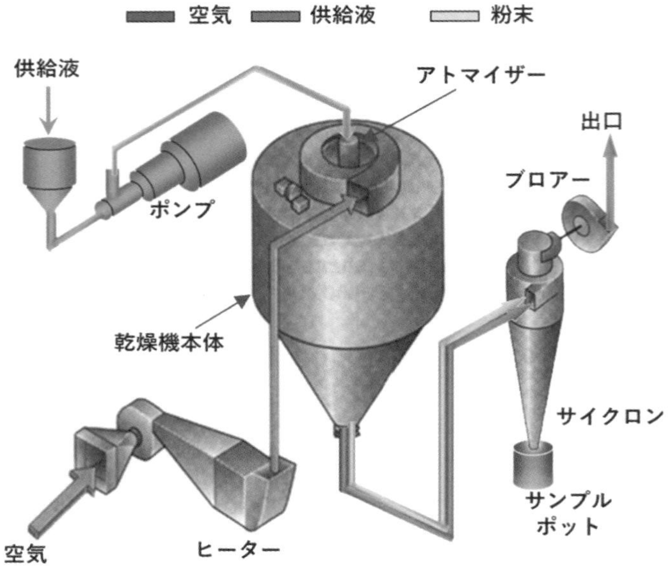

図4　噴霧乾燥機の構成

水溶性フレーバーの噴霧時のフレーバー残留率は，Rulkens と Thijssen[10] が提案した選択拡散理論で推定できる。フレーバーは，水に比較して揮発度が高く沸点も水よりも低い場合がある。たとえば，エタノールの常温での相対揮発度は 12 である。初期水分の 80 wt% が蒸発したとしてレイリー式を用いて両物質の残留率を計算すると，両物質の残留率はゼロである。しかし，エタノール溶液を噴霧した場合，粉末内にエタノールが残留している。乾燥壁内の水とフレーバー物質の移動速度は，分子拡散によって支配される。噴霧液滴中の水とフレーバーの移動速度は，高い固形分濃度の溶液中の分子拡散によってきまると考えられる。エタノールのような揮発性が高い物質が粉末内に包括できるのは，乾燥により液滴に乾燥被膜が形成され，乾燥被膜中のフレーバーの拡散係数が水の拡散係数よりも小さくなり，フレーバーが粉末内に包括される。古田ら[11] は，キャピラリー管を用いて MD 溶液中の水とエタノールの拡散係数を，MD 濃度を変えて測定した。その結果，**図5**に示すように水分とエタノールの拡散係数が，ある固形分濃度で逆転し水の拡散係数の方がエタノールの拡散係数よりも大きくなり，固形分濃度が 0.8 付近で水の拡散英数が 10^{-11} m^2/s のオーダーであるのに対してエタノールの拡散係数が 10^{-12} m^2/s のオーダーで一桁エタノールの方が小さい。そのため，

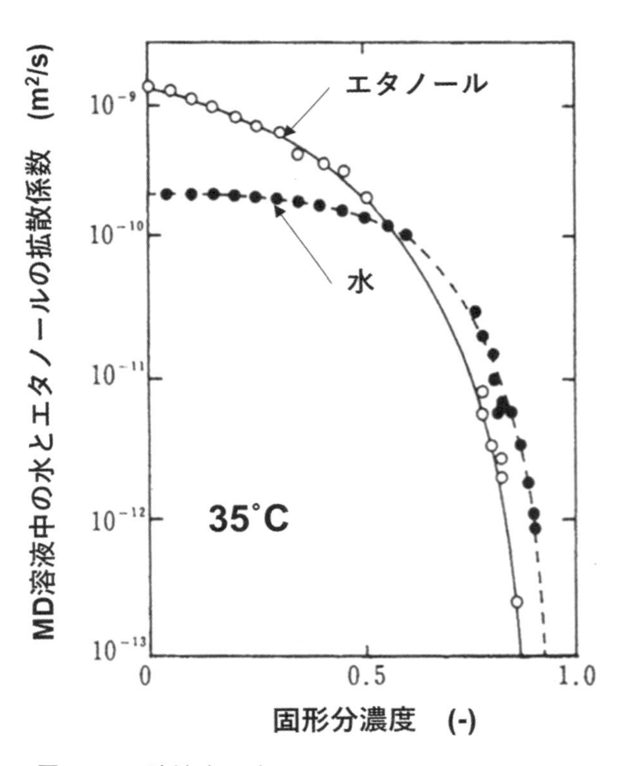

図5　MD 溶液中の水，エタノールの拡散係数の固形分濃度依存性

乾燥によりエタノールの残留した粉末が得られる。同様に，山本と佐野ら[12]は，フレーバーではないが糖類水溶液の乾燥挙動および乾燥時の酵素失活挙動についてまとめ，ショ糖中の水分の拡散係数を図3と同様の図を示している。固形分濃度が0.6～0.9の範囲のショ糖溶液中の水の拡散係数のオーダーは，10^{-10}～10^{-11} m^2/sである。

噴霧乾燥粉末の賦形剤中にフレーバーが包括されるのを，選択拡散理論以外に乾燥プロセス中のマイクロ領域（MDとフレーバーが相互に結合して構成される領域）にフレーバーが物理的に閉じ込められるというFlinkとKarel[13]によって提案されたマイクロ領域閉じ込め理論がある。古田[14]は，噴霧乾燥時のフレーバー残留率を，選択拡散理論を用いて簡便に推算する方法についてまとめている。詳細は古田の総説に記されているが，フレーバーの散失が定率乾燥期間中に起こり，この期間中液滴径，およびフレーバー拡散係数が一定と仮定すれば，フレーバー残留率は，次式で推算できるとした。

$$\Psi_a = 1 - 6\left(\frac{F_{0c}}{\pi}\right)^{\frac{1}{2}} \quad (F_{0c} \leq 0.022) \qquad (4)$$

$$\Psi_a = \frac{6}{\pi^2} exp(\pi^2 F_{0c})^{\frac{1}{2}} \quad (F_{0c} \geq 0.022) \qquad (5)$$

ここで，Ψ_aはフレーバーaの噴霧後の残留率，F_{0c}は，次式で定義されるフーリエ数である。

$$F_{0c} = D_{a,eff}\theta_c / R_0^2 \qquad (6)$$

上式で，$D_{a,eff}$は定率乾燥期間中のフレーバーの見かけの拡散係数，θ_cは定率乾燥期間，R_0は液滴の半径（固形分濃度が50 wt%で賦形剤溶液の密度が水と変わらないとした場合，乾燥により約80％の半径となる。MDなどの密度を考慮すると，液滴半径はあまり変化しないと考えられる。辻本[15]は，噴霧乾燥におけるフレーバーの保持に関して噴霧条件とフレーバー残留率，選択拡散理論の適用についてまとめている。

単一液滴を用いた乾燥実験で，フレーバー残留率Ψ_aを求め，フレーバーの減少が停止した時間θ_cを式(1)，または式(2)に代入して，見かけフレーバー拡散係数$D_{a,eff}$を求めることができる。たとえば，フレーバー残留率が0.7，θ_cが20s，粉末径100 μmとした場合の$D_{a,eff}$は，3×10^{-13} m^2/sが求まる。噴霧乾燥粉末の構造が，中実球に近い場合は，フレーバー残留率推定に非常に有用な式であると考えられる。

しかし，フレーバーはほとんどが脂溶性で，乳化フレーバー溶液として噴霧乾燥機に供給されることが多く，作製粉末も中空であることが多い。粉末によっては，中空の体積割合が80％以上の場合もある。乳化フレーバー溶液の場合，乳化剤としてカゼインタンパク質やホエイタンパク質を数wt%添加することがある。タンパク質を乳化剤として含むフレーバーの拡散係数は，純水に比較して小さいことが多い。たとえは，酢酸エチル，酪酸エチル，カプロン酸エチルの純水での拡散係数(25℃)は，11.7×10^{-10}，9.4×10^{-10}，7.0×10^{-10} m^2/sであるのに対して5 wt%カゼインナトリウム水溶液では3.3×10^{-10}，2.5×10^{-10}，1.4×10^{-10} m^2/sと小さくなっている。これは，タンパク質がフレーバーに吸着するためと考えられる。今示したフレーバーは，水にも溶けるが，脂溶性フレーバーの場合は乳化溶液として作製するために，従来の拡散モデルで考えるには難しい。

図6に，オクテニルコハク酸修飾デンプンを賦形剤としたレモングラスオイルの噴霧乾燥粉末の電顕写真を示す。噴霧乾燥粉末には，大きな空孔があり球殻には油滴が分散している。このように脂溶性フレーバーの場合は，エマルションの噴霧乾燥でありフレーバーの残留率に及ぼす影響として，エマルションの安定性，油滴まわりの物質移動，油滴の大きさ，粉末の大きさなど考慮すべき因子が多く，水溶性フレーバーのようにフレーバー残留率を推算することは難しい。噴霧乾燥後のフレーバー残留率に

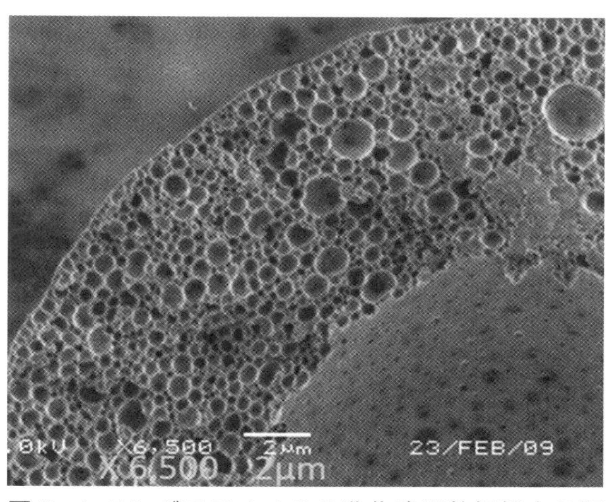

図6　レモングラスオイルの乳化噴霧乾燥粉末の切断面写真（賦形剤は，オクテニルコハク酸修飾デンプン，固形分濃度60 wt%）

ついて，フレーバーの包括（Flavor encapsulation）のアメリカ化学会シンポジウム後にまとめられた書籍にRish と Reineccius[16]がまとめている。最近では，Premjit ら[17]がフレーバーの粉末化手法についてまとめるとともに，フレーバーの徐放についてもまとめている。Soottitantawat ら[18]は，*d*-リモネンがフレーバーの場合エマルションの液滴サイズが小さいほど高い残留率が得られ，酪酸エチルやプロピオン酸エチルより残留率が高いことを示した。酪酸エチルおよびプロピオン酸エチルの場合は最適なエマルションの液滴サイズが存在し，それより小さいサイズのエマルションで残留率が減少し，同様に大きくなると残留率が減少した。大きなエマルション液滴を含む分布曲線は，噴霧後により液滴分布が小さいサイズにシフトした。これは，大きなエマルション液滴が噴霧中にサイズが変化し，フレーバーの残留率が減少することを示唆していた。Siccama ら[19]は，噴霧乾燥中のフレーバー残留率を推定するためのモデル実験として平板薄膜乾燥装置を用いて MD 溶液からのアセトン徐放挙動を測定した。この実験で，噴霧乾燥時の液滴の乾燥被膜形成がフレーバーの残留率と密接に関係していることを示した。

噴霧乾燥粉末を作製する場合，賦形剤の選択は非常に重要である。噴霧乾燥時に，賦形剤のガラス転移温度以上の出口温度の場合は賦形剤が軟化し，噴霧乾燥機内部の壁面に粉末付着し粉末同志の凝集のために噴霧乾燥粉末を得ることができない。ショ糖を多く含む植物抽出液やアミノ酸を多く含むタンパク質加水分解液などは，噴霧時に乾燥物を取り出すことができない場合が多くある。フルクトース，グルコース，スクロースのガラス転移温度（中間点）は，それぞれ，10，36，67 ℃である[13]。低分子の糖のガラス転移温度は，非常に低い。MD の場合，DE＝19 のもので 150 ℃，DE＝6 で 205 ℃と報告されている。MD 溶液の単一液滴乾燥の論文（%）中に，含水率とガラス転移温度の関係を，Fox-Flory 式で相関している。DE＝38 のデキストリンで水の重量分率が 0.05 で 37 ℃と測定されている。噴霧乾燥出口空気は，一般的に 90 ℃と考えて良く，90 ℃で軟化凝集しない賦形剤はガラス転移温度が 100 ℃付近の値を持つことが必要である。低分子の糖を含む溶液を噴霧する場合，噴霧乾燥法が適しているかどうか噴霧乾燥後の粉末回収率の面から検討する必要がある。

4. シクロデキストリン（CD）を用いたフレーバー粉末の作製

フレーバー包接 CD 複合体粉末の作製手法は，溶液法，混錬法，昇華法，加圧法があるが，食品工業では主にフレーバーと CD スラリーを混合撹拌した溶液を噴霧乾燥するか，フレーバーと CD スラリーを混錬したあと真空乾燥して作製している。フレーバー包接 CD 複合体形成には，水の存在が重要で通常 20～60 wt% の水を含む CD 水溶液が用いられる。水溶液中での複合体形成には，CD とフレーバーの親和性，各成分の濃度，溶液温度，撹拌条件などが影響する。Szente と Szejtli は[20]は，各種香料の β-CD 複合体粉末のゲスト含量は 6～15 wt% であったことを報告している。Westing ら[21]は，30 種の成分を含むモデルフレーバーのフレーバー初期含量は γ- > β- > α-CD の順で高かったことを報告している。一方で，フレーバーの保持安定化効果は逆の順であったことを報告している。これは，γ- > β- > α-CD の順に空孔が大きく，保持効果は空孔とフレーバー分子との大きさによって決まるためと考えられる。Nguyen と Yoshii[22]は，フレーバーの CD 包接とその粉末からの徐放についてまとめている。CD の包接体の利用に関しては，『シクロデキストリンの科学と技術』[23]の書籍にまとめられている。特に，フレーバーも含めて食品の CD の利用に関しては，『Functionality of Cyclodextrins in Encapsulation for Food Applications』[24]にまとめられている。

5. 噴霧乾燥フレーバー粉末からのフレーバー徐放

乳化フレーバー噴霧乾燥粉末からのフレーバー徐放について，筆者は「噴霧乾燥法および分子包接法による機能性食品粉末の創製技術の確立」の総説の中にまとめている[25]。乳化フレーバー噴霧乾燥粉末を作製後，貯蔵時にフレーバーが散逸（徐放）し包括率が低下する。粉末中のフレーバーは，粉末の緩和（吸湿や温度変化による賦形剤の軟化）によるフレーバーの移動，酸化，変質により減少する。この粉末中のフレーバーの減少挙動（徐放挙動）は，アブラミ式で良好に相関できる[26]。

$$R = \exp(-(kt)^n) \quad (4)$$

ここで，R は粉末中のフレーバー残留率(－)，k は徐放速度定数(s^{-1})，t は時間(s)，n は機構定数(－)である，このアブラミ式(Weibull式)は，結晶成長を相関する速度式で多くの事象を解析するのに用いられている。異なる n の値を用いて，多くのフレーバー徐放機構に対応したフレーバーの徐放挙動を表現できることから，この式は非常に有用な式である。n は，Hancock と Sharp の固体反応挙動を相関するさまざまなモデルとの対応が整理されている[27]。噴霧乾燥粉末中の油滴分布を考慮した *d*-リモネンの油滴，賦形剤中の拡散モデルより求めた *d*-リモネンの拡散係数がアブラミ式から得られた見かけの徐放速度定数が $k=D/R^2$ の式で求めた拡散係数がほぼ同程度の値であり，噴霧乾燥粉末からのフレーバー徐放挙動が球からのフレーバー拡散と見ることができることを示した[25]。乳化剤をホエイタンパク質の加水分解物 7 wt%，MD の DE(35.7 wt%)，コアオイル(*d*-リモネンと中鎖脂肪酸油の混合物，53.9 wt%，*d*-リモネン含有率 20 wt%)で作製した噴霧乾燥粉末の温度 50 ℃で湿度を変化させた場合の *d*-リモネン徐放挙動を，**図7**に示す。図の横軸は，*d*-リモネンの初期量に対する静置時間後の *d*-リモネン含量の残留率である。

図中の実線は，拡散機構で *d*-リモネンが徐放するとした式(4)中 $n=0.56$ を用いた相関線である。各賦形剤とも湿度に依存して，貯蔵日数に応じて *d*-リモネン残留率が減少している。乳化フレーバー粉末からのフレーバー徐放速度(RH)は，貯蔵容器中の相対湿度に大きく依存する。

アブラミ式から得られた徐放速度定数(1/day)を，RH に対してプロットしたものを**図8**に示す。図から明らかなように，徐放速度定数は RH に著しく依存し 40 %RH で 10^{-4}(1/day)であるのが 80 %RH で 10^{-1}(1/day)と 4 桁も変化している。また，どの賦形剤でも湿度依存性はほとんど同じで，RH に対して徐放速度定数の対数値とは直線関係であった。図8には示さなかったが，ショ糖，ラクトースを賦形剤とした場合は MD と同様の相関は示さず，非常に大きな徐放速度を示した。乳化フレーバー噴霧乾燥粉末からのフレーバー徐放速度は，賦形剤のガラス転移温度だけでなく吸湿特性や結晶化特性などの物理的特性も影響すると考えられる。

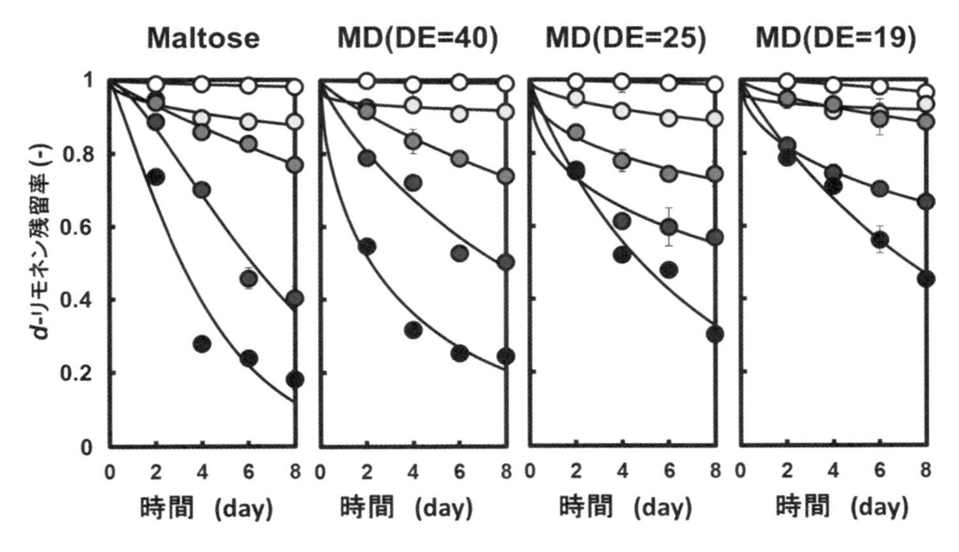

図7 各種賦形剤を用いた乳化 *d*-リモネン噴霧乾燥粉末からの *d*-リモネン徐放挙動に及ぼす相対湿度の影響(温度 50 ℃)

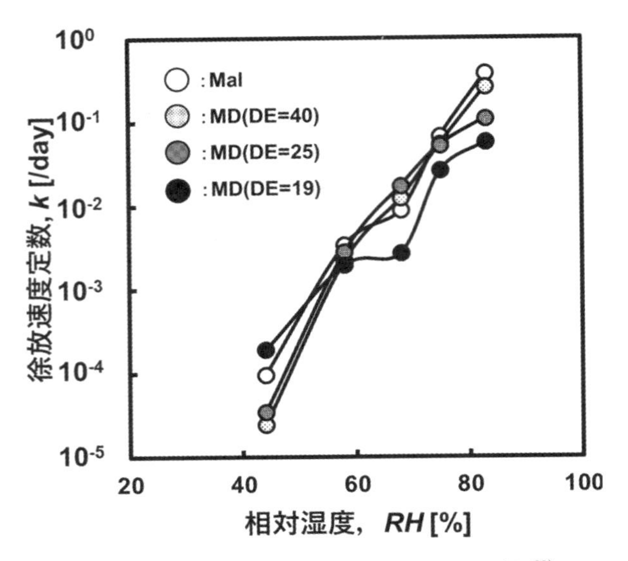

図8　徐放速度定数に及ぼす相対湿度の影響[28)]

6. まとめ

超高齢化時代を迎え食品のフレーバー制御はおいしい食品を作製する上で非常に重要で，フレーバー粉末の重要性が増している。多成分のフレーバーを粉末化し，その香り（におい）の質を変化させることなく徐放させることは非常に難しい。フレーバー粉末のほとんどが噴霧乾燥法で作製されており，噴霧時，粉末貯蔵時，および食品消費時のフレーバーの量的，質的制御の確立が望まれている。今後，噴霧乾燥法による高いトップフレーバーの噴霧乾燥粉末作製やガラス転移温度の低い賦形剤を用いた粉末作製手法の開発，および実験機のデータを用いた実機噴霧乾燥機のフレーバー残留率の推測などの多くの工学的課題が残されている。

文　献

1) M. H. Alu'datt, M. Alrosan, S. Gammoh, C. C. Tranchant, M. N. Alhamad, T. Rababah, R. Zghoul, H. Alzoubi, S. Ghatasheh, K. Ghozlan and T-C Tan : Encapsulation-based technologies for bioactive compounds and their application in the food industry: A roadmap for food-derived functional and health-promoting ingredients, *Food Biosci.*, **50**, Part A, 101971 (2022).

2) P. M. Reque amd A. Brandelli : Encapsulation of probiotics and nutraceuticals : Applications in functional food industry, *Trends Food Sci Technol.*, **114**, 1-10 (2021).

3) 吉井英文：CD包接フレーバー粉末の作成とその徐放特質，日本食品工学会誌，**5**(2), 63-69 (2004).

4) A. Sultana, S. Adachi and H. Yoshii : Encapsulation of fish oil and essential fatty acids by spray drying, *Sustainable Food Technol.*, **1**, 827-836 (2023).

5) A. A. Ghani, S. Adachi, H. Shiga, T. L. Neoh, S. Adachi and H. Yoshii : Effect of different dextrose equivalents of maltodextrin on oxidation stability in encapsulated fish oil by spray drying, *Biosci. Biotech. Biochem.*, **81**, 705-711 (2017).

6) H. Shiga, S. Adachi, S. Adachi and H. Yoshii : A simple method for determining the flaxseed or fish oil content with N, N-dimethylformamide in microcapsules prepared by spray drying, *Jpn. J. Food Eng.*, **15**, 131-139 (2014).

7) A. A. Ghani, S. Adachi, K. Sato, H. Shiga, S. Iwamoto, T. L. Neoh, S. Adachi and H. Yoshii : Effects of oil-droplet diameter and dextrose equivalent of maltodextrin on the surface-oil ratio of microencapsulated fish oil by spray drying, *J. Chem. Eng. Jpn.*, **50**, 799-806 (2017).

8) A. Soottitantawat, R. Partanen, T. L. Neoh and H. Yoshii : Encapsulation of hydrophilic and hydrophobic flavors by spray drying, *Japan J. Food Eng.*, **16**, 37-52 (2015).

9) 吉井英文：噴霧乾燥粉末の構造と粉末特性，日本食品工学会誌，**14**, 119-124 (2013).

10) W. H. Rulkens and H. A. C. Thijssen : The retention of organic volatiles in spray-drying aqueous carbohydrate solutions, *J. Food Techonol.*, **7**, 95-105 (1972).

11) T. Furuta, S. Tsujimoto, H. Makino, M. Okazaki and R. Toei : Measurement of diffusion coefficient of water and ethanol in aqueous maltodextrin solution, *J. Food. Eng.*, **3**, 169-186 (1984).

12) 山本修一，佐野雄二：糖類水溶液の乾燥挙動および乾燥時の酵素失活挙動，粉体工学会誌，**24**, 383-388 (1987).

13) J. Flink and M. Karel : Retention of organic volatiles in freeze-dried solutions of carbohydrates, *J. Agric. Food Chem.*, **18**, 295-297 (1970).

14) 古田武：噴霧乾燥におけるフレーバー保持機構，日本食品工業学会誌，**40**, 385-392 (1993).

15) 辻本進：噴霧乾燥における芳香成分の保持，熱分析，**5**, 303-308 (1991).

16) S. Rish and G. A. Reineccius (Editor) : Flavor Encapsulation (ACS Symposium Series, No. 370), *Am. Chen. Soc.* (1998).

17) Y. Premjit, S. Pandhi, A. Kumar, D. Chandra Rai, R. K. Duary and D. K. Mahato : Current trends in flavor encapsulation : A comprehensive review of emerging

encapsulation techniques, flavour release, and mathematical modelling, *Food Res. Inter.*, **151**, 110879 (2022).

18) A. Soottitantawat, H. Yoshii, T. Furuta, M. Ohkawara and P. Linko : Microencapsulation by spray drying : Influence of emulsion size on the retention of volatile compounds, *J Food Sci.*, **68**, 2256-2262 (2003) .

19) J. W. Siccama, X. Wientjens, L. Zhang, R. M. Boom and M. A. I. Schutyser : Acetone release during thin film drying of maltodextrin solutions as model system for spray drying, *J. Food Eng.*, **342**, 111369 (2023). doi.org/10.1016/j.jfoodeng. 2022. 111369.

20) L. Szente and J. Szejtli : Cyclodextrins as food ingredients, *Trends Food Sci. Technol.*, **15**, 137-142 (2004).

21) L. Westing, G. Reineccius and F. Caporaso : Shelf Life of orange oil: Effects of encapsulation by spray-drying, extrusion, and molecular inclusion. In Flavor encapsulation, *ACS Symposium Series*, **370**, 110-121 (1988).

22) T. V. A. Nguyen and H. Yoshii : Encapsulation of flavors in Functionality of Cyclodextrins in Encapsulation for Food Applications, *Springer*, 53-73 (2021).

23) 寺尾啓二，池田宰(監修)：シクロデキストリンの科学と技術，シーエムシー出版 (2020).

24) T. M. Ho, H. Yoshii, K.Terao and B. R. Bhandari : Functionality of Cyclodextrins in Encapsulation for Food Applications, *Springer* (2021).

25) 吉井英文：噴霧乾燥法および分子包接法による機能性食品粉末の創製技術の確立，日本食品工学会誌，**23**, 97-108 (2022).

26) H. Yoshii, A. Soottitantawat, X-D. Liu, T. Atarashi, T. Furuta, S. Aishim, M. Ohgawara and P. Linko : Flavor release from spray-dried maltodextrin/gum arabic or soy matrices as a function of storage relative humidity. Innov., *Food Sci. Emerg. Technol.*, **2**, 55-61 (2001).

27) J. D. Hancoc and J. H. Sharp : Method of cmparing solid-state kinetic data and its application to the decomposition of Kaolinite, Brucite, and $BaCO_3$, *J. Am. Ceramic Soc.*, **55**, 74-77 (1972).

28) S. Takashige, D. A. Hermawan, H. Shiga, S. Adachi and H. Yoshii : Behavior of flavor release from emulsified *d*-limonene in spray-dried powders with various wall materials, *Jpn. J. Food Eng.*, 53-58 (2017) .

第3節
食品素材の凍結乾燥

九州大学　中川　究也

1. 凍結乾燥食品(フリーズドライ食品)の動向

凍結乾燥(フリーズドライ)とは，凍結させた製品から昇華によって水分を除去する乾燥操作である。装置・オペレーションが他の乾燥方法に比べて複雑であることと，乾燥時間の長さ，凍結と真空の利用に伴う現象の複雑さもあるため，食品向けの凍結乾燥は，メリットがはっきりしたケース(凍結乾燥でなければ作れないものをつくる)に適用が限定される。たとえば，大きな具材がそのまま入っている商品などは，他のインスタント食品との差別化に成功した例と言える。また，多くの製造がバッチで実施されているため，比較的少量の生産にも対応でき，ラインナップの多様化を実現させやすい。これを活かして，季節性の地域産品を具材として使用した製品開発などができるのも大きな特徴だろう。

インスタント食品の具材製造に広く凍結乾燥が利用されていることはよく知られており，ブロック状の個食製品も生活に広く浸透している。2022年に日本において生産されたフリーズドライ食品(個食向けの成形品)は6億7200万食を越えており，長期的にさらに伸びることが見込まれている(日本凍結乾燥食品工業会の生産量調査)。世界的にも市場は拡大しており，2021年の時点で372億ドル相当の市場が2030年には717億ドルになると見込まれている[1]。特に北米，ヨーロッパ地域での需要が目立っており，消費者の健康志向の高まりも追い風となっている。野菜の乾燥製品は市場の30％を占めている。フリーズドライフルーツを使用したシリアル，ベーカリー製品，菓子，乳製品なども多く上市されており，ペットフード市場も拡大している。市場を牽引しているのはアジア太平洋地域であり，2021年の時点で35％のシェアを占めている。伸びが目覚ましいのは中東，アフリカ地域であり，年平均成長率8.9％と見込まれている。北米地域は保存食品の普及が進んでおり，その受容性も高い地域であることから，フリーズドライ食品のさらなる市場拡大が期待できる地域と目されている。

凍結乾燥による食品製造の優位性は，高い保存性，色調の保持，収縮の最小化による高い外観品質の実現，復水による復元性，成分の酸化抑制，繊細な成分の高度安定化などを挙げることができる。以下ではこれらの特徴について解説する。

2. 食品の形態と凍結乾燥

凍結乾燥食品は，大きく分けて，固形状，液状の食品にその形態を分類できる。また，乾燥させた食品をそのまま喫食するもの，喫食時に復水させることを前提とするものとに分けることもできる。乾燥後の形状，色などは品質因子として重要だが，この喫食形態によってその重要度は変わる。多くの食品は複雑な多成分多相系であり，その形態に応じて乾燥操作と品質との関わりが異なる。**図1**に概要をまとめるように，凍結操作の品質への依存性，乾燥時のコラプス・発泡の発生の懸念，成分保持の要求レベルなどが主な留意点である。

凍結乾燥は他の乾燥手法に比べて，収縮や組織破壊が起こりにくい乾燥である。たとえばスープなどの溶液系の凍結乾燥製品は，容器形状のままブロック状の製品を製造できるが，青果，畜産製品などではある程度の収縮は避けられない。これは，食品をガラスマトリクスとして見なした場合，多くの食品

◇成形加工・固形製品
（例：成形野菜，果実，肉，麺など）

- □　凍結・乾燥挙動は原料種に強く依存
- □　発泡・コラプスによる不良の懸念小
- □　復水性，形状・外観保持が重要品質（操作の影響を受ける）

◇液状・懸濁製品
（例：スープ，ソース，クリームなど）

- □　凍結・乾燥挙動が液物性に強く依存（塩濃度，懸濁密度など）
- □　発泡・コラプスによる不良の懸念大
- □　成分物性（結晶性，分散質の安定性）が操作の影響を受ける
- □　復水性，外観保持が重要品質（操作の影響を強く受ける）

◇液状製品
（例：健康補助食品，微生物，など）

- □　凍結・乾燥挙動が溶質成分の物性に強く依存
- □　発泡・コラプスによる不良の懸念大
- □　保護物質の物性（結晶性，ガラス転移点）が操作条件を既定
- □　成分の生理活性保持，安定性が重要品質（操作の影響を強く受ける）

図1　食品形態ごとの凍結乾燥の特徴と操作上の留意点

表1　主な食品の T'_g [2)3)]より抜粋

	T'_g［℃］
タピオカデンプン	-5.5
Bovine serum albumin	-13
Sodium caseinate	-10
ゼラチン（60 Bloom）	-11
グルテン（麦）	-6.5
イチゴ	-41～-33
リンゴ	-42
バナナ	-35
モモ	-36
ニンジン	-25.5
ブロッコリー	-26.5～-12
トマト	-41.5
アイスクリーム	-41～-27.5
オレンジ	-37.5
ほうれん草	-17

マルトデキストリン

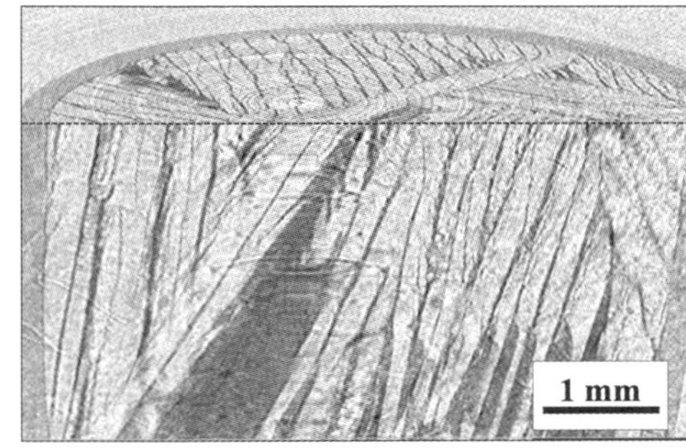

ブロッコリー茎部

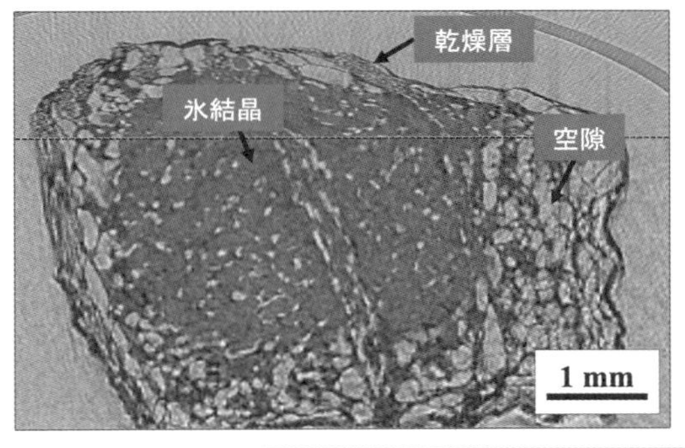

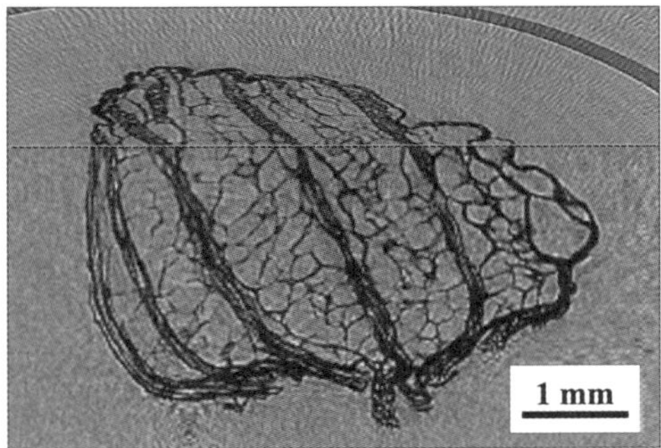

凍結乾燥の進行

図2　凍結乾燥過程のX線CT画像

のガラス転移点(T'_g)が非常に低いため，実際的な乾燥過程における製品温度はT'_gよりもはるかに高いところで進行させるケースが多いからである。**表1**に主な食品の最大限凍結濃縮された相のガラス転移点(T'_g)をまとめる。ここに挙げるような多くの食品は，目立ったコラプスを起こさずに乾燥を進行させることができる。これは食品の持つ組織構造が強固なためである。一方，液状食品やゲル状食品の場合は，ガラス転移点(T'_g)を大幅に越えて乾燥させることは，発泡やコラプス，過度な収縮に繋がる。液中に分散する固形分は，そのサイズが小さいほど液の粘弾性に影響を与える。したがって固形分を含む液状食品の乾燥挙動は，成分間の相互作用も留意する必要がある。凍結乾燥過程のマルトデキストリン溶液と，ブロッコリーのX線CT画像を**図2**に示す。凍結乾燥過程において氷晶が昇華し，多孔質な乾燥製品が形成されていく様子が確認できる。また，マルトデキストリン溶液においては乾燥に伴う収縮が見られないのに対し，ブロッコリーでは乾燥と共に収縮している様子が確認できる。

3. 固形食品の凍結乾燥

青果物や肉，魚介類などの乾燥は，素材そのものが持つ細胞組織の構造に依存して，脱水に伴う特性変化の程度が大きく異なる。したがって，凍結過程における氷結晶の形成と，乾燥過程における収縮の発生は，それぞれの操作条件の変更では制御しきれないこともしばしばある。そのため，凍結乾燥させやすい素材，させにくい素材といった個別的なノウハウの蓄積に頼る部分が多くなる。

図3に示すように，ニンジン，カボチャ，パイナップルなどの小さな細胞が密に集まり，細胞間間隙が非常に小さい組織を持つ材料において，凍結乾燥後の気孔はほぼオリジナルの細胞組織を反映したものとなりやすいことが報告されている[4]。これに対し，リンゴやナシなどの大きな細胞を有し細胞間隙が大きい材料では，凍結乾燥によって元の細胞構造が失われやすく，凍結時の氷結晶形成を反映したスポンジ状材料になりやすい[4]。緩慢凍結を適用した場合，凍結は細胞外の空間から開始し，この時に細胞外の溶質の濃度が高まることで，細胞内からの水の移動を促進する。こうして細胞外に大きな氷結晶が形成することで，細胞の変形が誘発されると考えられる[5]。こうした細胞組織の変形は復水時の復元性にも強く影響する。

凍結乾燥材料の復水性は，材料の持つ多孔構造を階層的に考えることが重要である。材料には大きな細孔が形成し，凍結時に形成した氷結晶に由来する構造となっている。ただし先述のように，材料によってはこれが顕著に見られない場合もある。大きな細孔の内部には，材料の骨格となる細孔壁があり，ここにさらに細胞組織から水が除去されて形成した微細な細孔が形成している。乾燥させた食品を復水させる際，大きな細孔から小さな細孔へと段階を経て水が浸潤する。材料に大きな気孔が形成していることで材料内部への水の浸潤は迅速になる一方，材料骨格への水の浸透は緩慢である。

乾燥食品の復水による復元性は，主に材料骨格への水の浸透に関わっている。細胞の組織構造は凍結過程，乾燥過程の双方が，大きく影響する要因である。凍結過程においては氷結晶の形成に伴う影響，乾燥過程においてはコラプスの発生による組織構造の凝集などの影響が考えられる。食肉の乾燥に際して，コラプス温度を越えない乾燥条件の適用によって，復水性に優れた製品を作製できたとする報告がある[6]。固形分量の多い肉製品は，外観からはコラプスの発生がほとんど分からないが，ガラス転移点の低い部位(化工調理時の塩類の分布も影響する)において局所的な収縮が起こる可能性があるため，乾燥過程における品温制御が重要となる。

また，凍結の影響も重要である。急速凍結の適用は，細胞組織そのものへのダメージを低減できる場合が多いが，小さな氷晶が形成する傾向となるため，そのサイズによっては乾燥後の水の浸潤速度を低下させる。凍結乾燥させた鶏胸肉において，緩慢凍結を適用した方が復元性に優れており(外観，テクスチャーの観点から)，官能スコアも高いと報告されている[7]。この報告で乾燥時間や製品サイズ，乾燥時の圧力の重要性にも言及されているが，乾燥過程におけるコラプス(局所的な収縮)の発生との関わりと考えられる。

魚介類の乾燥については，上記の課題に加え，香気成分の制御が重要となる。メイラード反応による香気成分の産生(カルボニル化合物の生成に伴う芳香族化合物の産生)，脂質酸化による不快臭(有機酸の酸化によるアルデヒド類の産生など)，タンパク質の加水分解，ストレッカー分解(アミノ酸の分解によるアルデヒド，アルコール類の産生)などがこれと関わっている。凍結乾燥は低温で実施するためにこれらの化学反応を抑制しやすい乾燥法であるが，産業的に使用されている輻射加熱式凍結乾燥機では，製品表面がかなり高温に加熱されるため，これらの影響を無視することはできない。ただし，乾燥過程における物質産生はネガティブに働くだけでなく，上手く制御できれば優位点にもできると考えられる。たとえば，凍結乾燥させたキダイにおいて，アミノ酸含有量(アスパラギン，セリン)が約2倍になるとの報告もあり興味深い[8]。また，近年の健康意識の高まりから，EPAやDHAに代表される多価不飽和脂肪酸は，未酸化の状態で食品中に含有されることで食品価値を高めることができる[9]。

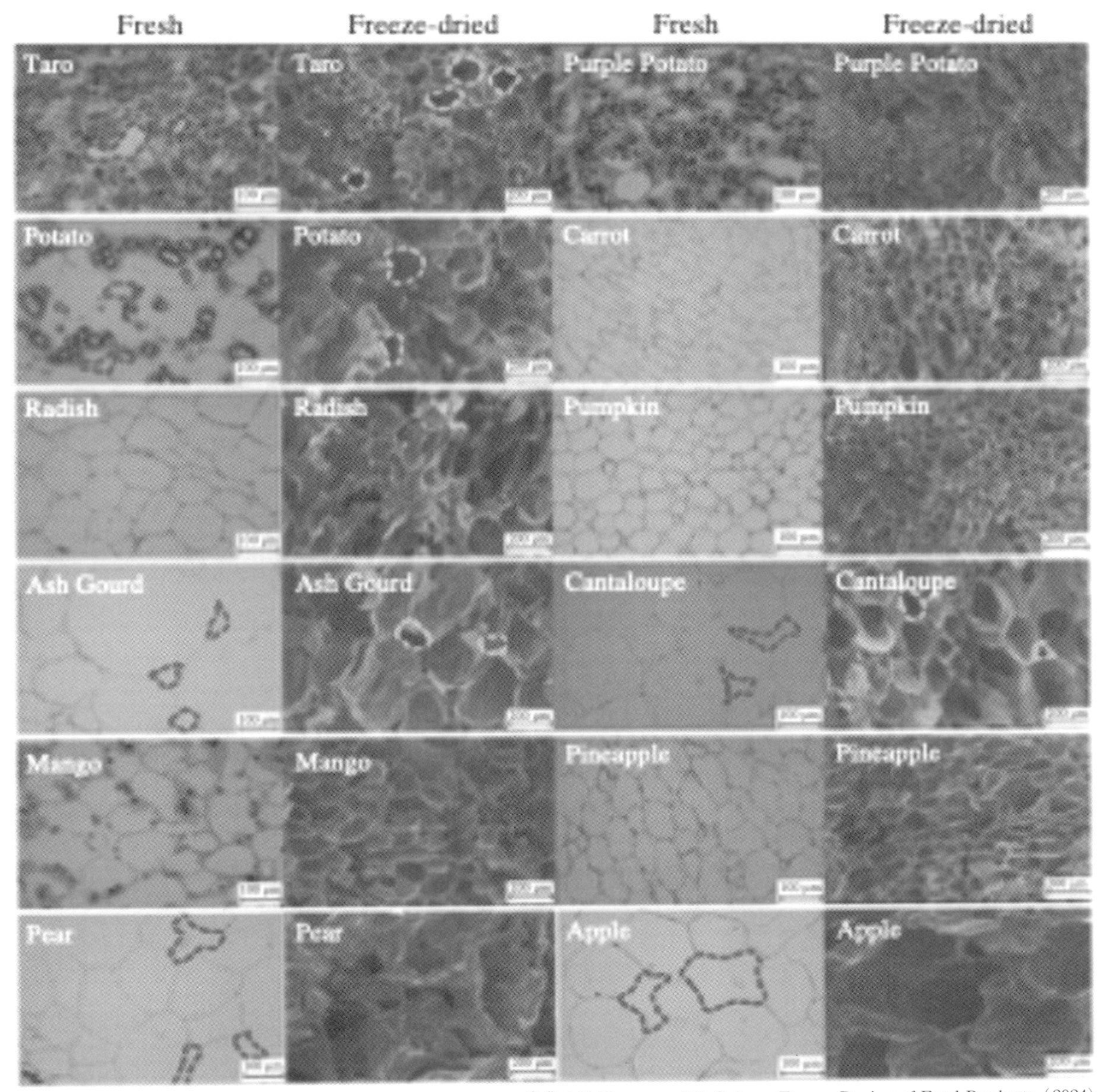

出典：Y. Kumar and R. Suhag : Freeze Drying of Food Products (2024).
※口絵参照

図3 青果物の細胞組織と凍結乾燥後の微細構造[10]より抜粋

4. 液状食品の凍結乾燥

4.1　復水性の保持

スープ，ソース，クリームなどに代表される液状食品の凍結乾燥は，ブロック状の成形品の製造に広く使用されている。それらは湯戻しして喫食することを前提としているため，迅速な溶解や復水性が重要な品質となる。溶け残りの発生は品質上の課題となるため，これの対応策を講じることも重要である。

先述のように，乾燥材料の復水性は浸潤のしやすさと溶解速度によって決まる特性である。**図4**に示すように，ブロック状製品におけるこの過程は，細孔内への水の浸潤，材料骨格の崩壊，崩壊した材料断片の水への溶解と主に3つのステップに分けて考えることができる。固形製品との大きな違いは，細孔内への水の浸潤による材料構造の崩壊が起きることである。この崩壊のしやすさは，細孔サイズ，材料表面の濡れ性，材料骨格のもろさと関わっている。一方，崩壊した材料断片の溶解性は，断片の大きさと，材料を構成する物質の結晶性と強く関わっており，断片サイズが小さく結晶化度が低いほど溶解速度は速く，ガラス状態の場合はさらに速く溶解する。

凍結乾燥製品に糖類が多く用いられるのは，乾燥後にガラス状態となるために復水性に優れることが大きな理由の1つである。一般にガラス転移点が低い試料ほど溶解は速い。結晶性の物質では，結晶化度が高いほど溶解速度は遅くなる。凍結乾燥過程における結晶の析出は，凍結過程で起こり，凍結条件が急速であるほど結晶化度が低く，アモルファス(もしくはガラス状態)に近いものができやすい。一方，緩慢な凍結や，アニーリングの適用は結晶成長と結晶転移を促進するため，復水後の溶け残りの一要因となる。したがって，結晶性に由来する復水性が課題となる場合，凍結をより急速で実施することは品質改善の一処方となる。

乾燥過程における発泡やコラプスの発生は，微細な材料骨格の融着と粗大化を引き起こし，復水性を低下させる。コラプス発生度の異なる凍結乾燥マルトデキストリンの事例では，コラプスの発生度合いが大きくなると復水時間が長くなる傾向が報告されている[11]。ラクトースと塩化ナトリウムを含む組成において，塩化ナトリウムの濃度増加によってコラプス発生が進むほど，復水時間が長くなることが確認されている[12]。

デンプンを多く含有する食品は，デンプンの老化に伴って復水時の溶解性の低下が起こる。緩慢凍結は大きな氷結晶形成によって大きな細孔形成に繋がるために水の浸潤はさせやすくなると考えられる半面，デンプンの老化を促進させやすいために溶解性の低下が懸念される。急速凍結はこの逆に，水の浸潤には不利な小さな多孔構造になるだろうが，老化抑制による溶解性の確保には有利と考えられる。

4.2　香気成分の保持

食品中に含まれる揮発性の香気成分は，製品の重要な品質の1つである。食品マトリクス中への香気成分の安定化は，成分が内部に包埋された状態とすることで実現できる。**図5**に示すように，マトリクスの含水率の低下に伴い，水の拡散係数に比べて揮発性成分の拡散係数が大きく減少することから，乾燥の進行に伴って成分はマトリクス内部に安定化させることができる[13]。このメカニズムにより，デンプン，多糖，タンパク質をはじめとする高分子が形

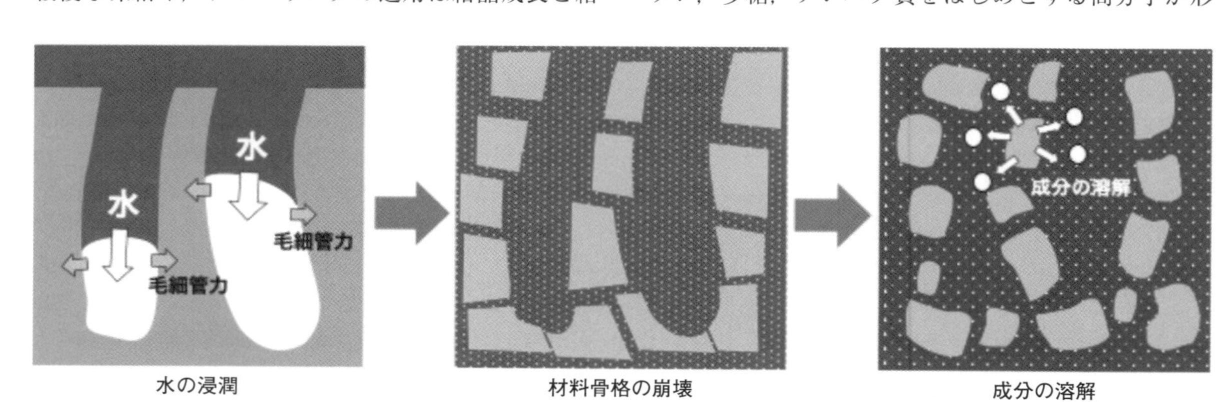

図4　凍結乾燥製品の復水

成するマトリクス中に，高い蒸気圧を示す香気成分を保持することができる。乾燥したマトリクス中に安定化された揮発性物質は，粉砕または真空包装によっても除去されず，復水時における製品の崩壊と同時に放出される[14]。ガラス転移点以上の加熱や水蒸気の吸収に伴って，内包された物質の放出は加速されるため，製品の湿度管理は重要となる[15]。マトリクス中における好気成分の拡散性は，マトリクスのガラス・ラバー転移との関わりと理解することもできる。マトリクスがガラス状態，もしくはこれに近い状態であるほど安定化に優れる。揮発性物質が安定化される場を分子スケールでみた場合，疎水性度が高い高分子鎖(糖鎖、ポリペプチド鎖など)が作るヘリカルな構造や環構造の内部に閉じ込められると考えられている[16)17]。

凍結乾燥製品において，凍結過程において成分が凍結濃縮相内に分配することは，安定化の1つの機序であり，特に緩慢な凍結条件が有利であることが報告されている[15)18)19]。乾燥過程ではできるだけ速く乾燥を進行させることが成分保持には有利になる。凍結乾燥製品中への香気成分の損失を防ぐためには，より緩慢な凍結，高い固形分濃度，凍結乾燥時の圧力を低く維持，製品厚さを薄くするなどが有効と報告されている[13]。

発泡やコラプスの抑制も，香気成分の保持に有効である。同じ凍結乾燥条件を適用した場合でも，成分種に依存して残存率は異なるが，コラプスの発生が顕著になるほど損失は大きくなると報告されている[11]。コラプスの発生度合いは賦形物質のガラス転移点と，乾燥操作時の適用温度に依存するが，揮発成分の残存率はこの影響を受ける。

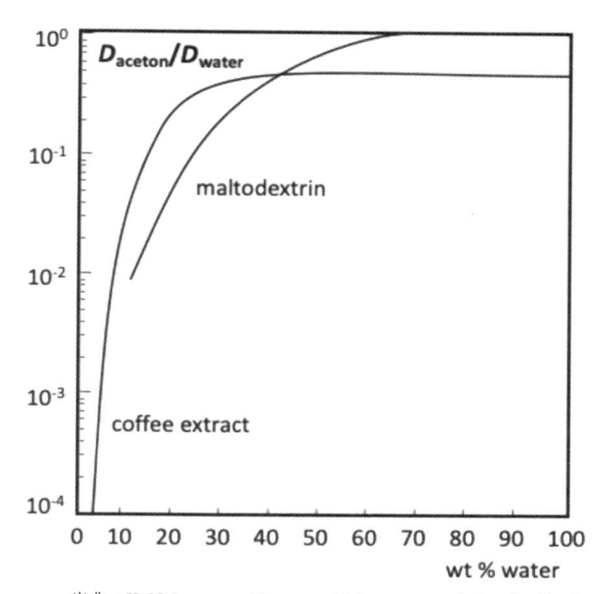

出典：K. Nakagawa : Nano- and Microencapsulation for Foods (2024).

図5 コーヒー抽出液およびマルトデキストリン溶液の含水率に対するアセトンと水の拡散係数の比率(25 ℃)[20]

5. 食品機能性成分と凍結乾燥

近年，食品機能性成分を含むサプリメント食品が多く上市されている。粉末・顆粒状の乾燥製品のほとんどは噴霧乾燥，造粒プロセスによって製造されている。食品中の抗酸化活性やビタミンなどといった機能性成分の保持に凍結乾燥は非常に優れているが，熱風乾燥をはじめとする他の乾燥方法によっても良好に保持できる場合が多い。コスト的観点で凍結乾燥プロセスは優位性が高くないため，より高度な品質確保が求められるケースに適用すべきである。

プロバイオティクスと呼ばれる健康増進に有益な菌体や微生物を含むサプリメント食品が上市されている。また，ヨーグルトなどのプロバイオティクス，プレバイオティクス(有用微生物を活性化させる物質)を含む製品は，生菌数を確保したまま乾燥させたいというニーズがある。凍結乾燥は噴霧乾燥をはじめとする他の乾燥方法に比べて生存率と貯蔵性を高く保持するのに有利であり，凍結乾燥利用の優位性がある[21)-23]。生体であるプロバイオティクスを，その細胞にダメージを与えないように乾燥させるためには，まず凍結過程における保護と，乾燥過程における保護とを分けて考える必要がある。凍結過程においては，凍結濃縮に伴うストレスの発生を抑制するための保護剤(クライオプロテクタント)，乾燥過程における脱水ストレスを低減させる保護材(リオプロテクタント)を適切に選択することが重要となる。糖，多糖，タンパク質は保護材として最も一般的な候補となる。トレハロース，ラクトースデキストラン，グリセロール，ホエイプロテイン，大豆タンパク質，アルギン酸ナトリウムなどの検証報告に加え，セルロースナノファイバーの利用も報告されている[23)24]。乾燥されたプロバイオティクスの生存能力を保持するためには，乾燥物の含水率と水分活性値が一定値以下に保たれていることが重要と知られており，水分活性 0.33[25]，含水率５％未満がおよその推奨値と報告されている[26]。ただし，必ずしも低い含水率が適しているとも言い切れず，乾燥製品中での水の役割については研究途上の領域である。タンパク質溶液と乳酸菌の混合溶液を凍結状態で一定期間保持することで，乳酸菌を取り囲むようにタンパク質ゲルが構造化する。適切な条件を選ぶことによって菌体の活性向上を図ることができるという報告もあり[27]，今後のプロセス技術の実用的発展が期待される。

6. 常圧凍結乾燥の適用

１編２章９節「凍結乾燥機」にてその機構が解説されているように，低温低湿度空気を用いた常圧下での凍結乾燥が実施可能である。常圧凍結乾燥においては，真空凍結乾燥よりも高い温度で実施することになるため，食品に適用した場合はほとんどのケースで凍結濃縮相のガラス転移温度(T'_g)を大きく超えた-15～０℃程度の温度領域で乾燥を進めることになる。したがって食品中の凍結濃縮相はラバー状態(もしくは液体)で乾燥が進行するため，製品の変形や収縮といった構造破壊が起こりやすくなる。食品の持つ組織構造の変化が大きくなりすぎると，水蒸気の通り道が閉塞するため乾燥の進行が困難になる。そのため，常圧凍結乾燥の液状食品への適用は難しい場合が多く，青果，肉，魚介類，固形状加工食品などが対象として適している。

真空凍結乾燥によって作製された乾燥食品の多くは，含水率が数％程度まで低減されており，凍結状態の体積がほぼ維持されたままの状態となる。そのため空隙(凍結製品中の氷が除去されてできる気孔)が多く形成した固くてもろい固形物であり，復水させることで復元しやすい。一方，常圧凍結乾燥によって作製されたものの多くは，含水率が比較的高く，

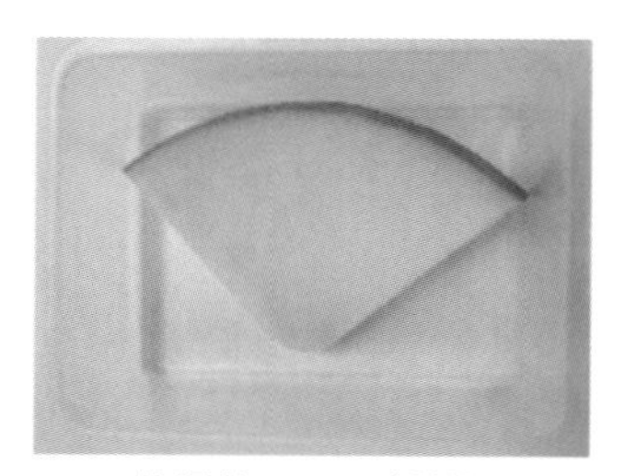
乾燥前のリンゴ断片

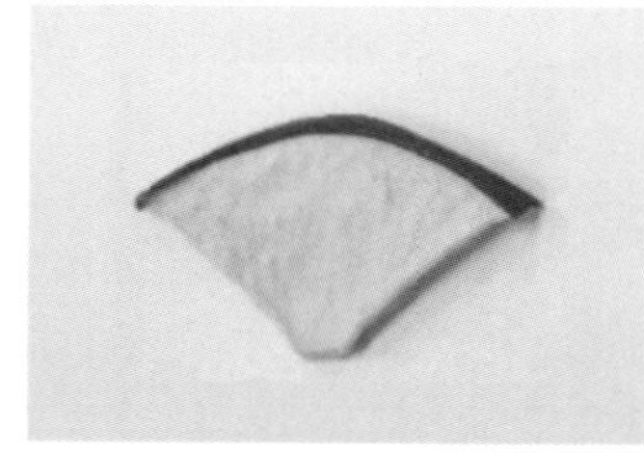
常圧凍結乾燥品

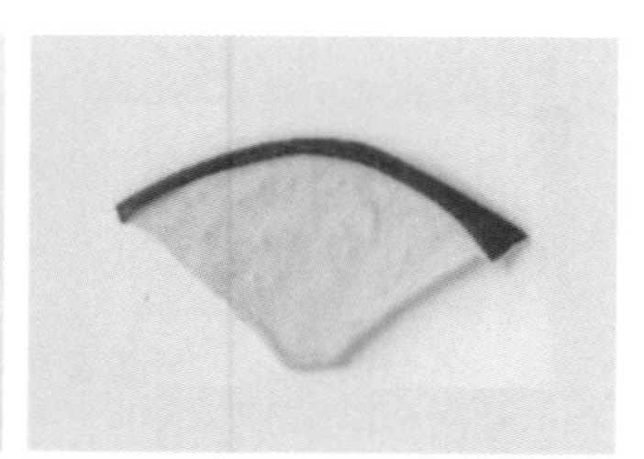
常圧凍結乾燥品(一ヶ月貯蔵後)

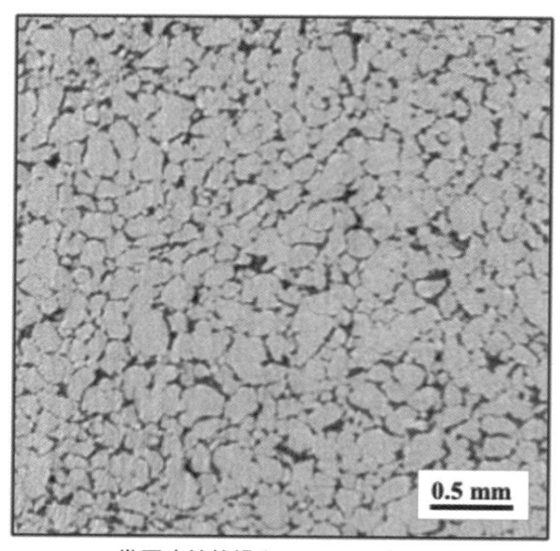

常圧凍結乾燥させたリンゴ断片

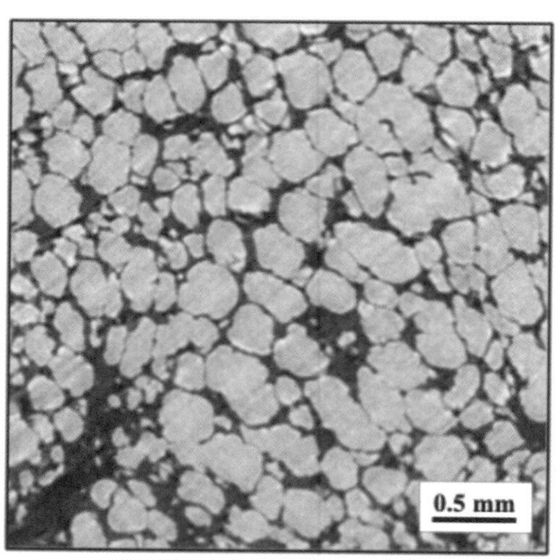

常圧凍結乾燥させたリンゴ断片

※口絵参照

図６　凍結乾燥リンゴの断面画像

ラバー状態となる。そのため，真空凍結乾燥製品のサクサクとした食感とは異なり，噛み応えのある独特の食感に仕上がる。香気成分の保持，色味，食味に極めて優れる半面，吸水による復元性は悪い。

図6に例を示すように、真空凍結乾燥させた製品に比べ、常圧凍結乾燥させた製品の内部に形成する細孔は顕著に大きくなっていることが確認できる。このような細孔形成は凍結時に形成した氷晶が除去されることに由来するが，乾燥過程の製品温度の T'_g からの超過度合いに依存して凍結濃縮相の流動や融着が起こる。乾燥過程での製品温度と T'_g の差が小さいほど氷晶の組織構造が残りやすく，差が大きくなるほど元の細孔構造は失われやすい。糖類を多く含み，強固な組織を持たない食品ほど，比較的均質なラバー状の乾燥物になりやすい。キウイ，イチゴ，マンゴー，パイナップルなどの果実がこのようなケースに相当する。一方、タンパク質を多く含有し（T'_g が高い），ゲルを形成しているような食品(e.g. 豆腐)はクリスピーな状態にまで乾燥を進行させることができる。繊維構造を持つ肉などの食品では，ラバー状からクリスピーな状態にまで乾燥の進行を制御することができる。食品中に含まれる成分の保持(e.g. ビタミンの保持[28]，抗酸化活性[29])，貯蔵性，脂質酸化抑制などにも有利であることが報告されており[29]，今後の展開が期待される。

文 献

1) D. Avinash : Freeze-Dried Food Market Size to Reach USD 71.7 Billion by 2030, Says The Brainy Insights, *The Brainy Insights* (2023). https://www.globenewswire.com/news-release/2023/01/09/2584832/0/en/Freeze-Dried-Food-Market-Size-to-Reach-USD-71-7-Billion-by-2030-Says-The-Brainy-Insights.html#:~:text=Newark%2C%20Jan.products%2C%20with%20long%20shelf%20life.

2) L. Slade, H. Levine, J. Ievolella and M. Wang : The glassy state phenomenon in applications for the food industry: Application of the food polymer science approach to structure-function relationships of sucrose in cookie and cracker systems, *Journal of the Science of Food and Agriculture*, **63**(2), 133-176 (1993). DOI: 10.1002/jsfa.2740630202.

3) L. Slade, H. Levine and D. S. Reid : Beyond water activity: Recent advances based on an alternative approach to the assessment of food quality and safety, *Crit. Rev. Food Sci. Nutr.*, **30**(2-3), 115-360 (1991). DOI: 10.1080/10408399109527543.

4) S. Feng, J. Bi, J. Yi, X. Li, J. Li and Y. Ma : Cell wall polysaccharides and mono-/disaccharides as chemical determinants for the texture and hygroscopicity of freeze-dried fruit and vegetable cubes, *Food Chem.*, **395**, 133574 (2022). DOI: https://doi.org/10.1016/j.foodchem.2022.133574.

5) S. Schudel, K. Prawiranto and T. Defraeye : Comparison of freezing and convective dehydrofreezing of vegetables for reducing cell damage, *J. Food Eng.*, **293**, 110376 (2021). DOI: https://doi.org/10.1016/j.jfoodeng.2020.110376.

6) Y. Ma, W. W. Liu and G. H. Huang : Manufacturing research with feasibility of vacuum freeze drying technology for leisure meat products processing, *Advanced Materials Research*, **1056**, 84-87 (2014).

7) J. Babić, M. J. Cantalejo and C. Arroqui : The effects of freeze-drying process parameters on Broiler chicken breast meat, *LWT-Food Science and Technology*, **42**(8), 1325-1334 (2009). DOI: https://doi.org/10.1016/j.lwt.2009.03.020.

8) B.-S. Kim, B.-J. Oh, J.-H. Lee, Y. S. Yoon and H.-I. Lee : Effects of Various Drying Methods on Physicochemical Characteristics and Textural Features of Yellow Croaker (Larimichthys Polyactis). *Foods*, **9**(2), 196 (2020).

9) A. Cittadini, P. E. S. Munekata, M. Pateiro, M. V. Sarriés, R. Domínguez and J. M. Lorenzo : Chapter 17 -Encapsulation techniques to increase lipid stability. In *Food Lipids*, J. M. Lorenzo, P. E. S. Munekata, M. Pateiro, F. J. Barba, R. Domínguez Eds.: Academic Press, 413-459 (2022).

10) Y. Kumar and R. Suhag : Freeze Drying of Fruits and Vegetables. In *Freeze Drying of Food Products*, 73-104 (2024).

11) K. Nakagawa, S. Tamiya and T. Ochiai : Evaluation of degree of collapse and its relationship with retention of organic volatiles in freeze-dried dextrin matrices, *Ind. Eng. Chem. Res.*, **59**(40), 18298-18306 (2020).

12) G. D. J. Adams and L. I. Irons : Some implications of structural collapse during freeze-drying using Erwinia caratovoraL-asparaginase as a model, *J. Chem. Technol. Biotechnol.*, **58**(1), 71-76 (1993). DOI: https://doi.org/10.1002/jctb.280580110.

13) W. J. Coumans, P. J. A. M. Kerkhof and S. Ruin : Theoretical and practical aspects of aroma retention in spray drying and freeze drying, *Drying Technol.*, **12**(1-2), 99-149 (1994). Article. DOI: 10.1080/07373939408959951

Scopus.

14) L. N. Gerschenson, G. B. Bartholomai and J. Chirife : Structural Collapse and Volatile Retention During Heating and Rehumidification of Freeze-Dried Tomato Juice, *J. Food Sci.*, **46**(5), 1552-1556 (1981). Article. DOI: 10.1111/j.1365-2621.1981.tb04218.x Scopus.

15) J. Flink and M. Karel : Effects of process variables on retention of volatiles in freeze-drying, *J. Food Sci.*, **35**(4), 444-447 (1970).

16) C. Heinemann, M. Zinsli, A. Renggli, F. Escher and B. Conde-Petit : Influence of amylose-flavor complexation on build-up and breakdown of starch structures in aqueous food model systems, *LWT-Food Science and Technology*, **38**(8), 885-894 (2005).

17) B. Conde-Petit, F. Escher and J. Nuessli : Structural features of starch-flavor complexation in food model systems, *Trends in Food Science & Technology*, **17**(5), 227-235 (2006). DOI: 10.1016/j.tifs.2005.11.007.

18) J. Chirife and M. Karel : Volatile retention during freeze drying of protein solutions, *Cryobiology*, **11**(2), 107-115 (1974). Article. DOI: 10.1016/0011-2240(74)90299-5 Scopus.

19) J. Chirife and M. Karel : Effect of structure disrupting treatments on volatile release from freeze-dried maltose, *Int. J. Food Sci. Technol.*, **9**(1), 13-20 (1974). DOI: https://doi.org/10.1111/j.1365-2621.1974.tb01740.x.

20) K. Nakagawa : Nano- and Microencapsulation of Flavor in Food Systems. In *Nano- and Microencapsulation for Foods*, 249-271 (2014).

21) G. Broeckx, D. Vandenheuvel, I. J. J. Claes, S. Lebeer and F. Kiekens : Drying techniques of probiotic bacteria as an important step towards the development of novel pharmabiotics, *Int. J. Pharm.*, **505**(1), 303-318 (2016). DOI: https://doi.org/10.1016/j.ijpharm.2016.04.002.

22) Í. Meireles Mafaldo, V. P. B. de Medeiros, W. K. A. da Costa, C. F. da Costa Sassi, M. da Costa Lima, E. L. de Souza, C. Eduardo Barão, T. Colombo Pimentel and M. Magnani : Survival during long-term storage, membrane integrity, and ultrastructural aspects of Lactobacillus acidophilus 05 and Lacticaseibacillus casei 01 freeze-dried with freshwater microalgae biomasses, *Food Research International*, **159**, 111620 (2022). DOI: https://doi.org/10.1016/j.foodres.2022.111620.

23) R. Rajam, C. Anandharamakrishnan : Spray freeze drying method for microencapsulation of Lactobacillus plantarum, *J. Food Eng.*, **166**, 95-103 (2015). DOI: https://doi.org/10.1016/j.jfoodeng.2015.05.029.

24) H. J. Gwak, J.-H. Lee, T.-W. Kim, H.-J. Choi, J.-Y. Jang, S. I. Lee and H. W. Park : Protective effect of soy powder and microencapsulation on freeze-dried Lactobacillus brevis WK12 and Lactococcus lactis WK11 during storage, *Food Sci. Biotechnol.*, **24**(6), 2155-2160 (2015). DOI: 10.1007/s10068-015-0287-5.

25) M. P. Rascón, K. Huerta-Vera, L. A. Pascual-Pineda, A. Contreras-Oliva, E. Flores-Andrade, M. Castillo-Morales, E. Bonilla and I. González-Morales : Osmotic dehydration assisted impregnation of Lactobacillus rhamnosus in banana and effect of water activity on the storage stability of probiotic in the freeze-dried product, *LWT*, **92**, 490-496 (2018). DOI: https://doi.org/10.1016/j.lwt.2018.02.074.

26) S. O. Oluwatosin, S. L. Tai and M. A. Fagan-Endres : Sucrose, maltodextrin and inulin efficacy as cryoprotectant, preservative and prebiotic-towards a freeze dried Lactobacillus plantarum topical probiotic, *Biotechnology Reports*, **33**, e00696 (2022). DOI: https://doi.org/10.1016/j.btre.2021.e00696.

27) B. Fang, H. Watanabe, K. Isobe, A. Handa and K. Nakagawa : The manufacturing of lactobacillus microcapsules by freezing with egg yolk: The analysis of microstructure and the preservation effect against freezing and acid treatments, *Journal of Agriculture and Food Research*, **6**, 100221 (2021). DOI: https://doi.org/10.1016/j.jafr.2021.100221.

28) K. Nakagawa, A. Horie, M. Nakabayashi, K. Nishimura and T. Yasunobu : Influence of processing conditions of atmospheric freeze-drying/low-temperature drying on the drying kinetics of sliced fruits and their vitamin C retention, *Journal of Agriculture and Food Research*, **6**, 100231 (2021). Article. DOI: 10.1016/j.jafr.2021.100231.

29) K. Nakagawa, M. Nakabayashi, P. Khuwijitjaru, B. Mahayothee, K. Nishimura and T. Yasunobu : Potential of atmospheric freeze-drying as a food production technique, *Journal of the Japanese Society for Food Science and Technology-Nippon Shokuhin Kagaku Kogaku Kaishi*, **70**(10), 457-474 (2023). Review. DOI: 10.3136/nskkk.NSKKK-D-23-00043.

第4節
食品モデルの赤外線乾燥

三重大学　**橋本　篤**

1. はじめに

赤外線乾燥は新しい乾燥技術ではなく，長い歴史を持つ乾燥方法の1つである。1936年，アメリカのFord自動車㈱が赤外線加熱を利用した自動車の塗装乾燥に関する工業権を取得し，1938年には自動車の塗装乾燥工程に赤外線を採用した。その後，日本でも1940年代後半頃から自動車修理工場での板金塗装の乾燥や家庭用暖房用ヒーターなどに赤外線が利用されるようになった。現在では，赤外線乾燥の有効性は食品，塗装，製紙などをはじめさまざまな分野で認められており，赤外線乾燥の実用例も多数ある。

赤外線加熱に関する基礎的な研究はTiller and Garberによって初めて報告され[1]，その後，矢木らが湿り充填層を乾燥試料とし，赤外線乾燥の定量化を試みた[2)3]。しかしながら，赤外線乾燥特性は，被加熱物による赤外線照射エネルギーの吸収挙動に影響されるため，食品のように化学的かつ構造的に複雑で，かつ加熱・乾燥過程における変化が無視できない材料の赤外線乾燥機構の把握は困難である。

そこで，乾燥過程における成分変化や構造変化などを考慮した赤外線吸収特性の変化などを定量的に理解することが必要となる。本稿では，このような観点に基づき，赤外線乾燥の基礎となる赤外線による放射伝熱の特徴について簡単に説明したのち，食品モデルの赤外線乾燥の特徴について紹介することとする。

2. 赤外線加熱

2.1　赤外線の分類

赤外線は，加熱･乾燥などの熱源のほかに赤外分光分析，温度計測，リモートセンシングなどで利用されている。そのため，それぞれの利用分野において異なる呼び名の組み合わせを用いており[4]，利用目的において赤外線の分類が異なることを理解しておくと便利である。たとえば，赤外線乾燥では赤外線を熱源として利用し，赤外線放射体から射出される放射エネルギー分布や乾燥試料の赤外吸収特性の測定に関しては赤外分光器を用いる。したがって，赤外線乾燥に関連する議論においては，熱利用における分類と赤外分光学における分類の差異に注意する必要がある。

分光学の分野においては，分子の基準振動に基づく波長帯を赤外線(もしくは中赤外線)，この波長帯よりも短波長側を近赤外線，長波長側を遠赤外線とする。一般的に(中)赤外線は波数を単位とし，4000～400 cm^{-1} と定義され，波長では2.5～25 μmに対応する。また，遠赤外線は400～10 cm^{-1} となり，波長では25～1000 μmの範囲である。(中)赤外域に現れる官能基の基準振動の倍音・結合音が得られる近赤外線[5]では，単位として波長が使われることが多いが，波数も用いられる。一方，熱利用においては，赤外線の分類に関して必ずしも明確な定義は存在していないが，おおむね3 μmよりも短波長域を近赤外線，逆に3 μmよりも長波長域を遠赤外線と呼んでいる[6]。

乾燥を目的とした場合，水による赤外線の吸収に着目することが多いので，3 μmよりも長波長領域の赤外線を多く射出する遠赤外線放射体を用いることが多いが，この波長域は分光学の分野では主に(中)赤外線にあたる。ここでは，乾燥のエネルギー源として赤外線を利用することを想定しているので，本稿においては，熱利用分野における呼称を用いることとする。

2.2　赤外線加熱の特徴

熱エネルギーの伝達には伝導伝熱，対流伝熱，放射伝熱の3つの形式があり，赤外線による加熱は放射伝熱による加熱形態である。物質が赤外線を吸収するか否かはその物質を構成する分子の振動または回転によって双極子モーメントの変化が生じるか否かによって定まる。たとえば，非直線形3原子分子である水(H_2O)は，3つの基準振動を有し，有極性分子であると同時に原子振動により双極子モーメントに変化が生じるので，赤外線をよく吸収する。また，二酸化炭素(CO_2)は平衡状態において双極子モーメントを持たないが，分子振動によって双極子モーメントに変化が生じるので赤外線を吸収することとなる。一方，空気の主要成分である窒素(N_2)と酸素(O_2)は2原子分子であり，分子振動によっても双極子モーメントに変化が生じないので赤外線を吸収しない。

したがって，赤外線放射体から射出された赤外線は，空気中ではほとんど吸収されず，被加熱物表面まで到達し，被加熱物に吸収された赤外線エネルギーは熱エネルギーに変換され，伝導と対流により内部に伝わる。また，赤外線は直進，反射する特性を持っているので，放射エネルギーを集中，分散しやすい。一方，水や有機物質は，一般に，おおよそ3～25 μmの波長領域において強い吸収帯を有するため，食品など赤外線照射により加熱効果が大きく，乾燥速度を促進する可能性がある。

2.3　赤外線の浸透性

金属やセラミックスなどの固体や液体の多くは，その表面から入射した赤外線を表面から数Åまたは数μmの範囲でほとんど吸収する。このような物体を赤外線に対して不透明であるという。一方，赤外線は空気によってほとんど吸収されないので，空気は赤外線に対して透明であるという。ところが，物体によっては，物体中を赤外線が伝播していくとき，その過程において一部を吸収し一部を透過する。すなわち，赤外線に対して半透明な性質を持つものがある。このような半透明な物体では，放射現象の多くは物体内部において問題となる。また，透過率がほぼ0で面放射と考えてよい固体あるいは液体であっても，その物体の厚みが極めて薄くなると，透過率が0で近似できなくなり，半透明な性質を示す。すなわち，放射吸収量は物体の厚さによって著しく変化する。

ここでは，赤外線乾燥において重要な因子となる半透明と見なせる物質(多くの食品)中における赤外線エネルギーの浸透性について考える。ある波長の単色光が均質媒体中を通過するとき，そのエネルギーは次第に吸収され，単色放射強度は低下する。

$$I_\lambda = I_{\lambda 0}\exp(-\alpha_\lambda x) \quad (1)$$

この関係は，吸収係数α_λの波長の光が$I_{\lambda 0}$の強度で到達したが，距離xを浸透する間にI_λまで強度が低下したことを表す。したがって，厚さがxの媒体の単色透過率τ_λは，(透過エネルギー強度)/(入射エネルギー強度)となるので次式のように表せる。

$$\tau_\lambda = I_\lambda / I_{\lambda 0} = \exp(-\alpha_\lambda x) \quad (2)$$

最も身近でシンプルな物質であり，最も単純な食品モデルとして扱われることがある水に着目し，水による赤外線の吸収と水層内における赤外線エネルギーの浸透性について考えてみる。水の赤外域における光学物性値は文献(たとえばHale and Querry[7])などにより報告されている。水の吸収係数$\alpha_{w\lambda}$は波長が3 μmと6 μm近傍において大きなピークをもち，2.5 μm以下の波長領域においては小さな値を示す。つまり，波長が3 μmと6 μm近傍の赤外線は水層表面で大部分が吸収され，波長が2.5 μmよりも短波長領域の赤外線は水層内部まで浸透するものと考えてよい。入射エネルギーが1/100になる距離をもって浸透距離とすると，$\alpha_{w\lambda} = 100\ \mathrm{cm}^{-1}$で浸透距離は0.46 mmとなり，水層の場合2.5 μm以上の波長の赤外線は全て表面から0.46 mm以内で吸収され熱となる。そして，これより内部へは伝導と対流によって熱が伝わっていくことになる。すなわち，遠赤外線は1 mm以内の表面近傍で吸収され，近赤外線が水層内部まで浸透することがわかる。

つぎに，水が実際の遠赤外線放射体によって照射されている場合を考える[8]。照射された水の温度は，放射体表面温度に比べて低く，水層内における内部放射を無視できるものとする。このような状況では，水表面上への照射エネルギーq_{ir}のうち，表面での反射$\rho_{w\lambda}q_{ir\lambda}$を除いた残り全てが水層内に入射する$(1-\rho_{w\lambda})q_{ir\lambda}$。この入射エネルギーは表面から内部へ進むにつれて吸収され，熱に変換される。そして，表面からxの深さまで到達してきた赤外線エネルギーは$(1-\rho_{w\lambda})q_{ir\lambda}\exp(-\alpha_{w\lambda}x)$となる。このように照射赤外線エネルギーの伝達機構を考慮して，水表面から深さxにまで進むうちに，入射エネルギーが減衰する割合を表す減衰関数$\phi(x)$は次のように表される。

$$\phi(x)=\frac{\left(\begin{array}{l}\text{水層表面から距離}x\text{のところまで}\\ \text{透過した赤外線エネルギー}\end{array}\right)}{(\text{水層が吸収した赤外線エネルギー})}$$

$$=\frac{\int_0^\infty(1-\rho_{w\lambda})q_{ir\lambda}\exp(-\alpha_{w\lambda}x)\mathrm{d}\lambda}{\int_0^\infty(1-\rho_{w\lambda})q_{ir\lambda}\mathrm{d}\lambda} \qquad (3)$$

水層内の赤外線エネルギーの減衰率を計算したところ，水表面に照射された赤外線エネルギーが1％にまで減衰する深さは0.数mmと推定され，放射体表面温度が高くなると赤外線エネルギーの浸透性も大きくなった。これは，放射体表面温度が高くなるにしたがい，放射体から射出される赤外線エネルギーのうち近赤外線領域における赤外線エネルギーの割合が大きくなること，および近赤外線領域における水の吸収係数が比較的に小さいことに起因しているものと考えられる。

つぎに，上記の考え方を代表的な湿潤多孔質食品の1つである野菜に適応するため，野菜モデル内の赤外線エネルギーの減衰挙動について考えてみる[9]。野菜モデルは固体物質，液体物質，空隙内の気体物質からなる物体とする。ここで，野菜モデルのみかけの吸収係数を推算するために，野菜モデルの1次元モデルを考える。野菜モデル内の液体物質を水，気体物質を空気とみなし，水の吸収係数には既往の値を用い，赤外線は空気によって吸収されないと仮定すると，固体物質(乾燥野菜物質)のみかけの吸収係数を求めることにより，野菜モデルのみかけの吸収係数を推算することができる。

$$\alpha_{ap\lambda}=f_d\alpha_{d\lambda}+f_w\alpha_{w\lambda}+f_v\alpha_{v\lambda}=f_d\alpha_{d\lambda}+f_w\alpha_{w\lambda} \qquad (4)$$

ここで，f，αは，それぞれ体積分率と吸収係数である。また，添え字d，w，vは，それぞれ乾燥野菜物質，水，空隙を意味する。乾燥野菜粉末をKBr錠剤法により測定された乾燥野菜(ニンジン，ダイコン，ナス，ジャガイモ，カボチャ，サツマイモ)の赤外吸収スペクトルに基づいて乾燥野菜物質の見かけの吸収係数を求め，式(1)に基づき野菜モデルの見かけの吸収係数を計算したところ，野菜の含水率は高いので，野菜モデルのみかけの吸収係数は野菜の種類による差異は小さく，水の吸収係数[7]と似た波形となった。

つぎに，野菜モデルのみかけの吸収係数を用いて，野菜モデルが典型的な近赤外線放射体もしくは遠赤外線放射体によって照射されている場合に関して，野菜モデル内における拡散反射などが無視できるものと仮定し，式(3)の考え方に基づいて野菜モデル内の赤外線エネルギーの減衰を計算し，**図1**に示した。図1より，野菜モデル表面に照射された赤外線エネルギーが1％にまで減衰する深さは約数百µmと推定される。$\phi(x)$は，遠赤外線放射体，近赤外線放射体ともに，供試野菜のうちで1番空隙率が大きいナスの場合，赤外線エネルギーの浸透性が最も大きく，供試野菜のうちで1番含水率が低いサツマイモの場合，赤外線エネルギーの浸透性が最も小さくなる。また，比較的含水率が高いナス，ダイコン，ニンジンの$\phi(x)$は，比較的含水率が低いサツマイモ，ジャガイモ，カボチャの$\phi(x)$よりも大きくなる傾向が認められた。以上のように，乾燥過程においては，わずかな成分変化，とくに水分の減少やそれに伴う空隙体積の増大により，赤外線が電磁波として伝播する領域と熱エネルギーとして伝導の形態で伝わる領域に差異が生じることが推察される。

3. 赤外線乾燥の特徴

食品モデルの乾燥特性がその赤外線エネルギーの吸収特性に大きく依存するものと考え，食品モデルによる照射エネルギーの吸収特性に影響を及ぼす因子を乾燥試料に関わる因子と放射熱源に関わる因子とに分けてその特徴を解説する。

3.1 放射率の影響

図2は，放射率に着目して平均粒径が100µm程度のアルミナ粉体，ギン粉体もしくはステンレス粉体の粉体と水とからなる湿潤粉体層の赤外線乾燥特性[10]であり，縦軸は乾燥速度，横軸は空隙体積基準の含水率である。恒率乾燥速度は粉体の種類によって差異が生じ，粉体の放射率が大きい粉体(アルミ

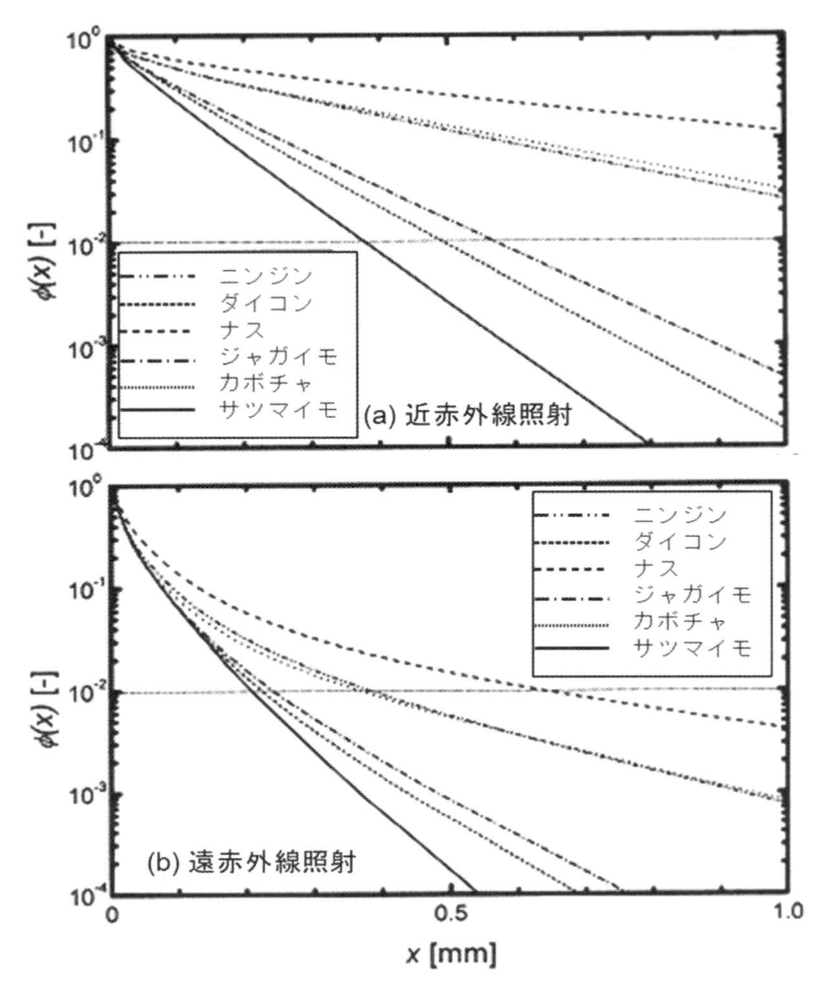

図1　野菜モデル内における赤外線エネルギーの減衰

ナ)層ほど恒率乾燥速度は速くなっている。また，湿り平衡温度も粉体の種類によって差異が生じ，アルミナ粉体層が最も高く，逆に粉体の放射率が最も小さいギン粉体層が最も低くなる。つまり，照射エネルギーのうち湿潤粉体層によって吸収されるエネルギー量は，水による吸収量と粉体による吸収量の合算となるため，単純には粉体の放射率が大きい湿潤粉体層ほど赤外線エネルギーの吸収量が多くなり，湿り平衡温度が高く，また恒率乾燥速度が速くなる。したがって，このような放射率の影響は，乾燥プロセスの収縮による粉体の体積分率の増加に伴い，水以外の成分の割合が増すとともに照射面から水以外の成分までの距離が短くなるため，水以外の成分の放射率の影響がより顕著になる[11]。

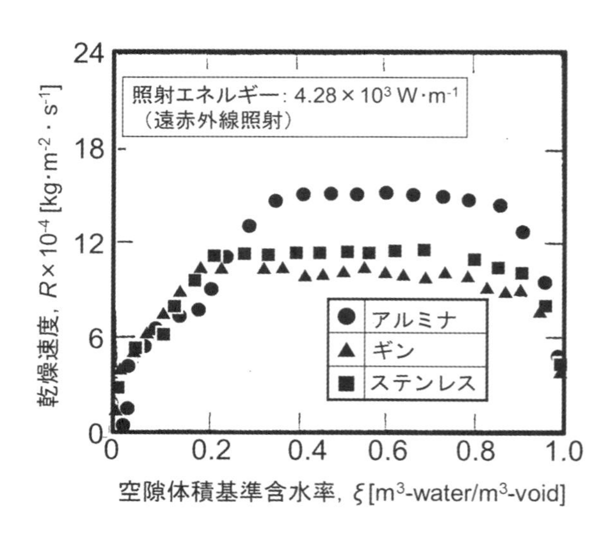

図2　湿潤粉体層の赤外線乾燥特性曲線

3.2 幾何学的構造の影響

図3は，水を含浸させたセルロースアセテートタイプのメンブランフィルタ（試料1，試料2，試料3の平均空孔径は，それぞれ3.94，2.10，0.74 μm）を16枚重ねた湿潤多孔質固体の赤外線乾燥特性である[12]。恒率乾燥速度に関しては，平均空孔径による顕著な差異は認められないが，恒率乾燥期間後の乾燥速度の低下に顕著な差異が認められる。最も平均空孔径が大きい試料1の乾燥速度は，恒率乾燥期間後，最も高含水率で乾燥速度が低下しはじめ，試料2の乾燥速度は，恒率乾燥期間後，最も低含水率で乾燥速度が低下しはじめた。空隙体積基準含水率がおおよそ0.5～0.2までの期間では，乾燥速度がほぼ一定とみなすことができ，その後，含水率が0まで乾燥が進行する。

図3の実験で用いた乾燥試料は，セルロースアセテートと水とから構成されており，またメンブランフィルタの空隙率は0.66～0.78の範囲で大きな差異はない。つまり，平均空孔径が異なると，乾燥試料表面近傍や内部における赤外線の散乱や迷光などにより乾燥試料による赤外線吸収エネルギー量に差異が生じ，図3に示したような乾燥特性曲線が得られたものと考えられる。つまり，図3に示した結果を詳細に解析するためには，乾燥過程を想定した乾燥試料の定量的な赤外吸収特性に関する解析が必要となる。

3.3 照射エネルギー分布の影響

図3で用いた乾燥試料を対象とし，遠赤外線乾燥特性と近赤外線乾燥特性を比較したところ，乾燥速度は近赤外線乾燥を行った場合よりも遠赤外線乾燥を行った場合の方が速く（**図4**(a)），また遠赤外線照射した場合の乾燥試料温度の方が近赤外線照射した場合の乾燥試料温度よりも高くなった[12]。図4(b)は，さまざまな照射エネルギー量の実験結果に関して，乾燥速度の最高値（恒率乾燥速度）を基準とした正規化乾燥速度（R/R_{max}）を用いた乾燥特性曲線である[12]。図4(b)より，遠赤外線特性と近赤外線特性は，定性的にほぼ同様な傾向を示していることがわかる。つまり，遠赤外線乾燥速度と近赤外線乾燥速度との差異は，遠赤外線放射体を用いた場合の方が近赤外線放射体を用いた場合よりも乾燥試料による赤外線吸収エネルギー量が多くなることに起因するものと考えられる。

そこで，乾燥試料中の空隙が水で満たされたメンブランフィルタの拡散反射率に基づいて計算される乾燥試料による赤外線の吸収エネルギー量 $q_{\mathrm{abs,opt}}$ [W・m^{-2}] と，乾燥速度や試料温度などの乾燥特性から計算される赤外線の吸収エネルギー量 $q_{\mathrm{abs,dry}}$ [W・m^{-2}]とを比較してみる。$q_{\mathrm{abs,opt}}$ は，照射エネルギーから拡散反射エネルギーを差し引くことにより求めることができる。

$$q_{\mathrm{abs,opt}} = \int_{\lambda_1}^{\lambda_2} (1 - r_{\mathrm{d}\lambda})\, q_{\mathrm{ir}\lambda} \mathrm{d}\lambda \tag{5}$$

ここで，$r_{\mathrm{d}\lambda}$[-]は拡散反射率，$q_{\mathrm{ir}\lambda}$[W・m^{-2}・μm^{-1}]は照射エネルギーである。一方，赤外線乾燥の恒率乾燥期間において，乾燥試料温度は一定であるので，赤外線の吸収エネルギー量 $q_{\mathrm{abs,dry}}$ は，乾燥試料からの熱損失 q_{loss} に等しい。また，恒率乾燥期間において

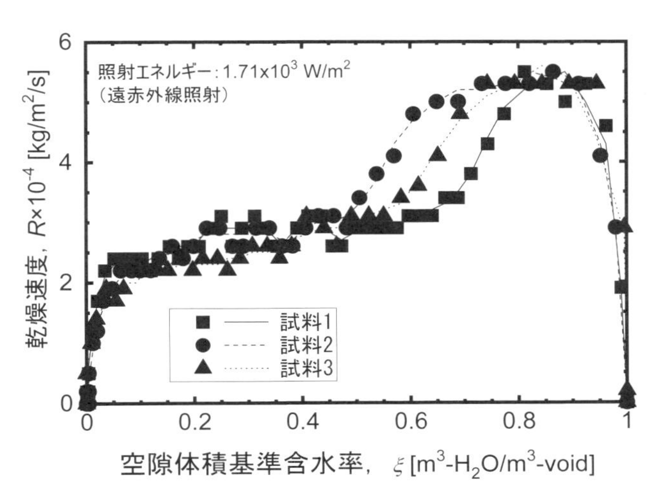

図3　湿潤多孔質固体の赤外線乾燥特性に及ぼす幾何学的構造の影響

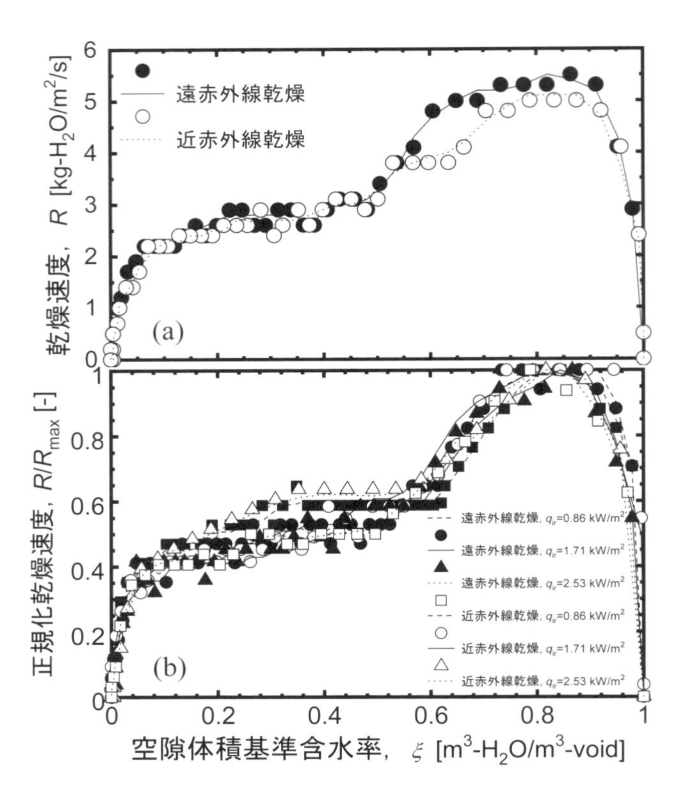

図4　湿潤多孔質固体の遠赤外線乾燥特性と近赤外線乾燥特性（試料2）

（a）乾燥特性曲線の比較（照射エネルギー量：1.71 kW/m^2，（b）正規化乾燥速度の比較

は，乾燥試料内の温度分布を無視することができるので，$q_{abs,dry}$ は次式により求められる。

$$q_{abs,dry} = q_{loss} = q_{evap} + q_{conv} + q_{rad} \qquad (6)$$

q_{evap}［W・m^{-2}］は乾燥試料からの水分蒸発による熱損失，q_{conv}［W・m^{-2}］は乾燥試料からの自然対流による熱損失，q_{rad}［W・m^{-2}］は乾燥試料からの放射による熱損失である。**図5**に示すように，さまざまな乾燥条件において $q_{abs,opt}$ と $q_{abs,dry}$ はほぼ同じ値を示している。また，湿潤メンブランフィルタの拡散透過スペクトルに基づいて乾燥試料内における赤外線エネルギーの浸透性に着目することにより，赤外線乾燥過程における乾燥試料内水分分布を定性的に説明することができることが示されている[13)]。つまり，湿潤多孔質食品モデルの赤外線乾燥機構の把握には，拡散反射法を援用して求められた拡散反射スペクトルおよび拡散反射透過

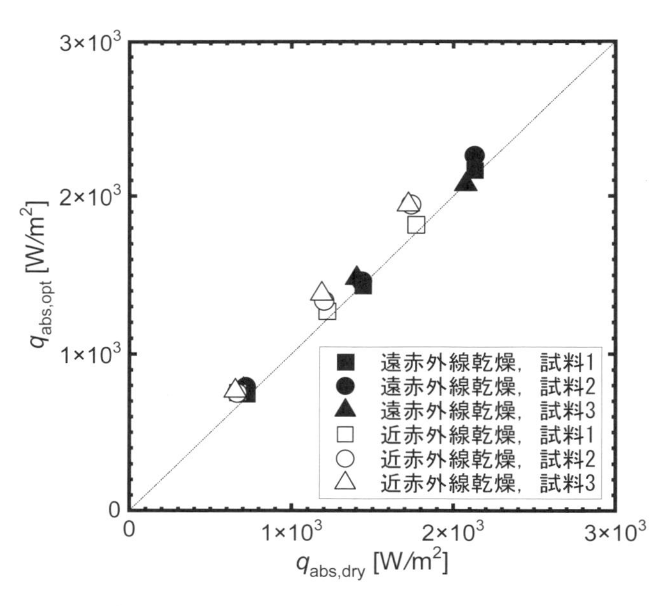

図5　恒率乾燥期間における湿潤多孔質固体による赤外線エネルギー吸収量

スペクトルが有効と考えられる。言い換えれば，赤外線乾燥機構を定量的に把握する1つの手段として，拡散反射スペクトルおよび拡散透過スペクトルの解析が必要となる。

4. 食品の赤外線乾燥

固体食品の多くは複雑な構造を有する湿潤多孔質物質であり，乾燥過程で種々成分変化や構造的変化が生じるため，その赤外線乾燥機構に関する定量的なアプローチは困難である。そこで，一例としてせんべい生地にタレモデルを塗布したせんべいモデルを設定し，その赤外線乾燥特性を放射伝熱の側面から把握することを試みた。その結果，せんべいモデルの赤外線乾燥特性に及ぼす照射エネルギー波長分布とそのせんべいモデル内における浸透性を考慮することで，せんべいモデルの遠赤外線乾燥と近赤外線乾燥の乾燥速度の差異を説明することができた[14]。これらの結果は，湿潤多孔質食品モデルを対象とした赤外線乾燥特性の解析が実際の食品乾燥にも拡張できる可能性を示唆しているものといえる。

つぎに，熱伝達に優れている赤外線加熱と，水分除去に優れている熱風を組み合わせた赤外線－熱風併用乾燥に着目した研究例を紹介する。**図6**は，タレを塗布した麺を対象とした赤外線乾燥，熱風乾燥，赤外線－熱風併用乾燥の3つの乾燥法における乾燥特性曲線の比較を示したグラフである[15]。正規化含水率がおよそ0.6～0.3に変化する期間において，赤外線－熱風併用乾燥と赤外線乾燥では乾燥速度はあまり低下しなかったが，熱風乾燥では乾燥速度の顕著な低下が認められた。また，熱風の風速を速めると麺帯温度を下げることができたため，風速を調節することで焦げを防げる可能性が示唆された[15]。一方，熱風風速一定の条件下では，熱風温度が高いほど乾燥時間は短縮できるが，乾燥工程の後半では麺試料温度が高くなり表面に焦げが観察された。また，初期の熱風温度を403，423および443 K（130，150および170 ℃）のいずれかに設定し，乾燥過程において熱風温度を373 K（100 ℃）に調節することで麺試料の最終温度を表面が焦げ始める460 K（187 ℃）以下に抑えることができ，かつ初期の乾燥温度に応じた乾燥時間の短縮が可能となった（**図7**）。つまり，試料温度に基づいて乾燥後半で熱風温度を低く設定することで，過度の温度上昇を抑え，かつ乾燥時間の短縮の可能性が示された。これらの結果は，赤外線乾燥特性に基づいて他の乾燥方法を併用することでより効果的な乾燥操作となり得ることを示唆している。

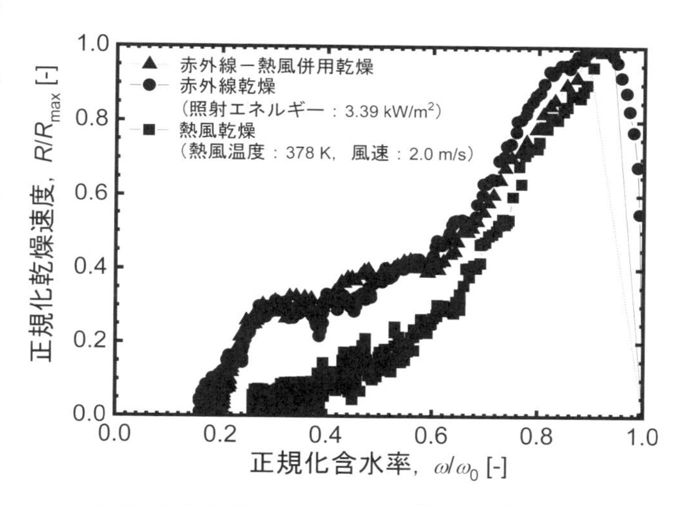

図6　異なる乾燥法における麺試料の乾燥特性曲線

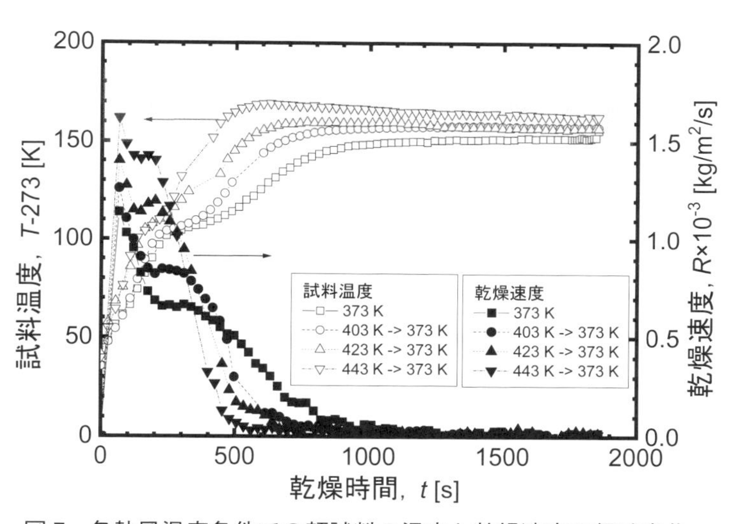

図7　各熱風温度条件での麺試料の温度と乾燥速度の経時変化

5. おわりに

上述のように，遠赤外線乾燥に及ぼす乾燥試料の赤外分光特性の重要性は実験的に示されている。また，赤外分光特性として，拡散反射率や拡散透過率が遠赤外線乾燥機構の解析に有効と考えられる。しかしながら，乾燥試料の構成成分とその幾何学的構造との関係をパラメータとした見かけの光学物性の推算方法は確立されていない。今後の赤外線乾燥の発展には，さまざまな試料の乾燥プロセスにおける水分量，成分，幾何学的構造の変化を想定した赤外分光スペクトルの測定，および発展がめざましいデータサイエンスに立脚したアプローチなどが重要と思われる。

文　献

1) F. M. Tiller and H. J. Garber : *Ind. Eng. Chem.*, **34**, 773-781 (1942).
2) 矢木榮，国井大蔵：化学機械，**15**，108-116 (1951).
3) 矢木榮，国井大蔵，勝木佐奈栄：化学機械，**15**，117-123 (1951).
4) 日本工業標準調査会：遠赤外線用語，JIS Z 8117 (2002).
5) 尾崎幸洋，河田聡：近赤外線分光，学会出版センター (1996).
6) 亀岡孝治，橋本篤：農業食料工学会誌，**78**，274-278 (2016).
7) G. M. Hale and M. R. Querry : *Appl. Opt.*, **12**, 555-563 (1973).
8) 橋本篤，高橋誠，本多太次郎，清水賢，渡辺敦夫：日本食品工業学会誌，**37**，887-893 (1990).
9) A. Hashimoto and T. Kameoka : *Food Sci. Technol. Int. Tokyo*, **3**, 373-378 (1997).
10) A. Hashimoto, K. Hirota, T. Honda, M. Shimizu and A. Watanabe : *J. Chem. Eng. Jpn*, **24**, 748-755 (1991).
11) A. Hashimoto, Y. Yamazaki, M. Shimizu and S. Oshita : *Drying Technol.*, **12**, 1029-1052 (1994).
12) A. Hashimoto, T. Kameoka and M. Nitta : *Food Sci. Technol. Int. Tokyo*, **3**, 294-299 (1997).
13) A. Hashimoto and T. Kameoka : *Drying Technol.*, **17**, 1613-1626 (1999).
14) A. Hashimoto, T. Sakatoku, K. Suehara and T. Kameoka : Proceedings of IDS2010, Magdeburg, 1515-1521 (2010).
15) A. Hashimoto, H. Hashikawa, T. Sakaguchi, K. Suehara and T. Kameoka : *Int. Agr. Eng. J.*, **23**, 22-30 (2014).

第5節
インスタントコーヒー製造における乾燥技術

味の素 AGF 株式会社　**奥田　知晴**

1. はじめに

インスタントコーヒーは本来ソルブルコーヒー（Soluble coffee）と呼ばれ，1901年にアメリカの博覧会で日本人の加藤博士が展示したものが，一般の人の目に触れた最初のインスタントコーヒーであったと伝えられている。現在，私たちが口にするような，100％コーヒー豆を原料とするインスタントコーヒーが製造されるようになったのは，1950年代に入ってからである。日本ではスプレードライ（噴霧乾燥）製品が1960年に初めて国産化され，フリーズドライ（凍結乾燥）製品はそれに遅れること約10年後の1971年に国産化が開始された。その後もインスタントコーヒーの製造技術は乾燥技術を中心に進歩を続け，今日ではレギュラーコーヒーに遜色のない味香りを持つインスタントコーヒーが製造されるようになった。

2. インスタントコーヒーの製造工程

インスタントコーヒーは，グリーンビーンと呼ばれるコーヒー生豆を，高温で焙煎し粉砕したものから可溶性の固形分を抽出し，その抽出液から噴霧乾燥や凍結乾燥により水分を取り除いて得られる，可溶性の粉末乾燥物である。乾燥工程での効率や香気成分の保持率を向上させ，高品質なインスタントコーヒーをより経済的に製造するために，抽出液は濃縮されたのちに乾燥工程に送られることが一般的である[1)]。

インスタントコーヒーは大きく分けて3種類存在する。凍結乾燥によるフリーズドライコーヒー，噴霧乾燥によるスプレードライコーヒーならびにこれを造粒したアグロマートコーヒーである。**図1**にインスタントコーヒーの製造フローの概略図を示す。

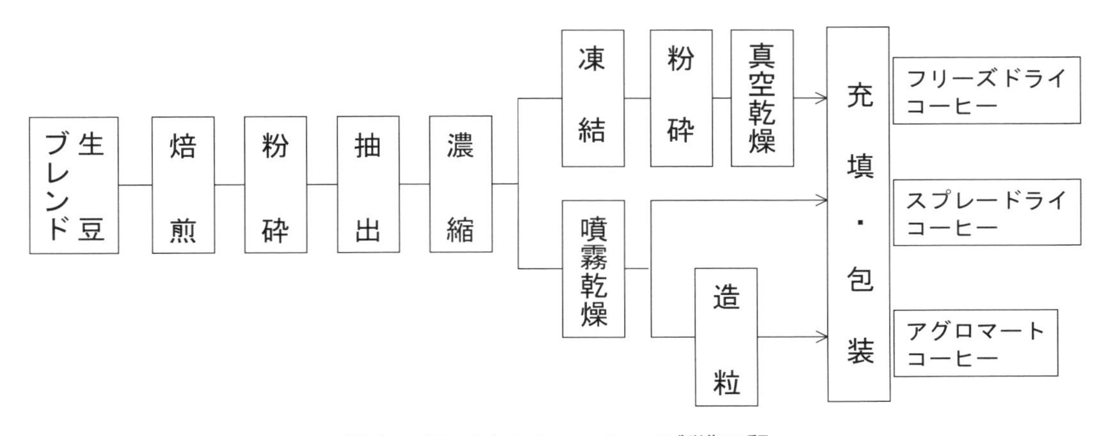

図1　インスタントコーヒーの製造工程

2.1　コーヒー生豆

コーヒーの生豆は緑黄色，またはエメラルドグリーンともいうべき緑色を帯びた果実種である。すなわち，赤色をしたコーヒーチェリーと呼ばれるコーヒーの実から，コーヒー豆を取り出す分離操作が必要である。現在世界で，大きく分けて2種類の処理方法が採用されており，1つが自然乾燥法，もう1つが水洗処理法である。

自然乾燥法は，収獲したコーヒーチェリーを太陽光で乾燥させた後，脱穀機で分離処理し，豆を取り出す。水洗処理法は，水を張ったプールに入れ，この時酵素の働きで分解された果肉が豆から分離されて，豆を取り出す方法である。コーヒーの生豆それ自体は生の穀物のような香りがし，いわゆるコーヒーの香りは全くしない。

2.2　焙煎(ロースト)

生豆を単品またはブレンド後の状態で焙煎する。この時，初めてコーヒー豆は茶褐色になり，コーヒー特有のフレーバーと味が生成される。これはコーヒー豆中に含まれる前駆物質から，焙煎によってメイラード反応を主とする複雑な熱反応経路を経て生成される。ブレンドや焙煎の度合いは目指すフレーバーによって異なる。一般的に焙煎が浅いと，酸味が強く苦味が弱いマイルドなフレーバーとなる。一方焙煎が深いと，酸味が弱く苦味が強いストロングなフレーバーとなる。

焙煎機には，コーヒー豆を回転するドラム内で攪拌しながら熱風に接触させて焙煎する「ドラム式」や，熱風の速度を十分に速くすることによってコーヒー豆を常に流動している状態にして焙煎をする「流動層式」などの形式がある。流動層式は熱風の速度が速いことからコーヒー豆への熱伝達が速く，焙煎にかかる時間が短いという特徴がある。

2.3　粉砕(グライディング)

焙煎後にブレンドされたコーヒー焙煎豆は，熱湯による抽出をより効率的に行うために粉砕する。抽出設備の種類により適切な粒径や粒度分布，形状があり，ロール型やカッティング型の粉砕機を使用するのが一般的である。一般に喫茶店や家庭で抽出する時に使用する粉砕豆よりも粒度は粗く，平均粒径は数百 μm～数 mm である。粉砕後のコーヒーは粉体としての挙動を示すため，流動性，安息角，噴流性など粉体として物性を把握することが重要である。

2.4　抽　出

抽出工程は，コーヒー焙煎豆のもつ香気成分や呈味成分を引き出す重要な工程である。したがってインスタントコーヒーの抽出器の仕様は各社で異なるが，一般的には複数の固定層抽出カラムとそれらを連結するパイプ群・付帯設備からなる，向流式半連続抽出法がとられている。抽出器内の圧力を高め，熱水の温度をコーヒーに含まれる多糖類が加水分解される温度以上に上昇させることによって，コーヒーの可溶成分を増やすことができる。しかし同時に好ましい香気成分の損失や，酸の生成など品質への影響があるため，温度と時間は抽出における重要なパラメータである。

コーヒー抽出液のもつ風味は，粉砕コーヒーの粒度や焙煎度といった原料の特性に加えて，抽出カラムの大きさ・高さ・直径などの抽出カラムの形状によってもコーヒー抽出液の風味は大きく影響を受ける。また抽出された固形分中の，加水分解抽出由来の固形分と常圧抽出由来の固形分の割合，すなわち固定層抽出カラム本数の構成と給水温度のプロファイルに大きく影響される。今後は，より高品質なコーヒー抽出液を得るために，抽出カラムの本数，形状といった抽出設備の仕様決定に十分な検討が必要である。

2.5　濃　縮

得られた抽出液は乾燥工程で水分を除去し，インスタントコーヒーとなるが，乾燥工程における負荷削減のために，あらかじめ抽出液を濃縮することが一般的である。濃縮には，減圧下で加熱蒸発によって水分を減少させる熱濃縮(蒸発濃縮)，抽出液を冷却し氷結晶を生成させた後に氷を除去する凍結濃縮が用いられる。

2.5.1　熱濃縮

熱を加えて水を分離する熱濃縮(蒸発濃縮)は，自然環境の中で最も簡便な濃縮法として古くから採用され，コーヒーの濃縮においても主流をなしている。しかし，熱による溶質の変化，熱交換器の伝熱面の汚れ，さらに操作原理からくるやむをえぬ香気成分の損失という短所があるが，そのため伝熱効率を高める目的で，供給液を薄膜化することが有効である。

この薄膜化の方法によってさまざまな方式の濃縮機が工業化されているが，コーヒーの濃縮において最も工業化されている薄膜化濃縮方式は，遠心薄膜式である。遠心薄膜式は，高速で回転する円錐形蒸発面に液を供給し，回転によって生じた遠心力により薄膜を形成する。遠心力が働いているので，液の薄膜形成は容易であり，比較的低温度かつ短時間で蒸発できるため，風味への影響は小さい。

また蒸発濃縮では，蒸発させるための多量の潜熱が必要であり，この加熱用の熱源として，主に水蒸気の潜熱が利用されている。工業化設備においては，省エネルギー化のために自己の蒸発蒸気を再利用する多重効用缶を用いることが一般的であり，コーヒーの熱濃縮においてもこの多重効用缶が一般的に採用されている。しかしコーヒー抽出液に含まれる香気成分は揮発性が高く，濃縮時に分離される水とともに飛散損失しやすい。そこでコーヒーの濃縮では，分離された水の一部を濃縮したコーヒー濃縮液に戻したり，コーヒー抽出液からコーヒーの香気成分を分離したコーヒー抽出液を濃縮するなど，濃縮におけるコーヒーの香気成分の損失を最小限に押さえ，かつ濃縮での省エネルギー化の両者の実現を目指した工夫がなされている。

2.5.2 凍結濃縮

凍結濃縮は，コーヒー抽出液中の一部の水を氷として析出させ，生成した氷を液相から分離することにより濃縮する方法である。凍結濃縮システムは，コーヒー抽出液を急速に冷却する冷却工程，抽出液中の水を細かな氷結晶とし，この氷結晶を含んだ抽出液を氷点付近の温度で一定時間保持することによって氷結晶を成長させる晶析工程，氷洗浄カラムなどの氷と濃縮液を分離する分離工程からなる。凍結濃縮は氷点付近以下の低温度で操作されるため，微生物汚染，フレーバー成分の劣化，揮発性香気成分の散逸を極めて低いレベルに抑えることができ，品質保持の観点から優れた濃縮方法である。しかしながら，低温で操作するために濃縮液の粘度が高くなり，熱濃縮に比べて高い濃度が得られにくいことや，システムに付帯する冷凍機などを含め設備費用や運転費用が比較的高価であること，操作が複雑であることなどのため，熱濃縮に比べて凍結濃縮の工業化は進んでいない。今後は，より効率的・効果的な氷核発生および氷結晶成長，分離時の付着に伴うコーヒー成分の損失の防止などを行い，凍結濃縮システム全体の効率的・効果的な操作条件の設定などが重要である。また，設備コストおよび運転コストが比較的安価な熱濃縮設備と，品質保持に優れている凍結濃縮設備を効果的に組み合わせることで，濃縮工程としての最適化を図ることも有効な手法である。

3. インスタントコーヒー製造における乾燥技術

コーヒー濃縮液から水を分離し，インスタントコーヒーを仕上げる最終工程である乾燥工程として，スプレードライ製法とフリーズドライ製法が用いられており，現在市場にある製品は，これら2つの乾燥法のいずれかが用いられている。

3.1 噴霧乾燥

噴霧乾燥すなわちスプレードライ製法は，熱風が流れるタワー内に濃縮されたコーヒー液の液滴を噴霧し，水分を蒸発させて分離する方法である。初期のインスタントコーヒーは全てこの方法で生産された。スプレードライタワーには，上部から熱風を送り上部で液を噴霧する並流式と，逆にタワー下部から熱風を供給する向流式があるが，コーヒーの場合は並流式が望ましい。**図2**に並流式の噴霧乾燥器の概略を示す。コーヒー液滴の乾燥初期に比較的高い温度の熱風にふれることで乾燥速度を高めた方が香気成分の飛散が少なく，またコーヒー液滴の乾燥後期に比較的低い温度の熱風にふれる並流式の方が，乾燥後期に比較的高い温度の熱風にふれる向流式より香気成分保持の観点で優れているといえる。**図3**に噴霧乾燥器の入り口の空気温度とコーヒーの香気成分の保持率の関係を示す。入口の空気温度によらず，70 %程度と高いレベルで香気成分が保持されていることがわかる。スプレードライ製法は高温の熱風にさらされるため，香気成分の損失が大きいような感覚があるが，実際には乾燥中の液滴の温度は，その空気の湿球温度以上のあまり高い温度まで上昇せず，数秒で乾燥をできることから香気成分保持が重要なコーヒー液の乾燥には，非常に効率良く，経済的で優れた乾燥法といえる。また一般にコーヒー濃縮液の濃度が高いほど，それを乾燥する際の香気成分(揮発性成分)損失は小さいことが知られており，これは Thijssen[2] らの選択拡散説などによって説明される。よって，コーヒー抽出液の濃度を上昇させることで，さらに高い香気成分の保持率を達成することが期待できる。

図4 はスプレードライ製品の乾燥パウダーの走査電子顕微鏡写真である。スプレードライ製品の一粒一粒は風船のように中空であり，ガスが抜けた跡がわかる。**図5** はアグロマート製品の乾燥パウダーの走査電子顕微鏡写真である。アグロマート製法は，スプレードライと造粒を組み合わせたもので，水溶性を向上させた製品を製造できる。アグロマートの外観は，粒同志が集まった形状であり，その形状によって水に対する浸漬性や沈降性が向上するため，冷水でも良好な溶解性を示す。

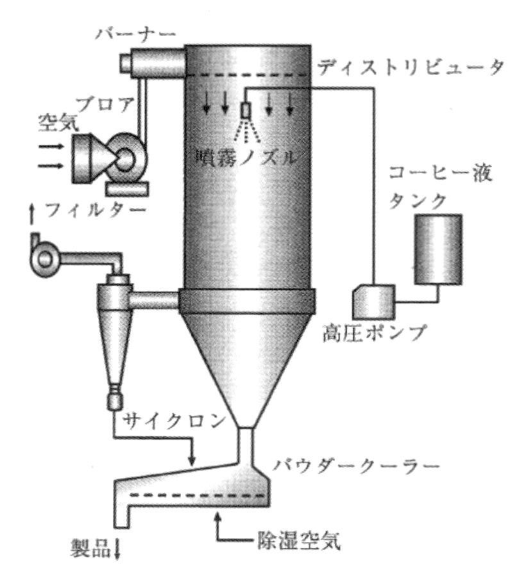

図2　並流式噴霧乾燥器の例

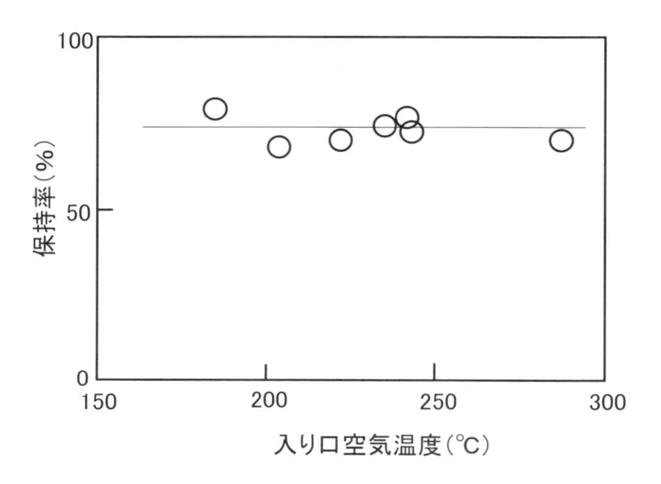

図3　入り口空気温度と香気成分保持率の関係

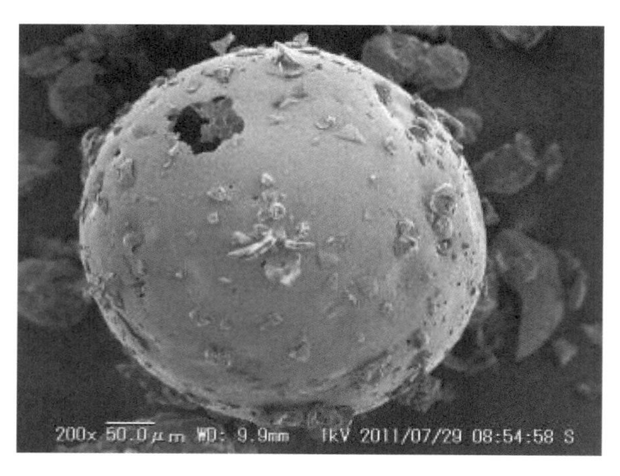

図4　スプレードライコーヒーの電子顕微鏡写真
(×200)

図5　アグロマートコーヒーの電子顕微鏡写真
(×100)

3.2　凍結真空乾燥

凍結真空乾燥すなわちフリーズドライ製法は，香気成分の保持率が極めて高くレギュラーコーヒーの風味に近い高品質なインスタントコーヒーを製造することを可能とした。この製法はコーヒーの濃縮液を凍結させ，凍ったまま粉砕，篩い分けをし，真空凍結乾燥機にて氷を昇華させて水分を分離するものである。低温であることと，水分の分離は固相から気相への相変化である昇華にて行われるため，水分の移動に伴う香気成分の飛散や変質を抑えることが可能であり，ほとんどが製品に保持できる優れた乾燥方法である。

3.2.1　凍　結

コーヒーの可用性固形分の多くは糖質であり，凍結されるコーヒーの濃縮液はその濃度が高いため，共晶点以下の温度においても一部の水しか凍結しない。したがって，十分に低い温度まで冷却し，十分に堅い凍結物を得られなければ，後工程である粉砕時の温度上昇によって溶融し，粉砕機の過負荷などのトラブルの原因になる。通常は－40℃程度の温度にまで冷却することが一般的である。

大規模なインスタントコーヒーの製造では，連続式の凍結装置を用いることが一般的である。これは，－40℃以下に冷却された冷凍庫内で，連続的に移動するステンレスのベルトコンベア上にコーヒー濃縮液を供給して凍結させる方式である。**図6**に凍結装置の概略を示す。

3.2.2　真空乾燥

凍結したコーヒー濃縮液を顆粒状に粉砕し，直ちに真空下で昇華によって水分を除去する。**図7**はフリーズドライ製品の乾燥パウダーの走査電子顕微鏡写真である。フォーミングによる空気の球の跡と氷の結晶が昇華し細孔となった網目のような跡がうかがえる。この壁の厚さはスプレードライより厚くなるため硬度があり，溶解性は劣る。

商業的には，真空乾燥機内で昇華を促進するために加熱を行うことが一般的である。フリーズドライ法における揮発性成分の制御として重要なことは，昇華促進のための加熱と真空度の制御である。加熱を多くすると昇華作用は促進されるが，その際に真空度が十分でなければ，すなわち絶対圧力が高ければ昇華温度が上昇し，氷はその状態を保つことが困難となり溶解する。これがいわゆるコラプスであり，通常の加熱を続けても乾燥しにくく，またこの状態のまま乾燥させようとさらに加熱を続けると，すでに昇華により乾燥が終了している部分の品温が上昇し，過加熱になり香気成分の損失や変化が生じ，香りが弱くなったり，オフフレーバーが認められたりする。よって，乾燥の段階ごとの加熱温度や真空度の細かい制御が重要である。これらを適切に制御することで，水分の気化の機構は昇華であるため，必要とされるエネルギーを抑えることでコーヒー自体の品温は低く保たれる。したがって，コーヒーに含まれる揮発性香気成分の熱による変化は最小限に抑制され，結果として乾燥前のコーヒーのフレーバーが十分保持されたインスタントコーヒーが得られる。

一方で，フリーズドライ製法では，コーヒー液を

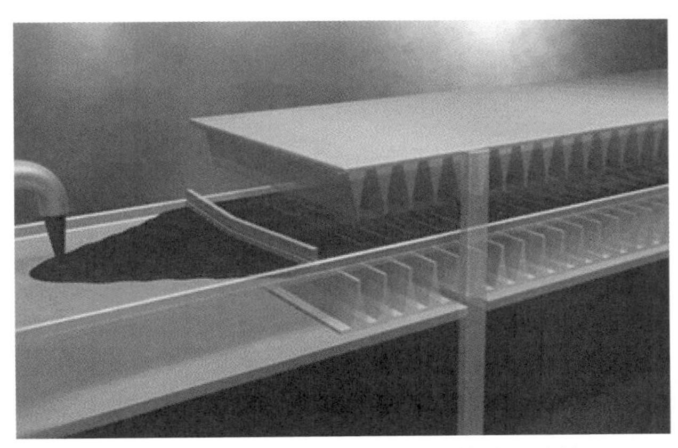

図6　ベルトによるコーヒー濃縮液の凍結

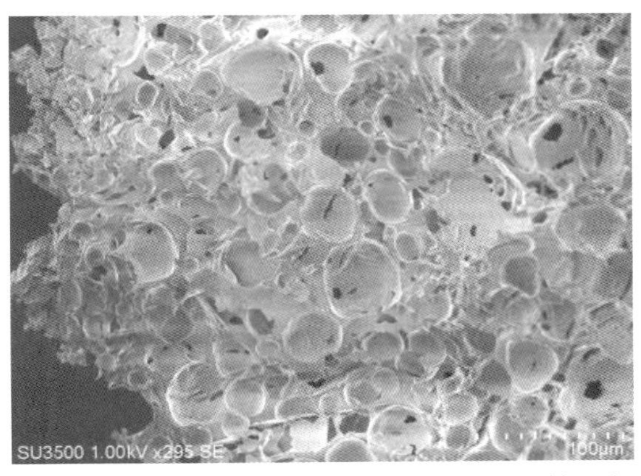

図7　フリーズドライコーヒーの電子顕微鏡写真（× 300）

凍結させなければならず，さらに乾燥も真空状態で数時間を要する。スプレードライ製法に比べ，低温や真空を保つための高価な設備や低温維持のエネルギーを必要とし，製造時間も多く要する。したがってフリーズドライ製法の製造コストは高くなる。

文　献

1) 井村直人：食品製造に役立つ食品工学辞典，恒星社厚生閣，271-274 (2020).

2) H. A. C. Thijssen : Advance in Preconcentration and Dehydration of Foods, APPLIED SCIENCE Pub., 13 (1975).

第6節
乾燥条件の違いによる原木乾シイタケの各種成分含量の変化

一般財団法人日本きのこセンター　福島(作野)　えみ

1. はじめに

シイタケは乾燥させることによって貯蔵性が高まり，風味も生シイタケとは異なるものとなる。現在乾シイタケは，きのこの大きさや菌傘の縁の巻きの強さ，ヒダ色やヒダ立ちなどの「見た目」を重視した基準により評価，規格化されている。そのため，現在一般的となっている乾燥方法は，「見た目」を重視して確立されてきた。一方，「木干しシイタケ」と呼ばれる乾シイタケがあるが，これは晩春に発生したシイタケがホダ木に生えたまま自然乾燥したもののことである。木干しシイタケは歯ごたえが良く，甘くまろやかなだしが取れるとされており，食味の観点からは大変に好ましい食材であるが発生量が少ないことや虫が混入しやすいことなどから流通はしていない。

一方，原木栽培シイタケのトレハロース含量を調査する過程で，生シイタケを温風乾燥することによって，トレハロース量が増加することが明らかとなり，乾燥条件によって乾シイタケの食味成分が変化する可能性が示された。乾燥法の工夫によって，木干しシイタケのような甘くまろやかな食味の乾シイタケに仕上げる手法として低温乾燥法[1]が開発された。

2. 乾燥によるトレハロース含量の変化

トレハロースはきのこ類に最も多く含まれる糖の1つで，2分子のグルコースがα,α-1,1-グリコシド結合した非還元性の二糖である。トレハロースは，スクロースに比べて甘味が弱いが良質の甘味を示すと言われる。乾シイタケでは乾燥重量の3～10％とトレハロース含量が多く[2]，食味や機能性に関わる重要な成分であるといえる。

2.1 乾燥によるシイタケのトレハロース含量の増加

コナラ原木で栽培した，生用高中温発生型(発生温度18℃以下)の原木栽培シイタケA, B, C, Dの4菌株を試験に用いた。菌株BおよびCについては，発生時期が異なる2試験区を設けた。試験区ごとに，同じ条件で栽培管理し，同じ日の浸水発生処理によって発生した8部開き程度の子実体を複数個採取した。収穫後すぐに，半数の子実体については菌柄を除いた後，電気送風乾燥機によって50℃一定で24時間乾燥させ，乾燥シイタケサンプルとした。残りの半数は生シイタケサンプルとして用いた。4菌株6試験区の生シイタケと乾燥シイタケのグルコースおよびトレハロース含量を**図1**に示す。乾燥シイタケサンプルについては新鮮重に換算し，それぞれ新鮮重1gあたりの含量で比較したところ，グルコース含量については一定の傾向はなく，いずれの試験区でも有意差は認められなかった。一方，トレハロース含量については，菌株Cの試験区2を除く5つの試験区で，平均値において生シイタケよりも乾燥シイタケの方が多く，菌株A，菌株B試験区2，菌株Dでは有意差が認められた。

温風乾燥によるトレハロース含量の増加についてより詳細に検討するために，原木栽培シイタケ菌株Bを用いて，50℃一定の乾燥過程でのトレハロース含量の経時変化を調べた。あらかじめ新鮮重を測定したシイタケサンプルを0.5, 1, 2, 6, 14, 24, 48時間50℃で乾燥させた。それぞれの乾燥時間経過後すぐに秤量し，糖分析サンプルを調製した。生シイタケ(乾燥0時間)の重量を100％としたときの重量割合と各サンプルのグルコースおよびトレハロース

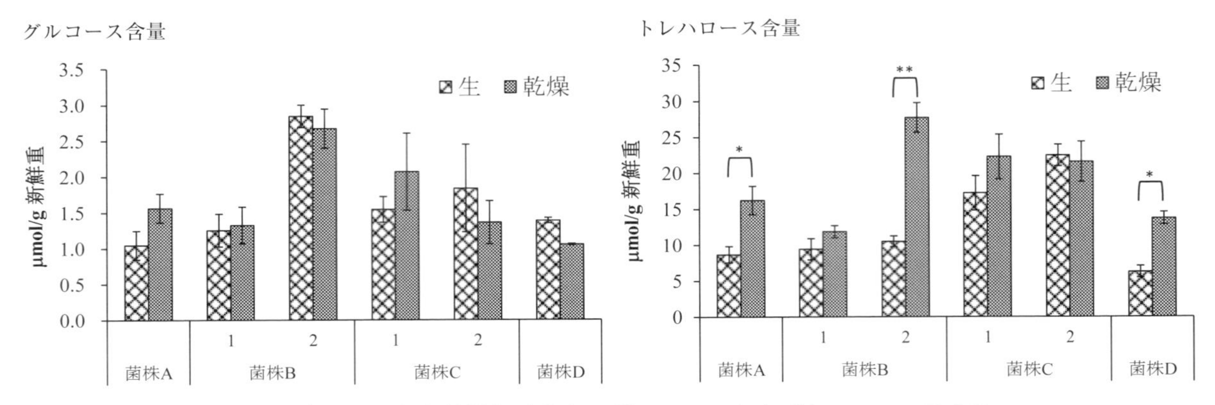

図1　生シイタケと乾燥シイタケのグルコースおよびトレハロース含量

乾燥シイタケサンプルについては，新鮮重に換算し，それぞれ新鮮重1gあたりの含量を示した（*：$p < 0.05$，**：$p < 0.01$；Tukey 検定）

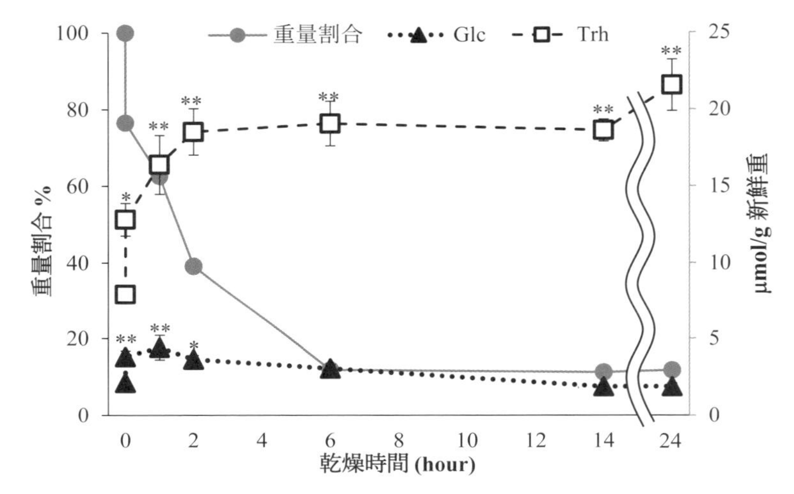

図2　生シイタケ乾燥過程での重量割合の経時変化と糖含量の変化

乾燥シイタケサンプルについては新鮮重に換算し，それぞれ新鮮重1gあたりの含量で比較した。重量割合は乾燥前の生サンプルの重量の平均値を100%とした（*：$p < 0.05$，**：$p < 0.01$；Dunnett 検定（生シイタケに対する有意差））

含量を図2に示した。48時間乾燥サンプルについては，重量割合，トレハロース含量，グルコース含量いずれも24時間乾燥サンプルと大差なかったため図2のグラフから省いた。乾燥開始6時間以降の重量は一定であった。グルコース含量は乾燥開始1時間後をピークに増加し，生シイタケのグルコース含量と比較すると，0.5，1，2時間乾燥サンプルで有意差が認められたが，その後は減少した。一方，トレハロース含量は乾燥開始2時間後まで急激に増加し，その後も24時間後まで緩やかに増加した。生シイタケのトレハロース含量との比較において，0.5時間以上乾燥の全てのサンプルで有意差が認められた。

2.2　乾燥温度の検討

温風乾燥することによって，シイタケのトレハロース含量が増加することが明らかとなったため，乾燥温度とトレハロース含量の関係について検討した。原木栽培した菌株E（浸水栽培用周年発生型，発生温度18℃以下）の収穫直後の子実体を用いた。菌柄を切り取り菌柄の付け根部分から菌傘周縁部まで含まれるように扇型に4等分に切り分けた。4つの切片それぞれを秤量後，生，40℃乾燥，50℃乾燥，60℃乾燥サンプルとし，乾燥サンプルについては，それぞれの温度で24時間乾燥した。生サンプルと各温度で24時間乾燥したサンプルのグルコース含量と

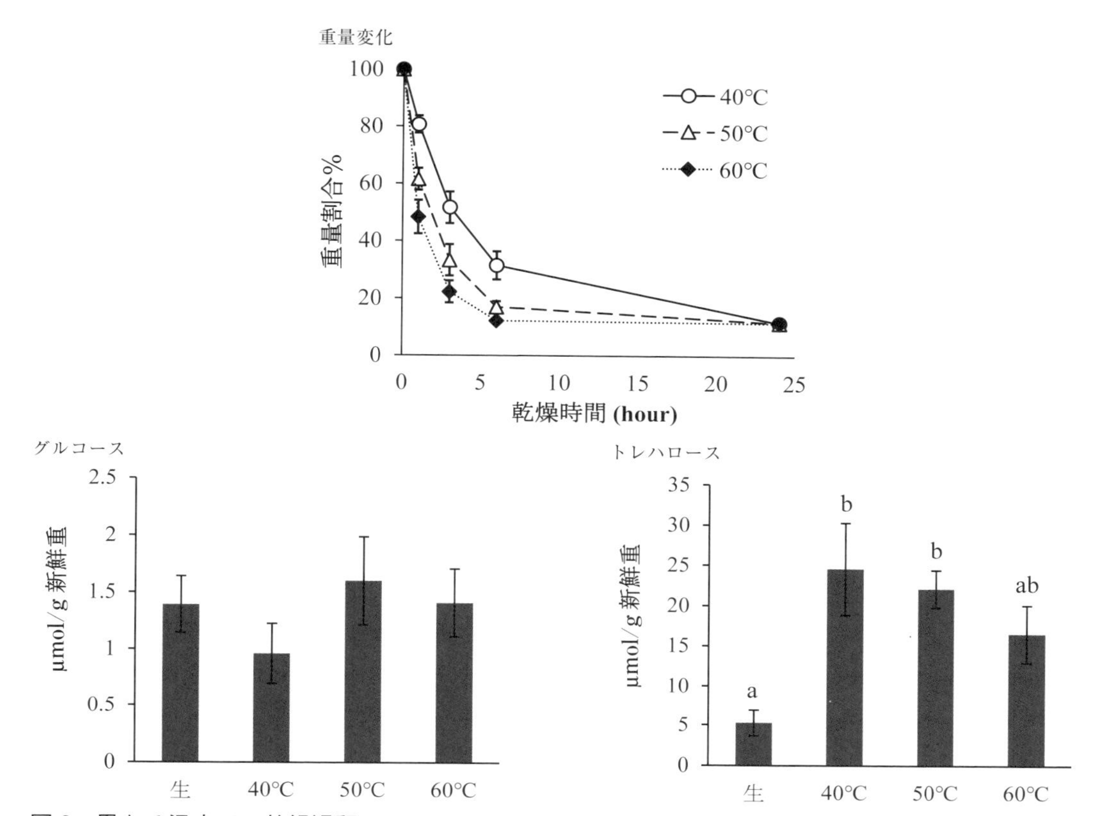

図3　異なる温度での乾燥過程におけるシイタケの重量変化と乾燥後シイタケのグルコースおよびトレハロース含量

乾燥シイタケサンプルについては新鮮重に換算し，それぞれ新鮮重1gあたりの含量で比較した(アルファベット：Tukey-Kramer 検定($p < 0.05$))

トレハロース含量を測定した。生シイタケ(乾燥0時間)の重量を100％としたときの重量割合と各サンプルのグルコースおよびトレハロース含量を**図3**に示した。重量割合の変化において，乾燥温度40℃，50℃，60℃では，60℃で最も早く乾燥が進み，乾燥開始1時間で重量は50％以下となった。最も乾燥の進行が遅い40℃では，乾燥後3時間のサンプルで重量が約50％であった。乾燥開始24時間後のサンプルはいずれの乾燥温度でも重量は乾燥前の約12％であった。新鮮重1gあたりのグルコース含量は，40℃乾燥サンプルでやや少なかったが，各サンプル間で有意差は認められなかった。一方，新鮮重1gあたりのトレハロース含量は40℃乾燥サンプルが最も多く，最も少ない生サンプルの約4.6倍であり，有意差が認められた。乾燥温度は，40℃，50℃，60℃と高くなるほどトレハロース含量が少なくなる傾向が認められた。

3. 低温乾燥法

現在一般的となっている「見た目」を重視した乾燥方法は，40℃付近でシイタケのカサの縁をできるだけ早く乾燥させ，シイタケの収縮やヒダのよじれを抑えるとともに，ヒダ色を鮮やかな山吹色に仕上げるものである[3)4)]。一方，木干しシイタケは，前述のように，食味に優れた乾シイタケであるとされている。そこで，木干しシイタケを再現する乾燥方法として25℃の低温で長時間かけて乾燥させる低温乾燥法が開発された[1)]。

3.1　低温乾燥シイタケと従来乾燥シイタケの調製

用いたシイタケ乾燥機(菌興式椎茸乾燥機KK45型)のダンパー(循環口)の開閉は8つの段階があり8が全開である。ダンパー8では，庫内の空気は排気されず乾燥機内で循環する。供試シイタケサンプルの詳細と各サンプルの乾燥法の詳細を**表1**および**表2**に示す。本試験に用いた原木栽培シイタケは全て乾シイタケ用の品種である。収穫時の状態(肉厚，開傘程度，水分量など)によって異なるが，一般的なシイタケ乾燥法では，40℃付近から55℃付近まで10～15時間程度の時間をかけて段階的に温度を上げながら乾燥させ，最後に55～60℃で5時間程度乾燥させて仕上げる[3)4)]。その際，乾燥開始時はダンパーを閉め全量排気し，庫内の水分が少なくなるにつれてダンパーを開けて庫内の空気循環を増やすとともに排気量を減らしていく。ここで示す従来乾燥法でも乾燥開始温度は38℃または40℃，ダンパーは1.5または2であった。一方，低温乾燥法では乾燥開始時の温度は25℃，ダンパーは排気量が少ない6であった。低温乾燥法による乾シイタケは，従来乾燥法によるものと比べ乾燥による収縮率がやや大きく小ぶりとなるほか，ヒダの色が白くなりやすい。

表1　従来乾燥法と低温乾燥法の詳細条件

乾燥法	温度(℃)	時間(時間)	ダンパー設定
従来乾燥法-1 (C-1) 計28時間	40	3	1.5
	45	3	3
	48	7	6
	52	15	8
従来乾燥法-2 (C-2) 計30時間	38	5	2
	44	5	4
	48	10	6
	52	10	8
従来乾燥法-3 (C-3) 計25時間	38	5	2
	44	5	4
	48	5	6
	52	10	8
低温乾燥法-1 (N-1) 計38時間	25	20	6
	52	18	6
低温乾燥法-2 (N-2) 計40時間	25	20	6
	52	20	8

3.2　遊離糖(トレハロース，グルコース)含量

シイタケに含まれる炭水化物の大部分は，食物繊維(β-グルカンなど)であるが，糖質としてトレハロース，マンニトール，グルコース，フラクトースなども少量含まれている。前述のようにトレハロースは比較的量が多く，甘味を呈するだけでなく保水性に関わり，かつ健康機能性に関する報告もあることから乾シイタケにおいて重要な成分である。**図4**に，グルコース含量とトレハロース含量を示した。グルコース含量については平均値において，7試験区中5試験区で，従来乾燥法よりも低温乾燥法の方が多く，一部有意差が認められた。トレハロース含量については，菌興115号において，有意差は認められなかったが4試験区中3試験区(1，2，3)で低温乾燥法シイタケの方がやや多い傾向が見られた(図4)。その他の菌株では，菌興301号で低温乾燥法の方が含量が多く有意差が認められた。前述のように温風乾燥処理によってシイタケのトレハロース含量は増加し，40℃，50℃および60℃の一定温度で乾燥させた場合40℃のとき最もトレハロース含量が多くなった。乾燥過程でトレハロースを生成する酵素が働き，乾燥までにより長い時間を要する40℃で最も含量が多くなったと考えられる。低温乾燥法の乾燥開始温度はさらに低い25℃であり，より長時間酵素が働くため，トレハロース含量は低温乾燥法シイタケの方が多くなると推測される。実際に多くの試験区において低温乾燥法の方がトレハロース含量が多く，一部有意差が認められた。一方で，従来乾燥法と低温乾燥法でトレハロース含量に顕著な差(有意差)が認めらない試験区もあった(図4)。シイタケにはトレハロース分解酵素として，トレハロースホスホリラーゼとトレハラーゼが存在することが報告さ

表2　分析に用いたシイタケサンプルと乾燥条件

品種	収穫ロット	収穫日	乾燥法(表1参照)	
菌興115号	1	2018年3月30日～4月2日	C-1	N-1
	2	2018年12月11日	C-2	N-2
	3	2019年3月2日	C-2	N-2
	4	2019年3月27日	C-3	N-2
菌興N115号	3	2019年3月2日	C-2	N-2
菌興301号	3	2019年3月2日	C-2	N-2
菌興102号	3	2019年3月2日	C-2	N-2

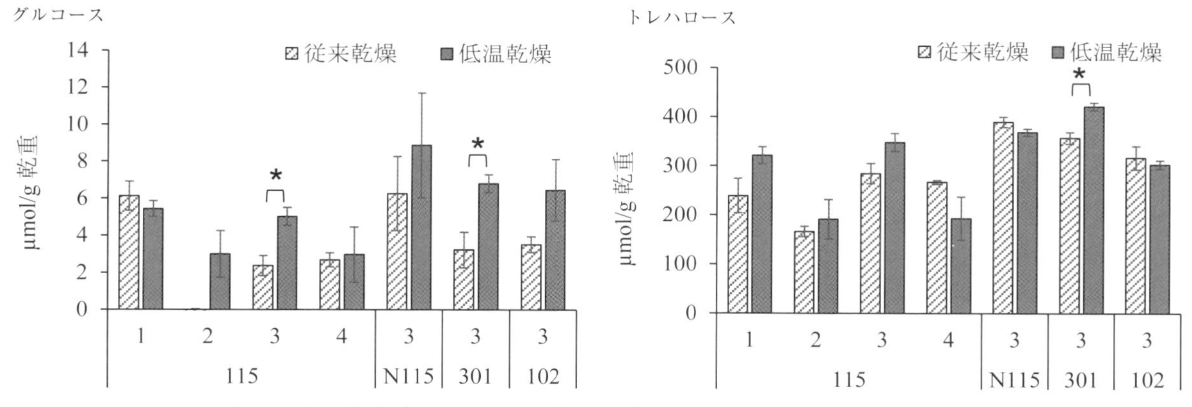

図4 従来乾燥法シイタケと低温乾燥法シイタケの遊離糖含量の比較
（＊：$p < 0.05$；t 検定）

れている[5)-7)]。乾燥過程でトレハロースを生成する酵素と分解する酵素の両方が働き，両者の活性のバランスが最終的な遊離糖の含量と量比に影響することが考えられる。

3.3 遊離アミノ酸含量

アミノ酸にはさまざまな種類があるが，旨味や甘味，酸味，苦味などの味を呈するものも多く，食味に関わる重要な成分といえる。旨味アミノ酸でありシイタケにおいて含量が多いグルタミン酸と，同じく旨味アミノ酸であるアスパラギン酸は，7試験区全てにおいて低温乾燥法シイタケの方が高い平均値を示し，一部の試験区で有意差が認められた(**図5**)。アラニンとγ-アミノ酪酸(GABA)は7試験区中6試

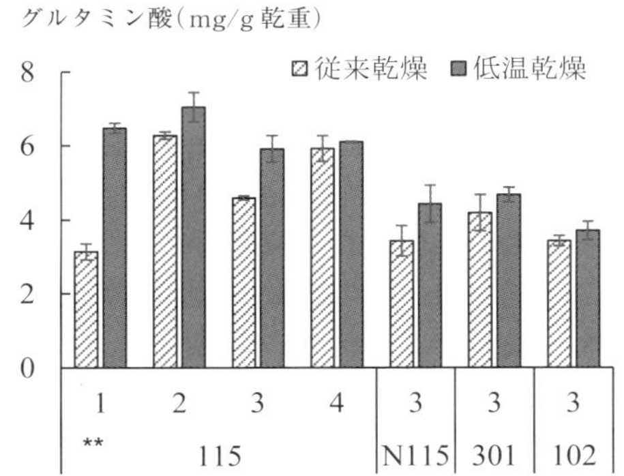

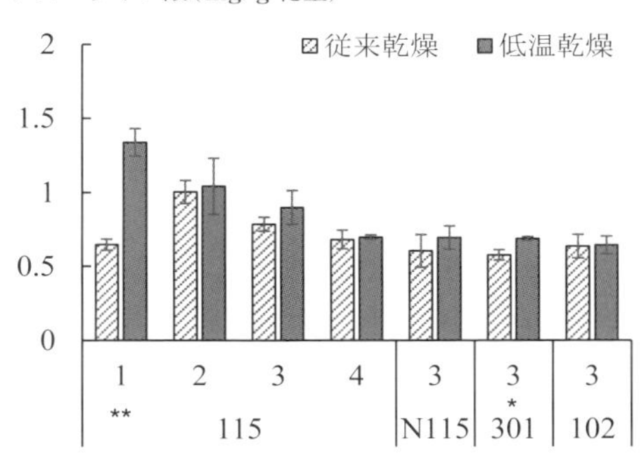

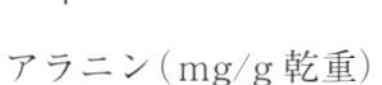

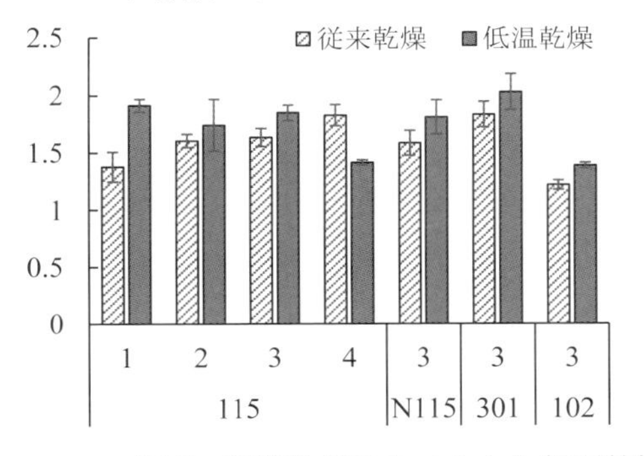

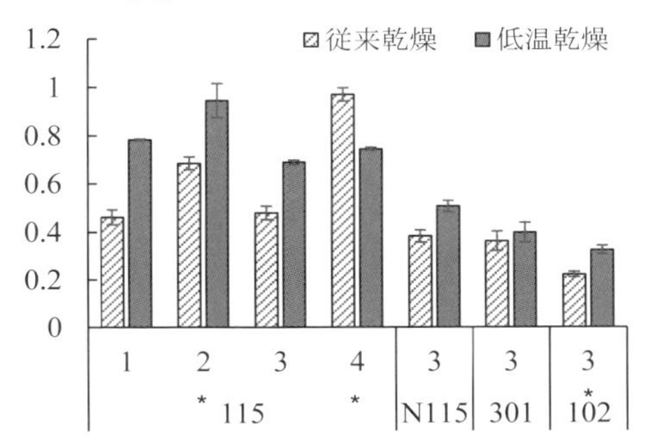

図5 従来乾燥法シイタケと低温乾燥法シイタケの遊離アミノ酸含量の比較
（＊＊：$p < 0.01$，＊：$p < 0.05$；t 検定）

験区において低温乾燥法の方が高い平均値を示し，一部有意差が認められた(図5)。アミノ酸の呈味性は濃度により変化するものもあるが，二宮の報告[8]に基づき，グルタミン酸，アスパラギン酸，アスパラギンを酸味・旨味アミノ酸，グルタミン，アラニン，グリシン，セリン，トレオニンを甘味アミノ酸，プロリン，バリン，システイン，メチオニン，ロイシン，イソロイシン，フェニルアラニン，トリプトファン，ヒスチジン，リジン，アルギニンを苦味アミノ酸として呈味別に累積したグラフを**図6**に示した。酸味・旨味アミノ酸は平均値の累計において，全ての試験区で低温乾燥法の方が高い値を示し，一部有意差が認められた。甘味アミノ酸は平均値の累計において，その含量に一定の傾向は認められなかった。苦味アミノ酸は平均値の累計において，7試験区中3試験区で低温乾燥法の方が低い値を示し，一部で有意差が認められた。一方，それ以外の試験区では，低温乾燥法と通常乾燥法で苦味アミノ酸の累計値に顕著な差は見られなかった。生シイタケと60℃熱風乾燥シイタケ，天日乾燥シイタケで遊離アミノ酸含量を比較した報告[9]があるが，乾燥処理によって遊離アミノ酸量は増加するが，天日乾燥したものでは熱風乾燥したものに比べ，旨味・甘味アミノ酸(アスパラギン酸，トレオニン，セリン，グルタミン酸，プロリン，アラニンの合計)の増加量が大きく，苦味アミノ酸(バリン，メチオニン，イソロイシン，ロイシン，チロシン，フェニルアラニン，ヒスチジン，アルギニンの合計)の増加量が小さいことが示されている。本研究においても，試験区間で差はあるが，低温乾燥法シイタケは従来乾燥法シイタケに比べ，酸味・旨味アミノ酸の累積含量が多い傾向が見られ，苦味アミノ酸累積含量は同程度かやや少ない傾向が見られた。

3.4　グアニル酸含量

シイタケの旨味成分であるグアニル酸含量について，従来乾燥法シイタケと低温乾燥法シイタケで比較したグラフを**図7**に示す。グアニル酸含量の平均値は，7試験区中6試験区で低温乾燥法シイタケの方がやや多く，一部有意差が認められた。

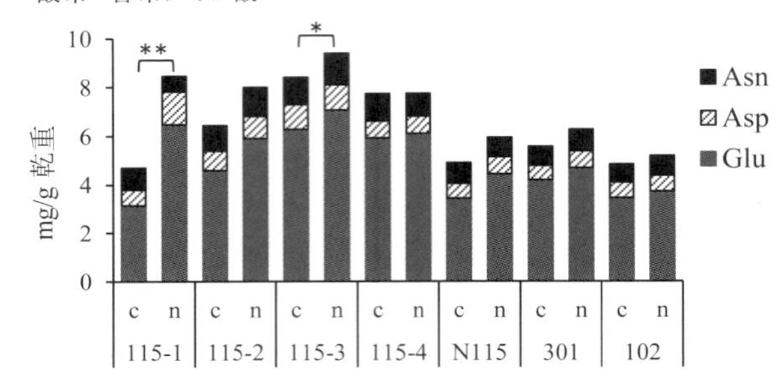

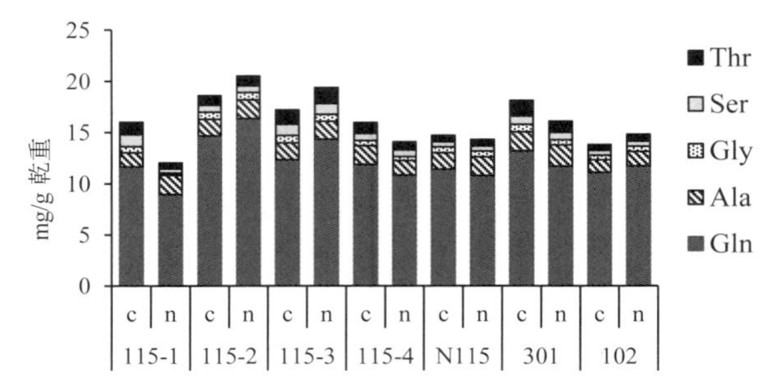

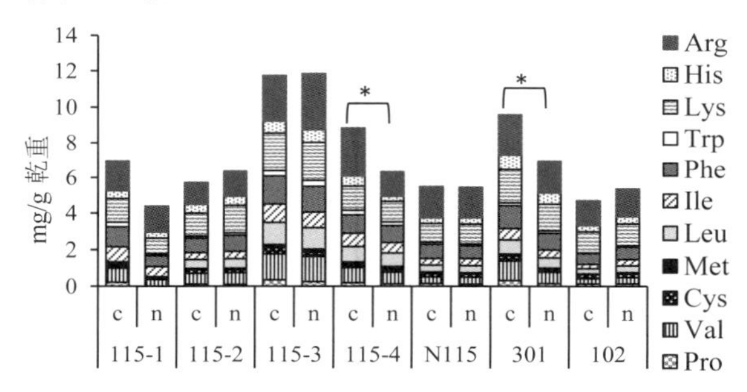

図6　呈味性別の累積含量

c：従来乾燥法，n：低温乾燥法

(**：$p < 0.01$，*：$p < 0.05$；t 検定)

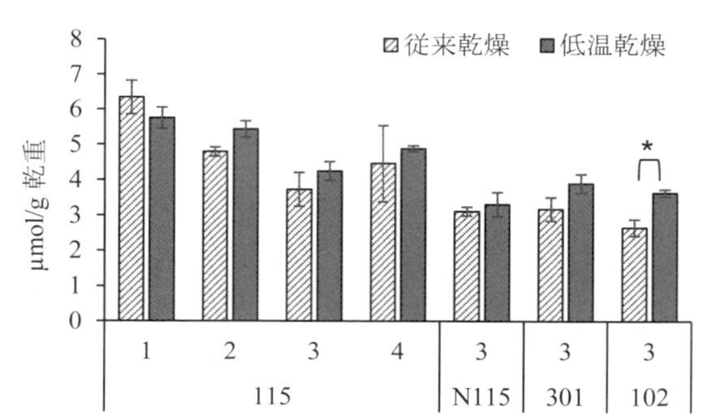

図7　従来乾燥法シイタケと低温乾燥法シイタケのグアニル酸含量の比較

(*：$p < 0.05$；t 検定)

4. おわりに

低温乾燥法に関する試験は，産地における実用的観点から，生産現場で使用されている大型の乾燥機を用いて行った。そのため収穫量の違いによる乾燥機内の子実体の充填率，サンプル子実体の乾燥機内での位置や収穫時の含水率の違いなどによって試験区ごと，個体ごとに乾燥速度や子実体内の温度変化が異なった可能性があり，ほぼ同じ乾燥条件が設定されていても，個体間の変動が大きく，試験区によって結果が異なることは十分考えられる。全ての試験区で共通する明確な結果は得られていないが，低温で長時間乾燥させる低温乾燥法による乾シイタケは，従来の乾燥法による乾シイタケに比べ，トレハロース，グルコース，グアニル酸，酸味・旨味アミノ酸含量が多く，苦味アミノ酸が少ない傾向が見られた。また，予備的な試験として，200人以上の一般消費者を対象にした食味アンケートで従来の乾シイタケのだし汁よりも低温乾燥法シイタケのだし汁の方が高い評価を得た[4]。見た目ではなく，食味を重視した低温乾燥法は燃料消費量が従来乾燥法に比べて最大1/3まで抑えられるため，生産者にとってはコストカットが可能なうえ，環境にもやさしい乾燥方法である。

文 献

1) 菌興椎茸協同組合,（一財）日本きのこセンター：乾燥椎茸の製造方法，特開 2019-41764.

2) 吉田博，菅原龍幸，林淳三：日本食品工業学会誌，**26**, 356-359 (1979).

3) （財）日本きのこセンター（編）：シイタケ栽培の技術と経営,（社）家の光協会，220 (1986).

4) 平尾武司：シイタケ乾燥法,（社）農山漁村文化協会，172 (1978).

5) Y. Kitamoto, H. Akashi, H. Tanaka and N. Mori : *FEMS Microbiol. Lett.*, **55**, 147-150 (1988).

6) Y. Kitamoto, H. Tanaka and N. Osaki : *Mycoscience*, **39**, 327-331 (1998).

7) W. J. Wannet, H. J. Op den Camp, H. W. Wisselink, C. van der Drift, L. J. Van Griensven and G. D. Vogels : *Biochim. Biophys. Acta.*, **1425**, 177-188 (1998).

8) 二宮恒彦：調理科学，**1**, 185-197 (1968).

9) 桐渕壽子：日本家政学会誌，**42**, 415-421 (1991).

第7節
過熱水蒸気による小豆あんおよびおからの乾燥

あいち産業科学技術総合センター　丹羽　昭夫　椙山女学園大学(当時)　玉川　友理
あいち産業科学技術総合センター　森川　豊　愛知県産業技術研究所(当時)　藤井　正人
愛知県産業技術研究所(当時)　戸谷　精一

1. 概　要

小豆あんおよびおからの過熱水蒸気による乾燥を行い，乾燥時の温度・重量変化，試料の化学的性状について熱風乾燥との比較を行った。生あん，おから共に過熱水蒸気乾燥の方が熱風乾燥より試料の乾燥が速く進行した。過熱水蒸気乾燥した小豆あんは熱風乾燥したものより食物繊維の含有量が高かった。過熱水蒸気乾燥したおからは熱風乾燥に比べて過酸化物価の上昇が抑制された。過熱水蒸気乾燥によって乾燥あん，乾燥おからが迅速に製造でき，また機能性も高められると考えられた。

2. はじめに

過熱水蒸気は空気に比べて熱効率が高く，伝熱が速い，凝縮による急速な加熱が可能，無酸素状態での加熱が可能といった特徴がある[1]。そこで小豆あんおよびおからの過熱水蒸気による乾燥を行い，乾燥時の温度・重量変化，試料の化学的性状について熱風乾燥との比較を行った。

3. 実験方法

3.1　試　料

生あんは北海道立十勝農業試験場産の小豆3品種(エリモショウズ，きたのおとめ，しゅまり)を原料として，イワノヤ㈱にて調製したものを用いた。水分はそれぞれ66.0 %，67.1 %，67.6 %だった。おからは市販のおから(水分72.6 %)を用いた。水分は常圧乾燥法により測定した[2]。

3.2　試料の乾燥および温度・重量変化

熱風乾燥はパーフェクトオーブン PH-100(㈱タバイ製作所製)を用いて行った。過熱水蒸気乾燥は**図1**に示すようにボイラーからの蒸気を過熱水蒸気処理装置 DHF Super-hi-5(第一高周波工業㈱製)を用いて過熱し，それを乾燥室に導いて行った。乾燥はともに200 ℃に予熱した後に行い，乾燥室の容積(熱風乾燥 91.13 L，過熱水蒸気乾燥 23.55 L)に比例して熱風乾燥で387 g，過熱水蒸気乾燥で100 gの試料を乾燥させた。温度経過の測定はK熱電対およびデータロガーSC-7502(岩崎通信機㈱製)を用いて試料を10～40分乾燥室に静置して庫内温度と試料温度を測定した。乾燥終了後試料を取り出してその重量を測定し，元の重量に対する百分率で示した。

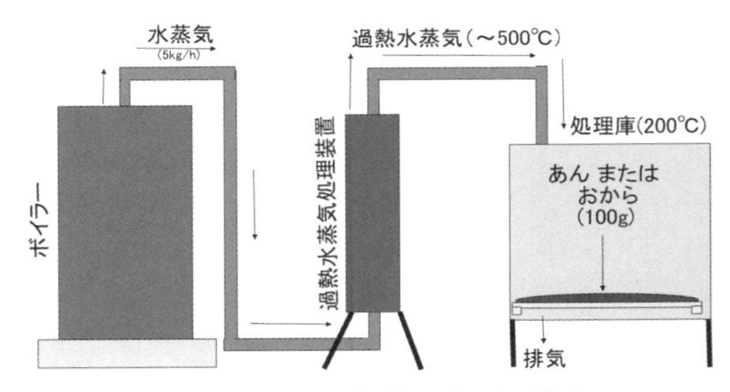

図1　過熱水蒸気乾燥装置の構成

3.3 乾燥あんの食物繊維

乾燥あんの食物繊維は酵素重量法により測定し[3]，乾燥あんの水分より乾物換算を行った。試料の過熱防止のため乾燥時間は過熱水蒸気乾燥で28分，熱風乾燥で30分とし，乾燥中に2回の撹拌を行い，試料を均質化した。

3.4 乾燥おからの過酸化物価

乾燥おからの過酸化物価はエーテル抽出後，衛生試験法・注解に従って測定した[4]。試料の過熱防止のため乾燥時間は過熱水蒸気乾燥で30分，熱風乾燥で45分までとし，乾燥中10分ごとに撹拌を行い，試料を均質化し，30分および45分のものを測定した。試料は同一ロットのものを分割し，乾燥前の過酸化物価として凍結乾燥機FD-10(ラブコンコ社製)を用いて凍結乾燥した試料を測定した。

4. 実験結果および考察

4.1 温度および重量変化

過熱水蒸気処理で試料を乾燥すると試料の品温は生あんで**図2**，おからでは**図3**に示すとおり短時間で100℃まで上昇し，それを維持するという経過をたどり，それぞれ**図4**，**図5**に示す熱風乾燥とは異なる経過をたどった。これは過熱水蒸気の凝縮伝熱による急速な加熱が行われ，その後は水分の蒸発潜熱により熱を奪われて100℃を維持するためと考えられた。また，試料の加熱時間の経過に伴う重量変化は生あんでは**図6**，おからでは**図7**に示すとおり過熱水蒸気乾燥の方が熱風乾燥より試料の乾燥が速く進行した。

4.2 乾燥あんの食物繊維

過熱水蒸気乾燥した小豆あんの食物繊維量は**表1**に示すとおり，エリモショウズ，きたのおとめ，しゅまりのいずれの品種でも乾燥前より増加した。一方熱風乾燥した乾燥あんは前2品種で過熱水蒸気乾燥より増加量が少なかった。これは生あんの乾燥時にあんのデンプンがデンプンの糊化に必要な水分以下の含水量の状態で加熱される状態(湿熱状態)となり，この間に食物繊維が上昇するが[5]，過熱水蒸気乾燥では短時間で100℃まで上昇し，それを維持するとい

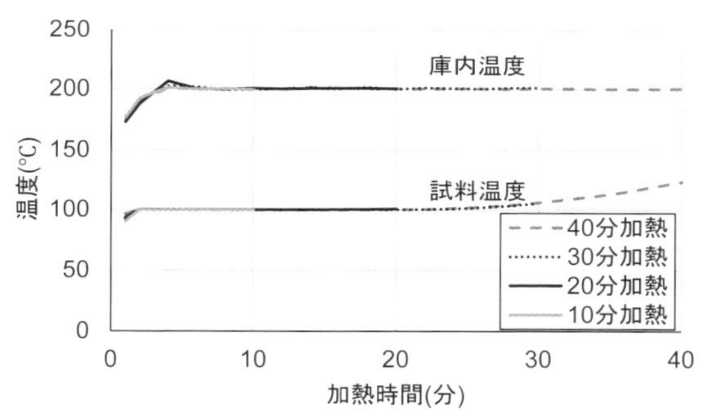

図2 庫内温度および試料温度(あんの過熱水蒸気乾燥)

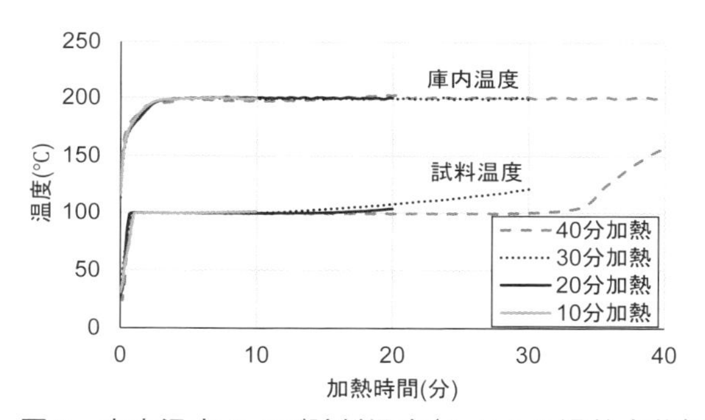

図3 庫内温度および試料温度(おからの過熱水蒸気乾燥)

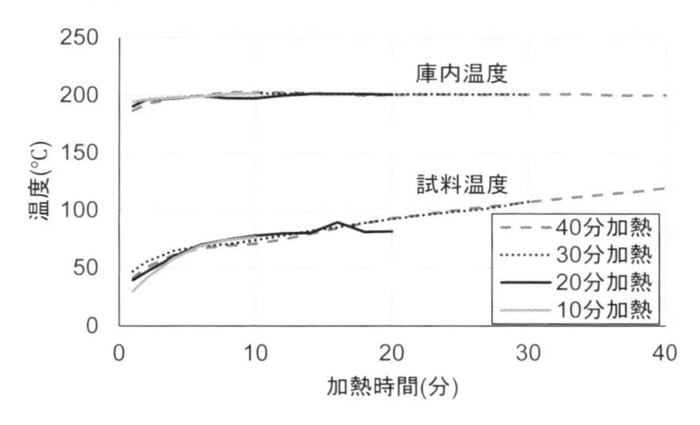

図4 庫内温度および試料温度(あんの熱風乾燥)

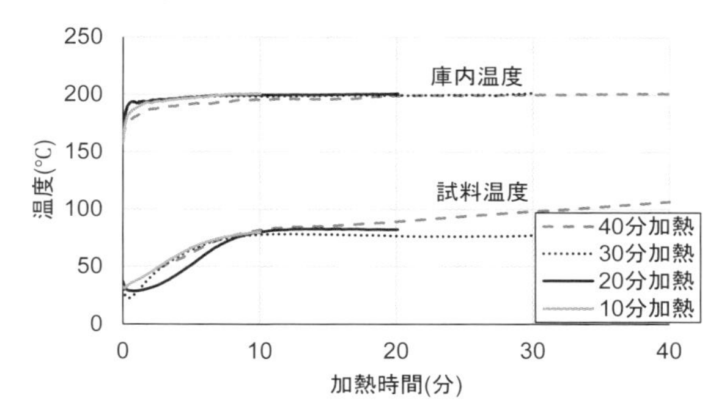

図5 庫内温度および試料温度(おからの熱風乾燥)

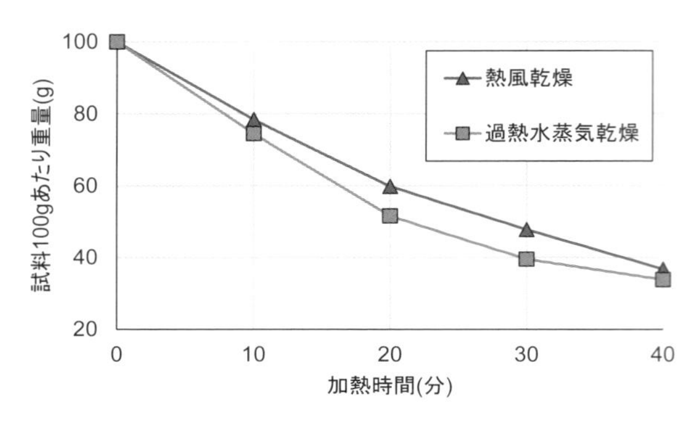

図6　あんの重量変化測定例（試料 100 g あたり）

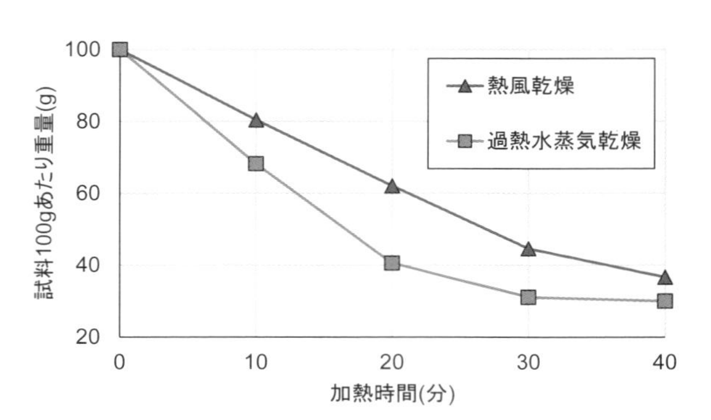

図7　おからの重量変化測定例（試料 100 g あたり）

う温度経過により，より長い時間湿熱状態に置かれるためと考えられた。一方，しゅまりでは熱風と過熱水蒸気乾燥の差が極めて小さかった。理由の１つとして品種により湿熱状態に置かれたときのデンプンの変化に差がある可能性が考えられた。

4.3　乾燥おからの過酸化物価

乾燥おからの過酸化物価を測定したところ，**表2**に示すとおり乾燥前（凍結乾燥）より熱風乾燥 30 分で上昇し，45 分ではさらに上昇した。これに対し過熱水蒸気乾燥 30 分では熱風乾燥に比べ上昇が大幅に抑制された。これは過熱水蒸気中では無酸素状態に近くなり，試料と酸素の接触が抑制されたためと考えられた。

表１　乾燥あんの食物繊維

品　種	食物繊維（g/乾物 100 g）		
	乾燥前	熱風乾燥	過熱水蒸気乾燥
エリモショウズ	15.5	20.8	38.0
きたのおとめ	14.1	21.7	35.1
しゅまり	11.6	25.6	26.3

表２　乾燥おからの過酸化物価

乾燥法	過酸化物価（meq/kg）		
	乾燥前	30 分	45 分
凍結乾燥	1.5	–	–
熱風乾燥	–	5.7	7.1
過熱水蒸気乾燥	–	2.4	–

5. おわりに

今回小豆あんおよびおからの乾燥に過熱水蒸気を利用することにより高速な乾燥が可能となり，あんにおける食物繊維の増加，おからにおける脂質酸化の抑制といった特徴が見られた。これは乾燥あん，おからの製造を高速にし，また機能性を付与する意味で大きな進歩であると考えられる。ただし，これらの試料を静置して乾燥すると加熱ムラが発生するため，実用化に近づけるためには乾燥室内で試料を撹拌・均一化する装置が必要である。

（本稿は，愛知県産業技術研究所研究報告第４号に掲載されたものを一部改変し転載した。）

文　献

1）保坂秀明：食品工業，42，No.16，46-55（1999）.
2）日本薬学会：衛生試験法・注解 1990，金原出版株式会社，P255-257（1990）.
3）日本薬学会：衛生試験法・注解 1990，金原出版株式会社，P294-296（1990）.
4）日本薬学会：衛生試験法・注解 1990，金原出版株式会社，P338-339（1990）.
5）丹羽昭夫，中莖秀夫，鬼頭幸男，藤井正人：愛知県産業技術研究所研究報告，3，102-105（2004）.

第8節
水蒸気加熱処理を用いた乾燥食品の製造法

長野県工業技術総合センター　**山﨑　慎也**

1. はじめに

ドライフルーツを製造する際は，果実の色や風味を損なわないよう40～60℃程度で乾燥が行われることが多いが，ブドウやミニトマトなどは果皮が厚く，また果皮表面のクチクラ層やワックス層が水分の蒸発を妨げるため，この温度帯での乾燥は困難である。そのためブドウなどは70℃以上の高温で乾燥処理が行われるが，シャインマスカットなどに代表される果皮が緑色の緑色ブドウ（一般には白色系と呼ばれるが，ここではわかりやすいように緑色ブドウと呼ぶ）は，緑色色素のクロロフィルが熱に弱く容易に黄変してしまうことや[1]，酵素反応によりポリフェノール成分が酸化され褐変を引き起こすため，市販されている緑色ブドウの乾燥品の多くは茶褐色である。また高温にさらされることで，ブドウ本来の香気は失われてしまう。ブドウの乾燥を行う際は，熱アルカリに浸漬し表面のワックスを除去するとともに果皮に傷を与えることで乾燥を促進させる処理が一般になされているが[2]，廃液処理や，ブドウに残存したアルカリの除去など，製造者にとって負担が大きく，特に小規模事業者の多い乾燥食品においては導入が困難である。同様にミニトマトについては，高温で乾燥するかもしくは半分に切って乾燥を行うが，前者の場合は本来の風味が損なわれてしまい，後者の場合は大量生産に向かないため工業的に行うのは困難である。以上のような背景から，低温での乾燥が困難な食材について，より生に近い色調や風味を残しながら乾燥する技術が求められていた。

当センター（長野県工業技術総合センター）では，100℃以上の高温に加熱された水蒸気である過熱水蒸気や[3]，過熱水蒸気に微細な水滴を含んだアクアガス®[4]（ここでは微細水滴加熱処理と呼ぶ）などの高温水蒸気を用いて食品を加熱後，熱風乾燥することで，色調や風味に優れたドライフルーツの製造を試みた[5][6]。高温水蒸気は一般的なオーブンなどに比べて伝熱効率が良く，より短時間で表面温度を上げることができる[7]。そのため余分な熱を加えることなく，変色の原因となる酵素の失活や，表面組織の破壊を効率的に行うことができると考えられた。

2. 水蒸気加熱処理による高品質なドライフルーツの開発

2.1　水蒸気加熱処理による乾燥の低温化

試料として，長野市内のスーパーで購入した長野県産の緑色ブドウ（シャインマスカット，あるいはシャインマスカットが入手できない時期はトンプソン（オーストラリア産）），およびミニトマト（国産）を使用した。試料は処理を行うまで冷蔵庫で保存し，痛みや変色のない良好なもののみを使用した。

過熱水蒸気処理および微細水滴加熱処理は水蒸気加熱装置㈱タイヨー製作所製，AQ-25G-SD5-OH型）を用いた。比較として，スチーム加熱およびスチームコンベクション加熱はスチームコンベクションオーブン（タニコー㈱製 TSCO-2ED）を用い，ボイルはビーカーに入れた水をガスコンロにかけ沸騰したところに試料を投入することで行った。加熱時間は，試料表皮にクラックが発生した時点を終了の目安とした。緑色ブドウについては微細水滴加熱処理（115℃・5分），過熱蒸気処理（160℃・5分），スチーム（80℃・10分および100℃・5分），ボイル（沸騰水・5分）の前処理を施したものと，対照として無処理（生）を55℃で乾燥した。ミニトマトについては微細水滴加熱処理(115℃・3分)，スチーム(100℃・3分)，ボイル(沸騰水・2分)の前処理を施したものと，対照として生の丸ごと(ヘタのみ除去)，半切り(ヘタを除去し，半分に切断)を調製した。

過熱水蒸気処理などの前処理を行った試料は，湿球制御式乾燥機(㈱木原製作所製 SM7S-EH)を用いて常圧での熱風送風乾燥を行った。前処理を行った試料をテフロン製の網に並べ，緑色ブドウについては55℃，ミニトマトについては40℃で乾燥を行った。乾燥中の試料は，一定時間ごとに乾燥機から試料を取り出して重量を計り，再び乾燥機に戻して乾燥を継続することで，乾燥中の重量変化を測定した。

乾燥中の重量変化を測定して得られた結果を**図1**，**図2**に示す。緑色ブドウについては，微細水滴および過熱蒸気による前処理を行ったものが特に乾燥速度が速く，ボイルやスチーム80℃がそれに次ぐ速さで乾燥した。無処理はほとんど乾燥が進まなかった。スチーム100℃・5分についても微細水滴処理や過熱蒸気処理に匹敵する重量減少速度であったが，後述する測色試験の結果から，緑色を保つという点においては微細水滴処理や過熱蒸気処理が有効であると考えられた。ミニトマトについては，ボイルが最も乾燥が早く進んだが，ボイルしたものは表皮が剥がれかけていたり，潰れたような形状になったりしたため好ましい外観ではなかった(**図3**)。スチーム，微細水滴，半切りは同程度の乾燥速度であり，形状もボイルのような剥がれや変形がなく良好な外観であった。半切りは大量に加工する場合に適しておらず，また表皮に近い部分の水分が抜けにくいため乾燥不足になる可能性が懸念されるため，実用的にはスチームや微細水滴処理を用いた前処理が有効であると考えられた。

生で丸ごとのものについては上記の乾燥条件ではほとんど乾燥が進まず，実際に未処理で丸ごとのまま乾燥させるには70℃以上の温度が必要になる。しかしシャインマスカットなど緑色系ブドウは，前述のとおり無処理で高温乾燥を行うと褐変や風味の変化を引き起こし，ミニトマトはアミノ酸と糖が多く含まれているためメイラード反応が促進されると考えられる。食品の色調や香りといった品質は，熱による影響を強く受けることが知られている[8]。そのため食品加工においては，いかに少ない熱量で，効率的な殺菌やブランチング(熱処理により酵素失活などを行う前処理)を行うかという点でさまざまな研究や技術開発が行われている。実際に微細水滴処理後に乾燥した緑色ブドウと，無処理で高温乾燥した緑色ブドウ

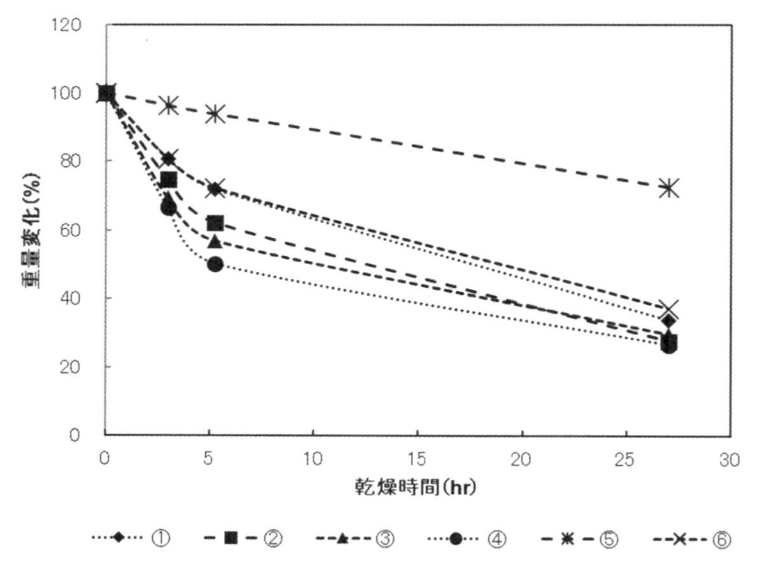

図1　前処理方法の異なる緑色ブドウの乾燥速度

乾燥前の重量に対する乾燥時間ごとの重量の比を、重量変化(%)として表している。
①スチーム 100℃・10分，②微細水滴 115℃・5分，③スチーム 100℃・5分，④過熱蒸気 160℃・5分，⑤無処理，⑥ボイル 沸騰水・5分

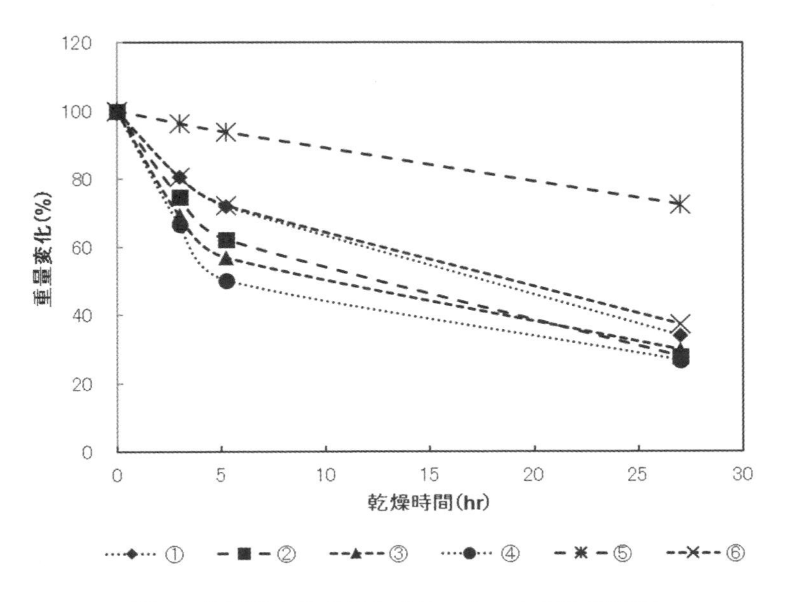

図2　前処理方法の異なるミニトマトの乾燥速度

乾燥前の重量に対する乾燥時間ごとの重量の比を、重量変化(%)として表している。
①スチーム 100℃・3分，②微細水滴 115℃・3分，③対照(ボイル　沸騰水・1分)，
④無処理

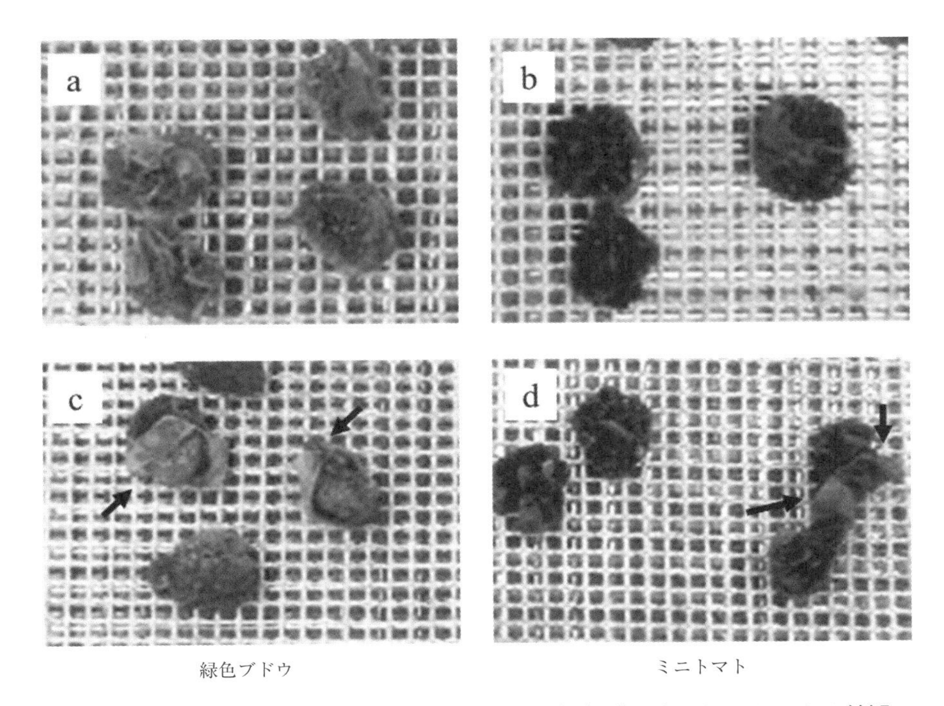

図3　水蒸気加熱後およびボイル後に乾燥した緑色ブドウ，ミニトマトの外観

a，b：微細水滴処理後(115℃・4分)，55℃・40時間乾燥した緑色ブドウおよびミニトマト
c，d：ボイル後(沸騰水・2分)，55℃・40時間乾燥した緑色ブドウおよびミニトマト
矢印は皮が剥がれている箇所を示している。皮が剥がれた部分は中の実が露出している

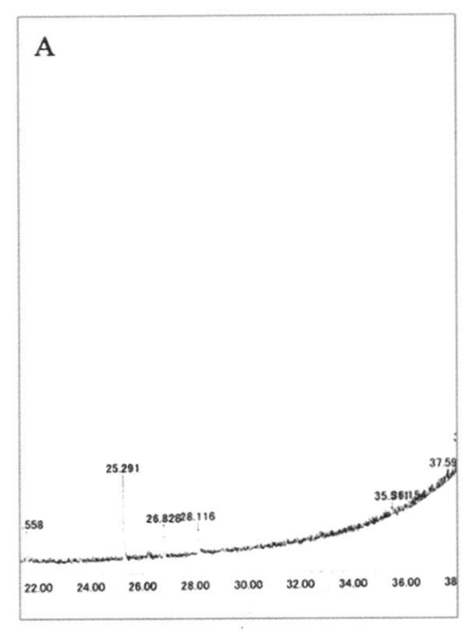

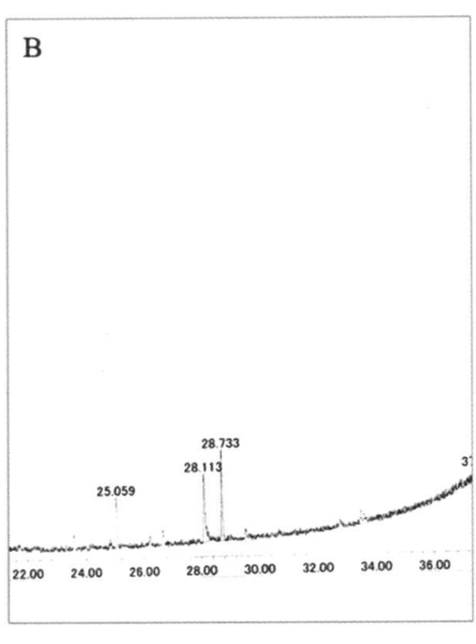

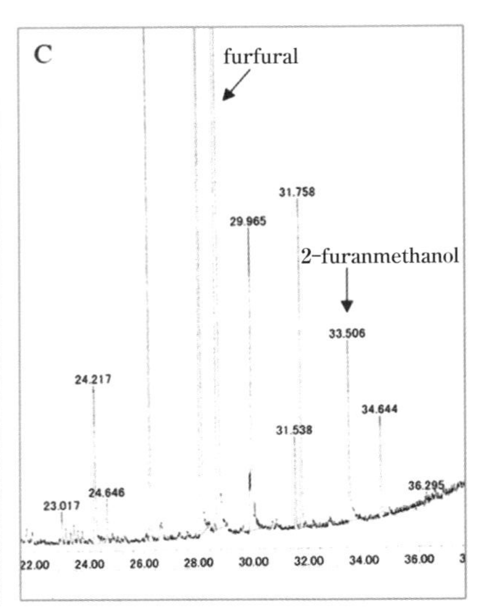

図4　GCMSによる乾燥後緑色ブドウの香気成分分析

A：無処理(生)　B：微細水滴処理(55℃・40時間乾燥)　C：無処理(80℃・24時間乾燥)
A，Bは加熱臭成分が見られないが，Cはfurfuralを始めとしてさまざまな加熱臭成分と見られる成分が検出されている

の香気成分をガスクロマトグラフ質量分析計(GCMS)で測定したところ，後者では加熱臭の原因となるfurfural，2-furanmethanolなどの成分が検出された(**図4**)。またミニトマトを高温で乾燥させると，メイラード反応によりアミノ酸や糖の減少が促進されるため[9]，呈味成分の減少や焦げ臭の発生といった品質低下につながることが懸念される。以上の結果から，過熱水蒸気などを用いて短時間の高温加熱処理を行うことにより，低温での乾燥および乾燥時間の短縮が可能になり，その結果新鮮な果実の品質の損失を抑えられることが示された。

2.2　乾燥後の色調比較

測色計を用いることで，対象の色調を数値化することが可能である。最もよく用いられているのは$L^*a^*b^*$色空間と呼ばれるもので，1976年に国際照明委員会(CIE)で規格化され，日本でもJIS(JIS Z 8781-4)において採用されている。L^*は明度を表しており数値が大きくなるほど明度が増す。a^*は正が赤方向，負が緑方向，そしてb^*は正が黄方向，負は青方向を示し，数値の絶対値が大きくなるほどその方向の色味が強くなるとされている[10]。

本研究では緑色ブドウの乾燥処理品について，測色計(コニカミノルタ㈱製 カラーリーダーCR-13)を用いて試料に直接当てて測色測定を行い，$L^*a^*b^*$表色系で表した。得られた数値から赤色度(a^*/b^*)を計算した。この数値が低いほど緑色が，高いほど赤色が強いことを表す。微細水滴加熱処理(115℃・1.5分および4分)，過熱水蒸気処理(180℃・1.5分)，スチーム(100℃・2分および7分)，そして比較としてボイル(沸騰水・2分)，無処理(生)の各前処理を行い，55℃・40時間の乾燥を行った(無処理については十分に乾燥しなかったため，さらに70℃・15時間の乾燥を行った)。このようにして作製した乾燥品について，測色試験を行った結果を**図5**に示す。スチームの7分や，微細水滴の4分，過熱水蒸気の1.5分は比較的低い赤色度となったが，これは加熱により褐変酵素の失活が進み，乾燥中の褐変が抑制されたためと考えられた。スチームの100℃・2分や微細水滴加熱処理115℃・1.5分は，加熱時間が足りず酵素失活が不十分であったためか，乾燥中に褐変しやや高い赤色度になったと考えられた。ボイルはさらに加熱時間を長くすれば赤色度を低くできたかもしれないが，2分の時点で表皮がほとんど剥がれかけてしまったため，乾燥品の食感や外観を損ねてしまう可能性があった。今回の試験結果では，色調の保持において微細水滴処理が最も有効であった。

次に同条件で加熱した場合，他の加熱方式でも同様の変色抑制効果が得られるか検討した。微細水滴加熱処理(115℃・7分)，スチームコンベクション

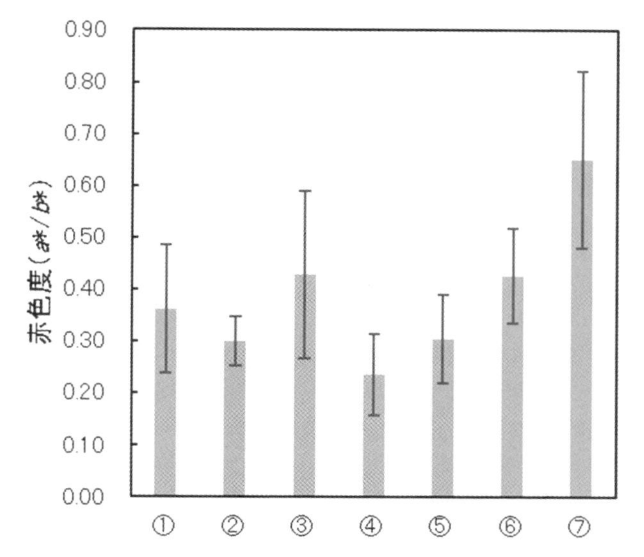

図5 緑色ブドウの前処理方法の違いによる乾燥後の色調への影響

①スチーム 100℃・2分，②スチーム 100℃・7分，③微細水滴 115℃・1.5分，④微細水滴 115℃・4分，⑤過熱蒸気 180℃・1.5分，⑥ボイル沸騰水・2分，⑦無処理

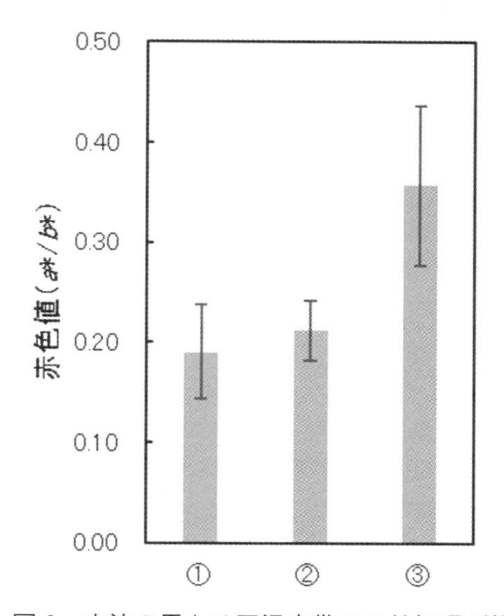

図6 方法の異なる同温度帯での前処理が緑色ブドウの乾燥後の色調に及ぼす影響

①微細水滴 115℃・7分，②スチームコンベクション 115℃・7分，③ウォーターオーブン 120℃・10分

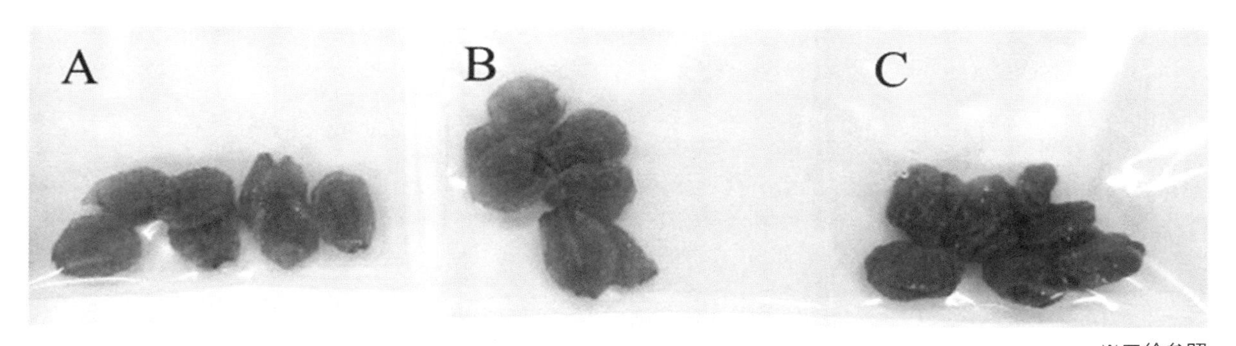

※口絵参照

図7 各処理後に乾燥した緑色ブドウの写真

A：微細水滴加熱処理後，B：スチームコンベクション加熱後，C：家庭用ウォーターオーブン加熱後

オーブン（スチームコンベクションモード 115℃・7分），家庭用ウォーターオーブン（120℃・10分）でそれぞれ処理した緑色ブドウを，上記と同様に 55℃，40時間乾燥し測色測定を行った。その結果を**図6**に示す。微細水滴加熱処理とスチームコンベクションオーブンは同程度の赤色度となり，緑色に近い色調を保持していると言える外観であった（**図7**）。家庭用ウォーターオーブンは温度設定が 10℃単位であったため 120℃で処理したが，表面にクラックが発生するまで他の処理方法よりも長い時間を要し，さらに赤色度は3条件の中で最も高かった。理由としては，家庭用ウォーターオーブンはコンベクションオーブンのような庫内の空気循環がないため伝熱が不十分であるためと考えられた。一方でスチームコンベクションオーブンは十分な量の水蒸気と庫内の空気循環によって処理されていることから高い伝熱効果を持つため，微細水滴加熱処理と同等の色調保持効果が得られたと考えられた。

2.3　水蒸気加熱処理が乾燥を容易にする理由

過熱水蒸気などの高温水蒸気処理が緑色保持や乾燥効率の向上を可能としたのは，以下の要因によると考えられる。1つは，ブドウやミニトマトの果皮表面に存在し，乾燥の妨げとなっているワックス層やクチクラ層への影響である。前述のようにこれらの層は植物体の水分の蒸散を防ぐ働きがあるため植物の生理において重要な役割を果たしているが，一方で乾燥食品の製造においては乾燥を困難にする要因となっている。

それでは果皮表面にいくつも傷をつけ水分の通り道を作ることで，乾燥を速められると思われるが，実際にはこのような処理をしても乾燥はそれほど早まることはなかった。そのことから，過熱水蒸気処理は表面にクラックを与えるだけでなく，ワックス層自体を除去することで乾燥を容易にしているのではないかと推測し，フーリエ変換赤外吸収スペクトル（FT-IR）測定により加熱処理前後のブドウ果皮表面の成分変化を調べた。

生の緑色ブドウおよび微細水滴加熱処理を施した緑色ブドウの果皮について，それぞれ真空凍結乾燥し，表面側について全反射法によるFT-IR測定（サーモフィッシャーサイエンティフィック㈱ Nicolet iS10）を行った。得られたスペクトルを**図8**に示す。生のスペクトルと処理後のスペクトルを比較すると，糖質由来ピークに対する脂質由来ピークの比率は，微細水滴加熱処理により減少した（**表1**）。この結果は，果皮表面のワックスが高温加熱により一部溶解し除去されたためワックス層の厚みが減り，水分の蒸発を妨げる能力が減少したため，乾燥が早

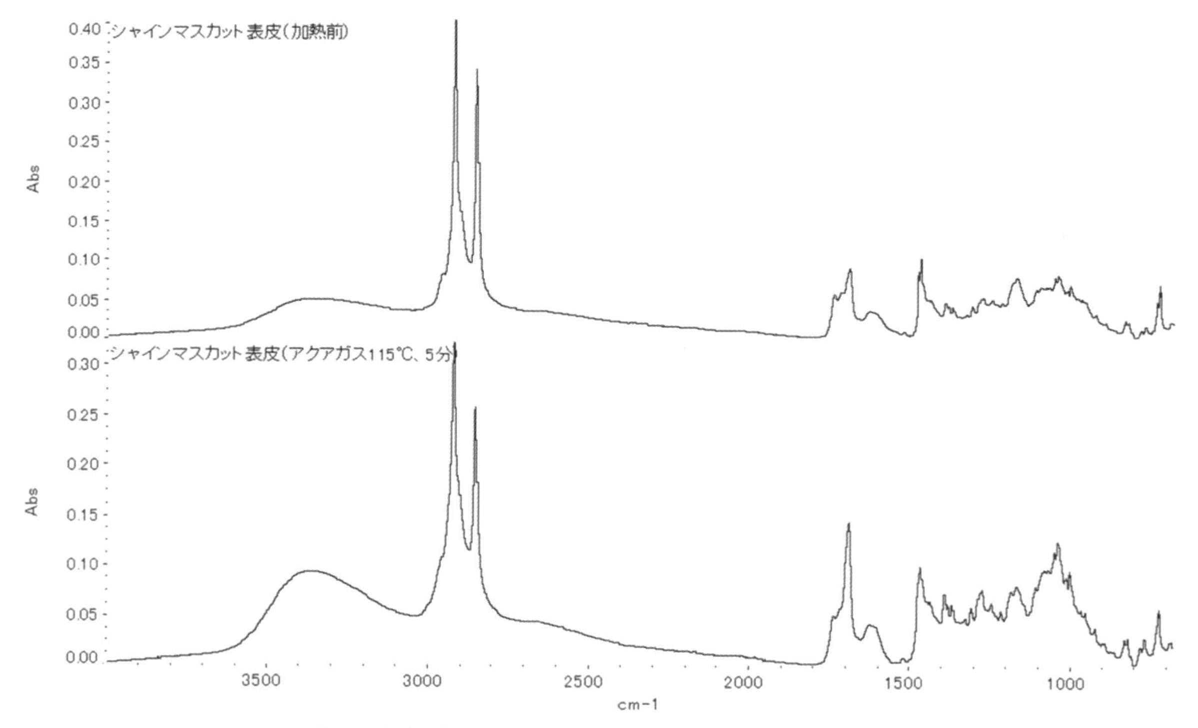

図8　緑色ブドウ果皮（凍結乾燥）のFT-IRスペクトル
上：無処理（生）　下：微細水滴115℃・5分

表1　FT-IRスペクトルにおける糖質および脂質由来ピークの高さ比

	糖質由来ピーク高さ（3000～3500cm^{-1}）（Abs）	脂質由来ピーク高さ（2800～3000cm^{-1}）（Abs）	高さ比（脂質/糖質）
無処理果皮	0.05	0.40	8.0
微細水滴処理果皮	0.10	0.30	3.0

まったことを示唆している。

またもう1つの要因として，褐変を引き起こす酵素が熱失活することにより，色調が保持されていることが考えられた。緑色ブドウを無処理のまま高温乾燥させると，一般的には茶褐色に変色するが，この色はポリフェノールオキシダーゼ(PPO)による酸化褐変によるものと考えられる[11]。そこで，加熱処理後の緑色ブドウの果皮について，PPO活性の測定を行った。

緑色ブドウ(トンプソン)の無処理および微細水滴加熱処理(115℃・5分)を行ったものについて，果皮部分を剥がして分離し，真空凍結乾燥後，粉砕したものについてPPO活性測定を行った。PPO活性測定は朝賀ら[12]の方法に従い，氷冷しながらリン酸緩衝液で抽出し，遠心分離によって得られた上清を酵素抽出液として試験に供した。得られた抽出液は，ピロカテコールを基質溶液として室温で混合し，410 nmの吸光度を測定した。酵素活性は凍結乾燥試料1 gあたり1分間の吸光度の増加量を1 unitとした。その結果，微細水滴加熱処理したものについては活性を示さなかった(**図9**)。

以上の結果から，高温水蒸気処理による乾燥後の色調保持や乾燥速度の向上は，ワックス層の減少による水分通過の容易化およびPPOの失活による褐変反応の抑制によるものと推測された。

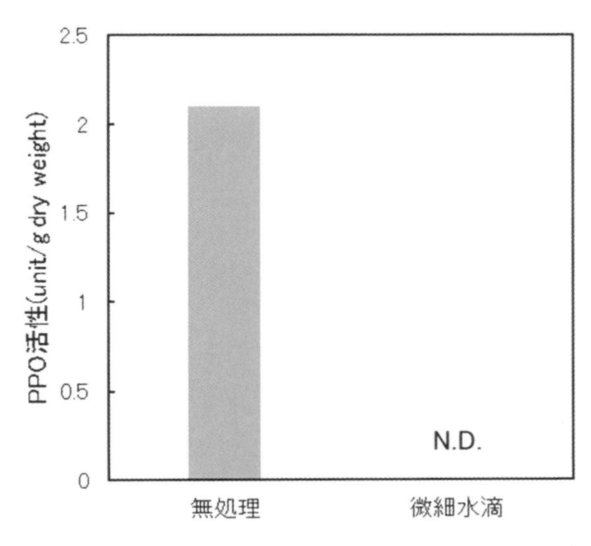

図9　無処理(生)および微細水滴処理後(115℃・5分)の緑色ブドウ果皮のポリフェノールオキシダーゼ(PPO)活性測定結果(N.D.は不検出)

3. おわりに

過熱水蒸気処理などの高温水蒸気乾燥を前処理として用いることで，緑色を保持したブドウのドライフルーツや，低温乾燥によるドライミニトマトの製造を可能とする方法を開発した。この技術は上記の素材だけでなく，巨峰などの黒色系ブドウなど，他の難乾燥素材の前処理にも用いることができ，色調や風味に優れた乾燥食品の開発が期待できる。

文　献

1) 佐伯俊子，丸山悦子，中西洋子，梶田武俊：緑葉クロロフィルの熱安定性に関する研究－ホーレン草及び柿葉について－，調理科学，**20**(2)，125 (1987).

2) 小原哲二郎ほか監修：改訂 原色食品加工工程図鑑，建帛社，72-73 (1996).

3) 小野和広：過熱水蒸気，日本食品科学工学会誌，**55**(3)，121(2008).

4) 五十部誠一郎，小笠原幸雄，根岸由紀子，殿塚婦美子：アクアガス(微細水滴含有過熱水蒸気)システムの開発と農産加工への応用，日本食品科学工学会誌，**58**(8)，351 (2011).

5) 山﨑慎也：過熱水蒸気処理を用いたドライフルーツの製造技術の開発，長野県工技センター研報，14，F23 (2019).

6) 山﨑慎也：水蒸気加熱処理を用いた乾燥食品の製造方法，特願2019-198105(2019).

7) 伊與田浩志：水蒸気の凝縮を伴うコンベクションオーブン加熱―運転制御と伝熱工学の視点から―，日本調理科学会誌，**57**(1)，1 (2024).

8) 熊沢賢二：飲料フレーバーに関する食品科学的研究，日本食品科学工学会誌，**58**(3)，81 (2011).

9) 山﨑慎也，神津和重：ヒートポンプ式乾燥機による乾燥食品の品質評価に関する研究，長野県工技センター研報，9，F13 (2014).

10) 日本食品科学工学会ほか編：新・食品分析法，光琳，768 (1996).

11) 村田容常，本間清一：ポリフェノールオキシダーゼと褐変制御　最新の研究動向，日本食品科学工学会誌，**45**(3)，177(1998).

12) 朝賀昌志，中西律子，村井恵子，青山好男：高圧処理による果実ポリフェノールオキシダーゼ活性の変化，東洋食品工業短大・東洋食品研究所，**22**，95(1998).

第9節
フリーズドライによるインスタント味噌汁の開発

広島工業大学　畠中　和久

1. はじめに

日本にフリーズドライ(以下，FD)技術が紹介されたのは1960年代の前半であり，海外ではすでにインスタントコーヒーや，レーションと呼ばれる軍隊の携行食の開発が行われていた。日本国内での本格的なFD製品の開発は1971年発売のカップ麺の具材以降であり，商品の登場以来，日本国内では独自の進化を遂げていくことになる。FDメーカーは焼豚，鶏肉，油揚げ，牛肉，イカ，野菜類など数多くの具材を開発し，カップ麺やインスタント食品の具材として使用されていった。筆者が所属していた天野実業㈱では1980年頃に，あるメーカーから具材と麺用のスープを一緒に固型化できないか？という依頼があり，独自に研究・試作を始めた経緯がある。商品化には至らなかったが，固形化するための樹脂製トレーを使用して1982年にFDによる「インスタント味噌汁」の開発に成功した。現在では量販店でもさまざまな種類のFDインスタント味噌汁やスープ類が見られるようになったが，当時の消費者には受け入れがたい価格と商品形態であったのも事実である。本稿ではFD味噌汁の開発についてさまざまな視点で述べてみたいと思う。

2. FDの原理と濃厚溶液におけるトラブル

FDは昇華によって脱水する乾燥方法である。味噌汁内の水分を完全に凍結させ，氷を昇華するためにFD機内を減圧し，被乾燥物に昇華潜熱を与えながら乾燥を進めていく。所定の真空度を維持しながら乾燥することで，製品は形状を保ったままで乾燥できる。特許出願昭61-88864は「インスタント味噌汁の製造方法」が公開されている[1]。1988年2月には特許登録1528242号となったが，その請求の範囲には，「味噌汁用の具と味噌液とを容器に入れ凍結乾燥して固形インスタント味噌汁を製造するに際して，味噌100部に対して水を210～280部の割合で加えて製造した味噌液を使用する」と記述されている。FD時間を短縮するためには可能な限り水は少ない方が良いが，加水割合が低くなるとFD後の品質が安定しない。濃度が濃いと昇華だけでなく蒸発の影響が大きく，商品が発泡してしまう。そこで加水割合を変えて商品価値を損ねないような請求範囲を見出したのである。FDメーカーが所有する冷凍庫の当時の能力は，－25～－30℃程度であり，厳密にいえば味噌液は完全凍結できていない。塩分は－21℃付近で溶液として凍結するが，糖分の一部は－40℃付近でも完全に凍結していない[2]。FD中の味噌汁をタイムラプス機能で録画し観察すると，表面付近で僅かに発泡しながら，若干収縮しながら乾燥が進む状態を確認できる。仮に－60℃以下まで味噌汁を冷却し，乾燥機内の真空度を1Pa以下に維持しながら昇華潜熱を与えるのであれば，本来のFDが行えるが，乾燥時間やコストを考えると現実的な凍結条件，乾燥条件ではない。商品価値を維持しながら，現実的なあるいは商業的なFDを行うためには，－30℃まで中心温度を下げ，真空度を40Pa以下に維持しながら加熱するのが一般的な条件であるといえる。

味に関しては各メーカーの考え方によるものであり，標準的なものはない。経験値から言えば，1種類の味噌よりも複数の合わせ味噌の方が，味が複雑になって良い評価が得られるようである。アミノ酸の組成が違うことによって味の深みや幅，風味などに変化があるからであると考えられる。老舗の味噌メーカーの方の話では，近代的な新規設備で製造した味噌と旧式の製造法では，製品の一般生菌数に差が出る(旧式では一般生菌数が多いようである)が，菌数が多い方が美味しいという評価であった。蔵に棲みついた独自の菌群による旨味の演出によるようである。

味噌汁の具と調味を樹脂トレーに充填すると記述したが，その工程で具に味噌調味液が浸み込んでしまい，FD後の湯戻しで「具が塩辛い」というお客様の声が寄せられることがある。天野実業㈱内では開発段階で塩辛いという評価があったことから，特許出願昭58-158162「インスタント味噌汁の製造方法」で，具に味が染み込みにくい製法[3]を確立した。1982年1月に登録特許1357569号となった請求範囲は「味噌汁の具を個々にあるいは全部一度に加熱処理した後均一に混合し，これを板状に成形して凍結し，所望する大きさ及び形状に切断して容易に(樹脂トレーに)収容した後，味噌汁を流し込み，これを容器ごと凍結し……」と記述してある板状野菜加工法である。これにより，ほうれん草やネギなどの緑色が損なわれることのない，具に味噌調味が必要以上に浸み込んでいない，ほどよい味の具だくさんの味噌汁を作ることができたのである。

3. 凍結工程の重要性

FDのコア技術の大部分が凍結工程にあると言ってよい。先述のような何度まで中心部を冷却するのか，いわゆる商業的完全凍結の温度を見極めることである。味噌によっては醸造用アルコールを添加した原材料もあるため，選択を避けるべきである。同時に，凍結速度をどうするかということも検討する必要がある。急速凍結した場合は氷結晶が小さくなるため，乾燥後の色合いは白みがかるが，緩慢凍結した場合は色が黒みがかって仕上がる[4]。その理由は氷結晶が大きくなるため，人の目には反射光が少なくなり，色調の差が感じられるからである。なお，大学での研究結果では，急速凍結よりも緩慢凍結の方が味噌汁の出汁感や味が好評であった。想像の域を出ないが，僅かな蒸発によって乾燥時の収縮が起こり，香り成分が閉じ込められてしまうのではないかと思われる。いずれにせよ，風味の良し悪し，発泡せず形状を保っているなどの商品価値を決めるのは凍結工程によるものであり，先述の加水比率にも影響を受ける[5]。

4. 包装技術について

味噌の中に含まれるメラノイジンは強い抗酸化物質であるため，中に閉じ込められた人参などの色は比較的変化しにくい。β-カロテンの二重結合は乾燥することで容易に酸素と接触反応して，FD人参単体では白色に変化しやすいが，味噌汁の中にあることによって比較的長い時間色調は安定している。乾燥が終了した半製品は，正規の包装をするまでは仮包装をする。乾燥品は樹脂トレーに入れたまま厚手のポリエチレン2枚を使用して，大容量の乾燥剤とともにヒートシールされ，低温で保管されている。仮包装する部屋は，できる限り空気湿度を低く保つ必要があるが，作業者への配慮が必要なので40％以下が適切ではないかと思われる。半製品のFD味噌汁は空気中の水分を取り込みやすいため，素早い作業が求められる。さらに製品によっては酸化されやすい具を使用している製品もあるので，仮包装時にアルミ積層フィルムを使用する場合もある。脱酸素剤を併用してアルミ内の残存酸素を強制的に奪うこともできるが，その場合は酸素分の容量20％が奪われるため仮包装時の容積の減少により，製品が破損することもあるので注意を要する。蛇足ながら，鉄系の脱酸素剤には反応に必要な水分を持たせてあるので，FD品と直接接触させると水分移行が起こり製品の形状変化することもあるので要注意である。

正包装時はアルミ3層の積層フィルムを使用するのが良い。蒸着フィルムでは酸素や水蒸気が透過するため，アルミ箔フィルムを使用するのが一般的である。FDメーカーによって考えの違いがあるが，天野実業㈱ではピロー包装する際に，窒素ガスを封入し袋内の残存酸素を1％程度になるようにコントロールしていた。根拠はアメリカ軍のFDした携行食で残存酸素2％以下という規定があったことから，そのような基準を設けていた。また，正包装品はシール強度の測定や減圧による破袋などの細かな基準を設けて，担当者による検査もしていた。シール後はX線検査機と金属探知機を通し，ウェイトチェッカーにより表示重量を切らないような管理をする必要がある。FD味噌汁の重量を思い通りの範囲に管理することは，想像以上に難しい。そのためには，乾燥前の味噌汁の充填重量データと，乾燥後のFD重量を測定すること，上限下限を厳しくチェックしながらFD品の重量をコントロールすることが必要であり，高度な管理技術であるといえる。

5. 賞味期限の設定に関して

賞味期限の設定は各メーカーに委ねられている。基本的には常温で長期間保存して，コントロール品との風味劣化度を数値で評価することが多い。油脂酸化の度合いをAVやPOVで評価する方法もあるが，低脂肪であるFD味噌汁からの油脂の抽出中に酸化されてしまうことも多く，正しい酸化の程度を測定・評価することは難しい。筆者は担当者として主な製品についての保存性を検討したことがあったが，賞味期限は短いもので2年，長期間安定なものは20年を超えるという結果であったと記憶している。いずれにせよ，的確な仮包装と正包装技術，的確な保管作業ができれば，FD味噌汁の賞味期限は長期間保証することが可能である。その意味ではFD味噌汁は非常に優れた商品であり，FD加工技術も優れているということができる。

6. 今後の課題について

本稿では樹脂トレーに充填して予備凍結，そのままFDして，包装することを前提に解説してきた。近年，アルミは大幅に高騰すると言われている。ワンウェイで廃棄されるアルミ積層フィルムは，長い目で見れば，燃焼時に有毒ガスを発しない，または生分解性のフィルムでありながら，アルミと同等の水蒸気・酸素透過バリア性能を有する包材の開発が望まれる。

FD製品は完成するまでに加熱⇒冷凍⇒昇華のための加熱⇒コールドトラップに必要な冷媒冷却⇒融氷のためのコールドトラップ加熱という，エネルギーを放出するような工程であり，エコの観点からは無駄の多い乾燥法であるといえる。FD機械メーカーも最近では保温材を使用したり，排熱を上手く利用した省エネ型のFD機も見られ始めた。

乾燥時間の短縮はFDメーカーにとっては大きな課題である。FD味噌汁などの乾燥中は樹脂トレーと接する面からの昇華は起こりにくいことから，トレーなしでFDすることができれば乾燥時間を大幅に短縮できる。しかしながらトレーに代わる什器や装置の洗浄殺菌や，ハンドリングを考慮すると解決策が見出せていないのが大きな課題ではないかと推察する。試作開発レベルでは実現できるトレーなしのFDをどのように実際の現場で実現化，装置開発していくかは容易なことではない。思い浮かぶ課題を3点紹介したが，これらを解決し省エネ化，省人化が将来的に解決ができれば，今以上に求めやすい価格が実現できるであろうと考えると同時に，FDメーカー各社には積極的に取り組んでもらいたいと感じている。

7. おわりに

本稿では，筆者の経験を中心に「フリーズドライによるインスタント味噌汁の開発」について解説してきた。本来であれば写真や説得力のあるデータを多用するべきであるが，会社を離れたとはいえ守秘義務があるので，この程度でご容赦願いたい(**図1**，**図2**)。なお，本稿ではあえて「インスタント味噌汁」と表現しているが，筆者自身はFD商品は付加価値が高いと思っており「インスタント」の表現は相応しいとは思っていない。FD味噌汁は「おいしく，

※口絵参照

図1　FD味噌汁をはじめとする成型加工品類

図2 フリーズドライ機

本物で，簡便性な商品」と認識している。本稿のタイトルに使用した「インスタント」を安いものとして認識してもらいたくない。FD味噌汁はインスタントを超えた「おいしく，本物で，簡便性な商品」として各社は啓蒙し，消費者に今まで以上に商品価値を認知されることを願っている。

文 献

1) 天野実業㈱：特願昭 61-88864「インスタント味噌汁の製造方法」.

2) 太田勇夫ほか：真空乾燥 真空技術講座 8，日刊工業新聞社，26-32, 111-112 (1967).

3) 天野実業㈱：特願昭 58-158162「インスタント味噌汁の製造法」.

4) S. A. Goldblith : FREEZE DRYING and Advanced Food Technology, Chapter12, The influence of freezing conditions on the properties of freeze dried coffee, ACADEMIC PRESS (1974).

5) S. A. Goldblith : FREEZE DRYING and Advanced Food Technology, Chapter19, Collapse and Collapse Temperatures, ACADEMIC PRESS (1974).

第10節
冷凍とマイクロ波減圧処理を組み合わせた新たな食品乾燥技術

国立研究開発法人農業・食品産業技術総合研究機構　安藤　泰雅

1. マイクロ波減圧乾燥の特徴と青果物材料への利用

食品乾燥の方法はさまざまであるが，外部からの伝熱ではなく，誘電加熱により材料自体が発熱するという点でマイクロ波を利用した乾燥技術は特徴的である。マイクロ波は，食品材料に含まれる水分子に作用し熱を発生させ，食品内部における水分移動を促進させる。この方法では，熱風乾燥などのような外部から熱を供給する方法と比べ乾燥速度が高く保たれる。したがって，製造効率や製品品質の向上を目的とした食品乾燥へのマイクロ波の利用は古くから検討・導入されてきた。しかしながら，常圧環境下におけるマイクロ波乾燥は急激な温度上昇を伴うため，青果物のように高温により褐変化などの品質低下が生じる材料にはあまり適さない。しかし一方で，減圧環境下では水の沸点が低下するため温度上昇が抑制され，かつ酸化による表面の変色も防ぐことができるため青果物への適用は効果的である。減圧環境下でマイクロ波を照射するマイクロ波減圧乾燥は乾燥効率を高く保ちつつ，品質低下を限りなく抑制できることから青果物の乾燥へ適用した際の有効性を検証した報告例も数多い[1]。マイクロ波減圧乾燥を行う装置もすでに多く市販されており，食品乾燥のみならずその用途は多岐にわたる。

一般的なマイクロ波減圧乾燥では，環境圧力は1～30 kPa程度に設定される。この圧力は水の三重点(0.611 kPa)以上であるため，真空凍結乾燥(フリーズドライ)とは異なり，昇華ではなく蒸発により乾燥が進行する。マイクロ波を利用して乾燥した材料は，その膨化作用により多孔質な構造を持つことが知られている。これは，材料の中心部から急激に水分が気化し圧力が発生することに起因しており，このような特徴を利用して，マイクロ波乾燥はインスタント食品の具材に利用される加工卵などの乾燥に利用されている[2]。しかしながら，マイクロ波減圧乾燥では，乾燥材料の中心部から急激な水分蒸発が起きるため，細胞組織からなる青果物のように密な構造を持つ材料では，内部に大きな空隙や変形を生じる場合がある。このような空隙の形成や変形は，食感の悪化や復水性の低下を招き，商品価値の低下とみなされるため，その改善が求められている。このようなマイクロ波減圧乾燥過程における試料変形は，予備凍結操作によって改善できる場合がある。本稿では，冷凍とマイクロ波減圧処理を組み合わせた乾燥技術(以下，凍結-マイクロ波減圧乾燥法)の特徴と得られる利点について解説する。

2. 凍結－マイクロ波減圧乾燥法の特徴

凍結-マイクロ波減圧乾燥法は，乾燥中の試料の収縮・変形を防ぐために，マイクロ波減圧乾燥の前処理として予備凍結を行う食品の乾燥プロセスを指す。一般的な青果物材料の場合，マイクロ波は試料の内部に浸透し中心部から発熱する。このとき中心部から水分蒸発が生じ，組織内に圧力が発生する。細胞組織からなる試料では，発生した水蒸気の組織外部への移動が妨げられ，内部圧力が高まりランダムな破裂を起こすことで，大きく不均一な空隙が生じる(**図1**(a))。しかし，予備凍結によって材料に含まれる水分を氷結晶に変化させ，意図的に細胞組織に物理損傷を与えることにより組織内外の圧力差を軽減することで，マイクロ波照射時の水分移動が円滑になり，細かな空隙を持つ多孔質な構造を形成させる

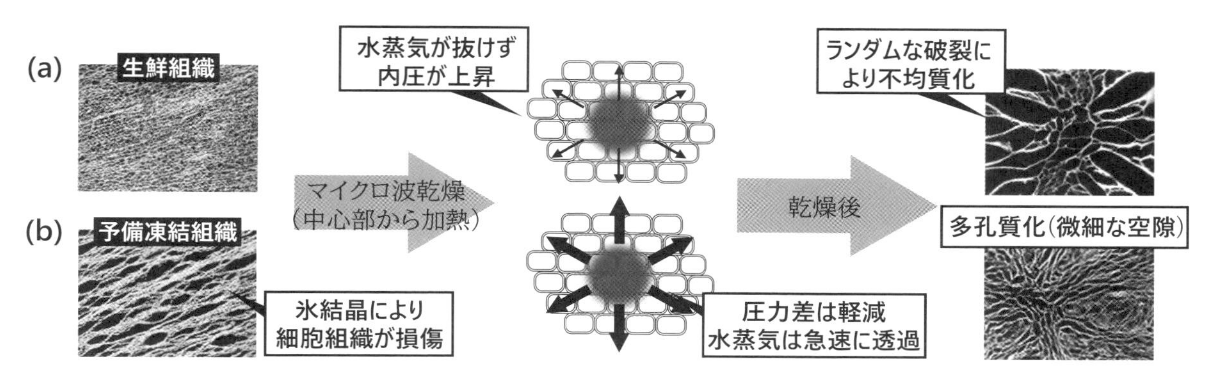

図1　予備凍結が青果物材料のマイクロ波減圧乾燥における空隙構造形成に与える影響

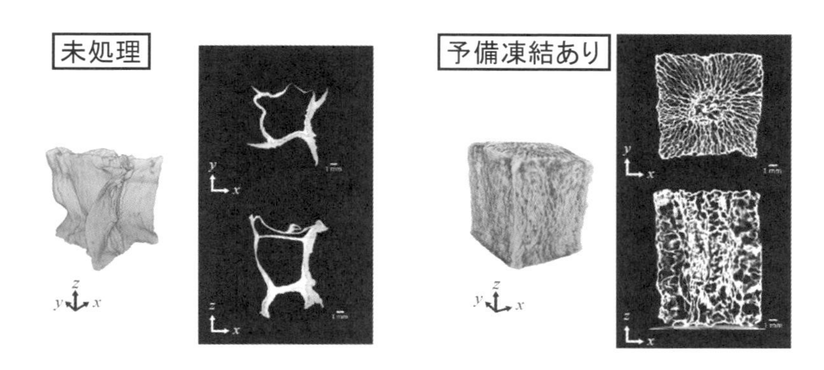

図2　予備凍結の有無によるマイクロ波減圧乾燥後のニンジンの構造比較[3)]

ことができる(図1(b))。

このとき空隙構造の形成には，水蒸気蒸発速度(中心部から発生する圧力に関与)，外部圧力，予備凍結時の細胞組織損傷度といった要素が関与する。前述のように，真空凍結乾燥では昇華によって乾燥が進行するが，マイクロ波減圧乾燥では水の三重点以上で処理されるため，凍結された材料を用いた場合，溶解と水分蒸発による乾燥が同時に進行する。**図2**は，予備凍結の有無によるニンジンのマイクロ波減圧乾燥材料の内部構造の違いを示したものである。

予備凍結の工程を入れることで，無処理の際に生じる試料変形(破裂による中心部の空洞化)を防ぎ，元の形状に近い多孔質な試料が得られることが確認できる。これに加え，材料内部における水分移動速度が高まることにより，乾燥時間は予備凍結なしの条件と比べ約25～35 %と大幅に短縮される[3)]ことも，本技術の大きな利点であると言える。

3. 青果物材料への適用例

凍結-マイクロ波減圧乾燥はさまざまな青果物材料に適用されている。たとえば前述のニンジンを用いた際には，多孔質構造化，乾燥速度の向上だけではなく，吸水速度の測定も行われており，予備凍結なしのマイクロ波減圧乾燥と比べ2.5～3.5倍，熱風乾燥試料と比べ4.5～5.5倍の吸水速度を有することが報告されている[3)]。このため，インスタント食品の材料としての利用なども期待できる。**図3**は材料としてジャガイモを用い，異なる条件で乾燥した際の構造比較を行ったものである。

一般的な青果物の乾燥方法である熱風乾燥では，著しい収縮変形が見られ組織内部は密な構造を有していた。また，予備凍結なしのMVD試料では，内部に複数の比較的粗大な空隙が形成されており，これはマイクロ波照射による内圧の上昇により組織が

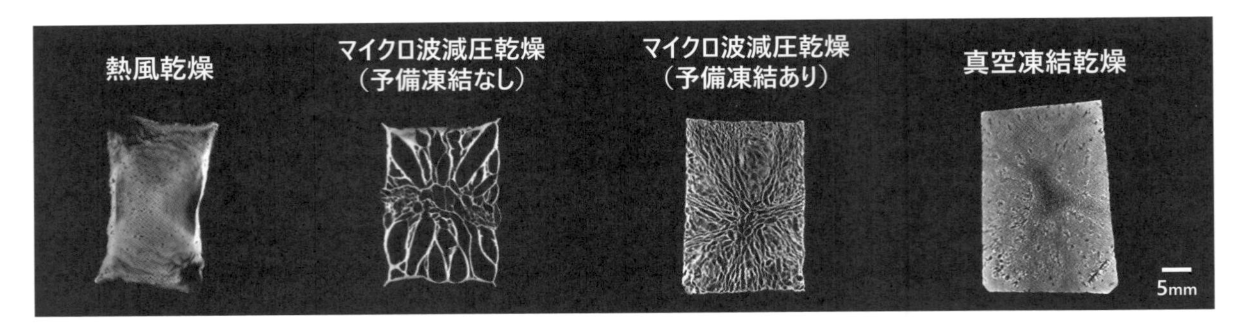

図3　乾燥方法の違いによるジャガイモ乾燥品の内部構造の比較[4)]

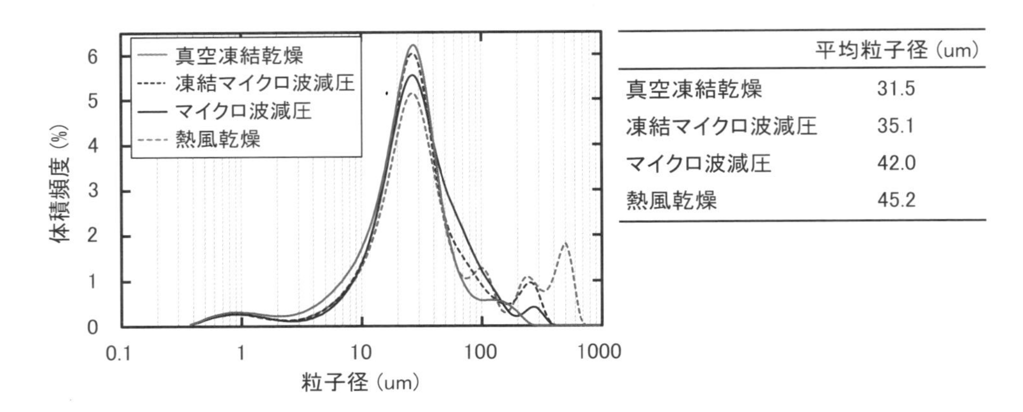

	平均粒子径（um）
真空凍結乾燥	31.5
凍結マイクロ波減圧	35.1
マイクロ波減圧	42.0
熱風乾燥	45.2

図4　異なる条件で乾燥したジャガイモ試料から得られた粉体の粒子径分布[4)]

部分的に破断して生じたものと考えられる。一方で，予備凍結ありのマイクロ波減圧乾燥では，微細な空隙が多数存在する多孔質構造を示し収縮が軽減されていることがわかる。この構造は，より低い圧力において氷の昇華により乾燥が進行する真空凍結乾燥にも類似する多孔質な構造であるといえる。パウダー加工を想定し，各乾燥材料を粉砕機で加工し，得られた粉体の粒子分布を比較した結果を**図4**に示した。

熱風乾燥ではピークが低く粒度にばらつきがあり，極端に大きな粒も見られるのに対し，凍結-マイクロ波減圧乾燥では，真空凍結乾燥と同じく比較的ピークが高い，粒度の揃った粉体が得られることがわかる。平均粒子径を見ても，熱風乾燥のものは粒径が大きいが，凍結-マイクロ波減圧乾燥や真空凍結乾燥では明らかに細かくなる傾向であった。これは乾燥材料の空隙構造によって影響を受けると考えられ，多孔質な構造を持つ凍結-マイクロ波減圧乾燥や真空凍結乾燥では，同一の粉砕方式でも粒子が微細化されやすく，粉砕効率が高まると考えられる。真空凍結乾燥により得られる乾燥材料は，より空隙が細かく多孔質であり粉砕効率も高いが，一方で乾燥に時間を要するという欠点がある。これに対し凍結-マイクロ波減圧乾燥では乾燥効率の面で有利となるため，乾燥時間の短縮と粉砕効率化の両方の利点が得られる点に優位性がある。

また，リンゴを用いて異なる圧力条件で比較を行ったところ，より低い圧力条件（1～3 kPa 程度）が乾燥試料の多孔質化の観点から有利であることが報告されている[5)]。乾燥試料の力学物性試験の結果，これらの多孔質化した試料はより低い最大荷重（硬さ）と真空凍結乾燥試料と同等の高いクリスプネス指標を有することが示されており，食感の観点からも低い圧力に設定することが有効であるとされている。さらに，予備凍結に関しては，急速凍結を行う条件（-40 ℃）よりも，より高い温度（-20 ℃）で緩慢に凍

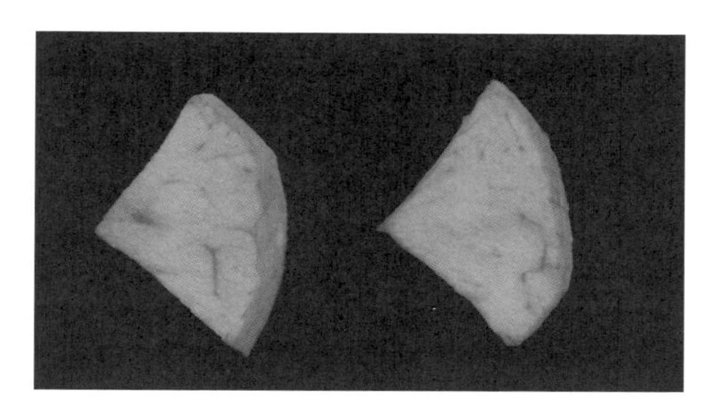
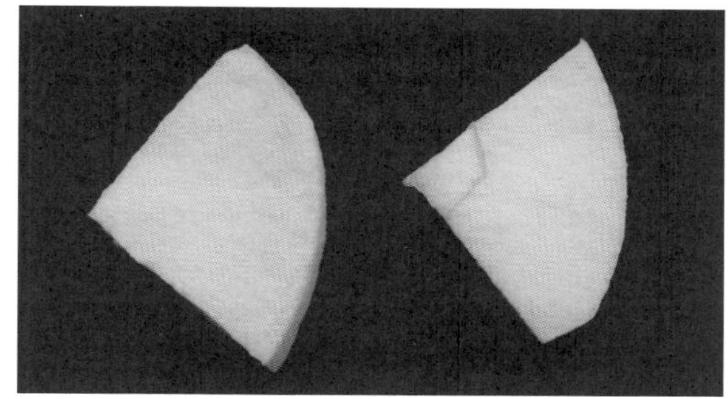

※口絵参照

図５ マイクロ波減圧乾燥後のリンゴの外観の比較
左：常温で解凍後に乾燥を開始，右：凍結状態で乾燥を開始

結し氷結晶を大きく成長させ組織損傷を与える条件の方が，収縮変形の抑制と多孔質化に効果的であることも示されている。凍結−マイクロ波減圧乾燥において予備凍結後に常圧で解凍すると，凍結により破壊された細胞内から酸化酵素が流出し，ポリフェノール類が酸化され褐変化が生じ，乾燥後も色味が悪くなる。この問題は凍結状態で乾燥を開始することにより改善することができる。**図５**に示すように，凍結状態でマイクロ波減圧乾燥処理を行った試料は変色が少なく良好な色彩を維持していることがわかる。これは酸素の少ない減圧環境下において，解凍と乾燥が同時に進んだため，褐変化が抑制されたためである。この方法は，特に褐変化が生じやすく品質低下の問題となりやすい果実類の乾燥において有効であると考えられる。

4. おわりに

凍結−マイクロ波減圧乾燥は現在利用されているマイクロ波減圧乾燥の実用機を用いて実践することができる。乾燥効率が高く，処理時間が短いという大きな利点があり，得られる乾燥品は真空凍結乾燥品に近い多孔質な構造を持つという特徴がある。真空凍結乾燥は多孔質な構造を有する乾燥品を製造することができるため，主にインスタント食品の材料などの製造に用いられてきたが，氷の昇華によって乾燥が進行するため乾燥効率が著しく低いという欠点があった。本技術は空隙率や色彩といった品質面では真空凍結乾燥と比較しやや劣るものの，条件によっては真空凍結乾燥の代替として用いることができる可能性がある。現状のマイクロ波減圧装置のほとんどはバッチ式であり，実利用においては処理能力の小ささが課題とされてきたが，近年では連続式のマイクロ波減圧装置の特許も取得されており，産業レベルでの実用機も開発されつつある。また，マイクロ波を用いた技術の特徴として品温制御が比較的容易に実装できる点がある。この特徴を活かすことで，香りや味といった品質の制御，すなわち目的に応じた乾燥食品の品質デザインも可能になるかもしれない。今後の技術開発のさらなる進展に期待したい。

文 献

1）北澤裕明，安藤泰雅監修：食品ロス削減に向けたロングライフ化技術，エヌ・ティー・エス，107-113 (2024).

2）吉川昇編：最新マイクロ波エネルギーと応用技術，産業技術サービスセンター，771-774 (2014).

3）Y. Ando, S. Hagiwara, H. Nabetani, I. Sotome, T. Okunishi, H. Okadome, T. Orikasa and A. Tagawa : *LWT*, **100**, 294 (2019).

4）Y. Ando and D. Nei : *Food Bioproc. Technol.*, **16**, 447 (2023).

5）Y. Ando and D. Nei : *J. Food Eng.*, **369**, 111944 (2024).

第11節
野菜乾燥工程のメイラード反応の制御と速度論的設計

北海道立工業技術センター　小西　靖之

1. はじめに

食品乾燥のニーズの1つにさまざまな野菜の乾燥品があり，その品質設計が求められている。一般的には乾燥野菜は通風乾燥を用いて加工されており，乾燥効率の向上(乾燥時間の短縮化)や品質の向上(外観，風味，復水性など)が重要となる。これらの乾燥空気の温度，相対湿度，風速などの乾燥条件や乾燥物の形状や前処理などが，設計のポイントとなる[1)-5)]。

保存性や輸送性の向上目的にさまざまな農産物の乾燥が行われており，目的に応じた品質設計ができる乾燥操作技術が求められている。この農産物の乾燥操作では，主目的である脱水と共に非酵素的褐変反応が進行し，製品色変化(褐変変化)と香味変化が同時に起こる場合が多い。この褐変反応は**図1**にモデル的に示すように，一般にグルコースとアミノ酸が脱水反応して反応中間体の窒素配糖体を経由し，最終的に褐色物質であるメラノイジンができるメイラード反応といわれている。この反応は1,000以上の反応中間体を経由する極めて複雑な反応機構を構成するといわれている[6)-8)]。したがって詳細な機構に基づいた反応ネットワークは決定されていない。このメイラード反応を取り扱うために単純な反応モデル化の中で数式化に最も具現化されやすいものとして単純化逐次反応モデルがある[1)]。

一般的な食材の非酵素的褐変反応は図1にモデル的に示すような逐次反応で考えられている。たとえばグルコースとアミノ酸が脱水反応して反応中間体の窒素配糖体ができ，次いで複雑な多段反応を経由して，最終的に褐色物質であるメラノイジンができるメイラード反応で表現できる。中間体の窒素配糖体などは乾燥製品の風味に影響していると考えられているが，最終褐変物質のメラノイジンは製品色の良好化には好ましくない。この乾燥工程中のメイラード反応を制御することが乾燥野菜の製品色と風味の良好化に有効であり，この考え方について説明を行う。

本稿では，野菜乾燥工程のメイラード反応の速度論的な取り扱いとその速度論的な検討をベースにした乾燥工程設計について，長ネギの乾燥工程を例に概要説明を行う。

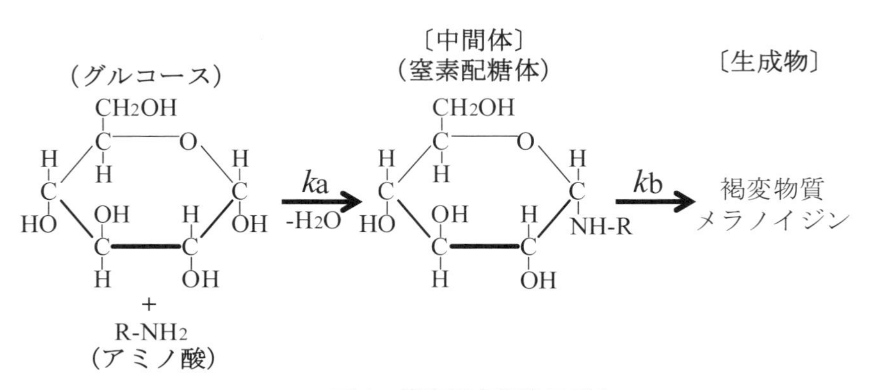

図1　褐変反応経路モデル

2. 長ネギ乾燥工程

2.1 長ネギ乾燥工程の脱水応答と色彩応答ダイナミズムの解釈

長ネギの通風乾燥時の脱水応答は乾燥温度に強く影響を受ける。異なる乾燥温度で長ネギ乾燥を行った時の脱水応答，および製品色 b^* 値（黄−青方向の色相）の変化を**図2**に示した。高温になるほど脱水速度が大きくなることがわかる。b^* 値の変化に注目すると，含水率で示す脱水応答に比べ，応答初期にS字応答を示しているのがわかる。これは図1に示した，色彩変化を示すメラノイジン生成が逐次反応を経由しなければならないことによる。このとき乾燥物の色や匂いが乾燥条件により変化し，出来上がりの製品にも影響する。

2.2 メイラード反応の定量的評価パラメータの抽出

長ネギの乾燥工程中に含水率，脱水速度の変化とともに製品色は変化するが，色彩パラメータ，L^*（明度），a^*（赤−緑方向の色相），b^*（黄−青方向の色相），ΔE^*（色差），C^*（彩度）値の変化を図2に示した。ここで ΔE^*，C^* 値は式(1)，式(2)で計算される値である。また $(1\text{-}W_R)$ は，脱水した水分量を0～1で示した値で，脱水の進行度合いを示している。

$$C^* = \sqrt{(a^*)^2 + (b^*)^2} \tag{1}$$

$$\Delta E^* = \sqrt{(\Delta L^*)^2 + (\Delta a^*)^2 + (\Delta b^*)^2} \tag{2}$$

図3のパラメータ値の含水率変化の依存性がほぼ1：1で対応しているのは ΔE^* 値であることがわかる。含水率変化が色彩変化と定量的対応関係にあるのは ΔE^* 値であることから，この値を色彩変化の定

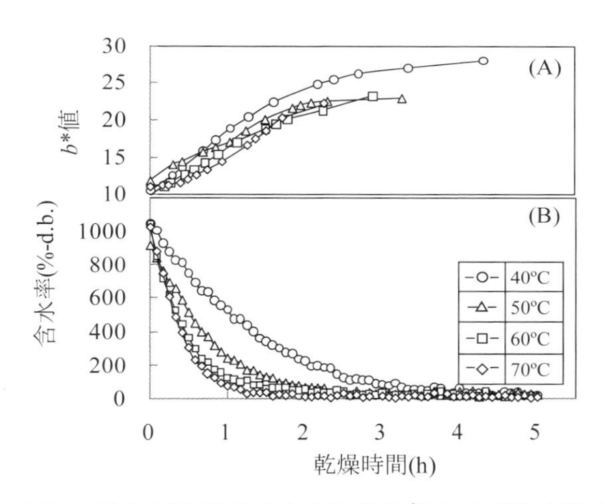

図2　長ネギ乾燥時の(A)色度(b^*)および(B)脱水挙動の動特性

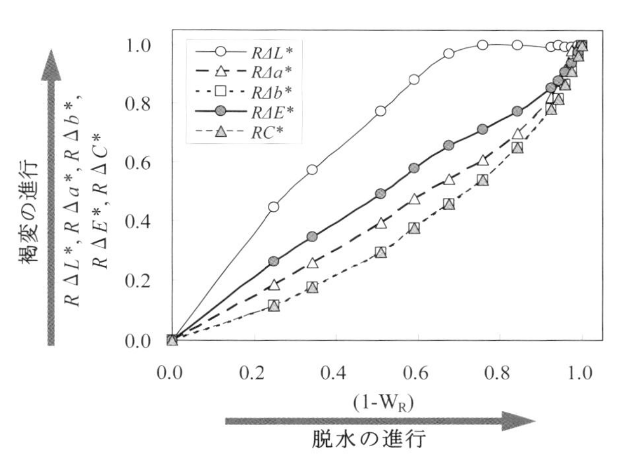

図3　長ネギ乾燥の進行に伴う色彩値の変化(T_D=40℃茎部)

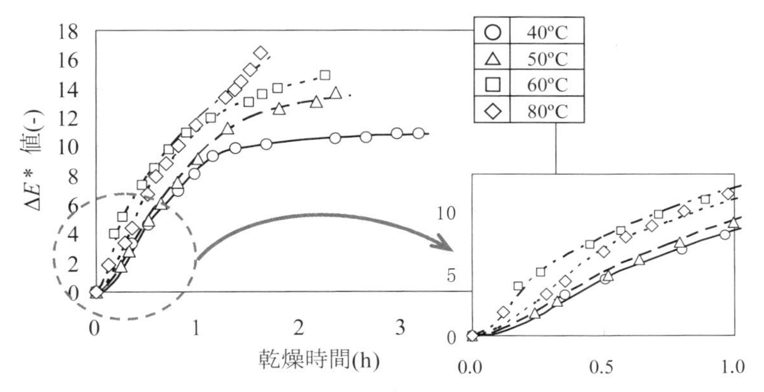

図4　長ネギ乾燥時の色度(b^*)および脱水挙動の動特性

量的評価に使うことが有効であり，ここではΔE^*値を評価パラメータとして用いることにする。

図4に，長ネギ茎部の乾燥工程中のΔE^*値の応答曲線を乾燥温度の違いで整理した結果である。いずれも逐次反応の特徴であるS字型の動特性を示している。

2.3　長ネギ乾燥工程の色彩変化の速度論的検討

はじめに述べたように，野菜などの食品乾燥工程に進行するメイラード反応は複雑な因子が関係し，その正確な反応経路は明らかになっていない。この非酵素的メイラード反応は極めて複雑な反応経路が同時進行することが知られており，この反応には数多くの中間体が生成されていると考えられている。それらを全て考慮したモデルを使い，最適な製品化のための反応制御をすることは困難である。ここでは，長ネギ食材を製品色や風味の良好な乾燥製品を乾燥加工するための数学モデルを導出するために，食材中に存在する水分種に注目する。

単純化のために，長ネギの褐変反応を図1に示した反応モデルで進行するとする，逐次反応モデルを用いることができる。すなわち乾燥前食材（Aとする）から脱水反応により生成する中間体群（Bとする）生成反応をStep-1とする。さらに反応中間体から最終褐色生成物群メラノイジンなど（Cとする）の生成反応をStep-2とする。このモデルに従うと単純化式を式(3)で示すことができる。

$$A \xrightarrow{k_a} B \xrightarrow{k_b} C \qquad (3)$$

各ステップの速度定数をk_a，k_bとすると，それぞれのステップの反応速度は次のようになる。

$$-dC_A/dt = k_a \cdot C_A \qquad (4)$$

$$dC_B/dt = k_a \cdot C_A - k_b \cdot C_B \qquad (5)$$

$$dC_C/dt = k_b \cdot C_B \qquad (6)$$

式(4)～(6)を積分すると次式が与えられる。

$$C_A = C_{A0} \cdot exp(-k_a \cdot t) \qquad (7)$$

$$C_B = C_{A0} \cdot \frac{k_a}{(k_b - k_a)} \cdot \left(exp(-k_a \cdot t) - exp(-k_b \cdot t)\right) \qquad (8)$$

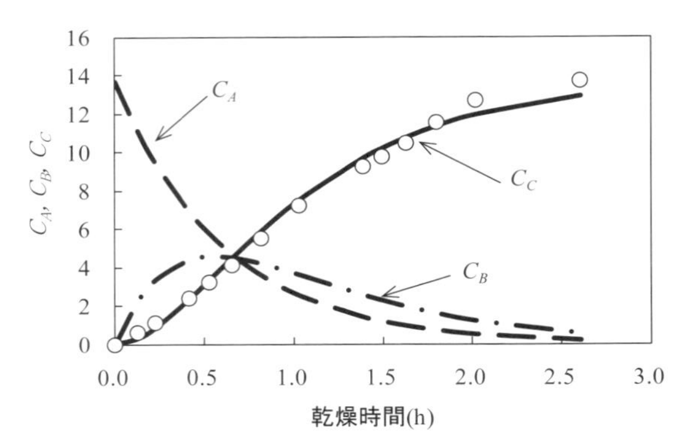

図5　T_D＝60℃の長ネギ茎部（白色）の計算結果とテスト結果の比較

$$C_C = C_{A0} - C_{A0}\left[\left(\frac{k_b}{(k_b - k_a)}\right) \cdot exp(-k_a \cdot t)\right] - C_{A0}\left[\left(\frac{k_a}{(k_a - k_b)}\right) \cdot exp(-k_b \cdot t)\right] \qquad (9)$$

ここで，C_{A0}はA成分の初期濃度，C_A, C_B, C_CはA～C成分の濃度，k_a, k_bは各ステップの反応速度定数である。各成分の濃度応答曲線は，式(7)～(9)で求めることができる。A成分の減少曲線は図2(B)に対応し，C成分の増加曲線は図3のΔE^*値増加曲線に対応する。たとえば60℃における応答曲線の結果を**図5**に示した。C_Cの応答曲線は応答初期のS字応答を明確に示しており，反応モデルの妥当性が示している。

2.4　反応速度定数の決定とメイラード反応応答シミュレーション

図2(B)と図3の長ネギ乾燥曲線に合致するようにk_a, k_bを求める操作を40～80℃の応答データについて検討した結果の1例を**図6**(A)～(D)に示した。褐変反応生成物Ccの応答曲線に注目すると，いずれの温度でも実験データに合致する計算値が求まり，それぞれの温度でのk_jが決定することができる。同様に相対湿度RHが異なる長ネギ乾燥についても，それぞれのRHでのk_jを求めることができる。

2.5　湿度制御による褐変反応の動特性制御

長ネギの通風乾燥時の脱水応答は乾燥空気湿度に強く影響を受ける。T_D＝40℃で異なる相対湿度(RH)で長ネギ乾燥を行った時の脱水応答を**図7**のプロットで示した。式(3)のA成分減少応答を脱水応答に対応させ，式(7)を用いて速度定数k_aを算出

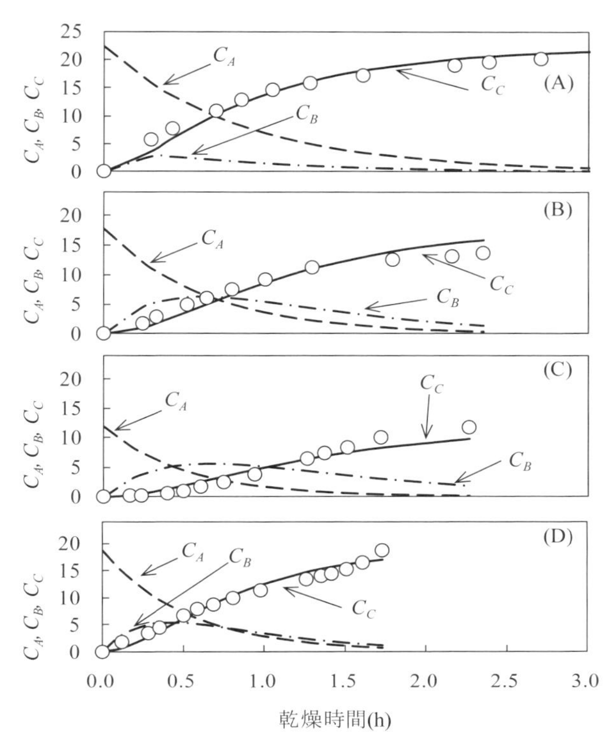

図6 反応速度定数(k_a, k_b)を用いた応答曲線
(T_D =(A)40, (B)50, (C)70, (D)80 ℃)

した。いずれのRHでもテストデータに合致する計算値が求まり，それぞれのRHでのk_aが求められる。

こうして求めたk_aをアレニウスプロットしたのが**図8**である。図8から明らかなように，k_aは異なるRHごとに同じ直線上に分布し，その直線の勾配はRH=20, 40, 60 %でほぼ同じである。この傾きよりE_{ka}=21.7(±0.7)kJ/molと求めることができる。

ここで速度定数k_aが乾燥空気の相対湿度と強い相関性があることから，RHが頻度因子の活性化エントロピー項に逆数項として寄与するとした次式を導入した。

$$ka=\left\{\frac{k\cdot T}{h}\times exp\left(\frac{\Delta S}{\alpha RH+\beta}\cdot\frac{1}{R}\right)\right\}\times exp\left(\frac{-E_{ka}}{R\cdot T}\right) \tag{10}$$

ここで，T：温度(=T_D+272, K)，h：プランク定数(J·s)，S：エントロピー(J/K)，E_{ka}：k_aの活性化エネルギー(kJ/mol)，R：気体定数(mol/kJ·K)，RH：乾燥空気の相対湿度(%)，k, α, βはそれぞれ定数である。そこで，$ln(k_a)$と$1/(\alpha RH+\beta)$の相関性を整理したものが**図9**である。この時ΔSは温度によらず

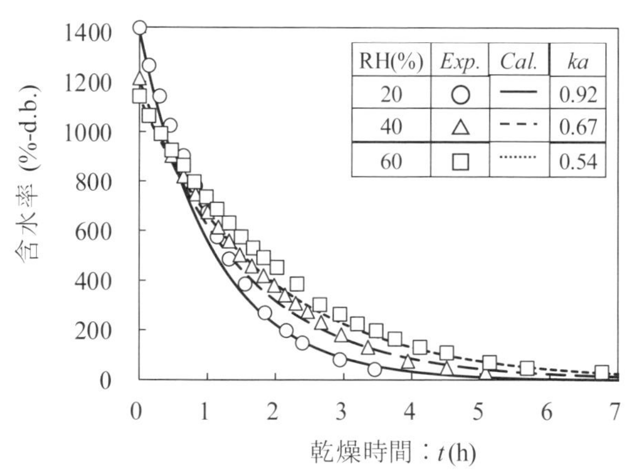

図7 長ネギ乾燥工程中の脱水応答挙動(T_D=40 ℃)の実験値と計算値比較

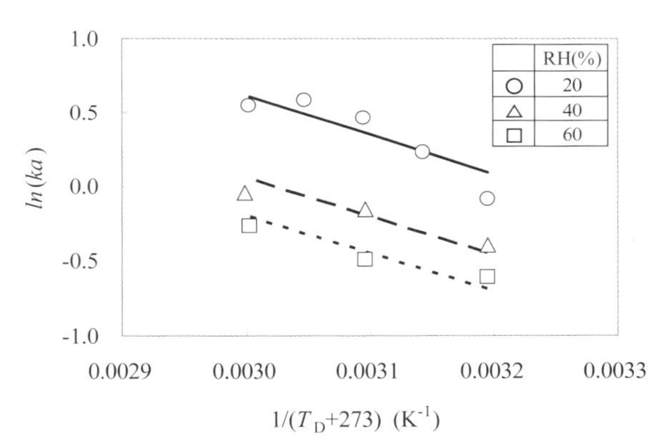

図8 長ネギ乾燥時のk_aのアレニウスプロット

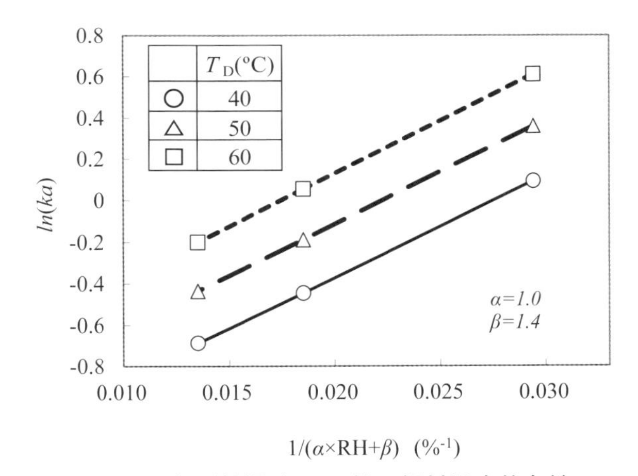

図9 長ネギ乾燥時のk_a値の相対湿度依存性

一定と仮定すると，それぞれの直線の勾配(0.42 kJ/K)は同じにならなければならない。この条件を満足するための α，β 値はそれぞれ 1，14 と求まった。ここで見かけの $\Delta S'$ は $\Delta S/(\alpha\mathrm{RH}+\beta)$ とすると，RH の上昇とともに小さくなることがわかる。

2.6　褐変反応シミュレーションによる反応中間体量と乾燥食品最適化

これまでの実験データより T_D や RH 値は，乾燥工程中に進行するメイラード反応ダイナミズムを大きく変化させることを述べた。そのダイナミズムの変化が，食品の味や香りを決める反応中間体量およびそれらの構成成分の分布に大きく影響する。

非酵素的メイラード反応の見掛けの反応中間体量は，**図 10** に示した計算 C_B 応答曲線の図上積分量から求められる。こうして求めた C_B 積分量は乾燥条件の T_D や RH 値に依存して変化する。**図 11** に，長ネギ乾燥について C_B 積分量の RH 値依存性を示した。明らかに C_B 積分量は RH 値の増大とともに大きくなっていることがわかる。このことは，長ネギ乾

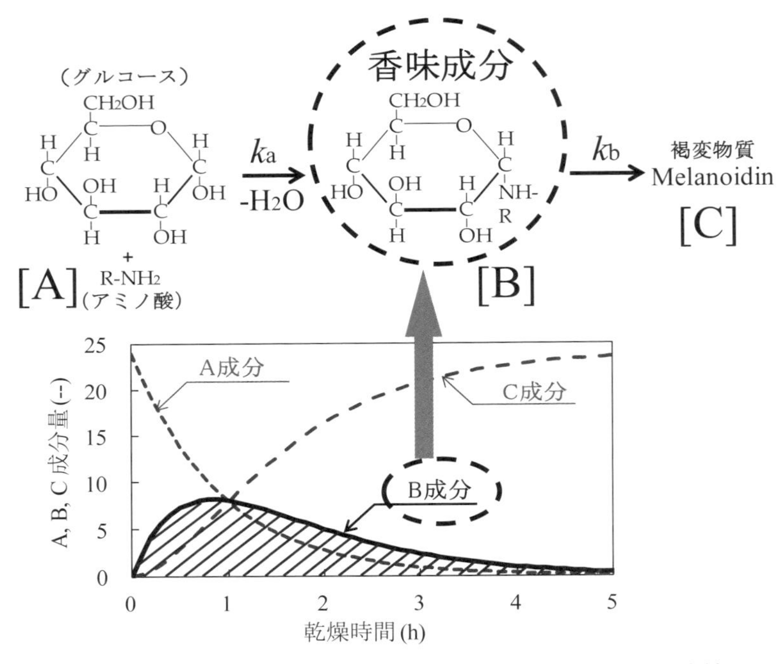

図 10　計算応答曲線 C_B の積分量から反応中間体群量を求める方法

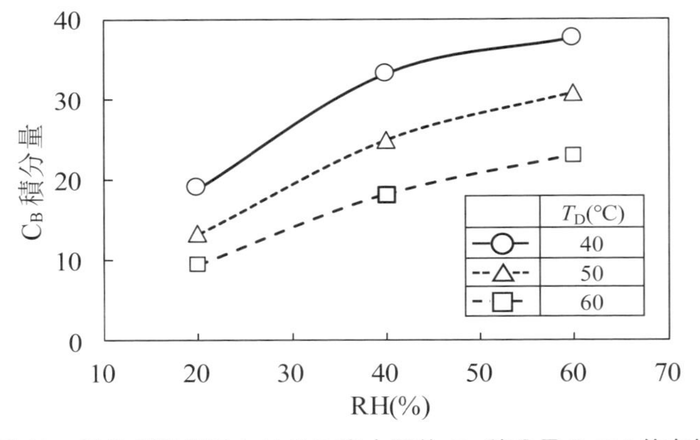

図 11　長ネギ乾燥における反応中間体 C_B 積分量の RH 依存性

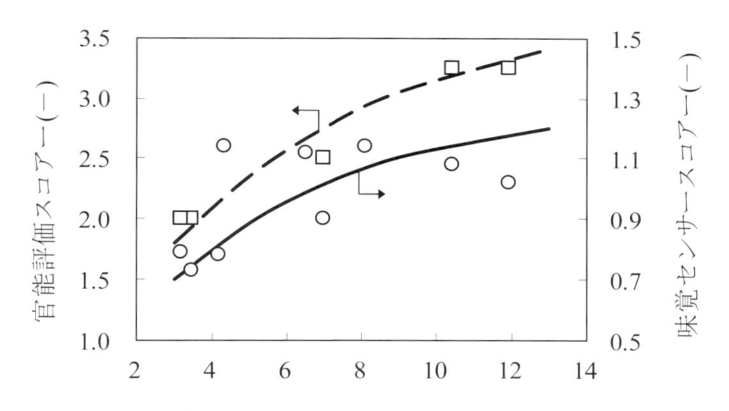

図12　感応評価・味覚センサースコアーの中間体積分量依存性

燥でRH値によってk_a値を変えることにより，味や香りに影響を与える反応中間体量を変化させ，製品設計を行うことができることを示している。

2.7　乾燥食品の品質評価と反応中間体量の設計

これまで述べてきた逐次反応解析により求めた反応中間体量と乾燥野菜製品の品質設計について説明する。求められたC_B積分量と乾燥製品の風味との相関性を評価した。乾燥製品の風味評価には，官能評価と味覚センサーを用い，両者のスコアー値をC_B積分量に対してプロットしたのが**図12**である。図12はバラツキが大きいが，C_B積分量が増加すると官能評価，味覚センサースコアーが高くなることが示された。このことは，長ネギ乾燥工程中のRH条件によりC_B積分量を制御でき，そのC_B積分量が高い条件設定を行うことにより，風味を向上できることを示している。こうして，RH制御により風味設計が可能となる。

3. まとめ

野菜乾燥工程のメイラード反応の速度論的な取り扱いとその速度論的をベースにした乾燥工程設計について，長ネギの乾燥工程を例に概要説明を行った。乾燥野菜のメイラード反応は単純化逐次反応モデルを用いて説明できること，風味に影響を与える反応中間体量の生成・減少の動特性をシミュレートできる。このような評価により，乾燥空気の温度や相対湿度を操作することにより，乾燥製品色や風味の制御設計が可能となる。

文　献

1) Y. Konishi, M. Kobayashi and M. Miura : *International Journal of Food Sci. Technol.*, **45**, 1889-1892 (2010).
2) Y. Konishi, M. Kobayashi and Y. Kawai : *International Journal of Food Sci. Technol.*, **46**, 2035-2041 (2011).
3) 小西靖之，小林正義，三浦宏一，松田弘喜：ケミカルエンジニヤリング，**55**(4), 315-323 (2010).
4) Y. Konishi and M. Kobayashi : *Chem. Eng. Trans.*, 17, 807-812 (2009).
5) Y. Konishi, M. Kobayashi and K. Miura : Proceedings of the 10th Intern, *Chem. Biolog. Eng*, Conference-CHEPOR2008, ISBN : 978-972-9780-3-2 (2008).
6) L. B. Rockland, G. F. Stewart ed. : Water Activity : Influences on Food Quality, Academic Press, 11 (1981).
7) T. P. Labuza : T. P. Labuza, G. A. Reineccuis, J. Baynes and Monnier (Eds) : Interpreting the complexity of the kinetics of the Maillard reaction, In "the Maillard reaction in Food, Nurition and Health", *Royal Society of Chemistry* (1994).
8) K. Eichner and W. Wolf : Maillard reaction products as indicator compounds for optimizing drying storage conditions, "Maillard reaction in Foods and Nutrition", In : G. R. Waller and M. S. Feather (Eds), *ACS Symposium Series*, **215**, 317-333 (1983).

第1節
凍結乾燥医薬品のプロセス設計

塩野義製薬株式会社　川崎　英典

1. はじめに

医薬品製造に使用される凍結乾燥機の基本骨格を**図1**に示す。一般的な凍結乾燥プロセスは①凍結工程，②一次乾燥工程，および③二次乾燥工程の3つの工程から成る(**図2**)。医薬品製造の場合，水が溶媒として使用されるケースが多い。水は，凍結工程にて氷となり溶質成分から分離され，通常数時間で凍結が完了する。溶媒である水は自発的に凍結せず過冷却状態を維持するため，凍結温度を直接制御することはできない。凍結温度が高い(過冷却度小)と形成される氷晶のサイズが大きくなり，凍結温度が低くなると(過冷却度大)と形成される氷晶のサイズは小さくなる。氷晶のサイズが大きいほど，一次乾燥効率は高くなる。一方で，氷晶サイズにより比表面積が決定され，比表面積は二次乾燥時の脱湿速度を決定するため，氷晶サイズが大きくなると，比表面積が小さくなることで二次乾燥効率が低下し，凍結乾燥後の残留水分量が増加してしまう。一次乾燥工程は昇華乾燥工程であり，乾燥庫内を氷の平衡水蒸気圧以下に減圧し，棚から製品へ熱を供給することにより，昇華による製品温度の低下を防止し，昇華を促進する。昇華した水蒸気はコンデンサへ移動し，再度氷としてトラップされる。昇華潜熱として製品から奪われる熱量は棚板から再度供給される。一次乾燥工程での製品温度が高いほど，工程時間短縮に繋がるが，製品温度が上がり過ぎるとコラプス(凍結乾燥不良)が発生し，製品品質保証ができなくなるため，製品温度がコラプス温度以下になるように制御する必要がある。二次乾燥工程は拡散脱着工程であり，凍結時に氷にならずに溶質成分中に不凍

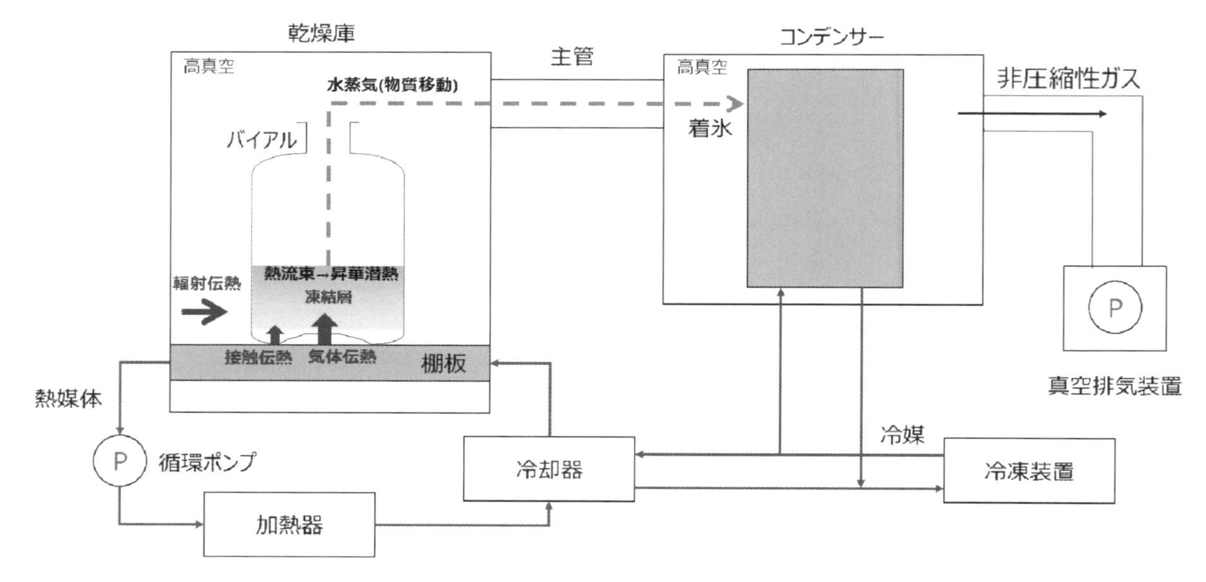

図1　凍結乾燥機の構成

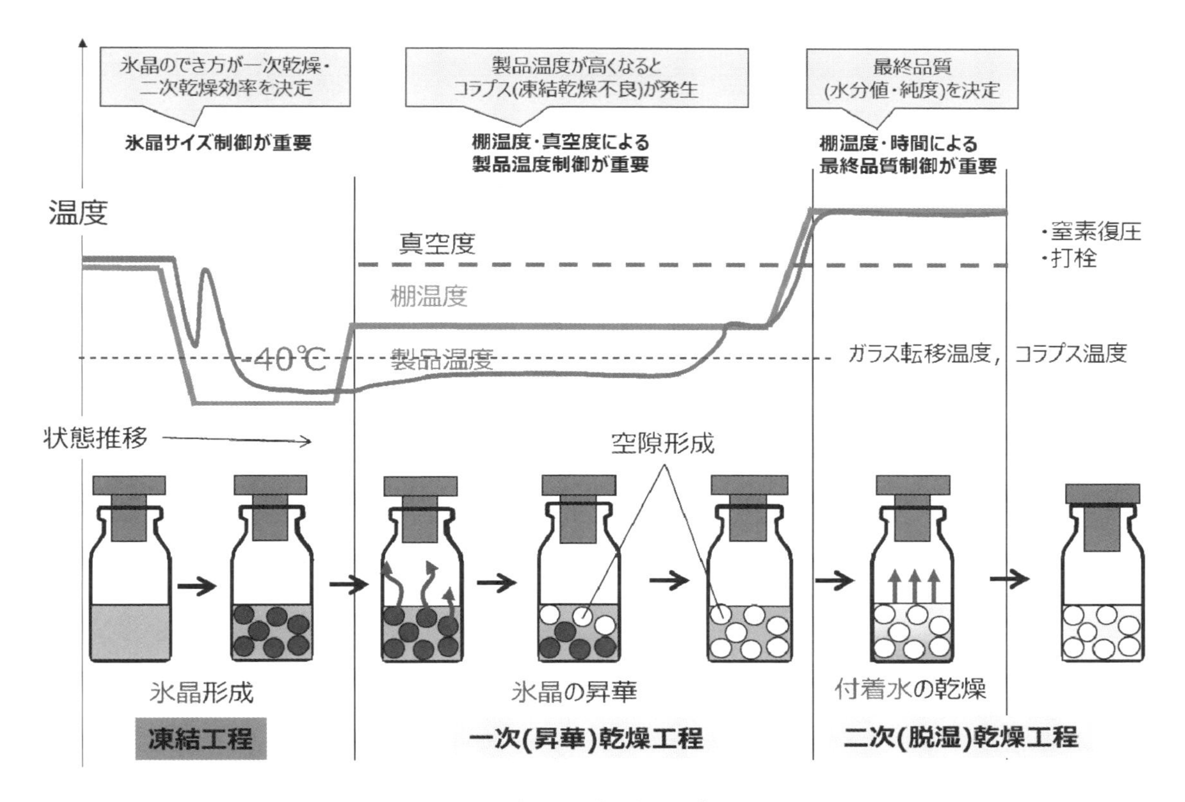

図2　一般的な凍結乾燥プロセス

水として取り込まれた水を取り除く工程である。二次乾燥の目的は，医薬品の固体安定性を保証するために，凍結乾燥ケーキの残留水分値を許容値まで低減することである。

2. 凍結乾燥医薬品の開発

2.1　製剤設計

製剤開発を行う上で，まず，品質，安全性，有効性に関連する目標製品品質プロファイル(Quality Target Product Profile：QTPP)を定義し，当該製剤の見込まれる重要品質特性(Critical Quality Attribute：CQA)を特定する。製剤開発の中で得られた知識や実験データに基づいてリスクアセスメントを実施し，製品のCQAに影響を及ぼし得る重要工程パラメータ(Critical Process Parameter：CPP)や重要物質特性(Critical Material Attribute：CMA)を特定し，モニタリングおよび管理方法(管理戦略)を決定する。凍結乾燥医薬品のQTPPおよびCQAの参考事例を**表1**および**表2**に示す[1)]。

2.2　プロセス設計

凍結乾燥医薬品の一般的な製造フローを**図3**に示す。重要工程として，液調製，無菌ろ過，充填，凍結乾燥，巻締，が挙げられるが，本稿では凍結乾燥工程に対する一般的なプロセスパラメータとその特徴を述べる。洗浄・乾熱滅菌済のガラスバイアルに無菌ろ過された薬液が規定量充填された後，洗浄・蒸気滅菌済のゴム栓で半打栓し，無菌的に搬送され，凍結乾燥機へ搬入される。半打栓済バイアルに対して凍結乾燥を実施し，乾燥終了後に凍結乾燥機内を不活性ガスにて復圧し，棚板にて全打栓後，搬出する。一般的なプロセスパラメータとその概要を**表3**に示す[2)]。各プロセスパラメータのCQAに及ぼす影響を評価し，CQAに対して影響度の高いCPPを特定して管理幅を設定し，CQAを保証するための管理戦略とする。

表1　凍結乾燥医薬品のQTPP参考事例

製品特性	目　標	説　明
投与経路	静脈内投与	100 mL の輸液にて投与
剤　形	凍結乾燥注射剤	—
投与量	XX mg/mL	容量調整が必要な場合を除き，1回の投与につき1バイアルを使用し，単回投与する。
投与方法	X g を Y 時間間隔で Z 時間かけて静脈内投与	XX mg/mL 点滴静注液として投与
容器および施栓系	ガラスバイアル，ゴム栓，キャップ	一次容器としてバイアルおよびゴム栓を使用し，アルミキャップで密封後，複数バイアルを個装箱にて二次包装を実施
再調製用の希釈液	0.9% 生食もしくは 5% 糖液	X mL の希釈液にて再調製
送達システム	輸液バックおよび輸液セット	接薬材質を記載
品質基準	外観(性状)，含量，純度，投与単位の均一性，pH，無菌性，エンドトキシン，不溶性異物，不溶性微粒子，安定性	—

表2　凍結乾燥医薬品のCQA参考事例

QTPP 構成要素	CQA	説　明
投与剤形(有効性)	無菌性，エンドトキシン，不溶性異物，不溶性微粒子，再調製時間	これらの品質特性は凍結乾燥注射剤の品質を確保するうえで重要と考えらえる。
投与量(有効性)	含量，投与単位の均一性	含量のばらつきは有効性に影響すると考えられる。
品質基準(使用性)	外観(性状)	凍結乾燥注射剤の主な外観異常はコラプスである。
品質基準(安全性，有効性)	含量，純度，pH，無菌性，エンドトキシン，不溶性異物，不溶性微粒子，水分値	純度，無菌性，エンドトキシン，不溶性異物，不溶性微粒子は安全性を確保するうえで重要である。 含量は有効性を確保する上で重要である。 pH や水分値を許容範囲内に管理し，経時での含量低下や不純物増加を抑制することは，有効性および安全性確保の上で重要である。
容器および施栓系(安全性，有効性)	純度，pH，無菌性，エンドトキシン，不溶性異物，不溶性微粒子	容器および施栓系は製剤の無菌性および安定性確保を目的として使用され，凍結乾燥製剤および再調製後の薬液との適合性が必要であり，溶出物汚染を最小化する必要がある。

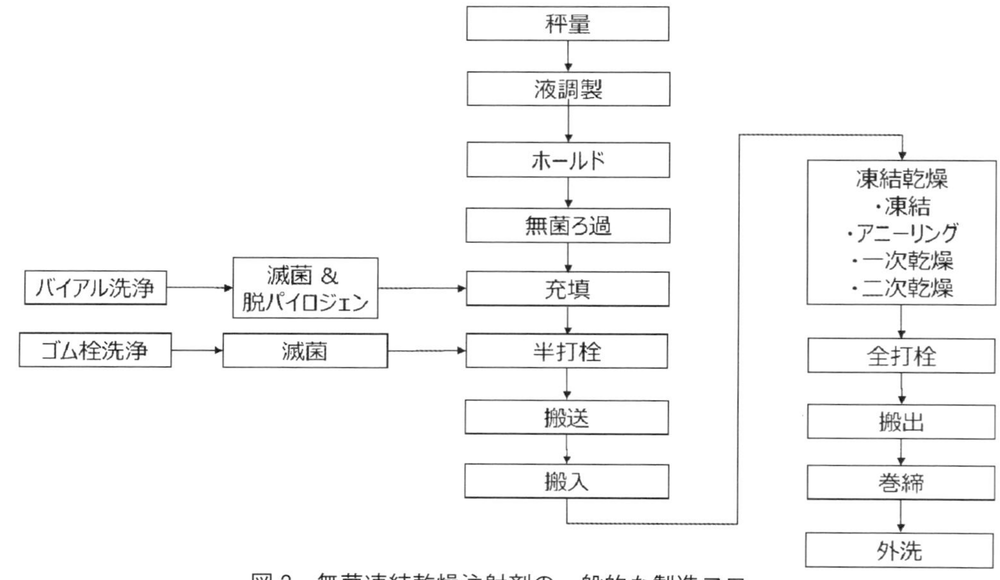

図3　無菌凍結乾燥注射剤の一般的な製造フロー

表3　凍結乾燥工程の一般的なプロセスパラメータとその特徴

管理手法	管理項目	特　徴
プロセスパラメータ	ローディング温度/時間	対象となる製剤の溶液状態での安定性に従い，搬入温度および許容時間を設定する。凍結乾燥棚板への結露を防ぐために，空調システムが達成可能な露点温度以上で搬入温度を設定する必要がある。
	予備冷却温度/時間	凍結前の予備冷却は，凍結時に形成される氷晶サイズの均一性に影響し，凍結乾燥品のコラプス発生に影響する可能性がある。
	凍結速度	凍結速度は，凍結時に形成される氷晶サイズに影響し，一次乾燥時の昇華速度および二次乾燥時の拡散脱着に影響する可能性がある。
	凍結温度/時間	凍結工程にて，溶質成分中に取り込まれた不凍水以外の水は氷へ転移し，凍結曲線に従い氷晶が成長し，溶質成分は濃縮され，共晶点(T_e)に達すると水と溶質成分が独立して結晶化して共晶混合物を形成する。一般に注射剤として開発される薬物および添加剤は水との親和性が高いため，凍結工程で共晶を形成することは稀であり，濃縮された溶質成分はガラス転移温度(T_g')以下でガラス化し，分子運動性の低いアモルファス固体へと変化する。凍結時は T_e もしくは T_g' 以下で一定時間保持し，凍結を完了する必要がある。
	アニーリング温度/時間	アニーリングには，マンニトールやグリシンなどの結晶性添加剤の効率的な結晶化，オストワルド・ライプニングによる氷晶熟成と氷晶サイズ均一化，の2つの目的がある。結晶化を目的とする場合には，凍結後に共晶点(T_e)以上で一定時間保持し，共晶混合物を形成することで，コラプス温度(T_c)を T_e 付近まで向上させることができるため，効率的な一次乾燥条件の設定が可能となる。また，結晶性添加剤の効果により，凍結乾燥ケーキの収縮は起こりにくく，非常にエレガントな凍結乾燥ケーキ状態を達成できる特徴がある。氷晶熟成と氷晶サイズ均一化を目的とする場合には，凍結後に T_g' 以上で一定時間保持し，氷晶成長が起こりやすい状態とする。氷晶成長により，一次乾燥時の乾燥抵抗(既乾燥層水蒸気移動抵抗)を低減することができるため，効率的な一次乾燥条件の設定および一次乾燥時間の短縮が可能となる。アニーリング温度および時間が不十分な場合はコラプスを誘発する可能性がある。アニーリングによる乾燥効率向上は期待できるが，アニーリングにより物理的特性(溶質成分の結晶化など)が変化する可能性があるため，製剤の固体安定性への影響評価も必要となる。
	再凍結温度/時間	アニーリングステップ完了後は，再度 T_g' 以下で一定時間保持し，一次乾燥ステップを開始する必要がある。
	一次乾燥温度/圧力/時間	一次乾燥は昇華乾燥ステップであり，乾燥庫内を氷の平衡水蒸気圧以下に減圧し，棚から製品へ供給された熱流束は昇華潜熱として使用され氷は水蒸気となる。昇華した水蒸気はコンデンサへ移動し，再度氷としてトラップされる。一次乾燥は凍結乾燥工程の中で最も長く，本ステップを最適化し時間短縮することは生産性向上に繋がる。一次乾程中に製品温度が上昇し過ぎると，コラプスが発生するため，一次乾燥中の製品温度をコラプス温度以下にコントロールする必要がある。高真空条件の場合は，媒体となるガス量が少なくなるため乾燥庫内の伝熱係数が小さくなり，熱流束不足により一次乾燥時間が不足し，コラプスが発生する可能性がある。低真空条件の場合は，媒体となるガス量が多くなるため乾燥庫内の伝熱係数が大きくなり，過度な製品温度上昇によるコラプスが発生する可能性がある。棚温度，真空度，時間の3つのパラメータの多元的組み合わせにより，凍結乾燥庫内の熱移動および物質移動を科学的に解析することで，一次乾燥中のコラプス発生を抑制する条件設定が必要となる。
	二次乾燥温度/圧力/時間	二次乾燥は拡散脱着ステップであり，凍結時に氷にならずに溶質成分中に不凍水（トラップ水）として取り込まれた水を取り除く工程である。二次乾燥の目的は，固体安定性を保証するために，凍結乾燥製剤の残留水分値を許容値まで低減することである。一次乾燥工程よりも高い棚温度の設定が必要で，通常数時間で乾燥が完了する。一次乾燥条件が適切に設定され，一次乾燥終点にて，氷が全て昇華され溶質成分中の不凍水（トラップ水）のみが乾燥対象の場合，一次乾燥から二次乾燥への棚温度昇温時のコラプス発生リスクは低い。高温・長時間での二次乾燥条件設定は製剤中の類縁物質を増加させる可能性があり，低温・短時間での二次乾燥条件設定は製剤中の残留水分値を許容値まで低減できない可能性がある。

2.3 プロセス分析技術

凍結乾燥医薬品のプロセス設計においては，CQAに対するプロセスパラメータや物質特性との複雑な相互関係理解を必要し，リスクアセスメントによりCPPやCMAを特定し，管理戦略を決定することになるが，管理戦略構築の際にはプロセス分析技術が有用となる。凍結乾燥工程で使用されるプロセス分析技術を**表4**にまとめる[3]。個々のバイアルを対象にしたもの，バッチ全体を対象にしたものがあるが，乾燥時の製品温度や乾燥終点の評価を目的としている手法が主となっている。凍結乾燥において，製品温度は製造性および製品品質に影響するCMAであり，プロセス設計・品質保証・工程監視の観点から，最も重要な管理対象である。工程保証のために製品温度をモニターする必要があるが，現状としては，各開発段階で製品温度のモニター手法が異なる，バリデーション以降は製品温度のモニターをしていない，生産機で無菌環境下にて使用可能な頑健な製品温度モニター手法が存在しない，などの課題がある。

解決策として，無菌環境で使用可能なワイヤレス品温度センサーや非接触での製品温度モニターを可能とする技術開発が望まれており，本稿では，スケーラブルでシームレスに製品温度モニターを可能にする技術として，共和真空技術㈱により開発されたTMbySR（Temperature measurement by sublimation rate）での検証事例を紹介する[4]。

TMbySR法は昇華速度の計測により，非接触で製品温度および昇華面温度を測定する手法であり，乾燥庫とコールドトラップ間の流路の水蒸気流動抵抗係数および実昇華速度の関係性を水負荷運転より明らかにし，乾燥庫とコールドトラップとの真空度差より昇華速度を算定し，昇華速度情報を基に製品温度の計算を行うシステムである。TMbySR法を使用して，ラボ凍結乾燥機にて，660バイアル製造スケールでの凍結乾燥を実施した際の評価結果を**図4**に示す[5]。TMbySRにより測定された製品温度は，熱電対端子で取得した乾燥しやすい端部バイアルの製品温度と，乾燥しにくい中央部バイアルの製品温度の中間的温度プロファイルとなっており，バッチ全体をモニタリングしていることが確認された。また，測定された昇華速度がゼロになるタイミングは，製品温度が棚表面温度に追従するポイントとも一致しており，乾燥終点をモニターできていることが確認できた。TMbySR法で取得された乾燥終点情報を基に製造を完了し製品品質評価を実施した結果を**表5**に示す[5]。凍結乾燥された製品外観は良好で，製造中のコラプスは発生せず，低水分で製造管理できたことを確認した。

TMbySR法は，非接触で製品温度をモニターできる技術であり，シームレスでスケーラブルな技術としてラボ機，パイロット機，生産機への適用が可能である。開発から生産まで一貫した手法での製品温度モニターを可能とし，バリデーション以降の継続的な製品温度モニターを実現し，開発期間の短縮や高度な品質保証への貢献することを期待したい。

表4　凍結乾燥工程で使用されるプロセス分析技術

対　象	プロセス分析技術	評価対象
個々のバイアル	TC	製品温度
	RTD	製品温度
	TEMPRIS	製品温度
バッチ全体	Pirani vs Capacitance manometer	真空度
	TDLAS	ガス分圧
	MTM	水分量
	VMS	製品温度
	TMbySR	製品温度

TC : thermocouple, RTD : resistance thermal detectors, TEMPRIS : temperature remote interrogation system, TDLAS : tunable diode laser absorption spectroscopy, MTM: manometric temperature measurement, VMS : valveless monitoring system, TMbySR : temperature measurement by sublimation rate

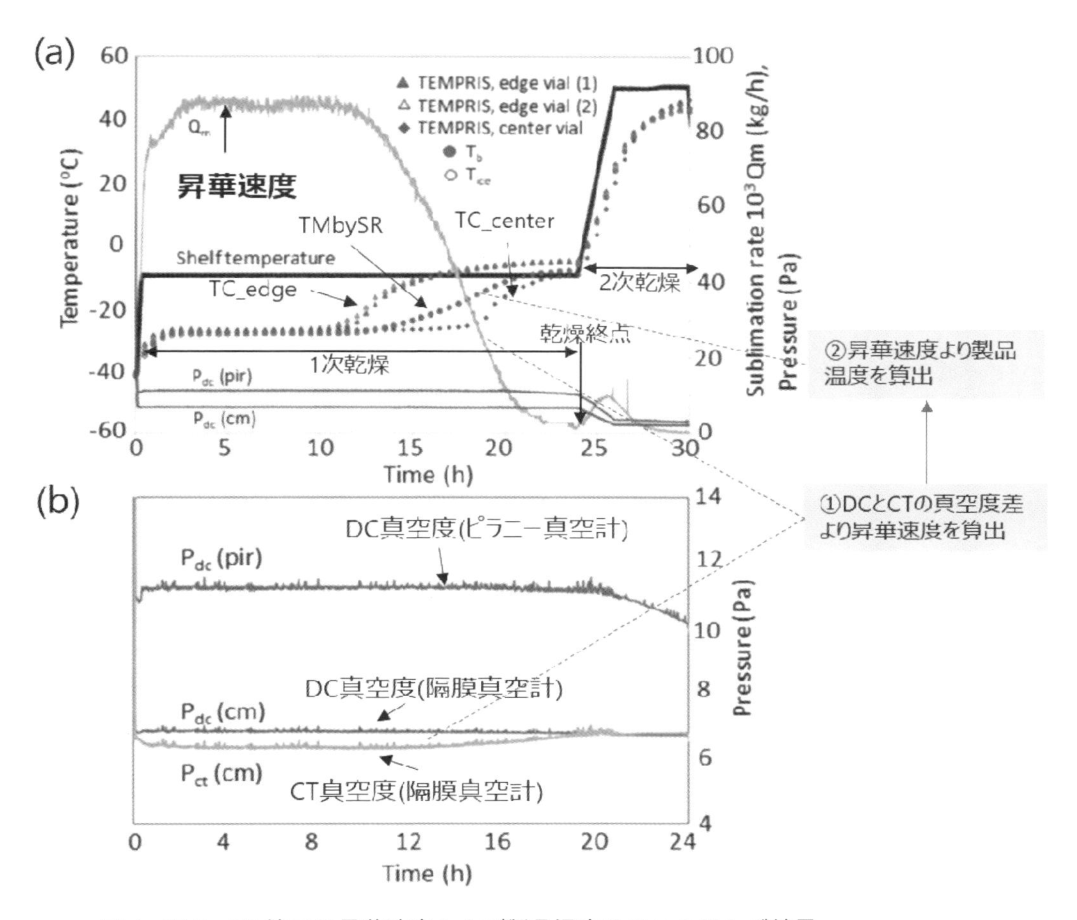

図4　TMbySR法での昇華速度および製品温度のモニタリング結果

表5　凍結乾燥品の外観および水分値

棚位置	外　観		水分値(%)
	正　面	底	
中央部			0.10±0.01
端　部			0.13±0.02

3. おわりに

凍結乾燥は，化合物の本来の形や機能を損なわず長期間品質を維持できる技術であり，設計においては，CQA に対するプロセスパラメータや物質特性との複雑な相互関係理解を必要とするが，リスクアセスメントにより，各プロセスパラメータの特徴を理解することで，製品品質への影響を評価し，CPP や CMA を特定し，管理戦略の構築が可能である。管理戦略構築の際にはプロセス分析技術が有用であるため，開発から生産まで一貫して使用可能な手法を取り込んで，プロセス開発を実施頂きたい。

文　献

1) 無菌製剤委員会 CTD 分科会：製剤機械技術学会誌，33 (2)，38 (2024)．

2) 川崎英典：凍結乾燥の最適な条件設定による品質の安定化―ラボ機と生産機の性能の違いを反映させたスケールアップ―，サイエンス＆テクノロジー，91-115 (2020)．

3) 川崎英典：製剤の達人による製剤技術の伝承 製剤設計・製造技術，BASIC & FRONTIER，じほう，396-412 (2023)．

4) H. Sawada, K. Tonegawa, H. Hosomi and R. Sunama : United States Patent Documents, Patent number, US9488410B2 (2016).

5) H. Kawasaki, T. Shimanouchi, H. Sawada, H. Hosomi, Y. Hamabe and Y. Kimura : *J. Pharm. Sci.*, **108**(7), 2305 (2019).

第2節
医薬品とワクチンの凍結保存と凍結乾燥

国際医療福祉大学　伊豆津　健一

1. はじめに

医薬品やワクチンでの有効成分と抗原の多様化や，ドラッグデリバリーシステム（DDS）機能を持つ製剤の増加とともに，製品の安定性確保の重要性と難しさは年々高まっている。本稿では，これら複雑な製品を安定な状態で供給するために行われる凍結乾燥と凍結保存の役割について，近年の動きとともに紹介する。臨床での使用前に溶解液を加えて用いる用時溶解型の凍結乾燥注射剤は，1950年前後から医薬品の生産に導入され，抗生物質や酵素，血液由来の凝固因子などの広範な流通と使用に寄与してきた。各種の乾燥技術が進歩する中で，凍結乾燥の対象となる製品は徐々に変化し遺伝子組換え技術により生産されるタンパク質（バイオ）医薬品やリポソームなど，高付加価値の医薬品が中心となっている。またmRNAを用いた新型コロナウィルスワクチンの登場によって，凍結溶液や凍結懸濁液での製品流通も活用の広がりが注目される領域となっている。

2. 医薬品の保存安定性と凍結乾燥の選択

医薬品の標準的な保存や流通条件は，室温（1～30℃），冷蔵（5℃±3℃），冷凍（－20℃±5℃）に大別され，凍結乾燥された医薬品とワクチン類の多くは，冷蔵での保存と流通が行われる。一般に医薬品やワクチンが製品として流通し臨床使用されるには，定められた条件で1年以上の有効期間が必要とされる。さまざまな保存技術は品質の劣化を抑制し，有効性・安全性に優れた医薬品を臨床に供給するための重要な役割を担っている。凍結乾燥は保存期間中の変化を抑制できるとともに，有効成分へのダメージが少ない乾燥方法として医薬品やワクチンに用いられており，主な目的として①水の除去による加水分解の抑制や分子運動性の低下を介して保存安定性を高める，②乾燥過程での高温暴露による変化を回避する，③無菌工程により溶解性の高い乾燥固体を得る，などがあげられる[1]。一方で凍結乾燥は，工程のコストや処理速度，臨床での溶解作業の必要性などの課題も併せ持つ。そのため溶液での製剤化の可否や，他の乾燥方法の活用との関係を理解したうえでの選択が重要となっている。医薬品では有効期間にわたる品質の妥当性を保証するため，全ての品質規格項目への適合が確認される（安定性試験）とともに，承認後も一定期間ごとに製品の一部を長期保存して試験（安定性モニタリング）が行われる。

一般に低分子医薬品の工程や保存で生じる安定性の課題は化学変化が中心となるため，工程での高温暴露の時間を短縮することで，工程中の変化を抑制しつつ長期保存での安定性を高めることができる。そのため経口の抗生物質では噴霧乾燥の活用が増加した。これに対し主に注射剤として用いられるタンパク質医薬品やリポソームなど分子集合体によるDDS製剤では，化学変化の抑制とともに高次または超分子構造の保持が不可欠となる。タンパク質の分子は化学薬品に比べ格段に大きく，かつ経時的な化学変化（酸化，脱アミド化，加水分解，アシル化など）が起こりやすい部位を多数含む。また各種の物理・化学的なストレスにより，機能発揮に必要なnative状態の高次構造の崩壊や凝集など，不可逆的な物理変化を起こすリスクを有する。さらに物理・化学的な変化体が免疫原性を示し，有効性・安全性の問題を示す場合がある。分子集合体によるDDS製剤も，保存やさまざまなストレスにより粒子の凝集や接合により機能を失いやすい。これらの製品は注射剤として用いられるため，プロテインエンジニアリング(タンパク質設計技術)の活用などにより溶液製剤化が可能であればそれが第一選択となり，難しい場合は凍結乾燥製剤として用いられる。抗体薬物複合体(Antibody-Drug Conjugates：ADC)は，抗体側での高次構造保持(物理面)とともに細胞毒性を持つ成分との結合(リンカー，化学面)も不可欠なことから，凍結乾燥の有用性が特に高い例となる[2]。凍結乾燥はまた，ペプチド医薬品などの原薬保存の手段にもなっている。製品の開発段階では剤形や乾燥方法が，有効成分の特性とともに，想定される流通形態や開発戦略などさまざまな要因を考慮して判断される。一部のバイオ医薬品では，保存安定性の課題が生じにくい凍結乾燥製剤をまず上市し，その後に利便性に優れた溶液製剤を追加する例もみられる。

3. 医薬品の凍結乾燥工程と効率改善の取り組み

一般に医薬品製剤の凍結乾燥は，有効成分を含む水溶液を小型のガラス瓶(バイアル)に分注して大型の棚式乾燥機に並べ，棚の冷却により溶液を凍結した後に減圧を開始して水を昇華させ(一次乾燥)，棚温度を徐々に上昇させて固体部から水分を除き(二次乾燥)，ゴム栓で密封する方法がとられる。また製品には精製水または生理食塩水が溶解液として添付される。水溶液の凍結は，凍結乾燥機の棚を－40～－50℃まで徐々に冷却する間に，バイアルごとに異なる温度で起こる。水溶液の凍結によりタンパク質と添加剤は氷晶間の狭い領域へ高度に濃縮され，氷晶の成長は濃縮相の粘度が一定水準まで上昇することにより停止する。凍結濃縮された溶質は，個々の性質や共存物質の組成により，非晶質または結晶状態で存在する。凍結状態で氷を昇華させる一次乾燥では，氷晶の昇華とともに凍結溶液の上端(昇華界面)が低下し，残る濃縮相は徐々に水分を失いながら固体となる。

医薬品の凍結乾燥では，工程の効率化へのニーズが大きく，新技術の活用などさまざまな検討が行われている。工程の効率化に向けた比較的シンプルな方法として，コラプス温度(または下述の T_g')以下に保持することが標準とされる一次乾燥段階の品温を，コラプス発生の直前まで上げる「アグレッシブ」な温度条件設定があげられる。この乾燥方法では固体の微小構造は崩れるが円柱状の全体構造は維持する温度条件を設定することにより，乾燥時間の短縮が可能であるとともに，多くの場合はタンパク質の活性などに影響はないとされる[3]。詳細な温度制御には，バイアルへの投げ込み型のワイヤレス温度計も有用となる。また乾燥過程の熱供給を効率化するため，従来の棚との接触部分を介する方法から，マイクロ波などに変える検討も報告されている。

乾燥時間短縮の別アプローチとして，一次乾燥過程で氷の昇華により発生する水蒸気の流路(既乾燥層の氷晶跡)の連続性を確保する目的で，凍結溶液の品温を一次乾燥前に一旦上昇させて氷晶を成長させる方法(アニリング)や，過冷却液体からの氷晶核の形成を人為的に誘導し，大きくかつサイズの均一性に優れた氷晶を形成させる方法(controlled nucleation)が報告されている。また凍結時にバイアルを回転させて，凍結溶液を壁に薄く付着させることも，乾燥時間を短縮させるための現実的な方法とされる。さらに連続生産と近い考え方で，バイアルを凍結乾燥の各段階に対応するブロック間で移動させる「連続凍結乾燥」の検討例も報告されている。医薬品とワクチンを対象とした工程の効率化には，基本的な品質の確保とともに，無菌工程として設定できることや，バイアル間やロット間の差を許容範囲内に収めることが必須となる。比較的新しい乾燥方法として，溶液を噴霧して液体窒素などで急速凍結した後に減圧乾燥する噴霧凍結乾燥(スプレーフリーズドライ)などの検討も進んでおり，得られる固体の高い品質と優れた乾燥効率が報告されている[4]。一方で注射剤での利用には，乾燥後の非晶質固体を無菌状態でバイアルなどに定量充填する技術の確立など課題も多い。

4. タンパク質医薬品の凍結乾燥と添加剤の役割

タンパク質医薬品では開発の早い段階で，構造の最適化などプロテインエンジニアリングによる安定化が検討されるのに対し，開発候補となる分子の決定後には，凍結乾燥や添加剤活用などのタンパク質分子周囲の環境の最適化が進められる。溶液状態のタンパク質の凍結乾燥による固体化は，製剤の保存で生じる化学反応を大幅に低減する一方で，凍結乾燥の工程で起こる水溶液の凍結と乾燥は，タンパク質の高次構造に強い影響を与える[5]。この凍結による物理化学的な変化は，冷蔵保存が指定された溶液製剤が凍結をしないよう注意する理由にもなっている。凍結乾燥製剤では工程と保存中のタンパク質の変化を抑制する目的で，pH 調整剤や安定化剤などが添加剤として用いられる。タンパク質の高次構造の安定性は溶液の pH に依存し，さまざまなタンパク質の熱変成温度は pH により大きく変化する。また pH は変性温度以下での構造変化や，酸化や脱アミド化，環状イミド形成など多くの化学反応の速度にも影響を与える。そのため製剤の pH と緩衝塩は，タンパク質の構造保持と化学反応抑制の両方の観点から選択される。同じ pH でも緩衝液の種類によって化学変化の速度が異なる場合があるため，製剤での使用には個々の緩衝液の特性を把握した上での選択が重要とされる。製剤での利用が多いリン酸ナトリウム緩衝液などでは，凍結溶液中の濃縮相で一方の塩が結晶化することによる pH の大きな変化が報告されており，pH 調整剤としてヒスチジン緩衝液などの選択も増加した。

工程や保存中のタンパク質の変化の抑制を直接の目的とする安定化剤として，水溶液と凍結溶液，乾燥固体の各段階で保護作用を示すショ糖やトレハロースなど二糖類が，最も広く用いられている。多くの糖類や糖アルコール類は，比較的高濃度の溶液でタンパク質の分子表面からの選択的排除と呼ばれる機構により，native 状態の高次構造が有利な状態とし，熱変性温度を上昇させる。水溶液の凍結によりタンパク質は，低温とともに氷晶の成長に伴う共存物質の濃縮や脱水などによる物理的ストレスを受け，高次構造の部分的な変化を起こし，一部が凝集など不可逆的な変化に進む。水溶液に添加された糖類は凍結によりタンパク質分子とともに氷晶間に濃縮され，低温を原因とした高次構造変化を上記の熱力学的機構により抑制するとともに，濃縮相に共存するタンパク質分子の接触や局所的な塩濃度の過度な上昇を抑制する。

固体部の乾燥が進む二次乾燥過程ではタンパク質分子の周囲からの水分子の除去が，不可逆的な構造変化の原因となる。また乾燥固体の保存では，時間の経過とともに化学反応が進む。糖類はこれらの変化に対し，タンパク質分子との水素結合を介して高次構造の維持に必要な水分子を代替する(水分子置換)とともに，分子運動性の低いガラス状態の非晶質固体へタンパク質分子を包埋すること(ガラス化)により化学反応を抑制する[1)6)]。一般に糖の分子量が上がるほどガラス化に有利(カラス転移温度が高い)となるが，タンパク質との水素結合形成は立体障害により制限されやすくなる。ショ糖とトレハロースは両機能を満たすとともに，タンパク質とのメイラード反応を起こしにくい安定化剤として凍結乾燥製剤で多用される。なお糖アルコールであるマンニトールは，凍結溶液中で結晶化する傾向が強い。この結晶化によりタンパク質との分子間相互作用や包埋による安定化作用は失われるが，外観に優れた乾燥固体を形成することから賦形剤として使用される場合がある。

タンパク質の凍結乾燥製剤に用いられる他の添加剤として，アミノ酸類と，一部の界面活性剤があげられる。アミノ酸類の一部は糖類と同様に選択的排除機構によるタンパク質の構造安定化作用を示すが，添加は溶液の pH への影響を伴うため，安定化のみの目的には糖類の方が有利となる。そのため製剤での活用は，賦形剤としてのグリシンや，高濃度の抗体製剤などで課題となる凝集抑制を目的とした L-アルギニンの使用など特定の目的に限定される。溶液中の疎水性の容器表面や凍結時の氷晶との接触もタンパク質の高次構造変化を起こすストレス要因となる。この界面での構造変化を抑制する目的で低濃度の非イオン性界面活性剤(ポリソルベートなど)が，広範な製剤に用いられている。逆に界面活性剤の種類や濃度によっては，変性促進剤として作用することに注意が必要となる。タンパク質の安定化作用を示す物質は他にも多数報告されているが，新たな添加剤として医薬品で使用するには安全性の評価が求められるため，注射剤を中心とした医薬品で使用例のある添加剤の組み合わせによる最適化が，一般的な開発方法となっている。

5. リポソームなどの凍結乾燥

リポソームや脂質ナノ粒子など分子集合体による DDS 医薬品も，溶液や懸濁液での長期保存が難しいとともに，加熱などによる乾燥法が適さないことから，凍結乾燥による製剤化の対象となる。一方で凍結と乾燥によるストレスは，膜構造の変化や粒子凝集，有効成分の漏出などの原因となるため，糖類の添加による安定化が行われる[7)]。凍結乾燥での糖類や脂質ナノ粒子の安定化は，主にガラス状態の非晶質固体への包埋（ガラス化）と粒子間の接触の抑制（希釈効果）によるとされる。また水素結合を中心とした分子間相互作用（水分子置換）の寄与も報告されている。mRNA を含む脂質ナノ粒子の凍結乾燥は，保存と流通の負担を大幅に減らすことが期待される。

6. ワクチンの剤形と長期保存

国内で承認されたワクチンは抗原の種類や製造方法（生ワクチンと不活化ワクチン，トキソイド，mRNA ワクチン）により大別される。生ワクチンは弱毒化した免疫反応を起こす活性を持つ生きたウィルスや細菌が用いられ，不活化ワクチンは病原体を化学的または物理的に不活化したものが用いられる。生ワクチンは懸濁液で「生きた」状態を長時間保つのが難しい場合が多いため，BCG や麻疹，風疹，水痘，黄熱，流行性耳下腺炎（おたふくかぜ）などのワクチンは，用時溶解または懸濁型の凍結乾燥固体として供給され注射により接種される。生ワクチンの製品は冷蔵保存（5 ℃以下，2～8 ℃）を条件とし，1～2 年の有効期限を設定したものが多い。また添加剤としては乳糖（安定化剤，賦形剤）とリン酸塩（pH 調整剤）などが用いられている。なおロタウィルス用のワクチンは他と異なり，溶液が幼児に経口接種される。

不活化ワクチンやトキソイド（毒素タンパク質を無毒化したもの）ワクチンのうち，定期接種の対象品の多くは使用時の利便性が高い冷蔵保存の溶液または懸濁液として流通する。一方で任意接種のワクチンには，病原体への暴露リスクが生じた場合などの緊急接種対象を中心に，長期保存の可能な凍結乾燥品が多く用いられる傾向がある。なおエムポックスの予防には，細胞培養により生産された生ワクチニアウイルス（LC16m8 株）による天然痘（痘そう）ワクチンが，2022 年に適応追加する形で用いられている。天然痘は 1970 年代に根絶されており，ワクチンもエムポックス発生前は非常時に向けた備蓄用としての役割が中心であった。そのため製品は凍結乾燥固体の－20 ℃以下での保存により，有効期間を 10 年として設定されている。新型コロナウィルスの予防目的で 2021 年に承認された BioNTech/Pfizer と Moderna 社の mRNA ワクチンは，ウィルス粒子外殻のスパイクと呼ばれる糖タンパク質をコードする mRNA と，複数の脂質の組み合わせにより構成され，製剤は mRNA の保護と細胞内への送達機能を持つ脂質ナノ粒子の懸濁液となっている[8)]。このワクチンでは，mRNA と脂質の酸化や加水分解などに対する化学的な安定性と，脂質ナノ粒子の構造の安定性が同時に求められる[9)]。両ワクチンにはショ糖が安定化剤として添加され，－90～－60 ℃（コミナティ筋注）と－20 ℃±5 ℃（モデルナ筋注）保存を条件とした流通が開始され，その後に温度条件が一部緩和された。mRNA など新世代型のワクチンでは，求められる安定性や品質管理の方法に，バイオ医薬品との共通点が増えている。

7. 医薬品とワクチンでの凍結保存の活用

冷凍による製品保存と輸送は冷蔵に比べ継続的な温度管理（コールドチェン確保）が難しく高コストとなるが，製剤化の検討期間と工程の短縮が可能となる。そのため他の方法による供給が困難など技術面の必要性が高い製品や，迅速な開発・供給が必要なワクチン類とともに，小ロット生産のオーファンドラッグなどでも今後の選択肢となるものと考えられる。凍結状態での製品流通が限られるのに対し，原薬の冷凍保存はバイオ医薬品などで広く用いられてきた。バイオ医薬品の原薬（バルク）溶液は大型容器を用いて凍結保存されることが多いため，外側からの氷晶成長により中央部へのタンパク質が濃縮されることによる凝集など，製剤工程とは異なる課題が報告されている[10)]。

さまざまな分野での凍結保存の利用に比べ，凍結された水溶液の物性やそこで起こる化学反応に関する情報は，十分に解明されていない。その中で凍結溶液の DSC を用いた熱測定で観察される熱転移は，安定性確保に必要な条件を考えるうえでの有効な指標と考えられている。糖類の水溶液など氷晶間に非晶質の濃縮相を形成する凍結試料の昇温測定では，氷の融解前に 2 個の熱転移が観察される[11)]。高温側の変化は最大濃縮相ガラス転移（T_g' または T_2）と呼ばれ，ショ糖溶液では－35 ℃付近に現れる。この温度域以上では濃縮相の粘度が急激に低下するため，凍結乾燥の過程(一次乾燥)で品温が T_g' を越えると，昇華界面からコラプス現象と呼ばれる構造崩壊を起こす。この粘度低下をもたらす濃縮相の分子の運動性上昇は各種の化学反応も促進するため，医薬品やワクチンの凍結保存には T_g' 以下での保持が重要と考えられている。一方で同じショ糖の凍結溶液で−50℃付近に観察される小さな熱転移は，ガラス転移(T_g または T_1)と呼ばれることが多い。この転移温度はショ糖の非晶質固体のガラス転移温度を濃縮相の水分量に合わせて外挿した値に近いとされる。またパルスNMR装置を用いた筆者らによる検討では，濃縮相に存在する水の併進運動が低温側の T_g を境に上昇し，T_g' 以上で溶質の運動性も増加することが示唆された[12]。T_g 以下による保存は，凍結溶液での化学的・物理的変化をより確実に低減するものと考えられる。各種の安定化技術は，有効性と安全性に優れた製品を継続的に供給するための重要な役割を担っており，有効成分やDDS技術の進歩に合わせた有効活用が期待される。

文　献

1) JF. Carpenter et al. : *Pharm Biotechnol*, **13**, 109-33 (2002).
2) E. Cho et al. : *J Pharm Sci*, **110**, 2379-85 (2021).
3) A. Parker et al. : *J Pharm Sci*, **99**, 4616-29 (2010).
4) S. Wanning et al. : *Int J Pharm*, **488**, 136-53 (2015).
5) T. Arakawa et al. : *Adv Drug Deliv Rev*, **46**, 307-26 (2001).
6) S. Ohtake et al. : *Adv Drug Deliv Rev*, **63**, 1053-73 (2011).
7) E. Trenkenschuh et al. : *Eur J Pharm Biopharm*, **165**, 345-60 (2021).
8) L. Schoenmaker et al. : *Int J Pharm*, **601**, 120586 (2021).
9) RL. Ball et al. : *Int J Nanomedicine*, **12**, 305-15 (2016).
10) MA. Miller et al. : *J Pharm Sci*, **102**, 1194-208 (2013).
11) GA. Sacha et al. : *J Pharm Sci*, **98**, 3397-405 (2009).
12) K. Izutsu et al. : *Chem Pharm Bull*, **43**, 1804-1806 (1995).

第3節
凍結乾燥機のシステムメンテナンスとバリデーション

共和真空技術株式会社　細見　博

1. はじめに

本稿では，無菌医薬品製造用の凍結乾燥機をベースに説明するために，非無菌製剤や試薬用凍結乾燥機では一部異なる部分がある。

2. 凍結乾燥機のシステムメンテナンスについて[1]

凍結乾燥機は下記の機器で構成されている。

・乾燥庫
・コールドトラップ
・主管・主弁・開度調節機
・冷凍機器
・熱媒体循環機器
・真空排気機器
・油圧機器
・空圧機器
・復圧関係機器
・CIP(Cleaning In Place：定置洗浄)，SIP(Sterilization In Place：定置滅菌)関係機器
・制御関係機器

このように多種多様な機器で構成された非常に複雑な装置であり，異常発生時の原因特定も困難である。

一例をあげると，到達真空度が悪い状態が発生した際には「容器の漏れ」「バルブの漏れ」「真空排気機器の異常」「冷凍機器の異常」「熱媒体循環機器の異常」「真空制御機器の異常」「真空計などの制御関係機器の異常」「凍結乾燥プログラムの不適合」「製品由来の異常」などの要因があり，また，複合要因で異常が発生する場合もあるために原因の特定に多くの時間を費やすこともある。

1つの機器の異常がトラブルを引き起こすことによる，薬の供給不足，健康被害やロット不良などの多大な損失を避けるためにメンテナンス計画は綿密に行う。

2.1　メンテナンス計画

メンテナンスの実施内容と時期についてはユーザー(製薬会社)が，装置メーカーから提出されるメンテナンス推奨部品リスト(**表1**)などを参考に計画して実行する必要がある。

医薬品製造用凍結乾燥機は機器が正常に動作することを検証するだけではなく，洗浄や滅菌による無菌性の保障や棚温度分布測定など的確な制御精度の確認も重要である。

なお，メンテナンスの実施は生産機だけではなく，開発時に使用する試験装置に関しても同様のことが求められるため，注意が必要である。

2.2　真空漏れのリスク

各機器は始業前点検と定期点検を実施することでリスクを下げることができるが，予測できない最も大きなリスクは真空漏れによる無菌性保障の問題である。機器の異常は運転時間・電流値や音の変化である程度捕らえることができるが，真空漏れは予兆がない状態で突如起きることがある。特に棚昇降シリンダロッドなどに装着した金属性ベローズは使用する圧力条件によって寿命が著しく変わってしまい，生産中に割れが発生するリスクもあり注意が必要であるが，対策としては余裕を持った定期的な交換しかないのが現状である。なお，金属性ベローズの設置は必須ではなく，ユーザーの判断でその他の方法で無菌保障が可能であれば取り付ける必要はない。

表1　推奨メンテナンスリストの例

箇所・項目	TAG.	名称／項目	メーカー	型式/仕様	個数	校正	整備	点検	交換	異常発生防止対策
ドライポンプ	V001	ドライポンプ	＊＊＊＊	＊＊＊＊＊＊	＊式					
	定期点検項目	油量・白濁変色　点検						1年		真空不良対策
		油漏れ確認								
		振動・騒音点検								
		電流値の確認								
		絶縁抵抗の測定								
	簡易整備	ギヤーケース内潤滑油交換	＊＊＊＊	＊＊＊＊＊＊	1式		1年			
		ジャケット洗浄								
		吸気側ベアリング交換								
		吸気側ベアリンググリス交換	＊＊＊＊	＊＊＊＊＊＊						
		ローターのクリアランス測定								
	オーバーホール	各種パッキン交換							1年または8000時間	
		各オイルシール交換								
		各ベアリング交換								
		ローターおよびケージング内面点検						1年または8000時間		
		タイミングギヤ点検								
真空計関係	E505	真空計ヘッド	＊＊＊＊	＊＊＊＊＊＊	1				10年	真空制御不良対策
		ヘルールパッキン		＊＊＊＊＊＊	1				1年	
		真空計ヘッド単体校正				1年				
		ループキャリ(ケーブルから)				1年				
		ゼロ点調整			1年または電源OFF後					

また，真空シール用ゴム製ガスケットは繰り返し応力，蒸気滅菌の湿熱や有機溶剤などの影響で劣化が生じるため，定期的な交換が必要である。漏れ量の管理は日常のリーク量管理と培地充填試験での総合判断することで対応する。

2.3　医薬用凍結乾燥機システムの日常管理

機器の異常がそのまま製品不良につながることが多く，複合原因による異常の発生もあり，定期点検や始業前点検，作業者教育などを，リスクマネジメントをもとに実施することが不可欠である。

2.3.1　乾燥庫，コールドトラップなどの真空容器

真空容器は製品を収容する箇所であり，凍結乾燥工程中は1～100Pa程度の真空状態で長時間運用されるため，外部からの漏れによる汚染防止が重要な管理項目となる。

漏れに対する管理はバッチごとに行われるリークテスト工程の結果確認が重要になるが，リーク量基準の数値に規定はなく，ユーザーが決める数値となる。装置納入時の漏れ量基準値はあくまでも装置メーカーが設定したもので，装置が清浄な状態での経年劣化を一切考慮していない数値であり，これを日常の管理基準値にしてしまうと不都合が生じる場合がある。また，リークテストの数値がそのまま無菌性を保障するものではないために，培地充填テストの結果とあわせて基準数値を決める必要があるが，数値の絶対値に注目するだけではなく，許容範囲内に入っていてもリークテスト結果が急変した場合は，どこかに異常が発生した可能性が高いために注意が必要である。

装置の日常管理はパッキンシール面の目視確認と定期交換が主になり，覗き窓ガラスがある場合は欠けや亀裂にも注意が必要で，交換周期はリスクアセスメントにより決定する。

また，蒸気SIP仕様の装置の場合は温度変化と加減圧の繰り返しによる金属疲労や溶接部分の粒界腐食による亀裂の発生がおこることもある。特にSUS304製の缶体の場合は応力腐食割れが発生しやすいために，注意が必要である。

2.3.2　棚　板

乾燥庫内には乾燥対象品を乗せるための，熱媒体により加熱・冷却する棚板があり，内部構造は**図1**のようにリブで仕切られた流路を熱媒体が循環している。温度の均一性が求められるが，物理現象として熱媒体出入りの温度差は必ず生じてしまう。循環ポンプの異常やバルブの動作不良などにより，熱媒体の循環不良がおこると表面温度が初期設計条件よりも不均一になり，凍結や乾燥に支障が生じる。棚温度の均一性は定期的な温度分布測定による確認をする必要がある。

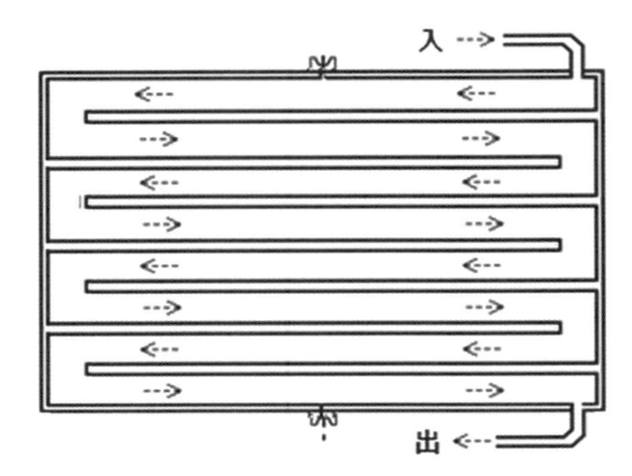

図1　棚板内部構造

棚板に熱媒循環をさせるためにフレキシブルチューブを使用していることが多いが，通常は金属製メッシュで保護されており廃部の表面状態が確認できないため，リスクアセスメントにより定期交換を実施する場合もある。なお，洗浄性を考慮して金属製メッシュで保護されていないフレキシブルチューブを使用している場合は，寿命が短くなる傾向があり，さらに注意が必要である。

棚板の水平度と停止位置の確認は，製品のローディング，アンローディングの重要な条件になる。通常はボルトで吊り下げられている構造のため，締結部の緩みがないことと水平度，停止位置の確認を行う。

棚表面に傷がある場合は，バイアル瓶の破損や異物発生の原因になるために補修をすることが望ましい。

2.3.3　冷却装置

冷凍機は凍結乾燥機で最も重要な機器であり，棚板の冷却で製品を凍結し，また，コールドトラップを冷却することで昇華した水蒸気を捕集し真空度を

維持するために使用する心臓部であり，些細なトラブルが重大な事故につながってしまう。凍結乾燥機の冷凍機の使用条件は他の空調設備などに使用されるものと異なり，予備凍結時の大負荷から二次乾燥末期の無負荷運転までを繰り返すために冷凍機には通常の空調機器や冷凍庫以上に過酷な運転をさせている。そのため，冷凍機メーカーの保証範囲外で運転していることも多く，凍結乾燥機メーカーで独自の無負荷対策をとっている場合が多いが，冷凍機吸入部への液バックや油圧の低下などに注意をする必要がある。

定期点検時には無負荷運転でのデータをとり，能力に変化が生じていないことを確認し，装置の稼働時は冷凍機の低圧，中間圧(二段圧縮機の場合)，高圧，油圧力，電流値を定期的に監視し，急激な数値変化などがないことを確認する必要がある。この運転データは，異常発生時や定期点検時の判断材料にもなり重要である。また，冷凍機メーカー推奨時間でのオーバーホールやコンデンサの清掃，冷却水設備(クーリングタワーなど)の維持管理も必須であるが，冷凍機メーカーの想定を超えた過酷な運転を行なっているケースもあるために，早めの対応が望ましい。

冷凍機以外では膨張弁や電磁弁の作動確認も必要であるが，単体での判断は難しいため前述の運転データの確認で行うこととなり，作動回数，運転時間をもとにした定期的な部品交換も必要になる。

なお，2015年4月1日より「フロン排出抑制法」[2]が施行され定格出力7.5 kW以上の冷凍設備は有資格者が1年に1回の定期点検をすることが義務付けられ，違反者には50万円以下の罰金が課せられるため，日常点検とは別に計画する必要がある。なお，万が一漏れが発見された際には，必ず漏れ箇所の修理を行ってからでないと冷媒の補充はできないために，注意が必要である。

2.3.4　真空排気装置

真空排気装置は予備凍結から乾燥工程に移行する際に系内の空気を排除し，乾燥中は製品中の溶存空気，非凝縮性ガスや外部からの漏れ空気を排出する。定期的なオイル交換や冷却系統の清掃とメーカー推奨時間でのオーバーホールが必要で，日常的には運転電流値と異音チェック，排気速度，到達真空度が監視項目となる。

近年の主流であるドライポンプの場合は気体中の水分や溶媒の影響をほとんどうけないが，油回転ポンプの場合は油の劣化が生じた場合は排気能力の低下をおこす。そのため，凍結乾燥中の油の清浄度管理も必要で，水分吸入による劣化が著しい場合は油水分離装置の設置が望ましい。また，スクリュー式ドライポンプはスクリュー式冷凍機と同様な構造で回転軸受け部のみが接触部であるが，油回転ポンプは方式によって違いはあるが，いずれも圧縮部に摺動面やバルブが必要で構造が複雑になっている。

真空配管中には各種の真空弁が使用されているが，定期的なパッキン(通常はOリング)やサニタリダイアフラム弁の弁膜交換や駆動部の整備を実施する。真空接気部のパッキンにメーカー推奨以外のパッキンを使用した場合には，真空下におけるアウトガスが製剤の既乾燥部に吸着して，溶解時に製剤の白濁を招くことがあるために注意が必要である。特に市販のパッキンで輸液用ゴム栓やFDA対応と謳っている樹脂製品でも，真空中でのアウトガステストは実施していない場合があるため注意願いたい。

2.3.5　熱媒循環装置

棚およびコールドトラップの冷却，加熱，温度制御を行うために熱媒体を循環させる装置であり，熱媒体には一般的にシリコーンオイルを使用する。熱媒体中に水分が混入すると冷却時に氷になり，循環を阻害することや蒸気滅菌時に沸騰して噴き出すこともあり定期的なサンプリングにより成分検査を行い，水分値などが基準値を超えた際は交換や再生が必要になる。熱媒体にトリクロールエチレンが使用されている場合はPH管理も必須になり，中性でなくなった際は交換が必要になるとともに，配管中の腐食がないことも確認する。

配管中に漏れがないことの確認は膨張層のレベル確認と配管の目視で行うが，熱媒体の種類によっては環境や人体への影響もあり注意が必要である。

熱媒循環ポンプは電流値の監視と，ベアリングモニタが設置されている場合は摩耗度合いで判断する。最終的な熱媒循環装置の管理は棚温度分布測定で，循環量や制御に問題がないことを確認する。

熱媒体の制御にバルブが使用されている場合は，駆動部の定期的なオーバーホールや動作テストも必要である。

2.3.6 油圧装置

棚板の上昇下降，扉開閉および締め付け，バルブ開閉などに油圧装置によるシリンダの動作を利用する。凍結乾燥機での動作頻度は一般的な油圧機器と比較して非常に少ないが，定期的な油の交換やシリンダ内部のパッキン交換を行う。油圧作動油の漏れが無菌管理箇所におこると汚染の原因になる。配管接続部の増し締めや目視確認で予防するが，油圧機器特有の微小漏れは必ずあるために，漏れの許容限界値をつかんでおくことが求められる。

自動ローディング装置対応の場合には定位置での停止精度の確認も重要であり，棚板の水平度の確認とともに装入・取り出し時の停止位置精度確認も定期点検時の確認項目になる。

2.3.7 空圧装置

真空弁，熱媒制御弁，サニタリ弁などの動作制御には空圧作動によるバルブ開閉を行うことが多い。電磁弁による開閉動作で制御しており，バルブの開閉回数による定期交換が望まれる。また，圧縮空気の質の低下による動作不良をおこす場合があり，特に低温部に使用される場合は圧縮空気内の水分が結露して作動不良を招くため，圧縮空気にドライエアーが使用されていない場合は水分除去装置を取り付けて日常管理する必要がある。

2.3.8 復圧装置

真空状態から大気圧に戻すときに外部から気体を導入するために，無菌エアフィルタを使用している。現在の主流はISO13408-3[3]で示されるように，完全性テストをインラインで実施する仕様であり，SIPもインラインで行われる。

復圧時の気体通過は常温であるためにダメージの恐れはほとんどないが，蒸気SIPの場合には加圧と加熱によるダメージが懸念されるため，蒸気SIP回数による交換頻度を設定することが一般的になっている。完全性テストで不合格になった場合は，当然エレメントの交換を実施しなければならないが，生産後の完全性テストが不合格になった場合は，完全性テスト前のバッチの無菌性が担保できなくなってしまうため，不合格にならないような余裕を持った交換周期の設定が望まれる。

2.3.9 制御装置

各機器の制御は，通常PLCで行われるのが一般的である。PLCには個別機能を持ったユニットが使用されており，それぞれの機能に見合った点検やキャリブレーションが必要になる。パラメータやプログラムの設定には液晶グラフィックパネルや設定器，調節計が使用され，動力機器の動作には電磁接触器やインバータなどの機器が使用されているが，どれか1つでも異常が発生すれば運転に支障が出るために日常の動作確認とともに，メーカー推奨期間での交換が望まれる。なお，電気部品の交換時期に明確な規定はないが，一般的には何も支障がなくても10～15年で交換することが推奨されている[4]。

各機器は電線で接続されているが，端子部の増し締めも定期的に実施する。端子部に緩みがあるとスパーク発生による火災の危険性があり注意が必要である。

制御設備にコンピュータ(PC)が使用されている場合は，ソフトやOSのバージョン管理が必要になる。特にOSの世代が変わってしまう場合には，現行ソフトが新しいバージョンのOSでは動作しなくなる場合があり，また，PC本体の世代交代も早く，新しいPC本体では使用しているドライバやモジュールが動作できない場合もある。PCシステムを使用している場合は，PC関係機器の予備機を準備するか，PCがダウンしても運転や監視記録ができるシステムを構築しておくことが望ましい。

2.3.10 CIP，SIP装置

通常，CIPにはUF水やWFI，SIPにはピュアスチームを使用する。主要構成機器はサニタリダイアフラムバルブやサニタリポンプであり，ダイアフラム膜の定期交換，ポンプやバルブ駆動部のオーバーホールで日常管理を行う。蒸気ドレンを排出するためのスチームトラップや安全弁も定期的に動作確認を行うことが必要である。

CIPでは洗浄水をノズルから噴き出して行うため，ノズルの詰まりや取り付け角度の異常がないかの確認も行う。SIPの最終的な機器動作確認は，滅菌時の温度分布確認を実施することで行う。蒸気供給側に問題がない場合で，温度上昇に不備があった際はドレン排出系のチェックを行うこととなる。

3. 凍結乾燥機のバリデーション[5)]

凍結乾燥機は多種多様な機器で構成されているが，各機器が複雑に絡みあって成り立つ乾燥方式であり，凍結乾燥の乾燥メカニズム自体も複雑なためにバリデーションでの確認項目も多くなる。

凍結乾燥製剤の製造工程は大きく分けて，装入工程，予備凍結工程，乾燥工程，復圧工程，打栓工程，搬出工程があり，また。その他の補助工程として，洗浄工程，滅菌工程，フィルタ完全性テスト，装置リークテスト，プロセスシミュレーションテストがあり，バリデーションでの確認項目と注意点は各工程で大きく異なってくる。

設備据付適格性確認(IQ：Installation Qualification)と運転適格性の確認(OQ：Operational Qualification)では，設計通りに構成機器が適切に配置され，URSでの要求事項どおりの性能が出ていることを確認するが，能力値の確認自体は納入時に装置メーカーが実施している「コミッショニング(Commissioning：試運転)」のデータを流用するのが一般的である(一部では稼働性能適格性確認(PQ：Performance Qualification)も同時に実施している)。

なお，装置メーカーの単独の試験は無負荷状態での運転データであり環境温度などの影響もほとんどなく，あくまでも装置の基本性能の確認のみであるため，製品の性状を直接保証できるものではない。

また，コミッショニングで行う水負荷試験はコールドトラップの最大凝結量の確認を行うのが目的であり，固形成分が入っていない水だけでの負荷運転であるため，薬液の乾燥条件とは水蒸気の昇華状況が違う。プラセボを使用しての実負荷テストはPQ段階での試験になるため，注意願いたい。

3.1　装入工程

装入工程では倒瓶，破瓶やゴム栓の脱落，液ハネ，初期充填品と最終充填品での差異がないかの確認を行うことが重要である。特に棚予冷後の装入や，懸濁(沈殿)性製剤の場合には時間経過による差異が発生する場合があるために，注意が必要である。装入時に必要な確認事項は下記の項目になる。

●充填から棚装入までの条件

液揺れが原因でバイアル内壁に液の付着が生じて乾燥後の外観が悪くなる場合は，コンベアや搬送装置の速度，振動による差異があるため，分注速度および搬送速度を最大限に速くしてワーストケースでテストを行う。

なお，棚装入から凍結乾燥開始までの時間差により，初期充填品と最終充填品での差異がないかを確認する。特に懸濁(沈殿)性製剤の場合は成分の沈殿状態の差，棚予冷を行っている場合は庫内空気対流による乾燥品性状に違いが生じる場合がある。

なお，機器のトラブルによる停止時間を加味したワーストケースで実施することが望ましい。

3.2　予備凍結工程

予備凍結工程では棚の温度分布や冷却速度の違い，庫内空気対流による凍結状態の違いにより，凍結時の氷晶の成長に差が生じる。

棚温度分布の差による凍結条件の違いは，**図2**お

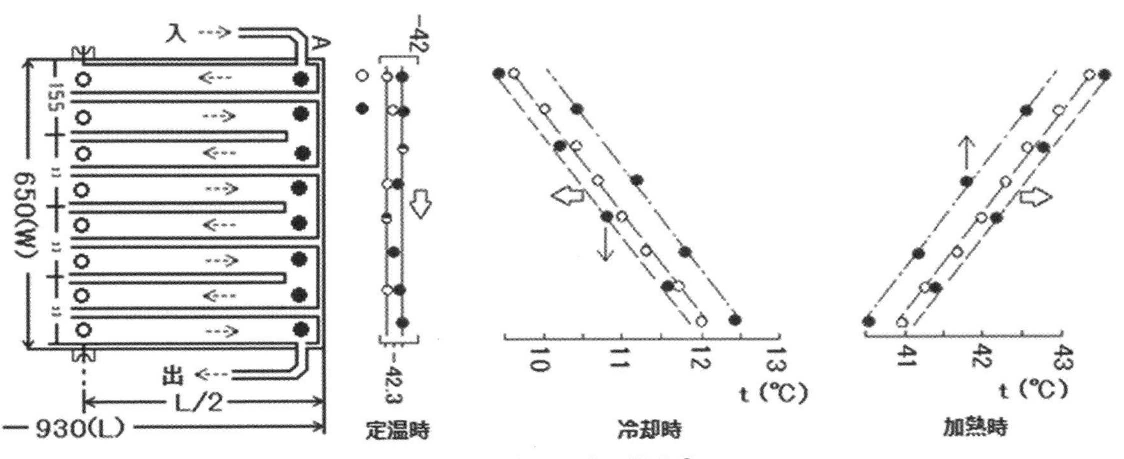

図2　棚表面温度の推移①

よび**図3**にあるように棚の熱媒体出入り，内部仕切りリブの有無，熱媒体流れ状態の差(乱流 or 層流)によって生じるために，サンプリングは場所ごとにある程度まとまった本数で実施する。試験機から大容量の生産設備にスケールアップする際は，冷却遅れの発生や熱媒体出入りの温度差が影響するケースもあり，特に注意が必要である。

棚冷却速度の差による凍結条件の違いは，冷却速度を装置能力にまかせた成り行きで冷却する場合におこりやすくなり，過冷却状態の差による氷晶の違いが生じる場合もある。過冷却をおこした状態から凍結する際には固化熱を発生する。**図4**は過冷却状態から凍結した際のイメージ図である。右図の中心部のバイアルAが凍結した際に発した熱は周囲の6本のバイアルに熱エネルギーを与えて，それぞれのバイアルの凍結するタイミングに影響するが，この影響度合いは毎回違う。

無負荷能力では問題がなくても生産ロットごとの負荷状態(全段数に仕込むか，一部の棚のみに仕込むか)により違いが出ることもあるために，PQ時には想定される実負荷での確認を行うことが必要となる。

庫内対流の影響(**図5**)は，棚の中央部と端部，庫内上部と下部での差が見受けられる。棚板中央部は予備凍結状態の棚板とほぼ同温度の空気が対流をおこしているが，周辺部では乾燥庫壁温(≒機械室温度)と棚板の温度差による空気対流と庫壁からの輻射熱の影響で，棚板周辺部では冷却遅れが生じる可能性がある。

図6の実験データでは+25℃の部屋に設置した約2m角の乾燥庫で，棚温度を−40℃で制御したところ，上下の庫内気相温度で約30℃もの温度差が発生した。気相の温度が違うことで上部と下部で凍結条

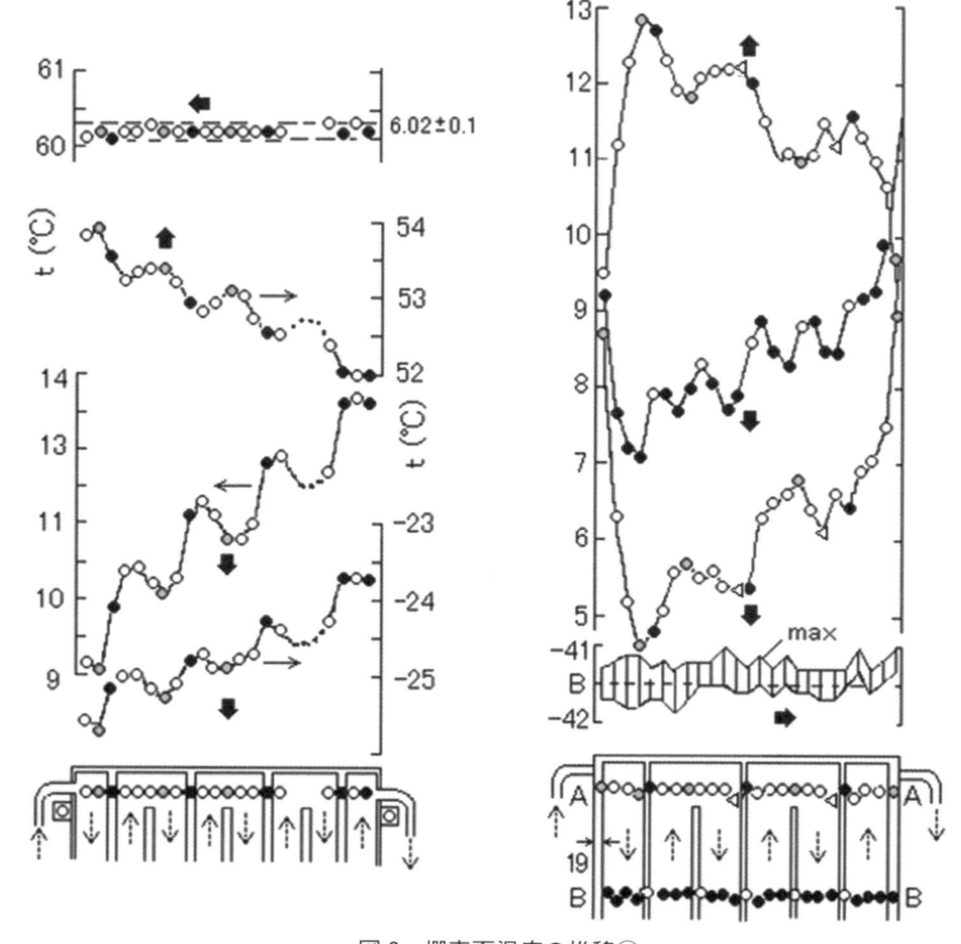

図3　棚表面温度の推移②

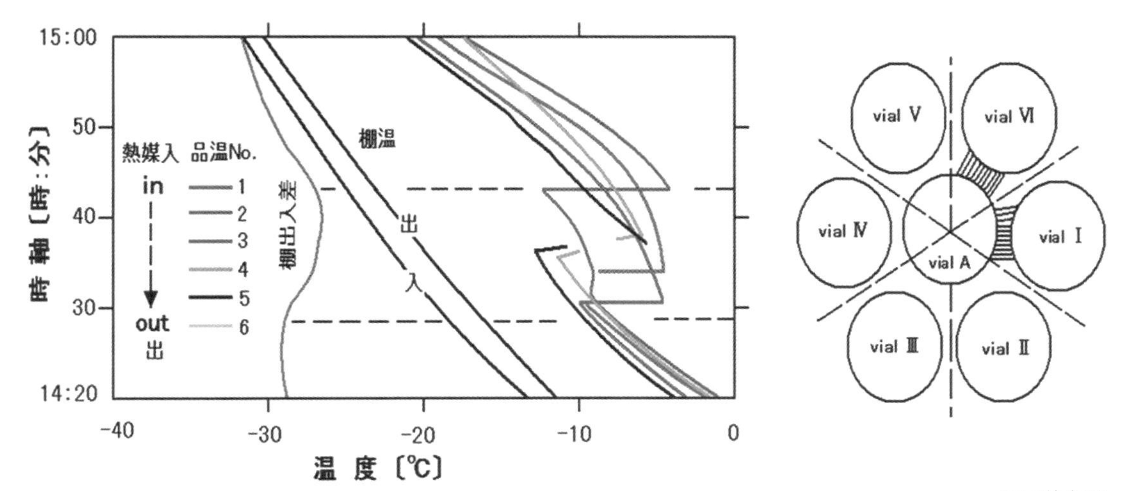

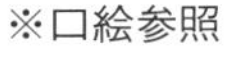

図４　過冷却によるランダム凍結

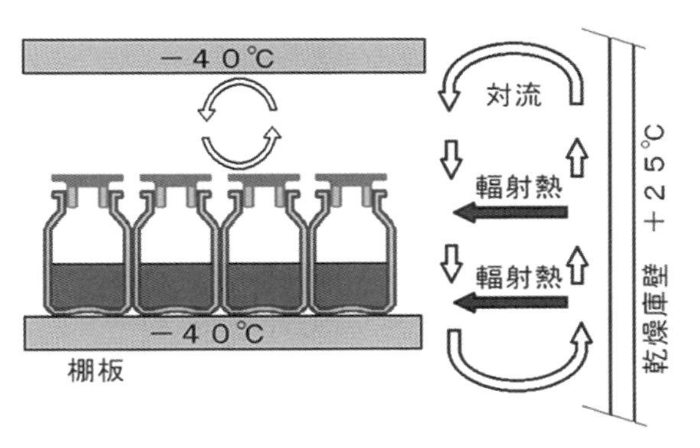

図５　庫内対流の影響

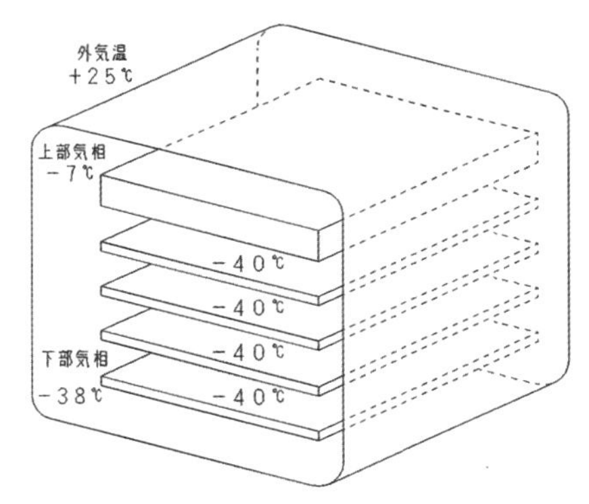

図６　予備凍結時の庫内温度差

件に差が生じ，氷晶の成長に影響を与えることもある。また，生産設備では機械室温度が１年を通して一定にならない場合が多く，空気対流の条件が変わることがある。外気温の高低のどちらがワーストケースになるかを確認する必要がある。

3.3　乾燥工程

3.3.1　一次乾燥工程

一次乾燥工程では水分昇華のほとんどを行う工程になり，棚温度制御の他に真空制御も重要な要素になる。真空度は製品への伝熱と水蒸気移動の駆動力に多大な影響があるために，測定方法を含めて留意する必要がある。

初期排気工程は排気速度の違いも性状に影響する場合があるために，注意が必要である。昇温工程では予備凍結工程と同様に，棚温度の分布と昇温速度の違いに注意する必要がある。定温制御時には庫壁からの入熱により棚中央部と周辺部での乾燥速度の違いが生じるために，棚温度，真空度とともに乾燥庫壁温(≒機械室温度)も監視要件に含まれる。

一次乾燥期の庫内はほぼ水蒸気で占められているが，一次乾燥末期には真空制御方式の違い(水蒸気流量制御法，真空リーク法，コールドトラップ温度制御法)により気体組成が異なり，熱伝導に影響が出る場合もあるため，スケールアップやサイトチェンジ前の装置で行った真空制御方式を採用することが望ましい。

3.3.2　二次乾燥工程

二次乾燥工程では，溶質内の不凍水や結合水を脱

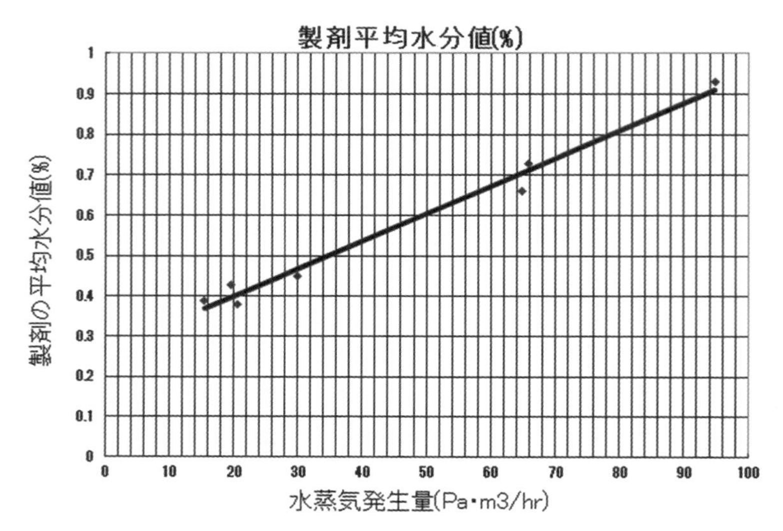

図7　昇華速度による乾燥終点の確認

湿させ最終含水率を決定する工程であり，一次乾燥よりも真空度を良くして溶質の成分変化をおこさない範囲で棚温度を高く設定するケースが多い。

棚温度が乾燥庫壁温(≒機械室温度)よりも高い場合には，温度の低い壁からの輻射熱の影響で棚中央部よりも周辺部の製品の最終含水率が高くなることもある。乾燥庫壁温(≒機械室温度)が最終含水率に重要な影響をもたらすことがあり，データ解析時の重要な検討項目になるため，監視項目に加えることが望ましい。

なお，一次乾燥も含めて温度変化に敏感な製品は，夏季と冬季のどちらがワーストケースになるかを見極める必要があり，PQの実施時期は季節による温度変化を考慮する必要もある。

また，二次乾燥工程では乾燥終点の見極めも重要である。通常は主弁を閉じてその際の乾燥庫の真空度上昇数値から水蒸気発生量を算出し，その数値とサンプリング品の含水率を比較して目的となる含水率を得られるパラメータとする。**図7**はある製剤の水蒸気発生量と含水率の関係をグラフ化したものである。このような結果から，真空度上昇数値による含水率見極めの日常管理値を決定する。

3.4　復圧工程

真空打栓をする場合を除いて，必ず大気圧もしくは微陰圧状態に戻してから打栓を行う必要がある。無菌製剤の場合は容器を密閉するまではグレードA(クラス100)を保証する必要があり，復圧速度，庫内

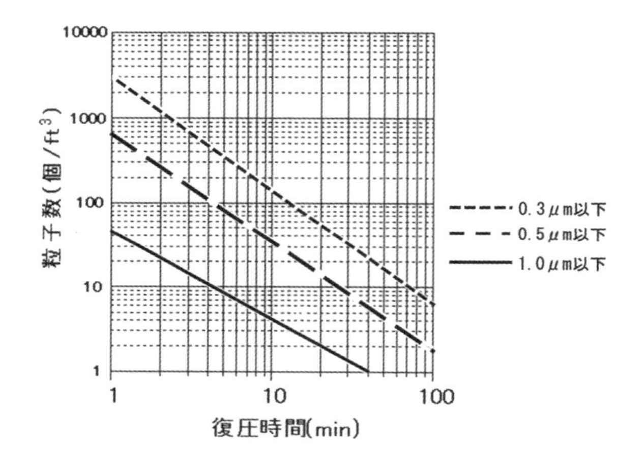

図8　復圧速度と復圧後の庫内清浄度

微粒子数と製品内部への微粒子混入の相関性を確認する。

図8は復圧速度と微粒子の大きさによる数量の関係を示したものである。真空状態では浮力がないために異物はすぐに落下するが，気体量が増えるにつれて浮力が増して対流しやすくなり，容器の中に混入する確率が高くなる。容器外に移動した物質は性状が違ってしまうことにより，復圧の気流によって容器内に戻った場合は異物であるものと認識される。

搬送時に持ち込まれた微粒子や，飛散した乾燥微粉が復圧した際に容器内に戻ってしまわないように復圧速度をコントロールする必要がある。復圧時の微粒子の動きは，微粒子径，微粒子の比重，棚間隔，

バイアル寸法，バイアル開口寸法，気体流速などをもとにStokes-Cunningham式やNewtonの式で求めることが可能である。その計算結果をもとに試験を行い，復圧後の庫内の気体のグレードと容器内に異物が混入しないことを確認することが望ましい。なお，計算根拠がない実験では，条件が変わった場合の再検証が困難で，査察時の説明も難しくなる。

微粒子測定は庫内空気の吸引サンプリングや，空バイアルを庫内に設置して内部の微粒子測定を復圧後に行うことで実施する。微粒子測定器を常設する場合もあるが，測定器内の無菌保証が困難であるため，復圧速度を理論的に求めたうえで微粒子の実測データとの相関を確認してバリデートすることが一般的に行われている。

復圧には窒素ガスやドライエアーを使用するが，ガスの純度や湿度の違いにより製剤の含水率に影響を与えて経年変化をおこす可能性があるために，復圧ガスの品質も管理項目に加えることが望ましい。

3.5　打栓工程

乾燥庫内でゴム栓を打栓するが，不完全な打栓は容器内部への外気流入による汚染の原因になるために，仕込み本数に対応する適切な打栓圧を管理するとともに容器とゴム栓の必要打栓圧の管理も必要になる。最上段のバイアル瓶は最下段と比較して棚板の自重がかからないために打栓圧力が弱くなることにより，ゴム栓の密封には不利になる。逆に最下段のバイアル瓶は棚の自重がかかるために過剰な荷重がバイアルにかかる可能性があり，破瓶が発生するリスクが大きくなる。密封状態の確認は巻締機で問題とならない隙間になるように設定し，最上部・最下部，中央部・端部など条件の違う箇所のバイアルをサンプリングして行う。

3.6　搬出工程

打栓後の製品を搬出して巻き締め工程に移送するが，巻き締め装置に入る前に不良バイアルを排除する必要があり，また，不良バイアルがなぜ発生したのか原因を追究することが重要になる。特に破瓶が生じた場合は，その原因が搬送中の傷付き，予備凍結中の氷晶成長による内部加圧，凍結乾燥中の膨張(マンニトール製剤などでおこることがある現象)，打栓時の過圧力など，どのような要因によって生じているかを周辺機器も含めて確認することが必要になる。また，ゴム栓が棚板から離れずにバイアル瓶の搬出ができなくなる場合がある。この際は，ゴム栓の形状変更や天面ラミネートゴム栓の使用などで回避する必要がある。

3.7　洗浄工程(CIP)

乾燥庫内には棚板，フレキシブルチューブ，油圧シリンダロッド(金属製ベローズ)，ノズル，ボルト，計器類などの洗浄困難な構造物が多数存在している(図9)。

薬液タンクや充填機などとは違い，薬液とは非接触であるため洗浄効果確認をどこまで行うべきかが懸案事項になっている。

洗浄効果は製剤の毒性評価に基づいて確認をする必要があるが，CIPのバリデーションではPIC/S　GMPの推奨事項(PI 006-3)[4]にも記載があるように，「100%洗浄できるまで試験する」ことが目的ではない。

たとえば，一番のワーストケースとして庫内で破瓶がおこったケースで考えると，破瓶によって飛散した薬液と異物が当該バッチと次のバッチにコンタミネーションしないことを確認することがバリデーション項目となる。ワーストケースの条件よりも良い条件での

図9　乾燥庫内部構造

トラブルであれば製品の出荷ができる可能性があるが，このような検証を行っていない場合は当該製品を破棄することになる。なお，真空中では浮力は発生せず凍結乾燥中に飛散した薬物は，水蒸気流とともに乾燥庫からコールドトラップ側に移動するために，何らかの理由で逆流がおこらない限りは，乾燥庫の天面やセンサノズルの奥側に乾燥物が付着する確率は限りなく少ない。外部から持ち込まれた異物や乾燥微粉が存在する確率は棚板上面が高い。また，一番のリスクは復圧時に導入した気体流で異物などを巻き上げることであり，復圧後にグレードAを保障するためには巻き上げをおこさない復圧速度を設定する必要があり，前述の**3.4**復圧時の微粒子測定データもあわせて検討することが重要である。

洗浄効果の確認は，①目視，②スワブ法，③リンス試験，④TOC測定，⑤導電率測定などが挙げられるが，測定方法や判定値を決定するのはユーザーの所掌範囲となる。

PDAの「Technical Report No.49『Point to Consider for Biotechnology Cleaning Validation』内「11.5 Non-product contact surface」[6]に凍結乾燥機の洗浄についてのコメントが掲載されており，凍結乾燥機はCIP終了後に通常は蒸気滅菌もあわせて行われていることによる効果についても記載されており，他の薬液が直接接触する装置とは，洗浄効果の判断基準を変えることも提案されている。

また，凍結乾燥製剤は水に溶けやすい物質であるが，通常洗浄性確認の検出に使用されているビタミン剤は水に溶けにくい性質があるため，使用方法によっては過剰な洗浄確認を実施しているとも考えられる。**図10**はステンレス板上のビタミン剤の目視限界を確認したものである。暗室でUVライトを使用することで，0.05 ppmでも目視確認ができることがわかる。

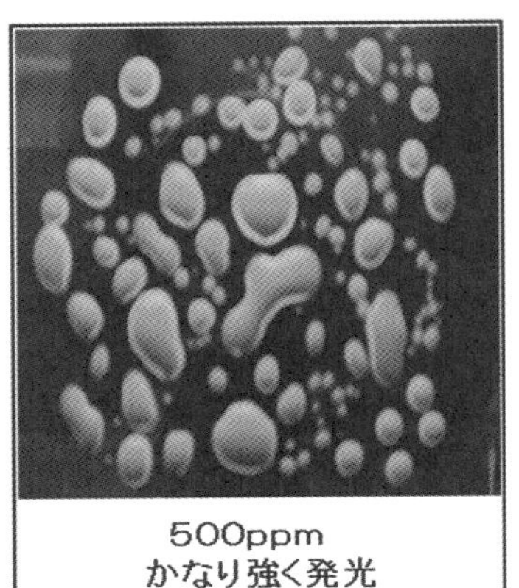

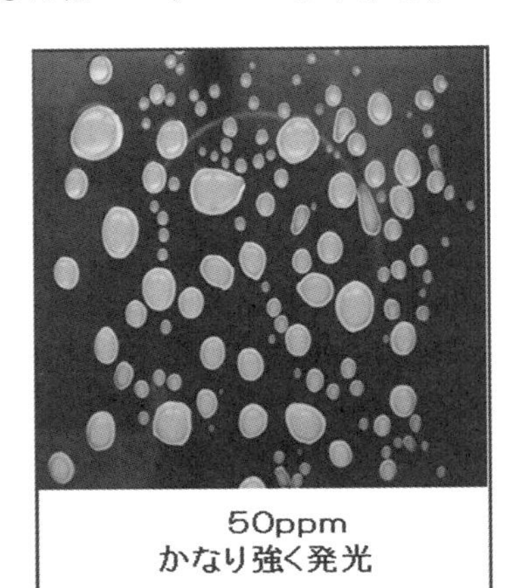

0. 5ppm
肉眼では確認可

※口絵参照

図10　ビタミン剤の目視確認限界テスト

PDAの文書とともに，ASME BPEの文書[7]でも凍結乾燥機は薬液と非接触であることが記載されており，基本的には凍結乾燥機の洗浄性確認は調液装置や薬液充填機などの直接接触する装置とは判定値を変えることが合理的であるとも考えられている。

3.8　滅菌工程(SIP)

庫内に複雑な構造物がある凍結乾燥機は，一般的に蒸気滅菌が採用されている(SIP＝蒸気滅菌ではない)。他のガス滅菌方法などでも無菌性と安全性を保障することができる場合は認められるが，温度，湿度，濃度などの分布やBIなどのデータに再現性が実証できる場合に限られるために，完全なバリデーションは非常に困難になることが予想されるが，今日では確立されているシステムもある。

なお，ガス滅菌は既存装置で蒸気滅菌が不可能な装置では有効な方法ではあるため，装置延命処置の選択肢の1つになる。ガス滅菌では従来はEO(酸化エチレン)ガスが用いられていたが，残留問題があるために，今日では過酸化水素が広く用いられている。

蒸気滅菌のバリデーションでは残留空気を的確に排除することでコールドスポットの減少と温度分布を一様にすることができ，各箇所の温度記録の確認で滅菌の保障を行う。真空排気での到達真空度，蒸気置換回数，供給水蒸気の渇き度，外気温の変化なども滅菌効果に影響があるために，ワーストケースを想定して温度上昇値の確認をする必要がある。

3.9　フィルタ完全性テスト

復圧系統の無菌フィルタに漏れがないかの確認を行うが，タイミングとしては1バッチの生産で2回行う必要がある。

1回は滅菌後の試験であり，滅菌時の温度・圧力によりダメージを受けなかったかの確認になる。なお，2段フィルタを採用している場合は，この際の試験では上流側のフィルタのみを試験する。下流側のフィルタの試験をしてしまうと，滅菌が終わった上流側フィルタの二次側を汚染してしまうために，2段フィルタの意味がなくなってしまうためである。

もう1回は凍結乾燥時の復圧工程後の試験で，凍結乾燥後に真空から大気圧に戻す際とリーク式真空制御中に流入した気体の無菌性の保証を行うものである。この際の試験では2段フィルタの場合は両方のフィルタの試験を行う。

3.10　装置リークテスト

他の医薬品製造装置と最も大きな違いが表れるものに，長時間の高真空状態維持での外部からのリークによる汚染が考えられる。リーク量に関する指針はASME BPEでは2 Pa･L/sec＝7.2 Pa･m^3/hrという数値[8]が示されてはいるが，基本的にリーク量と無菌性の相関性はない。たとえば，無菌フィルタのポアサイズ以下の0.1 μmの穴が無数にある場合と0.1 mmの大きな穴が1個あった場合で全く同じ数値の漏れ量であったとしても，無菌性に関しては大いに異なる。また，漏れが発生した箇所の周囲環境の菌数でも全く条件が変わってくる。これらのことから，凍結乾燥終了時とSIP終了時のリークテスト結果と，培地充填テストの結果に基づいてユーザ管理で無菌保障をするのが一般的である。

近年では無菌対応の封じ込めアイソレータも陰圧で管理される機器として採用されているが，凍結乾燥機の陰圧レベルは遥かに高いために，外部リークに対する無菌保障はかなり厳しく，特異な設備であることに変わりはない。製品の保証を行うには定期的なバリデーションのほかに，機器の日常管理を的確に行って，各パラメータに変化が生じた場合は対応をすぐに行うことが重要である。特に真空リーク量が激変した場合は無菌性の保障を著しく損なう結果につながりかねないために，重要な管理項目にするべきである。

3.11　プロセスシミュレーションテスト

プロセスシミュレーションテスト(Process simulation test：PST)または無菌プロセスシミュレーション(Aseptic Process Simulation：APS)では，ワーストケースでの操作で培地充填を行うが，通常の凍結乾燥工程を実施した場合は冷却や真空引きによって培地が機能しなくなってしまうために正確な運転状態の再現はできない。そこで凍結乾燥機のプロセスシミュレーションテストでは棚温度は5～10℃程度，真空引きは培地が凍結しない程度の微陰圧で実施することが多い。

PIC/Sの推奨事項(PI 007-6)[9]では2種類の培地を使用して，違うアプローチで検証することも記載されているが，いずれにしても培地が凍結や沸騰してはならないために，凍結乾燥領域の真空度にすることは困難であり，真空状態は実際の運転時とは条件が全く異なり，外部からのリークに関してはワーストケースからは程遠くなってしまう。また，微陰圧の排気と大気圧までの復圧を複数回繰り返して，凍結乾燥後に導入される気体の量をあわせることで実施するケースもあるが，復圧フィルタは完全性試験で保障されており，微陰圧の真空度では真空中でのリークのリスクを確認するという意味では検証が困難であり，復圧自体の行為を複数回実施することは意味がないとの考えもある。その他の方法ではプラセボを通常のプログラムで凍結乾燥し，乾燥後に培地をバイアル内に充填して確認する方法も考えられるが，培地を充填する行為は通常では行わないために，実運転を再現しているとはいえず，過剰なワーストケースになってしまうことも考えられる。

いずれにしても工程の完全な再現は難しいため，別途行う装置リークテストのデータとの相関関係で無菌性の保障を行うことが必要である。

4. 稼働性能適格性確認(PQ)での確認事項

通常は偽薬を用いての乾燥テストを行うが，この際には全域での差異を確認できるように全ての棚板に製品を仕込むことが望ましい。全数を仕込めない場合でも，棚板一段には空きが出ないように仕込むことが必要になる。**図11**は，棚板の余白部分の影響を調べたデータであるが，棚上にバイアルを仕込んだあとに右図の×印一列分のバイアルを抜き取って棚面を露出させている。図11の左図は各列での昇華量を測定したものであるが，8′および9′列は製品ののっていない余白部分からの追加入熱のために，乾燥が促進されていることがわかる。

品温のデータは乾燥状態を推測するのに有効に利用できるが，無菌製剤の場合，生産時にセンサーを人手で装入し測定することは，無菌保証は事実上不可能である。しかしPQ時で無菌保障をしないのであれば品温測定は比較的容易に行える。

センサーの装入箇所は棚の上部・下部，中央部・端部，扉側・奥側と乾燥条件に違いが生じることが予想される個所に入れることで，全域での乾燥状態の違いや挙動が確認できる。製品サンプリングも品温測定と同様の個所から製品1本だけではなく，複数本を抽出して行うことでデータを平均化できる。ただし，品温センサーを入れた容器とその周辺部に接している個所は，センサーの影響で氷晶形成条件が変わり，また，センサー線からの追加入熱の影響で乾燥条件にも違いが生じている可能性が高いため，サンプリング対象から排除すべきである。なお，センサーの装入方法，線径，センサーケーブルの取り回しによってもデータの整合性がとれなくなる場合

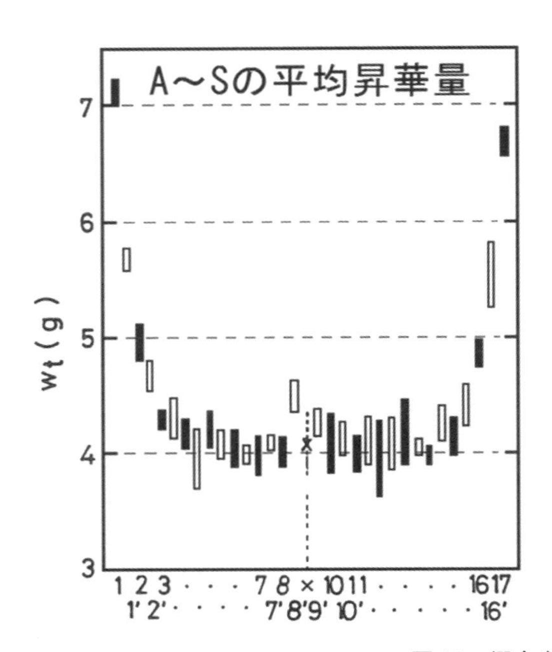

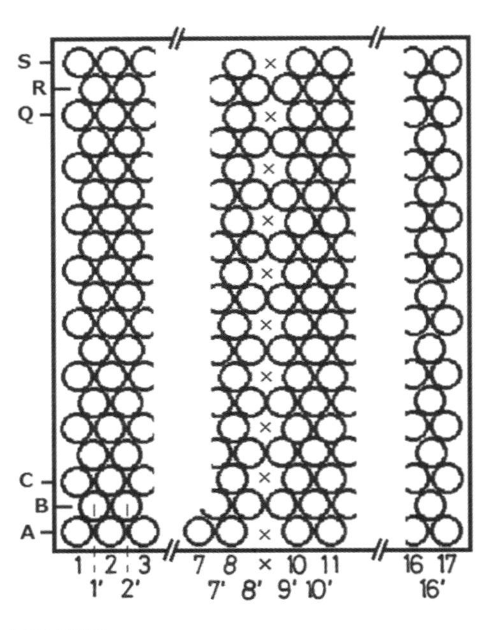

図11　棚余白面の影響

があるために，毎回同様の手法でセンサーを装入し，データを取得することを推奨する。

5. おわりに

ここに記載しきれないさまざまなメンテナンス事項や，バリデーション項目もあるために，凍結乾燥機および生産する製剤の特性を考慮して科学的根拠に基づいて全ての計画を立てる必要がある。

文　献

1) 細見博：凍結乾燥工程のバリデーションとスケールアップおよびトラブル対策事例，R&D 支援センター，79-93 (2020).

2) 環境省：令和5年度フロン排出抑制法に関する説明会. https://www.env.go.jp/earth/furon/files/r05_kanrisya.pdf, 2023.11.06.

3) ISO13408-3, Aseptic processing of health care products. Lyophilization, 7.6.2 (2011).

4) 日本配電制御システム工業会技術資料，配電盤の更新推奨時期判定の手引，JSIA-T2001 (2010.2).

5) 細見博：凍結乾燥工程のバリデーションとスケールアップ およびトラブル対策事例，R&D 支援センター，47-60 (2020).

6) PDA : Technical Report No.49, Point to Consider for Biotechnology Cleaning Validation, 52-53 (2010).

7) A. D. Dyrness et al. : ASME BPE-2022, SD-5.6.1, ASME, 124 (2022).

8) A. D. Dyrness et al. : ASME BPE-2022, SD-5.6.7, ASME, 130 (2022).

9) PIC/S Validation of Aseptic Processing, (PI 007-6), https://www.gmp-compliance.org/files/guidemgr/PI%20007-6%20Recommendation%20on%20Aseptic%20Processes.pdf, 2011

第 4 節
凍結乾燥のゲームチェンジャー撹拌式凍結乾燥機（RHEOFREED）

ペプチスター株式会社　國谷　亮介　　ペプチスター株式会社　越智　俊輔
株式会社神鋼環境ソリューション　小川　智宏　　株式会社神鋼環境ソリューション　岸　勇佑

1. はじめに

ペプチド・オリゴ核酸原薬製造は，大きく合成，切り出し，精製および凍結乾燥の 4 つの工程から構成されている。**図 1** に示すように，それぞれの工程の加工時間は 1/4 程度であり，単一工程のみではなく，これら全ての工程における加工費（加工時間）を短縮することにより，製造原価の大幅な削減が達成できる。合成工程といったアップストリームの技術開発が進展する一方，化合物の多様化に伴い精製や凍結乾燥のようなダウンストリーム工程の最適化が製造原価削減の大きな律速となっている。

本稿では，医薬品製造分野において，凍結乾燥のゲームチェンジャーとなりうる撹拌式凍結乾燥機 RHEOFREED®について実験結果と合わせて説明する。

2. ペプチド・オリゴ核酸原薬製造における凍結乾燥の役割と課題

2.1　凍結乾燥の役割

ペプチド・オリゴ核酸原薬製造において，凍結乾燥はカラム精製や脱塩後の水分を除去し，アモルファスな粉末を得る最後の工程である。この凍結乾燥工程は，全工程時間のうち約 3 割を占める重要なプロセスであり，棚式凍結乾燥機が一般的に使用されている。

2.2　棚式凍結乾燥の課題

棚式凍結乾燥と RHEOFREED の工程フローを**図 2** に示す。ペプチスター㈱では最大 500L の棚式凍結乾燥機を所有しているが，精製後の容量によっては凍結乾燥に 2 週間以上かかることがある。500L の棚式凍結乾燥機では，100 枚以上のトレイを扱うため，仕込みや取り出し作業が非常に煩雑である。また，凍結乾燥の終末確認のために各トレイからサンプリングし，少なくとも 100 検体以上を工程内試

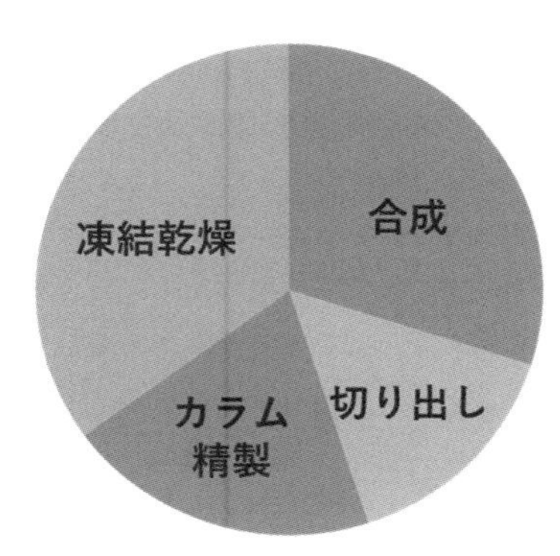

図 1　一般的なペプチド・オリゴ核酸原薬製造における加工時間

図 2　棚式と RHEOFREED の凍結乾燥フロー

験として分析する必要もある。さらに，各トレイの均質性の確保が難しく，混合工程も必要である。洗浄では，棚式凍結乾燥機だけでなく100枚以上のトレイの洗浄も必須である。

●棚式凍結乾燥機の課題

・乾燥時間が長い
・仕込みおよび取り出し作業が煩雑
・工程内試験数が多い
・各トレイの均質性の確保が難しい
・トレイや装置の洗浄が手間

3. 凍結乾燥のゲームチェンジャー撹拌式凍結乾燥機 RHEOFREED

2.2 で記述した棚式凍結乾燥機の課題を解決したのが，撹拌式凍結乾燥機RHEOFREEDである。同機の特長は，凍結粉体を混合・撹拌しながら乾燥することで以下の①～④を図るものである。

①粒子表面からの乾燥
②伝熱面更新による伝熱促進
③昇華蒸気の拡散抵抗低減
④製品の均質化，粉末化

棚式凍結乾燥機では，乾燥が進むにつれて乾燥層が抵抗となり昇華面の圧力が上昇するため，製品が再融解（コラプス）しないように乾燥速度を抑制する必要がある。それに対し，RHEOFREEDでは，混合・撹拌により乾燥層が剥離することで昇華面が常に粒子表面となり，直接昇華面に熱を与えることができ，さらに伝熱面が常に更新されることで伝熱が促進され，乾燥時間の短縮，また撹拌による製品の均質化を図ることができる。また，乾燥層が昇華蒸気拡散の妨げになることがなく，乾燥機内圧力や製品温度を常時モニタリングできるので，製品状態の把握やコラプス防止の制御も可能で，撹拌により粉末状の製品を得ることができる。

RHEOFREEDは，**図3**に示すように容器回転式（CDB-Type）および撹拌翼式真空乾燥機（PV-Type）の2機種がある。

CDB-Type：缶内に吸引管を持たず，優れた洗浄性からコンタミレス機器として，医薬品粉体乾燥向を中心に納入実績を伸ばしている。㈱神鋼環境ソリューション製真空乾燥機コニカルドライヤN-CDBを凍結乾燥に適用。

PV-Type：外部にジャケットを有した逆円錐型容器に内壁面に沿って傾斜パドル翼を多段に配置し，撹拌翼を回転させることで内容物を全体的に循環混合させ，短時間で乾燥を行える㈱神鋼環境ソリューション製粉体混合真空乾燥機PVミキサーを凍結乾燥に適用。

また非棚式の凍結乾燥においては，原料の凍結方法が課題である。液体窒素で凍らせる技術などが挙げられるが，ランニングコスト，装置面積，保温，コンタミリスクなどさまざまな課題がある。

RHEOFREEDは，**図4**に示すように減圧下内にノズルを設置するだけで容易に凍結粉を製作する噴霧凍結ノズルを備えている。同ノズルは先端が振動するノズルであり，高真空下で用いると液膜の一部

容器回転式　CDB-Type

撹拌翼式　PV-Type

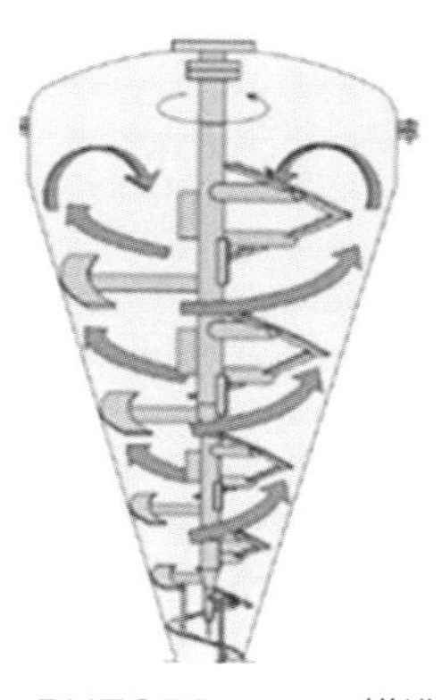

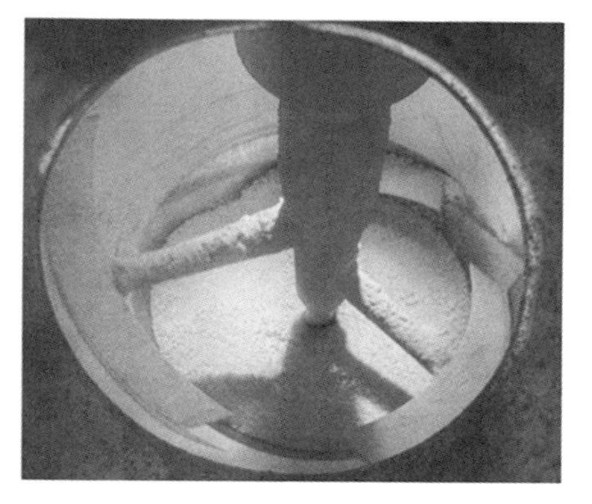

図3　RHEOFREEDの構造

が瞬間的に蒸発し，ノズル先端の液体が蒸発潜熱で凍結する。振動によってノズル先端から凍結粉を剥離することで，連続的な凍結粉の作製が可能になる。

このノズルにより，液体原料とポンプを用意しノズルに送液するだけで凍結粉を作製することができ，コンタミレス，装置自体のコンパクト化，トレイ不要など，さまざまな課題を解決できた。噴霧凍結→凍結乾燥は，ペプチド，オリゴ核酸以外にも，タンパク質，セラミック，顔料，細胞培地，乳酸菌などポンプで送液できれば，さまざまな原料に応用可能である。

RHEOFREEDのプロセスフローを**図5**に示す。基本的なフローは棚式と同様で，熱媒循環装置，本体，コールドトラップと真空ポンプのユニットで構成される。RHEOFREEDでは以下のフローに凍結ノズルを用いることで，乾燥試料（凍結粉）を製造する。乾燥後の製品は排出口から回収可能で，粉末状の乾燥製品が得られるため乾燥後の粉砕工程が不要である。

ペプチスター㈱と㈱神鋼環境ソリューションは「中分子医薬品向RHEOFREED」の共同開発を行っている。設置面積の削減，さらなる乾燥時間の短縮を志向し，撹拌翼により内容物の撹拌を行うPV-Typeを採用し，ペプチスター㈱の研究所に設置した実験機（**図6**）にて優れた検証結果が得られており，さらに①GMP準拠，②DI対応，③自動化，④実生産（50 L）における凍結乾燥工程時間80%以上短縮を目標に取り組んでいる。

①高真空容器に送液
ノズル先端に液膜が張る

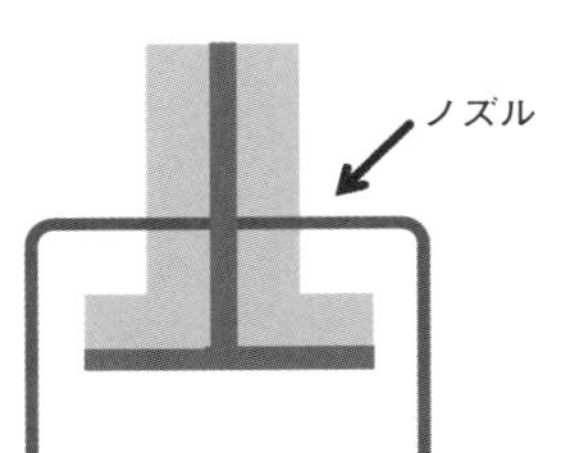

②先端の液が瞬間的に蒸発
蒸発潜熱で液が凍る

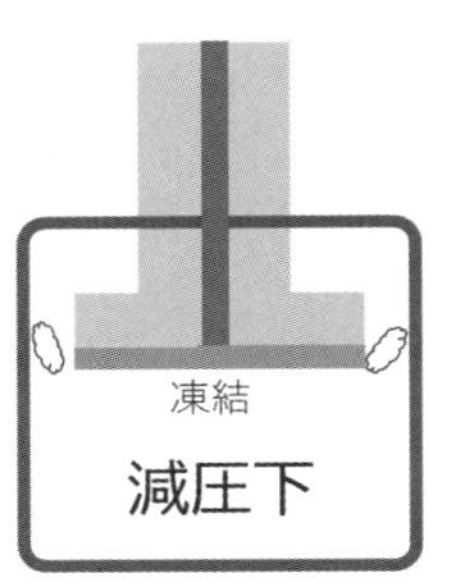

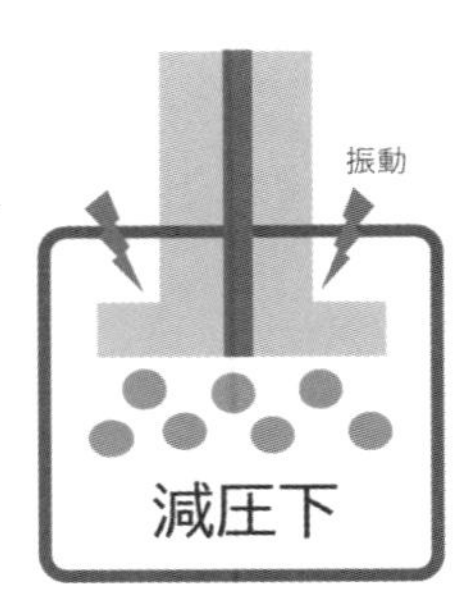

図4　噴霧凍結機構

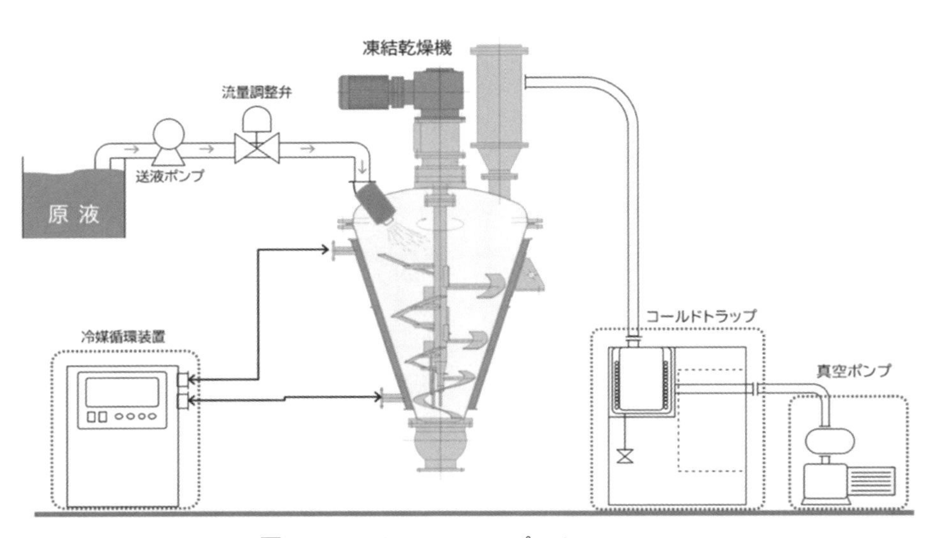

図5　RHEOFREEDのプロセスフロー

図6　RHEOFREED 実験機

4. RHEOFREEDを使用した実験結果

ここでは，数種類の直鎖・環状ペプチドを使用した実験結果について説明する。乾燥時間の実験結果を**図7**に示す。棚式凍結乾燥機と比較して，RHEOFREEDを使用した場合では全てのペプチドにおいて70～80％乾燥時間が短縮した。棚式凍結乾燥機は，加熱部がトレイ下部からのみに対して，RHEOFREEDは，缶体全体から加熱できるため，伝熱面積の増加が乾燥時間短縮に寄与していると推察する。また，品質についてはRHEOFREED使用前後の純度分析結果から同等であることを確認した(**表1**)。

均質性については，各凍結乾燥において3点サンプリングし(棚式凍結乾燥は1枚のトレイから3点サンプリング，RHEOFREEDは上中下から3点サンプリング)，水分値を比較した。その結果，棚式凍結乾燥機のトレイのバラツキと比較すると均質性が向上した(**図8**)。

RHEOFREEDは，撹拌を継続しながら凍結乾燥を実施するため，大幅に均質性を向上させることが可能となる。

また，逆相精製後の精製もしくは脱塩溶液は，アセトニトリル(MeCN)が含有していることが多く，そのまま凍結乾燥を実施するとMeCNが残留溶媒として残存するケースがある。しかし，MeCNはICHのQ3Cのガイドラインに規定されており，医薬品原薬中に410 ppm以下に抑制する必要があるため，乾

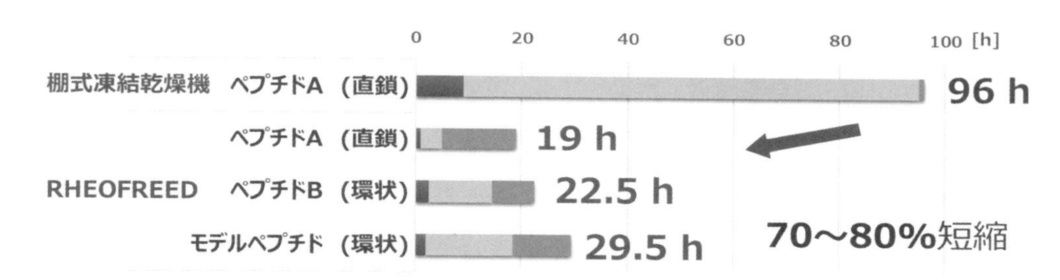

図7　棚式とRHEOFREEDの乾燥時間

表1　棚式とRHEOFREEDの品質

	ペプチドA(直鎖)	ペプチドB(環状)	モデルペプチド(環状)
凍結乾燥前	97.9 %	97.6 %	93.3 %
凍結乾燥後	97.9 %	97.6 %	93.3 %

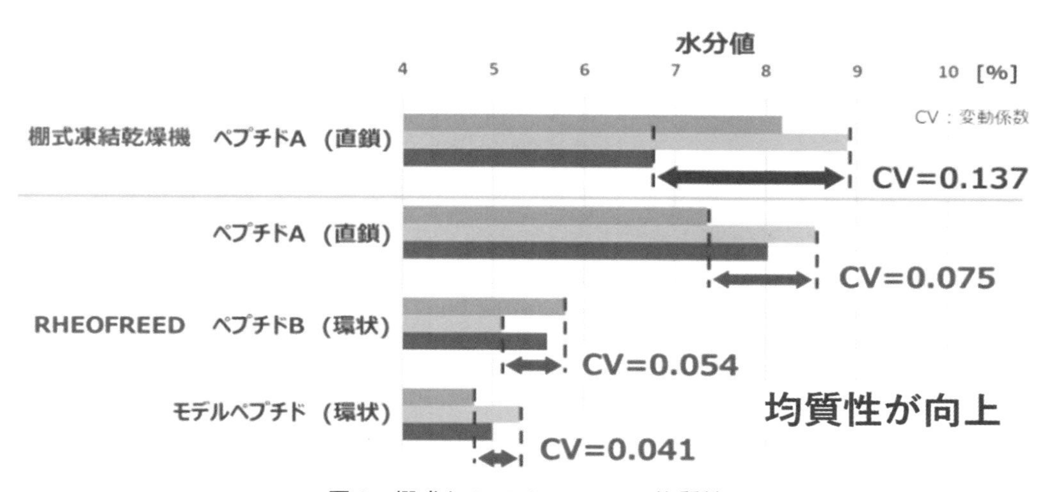

図8　棚式とRHEOFREEDの均質性

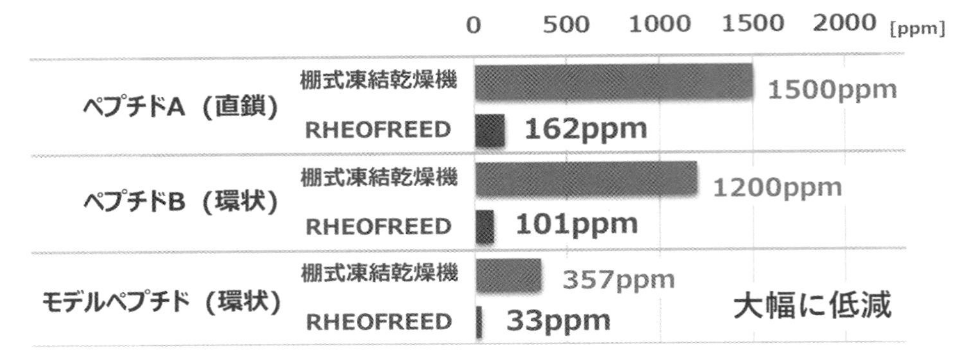

図9　棚式とRHEOFREEDのMeCNの残留値

燥終了後にMeCNの低減を目的に凍結乾燥を数日延長させることがある。そこで，棚式凍結乾燥機とRHEOFREEDの残留MeCNを測定した。その結果，RHEOFREEDにおいてMeCNの大幅な低減が認められた(**図9**)。これは，棚式凍結乾燥機と比較してRHEOFREEDの方が撹拌しながら乾燥しているため，原薬の比表面積が大幅に増加した影響と推察している。

5. まとめ

ペプチド・オリゴ核酸原薬の原価低減には，合成工程といったアップストリームの技術開発だけでなく，精製や凍結乾燥のようなダウンストリーム工程の技術開発も非常に有用である。

RHEOFREEDは，今までの棚式凍結乾燥機の乾燥時間が長い，トレイごとの均質性の確保が難しい，トレイや装置の洗浄に手間がかかるなどの多くの課題を解決することができ，特に医薬品分野における凍結乾燥のゲームチェンジャーとなりうる技術であるため，引き続き製品化に向けて技術開発を推進していく。

ペプチスター㈱は，「みんなの笑顔が見たい」この熱い「想い」こそ，独創的かつ画期的なイノベーションを起こす原動力であるという信念のもと，オールジャパンの高度な開発・製造テクノロジーで，日本はもちろん，世界中の患者様のQOL向上に貢献し続けていく。

第1節
電池材料粉体における噴霧乾燥技術

大川原化工機株式会社　**根本　源太郎**

1. はじめに

近年ではスプレードライの特長を生かした粉体製造が望まれており，製品の高品質化，小型化に伴い高機能化が要求されている。スプレードライヤは溶液およびスラリーなどの液体原料を微細液滴化し，熱風と接触させることにより急速乾燥して短時間に粉末製品を得る方法である。装置が工業利用された初期段階では，食品などの液体原料を微粒化，乾燥させて粉体製品を得る操作として利用され，一般に流動性が良く平均粒子径が100 µm以上の粉体製造に利用されてきた。典型的な適用例としては，牛乳を原料とした粉乳製造に始まり，粉石けん，合成洗剤，粉末コーヒーなどである。また，無機物関連では比較的初期の段階で陶磁器原料の乾燥造粒に使用され，フェライトなどの電子部品材料や触媒用担体の成型前処理として用途の広がりを見せた。

スプレードライヤによる粒子設計は，これまでに多くの改良が加えられ食品，医薬，化学工業，セラミックス，電子材料など多くの産業分野で使用されている。特に平均粒子径や粒子径分布などの粉体形状に対して，より厳密な品質管理が求められている。スプレードライヤにおける微粒化の例として，**図1**に主な各種微粒化装置の平均粒子径と処理量の関係を示す。

2. スプレードライヤについて

2.1　スプレードライヤの特長

スプレードライヤにおける粒子の乾燥過程におい

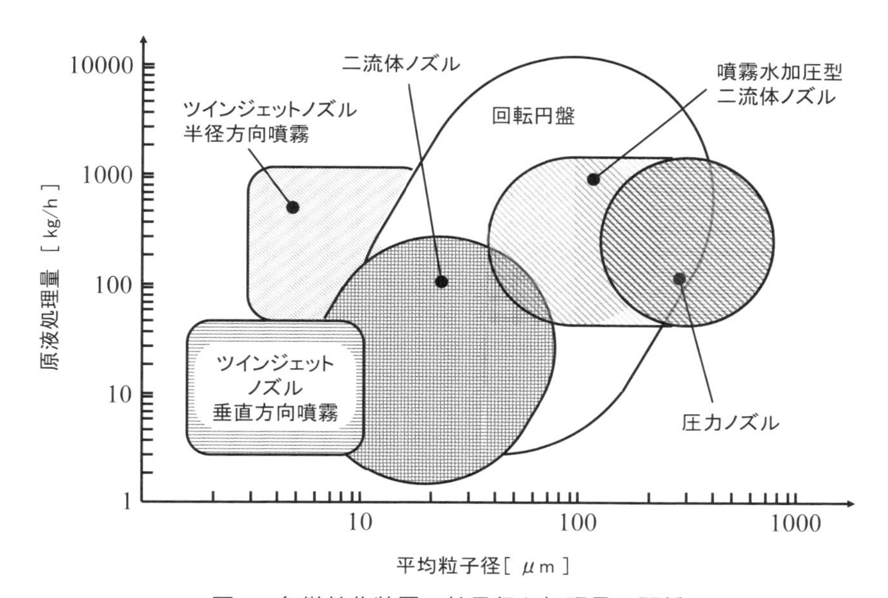

図1　各微粒化装置の粒子径と処理量の関係

て，噴霧された液滴は熱風との接触により自身の水分の蒸発が進行して粒子の物性や粒子径に変化が生じる。粒子の乾燥に伴い熱風の温度・絶対湿度と粒子の運動状態が変化し，さらに噴霧された液滴は分布が存在するため，スケールアップ，各種条件設定や装置のサイジングなどは理論計算や蓄積されたデータを基にして，最終的にはテスト装置により検証する必要がある。

ここでスプレードライ法の一般的な特長を以下に示す。

(1) 噴霧された液滴は表面張力により球状を保ったまま乾燥が進行するため，粉体製品の球形度が高く，流動性の良い粒子が得られる
(2) 乾燥時間が数秒～数十秒と短く，製品への熱影響を抑えて乾燥が可能である
(3) 液体原料の性状や運転条件などを変化させることにより，一定の範囲内で製品の残留溶媒量，粒子径分布，かさ密度などを調節することができる
(4) 液体原料から直接，数～数百 μm の粉粒体製品が得られるため複数の工程が簡略化できる
(5) 連続操作であり，比較的スケールアップ(大量生産)が容易である
(6) 乾燥速度が速いことから粒子は多孔性になりやすく，製品の溶解性が高くなり，対象物によっては非晶質体の割合が多い製品が得られる

2.2　運転方法による粒子制御

スプレードライヤは，運転条件により一定の範囲内であれば粒子の形状をある程度制御することが可能である。ただし，スプレードライヤの各運転操作は，1つの条件のみを変更することは困難であり，他の項目と有機的な関連を持っているため，単独で調整できる項目が少ない。このため運転条件の変更時には十分に注意を払う必要がある。粒子の形状と内部の状況については一般に原液の性状，装置特性，運転条件によって目的とする形態の粒子が最も多くなる条件が存在するので，実際の試験にて確認する必要がある。一般に電子部品材料のように微粒子が分散したスラリーをスプレードライする場合では，造粒体を構成する1次粒子は内部にて均等に分散していることが好ましい。ところが噴霧乾燥過程において微細な1次粒子が水分の蒸発に伴い，造粒体の表面に集まる傾向がある。この場合の粒子は中空構造や陥没球となりやすく，粒子形状の改善にはバインダーや分散剤の選定，原液濃度の調製方法など，多くの要素が存在する。さらに粒子径分布についても特に微粒化装置の特性が大きく影響を与えるので，実験的な確認が必要となる。

2.3　スプレードライヤの運転条件と粒子形状[1)]

スプレードライヤの乾燥室内に噴霧された液滴は，熱風と接触することで液滴の外周部に乾燥被膜が形成され，乾燥が進行するに従い原料の性状や乾燥時の運転条件によりさまざまな形状となる。運転条件によっては液滴内部の水分(蒸気)の影響により，乾燥製品の形状は陥没球や不定形球となる。充実球のような粒子を得るには乾燥温度を低く設定し，滞留時間を長くする必要があるが，一般に溶液系の原料を使用したスプレードライ製品は中空球になりやすい。スプレードライ製品は，原料の性状や運転状況によりその粒子形状はさまざまであり，**図2**のように分類される。ただし粒子形状は単一となることは少なく，比率の差はあるがそれぞれの形状が混合した製品となる。

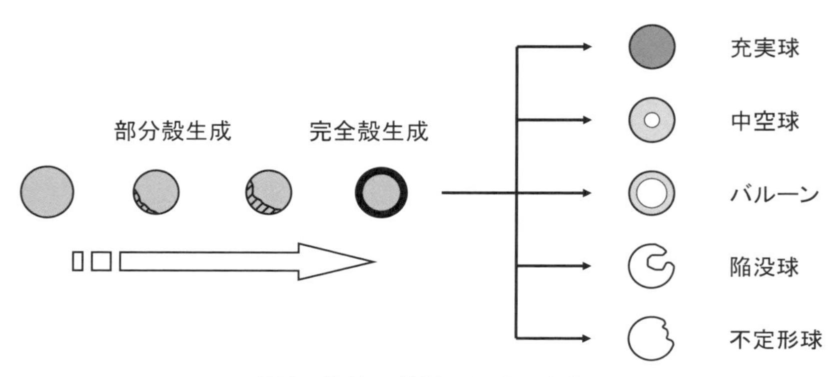

図2　液滴の乾燥における変化

2.4　微粒化機器の特性と乾燥製品

電池材料の高性能化には多層構造が要求されるために均一な粒子が望まれ，粉体は一般的に粒子径分布がシャープである方が多くの利点を有する。原料液の微粒化には**図3**に示すように塊の液体から直接微細な粒子を得ることは不可能であるため，均等な液柱か，均一な液膜の状態に形成させる必要がある。微粒化を進行させようと大きなエネルギーを用いて微粒化の促進を試みるが，与えたエネルギーの多くは直接的に液滴の微粒化には利用されず，大部分は粗大液滴の運動エネルギーに変換されてしまう。微粒化を進めようと多くのエネルギーを供給するが，実際はそのエネルギーは微粒化にはほとんど寄与せず，粗い粒子が高速で飛翔してスプレードライヤ内部における未乾燥付着の増加につながる可能性がある。したがって，微粒化を進行させるには均質な液膜，均等な液柱の形成が重要となる。

一般的に液膜を形成して微粒化する微粒化装置は，回転ディスクと圧力ノズルとなり，液柱を形成させる微粒化機器は二流体ノズルとなる。なお，二流体ノズルは高圧の圧縮空気を使用し，多くのランニングコストを必要とするため，少量生産に限られる場合が多い。二流体ノズルは液柱を形成させてその液柱を高圧・高速の気体でせん断して微粒化を進行させるタイプが多い。微粒化のプロセスによって微細粒子と粗大液滴が残存しやすく，微粒化能力は優れるが粒子径分布は装置の構造上，ブロードになりやすい。これらの改良型として液膜を形成させた後に圧縮空気により微粒化するタイプも近年では使用されている。

回転ディスクは用途によりさまざまな形状が使用される。ピン型ディスクは低～中速回転でディスク端部のピン部にて液膜を形成させる微粒化機器であり，粒子径分布の狭小化には均等な液膜形成が重要となる。回転ディスクは原液性状に大きく影響を受けるが，一般的に粒子径分布は最もシャープになる微粒化機器と言われている。

3. リチウム二次電池の乾燥造粒技術

今後は二次電池の用途は電気自動車(EV)や，ハイブリッド自動車(HEV)へと拡大することが見込まれている。低炭素社会の実現に向けて鉄道や産業機器の電力回生，風力・火力発電など自然エネルギーの電力貯蔵用，スマートグリッドにおける電力の効率使用に向けての開発が進むことが予想される。ここでは二次電池用材料の製造プロセスにおけるスプレードライヤの適用例や，その関連技術における技術動向について紹介する。

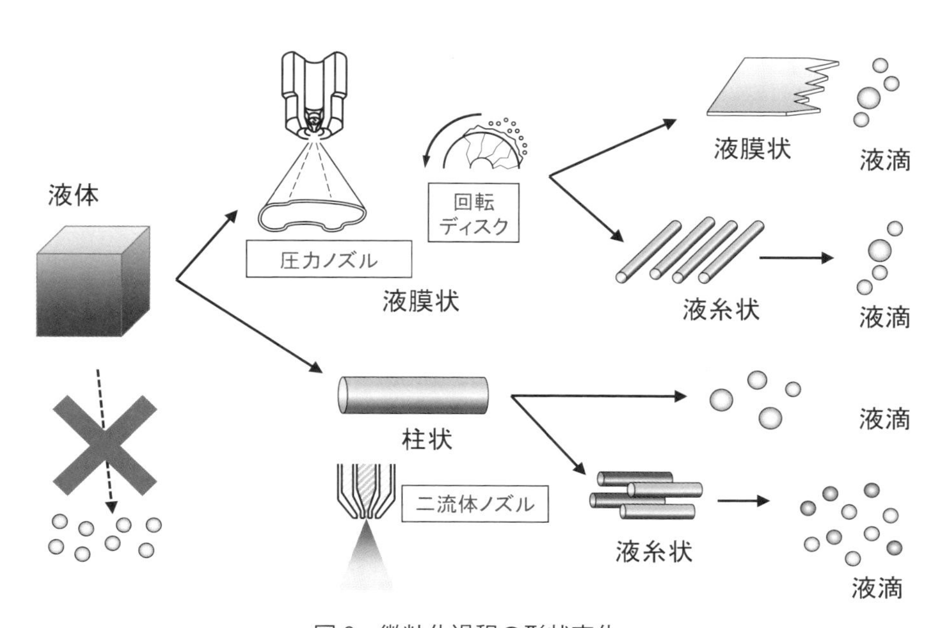

図3　微粒化過程の形状変化

3.1　正極材

リン酸鉄リチウムはレアメタルフリーであること，無害であること，安全性が高いこと，サイクル特性が良いことなどの特長を有しており大型電池用の正極材料として注目されている。リン酸鉄リチウムの構成材料の資源量は豊富であるが，電気伝導度が低く，リチウムイオン二次電池の高性能化にはリチウムイオンの拡散経路の短縮および反応界面の拡大が重要な課題となっている[2)]。層状構造のコバルト酸リチウムや，スピネル型構造のマンガン酸リチウムでは，それぞれ2次元もしくは3次元のイオン拡散経路を有するが，リン酸鉄リチウムはイオンの拡散経路が1次元しか持たず，この点が，リチウムイオン伝導性が低い要因として挙げられる。この欠点を克服する方法として微粒子化が有効であり，粒子径を小さくすることでリチウムイオンの固体内移動距離を短くし，電解液との接触面積を広くすることで充放電時におけるリチウムイオンの出入りが容易となる[3)]。このように正極材料の粒子径は小さい方が高速充放電は可能となるが，単純に粒子径を小さくしただけでは正極作製時の取り扱いが困難であり，電極箔との密着性を確保することが難しい[4)]。このためスプレードライヤを用いて造粒することで，微粒子化と取り扱い性向上という両方の利点を活用することが可能となる。リチウムイオン二次電池の材料として，層状化合物(コバルト酸リチウムなど)は，初期段階では安全性のため比較的大きい造粒粒子(平均粒子径：60 μm 程度)が用いられた。近年は二次電池のさらなる高性能化(特に高速充電などの充放電特性の向上のための密充填や薄膜化)のために，小粒子化(平均粒子径：20～30 μm 程度)が希望されている。電極の高性能化のための微粒子化に関しては電極材料のスラリー化が容易で塗工しやすいように，2次粒子は10 μm 程度の大きさの球状粒子が望まれている。さらにカーボンコートなどによる導電性の付与が重要であり，ぬれ性や分散性に関し界面活性剤を用いて改善し，造粒の強度を調整する場合もある。また層状構造の原料は主に乾燥(溶媒置換)目的であり，リン酸鉄リチウムなどは造粒目的で噴霧乾燥が使用され，5～40 μm 程度の平均粒子径とすることが多い。

ここで，実際の二次電池電極の製造プロセスにおけるスプレードライの適用例を紹介する(図4)。リチウムを主体とした正極活物質にはカーボンなどを表面に付与することで電池の性能が向上することが確認されている。この正極活物質とカーボン源，主には糖類などと混合し湿式処理する。ここで得られたスラリーを噴霧乾燥により微粒子を作製して焼結させ，この粒子を用いてペースト調製して薄く塗布することで電極を製作する工程を示している。積層を薄く，均一とすることでリチウムイオンの拡散距離が短くなるため，電池の性能向上にはペースト層を薄くする必要がある。このため要求される特性としては微粒子であること，かつ良好なハンドリング性が必要となり，シャープな粒子径分布の粉体が要求される。

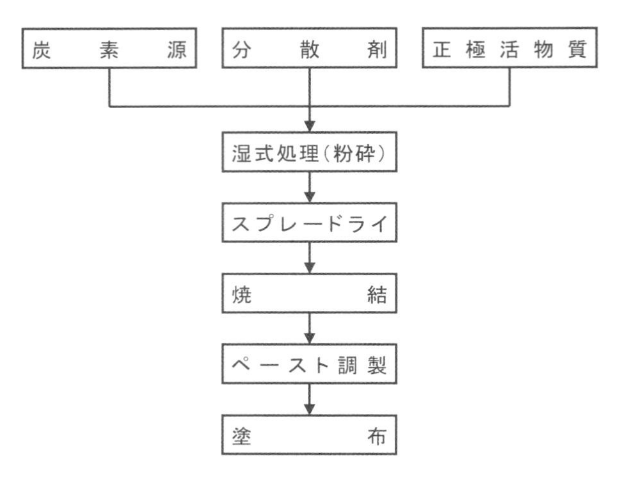

図4　リチウムイオン二次電池の製造方法例

3.2　負極材

負極材料の製造工程において，充放電特性の向上のためにペースト層の厚みを薄くする傾向にあり，微粒子化が進んでいる。スプレードライヤは主にカーボン原料を乾燥造粒・コーティングなどの目的で使用される。平均粒子径は20～50 μm 程度の粒子とすることが多く，さらに可燃性溶剤の使用や，酸化防止のために窒素循環型であるクローズドタイプのスプレードライヤを使用するケースも多くみられる。

全固体型リチウムイオン電池の開発も進んでおり，セパレータ材料にセラミックスなどが使われ始めている。その他，NaS 電池のセパレータとしてのベータアルミナの製造過程でもスプレードライ技術が使用されている。

3.3　二次電池材料の乾燥造粒技術

二次電池材料の製造において電極に塗布する際のペースト層を薄膜化，均質化するには微小でありシャープな粒子径分布の粉体を造粒する必要がある。さらに二次電池の小型化，高容量化，薄膜化に伴い正極材・負極材には製品性状の均一な微粒子の大量製造が必要となっている。

ツインジェットノズルはスプレードライヤによる微小粒子の製造を主目的とした2段階の微粒化機構を持つノズルである。第1段階の微粒化は，外部混合により液体原料をせん断して気液の噴霧流を形成させる。第2段階として噴霧流を衝突させて微粒化を促進させる。衝突エネルギーを利用した2段階の微粒化機構により，粗大液滴の発生を防止してシャープな粒子径分布とすることが可能であり，噴霧エアー量の削減も可能である。

ツインジェットノズルは目的とする原液の処理量により垂直方向に噴霧するRJタイプと半径方向に噴霧し，大量処理に対応したTJタイプとに分かれる(**図5**)。TJタイプは処理量の増大に伴い，ノズル本体が大きくなると気液の衝突・微粒化部分となっている周長も長くなる。したがってノズルの噴霧空気量／原液供給量の値を一定とすれば，処理量が増えても粒子径分布はほぼ同一となるという特長を持つ。

4. おわりに

スプレードライは，現代社会の多くの産業設備の基本要素として重要な位置を占めている。製品の高機能化，高付加価値化に伴い粉体原料への要求も高

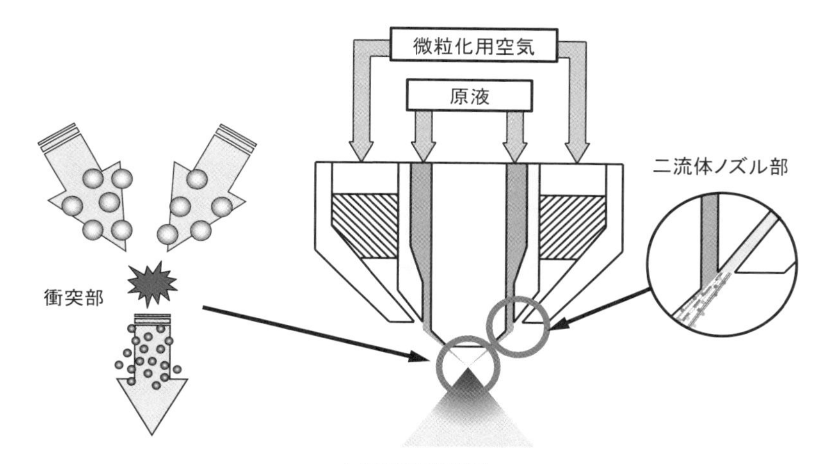

(a)垂直方向噴霧

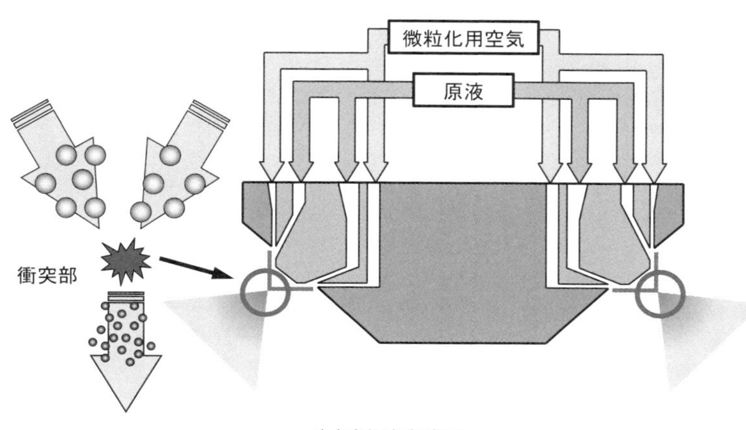

(b)半径方向噴霧

図5　ツインジェットノズル構造図

くなっており解決すべき課題も多いのが現状である。設備導入の際には製品のサンプル作製，スケールアップなどの製造条件の確認を含めての試験・テストは重要度を増しており，テスト設備などを利用して十分に確認することが必要となる。粒子づくりの観点から微粒化技術，乾燥技術についての知見・知識の収集と開発を，材料開発者・製造技術者と共に考え，その進歩に貢献できれば幸いである。

文　献

1）相嶋静夫：噴霧乾燥装置の運転と保守，粉体と工業，**27**(9), 27-48 (1995).

2）(社)日本粉体工業技術協会編纂：粉体技術と次世代電池開発，シーエムシー出版，203-210 (2011).

3）内藤牧男，金村聖志，棟方裕一，牧野尚夫：電池の未来を拓く粉体技術，日刊工業新聞社，224-249 (2010).

4）小寺喬之，明神賢一，荻原隆：リチウムイオン電池用正極材料の開発と噴霧熱分解法により合成した正極材料の特徴，**3**(10), 38-45 (2011).

第2節
Li_2FeSiO_4/C 複合材料の噴霧凍結乾燥合成

熊本大学　志田　賢二　　熊本大学　松田　元秀

1. はじめに

リチウムイオン二次電池(Li-ion 電池)は正極－負極の間をリチウムイオンが移動することで充電/放電を行う二次電池である。1980 年代に開発された Li-ion 電池はそのエネルギー密度の高さから，携帯電話，ノートパソコンなど小型情報端末用の電源から電気自動車，電動二輪車，航空機，宇宙開発，大型電動工具や各種バックアップ用の定置電源としてすでに実用化されている[1)-3)]。

さらなる高容量化に加えて，コスト低減，安全性向上，温度特性改善，過充電耐性付与，リサイクル技術確立などが解決すべく課題となっている。Li-ion 電池の主要な構成は正極としてリチウム遷移金属酸化物($LiCoO_2$，$LiMn_2O_4$，$LiNi_xMn_yCo_zO_2$)，リン酸鉄リチウム($LiFePO_4$)，負極として炭素材料，電解質に非水系電解質(EC，EC-DEC，$LiPF_6$)が用いられている。この他にもセパレーター，正極・負極バインダー，集電体，外装材など複数の材料から構成されている。Li-ion 電池の性能はこれらの構成物の組み合わせや電極製造プロセスにおいて添加する導電助剤の種類や添加量，コーティングなどによっても性能や安定性が向上するため用途に応じた構成で広く実用化されている[4)5)]。

数ある Li-ion 電池の構成物の中で，充放電容量は正極の理論容量に大きく依存する。正極の高容量化には，活物質としてリチウムをできるだけ多く含みそれらを安定的に挿入脱離できる物質を選び，さらに導電性の付与や電極作製時には流動性や分散性などといった粉末としての特性を制御することが重要となる。2004 年，Nytén らは SiO_2 四面体構造を有する Li_2FeSiO_4(LFS)を合成し，正極活物質としての有用性を報告している[6)-8)]。この LFS では，組成式あたり 1 つのリチウムイオンの挿入脱離が起これば，およそ 167 mAh/g の理論容量が得られ，2 つ目のリチウムイオンの挿入脱離では原理的に 330 mAh/g の高い理論容量が期待される。LFS は資源的に豊富で化学的にも安定性が高いケイ素と鉄を主成分とすることからコスト面でも有利である。このような正極材はリチウム過剰系正極材料と呼ばれ，Nytén らの報告以降，精力的に研究開発がなされてきた。しかしながら，LFS の室温での導電率は 10^{-14} S cm^{-1} であり，$LiCoO_2$ の導電率 10^{-2} S cm^{-1} と比較して極めて低くほぼ絶縁体である。この問題を解決するため，LFS 粒子の微粒化や炭素を表面コーティングした LFS/C 複合材料などさまざまな検討が行われている。これまでに LFS や LFS/C 複合材料の合成法としては，固相反応法や原料金属塩や金属アルコキシドを液相中での加水分解-重縮合反応を経て得た前駆体を熱処理し目的物へと転換させるゾル-ゲル法，水熱合成法や溶融塩法などさまざまな方法が検討されている[9)]。いずれの方法でも材料の結晶構造，組成，微細構造，粒子の形状や粒径などの制御に加え，工業化や量産を考慮したプロセスの簡便さや低コスト化についても重要な課題となっている。本稿では，筆者らのグループが試みた噴霧凍結乾燥法による LFS/C 複合材料の合成方法について紹介する。

2. 噴霧凍結乾燥法による Li_2FeSiO_4/C 複合材料の合成

筆者らのグループは，シリカ源として水ガラスを用いたケミカルガーデン法を始め，固相反応法，蒸発乾固法により LFS の合成を試みてきた[10)]。たとえば蒸発乾固法では，前駆体粒子のサイズが大きく，圧粉の熱処理と粉砕を繰り返す必要があった。また，この方法では合成したLFSに対し導電性を付与するために遊星型ボールミルにて炭素複合化処理を必要とするが，その過程で起こるメカノケミカル反応によりLFSが非晶質化し，充電容量の低下を引き起こす問題に直面した。そしてLFSと炭素源(グルコース，スクロースなど)を混合し，熱処理を行う際の雰囲気の制御が難しくLFSの分解により不純物成分の生成が起こるなど課題が生じた。それを解決するためにLFSの合成，微粒化と炭素との複合化を同時に行う合成法を検討し，噴霧凍結乾燥法(Spray-freezing/freeze-drying method：SFD法)を用いたLFS/C複合材料の合成を試みた[10)-13)]。**表1**に粉体合成に用いられるさまざまな乾燥手法とその特徴を示している。LFS/C複合材料に関しては噴霧乾燥法による中空粒子の合成も行われている[14)]。また電池材料の合成に関わらず，多く分野で目的とする粒子の形状や性質，処理量や製造規模に応じてさまざまな乾燥手法が用いられている[15)-19)]。

SFD法は，粒子構成成分を含む前駆体溶液を噴霧し，霧状の微小な液滴の状態で急激に凍結させ，凍結状態の溶媒を昇華させることによって粉末を得る方法である。乾燥時に液相を経ないので，凝集が生じにくく粗大粒の生成を抑制することができる。また，この時に構成成分の蒸発はなく，粒子内の各成分の組成は出発溶液と同じであることから組成変動が小さい。液滴の大きさにより粒径を制御でき，組成の均一性が高い粉末を得ることができる方法である。**図1**に，SFD法によるLFS/C複合材料の合成手順を示している。LFS/C複合材料の合成に際して，ケイ素源としては平均粒子径8～11 nmのコロイダルシリカを用いた。リチウム源としては酢酸リチウム，鉄源として硝酸鉄および酢酸鉄を用いた。化学量論比(モル比でLi：Fe：Si＝2：1：1)となるように原料をイオン交換水中に溶解させ，そこへ炭素源となる水溶性化合物(グルコース，スクロース)，もしくは墨汁やケッチェンブラック分散液のような炭素分散液を共に加え噴霧溶液とした。いずれの成分も水溶性，水分散性を有していることから凝集沈殿はみられない均一な溶液とすることができる。次いでこの溶液を液体窒素中に噴霧し凍結させ，凍結状態にある微小な液滴を得た。噴霧方法には超音波式霧化器や塗装用エアブラシなどの利用を試したが，長いノズルが液体窒素中への吹き込みに好適であったことから筆者らは手動式の園芸用霧吹きにて行っている。凍結した液滴を減圧下で乾燥させることにより多孔質の前駆体粉末を得た。凍結乾燥に使用した装置は一般に市販されている理化学用の汎用的な凍結乾燥器であり，SFDプロセスにおいては特殊な器具や装置を必要とせず前駆体の作製が可能である。得られた前駆体粉末は吸湿をさけるため直ちに熱処理(Ar気流中，650～800 ℃/5時間)を行いLFS/C複合材料を得た。得られたLFS/C複合材料について粉末X線回折法により生成相の同定を行ったところ，ICDD PDF 014-080-7253にて指数付けされる単斜晶系(P21/n)のLFSと同定された。またこのX線回折結果から，酸化鉄やケイ酸リチウムなどの不純物は確認されなかった。

表1　粉体合成に用いられる乾燥方法とその特徴

乾燥方法	特　徴
蒸発乾固法	溶液の溶媒を完全に蒸発させて溶質を固体として取り出す方法。 簡単な方法であるが，乾燥に長時間を要し，得られる固体は凝集している。
噴霧乾燥法	液体原料を熱風中に噴霧して，瞬間的に液体を蒸発させて粉体を得る方法。 乾燥時間は短く，大量生産に向いているが熱に弱い材料には向いていない。
凍結乾燥法	予備凍結した水溶液から水を昇華させて固体を得る方法。乾燥物は多孔質で比表面積の大きな試料が得られる。
噴霧凍結乾燥法	溶液を液体窒素中に吹き込んで瞬間的に凍結するため，凝集の少ない多孔質微粒子が簡単に得られる。

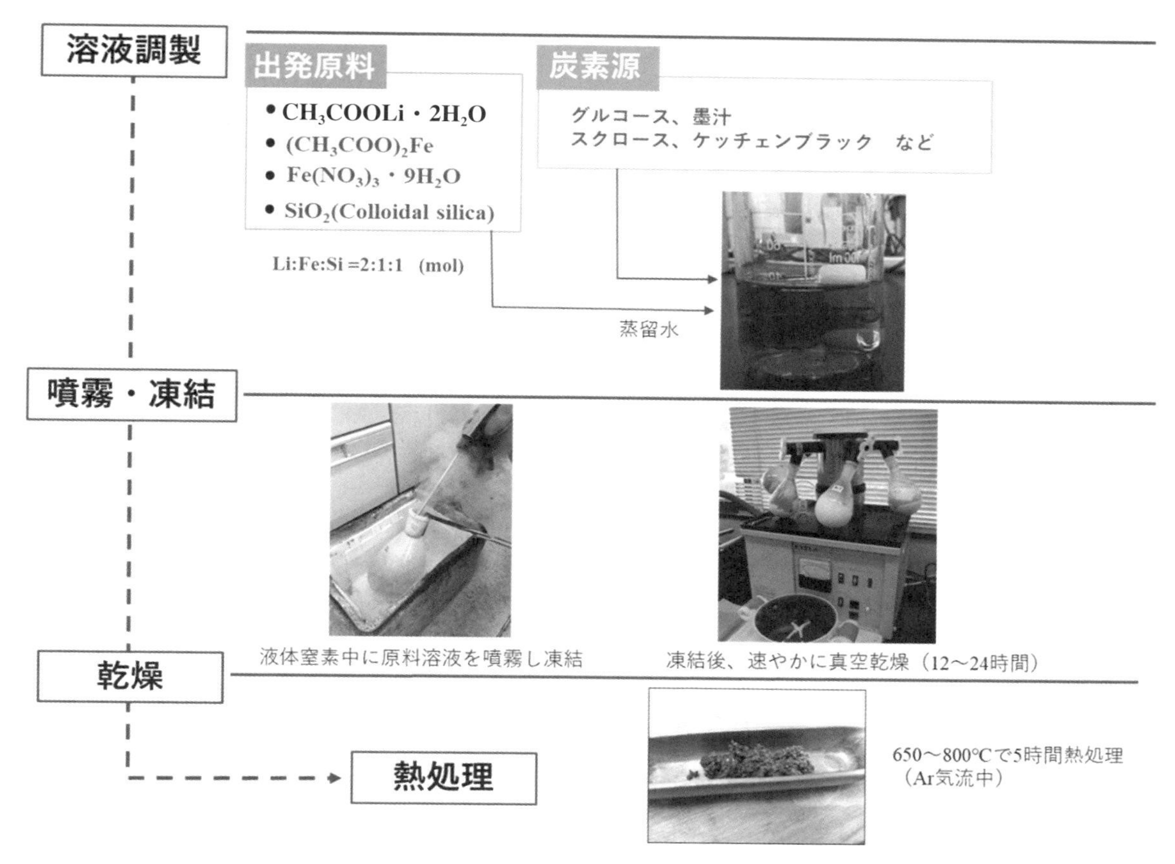

図1 噴霧凍結乾燥法によるLFS/C複合材料の合成手順

3. 噴霧凍結乾燥法による Li_2FeSiO_4/C 複合材料の微細構造

図2は，噴霧凍結乾燥法により合成したLFS/C複合材料の走査型電子顕微鏡像を示す。粒子のサイズは数～10 μmで，より小さな一次粒子の凝集体として粉末を形成していることがわかる。

より詳細な構造を確認するため透過型電子顕微鏡による観察を行った。**図3**(a)～(d)に，異なる炭素源として(a)墨汁，(b)墨汁＋グルコース，(c)ケッチェンブラックおよび(d)グルコースを用いてSFD法によって合成されたLFS/C複合材料の透過型電子顕微鏡観察像を示す。EDSを用いた検討の結果，濃いコントラストで示される部分がLFS，淡いコントラストで示される組織は炭素であると観察され，使用する炭素源によりLFS/C複合材料の微細構造は大きく異なることが明らかとなった。また，墨汁とグルコースを混合させて合成した試料の微細構造を観察評価したところ，図3に示される微細構造とは異なる様子が見られた。その試料の微細構造をHAADIF－STEMおよびEDS分析によって観察評価した結果を**図4**(a),(b)に示す。このように，用いる炭素源によって形成される微細構造が異なる様子がわかる。それら使用する炭素源によるLFS/C複合材料の微細構造の特徴を**図5**に模式的に示す。墨汁やケッチェンブラック分散液といったカーボンコロイドを炭素源に用いた場合はLFS粒子に炭素粒子が付着した形態となるが，グルコースのような水溶性炭素源を用いた場合にはLFS粒子を炭素が包み込むような微細構造となっている。これは熱処理時にグルコースが150℃付近で融解し，前駆体粒子を包み込んだ後に熱分解し炭素化したためであると推測される。一方，墨汁とグルコースの混合のような水溶性炭素源と炭素コロイドの混合体を炭素源とした場合には，LFS粒子は炭素を介して3次元的に連結したユニークな構造が形成されることがわかる。以上のことから，本法により合成されたLFS/C複合材料はおよそ20～30 nmのLFSナノ粒子の表面に炭素が被覆もしくは付着した構造的特徴を有し，LFSと炭素の複合形態は使用する炭素源によって制御可能であることが明らかになった。

炭素コーティングの導電率に与える効果を確認するため，圧粉体を作製し導電率を測定した。LFSに対して墨汁を15 wt%複合化させた試料では4.06×10^{-7} S cm^{-1}，グルコースを15 wt%複合化させた試料では2.01×10^{-6} S cm^{-1}であり，炭素との複合化によって導電パスが構築され導電性が確保されていることが確認された。

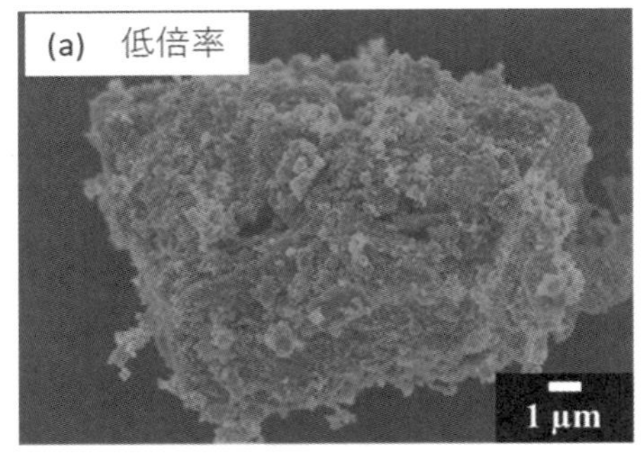

図2　SFD法により合成されたLFS/C複合材料の微細構造(FE-SEM像)

(a)低倍率，(b)高倍率，炭素源：墨汁＋グルコース，熱処理温度：700℃

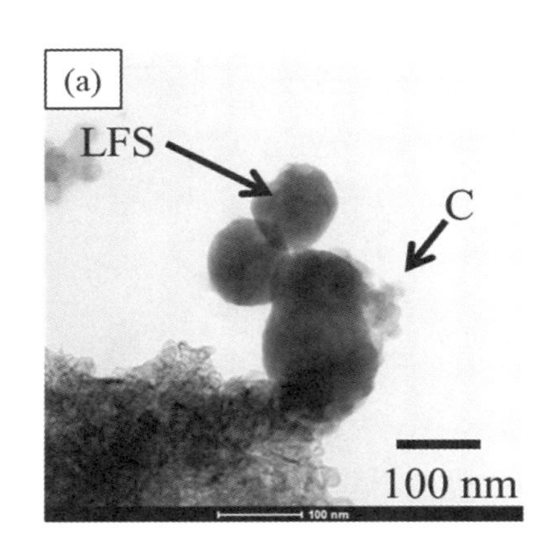

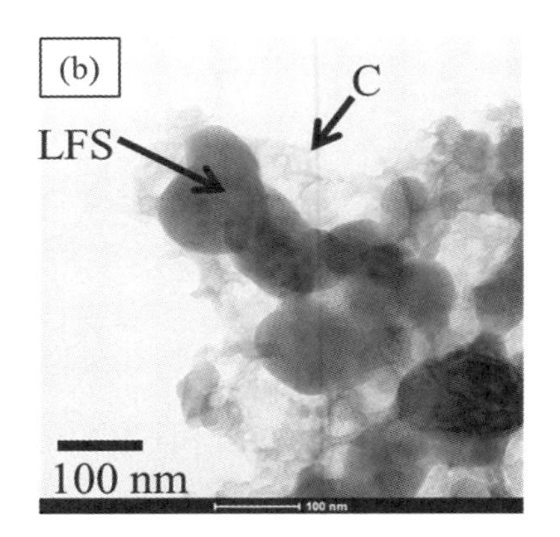

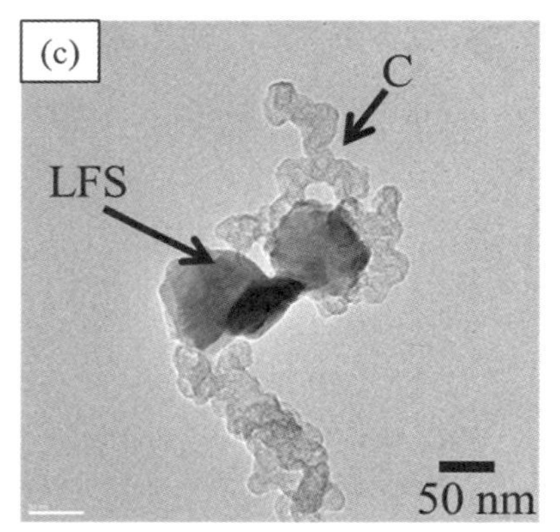

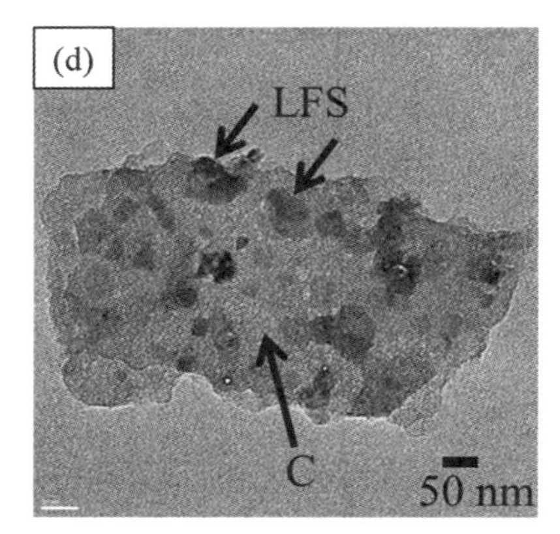

出典：㈱情報技術協会：次世代電池電極材料の高エネルギー密度，高出力化，p.67 図5より転載許諾済

図3　さまざまな炭素源を用いて噴霧凍結乾燥法にて合成されたLFS/C複合材料の微細構造の違い(TEM像)

炭素源：(a)墨汁，(b)墨汁＋グルコース，(c)ケッチェンブラック，(d)グルコース[12)]

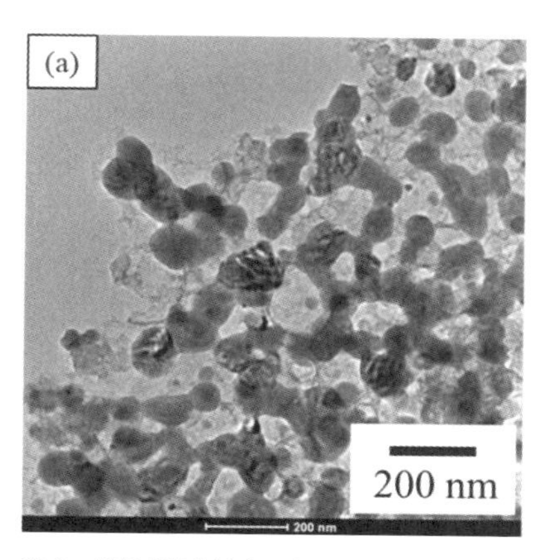

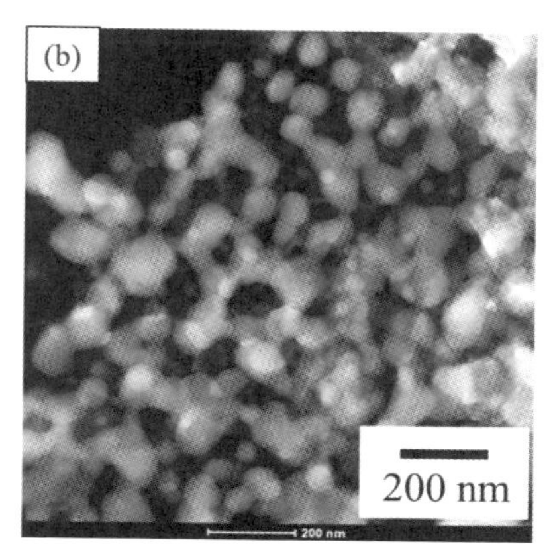

出典：㈱情報技術協会：次世代電池電極材料の高エネルギー密度，高出力化，p.67 図6より転載許諾済

図4　墨汁とグルコースを用いて合成されたLFS/C複合材料における(a)TEM像と(b)HAADIF-STEM像[12]

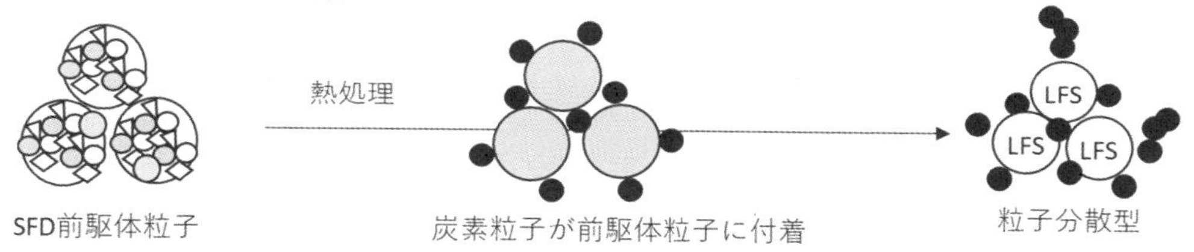

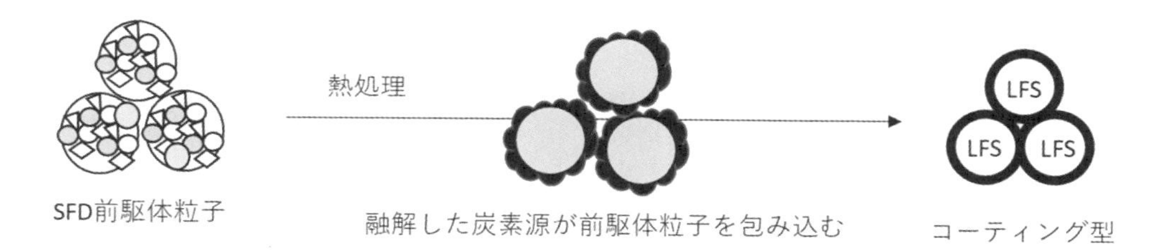

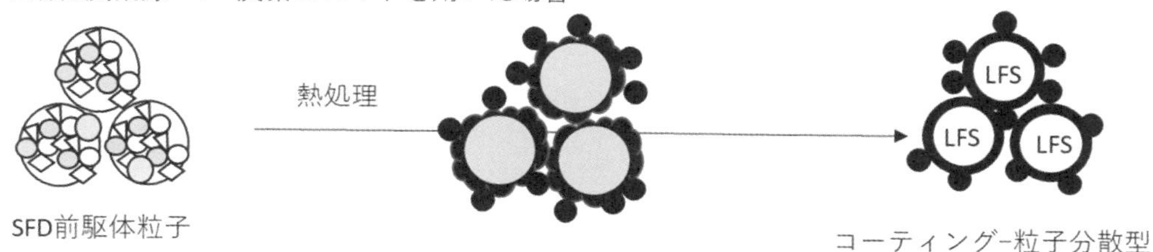

図5　使用する炭素源によるLFS/C複合材料の微細構造の特徴

4. 噴霧凍結乾燥法による Li_2FeSiO_4/C 複合材料の充放電特性

本SFD法により合成されたLFS/C複合材料はおよそ20～30 nmのLFSナノ粒子の表面に炭素が被覆もしくは付着した構造的特徴を有する。このようにナノからマイクロレベルのスケールでLFSと炭素が複合化されているLFS/C複合材料では，十分な導電パスが確保されていることが期待された。そこで一般的な電池評価用電極作製とは異なり，導電助剤を添加せずに，電池特性の評価を行った一例を紹介する。正極活物質には混合した炭素源(墨汁10 wt%，グルコース15 wt%)を用いて合成したLFS/C複合材料を用いた。この試料中の炭素量は元素分析装置(CHNコーダー)による分析で20 wt%と見積もられ，正極組成は次のとおりであった(LFS：炭素(グルコース＋墨汁由来)：PTFE＝73：20：7(wt%))。その後，ポリテトラフルオロエチレン(PTFE)を加えヘキサンを添加しながらシート状に成型した。作製した正極とガラスセパレータ(φ16 mm)，負極のLi箔(0.5 mm，φ12 mm)を重ね，電解液(1 M LiPF6/EC-DEC)とともにコインセルケース(CR2032)に封入して試験用セルを作製した。充放電試験は電圧1.5～4.8 Vの範囲でCCCV充電とCC放電を繰り返しながら行った。

初期の放電サイクル試験において，10サイクル目の放電容量は173 mAh/gの値が得られた。これらの結果より，初期の充放電試験の結果ではあるものの，本SFD法で合成されたLFS/C複合材料では，導電助剤の添加がなくても比較的高い電池特性が得られることがわかった。サイクル特性，レート特性といった電池特性の詳細は文献を参照されたい[11]。

5. おわりに

本稿では，噴霧凍結乾燥法を用いたLFS/C複合材料の合成を中心に説明した。優れた電池特性を導くには，電子導電性に乏しいLFSと電子導電性に富むCとの複合状態を精密に制御することが極めて重要である。今回紹介した噴霧凍結乾燥法は実用的な粉末合成法であり，出発原料に炭素および炭素源となる物質を混合させることにより，複合粉末の微細構造をナノからマイクロレベルに渡って制御することを可能とする。また，噴霧凍結乾燥法は近年，実用化に向けて精力的に研究が進められている全固体型Li-ion電池の無機固体電解質の合成への適用も可能であると考えられる[20]。電池材料以外にも医薬品や各種機能性材料の分野では微粒化や複数の成分からなる粒子を複合化する造粒技術への需要は多い。精密な組成や微細構造の制御が必要とされる場面で噴霧凍結乾燥法による材料合成は選択肢の1つとなると期待される。

文　献

1) 芳尾真幸ほか編：リチウムイオン二次電池　第二版，日刊工業新聞社，147-160 (2000).

2) 金村聖志編：リチウム二次電池の技術展開　普及版，シーエムシー出版，199-215 (2007).

3) 吉本健太ほか著：GS Yuasa Technical Report, **19**, 10 (2002).

4) 吉野彰監修：リチウムイオン電池　この15年と未来技術　普及版，シーエムシー出版，3-13 (2014).

5) 金村聖志編：リチウム二次電池の技術展開　普及版，シーエムシー出版，3-14 (2007).

6) A. Abouimrane, N. Ravet, M. Armand, A. Nytén and J. O. Thomas : Abstract #350, IMLB-12 (2004).

7) A. Nytén, A. Abouimrane, M. Armand, T. Gustafsson and J. O. Thomas : *Electrochem. Commun.*, **7**, 156 (2005).

8) A. Nytén, S. Kamali, L. Häggström, T. Gustafssona and J. O. Thomas : *J. Mater. Chem.*, **16**, 2266 (2006).

9) W. Zhang, W. Shao, B. Zhao and K. Daiz : *J. Electrochem. Soc.*, **169**, 070526 (2022).

10) 向井孝志監修：リチウムイオン電池＆全固体電池製造技術，シーエムシーリサーチ，97-104 (2019).

11) Y. Fujita, H. Iwase, K. Shida, J. Liao, T. Fukui and M. Matsuda : *J. Power Sources*, **361**, 115 (2017).

12) 松田元秀ほか著：次世代電池用電極材料の高エネルギー密度，高出力化，技術情報協会，62-69 (2017).

13) Y. Fujita, T. Hira, K. Shida, M. Tsushida, J. Liao and M. Matsuda : *Ceram. Int.*, 11211 (2018).

15) 中西典彦，高野幹夫，組藤浩志：粉体および粉末冶金，**24**(1) (1977).

16) Y. Zhanga, J. Binnera, C. Riellyb and B. Vaidhyanathan : *J. Euro. Ceram. Soc.*, 1001 (2014).

17) X. Huang, Y. You, Y. Ren, H. Wang, Y. Chen, X. Ding, B. Liu, S. Zhou and F. Chu : *Solid State Ionics*, **278**, 203

(2015).

18) A. Basiri, A. H. Nassajpour-Esfahani, M. R. aftbaradaran-Esfahani, A. lhaji and A. Shafyei : *Ceram. Int.*, 10751 (2022).

19) C. Madi, H. Hsein, V. Busignies, P. Tchoreloff and V. Mazel : *Int.J.Pharm.* 124059 (2024).

20) 金村聖志著：全固体電池の入門書，科学情報出版，81-119 (2020).

第3節
リチウムイオン電池正極材製造工程における減圧乾燥システム

日本コークス工業株式会社　**鵜澤　茂久**

1. はじめに

リチウムイオン電池正極材用原料は結晶水や吸着水を含んでいることが多く，その乾燥は高温下で行う必要があるため，ロータリーキルンや熱風乾燥など直接加熱式乾燥機が使用されることが多いが，直接乾燥処理では多大なエネルギーを必要とする。強力な撹拌力を持つFMミキサは乾燥機としても多く利用されており，また熱媒による間接加熱および減圧下での乾燥により，直接乾燥と比較して省エネルギーでの乾燥処理が可能である。

ここでは，FMミキサを用いた減圧乾燥処理について紹介する（**図1**）。

2. 乾燥システム

図1の装置構成について説明する。

2.1　FMミキサ

乾燥機本体である。タンクに処理物を投入し，一軸で駆動する上羽根，下羽根で撹拌する。乾燥のための加熱は，タンクに設置されたジャケットへ供給されるスチーム，オイルなどの熱源で行われる。乾燥した処理物は，排出口から排出される。

2.2　真空バグフィルタ

処理物から発生する粉が，熱交換器へ同伴されな

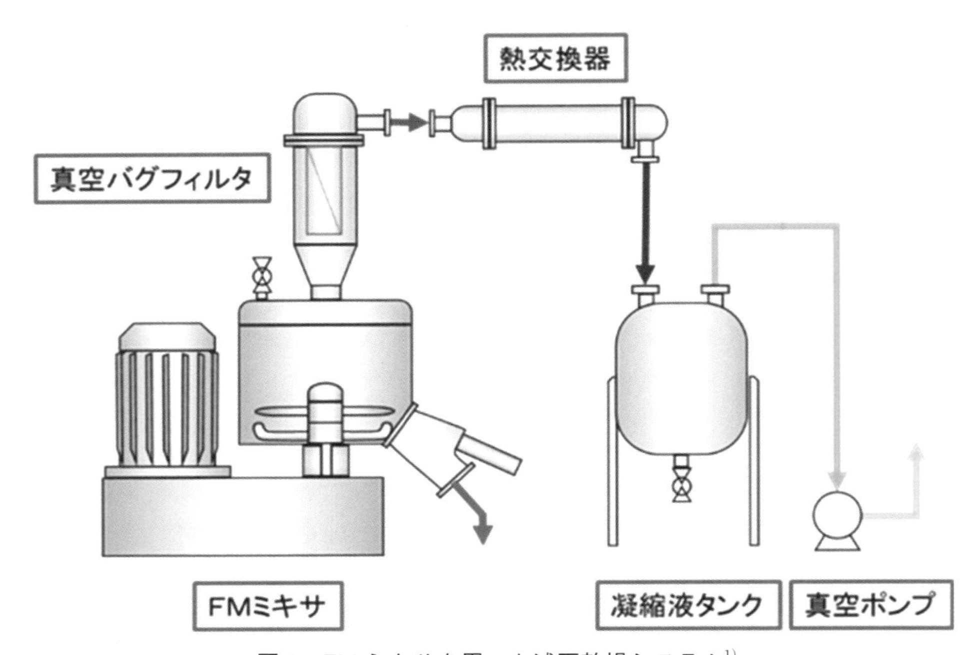

図1　FMミキサを用いた減圧乾燥システム[1)]

いよう集塵する。フィルタ機能維持のため，乾燥途中，乾燥終了後に空気または不活性ガスで逆洗する。

2.3 熱交換器

FMミキサで処理物から蒸発した溶媒や結晶水，吸着水を凝縮する[2]。

2.4 凝縮液タンク

熱交換器で凝縮させた溶媒を貯留する。貯留した凝縮液は，乾燥終了後に排出する。

2.5 真空ポンプ

装置内部を減圧状態とする。水封式を採用することが多い。

3. 乾燥機構

図2にFMミキサによるセラミックスラリーの減圧乾燥データを示す。

3.1 乾燥の3期間

乾燥処理の過程では，昇温期間，恒率乾燥期間，減率乾燥期間を経て平衡水分率に達する。

3.1.1 昇温期間

処理物投入時の初期温度から，乾燥条件で定まる平衡温度に達するまでの期間である。FMミキサを用いた減圧乾燥処理で，その平衡温度は槽内の圧力(真空度)により定まり，処理物溶媒の蒸気圧となる温度と一致する。

処理物への入熱は，FMミキサタンクに設置したジャケットからの伝熱とミキサ羽根の撹拌熱による。

3.1.2 恒率乾燥期間

入熱は全て蒸発に費やされ，上の平衡度で乾燥が進行する期間である。この時の入熱量qは，次の式(1)で与えられる。

$$q = UA(t_J - t) + 3600P \qquad (1)$$

ここで，

U：総括伝熱係数($J/m^2 \cdot h \cdot K$)
A：伝熱面積(m^2)
t：温度(K)
t_J：ジャケット温度(K)
P：所要動力(kW)

エネルギーコストとしては電気エネルギーよりスチームの方が安価であるため，通常は蒸発のほとんどを式(1)の右辺第1項でまかなうことになる。ただし，第2項の撹拌熱も所要動力がそのまま熱エネルギーに変換されるので，有効なエネルギーである。実際，撹拌熱を積極的に利用して乾燥速度を高めることも多い。

3.1.3 減率乾燥期間

処理物表面の自由水が失われて，蒸発面が粒子内部に後退する期間である。乾燥速度は低下して，入熱の一部が蒸発に使われ，残りの入熱は処理物の昇温に費やされることで処理物温度が上昇する。また，多くの処理物では総括伝熱係数も低下して，乾燥速度も低下する。

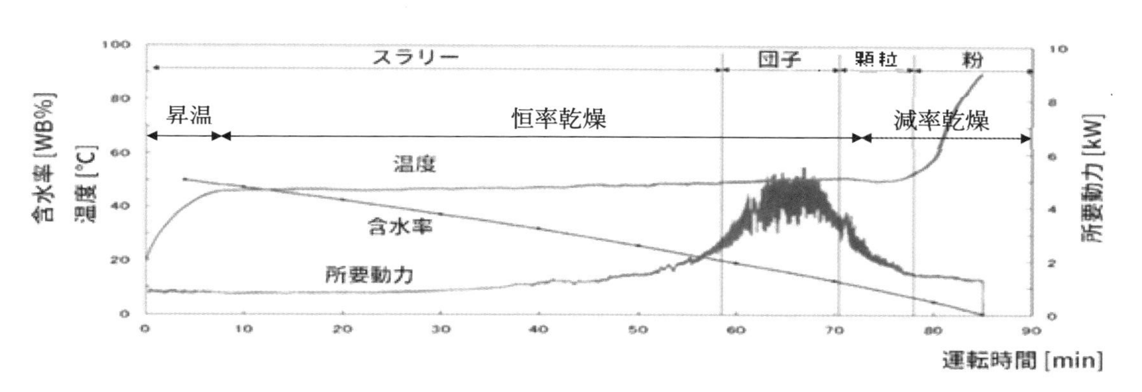

図2 セラミックスラリーの減圧乾燥データ[2]

3.2 乾燥特性

図2に示すように，スラリー状の処理物は乾燥の過程でスラリー状，団子状，顆粒状，粉状と変遷する。

3.2.1 スラリー状期間

前述の乾燥の3期間では，昇温期間と恒率乾燥期間に相当する。FMミキサは1軸で駆動する上羽根と下羽根が高速撹拌することで，処理物を流動化し強い対流を形成するため，減圧雰囲気下の低温乾燥で高い熱交換率が得られる。スラリー状であるため，所要動力は低い。

3.2.2 団子状期間

前述の乾燥の3期間では恒率乾燥期間に相当する。処理物中の溶媒が乾燥除去されていくにつれて，処理物の粘度が上昇し団子状の塊になる。FMミキサ羽根の強い剪断力により，団子状の処理物は解砕され，さらに乾燥が進む。団子状の処理物を解砕するため，所要動力は高い。

3.2.3 顆粒状期間

前述の乾燥の3期間では，恒率乾燥期間と減率乾燥期間に相当する。解砕された団子状処理物の解砕がさらに進み，処理物は顆粒状となる。処理物の解砕が進み顆粒状となるため，所要動力は低下する。

3.2.4 粉状期間

前述の乾燥の3期間では，減率乾燥期間に相当する。顆粒状となった処理物は，さらに解砕され流動化する。また，流動化は流動層乾燥と同等の効果を示すことから微量の結晶水や吸着水の乾燥が進行し，溶媒分がほぼ無くなった処理物の温度が上昇する。処理物は，粉状となるため，所要動力は低い。

4. 乾燥効率の向上

4.1 乾燥機としての要素

FMミキサのようなバッチ式の乾燥で重要な要素は，対流と剪断である。

処理物を均一に混合し効率的に加熱するためには，適当な対流(流動)を得ることが非常に重要で，位置移動をさせなければ混合はできない。FMミキサにおける対流は，回転運動と共に上下の循環流が重要となる。この循環流は壁部で上昇した処理物が中心部に吸い込まれることで形成される。これは羽根の慣性力により発生した圧力に基づき，羽根形状と回転数とに関わる。

ある材料層が単に移動しただけでは混ぜられたとは言い難く，材料層を崩壊させることではじめてミクロな混合がなされ，それに必要な作用が剪断である。材料中に含まれる凝集物を解砕しながら混ぜる場合は，特に重要な要素となる。剪断は羽根による直接剪断もあるが，粘度と速度勾配に関わる流体剪断も大きい。凝集物が大きい場合は直接剪断により，ミクロな凝集に対しては流体剪断が効果的である。いずれにしても回転数(羽根周速)が大きく影響し，作用する確率やその回転数での動力から羽根形状の選定が必要である。

FMミキサによる減圧乾燥の場合，入熱の多くはジャケットの熱媒体と処理物との伝熱により，処理物側の境膜抵抗が大きく影響する。したがって，いかに壁部流動すなわち対流を促すかが大きな総括伝熱係数(乾燥速度)を得る鍵となる。また，前述の乾燥過程で生成する団子や粒を解砕することが必要で，これは剪断によるしかない。

4.2 効率化

乾燥を効率化する(乾燥速度を上げる)には，その性状にかかわらずいかに対流を促すか，また適当な剪断を与えるかの他に伝熱面積を増やす方法がある。

ジャケットの熱媒温度を上げる，槽内の減圧をより真空に近づける方法もあるが，これらの方法は，いずれも機器コストアップとなり好ましくない。回転数を上げて対流と剪断を向上させる方法もあるが，こちらも回転数アップに伴う動力上昇で搭載モータを大きくする必要があり，コストアップとなり好ましくない。

4.3 粉体乾燥に特化した効率化

乾燥を効率化する方法は前述の通りだが，リチウムイオン電池正極材原料には図2で乾燥特性の例としてあげたセラミックスラリーのようなスラリー状原料ではなく，乾燥前から溶媒分を含んだ粉状の処理物を粉状のまま乾燥終了する処理が存在する。これらの処理物は，スラリー状の処理物と比較して乾燥過程で団子状，顆粒状となる傾向が弱く，比較的低回転，低動力で乾燥処理が可能である。

これらを考慮して，同容量のFMミキサに対して伝熱面積が大きいFDミキサを用いた乾燥機を開発した(**図3**)。FDミキサは，元々はFMミキサで処理した高温の処理物を冷却するために開発された機器で，FMミキサと比較して低回転，低動力である。今回はこれを乾燥機用に改良した。

FMミキサからの変更点を以下に記す。

4.3.1 伝熱面積の向上

FDミキサのタンクは，同容量のFMミキサのタンクと比べ，直径が大きく高さが低いタライ型の形状をしているため，タンク底面の伝熱面積を大きく確保できる。また，タンクの直径が大きいという形状を利用して，タンク内部に伝熱面積増加に有効な加熱フィンの設置を行った。さらに蓋部への熱媒供給も可能として，FMミキサと比べて大きな伝熱面積を確保した。

4.3.2 対流効果の向上

粉から粉への乾燥では，タンク内部全面を伝熱面積として有効活用できる。FMミキサではタンクに高さがあるため，タンク上部および蓋部まで到達する粉の対流を低回転で得ることは困難であるが，タンク高さの低いFDミキサでは可能である。蓋部まで到達した対流がより円滑になるよう，タンク内面外周部の断面形状は曲面構造とした。さらに掻き上げ効果のある下羽根を採用することで，回転数を抑えたままで強い対流を起こし蓋裏面まで処理物が到達する構造とした。

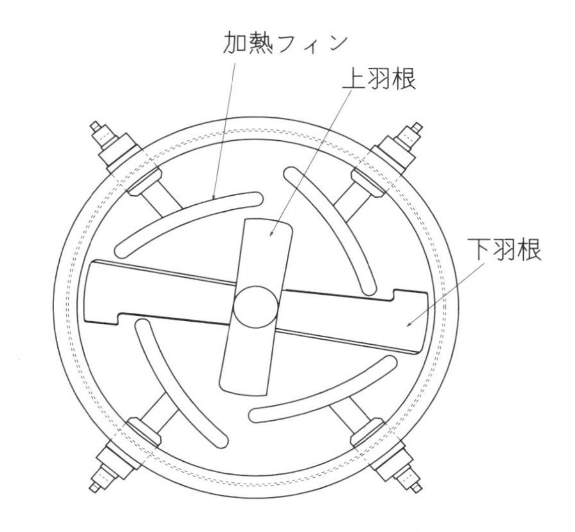

図3 FDミキサ乾燥機[2)]

これらの採用により，FDミキサ乾燥機では同容量のFMミキサと比較して乾燥能力を2倍に向上させている。処理物がタンク内面全体を用いて対流することから，処理物の槽内付着低減も期待できる。特に，乾燥能力向上が難しい水酸化リチウム水和物，水酸化リチウム一水塩，酸化チタン水和物などの乾燥処理において効果的と考えられる。

文 献

1) 奥山杏子：粉体技術，2024年3月号，242 (2024).
2) 中野要介：三井鉱山㈱栃木事業所技報，No.10, 10 (2002).

第1節
半導体基板乾燥技術の過去・現在・未来

Hattori Consulting International／(元)ソニー株式会社　服部　毅

1. はじめに

半導体デバイス製造で高歩留まりを確保するために，半導体基板(シリコンウェハ)表面から汚染物質を除去するためのウェット洗浄がウェハプロセス中に頻繁に登場する。ウェット洗浄の後には必ずクリーンな状態で半導体基板を乾燥させる必要がある。せっかく汚染物質が洗浄で除去できたとしても，乾燥時に新たに汚染が付着するようでは洗浄する意味がない。この点で，半導体基板洗浄の最終段階である乾燥工程は，非常に重要な最頻工程である[1)2)]。本稿では，まず，過去の半導体基板表面乾燥技術を振り返り，現状の乾燥技術を概説し，将来の方向を展望する[2)3)]。

2. 半導体産業黎明期の半導体基板表面乾燥技術

1947年に米国ベル研究所でトランジスタが発明されて以来，半導体基板(シリコンウェハ)表面の汚染物質(当初は主にCuやFeなどの金属汚染)を除去するために，薬液を用いて基板表面を軽くウェットエッチングし，汚染物質をリフトオフした後，脱イオン水を用いてリンス洗浄した後，乾燥していた。半導体デバイスの進化に伴い，金属汚染物質に加えてパーティクル(異物微粒子)や有機汚染や場合によっては自然酸化膜も除去対象に加えられた。

初期には，リンス洗浄した半導体基板表面に乾燥空気(あるいは窒素ガス)を人手で吹き付けて乾燥していたが，その後，25枚のウェハを収納したカセットを1個だけ高速自転させるスピン乾燥方式が採用された。一方，量産ラインでは，2個あるいは4個のカセットを同時に高速公転させて遠心力で水膜を吹き飛ばす方式のスピン乾燥機が広く用いられるようになった。しかし，スピン乾燥方式には以下のような欠点がある。

(1) 高速回転により半導体基板が帯電し，乾燥やその後の保管の際にパーティクルが静電吸着しやすい
(2) 回転機構からの発塵で基板にパーティクルが付着しやすい
(3) 飛び散った水滴がスピンチャンバーの側壁に当たって跳ね返り基板表面に再付着しやすい
(4) 基板表面にウォーターマーク(後述)が発生しやすい
(5) トレンチ／コンタクトホール・配線など凹凸のある回路パターンのエッジ部分の水分が除去しにくい
(6) 高速回転のバランスが崩れるとカセットに収納した薄いウェハが破損することがある

シリコンウェハメーカーでは，半導体基板を温純水(あるいはオゾン水)中から赤外線加熱の雰囲気中にゆっくりと引き上げる乾燥方式が長年にわたり使用されているが，あくまでもミラーウェハ用であり，疎水・親水箇所が混在するパターン付きウェハの乾燥には不向きである。

3. ウォーターマーク対策としてのIPAベーパー乾燥やマランゴニ乾燥

乾燥工程前のウェハ表面の水滴があった場所に乾燥後，ウォーターマーク(watermark：dryng spot，水玉，シミなどとも呼ばれる)が観察されることがあり，半導体微細化に伴い，デバイス特性を劣化させる元凶として注目されるようになってきた。

シリコン基板と水と空気(酸素)の三相境界面で，

$Si + O_2 + H_2O = H_2SiO_3$（メタケイ酸）

$Si + O_2 + 2H_2O = Si(OH)_4$（オルトケイ酸）

といった反応が起こり，イオン化して水滴に溶け込み，乾燥後に局所的にケイ酸として析出する。不純物を含まないケイ酸の薄膜は無色透明で肉眼で識別できないことが多いが，その後のドライエッチング時のマスクとなったり，選択エピタキシー不良，基板とのコンタクト不良やゲート酸化膜の膜質劣化をもたらす。ウォーターマークは，疎水部や親水部の界面を有する回路パターン付きのウェハで発生しやすい。目には見えない微少なパーティクルが核となって発生することが多い。

ウォーターマークはじめ上述したスピン乾燥のいくつもの欠点がない乾燥法として，イソプロピルアルコール（IPA）ベーパーを用いた乾燥方式が，1990年代に広く使われた。純水リンス槽から引き上げた半導体基板を，IPAベーパー乾燥槽に移して，沸騰するIPAから発生するIPAベーパー上に曝して基板表面上の水分をIPAで置換する方式である。蒸気乾燥自体には洗浄効果がないので乾燥直前の表面状態をクリーンに保つとともに，IPA液や乾燥装置自体の洗浄度にも十分留意しなければならない。

IPAベーパー乾燥では，最終洗浄槽からウェハを引き上げてから乾燥するまでに時間を要し，空気にさらされることによりウォーターマークの発生を完全には防止できず，IPAの使用量も多く，引火の危険性をはらむため取り扱いに注意が必要である。

この欠点を補うため，リンスと乾燥を同じ槽で行い，半導体基板を水中からゆっくりと引き上げる際にIPAを含む窒素ガスを基板近傍の気液界面に向けて吹き付けることにより，マランゴニ効果で基板を乾燥する方式が広く採用されるようになった。IPAと水の表面張力の差を利用してマランゴニ対流を起こして，基板表面上の水分とともにパーティクルもそぎ落とす方法である（**図1**）。IPAの使用量が少ないうえにウォーターマーク抑止の点でIPAベーパー乾燥法よりも優れている。洗浄と乾燥を同一槽で行えるため，洗浄装置の小型化の点でも有利である。乾燥効果を上げるため，IPAを加温し，減圧下で乾燥する場合もある。

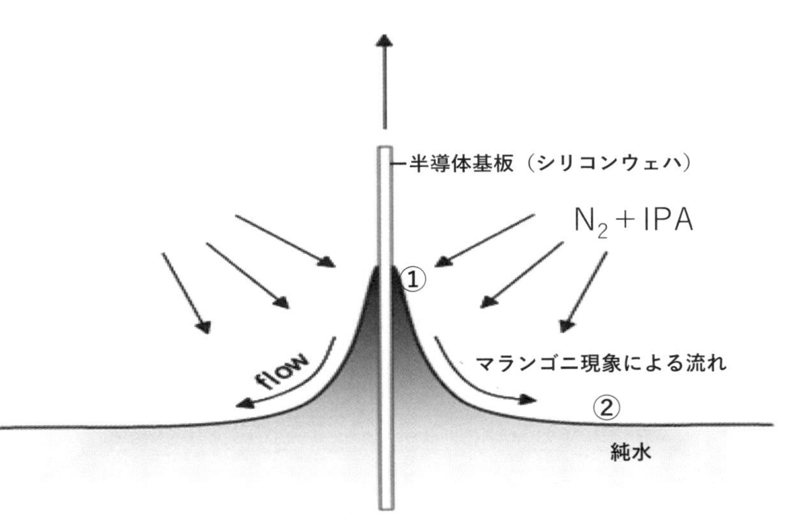

図1　バッチ式マランゴニ乾燥法

表面張力が小さいIPAリッチな水膜の領域①から表面張力が大きい純水の領域②に向けて，方面張力の差によりマランゴニ対流が生じて，基板表面の水分やパーティクルをそぎ落とす

4. 枚葉スピン洗浄向けの乾燥

半導体デバイスメーカーでは，バッチ式多槽浸漬洗浄が長年にわたり使用されてきたが，デバイスの進化とともに製造工程の清浄度の要求が厳しくなってきたため，多層浸漬洗浄は，洗浄槽に持ち込まれた基板付着のパーティクルによる基板表面の相互汚染（Cross-contamination）が問題となってきた。微細化に伴う異種金属の導入によってこれはさらに深刻化した。この対策として，まずはCuを導入したBEOLで枚葉スピン方式（高速回転する1枚のウェハ上にノズルを介して薬液やリンス水を吹き付ける方式）が多用されるようになり，次いで，微細化や新材料対応のためにFEOLでも採用されるようになった[1)2)]。枚葉スピン洗浄では，リンス用の純水の吹付けをやめれば，ウェハの回転時に発生する遠心力によってウェハ表面の水分は飛散して乾燥される。しかし，ここでもウォーターマーク対策が必要である。

乾燥時に，ウェハの直上の空間を遮蔽板で覆い，その狭い空間に大量の窒素を流しながら乾燥させることにより，ウォーターマーク発生の3要素であるシリコン，水，空気(酸素)のうちの空気が遮断されることでウォーターマークを抑止することができる(**図2**)。その後，さらに微細化が進むにつれて，ウェハ周辺近傍で空気の巻き込みによるウォーターマークが再び問題になってきた。

そこで，ウォーターマーク発生抑止のため，マランゴニ効果を枚葉スピン洗浄に適用したロタゴニ(Rotagoni)乾燥が今世紀初頭に導入された。なお，Rotagoniは，RotationとMarangoniを合成した造語である。回転しているウェハの上部からIPAベーパーと純水を隣接した別々のノズルを介してウェハに吹付け，これらのノズルを徐々にウェハ外周に向けて移動させていくと，ノズルの位置よりウェハ中心部の水は，シリコン・純水・空気の3相界面へのIPAベーパー吹付けによるマランゴニ効果とウェハ回転による遠心力で除去される(**図3**)。微少なパーティクル除去にも効果があり，IPAの使用量も少ない。

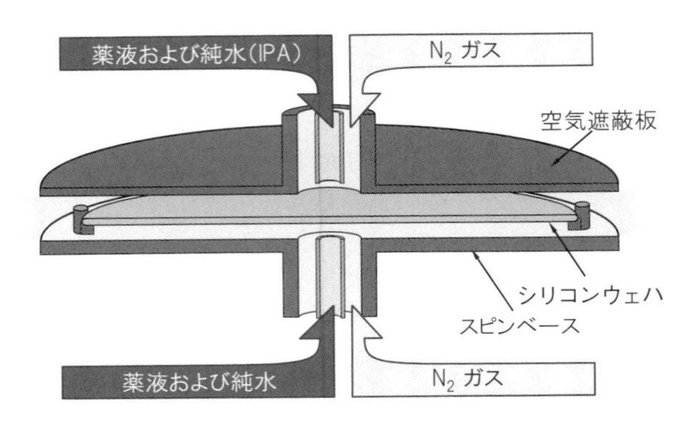

図2　枚葉スピン洗浄の乾燥時にウェハ周辺を遮蔽板で覆うことにより空気を遮蔽してウォーターマークを防止する枚葉スピン機構の断面図

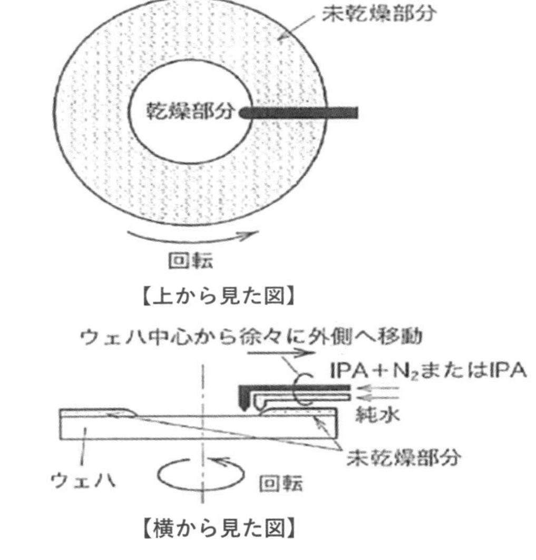

図3　枚葉スピン洗浄後のロタゴニ乾燥機構

5. 脆弱な構造の倒壊を抑止するIPA置換乾燥と究極の超臨界流体乾燥

半導体集積回路(LSI)の回路パターンは絶え間なく微細化を続けてきているが，配線幅が100 nmを切るあたりから，比較的アスペクト比(2次元形状の高さと横幅の比率)の高いフォトレジストや回路パターンなどの微細構造が，洗浄・乾燥時に崩壊してしまう現象がしばしば見受けられるようになってきた。なぜかというと，シリコン基板を乾燥する過程で，柱状構造間あるいはその構造体と基板間に残留した水の表面張力によって毛管力が生じ，それに脆弱な微細構造体が耐えられなくなったためである[4)5)]。

枚葉スピン洗浄において，水の表面張力によって生じる毛管力による回路パターンの倒壊防止およびウォーターマーク対策として，表面張力が水の1/3以下のIPA原液(初期には室温，のちには効果を上げるためホットIPA)をノズルを介してウェハに吹きかけてウェハ上の水をIPA液に完全に置換してから乾燥させるIPA置換乾燥が採用されるようになった。微細回路パターンの倒壊を避けるためには，IPAを大量に消費するIPA置換乾燥を採用せざるを得なかった。IPAの表面張力が水よりは小さいもののゼロではないため，回路パターンの微細化回路に伴い，さらに高アスペクト化した構造の倒壊を完全にはさけられなくなった。

このため，基板表面を疎水性にするような特殊な有機溶剤をパターン付きの製品ウェハに塗布することで基板の表面自由エネルギーを制御して表面張力を低め，理想的にはほぼゼロにする，いわゆる表面改質(Surface ModificationまたはSurface Functionalization)の試みが行われ，一定程度の成功をおさめたが，超微細構造ではパターン倒壊を完璧には防げず，IPAにより基板表面が有機汚染されるため，一部のデバイスの特性劣化をもたらす危険性が生じた。

このため，究極の乾燥法として，原理的に表面張力が発生しない超臨界流体のウェハ乾燥への採用が注目されるようになった[4)-8)]。超臨界流体応用分野では，温度，圧力，安全性，環境調和性など，実用的な見地から超臨界流体として二酸化炭素(CO_2)の適用事例が圧倒的に多い。

表面張力がゼロである超臨界流体を用いると，微細なデバイス構造に機械的ストレス(リンス水の表面張力による毛管力)を加えることなく乾燥できるので，MEMSの洗浄・リンス後の乾燥工程では，超臨界乾燥が以前から広く適用されてきた。LSIプロセスでも超臨界CO_2プロセスをウェハ乾燥工程に適用することにより微細構造の倒壊やデバイスの特性劣化を防止する手法が，2010年代半ばから韓国半導体メーカーのDRAM量産ラインで高アスペクト比の円柱状キャパシタの乾燥に使い始められ，今では先端ロジックLSI量産でも広く活用されている(**図4**)。超臨界流体乾燥は，従来の洗浄装置でリンス水をIPA液に置換し，IPAで液盛りしたウェハを超臨界流体チャンバーに移動して乾燥するわけだが，超臨界流体中で半導体基板の洗浄(汚染除去)と乾燥を連続して行う研究も行われている[8]。

6. まとめ
—将来に向けた洗浄・乾燥の課題

今まで述べてきた半導体基板乾燥法を，過去から将来に向けて**表1**にまとめて示す。

半導体表面洗浄・乾燥技術は，過去80年近くにわたり進歩を続けてきた。回路パターンの微細化が進み，ますます脆弱になる高アスペクト比構造がさらに倒壊しやすくなっている。半導体実装も3次元化の方向で，新材料・新構造に適切に対応するため，新たな洗浄・乾燥手法が求められている。

現在，新たに建設されている半導体工場における水源の確保や水の使用量の削減が大きな環境問題となっているが，SDGsの見地からも薬液や水の使用を削減し，できるだけ再利用し，究極的には薬液や水を使用しない洗浄が求められている。薬液や純水を用いるウェット洗浄の代わりにドライクリーニング(dry cleaning)を採用すれば，ウェハを乾燥させ

通常の乾燥により
倒壊した微細構造

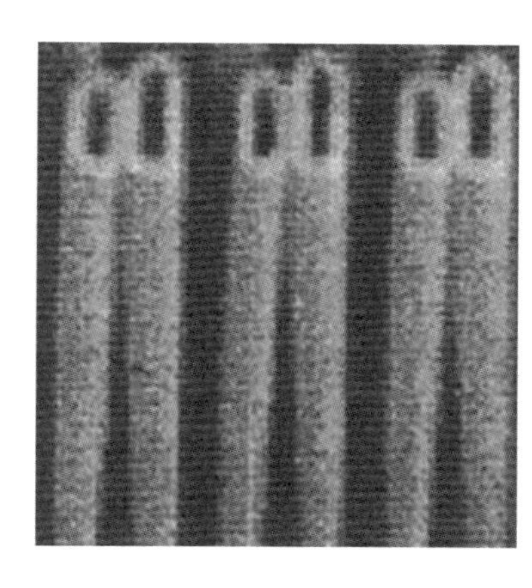

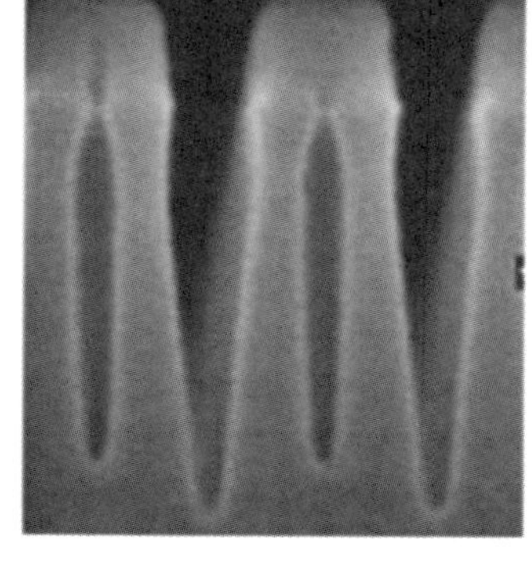

超臨界流体乾燥
による正常な構造

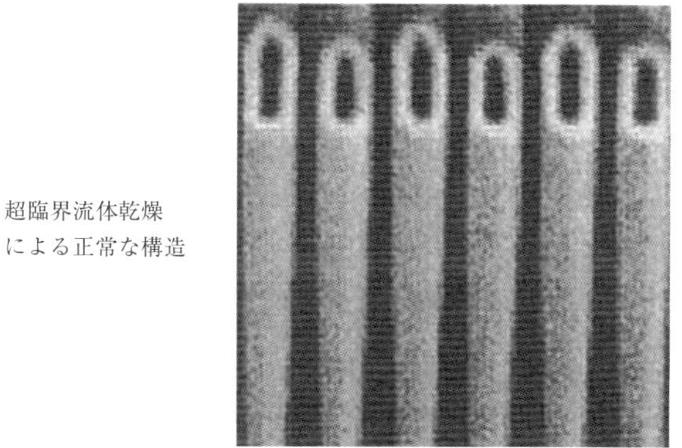

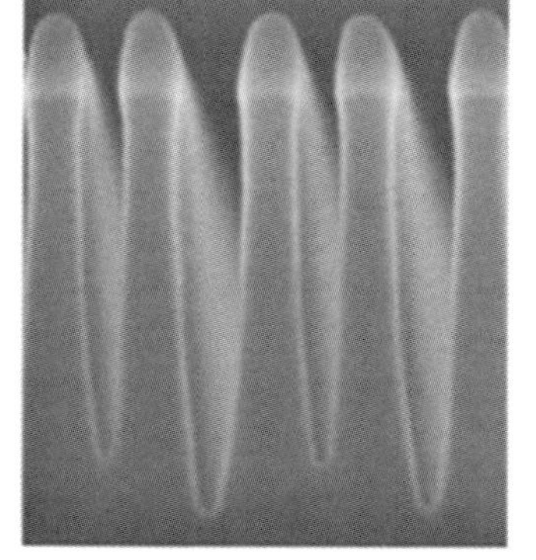

DRAMの円柱状キャパシタ　　　ロジックデバイスのFinFET構造

図4　超臨界流体乾燥による微細な脆弱構造の倒壊防止

表1　過去から将来に向けた半導体基板表面乾燥手法一覧

洗浄方式	乾燥手法	乾燥手法の説明
バッチ浸漬式ウェット洗浄	エアブロー乾燥	乾燥空気(あるいは窒素)をウェハに吹き付けて残留水分を飛散させる。
	バッチ式スピン乾燥	ウェハの入ったカセットを高速回転させて水滴を遠心力で飛散させる。1個のカセットを自転させる方式と複数のカセットを公転させる方式がある。減圧下で行う場合もある。
	温水引上・IR 乾燥	温純水(あるいはオゾン水)から赤外線加熱の雰囲気中にウェハをゆっくりと引き上げる方式。シリコンウェハメーカーで今でも使われている。
	IPA 蒸気乾燥	ウェハを加熱した IPA 蒸気中に曝してウェハ表面の水分を IPA で置換する。
	マランゴニ乾燥	ウェハを水中から引き上げる過程でウェハ近傍の気液界面に IPA を吹き付けてマランゴニ効果により水分とパーティクルをそぎ落とす。
枚葉スピン式ウェット洗浄	枚葉式スピン乾燥	ウェハを1枚ごとに高速回転させる枚葉スピン洗浄の最終段階にリンス水を止めると遠心力で水分が飛散する。乾燥時に遮蔽板を用いて空気を遮断すればウォーターマークを抑止できる。
	ロタゴニ乾燥	IPA を用いるマランゴニ乾燥を枚葉スピン乾燥に適用できるように工夫している。
	IPA 液置換乾燥	ウェハ表面に室温あるいはホット IPA 液を吹きかけて水と置換してウォーターマークと回路パターン倒壊を抑止して乾燥する。
	表面改質乾燥	ウェハ表面に特殊な有機溶剤を塗布して疎水化してラプラス圧が働かぬようにして回路パターン倒壊を抑止して乾燥する。
	超臨界流体乾燥	ウェハを表面張力の働かない超臨界流体中で乾燥する。
ドライクリーニング	乾燥不要	ウェット洗浄の代わりにドライクリーニング採用することで乾燥が不要になる，特定工程では採用されているが，残渣やパーティクル発生のため，RCA 洗浄のような汎用ドライクリーニングは実用化しておらず，今後の課題である。

る工程が不要となり，パターン倒壊は発生しない。それなら，すぐにでもウェット洗浄がドライクリーニングに置き換わるかというと，そう簡単ではない。

半導体プロセスではドライ化が進み，現在までに多くの工程でウェットエッチングがドライエッチングに置き替わっているが，ドライエッチング工程が増えれば増えるほど，発生するパーティクルや反応副生成物や残渣除去のためにウェット洗浄工程が増えるという皮肉な結果となっている。ドライクリーニングも同様な欠点があるが，乾燥工程が不要，減圧装置との相性が良いなど，ガスを利用するドライ洗浄では，微細な溝への反応種の侵入が容易であるなどの利点がある[3)4)]。

ドライ洗浄は，これまでウェット洗浄を補完する技術として，特定の汚染物質の除去を目的に一部の工程で使われてきたが，ウェット洗浄の包括的なドライ洗浄への転換の見通しは，残念ながらいまだに得られていない。汚染発生を抑制したドライ洗浄の今後の発展を期待したい。

半導体デバイスの進化に伴い，次々と生じる精密洗浄・乾燥技術の課題を研究への挑戦や新たなビジネスへのチャンスととらえて，デバイスメーカー，装置メーカー，薬材メーカー，およびアカデミアの相互協力により，半導体洗浄・乾燥技術の今後の飛躍的な進展を期待したい。

文　献

1) 服部毅編：新編シリコンウェーハ表面のクリーン化技術，リアライズ (2000).

2) 服部毅：半導体洗浄・乾燥技術セミナーテキスト，情報機構 (2024). およびサイエンス&テクノロジー (2025).

3) T. Hattori : Solid State Phenomena (Proceedings of UCPSS2024), **346**, 3 (2023).

4) 服部毅：表面と真空，**61**(2), 56 (2018).

5) 近藤英一編：半導体・MEMS のための超臨界流体，コロナ社 (2012).

6) 服部毅：二酸化炭素の直接利用最新技術，エヌ・ティー・エス，275-287 (2013).

7) 服部毅：表面・界面技術ハンドブック，エヌ・ティー・エス，145-150 (2016).

8) T. Hattori : *ECS J. Solod State Science and Technology*, **3**(1), N3054 (2014).

第２節
セラミックス薄膜の乾燥収縮特性

愛知工業大学／岐阜大学名誉教授／名古屋産業科学研究所　板谷　義紀

1. はじめに

セラミックスの用途は多岐にわたっており，そのニーズはますます拡大している。なかでも電子部品用に薄膜状セラミックス製造のニーズが高まっているが，セラミックスの研究開発は材料科学的観点からのものがほとんどで，製造プロセスに関する研究は依然として経験に依存している。

セラミックス製造のウェットプロセスでは，多くの場合，成形後の乾燥に最も時間を要し，急速乾燥は割れや湾曲などの不良率の増大に繋がり，特に薄膜化するほど弱い内部応力でもクラックが生成しやすくなる。通常セラミックスの乾燥は成型体を対象とするため，粉粒体とは異なり水分の内部拡散抵抗が大きくなり乾燥速度の著しい低下を引き起こすだけでなく，乾燥収縮に伴う変形や内部応力生成さらには割れなどの欠陥が生じるなどの問題を有している。これまではこれらの欠陥が生じるのを抑制するために，十分遅い乾燥速度で時間をかけて乾燥が行われている。このような現状にも関わらず，セラミックス乾燥促進や高効率化および制御技術開発に関する報告は限定的である。しかし乾燥プロセスは，焼成の事前処理として完全に脱水させる必要があり，省エネルギー化の観点からも乾燥時間の短縮，さらには，精密な形状のセラミックスの製造が要求され，製品の品質に直接影響を与える乾燥制御技術の開発がきわめて重要になる。

本稿では，セラミックス薄膜製造で乾燥速度の促進による生産効率の飛躍的な向上を図るうえで，乾燥収縮による変形の予測，成形の定量的な設計法の確立，乾燥割れの低減などの課題を抽出するとともに，これまでの研究について概説する。

2. 乾燥収縮挙動概要

乾燥収縮は変形や割れ，湾曲などの欠陥生成の原因となるだけでなく，乾燥特性にも影響を与える。湿り材料中の水は，母材の空隙中で材料表面との相互作用によるポテンシャル力で保持されている。また湿り材料中の水分移動は，一般に固体中に保持されているポテンシャルの勾配が推進力として生じる。セラミックスの乾燥に関連するポテンシャルは，毛管力によるキャピラリーサクションポテンシャルと電気化学的なオスモティックサクションポテンシャルに大別される。キャピラリーサクションポテンシャルはミリからミクロンオーダーの粒状層で，オスモティックサクションポテンシャルはサブミクロンオーダーの粉体層で支配的になる。粘土の乾燥収縮は，通常固体微粒子表面電位と水電離イオンとの相互作用によるオスモティックサクションポテンシャルが主要因となって生じることが知られている[1]。粘土の乾燥収縮挙動は，古くから数多くの研究者により計測されており[2)-5)]，マクロな挙動としては，含水率が大きい場合には含水率の減少に伴いほぼ直線的に収縮し，ある限界の含水率に達するとそれ以上の収縮は進行せずに停止する。

収縮を伴う乾燥機構に関しては，円柱形の粘土を対象としてオスモティックサクションポテンシャルによる水分移動と収縮による内部応力を考慮した２次元解析が初期の研究と言えよう[6)7)]。しかし，乾燥速度については境界条件で既知として与えられており，伝熱との同時解析は行われていない。その後，平板の熱・物質移動と乾燥収縮による応力を同時に考慮した３次元解析が行われている[8)-10)]。これらの解析では，熱・物質移動に温度と含水率を推進力とする有効熱伝導と有効拡散でモデル化し，応力－歪み関係には線形粘弾性モデルを導入して，全ての支配方程式を有限要素法により解いている。

3. セラミックス薄膜乾燥試験とモデリング[11)]

これまでにセラミックス薄膜乾燥を対象にした研究報告はほとんど見受けられないので，ここでは，厚さ1 mm程度の平板状に成形したカオリン薄板の熱風乾燥を対象として，実験で得られた含水率，温度および変形の経時変化を予測しうる熱物質移動および粘弾性応力の同時解析モデルに関する研究例を紹介する。

3.1 モデリング

セラミックス薄板の乾燥では，押し出し成形されたシート状の薄板を連続的に乾燥する場合と成形薄板をバッチ式で乾燥する場合が想定される。また，ベルトや試料台上の薄板を上方から片面乾燥する場合とメッシュなどに乗せて両面乾燥する場合が考えられる。そこで，モデル化に際しては，**図1**に示すようにシートの任意の位置に着目すれば，移動距離yと経過時間tは等価と見なせるので，連続式とバッチ式ともに乾燥時間の非定常現象として扱うことができる。

一方，片面乾燥と両面乾燥では乾燥と収縮挙動が異なるので，両ケースについて検討しておくことは大きな課題である。**図2**は，片面乾燥と両面乾燥それぞれのモデルを示したもので，前者は下面のみが熱的には断熱，物質移動は非乾燥面とし，上面と側面および両面乾燥の3面は対流加熱と乾燥面としている。また，y方向に直交面はシートの連続乾燥を想定した場合にy軸方向の熱物質移動を無視小と仮定して，断熱・非乾燥面としている。バッチ式の場合にも，y方向にある程度の幅を有する薄板ではy方向の熱物質移動が無視小と仮定しうる。さらに薄板の対称性からx方向の半分の部分を解析対象としている。

以上のモデルに基づき，熱物質移動の支配方程式は3次元非定常熱伝導方程式と拡散方程式を連成，境界条件は図2に基づき与えられる。

収縮と内部応力生成挙動については，3次元線形粘弾性モデルを仮定すると，以下のような構成方程式，平衡方程式，変位・歪み関係式から構成される。

構成方程式：
$$\sigma_{ij}=\int_0^t G_{ijkl}(t-\tau)\frac{\partial}{\partial\tau}[\varepsilon_{kl}(\tau)-\varepsilon_{kl}^s]\mathrm{d}\tau \qquad (1)$$

平衡方程式：
$$\sigma_{ij,j}+F_i=0 \qquad (2)$$

変位・歪み関係式：
$$\varepsilon_{ij}=\frac{1}{2}\left(U_{i,j}+U_{j,i}\right) \qquad (3)$$

ここで，σは応力，εは歪み，tは時間，τは積分変数，Fは外力，Uは変位である。添字i, j, k, lはx, y, z方向を表し，たとえば$U_{i,j}$は変位のi成分をj方向での偏微分である。また，G_{ijkl}は応力と歪み関係のテンソルである。これらの関係式は有限要素法により解くことができる。詳細は文献8)－11)を参照されたい。

3.2 試料の乾燥と収縮・変形挙動

薄板の乾燥実験の一例を**図3**に示す。試料には縦10 mm，横30 mm，厚さ1 mmにプレス成形したカオリン薄板を用いて，両面乾燥と片面乾燥条件で100 ℃の熱風乾燥させたときの含水率と試料表面温度の経時変化を示している。●と○印はそれぞれ片

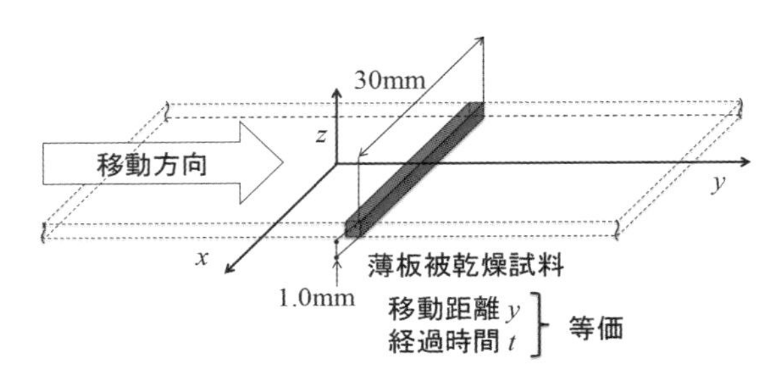

図1　セラミックス薄板シートの連続乾燥とバッチ乾燥の等価性モデル図

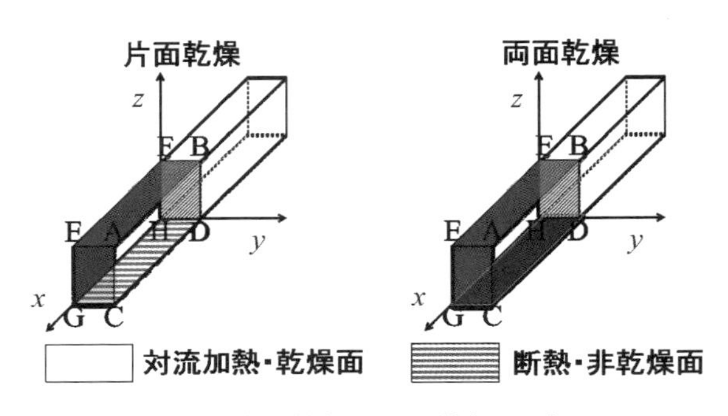

図2　片面乾燥と両面乾燥モデル

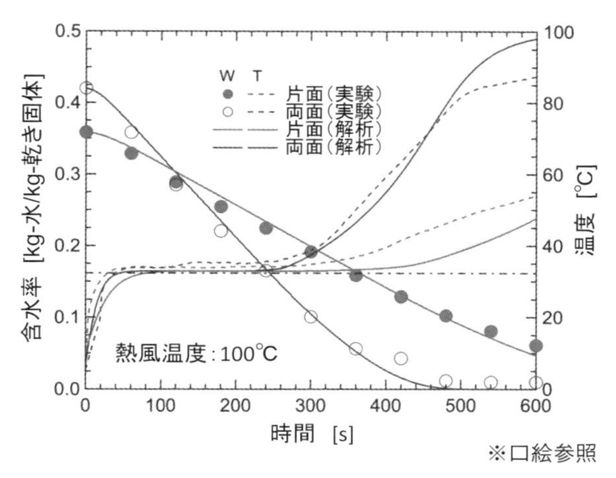

※口絵参照

図3　熱風温度100℃での薄板乾燥挙動の実験と解析結果

面乾燥と両面乾燥時の含水率，破線は試料表面温度の経時変化の実験結果である。また含水率と温度の解析結果は実線で併記されている。実験と解析結果は，片面乾燥時の乾燥後半で温度にやや誤差が認められるものの，おおむね良好に一致している。

含水率と温度の経時変化について実験と解析の一致に基づき，**図4**に片面と両面乾燥過程での温度と含水率分布の解析結果を一例として示す。図中は乾燥開始から60，120，300秒後，片面乾燥ではさらに480秒後について，図2のABDC面の分布を等高線で示している。いずれの分布も試料厚さ方向（z方向）は拡大表示し，横方向は左右対称のため縦中心軸断面半分の分布を図示している。等高線の数値は含水

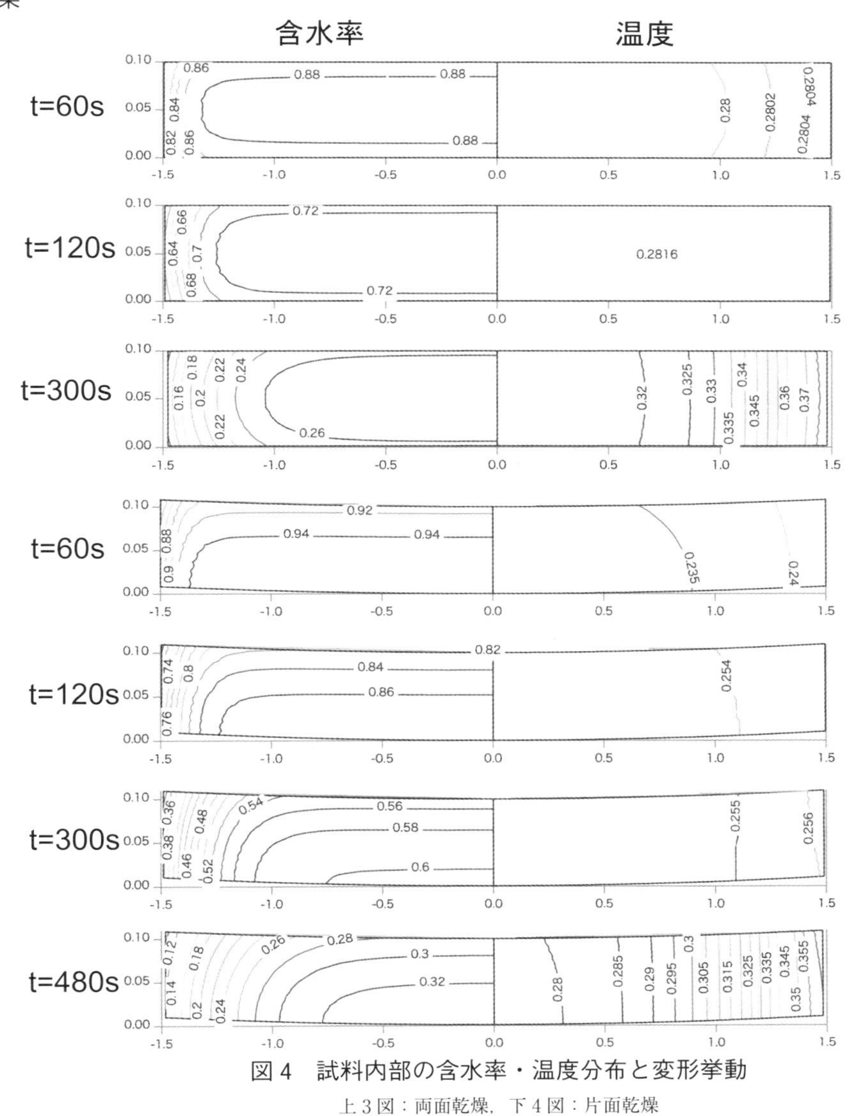

図4　試料内部の含水率・温度分布と変形挙動

上3図：両面乾燥，下4図：片面乾燥

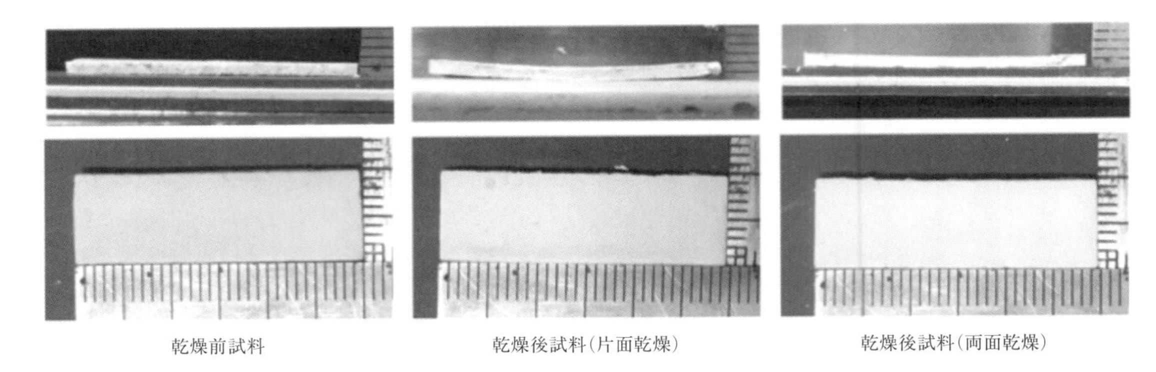

図５　乾燥前後の試料形状

率については初期含水率で正規化，温度については初期温度からの昇温を初期と熱風温度差で正規化している。また，外枠の輪郭は乾燥収縮による変形を表しており，片面乾燥では乾燥の進行とともに上方へ湾曲しており，**図５**の乾燥前後で観察された試料でも湾曲した変形が見られ，このような変形挙動が解析でもよく再現されている。

3.3　試料内部応力生成挙動

3.2 の実験条件に対する理論解析では内部応力生成についても同時解析を行っており，**図６**に乾燥の進行に伴う最大主応力挙動を示している。図６では，両面乾燥と片面乾燥では乾燥速度が乾燥面積の違いから大きく異なるため，乾燥時間ではなく全体の含水率に対する主応力の変化を示している。ただし，試料内部位置によって引張応力または圧縮応力が生成し，正値で最大引張応力，負値で最大圧縮応力をそれぞれプロットしているが，それぞれの最大応力位置は異なるため，必ずしもスムーズな応力挙動を示していないことに注意が必要である。乾燥と変形挙動から予測されるように，片面乾燥では乾燥初期では乾燥速度が遅いため引張応力は両面乾燥に比べて小さいが，乾燥後半では湾曲変形により逆に大きくなっている。一方，圧縮応力は乾燥期間全体を通して乾燥速度が速い両面乾燥の方が試料内部で強い応力を受ける結果となる。また，比較のために熱風温度が 120 ℃の場合についての結果も図示しており，全体の傾向は 100 ℃の場合とほぼ同様であるが，応力値は大きくなっている。

これらの結果に基づき，さらに詳細な研究により，全体の収縮を除く異常な変形や内部応力割れなどを抑制するための乾燥条件の探索が期待される。

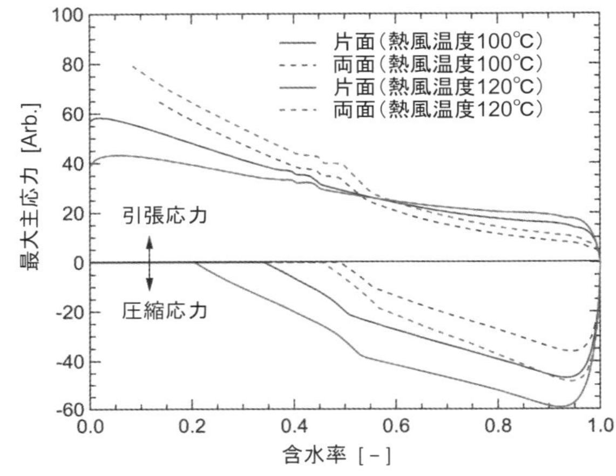

※口絵参照

図６　含水率に対する引張と圧縮最大主応力

4. おわりに

以上，簡単であるがセラミックス薄膜乾燥に関する課題と乾燥収縮挙動を予測するモデリングの概要を紹介してきた。ここで紹介したモデルによる解析シミュレーションはかなり膨大なメモリーと CPU 時間を要し，かつてはスーパーコンピューターを利用していたが，最近では PC の飛躍的な性能向上により，計算対象の要素数をある程度限定することが可能であれば PC での対応も可能となってきている。実際に本解析結果は PC を利用しており，この程度の解析が比較的手軽にできるようになってきているといえる。最近のセラミックス材料の機能性は高度化してきており，量産に向けてはさらに厳密な制御が要求されるものと思われるが，製造に携わる技術者にとって本稿が少しでも参考になれば幸いである。

文　献

1) 大谷茂盛，鈴木睦，前田四郎：化学工学，**27**(9)，638 (1963).

2) F. H. Norton : *Ceramic Age*, **33**, 7-8 (1939).

3) H. H. Macey : *Transactions of the British Ceramic Society*, **41**, 73 (1942).

4) 亀井三郎，桐栄良三：化学機械，**16**(11)，372 (1952).

5) 白木洋一：セラミック製造プロセス，技報堂 (1980).

6) 宍戸郁郎，丸山俊郎，船木稔，大谷茂盛：化学工学論文集，**13**(1)，78 (1987).

7) 宍戸郁郎，村松利光，大谷茂盛：化学工学論文集，**14**(1)，87 (1988).

8) M. Hasatani, Y. Itaya and K. Hayakawa : *Drying Technology*, **10**(4), 1013 (1992).

9) Y. Itaya, S. Mabuchi and M. Hasatani : *Drying Technology*, **13**(3), 801 (1995).

10) Y. Itaya, S. Taniguchi and M. Hasatani : *Drying Technology*, **15**(1), 1 (1997).

11) Y. Itaya, H. Hanai, N. Kobayashi and T. Nakagawa : *ChemEngineering*, **4**, 9 (2020); doi:10.3390/chemengineering 4010009.

第3節
有機 EL 用塗布型乾燥剤

双葉電子工業株式会社　**白神　崇生**

1. はじめに

現代のディスプレイ技術の中で，有機 EL ディスプレイ(OLED)は，その自己発光素子としての特性により，薄型のデザインを実現し，鮮やかな色彩表現が可能な技術として注目されている。この OLED は，テレビやスマートフォン，タブレットといった多くの表示デバイスにおいて，近年顕著な普及を見せており，それに伴いその技術的進化も急速に進んでいる。その駆動方式にはアクティブ駆動型(AM-OLED)とパッシブ駆動型(PM-OLED)があり，AM-OLED は大型で高精細な表示が可能なため，スマートフォンや TV に主に使用されている。一方で，PM-OLED はウェアラブル機器や車載向けのディスプレイなど，簡易的な表示が求められる小型機器に適している(**図 1**)。

乾燥剤は構造上の特徴から PM-OLED で使用される。本稿では PM-OLED 用の乾燥剤(ペーストタイプ)について信頼性維持における役割について述べる。

2. OLED における水分対策について

OLED は，水分に極めて敏感であり，わずかな水分の存在もデバイスの劣化を引き起こし得る。そのため，ダークスポットと呼ばれる非発光状態の発生を防ぐため，高い水分バリア性を持つ封止構造が不可欠である。AM-OLED では，全プロセスを薄膜で構成することが可能であり，その結果，凹凸がない平滑な面を実現できる。さらに，高いバリア性を持つ CVD による無機膜封止が採用されており，プロセス中のパーティクルに起因するピンホールの発生を最小化する工夫が施されている。具体的には，無機層と有機層を交互に重ねたサンドイッチ構造を採用することで，ピンホールが発生しても水分の浸入経路を複雑化し(迷路効果)，有機層を保護することができるため，AM-OLED は乾燥剤を用いないで信頼性を担保することが可能である。

図 1　PM-OLED 搭載商品
左：車載エアコン表示　右：スマートバンド

一方，PM-OLED の陰極形成においては，逆テーパー構造の立体物(セパレーター)が必要となるが，この立体形状が CVD による無機膜の均一な形成を妨げ，封止性能に課題を残している。このため，PM-OLED では乾燥剤を使用した封止手法が主流となっており，封止キャップの中に乾燥剤を内蔵する中空構造(キャビティ構造)が採用されている。封止キャップはガラスや SUS で形成され，乾燥剤は OLED 素子と直接接触しないようにキャップ内面の天井に相当する場所に配置される。封止キャップと OLED 素子基板は，シール材(エポキシ樹脂)を用いて接着され，外気から遮断することで水分の浸入を防ぐ(**図 2**)[1]。

PM-OLED の封止構造では，水分を完全に遮断することが困難であるため，内在水分および外来水分が封止キャップ内の乾燥剤によって捕捉される。こ

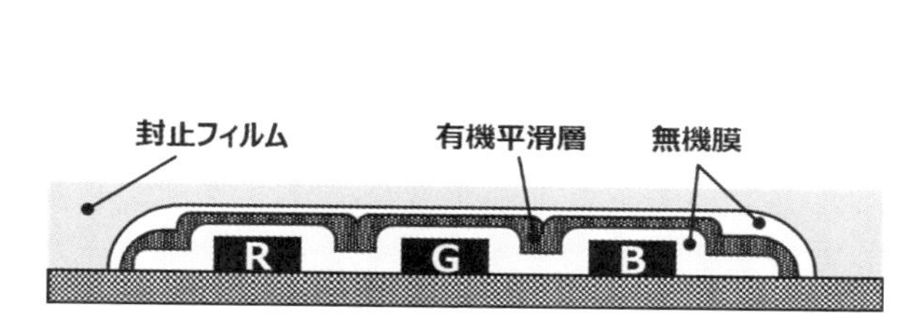

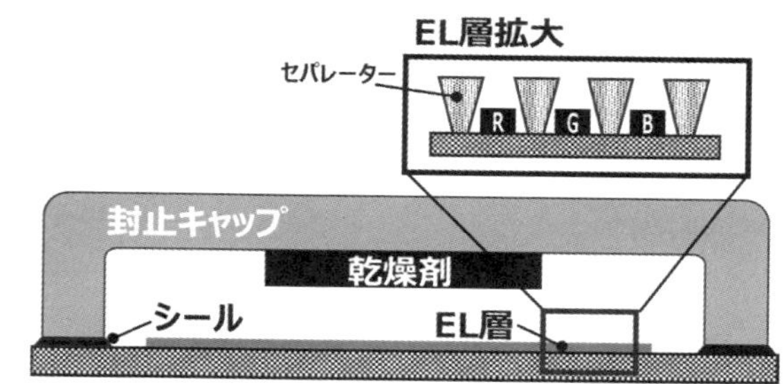

図2　AM-OLED と PM-OLED の封止構造[1)]

左：AM-OLED の封止構造。OLED 素子は無機膜と有機平滑層の交互膜で封止され，外部から浸入する水分を高い次元でバリアすることができる(乾燥剤は不要)

右：PM-OLED の封止構造。封止キャップを EL 素子側の基板に張り付け，乾燥剤を内部に設ける。封止キャップはエポキシ樹脂でシールすることで，外部からの水分浸入を減少させ，わずかに浸入した水分を乾燥剤が捕捉することで，キャップ内を乾燥状態にする

のような水分対策は，OLED の劣化を遅らせ，品質保証された時間までディスプレイの機能を維持するために不可欠である。乾燥剤にはシートタイプとペーストタイプが存在し，シートタイプは封止キャップに直接貼り付けられる手軽さが特徴であり，生産ばらつきが少なく，高い捕水性能を提供する。しかし，その規格化されたサイズのため，特定の品種に適応する柔軟性には欠けることがある。一方，ペーストタイプは樹脂に捕水成分を混ぜたペースト状の乾燥剤であり，ディスペンサーを使用して封止キャップに塗布される。このタイプのメリットは，製品のサイズや形状に柔軟に対応できる点である。捕水性能自体においては両者に差はなく，ユーザーのプロセスに合わせて適切なタイプが選択されることになるが，現在は品種の適応性からペーストタイプの使用が増えている。本稿では，特にペーストタイプの乾燥剤に焦点を当て，その特性と PM-OLED の信頼性維持における役割について詳細に述べる。

3. PM-OLED における水分影響と乾燥剤の役割

PM-OLED デバイスにおける水分劣化は，封止キャップ外部から浸入する外来水分とプロセス中に封止キャップ内に付着する内在水分という 2 つの主要な要因によって引き起こされる。外来水分は，シール材を通じて徐々に拡散し，完全に遮断することができないため，時間とともに封止キャップ内部へ浸入する。この外来水分の浸入時間は，シール断面積とシール幅(距離)を基に概算することが可能であり，シール材の性質や硬化状態，配線形状などの条件に左右されるが，実用レベルでは，たとえばシール幅 1 mm，接着ギャップ 20 μm の場合，85 ℃/85 % の高温高湿環境下で約 200 時間後には水分がキャップ内に浸入することが予測される。

内在水分は，封止プロセスに関わらず，初期の段階で一定のダメージ(シュリンク)として観察される。この内在水分による影響を最小限に抑えるためには，プロセス中の脱水処理が有効である。内在水分の影響を適切に処理することで排除することができれば，PM-OLED の寿命は外来水分の影響が支配的な要素となる。

乾燥剤は外来水分の捕捉において重要な役割を果たすが，封止キャップに浸入した水分は全てが乾燥剤によってトラップされるわけではない。一部の水分は画素の周辺や陰極のピンホールから浸入し，発光面積を小さくするシュリンクやダークスポットを引き起こす(**図 3**)。PM-OLED の水分起因の劣化は，乾燥剤が機能している間，外来水分と乾燥剤の捕水能力との平衡状態の中で一定の割合で進行する。一度乾燥剤の捕水容量が使い果たされると，外来水分による水分分圧が上昇し，劣化が急激に進行するようになる(**図 4**)。実際の使用状況では，捕水容量を使い切る前に，平衡状態の中での劣化によって要求される寿命を迎えることが一般的である。

乾燥剤は内在水分や外来水分の影響を軽減することが可能だが，限られた捕水量の中で効果的に機能

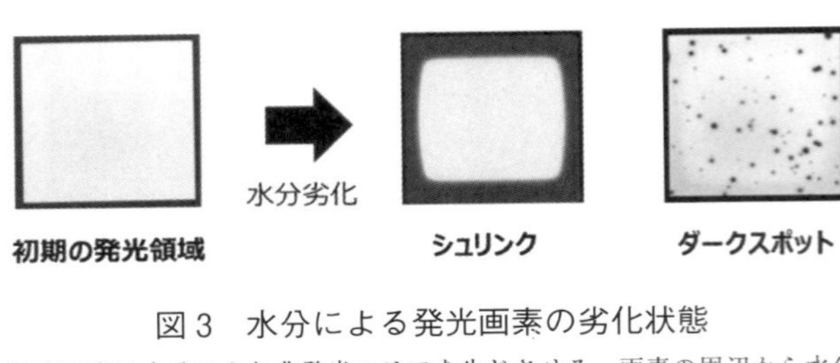

図3　水分による発光画素の劣化状態
発光画素は水分により非発光エリアを生じさせる。画素の周辺から水分が浸入すると発光エリアがシュリンクしてくる。ダークスポットは陰極のピンホールを介して水分が浸入することで現れる

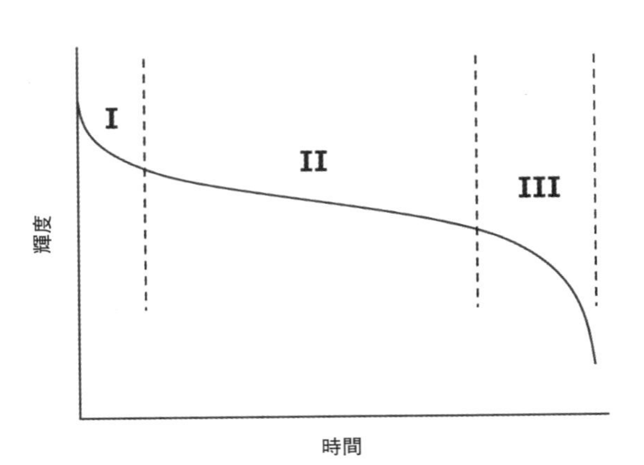

図4　PM-OLEDの輝度劣化(水分起因)の概略図
輝度劣化はエリアI，II，IIIが想定される。初期の劣化(エリアI)は内在水分による影響。エリアIIは外来水分による劣化で乾燥剤の捕水能力，シール設計により傾きが変わる。エリアIIIは乾燥剤の能力を使い切った状態

させなければならない。封止設計を極限まで最適化しない場合，外来水分が過多となり，乾燥剤の捕水能力が追い付かず，ダメージを加速させるだけでなく，捕水容量を早期に使い果たし，結果としてOLEDが保証期間内に劣化してしまうリスクがある。したがって，乾燥剤の適切な使い方とは，外来水分の浸入量を抑えつつ，わずかに浸入した水分を効率的に捕捉するような設計が理想的である。

4. 乾燥剤の要求特性

ペーストタイプ(塗布型)の乾燥剤は，PM-OLEDディスプレイの水分対策において重要な役割を担う。これらの乾燥剤は，主に乾燥成分と樹脂成分で構成されており，高い捕水容量と迅速な水分トラップ能力が求められる。そのため，乾燥成分には単位重量あたり多くの水分反応量と，かつ水分に対して高い反応性を示す化学種の選定が必要となる。

乾燥剤の樹脂成分に関しては，①アウトガスの発生を極力抑えること，②乾燥成分と化学反応を起こさない安定性，③高い水分透過性，④硬化性を持つ特性が求められる。これらの要求は，デバイスの長期信頼性を維持するために極めて重要である。また，環境や取り扱いの安全性にも配慮する必要がある。

乾燥成分としては，CaOやSrOなどのアルカリ土類金属酸化物が一般的に用いられる。これらは高い捕水能力を持つ。ゼオライトや活性炭などの物理吸着性材料も選択肢として存在するものの，加熱による吸着水分の脱離があるため，その使用は限定される。樹脂成分としては，シリコーン樹脂が一般に使用されており，乾燥剤としての物性の安定性と塗布性が両立しているためである。

④の樹脂成分が硬化性を持つことは，デバイスの長期利用においては重要な要素である。硬化性がなければ，樹脂成分が染み出す(ブリード)現象が生じ，封止キャップの内壁面を伝わり，やがて樹脂が素子にダメージを与える可能性がある(**図5**)。この対策としては乾燥剤の硬化性の付与によって，ブリードに起因する樹脂ダメージを効果的に防止できる(**図6**)[2]。

水分反応性が高い乾燥成分を使用する際には，樹脂の硬化反応の選択が困難となる場合がある。たとえば，硬化システムにグリシジル基を用いたイオン重合では，開始剤の失活や自己重合の問題が生じる。また，ヒドロシリル化反応の場合は，触媒の失活や，塩基性物質との反応による水素の発生と硬化不良が問題となる。さらに縮合重合系はアウトガスの発生により使用できず，ラジカル重合においても，塩基性環境での開始剤の安定性が悪く，意図せず重合が起こる可能性がある。特に，OLEDの製造プロセスではN2雰囲気の無酸素状態で行われるため，発生したラジカルが失活せず，重合が加速されることが確認されている。また禁止剤の効果も限定的である[3]。

当社(双葉電子工業㈱)では，硬化性の付与は乾燥剤の重要な機能と位置づけ，N2環境下でも必要な時に硬化できる乾燥剤の開発に成功している。これにより，OLEDデバイスメーカーにとって，より信頼性の高い水分対策を提供することが可能となった。

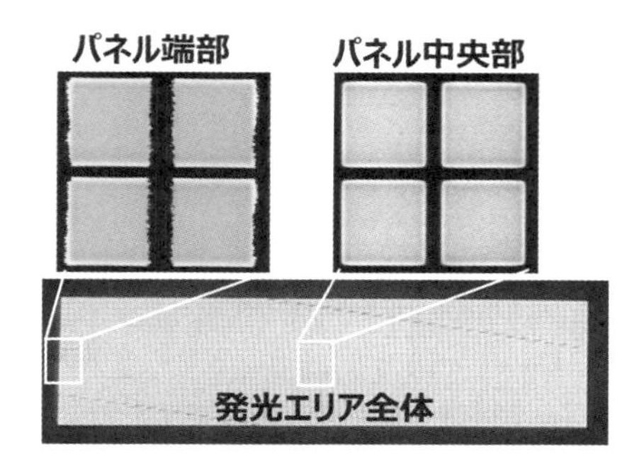

図5　乾燥剤のブリード現象が及ぼすOLEDへの影響

乾燥剤がブリードを起こすことで，樹脂成分が封止キャップ内壁を伝わり，OLED素子へ到達する。到達した樹脂成分はOLEDに対して水分とは異なるダメージを起こす。パネルの端はすでにブリードが素子まで到達したときの発光状態。パネル中心部とは発光状態が異なり，画素周辺がいびつにシュリンクを起こす

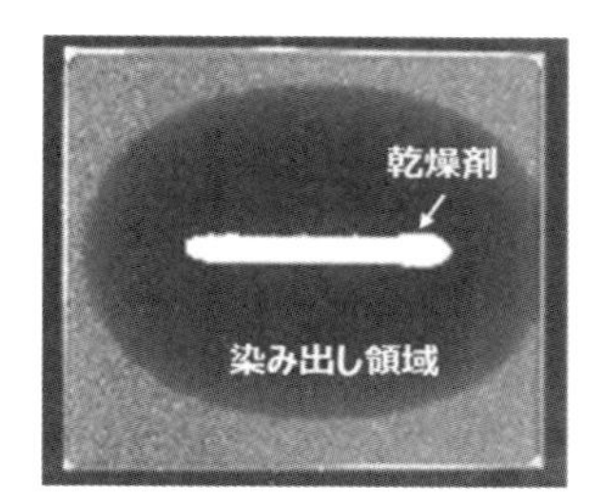

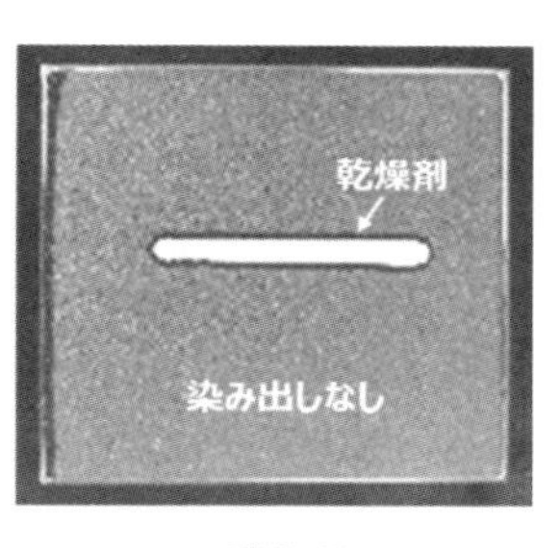

図6　乾燥剤の硬化/未硬化によるブリード現象の比較[2)]

ガラス製の封止キャップ(キャップ内はブラストで加工)に乾燥剤を塗布後，85℃で100 h経過後のブリード状態の比較。未硬化品ではブリードによる樹脂成分が染み出し，変色しているのに対して，硬化品はブリード現象が確認できない。なお，硬化品は塗布後にUVで硬化処理を実施

5. OleDry-P10の紹介

当社ではPM-OLED用の塗布型乾燥剤「OleDry-P10」(以下，P10)を上市している。

表1にP10の製品仕様を示す。P10の特徴は，高い捕水性能と顧客プロセスに適応させた紫外線硬化性を付与していることである。

紫外線硬化を選定している理由は，顧客の封止プロセスにおいてUV硬化型シールを硬化させるときに同時に硬化できるからである。**図7**は，紫外線を照射したときのP10の粘度変化を示す。UVを照射することで架橋反応が進み，粘度の上昇，そして硬化に至ることが示されている。

さらにP10は高い捕水性能を有していることも特徴である。捕水スピードを比較するには，大気中の水分反応による重量増加の経過を測定する。**図8**は，当社が上市していたCaOベースの乾燥剤とP10の大気重量増加比較である。P10の重量変化が従来品に比べ捕水により急激に重量が増加しており，水分反応性が高いことが示される。この高い水分反応性は，OLEDデバイスのライフ特性にも良好な結果をもたらすことが確認されている。**図9**は，85℃/85％における輝度特性である。輝度の低下はP10の方が良好に推移し，2,000 h後においても初期の85％以上を維持しており，乾燥剤の性能の高さが示されている。

表1　OleDry-P10の製品仕様

項　目	特性値ほか
封止方式	キャビティ構造
乾燥成分	アルカリ土類金属酸化物
捕水容量(大気重量増加)	18 wt%
硬化条件	6000 mJ/cm^2(365 nm)
外観	白色ペースト
粘度	100 Pa･s
密度	2.3 g/cm^3
保管温度	−15℃以下
取扱環境	露点−40℃以下

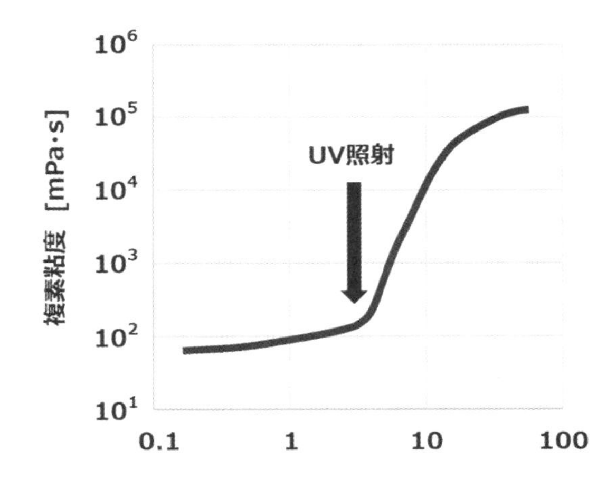

図7　OleDry-P10における紫外線硬化特性

レオメーター：Anton Paar社製　MCR　102
測定条件：25℃/N2
UV照射：480 mJ/cm^2

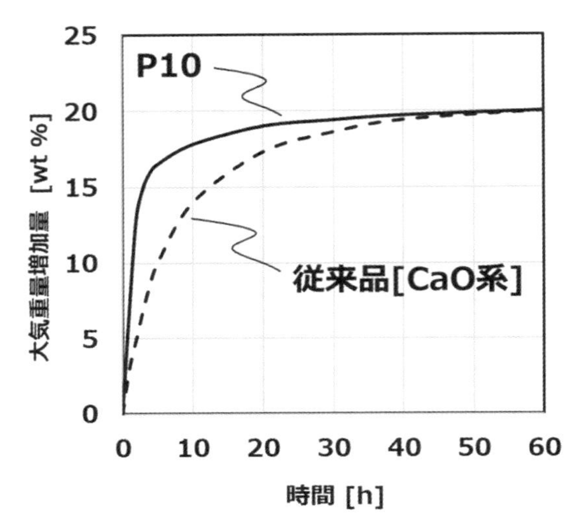

図8　P10と従来乾燥剤の大気重量比較

当社従来品(CaO系)乾燥剤とP10の大気における重量増加比較では，P10の方は重量増加速度が速いことが示される

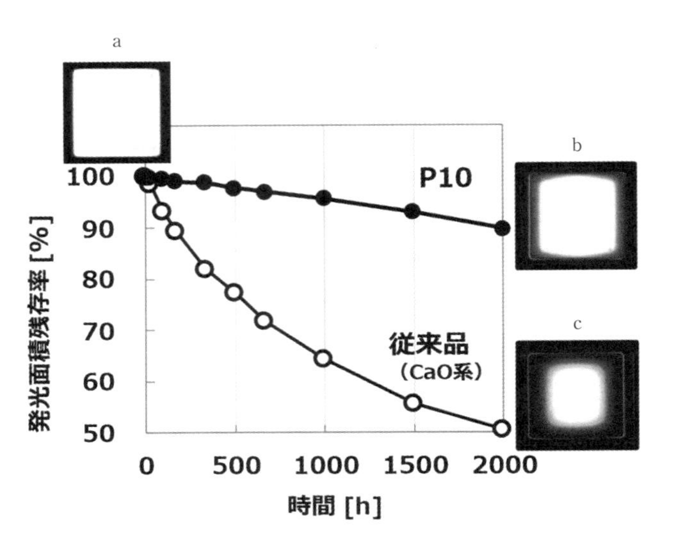

図9　P10と従来乾燥剤を実装したOLEDの輝度の低下推移(85 ℃/85 %RH)

従来のCaO系乾燥剤では2000 h後において初期の50％まで輝度低下が進んでいるが，P10においては85％以上の輝度で推移している。乾燥剤の捕水性能が輝度ライフに大きく寄与していることがわかる

a：OLED画素の初期点灯状態

b：P10を実装したOLEDの2000 h後の点灯状態

c：従来乾燥剤(CaO系)を実装したOLEDの2000 h後の点灯状態

6. まとめ

本稿では，PM-OLEDの信頼性維持における乾燥剤の役割について詳述した。OLED技術はその鮮やかな色彩と薄型デザインで注目されているが，水分に対する脆弱性が大きな課題である。特にPM-OLEDにおいては，陰極形成のための立体構造が封止性能に課題を残し，乾燥剤を用いた封止手法が主流となっている。このような背景から，乾燥剤の適切な選定と利用がPM-OLEDの寿命を左右する重要な要素となっている。

シートタイプとペーストタイプの乾燥剤が存在する中で，特にペーストタイプの乾燥剤はその柔軟な適応性と高い捕水性能から注目されている。ペーストタイプの乾燥剤に求められる特性としては，高い捕水容量と迅速な水分トラップ能力が挙げられ，さらに樹脂成分のアウトガス発生抑制や高い水分透過性，硬化性などが重要である。当社製品「OleDry-P10」は，これらの要求特性を満たし，紫外線硬化性を持つことで顧客プロセスにおいても高い信頼性を発揮している。

今後は，P10の優れた特徴を活かし，さまざまな利用範囲を広げることが期待される。たとえば，次世代電池やセンサーデバイス，さらには医療機器や産業用機器など，さまざまな分野での応用が期待される。高い捕水性能と適応性を持つP10は，これらの新たな市場においても信頼性の向上に寄与することができると期待している。

文　献

1) 先端エレクトロニクス分野における封止・シーリングの材料設計とプロセス技術，技術情報協会，640-647 (2013).

2) 保科有佑，宮川雅司：特開2017-208236.(双葉電子工業)

3) 光硬化技術―樹脂・開始剤の選定と配合条件および硬化度の測定・評価―，技術情報協会，63-66, 114 (2000).

第1節
重合トナーの乾燥

中村正秋技術事務所　中村　正秋

1. はじめに

コピー機やプリンタなどの電子写真プロセスが大幅に進歩し，それにともなってこれらの機器に使用されるトナーについても開発がなされている。プリンタやコピー機への要求として，小型化，高画質，高解像度，省エネルギーといったものがあり，トナーには，微粒子化，粒子の均一性，高流動性，低温度定着性などが求められている。これらの要求を満たすトナーとして重合トナーが注目されている。一般に重合トナーの製造工程には，乾燥工程が含まれ，乾燥の方式によって重合トナーの性状が大きく左右される。

2. トナーの製造方法

一般にトナーの製造工程は，混練粉砕法(粉砕法)と重合法に分けられる。現在実用化されているトナーの多くは粉砕法によるものであるが，重合トナーが優れた特性を有することから重合トナーの需要が増加している[1]。

2.1　粉砕法トナー

粉砕トナーは，バインダー樹脂，着色剤(黒の場合にはカーボンブラック)，ワックスなどを均一に混合して加熱溶解し，混練したのちに圧延冷却したものを，粉砕・分級し，添加剤(流動性付与剤)を付加することによって得られる。

形状は不定形である。均一径のトナーを得る操作は分級によってなされるが，粉砕後の径の分布が広いために，分級による損失が多い。製造工程で発生する副産物が少ないという利点を持つが，粉砕工程に多量のエネルギーを消費する[1)2)]。

2.2　重合法トナー

重合トナーの製造方法(懸濁重合法)では(図1)，ワックス，着色剤(黒の場合はカーボンブラック)，バインダー樹脂(モノマー：ガラス転移点60℃)，帯電制御剤を溶媒中に分散して油相とし，一方で粒子径制御剤，界面活性剤(分散剤)を純水に分散して水相とする。この両相を混合し，攪拌してトナー原料が含まれた均一かつ微小な油滴を生成させる。ここで，重合開始剤を投入し，高速で撹拌することによって目的の粒子径(5～10 μm)を持つ油滴を得る。その後，懸濁液を重合反応機に仕込んで5～120℃の温度で懸濁重合を行い，微小かつ均一なトナー粒子を得る。反応終了後にトナー粒子内部の溶媒を除去し，トナー表面を水で洗浄し，残留した水分を乾燥工程で取り除く。最後に外添剤(流動性付与剤)を表面に付着させる[1)-3)]。

重合法では，粒子径の制御が容易で，粉砕法と比べて微小かつ径の分布幅が狭いトナーを高収率で得ることができる。また，カラー重合トナーでは，トナー中の成分(着色剤)の濃度分布の制御が容易である。形状は一般に球形であるが(図2)[2)]，現在の印刷機が粉砕トナー用に開発されていることから，これらに適合させるために形状を球形以外とすることもある。重合法の中にも，懸濁重合法のほかに，乳化凝集法，溶解懸濁法などいくつかの種類があるが，どの方式でも洗浄，乾燥工程を経て製品となり，乾燥工程を要する。

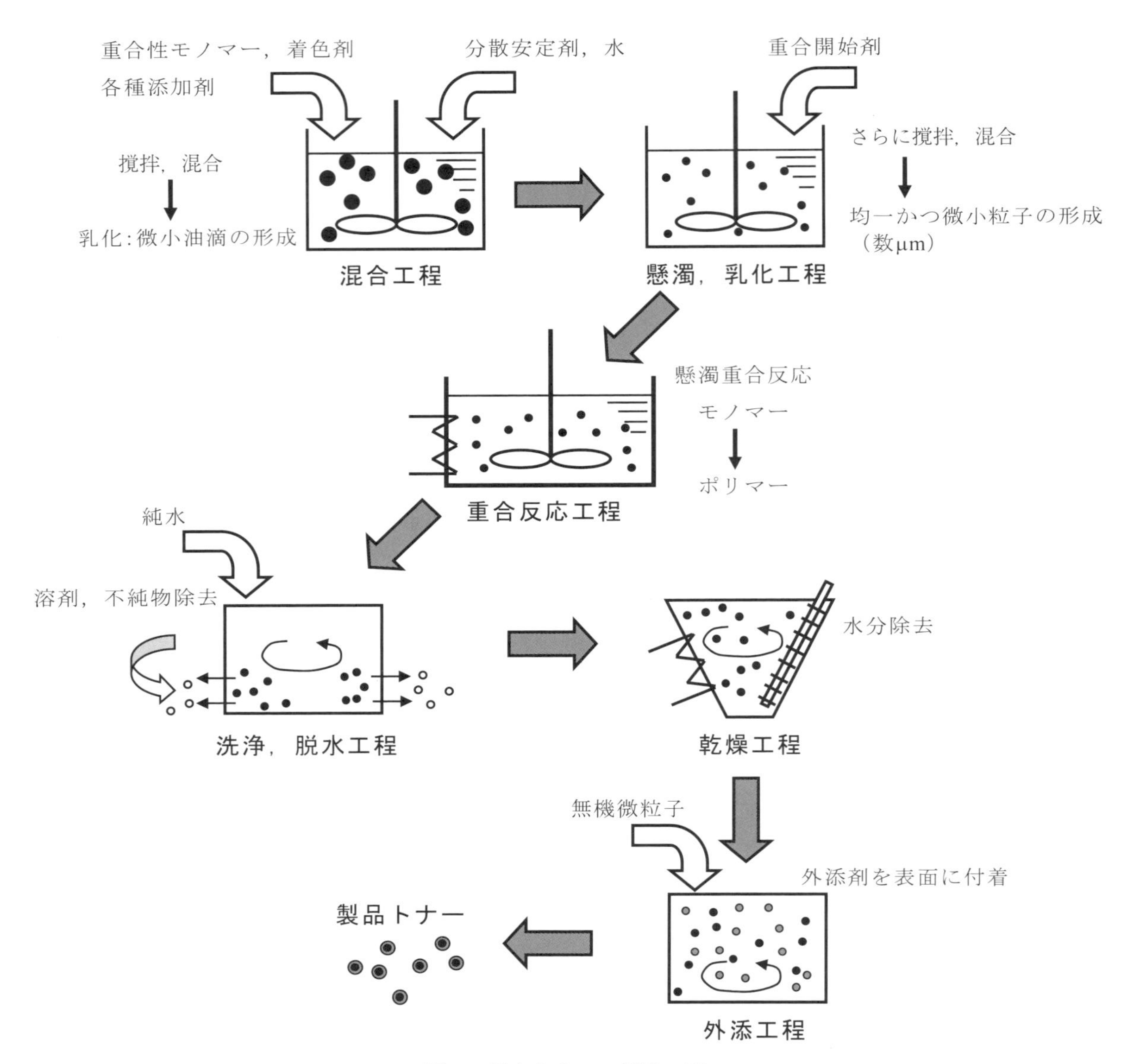

図1　重合トナーの製造工程

粉砕トナー

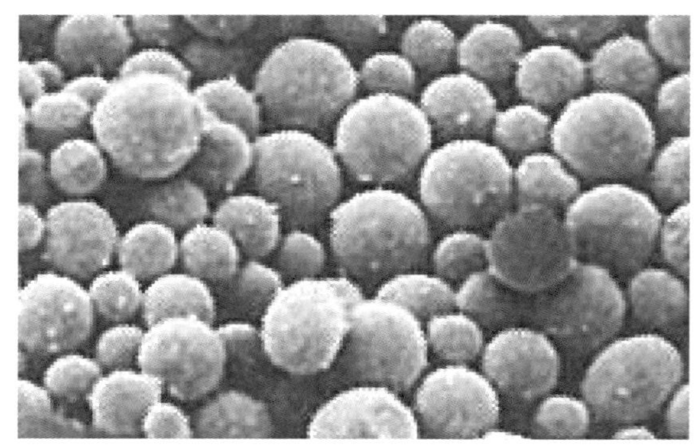

重合トナー（懸濁重合法）

図2　製造法によるトナー形状の違い[2)]

3. 重合トナーに使用される乾燥技術

重合トナーは粉状材料と考えることができる。粉状材料を乾燥するための装置は種々存在するが，以下に挙げるような重合トナー特有の問題があるため，これらの点に留意しなければならない[4]。

3.1　高い付着・凝集性

一般に粒子径が 10～30 μm よりも小さくなると，凝集体を形成するようになる。通常，重合トナーの粒子径は 5～10 μm であり，さらに乾燥前には多量の水分を含んでいるため，極めて凝集性の高い粒子といえる。このような材料を，単に静置した状態で乾燥すると乾燥後のトナー粒子が強固な凝集体を形成し，解砕，分級工程が必要となる上に良好なトナー粒子が得られない。このため，粒子を分散させながら乾燥する必要がある。

3.2　粒子同士の融着

重合トナーは，ガラス転移温度によって固形化温度が決定される。この温度が低いほど印刷時の定着性はよくなる傾向にあるが，低温で融着が起こるために貯蔵安定性に問題が生じる。したがって，重合トナー粒子の固形化温度(ガラス転移温度)は通常 60 ℃程度に調整される。乾燥において，トナー温度が固形化温度(60 ℃)よりも高くなると，粒子同士が融着して大きな粒子(凝集体)を形成し，トナーとしての性能が著しく低下する。したがって，乾燥時のトナー温度を固形化温度(60 ℃)よりも低温としなければならない。

3.3　低い含水率までの乾燥が必要

重合トナーの乾燥後の含水率は，0.3 %(湿り基準)以下としなければならず，それよりも高い含水率は，印刷時のトラブルの原因となる。

4. 重合トナーの乾燥に使用される乾燥機

重合トナーの乾燥では，上述のように粒子の分散性が良好で，低温度での乾燥が要求される。粒子を分散する方法としては気流による同伴，機械的撹拌が用いられる。また，低温乾燥では，乾燥時間が長くなるので，含水率が高い場合には高温で，含水率が低くなったら低温で乾燥する方法が用いられる(高含水率では，高温にさらされても熱が蒸発潜熱として使われるため材料温度が上昇しにくい)。

4.1　流動層乾燥機

流動層乾燥機とは，粉粒状の材料を分散板と呼ばれる金網または多孔質板上に載せ，ガスを分散板下部より流入させて粉粒状の材料を浮遊運動(流動化)させつつ乾燥を行う装置である。材料と流動化ガス(乾燥用ガス)との接触が良好であるために高い乾燥速度が得られるほか，良好な流動化状態であれば粒子同士の分散性にもすぐれている。しかしながら，凝集性の高い重合トナーにおいては，十分な流動化状態が得られないために適用が困難であり，以下のような工夫がなされる。

4.1.1　振動流動層乾燥機

流動層乾燥機において，乾燥機本体を振動させつつ乾燥を行う方法である。図 3 に振動流動層乾燥機の概略を示す[5]。乾燥機本体の下部に振動モータをななめに設置し，ツイスト振動と呼ばれる 8 の字回転のような振動を与えるものが多く普及している。

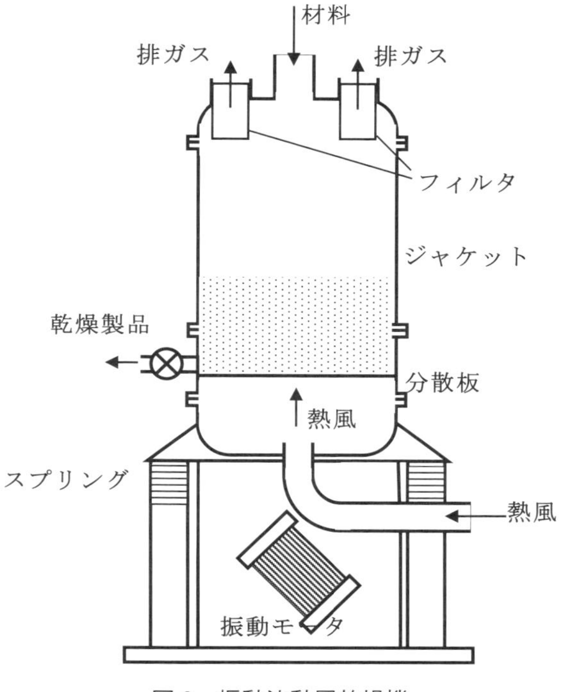

図 3　振動流動層乾燥機

重合トナーの乾燥において振動流動層を使用した例がある。これによると，含水率40％(湿り基準)程度の湿りトナー1kgを振動流動層乾燥機(中央化工機㈱：VUA-16D型)に仕込み，振動周波数25Hz，振幅2.0mmを与え，40℃，100L/minのガスを流入させつつ乾燥したところ，約1時間で乾燥が終了し，分散性が良好な乾燥トナーが製品として得られている[6]。

4.1.2　高速流動層乾燥機(循環流動層乾燥機)

流動層では，流動化ガス速度を変えると流動化状態が変化し，高いガス速度では，粒子が流動層から飛び出すようになる(高速流動化，気流層)。この高速流動化状態では，付着性の強い粒子でも分散させることができるため，重合トナーの乾燥に適用することが可能となる。高速流動層乾燥機の概略を**図4**に示す。含水率23％(湿り基準)の湿りトナーをガス速度2.5m/s，温度50℃で120分間乾燥したところ，乾燥前と実質的に粒子径変化が起こらず良好な乾燥重合トナーが生成された[7]。

4.2　気流乾燥機

気流乾燥は，粉状の材料を気流中に分散させつつ投入し，材料を気流に同伴させながら乾燥する方法である。重合トナーのように含水率が高い材料に気流乾燥を適用するためには滞留時間を増加させるための工夫が必要である。

4.2.1　ブレード付き旋回流型気流乾燥機

図5に，旋回流型気流乾燥機の概略を示す[8]。乾燥機の下部に回転翼(ブレード)を取り付けて旋回流を発生させ，その旋回流に粉状材料を同伴させて乾燥する。材料およびガスは乾燥機下部から上方に移動し，乾燥後の製品はサイクロンやバグフィルタで回収される。乾燥が終了していない材料は乾燥したものに比べて重いために乾燥機上部に移動した後に中心部を下降して再び乾燥機下部に戻る。一方で乾燥が終了したものは，気流に同伴されて乾燥機上部から排出される。これによって，材料の乾燥機内における滞留時間を増加させ，均一な含水率を持つ乾燥製品を得ることができる。含水率の低い重合トナーが固形化温度よりも高温にさらされると，温度が上昇し，粒子同士の融着が起こる。旋回流型気流乾燥機では，含水率の低い材料が乾燥機の壁側を移動するため，壁を冷却することで材料温度の上昇を防止している。

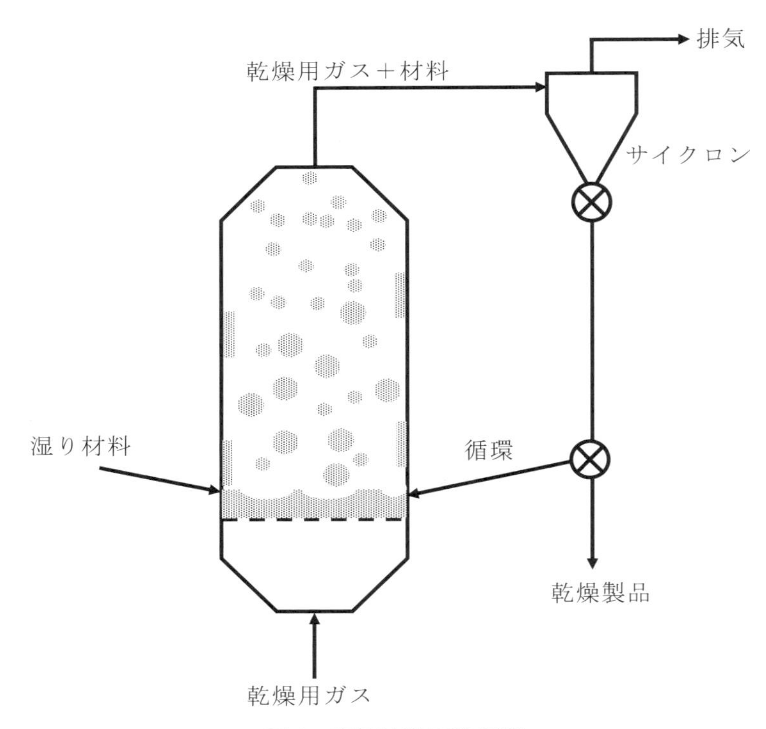

図4　高速流動層乾燥機

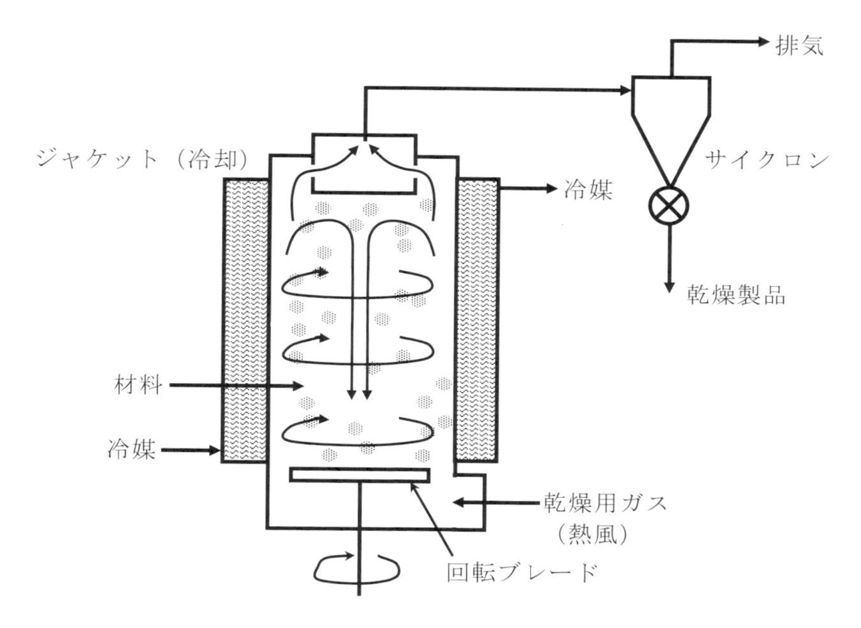

図5　ブレード付き旋回流型気流乾燥機

重合トナーを乾燥した実施例としては，旋回流型気流乾燥機（ホソカワミクロン㈱：ドライマイスター DMR-1 型）を用い，含水率 30 %（湿り基準），のケーキ状湿りトナー（粒子径 5 ~ 6 μm）を 1.5 kg/min で乾燥機に供給しつつ乾燥したものがある。乾燥用ガスの温度は重合トナーの融着する温度（60 ℃）よりも高い 80 ℃であり，流量を 25,000 L/min としている。気流温度が高くても壁を 27 ℃に冷却することで，重合トナーの融着を防止でき，良好な乾燥トナー粒子が得られた[8]。

4.2.2　環状気流乾燥機

乾燥機本体を環状のパイプからなるものとし，材料を乾燥用ガスに同伴させつつ乾燥機内を流通させる方法である（**図6**）。環状管の上部から粉状材料を投入すると，材料は環状管内を流れる気流に同伴され，分散しつつ乾燥する。含水率の高いものは環状管内を循環し，乾燥が終了したものが環状管内側の管より気流とともに排出される。環状型とすることで，材料の乾燥機内における滞留時間を増加することができる。乾燥用ガスの温度はトナー粒子の固形化温度よりも高いが，壁を冷却することで，トナーの融着を防止している[9]。

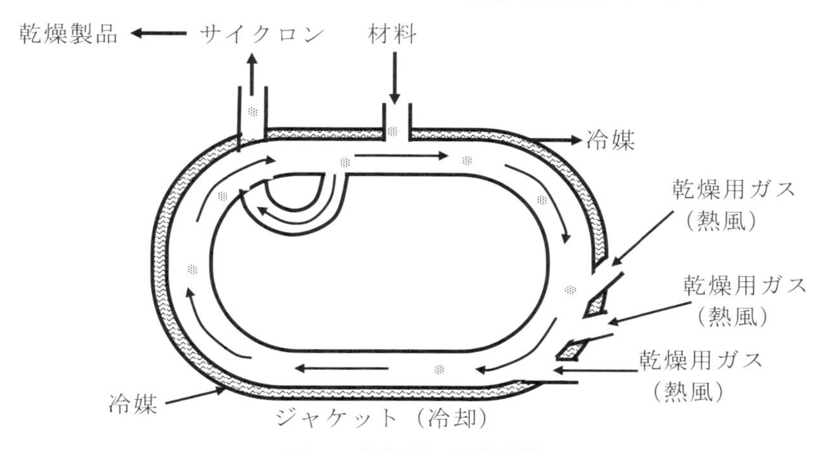

図6　環状型気流乾燥機

4.3　真空乾燥機

乾燥機内の圧力を下げることによって水が蒸発する温度を下げ，低温乾燥を可能としたものが真空乾燥機である[10]。熱は，加熱された壁や撹拌機から材料に与えられる。重合トナーのように乾燥時に分散させる必要がある材料は，撹拌しつつ乾燥する。

4.3.1　逆円錐乾燥機(スクリュー型，リボン型)

逆円錐型の乾燥機内に材料を仕込み，外部に取り付けられた真空ポンプによって乾燥機内を減圧とする。乾燥機の外部にジャケットを設け，乾燥機の外壁を加熱する。壁に接触した材料が加熱され，乾燥が進行する。乾燥前に材料を乾燥機内に投入し，乾燥終了後に乾燥機下部から取り出す(回分式)。撹拌の方法によってスクリュー型(**図７**)とリボン型(**図８**)

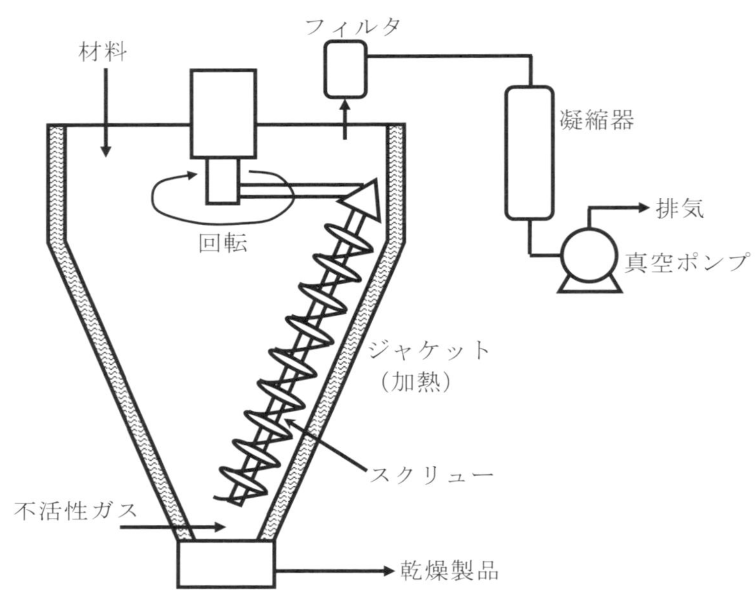

図７　逆円錐乾燥機(スクリュー型)

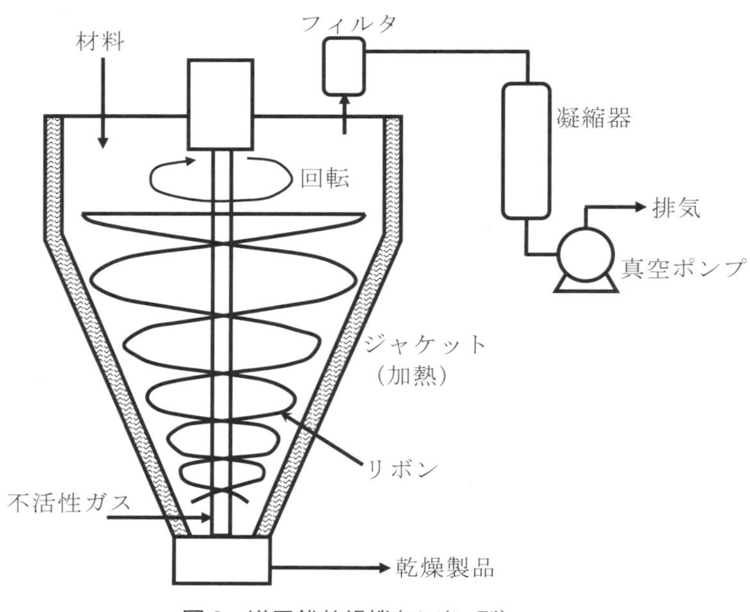

図８　逆円錐乾燥機(リボン型)

の2種類に分けられる。

重合トナーの乾燥では，トナー粒子同士の融着を防ぐため，外壁の温度は固形化温度(60℃)よりも低く設定される。また，重合トナーの分散性を向上させる目的で，乾燥機の下部から不活性ガス(窒素ガス)を供給しつつ乾燥する方法が報告されている[11]。

重合トナーを乾燥した実施例では，スクリュー型逆円錐乾燥機(ホソカワミクロン㈱：ナウターミキサーNXV-1型)を用い，含水率32％(湿り基準)のケーキ状湿り重合トナー30kgを乾燥している。乾燥機内圧力0.7～5.3kPa程度，ジャケット温度60℃とし，さらに不活性ガスとして窒素ガスを5.0L/minで供給しつつ6時間の乾燥を行い良好な乾燥重合トナーを得ている[11]。リボン型の逆円錐乾燥機を使用した実施例がある[11]。

4.3.2　二重円錐回転乾燥機(コニカルドライヤ)

二重円錐回転乾燥機(コニカルドライヤ)の概略を**図9**に示す。二重円錐型の乾燥機本体に材料を投入し，乾燥機本体を回転させて材料を撹拌する。乾燥機の外部にジャケットを設け，乾燥機本体の外壁を加熱して壁から材料に熱を供給する。乾燥機中心部に挿入されている管は真空ポンプに接続されており，乾燥によって蒸発した水蒸気を排出する。乾燥後に乾燥機の回転をとめ，乾燥機下部から乾燥製品を取り出す。スラリー状の材料から粒子状の材料までさまざまな形状の材料に適用可能である。

重合トナーを乾燥する場合には，乾燥機の外壁温度を60℃以下とする。二重円錐回転乾燥機にて重合トナーを乾燥した実施例として，コニカルドライヤ(日本乾燥機㈱：CBD-300型)にケーキ状湿り重合トナー120kgを投入し，ジャケット温度50℃で乾燥したものが報告されている。このときの乾燥機内圧力は2～4kPaであり，乾燥時間5時間で良好な乾燥重合トナーを得ている[12]。

4.4　異種乾燥機の多段使用

高含水率材料は，ある程度の高温にさらされても水の蒸発潜熱によって熱が消費されるため，材料温度は上がりにくい。また，低温乾燥は，乾燥速度が低く，高含水率から低温乾燥とすると多くの時間を要することとなる。このため，前段で高温の高速度乾燥を行い，その後の仕上げ乾燥に真空乾燥機などの低温乾燥を使用することによって乾燥時間の短縮を図る方法が提案されている。

重合トナーの2段階乾燥の例として，気流乾燥機と真空乾燥機(逆円錐型乾燥機)を使用した例を示す。**図10**は乾燥機の概略である。前段の気流乾燥機は環状気流乾燥機であり，乾燥機上部から湿り重合トナーを供給し，ガスに同伴させながら乾燥する。乾

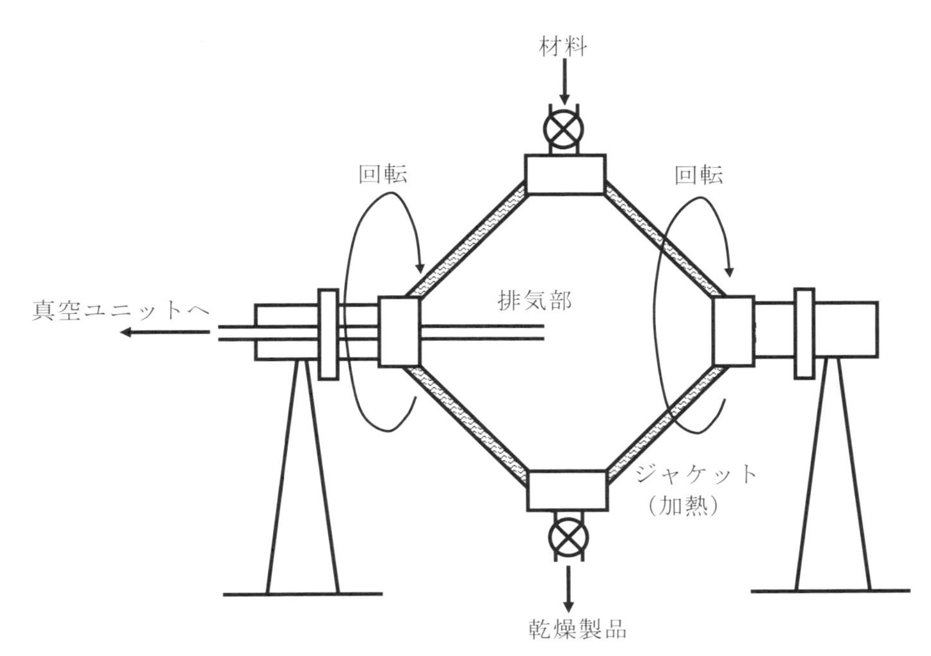

図9　二重円錐回転乾燥機(コニカルドライヤ)

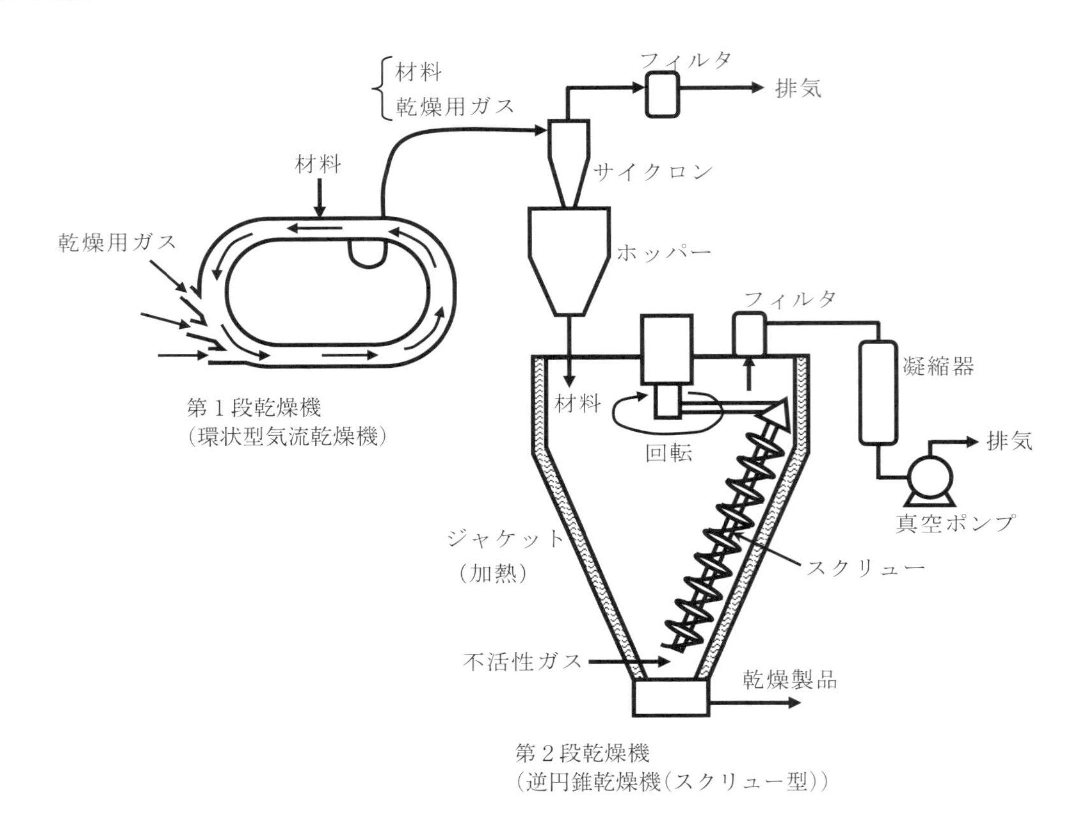

図10　気流乾燥機と逆円錐乾燥機(スクリュー型)の２段乾燥機

燥が進行し，含水率が低くなったトナーは，気流とともに前段の気流乾燥機から排出され，サイクロン，ホッパーを通過し，真空乾燥機に供給される。真空乾燥機は逆円錐型乾燥機(スクリュー型)であり，ここで仕上げ乾燥を行う[13]。

このほかにも，流動層乾燥機と真空乾燥機の組み合わせなどが考えられる。

5. おわりに

重合トナーの乾燥には，高含水率で流動性の良くない微粒子材料を分散させつつ，重合トナーの固形化温度(約60℃)よりも低い温度で乾燥する技術が適用される。乾燥の方法によって生成した重合トナーの性状が大きく異なることから，乾燥方式の選定を慎重に行わなければならない。重合トナーの製造方法や乾燥技術について開発が進められている。

文　献

1) 尾見信三，佐藤壽彌，河瀬進監修：高分子微粒子の技術と応用，シーエムシー出版，285-293 (2004).
2) 小石眞純，江藤桂，日暮久乃：造る＋使う　マイクロカプセル，工業調査会，46-53 (2005).
3) Y. Kobayashi et al.：Konica Technical Report, 16, 85-88 (2003).
4) 中村正秋，立元雄治：日本画像学会誌，44(5), 381-387 (2005).
5) 日本粉体工業技術協会編：流動層ハンドブック，培風館，192 (1999).
6) 特開 H9(1997)-080803.
7) 特開 H7(1995)-295295, 特許 3295789.
8) 特開 2004-163820.
9) 特開 2002-296836.
10) 中村正秋，立元雄治：第２版 初歩から学ぶ乾燥技術，丸善出版，107 (2013).
11) 特開 H11(1999)-295927, 特許 3176801.
12) 特開 H8(1996)-160662, 特許 3198846.
13) 特開 2002-006552, 特許 4378032.

第2節
インクジェット液滴の乾燥挙動

株式会社マイクロジェット　上野　明

1. はじめに

インクジェット技術は，1980年代からプリンタに採用され，すでに40年以上の歴史を有する技術である。パソコンの出力装置として画像印刷を中心に発展してきたインクジェット技術は，デジタル印刷分野においてますますその存在感を増している。さらに，近年では印刷分野だけでなく，エレクトロニクス，バイオ，3Dプリンタなどの幅広い工業応用分野で活用されている。インクジェット技術は，指定の箇所に指定した液量をデジタル制御によって塗布する技術であり，基材に非接触塗布できる点，材料使用効率が高い点，大面積化が容易な点，設備コストの面で優れている点が特徴である。これらの特徴がインクジェット技術を用いたさまざまな工業生産への応用理由となっている。

しかし，インクジェット技術を工業応用する上では多くの課題が存在する。特に，インクジェットヘッドから安定吐出させること，高い生産速度と機能を発揮できる塗布プロセスを確立すること，そしてそれらのシステムの長期信頼性を確保することが難しく，この開発課題を乗り越えるために多くの時間を要する例が多い。これらの課題は，インクジェット技術は原理上，低粘度かつ低濃度液の吐出に限定されており，かつ液中の気泡や異物などの外乱に弱くロバスト性の低い技術であり，そのまま塗布するだけでは目的の機能を発揮しにくいことに起因している。一方で，液に特定目的の機能を付与するには，溶質の高濃度化および液の高粘度化が必要となるケースが多く，結果として液のインクジェット適性が低下し，安定吐出や吐出の長期安定性確保が難しくなる。特に，インクジェットヘッドから吐出される液滴が低粘度かつ低濃度であることは，塗布過程において課題となる。具体的には，着滴後の液の流動や乾燥過程の溶質の移動が起こりやすく，本来の機能を発現させる膜やデバイスの作製を困難にしている。そのような背景から，塗布後の液滴の乾燥，浸透，定着といった塗布後の液体挙動の把握および制御が，工業応用において重要なテーマの1つとなっている。

本稿では，インクジェット吐出および塗布の基礎原理から，液滴の塗布後の挙動や課題とその対策について紹介する。

2. インクジェット技術の特徴

液滴を生成するアクチュエータ部分をインクジェットヘッドと呼ぶ。このヘッドには液滴を吐出させるノズルと呼ばれる微細孔があり，多いものでは数千個形成されている。一般的なヘッドではφ20～30 μmのノズルが1,000を超えて形成されており，その1つひとつのノズルから1秒間に数万滴を吐出することができる。インクジェット技術は，この液滴形成を繰り返すことで，指定した箇所に非接触で必要な量を，デジタルデータに基づいて自在に着滴させて配置する技術である。

インクジェット技術には，連続的に液滴を形成し電界によって制御するコンティニュアス型と，必要な時のみ圧力波を発生させて液滴を形成するオンデマンド型がある。さらに，オンデマンド型は液滴形成の方法により複数の方式に分かれており，その中でもプリンタで活用されているサーマル方式とピエゾ方式が主な方式である。サーマル方式は，流路の壁に形成された微細なヒータを通電加熱することで発生する膜沸騰現象を利用して液体内にバブルを発生させ，そのとき発生する圧力波を利用して液滴の吐出を行う。それに対し，ピエゾ方式は**図1**に示すとおり圧電素子を用いて圧力室の壁を機械的に変位させ，それにより発生した圧力波を用いて吐出を行う。液の加熱および沸騰を行うサーマル方式に比べて，圧力波の伝播で吐出を行うピエゾ方式は液の適応自由度が高い。そのため，工業応用分野で用いられているインクジェット技術の多くはピエゾ方式である。

本稿では，現在工業分野で主流のオンデマンド型のピエゾ方式について説明する。

ピエゾ方式のインクジェットヘッドでは，圧電体の分極の方向，圧電体に印加する電界の方向，電界を印加した結果生じる変形の方向により，さまざまな構造を持ったヘッドが考案されている。これらのインクジェットヘッドの構造はそれぞれ違うものの，基本原理は同じである。圧電材料の逆圧電効果を利用して電気エネルギーを機械的な微小変位に変換し，この機械的な微小変位を利用してインク圧力室内に圧力波を発生させる。この圧力波がノズルと呼ばれる直径数十 μm の微細孔に伝播することで液の振動を起こし，その液の振動によって液滴を吐出している。1回の吐出動作において入力される駆動信号は短く，数 μsec～数十 μsec 程度である。入力した駆動信号に応じて，信号入力から数十 μsec 程度の時間差でノズルから液が吐出され，空間を 5～10 m/s という高速で飛翔していく。

図2に示すようにノズルから吐出した液は液柱状に伸び，空中で複数滴に分離する。図2の吐出過程において，飛翔中に液滴が2滴に分離している。先頭を飛翔する液滴をメイン液滴，後方を飛翔する液滴をサテライト液滴と呼ぶ。先頭を飛翔するメイン液滴の飛翔速度が 6 m/s，メイン液滴とサテライト液滴を合わせた吐出量が 25 pL となる。

インクジェットヘッドと着滴対象物(基板)との距離は，一般的に 0.5～3 mm 程度である。そのため，インクジェットヘッドと基板が 1 mm 離れている場合，5 m/s の速度で吐出した液滴は，ノズルから飛び出したわずか 200 μsec 後に基板に着滴することと

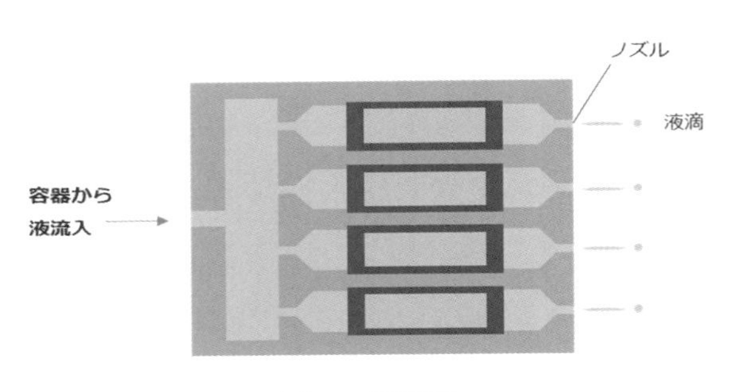

(a)ヘッド概略図

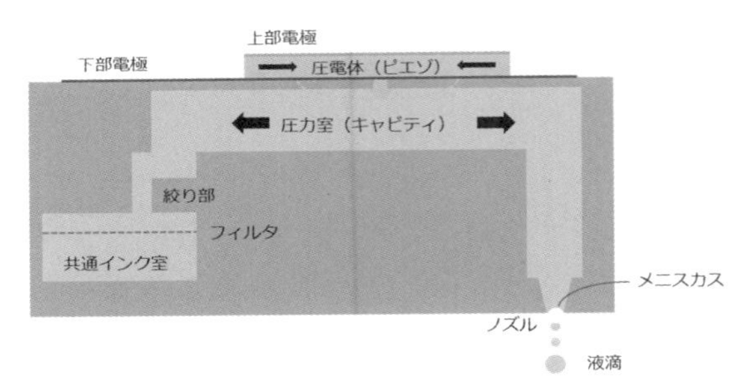

(b)各流路の概略図

図1　オンデマンド型ピエゾ方式インクジェットヘッドの概略図

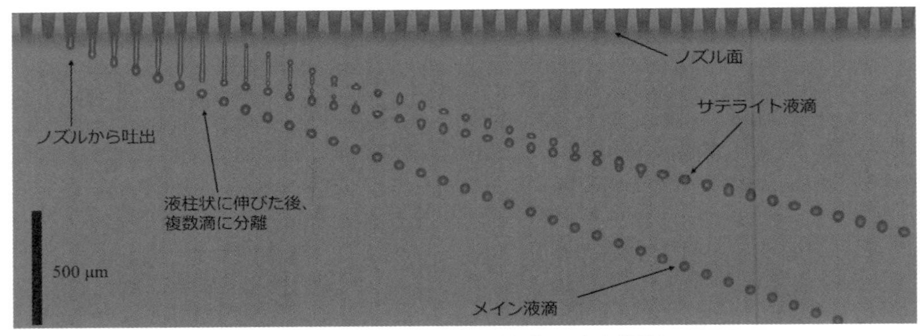

図2　インクジェット液滴の吐出過程

水を吐出量 25 pL，液滴速度 6 m/s の条件で吐出した場合における 4 μsec ごとの吐出過程画像を示す。4 μsec ごとの吐出画像をトリミングし連結した

なる。この吐出，着滴動作を各ノズルにおいて1秒間に数千回～数万回実施している。各ノズルから吐出，着滴動作が行われる一方で，基板に着滴した液滴は，着滴振動，濡れ広がり，浸透，乾燥といった過程を経ながら，基板に定着していく。

3. インクジェット液滴の定着プロセス

インクジェット技術によって生成された液滴は基板に着滴した後，複数のプロセスを経て定着する。液の浸透が発生しない非吸収基板の場合は，3つのプロセスによって定着する。1つ目が基板への液の衝突による振動，2つ目が基板と液との表面エネルギーによる液の濡れ広がり，3つ目が液滴の乾燥である。紙などの吸収媒体へ着滴する場合は，さらに液の浸透現象が発生する。本稿では工学応用で多く用いられる非吸収基板について取り扱い，浸透を除く3つのプロセスに関して述べる。着滴振動，濡れ広がり，乾燥といったプロセスは，それぞれ異なる時間レンジで並行して進んでいく。

図3に示すように，ノズルから吐出した液滴は5～10 m/s 程度の速度で空気中を飛翔し，吐出から数十～数百 μsec 後に基板に着滴する。基板に着滴すると同時に着滴振動が発生し，その後，濡れ広がり，乾燥と進む。各工程を以降に解説する。

3.1 着滴振動

インクジェットヘッドから吐出された液滴は，飛翔時の運動エネルギーを持っているため，基材への衝突と共に基材上で振動する。**図4**に，空気中を6 m/s で飛翔する 10 pL の液滴が撥水処理したガラス基板に衝突した際の様子を高速度カメラで撮影した結果を示す。基材がガラスであるため，光の反射によって鏡像も映っている。3フレーム以降は，上半分の液滴が実像，下半分の液滴が鏡像を示す。基板に着滴した液滴は，運動エネルギーによって平たく潰れた後，反跳せずにその場で上下の振動が発生する。この振動は徐々に減衰していく。ピコリットルオーダーの微小液滴の場合，液滴の体積に対して表面積の影響が大きいため，液滴は跳ね返らずにその場で振動する。この振動が減衰する時間は液滴サイズ，飛翔速度，液の粘度などによって異なる。一般的なインクジェット液滴の場合，数百 μsec 以内に減衰する非常に短時間の現象である。

3.2 濡れ広がり

一般的に着滴した液は，着滴振動と並行しながら，液の濡れ広がりが進む。濡れ広がりにかかる時間は，液の粘度と接触角によって異なる。接触角が高い基板の場合は 1 msec 以内に濡れ広がりが完了するが，接触角が低い基板の場合は，100 msec 以上の時間をかけて徐々に液が濡れ広がっていく。**図5**に水(吐出量 25 pL)を撥水ガラス基板，親水ガラス基板へ着滴させた時の接触角の経過時間変化を示す。撥水ガラ

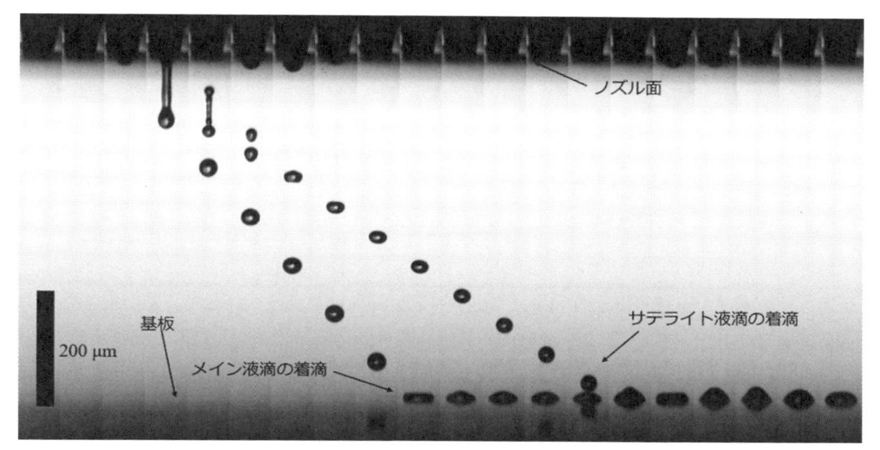

図3　インクジェットヘッドから吐出した液滴の着滴挙動

水(吐出量 25 pL)の液滴が 6 m/s で飛翔し，基板に着滴する過程を 20 μsec ごとに撮影した画像を示す。20 μsec ごとの吐出および着滴画像をトリミングし連結した

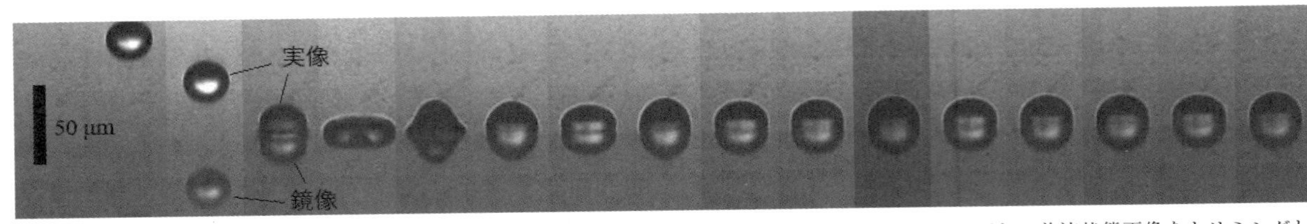

水(吐出量：10 pL)が液滴速度 6 m/s で飛翔し，撥水ガラス基板に着滴した時の様子を撮影した。5 μs ごとの着滴状態画像をトリミングして連結した画像を示す

(a)着滴振動画像

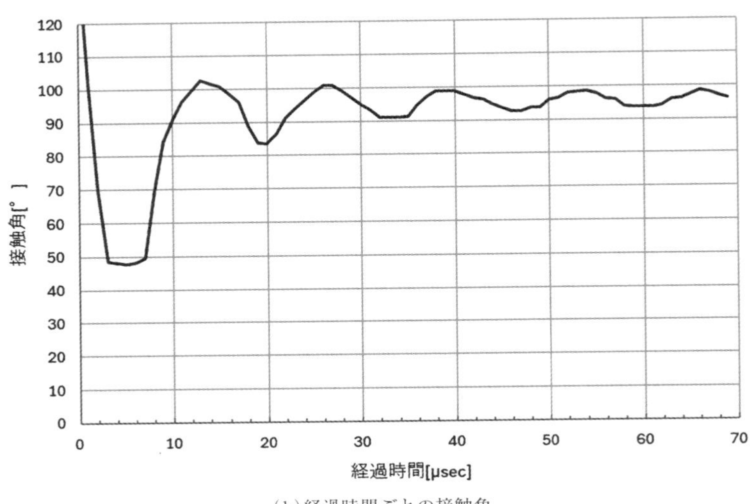

(b)経過時間ごとの接触角

図4　着滴振動の様子

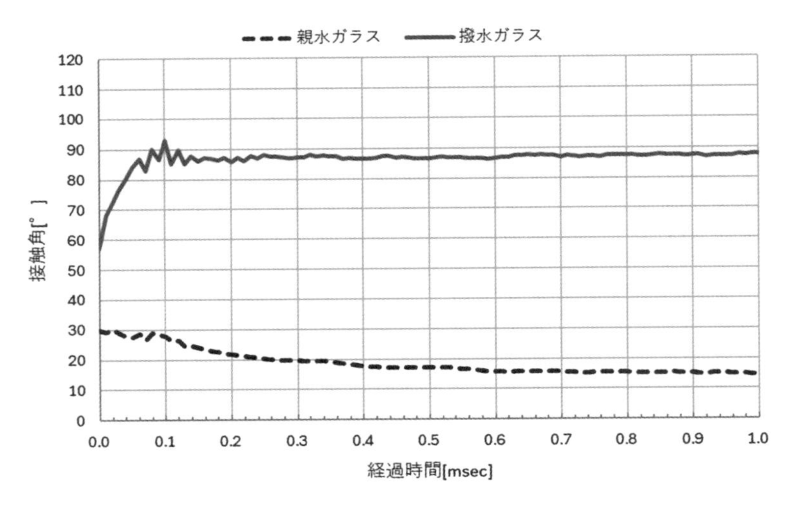

図5　濡れ広がり過程における接触角の変化

□256×256[μm]

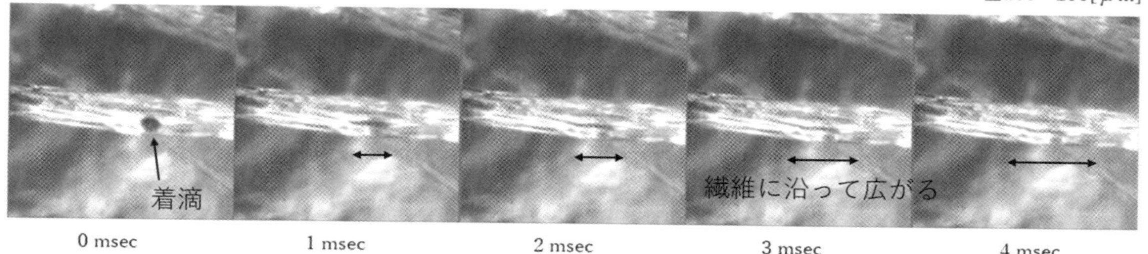

図6　繊維への着滴および濡れ広がりの様子

ス基板に着滴した液滴は着滴振動しながら接触角が変化し，着滴から0.2 msecの時点で約90°の接触角に到達していることがわかる。一方で親水ガラス基板では，着滴振動後も液の濡れ広がりが継続し，1 msecの時点でも収束していないことがわかる。このように接触角に応じて濡れが定常状態となるまでの時間は異なる。

この濡れ広がり過程は，表面状態の影響を受ける。ガラスやシリコンのような2次元的で均一な表面状態の基板の場合は，液が真円状に濡れ広がる。しかし，紙や布のように表面が繊維状の集合体からなる基材の場合は，液の濡れ広がり挙動が複雑になる。このような基材の場合，着滴位置に応じて濡れ広がり方が変化する。

図6に，布に着滴したインクジェット液滴の着滴挙動を示す。繊維に着滴した液滴が繊維方向に沿って広がっていく様子を確認できる。繊維に沿って液が移動しているため，着滴形状は繊維方向に伸びた形状となる。

3.3 乾　燥

着滴振動，濡れ広がりと並行して，乾燥が進行する。乾燥が完了する時間は着滴振動，濡れ広がりに要する時間に比べて長く，数百msec～数十secの時間レンジである。揮発性溶媒や水系の液を用いる場合は着滴直後から乾燥が始まる。1滴で滴下されたインクジェット液滴はピコリットルオーダーと非常に小さく，体積に対する表面積の割合が大きい。そのため，インクジェットで吐出される微小液滴の乾燥挙動は，ミリメートルオーダー以上の液滴サイズ(体積としてマイクロリットルオーダー)の挙動と大きく異なる。特にピペットで取り扱う数μL以上の液量においてはほとんど乾燥しないような液であっても，インクジェットのような微小液滴では数秒の時間で乾燥する。代表的な例として**表1**に沸点と蒸気圧が異なる3種類の液の乾燥時間を示す。蒸気圧が高いエタノール30 pLをガラス基板に滴下した場合，着滴から0.3秒程度で揮発する。エタノールや水よりも揮発性が低く，通常環境下で乾燥が遅いプロピレングリコールモノメチルエーテルアセテート(PGMEA)を同様の滴下条件でガラス基板に滴下した場合，3秒程度で揮発する。そして，さらに蒸気圧が低いエチレングリコールは200秒程度で揮発する。一般的にμLオーダーの液量を滴下した場合，揮発性の低いエチレングリコールは数時間放置しても乾燥しない。しかし，そのような揮発性の低い液体であってもインクジェット液滴の場合，液量が小さいためわずかな時間で乾燥してしまう。なお，この乾燥時間は基板上の着滴量，接触角，周辺雰囲気によって異なる。

表1　蒸気圧の異なる液ごとの乾燥時間

液　名	エタノール	PGMEA※1	エチレングリコール
沸点[℃]	78	146	197
蒸気圧[kPa]	6	0.5	0.007
揮発時間※2[秒]	0.3	3	200

※1　プロピレングリコールモノメチルエーテルアセテート
※2　吐出量30 pLをガラス基板に滴下した場合における揮発までの時間を示す

4. 乾燥による主な課題と対策

インクジェット技術を工業分野に応用する場合，塗布後の乾燥過程の制御が目的とする機能を得る上で重要となる。特にデバイス作製においては，ある一定以上の膜厚や膜の均一性が求められることが多い。前述のとおりインクジェット液滴は低粘度，低濃度であるため，ただ着滴させただけでは，乾燥過程において溶質が流動し，均一な膜が得られないことが多い。

このような膜厚の均一性を損なう現象の1つにコーヒーリング現象がある。コーヒーリング現象は，接触線のピニングと端部(外郭部)と中央部との蒸発速度の差によって発生する中央部から端部への毛管流が溶質を端部に移動させることで発生する現象であると知られている[1)]。図7に，着滴後の乾燥過程においてコーヒーリング現象が発生する様子を示す。ガラス基板に着滴したマゼンタインクは濡れ広がった後，乾燥過程における端部への対流によって，端部の溶質厚みが増し，中央部の溶質厚みが減少する。液滴中央部と端部の溶質厚みの差が真上観察画像における色の違いから判断できる。

膜厚の均一性を損なうコーヒーリング現象を抑制する研究は複数なされている。コーヒーリング現象を抑制する方法は多岐[2)]にわたり，混合溶媒や界面活性剤添加によって毛管流を打ち消す方向のマランゴニ対流を用いる方法[3)4)]や，糖を混ぜることでコーヒーリング現象の原因となるピニングを阻害する方法[5)]などの報告がなされている。その他にも基板の撥水性を向上させることによる揮発速度差の低下，液粘度増加による溶質移動の抑制，ポリマー添加によるゲル化による溶質移動の抑制など，対策は多岐にわたる。

そもそもコーヒーリング現象は，着滴した微小液滴の着滴形状に依存した部位ごとの乾燥速度の差が原因である。この乾燥速度差は液滴形状，つまり液と基材との接触角によって変化する。図8に，接触角が異なる基板上における乾燥過程を示す。これは，トレハロース5％水溶液(吐出量150 pL)を接触角が異なるガラス基板に滴下した時の乾燥過程である。使用するガラス基板によって着滴時の接触角が7°，22°，35°と異なる。乾燥過程の様子から，接触角が低いほど広く濡れ広がり，短時間で乾燥していることがわかる。図9に示した断面プロファイルから，中央部に比べて端部が厚くなるコーヒーリング現象が発生していることがわかる。中央部の厚みに対する各部位の厚み比率を確認した結果，接触角7°の基板において作製されたドットは端部が中央部に比べて6倍以上厚くなった。一方で，接触角22°の基板では中央部に比べて端部の厚さが4倍，接触角35°の基板では3倍となった。これらの結果から，接触角の低い基板ほど，中央部の厚みに比べて端部の厚みの変化率が大きくなっていることがわかる。これは，接触角が低い基板ほど液が濡れ広がることで液の端部の表面積が増加し，中央部と端部の乾燥速度差が顕著になり，コーヒーリング現象が強化されているた

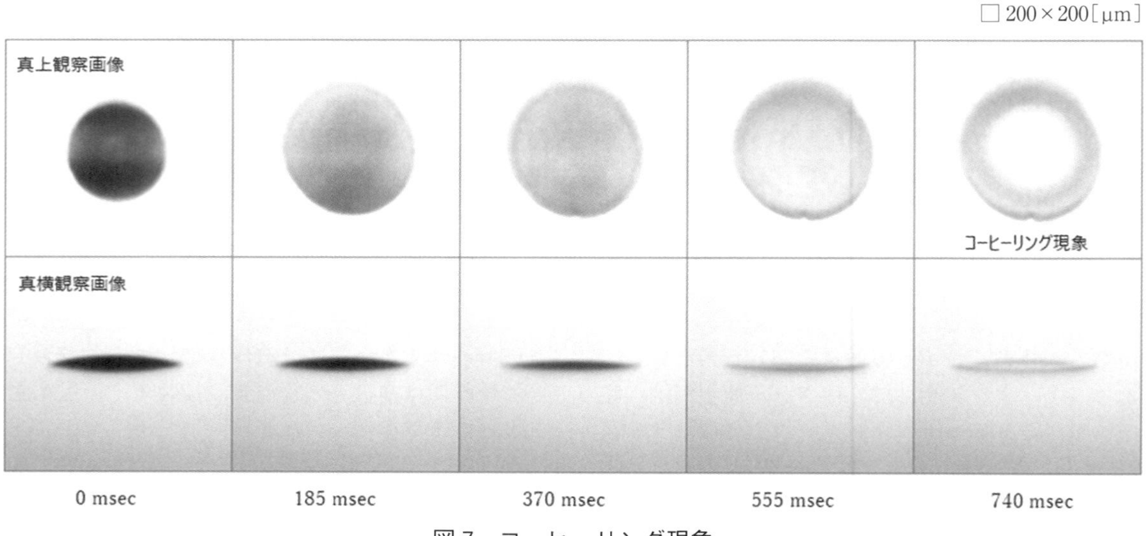

図7　コーヒーリング現象

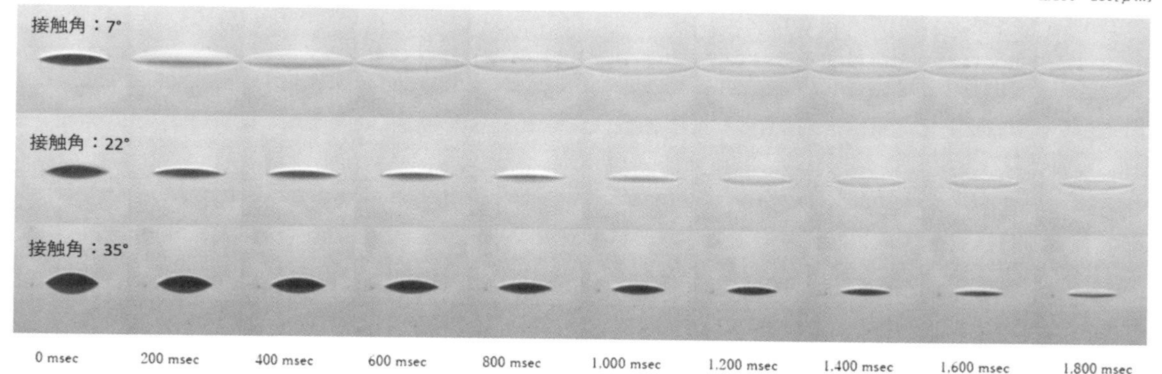

接触角 7°，22°，35° の基板にトレハロース 5 % 水溶液(吐出量 150 pL)が着滴した時の乾燥過程を示す。200 msec ごとの着滴画像を示す

図 8　接触角が異なる基板におけるトレハロース 5 %水溶液の乾燥過程

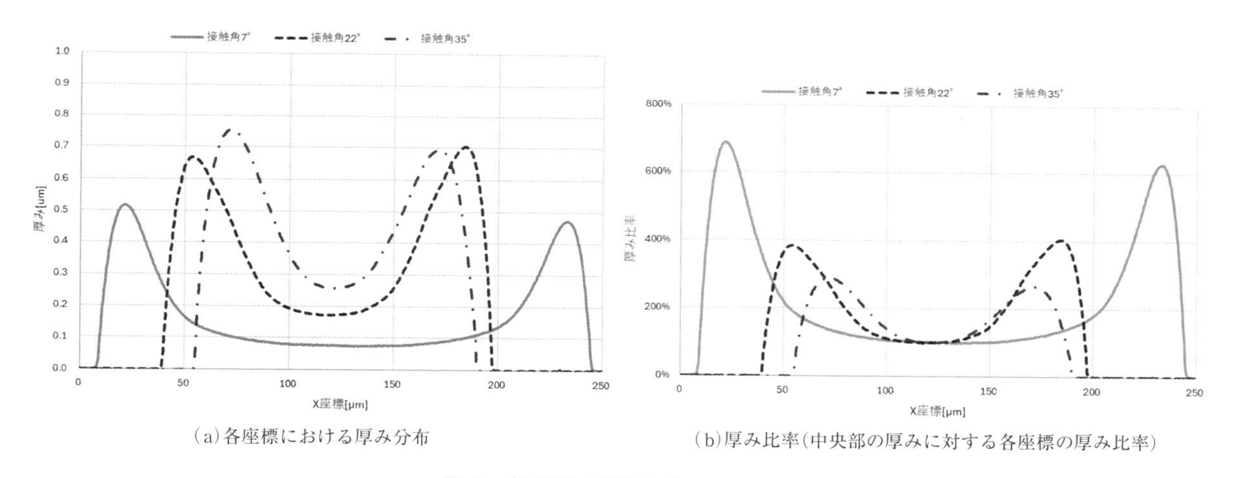

(a)各座標における厚み分布　(b)厚み比率(中央部の厚みに対する各座標の厚み比率)

図 9　乾燥後の断面プロファイル

めだと考えられる。これらのことより，接触角が高い基板を用いることで同じ微小液滴の乾燥であっても，コーヒーリング現象を抑制できることがわかる。

5. 現象を直接観察する重要性

これまで説明してきたとおり，インクジェット液滴の着滴から乾燥までの挙動が起こる時間は非常に短く，その短い時間の中で複数の現象が発生する。インクジェット技術を効果的に応用する際には，これらの各現象を詳細に把握することが重要となる。特にインクジェット応用研究には，**図 10** に示すように大きく分けて 4 つの開発分野がある。①液材料開発，②液滴の安定吐出(液材料とヘッドとのマッチング)，③パターニング，④乾燥・成膜である。この 4 つの分野を踏まえてシステム全体を最適化する必要があるが，多くの場合は③のパターニングを中心に，作製したデバイスを観察しながら，プロセス開発を進めている。しかし作製したデバイスの観察は 2 次情報の解析に留まるため，最適なプロセス開発ではない。

特に，乾燥時の挙動は着滴から数秒以内に終わることが多く，塗布直後にデバイスを回収して確認しても乾燥に関わる現象がすでに完了していることが多い。また，通常のインクジェットヘッドの構造上，塗布時の様子をリアルタイムで観察することは難しい。そのような背景から，当社㈱マイクロジェット)では，より詳細に塗布プロセスを評価することができ，液滴の吐出や着滴といった現象の1次情報を得ることができるインクジェット着滴解析装置 DropMeasure-1000 (**図11**) を開発した。この DropMeasure は，着滴現象を着滴部の真上と真横から高速度カメラを用いて撮影できる独自機能を搭載した装置である。本装置を用いて，④の乾燥・成膜プロセスの詳細な解析を実現している。

本装置は，パソコンのモニター画面上に映し出される測定対象物に対して測定したい位置をカーソルで指定し，撮影ボタンをクリックするだけで，指定の位置にインクジェット液滴を非接触で着滴させ，その状態を真上方向から1秒あたり最小60フレームから最大100万フレームまで撮影することができる。真横方向の観察には用途に応じてカメラを選択し，最大100万フレームが撮影可能なカメラを搭載することができる。また，真横から撮影した画像を用いて，基材表面に着滴した液滴の接触角や体積，接触表面積などの自動解析が可能である。

また，当社ではこの DropMeasure の販売だけでなく，本装置を用いた局所接触角の測定や微小液滴挙動の観察サービスを提供している。なお，本稿で紹介した観察画像は全てこの DropMeasure で撮影した画像である。

次に具体的な解析の一例として，液晶ディスプレイにおけるカラーフィルタへの応用として，ブラックマトリクス内への色材の注入プロセス評価を取り上げる。**図12** は，ブラックマトリクス開口部の中央付近に滴下した液の濡れ広がり挙動を観察した例

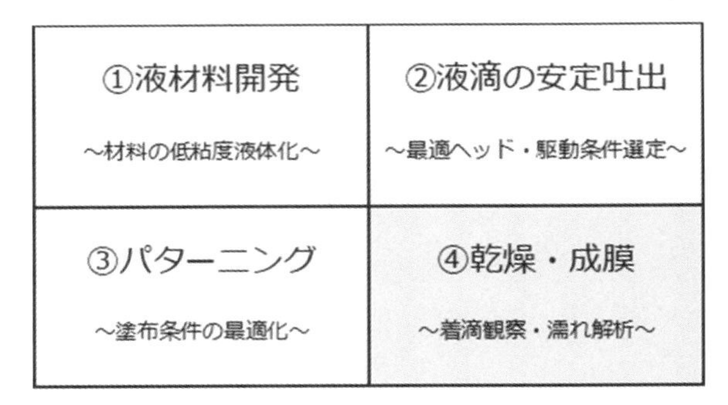

図10　4つのインクジェット開発分野

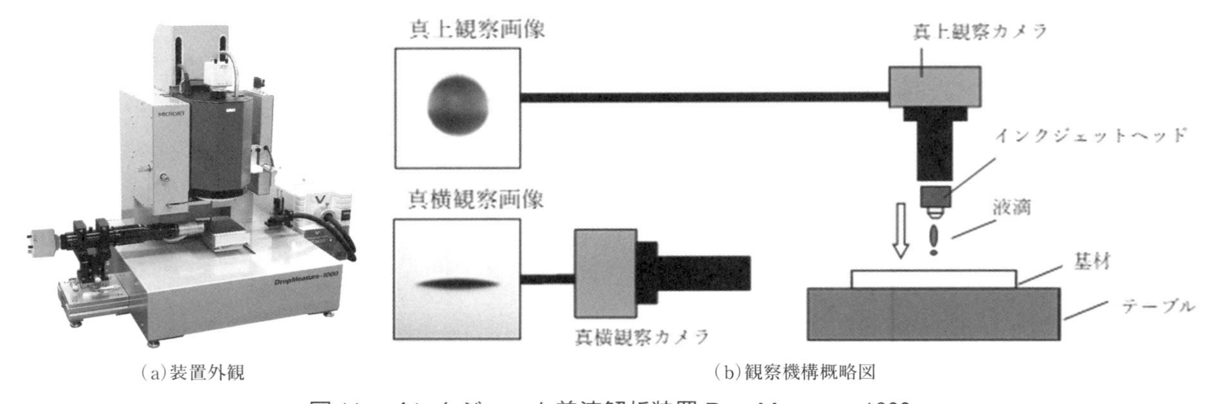

(a)装置外観　　(b)観察機構概略図

図11　インクジェット着滴解析装置 DropMeasure-1000

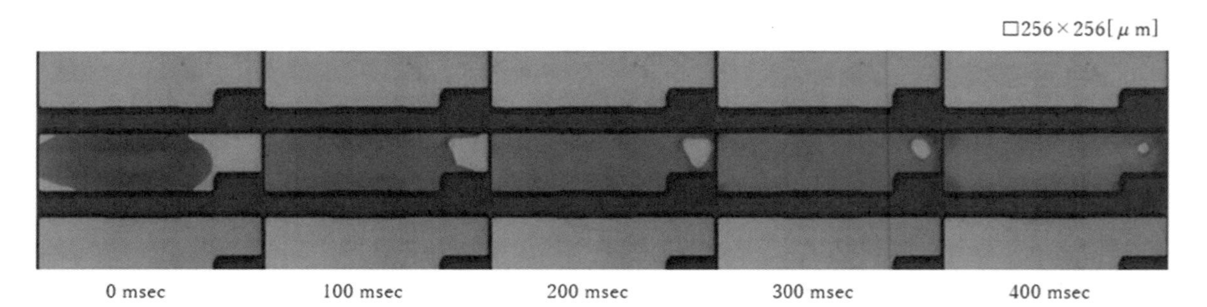

図12　ブラックマトリクス構造内への着滴挙動

である。この画像から，中央に滴下されたインクが広がっていき，開口部の壁面に沿って液が濡れ広がっている様子がわかる。ブラックマトリクス開口部の壁面に沿って液が濡れ広がった結果，開口部の右上にピンホールが発生した様子が確認できる。

カラーフィルタへの応用という点から，最終的に形成される薄膜の均一性に加え，隙間なく確実に材料を枠内に満たす必要がある。開発現場では，注入後の顕微鏡観察などの手法で評価が行われているが，それでは乾燥過程における溶質挙動やインクジェット液滴の着滴位置の影響などが把握できないため，正確な原因把握や課題の分析が難しい。DropMeasure はこのような現場の課題を解決する上で有用な装置である。着滴後の乾燥過程の挙動を観察できる上に，実験パラメータとして着滴位置，着滴タイミング，着滴量を変更しながらの挙動把握が容易に行える。パラメータを任意に変更して評価を行うことで，液材開発を効果的に進めることが期待できる。

6. おわりに

本稿ではインクジェット技術による液滴の吐出過程から，着滴振動，濡れ広がり，乾燥過程の特徴を把握した上で，乾燥過程で重要となる課題とその解析の実例を紹介した。インクジェット技術は写真や文書を印刷する技術として発展し，その特徴から印刷分野に限らず利用範囲が拡大されている。印刷分野以外へインクジェット技術を利用する開発では，従来の印刷において求められた品質と異なる要求品質が用途ごとに存在するため，液，ヘッド，塗布プロセス，乾燥プロセスを含む全体の最適化が求められる。特に直径が数十～数百 μm のインクジェット液滴の乾燥挙動は，ミリメートルオーダーの液滴の乾燥挙動とは大きく異なる。そのため，インクジェット液滴の乾燥挙動の特徴を把握した上で，乾燥挙動を制御する対策やインクジェット液滴の乾燥による特徴を生かした応用展開が必要となるだろう。本稿がそのような応用展開を進める上で少しでも参考になれば幸いである。

文　献

1) R. D. Deegan, O. Bakajin, T. F. Dupont, G. Huber, S. R. Nagel and T. A. Witten : Contact line deposits in an evaporating drop, *Physical Review E*, **62**, 756-765 (2000).

2) D. Mampallil and H. B. Eral : A review on suppression and utilization of the coffee-ring effect, *Advances in colloid and interface science*, **252**, 38-54 (2018).

3) T. Still, P. J. Yunker and A. G. Yodh : Surfactant-induced Marangoni eddies alter the coffee-rings of evaporating colloidal drops, *Langmuir*, **28**(11), 4984-4988 (2012).

4) B. J. de Gans and U. S. Schubert : Inkjet printing of well-defined polymer dots and arrays, *Langmuir*, **20**(18), 7789-7793 (2004).

5) S. F. Shimobayashi, M. Tsudome and T. Kurimura : Suppression of the coffee-ring effect by sugar-assisted depinning of contact line, *Scientific reports*, **8**(1), 17769 (2018).

第３節
液中乾燥法によるマイクロカプセルの調製

新潟大学　田口　佳成

1. 液中乾燥法

マイクロカプセルとは，微小な容器の総称であり，マイクロカプセルの容器にあたる部分をカプセル壁，容器の中身の部分を芯物質という。カプセル化方法には，おおまかに，カプセル壁の材料の中にあらかじめ芯物質を添加しておいてカプセル化する方法と，芯物質の周りにカプセル壁を徐々に形成していく方法とがある。また，カプセル壁の材料(壁材)をカプセル壁へと転化する方法で分類すると，化学的方法，物理化学的方法，機械的方法の３種類に大別される[1]。本稿で紹介する液中乾燥法は，物理化学的方法に属する方法である。液中乾燥法を利用したカプセル化方法(例)の模式図を**図１**に示す。

壁材を溶媒に溶解した壁材溶液に，マイクロカプセル化する芯物質を添加し，分散相とする。なお，芯物質が溶媒に溶解しない場合は，分散相は液液もしくは固液分散系となり，溶解する場合は均一系となる。図１ではマイクロカプセル化する物質は溶媒に不溶な固体粉末を例としているため，分散相は固液分散系となる。一方で，壁材の溶媒と相互に溶解せず，かつ，溶媒より沸点の高い液体を反応器に投入し，連続相とする。この連続相に分散相を投入して撹拌することで，分散相を微小な液滴とする。この分散系を撹拌しながら減圧・加熱することで，分散相中の溶媒を蒸発させる。溶媒が蒸発し，溶解していた壁材が析出することでカプセル壁が形成され，マイクロカプセルが調製される。

このとき，通常，連続相として水が使用される。そのため溶媒としては水と溶解しない有機溶媒を選択することとなる。必然的に，壁材も有機溶媒には溶解し連続相の水には溶解しないことが求められるため，一般的に有機ポリマーが選択される。液中乾燥法は比較的簡便な方法であることや，壁材を新たに合成することなく利用できることがメリットでは

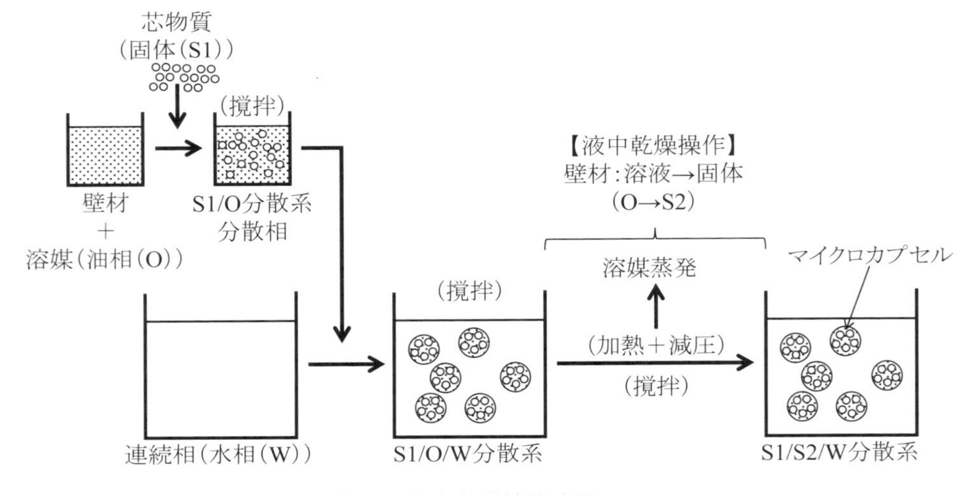

図１　液中乾燥法模式図

あるが，溶媒の選択範囲が狭いことがデメリットとして挙げられる。

2. 芯物質の離脱防止

液中乾燥法によるマイクロカプセル調製時の芯物質離脱防止と調製されたマイクロカプセルの内部構造について述べる。ここでは，芯物質が水溶液(W1相)，壁材溶液が油相(O相)，そして連続相が水相(W2相)のW1/O/W2分散系を例とした。

芯物質の離脱や内部構造は芯物質滴の分散安定性に強く影響を受ける。この分散安定性に影響を及ぼす主な因子(**図2**)として，①分散相の粘度，②分散滴と芯物質滴の滴径(粒径)や密度差，そしてマイクロカプセル化の過程に発現する③各界面の界面化学的な物性等が挙げられる。

壁材溶液と芯物質に密度差がある場合，W1/O分散滴内のW1滴は，マイクロカプセル化過程において分散滴内を移動する。この際に，W1滴が分散滴内からO/W2界面を越えて離脱することでマイクロカプセル内の含有率(マイクロカプセル中の芯物質の割合)が低下する。含有率を向上させるためには，分散滴内でのW1滴のO/W2界面までの移動時間を長くすること，さらに，W1滴の界面化学的な分散性安定性を向上させることが重要となる。

移動時間を長くするためには，移動速度をおさえること，すなわち，①壁材溶液の粘度を増加させること，②壁材溶液粘度と芯物質との密度差を低下させること，また，③芯物質を微小化し移動抵抗を増加させることが有効である。一方，分散滴を大きくすることで移動距離を長くすることも1つの方法であるが，W1/O滴径は目的とするマイクロカプセルの粒径によって決定することになるため，マイクロカプセルの用途によってはW1/O滴径の増大による含有率の向上は難しい。

液中乾燥法ではW1/O分散滴の壁材溶液中の溶媒の除去とともに壁材溶液の粘度は増加することになるが，マイクロカプセル化過程の初期では溶媒の蒸発量が少ないため粘度が低い。このため，マイクロカプセル化過程の初期に芯物質の離脱が生じやすくなる。初期の段階での離脱を抑制するためには，たとえば，壁材溶液の溶媒に対する壁材の仕込み割合を上げることで，粘度が増加し，マイクロカプセル化初期での離脱を抑制できる。このとき注意する点が，W1/O分散滴の分裂形態である。W1/O分散滴の分裂形態は分散相と連続相の粘度比によって異なると言われており(**図3**)，目安として，連続相(W2相)の粘度μ_Cに対して分散相(O相)の粘度μ_Dの比$\mu_D/\mu_C < 2$のときはバイナリー分裂となる。バイナ

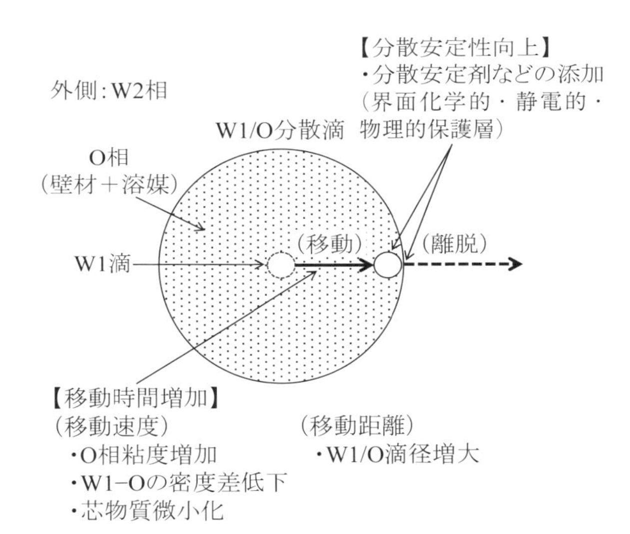

図2 離脱の模式図

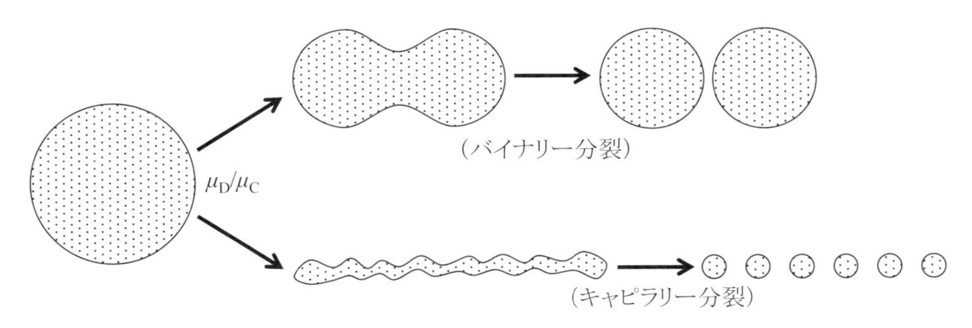

図3 分裂形態の模式図

リー分裂では図3に示すように，1つのW1/O分散滴が2つのW1/O分散滴にわかれるような分裂となるため，分裂したW1/O分散滴は比較的大きい。しかし，$\mu_D/\mu_C > 2$のような条件では，キャピラリー分裂となり，W1/O分散滴が引き伸ばされ複数の微小なW1/O分散滴へと分裂が起こる。このようなキャピラリー分裂形態となると，壁材溶液粘度が高く，W1/O分散滴内でのW1滴の移動速度が抑制できても，W1/O分散滴の粒径がキャピラリー分裂により微小化するために，離脱までの移動距離が短くなり，また，離脱の起こるO/W2界面も増加するため，含有率は低下することとなる。

また，W1滴がO/W2界面まで移動したとしても，W1とW2の間にあるO相の液膜が破壊されない限り離脱は起こらない。そのため，O相やW2相に界面活性剤などの分散安定剤を溶解させW1/O界面およびO/W2界面に吸着させることで，界面化学的・静電的保護層や物理的な保護層を形成し離脱を抑制できる。

3. マイクロカプセルの内部構造

上述した分散相粘度や界面化学的な物性によって，マイクロカプセルの内部構造も変化する(**図4**)。

W1滴の分散安定性が良好な場合，W1滴同士の合一が起きないため，W1/O/W2分散系調製時に形成したW1/O分散滴の内部構造を維持してマイクロカプセルが形成される。そのため，通常マルチコア型のマイクロカプセルとなる。一方，W1滴の分散安定性が十分でない場合，W1滴同士の合一が起きW1滴の粒径が増大し，コアシェル型のマイクロカプセルが形成されるようになる。しかしながら，さらに分散安定性が低い場合には，上述したようにW1滴の離脱が大きくなり，マイクロカプセルの含有率が著しく低下することとなる。液中乾燥過程においては分散相の溶媒の蒸発とともに分散相の粘度が増加するため，マイクロカプセル化の進行とともに構造変化がしづらくなる。このため，このような構造変化は芯物質滴の合一速度と溶媒の除去に伴う分散相の物性の変化速度にも強く依存する。

4. 液中乾燥法によるマイクロカプセル調製の実施例[2)]

ここで紹介するマイクロカプセル化では，溶媒と連続相との沸点の関係から，連続相としてエチレングリコールを採用している。また，壁材として廃プラスチックのリサイクルの観点から発泡ポリスチレンを採用している。

まず，エチレングルコールに高分子安定剤のポリビニルアルコールと界面活性剤のドデシルベンゼン

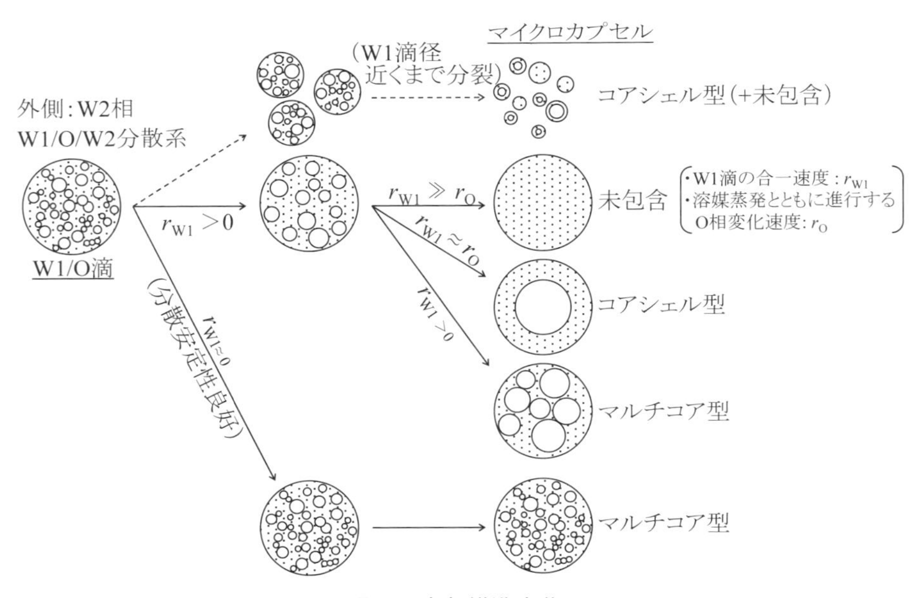

図4　内部構造変化

スルホン酸ナトリウムを溶解しこれを連続相とした。一方で，発泡ポリスチレンを溶媒の(R)-(+)リモネン(以下，リモネン)に溶解し，そこへ水溶性のモデル芯物質を水に溶解した水溶液を添加し，初期液滴径調整を行うことで，W1/O分散系を調製した。このW1/O分散系を先に調製したW2相に投入し撹拌することで，W1/O/W2分散系を調製した。W1/O/W2分散系を撹拌しながら，加熱および減圧しリモネンを蒸発させることでマイクロカプセルを調製した。

図5に，芯物質水溶液の添加量を変えて調製したマイクロカプセルの断面SEM像を示す。図より，調製されたマイクロカプセルはいずれもマルチコア型である。芯物質滴が良好な分散安定性を保持している場合は，芯物質の添加量に応じて含有量も多いマイクロカプセルの調製が可能となる。また，液中乾燥法によって調製されたマイクロカプセルには，マイクロカプセル化過程にて分散滴から溶媒が蒸発する際に形成される微細な孔がマイクロカプセル壁に形成される。この孔は，溶媒の除去速度や溶媒の種類によって孔径が異なるため，マイクロカプセル化過程の温度や圧力を制御することで孔径を変えることが可能となる。これにより，マイクロカプセル内部に包含した芯物質の放出制御が可能となる。

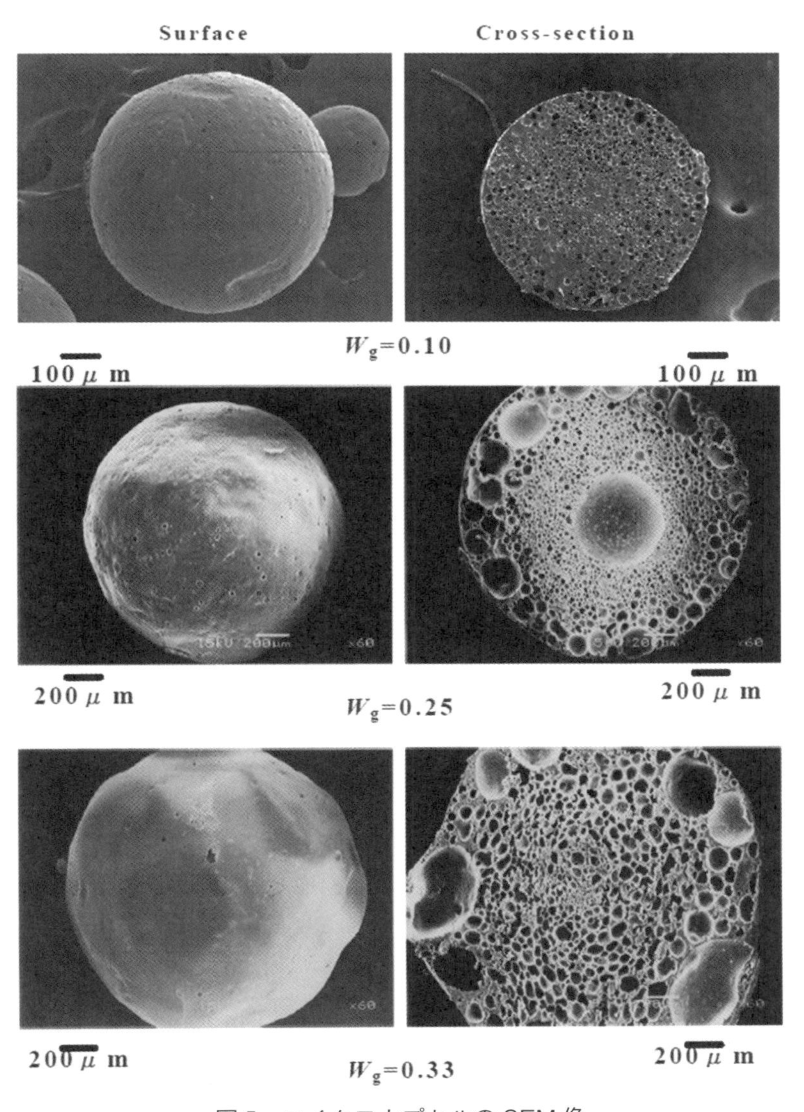

図5　マイクロカプセルのSEM像

5. おわりに

実施例にて紹介したように，液中乾燥法は廃プラスチックを原料としてもマイクロカプセルの調製が可能である。マイクロカプセルは，芯物質，壁材，サイズ，および構造の組み合わせにより多様な機能を発現する微粒子材料とすることができる。このことから，液中乾燥法により，廃プラスチックなどの廃棄材料を利用して付加価値の高い機能性材料を創生する低環境負荷型のリサイクルシステムを構築できる可能性がある。また，液中乾燥法はポリ乳酸などの生分解性ポリマーを利用してもマイクロカプセルの調製が可能[3]であり，ポリ乳酸以外の既存のさまざまな特性を有する生分解性ポリマーを利用したマイクロカプセルへの応用も期待できる。

文　献

1) 日暮久乃：*J. Jpn. Soc. Colour Mater.*, **92**(2), 39–43 (2019).
2) 横山泰，田口佳成，田中眞人：化学工学論文集，**33**(4), 363 (2007).
3) 塩盛弘一郎，河野恵宣，清山史朗，吉澤秀和，上村芳三，幡手泰雄：化学工学論文集，**26**(1), 51 (2000).

第 1 節
乾燥促進剤を用いた汚泥・高含水率物質の乾燥

岐阜大学　小林　信介

1. はじめに

1.1 汚泥資源化の必要性

日本における汚泥は年間 166,921 千トン（Wet）排出され，産業廃棄物排出量の約 44 %を占めている。汚泥は，衛生的かつ効率的に処理しなければならないことは言うまでもないが，エネルギー源としても有効に利用が可能であり，国交省によればその発電ポテンシャルは年間 40 億 kWh に相当する。しかし，一部の汚泥は建設資材や緑農地利用されているものの，依然として約 7 割は未利用である。そのため，ゴミ焼却施設での汚泥の混焼による発電も検討されているが，処理可能な汚泥量は最大でも汚泥排出量の 13 %に留まると試算されている。したがって，資源循環および CO_2 削減の観点から新たな省エネ汚泥処理技術および汚泥資源化技術の確立が急務となっている。そこで，本稿では固体燃料としての汚泥の資源化技術，特に筆者らが近年成果を上げてきた乾燥促進剤を利用した汚泥乾燥に焦点を当て解説する。

1.2 汚泥処理技術

脱水汚泥は，70～80 %の高含水率であるため焼却処理に莫大なエネルギーを必要とするが，生活排水を処理した汚泥中には多くの有機分が含まれることからその処理にエネルギーを消費するのではなく，逆にエネルギーを創出することも可能である。たとえば，メタン発酵は高含水率有機物を効率的にメタンに変換可能であることから，近年数多くの水処理施設において導入が進められている。日本においても普及が進んでおり，比較的大規模な水処理施設ではメタン発酵施設が併設され，発電が行われている。メタン発酵は，汚泥から水分除去することなく，燃原料の創出が可能であるため，汚泥処理において最もエネルギー変換効率が高いプロセスである。その一方で，処理規模が大きく，また処理時間が長いのに加え，メタン発酵処理後には 7 割近くのメタン発酵残渣，すなわち消化汚泥が排出される。そのため，最終的には汚泥の処理が必要となる。その消化汚泥は，堆肥としての利用が検討されているものの，濃縮された重金属などの問題も残っており，全ての消化汚泥が堆肥として利用できるわけではない。また，水処理において排出される汚泥の約 3 割は無機汚泥であるが，無機汚泥の処理にはメタン発酵を利用することはできない。

一方，汚泥の資源化技術の 1 つとして乾燥処理がある。乾燥後の有機汚泥は燃原料として有効利用することが可能で，一般的に 10～20 MJ/kg 程度の発熱量を有している。含水率 20 %程度まで乾燥すれば，汚泥燃料基準 BF-15（汚泥発熱利用が 15 MJ/kg 以上）を満たすことも可能となる。しかし，含水率の高い汚泥を乾燥するためには水を蒸発させるための莫大なエネルギーが必要であり，多くの CO_2 を排出してしまうことから，汚泥の資源化技術としては敬遠される傾向にあった。ただ，乾燥効率を 80 %程度にすることができれば，メタン発酵と同程度のエネルギー変換効率が得られる[1]。また，乾燥はメタン発酵で処理ができない無機汚泥に対しても適用可能であり，汚泥処理における CO_2 削減に繋がる。

1.3 汚泥乾燥装置・プロセスの現状

中小の汚泥中間処理業者や食品工場における汚泥乾燥では，現在気流乾燥装置が数多く採用されている。その乾燥効率は 40～60 %とされ，中には 40 %以下の乾燥装置も稼働中である。このような施設では減容するため，あるいは乾燥汚泥を得るために，汚泥が有しているエネルギーよりも多くのエネルギーを単に水を蒸発するだけに費やしている。

汚泥に限らず，乾燥においては乾燥時に供給したエネルギーを水分蒸発のためのエネルギーとして効率的に利用することが重要となる。そのため，汚泥乾燥においても高効率な伝熱を具現化するための乾燥装置の開発が積極的に進められており，造粒乾燥装置のような高効率乾燥装置も開発されている。この装置では塊状化しやすい汚泥を解砕・粉砕することにより伝熱面積を増大させることで，80 %以上の乾燥効率を達成している。汚泥の乾燥では伝熱促進のための装置構造の工夫は必須であり，また極めて重要であるものの，装置構造が複雑となり，乾燥装置としては高価となる。また，近年では加熱効率が非常に高いマイクロ波乾燥装置も開発され，小規模な汚泥処理施設でも一部で導入が進んでいる。しかし，電力消費量が多く，運用時のエネルギーコストが高くなるという課題がある。他方，省エネ化を目的とした乾燥プロセスとして，ヒートポンプなどを活用した熱回収プロセスも開発されている。汚泥乾燥時の総合的な熱効率を向上させることが可能ではあるものの，設備の複雑さから中小施設での導入には高いハードルがある。

2. 乾燥促進剤を用いた汚泥の乾燥

2.1　汚泥の乾燥

乾燥は水を蒸発させるプロセスであるため，従来の汚泥乾燥では被乾燥物に効率的に熱を供給する，すなわち熱効率が高い乾燥装置の開発が中心であった。ただ，被乾燥物を効率的に乾燥させるためには，熱を効率的に被乾燥物に加えるだけではなく，被乾燥物内部の水分を乾燥表面まで移動させる必要もあり，特に塊状物となりやすい汚泥乾燥では汚泥内の水分移動を促進させることも重要となる。

一般的に汚泥は，有機，無機に関わらず，脱水時には凝集剤を添加していることから乾燥に適した性状を有しておらず。逆に汚泥内部に水を保持する構造，化学性状となっている。そのため，乾燥速度は遅く，乾燥効率も低い。このような汚泥に対して，消石灰や農業廃棄物などの他のバイオマスを混合することで乾燥促進を行う試みが見られるが，これらの取り組みは単に異なる種類のバイオマスを添加し，含水率を低下させているだけであり，水を効率的に除去できているわけではない。また，バイオマスを混合する場合，その混合割合は汚泥質量に対して30～50 %と極めて高い。一方，筆者らは，汚泥自体の性状を化学的に乾燥に適した性状に変化させることで，汚泥乾燥時のエネルギー効率の向上について検討を行っており，汚泥質量に対してわずかな乾燥促進剤(以下，促進剤)を添加することで乾燥時間を大幅に短縮することに成功している[2)-5)]。以降，促進剤を添加した汚泥の乾燥特性とその乾燥メカニズムについて解説する。

2.2　樹脂系乾燥促進剤による乾燥

筆者は，促進剤に樹脂エマルジョン(以下，樹脂)を利用しており，樹脂の添加により汚泥自体の化学的性状を変化させることで乾燥の促進を図っている。**表1**に樹脂の性状および各促進剤を添加した時の乾燥必要時間を示す[5)]。ここで，乾燥必要時間とは汚泥燃料基準 BF-15 を満たすことができる含水率 20 %に達するまでに必要な乾燥時間である。汚泥の乾燥に利用することから，樹脂にはアクリル系樹脂や塩ビ系樹脂など，汎用性が高く，また低コストの樹脂を選定している。乾燥には縦型気流乾燥装置を使用し，被乾燥物には性状が一定な模擬汚泥(以下，試料)を用いた。乾燥条件は，ガス流速 4.0 m/s，乾燥温度120 ℃，相対湿度 50% で一定とし，試料の大きさは直径 2.5 cm の球状である。なお，促進剤は試料質量に対して 0.8 %添加した。

無添加試料の乾燥必要時間は 98 min であり，添加した樹脂の種類により乾燥必要時間は大きく異なる。アクリル系樹脂のように乾燥必要時間が短くなる樹脂から，酢酸ビニルのように無添加の場合とほぼ変わらない樹脂もある。アクリル系樹脂の場合，アクリル酸ブチル(butyl acrylate)の添加により乾燥必要時間が最も短くなっており，約 25 %の時間短縮が見られた。樹脂中の固体分量(N.V)，粘度，pH，粒子サイズおよびガラス転移温度と乾燥必要時間について相関分析を実施したところ，R^2 は 0.4 以下であり，これら樹脂の性状が乾燥必要時間に与える影響はほとんど見れず，また一定の傾向があるわけではない。同じアクリル系樹脂においても無添加試料と乾燥時間がほとんど変化しない樹脂から DK139 や DK140 のように約 25 %の乾燥時間の短縮ができた樹脂まで見られた。乾燥促進効果が見られた DK139 や DK140 の粘度や pH も大き

表1　各促進剤を添加した時の乾燥必要時間および樹脂性状

	樹脂組成	乾燥性能	乾燥必要時間 [min]	Tg [℃]	N.V [%]	Viscosity [mPa・s]	pH	粒子径 [nm]
—	無添加	—	98	—	—	—	—	—
混合樹脂	アクリル酸エステル(DA10)	○	83	-52	55	60	8.4	362
樹脂原料	アクリル酸ブチル(DK139)	◎	75	—	54	80	8	277
	アクリル酸ブチル(DK140)	◎	74	-54	57	140	7.7	313
	アクリル酸イソブチル(DK170)	○	83	—	57.2	179	7.6	302
	メタクリル酸イソブチル	×	97	—	56.5	279	3.2	257
	ポリアクリル酸Na	××	110	—	61.2	842	7.4	353
	MMA/2-EHA	△	94	-27	63.7	290	8.1	524
	MMA/2-EHA	△	94	-54	54.8	270	4.5	271
	St/HA	△	90	-54	52.6	305	3.7	200
	BMA	△	88	21	57.7	202	3.3	306
	塩化ビニル	△	90	-3	57	140	7.7	313
	塩化ビニル	△	92	45	60	303	4.3	288
	塩化ビニル	△	94	60	54.7	143	6.1	282
	酢酸ビニル(EZ220)	×	98	0	50.6	75	7.2	237

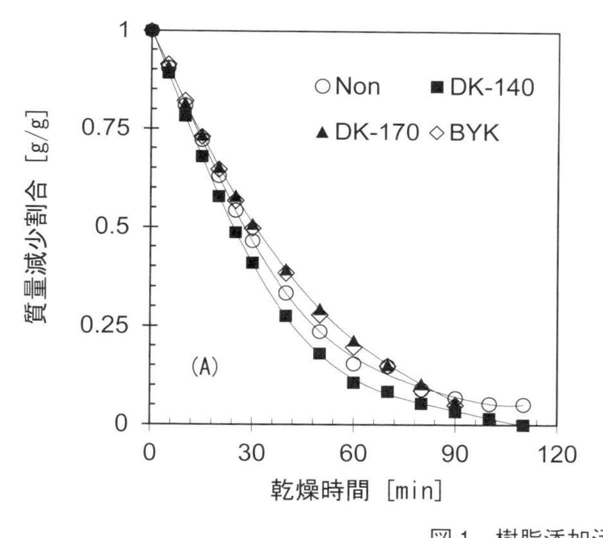

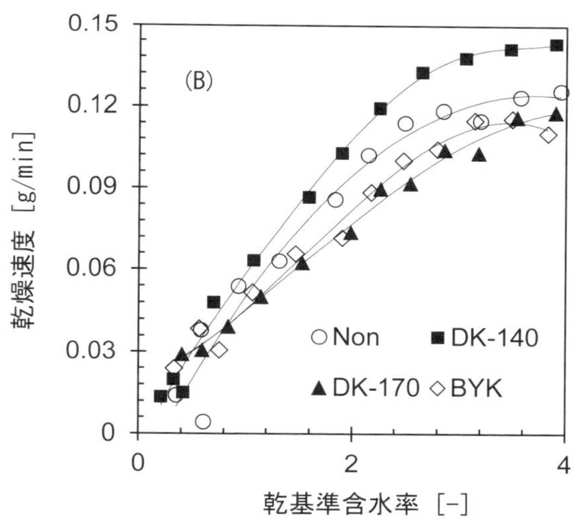

図1　樹脂添加汚泥の乾燥特性
(A)乾燥時の重量変化，(B)乾燥特性曲線

く異なっており，これらの樹脂の単一性状自体が直接乾燥速度に影響を及ぼしている可能性は低く，樹脂自体の総合的な特性が乾燥に影響を与えている。

2.3 樹脂添加汚泥の乾燥特性

樹脂の種類により乾燥必要時間が大きく異なっていた。そのため樹脂による乾燥特性の違いについて説明を加える。**図1**に無添加の試料に対して乾燥促進効果が見られたDK140，乾燥促進効果が見られなかったDK170および界面活性剤(BYK)を添加した場合の(A)乾燥時の重量変化および(B)乾燥特性曲線を示す。(B)の横軸は乾基準での含水率である。無添加を基準とした場合，DK140は時間に対する質量変化は大きく，DK170や界面活性剤を添加した場合には無添加に比べて質量変化は緩く，含水率20％以下に達する時間は長くなる。界面活性剤は樹脂モノマーを水溶液に分散させるため，ほぼ全てのエマルジョンに添加されており，樹脂を汚泥に分散させるためには有効であると考えられる一方で，保水性も高いため，乾燥ではネガティブに働く傾向がある。

図1(B)に示すように球状の無添加試料の乾燥速度は乾燥初期から減率乾燥であり，含水率とともに乾燥速度は低下傾向にある。そのため，乾燥の初期段階においては試料表面から水分は比較的勢いよく蒸発しているものの，試料内部から乾燥表面への水の移動は抑制されているものと推測される。一方，乾燥促進効果の見られたDK140は乾燥初期における乾燥速度が無添加の場合に比べて15％程度速く，また乾燥期間中も無添加の場合に比べて高い乾燥速度を維持している。含水率が低くなっても継続的に無添加よりも乾燥速度が速いことから最終的には25％の乾燥時間の短縮に繋がっている。DK170や界面活性剤を添加した場合，乾燥初期から無添加に比べて乾燥速度が遅く，低含水率領域においても継続的に低い乾燥速度となっていた。以上の結果から，樹脂や界面活性剤の添加は，試料性状を変化させており，その性状変化は試料内の水分移動に影響を及ぼしているものと推測される。

2.4　樹脂添加汚泥の水分移動特性

試料内の水分移動が乾燥速度に影響を及ぼしている可能性が示唆されたことから，試料内の水分移動を評価するため，直径3.57 cm，長さ4 cmのガラス管に試料を充填し，水分蒸発速度の測定を行った[4]。この実験では，ガラス管の一方を水が入った容器に浸しており，常に十分な水が試料に供給されるようになっている。この実験で使用したSAAも界面活性剤である。**図2**に，40℃の条件における容器内の水の残量割合と水分蒸発速度の関係を示す。ここで，水の残存割合とは，任意の乾燥時間における容器内の水の質量と容器に充填した水の初期質量の比である。また，図中のマーカーは60分ごとの値である。促進剤の有無にかかわらず残量割合の減少とともに水分蒸発速度も低下する傾向が見られた。これは試料表面からの水分蒸発速度に比べて試料内の水分移動速度が遅いためであり，水分の移動距離が長い場合は，試料内水分移動速度が乾燥における律速となる。水分移動速度が律速となることから，乾燥に伴い試料内には水分分布が生じ，その水分分布はさらなる水分移動速度の低下を招くとともに，試料内の性状変化を引き起こす。水分蒸発速度は，促進剤の有無により異なり，また乾燥時間に対する速度挙動も異なっている。DA10を添加した場合，水分蒸発速度は最も速く，また無添加と比べて常に高い水分蒸発速度が得られた。一方，SAAは乾燥の初期においてDA10同様に速い水分蒸発速度であったものの，最終的には無添加同様の速度となった。図1および図2の結果から，界面活性剤を添加した場合には，試料内での水分移動は促進される一方で，水分の保水力が高いため，試料内部からの水の供給がない場合には乾燥速度が大幅に低下するものと考えられる。

試料内の水分移動が乾燥に大きく影響していることから，乾燥する試料径を変化させて乾燥実験を行った。**図3**にそれぞれの試料径における乾燥必要

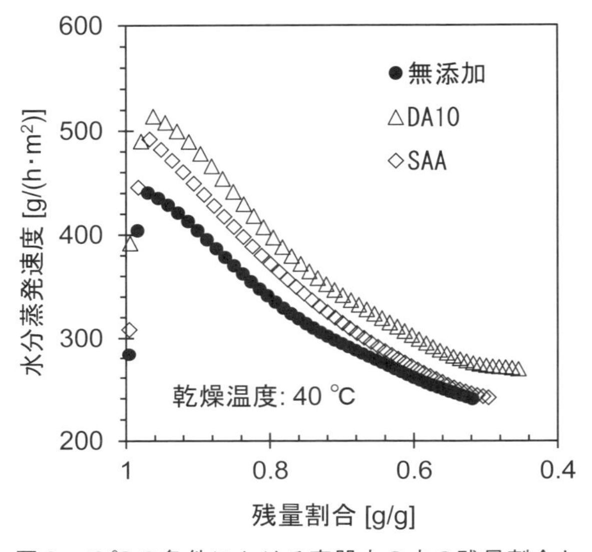

図2　40℃の条件における容器内の水の残量割合と水分蒸発速度の関係

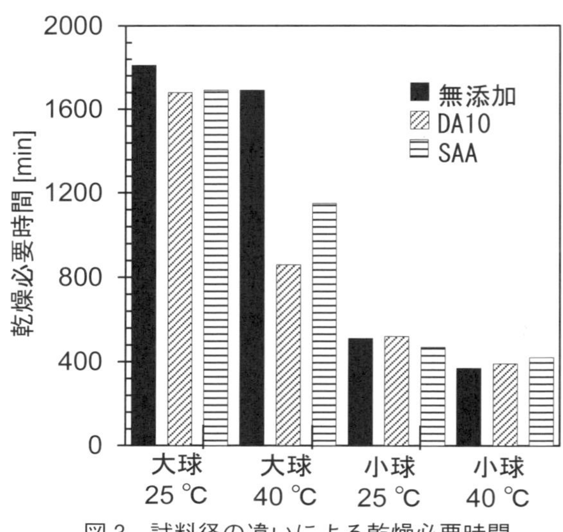

図3　試料径の違いによる乾燥必要時間

時間を示す。この実験では，2.1 cm の大球試料および 0.77 cm の小球試料を用いた。25 ℃の乾燥条件では，促進剤の有無により大きな違いは見られなかったが，40 ℃で大球試料を乾燥した場合，促進剤の添加により乾燥必要時間に大きな差が見られ，DA10 を添加した場合には無添加試料の約半分の時間で乾燥が完結した。一方，小球試料の場合，40 ℃においても無添加と添加試料に大きな違いは見られなかった。これらの結果から，乾燥表面までの距離が短い小球試料の場合，促進剤添加により試料内の水分移動速度が速くなったとしても乾燥時間に与える影響は限定的であるのに対して，試料径が大きくなると試料中の水分移動距離が長くなることから，その影響が必要乾燥時間に大きく影響してくる。ちなみに試料径が十分に小さくなると，促進剤添加の有無に関わらず試料は定率乾燥速度で最も効率的に乾燥することができ，造粒乾燥装置は，乾燥時に汚泥を粉砕することで高効率な乾燥を実現している。

3. 樹脂系乾燥促進剤の乾燥メカニズム

3.1　汚泥性状の変化

試料内の水分移動速度が乾燥に影響していることが明らかになったことから，試料内の水分移動に与える影響因子についてさらに詳細な説明を加える。一般的に汚泥の乾燥においては毛細管吸引力が水分移動におけるドライビングフォースであることが知られており，毛細管吸引力 P_c については次式で表されるように，水の表面張力 T，接触角 θ および細孔径 r が影響因子となる。

$$P_c = \frac{2T\cos\theta}{r} \qquad (1)$$

ペンダントドロップ法により計測したエマルジョンの表面張力の差は極めて小さかったことから，細孔径および接触角が影響因子となる。そのため，X 線 CT を用いた細孔評価および接触角測定を行った。樹脂の添加により汚泥内の細孔径および接触角に違いは見られたものの，細孔径の変化が毛細管吸引力に与える影響は小さかった。そのため，ここでは接触角について説明を加える。

図 4(A)にそれぞれ単独の樹脂を乾燥させた場合の樹脂の接触角，(B)(C)に樹脂添加した場合の試料の接触角を示す。ここでは乾燥促進効果が得られ

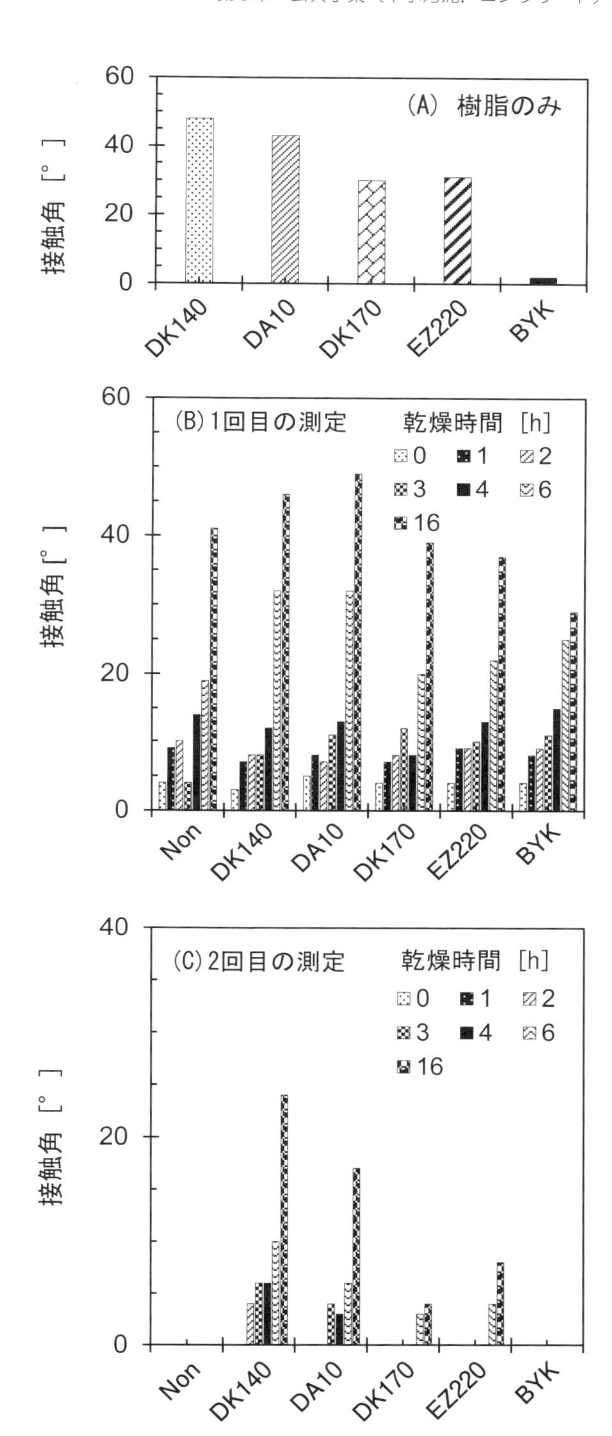

図 4　単独の樹脂を乾燥させた場合の樹脂の接触角と樹脂添加した場合の試料の接触角

(A)単独の樹脂を乾燥させた場合，(B)樹脂増加した場合の 1 回目の測定，(C)2 回目の測定

たDK140，DA10および乾燥速度の低下が見られたDK170，EZ220に加え，界面活性剤を添加した試料の表面接触角を示している。接触角測定は同乾燥時間の乾燥試料に対して2回実施しており，2回目の接触角測定は，1回目の接触角測定の5分後に1回目と同じ位置に水を滴下し，接触角の測定を実施している。接触角が高い方が撥水性は高く，低くなるとともに親水性であることを意味しているおり，撥水性が高くなると水を試料内に保持する力は弱くなると考えられる。樹脂単独の場合にはDK140が最も接触角が高く，続いてDA10であった。乾燥速度が遅くなったDK170，EX220はDK140やDA10に比べて低いが，DK170，EZ220の接触角はほぼ同じであった。一方，界面活性剤の接触角は乾燥時間に関わらずほぼゼロであった。

樹脂を添加した試料の場合，1回目の測定では無添加の場合も含めて乾燥時間が長くなるとともに接触角が高くなる傾向が見られ，乾燥表面は疎水性に変化していた。ただし，添加する樹脂の種類により乾燥時間に対する接触角の大きさや傾向は若干異なっている。乾燥時間が4時間程度までは無添加試料の接触角は樹脂を添加した試料に比べ大きいものの，6時間以降は乾燥促進効果が見られたDK140やDA10を添加した場合の方が接触角は大きくなる。これは無添加試料の表面性状変化は速いが，樹脂を添加した場合には乾燥時間が長くなると樹脂の硬化に伴い試料の性状も変化するためである。一方で乾燥促進効果が見られなかったDK170やEZ220は無添加と同等あるいは低い接触角となっており，樹脂添加をしても顕著な撥水性の発現は見られなった。界面活性剤は，予想どおり他のサンプルよりも低い接触角であった。

2回目の接触角は1回目の接触角とは全く異なっている。無添加の場合には乾燥時間に関わらず，接触角はゼロ，すなわち高い親水性であった。これは1回目に滴下した水を試料が吸収し，試料表面が親水性に戻ったためである。すなわち，試料表面の性状は乾燥により見かけ上疎水性に変化しているだけであり，水分があれば水分を吸収する性状を有している。一方で，乾燥促進効果が得られた樹脂の表面は接触角が若干小さくなるものの，乾燥時間が長くなるとともに接触角が大きくなる傾向が見られた。また乾燥促進効果が高かったDK140の方がDK170に比べて高い接触角を示した。乾燥促進効果が得られなかった樹脂，DK170およびEZ220についても乾燥時間6時間以降で接触角の増大は見られているものの，DK140やDA10に比べて親水性の発現は遅く，また接触角は小さかった。界面活性剤を添加した試料の接触角は，乾燥時間に関わらずゼロであり，高い親水性を示していた。このように樹脂の添加により試料性状は変化しており，その性状の違いにより乾燥促進効果が大きく異なっていた。

3.2　乾燥促進剤添加汚泥の乾燥メカニズム

樹脂の添加により試料の化学的性状が変化していることは明らかであるため，樹脂添加に伴う試料性状の変化が試料内の水分移動速度，延いては乾燥速度に影響を与えているものと推測しても間違いはなさそうである。図5に想定される汚泥の乾燥メカニズムを示す。これまで説明してきたように，汚泥の乾燥においては汚泥外表面から水分が蒸発する。そのため，汚泥内部から十分な水分が供給されない，言い換えると汚泥表面における水分蒸発よりも汚泥内部での水分移動速度が遅い場合，汚泥表面近傍のみで水分が蒸発し，汚泥表面には乾燥被膜が生じる。汚泥被表面の性状変化は，接触角測定の結果からも明らかであり，その性状は汚泥内部の性状は異なっている。ただ，無添加の場合，水を滴下した表面は

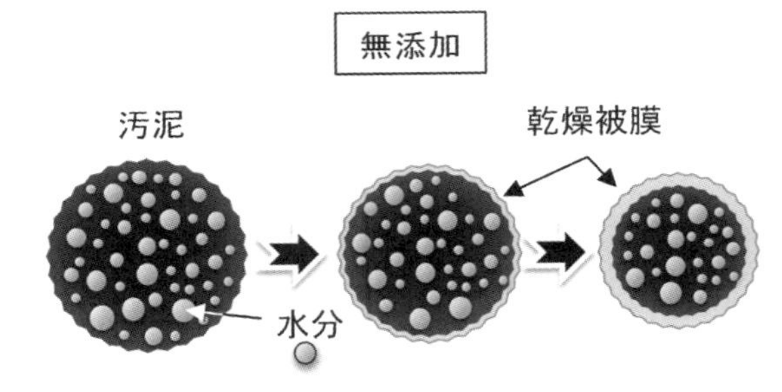

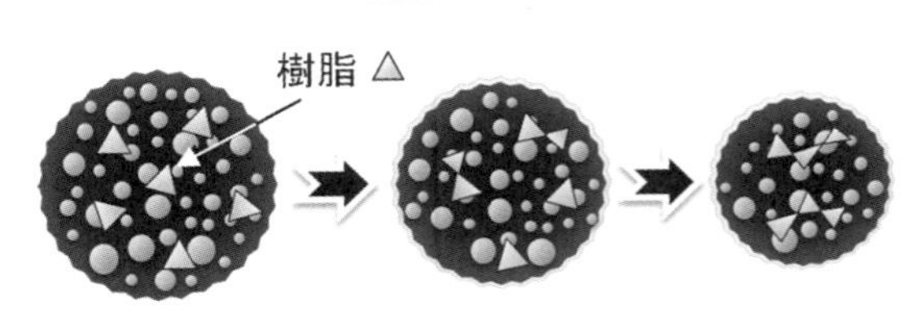

図5　想定される汚泥の乾燥メカニズム

親水性であることから，汚泥が水分を保持する性状が大きく変わっているわけではない。表面に形成された乾燥被膜は，汚泥内部からの水分移動を著しく制約することが容易に想像できる。そのため，乾燥速度は低下し，乾燥膜が厚くなるとともに乾燥速度はさらに低下することになり，汚泥内部の乾燥は進まなくなる。一方，乾燥促進効果がみられた樹脂添加汚泥は，樹脂の添加により沸点上昇により汚泥表面からの水分蒸発は見かけ上低下するものと考えられるため，急激な表面乾燥は抑制されることになる。汚泥中の樹脂は水分の低下とともにオリゴマー化し，さらに乾燥が進むとゲル化することにより汚泥は保水力を失う。樹脂の硬化に伴い，汚泥表面から汚泥内部に向けて徐々に疎水性に変化し，樹脂硬化は汚泥自体の性状を疎水性に変化させることになる。

汚泥の乾燥においては，汚泥自体が保水力の高い性状であることに加え，汚泥表面に汚泥内部の水分移動を抑制する乾燥膜が形成されることから，乾燥速度の低下を招いていることは間違いない。一方で樹脂添加汚泥の乾燥速度は，無添加に比べて明らかに速くなっており，樹脂添加による汚泥性状の変化，すなわち汚泥性状が疎水性に変化しているためである。先述のように，水分移動速度の影響要因として毛細管吸引力が考えられ，式(1)より接触角が大きくなると毛細管吸引力は低下する。そのため，樹脂の添加は毛細管吸引力を低下させ，逆に界面活性剤の添加は毛細管吸引力を著しく向上させることになる。一般的に毛細管吸引力が大きいほど毛細管内の水分移動速度が速くなることから，図2で示したように水分が十分に供給されている試料では，界面活性剤を添加すると水分移動速度は向上する。それに対して，促進剤添加汚泥の毛細吸引力は乾燥ともに低下していることから，汚泥内の水分移動速度は大幅に低減されるものと考えられ，樹脂添加による乾燥促進を説明することができない。そのため，樹脂添加による乾燥速度の向上は，樹脂添加に伴う汚泥の疎水化による汚泥内の水を保持する力に大きく影響しているものと結論付けられる。今回は汚泥表面の接触角から汚泥内の水分移動メカニズムについて推測を行ってはいるが，汚泥乾燥では汚泥内の伝熱も大きなパラメータとなる。そのため，樹脂硬化が伝熱に与える影響についても検証する必要はある。

4. 乾燥促進剤の効果

4.1　乾燥促進剤による CO_2 削減効果

少量の樹脂添加により汚泥の乾燥速度を大幅に向上可能であることを示してきた。乾燥速度自体は，乾燥時のエネルギー消費と直接関係するわけではないが，今回示してきた汚泥のように乾燥とともに乾燥速度が大幅に低下するような場合，すなわち被乾燥物の性状により投入したエネルギーが水分の蒸発に効率的に利用できていない場合，総エネルギー効率は大きく低下する。

筆者は，5 t/h 規模のキルン型乾燥装置を用いて樹脂系乾燥促進剤を用いた汚泥乾燥実証実験を実施しており，脱水汚泥質量に対してアクリル系エマルジョンを1％添加することにより，乾燥時間を21％，燃料消費量を11％削減でき，汚泥処理量を37％増大させている。促進剤として樹脂を用いるため，樹脂の製造や輸送においても CO_2 が排出されてしまうことにはなるが，燃料消費の削減に加え，汚泥の有効利用よる CO_2 削減効果の方が大きい。また，乾燥時間短縮により燃料消費を抑え，処理量も増大可能であることから，樹脂コストを十分に吸収することができる。このことから，樹脂系乾燥促進剤は省エネルギーかつ効果的な汚泥処理技術として有望である。

4.2　樹脂系乾燥促進剤を用いたその他の物質の乾燥

今回は汚泥乾燥において乾燥促進剤の添加が汚泥の乾燥速度に与える影響および想定される乾燥メカニズムについて解説してきたが，促進剤の添加による乾燥速度向上の効果は汚泥だけに限定されるものではない。筆者は，汚泥の他にセラミックや触媒などの乾燥において樹脂系乾燥促進剤の乾燥促進効果を確認しており，試料の特性上被乾燥物内部における水分移動抑制が乾燥の妨げとなっている試料では，促進剤の利用が考えられ，乾燥プロセスにおける省エネの可能性があることを付け加えておく。

5. おわりに

本稿では，乾燥促進剤の添加によって汚泥の性状を汚泥内部の水分移動に適した状態へ変化させ，汚泥乾燥の効率化を図る新し汚泥乾燥手法について紹介した。樹脂の添加により汚泥を疎水性に変化させ，汚泥内部における水分移動抑制を低減させることで，結果として乾燥速度を向上させている。乾燥促進効果は特に塊状の汚泥や内部水分移動がボトルネックとなる場合に有効であり，また簡便かつ効率的な乾燥手法でもある。一方で，水分の移動距離が短い場合，すなわち汚泥塊状物の大きさが小さい場合には乾燥促進効果は限定的となる。促進剤添加による乾燥は，汚泥以外のセラミックや触媒といった難乾燥物にも適用可能であることが確認されており，乾燥促進剤の添加は乾燥時のエネルギー効率の改善に寄与する手法として他の産業分野でも有用である。今後，さまざまな乾燥対象物への適用やさらなる乾燥効率の向上を目指し，乾燥促進剤の最適化と多様なプロセスへの適応性についての研究の進展が期待される。

文　献

1) 小林信介，板谷義紀，須網暁：廃棄物資源循環学会誌，**33**, 242 (2022).

2) N. Kobayashi, K. Okada, Y. Tachibana, K. Kamiya, T. Ito, H. Ooki, A. Suami and Y. Itaya : *Drying Technology*, **38**, 38 (2019).

3) N. Kobayashi, K. Okada, Y. Tachibana, K. Kamiya, B. Zhang, A. Suami, T. Nakagawa and Y. Itaya : *Drying Technology*, **39**, 834 (2020).

4) 小林信介，立花友麻，神谷憲治，板谷義紀，須網暁，中川二彦：化学工学論文集 **32**, 11 (2021).

5) N. Kobayashi, T. Ito, H. Ooki and Y. Itaya : *Drying Technology*, **41**, 2657 (2023).

第2節
汚泥脱水発酵システム

アムコン株式会社　和田　光司

1. はじめに

1990年代後半，環境問題への関心が急速に高まり，廃棄物処理の課題が浮き彫りとなっていた。なかでも，下水処理場や産業廃棄物として大量に発生する汚泥の処理は，大きな社会的課題となっていた。多くの自治体や企業がその有効利用を模索していたが，当時の汚泥処理技術は高コストや大量のスペースを必要とし，小規模処理場での運用は困難であった。

このような背景から，省スペース，低コスト，そして高性能を追求した汚泥脱水発酵システム「デルコンポ」が当社（アムコン㈱）によって1996年に開発された。本稿では，このデルコンポの乾燥技術を中心に，その誕生経緯から技術的な特長を論じていく。

2. 汚泥脱水と乾燥技術の理論的背景

汚泥処理の主な課題は，含水率の高い汚泥をどのようにして効率良く乾燥させ，最終的な廃棄物量を減らすかにある。汚泥の主成分は，約99％の水分と1％の固形分であり，そのままでは焼却や埋立て処理が非効率である。そのため，汚泥脱水機にて機械的に水分を除去するが，排出される汚泥（脱水ケーキ）の含水率は約80％前後のため，乾燥技術を用いて含水率約40％まで水分を蒸発させるという，さらなる減容化が求められていた。

小規模処理施設への汚泥乾燥機の導入は，以下のような技術的側面が重要となる。

・運転の容易性：小規模処理場では少人数で日常運用されているケースが多い。そのため業務負荷を低減させるには，運転操作やメンテナンスが容易で，極力自動化されて連続運転できる装置が必要となる。
・スペースの最適化：小規模処理場に適した設計が求められるため，関連設備を含めて，設備のコンパクト化が必要となる。
・熱伝導の効率化：汚泥の内部に効率的に熱を伝え，短時間で乾燥を促進する。
・熱源の選定：汚泥の処理コストを抑えるため，エネルギー効率の高い乾燥技術の採用はもちろん，一方で臭気対策や熱源となる設備のコストや日常メンテナンス性を含めて，総合的に判断して熱源を選定する必要がある。

これらの課題に対応するために，デルコンポは機械的脱水技術と乾燥技術を中心に開発された。

3. デルコンポ開発の経緯

デルコンポの開発は，「地球の環境を守りたい」「自然のサイクルの中で生活したい」そのために「産業廃棄物として費用をかけて捨てられていた汚泥を資源化し，循環型社会を実現したい」という思いの実現に向けて挑戦が始まった。1990年代前半，すでに汚泥の堆肥化や肥料化に向けた技術が求められていたが，適切な処理設備が少なく，コストや規模の問題が立ちはだかっていた。そこで，小規模処理場向けの省スペースで低コストシステムを目指し，開発が進められました。

1996年，当社は業界に先駆け，省スペース・低コスト・高性能を実現したデルコンポの販売を開始した。汚泥脱水機・乾燥機・発酵槽など必要な設備を全てユニット化しており，処理場面積が限られている集落排水施設にも最適である。産業廃棄物として費用をかけて捨てられていた汚泥を汚泥肥料*として活用することで，汚泥処分費ゼロ「汚泥の地産地消」を実現します。発売以来，多くの農業・漁業集落排水施設にご採用いただいています。

4. デルコンポの乾燥技術

デルコンポにおける乾燥技術のポイントは，**図1**に示すように，各々の工程で段階的に汚泥中の水分を除去していくところにある。これにより，システムを連続運転することができる。汚泥脱水機からは，含水率85％以下の汚泥(脱水ケーキ)が排出される。乾燥機に投入された脱水ケーキは，含水率70～75％まで乾燥し排出され，発酵層に投入される。発酵層内で汚泥は撹拌され，発酵・乾燥し含水率40％程度になり，最終的にペレッターで造粒され排出される。

また，乾燥機および発酵層の熱源は，電気式ヒーターを採用している。これは，当社らがターゲットとした小型処理場である集落排水施設には，ボイラーや火力を用いる設備を付帯しているところはほとんどなく，維持管理者のメンテナンスの負担増加を極力増やさないことと，安全性を考慮したためである。

次に，乾燥機は電気ヒーター式ドラム回転方式を採用している。ドラム筒内は，内側，外側の2層構造となっており，U字型電気ヒーターは，内・外ドラム壁面に等分設置されている。乾燥機庫内は約100℃に保つよう制御されている。

脱水機から投入される脱水ケーキは，乾燥機内側ドラムに投入され，ドラムの回転に伴い，汚泥は前進し，内側ドラムの端まで移動するとドラム外側へ移り，回転に伴い排出口に向かってさらに進んでいく。この間，汚泥は徐々に乾燥していく。乾燥機ドラムを2層式としているのは，乾燥工程の長さを保ちながら設備をコンパクト化するためである。また，乾燥機内の湿り空気は，排気ファンにより機外に排出され，乾燥効率を安定化させている。

発酵層内には電気式板状ヒーターが層内壁面に設置されており，発酵層内の温度を制御している。発酵層に投入された脱水ケーキは，適度の温度に保たれた発酵層内にて撹拌され，ヒーター発熱による乾燥と，脱水ケーキが発酵する過程で自己発熱することで投入口から排出口に約3週間かけて移動する過程で汚泥から水分が徐々に蒸発し含水率40％になる。また，発酵庫内の湿り空気は，排気ファンにより機外に排出し乾燥効率を安定化させている。

5. 汚泥処理フロー

デルコンポは，図1に示すように乾燥機，汚泥脱水機，ペレッター，発酵層の4つの設備をパッケージ化している。

6. 汚泥の標準処理量・仕様一覧

当社のデルコンポは，1000～3000人槽対象の集落排水施設向けシステムに対応した仕様をラインナップしている(**表1**)。

7. 競合技術との比較

汚泥乾燥技術にはさまざまな方式が存在するが，当社のデルコンポは以下の優位点がある。

- コンパクト設計：デルコンポは，汚泥脱水・乾燥・発酵装置をパッケージ化した製品であり，小規模処理場でも設置可能な省スペース設計であり，導入が容易である。
- 低コスト：パッケージ化されているため，導入コストを低く抑えている。また，非常に低コストで運用できるヴァルート脱水機を付帯しているため，総電力も低く抑えられており，低コストで運用できる。
- 運転が容易：パッケージ化された商品で連続運転できるため，操作が非常に簡単である。加えて電気式の乾燥機および発酵層のため，熱源となるボイラーなどのメンテナンスが不要で，日々のメンテナンスも容易である。

＊発酵汚泥を肥料として使用するには，各自治体への肥料登録が必要。

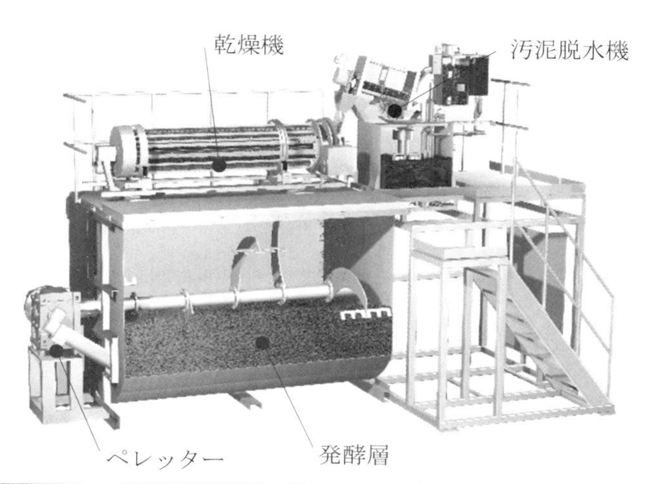

① 汚泥投入

含水率99%汚泥を汚泥脱水機に投入する。

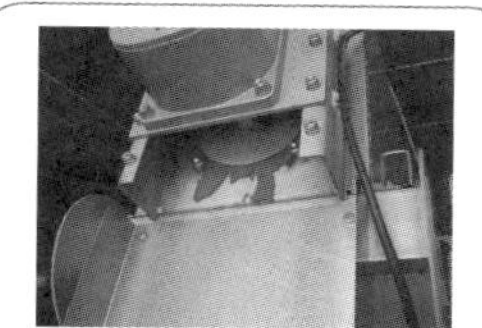

② 脱水ケーキ排出

汚泥脱水機から排出された含水率85%の脱水ケーキ（汚泥）を連続的に乾燥機に投入する。

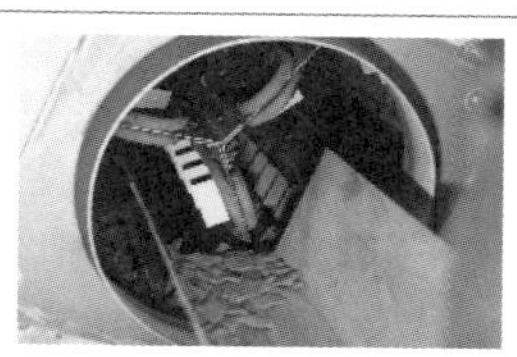

③ 乾燥機

乾燥機内のヒーター温度は100℃前後の一定温度となるように制御している。乾燥機に投入される脱水ケーキは，内側ドラムに投入され，ドラムの回転に伴い，汚泥は前進し，内側ドラムの端まで移動するとドラム外側へ移り，回転に伴い排出口に向かってさらに進んでいく。この間，汚泥は徐々に乾燥し含水率約70%になり，連続的に発酵層に投入する。

④ 発酵層

発酵層のヒーター温度は100℃前後の一定温度となるように制御している。発酵層に投入された脱水ケーキは，適度の温度に保たれた発酵層内にて撹拌され，ヒーター発熱による乾燥と，脱水ケーキが発酵する過程で自己発熱することで投入口から排出口に約3週間かけて移動する過程で汚泥から水分が徐々に蒸発し含水率40%になる。

⑤ 汚泥排出

含水率 40%になった発酵汚泥は，取り扱いやすいペレット状に成型し排出する。

図1　汚泥脱水発酵システム デルコンポ

表1　汚泥の標準処理量と仕様一覧

型　式	標準処理量(Kg－DS/日)	機械寸法(mm)			総電力(kW)	重量(t)	
		L	W	H		空	運転
DC-1000	～26	5587	2975	3790	10.5	5.0	7.5
DC-2000	～52	5587	2975	3790	16.2	5.0	7.5
DC-3000	～78	6690	2975	3920	25.6	6.0	8.0

8. 将来の展望

デルコンポは，その画期的な技術によってこれまで，日本国内の自治体へ42台を納入し，現在でも33台が稼働している。昨今は，環境規制の強化に伴い，より高度な汚泥処理技術が求められるなか，デルコンポの技術はその1つの解決策として注目され続けるだろう。実際に大処理化の要望や，海外からの問い合わせも増加しており，また，より扱いやすい機能改善やさらなる高効率化など，今以上に改良の余地があると感じている。

9. おわりに

汚泥脱水発酵システム「デルコンポ」は，環境問題に対応し，省スペース・低コストで高性能を実現した画期的なシステムである。乾燥技術を中心に，発酵プロセスと一体化したシステム設計は，多くの自治体で導入され実績を積み重ねている。今後の技術改良によって，さらに効率的で環境に優しい汚泥処理が実現されることが期待される。

第３節
液化ジメチルエーテルを利用する汚泥の高度乾燥と脱臭

名古屋大学　**神田　英輝**

1. はじめに

汚泥を含むバイオマスの活用は，二酸化炭素排出量の削減の観点から極めて重要である。しかし，汚泥の輸送は含有水分も運ぶことになるのでコストが高くなり，しかも燃焼の際に汚泥が保有する熱量の多くが水分の蒸発潜熱として消費されてしまう。また臭気成分は日本の場合には悪臭防止法により規制されている。規制されていない特定悪臭物質以外の物質も，その市場性を議論し，効率的な利用を一般に受け入れて貰うためには考慮すべき重要な要素である。下水汚泥の場合には下水処理場が都市部に存在することも多く，下水汚泥ケーキの下水処理場の外部への搬出は困難であるので，下水汚泥ケーキは下水処理場内での焼却処分が主である。下水汚泥ケーキをバイオマス燃料として利用する際には，多量に含まれる水分が原因で発電効率が著しく低下し，二酸化炭素排出量の削減効果が乏しくなる。したがって，汚泥からの効率的な水分や臭気成分の分離が，汚泥の利用のために極めて重要な技術となる。

ここで下水汚泥ケーキの含水率は70％台後半であり，現状の焼却処分のように助燃剤としてガスを利用すると，二酸化炭素を排出することになる。二酸化炭素排出量の削減というバイオマスの活用の本来の目的を考えると，乾燥エネルギーをグリーン電力由来にするのが望ましいが，この場合には多量の高価なグリーン電力の価格を少量の下水汚泥ケーキの乾燥物の価格に転嫁することになる。つまり，この乾燥物を燃焼して得られる熱やグリーン電力は必ずコスト高になり価格競争力を持たない。加えて，乾燥では蒸気再圧縮法を用いた潜熱回収による省エネルギー化が有効であるが，下水汚泥ケーキに適用すると含水率の低下に伴ってチョコレート状の高粘度の状態になる。蒸気再圧縮法は蒸発で生じた水蒸気からの伝熱面を介した潜熱回収技術であり，この伝熱面に高粘度の下水汚泥ケーキが付着する。伝熱面の表面近傍で乾燥した下水汚泥ケーキは空気を含む断熱材のような状態となり，これにより伝熱阻害が生じるので，蒸気再圧縮法による潜熱回収には限界が生じる。

高温での空気乾燥以外の既存の水分除去方法も100℃以上への加熱である。炭化処理，ガス化処理は過去何十年間も世界中で研究され改良が続けられてきた。これまでの技術開発は，投入エネルギーの回収率の向上や，投入エネルギーの利用効率の向上を目指したものであるが，それにも拘わらず，これらの技術の性能に決定的なブレイクスルーが見られないのは，熱力学的には分離操作はエントロピー減少であるので，これに対応するエネルギー投入が不可欠であり，その熱力学的な制約により，投入エネルギー自体を減少させることが困難であることに起因する。

2. 液化ジメチルエーテル抽出法の概略

投入するエネルギー量を低減することは，熱力学的な制約により困難であるが，投入するエネルギーを安価かつ太陽光からの変換効率が高いグリーンエネルギーに代替することは可能である。たとえば，太陽光発電は太陽光からの変換効率が20～30％であり，太陽光発電パネルにはレアアースが用いられるので高価である。これに対して太陽熱温水は変換効率が60～70％でありパイプを黒く塗るだけで良い。しかし，太陽熱温水は最高でも70℃程度にしか到達しない[1)]。70℃の熱のエクセルギー率は，より高温の熱や電気のエクセルギー率よりもはるかに低いことから，一般に太陽熱温水は動力源や発電用の熱源として利用されることはない。これは火力発電のRankineサイクルにおいて70℃の熱源が利用されることがなく，Rankineサイクルの効率が高温の熱源ほど高いことからも容易に理解できよう。しかし，下水汚泥ケーキの場合には，伝熱阻害の問題や，投入エネルギーの価格といった別の側面の問題が大きく，これによって蒸気再圧縮法を適用できないのが根本的な問題である。つまり，太陽熱温水が保有する熱を，熱としてそのまま利用する限りにおいては，前述のRankineサイクルの効率の問題は無関係であり，太陽熱温水も下水汚泥ケーキの乾燥処理の熱源として利用することはできる。しかし，太陽熱温水が最高でも70℃であるのに対して，水の沸点は100℃であり，そのままでは乾燥処理の熱源として利用することはできない。

ここで，仮に太陽熱温水を用いて蒸発する媒体を用いて，下水汚泥ケーキから水分と臭気成分を抽出除去できれば，投入エネルギーの価格が無視できる状態で，乾燥した無臭の下水汚泥ケーキを作製でき，その媒体を水分から容易に分離して再利用できる。その上に，下水汚泥ケーキをろ過により分離した後に，抽出液を加熱することによって伝熱阻害を回避できる。汚泥の臭気成分は油脂に多く含まれていることから，エタノール(Ethanol)のような両親媒性の溶媒を用いれば，水分と臭気成分の両方を抽出除去できる。しかし，エタノールは水と共沸することから，抽出液からエタノールを回収するための蒸留操作は困難である。加えて蒸留温度は78℃を超えることから，太陽熱温水でのエタノール回収は難しい。

そこで両親媒性でありながら，水との沸点差が非常に大きな物質として，ジメチルエーテル(Dimethylether)を用いる手法が提案されている[2)]。ジメチルエーテルはジエチルエーテル(Diethylether)などの一般に知られるエーテルとは異なる。ジメチルエーテルはCH_3-O-CH_3の化学式を持つ最も単純なエーテルであり，直接的なC-C結合を持たない。ジメチルエーテルの2つのメチル基は，111.8±0.2°の角度で配向した2つの極性結合を形成しており，その結果，中心酸素原子を中心としたV字型の屈曲した分子形状を形成している[3)]。この分子構造ゆえに，ジメチルエーテルは標準状態では気体であり，標準沸点は－24.8℃である[4)]。ジメチルエーテルはたとえば20℃で0.51 MPaの飽和蒸気圧を超えると凝縮する[4)]。20℃における液体ジメチルエーテルの密度は668 kg/m^{3}であるので[4)]，生物由来の下水汚泥ケーキは液化ジメチルエーテル中で容易に沈殿する。C-O結合には1単位の電気陰性度の差があり，極性が高いことを示している[5)]。分子全体に帯電した電子雲が不均一に分布しているため，ジメチルエーテルは1.3 Dの双極子モーメントを示し極性物質となる[6)]。さらに，酸素上の非共有電子対による分極もジメチルエーテルの双極子モーメントに寄与している。30.5℃，6.3 MPaにおける液体ジメチルエーテルの誘電率は5.34である[7)]。このことは，ジメチルエーテルの極性が非極性物質から中程度の極性物質の溶解に適していることを示唆している[8)]。つまりジメチルエーテルは分子中心の酸素原子を介して極性化合物にも非極性化合物にも分子間相互作用を形成することができる。ジメチルエーテルは他の分子の水素原子と水素結合と分散力の中間程度の相互作用を形成する[9)]。これにより液化ジメチルエーテルは水と部分混合し，たとえば20℃の液化ジメチルエーテルへの水の溶解度は7.2重量％である[10)]。つまり，液化ジメチルエーテルを下水汚泥ケーキに接触させれば，水分と臭気成分を共に抽出できるとともに，液化ジメチルエーテルの下水汚泥ケーキとの分離が容易で，抽出液を太陽熱温水で加熱することで，水と部分混合したジメチルエーテルだけを選択的に蒸発させて回収することができる。

ジメチルエーテルは2016年と2017年に欧州食品安全機関と米国食品医薬品局で食品加工溶媒に認可されており[11)12)]，温室効果やオゾン層破壊の問題もない新たな環境調和型溶媒とされている[13)]。また実用化を見据えたとき，下水汚泥ケーキの処理量が非常に大きいことを考慮すると，一般的な有機溶媒のような試薬相当の価格であるとコスト面での問題が生じるが，ジメチルエーテルは人造燃料としても大量生産されており安価であるので，この問題は生じにくい[13)]。ジメチルエーテルは他のエーテルとは異なり直接的なC-C結合を持たない。そのため，爆発性の過酸化物の重合体を作らず，自動酸化が液化石油ガスと同等の穏やかさである[14)]ので，一般的な液化石油ガスのハンドリング技術によって安全に扱うことも可能である。このように，実用上の安全面やコスト面や供給面の点からもジメチルエーテルには問題は見当たらない。

ジメチルエーテルと同様の物性を全て満たす物質を見出すことは難しい。たとえば，抽出に多用されるジエチルエーテルは沸点が34.6℃であるが水への溶解度が低い。さらに，自動酸化が激しいので過酸化物の重合体であるジエチルエーテルペルオキシド(Diethylether peroxide)を形成する。この物質は非常に猛度が大きい過敏な火薬であり，工業過程ではジエチルエーテルの使用が避けられている。ジメチルエーテルと同様に沸点が低いホルムアルデヒド(Formaldehyde)やアセトアルデヒド(Acetaldehyde)は水への溶解度が極めて高く，ホルムアルデヒドやアセトアルデヒドを蒸発させても，水にガスが溶存して水との分離が困難になる。さらに人体への毒性もある。

このようなジメチルエーテルの特性により，液化ジメチルエーテルを下水汚泥ケーキに接触させると，水分と悪臭成分が液化ジメチルエーテルによって抽出される。たとえば，抽出操作を20℃で行うには，装置内部をジメチルエーテルの飽和蒸気圧である0.51 MPa以上に保つ必要がある。抽出液を太陽熱温水と熱交換すれば，抽出液中のジメチルエーテルを20℃で選択的に蒸発させることが可能となる。ここで常温で液体である一般的な有機溶媒と比較すると，液化ジメチルエーテルは標準沸点より高温の亜臨界状態であるので粘度と表面張力が低く，自己拡散係数が高い[15]。連続的に抽出操作と蒸発操作を行うことにより，常に下水汚泥ケーキ由来の高粘度の脂質成分は低粘度で拡散性が高い液化ジメチルエーテルで希釈されるので伝熱阻害の問題を回避できる。また，地中や下水や海水の温度は年間を通して変動が少ないことから，これらを冷熱として利用してジメチルエーテル蒸気を凝縮させることも可能である。

つまり，液化ジメチルエーテル抽出法は，液化ジメチルエーテルを媒体として太陽熱温水と環境との温度差を利用するものである。液化ジメチルエーテルの送液エネルギーで，これらの温度差を駆動力として分離エネルギーへと変換するものである。見方を変えれば，エクセルギー率が低い太陽熱温水の熱を，エクセルギー率が高い分離エネルギーに変換することを意味するので，ヒートポンプ技術から派生した一種のエクセルギー再生技術とも解釈できる。

3. 液化ジメチルエーテルによる汚泥脱水の例

液化ジメチルエーテルを溶媒に用いる抽出プロセスの基本構成を**図1**に示す。操作温度は，常温付近である程度任意に設定でき，たとえば20℃で抽出操作が行われる場合，操作圧力は先述のとおり0.51 MPa以上となる。下水汚泥ケーキを抽出槽に充填した後に，ジメチルエーテル貯槽から送液ポンプでジメチルエーテルが抽出カラムに送液される。抽出カラムの内部で液化ジメチルエーテルによって下水汚泥ケーキから水分と臭気成分が抽出され，混合液の状態で抽出カラムから排出される。抽出液に含まれるジメチルエーテルは60℃程度の太陽熱温水や未利用廃熱で加熱・

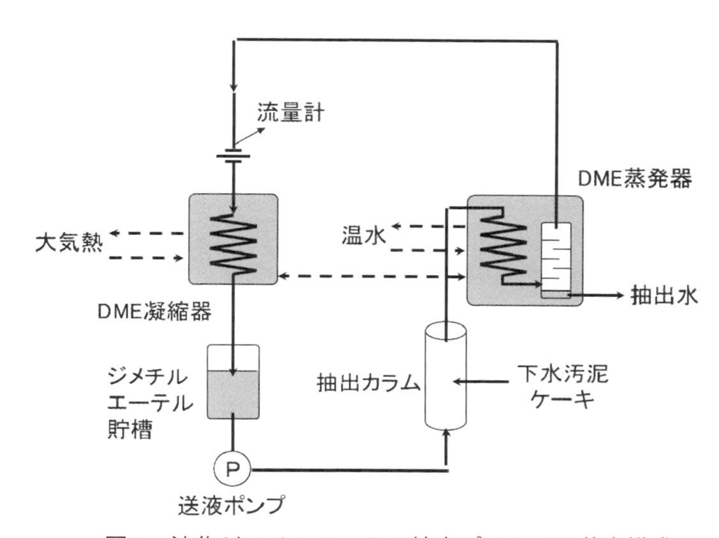

図1　液化ジメチルエーテル抽出プロセスの基本構成

蒸発される。蒸発したジメチルエーテルは大気などによって凝縮されて再び溶媒として再利用される。

この構成の大型の抽出試験装置を用いて，下水汚泥ケーキから水分を臭気成分を液化ジメチルエーテルで抽出・除去した例が報告されている[2]。含水率 78.9 重量％の下水汚泥ケーキ 3.2 kg を長さ 2～5 cm 太さ 5 mm の筒状に成型した後に，内容積 10 L の抽出カラムに充填し，ここに液化ジメチルエーテルを流速 100 L/h で 30 分間供給されている。抽出温度は 20 ℃である。なお，下水汚泥ケーキには 2.52 kg の水分が含まれている。先述のとおり，水の液化ジメチルエーテルへの飽和溶解度は 7.2 重量％，液化ジメチルエーテルの密度は 668 kg/m^3 であるので，下水汚泥ケーキに含まれる水分の抽出に最低限必要と思われる液化ジメチルエーテルは 52.5 L（＝2.52 kg /0.072/0.668 kg/m^3）と計算される[2]。

この操作によって下水汚泥ケーキに含まれる水分の 97.7 重量％が液化ジメチルエーテルによって除去され，処理後の下水汚泥ケーキの水分は 8.0 重量％に低下した[2]。また，処理後の下水汚泥ケーキの外観を**図 2** に示す。元の茶色の粘土状の下水汚泥ケーキは，灰色で硬いペレット状に変化しており，極めて高度に脱水されている。液化ジメチルエーテルがさまざまな物質に対して抽出溶媒として適用された研究事例から，液化ジメチルエーテルはゼラチンのアミノ基とカルボニル基の間に脱水縮合反応を起こして C=N 結合を形成したり[16]，高吸水性ポリマーであるポリアクリル酸ナトリウムのカルボキシ基に結合した水分子を脱離させることが知られており[17]，下水汚泥ケーキの親水基からも同様に結合した水分子を脱離させたと考えられる。また，液化ジメチルエーテルに可溶なのは，脂質[1]，ポリフェノール類[1]，カロテノイド類[1]であり，液化ジメチルエーテルに不溶なのは，ポリマー[18]，炭水化物[19]，タンパク質[1]，アミノ酸[20]，無機物[1]であることが知られている。このことから液化ジメチルエーテル処理後の下水汚泥ケーキを構成する残渣成分は，主に下水処理に用いられた微生物や元の下水に由来する炭水化物やタンパク質，凝集処理に用いられたポリマーか無機物であると考えられる。

※口絵参照

図 2　液化ジメチルエーテル処理後の下水汚泥ケーキ

液化ジメチルエーテルによる処理前後における下水汚泥ケーキの臭気成分の変化を**表 1** に示す[2]。臭気指数とは人間の知覚感度が対数関数的な増減を示すことから，より直感的に理解できるように定められたものであり，臭気を人間が感知しなくなるまで希釈した場合の希釈倍数の底を 10 とする対数を 10 倍した値を元に，個人の感度のバラツキを補正したものである。臭気指数の目安として，ニンニクが 45 程度，コーヒーが 35 程度，タバコの煙やガソリンが 30 程度，醤油や線香の煙が 25 程度，トイレの芳香剤や花火の煙やジンチョウゲの花が 20 程度とされている[21]。元の定義に照らし合わせると，ジメチルエーテル処理後の下水汚泥ケーキは，処理前の下水汚泥ケーキの臭気を 10^3 に希釈したものと同等の臭気であり，日常生活で特に強い臭気と感じることがないレベルまで脱臭されている。個々の臭気成分の濃度を見ても，全ての成分の濃度が低下しており，これは液化ジメチルエーテルの分子間相互作用が水素結合と分散力の中間程度であり，無極性物質から極性物質まで幅広くさまざまな極性の物質を溶解する特性に起因する。

液化ジメチルエーテルによる処理前後における下水汚泥ケーキの熱的特性の変化を**表 2** に示す[2]。約 800 ℃で空気中で 1 時間加熱した際の重量減少を示す強熱減量は 83 重量％前後であり，処理前後で大きな変化はない。強熱減量は有機物が燃焼により気体へと変化した重量を表している。また，脂質含有量は 8.8 重量％から 0.6 重量％へと低下しており，臭気成分のほとんどは脂質内に含まれていると考えられることから，これが臭気成分の低下に大きく寄与し

表1　液化ジメチルエーテルによる処理前後の下水汚泥ケーキの臭気性状[2)]

	ジメチルエーテル処理前	ジメチルエーテル処理後
臭気指数	51	20
硫化水素(mg/L)	0.26	< 0.003-
メチルメルカプタン(mg/L)	2.60	0.01
硫化メチル(mg/L)	0.280	0.010
二硫化メチル(mg/L)	14	< 0.003
アセトアルデヒド(mg/L)	0.88	0.29
メチルイソブチルケトン(mg/L)	5.9	< 0.1
n-酪酸(mg/L)	0.0067	< 0.005

表2　液化ジメチルエーテルによる処理前後の下水汚泥ケーキの熱的特性[2)]

	ジメチルエーテル処理前	ジメチルエーテル処理後
強熱減量(重量%)	83.7	82.6
脂質(重量%)	8.8	0.6
高位発熱量(kJ/kg)	19049	16801

ている。高位発熱量は脂質含有量の低下に伴って，液化ジメチルエーテル処理後には減少している。水の蒸発潜熱は2590 kJ/kgであり，処理前の水分が78.9重量%，すなわち下水汚泥ケーキ乾燥重量の3.74倍の水分を含むことを考慮すると，水の蒸発潜熱を差し引いた処理前の下水汚泥ケーキの発熱量は9362 kJ/kgとなる。実際には，前述のとおり下水汚泥ケーキの乾燥処理は困難であり，ガスを助燃剤として焼却処分されている。つまり，下水汚泥ケーキの保有熱量と水の蒸発潜熱の和である－28736 kJ/kgが損失となっており，これに助燃剤であるガスの保有熱量も損失に加わるはずである。これと比べると液化ジメチルエーテル処理後の下水汚泥ケーキの発熱量は16801 kJ/kgであり，この処理に要する投入エネルギーのほとんどが太陽熱温水や工場からの未利用廃熱であり，CO_2排出を伴う投入エネルギーは液化ジメチルエーテルの送液がほとんどであるので，大幅なエネルギー収支の改善がされている[2)]。

また，別の研究事例では，下水汚泥ケーキに含まれる金属類が液化ジメチルエーテルによって水分と共に抽出されないか検討されており，カドミウム，クロム，銅，マンガン，ニッケル，鉛，亜鉛は抽出されず，つまり処理後の下水汚泥ケーキに残留することが確認されている[22)]。他には，牛糞を乾燥バイオマスとして利用するため，液化ジメチルエーテルによる水分と悪臭成分のバッチ抽出による除去が試みられている。使用後のジメチルエーテルを蒸発・回収させた後に，再び液化して利用されており，抽出特性の劣化はないと報告されている[23)]。

4. おわりに

下水汚泥ケーキは水分が多く，乾燥途中にチョコレート状の高粘度状態になるので，一般的な潜熱回収技術による投入エネルギーの低減には制限がある。また下水汚泥ケーキの市場性を議論し，効率的な利用を一般に受け入れて貰うためには，規制されていない特定悪臭物質以外の臭気成分への対策も考慮すべき重要な要素である。この問題に対応するため，これまで乾燥操作において適用されることがなかった溶媒抽出法に着目し，常温で気体の物質を液化ガスとして水分と臭気成分の抽出溶媒として利用する手法を紹介した。水と適度に部分混合し，沸点が低く，安全性が高く，安価であるなどの多くのユニークな特徴を有するジメチルエーテルは，下水汚泥ケーキの脱水・脱臭において有力な溶媒である。ジメチルエーテルの分子構造に由来する特徴により，太陽熱温水や工場廃熱によって抽出装置内でジメチルエーテルの蒸発と凝縮のサイクルを構築することが可能であり，二酸化炭素の排出を大幅に抑えた高度な脱水・脱臭が可能となる。

文 献

1) H. Kanda, L. Zhu, B. Xu, K. Kusumi and T. Wang : *Arab. J. Chem.*, **17**, 105538 (2024).

2) H. Kanda, M. Morita, H. Makino, K. Takegami, A. Yoshikoshi, K. Oshita, M. Takaoka and N. Takeda : *Water Environ. Res.*, **83**, 23-25 (2011).

3) K. Tamagawa, M. Takemura, S. Konaka and M. Kimura : *J. Mol. Struct.*, **125**, 131-142 (1984).

4) J. Wu, Y. Zhou and E.W. Lemmon : *J. Phys. Chem. Ref. Data*, **40**, 023104(2011).

5) C. Che, Y. Li, G. Zhang and D. Deng : *Open J. Appl. Sci.*, **3**, 5-13 (2014).

6) D. Ascenzi, A. Cernuto, N. Balucani, P. Tosi, C. Ceccarelli, L. M. Martini and F. Pirani : *Astron. Astrophys.*, **625**, A72 (2019).

7) W. Eltringham and O. J. Catchpole : *J. Chem. Eng. Data*, **52**, 363-367 (2007).

8) C. Grosso, P. Valentão, F. Ferreres and P. B. Andrade : *Mar. Drugs*, **13**, 3182-3230 (2015).

9) Y. Tatamitani, B. Liu, J. Shimada, T. Ogata, P. Ottaviani, A. Maris, W. Caminati and J. L. Alonso : *J. Am. Chem. Soc.*, **124**, 2739-2743 (2002).

10) S. Tallon and K. Fenton : *Fluid Phase Equilib.*, **298**, 60-66 (2010).

11) European Food Safety Authority : *EFSA J.*, **13**, 4174 (2015).

12) Food and Drug Administration. https://www.fda.gov/media/113335/download (accessed on June 27th 2024).

13) T. Wang, L. Zhu, L. Mei and H. Kanda : *Foods*, **13**, 352 (2024).

14) M. Naito, C. Radcliffe, Y. Wada, T. Hoshino, X. Liu, M. Arai and M. Tamura : *J. Loss Prev. Process Ind.*, **18**, 469-473 (2005).

15) H. Kanda, L. Mei, T. Yamamoto, T. Wang and L. Zhu : *J. CO2 Util.*, **83**, 102831 (2024).

16) H. Kanda, D. Ando, R. Hoshino, T. Yamamoto, Wahyudiono, S. Suzuki, S. Shinohara and M. Goto : *ACS Omega*, **6**, 13417-13425 (2021).

17) H. Kanda, K. Oshita, K. Takeda, M. Takaoka, H. Makino, S. Morisawa and N. Takeda : *Dry. Technol.*, **28**, 30-35 (2010).

18) T. Wang, H. Kanda, K. Kusumi, L. Mei, L. Zhang, H. Machida, K. Norinaga, T. Yamamoto, H. Sekikawa, K. Yasui and L. Zhu : *Waste Manage.*, **183**, 21-31 (2024).

19) S. Machmudah, D.T. Wicaksono, M. Happy, S. Winardi, Wahyudiono, H. Kanda and M. Goto : *Energy Rep.*, **6**, 824-831 (2020).

20) H. Kanda, T. Katsube, R. Hoshino, M. Kishino, Wahyudiono and M. Goto : *Heliyon*, **6**, e05258 (2020).

21) 上野広行，秋山薫，横田久司，佐々木啓行：臭気指数のめやすについて，東京都環境科学研究所年報 2008, 47-51 (2008).

22) K. Oshita, M. Takaoka, Y. Nakajima, S. Morisawa, H. Kanda, H. Makino and N. Takeda : *Water Environ. Res.*, **84**, 120-127 (2012).

23) K. Oshita, S. Toda, M. Takaoka, H. Kanda, T. Fujimori, K. Matsukawa and T. Fujiwara : *Fuel*, **159**, 7-14 (2015).

2024年11月にご逝去なされました。謹んでご冥福をお祈り申し上げます(編集部)。

第4節
乾燥材齢182日までのコンクリートの乾燥収縮率の測定

関東職業能力開発大学校　佐竹　重則

1. はじめに

乾燥材齢182日目までのコンクリートの乾燥収縮率は，(一社)日本建築学会の日本建築学会建築工事標準仕様書・同解説JASS 5鉄筋コンクリート工事(以下，JASS5)の3節「コンクリートの種類および品質」3.7「ヤング係数・乾燥収縮率および許容ひび割れ幅」によると「計画供用期間の級が長期および超長期のコンクリートでは，使用するコンクリートの乾燥収縮率は8×10^{-4}以下とする」と記載されている[1)]。

コンクリートの乾燥収縮率が8×10^{-4}(800 μ)以下とは，長さ1 mのコンクリートが0.8 mm収縮することを意味している(**図1**)[2)]。

乾燥収縮率の試験には約6ヵ月もの期間を要するため，レディーミクストコンクリート工場(以下，生コン工場)が出荷している全てのコンクリートについての乾燥収縮率を把握するのは難しい。そのため，JASS 5第11節箇条11.4eの解説には，4週，8週，13週における乾燥収縮率を用いた乾燥材齢182日の推定値の早期判定式を提示している。ただし，特殊な仕様のコンクリート，フライアッシュや膨張材，高炉スラグ微粉末，シリカフューム，収縮低減剤などの混和材料を用いる場合は使用材料に対応した係数を別途定める必要がある。また，乾燥収縮率の合理的な推定のためには，できるだけ長い期間の乾燥収縮率の値を使用した方がよいとされる。

2. 生コン工場の乾燥収縮率試験実例

今回記載した試験データは，生コン工場が自社の品質管理の一環で実施した4種類の配合における乾燥材齢182日までのコンクリートの乾燥収縮率を測定したものである[3)]。この工場は環境に配慮したコンクリートの製造に取り組んでおり，高炉スラグや地産の加熱改質フライアッシュを活用している。

コンクリートの乾燥収縮率を把握する方法には

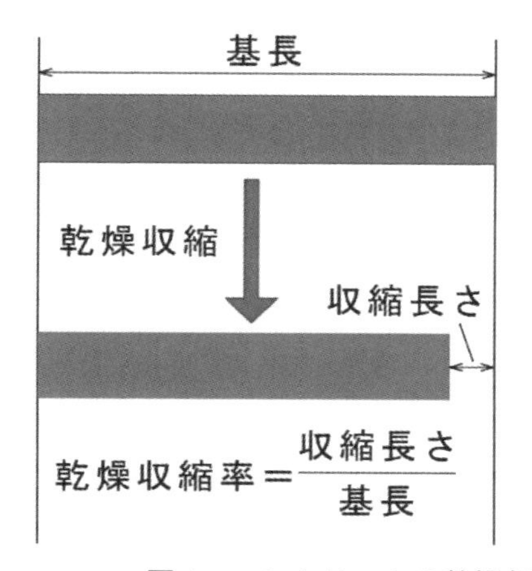

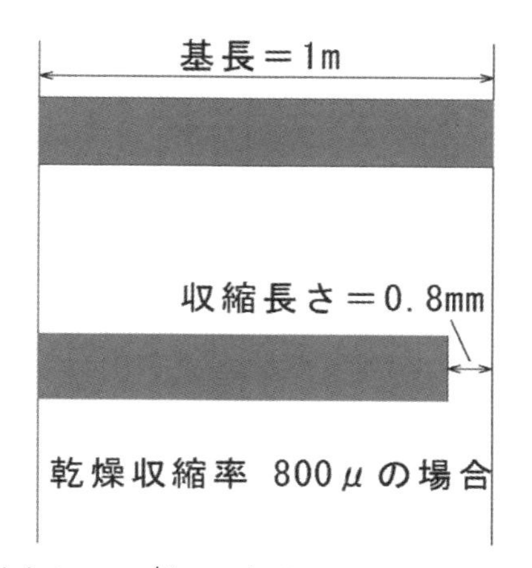

図1　コンクリートの乾燥収縮率8×10^{-4}(800 μ)以下とは

JIS A 1129があり，今回はセメントおよびコンクリートの長さの変化測定方法－第2部：コンタクトゲージ方法(JIS A 1129-2)に基づいて試験を行った。供試体に使用した材料を**表1**に示す。標準配合は普通ポルトランドセメント(以下，普通セメント)を使用した24-12-20N(配合名：① 24-12-20N)とする。標準配合に混和材として加熱改質フライアッシュ(以下，CfFA)を使用した配合(配合名：② 24-12-20N FA)，標準配合に混和材としてコンクリート膨張剤(以下，EX)を使用した配合(配合名：③ 24-12-20N EX)，早強ポルトランドセメントと粗骨材に石灰石を使用した配合40-15-20H(配合名：④ 40-15-20H)の供試体(**表2**)を製造し，セメントおよびコンクリートの長さの変化測定方法－第2部：コンタクトゲージ方法(JIS A 1129-2)に基づき182日までの乾燥収縮率の測定とあわせて，材齢28日でのコンクリートの静弾性係数試験(JIS A 1149)を実施した。

3. 生コン工場の乾燥収縮率試験結果実例

乾燥収縮率の測定はJIS A 1129-2に準拠し，採取日から7日目に測定用のゲージプラグを取り付け，恒温恒湿庫(温度：20±2℃，相対湿度：60±5％)で養生・試験を行う。8日目にそれぞれの供試体の基長(0日)を測定し，乾燥材齢182日までコンクリートの乾燥収縮量を測定し，乾燥収縮率を算定した。結果を**表3**，**図2**に示す。

乾燥材齢182日目の乾燥収縮率は呼び強度が最も大きく，粗骨材に石灰石を使用した④ 40-15-20Hが－368μで最も小さい値であった。他の3つの配合では混和材にCfFAを使用した② 24-12-20N FAが－563μ，混和材でEXを使用した③ 24-12-20N EXが－589μと大差のない値であった。標準配合とした① 24-12-20Nが最も大きく－625μであった。

表1　使用材料

材　料	記　号	仕　様
セメント	C1	普通ポルトランドセメント，密度3.16 g/cm^3
	C2	早強ポルトランドセメント，密度3.14 g/cm^3
混和材	CfFA	加熱改質フライアッシュ，密度2.15 g/cm^3
	EX	コンクリート用膨張材，密度3.16 g/cm^3
細骨材	S1	山砂，表乾密度2.57 g/cm^3，F.M 2.65
	S2	陸砂，表乾密度2.59 g/cm^3，F.M 2.50
	S3	砕砂，表乾密度2.66 g/cm^3，F.M 3.00
粗骨材	G1	砕石1505，表乾密度2.70 g/cm^3
	G2	砕石2010，表乾密度2.70 g/cm^3
	G3	砕石2005(石灰石砕石)，表乾密度2.70 g/cm^3
混和剤	AD1	AE減水剤 標準形I種 有機酸系誘導体と芳香族高分子化合物
	AD2	AE減水剤 標準形I種 変性リグニンスルホン酸化合物とポリカルボン酸系化合物の複合体
	AD3	高性能AE減水剤 標準形I種 ポリカルボン酸コポリマー

表2　コンクリートの配合

配合名	W/C (%)	s/a (%)	単位量(kg/m^3)													
			W	C1	C2	CfFA	EX	S1	S2	S3	G1	G2	G3	AD1	AD2	AD3
① 24-12-20N	54.5	44.2	166	305	－	－	－	394	239	163	524	522	－	3.05	－	－
② 24-12-20N FA	49.0	41.6	163	300	－	33，33	－	208	210	288	540	538	－	－	3.33	－
③ 24-12-20N EX	54.5	44.2	166	285	－	－	20	394	239	163	524	522	－	3.05	－	－
④ 40-15-20H	40.0	42.2	165	－	413	－	－	502	215	－	－	927	103	－	－	4.13

※ 24-12-20N FA配合のW/CはW/Bとし，CfFAの単位量は内割り，外割りとする

表3　乾燥収縮率の結果

配合名	養生材齢(日)							
	0	1	7	14	28	56	91	182
① 24-12-20N	0	-44	-156	-242	-376	-498	-557	-625
② 24-12-20N FA	0	-29	-124	-206	-335	-458	-496	-563
③ 24-12-20N EX	0	-29	-94	-204	-328	-440	-508	-589
④ 40-15-20H	0	-3	-74	-144	-229	-267	-304	-368

単位は μ，収縮を－とする

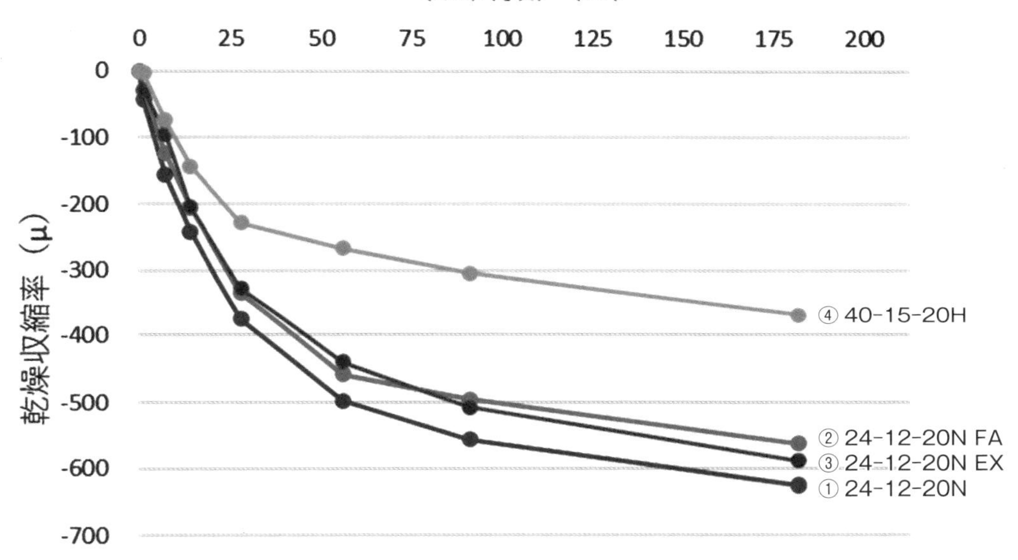

図2　乾燥収縮率の結果

材齢28日に行った圧縮強度試験の最大値は呼び強度が最も大きい④ 40-15-20H が 52.6N/mm² で，① 24-12-20N は 35.1 N/mm²，② 24-12-20N FA は 36.6 N/mm² と差が小さかった。③ 24-12-20N EX は 31.6 N/mm² で標準配合である① 24-12-20N に比べ約 10 %低下した値となった(**表4**)。

同じく材齢28日に行った静弾性係数試験は，④ 40-15-20H が 39.3 kN/mm² で最も大きい値だった。① 24-12-20N は 31.6 kN/mm²，③ 24-12-20N EX が 32.6 kN/mm² と大差がなく，混和材に CfFA を使用した② 24-12-20N FA が 27.1 kN/mm² と最も小さい値となった。いずれの値も JASS5 のヤング係数の算定式[4)]で計算される値の 80 %以上の範囲内であることを確認できた。

表4　圧縮強度，静弾性係数試験の結果(材齢28日)

配合名	圧縮強度 (N/mm²)	静弾性係数 (kN/mm²)
① 24-12-20N	35.1	31.6
② 24-12-20N FA	36.6	27.1
③ 24-12-20N EX	31.6	32.6
④ 40-15-20H	52.6	39.3

4. 乾燥材齢 182 日までの乾燥収縮率に関するまとめ

・乾燥材齢 182 日における乾燥収縮率は，呼び強度が 40 N/mm^2 で粗骨材に石灰石を使用した④ 40-15-20H が最も小さく，標準配合とした① 24-12-20N と比べると約 59 %の値であった。骨材に石灰石を使用することで乾燥収縮を抑制する効果がみられた。
・混和材として CfFA を使用した② 24-12-20N F の乾燥材齢 182 日における乾燥収縮率は，標準配合とした① 24-12-20N と比較すると約 10 %小さくなった。
・乾燥材齢 182 日における乾燥収縮率は，比較する供試体の乾燥収縮率の差が大きい場合，乾燥収縮量は圧縮強度および静弾性係数と負の相関があった。

5. おわりに

生コン工場では計画供用期間に関わらず，自社製品の乾燥収縮率のデータを蓄積しておくことでユーザーに対し，自社製品の乾燥材齢 182 日の乾燥収縮率について目安となる数値を提示することができ，乾燥材齢 182 日のコンクリートの乾燥収縮について事前に協議することができるなど，自社製品の品質管理を行う上でメリットとなる。しかし，生コン工場にとって JIS A 1129 における乾燥材齢 182 日までの乾燥収縮率の測定には多大な労力と費用を必要とするため，今後，試験方法の簡易化や効率化が必要である。

文　献

1) 日本建築学会建築工事標準仕様書・同解説 JASS5 鉄筋コンクリート工事，日本建築学会，13 (2022).
2) 田辺明子：JASS5 改定でひび割れ対策本格化，日経アーキテクチュア，日経 BP，57 (2008.12.22).
3) 佐竹重則：乾燥材齢 182 日までのコンクリートの乾燥収縮率の測定－加熱改質フライアッシュを使用したコンクリートの有効性について－，東北職業能力開発大学校紀要，第 31 号，15-18 (2021).
4) 日本建築学会建築工事標準仕様書・同解説 JASS5 鉄筋コンクリート工事，日本建築学会，191-194 (2022).

索 引

英数・記号

あ行

か行

さ行

た行

な行

は行

ま行

や行

ら行

わ行

乾燥工学ハンドブック

基礎・メカニズム・評価・事例

発行日	2025年2月26日　初版第一刷発行
監修者	中川　究也
発行者	吉田　隆
発行所	株式会社 エヌ・ティー・エス
	〒102-0091 東京都千代田区北の丸公園 2-1　科学技術館２階 TEL.03-5224-5430　http://www.nts-book.co.jp
印刷・製本	倉敷印刷株式会社

ISBN978-4-86043-944-6

NTSの本

関連図書

	書籍名	発刊日	体裁	本体価格
1	多孔質体ハンドブック ～性質・評価・応用～	2023年	B5 912頁	68,000円
2	分散系のレオロジー ～基礎・評価・制御，応用～	2021年	B5 436頁	54,000円
3	新訂三版　最新吸着技術便覧 ～プロセス・材料・設計～	2020年	B5 856頁	65,000円
4	Q&Aによるプラスチック全書 ～射出成形，二次加工，材料，強度設計，トラブル対策～	2020年	B5 466頁	50,000円
5	革新的冷却技術 ～メカニズムから素子・材料・システム開発まで～	2024年	B5 272頁	44,000円
6	繊維のスマート化技術大系 ～生活・産業・社会のイノベーションへ向けて～	2017年	B5 562頁	56,000円
7	新世代　木材・木質材料と木造建築技術	2017年	B5 484頁	43,000円
8	マイクロ・ナノ熱工学の進展	2021年	B5 808頁	65,000円
9	バイオマス由来の高機能材料 ～セルロース，ヘミセルロース，セルロースナノファイバー，リグニン，キチン・キトサン，炭素系材料～	2016年	B5 312頁	45,000円
10	分散・凝集技術ハンドブック	2025年	B5 約500頁	63,000円
11	濡れ性 ～基礎・評価・制御・応用～	2024年	B5 384頁	63,000円
12	最新　実用真空技術総覧	2019年	B5 1096頁	58,000円
13	フォノンエンジニアリング ～マイクロ・ナノスケールの次世代熱制御技術～	2017年	B5 280頁	35,000円
14	超伝導現象と高温超伝導体	2013年	B5 530頁	45,600円
15	生物・生体・医療のためのマイクロ波利用 ～熱/非熱プロセスを用いた基礎から応用の技術～	2020年	B5 204頁	40,000円
16	2020版 薄膜作製応用ハンドブック	2020年	B5 1570頁	69,000円
17	青果物のおいしさの科学	2024年	B5 628頁	50,000円
18	生物学のための水と空気の物理	2016年	B5 444頁	12,000円
19	米の機能性食品化と新規利用技術・高度加工技術の開発 ～食糧，食品素材，機能性食品，工業原料，医薬品原料としての米～	2023年	B5 770頁	50,000円
20	パルスパワーの基礎と産業応用 ～環境浄化，殺菌，材料合成，医療，農業，食品，生体，エネルギー～	2019年	B5 254頁	32,000円
21	青果物の鮮度評価・保持技術 ～収穫後の生理・化学的特性から輸出事例まで～	2019年	B5 412頁	40,000円